건축관계법규

건축관계법규
BUILDING REGULATIONS

건축관계법규

초판 인쇄 2023년 2월 11일
초판 발행 2023년 2월 15일

지은이 편집부
펴낸이 김태헌
펴낸곳 토담출판사

주소 경기도 고양시 일산서구 대산로53
출판등록 2021년 3월 11일 제2021-000062호
전화 031-911-3416
팩스 031-911-3417

머리말

이 책은 건축인 등의 자격시험을 준비하는 수험생들을 위해 만들었습니다. 자격시험은 수험 전략을 어떻게 짜느냐가 등락을 좌우합니다. 짧은 기간 내에 승부를 걸어야 하는 수험생들은 방대한 분량을 자신의 것으로 정리하고 이해해 나가는 과정에서 시간과 노력을 낭비하지 않도록 주의를 기울여야 합니다.

수험생들이 법령을 공부하는 데 조금이나마 시간을 줄이고 좀 더 학습에 집중할 수 있도록 본서는 다음과 같이 구성하였습니다.

첫째, 법률과 그 시행령 및 시행규칙, 그리고 부칙과 별표까지 자세하게 실었습니다.

둘째, 법 조항은 물론 그와 관련된 시행령과 시행규칙을 한눈에 알아볼 수 있도록 체계적으로 정리하였습니다.

셋째, 최근 법령까지 완벽하게 반영하여 별도로 찾거나 보완하는 번거로움을 줄였습니다.

모쪼록 이 책이 수업생 여러분에게 많은 도움이 되기를 바랍니다. 쉽지 않은 여건에서 시간을 쪼개어 책과 씨름하며 자기개발에 분투하는 수험생 여러분의 건승을 기원합니다.

2023년 2월

법(法)의 개념

1. 법 정의

① 국가의 강제력을 수반하는 사회 규범.

② 국가 및 공공 기관이 제정한 법률, 명령, 조례, 규칙 따위이다.

③ 다 같이 자유롭고 올바르게 잘 살 것을 목적으로 하는 규범이며,

④ 서로가 자제하고 존중함으로써 더불어 사는 공동체를 형성해 가는 평화의 질서.

2. 법 시행

① 발안

② 심의

③ 공포

④ 시행

3. 법의 위계구조

① 헌법(최고의 법)

② 법률 : 국회의 의결 후 대통령이 서명 · 공포

③ 명령 : 행정기관에 의하여 제정되는 국가의 법령(대통령령, 총리령, 부령)

④ 조례 : 지방자치단체가 지방자치법에 의거하여 그 의회의 의결로 제정

⑤ 규칙 : 지방자치단체의 장(시장, 군수)이 조례의 범위 안에서 사무에 관하여 제정

4. 법 분류

① 공법 : 공익보호 목적(헌법, 형법)

② 사법 : 개인의 이익보호 목적(민법, 상법)

③ 사회법 : 인간다운 생활보장(근로기준법, 국민건강보험법)

5. 형벌의 종류

① 사형

② 징역 : 교도소에 구치(유기, 무기징역, 노역 부과)

③ 금고 : 명예 존중(노역 비부과)

④ 구류 : 30일 미만 교도소에서 구치(노역 비부과)

⑤ 벌금 : 금액을 강제 부담

⑥ 과태료 : 공법에서, 의무 이행을 태만히 한 사람에게 벌로 물게 하는 돈(경범죄처벌법, 교통범칙금)

⑦ 몰수 : 강제로 국가 소유로 권리를 넘김

⑧ 자격정지 : 명예형(名譽刑), 일정 기간 동안 자격을 정지시킴(유기징역 이하)

⑨ 자격상실 : 명예형(名譽刑), 일정한 자격을 갖지 못하게 하는 일(무기금고이상). 공법상 공무원이 될 자격, 피선거권, 법인 임원 등

차례

제1부

건축법

제1장 총칙

제1조 목적

이 법은 건축물의 대지 · 구조 · 설비 기준 및 용도 등을 정하여 건축물의 안전 · 기능 · 환경 및 미관을 향상시킴으로써 공공복리의 증진에 이바지하는 것을 목적으로 한다.

제2조 정의

① 이 법에서 사용하는 용어의 뜻은 다음과 같다. 〈개정 2009. 6. 9., 2011. 9. 16., 2012. 1. 17., 2013. 3. 23., 2014. 1. 14., 2014. 5. 28., 2014. 6. 3., 2016. 1. 19., 2016. 2. 3., 2017. 12. 26.〉

1. "대지(垈地)"란 「공간정보의 구축 및 관리 등에 관한 법률」에 따라 각 필지(筆地)로 나눈 토지를 말한다. 다만, 대통령령으로 정하는 토지는 둘 이상의 필지를 하나의 대지로 하거나 하나 이상의 필지의 일부를 하나의 대지로 할 수 있다.
2. "건축물"이란 토지에 정착(定着)하는 공작물 중 지붕과 기둥 또는 벽이 있는 것과 이에 딸린 시설물, 지하나 고가(高架)의 공작물에 설치하는 사무소 · 공연장 · 점포 · 차고 · 창고, 그 밖에 대통령령으로 정하는 것을 말한다.
3. "건축물의 용도"란 건축물의 종류를 유사한 구조, 이용 목적 및 형태별로 묶어 분류한 것을 말한다.
4. "건축설비"란 건축물에 설치하는 전기 · 전화 설비, 초고속 정보통신 설비, 지능형 홈네트워크 설비, 가스 · 급수 · 배수(配水) · 배수(排水) · 환기 · 난방 · 냉방 · 소화(消火) · 배연(排煙) 및 오물처리의 설비, 굴뚝, 승강기, 피뢰침, 국기 게양대, 공동시청 안테나, 유선방송 수신시설, 우편함, 저수조(貯水槽), 방범시설, 그 밖에 국토교통부령으로 정하는 설비를 말한다.
5. "지하층"이란 건축물의 바닥이 지표면 아래에 있는 층으로서 바닥에서 지표면까지 평균높이가 해당 층 높이의 2분의 1 이상인 것을 말한다.
6. "거실"이란 건축물 안에서 거주, 집무, 작업, 집회, 오락, 그 밖에 이와 유사한 목적을 위하여 사용되는 방을 말한다.
7. "주요구조부"란 내력벽(耐力壁), 기둥, 바닥, 보, 지붕틀 및 주계단(主階段)을 말한다. 다만, 사이 기둥, 최하층 바닥, 작은 보, 차양, 옥외 계단, 그 밖에 이와 유사한 것으로 건축물의 구조상 중요하지 아니한 부분은 제외한다.

8. "건축"이란 건축물을 신축 · 증축 · 개축 · 재축(再築)하거나 건축물을 이전하는 것을 말한다.
9. "대수선"이란 건축물의 기둥, 보, 내력벽, 주계단 등의 구조나 외부 형태를 수선 · 변경하거나 증설하는 것으로서 대통령령으로 정하는 것을 말한다.
10. "리모델링"이란 건축물의 노후화를 억제하거나 기능 향상 등을 위하여 대수선하거나 건축물의 일부를 증축 또는 개축하는 행위를 말한다.
11. "도로"란 보행과 자동차 통행이 가능한 너비 4미터 이상의 도로(지형적으로 자동차 통행이 불가능한 경우와 막다른 도로의 경우에는 대통령령으로 정하는 구조와 너비의 도로)로서 다음 각 목의 어느 하나에 해당하는 도로나 그 예정도로를 말한다.
  가. 「국토의 계획 및 이용에 관한 법률」, 「도로법」, 「사도법」, 그 밖의 관계 법령에 따라 신설 또는 변경에 관한 고시가 된 도로
  나. 건축허가 또는 신고 시에 특별시장 · 광역시장 · 특별자치시장 · 도지사 · 특별자치도지사(이하 "시 · 도지사"라 한다) 또는 시장 · 군수 · 구청장(자치구의 구청장을 말한다. 이하 같다)이 위치를 지정하여 공고한 도로
12. "건축주"란 건축물의 건축 · 대수선 · 용도변경, 건축설비의 설치 또는 공작물의 축조(이하 "건축물의 건축등"이라 한다) 에 관한 공사를 발주하거나 현장 관리인을 두어 스스로 그 공사를 하는 자를 말한다.
12의2. "제조업자"란 건축물의 건축 · 대수선 · 용도변경, 건축설비의 설치 또는 공작물의 축조 등에 필요한 건축자재를 제조하는 사람을 말한다.
12의3. "유통업자"란 건축물의 건축 · 대수선 · 용도변경, 건축설비의 설치 또는 공작물의 축조에 필요한 건축자재를 판매하거나 공사현장에 납품하는 사람을 말한다.
13. "설계자"란 자기의 책임(보조자의 도움을 받는 경우를 포함한다)으로 설계도서를 작성하고 그 설계도서에서 의도하는 바를 해설하며, 지도하고 자문에 응하는 자를 말한다.
14. "설계도서"란 건축물의 건축등에 관한 공사용 도면, 구조 계산서, 시방서(示方書), 그 밖에 국토교통부령으로 정하는 공사에 필요한 서류를 말한다.
15. "공사감리자"란 자기의 책임(보조자의 도움을 받는 경우를 포함한다)으로 이 법으로 정하는 바에 따라 건축물, 건축설비 또는 공작물이 설계도서의 내용대로 시공되는지를 확인하고, 품질관리 · 공사관리 · 안전관리 등에 대하여 지도 · 감독하는 자를 말한다.
16. "공사시공자"란 「건설산업기본법」 제2조제4호에 따른 건설공사를 하는 자를 말한다.
16의2. "건축물의 유지 · 관리"란 건축물의 소유자나 관리자가 사용 승인된 건축물의 대지 · 구조 · 설비 및 용도 등을 지속적으로 유지하기 위하여 건축물이 멸실될 때까지

관리하는 행위를 말한다.

17. "관계전문기술자"란 건축물의 구조 · 설비 등 건축물과 관련된 전문기술자격을 보유하고 설계와 공사감리에 참여하여 설계자 및 공사감리자와 협력하는 자를 말한다.
18. "특별건축구역"이란 조화롭고 창의적인 건축물의 건축을 통하여 도시경관의 창출, 건설기술 수준향상 및 건축 관련 제도개선을 도모하기 위하여 이 법 또는 관계 법령에 따라 일부 규정을 적용하지 아니하거나 완화 또는 통합하여 적용할 수 있도록 특별히 지정하는 구역을 말한다.
19. "고층건축물"이란 층수가 30층 이상이거나 높이가 120미터 이상인 건축물을 말한다.
20. "실내건축"이란 건축물의 실내를 안전하고 쾌적하며 효율적으로 사용하기 위하여 내부공간을 칸막이로 구획하거나 벽지, 천장재, 바닥재, 유리 등 대통령령으로 정하는 재료 또는 장식물을 설치하는 것을 말한다.
21. "부속구조물"이란 건축물의 안전 · 기능 · 환경 등을 향상시키기 위하여 건축물에 추가적으로 설치하는 환기시설물 등 대통령령으로 정하는 구조물을 말한다.

② 건축물의 용도는 다음과 같이 구분하되, 각 용도에 속하는 건축물의 세부 용도는 대통령령으로 정한다. 〈개정 2013. 7. 16.〉

1. 단독주택
2. 공동주택
3. 제1종 근린생활시설
4. 제2종 근린생활시설
5. 문화 및 집회시설
6. 종교시설
7. 판매시설
8. 운수시설
9. 의료시설
10. 교육연구시설
11. 노유자(老幼者: 노인 및 어린이)시설
12. 수련시설
13. 운동시설
14. 업무시설
15. 숙박시설
16. 위락(慰樂)시설

17. 공장

18. 창고시설

19. 위험물 저장 및 처리 시설

20. 자동차 관련 시설

21. 동물 및 식물 관련 시설

22. 자원순환 관련 시설

23. 교정(矯正) 및 군사 시설

24. 방송통신시설

25. 발전시설

26. 묘지 관련 시설

27. 관광 휴게시설

28. 그 밖에 대통령령으로 정하는 시설

제3조 적용 제외

① 다음 각 호의 어느 하나에 해당하는 건축물에는 이 법을 적용하지 아니한다. 〈개정 2016. 1. 19.〉

1. 「문화재보호법」에 따른 지정문화재나 가지정(假指定) 문화재
2. 철도나 궤도의 선로 부지(敷地)에 있는 다음 각 목의 시설

   가. 운전보안시설

   나. 철도 선로의 위나 아래를 가로지르는 보행시설

   다. 플랫폼

   라. 해당 철도 또는 궤도사업용 급수(給水) · 급탄(給炭) 및 급유(給油) 시설
3. 고속도로 통행료 징수시설
4. 컨테이너를 이용한 간이창고(「산업집적활성화 및 공장설립에 관한 법률」 제2조제1호에 따른 공장의 용도로만 사용되는 건축물의 대지에 설치하는 것으로서 이동이 쉬운 것만 해당된다)
5. 「하천법」에 따른 하천구역 내의 수문조작실

② 「국토의 계획 및 이용에 관한 법률」에 따른 도시지역 및 같은 법 제51조제3항에 따른 지구단위계획구역(이하 "지구단위계획구역"이라 한다) 외의 지역으로서 동이나 읍(동이나 읍에 속하는 섬의 경우에는 인구가 500명 이상인 경우만 해당된다)이 아닌 지역은 제44조부터 제47조까지, 제51조 및 제57조를 적용하지 아니한다. 〈개정 2011. 4. 14., 2014. 1. 14.〉

③ 「국토의 계획 및 이용에 관한 법률」 제47조제7항에 따른 건축물이나 공작물을 도시 · 군계획

시설로 결정된 도로의 예정지에 건축하는 경우에는 제45조부터 제47조까지의 규정을 적용하지 아니한다. 〈개정 2011. 4. 14.〉

제4조 건축위원회

① 국토교통부장관, 시 · 도지사 및 시장 · 군수 · 구청장은 다음 각 호의 사항을 조사 · 심의 · 조정 또는 재정(이하 이 조에서 "심의등"이라 한다)하기 위하여 각각 건축위원회를 두어야 한다. 〈개정 2009. 4. 1., 2013. 3. 23., 2014. 5. 28.〉

1. 이 법과 조례의 제정 · 개정 및 시행에 관한 중요 사항
2. 건축물의 건축등과 관련된 분쟁의 조정 또는 재정에 관한 사항. 다만, 시 · 도지사 및 시장 · 군수 · 구청장이 두는 건축위원회는 제외한다.
3. 건축물의 건축등과 관련된 민원에 관한 사항. 다만, 국토교통부장관이 두는 건축위원회는 제외한다.
4. 건축물의 건축 또는 대수선에 관한 사항
5. 다른 법령에서 건축위원회의 심의를 받도록 규정한 사항

② 국토교통부장관, 시 · 도지사 및 시장 · 군수 · 구청장은 건축위원회의 심의등을 효율적으로 수행하기 위하여 필요하면 자신이 설치하는 건축위원회에 다음 각 호의 전문위원회를 두어 운영할 수 있다. 〈개정 2009. 4. 1., 2013. 3. 23., 2014. 5. 28.〉

1. 건축분쟁전문위원회(국토교통부에 설치하는 건축위원회에 한정한다)
2. 건축민원전문위원회(시 · 도 및 시 · 군 · 구에 설치하는 건축위원회에 한정한다)
3. 건축계획 · 건축구조 · 건축설비 등 분야별 전문위원회

③ 제2항에 따른 전문위원회는 건축위원회가 정하는 사항에 대하여 심의등을 한다. 〈개정 2009. 4. 1., 2014. 5. 28.〉

④ 제3항에 따라 전문위원회의 심의등을 거친 사항은 건축위원회의 심의등을 거친 것으로 본다. 〈개정 2009. 4. 1., 2014. 5. 28.〉

⑤ 제1항에 따른 각 건축위원회의 조직 · 운영, 그 밖에 필요한 사항은 대통령령으로 정하는 바에 따라 국토교통부령이나 해당 지방자치단체의 조례(자치구의 경우에는 특별시나 광역시의 조례를 말한다. 이하 같다)로 정한다. 〈개정 2013. 3. 23.〉

제4조의2 건축위원회의 건축 심의 등

① 대통령령으로 정하는 건축물을 건축하거나 대수선하려는 자는 국토교통부령으로 정하는 바에 따라 시 · 도지사 또는 시장 · 군수 · 구청장에게 제4조에 따른 건축위원회(이하 "건축위원회"라

한다)의 심의를 신청하여야 한다. 〈개정 2017. 1. 17.〉

② 제1항에 따라 심의 신청을 받은 시 · 도지사 또는 시장 · 군수 · 구청장은 대통령령으로 정하는 바에 따라 건축위원회에 심의 안건을 상정하고, 심의 결과를 국토교통부령으로 정하는 바에 따라 심의를 신청한 자에게 통보하여야 한다.

③ 제2항에 따른 건축위원회의 심의 결과에 이의가 있는 자는 심의 결과를 통보받은 날부터 1개월 이내에 시 · 도지사 또는 시장 · 군수 · 구청장에게 건축위원회의 재심의를 신청할 수 있다.

④ 제3항에 따른 재심의 신청을 받은 시 · 도지사 또는 시장 · 군수 · 구청장은 그 신청을 받은 날부터 15일 이내에 대통령령으로 정하는 바에 따라 건축위원회에 재심의 안건을 상정하고, 재심의 결과를 국토교통부령으로 정하는 바에 따라 재심의를 신청한 자에게 통보하여야 한다.

[본조신설 2014. 5. 28.]

제4조의3 건축위원회 회의록의 공개

시 · 도지사 또는 시장 · 군수 · 구청장은 제4조의2제1항에 따른 심의(같은 조 제3항에 따른 재심의를 포함한다. 이하 이 조에서 같다)를 신청한 자가 요청하는 경우에는 대통령령으로 정하는 바에 따라 건축위원회 심의의 일시 · 장소 · 안건 · 내용 · 결과 등이 기록된 회의록을 공개하여야 한다. 다만, 심의의 공정성을 침해할 우려가 있다고 인정되는 이름, 주민등록번호 등 대통령령으로 정하는 개인 식별 정보에 관한 부분의 경우에는 그러하지 아니하다.

[본조신설 2014. 5. 28.]

제4조의4 건축민원전문위원회

① 제4조제2항에 따른 건축민원전문위원회는 건축물의 건축등과 관련된 다음 각 호의 민원[특별시장 · 광역시장 · 특별자치시장 · 특별자치도지사 또는 시장 · 군수 · 구청장(이하 "허가권자"라 한다)의 처분이 완료되기 전의 것으로 한정하며, 이하 "질의민원"이라 한다]을 심의하며, 시 · 도지사가 설치하는 건축민원전문위원회(이하 "광역지방건축민원전문위원회"라 한다)와 시장 · 군수 · 구청장이 설치하는 건축민원전문위원회(이하 "기초지방건축민원전문위원회"라 한다)로 구분한다.

1. 건축법령의 운영 및 집행에 관한 민원
2. 건축물의 건축등과 복합된 사항으로서 제11조제5항 각 호에 해당하는 법률 규정의 운영 및 집행에 관한 민원
3. 그 밖에 대통령령으로 정하는 민원

② 광역지방건축민원전문위원회는 허가권자나 도지사(이하 "허가권자등"이라 한다)의 제11조에

따른 건축허가나 사전승인에 대한 질의민원을 심의하고, 기초지방건축민원전문위원회는 시장(행정시의 시장을 포함한다) · 군수 · 구청장의 제11조 및 제14조에 따른 건축허가 또는 건축신고와 관련한 질의민원을 심의한다.

③ 건축민원전문위원회의 구성 · 회의 · 운영, 그 밖에 필요한 사항은 해당 지방자치단체의 조례로 정한다.

[본조신설 2014. 5. 28.]

제4조의5 질의민원 심의의 신청

① 건축물의 건축등과 관련된 질의민원의 심의를 신청하려는 자는 제4조의4제2항에 따른 관할 건축민원전문위원회에 심의 신청서를 제출하여야 한다.

② 제1항에 따른 심의를 신청하고자 하는 자는 다음 각 호의 사항을 기재하여 문서로 신청하여야 한다. 다만, 문서에 의할 수 없는 특별한 사정이 있는 경우에는 구술로 신청할 수 있다.

1. 신청인의 이름과 주소
2. 신청의 취지 · 이유와 민원신청의 원인이 된 사실내용
3. 그 밖에 행정기관의 명칭 등 대통령령으로 정하는 사항

③ 건축민원전문위원회는 신청인의 질의민원을 받으면 15일 이내에 심의절차를 마쳐야 한다. 다만, 사정이 있으면 건축민원전문위원회의 의결로 15일 이내의 범위에서 기간을 연장할 수 있다.

[본조신설 2014. 5. 28.]

제4조의6 심의를 위한 조사 및 의견 청취

① 건축민원전문위원회는 심의에 필요하다고 인정하면 위원 또는 사무국의 소속 공무원에게 관계 서류를 열람하게 하거나 관계 사업장에 출입하여 조사하게 할 수 있다.

② 건축민원전문위원회는 필요하다고 인정하면 신청인, 허가권자의 업무담당자, 이해관계자 또는 참고인을 위원회에 출석하게 하여 의견을 들을 수 있다.

③ 민원의 심의신청을 받은 건축민원전문위원회는 심의기간 내에 심의하여 심의결정서를 작성하여야 한다.

[본조신설 2014. 5. 28.]

제4조의7 의견의 제시 등

① 건축민원전문위원회는 질의민원에 대하여 관계 법령, 관계 행정기관의 유권해석, 유사판례와 현장여건 등을 충분히 검토하여 심의의견을 제시할 수 있다.

② 건축민원전문위원회는 민원심의의 결정내용을 지체 없이 신청인 및 해당 허가권자등에게 통지하여야 한다.

③ 제2항에 따라 심의 결정내용을 통지받은 허가권자등은 이를 존중하여야 하며, 통지받은 날부터 10일 이내에 그 처리결과를 해당 건축민원전문위원회에 통보하여야 한다.

④ 제2항에 따른 심의 결정내용을 시장 · 군수 · 구청장이 이행하지 아니하는 경우에는 제4조의4 제2항에도 불구하고 해당 민원인은 시장 · 군수 · 구청장이 통보한 처리결과를 첨부하여 광역지방건축민원전문위원회에 심의를 신청할 수 있다.

⑤ 제3항에 따라 처리결과를 통보받은 건축민원전문위원회는 신청인에게 그 내용을 지체 없이 통보하여야 한다.

[본조신설 2014. 5. 28.]

제4조의8 사무국

① 건축민원전문위원회의 사무를 처리하기 위하여 위원회에 사무국을 두어야 한다.

② 건축민원전문위원회에는 다음 각 호의 사무를 나누어 맡도록 심사관을 둔다.

1. 건축민원전문위원회의 심의 · 운영에 관한 사항
2. 건축물의 건축등과 관련된 민원처리에 관한 업무지원 사항
3. 그 밖에 위원장이 지정하는 사항

③ 건축민원전문위원회의 위원장은 특정 사건에 관한 전문적인 사항을 처리하기 위하여 관계 전문가를 위촉하여 제2항 각 호의 사무를 하게 할 수 있다.

[본조신설 2014. 5. 28.]

제5조 적용의 완화

① 건축주, 설계자, 공사시공자 또는 공사감리자(이하 "건축관계자"라 한다)는 업무를 수행할 때 이 법을 적용하는 것이 매우 불합리하다고 인정되는 대지나 건축물로서 대통령령으로 정하는 것에 대하여는 이 법의 기준을 완화하여 적용할 것을 허가권자에게 요청할 수 있다.

〈개정 2014. 1. 14., 2014. 5. 28.〉

② 제1항에 따른 요청을 받은 허가권자는 건축위원회의 심의를 거쳐 완화 여부와 적용 범위를 결정하고 그 결과를 신청인에게 알려야 한다. 〈개정 2014. 5. 28.〉

③ 제1항과 제2항에 따른 요청 및 결정의 절차와 그 밖에 필요한 사항은 해당 지방자치단체의 조례로 정한다.

제6조 기존의 건축물 등에 관한 특례

허가권자는 법령의 제정 · 개정이나 그 밖에 대통령령으로 정하는 사유로 대지나 건축물이 이 법에 맞지 아니하게 된 경우에는 대통령령으로 정하는 범위에서 해당 지방자치단체의 조례로 정하는 바에 따라 건축을 허가할 수 있다.

제6조의2 특수구조 건축물의 특례

건축물의 구조, 재료, 형식, 공법 등이 특수한 대통령령으로 정하는 건축물(이하 "특수구조 건축물"이라 한다)은 제4조, 제4조의2부터 제4조의8까지, 제5조부터 제9조까지, 제11조, 제14조, 제19조, 제21조부터 제25조까지, 제35조, 제40조, 제41조, 제48조, 제48조의2, 제49조, 제50조, 제50조의2, 제51조, 제52조, 제52조의2, 제52조의3, 제53조, 제62조부터 제64조까지, 제65조의2, 제67조, 제68조 및 제84조를 적용할 때 대통령령으로 정하는 바에 따라 강화 또는 변경하여 적용할 수 있다.

[본조신설 2015. 1. 6.]

제6조의3 부유식 건축물의 특례

① 「공유수면 관리 및 매립에 관한 법률」 제8조에 따른 공유수면 위에 고정된 인공대지(제2조제1항제1호의 "대지"로 본다)를 설치하고 그 위에 설치한 건축물(이하 "부유식 건축물"이라 한다)은 제40조부터 제44조까지, 제46조 및 제47조를 적용할 때 대통령령으로 정하는 바에 따라 달리 적용할 수 있다.

② 부유식 건축물의 설계, 시공 및 유지관리 등에 대하여 이 법을 적용하기 어려운 경우에는 대통령령으로 정하는 바에 따라 변경하여 적용할 수 있다.

[본조신설 2016. 1. 19.]

제7조 통일성을 유지하기 위한 도의 조례

도(道) 단위로 통일성을 유지할 필요가 있으면 제5조제3항, 제6조, 제17조제2항, 제20조제2항제3호, 제27조제3항, 제42조, 제57조제1항, 제58조 및 제61조에 따라 시 · 군의 조례로 정하여야 할 사항을 도의 조례로 정할 수 있다. 〈개정 2014. 1. 14., 2015. 5. 18.〉

제8조 리모델링에 대비한 특례 등

리모델링이 쉬운 구조의 공동주택의 건축을 촉진하기 위하여 공동주택을 대통령령으로 정하는 구조로 하여 건축허가를 신청하면 제56조, 제60조 및 제61조에 따른 기준을 100분의 120의 범위에서 대통령령으로 정하는 비율로 완화하여 적용할 수 있다.

제9조 다른 법령의 배제

① 건축물의 건축등을 위하여 지하를 굴착하는 경우에는 「민법」 제244조제1항을 적용하지 아니한다. 다만, 필요한 안전조치를 하여 위해(危害)를 방지하여야 한다.

② 건축물에 딸린 개인하수처리시설에 관한 설계의 경우에는 「하수도법」 제38조를 적용하지 아니한다.

제2장 건축물의 건축

제10조 건축 관련 입지와 규모의 사전결정

① 제11조에 따른 건축허가 대상 건축물을 건축하려는 자는 건축허가를 신청하기 전에 허가권자에게 그 건축물의 건축에 관한 다음 각 호의 사항에 대한 사전결정을 신청할 수 있다. 〈개정 2015. 5. 18.〉

1. 해당 대지에 건축하는 것이 이 법이나 관계 법령에서 허용되는지 여부
2. 이 법 또는 관계 법령에 따른 건축기준 및 건축제한, 그 완화에 관한 사항 등을 고려하여 해당 대지에 건축 가능한 건축물의 규모
3. 건축허가를 받기 위하여 신청자가 고려하여야 할 사항

② 제1항에 따른 사전결정을 신청하는 자(이하 "사전결정신청자"라 한다)는 건축위원회 심의와 「도시교통정비 촉진법」에 따른 교통영향평가서의 검토를 동시에 신청할 수 있다. 〈개정 2008. 3. 28., 2015. 7. 24.〉

③ 허가권자는 제1항에 따라 사전결정이 신청된 건축물의 대지면적이 「환경영향평가법」 제43조에 따른 소규모 환경영향평가 대상사업인 경우 환경부장관이나 지방환경관서의 장과 소규모 환경영향평가에 관한 협의를 하여야 한다. 〈개정 2011. 7. 21.〉

④ 허가권자는 제1항과 제2항에 따른 신청을 받으면 입지, 건축물의 규모, 용도 등을 사전결정한 후 사전결정 신청자에게 알려야 한다.

⑤ 제1항과 제2항에 따른 신청 절차, 신청 서류, 통지 등에 필요한 사항은 국토교통부령으로 정한다. 〈개정 2013. 3. 23.〉

⑥ 제4항에 따른 사전결정 통지를 받은 경우에는 다음 각 호의 허가를 받거나 신고 또는 협의를 한 것으로 본다. 〈개정 2010. 5. 31.〉

1. 「국토의 계획 및 이용에 관한 법률」 제56조에 따른 개발행위허가
2. 「산지관리법」 제14조와 제15조에 따른 산지전용허가와 산지전용신고, 같은 법 제15조의2에 따른 산지일시사용허가 · 신고. 다만, 보전산지인 경우에는 도시지역만 해당된다.
3. 「농지법」 제34조, 제35조 및 제43조에 따른 농지전용허가 · 신고 및 협의
4. 「하천법」 제33조에 따른 하천점용허가

⑦ 허가권자는 제6항 각 호의 어느 하나에 해당되는 내용이 포함된 사전결정을 하려면 미리 관계 행정기관의 장과 협의하여야 하며, 협의를 요청받은 관계 행정기관의 장은 요청받은 날부터 15

일 이내에 의견을 제출하여야 한다.

⑧ 관계 행정기관의 장이 제7항에서 정한 기간(「민원 처리에 관한 법률」 제20조제2항에 따라 회신기간을 연장한 경우에는 그 연장된 기간을 말한다) 내에 의견을 제출하지 아니하면 협의가 이루어진 것으로 본다. 〈신설 2018. 12. 18.〉

⑨ 사전결정신청자는 제4항에 따른 사전결정을 통지받은 날부터 2년 이내에 제11조에 따른 건축허가를 신청하여야 하며, 이 기간에 건축허가를 신청하지 아니하면 사전결정의 효력이 상실된다. 〈개정 2018. 12. 18.〉

제11조 건축허가

① 건축물을 건축하거나 대수선하려는 자는 특별자치시장 · 특별자치도지사 또는 시장 · 군수 · 구청장의 허가를 받아야 한다. 다만, 21층 이상의 건축물 등 대통령령으로 정하는 용도 및 규모의 건축물을 특별시나 광역시에 건축하려면 특별시장이나 광역시장의 허가를 받아야 한다. 〈개정 2014. 1. 14.〉

② 시장 · 군수는 제1항에 따라 다음 각 호의 어느 하나에 해당하는 건축물의 건축을 허가하려면 미리 건축계획서와 국토교통부령으로 정하는 건축물의 용도, 규모 및 형태가 표시된 기본설계도서를 첨부하여 도지사의 승인을 받아야 한다. 〈개정 2013. 3. 23., 2014. 5. 28.〉

1. 제1항 단서에 해당하는 건축물. 다만, 도시환경, 광역교통 등을 고려하여 해당 도의 조례로 정하는 건축물은 제외한다.
2. 자연환경이나 수질을 보호하기 위하여 도지사가 지정 · 공고한 구역에 건축하는 3층 이상 또는 연면적의 합계가 1천제곱미터 이상인 건축물로서 위락시설과 숙박시설 등 대통령령으로 정하는 용도에 해당하는 건축물
3. 주거환경이나 교육환경 등 주변 환경을 보호하기 위하여 필요하다고 인정하여 도지사가 지정 · 공고한 구역에 건축하는 위락시설 및 숙박시설에 해당하는 건축물

③ 제1항에 따라 허가를 받으려는 자는 허가신청서에 국토교통부령으로 정하는 설계도서와 제5항 각 호에 따른 허가 등을 받거나 신고를 하기 위하여 관계 법령에서 제출하도록 의무화하고 있는 신청서 및 구비서류를 첨부하여 허가권자에게 제출하여야 한다. 다만, 국토교통부장관이 관계 행정기관의 장과 협의하여 국토교통부령으로 정하는 신청서 및 구비서류는 제21조에 따른 착공신고 전까지 제출할 수 있다. 〈개정 2013. 3. 23., 2015. 5. 18.〉

④ 허가권자는 제1항에 따른 건축허가를 하고자 하는 때에 「건축기본법」 제25조에 따른 한국건축규정의 준수 여부를 확인하여야 한다. 다만, 다음 각 호의 어느 하나에 해당하는 경우에는 이 법이나 다른 법률에도 불구하고 건축위원회의 심의를 거쳐 건축허가를 하지 아니할 수 있다.

〈개정 2012. 1. 17., 2012. 10. 22., 2014. 1. 14., 2015. 5. 18., 2015. 8. 11., 2017. 4. 18.〉

1. 위락시설이나 숙박시설에 해당하는 건축물의 건축을 허가하는 경우 해당 대지에 건축하려는 건축물의 용도 · 규모 또는 형태가 주거환경이나 교육환경 등 주변 환경을 고려할 때 부적합하다고 인정되는 경우
2. 「국토의 계획 및 이용에 관한 법률」 제37조제1항제4호에 따른 방재지구(이하 "방재지구"라 한다) 및 「자연재해대책법」 제12조제1항에 따른 자연재해위험개선지구 등 상습적으로 침수되거나 침수가 우려되는 지역에 건축하려는 건축물에 대하여 지하층 등 일부 공간을 주거용으로 사용하거나 거실을 설치하는 것이 부적합하다고 인정되는 경우

⑤ 제1항에 따른 건축허가를 받으면 다음 각 호의 허가 등을 받거나 신고를 한 것으로 보며, 공장건축물의 경우에는 「산업집적활성화 및 공장설립에 관한 법률」 제13조의2와 제14조에 따라 관련 법률의 인 · 허가등이나 허가등을 받은 것으로 본다.

〈개정 2009. 6. 9., 2010. 5. 31., 2011. 5. 30., 2014. 1. 14., 2017. 1. 17.〉

1. 제20조제3항에 따른 공사용 가설건축물의 축조신고
2. 제83조에 따른 공작물의 축조신고
3. 「국토의 계획 및 이용에 관한 법률」 제56조에 따른 개발행위허가
4. 「국토의 계획 및 이용에 관한 법률」 제86조제5항에 따른 시행자의 지정과 같은 법 제88조제2항에 따른 실시계획의 인가
5. 「산지관리법」 제14조와 제15조에 따른 산지전용허가와 산지전용신고, 같은 법 제15조의2에 따른 산지일시사용허가 · 신고. 다만, 보전산지인 경우에는 도시지역만 해당된다.
6. 「사도법」 제4조에 따른 사도(私道)개설허가
7. 「농지법」 제34조, 제35조 및 제43조에 따른 농지전용허가 · 신고 및 협의
8. 「도로법」 제36조에 따른 도로관리청이 아닌 자에 대한 도로공사 시행의 허가, 같은 법 제52조제1항에 따른 도로와 다른 시설의 연결 허가
9. 「도로법」 제61조에 따른 도로의 점용 허가
10. 「하천법」 제33조에 따른 하천점용 등의 허가
11. 「하수도법」 제27조에 따른 배수설비(配水設備)의 설치신고
12. 「하수도법」 제34조제2항에 따른 개인하수처리시설의 설치신고
13. 「수도법」 제38조에 따라 수도사업자가 지방자치단체인 경우 그 지방자치단체가 정한 조례에 따른 상수도 공급신청
14. 「전기사업법」 제62조에 따른 자가용전기설비 공사계획의 인가 또는 신고
15. 「물환경보전법」 제33조에 따른 수질오염물질 배출시설 설치의 허가나 신고

16. 「대기환경보전법」 제23조에 따른 대기오염물질 배출시설설치의 허가나 신고
17. 「소음 · 진동관리법」 제8조에 따른 소음 · 진동 배출시설 설치의 허가나 신고
18. 「가축분뇨의 관리 및 이용에 관한 법률」 제11조에 따른 배출시설 설치허가나 신고
19. 「자연공원법」 제23조에 따른 행위허가
20. 「도시공원 및 녹지 등에 관한 법률」 제24조에 따른 도시공원의 점용허가
21. 「토양환경보전법」 제12조에 따른 특정토양오염관리대상시설의 신고
22. 「수산자원관리법」 제52조제2항에 따른 행위의 허가
23. 「초지법」 제23조에 따른 초지전용의 허가 및 신고

⑥ 허가권자는 제5항 각 호의 어느 하나에 해당하는 사항이 다른 행정기관의 권한에 속하면 그 행정기관의 장과 미리 협의하여야 하며, 협의 요청을 받은 관계 행정기관의 장은 요청을 받은 날부터 15일 이내에 의견을 제출하여야 한다. 이 경우 관계 행정기관의 장은 제8항에 따른 처리기준이 아닌 사유를 이유로 협의를 거부할 수 없고, 협의 요청을 받은 날부터 15일 이내에 의견을 제출하지 아니하면 협의가 이루어진 것으로 본다. 〈개정 2017. 1. 17.〉

⑦ 허가권자는 제1항에 따른 허가를 받은 자가 다음 각 호의 어느 하나에 해당하면 허가를 취소하여야 한다. 다만, 제1호에 해당하는 경우로서 정당한 사유가 있다고 인정되면 1년의 범위에서 공사의 착수기간을 연장할 수 있다. 〈개정 2014. 1. 14., 2017. 1. 17.〉

1. 허가를 받은 날부터 2년(「산업집적활성화 및 공장설립에 관한 법률」 제13조에 따라 공장의 신설 · 증설 또는 업종변경의 승인을 받은 공장은 3년) 이내에 공사에 착수하지 아니한 경우
2. 제1호의 기간 이내에 공사에 착수하였으나 공사의 완료가 불가능하다고 인정되는 경우
3. 제21조에 따른 착공신고 전에 경매 또는 공매 등으로 건축주가 대지의 소유권을 상실한 때부터 6개월이 경과한 이후 공사의 착수가 불가능하다고 판단되는 경우

⑧ 제5항 각 호의 어느 하나에 해당하는 사항과 제12조제1항의 관계 법령을 관장하는 중앙행정기관의 장은 그 처리기준을 국토교통부장관에게 통보하여야 한다. 처리기준을 변경한 경우에도 또한 같다. 〈개정 2013. 3. 23.〉

⑨ 국토교통부장관은 제8항에 따라 처리기준을 통보받은 때에는 이를 통합하여 고시하여야 한다. 〈개정 2013. 3. 23.〉

⑩ 제4조제1항에 따른 건축위원회의 심의를 받은 자가 심의 결과를 통지 받은 날부터 2년 이내에 건축허가를 신청하지 아니하면 건축위원회 심의의 효력이 상실된다. 〈신설 2011. 5. 30.〉

⑪ 제1항에 따라 건축허가를 받으려는 자는 해당 대지의 소유권을 확보하여야 한다. 다만, 다음 각 호의 어느 하나에 해당하는 경우에는 그러하지 아니하다. 〈신설 2016. 1. 19., 2017. 1. 17.〉

1. 건축주가 대지의 소유권을 확보하지 못하였으나 그 대지를 사용할 수 있는 권원을 확보한 경우. 다만, 분양을 목적으로 하는 공동주택은 제외한다.
2. 건축주가 건축물의 노후화 또는 구조안전 문제 등 대통령령으로 정하는 사유로 건축물을 신축 · 개축 · 재축 및 리모델링을 하기 위하여 건축물 및 해당 대지의 공유자 수의 100분의 80 이상의 동의를 얻고 동의한 공유자의 지분 합계가 전체 지분의 100분의 80 이상인 경우
3. 건축주가 제1항에 따른 건축허가를 받아 주택과 주택 외의 시설을 동일 건축물로 건축하기 위하여 「주택법」 제21조를 준용한 대지 소유 등의 권리 관계를 증명한 경우. 다만, 「주택법」 제15조제1항 각 호 외의 부분 본문에 따른 대통령령으로 정하는 호수 이상으로 건설 · 공급하는 경우에 한정한다.
4. 건축하려는 대지에 포함된 국유지 또는 공유지에 대하여 허가권자가 해당 토지의 관리청이 해당 토지를 건축주에게 매각하거나 양여할 것을 확인한 경우
5. 건축주가 집합건물의 공용부분을 변경하기 위하여 「집합건물의 소유 및 관리에 관한 법률」 제15조제1항에 따른 결의가 있었음을 증명한 경우

제12조 건축복합민원 일괄협의회

① 허가권자는 제11조에 따라 허가를 하려면 해당 용도 · 규모 또는 형태의 건축물을 건축하려는 대지에 건축하는 것이 「국토의 계획 및 이용에 관한 법률」 제54조, 제56조부터 제62조까지 및 제76조부터 제82조까지의 규정과 그 밖에 대통령령으로 정하는 관계 법령의 규정에 맞는지를 확인하고, 제10조제6항 각 호와 같은 조 제7항 또는 제11조제5항 각 호와 같은 조 제6항의 사항을 처리하기 위하여 대통령령으로 정하는 바에 따라 건축복합민원 일괄협의회를 개최하여야 한다.

② 제1항에 따라 확인이 요구되는 법령의 관계 행정기관의 장과 제10조제7항 및 제11조제6항에 따른 관계 행정기관의 장은 소속 공무원을 제1항에 따른 건축복합민원 일괄협의회에 참석하게 하여야 한다.

제13조 건축 공사현장 안전관리 예치금 등

① 제11조에 따라 건축허가를 받은 자는 건축물의 건축공사를 중단하고 장기간 공사현장을 방치할 경우 공사현장의 미관 개선과 안전관리 등 필요한 조치를 하여야 한다.

② 허가권자는 연면적이 1천제곱미터 이상인 건축물(「주택도시기금법」에 따른 주택도시보증공사가 분양보증을 한 건축물, 「건축물의 분양에 관한 법률」 제4조제1항제1호에 따른 분양보증

이나 신탁계약을 체결한 건축물은 제외한다)로서 해당 지방자치단체의 조례로 정하는 건축물에 대하여는 제21조에 따른 착공신고를 하는 건축주(「한국토지주택공사법」에 따른 한국토지주택공사 또는 「지방공기업법」에 따라 건축사업을 수행하기 위하여 설립된 지방공사는 제외한다)에게 장기간 건축물의 공사현장이 방치되는 것에 대비하여 미리 미관 개선과 안전관리에 필요한 비용(대통령령으로 정하는 보증서를 포함하며, 이하 "예치금"이라 한다)을 건축공사비의 1퍼센트의 범위에서 예치하게 할 수 있다. 〈개정 2012. 12. 18., 2014. 5. 28., 2015. 1. 6.〉

③ 허가권자가 예치금을 반환할 때에는 대통령령으로 정하는 이율로 산정한 이자를 포함하여 반환하여야 한다. 다만, 보증서를 예치한 경우에는 그러하지 아니하다.

④ 제2항에 따른 예치금의 산정 · 예치 방법, 반환 등에 관하여 필요한 사항은 해당 지방자치단체의 조례로 정한다.

⑤ 허가권자는 공사현장이 방치되어 도시미관을 저해하고 안전을 위해한다고 판단되면 건축허가를 받은 자에게 건축물 공사현장의 미관과 안전관리를 위한 다음 각 호의 개선을 명할 수 있다. 〈개정 2014. 5. 28.〉

1. 안전펜스 설치 등 안전조치
2. 공사재개 또는 철거 등 정비

⑥ 허가권자는 제5항에 따른 개선명령을 받은 자가 개선을 하지 아니하면 「행정대집행법」으로 정하는 바에 따라 대집행을 할 수 있다. 이 경우 제2항에 따라 건축주가 예치한 예치금을 행정대집행에 필요한 비용에 사용할 수 있으며, 행정대집행에 필요한 비용이 이미 납부한 예치금보다 많을 때에는 「행정대집행법」 제6조에 따라 그 차액을 추가로 징수할 수 있다.

⑦ 허가권자는 방치되는 공사현장의 안전관리를 위하여 긴급한 필요가 있다고 인정하는 경우에는 대통령령으로 정하는 바에 따라 건축주에게 고지한 후 제2항에 따라 건축주가 예치한 예치금을 사용하여 제5항제1호 중 대통령령으로 정하는 조치를 할 수 있다. 〈신설 2014. 5. 28.〉

제13조의2 건축물 안전영향평가

① 허가권자는 초고층 건축물 등 대통령령으로 정하는 주요 건축물에 대하여 제11조에 따른 건축허가를 하기 전에 건축물의 구조안전과 인접 대지의 안전에 미치는 영향 등을 평가하는 건축물 안전영향평가(이하 "안전영향평가"라 한다)를 안전영향평가기관에 의뢰하여 실시하여야 한다.

② 안전영향평가기관은 국토교통부장관이 「공공기관의 운영에 관한 법률」 제4조에 따른 공공기관으로서 건축 관련 업무를 수행하는 기관 중에서 지정하여 고시한다.

③ 안전영향평가 결과는 건축위원회의 심의를 거쳐 확정한다. 이 경우 제4조의2에 따라 건축위원회의 심의를 받아야 하는 건축물은 건축위원회 심의에 안전영향평가 결과를 포함하여 심의할

수 있다.

④ 안전영향평가 대상 건축물의 건축주는 건축허가 신청 시 제출하여야 하는 도서에 안전영향평가 결과를 반영하여야 하며, 건축물의 계획상 반영이 곤란하다고 판단되는 경우에는 그 근거 자료를 첨부하여 허가권자에게 건축위원회의 재심의를 요청할 수 있다.

⑤ 안전영향평가의 검토 항목과 건축주의 안전영향평가 의뢰, 평가 비용 납부 및 처리 절차 등 그 밖에 필요한 사항은 대통령령으로 정한다.

⑥ 허가권자는 제3항 및 제4항의 심의 결과 및 안전영향평가 내용을 국토교통부령으로 정하는 방법에 따라 즉시 공개하여야 한다.

⑦ 안전영향평가를 실시하여야 하는 건축물이 다른 법률에 따라 구조안전과 인접 대지의 안전에 미치는 영향 등을 평가 받은 경우에는 안전영향평가의 해당 항목을 평가 받은 것으로 본다.

[본조신설 2016. 2. 3.]

제14조 건축신고

① 제11조에 해당하는 허가 대상 건축물이라 하더라도 다음 각 호의 어느 하나에 해당하는 경우에는 미리 특별자치시장 · 특별자치도지사 또는 시장 · 군수 · 구청장에게 국토교통부령으로 정하는 바에 따라 신고를 하면 건축허가를 받은 것으로 본다.

〈개정 2009. 2. 6., 2011. 4. 14., 2013. 3. 23., 2014. 1. 14., 2014. 5. 28.〉

1. 바닥면적의 합계가 85제곱미터 이내의 증축 · 개축 또는 재축. 다만, 3층 이상 건축물인 경우에는 증축 · 개축 또는 재축하려는 부분의 바닥면적의 합계가 건축물 연면적의 10분의 1 이내인 경우로 한정한다.
2. 「국토의 계획 및 이용에 관한 법률」에 따른 관리지역, 농림지역 또는 자연환경보전지역에서 연면적이 200제곱미터 미만이고 3층 미만인 건축물의 건축. 다만, 다음 각 목의 어느 하나에 해당하는 구역에서의 건축은 제외한다.
   가. 지구단위계획구역
   나. 방재지구 등 재해취약지역으로서 대통령령으로 정하는 구역
3. 연면적이 200제곱미터 미만이고 3층 미만인 건축물의 대수선
4. 주요구조부의 해체가 없는 등 대통령령으로 정하는 대수선
5. 그 밖에 소규모 건축물로서 대통령령으로 정하는 건축물의 건축

② 제1항에 따른 건축신고에 관하여는 제11조제5항 및 제6항을 준용한다. 〈개정 2014. 5. 28.〉

③ 특별자치시장 · 특별자치도지사 또는 시장 · 군수 · 구청장은 제1항에 따른 신고를 받은 날부터 5일 이내에 신고수리 여부 또는 민원 처리 관련 법령에 따른 처리기간의 연장 여부를 신고인에

게 통지하여야 한다. 다만, 이 법 또는 다른 법령에 따라 심의, 동의, 협의, 확인 등이 필요한 경우에는 20일 이내에 통지하여야 한다. 〈신설 2017. 4. 18.〉

④ 특별자치시장 · 특별자치도지사 또는 시장 · 군수 · 구청장은 제1항에 따른 신고가 제3항 단서에 해당하는 경우에는 신고를 받은 날부터 5일 이내에 신고인에게 그 내용을 통지하여야 한다. 〈신설 2017. 4. 18.〉

⑤ 제1항에 따라 신고를 한 자가 신고일부터 1년 이내에 공사에 착수하지 아니하면 그 신고의 효력은 없어진다. 다만, 건축주의 요청에 따라 허가권자가 정당한 사유가 있다고 인정하면 1년의 범위에서 착수기한을 연장할 수 있다. 〈개정 2016. 1. 19., 2017. 4. 18.〉

제15조 건축주와의 계약 등

① 건축관계자는 건축물이 설계도서에 따라 이 법과 이 법에 따른 명령이나 처분, 그 밖의 관계 법령에 맞게 건축되도록 업무를 성실히 수행하여야 하며, 서로 위법하거나 부당한 일을 하도록 강요하거나 이와 관련하여 어떠한 불이익도 주어서는 아니 된다.

② 건축관계자 간의 책임에 관한 내용과 그 범위는 이 법에서 규정한 것 외에는 건축주와 설계자, 건축주와 공사시공자, 건축주와 공사감리자 간의 계약으로 정한다.

③ 국토교통부장관은 제2항에 따른 계약의 체결에 필요한 표준계약서를 작성하여 보급하고 활용하게 하거나 「건축사법」 제31조에 따른 건축사협회(이하 "건축사협회"라 한다), 「건설산업기본법」 제50조에 따른 건설업자단체로 하여금 표준계약서를 작성하여 보급하고 활용하게 할 수 있다. 〈개정 2013. 3. 23., 2014. 1. 14.〉

제16조 허가와 신고사항의 변경

① 건축주가 제11조나 제14조에 따라 허가를 받았거나 신고한 사항을 변경하려면 변경하기 전에 대통령령으로 정하는 바에 따라 허가권자의 허가를 받거나 특별자치시장 · 특별자치도지사 또는 시장 · 군수 · 구청장에게 신고하여야 한다. 다만, 대통령령으로 정하는 경미한 사항의 변경은 그러하지 아니하다. 〈개정 2014. 1. 14.〉

② 제1항 본문에 따른 허가나 신고사항 중 대통령령으로 정하는 사항의 변경은 제22조에 따른 사용승인을 신청할 때 허가권자에게 일괄하여 신고할 수 있다.

③ 제1항에 따른 허가 사항의 변경허가에 관하여는 제11조제5항 및 제6항을 준용한다. 〈개정 2017. 4. 18.〉

④ 제1항에 따른 신고 사항의 변경신고에 관하여는 제11조제5항 · 제6항 및 제14조제3항 · 제4항을 준용한다. 〈신설 2017. 4. 18.〉

제17조 건축허가 등의 수수료

① 제11조, 제14조, 제16조, 제19조, 제20조 및 제83조에 따라 허가를 신청하거나 신고를 하는 자는 허가권자나 신고수리자에게 수수료를 납부하여야 한다.

② 제1항에 따른 수수료는 국토교통부령으로 정하는 범위에서 해당 지방자치단체의 조례로 정한다. 〈개정 2013. 3. 23.〉

제17조의2 매도청구 등

① 제11조제11항제2호에 따라 건축허가를 받은 건축주는 해당 건축물 또는 대지의 공유자 중 동의하지 아니한 공유자에게 그 공유지분을 시가(市價)로 매도할 것을 청구할 수 있다. 이 경우 매도청구를 하기 전에 매도청구 대상이 되는 공유자와 3개월 이상 협의를 하여야 한다.

② 제1항에 따른 매도청구에 관하여는 「집합건물의 소유 및 관리에 관한 법률」 제48조를 준용한다. 이 경우 구분소유권 및 대지사용권은 매도청구의 대상이 되는 대지 또는 건축물의 공유지분으로 본다.

[본조신설 2016. 1. 19.]

제17조의3 소유자를 확인하기 곤란한 공유지분 등에 대한 처분

① 제11조제11항제2호에 따라 건축허가를 받은 건축주는 해당 건축물 또는 대지의 공유자가 거주하는 곳을 확인하기가 현저히 곤란한 경우에는 전국적으로 배포되는 둘 이상의 일간신문에 두 차례 이상 공고하고, 공고한 날부터 30일 이상이 지났을 때에는 제17조의2에 따른 매도청구 대상이 되는 건축물 또는 대지로 본다.

② 건축주는 제1항에 따른 매도청구 대상 공유지분의 감정평가액에 해당하는 금액을 법원에 공탁(供託)하고 착공할 수 있다.

③ 제2항에 따른 공유지분의 감정평가액은 허가권자가 추천하는 「감정평가 및 감정평가사에 관한 법률」에 따른 감정평가업자 2명 이상이 평가한 금액을 산술평균하여 산정한다. 〈개정 2016. 1. 19.〉

[본조신설 2016. 1. 19.]

제18조 건축허가 제한 등

① 국토교통부장관은 국토관리를 위하여 특히 필요하다고 인정하거나 주무부장관이 국방, 문화재보존, 환경보전 또는 국민경제를 위하여 특히 필요하다고 인정하여 요청하면 허가권자의 건축허가나 허가를 받은 건축물의 착공을 제한할 수 있다. 〈개정 2013. 3. 23.〉

② 특별시장 · 광역시장 · 도지사는 지역계획이나 도시 · 군계획에 특히 필요하다고 인정하면 시장 · 군수 · 구청장의 건축허가나 허가를 받은 건축물의 착공을 제한할 수 있다.

〈개정 2011. 4. 14., 2014. 1. 14.〉

③ 국토교통부장관이나 시 · 도지사는 제1항이나 제2항에 따라 건축허가나 건축허가를 받은 건축물의 착공을 제한하려는 경우에는 「토지이용규제 기본법」 제8조에 따라 주민의견을 청취한 후 건축위원회의 심의를 거쳐야 한다. 〈신설 2014. 5. 28.〉

④ 제1항이나 제2항에 따라 건축허가나 건축물의 착공을 제한하는 경우 제한기간은 2년 이내로 한다. 다만, 1회에 한하여 1년 이내의 범위에서 제한기간을 연장할 수 있다. 〈개정 2014. 5. 28.〉

⑤ 국토교통부장관이나 특별시장 · 광역시장 · 도지사는 제1항이나 제2항에 따라 건축허가나 건축물의 착공을 제한하는 경우 제한 목적 · 기간, 대상 건축물의 용도와 대상 구역의 위치 · 면적 · 경계 등을 상세하게 정하여 허가권자에게 통보하여야 하며, 통보를 받은 허가권자는 지체 없이 이를 공고하여야 한다. 〈개정 2013. 3. 23., 2014. 1. 14., 2014. 5. 28.〉

⑥ 특별시장 · 광역시장 · 도지사는 제2항에 따라 시장 · 군수 · 구청장의 건축허가나 건축물의 착공을 제한한 경우 즉시 국토교통부장관에게 보고하여야 하며, 보고를 받은 국토교통부장관은 제한 내용이 지나치다고 인정하면 해제를 명할 수 있다.

〈개정 2013. 3. 23., 2014. 1. 14., 2014. 5. 28.〉

제19조 용도변경

① 건축물의 용도변경은 변경하려는 용도의 건축기준에 맞게 하여야 한다.

② 제22조에 따라 사용승인을 받은 건축물의 용도를 변경하려는 자는 다음 각 호의 구분에 따라 국토교통부령으로 정하는 바에 따라 특별자치시장 · 특별자치도지사 또는 시장 · 군수 · 구청장의 허가를 받거나 신고를 하여야 한다. 〈개정 2013. 3. 23., 2014. 1. 14.〉

1. 허가 대상: 제4항 각 호의 어느 하나에 해당하는 시설군(施設群)에 속하는 건축물의 용도를 상위군(제4항 각 호의 번호가 용도변경하려는 건축물이 속하는 시설군보다 작은 시설군을 말한다)에 해당하는 용도로 변경하는 경우
2. 신고 대상: 제4항 각 호의 어느 하나에 해당하는 시설군에 속하는 건축물의 용도를 하위군(제4항 각 호의 번호가 용도변경하려는 건축물이 속하는 시설군보다 큰 시설군을 말한다)에 해당하는 용도로 변경하는 경우

③ 제4항에 따른 시설군 중 같은 시설군 안에서 용도를 변경하려는 자는 국토교통부령으로 정하는 바에 따라 특별자치시장 · 특별자치도지사 또는 시장 · 군수 · 구청장에게 건축물대장 기재내용의 변경을 신청하여야 한다. 다만, 대통령령으로 정하는 변경의 경우에는 그러하지 아니하

다. 〈개정 2013. 3. 23., 2014. 1. 14.〉

④ 시설군은 다음 각 호와 같고 각 시설군에 속하는 건축물의 세부 용도는 대통령령으로 정한다.

1. 자동차 관련 시설군
2. 산업 등의 시설군
3. 전기통신시설군
4. 문화 및 집회시설군
5. 영업시설군
6. 교육 및 복지시설군
7. 근린생활시설군
8. 주거업무시설군
9. 그 밖의 시설군

⑤ 제2항에 따른 허가나 신고 대상인 경우로서 용도변경하려는 부분의 바닥면적의 합계가 100제곱미터 이상인 경우의 사용승인에 관하여는 제22조를 준용한다. 다만, 용도변경하려는 부분의 바닥면적의 합계가 500제곱미터 미만으로서 대수선에 해당되는 공사를 수반하지 아니하는 경우에는 그러하지 아니하다. 〈개정 2016. 1. 19.〉

⑥ 제2항에 따른 허가 대상인 경우로서 용도변경하려는 부분의 바닥면적의 합계가 500제곱미터 이상인 용도변경(대통령령으로 정하는 경우는 제외한다)의 설계에 관하여는 제23조를 준용한다.

⑦ 제1항과 제2항에 따른 건축물의 용도변경에 관하여는 제3조, 제5조, 제6조, 제7조, 제11조제2항부터 제9항까지, 제12조, 제14조부터 제16조까지, 제18조, 제20조, 제27조, 제29조, 제35조, 제38조, 제42조부터 제44조까지, 제48조부터 제50조까지, 제50조의2, 제51조부터 제56조까지, 제58조, 제60조부터 제64조까지, 제67조, 제68조, 제78조부터 제87조까지의 규정과 「녹색건축물 조성 지원법」 제15조 및 「국토의 계획 및 이용에 관한 법률」 제54조를 준용한다.

〈개정 2011. 5. 30., 2014. 1. 14., 2014. 5. 28.〉

제19조의2 복수 용도의 인정

① 건축주는 건축물의 용도를 복수로 하여 제11조에 따른 건축허가, 제14조에 따른 건축신고 및 제19조에 따른 용도변경 허가 · 신고 또는 건축물대장 기재내용의 변경 신청을 할 수 있다.

② 허가권자는 제1항에 따라 신청한 복수의 용도가 이 법 및 관계 법령에 정한 건축기준과 입지기준 등에 모두 적합한 경우에 한정하여 국토교통부령으로 정하는 바에 따라 복수 용도를 허용할 수 있다.

[본조신설 2016. 1. 19.]

제20조 가설건축물

① 도시 · 군계획시설 및 도시 · 군계획시설예정지에서 가설건축물을 건축하려는 자는 특별자치시장 · 특별자치도지사 또는 시장 · 군수 · 구청장의 허가를 받아야 한다.

〈개정 2011. 4. 14., 2014. 1. 14.〉

② 특별자치시장 · 특별자치도지사 또는 시장 · 군수 · 구청장은 해당 가설건축물의 건축이 다음 각 호의 어느 하나에 해당하는 경우가 아니면 제1항에 따른 허가를 하여야 한다.

〈신설 2014. 1. 14.〉

1. 「국토의 계획 및 이용에 관한 법률」 제64조에 위배되는 경우
2. 4층 이상인 경우
3. 구조, 존치기간, 설치목적 및 다른 시설 설치 필요성 등에 관하여 대통령령으로 정하는 기준의 범위에서 조례로 정하는 바에 따르지 아니한 경우
4. 그 밖에 이 법 또는 다른 법령에 따른 제한규정을 위반하는 경우

③ 제1항에도 불구하고 재해복구, 흥행, 전람회, 공사용 가설건축물 등 대통령령으로 정하는 용도의 가설건축물을 축조하려는 자는 대통령령으로 정하는 존치 기간, 설치 기준 및 절차에 따라 특별자치시장 · 특별자치도지사 또는 시장 · 군수 · 구청장에게 신고한 후 착공하여야 한다.

〈개정 2014. 1. 14.〉

④ 제3항에 따른 신고에 관하여는 제14조제3항 및 제4항을 준용한다. 〈신설 2017. 4. 18.〉

⑤ 제1항과 제3항에 따른 가설건축물을 건축하거나 축조할 때에는 대통령령으로 정하는 바에 따라 제25조, 제38조부터 제42조까지, 제44조부터 제50조까지, 제50조의2, 제51조부터 제64조까지, 제67조, 제68조와 「녹색건축물 조성 지원법」 제15조 및 「국토의 계획 및 이용에 관한 법률」 제76조 중 일부 규정을 적용하지 아니한다. 〈개정 2014. 1. 14., 2017. 4. 18.〉

⑥ 특별자치시장 · 특별자치도지사 또는 시장 · 군수 · 구청장은 제1항부터 제3항까지의 규정에 따라 가설건축물의 건축을 허가하거나 축조신고를 받은 경우 국토교통부령으로 정하는 바에 따라 가설건축물대장에 이를 기재하여 관리하여야 한다.

〈개정 2013. 3. 23., 2014. 1. 14., 2017. 4. 18.〉

⑦ 제2항 또는 제3항에 따라 가설건축물의 건축허가 신청 또는 축조신고를 받은 때에는 다른 법령에 따른 제한 규정에 대하여 확인이 필요한 경우 관계 행정기관의 장과 미리 협의하여야 하고, 협의 요청을 받은 관계 행정기관의 장은 요청을 받은 날부터 15일 이내에 의견을 제출하여야 한다. 이 경우 관계 행정기관의 장이 협의 요청을 받은 날부터 15일 이내에 의견을 제출하지 아니

하면 협의가 이루어진 것으로 본다. 〈신설 2017. 1. 17., 2017. 4. 18.〉

제21조 착공신고 등

① 제11조 · 제14조 또는 제20조제1항에 따라 허가를 받거나 신고를 한 건축물의 공사를 착수하려는 건축주는 국토교통부령으로 정하는 바에 따라 허가권자에게 공사계획을 신고하여야 한다. 다만, 제36조에 따라 건축물의 철거를 신고할 때 착공 예정일을 기재한 경우에는 그러하지 아니하다. 〈개정 2013. 3. 23.〉

② 제1항에 따라 공사계획을 신고하거나 변경신고를 하는 경우 해당 공사감리자(제25조제1항에 따른 공사감리자를 지정한 경우만 해당된다)와 공사시공자가 신고서에 함께 서명하여야 한다.

③ 허가권자는 제1항 본문에 따른 신고를 받은 날부터 3일 이내에 신고수리 여부 또는 민원 처리 관련 법령에 따른 처리기간의 연장 여부를 신고인에게 통지하여야 한다. 〈신설 2017. 4. 18.〉

④ 허가권자가 제3항에서 정한 기간 내에 신고수리 여부 또는 민원 처리 관련 법령에 따른 처리기간의 연장 여부를 신고인에게 통지하지 아니하면 그 기간이 끝난 날의 다음 날에 신고를 수리한 것으로 본다. 〈신설 2017. 4. 18.〉

⑤ 건축주는 「건설산업기본법」 제41조를 위반하여 건축물의 공사를 하거나 하게 할 수 없다. 〈개정 2017. 4. 18.〉

⑥ 제11조에 따라 허가를 받은 건축물의 건축주는 제1항에 따른 신고를 할 때에는 제15조제2항에 따른 각 계약서의 사본을 첨부하여야 한다. 〈개정 2017. 4. 18.〉

제22조 건축물의 사용승인

① 건축주가 제11조 · 제14조 또는 제20조제1항에 따라 허가를 받았거나 신고를 한 건축물의 건축공사를 완료[하나의 대지에 둘 이상의 건축물을 건축하는 경우 동(棟)별 공사를 완료한 경우를 포함한다]한 후 그 건축물을 사용하려면 제25조제6항에 따라 공사감리자가 작성한 감리완료보고서(같은 조 제1항에 따른 공사감리자를 지정한 경우만 해당된다)와 국토교통부령으로 정하는 공사완료도서를 첨부하여 허가권자에게 사용승인을 신청하여야 한다.

〈개정 2013. 3. 23., 2016. 2. 3.〉

② 허가권자는 제1항에 따른 사용승인신청을 받은 경우 국토교통부령으로 정하는 기간에 다음 각 호의 사항에 대한 검사를 실시하고, 검사에 합격된 건축물에 대하여는 사용승인서를 내주어야 한다. 다만, 해당 지방자치단체의 조례로 정하는 건축물은 사용승인을 위한 검사를 실시하지 아니하고 사용승인서를 내줄 수 있다. 〈개정 2013. 3. 23.〉

1. 사용승인을 신청한 건축물이 이 법에 따라 허가 또는 신고한 설계도서대로 시공되었는지

의 여부

2. 감리완료보고서, 공사완료도서 등의 서류 및 도서가 적합하게 작성되었는지의 여부

③ 건축주는 제2항에 따라 사용승인을 받은 후가 아니면 건축물을 사용하거나 사용하게 할 수 없다. 다만, 다음 각 호의 어느 하나에 해당하는 경우에는 그러하지 아니하다. 〈개정 2013. 3. 23.〉

1. 허가권자가 제2항에 따른 기간 내에 사용승인서를 교부하지 아니한 경우
2. 사용승인서를 교부받기 전에 공사가 완료된 부분이 건폐율, 용적률, 설비, 피난 · 방화 등 국토교통부령으로 정하는 기준에 적합한 경우로서 기간을 정하여 대통령령으로 정하는 바에 따라 임시로 사용의 승인을 한 경우

④ 건축주가 제2항에 따른 사용승인을 받은 경우에는 다음 각 호에 따른 사용승인 · 준공검사 또는 등록신청 등을 받거나 한 것으로 보며, 공장건축물의 경우에는 「산업집적활성화 및 공장설립에 관한 법률」 제14조의2에 따라 관련 법률의 검사 등을 받은 것으로 본다.

〈개정 2009. 1. 30., 2009. 6. 9., 2011. 4. 14., 2011. 5. 30., 2014. 1. 14., 2014. 6. 3., 2017. 1. 17.〉

1. 「하수도법」 제27조에 따른 배수설비(排水設備)의 준공검사 및 같은 법 제37조에 따른 개인하수처리시설의 준공검사
2. 「공간정보의 구축 및 관리 등에 관한 법률」 제64조에 따른 지적공부(地籍公簿)의 변동사항 등록신청
3. 「승강기시설 안전관리법」 제13조에 따른 승강기 완성검사
4. 「에너지이용 합리화법」 제39조에 따른 보일러 설치검사
5. 「전기사업법」 제63조에 따른 전기설비의 사용전검사
6. 「정보통신공사업법」 제36조에 따른 정보통신공사의 사용전검사
7. 「도로법」 제62조제2항에 따른 도로점용 공사의 준공확인
8. 「국토의 계획 및 이용에 관한 법률」 제62조에 따른 개발 행위의 준공검사
9. 「국토의 계획 및 이용에 관한 법률」 제98조에 따른 도시 · 군계획시설사업의 준공검사
10. 「물환경보전법」 제37조에 따른 수질오염물질 배출시설의 가동개시의 신고
11. 「대기환경보전법」 제30조에 따른 대기오염물질 배출시설의 가동개시의 신고
12. 삭제 〈2009. 6. 9.〉

⑤ 허가권자는 제2항에 따른 사용승인을 하는 경우 제4항 각 호의 어느 하나에 해당하는 내용이 포함되어 있으면 관계 행정기관의 장과 미리 협의하여야 한다.

⑥ 특별시장 또는 광역시장은 제2항에 따라 사용승인을 한 경우 지체 없이 그 사실을 군수 또는 구청장에게 알려서 건축물대장에 적게 하여야 한다. 이 경우 건축물대장에는 설계자, 대통령령으로 정하는 주요 공사의 시공자, 공사감리자를 적어야 한다.

제22조 건축물의 사용승인

① 건축주가 제11조 · 제14조 또는 제20조제1항에 따라 허가를 받았거나 신고를 한 건축물의 건축공사를 완료[하나의 대지에 둘 이상의 건축물을 건축하는 경우 동(棟)별 공사를 완료한 경우를 포함한다]한 후 그 건축물을 사용하려면 제25조제6항에 따라 공사감리자가 작성한 감리완료보고서(같은 조 제1항에 따른 공사감리자를 지정한 경우만 해당된다)와 국토교통부령으로 정하는 공사완료도서를 첨부하여 허가권자에게 사용승인을 신청하여야 한다. 〈개정 2013. 3. 23., 2016. 2. 3.〉

② 허가권자는 제1항에 따른 사용승인신청을 받은 경우 국토교통부령으로 정하는 기간에 다음 각 호의 사항에 대한 검사를 실시하고, 검사에 합격된 건축물에 대하여는 사용승인서를 내주어야 한다. 다만, 해당 지방자치단체의 조례로 정하는 건축물은 사용승인을 위한 검사를 실시하지 아니하고 사용승인서를 내줄 수 있다. 〈개정 2013. 3. 23.〉

1. 사용승인을 신청한 건축물이 이 법에 따라 허가 또는 신고한 설계도서대로 시공되었는지의 여부
2. 감리완료보고서, 공사완료도서 등의 서류 및 도서가 적합하게 작성되었는지의 여부

③ 건축주는 제2항에 따라 사용승인을 받은 후가 아니면 건축물을 사용하거나 사용하게 할 수 없다. 다만, 다음 각 호의 어느 하나에 해당하는 경우에는 그러하지 아니하다. 〈개정 2013. 3. 23.〉

1. 허가권자가 제2항에 따른 기간 내에 사용승인서를 교부하지 아니한 경우
2. 사용승인서를 교부받기 전에 공사가 완료된 부분이 건폐율, 용적률, 설비, 피난 · 방화 등 국토교통부령으로 정하는 기준에 적합한 경우로서 기간을 정하여 대통령령으로 정하는 바에 따라 임시로 사용의 승인을 한 경우

④ 건축주가 제2항에 따른 사용승인을 받은 경우에는 다음 각 호에 따른 사용승인 · 준공검사 또는 등록신청 등을 받거나 한 것으로 보며, 공장건축물의 경우에는 「산업집적활성화 및 공장설립에 관한 법률」 제14조의2에 따라 관련 법률의 검사 등을 받은 것으로 본다.
〈개정 2009. 1. 30., 2009. 6. 9., 2011. 4. 14., 2011. 5. 30., 2014. 1. 14., 2014. 6. 3., 2017. 1. 17., 2018. 3. 27.〉

1. 「하수도법」 제27조에 따른 배수설비(排水設備)의 준공검사 및 같은 법 제37조에 따른 개인하수처리시설의 준공검사
2. 「공간정보의 구축 및 관리 등에 관한 법률」 제64조에 따른 지적공부(地籍公簿)의 변동사항 등록신청
3. 「승강기 안전관리법」 제28조에 따른 승강기 설치검사
4. 「에너지이용 합리화법」 제39조에 따른 보일러 설치검사
5. 「전기사업법」 제63조에 따른 전기설비의 사용전검사
6. 「정보통신공사업법」 제36조에 따른 정보통신공사의 사용전검사

7. 「도로법」 제62조제2항에 따른 도로점용 공사의 준공확인

8. 「국토의 계획 및 이용에 관한 법률」 제62조에 따른 개발 행위의 준공검사

9. 「국토의 계획 및 이용에 관한 법률」 제98조에 따른 도시 · 군계획시설사업의 준공검사

10. 「물환경보전법」 제37조에 따른 수질오염물질 배출시설의 가동개시의 신고

11. 「대기환경보전법」 제30조에 따른 대기오염물질 배출시설의 가동개시의 신고

12. 삭제 〈2009. 6. 9.〉

⑤ 허가권자는 제2항에 따른 사용승인을 하는 경우 제4항 각 호의 어느 하나에 해당하는 내용이 포함되어 있으면 관계 행정기관의 장과 미리 협의하여야 한다.

⑥ 특별시장 또는 광역시장은 제2항에 따라 사용승인을 한 경우 지체 없이 그 사실을 군수 또는 구청장에게 알려서 건축물대장에 적게 하여야 한다. 이 경우 건축물대장에는 설계자, 대통령령으로 정하는 주요 공사의 시공자, 공사감리자를 적어야 한다.

[시행일 : 2019.3.28.] 제22조

제23조 건축물의 설계

① 제11조제1항에 따라 건축허가를 받아야 하거나 제14조제1항에 따라 건축신고를 하여야 하는 건축물 또는 「주택법」 제66조제1항 또는 제2항에 따른 리모델링을 하는 건축물의 건축등을 위한 설계는 건축사가 아니면 할 수 없다. 다만, 다음 각 호의 어느 하나에 해당하는 경우에는 그러하지 아니하다. 〈개정 2014. 5. 28., 2016. 1. 19.〉

1. 바닥면적의 합계가 85제곱미터 미만인 증축 · 개축 또는 재축

2. 연면적이 200제곱미터 미만이고 층수가 3층 미만인 건축물의 대수선

3. 그 밖에 건축물의 특수성과 용도 등을 고려하여 대통령령으로 정하는 건축물의 건축등

② 설계자는 건축물이 이 법과 이 법에 따른 명령이나 처분, 그 밖의 관계 법령에 맞고 안전 · 기능 및 미관에 지장이 없도록 설계하여야 하며, 국토교통부장관이 정하여 고시하는 설계도서 작성기준에 따라 설계도서를 작성하여야 한다. 다만, 해당 건축물의 공법(工法) 등이 특수한 경우로서 국토교통부령으로 정하는 바에 따라 건축위원회의 심의를 거친 때에는 그러하지 아니하다. 〈개정 2013. 3. 23.〉

③ 제2항에 따라 설계도서를 작성한 설계자는 설계가 이 법과 이 법에 따른 명령이나 처분, 그 밖의 관계 법령에 맞게 작성되었는지를 확인한 후 설계도서에 서명날인하여야 한다.

④ 국토교통부장관이 국토교통부령으로 정하는 바에 따라 작성하거나 인정하는 표준설계도서나 특수한 공법을 적용한 설계도서에 따라 건축물을 건축하는 경우에는 제1항을 적용하지 아니한다. 〈개정 2013. 3. 23.〉

제24조 건축시공

① 공사시공자는 제15조제2항에 따른 계약대로 성실하게 공사를 수행하여야 하며, 이 법과 이 법에 따른 명령이나 처분, 그 밖의 관계 법령에 맞게 건축물을 건축하여 건축주에게 인도하여야 한다.

② 공사시공자는 건축물(건축허가나 용도변경허가 대상인 것만 해당된다)의 공사현장에 설계도서를 갖추어 두어야 한다.

③ 공사시공자는 설계도서가 이 법과 이 법에 따른 명령이나 처분, 그 밖의 관계 법령에 맞지 아니하거나 공사의 여건상 불합리하다고 인정되면 건축주와 공사감리자의 동의를 받아 서면으로 설계자에게 설계를 변경하도록 요청할 수 있다. 이 경우 설계자는 정당한 사유가 없으면 요청에 따라야 한다.

④ 공사시공자는 공사를 하는 데에 필요하다고 인정하거나 제25조제5항에 따라 공사감리자로부터 상세시공도면을 작성하도록 요청을 받으면 상세시공도면을 작성하여 공사감리자의 확인을 받아야 하며, 이에 따라 공사를 하여야 한다. 〈개정 2016. 2. 3.〉

⑤ 공사시공자는 건축허가나 용도변경허가가 필요한 건축물의 건축공사를 착수한 경우에는 해당 건축공사의 현장에 국토교통부령으로 정하는 바에 따라 건축허가 표지판을 설치하여야 한다. 〈개정 2013. 3. 23.〉

⑥ 「건설산업기본법」 제41조제1항 각 호에 해당하지 아니하는 건축물의 건축주는 공사 현장의 공정 및 안전을 관리하기 위하여 같은 법 제2조제15호에 따른 건설기술인 1명을 현장관리인으로 지정하여야 한다. 이 경우 현장관리인은 국토교통부령으로 정하는 바에 따라 공정 및 안전 관리 업무를 수행하여야 하며, 건축주의 승낙을 받지 아니하고는 정당한 사유 없이 그 공사 현장을 이탈하여서는 아니 된다. 〈신설 2016. 2. 3., 2018. 8. 14.〉

⑦ 공동주택, 종합병원, 관광숙박시설 등 대통령령으로 정하는 용도 및 규모의 건축물의 공사시공자는 건축주, 공사감리자 및 허가권자가 설계도서에 따라 적정하게 공사되었는지를 확인할 수 있도록 공사의 공정이 대통령령으로 정하는 진도에 다다른 때마다 사진 및 동영상을 촬영하고 보관하여야 한다. 이 경우 촬영 및 보관 등 그 밖에 필요한 사항은 국토교통부령으로 정한다. 〈신설 2016. 2. 3.〉

제24조의2 건축자재의 제조 및 유통 관리

① 제조업자 및 유통업자는 건축물의 안전과 기능 등에 지장을 주지 아니하도록 건축자재를 제조 · 보관 및 유통하여야 한다.

② 국토교통부장관, 시 · 도지사 및 시장 · 군수 · 구청장은 건축물의 구조 및 재료의 기준 등이 공

사현장에서 준수되고 있는지를 확인하기 위하여 제조업자 및 유통업자에게 필요한 자료의 제출을 요구하거나 건축공사장, 제조업자의 제조현장 및 유통업자의 유통장소 등을 점검할 수 있으며 필요한 경우에는 시료를 채취하여 성능 확인을 위한 시험을 할 수 있다.

③ 국토교통부장관, 시 · 도지사 및 시장 · 군수 · 구청장은 제2항의 점검을 통하여 위법 사실을 확인한 경우 대통령령으로 정하는 바에 따라 공사 중단, 사용 중단 등의 조치를 하거나 관계 기관에 대하여 관계 법률에 따른 영업정지 등의 요청을 할 수 있다.

④ 국토교통부장관, 시 · 도지사, 시장 · 군수 · 구청장은 제2항의 점검업무를 대통령령으로 정하는 전문기관으로 하여금 대행하게 할 수 있다.

⑤ 제2항에 따른 점검에 관한 절차 등에 관하여 필요한 사항은 국토교통부령으로 정한다.

[본조신설 2016. 2. 3.]

제25조 건축물의 공사감리

① 건축주는 대통령령으로 정하는 용도 · 규모 및 구조의 건축물을 건축하는 경우 건축사나 대통령령으로 정하는 자를 공사감리자(공사시공자 본인 및 「독점규제 및 공정거래에 관한 법률」 제2조에 따른 계열회사는 제외한다)로 지정하여 공사감리를 하게 하여야 한다.

〈개정 2016. 2. 3.〉

② 제1항에도 불구하고 「건설산업기본법」 제41조제1항 각 호에 해당하지 아니하는 소규모 건축물로서 건축주가 직접 시공하는 건축물 및 주택으로 사용하는 건축물 중 대통령령으로 정하는 건축물의 경우에는 대통령령으로 정하는 바에 따라 허가권자가 해당 건축물의 설계에 참여하지 아니한 자 중에서 공사감리자를 지정하여야 한다. 다만, 다음 각 호의 어느 하나에 해당하는 건축물의 건축주가 국토교통부령으로 정하는 바에 따라 허가권자에게 신청하는 경우에는 해당 건축물을 설계한 자를 공사감리자로 지정할 수 있다. 〈신설 2016. 2. 3., 2018. 8. 14.〉

1. 「건설기술 진흥법」 제14조에 따른 신기술을 적용하여 설계한 건축물
2. 「건축서비스산업 진흥법」 제13조제4항에 따른 역량 있는 건축사가 설계한 건축물
3. 설계공모를 통하여 설계한 건축물

③ 공사감리자는 공사감리를 할 때 이 법과 이 법에 따른 명령이나 처분, 그 밖의 관계 법령에 위반된 사항을 발견하거나 공사시공자가 설계도서대로 공사를 하지 아니하면 이를 건축주에게 알린 후 공사시공자에게 시정하거나 재시공하도록 요청하여야 하며, 공사시공자가 시정이나 재시공 요청에 따르지 아니하면 서면으로 그 건축공사를 중지하도록 요청할 수 있다. 이 경우 공사중지를 요청받은 공사시공자는 정당한 사유가 없으면 즉시 공사를 중지하여야 한다.

〈개정 2016. 2. 3.〉

④ 공사감리자는 제3항에 따라 공사시공자가 시정이나 재시공 요청을 받은 후 이에 따르지 아니하거나 공사중지 요청을 받고도 공사를 계속하면 국토교통부령으로 정하는 바에 따라 이를 허가권자에게 보고하여야 한다. 〈개정 2013. 3. 23., 2016. 2. 3.〉

⑤ 대통령령으로 정하는 용도 또는 규모의 공사의 공사감리자는 필요하다고 인정하면 공사시공자에게 상세시공도면을 작성하도록 요청할 수 있다. 〈개정 2016. 2. 3.〉

⑥ 공사감리자는 국토교통부령으로 정하는 바에 따라 감리일지를 기록 · 유지하여야 하고, 공사의 공정(工程)이 대통령령으로 정하는 진도에 다다른 경우에는 감리중간보고서를, 공사를 완료한 경우에는 감리완료보고서를 국토교통부령으로 정하는 바에 따라 각각 작성하여 건축주에게 제출하여야 하며, 건축주는 제22조에 따른 건축물의 사용승인을 신청할 때 중간감리보고서와 감리완료보고서를 첨부하여 허가권자에게 제출하여야 한다. 〈개정 2013. 3. 23., 2016. 2. 3.〉

⑦ 건축주나 공사시공자는 제3항과 제4항에 따라 위반사항에 대한 시정이나 재시공을 요청하거나 위반사항을 허가권자에게 보고한 공사감리자에게 이를 이유로 공사감리자의 지정을 취소하거나 보수의 지급을 거부하거나 지연시키는 등 불이익을 주어서는 아니 된다. 〈개정 2016. 2. 3.〉

⑧ 제1항에 따른 공사감리의 방법 및 범위 등은 건축물의 용도 · 규모 등에 따라 대통령령으로 정하되, 이에 따른 세부기준이 필요한 경우에는 국토교통부장관이 정하거나 건축사협회로 하여금 국토교통부장관의 승인을 받아 정하도록 할 수 있다. 〈개정 2013. 3. 23., 2016. 2. 3.〉

⑨ 국토교통부장관은 제8항에 따라 세부기준을 정하거나 승인을 한 경우 이를 고시하여야 한다. 〈개정 2013. 3. 23., 2016. 2. 3.〉

⑩ 「주택법」 제15조에 따른 사업계획 승인 대상과 「건설기술 진흥법」 제39조제2항에 따라 건설사업관리를 하게 하는 건축물의 공사감리는 제1항부터 제9항까지 및 제11항부터 제14항까지의 규정에도 불구하고 각각 해당 법령으로 정하는 바에 따른다.
〈개정 2013. 5. 22., 2016. 1. 19., 2016. 2. 3., 2018. 8. 14.〉

⑪ 제2항에 따라 허가권자가 공사감리자를 지정하는 건축물의 건축주는 제21조에 따른 착공신고를 하는 때에 감리비용이 명시된 감리 계약서를 허가권자에게 제출하여야 하고, 제22조에 따른 사용승인을 신청하는 때에는 감리용역 계약내용에 따라 감리비용을 지불하여야 한다. 이 경우 허가권자는 감리 계약서에 따라 감리비용이 지불되었는지를 확인한 후 사용승인을 하여야 한다. 〈신설 2016. 2. 3.〉

⑫ 제2항에 따라 허가권자가 공사감리자를 지정하는 건축물의 건축주는 설계자의 설계의도가 구현되도록 해당 건축물의 설계자를 건축과정에 참여시켜야 한다. 이 경우 「건축서비스산업 진흥법」 제22조를 준용한다. 〈신설 2018. 8. 14.〉

⑬ 제12항에 따라 설계자를 건축과정에 참여시켜야 하는 건축주는 제21조에 따른 착공신고를 하

는 때에 해당 계약서 등 대통령령으로 정하는 서류를 허가권자에게 제출하여야 한다.

〈신설 2018. 8. 14.〉

⑭ 허가권자는 제11항의 감리비용에 관한 기준을 해당 지방자치단체의 조례로 정할 수 있다.

〈신설 2016. 2. 3., 2018. 8. 14.〉

제25조의2 건축관계자등에 대한 업무제한

① 허가권자는 설계자, 공사시공자, 공사감리자 및 관계전문기술자(이하 "건축관계자등"이라 한다)가 대통령령으로 정하는 주요 건축물에 대하여 제21조에 따른 착공신고 시부터 「건설산업기본법」 제28조에 따른 하자담보책임 기간에 제40조, 제41조, 제48조, 제50조 및 제51조를 위반하거나 중대한 과실로 건축물의 기초 및 주요구조부에 중대한 손괴를 일으켜 사람을 사망하게 한 경우에는 1년 이내의 기간을 정하여 이 법에 의한 업무를 수행할 수 없도록 업무정지를 명할 수 있다.

② 허가권자는 건축관계자등이 제40조, 제41조, 제48조, 제49조, 제50조, 제50조의2, 제51조, 제52조 및 제52조의3을 위반하여 건축물의 기초 및 주요구조부에 중대한 손괴를 일으켜 대통령령으로 정하는 규모 이상의 재산상의 피해가 발생한 경우(제1항에 해당하는 위반행위는 제외한다)에는 다음 각 호에서 정하는 기간 이내의 범위에서 다중이용건축물 등 대통령령으로 정하는 주요 건축물에 대하여 이 법에 의한 업무를 수행할 수 없도록 업무정지를 명할 수 있다.

1. 최초로 위반행위가 발생한 경우: 업무정지일부터 6개월
2. 2년 이내에 동일한 현장에서 위반행위가 다시 발생한 경우: 다시 업무정지를 받는 날부터 1년

③ 허가권자는 건축관계자등이 제40조, 제41조, 제48조, 제49조, 제50조, 제50조의2, 제51조, 제52조 및 제52조의3을 위반한 경우(제1항 및 제2항에 해당하는 위반행위는 제외한다)와 제28조를 위반하여 가설시설물이 붕괴된 경우에는 기간을 정하여 시정을 명하거나 필요한 지시를 할 수 있다.

④ 허가권자는 제3항에 따른 시정명령 등에도 불구하고 특별한 이유 없이 이를 이행하지 아니한 경우에는 다음 각 호에서 정하는 기간 이내의 범위에서 이 법에 의한 업무를 수행할 수 없도록 업무정지를 명할 수 있다.

1. 최초의 위반행위가 발생하여 허가권자가 지정한 시정기간 동안 특별한 사유 없이 시정하지 아니하는 경우: 업무정지일부터 3개월
2. 2년 이내에 제3항에 따른 위반행위가 동일한 현장에서 2차례 발생한 경우: 업무정지일부터 3개월

3. 2년 이내에 제3항에 따른 위반행위가 동일한 현장에서 3차례 발생한 경우: 업무정지일부터 1년

⑤ 허가권자는 제4항에 따른 업무정지처분을 갈음하여 다음 각 호의 구분에 따라 건축관계자등에게 과징금을 부과할 수 있다.

1. 제4항제1호 또는 제2호에 해당하는 경우: 3억원 이하
2. 제4항제3호에 해당하는 경우: 10억원 이하

⑥ 건축관계자등은 제1항, 제2항 또는 제4항에 따른 업무정지처분에도 불구하고 그 처분을 받기 전에 계약을 체결하였거나 관계 법령에 따라 허가, 인가 등을 받아 착수한 업무는 제22조에 따른 사용승인을 받은 때까지 계속 수행할 수 있다.

⑦ 제1항부터 제5항까지에 해당하는 조치는 그 소속 법인 또는 단체에게도 동일하게 적용한다. 다만, 소속 법인 또는 단체가 위반행위를 방지하기 위하여 해당 업무에 관하여 상당한 주의와 감독을 게을리하지 아니한 경우에는 그러하지 아니하다.

⑧ 제1항부터 제5항까지의 조치는 관계 법률에 따라 건축허가를 의제하는 경우의 건축관계자등에게 동일하게 적용한다.

⑨ 허가권자는 제1항부터 제5항까지의 조치를 한 경우 그 내용을 국토교통부장관에게 통보하여야 한다.

⑩ 국토교통부장관은 제9항에 따라 통보된 사항을 종합관리하고, 허가권자가 해당 건축관계자등과 그 소속 법인 또는 단체를 알 수 있도록 국토교통부령으로 정하는 바에 따라 공개하여야 한다.

⑪ 건축관계자등, 소속 법인 또는 단체에 대한 업무정지처분을 하려는 경우에는 청문을 하여야 한다.

[본조신설 2016. 2. 3.]

제26조 허용 오차

대지의 측량(「공간정보의 구축 및 관리 등에 관한 법률」에 따른 지적측량은 제외한다)이나 건축물의 건축 과정에서 부득이하게 발생하는 오차는 이 법을 적용할 때 국토교통부령으로 정하는 범위에서 허용한다. 〈개정 2009. 6. 9., 2013. 3. 23., 2014. 6. 3.〉

제27조 현장조사 · 검사 및 확인업무의 대행

① 허가권자는 이 법에 따른 현장조사 · 검사 및 확인업무를 대통령령으로 정하는 바에 따라 「건축사법」 제23조에 따라 건축사사무소개설신고를 한 자에게 대행하게 할 수 있다.

〈개정 2014. 1. 14., 2014. 5. 28.〉

② 제1항에 따라 업무를 대행하는 자는 현장조사 · 검사 또는 확인결과를 국토교통부령으로 정하는 바에 따라 허가권자에게 서면으로 보고하여야 한다. 〈개정 2013. 3. 23.〉

③ 허가권자는 제1항에 따른 자에게 업무를 대행하게 한 경우 국토교통부령으로 정하는 범위에서 해당 지방자치단체의 조례로 정하는 수수료를 지급하여야 한다. 〈개정 2013. 3. 23.〉

제28조 공사현장의 위해 방지 등

① 건축물의 공사시공자는 대통령령으로 정하는 바에 따라 공사현장의 위해를 방지하기 위하여 필요한 조치를 하여야 한다.

② 허가권자는 건축물의 공사와 관련하여 건축관계자간 분쟁상담 등의 필요한 조치를 하여야 한다.

제29조 공용건축물에 대한 특례

① 국가나 지방자치단체는 제11조, 제14조, 제19조, 제20조 및 제83조에 따른 건축물을 건축 · 대수선 · 용도변경하거나 가설건축물을 건축하거나 공작물을 축조하려는 경우에는 대통령령으로 정하는 바에 따라 미리 건축물의 소재지를 관할하는 허가권자와 협의하여야 한다.

〈개정 2011. 5. 30.〉

② 국가나 지방자치단체가 제1항에 따라 건축물의 소재지를 관할하는 허가권자와 협의한 경우에는 제11조, 제14조, 제19조, 제20조 및 제83조에 따른 허가를 받았거나 신고한 것으로 본다.

〈개정 2011. 5. 30.〉

③ 제1항에 따라 협의한 건축물에는 제22조제1항부터 제3항까지의 규정을 적용하지 아니한다. 다만, 건축물의 공사가 끝난 경우에는 지체 없이 허가권자에게 통보하여야 한다.

④ 국가나 지방자치단체가 소유한 대지의 지상 또는 지하 여유공간에 구분지상권을 설정하여 주민편의시설 등 대통령령으로 정하는 시설을 설치하고자 하는 경우 허가권자는 구분지상권자를 건축주로 보고 구분지상권이 설정된 부분을 제2조제1항제1호의 대지로 보아 건축허가를 할 수 있다. 이 경우 구분지상권 설정의 대상 및 범위, 기간 등은 「국유재산법」 및 「공유재산 및 물품 관리법」에 적합하여야 한다. 〈신설 2016. 1. 19.〉

제30조 건축통계 등

① 허가권자는 다음 각 호의 사항(이하 "건축통계"라 한다)을 국토교통부령으로 정하는 바에 따라 국토교통부장관이나 시 · 도지사에게 보고하여야 한다. 〈개정 2013. 3. 23.〉

1. 제11조에 따른 건축허가 현황
2. 제14조에 따른 건축신고 현황

3. 제19조에 따른 용도변경허가 및 신고 현황

4. 제21조에 따른 착공신고 현황

5. 제22조에 따른 사용승인 현황

6. 그 밖에 대통령령으로 정하는 사항

② 건축통계의 작성 등에 필요한 사항은 국토교통부령으로 정한다. 〈개정 2013. 3. 23.〉

제31조 건축행정 전산화

① 국토교통부장관은 이 법에 따른 건축행정 관련 업무를 전산처리하기 위하여 종합적인 계획을 수립 · 시행할 수 있다. 〈개정 2013. 3. 23.〉

② 허가권자는 제10조, 제11조, 제14조, 제16조, 제19조부터 제22조까지, 제25조, 제29조, 제30조, 제35조, 제36조, 제38조, 제83조 및 제92조에 따른 신청서, 신고서, 첨부서류, 통지, 보고 등을 디스켓, 디스크 또는 정보통신망 등으로 제출하게 할 수 있다.

제32조 건축허가 업무 등의 전산처리 등

① 허가권자는 건축허가 업무 등의 효율적인 처리를 위하여 국토교통부령으로 정하는 바에 따라 전자정보처리 시스템을 이용하여 이 법에 규정된 업무를 처리할 수 있다. 〈개정 2013. 3. 23.〉

② 제1항에 따른 전자정보처리 시스템에 따라 처리된 자료(이하 "전산자료"라 한다)를 이용하려는 자는 대통령령으로 정하는 바에 따라 관계 중앙행정기관의 장의 심사를 거쳐 다음 각 호의 구분에 따라 국토교통부장관, 시 · 도지사 또는 시장 · 군수 · 구청장의 승인을 받아야 한다. 다만, 지방자치단체의 장이 승인을 신청하는 경우에는 관계 중앙행정기관의 장의 심사를 받지 아니한다. 〈개정 2013. 3. 23., 2014. 1. 14.〉

1. 전국 단위의 전산자료: 국토교통부장관

2. 특별시 · 광역시 · 특별자치시 · 도 · 특별자치도(이하 "시 · 도"라 한다) 단위의 전산자료: 시 · 도지사

3. 시 · 군 또는 구(자치구를 말한다) 단위의 전산자료: 시장 · 군수 · 구청장

③ 국토교통부장관, 시 · 도지사 또는 시장 · 군수 · 구청장이 제2항에 따른 승인신청을 받은 경우에는 건축허가 업무 등의 효율적인 처리에 지장이 없고 대통령령으로 정하는 건축주 등의 개인정보 보호기준을 위반하지 아니한다고 인정되는 경우에만 승인할 수 있다. 이 경우 용도를 한정하여 승인할 수 있다. 〈개정 2013. 3. 23.〉

④ 제2항 및 제3항에도 불구하고 건축물의 소유자가 본인 소유의 건축물에 대한 소유 정보를 신청하거나 건축물의 소유자가 사망하여 그 상속인이 피상속인의 건축물에 대한 소유 정보를 신청

하는 경우에는 승인 및 심사를 받지 아니할 수 있다. 〈신설 2017. 10. 24.〉

⑤ 제2항에 따른 승인을 받아 전산자료를 이용하려는 자는 사용료를 내야 한다.

〈개정 2017. 10. 24.〉

⑥ 제1항부터 제5항까지의 규정에 따른 전자정보처리 시스템의 운영에 관한 사항, 전산자료의 이용 대상 범위와 심사기준, 승인절차, 사용료 등에 관하여 필요한 사항은 대통령령으로 정한다.

〈개정 2017. 10. 24.〉

제33조 전산자료의 이용자에 대한 지도 · 감독

① 국토교통부장관, 시 · 도지사 또는 시장 · 군수 · 구청장은 필요하다고 인정되면 전산자료의 보유 또는 관리 등에 관한 사항에 관하여 제32조에 따라 전산자료를 이용하는 자를 지도 · 감독할 수 있다. 〈개정 2013. 3. 23.〉

② 제1항에 따른 지도 · 감독의 대상 및 절차 등에 관하여 필요한 사항은 대통령령으로 정한다.

제34조 건축종합민원실의 설치

특별자치시장 · 특별자치도지사 또는 시장 · 군수 · 구청장은 대통령령으로 정하는 바에 따라 건축허가, 건축신고, 사용승인 등 건축과 관련된 민원을 종합적으로 접수하여 처리할 수 있는 민원실을 설치 · 운영하여야 한다. 〈개정 2014. 1. 14.〉

제3장 건축물의 유지와 관리

제35조 건축물의 유지 · 관리

① 건축물의 소유자나 관리자는 건축물, 대지 및 건축설비를 제40조부터 제50조까지, 제50조의2, 제51조부터 제58조까지, 제60조부터 제64조까지, 제65조의2, 제67조 및 제68조와 「녹색건축물 조성 지원법」 제15조부터 제17조까지의 규정에 적합하도록 유지 · 관리하여야 한다. 이 경우 제65조의2 및 「녹색건축물 조성 지원법」 제16조 · 제17조는 인증을 받은 경우로 한정한다.

〈개정 2011. 5. 30., 2014. 1. 14., 2014. 5. 28.〉

② 건축물의 소유자나 관리자는 건축물의 유지 · 관리를 위하여 대통령령으로 정하는 바에 따라 정기점검 및 수시점검을 실시하고, 그 결과를 허가권자에게 보고하여야 한다. 〈신설 2012. 1. 17.〉

③ 허가권자는 제2항에 따른 점검 대상이 아닌 건축물 중에서 안전에 취약하거나 재난의 위험이 있다고 판단되는 소규모 노후 건축물 등 대통령령으로 정하는 건축물에 대하여 직권으로 안전점검을 할 수 있고, 해당 건축물의 소유자나 관리자에게 안전점검을 요구할 수 있으며, 이 경우 신속한 안전점검이 필요한 때에는 안전점검에 드는 비용을 지원할 수 있다. 〈신설 2016. 2. 3.〉

④ 제1항부터 제3항까지에 따른 건축물 유지 · 관리의 기준 및 절차 등에 관하여 필요한 사항은 대통령령으로 정한다. 〈개정 2012. 1. 17., 2016. 2. 3.〉

제35조의2 주택의 유지 · 관리 지원

① 시 · 도지사 및 시장 · 군수 · 구청장은 단독주택 및 공동주택(「공동주택관리법」 제2조제1항 제2호에 따른 의무관리대상 공동주택은 제외한다)의 소유자나 관리자가 제35조제1항에 따라 효율적으로 건축물을 유지 · 관리할 수 있도록 건축물의 점검 및 개량 · 보수에 대한 기술지원, 정보제공, 융자 및 보조 등을 할 수 있다. 다만, 융자 및 보조에 대하여는 사용승인 후 20년 이상 된 단독주택으로서 해당 지방자치단체의 조례로 정하는 건축물에 한정한다.

〈개정 2015. 8. 11., 2017. 1. 17., 2017. 4. 18.〉

② 삭제 〈2017. 4. 18.〉

③ 삭제 〈2017. 4. 18.〉

[본조신설 2014. 5. 28.]

제36조 건축물의 철거 등의 신고

① 건축물의 소유자나 관리자는 건축물을 철거하려면 철거를 하기 전에 특별자치시장 · 특별자치도지사 또는 시장 · 군수 · 구청장에게 신고하여야 한다. 〈개정 2014. 1. 14.〉

② 건축물의 소유자나 관리자는 건축물이 재해로 멸실된 경우 멸실 후 30일 이내에 신고하여야 한다.

③ 제1항과 제2항에 따른 신고의 대상이 되는 건축물과 신고 절차 등에 관하여는 국토교통부령으로 정한다. 〈개정 2013. 3. 23.〉

제37조 건축지도원

① 특별자치시장 · 특별자치도지사 또는 시장 · 군수 · 구청장은 이 법 또는 이 법에 따른 명령이나 처분에 위반되는 건축물의 발생을 예방하고 건축물을 적법하게 유지 · 관리하도록 지도하기 위하여 대통령령으로 정하는 바에 따라 건축지도원을 지정할 수 있다. 〈개정 2014. 1. 14.〉

② 제1항에 따른 건축지도원의 자격과 업무 범위 등은 대통령령으로 정한다.

제38조 건축물대장

① 특별자치시장 · 특별자치도지사 또는 시장 · 군수 · 구청장은 건축물의 소유 · 이용 및 유지 · 관리 상태를 확인하거나 건축정책의 기초 자료로 활용하기 위하여 다음 각 호의 어느 하나에 해당하면 건축물대장에 건축물과 그 대지의 현황 및 국토교통부령으로 정하는 건축물의 구조내력(構造耐力)에 관한 정보를 적어서 보관하고 이를 지속적으로 정비하여야 한다.

〈개정 2012. 1. 17., 2014. 1. 14., 2015. 1. 6., 2017. 10. 24.〉

1. 제22조제2항에 따라 사용승인서를 내준 경우
2. 제11조에 따른 건축허가 대상 건축물(제14조에 따른 신고 대상 건축물을 포함한다) 외의 건축물의 공사를 끝낸 후 기재를 요청한 경우
3. 제35조에 따른 건축물의 유지 · 관리에 관한 사항
4. 그 밖에 대통령령으로 정하는 경우

② 특별자치시장 · 특별자치도지사 또는 시장 · 군수 · 구청장은 건축물대장의 작성 · 보관 및 정비를 위하여 필요한 자료나 정보의 제공을 중앙행정기관의 장 또는 지방자치단체의 장에게 요청할 수 있다. 이 경우 자료나 정보의 제공을 요청받은 기관의 장은 특별한 사유가 없으면 그 요청에 따라야 한다. 〈신설 2017. 10. 24.〉

③ 제1항 및 제2항에 따른 건축물대장의 서식, 기재 내용, 기재 절차, 그 밖에 필요한 사항은 국토교통부령으로 정한다. 〈개정 2013. 3. 23., 2017. 10. 24.〉

제39조 등기촉탁

① 특별자치시장 · 특별자치도지사 또는 시장 · 군수 · 구청장은 다음 각 호의 어느 하나에 해당하는 사유로 건축물대장의 기재 내용이 변경되는 경우(제2호의 경우 신규 등록은 제외한다) 관할 등기소에 그 등기를 촉탁하여야 한다. 이 경우 제1호와 제4호의 등기촉탁은 지방자치단체가 자기를 위하여 하는 등기로 본다. 〈개정 2014. 1. 14., 2017. 1. 17.〉

1. 지번이나 행정구역의 명칭이 변경된 경우
2. 제22조에 따른 사용승인을 받은 건축물로서 사용승인 내용 중 건축물의 면적 · 구조 · 용도 및 층수가 변경된 경우
3. 제36조제1항에 따른 건축물의 철거신고에 따라 철거한 경우
4. 제36조제2항에 따른 건축물의 멸실 후 멸실신고를 한 경우

② 제1항에 따른 등기촉탁의 절차에 관하여 필요한 사항은 국토교통부령으로 정한다. 〈개정 2013. 3. 23.〉

제4장 건축물의 대지와 도로

제40조 대지의 안전 등

① 대지는 인접한 도로면보다 낮아서는 아니 된다. 다만, 대지의 배수에 지장이 없거나 건축물의 용도상 방습(防濕)의 필요가 없는 경우에는 인접한 도로면보다 낮아도 된다.

② 습한 토지, 물이 나올 우려가 많은 토지, 쓰레기, 그 밖에 이와 유사한 것으로 매립된 토지에 건축물을 건축하는 경우에는 성토(盛土), 지반 개량 등 필요한 조치를 하여야 한다.

③ 대지에는 빗물과 오수를 배출하거나 처리하기 위하여 필요한 하수관, 하수구, 저수탱크, 그 밖에 이와 유사한 시설을 하여야 한다.

④ 손궤(損潰: 무너져 내림)의 우려가 있는 토지에 대지를 조성하려면 국토교통부령으로 정하는 바에 따라 옹벽을 설치하거나 그 밖에 필요한 조치를 하여야 한다. 〈개정 2013. 3. 23.〉

제41조 토지 굴착 부분에 대한 조치 등

① 공사시공자는 대지를 조성하거나 건축공사를 하기 위하여 토지를 굴착 · 절토(切土) · 매립(埋立) 또는 성토 등을 하는 경우 그 변경 부분에는 국토교통부령으로 정하는 바에 따라 공사 중 비탈면 붕괴, 토사 유출 등 위험 발생의 방지, 환경 보존, 그 밖에 필요한 조치를 한 후 해당 공사현장에 그 사실을 게시하여야 한다. 〈개정 2013. 3. 23., 2014. 5. 28.〉

② 허가권자는 제1항을 위반한 자에게 의무이행에 필요한 조치를 명할 수 있다.

제42조 대지의 조경

① 면적이 200제곱미터 이상인 대지에 건축을 하는 건축주는 용도지역 및 건축물의 규모에 따라 해당 지방자치단체의 조례로 정하는 기준에 따라 대지에 조경이나 그 밖에 필요한 조치를 하여야 한다. 다만, 조경이 필요하지 아니한 건축물로서 대통령령으로 정하는 건축물에 대하여는 조경 등의 조치를 하지 아니할 수 있으며, 옥상 조경 등 대통령령으로 따로 기준을 정하는 경우에는 그 기준에 따른다.

② 국토교통부장관은 식재(植栽) 기준, 조경 시설물의 종류 및 설치방법, 옥상 조경의 방법 등 조경에 필요한 사항을 정하여 고시할 수 있다. 〈개정 2013. 3. 23.〉

제43조 공개 공지 등의 확보

① 다음 각 호의 어느 하나에 해당하는 지역의 환경을 쾌적하게 조성하기 위하여 대통령령으로 정하는 용도와 규모의 건축물은 일반이 사용할 수 있도록 대통령령으로 정하는 기준에 따라 소규모 휴식시설 등의 공개 공지(空地: 공터) 또는 공개 공간을 설치하여야 한다.

〈개정 2014. 1. 14., 2018. 8. 14.〉

1. 일반주거지역, 준주거지역
2. 상업지역
3. 준공업지역
4. 특별자치시장 · 특별자치도지사 또는 시장 · 군수 · 구청장이 도시화의 가능성이 크거나 노후 산업단지의 정비가 필요하다고 인정하여 지정 · 공고하는 지역

② 제1항에 따라 공개 공지나 공개 공간을 설치하는 경우에는 제55조, 제56조와 제60조를 대통령령으로 정하는 바에 따라 완화하여 적용할 수 있다.

제44조 대지와 도로의 관계

① 건축물의 대지는 2미터 이상이 도로(자동차만의 통행에 사용되는 도로는 제외한다)에 접하여야 한다. 다만, 다음 각 호의 어느 하나에 해당하면 그러하지 아니하다. 〈개정 2016. 1. 19.〉

1. 해당 건축물의 출입에 지장이 없다고 인정되는 경우
2. 건축물의 주변에 대통령령으로 정하는 공지가 있는 경우
3. 「농지법」 제2조제1호나목에 따른 농막을 건축하는 경우

② 건축물의 대지가 접하는 도로의 너비, 대지가 도로에 접하는 부분의 길이, 그 밖에 대지와 도로의 관계에 관하여 필요한 사항은 대통령령으로 정하는 바에 따른다.

제45조 도로의 지정 · 폐지 또는 변경

① 허가권자는 제2조제1항제11호나목에 따라 도로의 위치를 지정 · 공고하려면 국토교통부령으로 정하는 바에 따라 그 도로에 대한 이해관계인의 동의를 받아야 한다. 다만, 다음 각 호의 어느 하나에 해당하면 이해관계인의 동의를 받지 아니하고 건축위원회의 심의를 거쳐 도로를 지정할 수 있다. 〈개정 2013. 3. 23.〉

1. 허가권자가 이해관계인이 해외에 거주하는 등의 사유로 이해관계인의 동의를 받기가 곤란하다고 인정하는 경우
2. 주민이 오랫 동안 통행로로 이용하고 있는 사실상의 통로로서 해당 지방자치단체의 조례로 정하는 것인 경우

② 허가권자는 제1항에 따라 지정한 도로를 폐지하거나 변경하려면 그 도로에 대한 이해관계인의 동의를 받아야 한다. 그 도로에 편입된 토지의 소유자, 건축주 등이 허가권자에게 제1항에 따라 지정된 도로의 폐지나 변경을 신청하는 경우에도 또한 같다.

③ 허가권자는 제1항과 제2항에 따라 도로를 지정하거나 변경하면 국토교통부령으로 정하는 바에 따라 도로관리대장에 이를 적어서 관리하여야 한다. 〈개정 2011. 5. 30., 2013. 3. 23.〉

제46조 건축선의 지정

① 도로와 접한 부분에 건축물을 건축할 수 있는 선[이하 "건축선(建築線)"이라 한다]은 대지와 도로의 경계선으로 한다. 다만, 제2조제1항제11호에 따른 소요 너비에 못 미치는 너비의 도로인 경우에는 그 중심선으로부터 그 소요 너비의 2분의 1의 수평거리만큼 물러난 선을 건축선으로 하되, 그 도로의 반대쪽에 경사지, 하천, 철도, 선로부지, 그 밖에 이와 유사한 것이 있는 경우에는 그 경사지 등이 있는 쪽의 도로경계선에서 소요 너비에 해당하는 수평거리의 선을 건축선으로 하며, 도로의 모퉁이에서는 대통령령으로 정하는 선을 건축선으로 한다.

② 특별자치시장 · 특별자치도지사 또는 시장 · 군수 · 구청장은 시가지 안에서 건축물의 위치나 환경을 정비하기 위하여 필요하다고 인정하면 제1항에도 불구하고 대통령령으로 정하는 범위에서 건축선을 따로 지정할 수 있다. 〈개정 2014. 1. 14.〉

③ 특별자치시장 · 특별자치도지사 또는 시장 · 군수 · 구청장은 제2항에 따라 건축선을 지정하면 지체 없이 이를 고시하여야 한다. 〈개정 2014. 1. 14.〉

제47조 건축선에 따른 건축제한

① 건축물과 담장은 건축선의 수직면(垂直面)을 넘어서는 아니 된다. 다만, 지표(地表) 아래 부분은 그러하지 아니하다.

② 도로면으로부터 높이 4.5미터 이하에 있는 출입구, 창문, 그 밖에 이와 유사한 구조물은 열고 닫을 때 건축선의 수직면을 넘지 아니하는 구조로 하여야 한다.

제5장 건축물의 구조 및 재료 등

제48조 구조내력 등

① 건축물은 고정하중, 적재하중(積載荷重), 적설하중(積雪荷重), 풍압(風壓), 지진, 그 밖의 진동 및 충격 등에 대하여 안전한 구조를 가져야 한다.

② 제11조제1항에 따른 건축물을 건축하거나 대수선하는 경우에는 대통령령으로 정하는 바에 따라 구조의 안전을 확인하여야 한다.

③ 지방자치단체의 장은 제2항에 따른 구조 안전 확인 대상 건축물에 대하여 허가 등을 하는 경우 내진(耐震)성능 확보 여부를 확인하여야 한다. 〈신설 2011. 9. 16.〉

④ 제1항에 따른 구조내력의 기준과 구조 계산의 방법 등에 관하여 필요한 사항은 국토교통부령으로 정한다. 〈개정 2011. 9. 16., 2013. 3. 23., 2015. 1. 6.〉

제48조의2 건축물 내진등급의 설정

① 국토교통부장관은 지진으로부터 건축물의 구조 안전을 확보하기 위하여 건축물의 용도, 규모 및 설계구조의 중요도에 따라 내진등급(耐震等級)을 설정하여야 한다.

② 제1항에 따른 내진등급을 설정하기 위한 내진등급기준 등 필요한 사항은 국토교통부령으로 정한다.

[본조신설 2013. 7. 16.]

제48조의3 건축물의 내진능력 공개

① 다음 각 호의 어느 하나에 해당하는 건축물을 건축하고자 하는 자는 제22조에 따른 사용승인을 받는 즉시 건축물이 지진 발생 시에 견딜 수 있는 능력(이하 "내진능력"이라 한다)을 공개하여야 한다. 다만, 제48조제2항에 따른 구조안전 확인 대상 건축물이 아니거나 내진능력 산정이 곤란한 건축물로서 대통령령으로 정하는 건축물은 공개하지 아니한다. 〈개정 2017. 12. 26.〉

1. 층수가 2층[주요구조부인 기둥과 보를 설치하는 건축물로서 그 기둥과 보가 목재인 목구조 건축물(이하 "목구조 건축물"이라 한다)의 경우에는 3층] 이상인 건축물
2. 연면적이 200제곱미터(목구조 건축물의 경우에는 500제곱미터) 이상인 건축물
3. 그 밖에 건축물의 규모와 중요도를 고려하여 대통령령으로 정하는 건축물

② 제1항의 내진능력의 산정 기준과 공개 방법 등 세부사항은 국토교통부령으로 정한다.

[본조신설 2016. 1. 19.]

제48조의4 부속구조물의 설치 및 관리

건축관계자, 소유자 및 관리자는 건축물의 부속구조물을 설계 · 시공 및 유지 · 관리 등을 고려하여 국토교통부령으로 정하는 기준에 따라 설치 · 관리하여야 한다.

[본조신설 2016. 2. 3.]

제49조 건축물의 피난시설 및 용도제한 등

① 대통령령으로 정하는 용도 및 규모의 건축물과 그 대지에는 국토교통부령으로 정하는 바에 따라 복도, 계단, 출입구, 그 밖의 피난시설과 저수조(貯水槽), 대지 안의 피난과 소화에 필요한 통로를 설치하여야 한다. 〈개정 2013. 3. 23., 2018. 4. 17.〉

② 대통령령으로 정하는 용도 및 규모의 건축물의 안전 · 위생 및 방화(防火) 등을 위하여 필요한 용도 및 구조의 제한, 방화구획(防火區劃), 화장실의 구조, 계단 · 출입구, 거실의 반자 높이, 거실의 채광 · 환기와 바닥의 방습 등에 관하여 필요한 사항은 국토교통부령으로 정한다. 〈개정 2013. 3. 23.〉

③ 대통령령으로 정하는 용도 및 규모의 건축물에 대하여 가구 · 세대 등 간 소음 방지를 위하여 국토교통부령으로 정하는 바에 따라 경계벽 및 바닥을 설치하여야 한다. 〈신설 2014. 5. 28.〉

④ 「자연재해대책법」 제12조제1항에 따른 자연재해위험개선지구 중 침수위험지구에 국가 · 지방자치단체 또는 「공공기관의 운영에 관한 법률」 제4조제1항에 따른 공공기관이 건축하는 건축물은 침수 방지 및 방수를 위하여 다음 각 호의 기준에 따라야 한다. 〈신설 2015. 1. 6.〉

1. 건축물의 1층 전체를 필로티(건축물을 사용하기 위한 경비실, 계단실, 승강기실, 그 밖에 이와 비슷한 것을 포함한다) 구조로 할 것
2. 국토교통부령으로 정하는 침수 방지시설을 설치할 것

제49조의2 피난시설 등의 유지 · 관리에 대한 기술지원

국가 또는 지방자치단체는 건축물의 소유자나 관리자에게 제49조제1항 및 제2항에 따른 피난시설 등의 설치, 개량 · 보수 등 유지 · 관리에 대한 기술지원을 할 수 있다.

[본조신설 2018. 8. 14.]

제50조 건축물의 내화구조와 방화벽

① 문화 및 집회시설, 의료시설, 공동주택 등 대통령령으로 정하는 건축물은 국토교통부령으로 정

하는 기준에 따라 주요구조부를 내화(耐火)구조로 하여야 한다. 〈개정 2013. 3. 23.〉

② 대통령령으로 정하는 용도 및 규모의 건축물은 국토교통부령으로 정하는 기준에 따라 방화벽으로 구획하여야 한다. 〈개정 2013. 3. 23.〉

제50조 건축물의 내화구조와 방화벽

① 문화 및 집회시설, 의료시설, 공동주택 등 대통령령으로 정하는 건축물은 국토교통부령으로 정하는 기준에 따라 주요구조부와 지붕을 내화(耐火)구조로 하여야 한다. 다만, 막구조 등 대통령령으로 정하는 구조는 주요구조부에만 내화구조로 할 수 있다. 〈개정 2013. 3. 23., 2018. 8. 14.〉

② 대통령령으로 정하는 용도 및 규모의 건축물은 국토교통부령으로 정하는 기준에 따라 방화벽으로 구획하여야 한다. 〈개정 2013. 3. 23.〉

[시행일 : 2020. 8. 15.] 제50조제1항

제50조의2 고층건축물의 피난 및 안전관리

① 고층건축물에는 대통령령으로 정하는 바에 따라 피난안전구역을 설치하거나 대피공간을 확보한 계단을 설치하여야 한다. 이 경우 피난안전구역의 설치 기준, 계단의 설치 기준과 구조 등에 관하여 필요한 사항은 국토교통부령으로 정한다. 〈개정 2013. 3. 23.〉

② 고층건축물에 설치된 피난안전구역 · 피난시설 또는 대피공간에는 국토교통부령으로 정하는 바에 따라 화재 등의 경우에 피난 용도로 사용되는 것임을 표시하여야 한다. 〈신설 2015. 1. 6.〉

③ 고층건축물의 화재예방 및 피해경감을 위하여 국토교통부령으로 정하는 바에 따라 제48조부터 제50조까지의 기준을 강화하여 적용할 수 있다. 〈개정 2013. 3. 23., 2015. 1. 6., 2018. 4. 17.〉

[본조신설 2011. 9. 16.]

제51조 방화지구 안의 건축물

① 「국토의 계획 및 이용에 관한 법률」 제37조제1항제3호에 따른 방화지구(이하 "방화지구"라 한다) 안에서는 건축물의 주요구조부와 외벽을 내화구조로 하여야 한다. 다만, 대통령령으로 정하는 경우에는 그러하지 아니하다. 〈개정 2014. 1. 14., 2017. 4. 18.〉

② 방화지구 안의 공작물로서 간판, 광고탑, 그 밖에 대통령령으로 정하는 공작물 중 건축물의 지붕 위에 설치하는 공작물이나 높이 3미터 이상의 공작물은 주요부를 불연(不燃)재료로 하여야 한다.

③ 방화지구 안의 지붕 · 방화문 및 인접 대지 경계선에 접하는 외벽은 국토교통부령으로 정하는 구조 및 재료로 하여야 한다. 〈개정 2013. 3. 23.〉

제51조 방화지구 안의 건축물

① 「국토의 계획 및 이용에 관한 법률」 제37조제1항제3호에 따른 방화지구(이하 "방화지구"라 한다) 안에서는 건축물의 주요구조부와 지붕 · 외벽을 내화구조로 하여야 한다. 다만, 대통령령으로 정하는 경우에는 그러하지 아니하다. 〈개정 2014. 1. 14., 2017. 4. 18., 2018. 8. 14.〉

② 방화지구 안의 공작물로서 간판, 광고탑, 그 밖에 대통령령으로 정하는 공작물 중 건축물의 지붕 위에 설치하는 공작물이나 높이 3미터 이상의 공작물은 주요부를 불연(不燃)재료로 하여야 한다.

③ 방화지구 안의 지붕 · 방화문 및 인접 대지 경계선에 접하는 외벽은 국토교통부령으로 정하는 구조 및 재료로 하여야 한다. 〈개정 2013. 3. 23.〉

[시행일 : 2020. 8. 15.] 제51조제1항

제52조 건축물의 마감재료

① 대통령령으로 정하는 용도 및 규모의 건축물의 벽, 반자, 지붕(반자가 없는 경우에 한정한다) 등 내부의 마감재료는 방화에 지장이 없는 재료로 하되, 「실내공기질 관리법」 제5조 및 제6조에 따른 실내공기질 유지기준 및 권고기준을 고려하고 관계 중앙행정기관의 장과 협의하여 국토교통부령으로 정하는 기준에 따른 것이어야 한다.

〈개정 2009. 12. 29., 2013. 3. 23., 2015. 1. 6., 2015. 12. 22.〉

② 대통령령으로 정하는 건축물의 외벽에 사용하는 마감재료는 방화에 지장이 없는 재료로 하여야 한다. 이 경우 마감재료의 기준은 국토교통부령으로 정한다. 〈신설 2009. 12. 29., 2013. 3. 23.〉

③ 욕실, 화장실, 목욕장 등의 바닥 마감재료는 미끄럼을 방지할 수 있도록 국토교통부령으로 정하는 기준에 적합하여야 한다. 〈신설 2013. 7. 16.〉

[제목개정 2009. 12. 29.]

제52조의2 실내건축

① 대통령령으로 정하는 용도 및 규모에 해당하는 건축물의 실내건축은 방화에 지장이 없고 사용자의 안전에 문제가 없는 구조 및 재료로 시공하여야 한다.

② 실내건축의 구조 · 시공방법 등에 관한 기준은 국토교통부령으로 정한다.

③ 특별자치시장 · 특별자치도지사 또는 시장 · 군수 · 구청장은 제1항 및 제2항에 따라 실내건축이 적정하게 설치 및 시공되었는지를 검사하여야 한다. 이 경우 검사하는 대상 건축물과 주기

(週期)는 건축조례로 정한다.

[본조신설 2014. 5. 28.]

제52조의3 복합자재의 품질관리 등

① 건축물에 제52조에 따른 마감재료 중 복합자재[불연성 재료인 양면 철판 또는 이와 유사한 재료와 불연성이 아닌 재료인 심재(心材)로 구성된 것을 말한다]를 공급하는 자(이하 "공급업자"라 한다), 공사시공자 및 공사감리자는 국토교통부령으로 정하는 사항을 기재한 복합자재품질관리서(이하 "복합자재품질관리서"라 한다)를 대통령령으로 정하는 바에 따라 허가권자에게 제출하여야 한다.

② 허가권자는 대통령령으로 정하는 건축물에 사용하는 복합자재에 대하여 공사시공자로 하여금 「과학기술분야 정부출연연구기관 등의 설립 · 운영 및 육성에 관한 법률」 에 따른 한국건설기술연구원에 난연(難燃)성분 분석시험을 의뢰하여 난연성능을 확인하도록 할 수 있다.

③ 복합자재에 대한 난연성분 분석시험, 난연성능기준, 시험수수료 등 필요한 사항은 국토교통부령으로 정한다.

[본조신설 2015. 1. 6.]

제53조 지하층

건축물에 설치하는 지하층의 구조 및 설비는 국토교통부령으로 정하는 기준에 맞게 하여야 한다.

〈개정 2013. 3. 23.〉

제53조의2 건축물의 범죄예방

① 국토교통부장관은 범죄를 예방하고 안전한 생활환경을 조성하기 위하여 건축물, 건축설비 및 대지에 관한 범죄예방 기준을 정하여 고시할 수 있다.

② 대통령령으로 정하는 건축물은 제1항의 범죄예방 기준에 따라 건축하여야 한다.

[본조신설 2014. 5. 28.]

제6장 지역 및 지구의 건축물

제54조 건축물의 대지가 지역 · 지구 또는 구역에 걸치는 경우의 조치

① 대지가 이 법이나 다른 법률에 따른 지역 · 지구(녹지지역과 방화지구는 제외한다. 이하 이 조에서 같다) 또는 구역에 걸치는 경우에는 대통령령으로 정하는 바에 따라 그 건축물과 대지의 전부에 대하여 대지의 과반(過半)이 속하는 지역 · 지구 또는 구역 안의 건축물 및 대지 등에 관한 이 법의 규정을 적용한다. 〈개정 2014. 1. 14., 2017. 4. 18.〉

② 하나의 건축물이 방화지구와 그 밖의 구역에 걸치는 경우에는 그 전부에 대하여 방화지구 안의 건축물에 관한 이 법의 규정을 적용한다. 다만, 건축물의 방화지구에 속한 부분과 그 밖의 구역에 속한 부분의 경계가 방화벽으로 구획되는 경우 그 밖의 구역에 있는 부분에 대하여는 그러하지 아니하다.

③ 대지가 녹지지역과 그 밖의 지역 · 지구 또는 구역에 걸치는 경우에는 각 지역 · 지구 또는 구역 안의 건축물과 대지에 관한 이 법의 규정을 적용한다. 다만, 녹지지역 안의 건축물이 방화지구에 걸치는 경우에는 제2항에 따른다. 〈개정 2017. 4. 18.〉

④ 제1항에도 불구하고 해당 대지의 규모와 그 대지가 속한 용도지역 · 지구 또는 구역의 성격 등 그 대지에 관한 주변여건상 필요하다고 인정하여 해당 지방자치단체의 조례로 적용방법을 따로 정하는 경우에는 그에 따른다.

제55조 건축물의 건폐율

대지면적에 대한 건축면적(대지에 건축물이 둘 이상 있는 경우에는 이들 건축면적의 합계로 한다)의 비율(이하 "건폐율"이라 한다)의 최대한도는 「국토의 계획 및 이용에 관한 법률」 제77조에 따른 건폐율의 기준에 따른다. 다만, 이 법에서 기준을 완화하거나 강화하여 적용하도록 규정한 경우에는 그에 따른다.

제56조 건축물의 용적률

대지면적에 대한 연면적(대지에 건축물이 둘 이상 있는 경우에는 이들 연면적의 합계로 한다)의 비율(이하 "용적률"이라 한다)의 최대한도는 「국토의 계획 및 이용에 관한 법률」 제78조에 따른 용적률의 기준에 따른다. 다만, 이 법에서 기준을 완화하거나 강화하여 적용하도록 규정한 경우에는 그에 따른다.

제57조 대지의 분할 제한

① 건축물이 있는 대지는 대통령령으로 정하는 범위에서 해당 지방자치단체의 조례로 정하는 면적에 못 미치게 분할할 수 없다.

② 건축물이 있는 대지는 제44조, 제55조, 제56조, 제58조, 제60조 및 제61조에 따른 기준에 못 미치게 분할할 수 없다.

③ 제1항과 제2항에도 불구하고 제77조의6에 따라 건축협정이 인가된 경우 그 건축협정의 대상이 되는 대지는 분할할 수 있다. 〈신설 2014. 1. 14.〉

제58조 대지 안의 공지

건축물을 건축하는 경우에는 「국토의 계획 및 이용에 관한 법률」에 따른 용도지역 · 용도지구, 건축물의 용도 및 규모 등에 따라 건축선 및 인접 대지경계선으로부터 6미터 이내의 범위에서 대통령령으로 정하는 바에 따라 해당 지방자치단체의 조례로 정하는 거리 이상을 띄워야 한다.

〈개정 2011. 5. 30.〉

제59조 맞벽 건축과 연결복도

① 다음 각 호의 어느 하나에 해당하는 경우에는 제58조, 제61조 및 「민법」 제242조를 적용하지 아니한다.

1. 대통령령으로 정하는 지역에서 도시미관 등을 위하여 둘 이상의 건축물 벽을 맞벽(대지경계선으로부터 50센티미터 이내인 경우를 말한다. 이하 같다)으로 하여 건축하는 경우
2. 대통령령으로 정하는 기준에 따라 인근 건축물과 이어지는 연결복도나 연결통로를 설치하는 경우

② 제1항 각 호에 따른 맞벽, 연결복도, 연결통로의 구조 · 크기 등에 관하여 필요한 사항은 대통령령으로 정한다.

제60조 건축물의 높이 제한

① 허가권자는 가로구역[(街路區域): 도로로 둘러싸인 일단(一團)의 지역을 말한다. 이하 같다]을 단위로 하여 대통령령으로 정하는 기준과 절차에 따라 건축물의 높이를 지정 · 공고할 수 있다. 다만, 특별자치시장 · 특별자치도지사 또는 시장 · 군수 · 구청장은 가로구역의 높이를 완화하여 적용할 필요가 있다고 판단되는 대지에 대하여는 대통령령으로 정하는 바에 따라 건축위원회의 심의를 거쳐 높이를 완화하여 적용할 수 있다. 〈개정 2014. 1. 14.〉

② 특별시장이나 광역시장은 도시의 관리를 위하여 필요하면 제1항에 따른 가로구역별 건축물의

높이를 특별시나 광역시의 조례로 정할 수 있다. 〈개정 2014. 1. 14.〉

③ 삭제 〈2015. 5. 18.〉

제61조 일조 등의 확보를 위한 건축물의 높이 제한

① 전용주거지역과 일반주거지역 안에서 건축하는 건축물의 높이는 일조(日照) 등의 확보를 위하여 정북방향(正北方向)의 인접 대지경계선으로부터의 거리에 따라 대통령령으로 정하는 높이 이하로 하여야 한다.

② 다음 각 호의 어느 하나에 해당하는 공동주택(일반상업지역과 중심상업지역에 건축하는 것은 제외한다)은 채광(採光) 등의 확보를 위하여 대통령령으로 정하는 높이 이하로 하여야 한다. 〈개정 2013. 5. 10.〉

1. 인접 대지경계선 등의 방향으로 채광을 위한 창문 등을 두는 경우
2. 하나의 대지에 두 동(棟) 이상을 건축하는 경우

③ 다음 각 호의 어느 하나에 해당하면 제1항에도 불구하고 건축물의 높이를 정남(正南)방향의 인접 대지경계선으로부터의 거리에 따라 대통령령으로 정하는 높이 이하로 할 수 있다. 〈개정 2011. 5. 30., 2014. 1. 14., 2014. 6. 3., 2016. 1. 19., 2017. 2. 8.〉

1. 「택지개발촉진법」 제3조에 따른 택지개발지구인 경우
2. 「주택법」 제15조에 따른 대지조성사업지구인 경우
3. 「지역 개발 및 지원에 관한 법률」 제11조에 따른 지역개발사업구역인 경우
4. 「산업입지 및 개발에 관한 법률」 제6조, 제7조, 제7조의2 및 제8조에 따른 국가산업단지, 일반산업단지, 도시첨단산업단지 및 농공단지인 경우
5. 「도시개발법」 제2조제1항제1호에 따른 도시개발구역인 경우
6. 「도시 및 주거환경정비법」 제8조에 따른 정비구역인 경우
7. 정북방향으로 도로, 공원, 하천 등 건축이 금지된 공지에 접하는 대지인 경우
8. 정북방향으로 접하고 있는 대지의 소유자와 합의한 경우나 그 밖에 대통령령으로 정하는 경우

④ 2층 이하로서 높이가 8미터 이하인 건축물에는 해당 지방자치단체의 조례로 정하는 바에 따라 제1항부터 제3항까지의 규정을 적용하지 아니할 수 있다.

제7장 건축설비

제62조 건축설비기준 등

건축설비의 설치 및 구조에 관한 기준과 설계 및 공사감리에 관하여 필요한 사항은 대통령령으로 정한다.

제63조 삭제 〈2015. 5. 18.〉

제64조 승강기

① 건축주는 6층 이상으로서 연면적이 2천제곱미터 이상인 건축물(대통령령으로 정하는 건축물은 제외한다)을 건축하려면 승강기를 설치하여야 한다. 이 경우 승강기의 규모 및 구조는 국토교통부령으로 정한다. 〈개정 2013. 3. 23.〉

② 높이 31미터를 초과하는 건축물에는 대통령령으로 정하는 바에 따라 제1항에 따른 승강기뿐만 아니라 비상용승강기를 추가로 설치하여야 한다. 다만, 국토교통부령으로 정하는 건축물의 경우에는 그러하지 아니하다. 〈개정 2013. 3. 23.〉

③ 고층건축물에는 제1항에 따라 건축물에 설치하는 승용승강기 중 1대 이상을 대통령령으로 정하는 바에 따라 피난용승강기로 설치하여야 한다. 〈신설 2018. 4. 17.〉

제64조의2 삭제 〈2014. 5. 28.〉

제65조 삭제 〈2012. 2. 22.〉

제65조의2 지능형건축물의 인증

① 국토교통부장관은 지능형건축물[Intelligent Building]의 건축을 활성화하기 위하여 지능형건축물 인증제도를 실시한다. 〈개정 2013. 3. 23.〉

② 국토교통부장관은 제1항에 따른 지능형건축물의 인증을 위하여 인증기관을 지정할 수 있다. 〈개정 2013. 3. 23.〉

③ 지능형건축물의 인증을 받으려는 자는 제2항에 따른 인증기관에 인증을 신청하여야 한다.

④ 국토교통부장관은 건축물을 구성하는 설비 및 각종 기술을 최적으로 통합하여 건축물의 생산

성과 설비 운영의 효율성을 극대화할 수 있도록 다음 각 호의 사항을 포함하여 지능형건축물 인증기준을 고시한다. 〈개정 2013. 3. 23.〉

1. 인증기준 및 절차
2. 인증표시 홍보기준
3. 유효기간
4. 수수료
5. 인증 등급 및 심사기준 등

⑤ 제2항과 제3항에 따른 인증기관의 지정 기준, 지정 절차 및 인증 신청 절차 등에 필요한 사항은 국토교통부령으로 정한다. 〈개정 2013. 3. 23.〉

⑥ 허가권자는 지능형건축물로 인증을 받은 건축물에 대하여 제42조에 따른 조경설치면적을 100분의 85까지 완화하여 적용할 수 있으며, 제56조 및 제60조에 따른 용적률 및 건축물의 높이를 100분의 115의 범위에서 완화하여 적용할 수 있다.

[본조신설 2011. 5. 30.]

제66조 삭제 〈2012. 2. 22.〉

제66조의2 삭제 〈2012. 2. 22.〉

제67조 관계전문기술자

① 설계자와 공사감리자는 제40조, 제41조, 제48조부터 제50조까지, 제50조의2, 제51조, 제52조, 제62조 및 제64조와 「녹색건축물 조성 지원법」 제15조에 따른 대지의 안전, 건축물의 구조상 안전, 부속구조물 및 건축설비의 설치 등을 위한 설계 및 공사감리를 할 때 대통령령으로 정하는 바에 따라 다음 각 호의 어느 하나의 자격을 갖춘 관계전문기술자(「기술사법」 제21조제2호에 따라 벌칙을 받은 후 대통령령으로 정하는 기간이 경과되지 아니한 자는 제외한다)의 협력을 받아야 한다. 〈개정 2016. 2. 3.〉

1. 「기술사법」 제6조에 따라 기술사사무소를 개설등록한 자
2. 「건설기술 진흥법」 제26조에 따라 건설기술용역업자로 등록한 자
3. 「엔지니어링산업 진흥법」 제21조에 따라 엔지니어링사업자의 신고를 한 자
4. 「전력기술관리법」 제14조에 따라 설계업 및 감리업으로 등록한 자

② 관계전문기술자는 건축물이 이 법 및 이 법에 따른 명령이나 처분, 그 밖의 관계 법령에 맞고 안전 · 기능 및 미관에 지장이 없도록 업무를 수행하여야 한다.

제68조 기술적 기준

① 제40조, 제41조, 제48조부터 제50조까지, 제50조의2, 제51조, 제52조, 제52조의2, 제62조 및 제64조에 따른 대지의 안전, 건축물의 구조상의 안전, 건축설비 등에 관한 기술적 기준은 이 법에서 특별히 규정한 경우 외에는 국토교통부령으로 정하되, 이에 따른 세부기준이 필요하면 국토교통부장관이 세부기준을 정하거나 국토교통부장관이 지정하는 연구기관(시험기관 · 검사기관을 포함한다), 학술단체, 그 밖의 관련 전문기관 또는 단체가 국토교통부장관의 승인을 받아 정할 수 있다. 〈개정 2013. 3. 23., 2014. 1. 14., 2014. 5. 28.〉

② 국토교통부장관은 제1항에 따라 세부기준을 정하거나 승인을 하려면 미리 건축위원회의 심의를 거쳐야 한다. 〈개정 2013. 3. 23.〉

③ 국토교통부장관은 제1항에 따라 세부기준을 정하거나 승인을 한 경우 이를 고시하여야 한다. 〈개정 2013. 3. 23.〉

제68조의2 삭제 〈2015. 8. 11.〉

제68조의3 건축물의 구조 및 재료 등에 관한 기준의 관리

① 국토교통부장관은 기후 변화나 건축기술의 변화 등에 따라 제48조, 제48조의2, 제49조, 제50조, 제50조의2, 제51조, 제52조, 제52조의2, 제52조의3, 제53조의 건축물의 구조 및 재료 등에 관한 기준이 적정한지를 검토하는 모니터링(이하 이 조에서 "건축모니터링"이라 한다)을 대통령령으로 정하는 기간마다 실시하여야 한다.

② 국토교통부장관은 대통령령으로 정하는 전문기관을 지정하여 건축모니터링을 하게 할 수 있다.

[본조신설 2015. 1. 6.]

제8장 특별건축구역 등

제69조 특별건축구역의 지정

① 국토교통부장관 또는 시 · 도지사는 다음 각 호의 구분에 따라 도시나 지역의 일부가 특별건축구역으로 특례 적용이 필요하다고 인정하는 경우에는 특별건축구역을 지정할 수 있다.

〈개정 2013. 3. 23., 2014. 1. 14.〉

1. 국토교통부장관이 지정하는 경우

가. 국가가 국제행사 등을 개최하는 도시 또는 지역의 사업구역

나. 관계법령에 따른 국가정책사업으로서 대통령령으로 정하는 사업구역

2. 시 · 도지사가 지정하는 경우

가. 지방자치단체가 국제행사 등을 개최하는 도시 또는 지역의 사업구역

나. 관계법령에 따른 도시개발 · 도시재정비 및 건축문화 진흥사업으로서 건축물 또는 공간환경을 조성하기 위하여 대통령령으로 정하는 사업구역

다. 그 밖에 대통령령으로 정하는 도시 또는 지역의 사업구역

② 다음 각 호의 어느 하나에 해당하는 지역 · 구역 등에 대하여는 제1항에도 불구하고 특별건축구역으로 지정할 수 없다.

1. 「개발제한구역의 지정 및 관리에 관한 특별조치법」에 따른 개발제한구역
2. 「자연공원법」에 따른 자연공원
3. 「도로법」에 따른 접도구역
4. 「산지관리법」에 따른 보전산지
5. 삭제 〈2016. 2. 3.〉

③ 국토교통부장관 또는 시 · 도지사는 특별건축구역으로 지정하고자 하는 지역이 「군사기지 및 군사시설 보호법」에 따른 군사기지 및 군사시설 보호구역에 해당하는 경우에는 국방부장관과 사전에 협의하여야 한다. 〈신설 2016. 2. 3.〉

제70조 특별건축구역의 건축물

특별건축구역에서 제73조에 따라 건축기준 등의 특례사항을 적용하여 건축할 수 있는 건축물은 다음 각 호의 어느 하나에 해당되어야 한다.

1. 국가 또는 지방자치단체가 건축하는 건축물

2. 「공공기관의 운영에 관한 법률」 제4조에 따른 공공기관 중 대통령령으로 정하는 공공기관이 건축하는 건축물
3. 그 밖에 대통령령으로 정하는 용도 · 규모의 건축물로서 도시경관의 창출, 건설기술 수준향상 및 건축 관련 제도개선을 위하여 특례 적용이 필요하다고 허가권자가 인정하는 건축물

제71조 특별건축구역의 지정절차 등

① 중앙행정기관의 장, 제69조제1항 각 호의 사업구역을 관할하는 시 · 도지사 또는 시장 · 군수 · 구청장(이하 이 장에서 "지정신청기관"이라 한다)은 특별건축구역의 지정이 필요한 경우에는 다음 각 호의 자료를 갖추어 중앙행정기관의 장 또는 시 · 도지사는 국토교통부장관에게, 시장 · 군수 · 구청장은 특별시장 · 광역시장 · 도지사에게 각각 특별건축구역의 지정을 신청할 수 있다. 〈개정 2011. 4. 14., 2013. 3. 23., 2014. 1. 14.〉
1. 특별건축구역의 위치 · 범위 및 면적 등에 관한 사항
2. 특별건축구역의 지정 목적 및 필요성
3. 특별건축구역 내 건축물의 규모 및 용도 등에 관한 사항
4. 특별건축구역의 도시 · 군관리계획에 관한 사항. 이 경우 도시 · 군관리계획의 세부 내용은 대통령령으로 정한다.
5. 건축물의 설계, 공사감리 및 건축시공 등의 발주방법 등에 관한 사항
6. 제74조에 따라 특별건축구역 전부 또는 일부를 대상으로 통합하여 적용하는 미술작품, 부설주차장, 공원 등의 시설에 대한 운영관리 계획서. 이 경우 운영관리 계획서의 작성방법, 서식, 내용 등에 관한 사항은 국토교통부령으로 정한다.
7. 그 밖에 특별건축구역의 지정에 필요한 대통령령으로 정하는 사항

② 국토교통부장관 또는 특별시장 · 광역시장 · 도지사는 제1항에 따라 지정신청이 접수된 경우에는 특별건축구역 지정의 필요성, 타당성 및 공공성 등과 피난 · 방재 등의 사항을 검토하고, 지정 여부를 결정하기 위하여 지정신청을 받은 날부터 30일 이내에 국토교통부장관이 지정신청을 받은 경우에는 국토교통부장관이 두는 건축위원회(이하 "중앙건축위원회"라 한다), 특별시장 · 광역시장 · 도지사가 지정신청을 받은 경우에는 각각 특별시장 · 광역시장 · 도지사가 두는 건축위원회의 심의를 거쳐야 한다. 〈개정 2009. 4. 1., 2013. 3. 23., 2014. 1. 14.〉

③ 국토교통부장관 또는 특별시장 · 광역시장 · 도지사는 각각 중앙건축위원회 또는 특별시장 · 광역시장 · 도지사가 두는 건축위원회의 심의 결과를 고려하여 필요한 경우 특별건축구역의 범위, 도시 · 군관리계획 등에 관한 사항을 조정할 수 있다.
〈개정 2011. 4. 14., 2013. 3. 23., 2014. 1. 14.〉

④ 국토교통부장관 또는 시 · 도지사는 필요한 경우 직권으로 특별건축구역을 지정할 수 있다. 이 경우 제1항 각 호의 자료에 따라 특별건축구역 지정의 필요성, 타당성 및 공공성 등과 피난 · 방재 등의 사항을 검토하고 각각 중앙건축위원회 또는 시 · 도지사가 두는 건축위원회의 심의를 거쳐야 한다. 〈개정 2014. 1. 14.〉

⑤ 국토교통부장관 또는 시 · 도지사는 특별건축구역을 지정하거나 변경 · 해제하는 경우에는 대통령령으로 정하는 바에 따라 주요 내용을 관보(시 · 도지사는 공보)에 고시하고, 국토교통부장관 또는 특별시장 · 광역시장 · 도지사는 지정신청기관에 관계 서류의 사본을 송부하여야 한다. 〈개정 2013. 3. 23., 2014. 1. 14.〉

⑥ 제5항에 따라 관계 서류의 사본을 받은 지정신청기관은 관계 서류에 도시 · 군관리계획의 결정사항이 포함되어 있는 경우에는 「국토의 계획 및 이용에 관한 법률」 제32조에 따라 지형도면의 승인신청 등 필요한 조치를 취하여야 한다. 〈개정 2011. 4. 14.〉

⑦ 지정신청기관은 특별건축구역 지정 이후 변경이 있는 경우 변경지정을 받아야 한다. 이 경우 변경지정을 받아야 하는 변경의 범위, 변경지정의 절차 등 필요한 사항은 대통령령으로 정한다.

⑧ 국토교통부장관 또는 시 · 도지사는 다음 각 호의 어느 하나에 해당하는 경우에는 특별건축구역의 전부 또는 일부에 대하여 지정을 해제할 수 있다. 이 경우 국토교통부장관 또는 특별시장 · 광역시장 · 도지사는 지정신청기관의 의견을 청취하여야 한다. 〈개정 2013. 3. 23., 2014. 1. 14.〉

1. 지정신청기관의 요청이 있는 경우
2. 거짓이나 그 밖의 부정한 방법으로 지정을 받은 경우
3. 특별건축구역 지정일부터 5년 이내에 특별건축구역 지정목적에 부합하는 건축물의 착공이 이루어지지 아니하는 경우
4. 특별건축구역 지정요건 등을 위반하였으나 시정이 불가능한 경우

⑨ 특별건축구역을 지정하거나 변경한 경우에는 「국토의 계획 및 이용에 관한 법률」 제30조에 따른 도시 · 군관리계획의 결정(용도지역 · 지구 · 구역의 지정 및 변경을 제외한다)이 있는 것으로 본다. 〈개정 2011. 4. 14.〉

제72조 특별건축구역 내 건축물의 심의 등

① 특별건축구역에서 제73조에 따라 건축기준 등의 특례사항을 적용하여 건축허가를 신청하고자 하는 자(이하 이 조에서 "허가신청자"라 한다)는 다음 각 호의 사항이 포함된 특례적용계획서를 첨부하여 제11조에 따라 해당 허가권자에게 건축허가를 신청하여야 한다. 이 경우 특례적용계획서의 작성방법 및 제출서류 등은 국토교통부령으로 정한다. 〈개정 2013. 3. 23.〉

1. 제5조에 따라 기준을 완화하여 적용할 것을 요청하는 사항

2. 제71조에 따른 특별건축구역의 지정요건에 관한 사항

3. 제73조제1항의 적용배제 특례를 적용한 사유 및 예상효과 등

4. 제73조제2항의 완화적용 특례의 동등 이상의 성능에 대한 증빙내용

5. 건축물의 공사 및 유지 · 관리 등에 관한 계획

② 제1항에 따른 건축허가는 해당 건축물이 특별건축구역의 지정 목적에 적합한지의 여부와 특례적용계획서 등 해당 사항에 대하여 제4조제1항에 따라 시 · 도지사 및 시장 · 군수 · 구청장이 설치하는 건축위원회(이하 "지방건축위원회"라 한다)의 심의를 거쳐야 한다.

③ 허가신청자는 제1항에 따른 건축허가 시 「도시교통정비 촉진법」 제16조에 따른 교통영향평가서의 검토를 동시에 진행하고자 하는 경우에는 같은 법 제16조에 따른 교통영향평가서에 관한 서류를 첨부하여 허가권자에게 심의를 신청할 수 있다. 〈개정 2008. 3. 28., 2015. 7. 24.〉

④ 제3항에 따라 교통영향평가서에 대하여 지방건축위원회에서 통합심의한 경우에는 「도시교통정비 촉진법」 제17조에 따른 교통영향평가서의 심의를 한 것으로 본다.

〈개정 2008. 3. 28., 2015. 7. 24.〉

⑤ 제1항 및 제2항에 따라 심의된 내용에 대하여 대통령령으로 정하는 변경사항이 발생한 경우에는 지방건축위원회의 변경심의를 받아야 한다. 이 경우 변경심의는 제1항에서 제3항까지의 규정을 준용한다.

⑥ 국토교통부장관 또는 특별시장 · 광역시장 · 도지사는 건축제도의 개선 및 건설기술의 향상을 위하여 허가권자의 의견을 들어 특별건축구역 내에서 제1항 및 제2항에 따라 건축허가를 받은 건축물에 대하여 모니터링(특례를 적용한 건축물에 대하여 해당 건축물의 건축시공, 공사감리, 유지 · 관리 등의 과정을 검토하고 실제로 건축물에 구현된 기능 · 미관 · 환경 등을 분석하여 평가하는 것을 말한다. 이하 이 장에서 같다)을 실시할 수 있다. 〈개정 2016. 2. 3.〉

⑦ 허가권자는 제1항 및 제2항에 따라 건축허가를 받은 건축물의 특례적용계획서를 심의하는 데에 필요한 국토교통부령으로 정하는 자료를 특별시장 · 광역시장 · 특별자치시장 · 도지사 · 특별자치도지사는 국토교통부장관에게, 시장 · 군수 · 구청장은 특별시장 · 광역시장 · 도지사에게 각각 제출하여야 한다. 〈개정 2013. 3. 23., 2014. 1. 14., 2016. 2. 3.〉

⑧ 제1항 및 제2항에 따라 건축허가를 받은 「건설기술 진흥법」 제2조제6호에 따른 발주청은 설계의도의 구현, 건축시공 및 공사감리의 모니터링, 그 밖에 발주청이 위탁하는 업무의 수행 등을 위하여 필요한 경우 설계자를 건축허가 이후에도 해당 건축물의 건축에 참여하게 할 수 있다. 이 경우 설계자의 업무내용 및 보수 등에 관하여는 대통령령으로 정한다.

〈개정 2013. 5. 22.〉

제73조 관계 법령의 적용 특례

① 특별건축구역에 건축하는 건축물에 대하여는 다음 각 호를 적용하지 아니할 수 있다. 〈개정 2016. 1. 19., 2016. 2. 3.〉

1. 제42조, 제55조, 제56조, 제58조, 제60조 및 제61조
2. 「주택법」 제35조 중 대통령령으로 정하는 규정

② 특별건축구역에 건축하는 건축물이 제49조, 제50조, 제50조의2, 제51조부터 제53조까지, 제62조 및 제64조와 「녹색건축물 조성 지원법」 제15조에 해당할 때에는 해당 규정에서 요구하는 기준 또는 성능 등을 다른 방법으로 대신할 수 있는 것으로 지방건축위원회가 인정하는 경우에만 해당 규정의 전부 또는 일부를 완화하여 적용할 수 있다. 〈개정 2014. 1. 14.〉

③ 「소방시설 설치 · 유지 및 안전관리에 관한 법률」 제9조와 제11조에서 요구하는 기준 또는 성능 등을 대통령령으로 정하는 절차 · 심의방법 등에 따라 다른 방법으로 대신할 수 있는 경우 전부 또는 일부를 완화하여 적용할 수 있다. 〈개정 2011. 8. 4.〉

제74조 통합적용계획의 수립 및 시행

① 특별건축구역에서는 다음 각 호의 관계 법령의 규정에 대하여는 개별 건축물마다 적용하지 아니하고 특별건축구역 전부 또는 일부를 대상으로 통합하여 적용할 수 있다. 〈개정 2014. 1. 14.〉

1. 「문화예술진흥법」 제9조에 따른 건축물에 대한 미술작품의 설치
2. 「주차장법」 제19조에 따른 부설주차장의 설치
3. 「도시공원 및 녹지 등에 관한 법률」에 따른 공원의 설치

② 지정신청기관은 제1항에 따라 관계 법령의 규정을 통합하여 적용하려는 경우에는 특별건축구역 전부 또는 일부에 대하여 미술작품, 부설주차장, 공원 등에 대한 수요를 개별법으로 정한 기준 이상으로 산정하여 파악하고 이용자의 편의성, 쾌적성 및 안전 등을 고려한 통합적용계획을 수립하여야 한다. 〈개정 2014. 1. 14.〉

③ 지정신청기관이 제2항에 따라 통합적용계획을 수립하는 때에는 해당 구역을 관할하는 허가권자와 협의하여야 하며, 협의요청을 받은 허가권자는 요청받은 날부터 20일 이내에 지정신청기관에게 의견을 제출하여야 한다.

④ 지정신청기관은 도시 · 군관리계획의 변경을 수반하는 통합적용계획이 수립된 때에는 관련 서류를 「국토의 계획 및 이용에 관한 법률」 제30조에 따른 도시 · 군관리계획 결정권자에게 송부하여야 하며, 이 경우 해당 도시 · 군관리계획 결정권자는 특별한 사유가 없는 한 도시 · 군관리계획의 변경에 필요한 조치를 취하여야 한다. 〈개정 2011. 4. 14.〉

第75조 건축주 등의 의무

① 특별건축구역에서 제73조에 따라 건축기준 등의 적용 특례사항을 적용하여 건축허가를 받은 건축물의 공사감리자, 시공자, 건축주, 소유자 및 관리자는 시공 중이거나 건축물의 사용승인 이후에도 당초 허가를 받은 건축물의 형태, 재료, 색채 등이 원형을 유지하도록 필요한 조치를 하여야 한다. 〈개정 2012. 1. 17.〉

② 삭제 〈2016. 2. 3.〉

第76조 허가권자 등의 의무

① 허가권자는 특별건축구역의 건축물에 대하여 설계자의 창의성 · 심미성 등의 발휘와 제도개선 · 기술발전 등이 유도될 수 있도록 노력하여야 한다.

② 허가권자는 제77조제2항에 따른 모니터링 결과를 국토교통부장관 또는 특별시장 · 광역시장 · 도지사에게 제출하여야 하며, 국토교통부장관 또는 특별시장 · 광역시장 · 도지사는 제77조에 따른 검사 및 모니터링 결과 등을 분석하여 필요한 경우 이 법 또는 관계 법령의 제도개선을 위하여 노력하여야 한다. 〈개정 2013. 3. 23., 2014. 1. 14., 2016. 2. 3.〉

第77조 특별건축구역 건축물의 검사 등

① 국토교통부장관 및 허가권자는 특별건축구역의 건축물에 대하여 제87조에 따라 검사를 할 수 있으며, 필요한 경우 제79조에 따라 시정명령 등 필요한 조치를 할 수 있다.

〈개정 2013. 3. 23., 2014. 1. 14.〉

② 국토교통부장관 및 허가권자는 제72조제6항에 따라 모니터링을 실시하는 건축물에 대하여 직접 모니터링을 하거나 분야별 전문가 또는 전문기관에 용역을 의뢰할 수 있다. 이 경우 해당 건축물의 건축주, 소유자 또는 관리자는 특별한 사유가 없으면 모니터링에 필요한 사항에 대하여 협조하여야 한다. 〈개정 2013. 3. 23., 2014. 1. 14., 2016. 2. 3.〉

第77조의2 특별가로구역의 지정

① 국토교통부장관 및 허가권자는 도로에 인접한 건축물의 건축을 통한 조화로운 도시경관의 창출을 위하여 이 법 및 관계 법령에 따라 일부 규정을 적용하지 아니하거나 완화하여 적용할 수 있도록 다음 각 호의 어느 하나에 해당하는 지구 또는 구역에서 대통령령으로 정하는 도로에 접한 대지의 일정 구역을 특별가로구역으로 지정할 수 있다. 〈개정 2017. 1. 17.〉

1. 삭제 〈2017. 4. 18.〉

2. 경관지구

3. 지구단위계획구역 중 미관유지를 위하여 필요하다고 인정하는 구역

② 국토교통부장관 및 허가권자는 제1항에 따라 특별가로구역을 지정하려는 경우에는 다음 각 호의 자료를 갖추어 국토교통부장관 또는 허가권자가 두는 건축위원회의 심의를 거쳐야 한다.

1. 특별가로구역의 위치 · 범위 및 면적 등에 관한 사항

2. 특별가로구역의 지정 목적 및 필요성

3. 특별가로구역 내 건축물의 규모 및 용도 등에 관한 사항

4. 그 밖에 특별가로구역의 지정에 필요한 사항으로서 대통령령으로 정하는 사항

③ 국토교통부장관 및 허가권자는 특별가로구역을 지정하거나 변경 · 해제하는 경우에는 국토교통부령으로 정하는 바에 따라 이를 지역 주민에게 알려야 한다.

[본조신설 2014. 1. 14.]

제77조의3 특별가로구역의 관리 및 건축물의 건축기준 적용 특례 등

① 국토교통부장관 및 허가권자는 특별가로구역을 효율적으로 관리하기 위하여 국토교통부령으로 정하는 바에 따라 제77조의2제2항 각 호의 지정 내용을 작성하여 관리하여야 한다.

② 특별가로구역의 변경절차 및 해제, 특별가로구역 내 건축물에 관한 건축기준의 적용 등에 관하여는 제71조제7항 · 제8항(각 호 외의 부분 후단은 제외한다), 제72조제1항부터 제5항까지, 제73조제1항(제77조의2제1항제3호에 해당하는 경우에는 제55조 및 제56조는 제외한다) · 제2항, 제75조제1항 및 제77조제1항을 준용한다. 이 경우 "특별건축구역"은 각각 "특별가로구역"으로, "지정신청기관", "국토교통부장관 또는 시 · 도지사" 및 "국토교통부장관, 시 · 도지사 및 허가권자"는 각각 "국토교통부장관 및 허가권자"로 본다. 〈개정 2017. 1. 17.〉

③ 특별가로구역 안의 건축물에 대하여 국토교통부장관 또는 허가권자가 배치기준을 따로 정하는 경우에는 제46조 및 「민법」 제242조를 적용하지 아니한다. 〈신설 2016. 1. 19.〉

[본조신설 2014. 1. 14.]

제9장 건축협정

제77조의4 건축협정의 체결

① 토지 또는 건축물의 소유자, 지상권자 등 대통령령으로 정하는 자(이하 "소유자등"이라 한다)는 전원의 합의로 다음 각 호의 어느 하나에 해당하는 지역 또는 구역에서 건축물의 건축 · 대수선 또는 리모델링에 관한 협정(이하 "건축협정"이라 한다)을 체결할 수 있다.

〈개정 2016. 2. 3., 2017. 2. 8., 2017. 4. 18.〉

1. 「국토의 계획 및 이용에 관한 법률」 제51조에 따라 지정된 지구단위계획구역
2. 「도시 및 주거환경정비법」 제2조제2호가목에 따른 주거환경개선사업을 시행하기 위하여 같은 법 제8조에 따라 지정 · 고시된 정비구역
3. 「도시재정비 촉진을 위한 특별법」 제2조제6호에 따른 존치지역
4. 「도시재생 활성화 및 지원에 관한 특별법」 제2조제1항제5호에 따른 도시재생활성화지역
5. 그 밖에 시 · 도지사 및 시장 · 군수 · 구청장(이하 "건축협정인가권자"라 한다)이 도시 및 주거환경개선이 필요하다고 인정하여 해당 지방자치단체의 조례로 정하는 구역

② 제1항 각 호의 지역 또는 구역에서 둘 이상의 토지를 소유한 자가 1인인 경우에도 그 토지 소유자는 해당 토지의 구역을 건축협정 대상 지역으로 하는 건축협정을 정할 수 있다. 이 경우 그 토지 소유자 1인을 건축협정 체결자로 본다.

③ 소유자등은 제1항에 따라 건축협정을 체결(제2항에 따라 토지 소유자 1인이 건축협정을 정하는 경우를 포함한다. 이하 같다)하는 경우에는 다음 각 호의 사항을 준수하여야 한다.

1. 이 법 및 관계 법령을 위반하지 아니할 것
2. 「국토의 계획 및 이용에 관한 법률」 제30조에 따른 도시 · 군관리계획 및 이 법 제77조의11제1항에 따른 건축물의 건축 · 대수선 또는 리모델링에 관한 계획을 위반하지 아니할 것

④ 건축협정은 다음 각 호의 사항을 포함하여야 한다.

1. 건축물의 건축 · 대수선 또는 리모델링에 관한 사항
2. 건축물의 위치 · 용도 · 형태 및 부대시설에 관하여 대통령령으로 정하는 사항

⑤ 소유자등이 건축협정을 체결하는 경우에는 건축협정서를 작성하여야 하며, 건축협정서에는 다음 각 호의 사항이 명시되어야 한다.

1. 건축협정의 명칭
2. 건축협정 대상 지역의 위치 및 범위

3. 건축협정의 목적

4. 건축협정의 내용

5. 제1항 및 제2항에 따라 건축협정을 체결하는 자(이하 "협정체결자"라 한다)의 성명, 주소 및 생년월일(법인, 법인 아닌 사단이나 재단 및 외국인의 경우에는 「부동산등기법」 제49조에 따라 부여된 등록번호를 말한다. 이하 제6호에서 같다)

6. 제77조의5제1항에 따른 건축협정운영회가 구성되어 있는 경우에는 그 명칭, 대표자 성명, 주소 및 생년월일

7. 건축협정의 유효기간

8. 건축협정 위반 시 제재에 관한 사항

9. 그 밖에 건축협정에 필요한 사항으로서 해당 지방자치단체의 조례로 정하는 사항

⑥ 제1항제4호에 따라 시ㆍ도지사가 필요하다고 인정하여 조례로 구역을 정하려는 때에는 해당 시장ㆍ군수ㆍ구청장의 의견을 들어야 한다. 〈신설 2016. 2. 3.〉

[본조신설 2014. 1. 14.]

제77조의5 건축협정운영회의 설립

① 협정체결자는 건축협정서 작성 및 건축협정 관리 등을 위하여 필요한 경우 협정체결자 간의 자율적 기구로서 운영회(이하 "건축협정운영회"라 한다)를 설립할 수 있다.

② 제1항에 따라 건축협정운영회를 설립하려면 협정체결자 과반수의 동의를 받아 건축협정운영회의 대표자를 선임하고, 국토교통부령으로 정하는 바에 따라 건축협정인가권자에게 신고하여야 한다. 다만, 제77조의6에 따른 건축협정 인가 신청 시 건축협정운영회에 관한 사항을 포함한 경우에는 그러하지 아니하다.

[본조신설 2014. 1. 14.]

제77조의6 건축협정의 인가

① 협정체결자 또는 건축협정운영회의 대표자는 건축협정서를 작성하여 국토교통부령으로 정하는 바에 따라 해당 건축협정인가권자의 인가를 받아야 한다. 이 경우 인가신청을 받은 건축협정인가권자는 인가를 하기 전에 건축협정인가권자가 두는 건축위원회의 심의를 거쳐야 한다.

② 제1항에 따른 건축협정 체결 대상 토지가 둘 이상의 특별자치시 또는 시ㆍ군ㆍ구에 걸치는 경우 건축협정 체결 대상 토지면적의 과반(過半)이 속하는 건축협정인가권자에게 인가를 신청할 수 있다. 이 경우 인가 신청을 받은 건축협정인가권자는 건축협정을 인가하기 전에 다른 특별자치시장 또는 시장ㆍ군수ㆍ구청장과 협의하여야 한다.

③ 건축협정인가권자는 제1항에 따라 건축협정을 인가하였을 때에는 국토교통부령으로 정하는 바에 따라 그 내용을 공고하여야 한다.

[본조신설 2014. 1. 14.]

제77조의7 건축협정의 변경

① 협정체결자 또는 건축협정운영회의 대표자는 제77조의6제1항에 따라 인가받은 사항을 변경하려면 국토교통부령으로 정하는 바에 따라 변경인가를 받아야 한다. 다만, 대통령령으로 정하는 경미한 사항을 변경하는 경우에는 그러하지 아니하다.

② 제1항에 따른 변경인가에 관하여는 제77조의6을 준용한다.

[본조신설 2014. 1. 14.]

제77조의8 건축협정의 관리

건축협정인가권자는 제77조의6 및 제77조의7에 따라 건축협정을 인가하거나 변경인가하였을 때에는 국토교통부령으로 정하는 바에 따라 건축협정 관리대장을 작성하여 관리하여야 한다.

[본조신설 2014. 1. 14.]

제77조의9 건축협정의 폐지

① 협정체결자 또는 건축협정운영회의 대표자는 건축협정을 폐지하려는 경우에는 협정체결자 과반수의 동의를 받아 국토교통부령으로 정하는 바에 따라 건축협정인가권자의 인가를 받아야 한다. 다만, 제77조의13에 따른 특례를 적용하여 제21조에 따른 착공신고를 한 경우에는 대통령령으로 정하는 기간이 경과한 후에 건축협정의 폐지 인가를 신청할 수 있다. 〈개정 2015. 5. 18.〉

② 제1항에 따른 건축협정의 폐지에 관하여는 제77조의6제3항을 준용한다.

[본조신설 2014. 1. 14.]

제77조의10 건축협정의 효력 및 승계

① 건축협정이 체결된 지역 또는 구역(이하 "건축협정구역"이라 한다)에서 건축물의 건축 · 대수선 또는 리모델링을 하거나 그 밖에 대통령령으로 정하는 행위를 하려는 소유자등은 제77조의6 및 제77조의7에 따라 인가 · 변경인가된 건축협정에 따라야 한다.

② 제77조의6제3항에 따라 건축협정이 공고된 후 건축협정구역에 있는 토지나 건축물 등에 관한 권리를 협정체결자인 소유자등으로부터 이전받거나 설정받은 자는 협정체결자로서의 지위를 승계한다. 다만, 건축협정에서 달리 정한 경우에는 그에 따른다.

[본조신설 2014. 1. 14.]

제77조의11 건축협정에 관한 계획 수립 및 지원

① 건축협정인가권자는 소유자등이 건축협정을 효율적으로 체결할 수 있도록 건축협정구역에서 건축물의 건축 · 대수선 또는 리모델링에 관한 계획을 수립할 수 있다.

② 건축협정인가권자는 대통령령으로 정하는 바에 따라 도로 개설 및 정비 등 건축협정구역 안의 주거환경개선을 위한 사업비용의 일부를 지원할 수 있다.

[본조신설 2014. 1. 14.]

제77조의12 경관협정과의 관계

① 소유자등은 제77조의4에 따라 건축협정을 체결할 때 「경관법」 제19조에 따른 경관협정을 함께 체결하려는 경우에는 「경관법」 제19조제3항 · 제4항 및 제20조에 관한 사항을 반영하여 건축협정인가권자에게 인가를 신청할 수 있다.

② 제1항에 따른 인가 신청을 받은 건축협정인가권자는 건축협정에 대한 인가를 하기 전에 건축위원회의 심의를 하는 때에 「경관법」 제29조제3항에 따라 경관위원회와 공동으로 하는 심의를 거쳐야 한다.

③ 제2항에 따른 절차를 거쳐 건축협정을 인가받은 경우에는 「경관법」 제21조에 따른 경관협정의 인가를 받은 것으로 본다.

[본조신설 2014. 1. 14.]

제77조의13 건축협정에 따른 특례

① 제77조의4제1항에 따라 건축협정을 체결하여 제59조제1항제1호에 따라 둘 이상의 건축물 벽을 맞벽으로 하여 건축하려는 경우 맞벽으로 건축하려는 자는 공동으로 제11조에 따른 건축허가를 신청할 수 있다.

② 제1항의 경우에 제17조, 제21조, 제22조 및 제25조에 관하여는 개별 건축물마다 적용하지 아니하고 허가를 신청한 건축물 전부 또는 일부를 대상으로 통합하여 적용할 수 있다.

③ 건축협정의 인가를 받은 건축협정구역에서 연접한 대지에 대하여는 다음 각 호의 관계 법령의 규정을 개별 건축물마다 적용하지 아니하고 건축협정구역의 전부 또는 일부를 대상으로 통합하여 적용할 수 있다. 〈개정 2015. 5. 18., 2016. 1. 19.〉

1. 제42조에 따른 대지의 조경
2. 제44조에 따른 대지와 도로와의 관계

3. 삭제 〈2016. 1. 19.〉

4. 제53조에 따른 지하층의 설치

5. 제55조에 따른 건폐율

6. 「주차장법」 제19조에 따른 부설주차장의 설치

7. 삭제 〈2016. 1. 19.〉

8. 「하수도법」 제34조에 따른 개인하수처리시설의 설치

④ 제3항에 따라 관계 법령의 규정을 적용하려는 경우에는 건축협정구역 전부 또는 일부에 대하여 조경 및 부설주차장에 대한 기준을 이 법 및 「주차장법」에서 정한 기준 이상으로 산정하여 적용하여야 한다.

⑤ 건축협정을 체결하여 둘 이상 건축물의 경계벽을 전체 또는 일부를 공유하여 건축하는 경우에는 제1항부터 제4항까지의 특례를 적용하며, 해당 대지를 하나의 대지로 보아 이 법의 기준을 개별 건축물마다 적용하지 아니하고 허가를 신청한 건축물의 전부 또는 일부를 대상으로 통합하여 적용할 수 있다. 〈신설 2016. 1. 19.〉

⑥ 건축협정구역에 건축하는 건축물에 대하여는 제42조, 제55조, 제56조, 제58조, 제60조 및 제61조와 「주택법」 제35조를 대통령령으로 정하는 바에 따라 완화하여 적용할 수 있다. 다만, 제56조를 완화하여 적용하는 경우에는 제4조에 따른 건축위원회의 심의와 「국토의 계획 및 이용에 관한 법률」 제113조에 따른 지방도시계획위원회의 심의를 통합하여 거쳐야 한다. 〈신설 2016. 2. 3.〉

⑦ 제6항 단서에 따라 통합 심의를 하는 경우 통합 심의의 방법 및 절차 등에 관한 구체적인 사항은 대통령령으로 정한다. 〈신설 2016. 2. 3.〉

⑧ 제6항 본문에 따른 건축협정구역 내의 건축물에 대한 건축기준의 적용에 관하여는 제72조제1항(제2호 및 제4호는 제외한다)부터 제5항까지를 준용한다. 이 경우 "특별건축구역"은 "건축협정구역"으로 본다. 〈신설 2016. 2. 3.〉

[본조신설 2014. 1. 14.]

제77조의14 건축협정 집중구역 지정 등

① 건축협정인가권자는 건축협정의 효율적인 체결을 통한 도시의 기능 및 미관의 증진을 위하여 제77조의4제1항 각 호의 어느 하나에 해당하는 지역 및 구역의 전체 또는 일부를 건축협정 집중구역으로 지정할 수 있다.

② 건축협정인가권자는 제1항에 따라 건축협정 집중구역을 지정하는 경우에는 미리 다음 각 호의 사항에 대하여 건축협정인가권자가 두는 건축위원회의 심의를 거쳐야 한다.

1. 건축협정 집중구역의 위치, 범위 및 면적 등에 관한 사항
2. 건축협정 집중구역의 지정 목적 및 필요성
3. 건축협정 집중구역에서 제77조의4제4항 각 호의 사항 중 건축협정인가권자가 도시의 기능 및 미관 증진을 위하여 세부적으로 규정하는 사항
4. 건축협정 집중구역에서 제77조의13에 따른 건축협정의 특례 적용에 관하여 세부적으로 규정하는 사항

③ 제1항에 따른 건축협정 집중구역의 지정 또는 변경ㆍ해제에 관하여는 제77조의6제3항을 준용한다.

④ 건축협정 집중구역 내의 건축협정이 제2항 각 호에 관한 심의내용에 부합하는 경우에는 제77조의6제1항에 따른 건축위원회의 심의를 생략할 수 있다.

[본조신설 2017. 4. 18.]

[종전 제77조의14는 제77조의15로 이동 〈2017. 4. 18.〉]

제10장 결합건축

제77조의15 결합건축 대상지

① 다음 각 호의 어느 하나에 해당하는 지역에서 대지간의 최단거리가 100미터 이내의 범위에서 대통령령으로 정하는 범위에 있는 2개의 대지의 건축주가 서로 합의한 경우 제56조에 따른 용적률을 개별 대지마다 적용하지 아니하고, 2개의 대지를 대상으로 통합적용하여 건축물을 건축(이하 "결합건축"이라 한다)할 수 있다. 다만, 도시경관의 형성, 기반시설 부족 등의 사유로 해당 지방자치단체의 조례로 정하는 지역 안에서는 결합건축을 할 수 없다.

〈개정 2017. 2. 8., 2017. 4. 18.〉

1. 「국토의 계획 및 이용에 관한 법률」 제36조에 따라 지정된 상업지역
2. 「역세권의 개발 및 이용에 관한 법률」 제4조에 따라 지정된 역세권개발구역
3. 「도시 및 주거환경정비법」 제2조에 따른 정비구역 중 주거환경개선사업의 시행을 위한 구역
4. 그 밖에 도시 및 주거환경 개선과 효율적인 토지이용이 필요하다고 대통령령으로 정하는 지역

② 제1항 각 호의 지역에서 2개의 대지를 소유한 자가 1명인 경우는 제77조의4제2항을 준용한다.

[본조신설 2016. 1. 19.]

[제77조의14에서 이동, 종전 제77조의15는 제77조의16으로 이동 〈2017. 4. 18.〉]

제77조의16 결합건축의 절차

① 결합건축을 하고자 하는 건축주는 제11조에 따라 건축허가를 신청하는 때에는 다음 각 호의 사항을 명시한 결합건축협정서를 첨부하여야 하며 국토교통부령으로 정하는 도서를 제출하여야 한다.

1. 결합건축 대상 대지의 위치 및 용도지역
2. 결합건축협정서를 체결하는 자(이하 "결합건축협정체결자"라 한다)의 성명, 주소 및 생년월일(법인, 법인 아닌 사단이나 재단 및 외국인의 경우에는 「부동산등기법」 제49조에 따라 부여된 등록번호를 말한다)
3. 「국토의 계획 및 이용에 관한 법률」 제78조에 따라 조례로 정한 용적률과 결합건축으로 조정되어 적용되는 대지별 용적률

4. 결합건축 대상 대지별 건축계획서

② 허가권자는 「국토의 계획 및 이용에 관한 법률」 제2조제11호에 따른 도시 · 군계획사업에 편입된 대지가 있는 경우에는 결합건축을 포함한 건축허가를 아니할 수 있다.

③ 허가권자는 제1항에 따른 건축허가를 하기 전에 건축위원회의 심의를 거쳐야 한다. 다만, 결합건축으로 조정되어 적용되는 대지별 용적률이 「국토의 계획 및 이용에 관한 법률」 제78조에 따라 해당 대지에 적용되는 도시계획조례의 용적률의 100분의 20을 초과하는 경우에는 대통령령으로 정하는 바에 따라 건축위원회 심의와 도시계획위원회 심의를 공동으로 하여 거쳐야 한다.

④ 제1항에 따른 결합건축 대상 대지가 둘 이상의 특별자치시, 특별자치도 및 시 · 군 · 구에 걸치는 경우 제77조의6제2항을 준용한다.

[본조신설 2016. 1. 19.]

[제77조의15에서 이동, 종전 제77조의16은 제77조의17로 이동 〈2017. 4. 18.〉]

제77조의17 결합건축의 관리

① 허가권자는 결합건축을 포함하여 건축허가를 한 경우 국토교통부령으로 정하는 바에 따라 그 내용을 공고하고, 결합건축 관리대장을 작성하여 관리하여야 한다.

② 허가권자는 결합건축과 관련된 건축물의 사용승인 신청이 있는 경우 해당 결합건축협정서상의 다른 대지에서 착공신고 또는 대통령령으로 정하는 조치가 이행되었는지를 확인한 후 사용승인을 하여야 한다.

③ 허가권자는 결합건축을 허용한 경우 건축물대장에 국토교통부령으로 정하는 바에 따라 결합건축에 관한 내용을 명시하여야 한다.

④ 결합건축협정서에 따른 협정체결 유지기간은 최소 30년으로 한다. 다만, 결합건축협정서의 용적률 기준을 종전대로 환원하여 신축 · 개축 · 재축하는 경우에는 그러하지 아니한다.

⑤ 결합건축협정서를 폐지하려는 경우에는 결합건축협정체결자 전원이 동의하여 허가권자에게 신고하여야 하며, 허가권자는 용적률을 이전받은 건축물이 멸실된 것을 확인한 후 결합건축의 폐지를 수리하여야 한다. 이 경우 결합건축 폐지에 관하여는 제1항 및 제3항을 준용한다.

⑥ 결합건축협정의 준수 여부, 효력 및 승계에 대하여는 제77조의4제3항 및 제77조의10을 준용한다. 이 경우 "건축협정"은 각각 "결합건축협정"으로 본다.

[본조신설 2016. 1. 19.]

[제77조의16에서 이동 〈2017. 4. 18.〉]

제11장 보칙

제78조 감독

① 국토교통부장관은 시·도지사 또는 시장·군수·구청장이 한 명령이나 처분이 이 법이나 이 법에 따른 명령이나 처분 또는 조례에 위반되거나 부당하다고 인정하면 그 명령 또는 처분의 취소·변경, 그 밖에 필요한 조치를 명할 수 있다. 〈개정 2013. 3. 23.〉

② 특별시장·광역시장·도지사는 시장·군수·구청장이 한 명령이나 처분이 이 법 또는 이 법에 따른 명령이나 처분 또는 조례에 위반되거나 부당하다고 인정하면 그 명령이나 처분의 취소·변경, 그 밖에 필요한 조치를 명할 수 있다. 〈개정 2014. 1. 14.〉

③ 시·도지사 또는 시장·군수·구청장이 제1항에 따라 필요한 조치명령을 받으면 그 시정 결과를 국토교통부장관에게 지체 없이 보고하여야 하며, 시장·군수·구청장이 제2항에 따라 필요한 조치명령을 받으면 그 시정 결과를 특별시장·광역시장·도지사에게 지체 없이 보고하여야 한다. 〈개정 2013. 3. 23., 2014. 1. 14.〉

④ 국토교통부장관 및 시·도지사는 건축허가의 적법한 운영, 위법 건축물의 관리 실태 등 건축행정의 건실한 운영을 지도·점검하기 위하여 국토교통부령으로 정하는 바에 따라 매년 지도·점검 계획을 수립·시행하여야 한다. 〈개정 2013. 3. 23.〉

⑤ 국토교통부장관 및 시·도지사는 제4조의2에 따른 건축위원회의 심의 방법 또는 결과가 이 법 또는 이 법에 따른 명령이나 처분 또는 조례에 위반되거나 부당하다고 인정하면 그 심의 방법 또는 결과의 취소·변경, 그 밖에 필요한 조치를 할 수 있다. 이 경우 심의에 관한 조사·시정명령 및 변경절차 등에 관하여는 대통령령으로 정한다. 〈신설 2016. 1. 19.〉

제79조 위반 건축물 등에 대한 조치 등

① 허가권자는 대지나 건축물이 이 법 또는 이 법에 따른 명령이나 처분에 위반되면 이 법에 따른 허가 또는 승인을 취소하거나 그 건축물의 건축주·공사시공자·현장관리인·소유자·관리자 또는 점유자(이하 "건축주등"이라 한다)에게 공사의 중지를 명하거나 상당한 기간을 정하여 그 건축물의 철거·개축·증축·수선·용도변경·사용금지·사용제한, 그 밖에 필요한 조치를 명할 수 있다.

② 허가권자는 제1항에 따라 허가나 승인이 취소된 건축물 또는 제1항에 따른 시정명령을 받고 이행하지 아니한 건축물에 대하여는 다른 법령에 따른 영업이나 그 밖의 행위를 허가·면허·인

가 · 등록 · 지정 등을 하지 아니하도록 요청할 수 있다. 다만, 허가권자가 기간을 정하여 그 사용 또는 영업, 그 밖의 행위를 허용한 주택과 대통령령으로 정하는 경우에는 그러하지 아니하다. 〈개정 2014. 5. 28.〉

③ 제2항에 따른 요청을 받은 자는 특별한 이유가 없으면 요청에 따라야 한다.

④ 허가권자는 제1항에 따른 시정명령을 하는 경우 국토교통부령으로 정하는 바에 따라 건축물대장에 위반내용을 적어야 한다. 〈개정 2013. 3. 23., 2016. 1. 19.〉

⑤ 삭제 〈2016. 1. 19.〉

제80조 이행강제금

① 허가권자는 제79조제1항에 따라 시정명령을 받은 후 시정기간 내에 시정명령을 이행하지 아니한 건축주등에 대하여는 그 시정명령의 이행에 필요한 상당한 이행기한을 정하여 그 기한까지 시정명령을 이행하지 아니하면 다음 각 호의 이행강제금을 부과한다. 다만, 연면적(공동주택의 경우에는 세대 면적을 기준으로 한다)이 85제곱미터 이하인 주거용 건축물과 제2호 중 주거용 건축물로서 대통령령으로 정하는 경우에는 다음 각 호의 어느 하나에 해당하는 금액의 2분의 1의 범위에서 해당 지방자치단체의 조례로 정하는 금액을 부과한다.

〈개정 2011. 5. 30., 2015. 8. 11.〉

1. 건축물이 제55조와 제56조에 따른 건폐율이나 용적률을 초과하여 건축된 경우 또는 허가를 받지 아니하거나 신고를 하지 아니하고 건축된 경우에는 「지방세법」에 따라 해당 건축물에 적용되는 1제곱미터의 시가표준액의 100분의 50에 해당하는 금액에 위반면적을 곱한 금액 이하의 범위에서 위반 내용에 따라 대통령령으로 정하는 비율을 곱한 금액
2. 건축물이 제1호 외의 위반 건축물에 해당하는 경우에는 「지방세법」에 따라 그 건축물에 적용되는 시가표준액에 해당하는 금액의 100분의 10의 범위에서 위반내용에 따라 대통령령으로 정하는 금액

② 허가권자는 영리목적을 위한 위반이나 상습적 위반 등 대통령령으로 정하는 경우에 제1항에 따른 금액을 100분의 50의 범위에서 가중할 수 있다. 〈신설 2015. 8. 11.〉

③ 허가권자는 제1항 및 제2항에 따른 이행강제금을 부과하기 전에 제1항 및 제2항에 따른 이행강제금을 부과 · 징수한다는 뜻을 미리 문서로써 계고(戒告)하여야 한다. 〈개정 2015. 8. 11.〉

④ 허가권자는 제1항 및 제2항에 따른 이행강제금을 부과하는 경우 금액, 부과 사유, 납부기한, 수납기관, 이의제기 방법 및 이의제기 기관 등을 구체적으로 밝힌 문서로 하여야 한다.

〈개정 2015. 8. 11.〉

⑤ 허가권자는 최초의 시정명령이 있었던 날을 기준으로 하여 1년에 2회 이내의 범위에서 해당 지

방자치단체의 조례로 정하는 횟수만큼 그 시정명령이 이행될 때까지 반복하여 제1항 및 제2항에 따른 이행강제금을 부과 · 징수할 수 있다. 다만, 제1항 각 호 외의 부분 단서에 해당하면 총 부과 횟수가 5회를 넘지 아니하는 범위에서 해당 지방자치단체의 조례로 부과 횟수를 따로 정할 수 있다. 〈개정 2014. 5. 28., 2015. 8. 11.〉

⑥ 허가권자는 제79조제1항에 따라 시정명령을 받은 자가 이를 이행하면 새로운 이행강제금의 부과를 즉시 중지하되, 이미 부과된 이행강제금은 징수하여야 한다. 〈개정 2015. 8. 11.〉

⑦ 허가권자는 제4항에 따라 이행강제금 부과처분을 받은 자가 이행강제금을 납부기한까지 내지 아니하면 「지방세외수입금의 징수 등에 관한 법률」에 따라 징수한다.

〈개정 2013. 8. 6., 2015. 8. 11.〉

제80조의2 이행강제금 부과에 관한 특례

① 허가권자는 제80조에 따른 이행강제금을 다음 각 호에서 정하는 바에 따라 감경할 수 있다. 다만, 지방자치단체의 조례로 정하는 기간까지 위반내용을 시정하지 아니한 경우는 제외한다.

1. 축사 등 농업용 · 어업용 시설로서 500제곱미터(「수도권정비계획법」 제2조제1호에 따른 수도권 외의 지역에서는 1천제곱미터) 이하인 경우는 5분의 1을 감경
2. 그 밖에 위반 동기, 위반 범위 및 위반 시기 등을 고려하여 대통령령으로 정하는 경우(제80조제2항에 해당하는 경우는 제외한다)에는 2분의 1의 범위에서 대통령령으로 정하는 비율을 감경

② 허가권자는 법률 제4381호 건축법개정법률의 시행일(1992년 6월 1일을 말한다) 이전에 이 법 또는 이 법에 따른 명령이나 처분을 위반한 주거용 건축물에 관하여는 대통령령으로 정하는 바에 따라 제80조에 따른 이행강제금을 감경할 수 있다.

[본조신설 2015. 8. 11.]

제81조 기존의 건축물에 대한 안전점검 및 시정명령 등

① 특별자치시장 · 특별자치도지사 또는 시장 · 군수 · 구청장은 기존 건축물이 국가보안상 이유가 있거나 제4장(제40조부터 제47조까지)을 위반하여 대통령령으로 정하는 기준에 해당하면 해당 건축물의 철거 · 개축 · 증축 · 수선 · 용도변경 · 사용금지 · 사용제한, 그 밖에 필요한 조치를 명할 수 있다. 〈개정 2014. 1. 14.〉

② 특별자치시장 · 특별자치도지사 또는 시장 · 군수 · 구청장은 「국토의 계획 및 이용에 관한 법률」 제37조제1항제1호에 따른 경관지구 안의 건축물로서 도시미관이나 주거환경상 현저히 장애가 된다고 인정하면 건축위원회의 의견을 들어 개축이나 수선을 하게 할 수 있다.

〈개정 2014. 1. 14., 2017. 4. 18.〉

③ 특별자치시장 · 특별자치도지사 또는 시장 · 군수 · 구청장은 제1항에 따라 필요한 조치를 명하면 대통령령으로 정하는 바에 따라 정당한 보상을 하여야 한다. 〈개정 2014. 1. 14.〉

④ 특별자치시장 · 특별자치도지사 또는 시장 · 군수 · 구청장이 위해의 우려가 있다고 인정하여 지정하는 건축물과 특수구조 건축물 중 국토교통부장관이 고시하는 건축물의 건축주등은 대통령령으로 정하는 바에 따라 건축사협회나 그 밖에 국토교통부장관이 인정하는 전문 인력을 갖춘 법인 또는 단체로 하여금 건축물의 구조 안전 여부를 조사하게 하고, 그 결과를 특별자치시장 · 특별자치도지사 또는 시장 · 군수 · 구청장에게 보고하여야 한다

. 〈개정 2013. 3. 23., 2014. 1. 14., 2015. 1. 6.〉

⑤ 특별자치시장 · 특별자치도지사 또는 시장 · 군수 · 구청장은 제4항에 따른 조사결과에 따라 필요하다고 인정하면 해당 건축물의 철거 · 개축 · 수선 · 용도변경 · 사용금지 · 사용제한, 그 밖에 필요한 조치를 명할 수 있다. 〈개정 2014. 1. 14.〉

제81조의2 빈집 정비

특별자치시장 · 특별자치도지사 또는 시장 · 군수 · 구청장은 거주 또는 사용 여부를 확인한 날부터 1년 이상 아무도 거주하지 아니하거나 사용하지 아니하는 주택이나 건축물(「농어촌정비법」 제2조제10호에 따른 빈집은 제외하며, 이하 "빈집"이라 한다)이 다음 각 호의 어느 하나에 해당하면 건축위원회의 심의를 거쳐 그 빈집의 소유자에게 철거 등 필요한 조치를 명할 수 있다. 이 경우 빈집의 소유자는 특별한 사유가 없으면 60일 이내에 조치를 이행하여야 한다.

1. 공익상 유해하거나 도시미관 또는 주거환경에 현저한 장해가 된다고 인정하는 경우
2. 주거환경이나 도시환경 개선을 위하여 「도시 및 주거환경정비법」 제2조에 따른 정비기반시설과 공동이용시설의 확충에 필요한 경우

[본조신설 2016. 1. 19.]

제81조의3 빈집 정비 절차 등

① 특별자치시장 · 특별자치도지사 또는 시장 · 군수 · 구청장이 제81조의2에 따라 빈집의 철거를 명한 경우 그 빈집의 소유자가 특별한 사유 없이 이에 따르지 아니하면 대통령령으로 정하는 바에 따라 직권으로 그 빈집을 철거할 수 있다.

② 제1항에 따라 철거할 빈집 소유자의 소재를 알 수 없는 경우에는 그 빈집에 대한 철거명령과 이를 이행하지 아니하면 직권으로 철거한다는 내용을 일간신문에 1회 이상 공고하고, 공고한 날부터 60일이 지난 날까지 빈집의 소유자가 빈집을 철거하지 아니하면 직권으로 철거할 수 있다.

③ 제1항과 제2항의 경우 특별자치시장 · 특별자치도지사 또는 시장 · 군수 · 구청장은 대통령령으로 정하는 바에 따라 정당한 보상비를 빈집의 소유자에게 지급하여야 한다. 이 경우 빈집의 소유자가 보상비의 수령을 거부하거나 빈집 소유자의 소재불명(所在不明)으로 보상비를 지급할 수 없을 때에는 이를 공탁하여야 한다.

④ 특별자치시장 · 특별자치도지사 또는 시장 · 군수 · 구청장이 제1항 또는 제2항에 따라 빈집을 철거하였을 때에는 지체 없이 건축물대장을 정리하여야 하며, 건축물대장을 정리한 경우에는 지체 없이 관할 등기소에 해당 빈집이 이 법에 따라 철거되었다는 취지의 통지를 하고 말소등기를 촉탁하여야 한다.

[본조신설 2016. 1. 19.]

제82조 권한의 위임과 위탁

① 국토교통부장관은 이 법에 따른 권한의 일부를 대통령령으로 정하는 바에 따라 시 · 도지사에게 위임할 수 있다. 〈개정 2013. 3. 23.〉

② 시 · 도지사는 이 법에 따른 권한의 일부를 대통령령으로 정하는 바에 따라 시장(행정시의 시장을 포함하며, 이하 이 조에서 같다) · 군수 · 구청장에게 위임할 수 있다.

③ 시장 · 군수 · 구청장은 이 법에 따른 권한의 일부를 대통령령으로 정하는 바에 따라 구청장(자치구가 아닌 구의 구청장을 말한다) · 동장 · 읍장 또는 면장에게 위임할 수 있다.

④ 국토교통부장관은 제31조제1항과 제32조제1항에 따라 건축허가 업무 등을 효율적으로 처리하기 위하여 구축하는 전자정보처리 시스템의 운영을 대통령령으로 정하는 기관 또는 단체에 위탁할 수 있다. 〈개정 2013. 3. 23.〉

제83조 옹벽 등의 공작물에의 준용

① 대지를 조성하기 위한 옹벽, 굴뚝, 광고탑, 고가수조(高架水槽), 지하 대피호, 그 밖에 이와 유사한 것으로서 대통령령으로 정하는 공작물을 축조하려는 자는 대통령령으로 정하는 바에 따라 특별자치시장 · 특별자치도지사 또는 시장 · 군수 · 구청장에게 신고하여야 한다.
〈개정 2014. 1. 14.〉

② 제1항에 따른 공작물의 소유자나 관리자는 국토교통부령으로 정하는 바에 따라 공작물의 유지 · 관리 상태를 점검하고 그 결과를 특별자치시장 · 특별자치도지사 또는 시장 · 군수 · 구청장에게 보고하여야 한다. 〈신설 2014. 5. 28.〉

③ 제14조, 제21조제5항, 제29조, 제35조제1항, 제40조제4항, 제41조, 제47조, 제48조, 제55조, 제58조, 제60조, 제61조, 제79조, 제81조, 제84조, 제85조, 제87조와 「국토의 계획 및 이용에 관한 법

률」 제76조는 대통령령으로 정하는 바에 따라 제1항의 경우에 준용한다.

〈개정 2014. 5. 28., 2017. 4. 18.〉

제84조 면적 · 높이 및 층수의 산정

건축물의 대지면적, 연면적, 바닥면적, 높이, 처마, 천장, 바닥 및 층수의 산정방법은 대통령령으로 정한다.

제85조 「행정대집행법」 적용의 특례

① 허가권자는 제11조, 제14조, 제41조와 제79조제1항에 따라 필요한 조치를 할 때 다음 각 호의 어느 하나에 해당하는 경우로서 「행정대집행법」 제3조제1항과 제2항에 따른 절차에 의하면 그 목적을 달성하기 곤란한 때에는 해당 절차를 거치지 아니하고 대집행할 수 있다.

1. 재해가 발생할 위험이 절박한 경우
2. 건축물의 구조 안전상 심각한 문제가 있어 붕괴 등 손괴의 위험이 예상되는 경우
3. 허가권자의 공사중지명령을 받고도 불응하여 공사를 강행하는 경우
4. 도로통행에 현저하게 지장을 주는 불법건축물인 경우
5. 그 밖에 공공의 안전 및 공익에 심히 저해되어 신속하게 실시할 필요가 있다고 인정되는 경우로서 대통령령으로 정하는 경우

② 제1항에 따른 대집행은 건축물의 관리를 위하여 필요한 최소한도에 그쳐야 한다.

[전문개정 2009. 4. 1.]

제86조 청문

허가권자는 제79조에 따라 허가나 승인을 취소하려면 청문을 실시하여야 한다.

제87조 보고와 검사 등

① 국토교통부장관, 시 · 도지사, 시장 · 군수 · 구청장, 그 소속 공무원, 제27조에 따른 업무대행자 또는 제37조에 따른 건축지도원은 건축물의 건축주등, 공사감리자, 공사시공자 또는 관계전문기술자에게 필요한 자료의 제출이나 보고를 요구할 수 있으며, 건축물 · 대지 또는 건축공사장에 출입하여 그 건축물, 건축설비, 그 밖에 건축공사에 관련되는 물건을 검사하거나 필요한 시험을 할 수 있다. 〈개정 2013. 3. 23., 2016. 2. 3.〉

② 제1항에 따라 검사나 시험을 하는 자는 그 권한을 표시하는 증표를 지니고 이를 관계인에게 내보여야 한다.

③ 허가권자는 건축관계자등과의 계약 내용을 검토할 수 있으며, 검토결과 불공정 또는 불합리한 사항이 있어 부실설계 · 시공 · 감리가 될 우려가 있는 경우에는 해당 건축주에게 그 사실을 통보하고 해당 건축물의 건축공사 현장을 특별히 지도 · 감독하여야 한다. 〈신설 2016. 2. 3.〉

제87조의2 지역건축안전센터 설립

① 시 · 도지사 및 시장 · 군수 · 구청장은 다음 각 호의 업무를 수행하기 위하여 관할 구역에 지역건축안전센터를 둘 수 있다.

1. 제11조, 제14조, 제16조, 제21조, 제22조, 제27조, 제35조제3항, 제81조 및 제87조에 따른 기술적인 사항에 대한 보고 · 확인 · 검토 · 심사 및 점검
2. 제25조에 따른 공사감리에 대한 관리 · 감독
3. 제35조의2에 따른 기술지원 및 정보제공
4. 그 밖에 대통령령으로 정하는 사항

② 체계적이고 전문적인 업무 수행을 위하여 지역건축안전센터에 「건축사법」 제23조제1항에 따라 신고한 건축사 또는 「기술사법」 제6조제1항에 따라 등록한 기술사 등 전문인력을 배치하여야 한다.

③ 제1항 및 제2항에 따른 지역건축안전센터의 설치 · 운영 및 전문인력의 자격과 배치기준 등에 필요한 사항은 국토교통부령으로 정한다.

[본조신설 2017. 4. 18.]

제87조의3 건축안전특별회계의 설치

① 시 · 도지사 또는 시장 · 군수 · 구청장은 관할 구역의 지역건축안전센터 설치 · 운영 등을 지원하기 위하여 건축안전특별회계(이하 "특별회계"라 한다)를 설치할 수 있다.

② 특별회계는 다음 각 호의 재원으로 조성한다.

1. 일반회계로부터의 전입금
2. 제80조에 따라 부과 · 징수되는 이행강제금 중 해당 지방자치단체의 조례로 정하는 비율의 금액
3. 그 밖의 수입금

③ 특별회계는 다음 각 호의 용도로 사용한다.

1. 지역건축안전센터의 설치 · 운영에 필요한 경비
2. 지역건축안전센터의 전문인력 배치에 필요한 인건비
3. 제87조의2제1항 각 호의 업무 수행을 위한 조사 · 연구비

4. 특별회계의 조성 · 운용 및 관리를 위하여 필요한 경비
5. 그 밖에 건축물 안전에 관한 기술지원 및 정보제공을 위하여 해당 지방자치단체의 조례로 정하는 사업의 수행에 필요한 비용

[본조신설 2017. 4. 18.]

제88조 건축분쟁전문위원회

① 건축등과 관련된 다음 각 호의 분쟁(「건설산업기본법」 제69조에 따른 조정의 대상이 되는 분쟁은 제외한다. 이하 같다)의 조정(調停) 및 재정(裁定)을 하기 위하여 국토교통부에 건축분쟁전문위원회(이하 "분쟁위원회"라 한다)를 둔다. 〈개정 2009. 4. 1., 2014. 5. 28.〉
1. 건축관계자와 해당 건축물의 건축등으로 피해를 입은 인근주민(이하 "인근주민"이라 한다) 간의 분쟁
2. 관계전문기술자와 인근주민 간의 분쟁
3. 건축관계자와 관계전문기술자 간의 분쟁
4. 건축관계자 간의 분쟁
5. 인근주민 간의 분쟁
6. 관계전문기술자 간의 분쟁
7. 그 밖에 대통령령으로 정하는 사항

② 삭제 〈2014. 5. 28.〉

③ 삭제 〈2014. 5. 28.〉

[제목개정 2009. 4. 1.]

제89조 분쟁위원회의 구성

① 분쟁위원회는 위원장과 부위원장 각 1명을 포함한 15명 이내의 위원으로 구성한다. 〈개정 2009. 4. 1., 2014. 5. 28.〉

② 분쟁위원회의 위원은 건축이나 법률에 관한 학식과 경험이 풍부한 자로서 다음 각 호의 어느 하나에 해당하는 자 중에서 국토교통부장관이 임명하거나 위촉한다. 이 경우 제4호에 해당하는 자가 2명 이상 포함되어야 한다. 〈개정 2009. 4. 1., 2013. 3. 23., 2014. 1. 14., 2014. 5. 28.〉
1. 3급 상당 이상의 공무원으로 1년 이상 재직한 자
2. 삭제 〈2014. 5. 28.〉
3. 「고등교육법」에 따른 대학에서 건축공학이나 법률학을 가르치는 조교수 이상의 직(職)에 3년 이상 재직한 자

4. 판사, 검사 또는 변호사의 직에 6년 이상 재직한 자
5. 「국가기술자격법」에 따른 건축분야 기술사 또는 「건축사법」 제23조에 따라 건축사사무소개설신고를 하고 건축사로 6년 이상 종사한 자
6. 건설공사나 건설업에 대한 학식과 경험이 풍부한 자로서 그 분야에 15년 이상 종사한 자

③ 삭제 〈2014. 5. 28.〉

④ 분쟁위원회의 위원장과 부위원장은 위원 중에서 국토교통부장관이 위촉한다. 〈개정 2009. 4. 1., 2014. 5. 28.〉

⑤ 공무원이 아닌 위원의 임기는 3년으로 하되, 연임할 수 있으며, 보궐위원의 임기는 전임자의 남은 임기로 한다.

⑥ 분쟁위원회의 회의는 재적위원 과반수의 출석으로 열고 출석위원 과반수의 찬성으로 의결한다. 〈개정 2009. 4. 1., 2014. 5. 28.〉

⑦ 다음 각 호의 어느 하나에 해당하는 자는 분쟁위원회의 위원이 될 수 없다. 〈개정 2009. 4. 1., 2014. 5. 28.〉

1. 피성년후견인, 피한정후견인 또는 파산선고를 받고 복권되지 아니한 자
2. 금고 이상의 실형을 선고받고 그 집행이 끝나거나(집행이 끝난 것으로 보는 경우를 포함한다)되거나 집행이 면제된 날부터 2년이 지나지 아니한 자
3. 법원의 판결이나 법률에 따라 자격이 정지된 자

⑧ 위원의 제척 · 기피 · 회피 및 위원회의 운영, 조정 등의 거부와 중지 등 그 밖에 필요한 사항은 대통령령으로 정한다. 〈신설 2014. 5. 28.〉

[제목개정 2014. 5. 28.]

제90조 삭제 〈2014. 5. 28.〉

제91조 대리인

① 당사자는 다음 각 호에 해당하는 자를 대리인으로 선임할 수 있다.

1. 당사자의 배우자, 직계존 · 비속 또는 형제자매
2. 당사자인 법인의 임직원
3. 변호사

② 삭제 〈2014. 5. 28.〉

③ 대리인의 권한은 서면으로 소명하여야 한다.

④ 대리인은 다음 각 호의 행위를 하기 위하여는 당사자의 위임을 받아야 한다.

1. 신청의 철회
2. 조정안의 수락
3. 복대리인의 선임

제92조 조정등의 신청

① 건축물의 건축등과 관련된 분쟁의 조정 또는 재정(이하 "조정등"이라 한다)을 신청하려는 자는 분쟁위원회에 조정등의 신청서를 제출하여야 한다. 〈개정 2009. 4. 1., 2014. 5. 28.〉

② 제1항에 따른 조정신청은 해당 사건의 당사자 중 1명 이상이 하며, 재정신청은 해당 사건 당사자 간의 합의로 한다. 다만, 분쟁위원회는 조정신청을 받으면 해당 사건의 모든 당사자에게 조정신청이 접수된 사실을 알려야 한다. 〈개정 2009. 4. 1., 2014. 5. 28.〉

③ 분쟁위원회는 당사자의 조정신청을 받으면 60일 이내에, 재정신청을 받으면 120일 이내에 절차를 마쳐야 한다. 다만, 부득이한 사정이 있으면 분쟁위원회의 의결로 기간을 연장할 수 있다. 〈개정 2009. 4. 1., 2014. 5. 28.〉

제93조 조정등의 신청에 따른 공사중지

① 삭제 〈2014. 5. 28.〉

② 삭제 〈2014. 5. 28.〉

③ 시ㆍ도지사 또는 시장ㆍ군수ㆍ구청장은 위해 방지를 위하여 긴급한 상황이거나 그 밖에 특별한 사유가 없으면 조정등의 신청이 있다는 이유만으로 해당 공사를 중지하게 하여서는 아니 된다.

[제목개정 2014. 5. 28.]

제94조 조정위원회와 재정위원회

① 조정은 3명의 위원으로 구성되는 조정위원회에서 하고, 재정은 5명의 위원으로 구성되는 재정위원회에서 한다.

② 조정위원회의 위원(이하 "조정위원"이라 한다)과 재정위원회의 위원(이하 "재정위원"이라 한다)은 사건마다 분쟁위원회의 위원 중에서 위원장이 지명한다. 이 경우 재정위원회에는 제89조제2항제4호에 해당하는 위원이 1명 이상 포함되어야 한다. 〈개정 2009. 4. 1., 2014. 5. 28.〉

③ 조정위원회와 재정위원회의 회의는 구성원 전원의 출석으로 열고 과반수의 찬성으로 의결한다.

제95조 조정을 위한 조사 및 의견 청취

① 조정위원회는 조정에 필요하다고 인정하면 조정위원 또는 사무국의 소속 직원에게 관계 서류

를 열람하게 하거나 관계 사업장에 출입하여 조사하게 할 수 있다. 〈개정 2014. 5. 28.〉

② 조정위원회는 필요하다고 인정하면 당사자나 참고인을 조정위원회에 출석하게 하여 의견을 들을 수 있다.

③ 분쟁의 조정신청을 받은 조정위원회는 조정기간 내에 심사하여 조정안을 작성하여야 한다. 〈개정 2014. 5. 28.〉

제96조 조정의 효력

① 조정위원회는 제95조제3항에 따라 조정안을 작성하면 지체 없이 각 당사자에게 조정안을 제시하여야 한다.

② 제1항에 따라 조정안을 제시받은 당사자는 제시를 받은 날부터 15일 이내에 수락 여부를 조정위원회에 알려야 한다.

③ 조정위원회는 당사자가 조정안을 수락하면 즉시 조정서를 작성하여야 하며, 조정위원과 각 당사자는 이에 기명날인하여야 한다.

④ 당사자가 제3항에 따라 조정안을 수락하고 조정서에 기명날인하면 당사자 간에 조정서와 동일한 내용의 합의가 성립된 것으로 본다.

제97조 분쟁의 재정

① 재정은 문서로써 하여야 하며, 재정 문서에는 다음 각 호의 사항을 적고 재정위원이 이에 기명날인하여야 한다.

1. 사건번호와 사건명
2. 당사자, 선정대표자, 대표당사자 및 대리인의 주소 · 성명
3. 주문(主文)
4. 신청 취지
5. 이유
6. 재정 날짜

② 제1항제5호에 따른 이유를 적을 때에는 주문의 내용이 정당하다는 것을 인정할 수 있는 한도에서 당사자의 주장 등을 표시하여야 한다.

③ 재정위원회는 재정을 하면 지체 없이 재정 문서의 정본(正本)을 당사자나 대리인에게 송달하여야 한다.

제98조 재정을 위한 조사권 등

① 재정위원회는 분쟁의 재정을 위하여 필요하다고 인정하면 당사자의 신청이나 직권으로 재정위원 또는 소속 공무원에게 다음 각 호의 행위를 하게 할 수 있다.

1. 당사자나 참고인에 대한 출석 요구, 자문 및 진술 청취
2. 감정인의 출석 및 감정 요구
3. 사건과 관계있는 문서나 물건의 열람 · 복사 · 제출 요구 및 유치
4. 사건과 관계있는 장소의 출입 · 조사

② 당사자는 제1항에 따른 조사 등에 참여할 수 있다.

③ 재정위원회가 직권으로 제1항에 따른 조사 등을 한 경우에는 그 결과에 대하여 당사자의 의견을 들어야 한다.

④ 재정위원회는 제1항에 따라 당사자나 참고인에게 진술하게 하거나 감정인에게 감정하게 할 때에는 당사자나 참고인 또는 감정인에게 선서를 하도록 하여야 한다.

⑤ 제1항제4호의 경우에 재정위원 또는 소속 공무원은 그 권한을 나타내는 증표를 지니고 이를 관계인에게 내보여야 한다.

제99조 재정의 효력 등

재정위원회가 재정을 한 경우 재정 문서의 정본이 당사자에게 송달된 날부터 60일 이내에 당사자 양쪽이나 어느 한쪽으로부터 그 재정의 대상인 건축물의 건축등의 분쟁을 원인으로 하는 소송이 제기되지 아니하거나 그 소송이 철회되면 당사자 간에 재정 내용과 동일한 합의가 성립된 것으로 본다.

제100조 시효의 중단

당사자가 재정에 불복하여 소송을 제기한 경우 시효의 중단과 제소기간의 산정에 있어서는 재정신청을 재판상의 청구로 본다.

제101조 조정 회부

분쟁위원회는 재정신청이 된 사건을 조정에 회부하는 것이 적합하다고 인정하면 직권으로 직접 조정할 수 있다. 〈개정 2009. 4. 1., 2014. 5. 28.〉

제102조 비용부담

① 분쟁의 조정등을 위한 감정 · 진단 · 시험 등에 드는 비용은 당사자 간의 합의로 정하는 비율에 따라 당사자가 부담하여야 한다. 다만, 당사자 간에 비용부담에 대하여 합의가 되지 아니하면

조정위원회나 재정위원회에서 부담비율을 정한다.

② 조정위원회나 재정위원회는 필요하다고 인정하면 대통령령으로 정하는 바에 따라 당사자에게 제1항에 따른 비용을 예치하게 할 수 있다.

③ 제1항에 따른 비용의 범위에 관하여는 국토교통부령으로 정한다.

〈개정 2009. 4. 1., 2013. 3. 23., 2014. 5. 28.〉

제103조 분쟁위원회의 운영 및 사무처리 위탁)

① 국토교통부장관은 분쟁위원회의 운영 및 사무처리를 「시설물의 안전 및 유지관리에 관한 특별법」 제45조에 따른 한국시설안전공단에 위탁할 수 있다. 〈개정 2014. 5. 28., 2017. 1. 17.〉

② 분쟁위원회의 운영 및 사무처리를 위한 조직 및 인력 등은 대통령령으로 정한다.

〈개정 2014. 5. 28.〉

③ 국토교통부장관은 예산의 범위에서 분쟁위원회의 운영 및 사무처리에 필요한 경비를 한국시설안전공단에 출연 또는 보조할 수 있다. 〈개정 2014. 5. 28.〉

[제목개정 2014. 5. 28.]

제104조 조정등의 절차

제88조부터 제103조까지의 규정에서 정한 것 외에 분쟁의 조정등의 방법 · 절차 등에 관하여 필요한 사항은 대통령령으로 정한다.

제104조의2 건축위원회의 사무의 정보보호

건축위원회 또는 관계 행정기관 등은 제4조의5의 민원심의 및 제92조의 분쟁조정 신청과 관련된 정보의 유출로 인하여 신청인과 이해관계인의 이익이 침해되지 아니하도록 노력하여야 한다.

[본조신설 2014. 5. 28.]

제105조 벌칙 적용 시 공무원 의제)

다음 각 호의 어느 하나에 해당하는 사람은 공무원이 아니더라도 「형법」 제129조부터 제132조까지의 규정과 「특정범죄가중처벌 등에 관한 법률」 제2조와 제3조에 따른 벌칙을 적용할 때에는 공무원으로 본다. 〈개정 2009. 4. 1., 2014. 1. 14., 2014. 5. 28., 2016. 2. 3., 2017. 4. 18.〉

1. 제4조에 따른 건축위원회의 위원

1의2. 제13조의2제2항에 따라 안전영향평가를 하는 자

1의3. 제24조의2제4항에 따라 건축자재를 점검하는 자

2. 제27조에 따라 현장조사 · 검사 및 확인업무를 대행하는 사람

3. 제37조에 따른 건축지도원

4. 제82조제4항에 따른 기관 및 단체의 임직원

5. 제87조의2제2항에 따라 지역건축안전센터에 배치된 전문인력

[시행일 : 2016. 8. 4.] 제105조제1호의3

제12장 벌칙

제106조 벌칙

① 제23조, 제24조제1항, 제24조의2제1항, 제25조제3항 및 제35조를 위반하여 설계 · 시공 · 공사 감리 및 유지 · 관리와 건축자재의 제조 및 유통을 함으로써 건축물이 부실하게 되어 착공 후 「건설산업기본법」 제28조에 따른 하자담보책임 기간에 건축물의 기초와 주요구조부에 중대한 손괴를 일으켜 일반인을 위험에 처하게 한 설계자 · 감리자 · 시공자 · 제조업자 · 유통업자 · 관계전문기술자 및 건축주는 10년 이하의 징역에 처한다. 〈개정 2015. 1. 6., 2016. 2. 3.〉

② 제1항의 죄를 범하여 사람을 죽거나 다치게 한 자는 무기징역이나 3년 이상의 징역에 처한다.

제107조 벌칙

① 업무상 과실로 제106조제1항의 죄를 범한 자는 5년 이하의 징역이나 금고 또는 5억원 이하의 벌금에 처한다. 〈개정 2016. 2. 3.〉

② 업무상 과실로 제106조제2항의 죄를 범한 자는 10년 이하의 징역이나 금고 또는 10억원 이하의 벌금에 처한다. 〈개정 2016. 2. 3.〉

제108조 벌칙

① 도시지역에서 제11조제1항, 제19조제1항 및 제2항, 제47조, 제55조, 제56조, 제58조, 제60조, 제61조 또는 제77조의10을 위반하여 건축물을 건축하거나 대수선 또는 용도변경을 한 건축주 및 공사시공자는 3년 이하의 징역이나 5억원이하의 벌금에 처한다.

〈개정 2014. 5. 28., 2016. 1. 19., 2016. 2. 3.〉

② 제1항의 경우 징역과 벌금은 병과(倂科)할 수 있다.

제109조 벌칙

다음 각 호의 어느 하나에 해당하는 자는 2년 이하의 징역이나 2억원 이하의 벌금에 처한다.

〈개정 2016. 2. 3., 2017. 4. 18.〉

1. 제27조제2항에 따른 보고를 거짓으로 한 자
2. 제87조의2제1항제1호에 따른 보고 · 확인 · 검토 · 심사 및 점검을 거짓으로 한 자

[시행일 : 2017. 10. 19.] 제109조

제110조 벌칙

다음 각 호의 어느 하나에 해당하는 자는 2년 이하의 징역 또는 1억원 이하의 벌금에 처한다.

〈개정 2008. 3. 28., 2008. 6. 5., 2011. 9. 16., 2014. 5. 28., 2015. 1. 6., 2016. 1. 19., 2016. 2. 3., 2017. 4. 18.〉

1. 도시지역 밖에서 제11조제1항, 제19조제1항 및 제2항, 제47조, 제55조, 제56조, 제58조, 제60조, 제61조, 제77조의10을 위반하여 건축물을 건축하거나 대수선 또는 용도변경을 한 건축주 및 공사시공자

1의2. 제13조제5항을 위반한 건축주 및 공사시공자

2. 제16조(변경허가 사항만 해당한다), 제21조제5항, 제22조제3항 또는 제25조제7항을 위반한 건축주 및 공사시공자

3. 제20조제1항에 따른 허가를 받지 아니하거나 제83조에 따른 신고를 하지 아니하고 가설건축물을 건축하거나 공작물을 축조한 건축주 및 공사시공자

4. 다음 각 목의 어느 하나에 해당하는 자
 가. 제25조제1항을 위반하여 공사감리자를 지정하지 아니하고 공사를 하게 한 자
 나. 제25조제1항을 위반하여 공사시공자 본인 및 계열회사를 공사감리자로 지정한 자

5. 제25조제3항을 위반하여 공사감리자로부터 시정 요청이나 재시공 요청을 받고 이에 따르지 아니하거나 공사 중지의 요청을 받고도 공사를 계속한 공사시공자

6. 제25조제6항을 위반하여 정당한 사유 없이 감리중간보고서나 감리완료보고서를 제출하지 아니하거나 거짓으로 작성하여 제출한 자

6의2. 제27조제2항을 위반하여 현장조사 · 검사 및 확인 대행 업무를 한 자

7. 제35조(제3항은 제외한다)를 위반한 건축물의 소유자 또는 관리자

8. 제40조제4항을 위반한 건축주 및 공사시공자

8의2. 제43조제1항, 제49조, 제50조, 제51조, 제53조, 제58조, 제61조제1항 · 제2항 또는 제64조를 위반한 건축주, 설계자, 공사시공자 또는 공사감리자

9. 제48조를 위반한 설계자, 공사감리자, 공사시공자 및 제67조에 따른 관계전문기술자

9의2. 제50조의2제1항을 위반한 설계자, 공사감리자 및 공사시공자

9의3. 제48조의4를 위반한 건축주, 설계자, 공사감리자, 공사시공자 및 제67조에 따른 관계전문기술자

10. 제52조에 따른 방화(防火)에 지장이 없는 재료를 사용하지 아니한 공사시공자 또는 그 재료 사용에 책임이 있는 설계자나 공사감리자

11. 제52조의3제1항을 위반하여 복합자재품질관리서를 제출하지 아니하거나 거짓으로 제출한 공급업자, 공사시공자 및 공사감리자

12. 제62조를 위반한 설계자, 공사감리자, 공사시공자 및 제67조에 따른 관계전문기술자

제111조 벌칙

다음 각 호의 어느 하나에 해당하는 자는 5천만원 이하의 벌금에 처한다.

〈개정 2009. 2. 6., 2014. 1. 14., 2014. 5. 28., 2016. 2. 3.〉

1. 제14조, 제16조(변경신고 사항만 해당한다), 제20조제3항, 제21조제1항, 제22조제1항 또는 제83조제1항에 따른 신고 또는 신청을 하지 아니하거나 거짓으로 신고하거나 신청한 자
2. 제24조제3항을 위반하여 설계 변경을 요청받고도 정당한 사유 없이 따르지 아니한 설계자
3. 제24조제4항을 위반하여 공사감리자로부터 상세시공도면을 작성하도록 요청받고도 이를 작성하지 아니하거나 시공도면에 따라 공사하지 아니한 자

3의2. 제24조제6항을 위반하여 현장관리인을 지정하지 아니하거나 착공신고서에 이를 거짓으로 기재한 자

3의3. 제24조의2제1항을 위반한 건축자재의 제조업자 및 유통업자

4. 제28조제1항을 위반한 공사시공자
5. 제41조나 제42조를 위반한 건축주 및 공사시공자
6. 제52조의2를 위반하여 실내건축을 한 건축주 및 공사시공자
7. 제81조제1항 및 제5항에 따른 명령을 위반하거나 같은 조 제4항을 위반한 자
8. 삭제 〈2009. 2. 6.〉

[시행일 : 2016. 8. 4.] 제111조

제112조 양벌규정

① 법인의 대표자, 대리인, 사용인, 그 밖의 종업원이 그 법인의 업무에 관하여 제106조의 위반행위를 하면 행위자를 벌할 뿐만 아니라 그 법인에도 10억원 이하의 벌금에 처한다. 다만, 법인이 그 위반행위를 방지하기 위하여 해당 업무에 관하여 상당한 주의와 감독을 게을리하지 아니한 때에는 그러하지 아니하다.

② 개인의 대리인, 사용인, 그 밖의 종업원이 그 개인의 업무에 관하여 제106조의 위반행위를 하면 행위자를 벌할 뿐만 아니라 그 개인에게도 10억원 이하의 벌금에 처한다. 다만, 개인이 그 위반행위를 방지하기 위하여 해당 업무에 관하여 상당한 주의와 감독을 게을리하지 아니한 때에는 그러하지 아니하다.

③ 법인의 대표자, 대리인, 사용인, 그 밖의 종업원이 그 법인의 업무에 관하여 제107조부터 제111

조까지의 규정에 따른 위반행위를 하면 행위자를 벌할 뿐만 아니라 그 법인에도 해당 조문의 벌금형을 과(科)한다. 다만, 법인이 그 위반행위를 방지하기 위하여 해당 업무에 관하여 상당한 주의와 감독을 게을리하지 아니한 때에는 그러하지 아니하다.

④ 개인의 대리인, 사용인, 그 밖의 종업원이 그 개인의 업무에 관하여 제107조부터 제111조까지의 규정에 따른 위반행위를 하면 행위자를 벌할 뿐만 아니라 그 개인에게도 해당 조문의 벌금형을 과한다. 다만, 개인이 그 위반행위를 방지하기 위하여 해당 업무에 관하여 상당한 주의와 감독을 게을리하지 아니한 때에는 그러하지 아니하다.

제113조 과태료

① 다음 각 호의 어느 하나에 해당하는 자에게는 200만원 이하의 과태료를 부과한다.

〈개정 2009. 2. 6., 2014. 5. 28., 2016. 1. 19., 2016. 2. 3., 2017. 12. 26.〉

1. 제19조제3항에 따른 건축물대장 기재내용의 변경을 신청하지 아니한 자
2. 제24조제2항을 위반하여 공사현장에 설계도서를 갖추어 두지 아니한 자
3. 제24조제5항을 위반하여 건축허가 표지판을 설치하지 아니한 자
4. 제24조의2제2항에 따른 점검을 거부·방해 또는 기피한 자
5. 제48조의3제1항 본문에 따른 공개를 하지 아니한 자

② 다음 각 호의 어느 하나에 해당하는 자에게는 100만원 이하의 과태료를 부과한다.

〈신설 2009. 2. 6., 2012. 1. 17., 2014. 5. 28., 2016. 2. 3.〉

1. 제25조제4항을 위반하여 보고를 하지 아니한 공사감리자
2. 제27조제2항에 따른 보고를 하지 아니한 자
3. 제35조제2항에 따른 보고를 하지 아니한 자
4. 제36조제1항에 따른 신고를 하지 아니한 자
5. 삭제 〈2016. 2. 3.〉
6. 제77조제2항을 위반하여 모니터링에 필요한 사항에 협조하지 아니한 건축주, 소유자 또는 관리자
7. 삭제 〈2016. 1. 19.〉
8. 제83조제2항에 따른 보고를 하지 아니한 자
9. 제87조제1항에 따른 자료의 제출 또는 보고를 하지 아니하거나 거짓 자료를 제출하거나 거짓 보고를 한 자

③ 제24조제6항을 위반하여 공정 및 안전 관리 업무를 수행하지 아니하거나 공사 현장을 이탈한 현장관리인에게는 50만원 이하의 과태료를 부과한다. 〈신설 2016. 2. 3., 2018. 8. 14.〉

④ 제1항부터 제3항까지에 따른 과태료는 대통령령으로 정하는 바에 따라 국토교통부장관, 시 · 도지사 또는 시장 · 군수 · 구청장이 부과 · 징수한다.

〈개정 2009. 2. 6., 2013. 3. 23., 2016. 2. 3.〉

⑤ 삭제 〈2009. 2. 6.〉

부칙 〈제15992호, 2018. 12. 18.〉

제1조 시행일

이 법은 공포 후 1개월이 경과한 날부터 시행한다.

제2조 허가 등의 의제를 위한 협의에 관한 적용례

제10조제8항의 개정규정은 이 법 시행 이후 제10조제1항에 따른 사전결정을 신청하는 경우부터 적용한다.

건축법 시행령

[시행 2019. 7. 1]

[대통령령 제29457호, 2018. 12. 31, 일부개정]

제1장 총칙

제1조 목적

이 영은 「건축법」에서 위임된 사항과 그 시행에 필요한 사항을 규정함을 목적으로 한다.

[전문개정 2008. 10. 29.]

제2조 정의

이 영에서 사용하는 용어의 뜻은 다음과 같다. 〈개정 2009. 7. 16., 2010. 2. 18., 2011. 12. 8., 2011. 12. 30., 2013. 3. 23., 2014. 11. 11., 2014. 11. 28., 2015. 9. 22., 2016. 1. 19., 2016. 5. 17., 2016. 6. 30., 2016. 7. 19., 2017. 2. 3., 2018. 9. 4.〉

1. "신축"이란 건축물이 없는 대지(기존 건축물이 철거되거나 멸실된 대지를 포함한다)에 새로 건축물을 축조(築造)하는 것[부속건축물만 있는 대지에 새로 주된 건축물을 축조하는 것을 포함하되, 개축(改築) 또는 재축(再築)하는 것은 제외한다]을 말한다.
2. "증축"이란 기존 건축물이 있는 대지에서 건축물의 건축면적, 연면적, 층수 또는 높이를 늘리는 것을 말한다.
3. "개축"이란 기존 건축물의 전부 또는 일부[내력벽 · 기둥 · 보 · 지붕틀(제16호에 따른 한옥의 경우에는 지붕틀의 범위에서 서까래는 제외한다) 중 셋 이상이 포함되는 경우를 말한다]를 철거하고 그 대지에 종전과 같은 규모의 범위에서 건축물을 다시 축조하는 것을 말한다.
4. "재축"이란 건축물이 천재지변이나 그 밖의 재해(災害)로 멸실된 경우 그 대지에 다음 각 목의 요건을 모두 갖추어 다시 축조하는 것을 말한다.
   가. 연면적 합계는 종전 규모 이하로 할 것
   나. 동(棟)수, 층수 및 높이는 다음의 어느 하나에 해당할 것
      1) 동수, 층수 및 높이가 모두 종전 규모 이하일 것
      2) 동수, 층수 또는 높이의 어느 하나가 종전 규모를 초과하는 경우에는 해당 동수, 층수 및 높이가 「건축법」(이하 "법"이라 한다), 이 영 또는 건축조례(이하 "법령등"이라 한다)에 모두 적합할 것
5. "이전"이란 건축물의 주요구조부를 해체하지 아니하고 같은 대지의 다른 위치로 옮기는 것을 말한다.
6. "내수재료(耐水材料)"란 인조석 · 콘크리트 등 내수성을 가진 재료로서 국토교통부령으로 정하는 재료를 말한다.

7. "내화구조(耐火構造)"란 화재에 견딜 수 있는 성능을 가진 구조로서 국토교통부령으로 정하는 기준에 적합한 구조를 말한다.
8. "방화구조(防火構造)"란 화염의 확산을 막을 수 있는 성능을 가진 구조로서 국토교통부령으로 정하는 기준에 적합한 구조를 말한다.
9. "난연재료(難燃材料)"란 불에 잘 타지 아니하는 성능을 가진 재료로서 국토교통부령으로 정하는 기준에 적합한 재료를 말한다.
10. "불연재료(不燃材料)"란 불에 타지 아니하는 성질을 가진 재료로서 국토교통부령으로 정하는 기준에 적합한 재료를 말한다.
11. "준불연재료"란 불연재료에 준하는 성질을 가진 재료로서 국토교통부령으로 정하는 기준에 적합한 재료를 말한다.
12. "부속건축물"이란 같은 대지에서 주된 건축물과 분리된 부속용도의 건축물로서 주된 건축물을 이용 또는 관리하는 데에 필요한 건축물을 말한다.
13. "부속용도"란 건축물의 주된 용도의 기능에 필수적인 용도로서 다음 각 목의 어느 하나에 해당하는 용도를 말한다.

가. 건축물의 설비, 대피, 위생, 그 밖에 이와 비슷한 시설의 용도

나. 사무, 작업, 집회, 물품저장, 주차, 그 밖에 이와 비슷한 시설의 용도

다. 구내식당 · 직장어린이집 · 구내운동시설 등 종업원 후생복리시설, 구내소각시설, 그 밖에 이와 비슷한 시설의 용도. 이 경우 다음의 요건을 모두 갖춘 휴게음식점(별표 1 제3호의 제1종 근린생활시설 중 같은 호 나목에 따른 휴게음식점을 말한다)은 구내식당에 포함되는 것으로 본다.

1) 구내식당 내부에 설치할 것

2) 설치면적이 구내식당 전체 면적의 3분의 1 이하로서 50제곱미터 이하일 것

3) 다류(茶類)를 조리 · 판매하는 휴게음식점일 것

라. 관계 법령에서 주된 용도의 부수시설로 설치할 수 있게 규정하고 있는 시설, 그 밖에 국토교통부장관이 이와 유사하다고 인정하여 고시하는 시설의 용도

14. "발코니"란 건축물의 내부와 외부를 연결하는 완충공간으로서 전망이나 휴식 등의 목적으로 건축물 외벽에 접하여 부가적(附加的)으로 설치되는 공간을 말한다. 이 경우 주택에 설치되는 발코니로서 국토교통부장관이 정하는 기준에 적합한 발코니는 필요에 따라 거실 · 침실 · 창고 등의 용도로 사용할 수 있다.
15. "초고층 건축물"이란 층수가 50층 이상이거나 높이가 200미터 이상인 건축물을 말한다.

15의2. "준초고층 건축물"이란 고층건축물 중 초고층 건축물이 아닌 것을 말한다.

16. "한옥"이란 「한옥 등 건축자산의 진흥에 관한 법률」 제2조제2호에 따른 한옥을 말한다.

17. "다중이용 건축물"이란 다음 각 목의 어느 하나에 해당하는 건축물을 말한다.

가. 다음의 어느 하나에 해당하는 용도로 쓰는 바닥면적의 합계가 5천제곱미터 이상인 건축물

1) 문화 및 집회시설(동물원 및 식물원은 제외한다)

2) 종교시설

3) 판매시설

4) 운수시설 중 여객용 시설

5) 의료시설 중 종합병원

6) 숙박시설 중 관광숙박시설

나. 16층 이상인 건축물

17의2. "준다중이용 건축물"이란 다중이용 건축물 외의 건축물로서 다음 각 목의 어느 하나에 해당하는 용도로 쓰는 바닥면적의 합계가 1천제곱미터 이상인 건축물을 말한다.

가. 문화 및 집회시설(동물원 및 식물원은 제외한다)

나. 종교시설

다. 판매시설

라. 운수시설 중 여객용 시설

마. 의료시설 중 종합병원

바. 교육연구시설

사. 노유자시설

아. 운동시설

자. 숙박시설 중 관광숙박시설

차. 위락시설

카. 관광 휴게시설

타. 장례시설

18. "특수구조 건축물"이란 다음 각 목의 어느 하나에 해당하는 건축물을 말한다.

가. 한쪽 끝은 고정되고 다른 끝은 지지(支持)되지 아니한 구조로 된 보 · 차양 등이 외벽(외벽이 없는 경우에는 외곽 기둥을 말한다)의 중심선으로부터 3미터 이상 돌출된 건축물

나. 기둥과 기둥 사이의 거리(기둥의 중심선 사이의 거리를 말하며, 기둥이 없는 경우에는 내력벽과 내력벽의 중심선 사이의 거리를 말한다. 이하 같다)가 20미터 이상인 건축물

다. 특수한 설계 · 시공 · 공법 등이 필요한 건축물로서 국토교통부장관이 정하여 고시하는 구조로 된 건축물

19. 법 제2조제1항제21호에서 "환기시설물 등 대통령령으로 정하는 구조물"이란 급기(給氣) 및 배기(排氣)를 위한 건축 구조물의 개구부(開口部)인 환기구를 말한다.

[전문개정 2008. 10. 29.]

제3조 대지의 범위

① 법 제2조제1항제1호 단서에 따라 둘 이상의 필지를 하나의 대지로 할 수 있는 토지는 다음 각 호와 같다. 〈개정 2009. 12. 14., 2011. 6. 29., 2012. 4. 10., 2013. 11. 20., 2014. 10. 14., 2015. 6. 1., 2016. 5. 17., 2016. 8. 11.〉

1. 하나의 건축물을 두 필지 이상에 걸쳐 건축하는 경우: 그 건축물이 건축되는 각 필지의 토지를 합한 토지
2. 「공간정보의 구축 및 관리 등에 관한 법률」 제80조제3항에 따라 합병이 불가능한 경우 중 다음 각 목의 어느 하나에 해당하는 경우: 그 합병이 불가능한 필지의 토지를 합한 토지. 다만, 토지의 소유자가 서로 다르거나 소유권 외의 권리관계가 서로 다른 경우는 제외한다.
   가. 각 필지의 지번부여지역(地番附與地域)이 서로 다른 경우
   나. 각 필지의 도면의 축척이 다른 경우
   다. 서로 인접하고 있는 필지로서 각 필지의 지반(地盤)이 연속되지 아니한 경우
3. 「국토의 계획 및 이용에 관한 법률」 제2조제7호에 따른 도시 · 군계획시설에 해당하는 건축물을 건축하는 경우: 그 도시 · 군계획시설이 설치되는 일단(一團)의 토지
4. 「주택법」 제15조에 따른 사업계획승인을 받아 주택과 그 부대시설 및 복리시설을 건축하는 경우: 같은 법 제2조제12호에 따른 주택단지
5. 도로의 지표 아래에 건축하는 건축물의 경우: 특별시장 · 광역시장 · 특별자치시장 · 특별자치도지사 · 시장 · 군수 또는 구청장(자치구의 구청장을 말한다. 이하 같다)이 그 건축물이 건축되는 토지로 정하는 토지
6. 법 제22조에 따른 사용승인을 신청할 때 둘 이상의 필지를 하나의 필지로 합칠 것을 조건으로 건축허가를 하는 경우: 그 필지가 합쳐지는 토지. 다만, 토지의 소유자가 서로 다른 경우는 제외한다.

② 법 제2조제1항제1호 단서에 따라 하나 이상의 필지의 일부를 하나의 대지로 할 수 있는 토지는 다음 각 호와 같다. 〈개정 2012. 4. 10.〉

1. 하나 이상의 필지의 일부에 대하여 도시 · 군계획시설이 결정 · 고시된 경우: 그 결정 · 고시된 부분의 토지
2. 하나 이상의 필지의 일부에 대하여 「농지법」 제34조에 따른 농지전용허가를 받은 경우: 그 허가받은 부분의 토지
3. 하나 이상의 필지의 일부에 대하여 「산지관리법」 제14조에 따른 산지전용허가를 받은 경우: 그 허가받은 부분의 토지
4. 하나 이상의 필지의 일부에 대하여 「국토의 계획 및 이용에 관한 법률」 제56조에 따른 개발행위허가를 받은 경우: 그 허가받은 부분의 토지
5. 법 제22조에 따른 사용승인을 신청할 때 필지를 나눌 것을 조건으로 건축허가를 하는 경우: 그 필지가 나누어지는 토지

[전문개정 2008. 10. 29.]

제3조의2 대수선의 범위

법 제2조제1항제9호에서 "대통령령으로 정하는 것"이란 다음 각 호의 어느 하나에 해당하는 것으로서 증축 · 개축 또는 재축에 해당하지 아니하는 것을 말한다. 〈개정 2010. 2. 18., 2014. 11. 28.〉

1. 내력벽을 증설 또는 해체하거나 그 벽면적을 30제곱미터 이상 수선 또는 변경하는 것
2. 기둥을 증설 또는 해체하거나 세 개 이상 수선 또는 변경하는 것
3. 보를 증설 또는 해체하거나 세 개 이상 수선 또는 변경하는 것
4. 지붕틀(한옥의 경우에는 지붕틀의 범위에서 서까래는 제외한다)을 증설 또는 해체하거나 세 개 이상 수선 또는 변경하는 것
5. 방화벽 또는 방화구획을 위한 바닥 또는 벽을 증설 또는 해체하거나 수선 또는 변경하는 것
6. 주계단 · 피난계단 또는 특별피난계단을 증설 또는 해체하거나 수선 또는 변경하는 것
7. 미관지구에서 건축물의 외부형태(담장을 포함한다)를 변경하는 것
8. 다가구주택의 가구 간 경계벽 또는 다세대주택의 세대 간 경계벽을 증설 또는 해체하거나 수선 또는 변경하는 것
9. 건축물의 외벽에 사용하는 마감재료(법 제52조제2항에 따른 마감재료를 말한다)를 증설 또는 해체하거나 벽면적 30제곱미터 이상 수선 또는 변경하는 것

[전문개정 2008. 10. 29.]

제3조의3 지형적 조건 등에 따른 도로의 구조와 너비

법 제2조제1항제11호 각 목 외의 부분에서 "대통령령으로 정하는 구조와 너비의 도로"란 다음

각 호의 어느 하나에 해당하는 도로를 말한다. 〈개정 2014. 10. 14.〉

1. 특별자치시장 · 특별자치도지사 또는 시장 · 군수 · 구청장이 지형적 조건으로 인하여 차량 통행을 위한 도로의 설치가 곤란하다고 인정하여 그 위치를 지정 · 공고하는 구간의 너비 3미터 이상(길이가 10미터 미만인 막다른 도로인 경우에는 너비 2미터 이상)인 도로
2. 제1호에 해당하지 아니하는 막다른 도로로서 그 도로의 너비가 그 길이에 따라 각각 다음 표에 정하는 기준 이상인 도로

[전문개정 2008. 10. 29.]

제3조의4 실내건축의 재료 등

법 제2조제1항제20호에서 "벽지, 천장재, 바닥재, 유리 등 대통령령으로 정하는 재료 또는 장식물"이란 다음 각 호의 재료를 말한다.

1. 벽, 천장, 바닥 및 반자틀의 재료
2. 실내에 설치하는 난간, 창호 및 출입문의 재료
3. 실내에 설치하는 전기 · 가스 · 급수(給水), 배수(排水) · 환기시설의 재료
4. 실내에 설치하는 충돌 · 끼임 등 사용자의 안전사고 방지를 위한 시설의 재료

[본조신설 2014. 11. 28.]

[종전 제3조의4는 제3조의5로 이동 〈2014. 11. 28.〉]

제3조의5 용도별 건축물의 종류

법 제2조제2항 각 호의 용도에 속하는 건축물의 종류는 별표 1과 같다.

[전문개정 2008. 10. 29.]

[제3조의4에서 이동 〈2014. 11. 28.〉]

제4조 삭제 〈2005. 7. 18.〉

제5조 중앙건축위원회의 설치 등

① 법 제4조제1항에 따라 국토교통부에 두는 건축위원회(이하 "중앙건축위원회"라 한다)는 다음 각 호의 사항을 조사 · 심의 · 조정 또는 재정(이하 "심의등"이라 한다)한다. 〈개정 2013. 3. 23., 2014. 11. 28.〉

1. 법 제23조제4항에 따른 표준설계도서의 인정에 관한 사항

2. 건축물의 건축 · 대수선 · 용도변경, 건축설비의 설치 또는 공작물의 축조(이하 "건축물의 건축등"이라 한다)와 관련된 분쟁의 조정 또는 재정에 관한 사항
3. 법과 이 영의 제정 · 개정 및 시행에 관한 중요 사항
4. 다른 법령에서 중앙건축위원회의 심의를 받도록 한 경우 해당 법령에서 규정한 심의사항
5. 그 밖에 국토교통부장관이 중앙건축위원회의 심의가 필요하다고 인정하여 회의에 부치는 사항

② 제1항에 따라 심의등을 받은 건축물이 다음 각 호의 어느 하나에 해당하는 경우에는 해당 건축물의 건축등에 관한 중앙건축위원회의 심의등을 생략할 수 있다.
1. 건축물의 규모를 변경하는 것으로서 다음 각 목의 요건을 모두 갖춘 경우
 가. 건축위원회의 심의등의 결과에 위반되지 아니할 것
 나. 심의등을 받은 건축물의 건축면적, 연면적, 층수 또는 높이 중 어느 하나도 10분의 1을 넘지 아니하는 범위에서 변경할 것
2. 중앙건축위원회의 심의등의 결과를 반영하기 위하여 건축물의 건축등에 관한 사항을 변경하는 경우

③ 중앙건축위원회는 위원장 및 부위원장 각 1명을 포함하여 70명 이내의 위원으로 구성한다.

④ 중앙건축위원회의 위원은 관계 공무원과 건축에 관한 학식 또는 경험이 풍부한 사람 중에서 국토교통부장관이 임명하거나 위촉한다. 〈개정 2013. 3. 23.〉

⑤ 중앙건축위원회의 위원장과 부위원장은 제4항에 따라 임명 또는 위촉된 위원 중에서 국토교통부장관이 임명하거나 위촉한다. 〈개정 2013. 3. 23.〉

⑥ 공무원이 아닌 위원의 임기는 2년으로 하며, 한 차례만 연임할 수 있다.

[전문개정 2012. 12. 12.]

제5조의2 위원의 제척 · 기피 · 회피

① 중앙건축위원회의 위원(이하 이 조 및 제5조의3에서 "위원"이라 한다)이 다음 각 호의 어느 하나에 해당하는 경우에는 중앙건축위원회의 심의 · 의결에서 제척(除斥)된다.
1. 위원 또는 그 배우자나 배우자이었던 사람이 해당 안건의 당사자(당사자가 법인 · 단체 등인 경우에는 그 임원을 포함한다. 이하 이 호 및 제2호에서 같다)가 되거나 그 안건의 당사자와 공동권리자 또는 공동의무자인 경우
2. 위원이 해당 안건의 당사자와 친족이거나 친족이었던 경우
3. 위원이 해당 안건에 대하여 자문, 연구, 용역(하도급을 포함한다), 감정 또는 조사를 한 경우
4. 위원이나 위원이 속한 법인 · 단체 등이 해당 안건의 당사자의 대리인이거나 대리인이었

던 경우

5. 위원이 임원 또는 직원으로 재직하고 있거나 최근 3년 내에 재직하였던 기업 등이 해당 안건에 관하여 자문, 연구, 용역(하도급을 포함한다), 감정 또는 조사를 한 경우

② 해당 안건의 당사자는 위원에게 공정한 심의 · 의결을 기대하기 어려운 사정이 있는 경우에는 중앙건축위원회에 기피 신청을 할 수 있고, 중앙건축위원회는 의결로 이를 결정한다. 이 경우 기피 신청의 대상인 위원은 그 의결에 참여하지 못한다.

③ 위원이 제1항 각 호에 따른 제척 사유에 해당하는 경우에는 스스로 해당 안건의 심의 · 의결에서 회피(回避)하여야 한다.

[본조신설 2012. 12. 12.]

제5조의3 위원의 해임 · 해촉

국토교통부장관은 위원이 다음 각 호의 어느 하나에 해당하는 경우에는 해당 위원을 해임하거나 해촉(解囑)할 수 있다. 〈개정 2013. 3. 23.〉

1. 심신장애로 인하여 직무를 수행할 수 없게 된 경우
2. 직무태만, 품위손상이나 그 밖의 사유로 인하여 위원으로 적합하지 아니하다고 인정되는 경우
3. 제5조의2제1항 각 호의 어느 하나에 해당하는 데에도 불구하고 회피하지 아니한 경우

[본조신설 2012. 12. 12.]

제5조의4 운영세칙

제5조, 제5조의2 및 제5조의3에서 규정한 사항 외에 중앙건축위원회의 운영에 관한 사항, 수당 및 여비의 지급에 관한 사항은 국토교통부령으로 정한다. 〈개정 2013. 3. 23.〉

[본조신설 2012. 12. 12.]

제5조의5 지방건축위원회

① 법 제4조제1항에 따라 특별시 · 광역시 · 특별자치시 · 도 · 특별자치도(이하 "시 · 도"라 한다) 및 시 · 군 · 구(자치구를 말한다. 이하 같다)에 두는 건축위원회(이하 "지방건축위원회"라 한다)는 다음 각 호의 사항에 대한 심의등을 한다.

〈개정 2013. 11. 20., 2014. 10. 14., 2014. 11. 11., 2014. 11. 28.〉

1. 법 제46조제2항에 따른 건축선(建築線)의 지정에 관한 사항
2. 법 또는 이 영에 따른 조례(해당 지방자치단체의 장이 발의하는 조례만 해당한다)의 제

정 · 개정 및 시행에 관한 중요 사항

3. 삭제 〈2014. 11. 11.〉

4. 다중이용 건축물 및 특수구조 건축물의 구조안전에 관한 사항

5. 삭제 〈2016. 1. 19.〉

6. 분양을 목적으로 하는 건축물로서 건축조례로 정하는 용도 및 규모에 해당하는 건축물의 건축에 관한 사항

7. 다른 법령에서 지방건축위원회의 심의를 받도록 한 경우 해당 법령에서 규정한 심의사항

8. 건축조례로 정하는 건축물의 건축등에 관한 것으로서 특별시장 · 광역시장 · 특별자치시장 · 도지사 또는 특별자치도지사(이하 "시 · 도지사"라 한다) 및 시장 · 군수 · 구청장이 지방건축위원회의 심의가 필요하다고 인정한 사항

② 제1항에 따라 심의등을 받은 건축물이 제5조제2항 각 호의 어느 하나에 해당하는 경우에는 해당 건축물의 건축등에 관한 지방건축위원회의 심의등을 생략할 수 있다.

③ 제1항에 따른 지방건축위원회는 위원장 및 부위원장 각 1명을 포함하여 25명 이상 150명 이하의 위원으로 성별을 고려하여 구성한다. 〈개정 2016. 1. 19.〉

④ 지방건축위원회의 위원은 다음 각 호의 어느 하나에 해당하는 사람 중에서 시 · 도지사 및 시장 · 군수 · 구청장이 임명하거나 위촉한다.

1. 도시계획 및 건축 관계 공무원

2. 도시계획 및 건축 등에서 학식과 경험이 풍부한 사람

⑤ 지방건축위원회의 위원장과 부위원장은 제4항에 따라 임명 또는 위촉된 위원 중에서 시 · 도지사 및 시장 · 군수 · 구청장이 임명하거나 위촉한다.

⑥ 지방건축위원회 위원의 임명 · 위촉 · 제척 · 기피 · 회피 · 해촉 · 임기 등에 관한 사항, 회의 및 소위원회의 구성 · 운영 및 심의등에 관한 사항, 위원의 수당 및 여비 등에 관한 사항은 조례로 정하되, 다음 각 호의 기준에 따라야 한다. 〈개정 2014. 11. 11., 2014. 11. 28., 2018. 9. 4.〉

1. 위원의 임명 · 위촉 기준 및 제척 · 기피 · 회피 · 해촉 · 임기

가. 공무원을 위원으로 임명하는 경우에는 그 수를 전체 위원 수의 4분의 1 이하로 할 것

나. 공무원이 아닌 위원은 건축 관련 학회 및 협회 등 관련 단체나 기관의 추천 또는 공모절차를 거쳐 위촉할 것

다. 다른 법령에 따라 지방건축위원회의 심의를 하는 경우에는 해당 분야의 관계 전문가가 그 심의에 위원으로 참석하는 심의위원 수의 4분의 1 이상이 되게 할 것. 이 경우 필요하면 해당 심의에만 위원으로 참석하는 관계 전문가를 임명하거나 위촉할 수 있다.

라. 위원의 제척 · 기피 · 회피 · 해촉에 관하여는 제5조의2 및 제5조의3을 준용할 것

마. 공무원이 아닌 위원의 임기는 3년 이내로 하며, 필요한 경우에는 한 차례만 연임할 수 있게 할 것

2. 심의등에 관한 기준

가. 「국토의 계획 및 이용에 관한 법률」 제30조제3항 단서에 따라 건축위원회와 도시계획위원회가 공동으로 심의한 사항에 대해서는 심의를 생략할 것

나. 삭제 〈2014. 11. 11.〉

다. 지방건축위원회의 위원장은 회의 개최 10일 전까지 회의 안건과 심의에 참여할 위원을 확정하고, 회의 개최 7일 전까지 회의에 부치는 안건을 각 위원에게 알릴 것. 다만, 대외적으로 기밀 유지가 필요한 사항이나 그 밖에 부득이한 사유가 있는 경우에는 그러하지 아니하다.

라. 지방건축위원회의 위원장은 다목에 따라 심의에 참여할 위원을 확정하면 심의등을 신청한 자에게 위원 명단을 알릴 것

마. 삭제 〈2014. 11. 28.〉

바. 지방건축위원회의 회의는 구성위원(위원장과 위원장이 다목에 따라 회의 참여를 확정한 위원을 말한다) 과반수의 출석으로 개의(開議)하고, 출석위원 과반수 찬성으로 심의등을 의결하며, 심의등을 신청한 자에게 심의등의 결과를 알릴 것

사. 지방건축위원회의 위원장은 업무 수행을 위하여 필요하다고 인정하는 경우에는 관계 전문가를 지방건축위원회의 회의에 출석하게 하여 발언하게 하거나 관계 기관 · 단체에 자료를 요구할 것

아. 건축주 · 설계자 및 심의등을 신청한 자가 희망하는 경우에는 회의에 참여하여 해당 안건 등에 대하여 설명할 수 있도록 할 것

자. 제1항제4호 및 제6호부터 제8호까지의 규정에 따른 사항을 심의하는 경우 심의등을 신청한 자에게 지방건축위원회에 간략설계도서(배치도 · 평면도 · 입면도 · 주단면도 및 국토교통부장관이 정하여 고시하는 도서로 한정하며, 전자문서로 된 도서를 포함한다)를 제출하도록 할 것

차. 건축구조 분야 등 전문분야에 대해서는 분야별 해당 전문위원회에서 심의하도록 할 것(제5조의6제1항에 따라 분야별 전문위원회를 구성한 경우만 해당한다)

카. 지방건축위원회 심의 절차 및 방법 등에 관하여 국토교통부장관이 정하여 고시하는 기준에 따를 것

[본조신설 2012. 12. 12.]

제5조의6 전문위원회의 구성 등

① 국토교통부장관, 시 · 도지사 또는 시장 · 군수 · 구청장은 법 제4조제2항에 따라 다음 각 호의 분야별로 전문위원회를 구성 · 운영할 수 있다. 〈개정 2013. 3. 23.〉

1. 건축계획 분야
2. 건축구조 분야
3. 건축설비 분야
4. 건축방재 분야
5. 에너지관리 등 건축환경 분야
6. 건축물 경관(景觀) 분야(공간환경 분야를 포함한다)
7. 조경 분야
8. 도시계획 및 단지계획 분야
9. 교통 및 정보기술 분야
10. 사회 및 경제 분야
11. 그 밖의 분야

② 제1항에 따른 전문위원회의 구성 · 운영에 관한 사항, 수당 및 여비 지급에 관한 사항은 국토교통부령 또는 건축조례로 정한다. 〈개정 2013. 3. 23.〉

[본조신설 2012. 12. 12.]

제5조의7 지방건축위원회의 심의

① 법 제4조의2제1항에서 "대통령령으로 정하는 건축물"이란 제5조의5제1항제4호 및 제6호부터 제8호까지의 규정에 따른 심의 대상 건축물을 말한다. 〈개정 2018. 9. 4.〉

② 시 · 도지사 또는 시장 · 군수 · 구청장은 법 제4조의2제1항에 따라 건축물을 건축하거나 대수선하려는 자가 지방건축위원회의 심의를 신청한 경우에는 법 제4조의2제2항에 따라 심의 신청 접수일부터 30일 이내에 해당 지방건축위원회에 심의 안건을 상정하여야 한다.

③ 법 제4조의2제3항에 따라 재심의 신청을 받은 시 · 도지사 또는 시장 · 군수 · 구청장은 지방건축위원회의 심의에 참여할 위원을 다시 확정하여 법 제4조의2제4항에 따라 해당 지방건축위원회에 재심의 안건을 상정하여야 한다.

[본조신설 2014. 11. 28.]

제5조의8 지방건축위원회 회의록의 공개

① 시 · 도지사 또는 시장 · 군수 · 구청장은 법 제4조의3 본문에 따라 법 제4조의2제1항에 따른

심의(같은 조 제3항에 따른 재심의를 포함한다. 이하 이 조에서 같다)를 신청한 자가 지방건축위원회의 회의록 공개를 요청하는 경우에는 지방건축위원회의 심의 결과를 통보한 날부터 6개월까지 공개를 요청한 자에게 열람 또는 사본을 제공하는 방법으로 공개하여야 한다.

② 법 제4조의3 단서에서 "이름, 주민등록번호 등 대통령령으로 정하는 개인 식별 정보"란 이름, 주민등록번호, 직위 및 주소 등 특정인임을 식별할 수 있는 정보를 말한다.

[본조신설 2014. 11. 28.]

제5조의9 건축민원전문위원회의 심의 대상

법 제4조의4제1항제3호에서 "대통령령으로 정하는 민원"이란 다음 각 호의 어느 하나에 해당하는 민원을 말한다.

1. 건축조례의 운영 및 집행에 관한 민원
2. 그 밖에 관계 건축법령에 따른 처분기준 외의 사항을 요구하는 등 허가권자의 부당한 요구에 따른 민원

[본조신설 2014. 11. 28.]

제5조의10 질의민원 심의의 신청

① 법 제4조의5제2항 각 호 외의 부분 단서에 따라 구술로 신청한 질의민원 심의 신청을 접수한 담당 공무원은 신청인이 심의 신청서를 작성할 수 있도록 협조하여야 한다.

② 법 제4조의5제2항제3호에서 "행정기관의 명칭 등 대통령령으로 정하는 사항"이란 다음 각 호의 사항을 말한다.

1. 민원 대상 행정기관의 명칭
2. 대리인 또는 대표자의 이름과 주소(법 제4조의6제2항 및 제4조의7제2항 · 제5항에 따른 위원회 출석, 의견 제시, 결정내용 통지 수령 및 처리결과 통보 수령 등을 위임한 경우만 해당한다)

[본조신설 2014. 11. 28.]

제6조 적용의 완화

① 법 제5조제1항에 따라 완화하여 적용하는 건축물 및 기준은 다음 각 호와 같다.
〈개정 2009. 6. 30., 2009. 7. 16., 2010. 2. 18., 2010. 8. 17., 2010. 12. 13., 2012. 4. 10., 2012. 12. 12., 2013. 3. 23., 2013. 5. 31., 2014. 4. 29., 2014. 10. 14., 2015. 12. 28., 2016. 7. 19., 2016. 8. 11., 2017. 2. 3.〉

1. 수면 위에 건축하는 건축물 등 대지의 범위를 설정하기 곤란한 경우: 법 제40조부터 제47

조까지, 법 제55조부터 제57조까지, 법 제60조 및 법 제61조에 따른 기준

2. 거실이 없는 통신시설 및 기계 · 설비시설인 경우: 법 제44조부터 법 제46조까지의 규정에 따른 기준
3. 31층 이상인 건축물(건축물 전부가 공동주택의 용도로 쓰이는 경우는 제외한다)과 발전소, 제철소, 「산업집적활성화 및 공장설립에 관한 법률 시행령」 별표 1 제2호마목에 따라 산업통상자원부령으로 정하는 업종의 제조시설, 운동시설 등 특수 용도의 건축물인 경우: 법 제43조, 제49조부터 제52조까지, 제62조, 제64조, 제67조 및 제68조에 따른 기준
4. 전통사찰, 전통한옥 등 전통문화의 보존을 위하여 시 · 도의 건축조례로 정하는 지역의 건축물인 경우: 법 제2조제1항제11호, 제44조, 제46조 및 제60조제3항에 따른 기준
5. 경사진 대지에 계단식으로 건축하는 공동주택으로서 지면에서 직접 각 세대가 있는 층으로의 출입이 가능하고, 위층 세대가 아래층 세대의 지붕을 정원 등으로 활용하는 것이 가능한 형태의 건축물과 초고층 건축물인 경우: 법 제55조에 따른 기준
6. 다음 각 목의 어느 하나에 해당하는 건축물인 경우: 법 제42조, 제43조, 제46조, 제55조, 제56조, 제58조, 제60조, 제61조제2항에 따른 기준
   가. 허가권자가 리모델링 활성화가 필요하다고 인정하여 지정 · 공고한 구역(이하 "리모델링 활성화 구역"이라 한다) 안의 건축물
   나. 사용승인을 받은 후 15년 이상이 되어 리모델링이 필요한 건축물
   다. 기존 건축물을 건축(증축, 일부 개축 또는 일부 재축으로 한정한다. 이하 이 목 및 제32조제3항에서 같다)하거나 대수선하는 경우로서 다음의 요건을 모두 갖춘 건축물
      1) 기존 건축물이 건축 또는 대수선 당시의 법령상 건축물 전체에 대하여 다음의 구분에 따른 확인 또는 확인 서류 제출을 하여야 하는 건축물에 해당하지 아니할 것
         가) 2009년 7월 16일 대통령령 제21629호 건축법 시행령 일부개정령으로 개정되기 전의 제32조에 따른 지진에 대한 안전여부의 확인
         나) 2009년 7월 16일 대통령령 제21629호 건축법 시행령 일부개정령으로 개정된 이후부터 2014년 11월 28일 대통령령 제25786호 건축법 시행령 일부개정령으로 개정되기 전까지의 제32조에 따른 구조 안전의 확인
         다) 2014년 11월 28일 대통령령 제25786호 건축법 시행령 일부개정령으로 개정된 이후의 제32조에 따른 구조 안전의 확인 서류 제출
      2) 제32조제3항에 따라 기존 건축물을 건축 또는 대수선하기 전과 후의 건축물 전체에 대한 구조 안전의 확인 서류를 제출할 것. 다만, 기존 건축물을 일부 재축하는 경우에는 재축 후의 건축물에 대한 구조 안전의 확인 서류만 제출한다.

7. 기존 건축물에 「장애인·노인·임산부 등의 편의증진 보장에 관한 법률」 제8조에 따른 편의시설을 설치하면 법 제55조 또는 법 제56조에 따른 기준에 적합하지 아니하게 되는 경우: 법 제55조 및 법 제56조에 따른 기준
7의2. 「국토의 계획 및 이용에 관한 법률」에 따른 도시지역 및 지구단위계획구역 외의 지역 중 동이나 읍에 해당하는 지역에 건축하는 건축물로서 건축조례로 정하는 건축물인 경우: 법 제2조제1항제11호 및 제44조에 따른 기준
8. 다음 각 목의 어느 하나에 해당하는 대지에 건축하는 건축물로서 재해예방을 위한 조치가 필요한 경우: 법 제55조, 법 제56조, 법 제60조 및 법 제61조에 따른 기준
  가. 「국토의 계획 및 이용에 관한 법률」 제37조에 따라 지정된 방재지구(防災地區)
  나. 「급경사지 재해예방에 관한 법률」 제6조에 따라 지정된 붕괴위험지역
9. 조화롭고 창의적인 건축을 통하여 아름다운 도시경관을 창출한다고 법 제11조에 따른 특별시장·광역시장·특별자치시장·특별자치도지사 또는 시장·군수·구청장(이하 "허가권자"라 한다)가 인정하는 건축물과 「주택법 시행령」 제10조제1항에 따른 도시형 생활주택(아파트는 제외한다)인 경우: 법 제60조 및 제61조에 따른 기준
10. 「공공주택 특별법」 제2조제1호에 따른 공공주택인 경우: 법 제61조제2항에 따른 기준
11. 다음 각 목의 어느 하나에 해당하는 공동주택에 「주택건설 기준 등에 관한 규정」 제2조제3호에 따른 주민공동시설(주택소유자가 공유하는 시설로서 영리를 목적으로 하지 아니하고 주택의 부속용도로 사용하는 시설만 해당하며, 이하 "주민공동시설"이라 한다)을 설치하는 경우: 법 제56조에 따른 기준
  가. 「주택법」 제15조에 따라 사업계획 승인을 받아 건축하는 공동주택
  나. 상업지역 또는 준주거지역에서 법 제11조에 따라 건축허가를 받아 건축하는 200세대 이상 300세대 미만인 공동주택
  다. 법 제11조에 따라 건축허가를 받아 건축하는 「주택법 시행령」 제10조에 따른 도시형 생활주택
12. 법 제77조의4제1항에 따라 건축협정을 체결하여 건축물의 건축·대수선 또는 리모델링을 하려는 경우: 법 제55조 및 제56조에 따른 기준

② 허가권자는 법 제5조제2항에 따라 완화 여부 및 적용 범위를 결정할 때에는 다음 각 호의 기준을 지켜야 한다. 〈개정 2009. 7. 16., 2010. 2. 18., 2010. 7. 6., 2010. 12. 13., 2012. 12. 12., 2013. 3. 23., 2013. 5. 31., 2014. 10. 14., 2016. 8. 11.〉
1. 제1항제1호부터 제5호까지, 제7호·제7호의2 및 제9호의 경우
  가. 공공의 이익을 해치지 아니하고, 주변의 대지 및 건축물에 지나친 불이익을 주지 아니

할 것

나. 도시의 미관이나 환경을 지나치게 해치지 아니할 것

2. 제1항제6호의 경우

가. 제1호 각 목의 기준에 적합할 것

나. 증축은 기능향상 등을 고려하여 국토교통부령으로 정하는 규모와 범위에서 할 것

다. 「주택법」 제15조에 따른 사업계획승인 대상인 공동주택의 리모델링은 복리시설을 분양하기 위한 것이 아닐 것

3. 제1항제8호의 경우

가. 제1호 각 목의 기준에 적합할 것

나. 해당 지역에 적용되는 법 제55조, 법 제56조, 법 제60조 및 법 제61조에 따른 기준을 100분의 140 이하의 범위에서 건축조례로 정하는 비율을 적용할 것

4. 제1항제10호의 경우

가. 제1호 각 목의 기준에 적합할 것

나. 기준이 완화되는 범위는 외벽의 중심선에서 발코니 끝부분까지의 길이 중 1.5미터를 초과하는 발코니 부분에 한정될 것. 이 경우 완화되는 범위는 최대 1미터로 제한하며, 완화되는 부분에 창호를 설치해서는 아니 된다.

5. 제1항제11호의 경우

가. 제1호 각 목의 기준에 적합할 것

나. 법 제56조에 따른 용적률의 기준은 해당 지역에 적용되는 용적률에 주민공동시설에 해당하는 용적률을 가산한 범위에서 건축조례로 정하는 용적률을 적용할 것

6. 제1항제12호의 경우

가. 제1호 각 목의 기준에 적합할 것

나. 법 제55조 및 제56조에 따른 건폐율 또는 용적률의 기준은 법 제77조의4제1항에 따라 건축협정이 체결된 지역 또는 구역(이하 "건축협정구역"이라 한다) 안에서 연접한 둘 이상의 대지에서 건축허가를 동시에 신청하는 경우 둘 이상의 대지를 하나의 대지로 보아 적용할 것

[전문개정 2008. 10. 29.]

제6조의2 기존의 건축물 등에 대한 특례

① 법 제6조에서 "그 밖에 대통령령으로 정하는 사유"란 다음 각 호의 어느 하나에 해당하는 경

우를 말한다. 〈개정 2012. 4. 10., 2013. 3. 23.〉

1. 도시 · 군관리계획의 결정 · 변경 또는 행정구역의 변경이 있는 경우
2. 도시 · 군계획시설의 설치, 도시개발사업의 시행 또는 「도로법」에 따른 도로의 설치가 있는 경우
3. 그 밖에 제1호 및 제2호와 비슷한 경우로서 국토교통부령으로 정하는 경우

② 허가권자는 기존 건축물 및 대지가 법령의 제정 · 개정이나 제1항 각 호의 사유로 법령등에 부적합하더라도 다음 각 호의 어느 하나에 해당하는 경우에는 건축을 허가할 수 있다.
〈개정 2010. 2. 18., 2012. 4. 10., 2014. 10. 14., 2016. 1. 19., 2016. 5. 17.〉

1. 기존 건축물을 재축하는 경우
2. 증축하거나 개축하려는 부분이 법령등에 적합한 경우
3. 기존 건축물의 대지가 도시 · 군계획시설의 설치 또는 「도로법」에 따른 도로의 설치로 법 제57조에 따라 해당 지방자치단체가 정하는 면적에 미달되는 경우로서 그 기존 건축물을 연면적 합계의 범위에서 증축하거나 개축하는 경우
4. 기존 건축물이 도시 · 군계획시설 또는 「도로법」에 따른 도로의 설치로 법 제55조 또는 법 제56조에 부적합하게 된 경우로서 화장실 · 계단 · 승강기의 설치 등 그 건축물의 기능을 유지하기 위하여 그 기존 건축물의 연면적 합계의 범위에서 증축하는 경우
5. 법률 제7696호 건축법 일부개정법률 제50조의 개정규정에 따라 최초로 개정한 해당 지방자치단체의 조례 시행일 이전에 건축된 기존 건축물의 건축선 및 인접 대지경계선으로부터의 거리가 그 조례로 정하는 거리에 미달되는 경우로서 그 기존 건축물을 건축 당시의 법령에 위반하지 아니하는 범위에서 증축하는 경우
6. 기존 한옥을 개축하는 경우
7. 건축물 대지의 전부 또는 일부가 「자연재해대책법」 제12조에 따른 자연재해위험개선지구에 포함되고 법 제22조에 따른 사용승인 후 20년이 지난 기존 건축물을 재해로 인한 피해 예방을 위하여 연면적의 합계 범위에서 개축하는 경우

③ 허가권자는 「국토의 계획 및 이용에 관한 법률 시행령」 제84조의2 또는 제93조의2에 따라 기존 공장을 증축하는 경우에는 다음 각 호의 기준을 적용하여 해당 공장(이하 "기존 공장"이라 한다)의 증축을 허가할 수 있다. 〈신설 2016. 1. 19.〉

1. 제3조의3제2호에도 불구하고 도시지역에서의 길이 35미터 이상인 막다른 도로의 너비기준은 4미터 이상으로 한다.
2. 제28조제2항에도 불구하고 연면적 합계가 3천제곱미터 미만인 기존 공장이 증축으로 3천제곱미터 이상이 되는 경우 해당 대지가 접하여야 하는 도로의 너비는 4미터 이상으로 하

고, 해당 대지가 도로에 접하여야 하는 길이는 2미터 이상으로 한다.

[전문개정 2008. 10. 29.]

제6조의3 특수구조 건축물 구조 안전의 확인에 관한 특례

① 법 제6조의2에서 "대통령령으로 정하는 건축물"이란 제2조제18호에 따른 특수구조 건축물을 말한다.

② 특수구조 건축물을 건축하거나 대수선하려는 건축주는 법 제21조에 따른 착공신고를 하기 전에 국토교통부령으로 정하는 바에 따라 허가권자에게 해당 건축물의 구조 안전에 관하여 지방건축위원회의 심의를 신청하여야 한다. 이 경우 건축주는 설계자로부터 미리 법 제48조제2항에 따른 구조 안전 확인을 받아야 한다.

③ 제2항에 따른 신청을 받은 허가권자는 심의 신청 접수일부터 15일 이내에 제5조의6제1항제2호에 따른 건축구조 분야 전문위원회에 심의 안건을 상정하고, 심의 결과를 심의를 신청한 자에게 통보하여야 한다.

④ 제3항에 따른 심의 결과에 이의가 있는 자는 심의 결과를 통보받은 날부터 1개월 이내에 허가권자에게 재심의를 신청할 수 있다.

⑤ 제3항에 따른 심의 결과 또는 제4항에 따른 재심의 결과를 통보받은 건축주는 법 제21조에 따른 착공신고를 할 때 그 결과를 반영하여야 한다.

⑥ 제3항에 따른 심의 결과의 통보, 제4항에 따른 재심의의 방법 및 결과 통보에 관하여는 법 제4조의2제2항 및 제4항을 준용한다.

[본조신설 2015. 7. 6.]

[종전 제6조의3은 제6조의4로 이동 〈2015. 7. 6.〉]

제6조의4 부유식 건축물의 특례

① 법 제6조의3제1항에 따라 같은 항에 따른 부유식 건축물(이하 "부유식 건축물"이라 한다)에 대해서는 다음 각 호의 구분기준에 따라 법 제40조부터 제44조까지, 제46조 및 제47조를 적용한다.

1. 법 제40조에 따른 대지의 안전 기준의 경우: 같은 조 제3항에 따른 오수의 배출 및 처리에 관한 부분만 적용
2. 법 제41조부터 제44조까지, 제46조 및 제47조의 경우: 미적용. 다만, 법 제44조는 부유식 건축물의 출입에 지장이 없다고 인정하는 경우에만 적용하지 아니한다.

② 제1항에도 불구하고 건축조례에서 지역별 특성 등을 고려하여 그 기준을 달리 정한 경우에

는 그 기준에 따른다. 이 경우 그 기준은 법 제40조부터 제44조까지, 제46조 및 제47조에 따른 기준의 범위에서 정하여야 한다.

[본조신설 2016. 7. 19.]

[종전 제6조의4는 제6조의5로 이동 〈2016. 7. 19.〉]

제6조의5 리모델링이 쉬운 구조 등

① 법 제8조에서 "대통령령으로 정하는 구조"란 다음 각 호의 요건에 적합한 구조를 말한다. 이 경우 다음 각 호의 요건에 적합한지에 관한 세부적인 판단 기준은 국토교통부장관이 정하여 고시한다. 〈개정 2009. 7. 16., 2013. 3. 23.〉

1. 각 세대는 인접한 세대와 수직 또는 수평 방향으로 통합하거나 분할할 수 있을 것
2. 구조체에서 건축설비, 내부 마감재료 및 외부 마감재료를 분리할 수 있을 것
3. 개별 세대 안에서 구획된 실(室)의 크기, 개수 또는 위치 등을 변경할 수 있을 것

② 법 제8조에서 "대통령령으로 정하는 비율"이란 100분의 120을 말한다. 다만, 건축조례에서 지역별 특성 등을 고려하여 그 비율을 강화한 경우에는 건축조례로 정하는 기준에 따른다.

[전문개정 2008. 10. 29.]

[제6조의4에서 이동 〈2016. 7. 19.〉]

제2장 건축물의 건축

제7조 삭제 〈1995. 12. 30.〉

제8조 건축허가

① 법 제11조제1항 단서에 따라 특별시장 또는 광역시장의 허가를 받아야 하는 건축물의 건축은 층수가 21층 이상이거나 연면적의 합계가 10만 제곱미터 이상인 건축물의 건축(연면적의 10분의 3 이상을 증축하여 층수가 21층 이상으로 되거나 연면적의 합계가 10만 제곱미터 이상으로 되는 경우를 포함한다)을 말한다. 다만, 다음 각 호의 어느 하나에 해당하는 건축물의 건축은 제외한다. 〈개정 2008. 10. 29., 2009. 7. 16., 2010. 12. 13., 2012. 12. 12., 2014. 11. 11., 2014. 11. 28.〉

1. 공장
2. 창고
3. 지방건축위원회의 심의를 거친 건축물(특별시 또는 광역시의 건축조례로 정하는 바에 따

라 해당 지방건축위원회의 심의사항으로 할 수 있는 건축물에 한정하며, 초고층 건축물은 제외한다)

② 삭제 〈2006. 5. 8.〉

③ 법 제11조제2항제2호에서 "위락시설과 숙박시설 등 대통령령으로 정하는 용도에 해당하는 건축물"이란 다음 각 호의 건축물을 말한다. 〈개정 2008. 10. 29.〉

1. 공동주택
2. 제2종 근린생활시설(일반음식점만 해당한다)
3. 업무시설(일반업무시설만 해당한다)
4. 숙박시설
5. 위락시설

④ 삭제 〈2006. 5. 8.〉

⑤ 삭제 〈2006. 5. 8.〉

⑥ 법 제11조제2항에 따른 승인신청에 필요한 신청서류 및 절차 등에 관하여 필요한 사항은 국토교통부령으로 정한다. 〈개정 2008. 10. 29., 2013. 3. 23.〉

[전문개정 1999. 4. 30.]

제9조 건축허가 등의 신청

① 법 제11조제1항에 따라 건축물의 건축 또는 대수선의 허가를 받으려는 자는 국토교통부령으로 정하는 바에 따라 허가신청서에 관계 서류를 첨부하여 허가권자에게 제출하여야 한다. 다만, 「방위사업법」에 따른 방위산업시설의 건축 또는 대수선의 허가를 받으려는 경우에는 건축 관계 법령에 적합한지 여부에 관한 설계자의 확인으로 관계 서류를 갈음할 수 있다.

〈개정 2013. 3. 23., 2018. 9. 4.〉

② 허가권자는 법 제11조제1항에 따라 허가를 하였으면 국토교통부령으로 정하는 바에 따라 허가서를 신청인에게 발급하여야 한다. 〈개정 2013. 3. 23., 2018. 9. 4.〉

[전문개정 2008. 10. 29.]

제9조의2 건축허가 신청 시 소유권 확보 예외 사유

① 법 제11조제11항제2호에서 "건축물의 노후화 또는 구조안전 문제 등 대통령령으로 정하는 사유"란 건축물이 다음 각 호의 어느 하나에 해당하는 경우를 말한다.

1. 급수 · 배수 · 오수 설비 등의 설비 또는 지붕 · 벽 등의 노후화나 손상으로 그 기능 유지가

곤란할 것으로 우려되는 경우

2. 건축물의 노후화로 내구성에 영향을 주는 기능적 결함이나 구조적 결함이 있는 경우

3. 건축물이 훼손되거나 일부가 멸실되어 붕괴 등 그 밖의 안전사고가 우려되는 경우

4. 천재지변이나 그 밖의 재해로 붕괴되어 다시 신축하거나 재축하려는 경우

② 허가권자는 건축주가 제1항제1호부터 제3호까지의 어느 하나에 해당하는 사유로 법 제11조제11항제2호의 동의요건을 갖추어 같은 조 제1항에 따른 건축허가를 신청한 경우에는 그 사유 해당 여부를 확인하기 위하여 현지조사를 하여야 한다. 이 경우 필요한 경우에는 건축주에게 다음 각 호의 어느 하나에 해당하는 자로부터 안전진단을 받고 그 결과를 제출하도록 할 수 있다. 〈개정 2018. 1. 16.〉

1. 건축사

2. 「기술사법」 제5조의7에 따라 등록한 건축구조기술사(이하 "건축구조기술사"라 한다)

3. 「시설물의 안전 및 유지관리에 관한 특별법」 제28조제1항에 따라 등록한 건축 분야 안전진단전문기관

[본조신설 2016. 7. 19.]

제10조 건축복합민원 일괄협의회

① 법 제12조제1항에서 "대통령령으로 정하는 관계 법령의 규정"이란 다음 각 호의 규정을 말한다. 〈개정 2009. 6. 9., 2009. 7. 16., 2010. 2. 18., 2010. 3. 9., 2010. 12. 29., 2012. 7. 26., 2012. 12. 12., 2014. 7. 14., 2016. 5. 17., 2017. 1. 26., 2017. 2. 3., 2017. 3. 29.〉

1. 「군사기지 및 군사시설보호법」 제13조

2. 「자연공원법」 제23조

3. 「수도권정비계획법」 제7조부터 제9조까지

4. 「택지개발촉진법」 제6조

5. 「도시공원 및 녹지 등에 관한 법률」 제24조 및 제38조

6. 「공항시설법」 제34조

7. 「교육환경 보호에 관한 법률」 제9조

8. 「산지관리법」 제8조, 제10조, 제12조, 제14조 및 제18조

9. 「산림자원의 조성 및 관리에 관한 법률」 제36조 및 「산림보호법」 제9조

10. 「도로법」 제40조 및 제61조

11. 「주차장법」 제19조, 제19조의2 및 제19조의4

12. 「환경정책기본법」 제22조

13. 「자연환경보전법」 제15조

14. 「수도법」 제7조 및 제15조

15. 「도시교통정비 촉진법」 제34조 및 제36조

16. 「문화재보호법」 제35조

17. 「전통사찰의 보존 및 지원에 관한 법률」 제10조

18. 「개발제한구역의 지정 및 관리에 관한 특별조치법」 제12조제1항, 제13조 및 제15조

19. 「농지법」 제32조 및 제34조

20. 「고도 보존 및 육성에 관한 특별법」 제11조

21. 「화재예방, 소방시설 설치 · 유지 및 안전관리에 관한 법률」 제7조

② 허가권자는 법 제12조에 따른 건축복합민원 일괄협의회(이하 "협의회"라 한다)의 회의를 법 제10조제1항에 따른 사전결정 신청일 또는 법 제11조제1항에 따른 건축허가 신청일부터 10일 이내에 개최하여야 한다.

③ 허가권자는 협의회의 회의를 개최하기 3일 전까지 회의 개최 사실을 관계 행정기관 및 관계 부서에 통보하여야 한다.

④ 협의회의 회의에 참석하는 관계 공무원은 회의에서 관계 법령에 관한 의견을 발표하여야 한다.

⑤ 사전결정 또는 건축허가를 하는 관계 행정기관 및 관계 부서는 그 협의회의 회의를 개최한 날부터 5일 이내에 동의 또는 부동의 의견을 허가권자에게 제출하여야 한다.

⑥ 이 영에서 규정한 사항 외에 협의회의 운영 등에 필요한 사항은 건축조례로 정한다.

[전문개정 2008. 10. 29.]

제10조의2 건축 공사현장 안전관리 예치금

① 법 제13조제2항에서 "대통령령으로 정하는 보증서"란 다음 각 호의 어느 하나에 해당하는 보증서를 말한다. 〈개정 2010. 11. 15., 2012. 12. 12., 2013. 3. 23.〉

1. 「보험업법」에 따른 보험회사가 발행한 보증보험증권

2. 「은행법」에 따른 은행이 발행한 지급보증서

3. 「건설산업기본법」에 따른 공제조합이 발행한 채무액 등의 지급을 보증하는 보증서

4. 「자본시장과 금융투자업에 관한 법률 시행령」 제192조제2항에 따른 상장증권

5. 그 밖에 국토교통부령으로 정하는 보증서

② 법 제13조제3항 본문에서 "대통령령으로 정하는 이율"이란 법 제13조제2항에 따른 안전관리 예치금을 「국고금관리법 시행령」 제11조에서 정한 금융기관에 예치한 경우의 안전관리

예치금에 대하여 적용하는 이자율을 말한다.

③ 법 제13조제7항에 따라 허가권자는 착공신고 이후 건축 중에 공사가 중단된 건축물로서 공사 중단 기간이 2년을 경과한 경우에는 건축주에게 서면으로 고지한 후 법 제13조제2항에 따른 예치금을 사용하여 공사현장의 미관과 안전관리 개선을 위한 다음 각 호의 조치를 할 수 있다. 〈신설 2014. 11. 28.〉

1. 공사현장 안전펜스의 설치
2. 대지 및 건축물의 붕괴 방지 조치
3. 공사현장의 미관 개선을 위한 조경 또는 시설물 등의 설치
4. 그 밖에 공사현장의 미관 개선 또는 대지 및 건축물에 대한 안전관리 개선 조치가 필요하여 건축조례로 정하는 사항

[전문개정 2008. 10. 29.]

제10조의3 건축물 안전영향평가

① 법 제13조의2제1항에서 "초고층 건축물 등 대통령령으로 정하는 주요 건축물"이란 다음 각 호의 어느 하나에 해당하는 건축물을 말한다. 〈개정 2017. 10. 24.〉

1. 초고층 건축물
2. 다음 각 목의 요건을 모두 충족하는 건축물
   가. 연면적(하나의 대지에 둘 이상의 건축물을 건축하는 경우에는 각각의 건축물의 연면적을 말한다)이 10만 제곱미터 이상일 것
   나. 16층 이상일 것

② 제1항 각 호의 건축물을 건축하려는 자는 법 제11조에 따른 건축허가를 신청하기 전에 다음 각 호의 자료를 첨부하여 허가권자에게 법 제13조의2제1항에 따른 건축물 안전영향평가(이하 "안전영향평가"라 한다)를 의뢰하여야 한다.

1. 건축계획서 및 기본설계도서 등 국토교통부령으로 정하는 도서
2. 인접 대지에 설치된 상수도 · 하수도 등 국토교통부장관이 정하여 고시하는 지하시설물의 현황도
3. 그 밖에 국토교통부장관이 정하여 고시하는 자료

③ 법 제13조의2제1항에 따라 허가권자로부터 안전영향평가를 의뢰받은 기관(같은 조 제2항에 따라 지정 · 고시된 기관을 말하며, 이하 "안전영향평가기관"이라 한다)은 다음 각 호의 항목을 검토하여야 한다.

1. 해당 건축물에 적용된 설계 기준 및 하중의 적정성

2. 해당 건축물의 하중저항시스템의 해석 및 설계의 적정성

3. 지반조사 방법 및 지내력(地耐力) 산정결과의 적정성

4. 굴착공사에 따른 지하수위 변화 및 지반 안전성에 관한 사항

5. 그 밖에 건축물의 안전영향평가를 위하여 국토교통부장관이 필요하다고 인정하는 사항

④ 안전영향평가기관은 안전영향평가를 의뢰받은 날부터 30일 이내에 안전영향평가 결과를 허가권자에게 제출하여야 한다. 다만, 부득이한 경우에는 20일의 범위에서 그 기간을 한 차례만 연장할 수 있다.

⑤ 제2항에 따라 안전영향평가를 의뢰한 자가 보완하는 기간 및 공휴일 · 토요일은 제4항에 따른 기간의 산정에서 제외한다.

⑥ 허가권자는 제4항에 따라 안전영향평가 결과를 제출받은 경우에는 지체 없이 제2항에 따라 안전영향평가를 의뢰한 자에게 그 내용을 통보하여야 한다.

⑦ 안전영향평가에 드는 비용은 제2항에 따라 안전영향평가를 의뢰한 자가 부담한다.

⑧ 제1항부터 제7항까지에서 규정한 사항 외에 안전영향평가에 관하여 필요한 사항은 국토교통부장관이 정하여 고시한다.

[본조신설 2017. 2. 3.]

제11조 건축신고

① 법 제14조제1항제2호나목에서 "방재지구 등 재해취약지역으로서 대통령령으로 정하는 구역"이란 다음 각 호의 어느 하나에 해당하는 지구 또는 지역을 말한다. 〈신설 2014. 10. 14.〉

1. 「국토의 계획 및 이용에 관한 법률」 제37조에 따라 지정된 방재지구(防災地區)

2. 「급경사지 재해예방에 관한 법률」 제6조에 따라 지정된 붕괴위험지역

② 법 제14조제1항제4호에서 "주요구조부의 해체가 없는 등 대통령령으로 정하는 대수선"이란 다음 각 호의 어느 하나에 해당하는 대수선을 말한다. 〈신설 2009. 8. 5., 2014. 10. 14.〉

1. 내력벽의 면적을 30제곱미터 이상 수선하는 것

2. 기둥을 세 개 이상 수선하는 것

3. 보를 세 개 이상 수선하는 것

4. 지붕틀을 세 개 이상 수선하는 것

5. 방화벽 또는 방화구획을 위한 바닥 또는 벽을 수선하는 것

6. 주계단 · 피난계단 또는 특별피난계단을 수선하는 것

③ 법 제14조제1항제5호에서 "대통령령으로 정하는 건축물"이란 다음 각 호의 어느 하나에 해당하는 건축물을 말한다.

〈개정 2008. 10. 29., 2009. 8. 5., 2012. 4. 10., 2014. 10. 14., 2014. 11. 11., 2016. 6. 30.〉

1. 연면적의 합계가 100제곱미터 이하인 건축물
2. 건축물의 높이를 3미터 이하의 범위에서 증축하는 건축물
3. 법 제23조제4항에 따른 표준설계도서(이하 "표준설계도서"라 한다)에 따라 건축하는 건축물로서 그 용도 및 규모가 주위환경이나 미관에 지장이 없다고 인정하여 건축조례로 정하는 건축물
4. 「국토의 계획 및 이용에 관한 법률」 제36조제1항제1호다목에 따른 공업지역, 같은 법 제51조제3항에 따른 지구단위계획구역(같은 법 시행령 제48조제10호에 따른 산업 · 유통형만 해당한다) 및 「산업입지 및 개발에 관한 법률」에 따른 산업단지에서 건축하는 2층 이하인 건축물로서 연면적 합계 500제곱미터 이하인 공장(별표 1 제4호너목에 따른 제조업소 등 물품의 제조 · 가공을 위한 시설을 포함한다)
5. 농업이나 수산업을 경영하기 위하여 읍 · 면지역(특별자치시장 · 특별자치도지사 · 시장 · 군수가 지역계획 또는 도시 · 군계획에 지장이 있다고 지정 · 공고한 구역은 제외한다)에서 건축하는 연면적 200제곱미터 이하의 창고 및 연면적 400제곱미터 이하의 축사, 작물재배사(作物栽培舍), 종묘배양시설, 화초 및 분재 등의 온실

④ 법 제14조에 따른 건축신고에 관하여는 제9조제1항을 준용한다.

〈개정 2008. 10. 29., 2014. 10. 14.〉

제12조 허가 · 신고사항의 변경 등

① 법 제16조제1항에 따라 허가를 받았거나 신고한 사항을 변경하려면 다음 각 호의 구분에 따라 허가권자의 허가를 받거나 특별자치시장 · 특별자치도지사 또는 시장 · 군수 · 구청장에게 신고하여야 한다. 〈개정 2009. 8. 5., 2012. 12. 12., 2014. 10. 14., 2017. 1. 20., 2018. 9. 4.〉

1. 바닥면적의 합계가 85제곱미터를 초과하는 부분에 대한 신축 · 증축 · 개축에 해당하는 변경인 경우에는 허가를 받고, 그 밖의 경우에는 신고할 것
2. 법 제14조제1항제2호 또는 제5호에 따라 신고로써 허가를 갈음하는 건축물에 대하여는 변경 후 건축물의 연면적을 각각 신고로써 허가를 갈음할 수 있는 규모에서 변경하는 경우에는 제1호에도 불구하고 신고할 것
3. 건축주 · 설계자 · 공사시공자 또는 공사감리자(이하 "건축관계자"라 한다)를 변경하는 경우에는 신고할 것

② 법 제16조제1항 단서에서 "대통령령으로 정하는 경미한 사항의 변경"이란 신축 · 증축 · 개축 · 재축 · 이전 · 대수선 또는 용도변경에 해당하지 아니하는 변경을 말한다.

〈개정 2012. 12. 12.〉

③ 법 제16조제2항에서 "대통령령으로 정하는 사항"이란 다음 각 호의 어느 하나에 해당하는 사항을 말한다. 〈개정 2016. 1. 19.〉

1. 건축물의 동수나 층수를 변경하지 아니하면서 변경되는 부분의 바닥면적의 합계가 50제곱미터 이하인 경우로서 다음 각 목의 요건을 모두 갖춘 경우
   가. 변경되는 부분의 높이가 1미터 이하이거나 전체 높이의 10분의 1 이하일 것
   나. 허가를 받거나 신고를 하고 건축 중인 부분의 위치 변경범위가 1미터 이내일 것
   다. 법 제14조제1항에 따라 신고를 하면 법 제11조에 따른 건축허가를 받은 것으로 보는 규모에서 건축허가를 받아야 하는 규모로의 변경이 아닐 것
2. 건축물의 동수나 층수를 변경하지 아니하면서 변경되는 부분이 연면적 합계의 10분의 1 이하인 경우(연면적이 5천 제곱미터 이상인 건축물은 각 층의 바닥면적이 50제곱미터 이하의 범위에서 변경되는 경우만 해당한다). 다만, 제4호 본문 및 제5호 본문에 따른 범위의 변경인 경우만 해당한다.
3. 대수선에 해당하는 경우
4. 건축물의 층수를 변경하지 아니하면서 변경되는 부분의 높이가 1미터 이하이거나 전체 높이의 10분의 1 이하인 경우. 다만, 변경되는 부분이 제1호 본문, 제2호 본문 및 제5호 본문에 따른 범위의 변경인 경우만 해당한다.
5. 허가를 받거나 신고를 하고 건축 중인 부분의 위치가 1미터 이내에서 변경되는 경우. 다만, 변경되는 부분이 제1호 본문, 제2호 본문 및 제4호 본문에 따른 범위의 변경인 경우만 해당한다.

④ 제1항에 따른 허가나 신고사항의 변경에 관하여는 제9조를 준용한다. 〈개정 2018. 9. 4.〉

[전문개정 2008. 10. 29.]

제13조 삭제 〈2005. 7. 18.〉

제14조 용도변경

① 삭제 〈2006. 5. 8.〉

② 삭제 〈2006. 5. 8.〉

③ 국토교통부장관은 법 제19조제1항에 따른 용도변경을 할 때 적용되는 건축기준을 고시할 수 있다. 이 경우 다른 행정기관의 권한에 속하는 건축기준에 대하여는 미리 관계 행정기관의 장과 협의하여야 한다. 〈개정 2008. 10. 29., 2013. 3. 23.〉

④ 법 제19조제3항 단서에서 "대통령령으로 정하는 변경"이란 다음 각 호의 어느 하나에 해당하는 건축물 상호 간의 용도변경을 말한다. 〈개정 2009. 6. 30., 2009. 7. 16., 2011. 6. 29., 2012. 12. 12., 2014. 3. 24.〉

1. 별표 1의 같은 호에 속하는 건축물 상호 간의 용도변경
2. 「국토의 계획 및 이용에 관한 법률」 이나 그 밖의 관계 법령에서 정하는 용도제한에 적합한 범위에서 제1종 근린생활시설과 제2종 근린생활시설 상호 간의 용도변경

⑤ 법 제19조제4항 각 호의 시설군에 속하는 건축물의 용도는 다음 각 호와 같다.

〈개정 2008. 10. 29., 2010. 12. 13., 2011. 6. 29., 2014. 3. 24., 2016. 2. 11., 2017. 2. 3.〉

1. 자동차 관련 시설군
   자동차 관련 시설
2. 산업 등 시설군
   가. 운수시설
   나. 창고시설
   다. 공장
   라. 위험물저장 및 처리시설
   마. 자원순환 관련 시설
   바. 묘지 관련 시설
   사. 장례시설
3. 전기통신시설군
   가. 방송통신시설
   나. 발전시설
4. 문화집회시설군
   가. 문화 및 집회시설
   나. 종교시설
   다. 위락시설
   라. 관광휴게시설
5. 영업시설군
   가. 판매시설
   나. 운동시설
   다. 숙박시설
   라. 제2종 근린생활시설 중 다중생활시설

6. 교육 및 복지시설군

가. 의료시설

나. 교육연구시설

다. 노유자시설(老幼者施設)

라. 수련시설

마. 야영장 시설

7. 근린생활시설군

가. 제1종 근린생활시설

나. 제2종 근린생활시설(다중생활시설은 제외한다)

8. 주거업무시설군

가. 단독주택

나. 공동주택

다. 업무시설

라. 교정 및 군사시설

9. 그 밖의 시설군

가. 동물 및 식물 관련 시설

나. 삭제 〈2010. 12. 13.〉

⑥ 기존의 건축물 또는 대지가 법령의 제정 · 개정이나 제6조의2제1항 각 호의 사유로 법령 등에 부적합하게 된 경우에는 건축조례로 정하는 바에 따라 용도변경을 할 수 있다.
〈개정 2008. 10. 29.〉

⑦ 법 제19조제6항에서 "대통령령으로 정하는 경우"란 1층인 축사를 공장으로 용도변경하는 경우로서 증축 · 개축 또는 대수선이 수반되지 아니하고 구조 안전이나 피난 등에 지장이 없는 경우를 말한다. 〈개정 2008. 10. 29.〉

[전문개정 1999. 4. 30.]

제15조 가설건축물

① 법 제20조제2항제3호에서 "대통령령으로 정하는 기준"이란 다음 각 호의 기준을 말한다. 〈 개정 2012. 4. 10., 2014. 10. 14.〉

1. 철근콘크리트조 또는 철골철근콘크리트조가 아닐 것
2. 존치기간은 3년 이내일 것. 다만, 도시 · 군계획사업이 시행될 때까지 그 기간을 연장할 수 있다.

3. 전기 · 수도 · 가스 등 새로운 간선 공급설비의 설치를 필요로 하지 아니할 것
4. 공동주택 · 판매시설 · 운수시설 등으로서 분양을 목적으로 건축하는 건축물이 아닐 것

② 제1항에 따른 가설건축물에 대하여는 법 제38조를 적용하지 아니한다.

③ 제1항에 따른 가설건축물 중 시장의 공지 또는 도로에 설치하는 차양시설에 대하여는 법 제46조 및 법 제55조를 적용하지 아니한다.

④ 제1항에 따른 가설건축물을 도시 · 군계획 예정 도로에 건축하는 경우에는 법 제45조부터 제47조를 적용하지 아니한다. 〈개정 2012. 4. 10.〉

⑤ 법 제20조제3항에서 "재해복구, 흥행, 전람회, 공사용 가설건축물 등 대통령령으로 정하는 용도의 가설건축물"이란 다음 각 호의 어느 하나에 해당하는 것을 말한다.
〈개정 2009. 6. 30., 2009. 7. 16., 2010. 2. 18., 2011. 6. 29., 2013. 5. 31., 2014. 10. 14., 2014. 11. 11., 2015. 4. 24., 2016. 1. 19., 2016. 6. 30.〉

1. 재해가 발생한 구역 또는 그 인접구역으로서 특별자치시장 · 특별자치도지사 또는 시장 · 군수 · 구청장이 지정하는 구역에서 일시사용을 위하여 건축하는 것
2. 특별자치시장 · 특별자치도지사 또는 시장 · 군수 · 구청장이 도시미관이나 교통소통에 지장이 없다고 인정하는 가설흥행장, 가설전람회장, 농 · 수 · 축산물 직거래용 가설점포, 그 밖에 이와 비슷한 것
3. 공사에 필요한 규모의 공사용 가설건축물 및 공작물
4. 전시를 위한 견본주택이나 그 밖에 이와 비슷한 것
5. 특별자치시장 · 특별자치도지사 또는 시장 · 군수 · 구청장이 도로변 등의 미관정비를 위하여 지정 · 공고하는 구역에서 축조하는 가설점포(물건 등의 판매를 목적으로 하는 것을 말한다)로서 안전 · 방화 및 위생에 지장이 없는 것
6. 조립식 구조로 된 경비용으로 쓰는 가설건축물로서 연면적이 10제곱미터 이하인 것
7. 조립식 경량구조로 된 외벽이 없는 임시 자동차 차고
8. 컨테이너 또는 이와 비슷한 것으로 된 가설건축물로서 임시사무실 · 임시창고 또는 임시숙소로 사용되는 것(건축물의 옥상에 축조하는 것은 제외한다. 다만, 2009년 7월 1일부터 2015년 6월 30일까지 및 2016년 7월 1일부터 2019년 6월 30일까지 공장의 옥상에 축조하는 것은 포함한다)
9. 도시지역 중 주거지역 · 상업지역 또는 공업지역에 설치하는 농업 · 어업용 비닐하우스로서 연면적이 100제곱미터 이상인 것
10. 연면적이 100제곱미터 이상인 간이축사용, 가축분뇨처리용, 가축운동용, 가축의 비가림용 비닐하우스 또는 천막(벽 또는 지붕이 합성수지 재질로 된 것과 지붕 면적의 2분의 1

이하가 합성강판으로 된 것을 포함한다)구조 건축물

11. 농업 · 어업용 고정식 온실 및 간이작업장, 가축양육실

12. 물품저장용, 간이포장용, 간이수선작업용 등으로 쓰기 위하여 공장 또는 창고시설에 설치하거나 인접 대지에 설치하는 천막(벽 또는 지붕이 합성수지 재질로 된 것을 포함한다), 그 밖에 이와 비슷한 것

13. 유원지, 종합휴양업 사업지역 등에서 한시적인 관광 · 문화행사 등을 목적으로 천막 또는 경량구조로 설치하는 것

14. 야외전시시설 및 촬영시설

15. 야외흡연실 용도로 쓰는 가설건축물로서 연면적이 50제곱미터 이하인 것

16. 그 밖에 제1호부터 제14호까지의 규정에 해당하는 것과 비슷한 것으로서 건축조례로 정하는 건축물

⑥ 법 제20조제5항에 따라 가설건축물을 축조하는 경우에는 다음 각 호의 구분에 따라 관련 규정을 적용하지 아니한다. 〈개정 2015. 9. 22., 2018. 9. 4.〉

1. 제5항 각 호(제4호는 제외한다)의 가설건축물을 축조하는 경우에는 법 제25조, 제38조부터 제42조까지, 제44조부터 제47조까지, 제48조, 제48조의2, 제49조, 제50조, 제50조의2, 제51조, 제52조, 제52조의2, 제52조의3, 제53조, 제53조의2, 제54조부터 제58조까지, 제60조부터 제62조까지, 제64조, 제67조 및 제68조와 「국토의 계획 및 이용에 관한 법률」 제76조를 적용하지 아니한다. 다만, 법 제48조, 제49조 및 제61조는 다음 각 목에 따른 경우에만 적용하지 아니한다.

   가. 법 제48조 및 제49조를 적용하지 아니하는 경우: 3층 이상의 가설건축물을 건축하는 경우로서 지방건축위원회의 심의 결과 구조 및 피난에 관한 안전성이 인정된 경우

   나. 법 제61조를 적용하지 아니하는 경우: 정북방향으로 접하고 있는 대지의 소유자와 합의한 경우

2. 제5항제4호의 가설건축물을 축조하는 경우에는 법 제25조, 제38조, 제39조, 제42조, 제45조, 제50조의2, 제53조, 제54조부터 제57조까지, 제60조, 제61조 및 제68조와 「국토의 계획 및 이용에 관한 법률」 제76조만을 적용하지 아니한다.

⑦ 법 제20조제3항에 따라 신고하여야 하는 가설건축물의 존치기간은 3년 이내로 한다. 다만, 제5항제3호의 공사용 가설건축물 및 공작물의 경우에는 해당 공사의 완료일까지의 기간을 말한다. 1

⑧ 법 제20조제1항 또는 제3항에 따라 가설건축물의 건축허가를 받거나 축조신고를 하려는 자는 국토교통부령으로 정하는 가설건축물 건축허가신청서 또는 가설건축물 축조신고서에 관

계 서류를 첨부하여 특별자치시장 · 특별자치도지사 또는 시장 · 군수 · 구청장에게 제출하여야 한다. 다만, 건축물의 건축허가를 신청할 때 건축물의 건축에 관한 사항과 함께 공사용 가설건축물의 건축에 관한 사항을 제출한 경우에는 가설건축물 축조신고서의 제출을 생략한다. 〈개정 2013. 3. 23., 2014. 10. 14., 2018. 9. 4.〉

⑨ 제8항 본문에 따라 가설건축물 건축허가신청서 또는 가설건축물 축조신고서를 제출받은 특별자치시장 · 특별자치도지사 또는 시장 · 군수 · 구청장은 그 내용을 확인한 후 신청인 또는 신고인에게 국토교통부령으로 정하는 바에 따라 가설건축물 건축허가서 또는 가설건축물 축조신고필증을 주어야 한다. 〈개정 2018. 9. 4.〉

⑩ 삭제 〈2010. 2. 18.〉

[전문개정 2008. 10. 29.]

제15조의2 가설건축물의 존치기간 연장

① 특별자치시장 · 특별자치도지사 또는 시장 · 군수 · 구청장은 법 제20조에 따른 가설건축물의 존치기간 만료일 30일 전까지 해당 가설건축물의 건축주에게 다음 각 호의 사항을 알려야 한다. 〈개정 2014. 10. 14., 2016. 6. 30.〉

1. 존치기간 만료일
2. 존치기간 연장 가능 여부
3. 제15조의3에 따라 존치기간이 연장될 수 있다는 사실(같은 조 제1호 각 목의 어느 하나에 해당하는 가설건축물에 한정한다)

② 존치기간을 연장하려는 가설건축물의 건축주는 다음 각 호의 구분에 따라 특별자치시장 · 특별자치도지사 또는 시장 · 군수 · 구청장에게 허가를 신청하거나 신고하여야 한다. 〈개정 2014. 10. 14.〉

1. 허가 대상 가설건축물: 존치기간 만료일 14일 전까지 허가 신청
2. 신고 대상 가설건축물: 존치기간 만료일 7일 전까지 신고

③ 제2항에 따른 존치기간 연장허가신청 또는 존치기간 연장신고에 관하여는 제15조제8항 본문 및 같은 조 제9항을 준용한다. 이 경우 "건축허가"는 "존치기간 연장허가"로, "축조신고"는 "존치기간 연장신고"로 본다. 〈신설 2018. 9. 4.〉

[본조신설 2010. 2. 18.]

제15조의3 공장에 설치한 가설건축물 등의 존치기간 연장

제15조의2제2항에도 불구하고 다음 각 호의 요건을 모두 충족하는 가설건축물로서 건축주가

제15조의2제2항의 구분에 따른 기간까지 특별자치시장 · 특별자치도지사 또는 시장 · 군수 · 구청장에게 그 존치기간의 연장을 원하지 않는다는 사실을 통지하지 아니하는 경우에는 기존 가설건축물과 동일한 기간으로 존치기간을 연장한 것으로 본다. 〈개정 2014. 10. 14., 2016. 6. 30.〉

1. 다음 각 목의 어느 하나에 해당하는 가설건축물일 것
   가. 공장에 설치한 가설건축물
   나. 제15조제5항제11호에 따른 가설건축물(「국토의 계획 및 이용에 관한 법률」 제36조제1항제3호에 따른 농림지역에 설치한 것만 해당한다)
2. 존치기간 연장이 가능한 가설건축물일 것

[본조신설 2010. 2. 18.]

[제목개정 2016. 6. 30.]

제16조 삭제 〈1995. 12. 30.〉

제17조 건축물의 사용승인

① 삭제 〈2006. 5. 8.〉

② 건축주는 법 제22조제3항제2호에 따라 사용승인서를 받기 전에 공사가 완료된 부분에 대한 임시사용의 승인을 받으려는 경우에는 국토교통부령으로 정하는 바에 따라 임시사용승인신청서를 허가권자에게 제출(전자문서에 의한 제출을 포함한다)하여야 한다.

〈개정 2008. 10. 29., 2013. 3. 23.〉

③ 허가권자는 제2항의 신청서를 접수한 경우에는 공사가 완료된 부분이 법 제22조제3항제2호에 따른 기준에 적합한 경우에만 임시사용을 승인할 수 있으며, 식수 등 조경에 필요한 조치를 하기에 부적합한 시기에 건축공사가 완료된 건축물은 허가권자가 지정하는 시기까지 식수(植樹) 등 조경에 필요한 조치를 할 것을 조건으로 임시사용을 승인할 수 있다.

〈개정 2008. 10. 29.〉

④ 임시사용승인의 기간은 2년 이내로 한다. 다만, 허가권자는 대형 건축물 또는 암반공사 등으로 인하여 공사기간이 긴 건축물에 대하여는 그 기간을 연장할 수 있다. 〈개정 2008. 10. 29.〉

⑤ 법 제22조제6항 후단에서 "대통령령으로 정하는 주요 공사의 시공자"란 다음 각 호의 어느 하나에 해당하는 자를 말한다. 〈개정 2008. 10. 29.〉

1. 「건설산업기본법」 제9조에 따라 종합공사를 시공하는 업종을 등록한 자로서 발주자로부터 건설공사를 도급받은 건설업자
2. 「전기공사업법」 · 「소방시설공사업법」 또는 「정보통신공사업법」에 따라 공사를 수

행하는 시공자

제18조 설계도서의 작성

법 제23조제1항제3호에서 "대통령령으로 정하는 건축물"이란 다음 각 호의 어느 하나에 해당하는 건축물을 말한다. 〈개정 2009. 7. 16., 2010. 2. 18., 2012. 4. 10., 2016. 6. 30.〉

1. 읍 · 면지역(시장 또는 군수가 지역계획 또는 도시 · 군계획에 지장이 있다고 인정하여 지정 · 공고한 구역은 제외한다)에서 건축하는 건축물 중 연면적이 200제곱미터 이하인 창고 및 농막(「농지법」 에 따른 농막을 말한다)과 연면적 400제곱미터 이하인 축사, 작물재배사, 종묘배양시설, 화초 및 분재 등의 온실
2. 제15조제5항 각 호의 어느 하나에 해당하는 가설건축물로서 건축조례로 정하는 가설건축물

[전문개정 2008. 10. 29.]

제18조의2 사진 및 동영상 촬영 대상 건축물 등

① 법 제24조제7항 전단에서 "공동주택, 종합병원, 관광숙박시설 등 대통령령으로 정하는 용도 및 규모의 건축물"이란 다음 각 호의 어느 하나에 해당하는 건축물을 말한다. 〈개정 2018. 12. 4.〉

1. 다중이용 건축물
2. 특수구조 건축물
3. 건축물의 하층부가 필로티나 그 밖에 이와 비슷한 구조(벽면적의 2분의 1 이상이 그 층의 바닥면에서 위층 바닥 아래면까지 공간으로 된 것만 해당한다)로서 상층부와 다른 구조형식으로 설계된 건축물(이하 "필로티형식 건축물"이라 한다) 중 3층 이상인 건축물

② 법 제24조제7항 전단에서 "대통령령으로 정하는 진도에 다다른 때"란 다음 각 호의 구분에 따른 단계에 다다른 경우를 말한다. 〈개정 2018. 12. 4.〉

1. 다중이용 건축물: 제19조제3항 각 호의 구분에 따른 단계
2. 특수구조 건축물: 다음 각 목의 어느 하나에 해당하는 단계
   가. 매 층마다 상부 슬래브배근을 완료한 경우
   나. 매 층마다 주요구조부의 조립을 완료한 경우
3. 3층 이상의 필로티형식 건축물: 다음 각 목의 어느 하나에 해당하는 단계
   가. 기초공사 시 철근배치를 완료한 경우
   나. 건축물 상층부의 하중이 상층부와 다른 구조형식의 하층부로 전달되는 다음의 어느 하나에 해당하는 부재(部材)의 철근배치를 완료한 경우

1) 기둥 또는 벽체 중 하나

2) 보 또는 슬래브 중 하나

[본조신설 2017. 2. 3.]

[종전 제18조의2는 제18조의3으로 이동 〈2017. 2. 3.〉]

제18조의3 건축자재 제조 및 유통에 관한 위법 사실의 점검 및 조치

① 국토교통부장관, 시 · 도지사 및 시장 · 군수 · 구청장은 법 제24조의2제2항에 따른 점검을 통하여 위법 사실을 확인한 경우에는 같은 조 제3항에 따라 해당 건축관계자 및 제조업자 · 유통업자에게 위법 사실을 통보하여야 하며, 해당 건축관계자 및 제조업자 · 유통업자에 대하여 다음 각 호의 구분에 따른 조치를 할 수 있다. 〈개정 2017. 1. 20.〉

1. 건축관계자에 대한 조치

가. 해당 건축자재를 사용하여 시공한 부분이 있는 경우: 시공부분의 시정, 해당 공정에 대한 공사 중단 및 해당 건축자재의 사용 중단 명령

나. 해당 건축자재가 공사현장에 반입 및 보관되어 있는 경우: 해당 건축자재의 사용 중단 명령

2. 제조업자 및 유통업자에 대한 조치: 관계 행정기관의 장에게 관계 법률에 따른 해당 제조업자 및 유통업자에 대한 영업정지 등의 요청

② 건축관계자 및 제조업자 · 유통업자는 제1항에 따라 위법 사실을 통보받거나 같은 항 제1호의 명령을 받은 경우에는 그 날부터 7일 이내에 조치계획을 수립하여 국토교통부장관, 시 · 도지사 및 시장 · 군수 · 구청장에게 제출하여야 한다.

③ 국토교통부장관, 시 · 도지사 및 시장 · 군수 · 구청장은 제2항에 따른 조치계획(제1항제1호가목의 명령에 따른 조치계획만 해당한다)에 따른 개선조치가 이루어졌다고 인정되면 공사 중단 명령을 해제하여야 한다.

[본조신설 2016. 7. 19.]

[제18조의2에서 이동, 종전 제18조의3은 제18조의4로 이동 〈2017. 2. 3.〉]

제18조의4 위법 사실의 점검업무 대행 전문기관

① 법 제24조의2제4항에서 "대통령령으로 정하는 전문기관"이란 다음 각 호의 기관을 말한다. 〈개정 2018. 1. 16.〉

1. 「과학기술분야 정부출연연구기관 등의 설립 · 운영 및 육성에 관한 법률」 제8조에 따라

설립된 한국건설기술연구원

2. 「시설물의 안전 및 유지관리에 관한 특별법」 제45조에 따른 한국시설안전공단(이하 "한국시설안전공단"이라 한다)

3. 「한국토지주택공사법」에 따른 한국토지주택공사

4. 그 밖에 점검업무를 수행할 수 있다고 인정하여 국토교통부장관이 지정하여 고시하는 기관

② 법 제24조의2제4항에 따라 위법 사실의 점검업무를 대행하는 기관의 직원은 그 권한을 나타내는 증표를 지니고 관계인에게 내보여야 한다.

[본조신설 2016. 7. 19.]

[제18조의3에서 이동 〈2017. 2. 3.〉]

제19조 공사감리

① 법 제25조제1항에 따라 공사감리자를 지정하여 공사감리를 하게 하는 경우에는 다음 각 호의 구분에 따른 자를 공사감리자로 지정하여야 한다.

〈개정 2009. 7. 16., 2010. 12. 13., 2014. 5. 22., 2018. 12. 11.〉

1. 다음 각 목의 어느 하나에 해당하는 경우: 건축사

가. 법 제11조에 따라 건축허가를 받아야 하는 건축물(법 제14조에 따른 건축신고 대상 건축물은 제외한다)을 건축하는 경우

나. 제6조제1항제6호에 따른 건축물을 리모델링하는 경우

2. 다중이용 건축물을 건축하는 경우: 「건설기술 진흥법」에 따른 건설기술용역업자(공사시공자 본인이거나 「독점규제 및 공정거래에 관한 법률」 제2조에 따른 계열회사인 건설기술용역업자는 제외한다) 또는 건축사(「건설기술 진흥법 시행령」 제60조에 따라 건설사업관리기술인을 배치하는 경우만 해당한다)

② 제1항에 따라 다중이용 건축물의 공사감리자를 지정하는 경우 감리원의 배치기준 및 감리대가는 「건설기술 진흥법」에서 정하는 바에 따른다. 〈개정 2014. 5. 22.〉

③ 법 제25조제6항에서 "공사의 공정이 대통령령으로 정하는 진도에 다다른 경우"란 공사(하나의 대지에 둘 이상의 건축물을 건축하는 경우에는 각각의 건축물에 대한 공사를 말한다)의 공정이 다음 각 호의 어느 하나에 다다른 경우를 말한다.

〈개정 2014. 11. 28., 2016. 5. 17., 2017. 2. 3.〉

1. 해당 건축물의 구조가 철근콘크리트조 · 철골철근콘크리트조 · 조적조 또는 보강콘크리트블럭조인 경우에는 다음 각 목의 어느 하나에 해당하게 된 경우

가. 기초공사 시 철근배치를 완료한 경우

나. 지붕슬래브배근을 완료한 경우

다. 지상 5개 층마다 상부 슬래브배근을 완료한 경우

2. 해당 건축물의 구조가 철골조인 경우에는 다음 각 목의 어느 하나에 해당하게 된 경우

가. 기초공사 시 철근배치를 완료한 경우

나. 지붕철골 조립을 완료한 경우

다. 지상 3개 층마다 또는 높이 20미터마다 주요구조부의 조립을 완료한 경우

3. 해당 건축물의 구조가 제1호 또는 제2호 외의 구조인 경우에는 기초공사에서 거푸집 또는 주춧돌의 설치를 완료한 경우

④ 법 제25조제5항에서 "대통령령으로 정하는 용도 또는 규모의 공사"란 연면적의 합계가 5천 제곱미터 이상인 건축공사를 말한다. 〈개정 2017. 2. 3.〉

⑤ 공사감리자는 수시로 또는 필요할 때 공사현장에서 감리업무를 수행하여야 하며, 다음 각 호의 건축공사를 감리하는 경우에는 「건축사법」 제2조제2호에 따른 건축사보(「기술사법」 제6조에 따른 기술사사무소 또는 「건축사법」 제23조제8항 각 호의 건설기술용역업자 등에 소속되어 있는 자로서 「국가기술자격법」에 따른 해당 분야 기술계 자격을 취득한 자와 「건설기술 진흥법 시행령」 제4조에 따른 건설사업관리를 수행할 자격이 있는 자를 포함한다) 중 건축 분야의 건축사보 한 명 이상을 전체 공사기간 동안, 토목 · 전기 또는 기계 분야의 건축사보 한 명 이상을 각 분야별 해당 공사기간 동안 각각 공사현장에서 감리업무를 수행하게 하여야 한다. 이 경우 건축사보는 해당 분야의 건축공사의 설계 · 시공 · 시험 · 검사 · 공사감독 또는 감리업무 등에 2년 이상 종사한 경력이 있는 자이어야 한다.

〈개정 2009. 7. 16., 2010. 12. 13., 2014. 5. 22., 2015. 9. 22., 2018. 9. 4.〉

1. 바닥면적의 합계가 5천 제곱미터 이상인 건축공사. 다만, 축사 또는 작물 재배사의 건축공사는 제외한다.

2. 연속된 5개 층(지하층을 포함한다) 이상으로서 바닥면적의 합계가 3천 제곱미터 이상인 건축공사

3. 아파트 건축공사

4. 준다중이용 건축물 건축공사

⑥ 공사감리자가 수행하여야 하는 감리업무는 다음과 같다. 〈개정 2013. 3. 23.〉

1. 공사시공자가 설계도서에 따라 적합하게 시공하는지 여부의 확인

2. 공사시공자가 사용하는 건축자재가 관계 법령에 따른 기준에 적합한 건축자재인지 여부의 확인

3. 그 밖에 공사감리에 관한 사항으로서 국토교통부령으로 정하는 사항

⑦ 제5항에 따라 공사현장에 건축사보를 두는 공사감리자는 다음 각 호의 구분에 따른 기간에 국토교통부령으로 정하는 바에 따라 건축사보의 배치현황을 허가권자에게 제출하여야 한다. 〈개정 2013. 3. 23., 2014. 11. 28.〉

1. 최초로 건축사보를 배치하는 경우에는 착공 예정일부터 7일
2. 건축사보의 배치가 변경된 경우에는 변경된 날부터 7일
3. 건축사보가 철수한 경우에는 철수한 날부터 7일

⑧ 허가권자는 제7항에 따라 공사감리자로부터 건축사보의 배치현황을 받으면 지체 없이 그 배치현황을 「건축사법」에 따른 건축사협회 중에서 국토교통부장관이 지정하는 건축사협회에 보내야 한다. 〈개정 2013. 3. 23.〉

⑨ 제8항에 따라 건축사보의 배치현황을 받은 건축사협회는 이를 관리하여야 하며, 건축사보가 이중으로 배치된 사실 등을 발견한 경우에는 지체 없이 그 사실 등을 관계 시 · 도지사에게 알려야 한다. 〈개정 2012. 12. 12.〉

[전문개정 2008. 10. 29.]

제19조의2 허가권자가 공사감리자를 지정하는 건축물 등

① 법 제25조제2항 각 호 외의 부분 본문에서 "대통령령으로 정하는 건축물"이란 다음 각 호의 건축물을 말한다. 〈개정 2017. 10. 24., 2019. 2. 12.〉

1. 「건설산업기본법」 제41조제1항 각 호에 해당하지 아니하는 건축물 중 다음 각 목의 어느 하나에 해당하지 아니하는 건축물
   가. 별표 1 제1호가목의 단독주택
   나. 농업 · 임업 · 축산업 또는 어업용으로 설치하는 창고 · 저장고 · 작업장 · 퇴비사 · 축사 · 양어장 및 그 밖에 이와 유사한 용도의 건축물
   다. 해당 건축물의 건설공사가 「건설산업기본법 시행령」 제8조제1항 각 호의 어느 하나에 해당하는 경미한 건설공사인 경우
2. 주택으로 사용하는 다음 각 목의 어느 하나에 해당하는 건축물(각 목에 해당하는 건축물과 그 외의 건축물이 하나의 건축물로 복합된 경우를 포함한다)
   가. 아파트
   나. 연립주택
   다. 다세대주택
   라. 다중주택
   마. 다가구주택

3. 삭제 〈2019. 2. 12.〉

② 시 · 도지사는 법 제25조제2항 본문에 따라 공사감리자를 지정하기 위하여 모집공고를 거쳐 「건축사법」 제23조제1항에 따라 건축사사무소의 개설신고를 한 건축사의 명부를 작성하고 관리하여야 한다. 이 경우 시 · 도지사는 미리 관할 시장 · 군수 · 구청장과 협의하여야 한다. 〈개정 2017. 2. 3.〉

③ 제1항 각 호의 어느 하나에 해당하는 건축물의 건축주는 법 제21조에 따른 착공신고를 하기 전에 국토교통부령으로 정하는 바에 따라 허가권자에게 공사감리자의 지정을 신청하여야 한다.

④ 허가권자는 제2항에 따른 명부에서 공사감리자를 지정하여야 한다.

⑤ 제3항 및 제4항에서 규정한 사항 외에 공사감리자 모집공고, 명부작성 방법 및 공사감리자 지정 방법 등에 관한 세부적인 사항은 시 · 도의 조례로 정한다.

⑥ 법 제25조제13항에서 "해당 계약서 등 대통령령으로 정하는 서류"란 다음 각 호의 서류를 말한다. 〈신설 2019. 2. 12.〉

1. 설계자의 건축과정 참여에 관한 계획서
2. 건축주와 설계자와의 계약서

[본조신설 2016. 7. 19.]

제19조의 업무제한 대상 건축물 등

① 법 제25조의2제1항에서 "대통령령으로 정하는 주요 건축물"이란 다음 각 호의 건축물을 말한다.

1. 다중이용 건축물
2. 준다중이용 건축물

② 법 제25조의2제2항 각 호 외의 부분에서 "대통령령으로 정하는 규모 이상의 재산상의 피해"란 도급 또는 하도급받은 금액의 100분의 10 이상으로서 그 금액이 1억원 이상인 재산상의 피해를 말한다.

③ 법 제25조의2제2항 각 호 외의 부분에서 "다중이용건축물 등 대통령령으로 정하는 주요 건축물"이란 다음 각 호의 건축물을 말한다.

1. 다중이용 건축물
2. 준다중이용 건축물

[본조신설 2017. 2. 3.]

제20조 현장조사 · 검사 및 확인업무의 대행

① 허가권자는 법 제27조제1항에 따라 건축조례로 정하는 건축물의 건축허가, 건축신고, 사용승인 및 임시사용승인과 관련되는 현장조사 · 검사 및 확인업무를 건축사로 하여금 대행하게 할 수 있다. 이 경우 허가권자는 건축물의 사용승인 및 임시사용승인과 관련된 현장조사 · 검사 및 확인업무를 대행할 건축사를 다음 각 호의 기준에 따라 선정하여야 한다. 〈개정 2014. 11. 28.〉

1. 해당 건축물의 설계자 또는 공사감리자가 아닐 것
2. 건축주의 추천을 받지 아니하고 직접 선정할 것

② 제1항에 따른 업무대행자의 업무범위와 업무대행절차 등에 관하여 필요한 사항은 건축조례로 정한다.

[전문개정 2008. 10. 29.]

제21조 공사현장의 위해 방지

건축물의 시공 또는 철거에 따른 유해 · 위험의 방지에 관한 사항은 산업안전보건에 관한 법령에서 정하는 바에 따른다.

[전문개정 2008. 10. 29.]

제22조 공용건축물에 대한 특례

① 국가 또는 지방자치단체가 법 제29조에 따라 건축물을 건축하려면 해당 건축공사를 시행하는 행정기관의 장 또는 그 위임을 받은 자는 건축공사에 착수하기 전에 그 공사에 관한 설계도서와 국토교통부령으로 정하는 관계 서류를 허가권자에게 제출(전자문서에 의한 제출을 포함한다)하여야 한다. 다만, 국가안보상 중요하거나 국가기밀에 속하는 건축물을 건축하는 경우에는 설계도서의 제출을 생략할 수 있다. 〈개정 2013. 3. 23.〉

② 허가권자는 제1항 본문에 따라 제출된 설계도서와 관계 서류를 심사한 후 그 결과를 해당 행정기관의 장 또는 그 위임을 받은 자에게 통지(해당 행정기관의 장 또는 그 위임을 받은 자가 원하거나 전자문서로 제1항에 따른 설계도서 등을 제출한 경우에는 전자문서로 알리는 것을 포함한다)하여야 한다.

③ 국가 또는 지방자치단체는 법 제29조제3항 단서에 따라 건축물의 공사가 완료되었음을 허가권자에게 통보하는 경우에는 국토교통부령으로 정하는 관계 서류를 첨부하여야 한다. 〈개정 2013. 3. 23.〉

④ 법 제29조제4항 전단에서 "주민편의시설 등 대통령령으로 정하는 시설"이란 다음 각 호의 시

설을 말한다. 〈신설 2016. 7. 19.〉

1. 제1종 근린생활시설
2. 제2종 근린생활시설(총포판매소, 장의사, 다중생활시설, 제조업소, 단란주점, 안마시술소 및 노래연습장은 제외한다)
3. 문화 및 집회시설(공연장 및 전시장으로 한정한다)
4. 의료시설
5. 교육연구시설
6. 노유자시설
7. 운동시설
8. 업무시설(오피스텔은 제외한다)

[전문개정 2008. 10. 29.]

제22조의2 건축 허가업무 등의 전산처리 등

① 법 제32조제2항 각 호 외의 부분 본문에 따라 같은 조 제1항에 따른 전자정보처리 시스템으로 처리된 자료(이하 "전산자료"라 한다)를 이용하려는 자는 관계 중앙행정기관의 장의 심사를 받기 위하여 다음 각 호의 사항을 적은 신청서를 관계 중앙행정기관의 장에게 제출하여야 한다.

1. 전산자료의 이용 목적 및 근거
2. 전산자료의 범위 및 내용
3. 전산자료를 제공받는 방식
4. 전산자료의 보관방법 및 안전관리대책 등

② 제1항에 따라 전산자료를 이용하려는 자는 전산자료의 이용목적에 맞는 최소한의 범위에서 신청하여야 한다.

③ 제1항에 따른 신청을 받은 관계 중앙행정기관의 장은 다음 각 호의 사항을 심사한 후 신청받은 날부터 15일 이내에 그 심사결과를 신청인에게 알려야 한다.

1. 제1항 각 호의 사항에 대한 타당성 · 적합성 및 공익성
2. 법 제32조제3항에 따른 개인정보 보호기준에의 적합 여부
3. 전산자료의 이용목적 외 사용방지 대책의 수립 여부

④ 법 제32조제2항에 따라 전산자료 이용의 승인을 받으려는 자는 국토교통부령으로 정하는 건축행정 전산자료 이용승인 신청서에 제3항에 따른 심사결과를 첨부하여 국토교통부장관, 시 · 도지사 또는 시장 · 군수 · 구청장에게 제출하여야 한다. 다만, 중앙행정기관의 장 또는

지방자치단체의 장이 전산자료를 이용하려는 경우에는 전산자료 이용의 근거 · 목적 및 안전관리대책 등을 적은 문서로 승인을 신청할 수 있다. 〈개정 2013. 3. 23.〉

⑤ 법 제32조제3항 전단에서 "대통령령으로 정하는 건축주 등의 개인정보 보호기준"이란 다음 각 호의 기준을 말한다.

1. 신청한 전산자료는 그 자료에 포함되어 있는 성명 · 주민등록번호 등의 사항에 따라 특정 개인임을 알 수 있는 정보(해당 정보만으로는 특정개인을 식별할 수 없더라도 다른 정보와 쉽게 결합하여 식별할 수 있는 정보를 포함한다), 그 밖에 개인의 사생활을 침해할 우려가 있는 정보가 아닐 것. 다만, 개인의 동의가 있거나 다른 법률에 근거가 있는 경우에는 이용하게 할 수 있다.
2. 제1호 단서에 따라 개인정보가 포함된 전산자료를 이용하는 경우에는 전산자료의 이용목적 외의 사용 또는 외부로의 누출 · 분실 · 도난 등을 방지할 수 있는 안전관리대책이 마련되어 있을 것

⑥ 국토교통부장관, 시 · 도지사 또는 시장 · 군수 · 구청장은 법 제32조제3항에 따라 전산자료의 이용을 승인하였으면 그 승인한 내용을 기록 · 관리하여야 한다. 〈개정 2013. 3. 23.〉

[전문개정 2008. 10. 29.]

제22조의3 전산자료의 이용자에 대한 지도 · 감독의 대상 등

① 법 제33조제1항에 따라 전산자료를 이용하는 자에 대하여 그 보유 또는 관리 등에 관한 사항을 지도 · 감독하는 대상은 다음 각 호의 구분에 따른 전산자료(다른 법령에 따라 제공받은 전산자료를 포함한다)를 이용하는 자로 한다. 다만, 국가 및 지방자치단체는 제외한다. 〈개정 2013. 3. 23.〉

1. 국토교통부장관: 연간 50만 건 이상 전국 단위의 전산자료를 이용하는 자
2. 시 · 도지사: 연간 10만 건 이상 시 · 도 단위의 전산자료를 이용하는 자
3. 시장 · 군수 · 구청장: 연간 5만 건 이상 시 · 군 · 구 단위의 전산자료를 이용하는 자

② 국토교통부장관, 시 · 도지사 또는 시장 · 군수 · 구청장은 법 제33조제1항에 따른 지도 · 감독을 위하여 필요한 경우에는 제1항에 따른 지도 · 감독 대상에 해당하는 자에 대하여 다음 각 호의 자료를 제출하도록 요구할 수 있다. 〈개정 2013. 3. 23.〉

1. 전산자료의 이용실태에 관한 자료
2. 전산자료의 이용에 따른 안전관리대책에 관한 자료

③ 제2항에 따라 자료제출을 요구받은 자는 정당한 사유가 있는 경우를 제외하고는 15일 이내에 관련 자료를 제출하여야 한다.

④ 국토교통부장관, 시 · 도지사 또는 시장 · 군수 · 구청장은 법 제33조제1항에 따라 전산자료의 이용실태에 관한 현지조사를 하려면 조사대상자에게 조사 목적 · 내용, 조사자의 인적사항, 조사 일시 등을 3일 전까지 알려야 한다. 〈개정 2013. 3. 23.〉

⑤ 국토교통부장관, 시 · 도지사 또는 시장 · 군수 · 구청장은 제4항에 따른 현지조사 결과를 조사대상자에게 알려야 하며, 조사 결과 필요한 경우에는 시정을 요구할 수 있다. 〈개정 2013. 3. 23.〉

[전문개정 2008. 10. 29.]

제22조의4 건축에 관한 종합민원실

① 법 제34조에 따라 특별자치시 · 특별자치도 또는 시 · 군 · 구에 설치하는 민원실은 다음 각 호의 업무를 처리한다. 〈개정 2014. 10. 14.〉

1. 법 제22조에 따른 사용승인에 관한 업무
2. 법 제27조제1항에 따라 건축사가 현장조사 · 검사 및 확인업무를 대행하는 건축물의 건축허가와 사용승인 및 임시사용승인에 관한 업무
3. 건축물대장의 작성 및 관리에 관한 업무
4. 복합민원의 처리에 관한 업무
5. 건축허가 · 건축신고 또는 용도변경에 관한 상담 업무
6. 건축관계자 사이의 분쟁에 대한 상담
7. 그 밖에 특별자치시장 · 특별자치도지사 또는 시장 · 군수 · 구청장이 주민의 편익을 위하여 필요하다고 인정하는 업무

② 제1항에 따른 민원실은 민원인의 이용에 편리한 곳에 설치하고, 그 조직 및 기능에 관하여는 특별자치시 · 특별자치도 또는 시 · 군 · 구의 규칙으로 정한다. 〈개정 2014. 10. 14.〉

[전문개정 2008. 10. 29.]

제3장 건축물의 유지와 관리〈개정 2008. 10. 29.〉

제23조 건축물의 유지 · 관리

① 건축물의 소유자나 관리자는 건축물, 대지 및 건축설비를 법 제35조제1항에 따라 유지 · 관리하여야 한다. 〈개정 2014. 11. 28.〉

② 특수구조 건축물 및 고층건축물의 소유자나 관리자는 제1항에 따라 유지 · 관리하는 경우 건

축물의 제설(除雪), 홈통 청소 등에 관한 사항이 포함된 유지관리계획을 마련하여야 한다.
〈신설 2014. 11. 28.〉

[전문개정 2012. 7. 19.]

제23조의2 정기점검 및 수시점검 실시

① 법 제35조제2항에 따라 다음 각 호의 어느 하나에 해당하는 건축물의 소유자나 관리자는 해당 건축물의 사용승인일을 기준으로 10년이 지난 날(사용승인일을 기준으로 10년이 지난 날 이후 정기점검과 같은 항목과 기준으로 제5항에 따른 수시점검을 실시한 경우에는 그 수시점검을 완료한 날을 말하며, 이하 이 조 및 제120조제6호에서 "기준일"이라 한다)부터 2년마다 한 번 정기점검을 실시하여야 한다. 다만, 「주택법」 제43조의3제2호에 따라 안전점검을 실시한 경우에는 해당 주기의 정기점검을 생략할 수 있다.
〈개정 2013. 11. 20., 2013. 12. 30., 2015. 9. 22., 2016. 5. 17., 2016. 8. 11.〉

1. 다중이용 건축물
2. 「집합건물의 소유 및 관리에 관한 법률」의 적용을 받는 집합건축물로서 연면적의 합계가 3천제곱미터 이상인 건축물. 다만, 「공동주택관리법」 제2조제1항제2호에 따른 관리주체 등이 관리하는 공동주택은 제외한다.
3. 「다중이용업소의 안전관리에 관한 특별법」 제2조제1항제1호에 따른 다중이용업의 용도로 쓰는 건축물로서 해당 지방자치단체의 건축조례로 정하는 건축물
4. 준다중이용 건축물 중 특수구조 건축물

② 특별자치시장 · 특별자치도지사 또는 시장 · 군수 · 구청장은 제1항에 따른 정기점검(이하 "정기점검"이라 한다)을 실시하여야 하는 건축물의 소유자나 관리자에게 정기점검 대상 건축물이라는 사실과 정기점검 실시 절차를 기준일부터 2년이 되는 날의 3개월 전까지 미리 알려야 한다. 〈개정 2014. 10. 14.〉

③ 제2항에 따른 통지는 문서, 팩스, 전자우편, 휴대전화에 의한 문자메시지 등으로 할 수 있다.

④ 특별자치시장 · 특별자치도지사 또는 시장 · 군수 · 구청장은 정기점검 결과 위법사항이 없고, 제23조의3제1항제2호부터 제4호까지 및 제6호에 따른 항목의 점검 결과가 제23조의6제1항에 따른 건축물의 유지 · 관리의 세부기준에 따라 우수하다고 인정되는 건축물에 대해서는 정기점검을 다음 한 차례에 한정하여 면제할 수 있다. 〈개정 2014. 10. 14.〉

⑤ 법 제35조제2항에 따라 제1항 각 호의 어느 하나에 해당하는 건축물의 소유자나 관리자는 화재, 침수 등 재해나 재난으로부터 건축물의 안전을 확보하기 위하여 필요한 경우에는 해당 지방자치단체의 건축조례로 정하는 바에 따라 수시점검을 실시하여야 한다.

〈개정 2013. 11. 20.〉

⑥ 건축물의 소유자나 관리자가 정기점검이나 제5항에 따른 수시점검(이하 "수시점검"이라 한다)을 실시하는 경우에는 다음 각 호의 어느 하나에 해당하는 자(이하 "유지 · 관리 점검자"라 한다)로 하여금 정기점검 또는 수시점검 업무를 수행하도록 하여야 한다.

〈개정 2014. 5. 22., 2018. 1. 16.〉

1. 「건축사법」 제23조제1항에 따라 건축사사무소개설신고를 한 자
2. 「건설기술 진흥법」 제26조제1항에 따라 등록한 건설기술용역업자
3. 「시설물의 안전 및 유지관리에 관한 특별법」 제28조제1항에 따라 등록한 건축 분야 안전진단전문기관

[본조신설 2012. 7. 19.]

제23조의3 정기점검 및 수시점검 사항

① 정기점검 및 수시점검의 항목은 다음 각 호와 같다. 다만, 「시설물의 안전 및 유지관리에 관한 특별법」 제7조제1호 및 제2호에 따른 1종시설물 또는 2종시설물인 건축물에 대해서는 제3호에 따른 구조안전 항목의 점검을 생략하여야 한다.

〈개정 2013. 2. 20., 2014. 11. 28., 2018. 1. 16.〉

1. 대지: 법 제40조, 제42조부터 제44조까지 및 제47조에 적합한지 여부
2. 높이 및 형태: 법 제55조, 제56조, 제58조, 제60조 및 제61조에 적합한지 여부
3. 구조안전: 법 제48조에 적합한지 여부
4. 화재안전: 법 제49조, 제50조, 제50조의2, 제51조, 제52조, 제52조의2 및 제53조에 적합한지 여부
5. 건축설비: 법 제62조부터 제64조까지의 규정에 적합한지 여부
6. 에너지 및 친환경 관리 등: 법 제65조의2와 「녹색건축물 조성 지원법」 제15조제1항, 제16조 및 제17조에 적합한지 여부

② 유지 · 관리 점검자는 정기점검 및 수시점검 업무를 수행하는 경우 제1항 각 호의 항목 외에 건축물의 안전 강화 방안 및 에너지 절감 방안 등에 관한 의견을 제시하여야 한다.

[본조신설 2012. 7. 19.]

제23조의4 건축물 점검 관련 정보의 제공

건축물의 소유자나 관리자는 정기점검이나 수시점검을 실시하는 데 필요한 경우에는 특별자치시장 · 특별자치도지사 또는 시장 · 군수 · 구청장에게 해당 건축물의 설계도서 등 관련 정보의 제

공을 요청할 수 있다. 이 경우 해당 특별자치시장 · 특별자치도지사 또는 시장 · 군수 · 구청장은 특별한 사유가 없으면 관련 정보를 제공하여야 한다. 〈개정 2014. 10. 14.〉

[본조신설 2012. 7. 19.]

제23조의5 건축물의 점검 결과 보고

① 건축물의 소유자나 관리자는 정기점검이나 수시점검을 실시하였을 때에는 그 점검을 마친 날부터 30일 이내에 해당 특별자치시장 · 특별자치도지사 또는 시장 · 군수 · 구청장에게 결과를 보고하여야 한다. 〈개정 2014. 10. 14.〉

② 삭제 〈2013. 11. 20.〉

[본조신설 2012. 7. 19.]

[제목개정 2013. 11. 20.]

제23조의6 유지 · 관리의 세부기준 등

① 국토교통부장관은 다음 각 호의 사항을 포함한 건축물의 유지 · 관리와 정기점검 · 수시점검 및 제23조의7에 따른 안전점검(이하 이 조에서 "정기점검등"이라 한다) 실시에 관한 세부기준을 정하여 고시하여야 한다. 〈개정 2013. 3. 23., 2016. 7. 19.〉

1. 유지 · 관리 점검자의 선정
2. 정기점검등 대가(代價)의 기준
3. 정기점검등의 항목별 점검방법
4. 정기점검등에 필요한 설계도서 등 점검 관련 자료의 수집 범위 및 검토 방법
5. 그 밖에 건축물의 유지 · 관리 등과 관련하여 국토교통부장관이 필요하다고 인정하는 사항

② 국토교통부장관은 건축물의 소유자나 관리자와 유지 · 관리 점검자가 공정하게 계약을 체결하도록 하기 위하여 정기점검등에 관한 표준계약서를 정하여 보급할 수 있다. 〈개정 2013. 3. 23., 2016. 7. 19.〉

[본조신설 2012. 7. 19.]

제23조의7 소규모 노후 건축물에 대한 안전점검

① 법 제35조제3항에서 "소규모 노후 건축물 등 대통령령으로 정하는 건축물"이란 다음 각 호의 요건을 모두 갖춘 건축물을 말한다.

1. 사용승인 후 20년 이상이 지났을 것
2. 제23조의2제1항 각 호의 어느 하나에 해당하지 아니할 것

② 허가권자는 법 제35조제3항에 따라 직권으로 안전점검을 하는 경우에는 해당 건축물의 소유자나 관리자에게 안전점검 대상 건축물이라는 사실과 안전점검 실시 절차를 미리 알려야 한다. 이 경우 통지는 문서, 팩스, 전자우편, 휴대전화에 의한 문자메시지 등으로 할 수 있다.

③ 법 제35조제3항에 따른 안전점검을 요구받은 건축물의 소유자나 관리자는 제23조의2제6항 각 호의 어느 하나에 해당하는 자로 하여금 안전점검 업무를 수행하도록 하여야 한다.

④ 제3항에 따라 안전점검을 실시한 건축물의 소유자나 관리자는 안전점검을 마친 날부터 20일 이내에 허가권자에게 그 결과를 보고하여야 한다.

[본조신설 2016. 7. 19.]

[종전 제23조의7은 제23조의8로 이동 〈2016. 7. 19.〉]

제23조의8 주택관리지원센터의 설치 및 운영

① 특별자치시장 · 특별자치도지사 및 시장 · 군수 · 구청장이 법 제35조의2제2항에 따라 건축물의 점검 및 개량 · 보수에 대한 기술지원 및 정보제공 등을 위하여 설치하는 주택관리지원센터는 건축조례로 정하는 바에 따라 소속 공무원과 건축사 등 건축 관련 전문가로 구성한다.

② 제1항에 따른 주택관리지원센터는 다음 각 호에 관한 기술지원 및 정보제공 등의 업무를 수행한다.

1. 건축물의 에너지효율 및 성능 개선 방법
2. 누전(漏電) 및 누수(漏水) 점검 방법
3. 간단한 보수 및 수리 지원
4. 건축물의 유지 · 관리에 대한 법률 상담
5. 건축물의 개량 · 보수에 관한 교육 및 홍보
6. 그 밖에 건축물의 점검 및 개량 · 보수에 관하여 건축조례로 정하는 사항

③ 특별자치시장 · 특별자치도지사 또는 시장 · 군수 · 구청장은 주택의 소유자나 관리자가 법 제35조제1항에 따라 효율적으로 건축물을 유지 · 관리할 수 있도록 제1항에 따른 건축물의 점검 및 개량 · 보수에 대한 기술지원 및 정보제공 등에 필요한 제2항 각 호의 사항을 해당 지방자치단체의 홈페이지에 게시하여야 한다.

[본조신설 2014. 11. 28.]

[제23조의7에서 이동 〈2016. 7. 19.〉]

제24조 건축지도원

① 법 제37조에 따른 건축지도원(이하 "건축지도원"이라 한다)은 특별자치시장 · 특별자치도지

사 또는 시장 · 군수 · 구청장이 특별자치시 · 특별자치도 또는 시 · 군 · 구에 근무하는 건축 직렬의 공무원과 건축에 관한 학식이 풍부한 자로서 건축조례로 정하는 자격을 갖춘 자 중에서 지정한다. 〈개정 2012. 7. 19., 2014. 10. 14.〉

② 건축지도원의 업무는 다음 각 호와 같다.

1. 건축신고를 하고 건축 중에 있는 건축물의 시공 지도와 위법 시공 여부의 확인 · 지도 및 단속
2. 건축물의 대지, 높이 및 형태, 구조 안전 및 화재 안전, 건축설비 등이 법령등에 적합하게 유지 · 관리되고 있는지의 확인 · 지도 및 단속
3. 허가를 받지 아니하거나 신고를 하지 아니하고 건축하거나 용도변경한 건축물의 단속

③ 건축지도원은 제2항의 업무를 수행할 때에는 권한을 나타내는 증표를 지니고 관계인에게 내보여야 한다.

④ 건축지도원의 지정 절차, 보수 기준 등에 관하여 필요한 사항은 건축조례로 정한다.

[전문개정 2008. 10. 29.]

제25조 건축물대장

법 제38조제1항제4호에서 "대통령령으로 정하는 경우"란 다음 각 호의 어느 하나에 해당하는 경우를 말한다. 〈개정 2012. 7. 19., 2013. 3. 23.〉

1. 「집합건물의 소유 및 관리에 관한 법률」 제56조 및 제57조에 따른 건축물대장의 신규등록 및 변경등록의 신청이 있는 경우
2. 법 시행일 전에 법령등에 적합하게 건축되고 유지 · 관리된 건축물의 소유자가 그 건축물의 건축물관리대장이나 그 밖에 이와 비슷한 공부(公簿)를 법 제38조에 따른 건축물대장에 옮겨 적을 것을 신청한 경우
3. 그 밖에 기재내용의 변경 등이 필요한 경우로서 국토교통부령으로 정하는 경우

[전문개정 2008. 10. 29.]

제4장 건축물의 대지 및 도로

제26조 삭제 <1999. 4. 30.>

제27조 대지의 조경

① 법 제42조제1항 단서에 따라 다음 각 호의 어느 하나에 해당하는 건축물에 대하여는 조경 등의 조치를 하지 아니할 수 있다.

〈개정 2009. 7. 16., 2010. 12. 13., 2012. 4. 10., 2012. 12. 12., 2013. 3. 23.〉

1. 녹지지역에 건축하는 건축물
2. 면적 5천 제곱미터 미만인 대지에 건축하는 공장
3. 연면적의 합계가 1천500제곱미터 미만인 공장
4. 「산업집적활성화 및 공장설립에 관한 법률」 제2조제14호에 따른 산업단지의 공장
5. 대지에 염분이 함유되어 있는 경우 또는 건축물 용도의 특성상 조경 등의 조치를 하기가 곤란하거나 조경 등의 조치를 하는 것이 불합리한 경우로서 건축조례로 정하는 건축물
6. 축사
7. 법 제20조제1항에 따른 가설건축물
8. 연면적의 합계가 1천500제곱미터 미만인 물류시설(주거지역 또는 상업지역에 건축하는 것은 제외한다)로서 국토교통부령으로 정하는 것
9. 「국토의 계획 및 이용에 관한 법률」에 따라 지정된 자연환경보전지역 · 농림지역 또는 관리지역(지구단위계획구역으로 지정된 지역은 제외한다)의 건축물
10. 다음 각 목의 어느 하나에 해당하는 건축물 중 건축조례로 정하는 건축물
    가. 「관광진흥법」 제2조제6호에 따른 관광지 또는 같은 조 제7호에 따른 관광단지에 설치하는 관광시설
    나. 「관광진흥법 시행령」 제2조제1항제3호가목에 따른 전문휴양업의 시설 또는 같은 호 나목에 따른 종합휴양업의 시설
    다. 「국토의 계획 및 이용에 관한 법률 시행령」 제48조제10호에 따른 관광 · 휴양형 지구단위계획구역에 설치하는 관광시설
    라. 「체육시설의 설치 · 이용에 관한 법률 시행령」 별표 1에 따른 골프장

② 법 제42조제1항 단서에 따른 조경 등의 조치에 관한 기준은 다음 각 호와 같다. 다만, 건축조례로 다음 각 호의 기준보다 더 완화된 기준을 정한 경우에는 그 기준에 따른다.

〈개정 2009. 9. 9., 2017. 3. 29.〉

1. 공장(제1항제2호부터 제4호까지의 규정에 해당하는 공장은 제외한다) 및 물류시설(제1항 제8호에 해당하는 물류시설과 주거지역 또는 상업지역에 건축하는 물류시설은 제외한다)
   가. 연면적의 합계가 2천 제곱미터 이상인 경우: 대지면적의 10퍼센트 이상
   나. 연면적의 합계가 1천500 제곱미터 이상 2천 제곱미터 미만인 경우: 대지면적의 5퍼센트 이상
2. 「공항시설법」 제2조제7호에 따른 공항시설: 대지면적(활주로 · 유도로 · 계류장 · 착륙대 등 항공기의 이륙 및 착륙시설로 쓰는 면적은 제외한다)의 10퍼센트 이상
3. 「철도건설법」 제2조제1호에 따른 철도 중 역시설: 대지면적(선로 · 승강장 등 철도운행에 이용되는 시설의 면적은 제외한다)의 10퍼센트 이상
4. 그 밖에 면적 200제곱미터 이상 300제곱미터 미만인 대지에 건축하는 건축물: 대지면적의 10퍼센트 이상

③ 건축물의 옥상에 법 제42조제2항에 따라 국토교통부장관이 고시하는 기준에 따라 조경이나 그 밖에 필요한 조치를 하는 경우에는 옥상부분 조경면적의 3분의 2에 해당하는 면적을 법 제42조제1항에 따른 대지의 조경면적으로 산정할 수 있다. 이 경우 조경면적으로 산정하는 면적은 법 제42조제1항에 따른 조경면적의 100분의 50을 초과할 수 없다. 〈개정 2013. 3. 23.〉

[전문개정 2008. 10. 29.]

제27조의2 공개 공지 등의 확보

① 법 제43조제1항에 따라 다음 각 호의 어느 하나에 해당하는 건축물의 대지에는 공개 공지 또는 공개 공간(이하 이 조에서 "공개공지등"이라 한다)을 확보하여야 한다.

〈개정 2009. 7. 16., 2013. 11. 20.〉

1. 문화 및 집회시설, 종교시설, 판매시설(「농수산물 유통 및 가격안정에 관한 법률」에 따른 농수산물유통시설은 제외한다), 운수시설(여객용 시설만 해당한다), 업무시설 및 숙박시설로서 해당 용도로 쓰는 바닥면적의 합계가 5천 제곱미터 이상인 건축물
2. 그 밖에 다중이 이용하는 시설로서 건축조례로 정하는 건축물

② 공개공지등의 면적은 대지면적의 100분의 10 이하의 범위에서 건축조례로 정한다. 이 경우 법 제42조에 따른 조경면적과 「매장문화재 보호 및 조사에 관한 법률」 제14조제1항제1호에 따른 매장문화재의 현지보존 조치 면적을 공개공지등의 면적으로 할 수 있다.

〈개정 2014. 11. 11., 2015. 8. 3., 2017. 6. 27.〉

③ 제1항에 따라 공개공지등을 확보할 때에는 공중(公衆)이 이용할 수 있도록 다음 각 호의 사항을 준수하여야 한다. 이 경우 공개 공지는 필로티의 구조로 설치할 수 있다.

〈개정 2009. 7. 16., 2013. 3. 23.〉

1. 삭제 〈2014. 10. 14.〉
2. 공개공지등에는 물건을 쌓아 놓거나 출입을 차단하는 시설을 설치하지 아니할 것
3. 환경친화적으로 편리하게 이용할 수 있도록 긴 의자 또는 파고라 등 건축조례로 정하는 시설을 설치할 것

④ 제1항에 따른 건축물(제1항에 따른 건축물과 제1항에 해당되지 아니하는 건축물이 하나의 건축물로 복합된 경우를 포함한다)에 공개공지등을 설치하는 경우에는 법 제43조제2항에 따라 다음 각 호의 범위에서 대지면적에 대한 공개공지등 면적 비율에 따라 법 제56조 및 제60조를 완화하여 적용한다. 다만, 다음 각 호의 범위에서 건축조례로 정한 기준이 완화 비율보다 큰 경우에는 해당 건축조례로 정하는 바에 따른다. 〈개정 2014. 11. 11.〉

1. 법 제56조에 따른 용적률은 해당 지역에 적용하는 용적률의 1.2배 이하
2. 법 제60조에 따른 높이 제한은 해당 건축물에 적용하는 높이기준의 1.2배 이하

⑤ 제1항에 따른 공개공지등의 설치대상이 아닌 건축물(「주택법」 제15조제1항에 따른 사업계획승인 대상인 공동주택 중 주택 외의 시설과 주택을 동일 건축물로 건축하는 것 외의 공동주택은 제외한다)의 대지에 제2항 및 제3항에 적합한 공개 공지를 설치하는 경우에는 제4항을 준용한다. 〈개정 2014. 11. 11., 2016. 8. 11., 2017. 1. 20.〉

⑥ 공개공지등에는 연간 60일 이내의 기간 동안 건축조례로 정하는 바에 따라 주민들을 위한 문화행사를 열거나 판촉활동을 할 수 있다. 다만, 울타리를 설치하는 등 공중이 해당 공개공지등을 이용하는데 지장을 주는 행위를 해서는 아니 된다. 〈신설 2009. 6. 30.〉

[전문개정 2008. 10. 29.]

제28조 대지와 도로의 관계

① 법 제44조제1항제2호에서 "대통령령으로 정하는 공지"란 광장, 공원, 유원지, 그 밖에 관계 법령에 따라 건축이 금지되고 공중의 통행에 지장이 없는 공지로서 허가권자가 인정한 것을 말한다.

② 법 제44조제2항에 따라 연면적의 합계가 2천 제곱미터(공장인 경우에는 3천 제곱미터) 이상인 건축물(축사, 작물 재배사, 그 밖에 이와 비슷한 건축물로서 건축조례로 정하는 규모의 건축물은 제외한다)의 대지는 너비 6미터 이상의 도로에 4미터 이상 접하여야 한다.

〈개정 2009. 6. 30., 2009. 7. 16.〉

[전문개정 2008. 10. 29.]

제29조 삭제 〈1999. 4. 30.〉

제30조 삭제 〈1999. 4. 30.〉

제31조 건축선

① 법 제46조제1항에 따라 너비 8미터 미만인 도로의 모퉁이에 위치한 대지의 도로모퉁이 부분의 건축선은 그 대지에 접한 도로경계선의 교차점으로부터 도로경계선에 따라 다음의 표에 따른 거리를 각각 후퇴한 두 점을 연결한 선으로 한다.

② 특별자치시장 · 특별자치도지사 또는 시장 · 군수 · 구청장은 법 제46조제2항에 따라 「국토의 계획 및 이용에 관한 법률」 제36조제1항제1호에 따른 도시지역에는 4미터 이하의 범위에서 건축선을 따로 지정할 수 있다. 〈개정 2014. 10. 14.〉

③ 특별자치시장 · 특별자치도지사 또는 시장 · 군수 · 구청장은 제2항에 따라 건축선을 지정하려면 미리 그 내용을 해당 지방자치단체의 공보(公報), 일간신문 또는 인터넷 홈페이지 등에 30일 이상 공고하여야 하며, 공고한 내용에 대하여 의견이 있는 자는 공고기간에 특별자치시장 · 특별자치도지사 또는 시장 · 군수 · 구청장에게 의견을 제출(전자문서에 의한 제출을 포함한다)할 수 있다. 〈개정 2014. 10. 14.〉

[전문개정 2008. 10. 29.]

제5장 건축물의 구조 및 재료 등〈개정 2014. 11. 28.〉

제32조 구조 안전의 확인

① 법 제48조제2항에 따라 법 제11조제1항에 따른 건축물을 건축하거나 대수선하는 경우 해당 건축물의 설계자는 국토교통부령으로 정하는 구조기준 등에 따라 그 구조의 안전을 확인하여야 한다. 〈개정 2009. 7. 16., 2013. 3. 23., 2013. 5. 31., 2014. 11. 28.〉

1. 삭제 〈2014. 11. 28.〉
2. 삭제 〈2014. 11. 28.〉
3. 삭제 〈2014. 11. 28.〉
4. 삭제 〈2014. 11. 28.〉
5. 삭제 〈2014. 11. 28.〉

6. 삭제 〈2014. 11. 28.〉

7. 삭제 〈2014. 11. 28.〉

② 제1항에 따라 구조 안전을 확인한 건축물 중 다음 각 호의 어느 하나에 해당하는 건축물의 건축주는 해당 건축물의 설계자로부터 구조 안전의 확인 서류를 받아 법 제21조에 따른 착공신고를 하는 때에 그 확인 서류를 허가권자에게 제출하여야 한다. 다만, 표준설계도서에 따라 건축하는 건축물은 제외한다. 〈개정 2014. 11. 28., 2015. 9. 22., 2017. 2. 3., 2017. 10. 24., 2018. 12. 4.〉

1. 층수가 2층[주요구조부인 기둥과 보를 설치하는 건축물로서 그 기둥과 보가 목재인 목구조 건축물(이하 "목구조 건축물"이라 한다)의 경우에는 3층] 이상인 건축물
2. 연면적이 200제곱미터(목구조 건축물의 경우에는 500제곱미터) 이상인 건축물. 다만, 창고, 축사, 작물 재배사는 제외한다.
3. 높이가 13미터 이상인 건축물
4. 처마높이가 9미터 이상인 건축물
5. 기둥과 기둥 사이의 거리가 10미터 이상인 건축물
6. 건축물의 용도 및 규모를 고려한 중요도가 높은 건축물로서 국토교통부령으로 정하는 건축물
7. 국가적 문화유산으로 보존할 가치가 있는 건축물로서 국토교통부령으로 정하는 것
8. 제2조제18호가목 및 다목의 건축물
9. 별표 1 제1호의 단독주택 및 같은 표 제2호의 공동주택

③ 제6조제1항제6호다목에 따라 기존 건축물을 건축 또는 대수선하려는 건축주는 법 제5조제1항에 따라 적용의 완화를 요청할 때 구조 안전의 확인 서류를 허가권자에게 제출하여야 한다. 〈신설 2017. 2. 3.〉

[전문개정 2008. 10. 29.]

제32조의2 건축물의 내진능력 공개

① 법 제48조의3제1항 각 호 외의 부분 단서에서 "대통령령으로 정하는 건축물"이란 다음 각 호의 어느 하나에 해당하는 건축물을 말한다.

1. 창고, 축사, 작물 재배사 및 표준설계도서에 따라 건축하는 건축물로서 제32조제2항제1호 및 제3호부터 제9호까지의 어느 하나에도 해당하지 아니하는 건축물
2. 제32조제1항에 따른 구조기준 중 국토교통부령으로 정하는 소규모건축구조기준을 적용한 건축물

② 법 제48조의3제1항제3호에서 "대통령령으로 정하는 건축물"이란 제32조제2항제3호부터 제

9호까지의 어느 하나에 해당하는 건축물을 말한다.

[본조신설 2018. 6. 26.]

제33조 삭제 〈1999. 4. 30.〉

제34조 직통계단의 설치

① 건축물의 피난층(직접 지상으로 통하는 출입구가 있는 층 및 제3항과 제4항에 따른 피난안전구역을 말한다. 이하 같다) 외의 층에서는 피난층 또는 지상으로 통하는 직통계단(경사로를 포함한다. 이하 같다)을 거실의 각 부분으로부터 계단(거실로부터 가장 가까운 거리에 있는 계단을 말한다)에 이르는 보행거리가 30미터 이하가 되도록 설치하여야 한다. 다만, 건축물(지하층에 설치하는 것으로서 바닥면적의 합계가 300제곱미터 이상인 공연장 · 집회장 · 관람장 및 전시장은 제외한다)의 주요구조부가 내화구조 또는 불연재료로 된 건축물은 그 보행거리가 50미터(층수가 16층 이상인 공동주택은 40미터) 이하가 되도록 설치할 수 있으며, 자동화 생산시설에 스프링클러 등 자동식 소화설비를 설치한 공장으로서 국토교통부령으로 정하는 공장인 경우에는 그 보행거리가 75미터(무인화 공장인 경우에는 100미터) 이하가 되도록 설치할 수 있다. 〈개정 2009. 7. 16., 2010. 2. 18., 2011. 12. 30., 2013. 3. 23.〉

② 법 제49조제1항에 따라 피난층 외의 층이 다음 각 호의 어느 하나에 해당하는 용도 및 규모의 건축물에는 국토교통부령으로 정하는 기준에 따라 피난층 또는 지상으로 통하는 직통계단을 2개소 이상 설치하여야 한다. 〈개정 2009. 7. 16., 2013. 3. 23., 2014. 3. 24., 2015. 9. 22., 2017. 2. 3.〉

1. 제2종 근린생활시설 중 공연장 · 종교집회장, 문화 및 집회시설(전시장 및 동 · 식물원은 제외한다), 종교시설, 위락시설 중 주점영업 또는 장례시설의 용도로 쓰는 층으로서 그 층에서 해당 용도로 쓰는 바닥면적의 합계가 200제곱미터(제2종 근린생활시설 중 공연장 · 종교집회장은 각각 300제곱미터) 이상인 것
2. 단독주택 중 다중주택 · 다가구주택, 제1종 근린생활시설 중 정신과의원(입원실이 있는 경우로 한정한다), 제2종 근린생활시설 중 인터넷컴퓨터게임시설제공업소(해당 용도로 쓰는 바닥면적의 합계가 300제곱미터 이상인 경우만 해당한다) · 학원 · 독서실, 판매시설, 운수시설(여객용 시설만 해당한다), 의료시설(입원실이 없는 치과병원은 제외한다), 교육연구시설 중 학원, 노유자시설 중 아동 관련 시설 · 노인복지시설 · 장애인 거주시설(「장애인복지법」 제58조제1항제1호에 따른 장애인 거주시설 중 국토교통부령으로 정하는 시설을 말한다. 이하 같다) 및 「장애인복지법」 제58조제1항제4호에 따른 장애인 의료재활시설(이하 "장애인 의료재활시설"이라 한다), 수련시설 중 유스호스텔 또는 숙박시설의 용

도로 쓰는 3층 이상의 층으로서 그 층의 해당 용도로 쓰는 거실의 바닥면적의 합계가 200제곱미터 이상인 것

3. 공동주택(층당 4세대 이하인 것은 제외한다) 또는 업무시설 중 오피스텔의 용도로 쓰는 층으로서 그 층의 해당 용도로 쓰는 거실의 바닥면적의 합계가 300제곱미터 이상인 것
4. 제1호부터 제3호까지의 용도로 쓰지 아니하는 3층 이상의 층으로서 그 층 거실의 바닥면적의 합계가 400제곱미터 이상인 것
5. 지하층으로서 그 층 거실의 바닥면적의 합계가 200제곱미터 이상인 것

③ 초고층 건축물에는 피난층 또는 지상으로 통하는 직통계단과 직접 연결되는 피난안전구역(건축물의 피난 · 안전을 위하여 건축물 중간층에 설치하는 대피공간을 말한다. 이하 같다)을 지상층으로부터 최대 30개 층마다 1개소 이상 설치하여야 한다.

〈신설 2009. 7. 16., 2011. 12. 30.〉

④ 준초고층 건축물에는 피난층 또는 지상으로 통하는 직통계단과 직접 연결되는 피난안전구역을 해당 건축물 전체 층수의 2분의 1에 해당하는 층으로부터 상하 5개층 이내에 1개소 이상 설치하여야 한다. 다만, 국토교통부령으로 정하는 기준에 따라 피난층 또는 지상으로 통하는 직통계단을 설치하는 경우에는 그러하지 아니하다. 〈신설 2011. 12. 30., 2013. 3. 23.〉

⑤ 제3항 및 제4항에 따른 피난안전구역의 규모와 설치기준은 국토교통부령으로 정한다.

〈신설 2009. 7. 16., 2011. 12. 30., 2013. 3. 23.〉

[전문개정 2008. 10. 29.]

제35조 피난계단의 설치

① 법 제49조제1항에 따라 5층 이상 또는 지하 2층 이하인 층에 설치하는 직통계단은 국토교통부령으로 정하는 기준에 따라 피난계단 또는 특별피난계단으로 설치하여야 한다. 다만, 건축물의 주요구조부가 내화구조 또는 불연재료로 되어 있는 경우로서 다음 각 호의 어느 하나에 해당하는 경우에는 그러하지 아니하다. 〈개정 2008. 10. 29., 2013. 3. 23.〉

1. 5층 이상인 층의 바닥면적의 합계가 200제곱미터 이하인 경우
2. 5층 이상인 층의 바닥면적 200제곱미터 이내마다 방화구획이 되어 있는 경우

② 건축물(갓복도식 공동주택은 제외한다)의 11층(공동주택의 경우에는 16층) 이상인 층(바닥면적이 400제곱미터 미만인 층은 제외한다) 또는 지하 3층 이하인 층(바닥면적이 400제곱미터미만인 층은 제외한다)으로부터 피난층 또는 지상으로 통하는 직통계단은 제1항에도 불구하고 특별피난계단으로 설치하여야 한다. 〈개정 2008. 10. 29.〉

③ 제1항에서 판매시설의 용도로 쓰는 층으로부터의 직통계단은 그 중 1개소 이상을 특별피난

계단으로 설치하여야 한다. 〈개정 2008. 10. 29.〉

④ 삭제 〈1995. 12. 30.〉

⑤ 건축물의 5층 이상인 층으로서 문화 및 집회시설 중 전시장 또는 동·식물원, 판매시설, 운수시설(여객용 시설만 해당한다), 운동시설, 위락시설, 관광휴게시설(다중이 이용하는 시설만 해당한다) 또는 수련시설 중 생활권 수련시설의 용도로 쓰는 층에는 제34조에 따른 직통계단 외에 그 층의 해당 용도로 쓰는 바닥면적의 합계가 2천 제곱미터를 넘는 경우에는 그 넘는 2천 제곱미터 이내마다 1개소의 피난계단 또는 특별피난계단(4층 이하의 층에는 쓰지 아니하는 피난계단 또는 특별피난계단만 해당한다)을 설치하여야 한다. 〈개정 2008. 10. 29., 2009. 7. 16.〉

⑥ 삭제 〈1999. 4. 30.〉

[제목개정 1999. 4. 30.]

제36조 옥외 피난계단의 설치

건축물의 3층 이상인 층(피난층은 제외한다)으로서 다음 각 호의 어느 하나에 해당하는 용도로 쓰는 층에는 제34조에 따른 직통계단 외에 그 층으로부터 지상으로 통하는 옥외피난계단을 따로 설치하여야 한다. 〈개정 2014. 3. 24.〉

1. 제2종 근린생활시설 중 공연장(해당 용도로 쓰는 바닥면적의 합계가 300제곱미터 이상인 경우만 해당한다), 문화 및 집회시설 중 공연장이나 위락시설 중 주점영업의 용도로 쓰는 층으로서 그 층 거실의 바닥면적의 합계가 300제곱미터 이상인 것
2. 문화 및 집회시설 중 집회장의 용도로 쓰는 층으로서 그 층 거실의 바닥면적의 합계가 1천 제곱미터 이상인 것

[전문개정 2008. 10. 29.]

제37조 지하층과 피난층 사이의 개방공간 설치

바닥면적의 합계가 3천 제곱미터 이상인 공연장·집회장·관람장 또는 전시장을 지하층에 설치하는 경우에는 각 실에 있는 자가 지하층 각 층에서 건축물 밖으로 피난하여 옥외 계단 또는 경사로 등을 이용하여 피난층으로 대피할 수 있도록 천장이 개방된 외부 공간을 설치하여야 한다.

[전문개정 2008. 10. 29.]

제38조 관람석 등으로부터의 출구 설치

법 제49조제1항에 따라 다음 각 호의 어느 하나에 해당하는 건축물에는 국토교통부령으로 정하는 기준에 따라 관람석 또는 집회실로부터의 출구를 설치하여야 한다.

〈개정 2013. 3. 23., 2014. 3. 24., 2017. 2. 3.〉

1. 제2종 근린생활시설 중 공연장 · 종교집회장(해당 용도로 쓰는 바닥면적의 합계가 각각 300제곱미터 이상인 경우만 해당한다)
2. 문화 및 집회시설(전시장 및 동 · 식물원은 제외한다)
3. 종교시설
4. 위락시설
5. 장례시설

[전문개정 2008. 10. 29.]

제39조 건축물 바깥쪽으로의 출구 설치

① 법 제49조제1항에 따라 다음 각 호의 어느 하나에 해당하는 건축물에는 국토교통부령으로 정하는 기준에 따라 그 건축물로부터 바깥쪽으로 나가는 출구를 설치하여야 한다.

〈개정 2013. 3. 23., 2014. 3. 24., 2017. 2. 3.〉

1. 제2종 근린생활시설 중 공연장 · 종교집회장 · 인터넷컴퓨터게임시설제공업소(해당 용도로 쓰는 바닥면적의 합계가 각각 300제곱미터 이상인 경우만 해당한다)
2. 문화 및 집회시설(전시장 및 동 · 식물원은 제외한다)
3. 종교시설
4. 판매시설
5. 업무시설 중 국가 또는 지방자치단체의 청사
6. 위락시설
7. 연면적이 5천 제곱미터 이상인 창고시설
8. 교육연구시설 중 학교
9. 장례시설
10. 승강기를 설치하여야 하는 건축물

② 법 제49조제1항에 따라 건축물의 출입구에 설치하는 회전문은 국토교통부령으로 정하는 기준에 적합하여야 한다. 〈개정 2013. 3. 23.〉

[전문개정 2008. 10. 29.]

제40조 옥상광장 등의 설치

① 옥상광장 또는 2층 이상인 층에 있는 노대등[노대(露臺)나 그 밖에 이와 비슷한 것을 말한다. 이하 같다]의 주위에는 높이 1.2미터 이상의 난간을 설치하여야 한다. 다만, 그 노대등에 출

입할 수 없는 구조인 경우에는 그러하지 아니하다. 〈개정 2018. 9. 4.〉

② 5층 이상인 층이 제2종 근린생활시설 중 공연장 · 종교집회장 · 인터넷컴퓨터게임시설제공업소(해당 용도로 쓰는 바닥면적의 합계가 각각 300제곱미터 이상인 경우만 해당한다), 문화 및 집회시설(전시장 및 동 · 식물원은 제외한다), 종교시설, 판매시설, 위락시설 중 주점영업 또는 장례시설의 용도로 쓰는 경우에는 피난 용도로 쓸 수 있는 광장을 옥상에 설치하여야 한다. 〈개정 2014. 3. 24., 2017. 2. 3.〉

③ 층수가 11층 이상인 건축물로서 11층 이상인 층의 바닥면적의 합계가 1만 제곱미터 이상인 건축물의 옥상에는 다음 각 호의 구분에 따른 공간을 확보하여야 한다. 〈개정 2009. 7. 16., 2011. 12. 30.〉

1. 건축물의 지붕을 평지붕으로 하는 경우: 헬리포트를 설치하거나 헬리콥터를 통하여 인명 등을 구조할 수 있는 공간
2. 건축물의 지붕을 경사지붕으로 하는 경우: 경사지붕 아래에 설치하는 대피공간

④ 제3항에 따른 헬리포트를 설치하거나 헬리콥터를 통하여 인명 등을 구조할 수 있는 공간 및 경사지붕 아래에 설치하는 대피공간의 설치기준은 국토교통부령으로 정한다. 〈신설 2011. 12. 30., 2013. 3. 23.〉

[전문개정 2008. 10. 29.]

제41조 대지 안의 피난 및 소화에 필요한 통로 설치

① 건축물의 대지 안에는 그 건축물 바깥쪽으로 통하는 주된 출구와 지상으로 통하는 피난계단 및 특별피난계단으로부터 도로 또는 공지(공원, 광장, 그 밖에 이와 비슷한 것으로서 피난 및 소화를 위하여 해당 대지의 출입에 지장이 없는 것을 말한다. 이하 이 조에서 같다)로 통하는 통로를 다음 각 호의 기준에 따라 설치하여야 한다

. 〈개정 2010. 12. 13., 2015. 9. 22., 2016. 5. 17., 2017. 2. 3.〉

1. 통로의 너비는 다음 각 목의 구분에 따른 기준에 따라 확보할 것
   가. 단독주택: 유효 너비 0.9미터 이상
   나. 바닥면적의 합계가 500제곱미터 이상인 문화 및 집회시설, 종교시설, 의료시설, 위락시설 또는 장례시설: 유효 너비 3미터 이상
   다. 그 밖의 용도로 쓰는 건축물: 유효 너비 1.5미터 이상
2. 필로티 내 통로의 길이가 2미터 이상인 경우에는 피난 및 소화활동에 장애가 발생하지 아니하도록 자동차 진입억제용 말뚝 등 통로 보호시설을 설치하거나 통로에 단차(段差)를 둘 것

② 제1항에도 불구하고 다중이용 건축물, 준다중이용 건축물 또는 층수가 11층 이상인 건축물이 건축되는 대지에는 그 안의 모든 다중이용 건축물, 준다중이용 건축물 또는 층수가 11층 이상인 건축물에 「소방기본법」 제21조에 따른 소방자동차(이하 "소방자동차"라 한다)의 접근이 가능한 통로를 설치하여야 한다. 다만, 모든 다중이용 건축물, 준다중이용 건축물 또는 층수가 11층 이상인 건축물이 소방자동차의 접근이 가능한 도로 또는 공지에 직접 접하여 건축되는 경우로서 소방자동차가 도로 또는 공지에서 직접 소방활동이 가능한 경우에는 그러하지 아니하다. 〈신설 2010. 12. 13., 2011. 12. 30., 2015. 9. 22.〉

[전문개정 2008. 10. 29.]

제42조 삭제 〈1999. 4. 30.〉

제43조 삭제 〈1999. 4. 30.〉

제44조 피난 규정의 적용례

건축물이 창문, 출입구, 그 밖의 개구부(開口部)(이하 "창문등"이라 한다)가 없는 내화구조의 바닥 또는 벽으로 구획되어 있는 경우에는 그 구획된 각 부분을 각각 별개의 건축물로 보아 제34조부터 제41조까지 및 제48조를 적용한다. 〈개정 2018. 9. 4.〉

[전문개정 2008. 10. 29.]

제45조 삭제 〈1999. 4. 30.〉

제46조 방화구획 등의 설치

① 법 제49조제2항에 따라 주요구조부가 내화구조 또는 불연재료로 된 건축물로서 연면적이 1천 제곱미터를 넘는 것은 국토교통부령으로 정하는 기준에 따라 내화구조로 된 바닥 · 벽 및 제64조에 따른 갑종 방화문(국토교통부장관이 정하는 기준에 적합한 자동방화셔터를 포함한다. 이하 이 조에서 같다)으로 구획(이하 "방화구획"이라 한다)하여야 한다. 다만, 「원자력안전법」 제2조에 따른 원자로 및 관계시설은 「원자력안전법」에서 정하는 바에 따른다. 〈개정 2011. 10. 25., 2013. 3. 23.〉

② 다음 각 호의 어느 하나에 해당하는 건축물의 부분에는 제1항을 적용하지 아니하거나 그 사용에 지장이 없는 범위에서 제1항을 완화하여 적용할 수 있다. 〈개정 2010. 2. 18., 2017. 2. 3.〉

1. 문화 및 집회시설(동 · 식물원은 제외한다), 종교시설, 운동시설 또는 장례시설의 용도로

쓰는 거실로서 시선 및 활동공간의 확보를 위하여 불가피한 부분

2. 물품의 제조 · 가공 · 보관 및 운반 등에 필요한 고정식 대형기기 설비의 설치를 위하여 불가피한 부분. 다만, 지하층인 경우에는 지하층의 외벽 한쪽 면(지하층의 바닥면에서 지상층 바닥 아래면까지의 외벽 면적 중 4분의 1 이상이 되는 면을 말한다) 전체가 건물 밖으로 개방되어 보행과 자동차의 진입 · 출입이 가능한 경우에 한정한다.
3. 계단실부분 · 복도 또는 승강기의 승강로 부분(해당 승강기의 승강을 위한 승강로비 부분을 포함한다)으로서 그 건축물의 다른 부분과 방화구획으로 구획된 부분
4. 건축물의 최상층 또는 피난층으로서 대규모 회의장 · 강당 · 스카이라운지 · 로비 또는 피난안전구역 등의 용도로 쓰는 부분으로서 그 용도로 사용하기 위하여 불가피한 부분
5. 복층형 공동주택의 세대별 층간 바닥 부분
6. 주요구조부가 내화구조 또는 불연재료로 된 주차장
7. 단독주택, 동물 및 식물 관련 시설 또는 교정 및 군사시설 중 군사시설(집회, 체육, 창고 등의 용도로 사용되는 시설만 해당한다)로 쓰는 건축물

③ 건축물 일부의 주요구조부를 내화구조로 하거나 제2항에 따라 건축물의 일부에 제1항을 완화하여 적용한 경우에는 내화구조로 한 부분 또는 제1항을 완화하여 적용한 부분과 그 밖의 부분을 방화구획으로 구획하여야 한다. 〈개정 2018. 9. 4.〉

④ 공동주택 중 아파트로서 4층 이상인 층의 각 세대가 2개 이상의 직통계단을 사용할 수 없는 경우에는 발코니에 인접 세대와 공동으로 또는 각 세대별로 다음 각 호의 요건을 모두 갖춘 대피공간을 하나 이상 설치하여야 한다. 이 경우 인접 세대와 공동으로 설치하는 대피공간은 인접 세대를 통하여 2개 이상의 직통계단을 쓸 수 있는 위치에 우선 설치되어야 한다. 〈개정 2013. 3. 23.〉

1. 대피공간은 바깥의 공기와 접할 것
2. 대피공간은 실내의 다른 부분과 방화구획으로 구획될 것
3. 대피공간의 바닥면적은 인접 세대와 공동으로 설치하는 경우에는 3제곱미터 이상, 각 세대별로 설치하는 경우에는 2제곱미터 이상일 것
4. 국토교통부장관이 정하는 기준에 적합할 것

⑤ 제4항에도 불구하고 아파트의 4층 이상인 층에서 발코니에 다음 각 호의 어느 하나에 해당하는 구조 또는 시설을 설치한 경우에는 대피공간을 설치하지 아니할 수 있다. 〈개정 2010. 2. 18., 2013. 3. 23., 2014. 8. 27., 2018. 9. 4.〉

1. 인접 세대와의 경계벽이 파괴하기 쉬운 경량구조 등인 경우
2. 경계벽에 피난구를 설치한 경우

3. 발코니의 바닥에 국토교통부령으로 정하는 하향식 피난구를 설치한 경우
4. 국토교통부장관이 중앙건축위원회의 심의를 거쳐 제4항에 따른 대피공간과 동일하거나 그 이상의 성능이 있다고 인정하여 고시하는 구조 또는 시설(이하 이 호에서 "대체시설"이라 한다)을 설치한 경우. 이 경우 대체시설 성능의 판단기준 및 중앙건축위원회의 심의 절차 등에 관한 사항은 국토교통부장관이 정하여 고시할 수 있다.

⑥ 요양병원, 정신병원, 「노인복지법」 제34조제1항제1호에 따른 노인요양시설(이하 "노인요양시설"이라 한다), 장애인 거주시설 및 장애인 의료재활시설의 피난층 외의 층에는 다음 각 호의 어느 하나에 해당하는 시설을 설치하여야 한다. 〈신설 2015. 9. 22., 2018. 9. 4.〉
1. 각 층마다 별도로 방화구획된 대피공간
2. 거실에 접하여 설치된 노대등
3. 계단을 이용하지 아니하고 건물 외부의 지상으로 통하는 경사로 또는 인접 건축물로 피난할 수 있도록 설치하는 연결복도 또는 연결통로

[전문개정 2008. 10. 29.]

[제목개정 2015. 9. 22.]

제47조 방화에 장애가 되는 용도의 제한

① 법 제49조제2항에 따라 의료시설, 노유자시설(아동 관련 시설 및 노인복지시설만 해당한다), 공동주택, 장례시설 또는 제1종 근린생활시설(산후조리원만 해당한다)과 위락시설, 위험물 저장 및 처리시설, 공장 또는 자동차 관련 시설(정비공장만 해당한다)은 같은 건축물에 함께 설치할 수 없다. 다만, 다음 각 호의 어느 하나에 해당하는 경우로서 국토교통부령으로 정하는 경우에는 그러하지 아니하다.

〈개정 2009. 7. 16., 2013. 3. 23., 2016. 1. 19., 2016. 7. 19., 2017. 2. 3., 2018. 2. 9.〉

1. 공동주택(기숙사만 해당한다)과 공장이 같은 건축물에 있는 경우
2. 중심상업지역 · 일반상업지역 또는 근린상업지역에서 「도시 및 주거환경정비법」에 따른 재개발사업을 시행하는 경우
3. 공동주택과 위락시설이 같은 초고층 건축물에 있는 경우. 다만, 사생활을 보호하고 방범 · 방화 등 주거 안전을 보장하며 소음 · 악취 등으로부터 주거환경을 보호할 수 있도록 주택의 출입구 · 계단 및 승강기 등을 주택 외의 시설과 분리된 구조로 하여야 한다.
4. 「산업집적활성화 및 공장설립에 관한 법률」 제2조제13호에 따른 지식산업센터와 「영유아보육법」 제10조제4호에 따른 직장어린이집이 같은 건축물에 있는 경우

② 법 제49조제2항에 따라 다음 각 호의 어느 하나에 해당하는 용도의 시설은 같은 건축물에 함

께 설치할 수 없다. 〈개정 2009. 7. 16., 2010. 8. 17., 2012. 12. 12., 2014. 3. 24.〉

1. 노유자시설 중 아동 관련 시설 또는 노인복지시설과 판매시설 중 도매시장 또는 소매시장
2. 단독주택(다중주택, 다가구주택에 한정한다), 공동주택, 제1종 근린생활시설 중 조산원 또는 산후조리원과 제2종 근린생활시설 중 다중생활시설

[전문개정 2008. 10. 29.]

제48조 계단 · 복도 및 출입구의 설치

① 법 제49조제2항에 따라 연면적 200제곱미터를 초과하는 건축물에 설치하는 계단 및 복도는 국토교통부령으로 정하는 기준에 적합하여야 한다. 〈개정 2013. 3. 23.〉

② 법 제49조제2항에 따라 제39조제1항 각 호의 어느 하나에 해당하는 건축물의 출입구는 국토교통부령으로 정하는 기준에 적합하여야 한다. 〈개정 2013. 3. 23.〉

[전문개정 2008. 10. 29.]

제49조 삭제 〈1995. 12. 30.〉

제50조 거실반자의 설치

법 제49조제2항에 따라 공장, 창고시설, 위험물저장 및 처리시설, 동물 및 식물 관련 시설, 자원순환 관련 시설 또는 묘지 관련시설 외의 용도로 쓰는 건축물 거실의 반자(반자가 없는 경우에는 보 또는 바로 위층의 바닥판의 밑면, 그 밖에 이와 비슷한 것을 말한다)는 국토교통부령으로 정하는 기준에 적합하여야 한다. 〈개정 2013. 3. 23., 2014. 3. 24.〉

[전문개정 2008. 10. 29.]

제51조 거실의 채광 등

① 법 제49조제2항에 따라 단독주택 및 공동주택의 거실, 교육연구시설 중 학교의 교실, 의료시설의 병실 및 숙박시설의 객실에는 국토교통부령으로 정하는 기준에 따라 채광 및 환기를 위한 창문등이나 설비를 설치하여야 한다. 〈개정 2013. 3. 23.〉

② 법 제49조제2항에 따라 다음 각 호의 건축물의 거실(피난층의 거실은 제외한다)에는 국토교통부령으로 정하는 기준에 따라 배연설비(排煙設備)를 하여야 한다.

〈개정 2015. 9. 22., 2017. 2. 3.〉

1. 6층 이상인 건축물로서 다음 각 목의 어느 하나에 해당하는 용도로 쓰는 건축물

가. 제2종 근린생활시설 중 공연장, 종교집회장, 인터넷컴퓨터게임시설제공업소 및 다중

생활시설(공연장, 종교집회장 및 인터넷컴퓨터게임시설제공업소는 해당 용도로 쓰는 바닥면적의 합계가 각각 300제곱미터 이상인 경우만 해당한다)

나. 문화 및 집회시설

다. 종교시설

라. 판매시설

마. 운수시설

바. 의료시설(요양병원 및 정신병원은 제외한다)

사. 교육연구시설 중 연구소

아. 노유자시설 중 아동 관련 시설, 노인복지시설(노인요양시설은 제외한다)

자. 수련시설 중 유스호스텔

차. 운동시설

카. 업무시설

타. 숙박시설

파. 위락시설

하. 관광휴게시설

거. 장례시설

2. 다음 각 목의 어느 하나에 해당하는 용도로 쓰는 건축물

가. 의료시설 중 요양병원 및 정신병원

나. 노유자시설 중 노인요양시설 · 장애인 거주시설 및 장애인 의료재활시설

③ 법 제49조제2항에 따라 오피스텔에 거실 바닥으로부터 높이 1.2미터 이하 부분에 여닫을 수 있는 창문을 설치하는 경우에는 국토교통부령으로 정하는 기준에 따라 추락방지를 위한 안전시설을 설치하여야 한다. 〈신설 2009. 7. 16., 2013. 3. 23.〉

④ 법 제49조제2항에 따라 11층 이하의 건축물에는 국토교통부령으로 정하는 기준에 따라 소방관이 진입할 수 있는 곳을 정하여 외부에서 주 · 야간 식별할 수 있는 표시를 하여야 한다.

〈신설 2011. 12. 30., 2013. 3. 23.〉

[전문개정 2008. 10. 29.]

제52조 거실 등의 방습

법 제49조제2항에 따라 다음 각 호의 어느 하나에 해당하는 거실 · 욕실 또는 조리장의 바닥 부분에는 국토교통부령으로 정하는 기준에 따라 방습을 위한 조치를 하여야 한다.

〈개정 2013. 3. 23.〉

1. 건축물의 최하층에 있는 거실(바닥이 목조인 경우만 해당한다)
2. 제1종 근린생활시설 중 목욕장의 욕실과 휴게음식점 및 제과점의 조리장
3. 제2종 근린생활시설 중 일반음식점, 휴게음식점 및 제과점의 조리장과 숙박시설의 욕실

[전문개정 2008. 10. 29.]

제53조 경계벽 등의 설치

① 법 제49조제3항에 따라 다음 각 호의 어느 하나에 해당하는 건축물의 경계벽은 국토교통부령으로 정하는 기준에 따라 설치하여야 한다.

〈개정 2010. 8. 17., 2013. 3. 23., 2014. 3. 24., 2014. 11. 28., 2015. 9. 22.〉

1. 단독주택 중 다가구주택의 각 가구 간 또는 공동주택(기숙사는 제외한다)의 각 세대 간 경계벽(제2조제14호 후단에 따라 거실 · 침실 등의 용도로 쓰지 아니하는 발코니 부분은 제외한다)
2. 공동주택 중 기숙사의 침실, 의료시설의 병실, 교육연구시설 중 학교의 교실 또는 숙박시설의 객실 간 경계벽
3. 제2종 근린생활시설 중 다중생활시설의 호실 간 경계벽
4. 노유자시설 중 「노인복지법」 제32조제1항제3호에 따른 노인복지주택(이하 "노인복지주택"이라 한다)의 각 세대 간 경계벽
5. 노유자시설 중 노인요양시설의 호실 간 경계벽

② 법 제49조제3항에 따라 다음 각 호의 어느 하나에 해당하는 건축물의 층간바닥(화장실의 바닥은 제외한다)은 국토교통부령으로 정하는 기준에 따라 설치하여야 한다.

〈신설 2014. 11. 28., 2016. 8. 11.〉

1. 단독주택 중 다가구주택
2. 공동주택(「주택법」 제15조에 따른 주택건설사업계획승인 대상은 제외한다)
3. 업무시설 중 오피스텔
4. 제2종 근린생활시설 중 다중생활시설
5. 숙박시설 중 다중생활시설

[전문개정 2008. 10. 29.]

[제목개정 2014. 11. 28.]

제54조 건축물에 설치하는 굴뚝

건축물에 설치하는 굴뚝은 국토교통부령으로 정하는 기준에 따라 설치하여야 한다.

〈개정 2013. 3. 23.〉

[전문개정 2008. 10. 29.]

제55조 창문 등의 차면시설

인접 대지경계선으로부터 직선거리 2미터 이내에 이웃 주택의 내부가 보이는 창문 등을 설치하는 경우에는 차면시설(遮面施設)을 설치하여야 한다.

[전문개정 2008. 10. 29.]

제56조 건축물의 내화구조

① 법 제50조제1항에 따라 다음 각 호의 어느 하나에 해당하는 건축물(제5호에 해당하는 건축물로서 2층 이하인 건축물은 지하층 부분만 해당한다)의 주요구조부는 내화구조로 하여야 한다. 다만, 연면적이 50제곱미터 이하인 단층의 부속건축물로서 외벽 및 처마 밑면을 방화구조로 한 것과 무대의 바닥은 그러하지 아니하다.

〈개정 2009. 6. 30., 2010. 2. 18., 2010. 8. 17., 2013. 3. 23., 2014. 3. 24., 2017. 2. 3.〉

1. 제2종 근린생활시설 중 공연장 · 종교집회장(해당 용도로 쓰는 바닥면적의 합계가 각각 300제곱미터 이상인 경우만 해당한다), 문화 및 집회시설(전시장 및 동 · 식물원은 제외한다), 종교시설, 위락시설 중 주점영업 및 장례시설의 용도로 쓰는 건축물로서 관람석 또는 집회실의 바닥면적의 합계가 200제곱미터(옥외관람석의 경우에는 1천 제곱미터) 이상인 건축물
2. 문화 및 집회시설 중 전시장 또는 동 · 식물원, 판매시설, 운수시설, 교육연구시설에 설치하는 체육관 · 강당, 수련시설, 운동시설 중 체육관 · 운동장, 위락시설(주점영업의 용도로 쓰는 것은 제외한다), 창고시설, 위험물저장 및 처리시설, 자동차 관련 시설, 방송통신시설 중 방송국 · 전신전화국 · 촬영소, 묘지 관련 시설 중 화장시설 · 동물화장시설 또는 관광 휴게시설의 용도로 쓰는 건축물로서 그 용도로 쓰는 바닥면적의 합계가 500제곱미터 이상인 건축물
3. 공장의 용도로 쓰는 건축물로서 그 용도로 쓰는 바닥면적의 합계가 2천 제곱미터 이상인 건축물. 다만, 화재의 위험이 적은 공장으로서 국토교통부령으로 정하는 공장은 제외한다.
4. 건축물의 2층이 단독주택 중 다중주택 및 다가구주택, 공동주택, 제1종 근린생활시설(의료의 용도로 쓰는 시설만 해당한다), 제2종 근린생활시설 중 다중생활시설, 의료시설, 노

유자시설 중 아동 관련 시설 및 노인복지시설, 수련시설 중 유스호스텔, 업무시설 중 오피스텔, 숙박시설 또는 장례시설의 용도로 쓰는 건축물로서 그 용도로 쓰는 바닥면적의 합계가 400제곱미터 이상인 건축물

5. 3층 이상인 건축물 및 지하층이 있는 건축물. 다만, 단독주택(다중주택 및 다가구주택은 제외한다), 동물 및 식물 관련 시설, 발전시설(발전소의 부속용도로 쓰는 시설은 제외한다), 교도소 · 감화원 또는 묘지 관련 시설(화장시설 및 동물화장시설은 제외한다)의 용도로 쓰는 건축물과 철강 관련 업종의 공장 중 제어실로 사용하기 위하여 연면적 50제곱미터 이하로 증축하는 부분은 제외한다.

② 제1항제1호 및 제2호에 해당하는 용도로 쓰지 아니하는 건축물로서 그 지붕틀을 불연재료로 한 경우에는 그 지붕틀을 내화구조로 아니할 수 있다.

[전문개정 2008. 10. 29.]

제57조 대규모 건축물의 방화벽 등

① 법 제50조제2항에 따라 연면적 1천 제곱미터 이상인 건축물은 방화벽으로 구획하되, 각 구획된 바닥면적의 합계는 1천 제곱미터 미만이어야 한다. 다만, 주요구조부가 내화구조이거나 불연재료인 건축물과 제56조제1항제5호 단서에 따른 건축물 또는 내부설비의 구조상 방화벽으로 구획할 수 없는 창고시설의 경우에는 그러하지 아니하다.

② 제1항에 따른 방화벽의 구조에 관하여 필요한 사항은 국토교통부령으로 정한다. 〈개정 2013. 3. 23.〉

③ 연면적 1천 제곱미터 이상인 목조 건축물의 구조는 국토교통부령으로 정하는 바에 따라 방화구조로 하거나 불연재료로 하여야 한다. 〈개정 2013. 3. 23.〉

[전문개정 2008. 10. 29.]

제58조 방화지구의 건축물

법 제51조제1항에 따라 그 주요구조부 및 외벽을 내화구조로 하지 아니할 수 있는 건축물은 다음 각 호와 같다.

1. 연면적 30제곱미터 미만인 단층 부속건축물로서 외벽 및 처마면이 내화구조 또는 불연재료로 된 것
2. 도매시장의 용도로 쓰는 건축물로서 그 주요구조부가 불연재료로 된 것

[전문개정 2008. 10. 29.]

제59조 삭제 <1999. 4. 30.>

제60조 삭제 <1999. 4. 30.>

제61조 건축물의 마감재료

① 법 제52조제1항에서 "대통령령으로 정하는 용도 및 규모의 건축물"이란 다음 각 호의 어느 하나에 해당하는 건축물을 말한다. 다만, 그 주요구조부가 내화구조 또는 불연재료로 되어 있고 그 거실의 바닥면적(스프링클러나 그 밖에 이와 비슷한 자동식 소화설비를 설치한 바닥면적을 뺀 면적으로 한다. 이하 이 조에서 같다) 200제곱미터 이내마다 방화구획이 되어 있는 건축물은 제외한다. <개정 2009. 7. 16., 2010. 2. 18., 2010. 12. 13., 2013. 3. 23., 2014. 3. 24., 2014. 8. 27., 2014. 10. 14., 2015. 9. 22., 2017. 2. 3.>

1. 단독주택 중 다중주택 · 다가구주택

1의2. 공동주택

2. 제2종 근린생활시설 중 공연장 · 종교집회장 · 인터넷컴퓨터게임시설제공업소 · 학원 · 독서실 · 당구장 · 다중생활시설의 용도로 쓰는 건축물

3. 위험물저장 및 처리시설(자가난방과 자가발전 등의 용도로 쓰는 시설을 포함한다), 자동차 관련 시설, 방송통신시설 중 방송국 · 촬영소 또는 발전시설의 용도로 쓰는 건축물

4. 공장의 용도로 쓰는 건축물. 다만, 건축물이 1층 이하이고, 연면적 1천 제곱미터 미만으로서 다음 각 목의 요건을 모두 갖춘 경우는 제외한다.

가. 국토교통부령으로 정하는 화재위험이 적은 공장용도로 쓸 것

나. 화재 시 대피가 가능한 국토교통부령으로 정하는 출구를 갖출 것

다. 복합자재[불연성인 재료와 불연성이 아닌 재료가 복합된 자재로서 외부의 양면(철판, 알루미늄, 콘크리트박판, 그 밖에 이와 유사한 재료로 이루어진 것을 말한다)과 심재(心材)로 구성된 것을 말한다]를 내부 마감재료로 사용하는 경우에는 국토교통부령으로 정하는 품질기준에 적합할 것

5. 5층 이상인 층 거실의 바닥면적의 합계가 500제곱미터 이상인 건축물

6. 문화 및 집회시설, 종교시설, 판매시설, 운수시설, 의료시설, 교육연구시설 중 학교(초등학교만 해당한다) · 학원, 노유자시설, 수련시설, 업무시설 중 오피스텔, 숙박시설, 위락시설(단란주점 및 유흥주점은 제외한다), 장례시설, 「다중이용업소의 안전관리에 관한 특별법 시행령」 제2조에 따른 다중이용업(단란주점영업 및 유흥주점영업은 제외한다)의 용도로 쓰는 건축물

7. 창고로 쓰이는 바닥면적 600제곱미터(스프링클러나 그 밖에 이와 비슷한 자동식 소화설비를 설치한 경우에는 1천200제곱미터) 이상인 건축물. 다만, 벽 및 지붕을 국토교통부장관이 정하여 고시하는 화재 확산 방지구조 기준에 적합하게 설치한 건축물은 제외한다.

② 법 제52조제2항에서 "대통령령으로 정하는 건축물"이란 다음 각 호의 어느 하나에 해당하는 것을 말한다. 〈신설 2010. 12. 13., 2011. 12. 30., 2013. 3. 23., 2015. 9. 22.〉

1. 상업지역(근린상업지역은 제외한다)의 건축물로서 다음 각 목의 어느 하나에 해당하는 것
   가. 제1종 근린생활시설, 제2종 근린생활시설, 문화 및 집회시설, 종교시설, 판매시설, 의료시설, 교육연구시설, 노유자시설, 운동시설 및 위락시설의 용도로 쓰는 건축물로서 그 용도로 쓰는 바닥면적의 합계가 2천제곱미터 이상인 건축물
   나. 공장(국토교통부령으로 정하는 화재 위험이 적은 공장은 제외한다)의 용도로 쓰는 건축물로부터 6미터 이내에 위치한 건축물
2. 6층 이상 또는 높이 22미터 이상인 건축물

[전문개정 2008. 10. 29.]

[제목개정 2010. 12. 13.]

제61조의2 실내건축

법 제52조의2제1항에서 "대통령령으로 정하는 용도 및 규모에 해당하는 건축물"이란 다음 각 호의 어느 하나에 해당하는 건축물을 말한다.

1. 다중이용 건축물
2. 「건축물의 분양에 관한 법률」 제3조에 따른 건축물

[본조신설 2014. 11. 28.]

제61조의3 건축물의 범죄예방

법 제53조의2제2항에서 "대통령령으로 정하는 건축물"이란 다음 각 호의 어느 하나에 해당하는 건축물을 말한다. 〈개정 2018. 12. 31.〉

1. 다가구주택, 아파트, 연립주택 및 다세대주택
2. 제1종 근린생활시설 중 일용품을 판매하는 소매점
3. 제2종 근린생활시설 중 다중생활시설
4. 문화 및 집회시설(동 · 식물원은 제외한다)
5. 교육연구시설(연구소 및 도서관은 제외한다)
6. 노유자시설

7. 수련시설

8. 업무시설 중 오피스텔

9. 숙박시설 중 다중생활시설

[본조신설 2014. 11. 28.]

제61조의4 복합자재의 품질관리 등

① 법 제52조의3제1항에 따른 복합자재(이하 "복합자재"라 한다)를 공급하는 자는 같은 항에 따른 복합자재품질관리서(이하 "복합자재품질관리서"라 한다)를 공사시공자에게 제출하여야 하며, 공사시공자는 제출받은 복합자재품질관리서와 공급받은 제품의 일치 여부를 확인한 후 해당 복합자재품질관리서를 공사감리자에게 제출하여야 한다.

② 공사감리자는 제1항에 따라 제출받은 복합자재품질관리서를 공사감리완료보고서에 첨부하여 법 제25조제5항에 따라 건축주에게 제출하여야 하며, 건축주는 법 제22조에 따른 건축물의 사용승인을 신청할 때에 이를 허가권자에게 제출하여야 한다.

③ 법 제52조의3제2항에서 "대통령으로 정하는 건축물"이란 제61조제1항에 따른 건축물을 말한다.

[본조신설 2015. 9. 22.]

제62조 삭제 〈1999. 4. 30.〉

제63조 삭제 〈1999. 4. 30.〉

제64조 방화문의 구조

방화문은 갑종 방화문 및 을종 방화문으로 구분하되, 그 기준은 국토교통부령으로 정한다.

〈개정 2013. 3. 23.〉

[전문개정 2008. 10. 29.]

제6장 지역 및 지구의 건축물〈개정 2008. 10. 29.〉

제65조 삭제 〈2000. 6. 27.〉

제66조 삭제 〈1999. 4. 30.〉

제67조 삭제 〈1999. 4. 30.〉

제68조 삭제 〈2000. 6. 27.〉

제69조 삭제 〈1999. 4. 30.〉

제70조 삭제 〈1999. 4. 30.〉

제71조 삭제 〈1999. 4. 30.〉

제72조 삭제 〈1999. 4. 30.〉

제73조 삭제 〈2000. 6. 27.〉

제74조 삭제 〈1999. 4. 30.〉

제75조 삭제 〈1999. 4. 30.〉

제76조 삭제 〈2000. 6. 27.〉

제77조 건축물의 대지가 지역 · 지구 또는 구역에 걸치는 경우

법 제54조제1항에 따라 대지가 지역 · 지구 또는 구역에 걸치는 경우 그 대지의 과반이 속하는 지역 · 지구 또는 구역의 건축물 및 대지 등에 관한 규정을 그 대지의 전부에 대하여 적용 받으려는 자는 해당 대지의 지역 · 지구 또는 구역별 면적과 적용 받으려는 지역 · 지구 또는 구역에 관한 사항을 허가권자에게 제출(전자문서에 의한 제출을 포함한다)하여야 한다.

[전문개정 2008. 10. 29.]

제78조 삭제 <2002. 12. 26.>

제79조 삭제 <2002. 12. 26.>

제80조 건축물이 있는 대지의 분할제한

법 제57조제1항에서 "대통령령으로 정하는 범위"란 다음 각 호의 어느 하나에 해당하는 규모 이상을 말한다.

1. 주거지역: 60제곱미터
2. 상업지역: 150제곱미터
3. 공업지역: 150제곱미터
4. 녹지지역: 200제곱미터
5. 제1호부터 제4호까지의 규정에 해당하지 아니하는 지역: 60제곱미터

[전문개정 2008. 10. 29.]

제80조의2 대지 안의 공지

법 제58조에 따라 건축선(법 제46조제1항에 따른 건축선을 말한다. 이하 같다) 및 인접 대지경계선(대지와 대지 사이에 공원, 철도, 하천, 광장, 공공공지, 녹지, 그 밖에 건축이 허용되지 아니하는 공지가 있는 경우에는 그 반대편의 경계선을 말한다)으로부터 건축물의 각 부분까지 띄어야 하는 거리의 기준은 별표 2와 같다. <개정 2014. 10. 14.>

[전문개정 2008. 10. 29.]

제81조 맞벽건축 및 연결복도

① 법 제59조제1항제1호에서 "대통령령으로 정하는 지역"이란 다음 각 호의 어느 하나에 해당하는 지역을 말한다. <개정 2008. 10. 29., 2012. 12. 12., 2014. 10. 14., 2015. 9. 22.>

1. 상업지역(다중이용 건축물 및 공동주택은 스프링클러나 그 밖에 이와 비슷한 자동식 소화설비를 설치한 경우로 한정한다)
2. 주거지역(건축물 및 토지의 소유자 간 맞벽건축을 합의한 경우에 한정한다)
3. 허가권자가 도시미관 또는 한옥 보전 · 진흥을 위하여 건축조례로 정하는 구역
4. 건축협정구역

② 삭제 〈2006. 5. 8.〉

③ 법 제59조제1항제1호에 따른 맞벽은 다음 각 호의 기준에 적합하여야 한다.

〈개정 2008. 10. 29., 2014. 10. 14.〉

1. 주요구조부가 내화구조일 것
2. 마감재료가 불연재료일 것

④ 제1항에 따른 지역(건축협정구역은 제외한다)에서 맞벽건축을 할 때 맞벽 대상 건축물의 용도, 맞벽 건축물의 수 및 층수 등 맞벽에 필요한 사항은 건축조례로 정한다.

〈개정 2008. 10. 29., 2014. 10. 14.〉

⑤ 법 제59조제1항제2호에서 "대통령령으로 정하는 기준"이란 다음 각 호의 기준을 말한다.

〈개정 2008. 10. 29.〉

1. 주요구조부가 내화구조일 것
2. 마감재료가 불연재료일 것
3. 밀폐된 구조인 경우 벽면적의 10분의 1 이상에 해당하는 면적의 창문을 설치할 것. 다만, 지하층으로서 환기설비를 설치하는 경우에는 그러하지 아니하다.
4. 너비 및 높이가 각각 5미터 이하일 것. 다만, 허가권자가 건축물의 용도나 규모 등을 고려할 때 원활한 통행을 위하여 필요하다고 인정하면 지방건축위원회의 심의를 거쳐 그 기준을 완화하여 적용할 수 있다.
5. 건축물과 복도 또는 통로의 연결부분에 방화셔터 또는 방화문을 설치할 것
6. 연결복도가 설치된 대지 면적의 합계가 「국토의 계획 및 이용에 관한 법률 시행령」 제55조에 따른 개발행위의 최대 규모 이하일 것. 다만, 지구단위계획구역에서는 그러하지 아니하다.

⑥ 법 제59조제1항제2호에 따른 연결복도나 연결통로는 건축사 또는 건축구조기술사로부터 안전에 관한 확인을 받아야 한다.

〈개정 2008. 10. 29., 2009. 7. 16., 2016. 5. 17., 2016. 7. 19.〉

[전문개정 1999. 4. 30.]

제82조 건축물의 높이 제한

① 허가권자는 법 제60조제1항에 따라 가로구역별로 건축물의 높이를 지정 · 공고할 때에는 다음 각 호의 사항을 고려하여야 한다. 〈개정 2012. 4. 10., 2014. 10. 14.〉

1. 도시 · 군관리계획 등의 토지이용계획
2. 해당 가로구역이 접하는 도로의 너비

3. 해당 가로구역의 상 · 하수도 등 간선시설의 수용능력

4. 도시미관 및 경관계획

5. 해당 도시의 장래 발전계획

② 허가권자는 제1항에 따라 가로구역별 건축물의 높이를 지정하려면 지방건축위원회의 심의를 거쳐야 한다. 이 경우 주민의 의견청취 절차 등은 「토지이용규제 기본법」 제8조에 따른다. 〈개정 2011. 6. 29., 2014. 10. 14.〉

③ 허가권자는 같은 가로구역에서 건축물의 용도 및 형태에 따라 건축물의 높이를 다르게 정할 수 있다.

④ 법 제60조제1항 단서에 따라 가로구역의 높이를 완화하여 적용하는 경우에 대한 구체적인 완화기준은 제1항 각 호의 사항을 고려하여 건축조례로 정한다. 〈개정 2010. 2. 18., 2014. 10. 14.〉

[전문개정 2008. 10. 29.]

제83조 삭제 〈1999. 4. 30.〉

제84조 삭제 〈1999. 4. 30.〉

제85조 삭제 〈1999. 4. 30.〉

제86조 일조 등의 확보를 위한 건축물의 높이 제한

① 전용주거지역이나 일반주거지역에서 건축물을 건축하는 경우에는 법 제61조제1항에 따라 건축물의 각 부분을 정북(正北) 방향으로의 인접 대지경계선으로부터 다음 각 호의 범위에서 건축조례로 정하는 거리 이상을 띄어 건축하여야 한다. 〈개정 2015. 7. 6.〉

1. 높이 9미터 이하인 부분: 인접 대지경계선으로부터 1.5미터 이상

2. 높이 9미터를 초과하는 부분: 인접 대지경계선으로부터 해당 건축물 각 부분 높이의 2분의 1 이상

② 다음 각 호의 어느 하나에 해당하는 경우에는 제1항을 적용하지 아니한다.

〈신설 2015. 7. 6., 2016. 5. 17., 2016. 7. 19., 2017. 12. 29.〉

1. 다음 각 목의 어느 하나에 해당하는 구역 안의 대지 상호간에 건축하는 건축물로서 해당 대지가 너비 20미터 이상의 도로(자동차 · 보행자 · 자전거 전용도로를 포함하며, 도로에 공공공지, 녹지, 광장, 그 밖에 건축미관에 지장이 없는 도시 · 군계획시설이 접한 경우 해당 시설을 포함한다)에 접한 경우

가. 「국토의 계획 및 이용에 관한 법률」 제51조에 따른 지구단위계획구역, 같은 법 제37조제1항제1호에 따른 경관지구

나. 「경관법」 제9조제1항제4호에 따른 중점경관관리구역

다. 법 제77조의2제1항에 따른 특별가로구역

라. 도시미관 향상을 위하여 허가권자가 지정·공고하는 구역

2. 건축협정구역 안에서 대지 상호간에 건축하는 건축물(법 제77조의4제1항에 따른 건축협정에 일정 거리 이상을 띄어 건축하는 내용이 포함된 경우만 해당한다)의 경우

3. 건축물의 정북 방향의 인접 대지가 전용주거지역이나 일반주거지역이 아닌 용도지역에 해당하는 경우

③ 법 제61조제2항에 따라 공동주택은 다음 각 호의 기준에 적합하여야 한다. 다만, 채광을 위한 창문 등이 있는 벽면에서 직각 방향으로 인접 대지경계선까지의 수평거리가 1미터 이상으로서 건축조례로 정하는 거리 이상인 다세대주택은 제1호를 적용하지 아니한다.

〈개정 2009. 7. 16., 2013. 5. 31., 2015. 7. 6.〉

1. 건축물(기숙사는 제외한다)의 각 부분의 높이는 그 부분으로부터 채광을 위한 창문 등이 있는 벽면에서 직각 방향으로 인접 대지경계선까지의 수평거리의 2배(근린상업지역 또는 준주거지역의 건축물은 4배) 이하로 할 것

2. 같은 대지에서 두 동(棟) 이상의 건축물이 서로 마주보고 있는 경우(한 동의 건축물 각 부분이 서로 마주보고 있는 경우를 포함한다)에 건축물 각 부분 사이의 거리는 다음 각 목의 거리 이상을 띄어 건축할 것. 다만, 그 대지의 모든 세대가 동지(冬至)를 기준으로 9시에서 15시 사이에 2시간 이상을 계속하여 일조(日照)를 확보할 수 있는 거리 이상으로 할 수 있다.

가. 채광을 위한 창문 등이 있는 벽면으로부터 직각방향으로 건축물 각 부분 높이의 0.5배(도시형 생활주택의 경우에는 0.25배) 이상의 범위에서 건축조례로 정하는 거리 이상

나. 가목에도 불구하고 서로 마주보는 건축물 중 남쪽 방향(마주보는 두 동의 축이 남동에서 남서 방향인 경우만 해당한다)의 건축물 높이가 낮고, 주된 개구부(거실과 주된 침실이 있는 부분의 개구부를 말한다)의 방향이 남쪽을 향하는 경우에는 높은 건축물 각 부분의 높이의 0.4배(도시형 생활주택의 경우에는 0.2배) 이상의 범위에서 건축조례로 정하는 거리 이상이고 낮은 건축물 각 부분의 높이의 0.5배(도시형 생활주택의 경우에는 0.25배) 이상의 범위에서 건축조례로 정하는 거리 이상

다. 가목에도 불구하고 건축물과 부대시설 또는 복리시설이 서로 마주보고 있는 경우에는 부대시설 또는 복리시설 각 부분 높이의 1배 이상

라. 채광창(창넓이가 0.5제곱미터 이상인 창을 말한다)이 없는 벽면과 측벽이 마주보는 경

우에는 8미터 이상

마. 측벽과 측벽이 마주보는 경우[마주보는 측벽 중 하나의 측벽에 채광을 위한 창문 등이 설치되어 있지 아니한 바닥면적 3제곱미터 이하의 발코니(출입을 위한 개구부를 포함한다)를 설치하는 경우를 포함한다]에는 4미터 이상

3. 제3조제1항제4호에 따른 주택단지에 두 동 이상의 건축물이 법 제2조제1항제11호에 따른 도로를 사이에 두고 서로 마주보고 있는 경우에는 제2호가목부터 다목까지의 규정을 적용하지 아니하되, 해당 도로의 중심선을 인접 대지경계선으로 보아 제1호를 적용한다.

④ 법 제61조제3항 각 호 외의 부분에서 "대통령령으로 정하는 높이"란 제1항에 따른 높이의 범위에서 특별자치시장 · 특별자치도지사 또는 시장 · 군수 · 구청장이 정하여 고시하는 높이를 말한다. 〈개정 2014. 10. 14., 2015. 7. 6.〉

⑤ 특별자치시장 · 특별자치도지사 또는 시장 · 군수 · 구청장은 제4항에 따라 건축물의 높이를 고시하려면 국토교통부령으로 정하는 바에 따라 미리 해당 지역주민의 의견을 들어야 한다. 다만, 법 제61조제3항제1호부터 제6호까지의 어느 하나에 해당하는 지역인 경우로서 건축위원회의 심의를 거친 경우에는 그러하지 아니하다.

〈개정 2013. 3. 23., 2014. 10. 14., 2015. 7. 6., 2016. 5. 17.〉

⑥ 제1항부터 제5항까지를 적용할 때 건축물을 건축하려는 대지와 다른 대지 사이에 다음 각 호의 시설 또는 부지가 있는 경우에는 그 반대편의 대지경계선(공동주택은 인접 대지경계선과 그 반대편 대지경계선의 중심선)을 인접 대지경계선으로 한다.

〈개정 2009. 7. 16., 2014. 11. 11., 2015. 7. 6., 2016. 5. 17.〉

1. 공원(「도시공원 및 녹지 등에 관한 법률」 제2조제3호에 따른 도시공원 중 지방건축위원회의 심의를 거쳐 허가권자가 공원의 일조 등을 확보할 필요가 있다고 인정하는 공원은 제외한다), 도로, 철도, 하천, 광장, 공공공지, 녹지, 유수지, 자동차 전용도로, 유원지
2. 다음 각 목에 해당하는 대지

가. 너비(대지경계선에서 가장 가까운 거리를 말한다)가 2미터 이하인 대지

나. 면적이 제80조 각 호에 따른 분할제한 기준 이하인 대지

3. 제1호 및 제2호 외에 건축이 허용되지 아니하는 공지

⑦ 제1항부터 제5항까지의 규정을 적용할 때 건축물(공동주택으로 한정한다)을 건축하려는 하나의 대지 사이에 제6항 각 호의 시설 또는 부지가 있는 경우에는 지방건축위원회의 심의를 거쳐 제6항 각 호의 시설 또는 부지를 기준으로 마주하고 있는 해당 대지의 경계선의 중심선을 인접 대지경계선으로 할 수 있다. 〈신설 2018. 9. 4.〉

[전문개정 2008. 10. 29.]

제86조의2 삭제 〈2006. 5. 8.〉

제7장 건축물의 설비등

제87조 건축설비 설치의 원칙

① 건축설비는 건축물의 안전 · 방화, 위생, 에너지 및 정보통신의 합리적 이용에 지장이 없도록 설치하여야 하고, 배관피트 및 닥트의 단면적과 수선구의 크기를 해당 설비의 수선에 지장이 없도록 하는 등 설비의 유지 · 관리가 쉽게 설치하여야 한다.

② 건축물에 설치하는 급수 · 배수 · 냉방 · 난방 · 환기 · 피뢰 등 건축설비의 설치에 관한 기술적 기준은 국토교통부령으로 정하되, 에너지 이용 합리화와 관련한 건축설비의 기술적 기준에 관하여는 산업통상자원부장관과 협의하여 정한다. 〈개정 2013. 3. 23.〉

③ 건축물에 설치하여야 하는 장애인 관련 시설 및 설비는 「장애인 · 노인 · 임산부 등의 편의증진보장에 관한 법률」 제14조에 따라 작성하여 보급하는 편의시설 상세표준도에 따른다. 〈개정 2012. 12. 12.〉

④ 건축물에는 방송수신에 지장이 없도록 공동시청 안테나, 유선방송 수신시설, 위성방송 수신설비, 에프엠(FM)라디오방송 수신설비 또는 방송 공동수신설비를 설치할 수 있다. 다만, 다음 각 호의 건축물에는 방송 공동수신설비를 설치하여야 한다. 〈개정 2009. 7. 16., 2012. 12. 12.〉

1. 공동주택
2. 바닥면적의 합계가 5천제곱미터 이상으로서 업무시설이나 숙박시설의 용도로 쓰는 건축물

⑤ 제4항에 따른 방송 수신설비의 설치기준은 과학기술정보통신부장관이 정하여 고시하는 바에 따른다. 〈신설 2009. 7. 16., 2013. 3. 23., 2017. 7. 26.〉

⑥ 연면적이 500제곱미터 이상인 건축물의 대지에는 국토교통부령으로 정하는 바에 따라 「전기사업법」 제2조제2호에 따른 전기사업자가 전기를 배전(配電)하는 데 필요한 전기설비를 설치할 수 있는 공간을 확보하여야 한다. 〈신설 2009. 7. 16., 2013. 3. 23.〉

⑦ 해풍이나 염분 등으로 인하여 건축물의 재료 및 기계설비 등에 조기 부식과 같은 피해 발생이 우려되는 지역에서는 해당 지방자치단체는 이를 방지하기 위하여 다음 각 호의 사항을 조례로 정할 수 있다. 〈신설 2010. 2. 18.〉

1. 해풍이나 염분 등에 대한 내구성 설계기준
2. 해풍이나 염분 등에 대한 내구성 허용기준
3. 그 밖에 해풍이나 염분 등에 따른 피해를 막기 위하여 필요한 사항

⑧ 건축물에 설치하여야 하는 우편수취함은 「우편법」 제37조의2의 기준에 따른다.
〈신설 2014. 10. 14.〉

[전문개정 2008. 10. 29.]

제88조 삭제 〈1995. 12. 30.〉

제89조 승용 승강기의 설치

법 제64조제1항 전단에서 "대통령령으로 정하는 건축물"이란 층수가 6층인 건축물로서 각 층 거실의 바닥면적 300제곱미터 이내마다 1개소 이상의 직통계단을 설치한 건축물을 말한다.

[전문개정 2008. 10. 29.]

제90조 비상용 승강기의 설치

① 법 제64조제2항에 따라 높이 31미터를 넘는 건축물에는 다음 각 호의 기준에 따른 대수 이상의 비상용 승강기(비상용 승강기의 승강장 및 승강로를 포함한다. 이하 이 조에서 같다)를 설치하여야 한다. 다만, 법 제64조제1항에 따라 설치되는 승강기를 비상용 승강기의 구조로 하는 경우에는 그러하지 아니하다.

1. 높이 31미터를 넘는 각 층의 바닥면적 중 최대 바닥면적이 1천500제곱미터 이하인 건축물: 1대 이상
2. 높이 31미터를 넘는 각 층의 바닥면적 중 최대 바닥면적이 1천500제곱미터를 넘는 건축물: 1대에 1천500제곱미터를 넘는 3천 제곱미터 이내마다 1대씩 더한 대수 이상

② 제1항에 따라 2대 이상의 비상용 승강기를 설치하는 경우에는 화재가 났을 때 소화에 지장이 없도록 일정한 간격을 두고 설치하여야 한다.

③ 건축물에 설치하는 비상용 승강기의 구조 등에 관하여 필요한 사항은 국토교통부령으로 정한다. 〈개정 2013. 3. 23.〉

[전문개정 2008. 10. 29.]

제91조 피난용승강기의 설치

법 제64조제3항에 따른 피난용승강기(피난용승강기의 승강장 및 승강로를 포함한다. 이하 이 조에서 같다)는 다음 각 호의 기준에 맞게 설치하여야 한다.

1. 승강장의 바닥면적은 승강기 1대당 6제곱미터 이상으로 할 것
2. 각 층으로부터 피난층까지 이르는 승강로를 단일구조로 연결하여 설치할 것

3. 예비전원으로 작동하는 조명설비를 설치할 것
4. 승강장의 출입구 부근의 잘 보이는 곳에 해당 승강기가 피난용승강기임을 알리는 표지를 설치할 것
5. 그 밖에 화재예방 및 피해경감을 위하여 국토교통부령으로 정하는 구조 및 설비 등의 기준에 맞을 것

[본조신설 2018. 10. 16.]

제91조의2 삭제 〈2013. 2. 20.〉

제91조의3 관계전문기술자와의 협력

① 다음 각 호의 어느 하나에 해당하는 건축물의 설계자는 제32조제1항에 따라 해당 건축물에 대한 구조의 안전을 확인하는 경우에는 건축구조기술사의 협력을 받아야 한다.
〈개정 2009. 7. 16., 2013. 3. 23., 2013. 5. 31., 2014. 11. 28., 2015. 9. 22., 2018. 12. 4.〉

1. 6층 이상인 건축물
2. 특수구조 건축물
3. 다중이용 건축물
4. 준다중이용 건축물
5. 3층 이상의 필로티형식 건축물
6. 제32조제2항제6호에 해당하는 건축물 중 국토교통부령으로 정하는 건축물

② 연면적 1만제곱미터 이상인 건축물(창고시설은 제외한다) 또는 에너지를 대량으로 소비하는 건축물로서 국토교통부령으로 정하는 건축물에 건축설비를 설치하는 경우에는 국토교통부령으로 정하는 바에 따라 다음 각 호의 구분에 따른 관계전문기술자의 협력을 받아야 한다.
〈개정 2009. 7. 16., 2013. 3. 23., 2016. 5. 17., 2017. 5. 2.〉

1. 전기, 승강기(전기 분야만 해당한다) 및 피뢰침: 「기술사법」에 따라 등록한 건축전기설비기술사 또는 발송배전기술사
2. 급수 · 배수(配水) · 배수(排水) · 환기 · 난방 · 소화 · 배연 · 오물처리 설비 및 승강기(기계 분야만 해당한다): 「기술사법」에 따라 등록한 건축기계설비기술사 또는 공조냉동기계기술사
3. 가스설비: 「기술사법」에 따라 등록한 건축기계설비기술사, 공조냉동기계기술사 또는 가스기술사

③ 깊이 10미터 이상의 토지 굴착공사 또는 높이 5미터 이상의 옹벽 등의 공사를 수반하는 건

축물의 설계자 및 공사감리자는 토지 굴착 등에 관하여 국토교통부령으로 정하는 바에 따라 「기술사법」에 따라 등록한 토목 분야 기술사 또는 국토개발 분야의 지질 및 기반 기술사의 협력을 받아야 한다. 〈개정 2009. 7. 16., 2010. 12. 13., 2013. 3. 23., 2016. 5. 17.〉

④ 설계자 및 공사감리자는 안전상 필요하다고 인정하는 경우, 관계 법령에서 정하는 경우 및 설계계약 또는 감리계약에 따라 건축주가 요청하는 경우에는 관계전문기술자의 협력을 받아야 한다.

⑤ 특수구조 건축물 및 고층건축물의 공사감리자는 제19조제3항제1호 각 목 및 제2호 각 목에 해당하는 공정에 다다를 때 건축구조기술사의 협력을 받아야 한다.
〈개정 2014. 11. 28., 2016. 5. 17.〉

⑥ 3층 이상인 필로티형식 건축물의 공사감리자는 법 제48조에 따른 건축물의 구조상 안전을 위한 공사감리를 할 때 공사가 제18조의2제2항제3호나목에 따른 단계에 다다른 경우마다 법 제67조제1항제1호부터 제3호까지의 규정에 따른 관계전문기술자의 협력을 받아야 한다. 이 경우 관계전문기술자는 「건설기술 진흥법 시행령」 별표 1 제3호라목1)에 따른 건축구조 분야의 특급 또는 고급기술자의 자격요건을 갖춘 소속 기술자로 하여금 업무를 수행하게 할 수 있다. 〈신설 2018. 12. 4.〉

⑦ 제1항부터 제6항까지의 규정에 따라 설계자 또는 공사감리자에게 협력한 관계전문기술자는 공사 현장을 확인하고, 그가 작성한 설계도서 또는 감리중간보고서 및 감리완료보고서에 설계자 또는 공사감리자와 함께 서명날인하여야 한다.
〈개정 2009. 7. 16., 2013. 5. 31., 2014. 11. 28., 2018. 12. 4.〉

⑧ 제32조제1항에 따른 구조 안전의 확인에 관하여 설계자에게 협력한 건축구조기술사는 구조의 안전을 확인한 건축물의 구조도 등 구조 관련 서류에 설계자와 함께 서명날인하여야 한다. 〈신설 2009. 7. 16., 2013. 5. 31., 2014. 11. 28., 2018. 12. 4.〉

⑨ 법 제67조제1항 각 호 외의 부분에서 "대통령령으로 정하는 기간"이란 2년을 말한다.
〈신설 2016. 7. 19., 2018. 12. 4.〉

[전문개정 2008. 10. 29.]

제92조 건축모니터링의 운영

① 법 제68조의3제1항에서 "대통령령으로 정하는 기간"이란 3년을 말한다.

② 국토교통부장관은 법 제68조의3제2항에 따라 다음 각 호의 인력 및 조직을 갖춘 자를 건축모니터링 전문기관으로 지정할 수 있다.

1. 인력: 「국가기술자격법」에 따른 건축분야 기사 이상의 자격을 갖춘 인력 5명 이상

2. 조직: 건축모니터링을 수행할 수 있는 전담조직

[본조신설 2015. 7. 6.]

제93조 삭제 〈1999. 4. 30.〉

제94조 삭제 〈1999. 4. 30.〉

제95조 삭제 〈1999. 4. 30.〉

제96조 삭제 〈1999. 4. 30.〉

제97조 삭제 〈1997. 9. 9.〉

제98조 삭제 〈1999. 4. 30.〉

제99조 삭제 〈1999. 4. 30.〉

제100조 삭제 〈1999. 4. 30.〉

제101조 삭제 〈1999. 4. 30.〉

제102조 삭제 〈1999. 4. 30.〉

제103조 삭제 〈1999. 4. 30.〉

제104조 삭제 〈1995. 12. 30.〉

제8장 특별건축구역 등〈개정 2014. 10. 14.〉

제105조 특별건축구역의 지정

① 법 제69조제1항제1호나목에서 "대통령령으로 정하는 사업구역"이란 다음 각 호의 어느 하나에 해당하는 구역을 말한다. 〈개정 2009. 4. 21., 2009. 7. 30., 2012. 12. 12., 2014. 4. 29., 2014. 7. 28., 2014. 10. 14., 2015. 12. 28., 2018. 2. 27.〉

1. 「신행정수도 후속대책을 위한 연기 · 공주지역 행정중심복합도시 건설을 위한 특별법」에 따른 행정중심복합도시의 사업구역
2. 「혁신도시 조성 및 발전에 관한 특별법」에 따른 혁신도시의 사업구역
3. 「경제자유구역의 지정 및 운영에 관한 특별법」 제4조에 따라 지정된 경제자유구역
4. 「택지개발촉진법」에 따른 택지개발사업구역
5. 「공공주택 특별법」 제2조제2호에 따른 공공주택지구
6. 삭제 〈2014. 10. 14.〉
7. 「도시개발법」에 따른 도시개발구역
8. 삭제 〈2014. 10. 14.〉
9. 삭제 〈2014. 10. 14.〉
10. 「아시아문화중심도시 조성에 관한 특별법」에 따른 국립아시아문화전당 건설사업구역
11. 「국토의 계획 및 이용에 관한 법률」 제51조에 따른 지구단위계획구역 중 현상설계(懸賞設計) 등에 따른 창의적 개발을 위한 특별계획구역
12. 삭제 〈2014. 10. 14.〉
13. 삭제 〈2014. 10. 14.〉

② 법 제69조제1항제2호나목에서 "대통령령으로 정하는 사업구역"이란 다음 각 호의 어느 하나에 해당하는 구역을 말한다. 〈신설 2014. 10. 14.〉

1. 「경제자유구역의 지정 및 운영에 관한 특별법」 제4조에 따라 지정된 경제자유구역
2. 「택지개발촉진법」에 따른 택지개발사업구역
3. 「도시 및 주거환경정비법」에 따른 정비구역
4. 「도시개발법」에 따른 도시개발구역
5. 「도시재정비 촉진을 위한 특별법」에 따른 재정비촉진구역
6. 「제주특별자치도 설치 및 국제자유도시 조성을 위한 특별법」에 따른 국제자유도시의 사업구역
7. 「국토의 계획 및 이용에 관한 법률」 제51조에 따른 지구단위계획구역 중 현상설계(懸賞

設計) 등에 따른 창의적 개발을 위한 특별계획구역

8. 「관광진흥법」 제52조 및 제70조에 따른 관광지, 관광단지 또는 관광특구

9. 「지역문화진흥법」 제18조에 따른 문화지구

③ 법 제69조제1항제2호다목에서 "대통령령으로 정하는 도시 또는 지역"이란 다음 각 호의 어느 하나에 해당하는 도시 또는 지역을 말한다.

〈개정 2010. 12. 13., 2011. 6. 29., 2013. 3. 23., 2014. 10. 14.〉

1. 삭제 〈2014. 10. 14.〉

2. 건축문화 진흥을 위하여 국토교통부령으로 정하는 건축물 또는 공간환경을 조성하는 지역

2의2. 주거, 상업, 업무 등 다양한 기능을 결합하는 복합적인 토지 이용을 증진시킬 필요가 있는 지역으로서 다음 각 목의 요건을 모두 갖춘 지역

가. 도시지역일 것

나. 「국토의 계획 및 이용에 관한 법률 시행령」 제71조에 따른 용도지역 안에서의 건축제한 적용을 배제할 필요가 있을 것

3. 그 밖에 도시경관의 창출, 건설기술 수준향상 및 건축 관련 제도개선을 도모하기 위하여 특별건축구역으로 지정할 필요가 있다고 시·도지사가 인정하는 도시 또는 지역

[전문개정 2008. 10. 29.]

제106조 특별건축구역의 건축물

① 법 제70조제2호에서 "대통령령으로 정하는 공공기관"이란 다음 각 호의 공공기관을 말한다.

〈개정 2009. 6. 26., 2009. 9. 21.〉

1. 「한국토지주택공사법」에 따른 한국토지주택공사
2. 「한국수자원공사법」에 따른 한국수자원공사
3. 「한국도로공사법」에 따른 한국도로공사
4. 삭제 〈2009. 9. 21.〉
5. 「한국철도공사법」에 따른 한국철도공사
6. 「한국철도시설공단법」에 따른 한국철도시설공단
7. 「한국관광공사법」에 따른 한국관광공사
8. 「한국농어촌공사 및 농지관리기금법」에 따른 한국농어촌공사

② 법 제70조제3호에서 "대통령령으로 정하는 용도·규모의 건축물"이란 별표 3과 같다.

[전문개정 2008. 10. 29.]

제107조 특별건축구역의 지정 절차 등

① 법 제71조제1항제4호에 따른 도시 · 군관리계획의 세부 내용은 다음 각 호와 같다.
〈개정 2012. 4. 10.〉

1. 「국토의 계획 및 이용에 관한 법률」 제36조부터 제38조까지, 제38조의2, 제39조, 제40조 및 같은 법 시행령 제30조부터 제32조까지의 규정에 따른 용도지역, 용도지구 및 용도구역에 관한 사항
2. 「국토의 계획 및 이용에 관한 법률」 제43조에 따라 도시 · 군관리계획으로 결정되었거나 설치된 도시 · 군계획시설의 현황 및 도시 · 군계획시설의 신설 · 변경 등에 관한 사항
3. 「국토의 계획 및 이용에 관한 법률」 제50조부터 제52조까지 및 같은 법 시행령 제43조부터 제47조까지의 규정에 따른 지구단위계획구역의 지정, 지구단위계획의 내용 및 지구단위계획의 수립 · 변경 등에 관한 사항

② 법 제71조제1항제7호에서 "대통령령으로 정하는 사항"이란 다음 각 호의 사항을 말한다.
〈개정 2010. 12. 13., 2012. 4. 10., 2014. 10. 14.〉

1. 특별건축구역의 주변지역에 「국토의 계획 및 이용에 관한 법률」 제43조에 따라 도시 · 군관리계획으로 결정되었거나 설치된 도시 · 군계획시설에 관한 사항
2. 특별건축구역의 주변지역에 대한 지구단위계획구역의 지정 및 지구단위계획의 내용 등에 관한 사항

2의2. 「건축기본법」 제21조에 따른 건축디자인 기준의 반영에 관한 사항

3. 「건축기본법」 제23조에 따라 민간전문가를 위촉한 경우 그에 관한 사항
4. 제105조제3항제2호의2에 따른 복합적인 토지 이용에 관한 사항(제105조제3항제2호의2에 해당하는 지역을 지정하기 위한 신청의 경우로 한정한다)

③ 국토교통부장관 또는 시 · 도지사는 법 제71조제5항에 따라 특별건축구역을 지정하거나 변경 · 해제하는 경우에는 다음 각 호의 사항을 즉시 관보(시 · 도지사의 경우에는 공보)에 고시하여야 한다. 〈개정 2012. 4. 10., 2013. 3. 23., 2014. 10. 14.〉

1. 지정 · 변경 또는 해제의 목적
2. 특별건축구역의 위치, 범위 및 면적
3. 특별건축구역 내 건축물의 규모 및 용도 등에 관한 주요 사항
4. 건축물의 설계, 공사감리 및 건축시공 등 발주방법에 관한 사항
5. 도시 · 군계획시설의 신설 · 변경 및 지구단위계획의 수립 · 변경 등에 관한 사항
6. 그 밖에 국토교통부장관 또는 시 · 도지사가 필요하다고 인정하는 사항

④ 특별건축구역의 지정신청기관이 다음 각 호의 어느 하나에 해당하여 법 제71조제7항에 따라

특별건축구역의 변경지정을 받으려는 경우에는 국토교통부령으로 정하는 자료를 갖추어 국토교통부장관 또는 특별시장 · 광역시장 · 도지사에게 변경지정 신청을 하여야 한다. 이 경우 특별건축구역의 변경지정에 관하여는 법 제71조제2항 및 제3항을 준용한다.

〈개정 2012. 4. 10., 2013. 3. 23., 2014. 10. 14.〉

1. 특별건축구역의 범위가 10분의 1(특별건축구역의 면적이 10만 제곱미터 미만인 경우에는 20분의 1) 이상 증가하거나 감소하는 경우
2. 특별건축구역의 도시 · 군관리계획에 관한 사항이 변경되는 경우
3. 건축물의 설계, 공사감리 및 건축시공 등 발주방법이 변경되는 경우
4. 그 밖에 특별건축구역의 지정 목적이 변경되는 등 국토교통부령으로 정하는 경우

⑤ 제1항부터 제4항까지에서 규정한 사항 외에 특별건축구역의 지정에 필요한 세부 사항은 국토교통부장관이 정하여 고시한다. 〈개정 2013. 3. 23.〉

[전문개정 2008. 10. 29.]

제108조 특별건축구역 내 건축물의 심의 등

① 법 제72조제5항에 따라 지방건축위원회의 변경심의를 받아야 하는 경우는 다음 각 호와 같다. 〈개정 2013. 3. 23.〉

1. 법 제16조에 따라 변경허가를 받아야 하는 경우
2. 법 제19조제2항에 따라 변경허가를 받거나 변경신고를 하여야 하는 경우
3. 건축물 외부의 디자인, 형태 또는 색채를 변경하는 경우
4. 그 밖에 법 제72조제1항 각 호의 사항 중 국토교통부령으로 정하는 사항을 변경하는 경우

② 법 제72조제8항 전단에 따라 설계자가 해당 건축물의 건축에 참여하는 경우 공사시공자 및 공사감리자는 특별한 사유가 있는 경우를 제외하고는 설계자의 자문 의견을 반영하도록 하여야 한다.

③ 법 제72조제8항 후단에 따른 설계자의 업무내용은 다음 각 호와 같다.

1. 법 제72조제6항에 따른 모니터링
2. 설계변경에 대한 자문
3. 건축디자인 및 도시경관 등에 관한 설계의도의 구현을 위한 자문
4. 그 밖에 발주청이 위탁하는 업무

④ 제3항에 따른 설계자의 업무내용에 대한 보수는 「엔지니어링산업 진흥법」 제31조에 따른 엔지니어링사업대가의 기준의 범위에서 국토교통부장관이 정하여 고시한다.

〈개정 2011. 1. 17., 2013. 3. 23.〉

⑤ 제1항부터 제4항까지에서 규정한 사항 외에 특별건축구역 내 건축물의 심의 및 건축허가 이후 해당 건축물의 건축에 대한 설계자의 참여에 관한 세부 사항은 국토교통부장관이 정하여 고시한다. 〈개정 2013. 3. 23.〉

[전문개정 2008. 10. 29.]

제109조 관계 법령의 적용 특례

① 법 제73조제1항제2호에서 "대통령령으로 정하는 규정"이란 「주택건설기준 등에 관한 규정」 제10조, 제13조, 제29조, 제35조, 제37조, 제50조 및 제52조를 말한다. 〈개정 2013. 6. 17.〉

② 허가권자가 법 제73조제3항에 따라 「화재예방, 소방시설 설치 · 유지 및 안전관리에 관한 법률」 제9조 및 제11조에 따른 기준 또는 성능 등을 완화하여 적용하려면 「소방시설공사업법」 제30조제2항에 따른 지방소방기술심의위원회의 심의를 거치거나 소방본부장 또는 소방서장과 협의를 하여야 한다. 〈개정 2017. 1. 26.〉

[전문개정 2008. 10. 29.]

제110조 삭제 〈2016. 7. 19.〉

제110조의2 특별가로구역의 지정

① 법 제77조의2제1항에서 "대통령령으로 정하는 도로"란 다음 각 호의 어느 하나에 해당하는 도로를 말한다.

1. 건축선을 후퇴한 대지에 접한 도로로서 허가권자(허가권자가 구청장인 경우에는 특별시장이나 광역시장을 말한다. 이하 이 조에서 같다)가 건축조례로 정하는 도로
2. 허가권자가 리모델링 활성화가 필요하다고 인정하여 지정 · 공고한 지역 안의 도로
3. 보행자전용도로로서 도시미관 개선을 위하여 허가권자가 건축조례로 정하는 도로
4. 「지역문화진흥법」 제18조에 따른 문화지구 안의 도로
5. 그 밖에 조화로운 도시경관 창출을 위하여 필요하다고 인정하여 국토교통부장관이 고시하거나 허가권자가 건축조례로 정하는 도로

② 법 제77조의2제2항제4호에서 "대통령령으로 정하는 사항"이란 다음 각 호의 사항을 말한다.

1. 특별가로구역에서 이 법 또는 관계 법령의 규정을 적용하지 아니하거나 완화하여 적용하는 경우에 해당 규정과 완화 등의 범위에 관한 사항
2. 건축물의 지붕 및 외벽의 형태나 색채 등에 관한 사항
3. 건축물의 배치, 대지의 출입구 및 조경의 위치에 관한 사항

4. 건축선 후퇴 공간 및 공개공지등의 관리에 관한 사항
5. 그 밖에 특별가로구역의 지정에 필요하다고 인정하여 국토교통부장관이 고시하거나 허가권자가 건축조례로 정하는 사항

[본조신설 2014. 10. 14.]

제8장의2 건축협정〈신설 2014. 10. 14.〉

제110조의3 건축협정의 체결

① 법 제77조의4제1항 각 호 외의 부분에서 "토지 또는 건축물의 소유자, 지상권자 등 대통령령으로 정하는 자"란 다음 각 호의 자를 말한다.

1. 토지 또는 건축물의 소유자(공유자를 포함한다. 이하 이 항에서 같다)
2. 토지 또는 건축물의 지상권자
3. 그 밖에 해당 토지 또는 건축물에 이해관계가 있는 자로서 건축조례로 정하는 자 중 그 토지 또는 건축물 소유자의 동의를 받은 자

② 법 제77조의4제4항제2호에서 "대통령령으로 정하는 사항"이란 다음 각 호의 사항을 말한다.

1. 건축선
2. 건축물 및 건축설비의 위치
3. 건축물의 용도, 높이 및 층수
4. 건축물의 지붕 및 외벽의 형태
5. 건폐율 및 용적률
6. 담장, 대문, 조경, 주차장 등 부대시설의 위치 및 형태
7. 차양시설, 차면시설 등 건축물에 부착하는 시설물의 형태
8. 법 제59조제1항제1호에 따른 맞벽 건축의 구조 및 형태
9. 그 밖에 건축물의 위치, 용도, 형태 또는 부대시설에 관하여 건축조례로 정하는 사항

[본조신설 2014. 10. 14.]

제110조의4 건축협정의 폐지 제한 기간

① 법 제77조의9제1항 단서에서 "대통령령으로 정하는 기간"이란 착공신고를 한 날부터 20년을 말한다.

② 제1항에도 불구하고 다음 각 호의 요건을 모두 갖춘 경우에는 제1항에 따른 기간이 지난 것

으로 본다.

1. 법 제57조제3항에 따라 분할된 대지를 같은 조 제1항 및 제2항의 기준에 적합하게 할 것
2. 법 제77조의13에 따른 특례를 적용받지 아니하는 내용으로 건축협정 변경인가를 받고 그 에 따라 건축허가를 받을 것. 다만, 법 제77조의13에 따른 특례적용을 받은 내용대로 사용승인을 받은 경우에는 특례를 적용받지 아니하는 내용으로 건축협정 변경인가를 받고 그 에 따라 건축허가를 받은 후 해당 건축물의 사용승인을 받아야 한다.
3. 법 제77조의11제2항에 따라 지원받은 사업비용을 반환할 것

[본조신설 2016. 5. 17.]

[종전 제110조의4는 제110조의5로 이동 〈2016. 5. 17.〉]

제110조의5 건축협정에 따라야 하는 행위

법 제77조의10제1항에서 "대통령령으로 정하는 행위"란 제110조의3제2항 각 호의 사항에 관한 행위를 말한다.

[본조신설 2014. 10. 14.]

[제110조의4에서 이동, 종전 제110조의5는 제110조의6으로 이동 〈2016. 5. 17.〉]

제110조의6 건축협정에 관한 지원

법 제77조의4제1항제4호에 따른 건축협정인가권자가 법 제77조의11제2항에 따라 건축협정구역 안의 주거환경개선을 위한 사업비용을 지원하려는 경우에는 법 제77조의4제1항 및 제2항에 따라 건축협정을 체결한 자(이하 "협정체결자"라 한다) 또는 법 제77조의5제1항에 따른 건축협정운영회(이하 "건축협정운영회"라 한다)의 대표자에게 다음 각 호의 사항이 포함된 사업계획서를 요구할 수 있다.

1. 주거환경개선사업의 목표
2. 협정체결자 또는 건축협정운영회 대표자의 성명
3. 주거환경개선사업의 내용 및 추진방법
4. 주거환경개선사업의 비용
5. 그 밖에 건축조례로 정하는 사항

[본조신설 2014. 10. 14.]

[제110조의5에서 이동 〈2016. 5. 17.〉]

제110조의7 건축협정에 따른 특례

① 건축협정구역에서 건축하는 건축물에 대해서는 법 제77조의13제6항에 따라 법 제42조, 제55조, 제56조, 제60조 및 제61조를 다음 각 호의 구분에 따라 완화하여 적용할 수 있다.

1. 법 제42조에 따른 대지의 조경 면적: 대지의 조경을 도로에 면하여 통합적으로 조성하는 건축협정구역에 한정하여 해당 지역에 적용하는 조경 면적기준의 100분의 20의 범위에서 완화
2. 법 제55조에 따른 건폐율: 해당 지역에 적용하는 건폐율의 100분의 20의 범위에서 완화. 이 경우 「국토의 계획 및 이용에 관한 법률」 제77조에 따른 건폐율의 최대한도를 초과할 수 없다.
3. 법 제56조에 따른 용적률: 해당 지역에 적용하는 용적률의 100분의 20의 범위에서 완화. 이 경우 「국토의 계획 및 이용에 관한 법률」 제78조에 따른 용적률의 최대한도를 초과할 수 없다.
4. 법 제60조에 따른 높이 제한: 너비 6미터 이상의 도로에 접한 건축협정구역에 한정하여 해당 건축물에 적용하는 높이 기준의 100분의 20의 범위에서 완화
5. 법 제61조에 따른 일조 등의 확보를 위한 건축물의 높이 제한: 건축협정구역 안에서 대지 상호간에 건축하는 공동주택에 한정하여 제86조제3항제1호에 따른 기준의 100분의 20의 범위에서 완화

② 허가권자는 법 제77조의13제6항 단서에 따라 법 제4조에 따른 건축위원회의 심의와 「국토의 계획 및 이용에 관한 법률」 제113조에 따른 지방도시계획위원회의 심의를 통합하여 하려는 경우에는 다음 각 호의 기준에 따라 통합심의위원회(이하 "통합심의위원회"라 한다)를 구성하여야 한다.

1. 통합심의위원회 위원은 법 제4조에 따른 건축위원회 및 「국토의 계획 및 이용에 관한 법률」 제113조에 따른 지방도시계획위원회의 위원 중에서 시 · 도지사 또는 시장 · 군수 · 구청장이 임명 또는 위촉할 것
2. 통합심의위원회의 위원 수는 15명 이내로 할 것
3. 통합심의위원회의 위원 중 법 제4조에 따른 건축위원회의 위원이 2분의 1 이상이 되도록 할 것
4. 통합심의위원회의 위원장은 위원 중에서 시 · 도지사 또는 시장 · 군수 · 구청장이 임명 또는 위촉할 것

③ 제2항에 따른 통합심의위원회는 다음 각 호의 사항을 검토한다.

1. 해당 대지의 토지이용 현황 및 용적률 완화 범위의 적정성

2. 건축협정으로 완화되는 용적률이 주변 경관 및 환경에 미치는 영향

[본조신설 2016. 7. 19.]

제8장의3 결합건축〈신설 2016. 7. 19.〉

제111조 결합건축 대상지

① 법 제77조의14제1항 각 호 외의 부분 본문에서 "대통령령으로 정하는 범위에 있는 2개의 대지"란 다음 각 호의 요건을 모두 충족하는 2개의 대지를 말한다.

1. 2개의 대지 모두가 법 제77조의14제1항 각 호의 지역 중 동일한 지역에 속할 것
2. 2개의 대지 모두가 너비 12미터 이상인 도로로 둘러싸인 하나의 구역 안에 있을 것. 이 경우 그 구역 안에 너비 12미터 이상인 도로로 둘러싸인 더 작은 구역이 있어서는 아니 된다.

② 법 제77조의14제1항제4호에서 "대통령령으로 정하는 지역"이란 다음 각 호의 지역을 말한다.

1. 건축협정구역
2. 특별건축구역
3. 리모델링 활성화 구역
4. 「도시재생 활성화 및 지원에 관한 특별법」 제2조제1항제5호에 따른 도시재생활성화지역
5. 「한옥 등 건축자산의 진흥에 관한 법률」 제17조제1항에 따른 건축자산 진흥구역

[본조신설 2016. 7. 19.]

제111조의2 건축위원회 및 도시계획위원회의 공동 심의

허가권자는 법 제77조의15제3항 단서에 따라 건축위원회의 심의와 도시계획위원회의 심의를 공동으로 하려는 경우에는 제110조의7제2항 각 호의 기준에 따라 공동위원회를 구성하여야 한다.

[본조신설 2016. 7. 19.]

제111조의3 결합건축 건축물의 사용승인

법 제77조의16제2항에서 "대통령령으로 정하는 조치"란 다음 각 호의 어느 하나에 해당하는 조치를 말한다.

1. 법 제11조제7항 각 호 외의 부분 단서에 따른 공사의 착수기간 연장 신청. 다만, 착공이 지연된 것에 건축주의 귀책사유가 없고 착공 지연에 따른 건축허가 취소의 가능성이 없다고

인정하는 경우로 한정한다.

2. 「국토의 계획 및 이용에 관한 법률」에 따른 도시 · 군계획시설의 결정

[본조신설 2016. 7. 19.]

제9장 보칙〈개정 2008. 10. 29.〉

제112조 건축위원회 심의 방법 및 결과 조사 등

① 국토교통부장관은 법 제78조제5항에 따라 지방건축위원회 심의 방법 또는 결과에 대한 조사가 필요하다고 인정하면 시 · 도지사 또는 시장 · 군수 · 구청장에게 관련 서류를 요구하거나 직접 방문하여 조사를 할 수 있다.

② 시 · 도지사는 법 제78조제5항에 따라 시장 · 군수 · 구청장이 설치하는 지방건축위원회의 심의 방법 또는 결과에 대한 조사가 필요하다고 인정하면 시장 · 군수 · 구청장에게 관련 서류를 요구하거나 직접 방문하여 조사를 할 수 있다.

③ 국토교통부장관 및 시 · 도지사는 제1항 또는 제2항에 따른 조사 과정에서 필요하면 법 제4조의2에 따른 심의의 신청인 및 건축관계자 등의 의견을 들을 수 있다.

[본조신설 2016. 7. 19.]

제113조 위법 · 부당한 건축위원회의 심의에 대한 조치

① 국토교통부장관 및 시 · 도지사는 제112조에 따른 조사 및 의견청취 후 건축위원회의 심의 방법 또는 결과가 법 또는 법에 따른 명령이나 처분 또는 조례(이하 이 조에서 "건축법규등"이라 한다)에 위반되거나 부당하다고 인정하면 다음 각 호의 구분에 따라 시 · 도지사 또는 시장 · 군수 · 구청장에게 시정명령을 할 수 있다.

1. 심의대상이 아닌 건축물을 심의하거나 심의내용이 건축법규등에 위반된 경우: 심의결과 취소
2. 건축법규등의 위반은 아니나 심의현황 및 건축여건을 고려하여 특별히 과도한 기준을 적용하거나 이행이 어려운 조건을 제시한 것으로 인정되는 경우: 심의결과 조정 또는 재심의
3. 심의 절차에 문제가 있다고 인정되는 경우: 재심의
4. 건축관계자에게 심의개최 통지를 하지 아니하고 심의를 하거나 건축법규등에서 정한 범위를 넘어 과도한 도서의 제출을 요구한 것으로 인정되는 경우: 심의절차 및 기준의 개선 권고

② 제1항에 따른 시정명령을 받은 시ㆍ도지사 또는 시장ㆍ군수ㆍ구청장은 특별한 사유가 없으면 이에 따라야 한다. 이 경우 제1항제2호 또는 제3호에 따라 재심의 명령을 받은 경우에는 해당 명령을 받은 날부터 15일 이내에 건축위원회의 심의를 하여야 한다.

③ 시ㆍ도지사 또는 시장ㆍ군수ㆍ구청장은 제1항에 따른 시정명령에 이의가 있는 경우에는 해당 심의에 참여한 위원으로 구성된 지방건축위원회의 심의를 거쳐 국토교통부장관 또는 시ㆍ도지사에게 이의신청을 할 수 있다.

④ 제3항에 따라 이의신청을 받은 국토교통부장관 및 시ㆍ도지사는 제112조에 따른 조사를 다시 실시한 후 그 결과를 시ㆍ도지사 또는 시장ㆍ군수ㆍ구청장에게 통지하여야 한다.

[본조신설 2016. 7. 19.]

제114조 위반 건축물에 대한 사용 및 영업행위의 허용 등

법 제79조제2항 단서에서 "대통령령으로 정하는 경우"란 바닥면적의 합계가 400제곱미터 미만인 축사와 바닥면적의 합계가 400제곱미터 미만인 농업용ㆍ임업용ㆍ축산업용 및 수산업용 창고를 말한다. 〈개정 2016. 1. 19.〉

[전문개정 2008. 10. 29.]

제115조 위반건축물에 대한 조사 및 정비

① 특별자치시장ㆍ특별자치도지사 또는 시장ㆍ군수ㆍ구청장은 매년 정기적으로 법령등에 적합하지 아니한 건축물에 대하여 실태조사를 한 후 법 제79조에 따른 시정조치를 위한 정비계획을 수립ㆍ시행하여야 하며, 그 결과를 시ㆍ도지사(특별자치시장ㆍ특별자치도지사는 제외한다)에게 보고하여야 한다. 〈개정 2014. 10. 14.〉

② 특별자치시장ㆍ특별자치도지사 또는 시장ㆍ군수ㆍ구청장은 제1항에 따른 위반 건축물의 체계적인 사후 관리와 정비를 위하여 국토교통부령으로 정하는 바에 따라 위반 건축물 관리대장을 작성하고 비치하여야 한다. 〈개정 2013. 3. 23., 2014. 10. 14.〉

③ 제2항에 따른 위반 건축물 관리대장은 전자적 처리가 불가능한 특별한 사유가 없으면 전자적 처리가 가능한 방법으로 작성ㆍ관리하여야 한다.

[전문개정 2008. 10. 29.]

제115조의2 이행강제금의 부과 및 징수

① 법 제80조제1항 각 호 외의 부분 단서에서 "대통령령으로 정하는 경우"란 다음 각 호의 경우를 말한다. 〈개정 2011. 12. 30.〉

1. 법 제22조에 따른 사용승인을 받지 아니하고 건축물을 사용한 경우
2. 법 제42조에 따른 대지의 조경에 관한 사항을 위반한 경우
3. 법 제60조에 따른 건축물의 높이 제한을 위반한 경우
4. 법 제61조에 따른 일조 등의 확보를 위한 건축물의 높이 제한을 위반한 경우
5. 그 밖에 법 또는 법에 따른 명령이나 처분을 위반한 경우(별표 15 위반 건축물란의 제1호의2, 제4호부터 제9호까지 및 제13호에 해당하는 경우는 제외한다)로서 건축조례로 정하는 경우

② 법 제80조제1항제2호에 따른 이행강제금의 산정기준은 별표 15와 같다.

③ 이행강제금의 부과 및 징수 절차는 국토교통부령으로 정한다. 〈개정 2013. 3. 23.〉

[전문개정 2008. 10. 29.]

제115조의3 이행강제금의 탄력적 운영

① 법 제80조제1항제1호에서 "대통령령으로 정하는 비율"이란 다음 각 호의 구분에 따른 비율을 말한다. 다만, 건축조례로 다음 각 호의 비율을 낮추어 정할 수 있되, 낮추는 경우에도 그 비율은 100분의 60 이상이어야 한다.

1. 건폐율을 초과하여 건축한 경우: 100분의 80
2. 용적률을 초과하여 건축한 경우: 100분의 90
3. 허가를 받지 아니하고 건축한 경우: 100분의 100
4. 신고를 하지 아니하고 건축한 경우: 100분의 70

② 법 제80조제2항에서 "영리목적을 위한 위반이나 상습적 위반 등 대통령령으로 정하는 경우"란 다음 각 호의 어느 하나에 해당하는 경우를 말한다. 다만, 위반행위 후 소유권이 변경된 경우는 제외한다.

1. 임대 등 영리를 목적으로 법 제19조를 위반하여 용도변경을 한 경우(위반면적이 50제곱미터를 초과하는 경우로 한정한다)
2. 임대 등 영리를 목적으로 허가나 신고 없이 신축 또는 증축한 경우(위반면적이 50제곱미터를 초과하는 경우로 한정한다)
3. 임대 등 영리를 목적으로 허가나 신고 없이 다세대주택의 세대수 또는 다가구주택의 가구수를 증가시킨 경우(5세대 또는 5가구 이상 증가시킨 경우로 한정한다)
4. 동일인이 최근 3년 내에 2회 이상 법 또는 법에 따른 명령이나 처분을 위반한 경우
5. 제1호부터 제4호까지의 규정과 비슷한 경우로서 건축조례로 정하는 경우

[본조신설 2016. 2. 11.]

[종전 제115조의3은 제115조의5로 이동 〈2016. 2. 11.〉]

제115조의4 이행강제금의 감경

① 법 제80조의2제1항제2호에서 "대통령령으로 정하는 경우"란 다음 각 호의 어느 하나에 해당하는 경우를 말한다. 다만, 법 제80조제1항 각 호 외의 부분 단서에 해당하는 경우는 제외한다. 〈개정 2018. 9. 4.〉

1. 위반행위 후 소유권이 변경된 경우
2. 임차인이 있어 현실적으로 임대기간 중에 위반내용을 시정하기 어려운 경우(법 제79조제1항에 따른 최초의 시정명령 전에 이미 임대차계약을 체결한 경우로서 해당 계약이 종료되거나 갱신되는 경우는 제외한다) 등 상황의 특수성이 인정되는 경우
3. 위반면적이 30제곱미터 이하인 경우(별표 1 제1호부터 제4호까지의 규정에 따른 건축물로 한정하며, 「집합건물의 소유 및 관리에 관한 법률」의 적용을 받는 집합건축물은 제외한다)
4. 「집합건물의 소유 및 관리에 관한 법률」의 적용을 받는 집합건축물의 구분소유자가 위반한 면적이 5제곱미터 이하인 경우(별표 1 제2호부터 제4호까지의 규정에 따른 건축물로 한정한다)
5. 법 제22조에 따른 사용승인 당시 존재하던 위반사항으로서 사용승인 이후 확인된 경우
6. 법률 제12516호 가축분뇨의 관리 및 이용에 관한 법률 일부개정법률 부칙 제9조에 따라 같은 조 제1항 각 호에 따른 기간(같은 조 제3항에 따른 환경부령으로 정하는 규모 미만의 시설의 경우 같은 항에 따른 환경부령으로 정하는 기한을 말한다) 내에 「가축분뇨의 관리 및 이용에 관한 법률」 제11조에 따른 허가 또는 변경허가를 받거나 신고 또는 변경신고를 하려는 배출시설(처리시설을 포함한다)의 경우

6의2. 법률 제12516호 가축분뇨의 관리 및 이용에 관한 법률 일부개정법률 부칙 제10조의2에 따라 같은 조 제1항에 따른 기한까지 환경부장관이 정하는 바에 따라 허가신청을 하였거나 신고한 배출시설(개 사육시설은 제외하되, 처리시설은 포함한다)의 경우

7. 그 밖에 위반행위의 정도와 위반 동기 및 공중에 미치는 영향 등을 고려하여 감경이 필요한 경우로서 건축조례로 정하는 경우

② 법 제80조의2제1항제2호에서 "대통령령으로 정하는 비율"이란 다음 각 호의 구분에 따른 비율을 말한다. 〈개정 2018. 9. 4.〉

1. 제1항제1호부터 제6호까지 및 제6호의2의 경우: 100분의 50
2. 제1항제7호의 경우: 건축조례로 정하는 비율

③ 법 제80조의2제2항에 따른 이행강제금의 감경 비율은 다음 각 호와 같다.

1. 연면적 85제곱미터 이하 주거용 건축물의 경우: 100분의 80
2. 연면적 85제곱미터 초과 주거용 건축물의 경우: 100분의 60

[본조신설 2016. 2. 11.]

제115조의5 기존 건축물에 대한 시정명령

법 제81조제1항에서 "대통령령으로 정하는 기준"이란 다음 각 호의 어느 하나에 해당하는 경우를 말한다.

1. 지방건축위원회의 심의 결과 도로 등 공공시설의 설치에 장애가 된다고 판정된 건축물인 경우
2. 허가권자가 지방건축위원회의 심의를 거쳐 붕괴되거나 쓰러질 우려가 있어 다중에게 위해를 줄 우려가 크다고 인정하는 건축물인 경우
3. 군사작전구역에 있는 건축물로서 국가안보상 필요하여 국방부장관이 요청하는 건축물인 경우

[전문개정 2008. 10. 29.]

[제115조의3에서 이동 〈2016. 2. 11.〉]

제116조 손실보상

① 법 제81조제3항에 따라 특별자치시장 · 특별자치도지사 또는 시장 · 군수 · 구청장이 보상하는 경우에는 법 제81조제1항에 따른 처분으로 생길 수 있는 손실을 시가(時價)로 보상하여야 한다. 〈개정 2014. 10. 14.〉

② 제1항에 따른 보상금액에 관하여 협의가 성립되지 아니한 경우 특별자치시장 · 특별자치도지사 또는 시장 · 군수 · 구청장은 그 보상금액을 지급하거나 공탁하고 그 사실을 해당 건축물의 건축주에게 알려야 한다. 이 경우 그 건축주가 원하면 전자문서로 알릴 수 있다. 〈개정 2014. 10. 14.〉

③ 제2항에 따른 보상금의 지급 또는 공탁에 불복하는 자는 지급 또는 공탁의 통지를 받은 날부터 20일 이내에 관할 토지수용위원회에 재결(裁決)을 신청(전자문서로 신청하는 것을 포함한다)할 수 있다.

④ 법 제81조제4항에 따라 특별자치시장 · 특별자치도지사 또는 시장 · 군수 · 구청장이 위해의 우려가 있다고 인정하여 지정하는 건축물의 구조 안전 여부에 관한 검사의 실시 방법, 결과 통보, 비용 부담 등에 관하여는 「시설물의 안전 및 유지관리에 관한 특별법」 제11조, 제12

조, 제16조부터 제18조까지, 제20조, 제26조 및 제56조를 준용한다.

〈개정 2014. 10. 14., 2018. 1. 16.〉

[전문개정 2008. 10. 29.]

제116조의2 빈집 철거 통지

특별자치시장 · 특별자치도지사 또는 시장 · 군수 · 구청장은 법 제81조의3제1항에 따라 직권으로 빈집을 철거하는 경우에는 철거사유 및 철거예정일을 명시한 철거통지서를 철거예정일 7일전까지 그 빈집의 소유자에게 알려야 한다.

[본조신설 2016. 7. 19.]

제116조의3 철거보상비 지급

법 제81조의3제3항에 따른 보상비는 「감정평가 및 감정평가사에 관한 법률」에 따른 감정평가업자의 감정평가액으로 한다. 〈개정 2016. 8. 31.〉

[본조신설 2016. 7. 19.]

제117조 권한의 위임 · 위탁

① 국토교통부장관은 법 제82조제1항에 따라 법 제69조 및 제71조(제4항은 제외한다)에 따른 특별건축구역의 지정, 변경 및 해제에 관한 권한을 시 · 도지사에게 위임한다.

〈신설 2010. 12. 30., 2013. 3. 23.〉

② 삭제 〈1999. 4. 30.〉

③ 법 제82조제3항에 따라 구청장(자치구가 아닌 구의 구청장을 말한다) 또는 동장 · 읍장 · 면장(「지방자치단체의 행정기구와 정원기준 등에 관한 규정」 별표 3 제2호 비고 제2호에 따라 행정안전부장관이 시장 · 군수 · 구청장과 협의하여 정하는 동장 · 읍장 · 면장으로 한정한다)에게 위임할 수 있는 권한은 다음 각 호와 같다. 〈개정 2009. 7. 16., 2016. 2. 11., 2017. 7. 26.〉

1. 6층 이하로서 연면적 2천제곱미터 이하인 건축물의 건축 · 대수선 및 용도변경에 관한 권한
2. 기존 건축물 연면적의 10분의 3 미만의 범위에서 하는 증축에 관한 권한

④ 법 제82조제3항에 따라 동장 · 읍장 또는 면장에게 위임할 수 있는 권한은 다음 각 호와 같다. 〈신설 2009. 7. 16., 2014. 10. 14., 2018. 9. 4.〉

1. 법 제14조에 따른 건축물의 건축 및 대수선에 관한 권한
2. 법 제20조제3항에 따른 가설건축물의 축조 및 이 영 제15조의2에 따른 가설건축물의 존치기간 연장에 관한 권한

3. 삭제 〈2018. 9. 4.〉
4. 법 제83조에 따른 옹벽 등의 공작물 축조에 관한 권한

⑤ 법 제82조제4항에서 "대통령령으로 정하는 기관 또는 단체"란 다음 각 호의 기관 또는 단체 중 국토교통부장관이 정하여 고시하는 기관 또는 단체를 말한다.

〈개정 2008. 10. 29., 2009. 7. 16., 2013. 11. 20.〉

1. 「공공기관의 운영에 관한 법률」 제5조에 따른 공기업
2. 「정부출연연구기관 등의 설립 · 운영 및 육성에 관한 법률」 및 「과학기술분야 정부출연연구기관 등의 설립 · 운영 및 육성에 관한 법률」에 따른 연구기관

[제목개정 2006. 5. 8.]

제118조 옹벽 등의 공작물에의 준용

① 법 제83조제1항에 따라 공작물을 축조(건축물과 분리하여 축조하는 것을 말한다. 이하 이 조에서 같다)할 때 특별자치시장 · 특별자치도지사 또는 시장 · 군수 · 구청장에게 신고를 하여야 하는 공작물은 다음 각 호와 같다. 〈개정 2014. 10. 14., 2016. 1. 19.〉

1. 높이 6미터를 넘는 굴뚝
2. 높이 6미터를 넘는 장식탑, 기념탑, 그 밖에 이와 비슷한 것
3. 높이 4미터를 넘는 광고탑, 광고판, 그 밖에 이와 비슷한 것
4. 높이 8미터를 넘는 고가수조나 그 밖에 이와 비슷한 것
5. 높이 2미터를 넘는 옹벽 또는 담장
6. 바닥면적 30제곱미터를 넘는 지하대피호
7. 높이 6미터를 넘는 골프연습장 등의 운동시설을 위한 철탑, 주거지역 · 상업지역에 설치하는 통신용 철탑, 그 밖에 이와 비슷한 것
8. 높이 8미터(위험을 방지하기 위한 난간의 높이는 제외한다) 이하의 기계식 주차장 및 철골 조립식 주차장(바닥면이 조립식이 아닌 것을 포함한다)으로서 외벽이 없는 것
9. 건축조례로 정하는 제조시설, 저장시설(시멘트사일로를 포함한다), 유희시설, 그 밖에 이와 비슷한 것
10. 건축물의 구조에 심대한 영향을 줄 수 있는 중량물로서 건축조례로 정하는 것
11. 높이 5미터를 넘는 「신에너지 및 재생에너지 개발 · 이용 · 보급 촉진법」 제2조제2호가목에 따른 태양에너지를 이용하는 발전설비와 그 밖에 이와 비슷한 것

② 제1항 각 호의 어느 하나에 해당하는 공작물을 축조하려는 자는 공작물 축조신고서와 국토교통부령으로 정하는 설계도서를 특별자치시장 · 특별자치도지사 또는 시장 · 군수 · 구청장

에게 제출(전자문서에 의한 제출을 포함한다)하여야 한다. 〈개정 2013. 3. 23., 2014. 10. 14.〉

③ 제1항 각 호의 공작물에 대하여는 법 제83조제3항에 따라 법 제14조, 제21조제3항, 제29조, 제35조제1항, 제40조제4항, 제41조, 제47조, 제48조, 제55조, 제58조, 제60조, 제61조, 제79조, 제81조, 제84조, 제85조, 제87조 및 「국토의 계획 및 이용에 관한 법률」 제76조를 준용한다. 다만, 제1항제3호의 공작물로서 「옥외광고물 등의 관리와 옥외광고산업 진흥에 관한 법률」에 따라 허가를 받거나 신고를 한 공작물에 대해서는 법 제14조를 준용하지 아니하고, 제1항제5호의 공작물에 대해서는 법 제58조를 준용하지 아니하며, 제1항제8호의 공작물에 대해서는 법 제55조를 준용하지 아니하고, 제1항제3호 · 제8호의 공작물에 대해서만 법 제61조를 준용한다. 〈개정 2011. 6. 29., 2014. 11. 28., 2016. 7. 6.〉

④ 제3항 본문에 따라 법 제48조를 준용하는 경우 해당 공작물에 대한 구조 안전 확인의 내용 및 방법 등은 국토교통부령으로 정한다. 〈신설 2013. 11. 20.〉

⑤ 특별자치시장 · 특별자치도지사 또는 시장 · 군수 · 구청장은 제1항에 따라 공작물 축조신고를 받았으면 국토교통부령으로 정하는 바에 따라 공작물 관리대장에 그 내용을 작성하고 관리하여야 한다. 〈개정 2013. 3. 23., 2013. 11. 20., 2014. 10. 14.〉

⑥ 제5항에 따른 공작물 관리대장은 전자적 처리가 불가능한 특별한 사유가 없으면 전자적 처리가 가능한 방법으로 작성하고 관리하여야 한다. 〈개정 2013. 11. 20.〉

[전문개정 2008. 10. 29.]

제119조 면적 등의 산정방법

① 법 제84조에 따라 건축물의 면적 · 높이 및 층수 등은 다음 각 호의 방법에 따라 산정한다.

〈개정 2009. 6. 30., 2009. 7. 16., 2010. 2. 18., 2011. 4. 4., 2011. 6. 29., 2011. 12. 8., 2011. 12. 30., 2012. 4. 10., 2012. 12. 12., 2013. 3. 23., 2013. 11. 20., 2014. 11. 28., 2015. 4. 24., 2016. 1. 19., 2016. 7. 19., 2016. 8. 11., 2017. 5. 2., 2017. 6. 27., 2018. 9. 4.〉

1. 대지면적: 대지의 수평투영면적으로 한다. 다만, 다음 각 목의 어느 하나에 해당하는 면적은 제외한다.
   가. 법 제46조제1항 단서에 따라 대지에 건축선이 정하여진 경우: 그 건축선과 도로 사이의 대지면적
   나. 대지에 도시 · 군계획시설인 도로 · 공원 등이 있는 경우: 그 도시 · 군계획시설에 포함되는 대지(「국토의 계획 및 이용에 관한 법률」 제47조제7항에 따라 건축물 또는 공작물을 설치하는 도시 · 군계획시설의 부지는 제외한다)면적
2. 건축면적: 건축물의 외벽(외벽이 없는 경우에는 외곽 부분의 기둥을 말한다. 이하 이 호에

서 같다)의 중심선으로 둘러싸인 부분의 수평투영면적으로 한다. 다만, 다음 각 목의 어느 하나에 해당하는 경우에는 해당 각 목에서 정하는 기준에 따라 산정한다.

가. 처마, 차양, 부연(附椽), 그 밖에 이와 비슷한 것으로서 그 외벽의 중심선으로부터 수평거리 1미터 이상 돌출된 부분이 있는 건축물의 건축면적은 그 돌출된 끝부분으로부터 다음의 구분에 따른 수평거리를 후퇴한 선으로 둘러싸인 부분의 수평투영면적으로 한다.

1) 「전통사찰의 보존 및 지원에 관한 법률」 제2조제1호에 따른 전통사찰: 4미터 이하의 범위에서 외벽의 중심선까지의 거리

2) 사료 투여, 가축 이동 및 가축 분뇨 유출 방지 등을 위하여 상부에 한쪽 끝은 고정되고 다른 쪽 끝은 지지되지 아니한 구조로 된 돌출차양이 설치된 축사: 3미터 이하의 범위에서 외벽의 중심선까지의 거리(두 동의 축사가 하나의 차양으로 연결된 경우에는 6미터 이하의 범위에서 축사 양 외벽의 중심선까지의 거리를 말한다)

3) 한옥: 2미터 이하의 범위에서 외벽의 중심선까지의 거리

4) 「환경친화적자동차의 개발 및 보급 촉진에 관한 법률 시행령」 제18조의5에 따른 충전시설(그에 딸린 충전 전용 주차구획을 포함한다)의 설치를 목적으로 처마, 차양, 부연, 그 밖에 이와 비슷한 것이 설치된 공동주택(「주택법」 제15조에 따른 사업계획승인 대상으로 한정한다): 2미터 이하의 범위에서 외벽의 중심선까지의 거리

5) 그 밖의 건축물: 1미터

나. 다음의 건축물의 건축면적은 국토교통부령으로 정하는 바에 따라 산정한다.

1) 태양열을 주된 에너지원으로 이용하는 주택

2) 창고 중 물품을 입출고하는 부위의 상부에 한쪽 끝은 고정되고 다른 쪽 끝은 지지되지 아니한 구조로 설치된 돌출차양

3) 단열재를 구조체의 외기측에 설치하는 단열공법으로 건축된 건축물

다. 다음의 경우에는 건축면적에 산입하지 아니한다.

1) 지표면으로부터 1미터 이하에 있는 부분(창고 중 물품을 입출고하기 위하여 차량을 접안시키는 부분의 경우에는 지표면으로부터 1.5미터 이하에 있는 부분)

2) 「다중이용업소의 안전관리에 관한 특별법 시행령」 제9조에 따라 기존의 다중이용업소(2004년 5월 29일 이전의 것만 해당한다)의 비상구에 연결하여 설치하는 폭 2미터 이하의 옥외 피난계단(기존 건축물에 옥외 피난계단을 설치함으로써 법 제55조에 따른 건폐율의 기준에 적합하지 아니하게 된 경우만 해당한다)

3) 건축물 지상층에 일반인이나 차량이 통행할 수 있도록 설치한 보행통로나 차량통로

4) 지하주차장의 경사로

5) 건축물 지하층의 출입구 상부(출입구 너비에 상당하는 규모의 부분을 말한다)

6) 생활폐기물 보관함(음식물쓰레기, 의류 등의 수거함을 말한다. 이하 같다)

7) 「영유아보육법」 제15조에 따른 어린이집(2005년 1월 29일 이전에 설치된 것만 해당한다)의 비상구에 연결하여 설치하는 폭 2미터 이하의 영유아용 대피용 미끄럼대 또는 비상계단(기존 건축물에 영유아용 대피용 미끄럼대 또는 비상계단을 설치함으로써 법 제55조에 따른 건폐율 기준에 적합하지 아니하게 된 경우만 해당한다)

8) 「장애인 · 노인 · 임산부 등의 편의증진 보장에 관한 법률 시행령」 별표 2의 기준에 따라 설치하는 장애인용 승강기, 장애인용 에스컬레이터, 휠체어리프트 또는 경사로

9) 「가축전염병 예방법」 제17조제1항제1호에 따른 소독설비를 갖추기 위하여 같은 호에 따른 가축사육시설(2015년 4월 27일 전에 건축되거나 설치된 가축사육시설로 한정한다)에서 설치하는 시설

10) 「매장문화재 보호 및 조사에 관한 법률」 제14조제1항제1호 및 제2호에 따른 현지보존 및 이전보존을 위하여 매장문화재 보호 및 전시에 전용되는 부분

11) 「가축분뇨의 관리 및 이용에 관한 법률」 제12조제1항에 따른 처리시설(법률 제12516호 가축분뇨의 관리 및 이용에 관한 법률 일부개정법률 부칙 제9조에 해당하는 배출시설의 처리시설로 한정한다)

3. 바닥면적: 건축물의 각 층 또는 그 일부로서 벽, 기둥, 그 밖에 이와 비슷한 구획의 중심선으로 둘러싸인 부분의 수평투영면적으로 한다. 다만, 다음 각 목의 어느 하나에 해당하는 경우에는 각 목에서 정하는 바에 따른다.

가. 벽 · 기둥의 구획이 없는 건축물은 그 지붕 끝부분으로부터 수평거리 1미터를 후퇴한 선으로 둘러싸인 수평투영면적으로 한다.

나. 건축물의 노대등의 바닥은 난간 등의 설치 여부에 관계없이 노대등의 면적(외벽의 중심선으로부터 노대등의 끝부분까지의 면적을 말한다)에서 노대등이 접한 가장 긴 외벽에 접한 길이에 1.5미터를 곱한 값을 뺀 면적을 바닥면적에 산입한다.

다. 필로티나 그 밖에 이와 비슷한 구조(벽면적의 2분의 1 이상이 그 층의 바닥면에서 위층 바닥 아래면까지 공간으로 된 것만 해당한다)의 부분은 그 부분이 공중의 통행이나 차량의 통행 또는 주차에 전용되는 경우와 공동주택의 경우에는 바닥면적에 산입하지 아니한다.

라. 승강기탑(옥상 출입용 승강장을 포함한다), 계단탑, 장식탑, 다락[층고(層高)가 1.5미터(경사진 형태의 지붕인 경우에는 1.8미터) 이하인 것만 해당한다], 건축물의 외부 또는

내부에 설치하는 굴뚝, 더스트슈트, 설비덕트, 그 밖에 이와 비슷한 것과 옥상 · 옥외 또는 지하에 설치하는 물탱크, 기름탱크, 냉각탑, 정화조, 도시가스 정압기, 그 밖에 이와 비슷한 것을 설치하기 위한 구조물과 건축물 간에 화물의 이동에 이용되는 컨베이어벨트만을 설치하기 위한 구조물은 바닥면적에 산입하지 아니한다.

마. 공동주택으로서 지상층에 설치한 기계실, 전기실, 어린이놀이터, 조경시설 및 생활폐기물 보관함의 면적은 바닥면적에 산입하지 아니한다.

바. 「다중이용업소의 안전관리에 관한 특별법 시행령」 제9조에 따라 기존의 다중이용업소(2004년 5월 29일 이전의 것만 해당한다)의 비상구에 연결하여 설치하는 폭 1.5미터 이하의 옥외 피난계단(기존 건축물에 옥외 피난계단을 설치함으로써 법 제56조에 따른 용적률에 적합하지 아니하게 된 경우만 해당한다)은 바닥면적에 산입하지 아니한다.

사. 제6조제1항제6호에 따른 건축물을 리모델링하는 경우로서 미관 향상, 열의 손실 방지 등을 위하여 외벽에 부가하여 마감재 등을 설치하는 부분은 바닥면적에 산입하지 아니한다.

아. 제1항제2호나목3)의 건축물의 경우에는 단열재가 설치된 외벽 중 내측 내력벽의 중심선을 기준으로 산정한 면적을 바닥면적으로 한다.

자. 「영유아보육법」 제15조에 따른 어린이집(2005년 1월 29일 이전에 설치된 것만 해당한다)의 비상구에 연결하여 설치하는 폭 2미터 이하의 영유아용 대피용 미끄럼대 또는 비상계단의 면적은 바닥면적(기존 건축물에 영유아용 대피용 미끄럼대 또는 비상계단을 설치함으로써 법 제56조에 따른 용적률 기준에 적합하지 아니하게 된 경우만 해당한다)에 산입하지 아니한다.

차. 「장애인 · 노인 · 임산부 등의 편의증진 보장에 관한 법률 시행령」 별표 2의 기준에 따라 설치하는 장애인용 승강기, 장애인용 에스컬레이터, 휠체어리프트 또는 경사로는 바닥면적에 산입하지 아니한다.

카. 「가축전염병 예방법」 제17조제1항제1호에 따른 소독설비를 갖추기 위하여 같은 호에 따른 가축사육시설(2015년 4월 27일 전에 건축되거나 설치된 가축사육시설로 한정한다)에서 설치하는 시설은 바닥면적에 산입하지 아니한다.

타. 「매장문화재 보호 및 조사에 관한 법률」 제14조제1항제1호 및 제2호에 따른 현지보존 및 이전보존을 위하여 매장문화재 보호 및 전시에 전용되는 부분은 바닥면적에 산입하지 아니한다.

4\. 연면적: 하나의 건축물 각 층의 바닥면적의 합계로 하되, 용적률을 산정할 때에는 다음 각 목에 해당하는 면적은 제외한다.

가. 지하층의 면적

나. 지상층의 주차용(해당 건축물의 부속용도인 경우만 해당한다)으로 쓰는 면적

다. 삭제 〈2012. 12. 12.〉

라. 삭제 〈2012. 12. 12.〉

마. 제34조제3항 및 제4항에 따라 초고층 건축물과 준초고층 건축물에 설치하는 피난안전구역의 면적

바. 제40조제3항제2호에 따라 건축물의 경사지붕 아래에 설치하는 대피공간의 면적

5. 건축물의 높이: 지표면으로부터 그 건축물의 상단까지의 높이[건축물의 1층 전체에 필로티(건축물을 사용하기 위한 경비실, 계단실, 승강기실, 그 밖에 이와 비슷한 것을 포함한다)가 설치되어 있는 경우에는 법 제60조 및 법 제61조제2항을 적용할 때 필로티의 층고를 제외한 높이]로 한다. 다만, 다음 각 목의 어느 하나에 해당하는 경우에는 각 목에서 정하는 바에 따른다.

가. 법 제60조에 따른 건축물의 높이는 전면도로의 중심선으로부터의 높이로 산정한다. 다만, 전면도로가 다음의 어느 하나에 해당하는 경우에는 그에 따라 산정한다.

1) 건축물의 대지에 접하는 전면도로의 노면에 고저차가 있는 경우에는 그 건축물이 접하는 범위의 전면도로부분의 수평거리에 따라 가중평균한 높이의 수평면을 전면도로면으로 본다.

2) 건축물의 대지의 지표면이 전면도로보다 높은 경우에는 그 고저차의 2분의 1의 높이만큼 올라온 위치에 그 전면도로의 면이 있는 것으로 본다.

나. 법 제61조에 따른 건축물 높이를 산정할 때 건축물 대지의 지표면과 인접 대지의 지표면 간에 고저차가 있는 경우에는 그 지표면의 평균 수평면을 지표면으로 본다. 다만, 법 제61조제2항에 따른 높이를 산정할 때 해당 대지가 인접 대지의 높이보다 낮은 경우에는 해당 대지의 지표면을 지표면으로 보고, 공동주택을 다른 용도와 복합하여 건축하는 경우에는 공동주택의 가장 낮은 부분을 그 건축물의 지표면으로 본다.

다. 건축물의 옥상에 설치되는 승강기탑 · 계단탑 · 망루 · 장식탑 · 옥탑 등으로서 그 수평투영면적의 합계가 해당 건축물 건축면적의 8분의 1(「주택법」 제15조제1항에 따른 사업계획승인 대상인 공동주택 중 세대별 전용면적이 85제곱미터 이하인 경우에는 6분의 1) 이하인 경우로서 그 부분의 높이가 12미터를 넘는 경우에는 그 넘는 부분만 해당 건축물의 높이에 산입한다.

라. 지붕마루장식 · 굴뚝 · 방화벽의 옥상돌출부나 그 밖에 이와 비슷한 옥상돌출물과 난간벽(그 벽면적의 2분의 1 이상이 공간으로 되어 있는 것만 해당한다)은 그 건축물의 높

이에 산입하지 아니한다.

6. 처마높이: 지표면으로부터 건축물의 지붕틀 또는 이와 비슷한 수평재를 지지하는 벽 · 깔도리 또는 기둥의 상단까지의 높이로 한다.
7. 반자높이: 방의 바닥면으로부터 반자까지의 높이로 한다. 다만, 한 방에서 반자높이가 다른 부분이 있는 경우에는 그 각 부분의 반자면적에 따라 가중평균한 높이로 한다.
8. 층고: 방의 바닥구조체 윗면으로부터 위층 바닥구조체의 윗면까지의 높이로 한다. 다만, 한 방에서 층의 높이가 다른 부분이 있는 경우에는 그 각 부분 높이에 따른 면적에 따라 가중평균한 높이로 한다.
9. 층수: 승강기탑(옥상 출입용 승강장을 포함한다), 계단탑, 망루, 장식탑, 옥탑, 그 밖에 이와 비슷한 건축물의 옥상 부분으로서 그 수평투영면적의 합계가 해당 건축물 건축면적의 8분의 1(「주택법」 제15조제1항에 따른 사업계획승인 대상인 공동주택 중 세대별 전용면적이 85제곱미터 이하인 경우에는 6분의 1) 이하인 것과 지하층은 건축물의 층수에 산입하지 아니하고, 층의 구분이 명확하지 아니한 건축물은 그 건축물의 높이 4미터마다 하나의 층으로 보고 그 층수를 산정하며, 건축물이 부분에 따라 그 층수가 다른 경우에는 그 중 가장 많은 층수를 그 건축물의 층수로 본다.
10. 지하층의 지표면: 법 제2조제1항제5호에 따른 지하층의 지표면은 각 층의 주위가 접하는 각 지표면 부분의 높이를 그 지표면 부분의 수평거리에 따라 가중평균한 높이의 수평면을 지표면으로 산정한다.

② 제1항 각 호(제10호는 제외한다)에 따른 기준에 따라 건축물의 면적 · 높이 및 층수 등을 산정할 때 지표면에 고저차가 있는 경우에는 건축물의 주위가 접하는 각 지표면 부분의 높이를 그 지표면 부분의 수평거리에 따라 가중평균한 높이의 수평면을 지표면으로 본다. 이 경우 그 고저차가 3미터를 넘는 경우에는 그 고저차 3미터 이내의 부분마다 그 지표면을 정한다.

③ 제1항제5호다목 또는 제1항제9호에 따른 수평투영면적의 산정은 제1항제2호에 따른 건축면적의 산정방법에 따른다.

[전문개정 2008. 10. 29.]

제119조의2 「행정대집행법」 적용의 특례

법 제85조제1항제5호에서 "대통령령으로 정하는 경우"란 「대기환경보전법」에 따른 대기오염물질 또는 「수질 및 수생태계 보전에 관한 법률」에 따른 수질오염물질을 배출하는 건축물로서 주변 환경을 심각하게 오염시킬 우려가 있는 경우를 말한다.

[본조신설 2009. 8. 5.]

[종전 제119조의2는 제119조의3으로 이동 〈2009. 8. 5.〉]

제119조의3 지역건축안전센터의 업무

법 제87조의2제1항제4호에서 "대통령령으로 정하는 사항"이란 관할 구역 내 건축물의 안전에 관한 사항으로서 해당 지방자치단체의 조례로 정하는 사항을 말한다.

[본조신설 2018. 6. 26.]

[종전 제119조의3은 제119조의4로 이동 〈2018. 6. 26.〉]

제119조의4 분쟁조정

① 법 제88조에 따라 분쟁의 조정 또는 재정(이하 "조정등"이라 한다)을 받으려는 자는 국토교통부령으로 정하는 바에 따라 신청 취지와 신청사건의 내용을 분명하게 밝힌 조정등의 신청서를 국토교통부에 설치된 건축분쟁전문위원회(이하 "분쟁위원회"라 한다)에 제출(전자문서에 의한 제출을 포함한다)하여야 한다. 〈개정 2009. 8. 5., 2013. 3. 23., 2014. 11. 28.〉

② 조정위원회는 법 제95조제2항에 따라 당사자나 참고인을 조정위원회에 출석하게 하여 의견을 들으려면 회의 개최 5일 전에 서면(당사자 또는 참고인이 원하는 경우에는 전자문서를 포함한다)으로 출석을 요청하여야 하며, 출석을 요청받은 당사자 또는 참고인은 조정위원회의 회의에 출석할 수 없는 부득이한 사유가 있는 경우에는 미리 서면 또는 전자문서로 의견을 제출할 수 있다.

③ 법 제88조, 제89조 및 제91조부터 제104조까지의 규정에 따른 분쟁의 조정등을 할 때 서류의 송달에 관하여는 「민사소송법」 제174조부터 제197조까지를 준용한다.

〈개정 2014. 11. 28.〉

④ 조정위원회 또는 재정위원회는 법 제102조제1항에 따라 당사자가 분쟁의 조정등을 위한 감정 · 진단 · 시험 등에 드는 비용을 내지 아니한 경우에는 그 분쟁에 대한 조정등을 보류할 수 있다. 〈개정 2009. 8. 5.〉

⑤ 삭제 〈2014. 11. 28.〉

[전문개정 2008. 10. 29.]

[제119조의3에서 이동, 종전 제119조의4는 제119조의5로 이동 〈2018. 6. 26.〉]

제119조의5 선정대표자

① 여러 사람이 공동으로 조정등의 당사자가 될 때에는 그 중에서 3명 이하의 대표자를 선정할 수 있다.

② 분쟁위원회는 당사자가 제1항에 따라 대표자를 선정하지 아니한 경우 필요하다고 인정하면 당사자에게 대표자를 선정할 것을 권고할 수 있다. 〈개정 2009. 8. 5., 2014. 11. 28.〉

③ 제1항 또는 제2항에 따라 선정된 대표자(이하 "선정대표자"라 한다)는 다른 신청인 또는 피신청인을 위하여 그 사건의 조정등에 관한 모든 행위를 할 수 있다. 다만, 신청을 철회하거나 조정안을 수락하려는 경우에는 서면으로 다른 신청인 또는 피신청인의 동의를 받아야 한다.

④ 대표자가 선정된 경우에는 다른 신청인 또는 피신청인은 그 선정대표자를 통해서만 그 사건에 관한 행위를 할 수 있다.

⑤ 대표자를 선정한 당사자는 필요하다고 인정하면 선정대표자를 해임하거나 변경할 수 있다. 이 경우 당사자는 그 사실을 지체 없이 분쟁위원회에 통지하여야 한다.

〈개정 2009. 8. 5., 2014. 11. 28.〉

[전문개정 2008. 10. 29.]

[제119조의4에서 이동, 종전 제119조의5는 제119조의6으로 이동 〈2018. 6. 26.〉]

제119조의6 절차의 비공개

분쟁위원회가 행하는 조정등의 절차는 법 또는 이 영에 특별한 규정이 있는 경우를 제외하고는 공개하지 아니한다. 〈개정 2009. 8. 5., 2014. 11. 28.〉

[본조신설 2006. 5. 8.]

[제119조의5에서 이동, 종전 제119조의6은 제119조의7로 이동 〈2018. 6. 26.〉]

제119조의7 위원의 제척 등

① 법 제89조제8항에 따라 분쟁위원회의 위원이 다음 각 호의 어느 하나에 해당하면 그 직무의 집행에서 제외된다.

1. 위원 또는 그 배우자나 배우자였던 자가 해당 분쟁사건(이하 "사건"이라 한다)의 당사자가 되거나 그 사건에 관하여 당사자와 공동권리자 또는 의무자의 관계에 있는 경우
2. 위원이 해당 사건의 당사자와 친족이거나 친족이었던 경우
3. 위원이 해당 사건에 관하여 진술이나 감정을 한 경우
4. 위원이 해당 사건에 당사자의 대리인으로서 관여하였거나 관여한 경우
5. 위원이 해당 사건의 원인이 된 처분이나 부작위에 관여한 경우

② 분쟁위원회는 제척 원인이 있는 경우 직권이나 당사자의 신청에 따라 제척의 결정을 한다.

③ 당사자는 위원에게 공정한 직무집행을 기대하기 어려운 사정이 있으면 분쟁위원회에 기피신청을 할 수 있으며, 분쟁위원회는 기피신청이 타당하다고 인정하면 기피의 결정을 하여야

한다.

④ 위원은 제1항이나 제3항의 사유에 해당하면 스스로 그 사건의 직무집행을 회피할 수 있다.

[본조신설 2014. 11. 28.]

[제119조의6에서 이동, 종전 제119조의7은 제119조의8로 이동 〈2018. 6. 26.〉]

제119조의8 조정등의 거부와 중지

① 법 제89조제8항에 따라 분쟁위원회는 분쟁의 성질상 분쟁위원회에서 조정등을 하는 것이 맞지 아니하다고 인정하거나 부정한 목적으로 신청하였다고 인정되면 그 조정등을 거부할 수 있다. 이 경우 조정등의 거부 사유를 신청인에게 알려야 한다.

② 분쟁위원회는 신청된 사건의 처리 절차가 진행되는 도중에 한쪽 당사자가 소(訴)를 제기한 경우에는 조정등의 처리를 중지하고 이를 당사자에게 알려야 한다.

[본조신설 2014. 11. 28.]

[제119조의7에서 이동, 종전 제119조의8은 제119조의9로 이동 〈2018. 6. 26.〉]

제119조의9 조정등의 비용 예치

법 제102조제2항에 따라 조정위원회 또는 재정위원회는 조정등을 위한 비용을 예치할 금융기관을 지정하고 예치기간을 정하여 당사자로 하여금 비용을 예치하게 할 수 있다.

[본조신설 2014. 11. 28.]

[제119조의8에서 이동, 종전 제119조의9는 제119조의10으로 이동 〈2018. 6. 26.〉]

제119조의10 분쟁위원회의 운영 및 사무처리

① 국토교통부장관은 법 제103조제1항에 따라 분쟁위원회의 운영 및 사무처리를 한국시설안전공단에 위탁한다. 〈개정 2016. 7. 19.〉

② 제1항에 따라 위탁을 받은 한국시설안전공단은 그 소속으로 분쟁위원회 사무국을 두어야 한다.

[본조신설 2014. 11. 28.]

[제119조의9에서 이동, 종전 제119조의10은 제119조의11로 이동 〈2018. 6. 26.〉]

제119조의11 고유식별정보의 처리

국토교통부장관(법 제82조에 따라 국토교통부장관의 권한을 위임받거나 업무를 위탁받은 자를 포함한다), 시 · 도지사, 시장, 군수, 구청장(해당 권한이 위임 · 위탁된 경우에는 그 권한을 위임 · 위탁받은 자를 포함한다)은 다음 각 호의 사무를 수행하기 위하여 불가피한 경우 「개인정보

보호법 시행령」 제19조에 따른 주민등록번호 또는 외국인등록번호가 포함된 자료를 처리할 수 있다.

1. 법 제11조에 따른 건축허가에 관한 사무
2. 법 제14조에 따른 건축신고에 관한 사무
3. 법 제16조에 따른 허가와 신고사항의 변경에 관한 사무
4. 법 제19조에 따른 용도변경에 관한 사무
5. 법 제20조에 따른 가설건축물의 건축허가 또는 축조신고에 관한 사무
6. 법 제21조에 따른 착공신고에 관한 사무
7. 법 제22조에 따른 건축물의 사용승인에 관한 사무
8. 법 제31조에 따른 건축행정 전산화에 관한 사무
9. 법 제32조에 따른 건축허가 업무 등의 전산처리에 관한 사무
10. 법 제33조에 따른 전산자료의 이용자에 대한 지도 · 감독에 관한 사무
11. 법 제38조에 따른 건축물대장의 작성 · 보관에 관한 사무
12. 법 제39조에 따른 등기촉탁에 관한 사무

[본조신설 2017. 3. 27.]

[제119조의10에서 이동 〈2018. 6. 26.〉]

제120조 규제의 재검토

① 국토교통부장관은 다음 각 호의 사항에 대하여 2017년 1월 1일을 기준으로 3년마다(매 3년이 되는 해의 1월 1일 전까지를 말한다) 그 타당성을 검토하여 개선 등의 조치를 하여야 한다. 〈개정 2014. 11. 11., 2014. 12. 9., 2016. 12. 30., 2017. 12. 12.〉

1. 제5조의5제1항제1호에 따른 지방건축위원회의 심의사항
2. 제8조제1항에 따라 특별시장이나 광역시장의 허가를 받아야 하는 건축물의 건축 및 같은 조 제3항에 따라 도지사의 승인을 받아야 하는 건축물의 건축
3. 제12조제1항제3호에 따른 신고 대상의 적절성
4. 제14조에 따른 용도변경
5. 제27조에 따른 대지의 조경
6. 제27조의2에 따른 공개 공지 등의 확보
7. 제28조에 따른 대지와 도로의 관계
8. 제31조에 따른 건축선
9. 제32조제2항에 따른 구조안전의 확인 서류 제출 대상 건축물

10. 제80조에 따른 건축물이 있는 대지의 분할제한 규모

11. 제80조의2 및 별표 2에 따라 건축선 및 인접 대지경계선으로부터 건축물까지 띄어야 하는 거리

12. 제82조에 따른 건축물의 높이 제한

13. 제86조에 따른 일조 등의 확보를 위한 건축물의 높이 제한

14. 제91조의3에 따른 관계전문기술자와의 협력

14의2. 제110조의4에 따른 건축협정의 폐지 제한 기간

15. 제114조에 따른 위반 건축물에 대한 사용 및 영업행위의 허용 등

16. 제115조의2제1항에 따른 이행강제금의 감경 대상 건축물

17. 제115조의2제2항 및 별표 15에 따른 이행강제금의 산정기준

18. 제118조제1항에 따른 축조 신고 대상 공작물

② 삭제 〈2016. 12. 30.〉

③ 삭제 〈2017. 12. 12.〉

[전문개정 2013. 12. 30.]

제10장 벌칙〈신설 2013. 5. 31.〉

제121조 과태료의 부과기준

법 제113조제1항부터 제3항까지의 규정에 따른 과태료의 부과기준은 별표 16과 같다.

〈개정 2017. 2. 3.〉

[본조신설 2013. 5. 31.]

부칙 〈제29457호, 2018. 12. 31.〉

제1조 시행일

이 영은 공포 후 6개월이 경과한 날부터 시행한다. 다만, 대통령령 제29332호 건축법 시행령 일부개정령 부칙 제4조의 개정규정은 공포한 날부터 시행한다.

제2조 건축물의 범죄예방에 관한 적용례

제61조의3제1호의 개정규정은 이 영 시행 이후 법 제11조에 따른 건축허가를 신청(건축허가를 신청하기 위해 법 제4조의2제1항에 따라 건축위원회에 심의를 신청하는 경우를 포함한다)하거나 법 제14조에 따른 건축신고를 하는 경우부터 적용한다.

건축법 시행규칙

[시행 2018. 12. 30]

[국토교통부령 제562호, 2018. 11. 29, 일부개정]

제1조 목적

이 규칙은 「건축법」 및 「건축법 시행령」에서 위임된 사항과 그 시행에 필요한 사항을 규정함을 목적으로 한다. 〈개정 2005. 7. 18., 2012. 12. 12.〉

제1조의2 설계도서의 범위

「건축법」(이하 "법"이라 한다) 제2조제14호에서 "그 밖에 국토교통부령으로 정하는 공사에 필요한 서류"란 다음 각 호의 서류를 말한다. 〈개정 2005. 7. 18., 2008. 3. 14., 2008. 12. 11., 2013. 3. 23.〉

1. 건축설비계산 관계서류
2. 토질 및 지질 관계서류
3. 기타 공사에 필요한 서류

[본조신설 1996. 1. 18.]

제2조 중앙건축위원회의 운영 등

① 법 제4조제1항 및 「건축법 시행령」(이하 "영"이라 한다) 제5조의4에 따라 국토교통부에 두는 건축위원회(이하 "중앙건축위원회"라 한다)의 회의는 다음 각 호에 따라 운영한다.

〈개정 2013. 3. 23., 2016. 1. 13.〉

1. 중앙건축위원회의 위원장은 중앙건축위원회의 회의를 소집하고, 그 의장이 된다.
2. 중앙건축위원회의 회의는 구성위원(위원장과 위원장이 회의 시마다 확정하는 위원을 말한다) 과반수의 출석으로 개의(開議)하고, 출석위원 과반수의 찬성으로 조사·심의·조정 또는 재정(이하 "심의등"이라 한다)을 의결한다.
3. 중앙건축위원회의 위원장은 업무수행을 위하여 필요하다고 인정하는 경우에는 관계 전문가를 중앙건축위원회의 회의에 출석하게 하여 발언하게 하거나 관계 기관·단체에 대하여 자료를 요구할 수 있다.
4. 중앙건축위원회는 심의신청 접수일부터 30일 이내에 심의를 마쳐야 한다. 다만, 심의요청서 보완 등 부득이한 사정이 있는 경우에는 20일의 범위에서 연장할 수 있다.

② 중앙건축위원회의 회의에 출석한 위원에 대하여는 예산의 범위에서 수당 및 여비를 지급할 수 있다. 다만, 공무원인 위원이 그의 소관 업무와 직접적으로 관련하여 출석하는 경우에는 그러하지 아니하다.

③ 중앙건축위원회의 심의등 관련 서류는 심의등의 완료 후 2년간 보존하여야 한다.

〈신설 2016. 1. 13.〉

④ 중앙건축위원회에 회의록 작성 등 중앙건축위원회의 사무를 처리하기 위하여 간사를 두되,

간사는 국토교통부의 건축정책업무 담당 과장이 된다. 〈신설 2016. 1. 13.〉

⑤ 이 규칙에서 규정한 사항 외에 중앙건축위원회의 운영에 필요한 사항은 중앙건축위원회의 의결을 거쳐 위원장이 정한다. 〈개정 2016. 1. 13.〉

[전문개정 2012. 12. 12.]

제2조의2 중앙건축위원회의 심의등의 결과 통보

국토교통부장관은 중앙건축위원회가 심의등을 의결한 날부터 7일 이내에 심의등을 신청한 자에게 그 심의등의 결과를 서면으로 알려야 한다. 〈개정 2013. 3. 23.〉

[본조신설 2012. 12. 12.]

[종전 제2조의2는 제2조의3으로 이동 〈2012. 12. 12.〉]

제2조의3 전문위원회의 구성등

① 삭제 〈1999. 5. 11.〉

② 법 제4조제2항에 따라 중앙건축위원회에 구성되는 전문위원회(이하 이 조에서 "전문위원회"라 한다)는 중앙건축위원회의 위원 중 5인 이상 15인 이하의 위원으로 구성한다.〈개정 1999. 5. 11., 2006. 5. 12.〉

③ 전문위원회의 위원장은 전문위원회의 위원중에서 국토교통부장관이 임명 또는 위촉하는 자가 된다. 〈개정 1999. 5. 11., 2008. 3. 14., 2013. 3. 23.〉

④ 전문위원회의 운영에 관하여는 제2조제1항 및 제2항을 준용한다. 이 경우 "중앙건축위원회"는 각각 "전문위원회"로 본다. 〈개정 2012. 12. 12.〉

[본조신설 1998. 9. 29.]

[제목개정 1999. 5. 11.]

[제2조의2에서 이동, 종전 제2조의3은 삭제

제2조의4 지방건축위원회의 심의 신청 등

① 법 제4조의2제1항 및 제3항에 따라 건축물을 건축하거나 대수선하려는 자는 특별시·광역시·특별자치시·도·특별자치도 및 시·군·구(자치구를 말한다. 이하 같다)에 두는 건축위원회(이하 "지방건축위원회"라 한다)의 심의 또는 재심의를 신청하려는 경우에는 별지 제1호서식의 건축위원회 심의(재심의)신청서에 영 제5조의5제6항제2호자목에 따른 간략설계도서를 첨부(심의를 신청하는 경우에 한정한다)하여 제출하여야 한다.

② 영 제6조의3제2항 및 제4항에 따라 구조 안전에 관한 지방건축위원회의 심의 또는 재심의를

신청할 때에는 별지 제1호의5서식의 건축위원회 구조 안전 심의(재심의) 신청서에 별표 1의 2에 따른 서류를 첨부(재심의를 신청하는 경우는 제외한다)하여 제출하여야 한다.

〈신설 2015. 7. 7.〉

③ 법 제4조의2제2항 및 제4항에 따라 특별시장 · 광역시장 · 특별자치시장 · 도지사 · 특별자치도지사(이하 "시 · 도지사"라 한다) 또는 시장 · 군수 · 구청장(자치구의 구청장을 말한다. 이하 같다)은 지방건축위원회의 심의 또는 재심의를 완료한 날부터 14일 이내에 그 심의 또는 재심의 결과를 심의 또는 재심의를 신청한 자에게 통보하여야 한다. 〈개정 2015. 7. 7.〉

[본조신설 2014. 11. 28.]

[종전 제2조의4는 제2조의5로 이동 〈2014. 11. 28.〉]

제2조의5 적용의 완화

영 제6조제2항제2호나목에서 "국토교통부령으로 정하는 규모 및 범위"란 다음 각 호의 구분에 따른 증축을 말한다.

〈개정 2012. 12. 12., 2013. 3. 23., 2013. 11. 28., 2014. 4. 25., 2014. 11. 28., 2016. 7. 20., 2016. 8. 12.〉

1. 증축의 규모는 다음 각 목의 기준에 따라야 한다.

가. 연면적의 증가

1) 공동주택이 아닌 건축물로서 「주택법 시행령」 제10조제1항제1호에 따른 원룸형 주택으로의 용도변경을 위하여 증축되는 건축물 및 공동주택: 건축위원회의 심의에서 정한 범위 이내일 것.

2) 그 외의 건축물: 기존 건축물 연면적 합계의 10분의 1의 범위에서 건축위원회의 심의에서 정한 범위 이내일 것. 다만, 영 제6조제1항제6호가목에 따른 리모델링 활성화 구역은 기존 건축물의 연면적 합계의 10분의 3의 범위에서 건축위원회 심의에서 정한 범위 이내일 것.

나. 건축물의 층수 및 높이의 증가: 건축위원회 심의에서 정한 범위 이내일 것.

다. 「주택법」 제15조에 따른 사업계획승인 대상인 공동주택 세대수의 증가: 가목에 따라 증축 가능한 연면적의 범위에서 기존 세대수의 100분의 15를 상한으로 건축위원회 심의에서 정한 범위 이내일 것

2. 증축할 수 있는 범위는 다음 각 목의 구분에 따른다.

가. 공동주택

1) 승강기 · 계단 및 복도

2) 각 세대 내의 노대 · 화장실 · 창고 및 거실

3) 「주택법」 에 따른 부대시설

4) 「주택법」 에 따른 복리시설

5) 기존 공동주택의 높이 · 층수 또는 세대수

나. 가목 외의 건축물

1) 승강기 · 계단 및 주차시설

2) 노인 및 장애인 등을 위한 편의시설

3) 외부벽체

4) 통신시설 · 기계설비 · 화장실 · 정화조 및 오수처리시설

5) 기존 건축물의 높이 및 층수

6) 법 제2조제1항제6호에 따른 거실

[전문개정 2010. 8. 5.]

[제2조의4에서 이동 〈2014. 11. 28.〉]

제3조 기존건축물에 대한 특례

영 제6조의2제1항제3호에서 "국토교통부령으로 정하는 경우"란 다음 각 호의 어느 하나에 해당하는 경우를 말한다.

〈개정 2003. 7. 1., 2005. 7. 18., 2006. 5. 12., 2008. 3. 14., 2010. 8. 5., 2012. 3. 16., 2013. 3. 23., 2014. 10. 15.〉

1. 법률 제3259호 「준공미필건축물 정리에 관한 특별조치법」, 법률 제3533호 「특정건축물 정리에 관한 특별조치법」, 법률 제6253호 「특정건축물 정리에 관한 특별조치법」, 법률 제7698호 「특정건축물 정리에 관한 특별조치법」 및 법률 제11930호 「특정건축물 정리에 관한 특별조치법」 에 따라 준공검사필증 또는 사용승인서를 교부받은 사실이 건축물대장에 기재된 경우
2. 「도시 및 주거환경정비법」 에 의한 주거환경개선사업의 준공인가증을 교부받은 경우
3. 「공유토지분할에 관한 특례법」 에 의하여 분할된 경우
4. 대지의 일부 토지소유권에 대하여 「민법」 제245조에 따라 소유권이전등기가 완료된 경우
5. 「지적재조사에 관한 특별법」 에 따른 지적재조사사업으로 새로운 지적공부가 작성된 경우

[전문개정 1996. 1. 18.]

제4조 건축에 관한 입지 및 규모의 사전결정신청시 제출서류

법 제10조제1항 및 제2항에 따른 사전결정을 신청하는 자는 별지 제1호의2서식의 사전결정신청서에 다음 각 호의 도서를 첨부하여 법 제11조제1항에 따른 허가권자(이하 "허가권자"라 한다)

에게 제출하여야 한다.

〈개정 2008. 12. 11., 2008. 12. 31., 2012. 12. 12., 2014. 11. 28., 2016. 1. 13., 2016. 1. 27.〉

1. 영 제5조의5제6항제2호자목에 따라 제출되어야 하는 간략설계도서(법 제10조제2항에 따라 사전결정신청과 동시에 건축위원회의 심의를 신청하는 경우만 해당한다)

2. 「도시교통정비 촉진법」에 따른 교통영향평가서의 검토를 위하여 같은 법에서 제출하도록 한 서류(법 제10조제2항에 따라 사전결정신청과 동시에 교통영향평가서의 검토를 신청하는 경우만 해당됩니다)

3. 「환경정책기본법」에 따른 사전환경성검토를 위하여 같은 법에서 제출하도록 한 서류(법 제10조제1항에 따라 사전결정이 신청된 건축물의 대지면적 등이 「환경정책기본법」에 따른 사전환경성검토 협의대상인 경우만 해당한다)

4. 법 제10조제6항 각 호의 허가를 받거나 신고 또는 협의를 하기 위하여 해당법령에서 제출하도록 한 서류(해당사항이 있는 경우만 해당한다)

5. 별표 2 중 건축계획서(에너지절약계획서, 노인 및 장애인을 위한 편의시설 설치계획서는 제외한다) 및 배치도(조경계획은 제외한다)

[본조신설 2006. 5. 12.]

제5조 건축에 관한 입지 및 규모의 사전결정서 등

① 허가권자는 법 제10조제4항에 따라 사전결정을 한 후 별지 제1호의3서식의 사전결정서를 사전결정일부터 7일 이내에 사전결정을 신청한 자에게 송부하여야 한다.

〈개정 2012. 12. 12., 2014. 11. 28.〉

② 제1항에 따른 사전결정서에는 법 · 영 또는 해당지방자치단체의 건축에 관한 조례(이하 "건축조례"라 한다) 등(이하 "법령등"이라 한다)에의 적합 여부와 법 제10조제6항에 따른 관계법률의 허가 · 신고 또는 협의 여부를 표시하여야 한다. 〈개정 2012. 12. 12.〉

[본조신설 2006. 5. 12.]

제6조 건축허가 등의 신청

① 법 제11조제1항 · 제3항, 제20조제1항, 영 제9조제1항 및 제15조제8항에 따라 건축물의 건축 · 대수선 허가 또는 가설건축물의 건축허가를 받으려는 자는 별지 제1호의4서식의 건축 · 대수선 · 용도변경 (변경)허가 신청서에 다음 각 호의 서류를 첨부하여 허가권자에게 제출(전자문서로 제출하는 것을 포함한다)해야 한다. 이 경우 허가권자는 「전자정부법」 제36조제1항에 따른 행정정보의 공동이용(이하 "행정정보의 공동이용"이라 한다)을 통해 제1

호의2의 서류 중 토지등기사항증명서를 확인해야 하며, 신청인이 확인에 동의하지 않은 경우에는 해당 서류를 제출하도록 해야 한다. 〈개정 1996. 1. 18., 1999. 5. 11., 2005. 7. 18., 2006. 5. 12., 2007. 12. 13., 2008. 12. 11., 2011. 1. 6., 2011. 6. 29., 2012. 12. 12., 2014. 11. 28., 2015. 10. 5., 2016. 7. 20., 2016. 8. 12., 2017. 1. 19., 2018. 11. 29.〉

1. 건축할 대지의 범위에 관한 서류

1의2. 건축할 대지의 소유에 관한 권리를 증명하는 서류. 다만, 다음 각 목의 경우에는 그에 따른 서류로 갈음할 수 있다.

가. 건축할 대지에 포함된 국유지 또는 공유지에 대해서는 허가권자가 해당 토지의 관리청과 협의하여 그 관리청이 해당 토지를 건축주에게 매각하거나 양여할 것을 확인한 서류

나. 집합건물의 공용부분을 변경하는 경우에는 「집합건물의 소유 및 관리에 관한 법률」 제15조제1항에 따른 결의가 있었음을 증명하는 서류

다. 분양을 목적으로 하는 공동주택을 건축하는 경우에는 그 대지의 소유에 관한 권리를 증명하는 서류. 다만, 법 제11조에 따라 주택과 주택 외의 시설을 동일 건축물로 건축하는 건축허가를 받아 「주택법 시행령」 제27조제1항에 따른 호수 또는 세대수 이상으로 건설·공급하는 경우 대지의 소유권에 관한 사항은 「주택법」 제21조를 준용한다.

1의3. 법 제11조제11항제1호에 해당하는 경우에는 건축할 대지를 사용할 수 있는 권원을 확보하였음을 증명하는 서류

1의4. 법 제11조제11항제2호 및 영 제9조의2제1항 각 호의 사유에 해당하는 경우에는 다음 각 목의 서류

가. 건축물 및 해당 대지의 공유자 수의 100분의 80 이상의 서면동의서: 공유자가 지장(指章)을 날인하고 자필로 서명하는 서면동의의 방법으로 하며, 주민등록증, 여권 등 신원을 확인할 수 있는 신분증명서의 사본을 첨부하여야 한다. 다만, 공유자가 해외에 장기체류하거나 법인인 경우 등 불가피한 사유가 있다고 허가권자가 인정하는 경우에는 공유자의 인감도장을 날인한 서면동의서에 해당 인감증명서를 첨부하는 방법으로 할 수 있다.

나. 가목에 따라 동의한 공유자의 지분 합계가 전체 지분의 100분의 80 이상임을 증명하는 서류

다. 영 제9조의2제1항 각 호의 어느 하나에 해당함을 증명하는 서류

라. 해당 건축물의 개요

1의5. 제5조에 따른 사전결정서(법 제10조에 따라 건축에 관한 입지 및 규모의 사전결정서를 받은 경우만 해당한다)

2. 별표 2의 설계도서(실내마감도는 제외하고, 법 제10조에 따른 사전결정을 받은 경우에는 건축계획서 및 배치도를 제외한다). 다만, 법 제23조제4항에 따른 표준설계도서에 따라 건축하는 경우에는 건축계획서 및 배치도만 해당한다.
3. 법 제11조제5항 각 호에 따른 허가등을 받거나 신고를 하기 위하여 해당 법령에서 제출하도록 의무화하고 있는 신청서 및 구비서류(해당 사항이 있는 경우로 한정한다)
4. 별지 제27호의11서식에 따른 결합건축협정서(해당 사항이 있는 경우로 한정한다)

② 법 제16조제1항 및 영 제12조제1항에 따라 변경허가를 받으려는 자는 별지 제1호의4서식의 건축・대수선・용도변경 (변경)허가 신청서에 변경하려는 부분에 대한 변경 전・후의 설계도서와 제1항 각 호에서 정하는 관계 서류 중 변경이 있는 서류를 첨부하여 허가권자에게 제출(전자문서로 제출하는 것을 포함한다)해야 한다. 이 경우 허가권자는 행정정보의 공동이용을 통해 제1항제1호의2의 서류 중 토지등기사항증명서를 확인해야 하며, 신청인이 확인에 동의하지 않은 경우에는 해당 서류를 제출하도록 해야 한다. 〈신설 2018. 11. 29.〉

③ 삭제 〈1999. 5. 11.〉

④ 삭제 〈1999. 5. 11.〉

[제목개정 2018. 11. 29.]

제7조 건축허가의 사전승인

① 법 제11조제2항에 따라 건축허가사전승인 대상건축물의 건축허가에 관한 승인을 받으려는 시장・군수는 허가 신청일부터 15일 이내에 다음 각 호의 구분에 따른 도서를 도지사에게 제출(전자문서로 제출하는 것을 포함한다)하여야 한다.
〈개정 1999. 5. 11., 2001. 9. 28., 2007. 12. 13., 2008. 12. 11., 2016. 7. 20.〉

1. 법 제11조제2항제1호의 경우 : 별표 3의 도서
2. 법 제11조제2항제2호 및 제3호의 경우 : 별표 3의2의 도서

② 제1항의 규정에 의하여 사전승인의 신청을 받은 도지사는 승인요청을 받은 날부터 50일 이내에 승인여부를 시장・군수에게 통보(전자문서에 의한 통보를 포함한다)하여야 한다. 다만, 건축물의 규모가 큰 경우등 불가피한 경우에는 30일의 범위내에서 그 기간을 연장할 수 있다. 〈개정 1996. 1. 18., 1999. 5. 11., 2007. 12. 13.〉

[제목개정 1999. 5. 11.]

제8조 건축허가서 등

① 영 제9조제2항에 따른 건축허가서 및 영 제15조제9항에 따른 가설건축물 건축허가서는 별지

제2호서식과 같다.

② 제6조제2항에 따라 신청을 받은 허가권자가 법 제16조에 따라 변경허가를 한 경우에는 별지 제2호서식의 건축 · 대수선 · 용도변경 허가서를 신청인에게 발급해야 한다.

③ 허가권자는 제1항 및 제2항에 따라 별지 제2호서식의 건축 · 대수선 · 용도변경 허가서를 교부하는 때에는 별지 제3호서식의 건축 · 대수선 · 용도변경 허가(신고)대장을 건축물의 용도별 및 월별로 작성 · 관리해야 한다.

④ 별지 제3호서식의 건축 · 대수선 · 용도변경 허가(신고)대장은 전자적 처리가 불가능한 특별한 사유가 없으면 전자적 처리가 가능한 방법으로 작성 · 관리해야 한다.

[전문개정 2018. 11. 29.]

제9조 건축공사현장 안전관리예치금

영 제10조의2제1항제5호에서 "국토교통부령으로 정하는 보증서"란 「주택도시기금법」 제16조에 따른 주택도시보증공사가 발행하는 보증서를 말한다.

〈개정 2008. 3. 14., 2010. 8. 5., 2013. 3. 23., 2015. 7. 1.〉

[본조신설 2006. 5. 12.]

제9조의2 건축물 안전영향평가

① 영 제10조의3제2항제1호에서 "건축계획서 및 기본설계도서 등 국토교통부령으로 정하는 도서"란 별표 3의 도서를 말한다.

② 법 제13조의2제6항에서 "국토교통부령으로 정하는 방법"이란 해당 지방자치단체의 공보에 게시하는 방법을 말한다. 이 경우 게시 내용에 「개인정보 보호법」 제2조제1호에 따른 개인정보를 포함하여서는 아니된다.

[본조신설 2017. 2. 3.]

제10조 건축허가 등의 수수료

① 법 제11조 · 제14조 · 제16조 · 제19조 · 제20조 및 제83조에 따라 건축허가를 신청하거나 건축신고를 하는 자는 법 제17조제2항에 따라 별표 4에 따른 금액의 범위에서 건축조례로 정하는 수수료를 납부하여야 한다. 다만, 재해복구를 위한 건축물의 건축 또는 대수선에 있어서는 그러하지 아니하다. 〈개정 1996. 1. 18., 2006. 5. 12., 2008. 12. 11.〉

② 제1항 본문에도 불구하고 건축물을 대수선하거나 바닥면적을 산정할 수 없는 공작물을 축조하기 위하여 허가 신청 또는 신고를 하는 경우의 수수료는 대수선의 범위 또는 공작물의 높

이 등을 고려하여 건축조례로 따로 정한다. 〈신설 2008. 12. 11.〉

③ 제1항의 규정에 의한 수수료는 당해 지방자치단체의 수입증지 또는 전자결제나 전자화폐로 납부하여야 하며, 납부한 수수료는 반환하지 아니한다. 〈개정 1999. 5. 11., 2007. 12. 13.〉

[제목개정 1999. 5. 11., 2006. 5. 12.]

제11조 건축 관계자 변경신고

① 법 제11조 및 제14조에 따라 건축 또는 대수선에 관한 허가를 받거나 신고를 한 자가 다음 각 호의 어느 하나에 해당하게 된 경우에는 그 양수인 · 상속인 또는 합병후 존속하거나 합병에 의하여 설립되는 법인은 그 사실이 발생한 날부터 7일 이내에 별지 제4호서식의 건축관계자 변경신고서에 변경 전 건축주의 명의변경동의서 또는 권리관계의 변경사실을 증명할 수 있는 서류를 첨부하여 허가권자에게 제출(전자문서로 제출하는 것을 포함한다)하여야 한다.

〈개정 2006. 5. 12., 2007. 12. 13., 2008. 12. 11., 2012. 12. 12.〉

1. 허가를 받거나 신고를 한 건축주가 허가 또는 신고 대상 건축물을 양도한 경우
2. 허가를 받거나 신고를 한 건축주가 사망한 경우
3. 허가를 받거나 신고를 한 법인이 다른 법인과 합병을 한 경우

② 건축주는 설계자, 공사시공자 또는 공사감리자를 변경한 때에는 그 변경한 날부터 7일 이내에 별지 제4호서식의 건축관계자변경신고서를 허가권자에게 제출(전자문서에 의한 제출을 포함한다)하여야 한다. 〈개정 2007. 12. 13., 2017. 1. 20.〉

③ 허가권자는 제1항 및 제2항의 규정에 의한 건축관계자변경신고서를 받은 때에는 그 기재내용을 확인한 후 별지 제5호서식의 건축관계자변경신고필증을 신고인에게 교부하여야 한다.

[전문개정 1999. 5. 11.]

[제목개정 2006. 5. 12.]

제12조 건축신고

① 법 제14조제1항 및 제16조제1항에 따라 건축물의 건축 · 대수선 또는 설계변경의 신고를 하려는 자는 별지 제6호서식의 건축 · 대수선 · 용도변경 (변경)신고서에 다음 각 호의 서류를 첨부하여 특별자치시장 · 특별자치도지사 또는 시장 · 군수 · 구청장에게 제출(전자문서로 제출하는 것을 포함한다)하여야 한다. 이 경우 특별자치시장 · 특별자치도지사 또는 시장 · 군수 · 구청장은 행정정보의 공동이용을 통해 제1호의2의 서류 중 토지등기사항증명서를 확인해야 하며, 신청인이 확인에 동의하지 않은 경우에는 해당 서류를 제출하도록 해야 한다.

〈개정 2006. 5. 12., 2007. 12. 13., 2008. 12. 11., 2011. 1. 6., 2011. 6. 29., 2012. 12. 12., 2014. 10. 15., 2016. 1.

13., 2018. 11. 29.〉

1. 별표 2 중 배치도 · 평면도(층별로 작성된 것만 해당한다) · 입면도 및 단면도. 다만, 다음 각 목의 경우에는 각 목의 구분에 따른 도서를 말한다.
   가. 연면적의 합계가 100제곱미터를 초과하는 영 별표 1 제1호의 단독주택을 건축하는 경우 : 별표 2의 설계도서 중 건축계획서 · 배치도 · 평면도 · 입면도 · 단면도 및 구조도(구조내력상 주요한 부분의 평면 및 단면을 표시한 것만 해당한다)
   나. 법 제23조제4항에 따른 표준설계도서에 따라 건축하는 경우 : 건축계획서 및 배치도
   다. 법 제10조에 따른 사전결정을 받은 경우 : 평면도
2. 법 제11조제5항 각 호에 따른 허가 등을 받거나 신고를 하기 위하여 해당법령에서 제출하도록 의무화하고 있는 신청서 및 구비서류(해당사항이 있는 경우로 한정한다)
3. 건축할 대지의 범위에 관한 서류
4. 건축할 대지의 소유 또는 사용에 관한 권리를 증명하는 서류. 다만, 건축할 대지에 포함된 국유지 · 공유지에 대해서는 특별자치시장 · 특별자치도지사 또는 시장 · 군수 · 구청장이 해당 토지의 관리청과 협의하여 그 관리청이 해당 토지를 건축주에게 매각하거나 양여할 것을 확인한 서류로 그 토지의 소유에 관한 권리를 증명하는 서류를 갈음할 수 있으며, 집합건물의 공용부분을 변경하는 경우에는 「집합건물의 소유 및 관리에 관한 법률」 제15조제1항에 따른 결의가 있었음을 증명하는 서류로 갈음할 수 있다.
5. 법 제48조제2항에 따라 구조안전을 확인해야 하는 건축 · 대수선의 경우: 별표 2에 따른 구조도 및 구조계산서. 다만, 「건축물의 구조기준 등에 관한 규칙」에 따른 소규모건축물로서 국토교통부장관이 고시하는 소규모건축구조기준에 따라 설계한 경우에는 구조도만 해당한다.

② 법 제14조제1항에 따른 신고를 받은 특별자치시장 · 특별자치도지사 또는 시장 · 군수 · 구청장은 해당 건축물을 건축하려는 대지에 재해의 위험이 있다고 인정하는 경우에는 지방건축위원회의 심의를 거쳐 별표 2의 서류 중 이미 제출된 서류를 제외한 나머지 서류를 추가로 제출하도록 요구할 수 있다. 〈신설 2011. 1. 6., 2014. 10. 15.〉

③ 특별자치시장 · 특별자치도지사 또는 시장 · 군수 · 구청장은 제1항에 따른 건축 · 대수선 · 용도변경신고서를 받은 때에는 그 기재내용을 확인한 후 그 신고의 내용에 따라 별지 제7호서식의 건축 · 대수선 · 용도변경 신고필증을 신고인에게 교부하여야 한다.
〈개정 2011. 1. 6., 2014. 10. 15., 2018. 11. 29.〉

④ 제3항에 따라 건축 · 대수선 · 용도변경 신고필증을 발급하는 경우에 관하여는 제8조제3항 및 제4항을 준용한다. 〈개정 2008. 12. 11., 2011. 1. 6., 2018. 11. 29.〉

⑤ 특별자치시장 · 특별자치도지사 · 시장 · 군수 또는 구청장은 제1항에 따른 신고를 하려는 자에게 같은 항 각 호의 서류를 제출하는데 도움을 줄 수 있는 건축사사무소, 건축지도원 및 건축기술자 등에 대한 정보를 충분히 제공하여야 한다.

〈신설 2008. 12. 11., 2011. 1. 6., 2014. 10. 15.〉

[전문개정 1999. 5. 11.]

제12조의2 용도변경

① 법 제19조제2항에 따라 용도변경의 허가를 받으려는 자는 별지 제1호의4서식의 건축 · 대수선 · 용도변경 (변경)허가 신청서에, 용도변경의 신고를 하려는 자는 별지 제6호서식의 건축 · 대수선 · 용도변경 (변경)신고서에 다음 각 호의 서류를 첨부하여 특별자치시장 · 특별자치도지사 또는 시장 · 군수 · 구청장에게 제출(전자문서로 제출하는 것을 포함한다)하여야 한다. 〈개정 2006. 5. 12., 2007. 12. 13., 2008. 12. 11., 2011. 6. 29., 2014. 10. 15., 2014. 11. 28., 2016. 1. 13., 2018. 11. 29.〉

1. 용도를 변경하려는 층의 변경 후의 평면도
2. 용도변경에 따라 변경되는 내화 · 방화 · 피난 또는 건축설비에 관한 사항을 표시한 도서

② 허가권자는 제1항에 따른 신청을 받은 경우 용도를 변경하려는 층의 변경 전의 평면도를 확인하기 위해 행정정보의 공동이용을 통해 건축물대장을 확인하거나 법 제32조제1항에 따른 전산자료를 확인해야 한다. 다만, 신청인이 행정정보의 공동이용의 확인에 동의하지 않거나 행정정보의 공동이용 또는 전산자료를 통해 평면도를 확인할 수 없는 경우에는 해당 서류를 제출하도록 해야 한다. 〈신설 2018. 11. 29.〉

③ 법 제16조 및 제19조제7항에 따라 용도변경의 변경허가를 받으려는 자는 별지 제1호의4서식의 건축 · 대수선 · 용도변경 (변경)허가 신청서에, 용도변경의 변경신고를 하려는 자는 별지 제6호서식의 건축 · 대수선 · 용도변경 (변경)신고서에 변경하려는 부분에 대한 변경 전 · 후의 설계도서를 첨부하여 특별자치시장 · 특별자치도지사 또는 시장 · 군수 · 구청장에게 제출(전자문서로 제출하는 것을 포함한다)해야 한다. 〈신설 2018. 11. 29.〉

④ 특별자치시장 · 특별자치도지사 또는 시장 · 군수 · 구청장은 제1항 및 제3항에 따른 건축 · 대수선 · 용도변경 (변경)허가 신청서를 받은 경우에는 법 제12조제1항 및 영 제10조제1항에 따른 관계 법령에 적합한지를 확인한 후 별지 제2호서식의 건축 · 대수선 · 용도변경 허가서를 용도변경의 허가 또는 변경허가를 신청한 자에게 발급하여야 한다.

〈신설 2006. 5. 12., 2008. 12. 11., 2011. 6. 29., 2014. 10. 15., 2018. 11. 29.〉

⑤ 특별자치시장 · 특별자치도지사 또는 시장 · 군수 · 구청장은 제1항 또는 제3항에 따른 건

축 · 대수선 · 용도변경 (변경)신고서를 받은 때에는 그 기재내용을 확인한 후 별지 제7호서식의 건축 · 대수선 · 용도변경 신고필증을 신고인에게 발급하여야 한다.

〈개정 2006. 5. 12., 2011. 6. 29., 2014. 10. 15., 2018. 11. 29.〉

⑥ 제8조제3항 및 제4항은 제4항 및 제5항에 따라 건축 · 대수선 · 용도변경 허가서 또는 건축 · 대수선 · 용도변경 신고필증을 발급하는 경우에 준용한다. 〈개정 2018. 11. 29.〉

[본조신설 1999. 5. 11.]

제12조의3 복수 용도의 인정

① 법 제19조의2제2항에 따른 복수 용도는 영 제14조제5항 각 호의 같은 시설군 내에서 허용할 수 있다.

② 제1항에도 불구하고 허가권자는 지방건축위원회의 심의를 거쳐 다른 시설군의 용도간의 복수 용도를 허용할 수 있다.

[본조신설 2016. 7. 20.]

제13조 가설건축물

① 법 제20조제3항에 따라 신고하여야 하는 가설건축물을 축조하려는 자는 영 제15조제8항에 따라 별지 제8호서식의 가설건축물 축조신고서(전자문서로 된 신고서를 포함한다)에 배치도 · 평면도 및 대지사용승낙서(다른 사람이 소유한 대지인 경우만 해당한다)를 첨부하여 특별자치시장 · 특별자치도지사 또는 시장 · 군수 · 구청장에게 제출하여야 한다.

〈개정 1996. 1. 18., 1999. 5. 11., 2004. 11. 29., 2005. 7. 18., 2006. 5. 12., 2008. 12. 11., 2011. 6. 29., 2014. 10. 15., 2018. 11. 29.〉

② 영 제15조제9항에 따른 가설건축물 축조 신고필증은 별지 제9호서식에 따른다.

〈개정 2006. 5. 12., 2018. 11. 29.〉

③ 특별자치시장 · 특별자치도지사 또는 시장 · 군수 · 구청장은 법 제20조제1항 또는 제3항에 따라 가설건축물의 건축을 허가하거나 축조신고를 수리한 경우에는 별지 제10호서식의 가설건축물 관리대장에 이를 기재하고 관리하여야 한다. 〈개정 1996. 1. 18., 1999. 5. 11., 2006. 5. 12., 2008. 12. 11., 2011. 6. 29., 2014. 10. 15., 2018. 11. 29.〉

④ 가설건축물의 소유자나 가설건축물에 대한 이해관계자는 제3항에 따른 가설건축물 관리대장을 열람할 수 있다. 〈신설 1998. 9. 29., 1999. 5. 11., 2018. 11. 29.〉

⑤ 영 제15조제7항의 규정에 의하여 가설건축물의 존치기간을 연장하고자 하는 자는 별지 제11호서식의 가설건축물 존치기간 연장신고서(전자문서로 된 신고서를 포함한다)를 특별자치

시장·특별자치도지사 또는 시장·군수·구청장에게 제출하여야 한다.

〈신설 1999. 5. 11., 2004. 11. 29., 2005. 7. 18., 2011. 6. 29., 2014. 10. 15., 2018. 11. 29.〉

⑥ 특별자치시장·특별자치도지사 또는 시장·군수·구청장은 제5항에 따른 가설건축물 존치기간 연장신고서를 받은 때에는 그 기재내용을 확인한 후 별지 제12호서식의 가설건축물 존치기간 연장 신고필증을 신고인에게 발급하여야 한다.

〈신설 1999. 5. 11., 2011. 6. 29., 2014. 10. 15., 2018. 11. 29.〉

⑦ 특별자치시장·특별자치도지사 또는 시장·군수·구청장은 가설건축물이 법령에 적합하지 아니하게 된 경우에는 제3항에 따른 가설건축물 관리대장의 그 밖의 사항란에 다음 각 호의 사항을 표시하고, 위반내용이 시정된 경우에는 그 내용을 적어야 한다.

〈신설 2011. 4. 7., 2011. 6. 29., 2014. 10. 15., 2018. 11. 29.〉

1. 위반일자
2. 내용 및 원인

제14조 착공신고등

① 법 제21조제1항에 따른 건축공사의 착공신고를 하려는 자는 별지 제13호서식의 착공신고서(전자문서로 된 신고서를 포함한다)에 다음 각 호의 서류 및 도서를 첨부하여 허가권자에게 제출하여야 한다. 〈개정 2006. 5. 12., 2008. 12. 11., 2015. 10. 5., 2016. 7. 20., 2018. 11. 29.〉

1. 법 제15조에 따른 건축관계자 상호간의 계약서 사본(해당사항이 있는 경우로 한정한다)
2. 별표 4의2의 설계도서. 다만, 법 제11조 또는 제14조에 따라 건축허가 또는 신고를 할 때 제출한 경우에는 제출하지 않으며, 변경사항이 있는 경우에는 변경사항을 반영한 설계도서를 제출한다.
3. 법 제25조제11항에 따른 감리 계약서(해당 사항이 있는 경우로 한정한다)

② 건축주는 법 제11조제7항 각 호 외의 부분 단서에 따라 공사착수시기를 연기하려는 경우에는 별지 제14호서식의 착공연기신청서(전자문서로 된 신청서를 포함한다)를 허가권자에게 제출하여야 한다. 〈개정 1996. 1. 18., 1999. 5. 11., 2004. 11. 29., 2008. 12. 11.〉

③ 허가권자는 토지굴착공사를 수반하는 건축물로서 가스, 전기·통신, 상·하수도등 지하매설물에 영향을 줄 우려가 있는 건축물의 착공신고가 있는 경우에는 당해 지하매설물의 관리기관에 토지굴착공사에 관한 사항을 통보하여야 한다. 〈신설 1996. 1. 18., 1999. 5. 11.〉

④ 허가권자는 제1항 및 제2항의 규정에 의한 착공신고서 또는 착공연기신청서를 받은 때에는 별지 제15호서식의 착공신고필증 또는 별지 제16호서식의 착공연기확인서를 신고인 또는 신청인에게 교부하여야 한다. 〈신설 1999. 5. 11.〉

⑤ 법 제21조제1항에 따른 착공신고 대상 건축물 중 「산업안전보건법」 제38조의2제2항에 따른 기관석면조사 대상 건축물의 경우에는 제1항 각 호에 따른 서류 이외에 「산업안전보건법」 제38조의2제2항에 따른 기관석면조사결과 사본을 첨부하여야 한다. 이 경우, 특별자치시장·특별자치도지사 또는 시장·군수·구청장은 제출된 서류를 검토하여 석면이 함유된 것으로 확인된 때에는 지체 없이 「산업안전보건법」 제38조의2제4항에 따른 권한을 같은 법 시행령 제46조제1항에 따라 위임받은 지방고용노동관서의 장 및 「폐기물관리법」 제17조제3항에 따른 권한을 같은 법 시행령 제37조에 따라 위임받은 특별시장·광역시장·도지사 또는 유역환경청장·지방환경청장에게 해당 사실을 통보하여야 한다.

〈개정 2010. 8. 5., 2011. 6. 29., 2012. 12. 12., 2014. 10. 15.〉

⑥ 건축주는 법 제21조제1항에 따른 착공신고를 할 때에 해당 건축공사가 「산업안전보건법」 제30조의2에 따른 재해예방 전문기관의 지도대상에 해당하는 경우에는 제1항 각 호에 따른 서류 외에 같은 법 시행규칙 별표 6의5 제2호가목 및 나목에 따른 기술지도계약서 사본을 첨부하여야 한다. 〈신설 2016. 5. 30.〉

제15조 삭제 〈1996. 1. 18.〉

제16조 사용승인신청

① 법 제22조제1항(법 제19조제5항에 따라 준용되는 경우를 포함한다)에 따라 건축물의 사용승인을 받으려는 자는 별지 제17호서식의 (임시)사용승인 신청서에 다음 각 호의 구분에 따른 도서를 첨부하여 허가권자에게 제출하여야 한다.

〈개정 2006. 5. 12., 2008. 12. 11., 2010. 8. 5., 2012. 5. 23., 2016. 7. 20., 2017. 1. 20., 2018. 11. 29.〉

1. 법 제25조제1항에 따른 공사감리자를 지정한 경우 : 공사감리완료보고서
2. 법 제11조, 제14조 또는 제16조에 따라 허가·변경허가를 받았거나 신고·변경신고를 한 도서에 변경이 있는 경우 : 설계변경사항이 반영된 최종 공사완료도서
3. 법 제14조제1항에 따른 신고를 하여 건축한 건축물 : 배치 및 평면이 표시된 현황도면
4. 삭제 〈2018. 11. 29.〉
5. 법 제22조제4항 각 호에 따른 사용승인·준공검사 또는 등록신청 등을 받거나 하기 위하여 해당 법령에서 제출하도록 의무화하고 있는 신청서 및 첨부서류(해당 사항이 있는 경우로 한정한다)
6. 법 제25조제11항에 따라 감리비용을 지불하였음을 증명하는 서류(해당 사항이 있는 경우로 한정한다)

7. 법 제48조의3제1항에 따라 내진능력을 공개하여야 하는 건축물인 경우: 건축구조기술사가 날인한 근거자료(「건축물의 구조기준 등에 관한 규칙」 제60조의2제2항 후단에 해당하는 경우로 한정한다)

② 제1항에 따른 신청을 받은 허가권자는 해당 건축물이 「액화석유가스의 안전관리 및 사업법」 제44조제2항 본문에 따라 액화석유가스의 사용시설에 대한 완성검사를 받아야 할 건축물인 경우에는 행정정보의 공동이용을 통해 액화석유가스 완성검사 증명서를 확인해야 하며, 신청인이 확인에 동의하지 않은 경우에는 해당 서류를 제출하도록 해야 한다.

〈신설 2018. 11. 29.〉

③ 허가권자는 제1항에 따른 사용승인신청을 받은 경우에는 법 제22조제2항에 따라 그 신청서를 받은 날부터 7일 이내에 사용승인을 위한 현장검사를 실시하여야 하며, 현장검사에 합격된 건축물에 대하여는 별지 제18호서식의 사용승인서를 신청인에게 발급하여야 한다.

〈개정 2006. 5. 12., 2008. 12. 11., 2018. 11. 29.〉

[전문개정 1999. 5. 11.]

제17조 임시사용승인신청등

① 영 제17조제2항의 규정에 의한 임시사용승인신청서는 별지 제17호서식에 의한다.

〈개정 1996. 1. 18., 1999. 5. 11.〉

② 영 제17조제3항에 따라 허가권자는 건축물 및 대지의 일부가 법 제40조부터 제50조까지, 제50조의2, 제51조부터 제58조까지, 제60조부터 제62조까지, 제64조, 제67조, 제68조 및 제77조를 위반하여 건축된 경우에는 해당 건축물의 임시사용을 승인하여서는 아니된다.

〈개정 1996. 1. 18., 1999. 5. 11., 2000. 7. 4., 2006. 5. 12., 2008. 12. 11., 2012. 12. 12.〉

③ 허가권자는 제1항의 규정에 의한 임시사용승인신청을 받은 경우에는 당해신청서를 받은 날부터 7일이내에 별지 제19호서식의 임시사용승인서를 신청인에게 교부하여야 한다.

〈신설 1999. 5. 11.〉

제17조의2 삭제 〈2006. 5. 12.〉

제18조 건축허가표지판

법 제24조제5항에 따라 공사시공자는 건축물의 규모 · 용도 · 설계자 · 시공자 및 감리자 등을 표시한 건축허가표지판을 주민이 보기 쉽도록 해당건축공사 현장의 주요 출입구에 설치하여야 한다.

〈개정 2008. 12. 11.〉

[본조신설 2006. 5. 12.]

제18조의2 사진 · 동영상 촬영 및 보관 등

① 법 제24조제7항 전단에 따라 사진 및 동영상을 촬영 · 보관하여야 하는 공사시공자는 영 제18조의2제2항에서 정하는 진도에 다다른 때마다 촬영한 사진 및 동영상을 디지털파일 형태로 가공 · 처리하여 보관하여야 하며, 해당 사진 및 동영상을 디스크 등 전자저장매체 또는 정보통신망을 통하여 공사감리자에게 제출하여야 한다.

② 제1항에 따라 사진 및 동영상을 제출받은 공사감리자는 그 내용의 적정성을 검토한 후 법 제25조제6항에 따라 건축주에게 감리중간보고서 및 감리완료보고서를 제출할 때 해당 사진 및 동영상을 함께 제출하여야 한다.

③ 제2항에 따라 사진 및 동영상을 제출받은 건축주는 법 제25조제6항에 따라 허가권자에게 감리중간보고서 및 감리완료보고서를 제출할 때 해당 사진 및 동영상을 함께 제출하여야 한다.

④ 제1항부터 제3항까지에서 규정한 사항 외에 사진 및 동영상의 촬영 및 보관 등에 필요한 사항은 국토교통부장관이 정하여 고시한다.

[본조신설 2017. 2. 3.]

[종전 제18조의2는 제18조의3으로 이동 〈2017. 2. 3.〉]

제18조의3 건축자재 제조 및 유통에 관한 위법 사실의 점검 절차 등

① 국토교통부장관, 시 · 도지사 및 시장 · 군수 · 구청장은 법 제24조의2제2항에 따른 점검을 하려는 경우에는 다음 각 호의 사항이 포함된 점검계획을 수립하여야 한다.

1. 점검 대상
2. 점검 항목
   가. 건축물의 설계도서와의 적합성
   나. 건축자재 제조현장에서의 자재의 품질과 기준의 적합성
   다. 건축자재 유통장소에서의 자재의 품질과 기준의 적합성
   라. 건축공사장에 반입 또는 사용된 건축자재의 품질과 기준의 적합성
   마. 건축자재의 제조현장, 유통장소, 건축공사장에서 시료를 채취하는 경우 채취된 시료의 품질과 기준의 적합성
3. 그 밖에 점검을 위하여 필요하다고 인정하는 사항

② 국토교통부장관, 시 · 도지사 및 시장 · 군수 · 구청장은 법 제24조의2제2항에 따라 점검 대상자에게 다음 각 호의 자료를 제출하도록 요구할 수 있다. 다만, 제2호의 서류는 해당 건축

물의 허가권자가 아닌 자만 요구할 수 있다.

1. 건축자재의 시험성적서 및 납품확인서 등 건축자재의 품질을 확인할 수 있는 서류
2. 해당 건축물의 설계도서
3. 그 밖에 해당 건축자재의 점검을 위하여 필요하다고 인정하는 자료

③ 법 제24조의2제4항에 따라 점검업무를 대행하는 전문기관은 점검을 완료한 후 해당 결과를 14일 이내에 점검을 대행하게 한 국토교통부장관, 시 · 도지사 또는 시장 · 군수 · 구청장에게 보고하여야 한다.

④ 시 · 도지사 또는 시장 · 군수 · 구청장은 영 제18조의2제1항에 따른 조치를 한 경우에는 그 사실을 국토교통부장관에게 통보하여야 한다.

⑤ 국토교통부장관은 제1항제2호 각 목에 따른 점검 항목 및 제2항 각 호에 따른 자료제출에 관한 세부적인 사항을 정하여 고시할 수 있다.

[본조신설 2016. 7. 20.]

[제18조의2에서 이동 〈2017. 2. 3.〉]

제19조 감리보고서등

① 법 제25조제3항에 따라 공사감리자는 건축공사기간중 발견한 위법사항에 관하여 시정 · 재시공 또는 공사중지의 요청을 하였음에도 불구하고 공사시공자가 이에 따르지 아니하는 경우에는 시정등을 요청할 때에 명시한 기간이 만료되는 날부터 7일 이내에 별지 제20호서식의 위법건축공사보고서를 허가권자에게 제출(전자문서로 제출하는 것을 포함한다)하여야 한다. 〈개정 1999. 5. 11., 2007. 12. 13., 2008. 12. 11.〉

② 삭제 〈1999. 5. 11.〉

③ 법 제25조제6항에 따른 공사감리일지는 별지 제21호서식에 따른다. 〈개정 2018. 11. 29.〉

④ 건축주는 법 제25조제6항에 따라 감리중간보고서 · 감리완료보고서를 제출할 때 별지 제22호서식에 다음 각 호의 서류를 첨부하여 허가권자에게 제출해야 한다. 〈신설 2018. 11. 29.〉

1. 건축공사감리 점검표
2. 별지 제21호서식의 공사감리일지
3. 공사추진 실적 및 설계변경 종합
4. 품질시험성과 총괄표
5. 「산업표준화법」에 따른 산업표준인증을 받은 자재 및 국토교통부장관이 인정한 자재의 사용 총괄표
6. 공사현장 사진 및 동영상(법 제24조제7항에 따른 건축물만 해당한다)

7. 공사감리자가 제출한 의견 및 자료(제출한 의견 및 자료가 있는 경우만 해당한다)

[전문개정 1996. 1. 18.]

제19조의2 공사감리업무 등

① 영 제19조제6항제3호의 규정에 의하여 공사감리자는 다음 각호의 업무를 수행한다.

1. 건축물 및 대지가 관계법령에 적합하도록 공사시공자 및 건축주를 지도
2. 시공계획 및 공사관리의 적정여부의 확인
3. 공사현장에서의 안전관리의 지도
4. 공정표의 검토
5. 상세시공도면의 검토 · 확인
6. 구조물의 위치와 규격의 적정여부의 검토 · 확인
7. 품질시험의 실시여부 및 시험성과의 검토 · 확인
8. 설계변경의 적정여부의 검토 · 확인
9. 기타 공사감리계약으로 정하는 사항

② 영 제19조제7항의 규정에 의하여 공사감리자의 건축사보 배치현황의 제출은 별지 제22호의 2서식에 의한다. 〈신설 2005. 7. 18.〉

[본조신설 1996. 1. 18.]

[제목개정 2005. 7. 18.]

제19조의3 공사감리자 지정 신청 등

① 법 제25조제2항 각 호 외의 부분 본문에 따라 허가권자가 공사감리자를 지정하는 건축물의 건축주는 영 제19조의2제3항에 따라 별지 제22호의3서식의 지정신청서를 허가권자에게 제출하여야 한다.

② 허가권자는 제1항에 따른 신청서를 받은 날부터 7일 이내에 공사감리자를 지정한 후 별지 제22호의4서식의 지정통보서를 건축주에게 송부하여야 한다.

③ 건축주는 제2항에 따라 지정통보서를 받으면 해당 공사감리자와 감리 계약을 체결하여야 하며, 공사감리자의 귀책사유로 감리 계약이 체결되지 아니하는 경우를 제외하고는 지정된 공사감리자를 변경할 수 없다.

[본조신설 2016. 7. 20.]

제19조의4 허가권자의 공사감리자 지정 제외 신청 절차 등

① 법 제25조제2항 단서에 따라 해당 건축물을 설계한 자를 공사감리자로 지정하여 줄 것을 신청하려는 건축주는 별지 제22호의5서식의 신청서에 다음 각 호의 어느 하나에 해당하는 서류를 첨부하여 허가권자에게 제출하여야 한다.

1. 「건설기술 진흥법」 제14조에 따른 신기술을 적용하여 설계하였음을 증명하는 서류
2. 「건축서비스산업 진흥법 시행령」 제11조제1항에 따른 건축사임을 증명하는 서류
3. 설계공모를 통하여 설계한 건축물임을 증명하는 서류로서 다음 각 목의 내용이 포함된 서류
   가. 설계공모 방법
   나. 설계공모 등의 시행공고일 및 공고 매체
   다. 설계지침서
   라. 심사위원의 구성 및 운영
   마. 공모안 제출 설계자 명단 및 공모안별 설계 개요

② 허가권자는 제1항에 따라 신청서를 받으면 제출한 서류에 대하여 관계 기관에 사실을 조회할 수 있다.

③ 허가권자는 제2항에 따른 사실 조회 결과 제출서류가 거짓으로 판명된 경우에는 건축주에게 그 사실을 알려야 한다. 이 경우 건축주는 통보받은 날부터 3일 이내에 이의를 제기할 수 있다.

④ 허가권자는 제1항에 따른 신청서를 받은 날부터 7일 이내에 건축주에게 그 결과를 서면으로 알려야 한다.

[본조신설 2016. 7. 20.]

제19조의5 업무제한 대상 건축물 등의 공개

국토교통부장관은 법 제25조의2제10항에 따라 같은 조 제9항에 따른 통보사항 중 다음 각 호의 사항을 국토교통부 홈페이지 또는 법 제32조제1항에 따른 전자정보처리 시스템에 게시하는 방법으로 공개하여야 한다.

1. 법 제25조의2제1항부터 제5항까지의 조치를 받은 설계자, 공사시공자, 공사감리자 및 관계전문기술자(같은 조 제7항에 따라 소속 법인 또는 단체에 동일한 조치를 한 경우에는 해당 법인 또는 단체를 포함하며, 이하 이 조에서 "조치대상자"라 한다)의 이름, 주소 및 자격번호(법인 또는 단체는 그 명칭, 사무소 또는 사업소의 소재지, 대표자의 이름 및 법인등록번호)
2. 조치대상자에 대한 조치의 사유
3. 조치대상자에 대한 조치 내용 및 일시
4. 그 밖에 국토교통부장관이 필요하다고 인정하는 사항

[본조신설 2017. 2. 3.]

제20조 허용오차

법 제26조에 따른 허용오차의 범위는 별표 5와 같다. 〈개정 2008. 12. 11.〉

제21조 현장조사 · 검사업무의 대행

① 법 제27조제2항에 따라 현장조사 · 검사 또는 확인업무를 대행하는 자는 허가권자에게 별지 제23호서식의 건축허가조사 및 검사조서 또는 별지 제24호서식의 사용승인조사 및 검사조서를 제출하여야 한다. 〈개정 2006. 5. 12., 2008. 12. 11.〉

② 허가권자는 제1항에 따라 건축허가 또는 사용승인을 하는 것이 적합한 것으로 표시된 건축허가조사 및 검사조서 또는 사용승인조사 및 검사조서를 받은 때에는 지체 없이 건축허가서 또는 사용승인서를 교부하여야 한다. 다만, 법 제11조제2항에 따라 건축허가를 할 때 도지사의 승인이 필요한 건축물인 경우에는 미리 도지사의 승인을 받아 건축허가서를 발급하여야 한다. 〈개정 2006. 5. 12., 2008. 12. 11.〉

③ 허가권자는 법 제27조제3항에 따라 현장조사 · 검사 및 확인업무를 대행하는 자에게 「엔지니어링산업 진흥법」 제31조에 따라 산업통상자원부장관이 고시하는 엔지니어링사업 대가기준에 따라 산정한 대가 이상의 범위에서 건축조례로 정하는 수수료를 지급하여야 한다.

〈개정 1996. 1. 18., 2000. 7. 4., 2005. 7. 18., 2006. 5. 12., 2008. 12. 11., 2010. 8. 5., 2012. 12. 12., 2013. 3. 23., 2014. 10. 15.〉

제22조 공용건축물의 건축에 있어서의 제출서류

① 영 제22조제1항에서 "국토교통부령으로 정하는 관계 서류"란 제6조 · 제12조 · 제12조의2의 규정에 의한 관계도서 및 서류(전자문서를 포함한다)를 말한다.

〈개정 1996. 1. 18., 1999. 5. 11., 2006. 5. 12., 2007. 12. 13., 2008. 3. 14., 2010. 8. 5., 2013. 3. 23.〉

② 영 제22조제3항에서 "국토교통부령으로 정하는 관계 서류"란 다음 각 호의 서류(전자문서를 포함한다)를 말한다. 〈신설 2006. 5. 12., 2007. 12. 13., 2008. 3. 14., 2010. 8. 5., 2013. 3. 23.〉

1. 별지 제17호서식의 사용승인신청서. 이 경우 구비서류는 현황도면에 한한다.
2. 별지 제24호서식의 사용승인조사 및 검사조서

제22조의2 전자정보처리시스템의 이용

① 법 제32조제1항에 따라 허가권자는 정보통신망 이용환경의 미비, 전산장애 등 불가피한 경

우를 제외하고는 전자정보시스템을 이용하여 건축허가 등의 업무를 처리하여야 한다.

② 제1항에 따른 전자정보처리시스템의 구축, 운영 및 관리에 관한 세부적인 사항은 국토교통부장관이 정한다. 〈개정 2013. 3. 23.〉

[본조신설 2010. 8. 5.]

[종전 제22조의2는 제22조의3으로 이동 〈2010. 8. 5.〉]

제22조의3 건축 허가업무 등의 전산처리 등

영 제22조의2제4항에 따라 전산자료 이용의 승인을 얻으려는 자는 별지 제24호의2서식의 건축행정전산자료 이용승인신청서를 국토교통부장관, 특별시장 · 광역시장 · 특별자치시장 · 도지사 또는 특별자치도지사(이하 "시 · 도지사"라 한다)나 시장 · 군수 · 구청장에게 제출하여야 한다.

〈개정 2008. 3. 14., 2011. 6. 29., 2013. 3. 23., 2014. 10. 15.〉

[본조신설 2006. 5. 12.]

[제22조의2에서 이동 〈2010. 8. 5.〉]

제23조 건축물의 유지 · 관리 점검 등

① 영 제23조의2제6항 각 호의 어느 하나에 해당하는 자는 영 제23조의2제1항에 따른 정기점검(이하 "정기점검"이라 한다) 또는 영 제23조의2제5항에 따른 수시점검(이하 "수시점검"이라 한다) 업무를 수행한 후 건축물의 소유자나 관리자에게 별지 제24호의3서식의 건축물 유지 · 관리 정기(수시) 점검표를 제출하여야 한다.

② 영 제23조의5제1항에 따라 건축물의 소유자나 관리자가 정기점검 또는 수시점검의 결과를 보고하는 경우에는 특별자치시장 · 특별자치도지사 또는 시장 · 군수 · 구청장에게 별지 제24호의4서식의 건축물 유지 · 관리 정기(수시) 점검보고서에 별지 제24호의3서식의 건축물 유지 · 관리 정기(수시) 점검표를 첨부하여 제출하여야 한다. 〈개정 2014. 10. 15.〉

[전문개정 2012. 7. 19.]

제24조 건축물 철거 · 멸실의 신고

① 법 제36조제1항에 따라 법 제11조 및 제14조에 따른 허가를 받았거나 신고를 한 건축물을 철거하려는 자는 철거예정일 3일 전까지 별지 제25호서식의 건축물철거 · 멸실신고서(전자문서로 된 신고서를 포함한다. 이하 이 조에서 같다)에 다음 각 호의 사항을 규정한 해체공사계획서를 첨부하여 특별자치시장 · 특별자치도지사 또는 시장 · 군수 · 구청장에게 제출하여야 한다. 이 경우 철거 대상 건축물이 「산업안전보건법」 제38조의2제2항에 따른 기관석면조

사 대상 건축물에 해당하는 때에는 「산업안전보건법」 제38조의2제2항에 따른 기관석면조사결과 사본을 추가로 첨부하여야 한다. 〈개정 1994. 7. 21., 1996. 1. 18., 2004. 11. 29., 2008. 12. 11., 2010. 8. 5., 2012. 12. 12., 2014. 10. 15., 2016. 1. 13.〉

1. 층별 · 위치별 해체작업의 방법 및 순서
2. 건설폐기물의 적치 및 반출 계획
3. 공사현장 안전조치 계획

② 법 제11조에 따른 허가대상 건축물이 멸실된 경우에는 법 제36조제2항에 따라 별지 제25호서식의 건축물 철거 · 멸실신고서를 특별자치시장 · 특별자치도지사 또는 시장 · 군수 · 구청장에게 제출(전자문서로 제출하는 것을 포함한다)하여야 한다.
〈개정 1996. 1. 18., 1999. 5. 11., 2007. 12. 13., 2008. 12. 11., 2010. 8. 5., 2014. 10. 15.〉

③ 특별자치시장 · 특별자치도지사 또는 시장 · 군수 · 구청장은 제1항에 따라 제출된 건축물철거 · 멸실신고서를 검토하여 석면이 함유된 것으로 확인된 경우에는 지체 없이 「산업안전보건법」 제38조의2제4항에 따른 권한을 같은 법 시행령 제46조제1항에 따라 위임받은 지방고용노동관서의 장 및 「폐기물관리법」 제17조제3항에 따른 권한을 같은 법 시행령 제37조에 따라 위임받은 특별시장 · 광역시장 · 도지사 또는 유역환경청장 · 지방환경청장에게 해당 사실을 통보하여야 한다.
〈신설 2005. 10. 20., 2006. 5. 12., 2010. 8. 5., 2011. 6. 29., 2012. 12. 12., 2014. 10. 15.〉

④ 특별자치시장 · 특별자치도지사 또는 시장 · 군수 · 구청장은 제1항 및 제2항에 따라 건축물철거 · 멸실신고서를 제출받은 때에는 별지 제25호의2 서식의 건축물철거 · 멸실신고필증을 신고인에게 교부하여야 하며, 건축물의 철거 · 멸실 여부를 확인한 후 건축물대장에서 철거 · 멸실된 건축물의 내용을 말소하여야 한다. 〈신설 2006. 5. 12., 2010. 8. 5., 2014. 10. 15.〉

제24조의2 건축물 석면의 제거 · 처리

제14조제5항에 따라 석면이 함유된 건축물을 증축 · 개축 · 대수선하거나 제24조제1항 및 제3항에 따라 석면이 함유된 건축물을 철거하는 경우에는 「산업안전보건법」 등 관계 법령에 적합하게 석면을 먼저 제거 · 처리한 후 건축물을 증축 · 개축 · 대수선 또는 철거하여야 한다.

[본조신설 2010. 8. 5.]

제25조 대지의 조성

법 제40조제4항에 따라 손궤의 우려가 있는 토지에 대지를 조성하는 경우에는 다음 각 호의 조치를 하여야 한다. 다만, 건축사 또는 「기술사법」에 따라 등록한 건축구조기술사에 의하여 해당 토지의 구조안전이 확인된 경우는 그러하지 아니하다. 〈개정 2000. 7. 4., 2005. 7. 18., 2008. 12. 11., 2012. 12. 12., 2014. 10. 15., 2016. 5. 30.〉

1. 성토 또는 절토하는 부분의 경사도가 1:1.5이상으로서 높이가 1미터이상인 부분에는 옹벽을 설치할 것
2. 옹벽의 높이가 2미터이상인 경우에는 이를 콘크리트구조로 할 것. 다만, 별표 6의 옹벽에 관한 기술적 기준에 적합한 경우에는 그러하지 아니하다.
3. 옹벽의 외벽면에는 이의 지지 또는 배수를 위한 시설외의 구조물이 밖으로 튀어 나오지 아니하게 할 것
4. 옹벽의 윗가장자리로부터 안쪽으로 2미터 이내에 묻는 배수관은 주철관, 강관 또는 흡관으로 하고, 이음부분은 물이 새지 아니하도록 할 것
5. 옹벽에는 3제곱미터마다 하나 이상의 배수구멍을 설치하여야 하고, 옹벽의 윗가장자리로부터 안쪽으로 2미터 이내에서의 지표수는 지상으로 또는 배수관으로 배수하여 옹벽의 구조상 지장이 없도록 할 것
6. 성토부분의 높이는 법 제40조에 따른 대지의 안전 등에 지장이 없는 한 인접대지의 지표면보다 0.5미터 이상 높게 하지 아니할 것. 다만, 절토에 의하여 조성된 대지 등 허가권자가 지형조건상 부득이하다고 인정하는 경우에는 그러하지 아니하다.

[전문개정 1999. 5. 11.]

제26조 토지의 굴착부분에 대한 조치

① 법 제41조제1항에 따라 대지를 조성하거나 건축공사에 수반하는 토지를 굴착하는 경우에는 다음 각 호에 따른 위험발생의 방지조치를 하여야 한다. 〈개정 2008. 12. 11.〉

1. 지하에 묻은 수도관 · 하수도관 · 가스관 또는 케이블등이 토지굴착으로 인하여 파손되지 아니하도록 할 것
2. 건축물 및 공작물에 근접하여 토지를 굴착하는 경우에는 그 건축물 및 공작물의 기초 또는 지반의 구조내력의 약화를 방지하고 급격한 배수를 피하는 등 토지의 붕괴에 의한 위해를 방지하도록 할 것
3. 토지를 깊이 1.5미터 이상 굴착하는 경우에는 그 경사도가 별표 7에 의한 비율이하이거나 주변상황에 비추어 위해방지에 지장이 없다고 인정되는 경우를 제외하고는 토압에 대하여 안전한 구조의 흙막이를 설치할 것
4. 굴착공사 및 흙막이 공사의 시공중에는 항상 점검을 하여 흙막이의 보강, 적절한 배수조치 등 안전상태를 유지하도록 하고, 흙막이판을 제거하는 경우에는 주변지반의 내려앉음을

방지하도록 할 것

② 성토부분 · 절토부분 또는 되메우기를 하지 아니하는 굴착부분의 비탈면으로서 제25조에 따른 옹벽을 설치하지 아니하는 부분에 대하여는 법 제41조제1항에 따라 다음 각 호에 따른 환경의 보전을 위한 조치를 하여야 한다. 〈개정 1996. 1. 18., 1999. 5. 11., 2008. 12. 11.〉

1. 배수를 위한 수로는 돌 또는 콘크리트를 사용하여 토양의 유실을 막을 수 있도록 할 것
2. 높이가 3미터를 넘는 경우에는 높이 3미터 이내마다 그 비탈면적의 5분의 1 이상에 해당하는 면적의 단을 만들 것. 다만, 허가권자가 그 비탈면의 토질 · 경사도등을 고려하여 붕괴의 우려가 없다고 인정하는 경우에는 그러하지 아니하다.
3. 비탈면에는 토양의 유실방지와 미관의 유지를 위하여 나무 또는 잔디를 심을 것. 다만, 나무 또는 잔디를 심는 것으로는 비탈면의 안전을 유지할 수 없는 경우에는 돌붙이기를 하거나 콘크리트블록격자등의 구조물을 설치하여야 한다.

제26조의2 대지안의 조경

영 제27조제1항제8호에서 "국토교통부령으로 정하는 것"이란 「물류정책기본법」 제2조제4호에 따른 물류시설을 말한다. 〈개정 2005. 7. 18., 2008. 3. 14., 2010. 8. 5., 2012. 12. 12., 2013. 3. 23.〉

[전문개정 1999. 5. 11.]

제26조의3 삭제 〈2014. 10. 15.〉

제26조의4 도로관리대장 등

법 제45조제2항 및 제3항에 따른 도로의 폐지 · 변경신청서 및 도로관리대장은 각각 별지 제26호서식 및 별지 제27호서식과 같다. 〈개정 2008. 12. 11., 2012. 12. 12.〉

[전문개정 1999. 5. 11.]

[제목개정 2012. 12. 12.]

[제26조의3에서 이동 〈2010. 8. 5.〉]

제26조의5 실내건축의 구조 · 시공방법 등의 기준

① 법 제52조의2제2항에 따른 실내건축의 구조 · 시공방법 등은 다음 각 호의 기준에 따른다.

〈개정 2015. 1. 29.〉

1. 실내에 설치하는 칸막이는 피난에 지장이 없고, 구조적으로 안전할 것
2. 실내에 설치하는 벽, 천장, 바닥 및 반자틀(노출된 경우에 한정한다)은 방화에 지장이 없는

재료를 사용할 것

3. 바닥 마감재료는 미끄럼을 방지할 수 있는 재료를 사용할 것
4. 실내에 설치하는 난간, 창호 및 출입문은 방화에 지장이 없고, 구조적으로 안전할 것
5. 실내에 설치하는 전기 · 가스 · 급수(給水) · 배수(排水) · 환기시설은 누수 · 누전 등 안전사고가 없는 재료를 사용하고, 구조적으로 안전할 것
6. 실내의 돌출부 등에는 충돌, 끼임 등 안전사고를 방지할 수 있는 완충재료를 사용할 것

② 제1항에 따른 실내건축의 구조 · 시공방법 등에 관한 세부 사항은 국토교통부장관이 정하여 고시한다.

[본조신설 2014. 11. 28.]

제27조 삭제 〈1999. 5. 11.〉

제28조 삭제 〈1999. 5. 11.〉

제28조의2 삭제 〈1999. 5. 11.〉

제29조 삭제 〈1999. 5. 11.〉

제30조 삭제 〈1999. 5. 11.〉

제31조 삭제 〈1999. 5. 11.〉

제31조의2 삭제 〈1999. 5. 11.〉

제31조의3 삭제 〈1999. 5. 11.〉

제31조의4 삭제 〈1999. 5. 11.〉

제32조 삭제 〈1999. 5. 11.〉

제33조 삭제 〈1999. 5. 11.〉

제33조의2 삭제 〈1999. 5. 11.〉

제34조 삭제 〈2000. 7. 4.〉

제35조 삭제 〈2000. 7. 4.〉

제36조 일조등의 확보를 위한 건축물의 높이제한

특별자치시장 · 특별자치도지사 또는 시장 · 군수 · 구청장은 영 제86조제5항에 따라 건축물의 높이를 고시하기 위하여 주민의 의견을 듣고자 할 때에는 그 내용을 30일간 주민에게 공람시켜야 한다. 〈개정 2011. 6. 29., 2014. 10. 15., 2016. 5. 30.〉

[전문개정 1999. 5. 11.]

제36조의2 관계전문기술자

① 삭제 〈2010. 8. 5.〉

② 영 제91조의3제3항에 따라 건축물의 설계자 및 공사감리자는 다음 각 호의 어느 하나에 해당하는 사항에 대하여 「기술사법」에 따라 등록한 토목 분야 기술사 또는 국토개발 분야의 지질 및 기반 기술사의 협력을 받아야 한다. 〈개정 2005. 10. 20., 2011. 1. 6., 2016. 5. 30.〉

1. 지질조사
2. 토공사의 설계 및 감리
3. 흙막이벽 · 옹벽설치등에 관한 위해방지 및 기타 필요한 사항

[본조신설 1996. 1. 18.]

제37조 삭제 〈2000. 7. 4.〉

제38조 삭제 〈2013. 2. 22.〉

제38조의2 특별건축구역의 지정

영 제105조제2항제2호에서 "국토교통부령으로 정하는 건축물 또는 공간환경"이란 도시 · 군계획 또는 건축 관련 박물관, 박람회장, 문화예술회관, 그 밖에 이와 비슷한 문화예술공간을 말한다. 〈개정 2012. 4. 13., 2013. 3. 23.〉

[본조신설 2008. 12. 11.]

제38조의3 특별건축구역의 지정 절차 등

① 법 제71조제1항제6호에 따른 운영관리 계획서는 별지 제27호의2서식과 같다.

② 제1항에 따른 운영관리 계획서에는 다음 각 호의 서류를 첨부하여야 한다.

1. 삭제 〈2011. 1. 6.〉
2. 법 제74조에 따른 통합적용 대상시설(이하 "통합적용 대상시설"이라 한다)의 배치도
3. 통합적용 대상시설의 유지 · 관리 및 비용분담계획서

③ 영 제107조제4항 각 호 외의 부분에서 "국토교통부령으로 정하는 자료"란 법 제72조제1항에 따라 특별건축구역의 지정을 신청할 때 제출한 자료 중 변경된 내용에 따라 수정한 자료를 말한다. 〈개정 2013. 3. 23.〉

④ 영 제107조제4항제4호에서 "지정 목적이 변경되는 등 국토교통부령으로 정하는 경우"란 다음 각 호의 어느 하나에 해당하는 경우를 말한다. 〈개정 2010. 8. 5., 2011. 1. 6., 2013. 3. 23.〉

1. 특별건축구역의 지정 목적 및 필요성이 변경되는 경우
2. 특별건축구역 내 건축물의 규모 및 용도 등이 변경되는 경우(건축물의 규모변경이 연면적 및 높이의 10분의 1 범위 이내에 해당하는 경우 또는 영 제12조제3항 각 호에 해당하는 경우는 제외한다)
3. 통합적용 대상시설의 규모가 10분의 1이상 변경되거나 또는 위치가 변경되는 경우

[본조신설 2008. 12. 11.]

제38조의4 특별건축구역 내 건축물의 심의 등

① 법 제72조제1항 전단에 따른 특례적용계획서는 별지 제27호의3서식과 같다.

② 제1항에 따른 특례적용계획서에는 다음 각 호의 서류를 첨부하여야 한다.

1. 특례적용 대상건축물의 개략설계도서
2. 특례적용 대상건축물의 배치도
3. 특례적용 대상건축물의 내화 · 방화 · 피난 또는 건축설비도
4. 특례적용 신기술의 세부 설명자료

③ 영 제108조제1항제4호에서 "법 제72조제1항 각 호의 사항 중 국토교통부령으로 정하는 사항을 변경하는 경우"란 법 제73조제1항의 적용배제 특례사항 또는 같은 조 제2항의 완화적용 특례사항을 변경하는 경우를 말한다. 〈개정 2013. 3. 23.〉

④ 법 제72조제7항에서 "국토교통부령으로 정하는 자료"란 제2항 각 호의 서류를 말한다. 〈개정 2013. 3. 23.〉

[본조신설 2008. 12. 11.]

제38조의5 삭제 <2016. 7. 20.>

제38조의6 특별가로구역의 지정 등의 공고

① 국토교통부장관 및 허가권자는 법 제77조의2제1항 및 제3항에 따라 특별가로구역을 지정하거나 변경 또는 해제하는 경우에는 이를 관보(허가권자의 경우에는 공보)에 공고하여야 한다.

② 국토교통부장관 및 허가권자는 제1항에 따라 특별가로구역을 지정, 변경 또는 해제한 경우에는 해당 내용을 관보 또는 공보에 공고한 날부터 30일 이상 일반이 열람할 수 있도록 하여야 한다. 이 경우 국토교통부장관, 특별시장 또는 광역시장은 관계 서류를 특별자치시장·특별자치도 또는 시장·군수·구청장에게 송부하여 일반이 열람할 수 있도록 하여야 한다.

[본조신설 2014. 10. 15.]

제38조의7 특별가로구역의 관리

① 국토교통부장관 및 허가권자는 법 제77의3제1항에 따라 특별가로구역의 지정 내용을 별지 제27호의6서식의 특별가로구역 관리대장에 작성하여 관리하여야 한다.

② 제1항에 따른 특별가로구역 관리대장은 전자적 처리가 불가능한 특별한 사유가 없으면 전자적 처리가 가능한 방법으로 작성하여 관리하여야 한다.

[본조신설 2014. 10. 15.]

제38조의8 건축협정운영회의 설립 신고

법 제77조의5제1항에 따른 건축협정운영회(이하 "건축협정운영회"라 한다)의 대표자는 같은 조 제2항에 따라 건축협정운영회를 설립한 날부터 15일 이내에 법 제77조의4제1항제4호에 따른 건축협정인가권자(이하 "건축협정인가권자"라 한다)에게 별지 제27호의7서식에 따라 신고하여야 한다.

[본조신설 2014. 10. 15.]

제38조의9 건축협정의 인가 등

① 법 제77조의4제1항 및 제2항에 따라 건축협정을 체결하는 자(이하 "협정체결자"라 한다) 또는 건축협정운영회의 대표자가 법 제77조의6제1항에 따라 건축협정의 인가를 받으려는 경우에는 별지 제27호의8서식의 건축협정 인가신청서를 건축협정인가권자에게 제출하여야 한다.

② 협정체결자 또는 건축협정운영회의 대표자가 법 제77조의7제1항 본문에 따라 건축협정을 변경하려는 경우에는 별지 제27호의8서식의 건축협정 변경인가신청서를 건축협정인가권자에게 제출하여야 한다.

③ 건축협정인가권자는 법 제77조의6 및 제77조의7에 따라 건축협정을 인가하거나 변경인가한 때에는 해당 지방자치단체의 공보에 공고하여야 하며, 건축협정서 등 관계 서류를 건축협정 유효기간 만료일까지 해당 특별자치시・특별자치도 또는 시・군・구에 비치하여 열람할 수 있도록 하여야 한다.

[본조신설 2014. 10. 15.]

제38조의10 건축협정의 관리

① 건축협정인가권자는 법 제77조의6 및 제77조의7에 따라 건축협정을 인가하거나 변경인가한 경우에는 별지 제27호의9서식의 건축협정관리대장에 작성하여 관리하여야 한다.

② 제1항에 따른 건축협정관리대장은 전자적 처리가 불가능한 특별한 사유가 없으면 전자적 처리가 가능한 방법으로 작성하여 관리하여야 한다.

[본조신설 2014. 10. 15.]

제38조의11 건축협정의 폐지

① 협정체결자 또는 건축협정운영회의 대표자가 법 제77조의9에 따라 건축협정을 폐지하려는 경우에는 별지 제27호의10서식의 건축협정 폐지인가신청서를 건축협정인가권자에게 제출하여야 한다.

② 건축협정인가권자는 법 제77조의9에 따라 건축협정의 폐지를 인가한 때에는 해당 지방자치단체의 공보에 공고하여야 한다.

[본조신설 2014. 10. 15.]

제38조의12 결합건축협정서

법 제77조의15제1항에 따른 결합건축협정서는 별지 제27호의11서식에 따른다.

[본조신설 2016. 7. 20.]

제38조의13 결합건축의 관리

① 허가권자는 법 제77조의15제1항에 따른 결합건축(이하 "결합건축"이라 한다)을 포함하여 건축허가를 한 경우에는 법 제77조의17제1항에 따라 그 내용을 30일 이내에 해당 지방자치단

체의 공보에 공고하고, 별지 제27호의12서식의 결합건축 관리대장을 작성하여 관리하여야 한다. 〈개정 2018. 11. 29.〉

② 제1항에 따른 결합건축 관리대장은 전자적 처리가 불가능한 특별한 사유가 없으면 전자적 처리가 가능한 방법으로 작성하여 관리하여야 한다.

[본조신설 2016. 7. 20.]

제39조 건축행정의 지도 · 감독

법 제78조제4항에 따라 국토교통부장관 또는 시 · 도지사는 연 1회 이상 건축행정의 건실한 운영을 지도 · 감독하기 위하여 다음 각 호의 내용이 포함된 지도 · 점검계획을 수립하여야 한다.

〈개정 2005. 10. 20., 2008. 3. 14., 2008. 12. 11., 2013. 3. 23.〉

1. 건축허가 등 건축민원 처리실태
2. 건축통계의 작성에 관한 사항
3. 건축부조리 근절대책
4. 위반건축물의 정비계획 및 실적
5. 기타 건축행정과 관련하여 필요한 사항

[전문개정 1999. 5. 11.]

제40조 위반건축물의 표지 및 관리대장

① 삭제 〈2018. 11. 29.〉

② 영 제115조제2항에 따라 특별자치시장 · 특별자치도지사 또는 시장 · 군수 · 구청장은 별지 제29호서식의 위반건축물관리대장을 작성 · 관리하고, 영 제115조제1항에 따른 실태조사결과와 시정 조치등 필요한 사항을 기록 · 관리하여야 한다.

〈개정 1999. 5. 11., 2007. 12. 13., 2011. 6. 29., 2014. 10. 15.〉

③ 제2항의 위반건축물관리대장은 전자적 처리가 불가능한 특별한 사유가 없으면 전자적 처리가 가능한 방법으로 작성 · 관리하여야 한다. 〈신설 2007. 12. 13.〉

[전문개정 1996. 1. 18.]

제40조의2 이행강제금의 부과 및 징수절차

영 제115조의2제3항에 따른 이행강제금의 부과 및 징수절차는 「국고금관리법 시행규칙」을 준용한다. 이 경우 납입고지서에는 이의신청방법 및 이의신청기간을 함께 기재하여야 한다.

[본조신설 2006. 5. 12.]

제41조 공작물축조신고

① 법 제83조 및 영 제118조에 따라 옹벽 등 공작물의 축조신고를 하려는 자는 별지 제30호서식의 공작물축조신고서에 다음 각 호의 서류 및 도서를 첨부하여 특별자치시장 · 특별자치도지사 또는 시장 · 군수 · 구청장에게 제출(전자문서로 제출하는 것을 포함한다)하여야 한다. 다만, 제6조제1항에 따라 건축허가를 신청할 때 건축물의 건축에 관한 사항과 함께 공작물의 축조신고에 관한 사항을 제출한 경우에는 공작물축조신고서의 제출을 생략한다.
〈개정 2007. 12. 13., 2008. 12. 11., 2011. 6. 29., 2014. 10. 15., 2014. 11. 28.〉

1. 공작물의 배치도
2. 공작물의 구조도

② 특별자치시장 · 특별자치도지사 또는 시장 · 군수 · 구청장은 제1항에 따른 공작물축조신고서를 받은 때에는 영 제118조제4항에 따라 별지 제30호의2서식의 공작물의 구조 안전 점검표를 작성 · 검토한 후 별지 제31호서식의 공작물축조신고필증을 신고인에게 발급하여야 한다. 〈개정 2011. 6. 29., 2012. 12. 12., 2014. 10. 15., 2014. 11. 28.〉

③ 법 제83조제2항에 따라 공작물의 소유자나 관리자는 제2항에 따라 공작물축조신고필증을 발급받은 날부터 3년마다 별지 제31호의2서식에 따라 공작물의 유지 · 관리 상태를 점검하고, 그 결과를 특별자치시장 · 특별자치도지사 또는 시장 · 군수 · 구청장에게 제출하여야 한다. 〈신설 2014. 11. 28.〉

④ 영 제118조제5항의 규정에 의한 공작물관리대장은 별지 제32호서식에 의한다.
〈개정 2014. 11. 28.〉

[전문개정 1999. 5. 11.]

제42조 출입검사원증

법 제87조제2항에 따른 검사나 시험을 하는 자의 권한을 표시하는 증표는 별지 제33호서식과 같다. 〈개정 1999. 5. 11., 2008. 12. 11.〉

제43조 태양열을 이용하는 주택 등의 건축면적 산정방법 등

① 영 제119조제1항제2호나목에 따라 태양열을 주된 에너지원으로 이용하는 주택의 건축면적과 단열재를 구조체의 외기측에 설치하는 단열공법으로 건축된 건축물의 건축면적은 건축물의 외벽중 내측 내력벽의 중심선을 기준으로 한다. 이 경우 태양열을 주된 에너지원으로 이용하는 주택의 범위는 국토교통부장관이 정하여 고시하는 바에 의한다.
〈개정 1996. 1. 18., 2008. 3. 14., 2011. 6. 29., 2013. 3. 23.〉

② 영 제119조제1항제2호나목에 따라 창고 중 물품을 입출고하는 부위의 상부에 설치하는 한쪽 끝은 고정되고 다른 끝은 지지되지 아니한 구조로 된 돌출차양의 면적 중 건축면적에 산입하는 면적은 다음 각 호에 따라 산정한 면적 중 작은 값으로 한다.
〈신설 2005. 10. 20., 2008. 12. 11., 2011. 6. 29., 2017. 1. 19.〉

1. 해당 돌출차양을 제외한 창고의 건축면적의 10퍼센트를 초과하는 면적
2. 해당 돌출차양의 끝부분으로부터 수평거리 6미터를 후퇴한 선으로 둘러싸인 부분의 수평투영면적

[제목개정 2005. 10. 20.]

제43조의2 지역건축안전센터의 설치 및 운영 등

① 시 · 도지사 및 시장 · 군수 · 구청장이 법 제87조의2에 따라 설치하는 지역건축안전센터(이하 "지역건축안전센터"라 한다)에는 센터장 1명과 법 제87조의2제1항 각 호의 업무를 수행하는 데 필요한 전문인력을 둔다.

② 시 · 도지사 및 시장 · 군수 · 구청장은 해당 지방자치단체 소속 공무원 중에서 건축행정에 관한 학식과 경험이 풍부한 사람이 제1항에 따른 센터장(이하 "센터장"이라 한다)을 겸임하게 할 수 있다.

③ 센터장은 지역건축안전센터의 사무를 총괄하고, 소속 직원을 지휘 · 감독한다.

④ 제1항에 따른 전문인력(이하 "전문인력"이라 한다)은 다음 각 호의 어느 하나에 해당하는 자격을 갖춘 사람으로서 건축행정에 관한 학식과 경험이 풍부한 사람으로 한다.

1. 「건축사법」 제2조제1호에 따른 건축사
2. 다음 각 목의 어느 하나에 해당하는 사람
   가. 「국가기술자격법」에 따른 건축구조기술사
   나. 「건설기술 진흥법 시행령」 별표 1에 따른 건설기술자 중 건축구조 분야 특급기술자 이상의 자격기준을 갖춘 사람
3. 「국가기술자격법」에 따른 건축시공기술사
4. 다음 각 목의 어느 하나에 해당하는 사람
   가. 「국가기술자격법」에 따른 건축기계설비기술사
   나. 「건설기술 진흥법 시행령」 별표 1에 따른 건설기술자 중 건축기계설비 분야 특급기술자 이상의 자격기준을 갖춘 사람
5. 다음 각 목의 어느 하나에 해당하는 사람
   가. 「국가기술자격법」에 따른 지질 및 지반기술사 또는 토질 및 기초기술사

나. 「건설기술 진흥법 시행령」 별표 1에 따른 건설기술자 중 토질 · 지질 분야 특급기술자 이상의 자격기준을 갖춘 사람

⑤ 시 · 도지사 및 시장 · 군수 · 구청장은 별표 8에 따른 산정기준에 따라 지역건축안전센터의 전문인력을 확보하기 위하여 노력하여야 한다. 다만, 전문인력 중 제4항제1호 및 제2호에 해당하는 전문인력(이하 "필수전문인력"이라 한다)은 각각 1명 이상 두어야 한다.

⑥ 시장 · 군수 · 구청장이 지역의 규모 · 예산 · 인력 및 건축허가 등의 신청 건수를 고려하여 단독으로 지역건축안전센터를 설치 · 운영하는 것이 곤란하다고 판단하는 경우에는 둘 이상의 시 · 군 · 구가 공동으로 하나의 지역건축안전센터를 설치 · 운영할 수 있다. 이 경우 공동으로 지역건축안전센터를 설치 · 운영하려는 시장 · 군수 · 구청장은 지역건축안전센터의 공동 설치 및 운영에 관한 협약을 체결하여야 한다.

⑦ 제1항부터 제6항까지에서 규정한 사항 외에 지역건축안전센터의 조직 및 운영 등에 필요한 사항은 해당 지방자치단체의 조례로 정한다.

[본조신설 2018. 6. 15.]

[종전 제43조의2는 제43조의3으로 이동 〈2018. 6. 15.〉]

제43조의3 분쟁조정의 신청

① 영 제119조의3제1항에 따라 분쟁의 조정 또는 재정(이하 "조정등"이라 한다)을 받으려는 자는 다음 각 호의 사항을 기재하고 서명 · 날인한 분쟁조정등신청서에 참고자료 또는 서류를 첨부하여 국토교통부에 설치된 건축분쟁전문위원회(이하 "분쟁위원회"라 한다)에 제출(전자문서에 의한 제출을 포함한다)하여야 한다.

〈개정 2006. 5. 12., 2007. 12. 13., 2010. 8. 5., 2014. 11. 28.〉

1. 신청인의 성명(법인의 경우에는 명칭) 및 주소
2. 당사자의 성명(법인의 경우에는 명칭) 및 주소
3. 대리인을 선임한 경우에는 대리인의 성명 및 주소
4. 분쟁의 조정등을 받고자 하는 사항
5. 분쟁이 발생하게 된 사유와 당사자간의 교섭경과
6. 신청연월일

② 제1항의 경우에 증거자료 또는 서류가 있는 경우에는 그 원본 또는 사본을 분쟁조정등신청서에 첨부하여 제출할 수 있다. 〈개정 2006. 5. 12.〉

[본조신설 1996. 1. 18.]

[제43조의2에서 이동, 종전 제43조의3은 제43조의4로 이동 〈2018. 6. 15.〉]

제43조의4 분쟁위원회의 회의 · 운영 등

① 법 제88조에 따른 분쟁위원회의 위원장은 분쟁위원회를 대표하고 분쟁위원회의 업무를 통할한다. 〈개정 2008. 12. 11., 2010. 8. 5., 2014. 11. 28.〉

② 분쟁위원회의 위원장은 분쟁위원회의 회의를 소집하고 그 의장이 된다. 〈개정 2010. 8. 5., 2014. 11. 28.〉

③ 분쟁위원회의 위원장이 부득이한 사유로 직무를 수행할 수 없는 때에는 부위원장이 그 직무를 대행한다. 〈개정 2010. 8. 5., 2014. 11. 28.〉

④ 분쟁위원회의 사무를 처리하기 위하여 간사를 두되, 간사는 국토교통부 소속 공무원 중에서 분쟁위원회의 위원장이 지정한 자가 된다. 〈개정 2008. 3. 14., 2010. 8. 5., 2013. 3. 23., 2014. 11. 28.〉

⑤ 분쟁위원회의 회의에 출석한 위원 및 관계전문가에 대하여는 예산의 범위 안에서 수당을 지급할 수 있다. 다만, 공무원인 위원이 그 소관 업무와 직접적으로 관련되어 출석하는 경우에는 그러하지 아니 하다. 〈개정 2010. 8. 5., 2014. 11. 28.〉

[본조신설 2006. 5. 12.]

[제목개정 2014. 11. 28.]

[제43조의3에서 이동, 종전 제43조의4는 제43조의5로 이동 〈2018. 6. 15.〉]

제43조의5 비용부담

법 제102조제3항에 따라 조정등의 당사자가 부담할 비용의 범위는 다음 각 호와 같다. 〈개정 2008. 3. 14., 2008. 12. 11., 2010. 8. 5., 2013. 3. 23., 2014. 11. 28.〉

1. 감정 · 진단 · 시험에 소요되는 비용
2. 검사 · 조사에 소요되는 비용
3. 녹음 · 속기록 · 참고인 출석에 소요되는 비용, 그 밖에 조정등에 소요되는 비용. 다만, 다음 각 목의 어느 하나에 해당하는 비용을 제외한다.
   가. 분쟁위원회의 위원 또는 영 제119조의9제2항에 따른 사무국(이하 "사무국"이라 한다) 소속 직원이 분쟁위원회의 회의에 출석하는데 소요되는 비용
   나. 분쟁위원회의 위원 또는 사무국 소속 직원의 출장에 소요되는 비용
   다. 우편료 및 전신료

[본조신설 2006. 5. 12.]

[제43조의4에서 이동 〈2018. 6. 15.〉]

제44조 삭제 <2016. 12. 30.>

부칙 <제562호, 2018. 11. 29.>

제1조 시행일

이 규칙은 공포 후 1개월이 경과한 날부터 시행한다.

제2조 감리보고서의 안전관리 관련 주요사항에 관한 적용례

별지 제22호서식의 개정규정 중 안전관리 관련 주요사항에 대해서는 이 규칙 시행 이후에 법 제4조의2 또는 제11조에 따른 건축위원회에 심의 또는 건축허가를 신청하거나 법 제14조에 따른 건축신고를 하는 경우부터 적용한다.

제2부

주차장법

제1장 총칙

제1조 목적

이 법은 주차장의 설치 · 정비 및 관리에 필요한 사항을 규정함으로써 자동차교통을 원활하게 하여 공중(公衆)의 편의를 도모함을 목적으로 한다.

[전문개정 2010. 3. 22.]

제2조 정의

이 법에서 사용하는 용어의 뜻은 다음과 같다. 〈개정 2011. 6. 8., 2012. 1. 17., 2016. 1. 19.〉

1. "주차장"이란 자동차의 주차를 위한 시설로서 다음 각 목의 어느 하나에 해당하는 종류의 것을 말한다.
   가. 노상주차장(路上駐車場): 도로의 노면 또는 교통광장(교차점광장만 해당한다. 이하 같다)의 일정한 구역에 설치된 주차장으로서 일반(一般)의 이용에 제공되는 것
   나. 노외주차장(路外駐車場): 도로의 노면 및 교통광장 외의 장소에 설치된 주차장으로서 일반의 이용에 제공되는 것
   다. 부설주차장: 제19조에 따라 건축물, 골프연습장, 그 밖에 주차수요를 유발하는 시설에 부대(附帶)하여 설치된 주차장으로서 해당 건축물 · 시설의 이용자 또는 일반의 이용에 제공되는 것
2. "기계식주차장치"란 노외주차장 및 부설주차장에 설치하는 주차설비로서 기계장치에 의하여 자동차를 주차할 장소로 이동시키는 설비를 말한다.
3. "기계식주차장"이란 기계식주차장치를 설치한 노외주차장 및 부설주차장을 말한다.
4. "도로"란 「건축법」 제2조제1항제11호에 따른 도로로서 자동차가 통행할 수 있는 도로를 말한다.
5. "자동차"란 「도로교통법」 제2조제18호에 따른 자동차 및 같은 법 제2조제19호에 따른 원동기장치자전거를 말한다.
6. "주차"란 「도로교통법」 제2조제24호에 따른 주차를 말한다.
7. "주차단위구획"이란 자동차 1대를 주차할 수 있는 구획을 말한다.
8. "주차구획"이란 하나 이상의 주차단위구획으로 이루어진 구획 전체를 말한다.
9. "전용주차구획"이란 제6조제1항에 따른 경형자동차(輕型自動車) 등 일정한 자동차에 한

정하여 주차가 허용되는 주차구획을 말한다.

10. "건축물"이란 「건축법」 제2조제1항제2호에 따른 건축물을 말한다.
11. "주차전용건축물"이란 건축물의 연면적 중 대통령령으로 정하는 비율 이상이 주차장으로 사용되는 건축물을 말한다.
12. "건축"이란 「건축법」 제2조제1항제8호 및 제9호에 따른 건축 및 대수선(같은 법 제19조에 따른 용도변경을 포함한다)을 말한다.
13. "기계식주차장치 보수업"이란 기계식주차장치의 고장을 수리하거나 고장을 예방하기 위하여 정비를 하는 사업을 말한다.

[전문개정 2010. 3. 22.]

제3조 주차장 수급 실태의 조사

① 특별자치시장 · 특별자치도지사 · 시장 · 군수 또는 구청장(구청장은 자치구의 구청장을 말한다. 이하 "시장 · 군수 또는 구청장"이라 한다)은 주차장의 설치 및 관리를 위한 기초자료로 활용하기 위하여 행정구역 · 용도지역 · 용도지구 등을 종합적으로 고려한 조사구역(이하 "조사구역"이라 한다)을 정하여 정기적으로 조사구역별 주차장 수급(需給) 실태를 조사(이하 "실태조사"라 한다)하여야 한다. 〈개정 2018. 12. 18.〉

② 실태조사의 방법 · 주기 및 조사구역 설정방법 등에 관하여 필요한 사항은 국토교통부령으로 정한다. 〈개정 2013. 3. 23.〉

[전문개정 2010. 3. 22.]

제4조 주차환경개선지구의 지정

① 시장 · 군수 또는 구청장은 다음 각 호의 지역에 있는 조사구역으로서 실태조사 결과 주차장 확보율(주차단위구획의 수를 자동차의 등록대수로 나눈 비율을 말한다. 이 경우 다른 법령에서 일정한 자동차에 대하여 따로 차고를 확보하도록 하고 있는 경우 그 자동차의 등록대수 및 차고의 수는 비율을 계산할 때 산입하지 아니한다)이 해당 지방자치단체의 조례로 정하는 비율 이하인 조사구역은 주차난 완화와 교통의 원활한 소통을 위하여 주차환경개선지구로 지정할 수 있다.

1. 「국토의 계획 및 이용에 관한 법률」 제36조제1항제1호가목에 따른 주거지역
2. 제1호에 따른 주거지역과 인접한 지역으로서 해당 지방자치단체의 조례로 정하는 지역

② 제1항에 따라 주차환경개선지구를 지정할 때에는 시장 · 군수 또는 구청장이 주차환경개선지구 지정 · 관리계획을 수립하여 결정한다.

③ 시장 · 군수 또는 구청장은 제2항에 따라 주차환경개선지구를 지정하였을 때에는 그 관리에 관한 연차별 목표를 정하고, 매년 주차장 수급 실태의 개선 효과를 분석하여야 한다.

[전문개정 2010. 3. 22.]

제4조의2 주차환경개선지구 지정 · 관리계획

① 제4조제2항에 따른 주차환경개선지구 지정 · 관리계획에는 다음 각 호의 사항이 포함되어야 한다.

1. 주차환경개선지구의 지정구역 및 지정의 필요성
2. 주차환경개선지구의 관리 목표 및 방법
3. 주차장의 수급 실태 및 이용 특성
4. 장기 · 단기 주차수요에 대한 예측
5. 연차별 주차장 확충 및 재원 조달계획
6. 노외주차장 우선 공급 등 주차환경개선지구의 지정 목적을 달성하기 위하여 필요한 조치

② 시장 · 군수 또는 구청장은 제4조제2항에 따른 주차환경개선지구 지정 · 관리계획을 수립할 때에는 미리 공청회를 열어 지역 주민, 관계 전문가 등의 의견을 들어야 한다. 대통령령으로 정하는 중요한 사항을 변경하려는 경우에도 또한 같다.

③ 시장 · 군수 또는 구청장은 제2항에 따라 주차환경개선지구 지정 · 관리계획을 수립하거나 변경한 때에는 그 사실을 고시하여야 한다.

[전문개정 2010. 3. 22.]

제4조의3 주차환경개선지구 지정의 해제

시장 · 군수 또는 구청장은 제4조제1항에 따른 주차환경개선지구의 지정 목적을 달성하였다고 인정하는 경우에는 그 지정을 해제하고, 그 사실을 고시하여야 한다.

[전문개정 2010. 3. 22.]

제5조 권한의 위임

이 법에 따른 국토교통부장관의 권한은 그 일부를 대통령령으로 정하는 바에 따라 특별시장 · 광역시장 · 특별자치시장 · 도지사 또는 특별자치도지사에게 위임할 수 있다.

〈개정 2013. 3. 23., 2018. 12. 18.〉

[전문개정 2010. 3. 22.]

제6조 주차장설비기준 등

① 주차장의 구조 · 설비기준 등에 관하여 필요한 사항은 국토교통부령으로 정한다. 이 경우 「자동차관리법」에 따른 배기량 1천시시 미만의 자동차(이하 "경형자동차"라 한다) 및 「환경친화적 자동차의 개발 및 보급 촉진에 관한 법률」 제2조제2호에 따른 환경친화적 자동차(이하 "환경친화적 자동차"라 한다)에 대하여는 전용주차구획(환경친화적 자동차의 경우에는 충전시설을 포함한다)을 일정 비율 이상 정할 수 있다. 〈개정 2013. 3. 23., 2016. 1. 19., 2017. 10. 24.〉

② 특별시 · 광역시 · 특별자치시 · 특별자치도 · 시 · 군 또는 자치구는 해당 지역의 주차장 실태 등을 고려하여 필요하다고 인정하는 경우에는 제1항 전단에도 불구하고 주차장의 구조 · 설비기준 등에 관하여 필요한 사항을 해당 지방자치단체의 조례로 달리 정할 수 있다. 〈개정 2018. 12. 18.〉

③ 특별시장 · 광역시장, 시장 · 군수 또는 구청장은 노상주차장 또는 노외주차장을 설치하는 경우에는 도시 · 군관리계획과 「도시교통정비 촉진법」에 따른 도시교통정비 기본계획에 따라야 하며, 노상주차장을 설치하는 경우에는 미리 관할 경찰서장과 소방서장의 의견을 들어야 한다. 〈개정 2011. 4. 14., 2017. 10. 24.〉

[전문개정 2010. 3. 22.]

제6조의2 이륜자동차 주차관리대상구역 지정 등

① 특별시장 · 광역시장 · 시장 · 군수 또는 구청장은 이륜자동차(「도로교통법」 제2조제18호가목에 따른 이륜자동차 및 같은 법 제2조제19호에 따른 원동기장치자전거를 말한다. 이하 이 조에서 같다)의 주차 관리가 필요한 지역을 이륜자동차 주차관리대상구역으로 지정할 수 있다.

② 특별시장 · 광역시장 · 시장 · 군수 또는 구청장은 제1항에 따라 이륜자동차 주차관리대상구역을 지정할 때 해당 지역 주차장의 이륜자동차 전용주차구획을 일정 비율 이상 정하여야 한다.

③ 특별시장 · 광역시장 · 시장 · 군수 또는 구청장은 제1항에 따라 주차관리대상구역을 지정한 때에는 그 사실을 고시하여야 한다.

[본조신설 2012. 1. 17.]

제6조의3 협회의 설립

① 주차장 사업을 경영하거나 이와 관련된 업무에 종사하는 자는 관련 제도의 개선 및 사업의 건전한 발전을 위하여 주차장 사업자단체(이하 "협회"라 한다)를 설립할 수 있다.

② 협회는 법인으로 한다.

③ 협회는 국토교통부장관의 인가를 받아 주된 사무소의 소재지에서 설립등기를 함으로써 성

립한다.

④ 협회 회원의 자격과 임원에 관한 사항, 협회의 업무 등은 정관으로 정한다.

⑤ 협회에 관하여 이 법에 규정된 사항 외에는 「민법」 중 사단법인에 관한 규정을 준용한다.

[본조신설 2016. 1. 19.]

제2장 노상주차장

제7조 노상주차장의 설치 및 폐지

① 노상주차장은 특별시장 · 광역시장, 시장 · 군수 또는 구청장이 설치한다. 이 경우 「국토의 계획 및 이용에 관한 법률」 제43조제1항은 적용하지 아니한다.

〈개정 2010. 3. 22.〉

② 삭제 〈1995. 12. 29.〉

③ 특별시장 · 광역시장, 시장 · 군수 또는 구청장은 다음 각 호의 어느 하나에 해당하는 경우에는 지체 없이 해당 노상주차장을 폐지하여야 한다. 〈개정 2010. 3. 22.〉

1. 노상주차장에의 주차로 인하여 대중교통수단의 운행이나 그 밖의 교통소통에 장애를 주는 경우
2. 노상주차장을 대신하는 노외주차장의 설치 등으로 인하여 노상주차장이 필요 없게 된 경우

④ 특별시장 · 광역시장, 시장 · 군수 또는 구청장은 노상주차장 중 해당 지역의 교통 여건을 고려하여 화물의 하역(荷役)을 위한 주차구획(이하 "하역주차구획"이라 한다)을 지정할 수 있다. 이 경우 특별시장 · 광역시장, 시장 · 군수 또는 구청장은 해당 지방자치단체의 조례로 정하는 바에 따라 하역주차구획에 화물자동차 외의 자동차(「도로교통법」 제2조제22호에 따른 긴급자동차는 제외한다)의 주차를 금지할 수 있다. 〈개정 2010. 3. 22., 2011. 6. 8.〉

[전문개정 1990. 4. 7.]

[제목개정 2010. 3. 22.]

제8조 노상주차장의 관리

① 노상주차장은 제7조제1항에 따라 해당 주차장을 설치한 특별시장 · 광역시장, 시장 · 군수 또는 구청장이 관리하거나 특별시장 · 광역시장, 시장 · 군수 또는 구청장으로부터 그 관리를 위탁받은 자(이하 "노상주차장관리 수탁자"라 한다)가 관리한다.

② 노상주차장관리 수탁자의 자격과 그 밖에 노상주차장의 관리에 관하여 필요한 사항은 해당 지방자치단체의 조례로 정한다.

③ 노상주차장관리 수탁자와 그 관리를 직접 담당하는 사람은 「형법」 제129조부터 제132조까지의 규정을 적용할 때에는 공무원으로 본다.

[전문개정 2010. 3. 22.]

제8조의2 노상주차장에서의 주차행위 제한 등

① 특별시장 · 광역시장, 시장 · 군수 또는 구청장은 다음 각 호의 어느 하나에 해당하는 경우에는 해당 자동차의 운전자 또는 관리책임이 있는 자에게 주차방법을 변경하거나 자동차를 그 곳으로부터 다른 장소로 이동시킬 것을 명할 수 있다. 다만, 「도로교통법」 제2조제22호에 따른 긴급자동차의 경우에는 그러하지 아니하다. 〈개정 2011. 6. 8.〉

1. 제7조제4항에 따른 하역주차구획에 화물자동차가 아닌 자동차를 주차하는 경우
2. 정당한 사유 없이 제9조제1항에 따른 주차요금을 내지 아니하고 주차하는 경우
3. 제10조제1항 각 호의 제한조치를 위반하여 주차하는 경우
4. 주차장의 지정된 주차구획 외의 곳에 주차하는 경우
5. 주차장을 주차장 외의 목적으로 이용하는 경우

② 특별시장 · 광역시장, 시장 · 군수 또는 구청장은 제1항 각 호의 어느 하나에 해당하는 경우 해당 자동차의 운전자 또는 관리책임이 있는 자가 현장에 없을 때에는 주차장의 효율적인 이용과 도로의 원활한 소통을 위하여 필요한 범위에서 스스로 그 자동차의 주차방법을 변경하거나 변경에 필요한 조치를 할 수 있으며, 부득이한 경우에는 미리 지정한 다른 장소로 그 자동차를 이동시키거나 그 자동차에 이동을 제한하는 장치를 설치할 수 있다.

③ 제2항에 따라 자동차를 이동시키는 경우에는 「도로교통법」 제35조제3항부터 제7항까지 및 제36조를 준용한다.

[전문개정 2010. 3. 22.]

제9조 노상주차장의 주차요금 징수 등

① 제8조제1항에 따라 노상주차장을 관리하는 특별시장 · 광역시장, 시장 · 군수 또는 구청장이나 노상주차장관리 수탁자(이하 이들을 합하여 "노상주차장관리자"라 한다)는 주차장에 자동차를 주차하는 사람으로부터 주차요금을 받을 수 있다. 다만, 「도로교통법」 제2조제22호에 따른 긴급자동차에 대하여는 주차요금을 받지 아니하고, 경형자동차 및 환경친화적 자동차에 대하여는 주차요금의 100분의 50 이상을 감면한다. 〈개정 2011. 6. 8., 2016. 1. 19.〉

② 제1항에 따른 주차요금의 요율 및 징수방법 등은 해당 지방자치단체의 조례로 정한다. 이 경우 노상주차장의 효율적인 이용을 위하여 필요한 경우에는 주차요금을 그 이용시간 등에 따라 달리 정할 수 있다.

③ 노상주차장관리자는 제8조의2제1항 각 호의 어느 하나에 해당하는 경우 해당 자동차의 운전자 또는 관리책임이 있는 자로부터 제1항에 따른 주차요금 외에 해당 지방자치단체의 조례로 정하는 바에 따라 그 주차요금의 4배 이내의 금액에 해당하는 가산금을 받을 수 있다.

④ 특별시장 · 광역시장, 시장 · 군수 또는 구청장인 노상주차장관리자는 제1항에 따른 주차요금이나 제3항에 따른 가산금(이하 "주차요금등"이라 한다)을 내지 아니한 자에 대하여는 지방세 체납처분의 예에 따라 그 주차요금등을 징수할 수 있다.

⑤ 노상주차장관리 수탁자인 노상주차장관리자는 주차요금등을 내지 아니한 자에 대한 주차요금등의 징수를 특별시장 · 광역시장, 시장 · 군수 또는 구청장에게 위탁할 수 있으며, 특별시장 · 광역시장, 시장 · 군수 또는 구청장은 그 징수를 위탁받은 경우에는 제4항에 준하여 그 주차요금등을 징수할 수 있다.

[전문개정 2010. 3. 22.]

제10조 노상주차장의 사용 제한 등

① 특별시장 · 광역시장, 시장 · 군수 또는 구청장은 교통의 원활한 소통과 노상주차장의 효율적인 이용을 위하여 필요한 경우에는 다음 각 호의 제한조치를 할 수 있다. 다만, 「도로교통법」 제2조제22호에 따른 긴급자동차는 제한조치에 관계없이 주차할 수 있다.

〈개정 2011. 6. 8., 2013. 3. 23., 2016. 1. 19.〉

1. 노상주차장의 전부나 일부에 대한 일시적인 사용 제한
2. 자동차별 주차시간의 제한
3. 노상주차장의 일부에 대하여 국토교통부령으로 정하는 자동차와 경형자동차, 환경친화적 자동차를 위한 전용주차구획의 설치

② 제1항에 따른 제한조치를 하려는 경우에는 그 내용을 미리 공고하거나 게시하여야 한다.

[전문개정 2010. 3. 22.]

제10조의2 노상주차장관리자의 책임

① 노상주차장관리자는 해당 지방자치단체의 조례로 정하는 바에 따라 주차장을 성실히 관리 · 운영하여야 한다.

② 노상주차장관리자는 해당 주차장에 주차하는 자동차에 대하여 선량한 관리자의 주의의무를 게을리하지 아니하였음을 증명한 경우를 제외하고는 그 자동차의 멸실 또는 훼손으로 인한 손해배상의 책임을 면하지 못한다. 다만, 노상주차장관리자가 상주(常駐)하지 아니하는 노상주차장의 경우는 그러하지 아니하다.

[전문개정 2010. 3. 22.]

제11조 노상주차장의 표지

① 노상주차장관리자는 노상주차장에 주차장 표지(전용주차구획의 표지를 포함한다)와 구획선을 설치하여야 한다.

② 노상주차장관리자는 제1항에 따른 표지 외에 해당 지방자치단체의 조례로 정하는 바에 따라 주차요금과 그 밖에 노상주차장의 이용에 관한 표지를 설치하여야 한다.

[전문개정 2010. 3. 22.]

제3장 노외주차장

제12조 노외주차장의 설치 등

① 노외주차장을 설치 또는 폐지한 자는 국토교통부령으로 정하는 바에 따라 시장 · 군수 또는 구청장에게 통보하여야 한다. 설치 통보한 사항이 변경된 경우에도 또한 같다.

〈개정 2010. 3. 22., 2013. 3. 23.〉

② 특별시장 · 광역시장, 시장 · 군수 또는 구청장은 노외주차장을 설치한 경우, 해당 노외주차장에 화물자동차의 주차공간이 필요하다고 인정하면 지방자치단체의 조례로 정하는 바에 따라 화물자동차의 주차를 위한 구역을 지정할 수 있다. 이 경우 그 지정구역의 규모, 지정의 방법 및 절차 등은 해당 지방자치단체의 조례로 정한다. 〈개정 2010. 3. 22.〉

③ 삭제 〈1999. 2. 8.〉

④ 삭제 〈1999. 2. 8.〉

⑤ 삭제 〈1999. 2. 8.〉

⑥ 특별시장 · 광역시장 · 특별자치시장 · 특별자치도지사 또는 시장은 노외주차장을 설치하면 교통 혼잡이 가중될 우려가 있는 지역에 대하여는 노외주차장의 설치를 제한할 수 있다. 이 경우 제한지역의 지정 및 설치 제한의 기준은 국토교통부령으로 정하는 바에 따라 해당 지방자치단체의 조례로 정한다. 〈개정 2010. 3. 22., 2013. 3. 23., 2018. 12. 18.〉

[전문개정 1990. 4. 7.]

[제목개정 2010. 3. 22.]

제12조의2 다른 법률과의 관계

노외주차장인 주차전용건축물의 건폐율, 용적률, 대지면적의 최소한도 및 높이 제한 등 건축 제한에 대하여는 「국토의 계획 및 이용에 관한 법률」 제76조부터 제78조까지, 「건축법」 제57조 및 제60조에도 불구하고 다음 각 호의 기준에 따른다.

1. 건폐율: 100분의 90 이하
2. 용적률: 1천500퍼센트 이하
3. 대지면적의 최소한도: 45제곱미터 이상
4. 높이 제한: 다음 각 목의 배율 이하

가. 대지가 너비 12미터 미만의 도로에 접하는 경우: 건축물의 각 부분의 높이는 그 부분으

로부터 대지에 접한 도로(대지가 둘 이상의 도로에 접하는 경우에는 가장 넓은 도로를 말한다. 이하 이 호에서 같다)의 반대쪽 경계선까지의 수평거리의 3배

나. 대지가 너비 12미터 이상의 도로에 접하는 경우: 건축물의 각 부분의 높이는 그 부분으로부터 대지에 접한 도로의 반대쪽 경계선까지의 수평거리의 36/도로의 너비(미터를 단위로한다)배. 다만, 배율이 1.8배 미만인 경우에는 1.8배로 한다.

[전문개정 2010. 3. 22.]

제12조의3 단지조성사업등에 따른 노외주차장

① 택지개발사업, 산업단지개발사업, 도시재개발사업, 도시철도건설사업, 그 밖에 단지 조성 등을 목적으로 하는 사업(이하 "단지조성사업등"이라 한다)을 시행할 때에는 일정 규모 이상의 노외주차장을 설치하여야 한다.

② 단지조성사업등의 종류와 규모, 노외주차장의 규모와 관리방법은 해당 지방자치단체의 조례로 정한다.

③ 제1항에 따라 단지조성사업등으로 설치되는 노외주차장에는 경형자동차 및 환경친화적 자동차를 위한 전용주차구획을 대통령령으로 정하는 비율 이상 설치하여야 한다.

〈개정 2016. 1. 19.〉

[전문개정 2010. 3. 22.]

제13조 노외주차장의 관리

① 노외주차장은 그 노외주차장을 설치한 자가 관리한다.

② 특별시장 · 광역시장, 시장 · 군수 또는 구청장은 노외주차장을 설치한 경우 그 관리를 특별시장 · 광역시장, 시장 · 군수 또는 구청장 외의 자에게 위탁할 수 있다.

③ 제2항에 따라 특별시장 · 광역시장, 시장 · 군수 또는 구청장의 위탁을 받아 노외주차장을 관리할 수 있는 자의 자격은 해당 지방자치단체의 조례로 정한다.

④ 제2항에 따라 노외주차장관리를 위탁받은 자에 대하여는 제8조제3항을 준용한다. 이 경우 "노상주차장관리 수탁자"는 "노외주차장관리를 위탁받은 자"로 본다.

[전문개정 2010. 3. 22.]

제14조 노외주차장의 주차요금 징수 등

① 제13조에 따라 노외주차장을 관리하는 자(이하 "노외주차장관리자"라 한다)는 주차장에 자동차를 주차하는 사람으로부터 주차요금을 받을 수 있다.

② 특별시장 · 광역시장, 시장 · 군수 또는 구청장이 설치한 노외주차장의 주차요금의 요율과 징수 방법에 관하여 필요한 사항은 해당 지방자치단체의 조례로 정한다. 다만, 경형자동차 및 환경친화적 자동차에 대하여는 주차요금의 100분의 50 이상을 감면한다. 〈개정 2016. 1. 19.〉

③ 특별시장 · 광역시장, 시장 · 군수 또는 구청장인 노외주차장관리자는 제15조제2항 각 호의 경우에 주차요금등을 강제징수할 수 있다. 이 경우 제9조제3항 및 제4항을 준용한다. 〈신설 2016. 1. 19.〉

[전문개정 2010. 3. 22.]

제15조 관리방법

① 특별시장 · 광역시장, 시장 · 군수 또는 구청장이 설치한 노외주차장의 관리 · 운영에 필요한 사항은 해당 지방자치단체의 조례로 정한다.

② 다음 각 호의 경우에는 제8조의2제2항 및 제3항을 준용한다. 〈개정 2016. 1. 19.〉

1. 정당한 사유 없이 제14조제1항에 따른 주차요금을 내지 아니하고 주차하는 경우
2. 노외주차장을 주차장 외의 목적으로 이용하는 경우
3. 노외주차장의 지정된 주차구획 외의 곳에 주차하는 경우

[전문개정 2010. 3. 22.]

제16조 삭제 〈1999. 2. 8.〉

제17조 노외주차장관리자의 책임 등

① 노외주차장관리자는 조례로 정하는 바에 따라 주차장을 성실히 관리 · 운영하여야 하며, 시설의 적정한 유지관리에 노력하여야 한다.

② 노외주차장관리자는 주차장의 공용기간(供用期間)에 정당한 사유 없이 그 이용을 거절할 수 없다.

③ 노외주차장관리자는 주차장에 주차하는 자동차의 보관에 관하여 선량한 관리자의 주의의무를 게을리하지 아니하였음을 증명한 경우를 제외하고는 그 자동차의 멸실 또는 훼손으로 인한 손해배상의 책임을 면하지 못한다.

[전문개정 2010. 3. 22.]

제18조 노외주차장의 표지

① 노외주차장관리자는 주차장 이용자의 편의를 도모하기 위하여 필요한 표지(전용주차구획의 표

지를 포함한다)를 설치하여야 한다. 〈개정 2016. 12. 2.〉

② 제1항에 따른 표지의 종류 · 서식과 그 밖에 표지의 설치에 필요한 사항은 해당 지방자치단체의 조례로 정한다.

[전문개정 2010. 3. 22.]

제4장 부설주차장

제19조 부설주차장의 설치

① 「국토의 계획 및 이용에 관한 법률」에 따른 도시지역, 같은 법 제51조제3항에 따른 지구단위계획구역 및 지방자치단체의 조례로 정하는 관리지역에서 건축물, 골프연습장, 그 밖에 주차수요를 유발하는 시설(이하 "시설물"이라 한다)을 건축하거나 설치하려는 자는 그 시설물의 내부 또는 그 부지에 부설주차장(화물의 하역과 그 밖의 사업 수행을 위한 주차장을 포함한다. 이하 같다)을 설치하여야 한다. 〈개정 2011. 4. 14.〉

② 부설주차장은 해당 시설물의 이용자 또는 일반의 이용에 제공할 수 있다.

③ 제1항에 따른 시설물의 종류와 부설주차장의 설치기준은 대통령령으로 정한다.

④ 제1항의 경우에 부설주차장이 대통령령으로 정하는 규모 이하이면 같은 항에도 불구하고 시설물의 부지 인근에 단독 또는 공동으로 부설주차장을 설치할 수 있다. 이 경우 시설물의 부지 인근의 범위는 대통령령으로 정하는 범위에서 지방자치단체의 조례로 정한다.

⑤ 제1항의 경우에 시설물의 위치 · 용도 · 규모 및 부설주차장의 규모 등이 대통령령으로 정하는 기준에 해당할 때에는 해당 주차장의 설치에 드는 비용을 시장 · 군수 또는 구청장에게 납부하는 것으로 부설주차장의 설치를 갈음할 수 있다. 이 경우 부설주차장의 설치를 갈음하여 납부된 비용은 노외주차장의 설치 외의 목적으로 사용할 수 없다.

⑥ 시장 · 군수 또는 구청장은 제5항에 따라 주차장의 설치비용을 납부한 자에게 대통령령으로 정하는 바에 따라 납부한 설치비용에 상응하는 범위에서 노외주차장(특별시장 · 광역시장, 시장 · 군수 또는 구청장이 설치한 노외주차장만 해당한다)을 무상으로 사용할 수 있는 권리(이하 이 조에서 "노외주차장 무상사용권"이라 한다)를 주어야 한다. 다만, 시설물의 부지로부터 제4항 후단에 따른 범위에 노외주차장 무상사용권을 줄 수 있는 노외주차장이 없는 경우에는 그러하지 아니하다.

⑦ 시장 · 군수 또는 구청장은 제6항 단서에 따라 노외주차장 무상사용권을 줄 수 없는 경우에는 제5항에 따른 주차장 설치비용을 줄여 줄 수 있다.

⑧ 시설물의 소유자가 변경되는 경우에는 노외주차장 무상사용권은 새로운 소유자가 승계한다.

⑨ 제5항과 제7항에 따른 설치비용의 산정기준 및 감액기준 등에 관하여 필요한 사항은 해당 지방자치단체의 조례로 정한다.

⑩ 특별시장 · 광역시장 · 특별자치시장 · 특별자치도지사 또는 시장은 부설주차장을 설치하면 교

통 혼잡이 가중될 우려가 있는 지역에 대하여는 제1항 및 제3항에도 불구하고 부설주차장의 설치를 제한할 수 있다. 이 경우 제한지역의 지정 및 설치 제한의 기준은 국토교통부령으로 정하는 바에 따라 해당 지방자치단체의 조례로 정한다. 〈개정 2013. 3. 23., 2018. 12. 18.〉

⑪ 시장 · 군수 또는 구청장은 설치기준에 적합한 부설주차장이 제3항에 따른 부설주차장 설치기준의 개정으로 인하여 설치기준에 미달하게 된 기존 시설물 중 대통령령으로 정하는 시설물에 대하여는 그 소유자에게 개정된 설치기준에 맞게 부설주차장을 설치하도록 권고할 수 있다.

⑫ 시장 · 군수 또는 구청장은 제11항에 따라 부설주차장의 설치권고를 받은 자가 부설주차장을 설치하려는 경우 제21조의2제6항에 따라 부설주차장의 설치비용을 우선적으로 보조할 수 있다.

[전문개정 2010. 3. 22.]

제19조의2(부설주차장 설치계획서)

부설주차장을 설치하는 자는 시설물의 건축 또는 설치에 관한 허가를 신청하거나 신고를 할 때에는 국토교통부령으로 정하는 바에 따라 부설주차장 설치계획서를 제출하여야 한다. 다만, 시설물의 용도변경으로 인하여 부설주차장을 설치하여야 하는 경우에는 용도변경을 신고하는 때(용도변경 신고의 대상이 아닌 경우에는 그 용도변경을 하기 전을 말한다)에 부설주차장 설치계획서를 제출하여야 한다. 〈개정 2013. 3. 23.〉

[전문개정 2010. 3. 22.]

제19조의3(부설주차장의 주차요금 징수 등)

① 부설주차장을 관리하는 자는 주차장에 자동차를 주차하는 사람으로부터 주차요금을 받을 수 있다.

② 제1항에 따른 부설주차장의 관리자에 대하여는 제17조를 준용한다.

[전문개정 2010. 3. 22.]

제19조의4(부설주차장의 용도변경 금지 등)

① 부설주차장은 주차장 외의 용도로 사용할 수 없다. 다만, 다음 각 호의 어느 하나에 해당하는 경우에는 그러하지 아니하다. 〈개정 2014. 3. 18.〉

1. 시설물의 내부 또는 그 부지(제19조제4항에 따라 해당 시설물의 부지 인근에 부설주차장을 설치하는 경우에는 그 인근 부지를 말한다) 안에서 주차장의 위치를 변경하는 경우로서 시장 · 군수 또는 구청장이 주차장의 이용에 지장이 없다고 인정하는 경우

2. 시설물의 내부에 설치된 주차장을 추후 확보된 인근 부지로 위치를 변경하는 경우로서 시장·군수 또는 구청장이 주차장의 이용에 지장이 없다고 인정하는 경우

3. 그 밖에 대통령령으로 정하는 기준에 해당하는 경우

② 시설물의 소유자 또는 부설주차장의 관리책임이 있는 자는 해당 시설물의 이용자가 부설주차장을 이용하는 데에 지장이 없도록 부설주차장 본래의 기능을 유지하여야 한다. 다만, 대통령령으로 정하는 기준에 해당하는 경우에는 그러하지 아니하다.

③ 시장·군수 또는 구청장은 제1항 또는 제2항을 위반하여 부설주차장을 다른 용도로 사용하거나 부설주차장 본래의 기능을 유지하지 아니하는 경우에는 해당 시설물의 소유자 또는 부설주차장의 관리책임이 있는 자에게 지체 없이 원상회복을 명하여야 한다. 이 경우 시설물의 소유자 또는 부설주차장의 관리책임이 있는 자가 그 명령에 따르지 아니할 때에는 「행정대집행법」에 따라 원상회복을 대집행(代執行)할 수 있다.

④ 제1항 및 제2항을 위반하여 부설주차장을 다른 용도로 사용하거나 부설주차장 본래의 기능을 유지하지 아니하는 경우에는 해당 시설물을 「건축법」 제79조제1항에 따른 위반 건축물로 보아 같은 조 제2항 본문을 적용한다.

[전문개정 2010. 3. 22.]

제5장 기계식주차장

제19조의5 기계식주차장의 설치기준 등

① 기계식주차장의 설치기준은 국토교통부령으로 정한다. 〈개정 2013. 3. 23., 2018. 8. 14.〉

② 특별시 · 광역시 · 특별자치도 · 시 · 군 또는 자치구는 지역실정이 고려된 구역을 정하여 다음 각 호의 사항을 지방자치단체의 조례로 정할 수 있다. 〈신설 2018. 8. 14.〉

1. 기계식주차장치의 설치대수
2. 기계식주차장치의 종류
3. 부설주차장의 주차대수 중 기계식주차장치의 비율

[전문개정 2010. 3. 22.]

[제목개정 2018. 8. 14.]

제19조의6 기계식주차장치의 안전도인증

① 기계식주차장치를 제작 · 조립 또는 수입하여 양도 · 대여 또는 설치하려는 자(이하 "제작자등"이라 한다)는 대통령령으로 정하는 바에 따라 그 기계식주차장치의 안전도(安全度)에 관하여 시장 · 군수 또는 구청장의 인증(이하 "안전도인증"이라 한다)을 받아야 한다. 이를 변경하려는 경우(대통령령으로 정하는 경미한 사항을 변경하는 경우는 제외한다)에도 또한 같다.

② 제1항에 따라 안전도인증을 받으려는 자는 미리 해당 기계식주차장치의 조립도(組立圖), 안전장치의 도면(圖面), 그 밖에 국토교통부령으로 정하는 서류를 국토교통부장관이 지정하는 검사기관에 제출하여 안전도에 대한 심사를 받아야 한다. 〈개정 2013. 3. 23.〉

[전문개정 2010. 3. 22.]

제19조의7 안전도인증서의 발급

시장 · 군수 또는 구청장은 기계식주차장치가 국토교통부령으로 정하는 안전기준에 적합하다고 인정되는 경우에는 제작자등에게 국토교통부령으로 정하는 바에 따라 기계식주차장치의 안전도인증서를 발급하여야 한다. 〈개정 2013. 3. 23.〉

[전문개정 2010. 3. 22.]

제19조의8 안전도인증의 취소

① 시장 · 군수 또는 구청장은 제작자등이 다음 각 호의 어느 하나에 해당하는 경우에는 안전도인증을 취소할 수 있다.

1. 거짓이나 그 밖의 부정한 방법으로 안전도인증을 받은 경우
2. 안전도인증을 받은 내용과 다른 기계식주차장치를 제작 · 조립 또는 수입하여 양도 · 대여 또는 설치한 경우
3. 제19조의7에 따른 안전기준에 적합하지 아니하게 된 경우

② 제작자등은 안전도인증이 취소된 경우에는 제19조의7에 따른 안전도인증서를 반납하여야 한다.

[전문개정 2010. 3. 22.]

제19조의9 기계식주차장의 사용검사 등

① 기계식주차장을 설치하려는 경우에는 안전도인증을 받은 기계식주차장치를 사용하여야 한다.

② 제1항에 따라 기계식주차장을 설치한 자 또는 해당 기계식주차장의 관리자(이하 "기계식주차장관리자등"이라 한다)는 그 기계식주차장에 대하여 국토교통부령으로 정하는 바에 따라 시장 · 군수 또는 구청장이 실시하는 다음 각 호의 검사를 받아야 한다. 다만, 시장 · 군수 또는 구청장은 대통령령으로 정하는 부득이한 사유가 있을 때에는 검사를 연기할 수 있다.

〈개정 2013. 3. 23.〉

1. 사용검사: 기계식주차장의 설치를 마치고 이를 사용하기 전에 실시하는 검사
2. 정기검사: 사용검사의 유효기간이 지난 후 계속하여 사용하려는 경우에 주기적으로 실시하는 검사

③ 사용검사 및 정기검사의 유효기간, 연기 절차, 검사시기 등 검사에 필요한 사항은 대통령령으로 정한다.

[전문개정 2010. 3. 22.]

제19조의10 검사확인증의 발급 등

① 시장 · 군수 또는 구청장은 제19조의9제2항에 따른 검사에 합격한 자에게는 검사확인증을 발급하고, 불합격한 자에게는 사용을 금지하는 표지를 내주어야 한다.

② 기계식주차장관리자등은 제1항에 따라 받은 검사확인증이나 기계식주차장의 사용을 금지하는 표지를 국토교통부령으로 정하는 바에 따라 기계식주차장에 부착하여야 한다.

〈개정 2013. 3. 23.〉

③ 제19조의9제2항에 따른 검사에 불합격한 기계식주차장은 사용할 수 없다.

[전문개정 2010. 3. 22.]

第19조의11 검사비용 등의 납부

제19조의6에 따른 안전도인증 또는 제19조의9제2항 각 호에 따른 검사를 받으려는 자는 국토교통부령으로 정하는 바에 따라 안전도인증 또는 검사에 드는 비용을 내야 한다. 〈개정 2013. 3. 23.〉

[전문개정 2010. 3. 22.]

第19조의12 검사업무의 대행

시장 · 군수 또는 구청장은 제19조의9 및 제19조의10에 따른 기계식주차장의 검사에 관한 업무를 대통령령으로 정하는 바에 따라 국토교통부장관이 지정하는 전문검사기관으로 하여금 대행하게 할 수 있다. 〈개정 2013. 3. 23.〉

[전문개정 2010. 3. 22.]

第19조의13 기계식주차장치의 철거

① 기계식주차장관리자등은 부설주차장에 설치된 기계식주차장치가 다음 각 호의 어느 하나에 해당하면 철거할 수 있다.

1. 기계식주차장치가 노후(老朽) · 고장 등의 이유로 작동이 불가능한 경우(기계식주차장치를 설치한 날부터 5년 이상으로서 대통령령으로 정하는 기간이 지난 경우로 한정한다)
2. 시설물의 구조상 또는 안전상 철거가 불가피한 경우

② 부설주차장을 설치하여야 할 시설물의 소유자는 제1항에 따라 기계식주차장치를 철거함으로써 제19조제3항에 따른 부설주차장의 설치기준에 미달하게 되는 경우에는 같은 조 제4항에 따라 시설물의 부지 인근에 부설주차장을 설치하거나, 같은 조 제5항에 따라 주차장의 설치에 드는 비용을 내야 한다. 이 경우 기계식주차장치가 설치되었던 바닥면적에 해당하는 주차장을 해당 시설물 또는 그 부지에 확보하여야 한다.

③ 제1항에 따라 기계식주차장치를 철거하려는 자는 국토교통부령으로 정하는 바에 따라 시장 · 군수 또는 구청장에게 신고하여야 한다. 〈개정 2013. 3. 23.〉

④ 시장 · 군수 또는 구청장은 제3항에 따른 신고를 받은 날부터 7일 이내에 신고수리 여부를 신고인에게 통지하여야 한다. 〈신설 2018. 12. 18.〉

⑤ 시장 · 군수 또는 구청장이 제4항에서 정한 기간 내에 신고수리 여부 또는 민원 처리 관련 법령에 따른 처리기간의 연장을 신고인에게 통지하지 아니하면 그 기간(민원 처리 관련 법령에 따라 처리기간이 연장 또는 재연장된 경우에는 해당 처리기간을 말한다)이 끝난 날의 다음 날에

신고를 수리한 것으로 본다. 〈신설 2018. 12. 18.〉

⑥ 특별시 · 광역시 · 특별자치시 · 특별자치도 · 시 · 군 또는 자치구는 기계식주차장치의 철거를 위하여 필요한 경우 제19조제3항에 따른 부설주차장 설치기준을 2분의 1의 범위에서 대통령령으로 정하는 바에 따라 해당 지방자치단체의 조례로 완화할 수 있다.

〈신설 2016. 1. 19., 2018. 12. 18.〉

[전문개정 2010. 3. 22.]

제19조의14(기계식주차장치 보수업의 등록

① 기계식주차장치 보수업(이하 "보수업"이라 한다)을 하려는 자는 국토교통부령으로 정하는 바에 따라 시장 · 군수 또는 구청장에게 등록하여야 한다. 〈개정 2013. 3. 23.〉

② 제1항에 따라 보수업의 등록을 하려는 자는 대통령령으로 정하는 기술인력과 설비를 갖추어야 한다.

[전문개정 2010. 3. 22.]

제19조의15 결격사유

다음 각 호의 어느 하나에 해당하는 자는 보수업의 등록을 할 수 없다. 〈개정 2014. 3. 18., 2016. 1. 19.〉

1. 피성년후견인
2. 파산선고를 받고 복권되지 아니한 자
3. 이 법을 위반하여 징역 이상의 실형을 선고받고 그 집행이 끝나거나(집행이 끝난 것으로 보는 경우를 포함한다) 집행이 면제된 날부터 2년이 지나지 아니한 사람
4. 이 법을 위반하여 징역 이상의 형의 집행유예를 선고받고 그 유예기간이 지나지 아니한 사람
5. 제19조의19에 따라 등록이 취소된 후 2년이 지나지 아니한 자(제19조의15제1호 및 제2호에 해당하여 등록이 취소된 경우는 제외한다)
6. 임원 중에 제1호부터 제5호까지의 어느 하나에 해당하는 사람이 있는 법인

[전문개정 2010. 3. 22.]

제19조의16 보험 가입

① 제19조의14제1항에 따라 보수업의 등록을 한 자(이하 "보수업자"라 한다)는 그 업무를 수행하면서 고의 또는 과실로 타인에게 손해를 입힐 경우 그 손해에 대한 배상을 보장하기 위하여 보험에 가입하여야 한다.

② 제1항에 따른 보험의 종류, 가입 절차, 그 밖에 필요한 사항은 대통령령으로 정한다.

[전문개정 2010. 3. 22.]

제19조의17 등록사항의 변경 등의 신고)

보수업자는 그 영업을 휴업 · 폐업 또는 재개업(再開業)한 경우에는 국토교통부령으로 정하는 바에 따라 시장 · 군수 또는 구청장에게 신고하여야 한다. 〈개정 2013. 3. 23., 2015. 8. 11.〉

1. 삭제 〈2015. 8. 11.〉
2. 삭제 〈2015. 8. 11.〉

[전문개정 2010. 3. 22.]

제19조의18 시정명령

시장 · 군수 또는 구청장은 보수업자가 다음 각 호의 어느 하나에 해당하는 경우에는 기간을 정하여 그 시정을 명할 수 있다.

1. 제19조의14제2항에 따른 보수업의 등록기준에 미달하게 된 경우
2. 제19조의16에 따른 보험에 가입하지 아니한 경우

[전문개정 2010. 3. 22.]

제19조의19 등록의 취소 등

① 시장 · 군수 또는 구청장은 보수업자가 다음 각 호의 어느 하나에 해당하는 경우에는 보수업의 등록을 취소하거나 6개월 이내의 기간을 정하여 그 영업의 정지를 명할 수 있다. 다만, 제1호 · 제2호 · 제4호 및 제6호에 해당하는 경우에는 그 등록을 취소하여야 한다.

1. 거짓이나 그 밖의 부정한 방법으로 보수업의 등록을 한 경우
2. 제19조의15 각 호의 어느 하나에 해당하는 경우(같은 조 제6호에 해당하는 법인이 그에 해당하게 된 날부터 3개월 이내에 해당 임원을 바꾸어 임명한 경우는 제외한다)
3. 제19조의17에 따른 신고를 하지 아니한 경우
4. 제19조의18에 따른 시정명령을 이행하지 아니한 경우
5. 보수의 흠으로 인하여 기계식주차장치의 이용자를 사망하게 하거나 다치게 한 경우 또는 자동차를 파손시킨 경우
6. 영업정지명령을 위반하여 그 영업정지기간에 영업을 한 경우

② 제1항에 따른 등록취소 및 영업정지의 기준은 대통령령으로 정한다.

[전문개정 2010. 3. 22.]

제19조의20 기계식주차장치 관리인의 배치 등

① 기계식주차장관리자등은 대통령령으로 정하는 일정 규모 이상의 기계식주차장치가 설치된 때에는 주차장 이용자의 안전을 위하여 기계식주차장치 관리인을 두어야 한다.

② 기계식주차장관리자등은 주차장 이용자가 확인하기 쉬운 위치에 기계식주차장의 이용 방법을 설명하는 안내문을 부착하여야 한다.

③ 기계식주차장관리자등은 주차장 관련 법령, 사고 시 응급처치 방법 등 국토교통부령으로 정하는 기계식주차장치의 관리에 필요한 교육(이하 "기계식주차장치 관리인 교육"이라 한다)을 받은 사람을 제1항에 따른 기계식주차장치 관리인으로 선임하여야 한다. 이 경우 기계식주차장관리자등은 선임된 기계식주차장치 관리인으로 하여금 국토교통부령으로 정하는 보수교육을 받도록 하여야 한다. 〈신설 2017. 3. 21.〉

④ 제1항 및 제2항에 따른 기계식주차장치 관리인의 임무, 안내문의 부착 위치와 세부 내용 등에 필요한 사항은 국토교통부령으로 정한다. 〈개정 2017. 3. 21.〉

[본조신설 2015. 8. 11.]

[종전 제19조의20은 제19조의21로 이동 〈2015. 8. 11.〉]

제19조의21 기계식주차장 정보망 구축 · 운영

① 국토교통부장관은 기계식주차장의 안전과 관련된 다음 각 호의 정보를 종합적으로 관리하기 위한 기계식주차장 정보망을 구축 · 운영할 수 있다. 〈개정 2017. 3. 21., 2017. 10. 24.〉

1. 제19조의9에 따른 검사의 이력정보
2. 제19조의14부터 제19조의19까지에 따른 보수업에 관한 사항

2의2. 제19조의22제1항에 따른 중대한 사고에 관한 정보

2의3. 제19조의23에 따른 정밀안전검사의 결과에 관한 정보

3. 제25조에 따른 보고, 자료의 제출 및 검사에 관한 정보
4. 그 밖에 기계식주차장의 안전과 관련되는 사항으로서 국토교통부령으로 정하는 정보

② 국토교통부장관은 제1항에 따라 수집된 정보를 제19조의12에 따른 전문검사기관, 제19조의14에 따른 보수업등록업자, 제25조에 따른 행정기관에 제공하거나 필요시 정보의 일부를 일반에게 공개할 수 있다. 〈개정 2017. 10. 24.〉

③ 국토교통부장관은 제1항에 따른 기계식주차장 정보망의 구축 · 운영에 관한 업무를 대통령령으로 정하는 기관에 위탁할 수 있다. 이 경우 그에 필요한 경비의 전부 또는 일부를 지원할 수 있다.

[본조신설 2016. 1. 19.]

[종전 제19조의21은 제19조의22로 이동 〈2016. 1. 19.〉]

제19조의22 사고 보고 의무 및 사고 조사

① 기계식주차장관리자등은 그가 관리하는 기계식주차장으로 인하여 이용자가 사망하거나 다치는 사고, 자동차 추락 등 국토교통부령으로 정하는 중대한 사고가 발생한 경우에는 즉시 국토교통부령으로 정하는 바에 따라 관할 시장 · 군수 또는 구청장과 「한국교통안전공단법」에 따른 한국교통안전공단의 장에게 통보하여야 한다. 이 경우 「한국교통안전공단법」에 따른 한국교통안전공단의 장은 통보받은 사항 중 중대한 사고에 관한 내용을 국토교통부장관, 제5항에 따른 사고조사판정위원회에 보고하여야 한다.

② 기계식주차장관리자등은 제1항 전단에 따른 중대한 사고가 발생한 경우에는 사고현장 또는 중대한 사고와 관련되는 물건을 이동시키거나 변경 또는 훼손하여서는 아니 된다. 다만, 인명구조 등 긴급한 사유가 있는 경우에는 그러하지 아니하다.

③ 제1항에 따라 통보받은 「한국교통안전공단법」에 따른 한국교통안전공단의 장은 기계식주차장 사고의 재발 방지 및 예방을 위하여 필요하다고 인정하면 기계식주차장 사고의 원인 및 경위 등에 관한 조사를 할 수 있다.

④ 「한국교통안전공단법」에 따른 한국교통안전공단의 장은 기계식주차장 사고의 효율적인 조사를 위하여 사고조사반을 둘 수 있으며, 사고조사반의 구성 및 운영 등에 관한 사항은 국토교통부령으로 정한다.

⑤ 국토교통부장관은 제3항에 따라 「한국교통안전공단법」에 따른 한국교통안전공단이 조사한 기계식주차장 사고의 원인 등을 판정하기 위하여 사고조사판정위원회를 둘 수 있다.

⑥ 사고조사판정위원회는 기계식주차장 사고의 원인 등을 조사하여 원인과 판정한 결과를 국토교통부에 보고하여야 한다.

⑦ 국토교통부는 기계식주차장 사고의 원인 등을 판정한 결과 필요하다고 인정되는 경우 기계식주차장 사고의 재발 방지를 위한 대책을 마련하고 이를 관할 시장 · 군수 또는 구청장 및 제작자 등에게 권고할 수 있다.

⑧ 사고조사판정위원회의 구성 및 운영과 그 밖에 필요한 사항은 대통령령으로 정한다.

[본조신설 2017. 10. 24.]

[종전 제19조의22는 제19조의23으로 이동 〈2017. 10. 24.〉]

제19조의23 기계식주차장의 정밀안전검사

① 기계식주차장관리자등은 해당 기계식주차장이 다음 각 호의 어느 하나에 해당하는 경우에는

시장 · 군수 또는 구청장이 실시하는 정밀안전검사를 받아야 한다. 이 경우 제3호에 해당하는 때에는 정밀안전검사를 받은 날부터 4년마다 정기적으로 정밀안전검사를 받아야 한다.

1. 제19조의9제2항에 따른 검사 결과 결함원인이 불명확하여 사고예방과 안전성 확보를 위하여 정밀안전검사가 필요하다고 인정된 경우
2. 기계식주차장의 이용자가 죽거나 다치는 등 국토교통부령으로 정하는 중대한 사고가 발생한 경우
3. 기계식주차장이 설치된 날부터 10년이 지난 경우
4. 그 밖에 기계식주차장치의 성능 저하로 인하여 이용자의 안전을 침해할 우려가 있는 것으로 국토교통부장관이 정한 경우

② 기계식주차장관리자등은 제1항에 따른 정밀안전검사에 불합격한 기계식주차장을 운영할 수 없으며, 다시 운영하기 위해서는 정밀안전검사를 다시 받아야 한다.

③ 제1항에 따라 정밀안전검사를 받은 경우 또는 정밀안전검사를 받아야 하는 경우에는 제19조의9제2항제2호에 따른 해당 연도의 정기검사를 면제한다.

④ 시장 · 군수 또는 구청장은 제1항에 따른 정밀안전검사에 관한 업무를 「한국교통안전공단법」에 따라 설립된 한국교통안전공단에 대행하게 할 수 있다. 〈개정 2017. 10. 24.〉

⑤ 정밀안전검사에 관해서는 제19조의10제1항 · 제2항 및 제19조의11을 준용한다. 이 경우 "제19조의9제2항에 따른 검사", "제19조의9제2항 각 호에 따른 검사"는 "제19조의23제1항에 따른 정밀안전검사"로 본다. 〈개정 2017. 10. 24.〉

⑥ 제1항에 따른 정밀안전검사의 기준 · 항목 · 방법 및 실시시기 등에 필요한 사항은 대통령령으로 정한다.

[본조신설 2017. 3. 21.]

[제19조의22에서 이동, 종전 제19조의23은 제19조의24로 이동 〈2017. 10. 24.〉]

제6장 보칙

제19조의2 부기등기

① 제19조제4항에 따라 시설물 부지 인근에 설치된 부설주차장 및 제19조의4제1항에 따라 위치 변경된 부설주차장은 「부동산등기법」에 따라 시설물과 그에 부대하여 설치된 부설주차장 관계임을 표시하는 내용을 각각 부기등기하여야 한다.

② 제19조제4항에 따라 시설물 부지 인근에 설치된 부설주차장은 제19조의4제1항에 따라 용도변경이 인정되어 부설주차장으로서 의무가 면제되지 아니한 경우에는 부기등기를 말소할 수 없다.

③ 제1항에 따른 부기등기의 내용 및 말소에 관한 사항은 대통령령으로 정한다.

[본조신설 2014. 3. 18.]

[제19조의23에서 이동 〈2017. 10. 24.〉]

제20조 국유재산 · 공유재산의 처분 제한

① 국가 또는 지방자치단체 소유의 토지로서 노외주차장 설치계획에 따라 노외주차장을 설치하는 데에 필요한 토지는 다른 목적으로 매각(賣却)하거나 양도할 수 없으며, 관계 행정청은 노외주차장의 설치에 적극 협조하여야 한다.

② 도로, 광장, 공원, 그 밖에 대통령령으로 정하는 학교 등 공공시설의 지하에 노외주차장을 설치하기 위하여 「국토의 계획 및 이용에 관한 법률」 제88조에 따른 도시 · 군계획시설사업의 실시계획인가를 받은 경우에는 「도로법」, 「도시공원 및 녹지 등에 관한 법률」, 「학교시설사업 촉진법」, 그 밖에 대통령령으로 정하는 관계 법령에 따른 점용허가를 받거나 토지형질변경에 대한 협의 등을 한 것으로 보며, 노외주차장으로 사용되는 토지 및 시설물에 대하여는 대통령령으로 정하는 바에 따라 그 점용료 및 사용료를 감면할 수 있다. 〈개정 2011. 4. 14.〉

③ 대통령령으로 정하는 공공시설의 지상에 노외주차장을 설치하는 경우에도 제2항을 준용한다.

[전문개정 2010. 3. 22.]

제21조 보조 또는 융자

① 국가 또는 지방자치단체는 노외주차장의 설치를 촉진하기 위하여 특히 필요하다고 인정하는 경우에는 대통령령으로 정하는 바에 따라 노외주차장의 설치에 관한 비용의 전부 또는 일부를

보조할 수 있다.

② 국가 또는 지방자치단체는 노외주차장 또는 부설주차장의 설치를 위하여 필요한 경우에는 노외주차장 또는 부설주차장의 설치에 필요한 자금의 융자를 알선할 수 있다.

[전문개정 2010. 3. 22.]

제21조의2 주차장특별회계의 설치 등

① 특별시장 · 광역시장, 시장 · 군수 또는 구청장은 주차장을 효율적으로 설치 및 관리 · 운영하기 위하여 주차장특별회계를 설치할 수 있다.

② 제1항에 따라 특별시장 · 광역시장 · 특별자치시장 · 특별자치도지사 · 시장 또는 군수가 설치하는 주차장특별회계는 다음 각 호의 재원(財源)으로 조성한다.

〈개정 2010. 3. 31., 2012. 1. 17., 2018. 12. 18.〉

1. 제9조제1항 및 제3항, 제14조제1항에 따른 주차요금 등의 수입금과 제19조제5항에 따른 노외주차장 설치를 위한 비용의 납부금
2. 제24조의2에 따른 과징금의 징수금
3. 해당 지방자치단체의 일반회계로부터의 전입금
4. 정부의 보조금
5. 「지방세법」 제112조(같은 조 제1항제1호는 제외한다)에 따른 재산세 징수액 중 대통령령으로 정하는 일정 비율에 해당하는 금액
6. 「도로교통법」 제161조제1항제2호 및 제3호에 따라 제주특별자치도지사 또는 시장등이 부과 · 징수한 과태료
7. 제32조에 따른 이행강제금의 징수금
8. 「지방세기본법」 제8조제1항제1호에 따른 보통세 징수액의 100분의 1의 범위에서 광역시의 조례로 정하는 비율에 해당하는 금액(광역시에 한한다)

③ 제1항에 따라 구청장이 설치하는 주차장특별회계는 다음 각 호의 재원으로 조성한다.

1. 제2항제1호의 수입금 및 납부금 중 해당 구청장이 설치 · 관리하는 노상주차장 및 노외주차장의 주차요금과 대통령령으로 정하는 납부금
2. 제24조의2에 따른 과징금의 징수금
3. 해당 지방자치단체의 일반회계로부터의 전입금
4. 특별시 또는 광역시의 보조금
5. 「도로교통법」 제161조제1항제3호에 따라 시장등이 부과 · 징수한 과태료
6. 제32조에 따른 이행강제금의 징수금

④ 제1항에 따른 주차장특별회계의 설치 및 운용 · 관리에 필요한 사항은 해당 지방자치단체의 조례로 정한다.

⑤ 특별시장 · 광역시장, 시장 · 군수 또는 구청장은 노상주차장 또는 노외주차장의 관리를 위탁한 경우 그 위탁을 받은 자에게 위탁수수료 외에 노상주차장 또는 노외주차장의 관리 · 운영비용의 일부를 보조할 수 있다. 다만, 주차장특별회계가 설치된 경우에는 그 회계로부터 보조할 수 있다.

⑥ 특별시장 · 광역시장, 시장 · 군수 또는 구청장은 노외주차장 또는 부설주차장의 설치자에게 주차장특별회계로부터 노외주차장 또는 부설주차장의 설치비용의 일부를 보조하거나 융자할 수 있다. 이 경우 보조 또는 융자의 대상 · 방법 및 융자금의 상환 등에 관하여 필요한 사항은 해당 지방자치단체의 조례로 정한다.

⑦ 특별시장 · 광역시장 · 특별자치시장 · 특별자치도지사 또는 시장은 해당 지방자치단체에 「도시교통정비 촉진법」에 따른 지방도시교통사업특별회계가 설치되어 있는 경우에는 그 회계에 이 법에 따른 주차장특별회계를 통합하여 운용할 수 있다. 이 경우 계정(計定)은 분리하여야 한다. 〈개정 2018. 12. 18.〉

[전문개정 2010. 3. 22.]

제21조의3 주차관리 전담기구의 설치

특별시장 · 광역시장, 시장 · 군수 또는 구청장은 주차장의 설치 및 효율적인 관리 · 운영을 위하여 필요한 경우에는 「지방공기업법」에 따른 지방공기업을 설치 · 경영할 수 있다.

[전문개정 2010. 3. 22.]

제22조 주차요금 등의 사용 제한

특별시장 · 광역시장, 시장 · 군수 또는 구청장이 제9조제1항 및 제3항과 제14조제1항에 따라 받는 주차요금 등은 주차장의 설치 · 관리 및 운영 외의 용도에 사용할 수 없다.

[전문개정 2010. 3. 22.]

제22조의2 자료의 요청)

① 국토교통부장관은 주차장의 구조 · 설치기준 등의 제정, 기계식주차장의 안전기준의 제정, 그 밖에 주차장의 설치 · 정비 및 관리에 관한 정책의 수립을 위하여 필요한 경우에는 노상주차장 관리자 · 노외주차장관리자 · 기계식주차장관리자 등에게 노상주차장 · 노외주차장 · 부설주차장의 설치 현황 및 운영 실태 등에 관한 자료를 요청할 수 있다. 〈개정 2013. 3. 23.〉

② 제1항에 따른 자료 요청을 받은 자는 특별한 사유가 없으면 이에 따라야 한다.

[전문개정 2010. 3. 22.]

제23조 감독

① 삭제 〈2009. 1. 7.〉

② 특별시장 · 광역시장 또는 도지사는 주차장이 공익상 현저히 유해하거나 자동차교통에 현저한 지장을 준다고 인정할 때에는 시장 · 군수 또는 구청장(특별자치시장 및 특별자치도지사는 제외한다. 이하 이 항에서 같다)에게 해당 주차장에 대한 시설의 개선, 공용의 제한 등 필요한 조치를 할 것을 명할 수 있으며, 그 명령을 받은 시장 · 군수 또는 구청장은 필요한 조치를 하여야 한다. 〈개정 2010. 3. 22., 2018. 12. 18.〉

③ 시장 · 군수 또는 구청장은 노외주차장이 공익상 현저히 유해하거나 자동차교통에 현저한 지장을 준다고 인정할 때에는 해당 노외주차장관리자에게 대통령령으로 정하는 바에 따라 시설의 개선, 공용의 제한 등 필요한 조치를 할 것을 명할 수 있다. 〈개정 2010. 3. 22.〉

[제목개정 2010. 3. 22.]

제24조 영업정지 등

시장 · 군수 또는 구청장은 노외주차장관리자 또는 제19조의3에 따른 부설주차장의 관리자가 다음 각 호의 어느 하나에 해당하는 경우에는 6개월 이내의 기간을 정하여 해당 주차장을 일반의 이용에 제공하는 것을 금지하거나 300만원 이하의 과징금을 부과할 수 있다. 〈개정 2012. 1. 17.〉

1. 제6조제1항 · 제2항 또는 제6조의2제2항에 따른 주차장의 구조 · 설비기준 등을 위반한 경우
2. 제17조제2항(제19조의3에서 준용되는 경우를 포함한다)을 위반하여 주차장에 대한 일반의 이용을 거절한 경우
3. 제23조제3항에 따른 시장 · 군수 또는 구청장의 명령에 따르지 아니한 경우(노외주차장관리자만 해당한다)
4. 제25조제1항에 따른 검사를 거부 · 기피 또는 방해한 경우(노외주차장관리자만 해당한다)

[전문개정 2010. 3. 22.]

제24조의2 과징금처분

① 제24조에 따른 과징금을 부과하는 위반행위의 종류 및 위반 정도에 따른 과징금의 금액과 그 밖에 필요한 사항은 대통령령으로 정한다.

② 제24조에 따른 과징금은 시장 · 군수 또는 구청장이 조례로 정하는 바에 따라 지방세 징수의 예

에 따라 징수한다.

[전문개정 2010. 3. 22.]

제24조의3 청문

시장 · 군수 또는 구청장은 다음 각 호의 어느 하나에 해당하는 처분을 하려면 청문을 하여야 한다.

1. 제19조의8제1항에 따른 안전도인증의 취소
2. 제19조의19에 따른 보수업 등록의 취소

[전문개정 2010. 3. 22.]

제25조 보고 및 검사

① 특별시장 · 광역시장, 시장 · 군수 또는 구청장은 필요하다고 인정하는 경우에는 노외주차장관리자 또는 제19조의12에 따른 전문검사기관에 대하여 감독상 필요한 보고를 하게 하거나 자료의 제출을 명할 수 있으며, 소속 공무원으로 하여금 주차장 · 검사장 또는 그 업무와 관계있는 장소에서 주차시설 · 검사시설 또는 그 업무에 관하여 검사를 하게 할 수 있다.

② 제1항에 따라 검사를 하는 공무원은 그 권한을 표시하는 증표를 지니고 이를 관계인에게 보여주어야 한다.

③ 제2항에 따른 증표에 관하여 필요한 사항은 국토교통부령으로 정한다. 〈개정 2013. 3. 23.〉

[전문개정 2010. 3. 22.]

제26조 수수료

제19조의14제1항에 따른 등록신청을 하는 자는 국토교통부령으로 정하는 바에 따라 수수료를 관할 시장 · 군수 또는 구청장에게 내야 한다. 〈개정 2013. 3. 23.〉

[전문개정 2010. 3. 22.]

제27조 삭제 〈1995. 12. 29.〉

제28조 삭제 〈2010. 3. 22.〉

제7장 벌칙

제29조 벌칙

① 다음 각 호의 어느 하나에 해당하는 자는 3년 이하의 징역 또는 5천만원 이하의 벌금에 처한다.

〈개정 2017. 3. 21., 2017. 10. 24.〉

1. 제19조제1항 및 제3항을 위반하여 부설주차장을 설치하지 아니하고 시설물을 건축하거나 설치한 자
2. 제19조의4제1항을 위반하여 부설주차장을 주차장 외의 용도로 사용한 자
3. 제19조의23제2항을 위반하여 정밀안전검사에 불합격한 기계식주차장을 사용에 제공한 자

② 다음 각 호의 어느 하나에 해당하는 자는 1년 이하의 징역 또는 1천만원 이하의 벌금에 처한다.

〈개정 2015. 8. 11., 2017. 3. 21., 2017. 10. 24.〉

1. 노외주차장인 주차전용건축물을 제2조제11호에 따른 주차장 사용 비율을 위반하여 사용한 자
2. 제19조의4제2항을 위반하여 정당한 사유 없이 부설주차장 본래의 기능을 유지하지 아니한 자
3. 거짓이나 그 밖의 부정한 방법으로 제19조의6제1항에 따른 안전도인증을 받은 자
4. 제19조의6제1항에 따른 안전도인증을 받지 아니하고 기계식주차장치를 제작 · 조립 또는 수입하여 양도 · 대여 또는 설치한 자
5. 제19조의6제2항에 따라 기계식주차장치의 안전도에 대한 심사를 하는 자로서 부정한 심사를 한 자
6. 거짓이나 그 밖의 부정한 방법으로 제19조의9제2항 각 호 또는 제19조의23제1항의 검사를 받은 자
7. 제19조의9제2항 각 호에 따른 검사를 받지 아니하고 기계식주차장을 사용에 제공한 자
8. 제19조의10제3항을 위반하여 검사에 불합격한 기계식주차장을 사용에 제공한 자
9. 제19조의12 또는 제19조의23제4항에 따라 기계식주차장의 검사대행을 지정받은 자 또는 그 종사원으로서 부정한 검사를 한 자
10. 제19조의14제1항을 위반하여 등록을 하지 아니하고 보수업을 한 자
11. 거짓이나 그 밖의 부정한 방법으로 제19조의14제1항에 따른 보수업의 등록을 한 자

11의2. 제19조의20제1항을 위반하여 기계식주차장치 관리인을 두지 아니한 자

11의3. 제19조의23제1항에 따른 정밀안전검사를 받지 아니하고 기계식주차장을 사용에 제공한 자

12. 제24조에 따른 금지기간에 주차장을 일반의 이용에 제공한 자

[전문개정 2010. 3. 22.]

제30조 과태료

① 다음 각 호의 어느 하나에 해당하는 자에게는 500만원 이하의 과태료를 부과한다.
〈신설 2017. 10. 24.〉

1. 제19조의22제1항을 위반하여 통보를 하지 아니하거나 거짓으로 통보한 자
2. 제19조의22제2항을 위반하여 중대한 사고의 현장 또는 중대한 사고와 관련되는 물건을 이동시키거나 변경 또는 훼손한 자

② 다음 각 호의 어느 하나에 해당하는 자에게는 50만원 이하의 과태료를 부과한다.
〈개정 2010. 3. 22., 2015. 8. 11., 2016. 1. 19., 2017. 3. 21., 2017. 10. 24.〉

1. 제17조제2항(제19조의3에서 준용되는 경우를 포함한다)을 위반하여 주차장에 대한 일반의 이용을 거절한 자
2. 제19조의9제3항에 따른 사용검사 또는 정기검사의 유효기간이 지난 후 검사를 받지 아니한 자(제29조제2항제7호에 따라 벌칙을 부과받은 경우는 제외한다)
3. 제19조의10제2항(제19조의23제5항에서 준용되는 경우를 포함한다)을 위반하여 검사확인증이나 기계식주차장의 사용을 금지하는 표지를 부착하지 아니한 자
4. 제19조의17을 위반하여 신고를 하지 아니한 자
5. 제19조의20제2항을 위반하여 안내문을 부착하지 아니한 자

5의2. 제19조의23제1항 후단에 따른 정기적 정밀안전검사를 받지 아니한 자(제29조제2항제11호의3에 따라 벌칙을 부과받은 경우는 제외한다)

6. 제19조의20제3항을 위반하여 기계식주차장치 관리인 교육을 받지 아니한 사람을 기계식주차장치 관리인으로 선임하거나 보수교육을 받게 하지 아니한 자
7. 제25조제1항에 따른 검사를 거부 · 기피 또는 방해한 자

③ 제1항 및 제2항에 따른 과태료는 대통령령으로 정하는 바에 따라 시장 · 군수 또는 구청장이 부과 · 징수한다. 〈개정 2010. 3. 22., 2017. 10. 24.〉

④ 삭제 〈2009. 1. 7.〉

⑤ 삭제 〈2009. 1. 7.〉

⑥ 삭제 〈2009. 1. 7.〉

[전문개정 1983. 12. 31.]

[제목개정 2010. 3. 22.]

제31조 양벌규정

법인의 대표자나 법인 또는 개인의 대리인, 사용인, 그 밖의 종업원이 그 법인 또는 개인의 업무에 관하여 제29조의 위반행위를 하면 그 행위자를 벌하는 외에 그 법인 또는 개인에게도 해당 조문의 벌금형을 과(科)한다. 다만, 법인 또는 개인이 그 위반행위를 방지하기 위하여 해당 업무에 관하여 상당한 주의와 감독을 게을리하지 아니한 경우에는 그러하지 아니하다.

[전문개정 2009. 1. 7.]

제32조 이행강제금

① 시장ㆍ군수 또는 구청장은 제19조의4제3항 전단에 따른 원상회복명령을 받은 후 그 시정기간 이내에 그 원상회복명령을 이행하지 아니한 시설물의 소유자 또는 부설주차장의 관리책임이 있는 자에게 다음 각 호의 한도에서 이행강제금을 부과할 수 있다.

1. 제19조의4제1항을 위반하여 부설주차장을 주차장 외의 용도로 사용하는 경우: 제19조제9항에 따라 산정된 위반 주차구획의 설치비용의 20퍼센트
2. 제19조의4제2항을 위반하여 부설주차장 본래의 기능을 유지하지 아니하는 경우: 제19조제9항에 따라 산정된 위반 주차구획의 설치비용의 10퍼센트

② 시장ㆍ군수 또는 구청장은 제1항에 따른 이행강제금을 부과하기 전에 상당한 이행기간을 정하여 해당 명령이 그 기한까지 이행되지 아니한 경우에는 이행강제금을 부과ㆍ징수한다는 뜻을 미리 문서로 계고(戒告)하여야 한다.

③ 시장ㆍ군수 또는 구청장은 제1항에 따른 이행강제금을 부과할 때에는 이행강제금의 금액, 부과사유, 납부기한, 수납기관, 이의제기방법 및 이의제기기관 등을 명확하게 적은 문서로 하여야 한다.

④ 시장ㆍ군수 또는 구청장은 최초의 원상회복명령이 있었던 날을 기준으로 하여 1년에 2회 이내의 범위에서 원상회복명령이 이행될 때까지 반복하여 제1항에 따른 이행강제금을 부과ㆍ징수할 수 있다. 다만, 이행강제금의 총 부과 횟수는 해당 시설물의 소유자 또는 부설주차장의 관리책임이 있는 자의 변경 여부와 관계없이 5회를 초과할 수 없다.

⑤ 시장ㆍ군수 또는 구청장은 제19조의4제3항 전단에 따른 원상회복명령을 받은 자가 그 명령을 이행하는 경우에는 새로운 이행강제금의 부과를 중지하되, 이미 부과된 이행강제금은 징수하여야 한다.

⑥ 시장 · 군수 또는 구청장은 제3항에 따라 이행강제금 부과처분을 받은 자가 이행강제금을 기한까지 내지 아니하면 「지방세외수입금의 징수 등에 관한 법률」에 따라 징수한다.

〈개정 2013. 8. 6.〉

⑦ 이행강제금의 징수금은 주차장의 설치 · 관리 및 운영 외의 용도에 사용할 수 없다.

[전문개정 2010. 3. 22.]

부칙 〈제16005호, 2018. 12. 18.〉

제1조 시행일

이 법은 공포한 날부터 시행한다. 다만, 제19조의13제4항 및 제5항의 개정규정은 공포 후 1개월이 경과한 날부터 시행한다.

제2조 기계식주차장치의 철거 신고에 관한 적용례

제19조의13제4항 및 제5항의 개정규정은 같은 개정규정 시행 이후 기계식주차장치의 철거 신고를 하는 경우부터 적용한다.

주차장법 시행령

[시행 2018. 10. 25]

[대통령령 제29253호, 2018. 10. 23, 일부개정]

제1조 목적

이 영은 「주차장법」에서 위임된 사항과 그 시행에 필요한 사항을 규정함을 목적으로 한다.

[전문개정 2010. 10. 21.]

제1조의2 주차전용건축물의 주차면적비율

① 「주차장법」(이하 "법"이라 한다) 제2조제11호에서 "대통령령으로 정하는 비율 이상이 주차장으로 사용되는 건축물"이란 건축물의 연면적 중 주차장으로 사용되는 부분의 비율이 95퍼센트 이상인 것을 말한다. 다만, 주차장 외의 용도로 사용되는 부분이 「건축법 시행령」 별표 1에 따른 단독주택(같은 표 제1호에 따른 단독주택을 말한다. 이하 "단독주택"이라 한다), 공동주택, 제1종 근린생활시설, 제2종 근린생활시설, 문화 및 집회시설, 종교시설, 판매시설, 운수시설, 운동시설, 업무시설, 창고시설 또는 자동차 관련 시설인 경우에는 주차장으로 사용되는 부분의 비율이 70퍼센트 이상인 것을 말한다.

〈개정 2014. 12. 30., 2016. 1. 19., 2018. 2. 20.〉

1. 삭제 〈1996. 6. 4.〉
2. 삭제 〈1996. 6. 4.〉

② 제1항에 따른 건축물의 연면적의 산정방법은 「건축법」에 따른다. 다만, 기계식주차장의 연면적은 기계식주차장치에 의하여 자동차를 주차할 수 있는 면적과 기계실, 관리사무소 등의 면적을 합하여 계산한다.

③ 특별시장 · 광역시장 · 특별자치도지사 또는 시장은 법 제12조제6항 또는 제19조제10항에 따라 노외주차장 또는 부설주차장의 설치를 제한하는 지역의 주차전용건축물의 경우에는 제1항 단서에도 불구하고 해당 지방자치단체의 조례로 정하는 바에 따라 주차장 외의 용도로 사용되는 부분에 설치할 수 있는 시설의 종류를 해당 지역의 구역별로 제한할 수 있다.

[전문개정 2010. 10. 21.]

제2조 중요 사항의 변경

법 제4조의2제2항 후단에서 "대통령령으로 정하는 중요한 사항을 변경하려는 경우"란 다음 각 호의 어느 하나에 해당하는 경우를 말한다.

1. 주차환경개선지구의 지정구역의 10퍼센트 이상을 변경하는 경우
2. 예측된 주차수요를 30퍼센트 이상 변경하는 경우

[전문개정 2010. 10. 21.]

제2조의2 삭제 <1996. 6. 4.>

제3조 삭제 <1999. 3. 17.>

제3조의2 삭제 <2009. 7. 7.>

제4조 경형자동차 및 환경친화적 자동차 전용주차구획의 설치비율

법 제12조의3제3항에 따라 노외주차장에는 경형자동차를 위한 전용주차구획과 환경친화적 자동차를 위한 전용주차구획을 합한 주차구획이 노외주차장 총주차대수의 100분의 10 이상이 되도록 설치하여야 한다.

[전문개정 2016. 7. 19.]

제5조 삭제 <1999. 3. 17.>

제5조의2 삭제 <2000. 7. 27.>

제6조 부설주차장의 설치기준

① 법 제19조제3항에 따라 부설주차장을 설치하여야 할 시설물의 종류와 부설주차장의 설치기준은 별표 1과 같다. 다만, 다음 각 호의 경우에는 특별시·광역시·특별자치도·시 또는 군(광역시의 군은 제외한다. 이하 이 조에서 같다)의 조례로 시설물의 종류를 세분하거나 부설주차장의 설치기준을 따로 정할 수 있다. <개정 2016. 7. 19.>

1. 오지·벽지·섬 지역, 도심지의 간선도로변이나 그 밖에 해당 지역의 특수성으로 인하여 별표 1의 기준을 적용하는 것이 현저히 부적합한 경우
2. 「국토의 계획 및 이용에 관한 법률」 제6조제2호에 따른 관리지역으로서 주차난이 발생할 우려가 없는 경우
3. 단독주택·공동주택의 부설주차장 설치기준을 세대별로 정하거나 숙박시설 또는 업무시설 중 오피스텔의 부설주차장 설치기준을 호실별로 정하려는 경우
4. 기계식주차장을 설치하는 경우로서 해당 지역의 주차장 확보율, 주차장 이용 실태, 교통 여건 등을 고려하여 별표 1의 부설주차장 설치기준과 다르게 정하려는 경우
5. 대한민국 주재 외국공관 안의 외교관 또는 그 가족이 거주하는 구역 등 일반인의 출입이 통제되는 구역에 주택 등의 시설물을 건축하는 경우

6. 시설면적이 1만제곱미터 이상인 공장을 건축하는 경우
7. 판매시설, 문화 및 집회시설 등 「자동차관리법」 제3조제1항제2호에 따른 승합자동차(중형 또는 대형 승합자동차만 해당한다)의 출입이 빈번하게 발생하는 시설물을 건축하는 경우

② 특별시 · 광역시 · 특별자치도 · 시 또는 군은 주차수요의 특성 또는 증감에 효율적으로 대처하기 위하여 필요하다고 인정하는 경우에는 별표 1의 부설주차장 설치기준의 2분의 1의 범위에서 그 설치기준을 해당 지방자치단체의 조례로 강화하거나 완화할 수 있다. 이 경우 별표 1의 시설물의 종류 · 규모를 세분하여 각 시설물의 종류 · 규모별로 강화 또는 완화의 정도를 다르게 정할 수 있다.

③ 제1항 단서 및 제2항에 따라 부설주차장의 설치기준을 조례로 정하는 경우 해당 지방자치단체는 해당 지역의 구역별로 부설주차장 설치기준을 각각 다르게 정할 수 있다.

④ 건축물의 용도를 변경하는 경우에는 용도변경 시점의 주차장 설치기준에 따라 변경 후 용도의 주차대수와 변경 전 용도의 주차대수를 산정하여 그 차이에 해당하는 부설주차장을 추가로 확보하여야 한다. 다만, 다음 각 호의 어느 하나에 해당하는 경우에는 부설주차장을 추가로 확보하지 아니하고 건축물의 용도를 변경할 수 있다.

1. 사용승인 후 5년이 지난 연면적 1천제곱미터 미만의 건축물의 용도를 변경하는 경우. 다만, 문화 및 집회시설 중 공연장 · 집회장 · 관람장, 위락시설 및 주택 중 다세대주택 · 다가구주택의 용도로 변경하는 경우는 제외한다.
2. 해당 건축물 안에서 용도 상호간의 변경을 하는 경우. 다만, 부설주차장 설치기준이 높은 용도의 면적이 증가하는 경우는 제외한다.

[전문개정 2010. 10. 21.]

제7조 부설주차장의 인근 설치

① 법 제19조제4항 전단에서 "대통령령으로 정하는 규모"란 주차대수 300대의 규모를 말한다. 다만, 다음 각 호의 어느 하나에 해당하는 경우에는 별표 1의 부설주차장 설치기준에 따라 산정한 주차대수에 상당하는 규모를 말한다. 〈개정 2016. 1. 19.〉

1. 「도로교통법」 제6조에 따라 차량통행이 금지된 장소의 시설물인 경우
2. 시설물의 부지에 접한 대지나 시설물의 부지와 통로로 연결된 대지에 부설주차장을 설치하는 경우
3. 시설물의 부지가 너비 12미터 이하인 도로에 접해 있는 경우 도로의 맞은편 토지(시설물의 부지에 접한 도로의 건너편에 있는 시설물 정면의 필지와 그 좌우에 위치한 필지를 말

한다)에 부설주차장을 그 도로에 접하도록 설치하는 경우

4. 「산업입지 및 개발에 관한 법률」 제2조제8호에 따른 산업단지 안에 있는 공장인 경우

② 법 제19조제4항 후단에 따른 시설물의 부지 인근의 범위는 다음 각 호의 어느 하나의 범위에서 특별자치도 · 시 · 군 또는 자치구(이하 "시 · 군 또는 구"라 한다)의 조례로 정한다.

1. 해당 부지의 경계선으로부터 부설주차장의 경계선까지의 직선거리 300미터 이내 또는 도보거리 600미터 이내
2. 해당 시설물이 있는 동 · 리(행정동 · 리를 말한다. 이하 이 호에서 같다) 및 그 시설물과의 통행 여건이 편리하다고 인정되는 인접 동 · 리

[전문개정 2010. 10. 21.]

제8조 부설주차장 설치의무 면제 등

① 법 제19조제5항에 따라 부설주차장의 설치의무가 면제되는 시설물의 위치 · 용도 · 규모 및 부설주차장의 규모는 다음 각 호와 같다.

1. 시설물의 위치
   가. 「도로교통법」 제6조에 따른 차량통행의 금지 또는 주변의 토지이용 상황으로 인하여 제6조 및 제7조에 따른 부설주차장의 설치가 곤란하다고 특별자치도지사 · 시장 · 군수 또는 자치구의 구청장(이하 "시장 · 군수 또는 구청장"이라 한다)이 인정하는 장소
   나. 부설주차장의 출입구가 도심지 등의 간선도로변에 위치하게 되어 자동차교통의 혼잡을 가중시킬 우려가 있다고 시장 · 군수 또는 구청장이 인정하는 장소
2. 시설물의 용도 및 규모: 연면적 1만제곱미터 이상의 판매시설 및 운수시설에 해당하지 아니하거나 연면적 1만 5천제곱미터 이상의 문화 및 집회시설(공연장 · 집회장 및 관람장만을 말한다), 위락시설, 숙박시설 또는 업무시설에 해당하지 아니하는 시설물(「도로교통법」 제6조에 따라 차량통행이 금지된 장소의 시설물인 경우에는 「건축법」에서 정하는 용도별 건축허용 연면적의 범위에서 설치하는 시설물을 말한다)
3. 부설주차장의 규모: 주차대수 300대 이하의 규모(「도로교통법」 제6조에 따라 차량통행이 금지된 장소의 경우에는 별표 1의 부설주차장 설치기준에 따라 산정한 주차대수에 상당하는 규모를 말한다)

② 법 제19조제5항에 따라 부설주차장의 설치의무를 면제받으려는 자는 다음 각 호의 사항을 적은 주차장 설치의무 면제신청서를 시장 · 군수 또는 구청장에게 제출하여야 한다.

1. 시설물의 위치 · 용도 및 규모
2. 설치하여야 할 부설주차장의 규모

3. 부설주차장의 설치에 필요한 비용 및 주차장 설치의무가 면제되는 경우의 해당 비용의 납부에 관한 사항

4. 신청인의 성명(법인인 경우에는 명칭 및 대표자의 성명) 및 주소

③ 제1항제1호나목의 장소에 있는 시설물의 경우에는 화물의 하역과 그 밖에 해당 시설물의 기능 유지에 필요한 부설주차장은 설치하고 이를 제외한 규모의 부설주차장에 대해서만 설치의무 면제 신청을 할 수 있다. 이 경우 시설물의 기능 유지에 필요한 부설주차장의 규모는 시 · 군 또는 구의 조례로 정한다.

[전문개정 2010. 10. 21.]

제9조 주차장 설치비용의 납부 등

법 제19조제5항에 따라 부설주차장의 설치의무를 면제받으려는 자는 해당 지방자치단체의 조례로 정하는 바에 따라 부설주차장의 설치에 필요한 비용을 다음 각 호의 구분에 따라 시장 · 군수 또는 구청장에게 내야 한다.

1. 해당 시설물의 건축 또는 설치에 대한 허가 · 인가 등을 받기 전까지: 그 설치에 필요한 비용의 50퍼센트
2. 해당 시설물의 준공검사(건축물인 경우에는 「건축법」 제22조에 따른 사용승인 또는 임시사용승인을 말한다) 신청 전까지: 그 설치에 필요한 비용의 50퍼센트

[전문개정 2012. 10. 29.]

제10조 주차장 설치비용 납부자의 주차장 무상사용 등

① 시장 · 군수 또는 구청장은 제9조에 따라 시설물의 소유자로부터 부설주차장의 설치에 필요한 비용을 받은 경우에는 시설물 준공검사확인증(건축물인 경우에는 「건축법」 제22조에 따른 사용승인서 또는 임시사용승인서를 말한다. 이하 같다)을 발급할 때에 특별시장 · 광역시장, 시장 · 군수 또는 구청장이 설치한 노외주차장 중 해당 시설물의 소유자가 무상으로 사용할 수 있는 주차장을 지정하여야 한다. 다만, 제7조제2항에 따른 범위에 해당하는 시설물의 부지 인근에 사용할 수 있는 노외주차장이 없는 경우에는 그러하지 아니하다.

② 제1항 본문에 따라 주차장을 무상으로 사용할 수 있는 기간은 납부된 주차장 설치비용을 해당 지방자치단체의 조례로 정하는 방법에 따라 시설물 준공검사확인증을 발급할 때의 해당 주차장의 주차요금 징수기준에 따른 징수요금으로 나누어 산정한다.

③ 시장 · 군수 또는 구청장은 제1항 본문에 따라 시설물의 소유자가 무상으로 사용할 수 있는 노외주차장을 지정할 때에는 해당 시설물로부터 가장 가까운 거리에 있는 주차장을 지정하

여야 한다. 다만, 그 주차장의 주차난이 심하거나 그 밖에 그 주차장을 이용하게 하기 곤란한 사정이 있는 경우에는 시설물 소유자의 동의를 받아 그 주차장 외의 다른 주차장을 지정할 수 있다.

④ 구청장은 제1항 본문에 따라 무상사용 주차장으로 지정하려는 노외주차장이 특별시장 또는 광역시장이 설치한 노외주차장인 경우에는 미리 해당 특별시장 또는 광역시장과 협의하여야 한다.

[전문개정 2010. 10. 21.]

제11조 기존 시설물

① 법 제19조제11항에서 "대통령령으로 정하는 시설물"이란 단독주택, 공동주택 또는 오피스텔로서 해당 시설물의 내부 또는 그 부지 안에 부설주차장을 추가로 설치할 수 있는 면적이 10제곱미터 이상인 시설물을 말한다.

② 제1항에 따른 시설물에 추가로 설치되는 부설주차장의 설치방법 등에 관하여 필요한 세부적인 사항은 지방자치단체의 조례로 정할 수 있다.

[전문개정 2010. 10. 21.]

제12조 부설주차장의 용도변경 등

① 법 제19조의4제1항제3호에서 "대통령령으로 정하는 기준에 해당하는 경우"란 다음 각 호의 어느 하나에 해당하는 경우를 말한다. 〈개정 2012. 4. 10., 2012. 10. 29., 2014. 9. 11., 2016. 7. 19.〉

1. 「도로교통법」 제6조에 따른 차량통행의 금지 또는 주변의 토지이용 상황 등으로 인하여 시장·군수 또는 구청장이 해당 주차장의 이용이 사실상 불가능하다고 인정한 경우. 이 경우 변경 후의 용도는 주차장으로 이용할 수 없는 사유가 소멸되었을 때에 즉시 주차장으로 환원하는 데에 지장이 없는 경우로 한정하고, 변경된 용도로의 사용기간은 주차장으로 이용이 불가능한 기간으로 한정한다.
2. 직거래 장터 개설 등 지역경제 활성화를 위하여 시장·군수 또는 구청장이 정하여 고시하는 바에 따라 주차장을 일시적으로 이용하려는 경우로서 시장·군수 또는 구청장이 해당 주차장의 이용에 지장이 없다고 인정하는 경우
3. 제6조 또는 법 제19조제10항에 따른 해당 시설물의 부설주차장의 설치기준 또는 설치제한기준(시설물을 설치한 후 법령·조례의 개정 등으로 설치기준 또는 설치제한기준이 변경된 경우에는 그 변경된 설치기준 또는 설치제한기준을 말한다)을 초과하는 주차장으로서 그 초과 부분에 대하여 시장·군수 또는 구청장의 확인을 받은 경우

4. 「국토의 계획 및 이용에 관한 법률」 제2조제10호에 따른 도시·군계획시설사업으로 인하여 그 전부 또는 일부를 사용할 수 없게 된 주차장으로서 시장·군수 또는 구청장의 확인을 받은 경우
5. 법 제19조제4항에 따라 시설물의 부지 인근에 설치한 부설주차장 또는 법 제19조의4제1항제2호 및 이 항 제6호에 따라 시설물 내부 또는 그 부지에서 인근 부지로 위치 변경된 부설주차장을 그 부지 인근의 범위에서 위치 변경하여 설치하는 경우
6. 「산업입지 및 개발에 관한 법률」 제2조제8호에 따른 산업단지 안에 있는 공장의 부설주차장을 법 제19조제4항 후단에 따른 시설물 부지 인근의 범위에서 위치 변경하여 설치하는 경우
7. 「도시교통정비 촉진법 시행령」 제13조의2제1항 각 호에 따른 건축물(「주택건설기준 등에 관한 규정」이 적용되는 공동주택은 제외한다)의 주차장이 「도시교통정비 촉진법」 제33조제1항제4호에 따른 승용차공동이용 지원(승용차공동이용을 위한 전용주차구획을 설치하고 공동이용을 위한 승용자동차를 상시 배치하는 것을 말한다. 이하 같다)을 위하여 사용되는 경우로서 다음 각 목의 모든 요건을 충족하는지 여부에 대하여 시장·군수 또는 구청장의 확인을 받은 경우
   가. 주차장 외의 용도로 사용하는 주차장의 면적이 승용차공동이용 지원을 위하여 설치한 전용주차구획 면적의 2배를 초과하지 아니할 것
   나. 주차장 외의 용도로 사용하는 주차장의 면적이 해당 주차장의 전체 주차구획 면적의 100분의 10을 초과하지 아니할 것
   다. 해당 주차장이 승용차공동이용 지원에 사용되지 아니하는 경우에는 주차장 외의 용도로 사용하는 부분을 즉시 주차장으로 환원하는 데에 지장이 없을 것

② 법 제19조의4제1항제1호·제2호 및 이 조 제1항제5호·제6호의 경우에 종전의 부설주차장은 새로운 부설주차장의 사용이 시작된 후에 용도변경하여야 한다. 다만, 기존 주차장 부지에 증축되는 건축물 안에 주차장을 설치하는 경우에는 그러하지 아니하다.
〈개정 2012. 10. 29., 2014. 9. 11.〉

③ 법 제19조의4제2항 단서에 따라 부설주차장 본래의 기능을 유지하지 아니하여도 되는 경우는 제1항제1호·제3호 또는 제4호에 해당하는 경우와 기존 주차장을 보수 또는 증축하는 경우(보수 또는 증축하는 기간으로 한정한다)로 한다.

[전문개정 2010. 10. 21.]

제12조의2 기계식주차장치의 안전도인증 신청 등

① 법 제19조의6제1항에 따라 기계식주차장치의 안전도에 관한 인증(이하 "안전도인증"이라 한다)을 받거나 안전도인증을 받은 내용의 변경에 관한 인증을 받으려는 제작자등(기계식주차장치를 제작·조립 또는 수입하여 양도·대여 또는 설치하려는 자를 말한다. 이하 같다)은 국토교통부령으로 정하는 바에 따라 법 제19조의6제2항에 따른 검사기관이 발행한 안전도 심사결과를 첨부하여 시장·군수 또는 구청장에게 안전도인증 또는 그 변경인증을 신청하여야 한다. 〈개정 2013. 3. 23.〉

② 법 제19조의6제1항 후단에서 "대통령령으로 정하는 경미한 사항을 변경하는 경우"란 다음 각 호의 경우를 말한다.

1. 기계식주차장치가 수용할 수 있는 자동차대수를 안전도인증을 받은 대수 미만으로 변경하는 경우
2. 기계식주차장치의 출입구, 통로, 주차구획의 크기 및 안전장치를 법 제19조의7에 따른 안전기준의 범위에서 변경하는 경우

[전문개정 2010. 10. 21.]

제12조의3 기계식주차장의 사용검사 등

① 법 제19조의9제2항에 따른 사용검사의 유효기간은 3년으로 하고, 정기검사의 유효기간은 2년으로 한다. 〈개정 2016. 1. 19.〉

② 제1항에도 불구하고 사용검사 또는 정기검사의 유효기간 만료 전에 법 제19조의23제1항 각 호에 따라 정밀안전검사를 받은 경우 정밀안전검사를 받은 날부터 다음 정기검사의 유효기간을 기산한다. 〈신설 2018. 2. 20., 2018. 10. 23.〉

③ 제1항에 따른 정기검사의 검사기간은 사용검사 또는 정기검사의 유효기간 만료일 전후 각각 31일 이내로 한다. 이 경우 해당 검사기간 이내에 적합판정을 받은 경우에는 사용검사 또는 정기검사의 유효기간 만료일에 정기검사를 받은 것으로 본다. 〈신설 2016. 1. 19., 2018. 2. 20.〉

④ 법 제19조의9제2항 단서에서 "대통령령으로 정하는 부득이한 사유"란 다음 각 호의 경우를 말한다. 〈개정 2016. 1. 19., 2018. 2. 20.〉

1. 기계식주차장이 설치된 건축물의 흠으로 인하여 그 건축물과 기계식주차장의 사용이 불가능하게 된 경우
2. 기계식주차장(법 제19조에 따라 설치가 의무화된 부설주차장의 경우는 제외한다)의 사용을 중지한 경우
3. 천재지변이나 그 밖에 정기검사를 받지 못할 부득이한 사유가 발생한 경우

⑤ 제4항 각 호에 따른 사유로 정기검사를 연기받으려는 자는 국토교통부령으로 정하는 바에 따라 사용검사 또는 정기검사의 유효기간이 만료되기 전에 연기신청을 하여야 한다.

〈개정 2013. 3. 23., 2016. 1. 19., 2018. 2. 20.〉

⑥ 제5항에 따라 정기검사를 연기받은 자는 해당 사유가 없어졌을 때에는 그때부터 2개월 이내에 정기검사를 받아야 한다. 이 경우 정기검사가 끝날 때까지 사용검사 또는 정기검사의 유효기간이 연장된 것으로 본다. 〈개정 2016. 1. 19., 2018. 2. 20.〉

[전문개정 2010. 10. 21.]

제12조의4 검사대행자의 지정 및 취소

① 법 제19조의12에 따라 검사업무를 대행할 수 있는 전문검사기관으로 지정받으려는 자는 국토교통부령으로 정하는 바에 따라 국토교통부장관에게 지정을 신청하여야 한다.

〈개정 2013. 3. 23.〉

② 제1항에 따라 전문검사기관으로 지정받으려는 자가 갖추어야 할 지정요건은 별표 2와 같다.

③ 국토교통부장관은 전문검사기관이 다음 각 호의 어느 하나에 해당하는 경우에는 그 지정을 취소할 수 있다. 〈개정 2013. 3. 23.〉

1. 별표 2의 지정요건을 갖추지 못하게 된 경우
2. 부정한 방법으로 지정을 받은 경우
3. 검사업무를 현저히 게을리한 경우

④ 국토교통부장관은 제1항 또는 제3항에 따라 전문검사기관을 지정하거나 그 지정을 취소하였을 때에는 이를 고시하여야 한다. 〈개정 2013. 3. 23.〉

[전문개정 2010. 10. 21.]

]

제12조의5 기계식주차장치의 철거

①법 제19조의13제1항제1호에서 "대통령령으로 정하는 기간"이란 5년을 말한다.

〈개정 2016. 7. 19.〉

② 특별시장 · 광역시장 · 특별자치도지사 · 시장 · 군수 또는 구청장은 법 제19조의13제4항에 따라 기계식주차장의 수급 실태 및 이용 특성 등을 고려하여 기계식주차장치의 철거가 필요하다고 인정하는 경우에는 해당 지방자치단체의 조례로 정하는 바에 따라 별표 1에 따른 부설주차장 설치기준을 철거되는 기계식주차장치의 종류별로 2분의 1의 범위에서 완화할 수 있다. 〈신설 2016. 7. 19.〉

③ 제2항에 따라 완화된 부설주차장 설치기준에 따라 설치한 주차장의 경우 해당 시설물이 증

축되거나 부설주차장 설치기준이 강화되는 용도로 변경될 때에는 그 증축 또는 용도변경하는 부분에 대해서는 제2항에도 불구하고 별표 1에 따른 부설주차장 설치기준을 적용한다.
〈신설 2016. 7. 19.〉

[전문개정 2010. 10. 21.]

제12조의6 보수업의 등록기준 등

① 법 제19조의14제1항에 따라 기계식주차장치 보수업(이하 "보수업"이라 한다)을 등록하려는 자가 갖추어야 할 기술인력 및 설비는 별표 3과 같다. 〈개정 2011. 12. 28.〉

② 시장ㆍ군수 또는 구청장은 법 제19조의14제1항에 따른 등록 신청이 다음 각 호의 어느 하나에 해당하는 경우를 제외하고는 등록을 해 주어야 한다. 〈신설 2011. 12. 28.〉

1. 등록을 신청한 자가 법 제19조의15 각 호의 어느 하나에 해당하는 경우
2. 별표 3에 따른 보수업의 등록기준을 갖추지 못한 경우
3. 그 밖에 법 또는 다른 법령에 따른 제한에 위반되는 경우

[전문개정 2010. 10. 21.]

[제목개정 2011. 12. 28.]

제12조의7 보험

① 법 제19조의14제1항에 따라 보수업의 등록을 한 자(이하 "보수업자"라 한다)가 법 제19조의16제1항에 따라 가입하여야 하는 보험은 보험금액이 다음 각 호의 기준을 모두 충족하는 것이어야 한다.

1. 사고당 배상한도액이 1억원 이상일 것
2. 피해자 1인당 배상한도액이 1억원 이상일 것

② 보수업자는 보수업을 시작하여 최초로 보수계약을 체결하는 날 이전에 제1항에 따른 보험에 가입하여야 한다.

③ 보수업자는 보험계약을 체결하였을 때에는 보험계약 체결일부터 30일 이내에 보험계약의 체결을 증명하는 서류를 관할 시장ㆍ군수 또는 구청장에게 제출하여야 한다. 보험계약이 변경된 경우에도 또한 같다.

[전문개정 2010. 10. 21.]

제12조의8 삭제 〈2016. 2. 11.〉

제12조의9 등록취소 등의 기준

① 법 제19조의19제2항에 따른 등록취소 및 영업정지의 기준은 별표 4와 같다.

② 시장 · 군수 또는 구청장은 제1항에 따라 등록취소 및 영업정지 처분을 할 때 위반행위의 정도 및 횟수 등을 고려하여 그 처분을 가중하거나 감경할 수 있다. 이 경우 등록취소의 경우에는 영업정지 6개월로 감경할 수 있고, 영업정지의 경우에는 해당 영업정지기간의 2분의 1의 범위에서 가중하거나 감경할 수 있다.

[전문개정 2010. 10. 21.]

제12조의10 기계식주차장치 관리인의 배치

법 제19조의20제1항에서 "대통령령으로 정하는 일정 규모 이상의 기계식주차장치"란 수용할 수 있는 자동차대수가 20대 이상인 기계식주차장치를 말한다.

[본조신설 2016. 2. 11.]

[종전 제12조의10은 제12조의11로 이동 〈2016. 2. 11.〉]

제12조의11 기계식주차장 정보망의 구축 · 운영 업무의 위탁

국토교통부장관은 법 제19조의21제3항에 따라 기계식주차장 정보망의 구축 · 운영에 관한 업무를 「한국교통안전공단법」에 따른 한국교통안전공단(이하 "한국교통안전공단"이라 한다)에 위탁한다. 〈개정 2018. 2. 20.〉

[본조신설 2016. 7. 19.]

[종전 제12조의11은 제12조의12로 이동 〈2016. 7. 19.〉]

제12조의12 사고조사판정위원회의 구성 및 운영

① 법 제19조의22제5항에 따른 사고조사판정위원회(이하 "위원회"라 한다)는 위원장 1명을 포함한 12명 이상 20명 이내의 위원으로 구성한다.

② 위원장은 제3항제2호에 따른 위촉위원 중에서 국토교통부장관이 지명한다.

③ 위원은 다음 각 호의 어느 하나에 해당하는 사람 중에서 국토교통부장관이 임명하거나 위촉한다. 이 경우 제1호에 따른 지명위원은 1명으로 한다.

1. 지명위원: 기계식주차장 관련 업무를 담당하는 국토교통부의 4급 이상 공무원 또는 고위공무원단에 속하는 일반직공무원
2. 위촉위원: 기계식주차장에 관한 전문지식이나 경험이 풍부한 사람으로서 다음 각 목의 어느 하나에 해당하는 사람

가. 변호사의 자격을 취득한 후 5년 이상이 된 사람

나. 「고등교육법」에 따른 대학에서 기계·전기 또는 안전관리 분야의 과목을 가르치는 부교수 이상으로 5년 이상 재직하고 있거나 재직하였던 사람

다. 행정기관에서 4급 이상 공무원 또는 고위공무원단에 속하는 일반직공무원으로 2년 이상 재직하였던 사람

라. 한국교통안전공단 또는 법 제19조의12에 따라 지정된 전문검사기관에서 10년 이상 재직하고 있거나 재직하였던 사람

마. 기계식주차장 관련 업체에서 설계, 제작, 시공, 유지보수 등의 업무에 10년 이상 종사하고 있거나 종사하였던 사람

④ 제3항제2호에 따른 위촉위원의 임기는 3년으로 하며, 한 차례만 연임할 수 있다.

⑤ 위원회의 회의는 위원장, 지명위원과 위촉위원 중 위원장이 회의마다 지정하는 5명의 위원으로 구성한다.

⑥ 위원회는 필요하다고 인정하면 관계인 또는 관계 전문가를 위원회에 출석시켜 발언하게 하거나 서면으로 의견을 제출하게 할 수 있다.

⑦ 위원회에 출석한 위원, 관계인 및 관계 전문가에게 예산의 범위에서 수당과 여비를 지급할 수 있다.

⑧ 제1항부터 제7항까지에서 규정한 사항 외에 위원회의 운영에 필요한 사항은 위원회의 의결을 거쳐 위원장이 정한다.

[본조신설 2018. 10. 23.]

[종전 제12조의12는 제12조의15로 이동 〈2018. 10. 23.〉]

제12조의13 위원의 해촉 등

국토교통부장관은 위원회의 위원이 다음 각 호의 어느 하나에 해당하는 경우에는 해당 위원을 해촉(解囑)하거나 그 임명을 철회할 수 있다.

1. 심신장애로 인하여 직무를 수행할 수 없게 된 경우
2. 직무와 관련된 비위사실이 있는 경우
3. 직무태만, 품위손상이나 그 밖의 사유로 인하여 위원으로 적합하지 아니하다고 인정되는 경우
4. 위원 스스로 직무를 수행하는 것이 곤란하다고 의사를 밝히는 경우

[본조신설 2018. 10. 23.]

[종전 제12조의13은 제12조의16으로 이동 〈2018. 10. 23.〉]

제12조의14 위원회의 업무

위원회의 업무는 다음 각 호와 같다.

1. 법 제19조의22제1항 후단에 따라 보고받은 중대한 사고에 관한 내용의 검토
2. 법 제19조의22제3항에 따른 기계식주차장 사고의 재발 방지 · 예방을 위한 사고의 원인 및 경위 등의 조사
3. 법 제19조의22제5항에 따라 한국교통안전공단이 조사한 기계식주차장 사고의 원인 등에 대한 판정

[본조신설 2018. 10. 23.]

[종전 제12조의14는 제12조의17로 이동 〈2018. 10. 23.〉]

제12조의15 기계식주차장의 정밀안전검사 실시시기

① 법 제19조의23제1항제3호에 따른 정밀안전검사를 최초로 받아야 하는 날은 기계식주차장이 설치된 날부터 10년이 속하는 정기검사의 유효기간 만료일(이하 이 항에서 "만료일"이라 한다) 전 180일부터 만료일까지이고, 해당 검사기간에 적합판정을 받은 경우에는 만료일에 정밀안전검사를 받은 것으로 본다. 〈개정 2018. 10. 23.〉

② 법 제19조의23제1항제3호에 따른 정밀안전검사는 제1항에 따른 최초 정밀안전검사를 받은 날부터 4년이 되는 날(이하 이 항에서 "만료일"이라 한다)의 전후 각각 31일 이내에 받아야 하고, 해당 검사기간에 적합판정을 받은 경우에는 만료일에 정밀안전검사를 받은 것으로 본다. 〈개정 2018. 10. 23.〉

[본조신설 2018. 2. 20.]

[제12조의12에서 이동, 종전 제12조의15는 제12조의18로 이동 〈2018. 10. 23.〉]

제12조의16 기계식주차장의 정밀안전검사 기준 · 항목 및 방법

법 제19조의23제6항에 따른 정밀안전검사의 기준 · 항목 및 방법 등은 다음 각 호의 사항을 모두 고려하여 국토교통부장관이 고시하는 기준 · 항목 및 방법 등에 따른다. 〈개정 2018. 10. 23.〉

1. 법 제19조의5에 따른 기계식주차장의 설치기준
2. 법 제19조의7에 따른 기계식주차장의 안전기준
3. 기계식주차장치의 구조 및 구동방식
4. 기계식주차장에 적용되는 기술의 특성

[본조신설 2018. 2. 20.]

[제12조의13에서 이동, 종전 제12조의16은 제12조의19로 이동 〈2018. 10. 23.〉]

제12조의17 부기등기의 절차 등

① 법 제19조제4항에 따라 시설물의 부지 인근에 부설주차장을 설치한 경우와 법 제19조의4제1항제2호 및 이 영 제12조제1항제6호에 따라 시설물의 내부 또는 그 부지에 설치된 주차장을 인근 부지로 위치를 변경한 경우에 시설물의 소유자는 법 제19조의24제1항에 따라 다음 각 호의 부기등기를 동시에 하여야 한다. 〈개정 2016. 2. 11., 2016. 7. 19., 2018. 2. 20., 2018. 10. 23.〉

1. 부설주차장이 시설물의 부지 인근에 설치되었음을 시설물의 소유권등기에 부기등기(이하 "시설물의 부기등기"라 한다)
2. 부설주차장의 용도변경이 금지됨을 부설주차장의 소유권등기에 부기등기(이하 "부설주차장의 부기등기"라 한다)

② 제12조제1항제5호에 따라 부설주차장을 그 부지 인근의 범위에서 위치 변경하여 설치한 경우에 시설물의 소유자는 다음 각 호의 등기를 동시에 하여야 한다.

1. 시설물의 부기등기에 명시된 부설주차장 소재지의 변경등기
2. 새로 이전된 부설주차장의 부기등기

③ 제1항 및 제2항에도 불구하고 시설물의 소유권보존등기를 할 수 없는 시설물인 경우에는 부설주차장의 부기등기만을 하여야 한다.

[본조신설 2014. 9. 11.]

[제12조의14에서 이동 〈2018. 10. 23.〉]

제12조의18 부기등기의 내용

① 시설물의 부기등기에는 "「주차장법」에 따른 부설주차장이 시설물의 부지 인근에 별도로 설치되어 있음"이라는 내용과 그 부설주차장의 소재지를 명시하여야 한다.

② 부설주차장의 부기등기에는 "이 토지(또는 건물)는 「주차장법」에 따라 시설물의 부지 인근에 설치된 부설주차장으로서 같은 법 시행령 제12조제1항 각 호의 어느 하나에 해당하여 용도변경이 인정되기 전에는 주차장 외의 용도로 사용할 수 없음"이라는 내용과 그 시설물의 소재지를 명시하여야 한다.

[본조신설 2014. 9. 11.]

[제12조의15에서 이동 〈2018. 10. 23.〉]

제12조의19 부기등기의 말소 신청

① 법 제19조의24제1항에 따라 부기등기한 부설주차장으로서 제12조제1항 각 호의 어느 하나에 해당하여 용도변경이 인정된 경우에 시설물의 소유자는 다음 각 호의 구분에 따라 부기등

기의 말소를 신청하여야 한다. 〈개정 2016. 2. 11., 2016. 7. 19., 2018. 2. 20., 2018. 10. 23.〉

1. 제12조제1항제1호 · 제3호 또는 제4호 중 어느 하나에 해당하여 해당 부설주차장 전부에 대한 용도변경이 인정된 경우: 시설물의 부기등기 및 부설주차장의 부기등기의 말소 동시 신청
2. 제12조제1항제5호에 해당하여 용도변경이 인정된 경우: 종전 부설주차장의 부기등기의 말소 신청

② 제1항에도 불구하고 다음 각 호의 어느 하나에 해당하는 경우에는 해당 구분에 따라 시설물의 부기등기 또는 부설주차장의 부기등기의 말소를 신청하여야 한다.

1. 시설물의 부기등기가 되어 있지 아니한 경우: 부설주차장의 부기등기만을 말소 신청
2. 시설물의 소유자와 부설주차장이 설치된 토지 · 건물의 소유자가 다른 경우: 해당 소유자가 시설물의 부기등기 및 부설주차장의 부기등기의 말소를 각자 신청

[본조신설 2014. 9. 11.]

[제12조의16에서 이동 〈2018. 10. 23.〉]

제13조 점용료 및 사용료의 감면

① 법 제20조제2항에서 "대통령령으로 정하는 학교 등 공공시설"이란 초등학교 · 중학교 · 고등학교 · 공용의 청사 · 주차장 및 운동장을 말한다.

② 법 제20조제2항에 따라 노외주차장을 도로 · 광장 · 공원 및 제1항의 공공시설의 지하에 설치하는 경우에는 노외주차장의 최초 사용기간 동안 그 부지에 대한 점용료와 그 시설물에 대한 사용료를 면제한다.

③ 법 제20조제3항에서 "대통령령으로 정하는 공공시설"이란 공용의 청사 · 하천 · 유수지(遊水池) · 주차장 및 운동장을 말한다.

[전문개정 2010. 10. 21.]

제14조 보조

국가나 지방자치단체는 법 제21조제1항에 따라 노외주차장을 설치하는 자에 대하여 다음 각 호의 구분에 따른 범위에서 그 설치비용을 보조할 수 있다.

1. 특별시장 · 광역시장, 시장 · 군수 또는 구청장이 설치하는 노외주차장의 경우: 설치비용의 전부 또는 일부
2. 특별시장 · 광역시장, 시장 · 군수 또는 구청장이 아닌 자가 설치하는 노외주차장으로서 주차 용도에 제공하는 면적이 2천제곱미터 이상인 노외주차장의 경우: 설치비용(토지매입

비는 제외한다. 이하 같다)의 2분의 1. 다만, 국유지 · 공유지의 점용허가를 받아 설치하는 경우에는 설치비용의 3분의 1을 보조할 수 있다.

3. 특별시장 · 광역시장, 시장 · 군수 또는 구청장이 아닌 자가 설치하는 노외주차장으로서 주차 용도에 제공하는 면적이 1천제곱미터 이상 2천제곱미터 미만인 노외주차장의 경우: 설치비용의 3분의 1. 다만, 국유지 · 공유지의 점용허가를 받아 설치하는 경우에는 설치비용의 5분의 1을 보조할 수 있다.

[전문개정 2010. 10. 21.]

제15조 주차장특별회계의 재원

① 법 제21조의2제2항제5호에서 "대통령령으로 정하는 일정 비율"이란 「지방세법」 제112조(같은 조 제1항제1호는 제외한다)에 따른 재산세 징수액의 10퍼센트를 말한다.

② 법 제21조의2제3항제1호에서 "대통령령으로 정하는 납부금"이란 법 제19조제5항에 따른 노외주차장 설치를 위한 비용의 납부금 중 구청장이 설치한 노외주차장을 무상으로 사용하게 하는 경우의 납부금을 말한다.

[전문개정 2010. 10. 21.]

제16조 감독

법 제23조제3항에 따라 시장 · 군수 또는 구청장이 노외주차장관리자에게 감독상 필요한 명령을 할 때에는 다음 각 호의 사항을 적은 서면으로 하여야 한다.

1. 노외주차장의 위치 및 명칭
2. 노외주차장관리자의 성명(법인인 경우에는 법인의 명칭 및 대표자의 성명) 및 주소
3. 명령을 내리는 이유
4. 조치가 필요한 사항의 내용
5. 조치기간
6. 명령 불이행에 대한 조치 내용

[전문개정 2010. 10. 21.]

제16조의2 삭제 <1997. 12. 31.>

제17조 과징금을 부과할 위반행위와 과징금의 금액 등

① 법 제24조의2제1항에 따라 과징금을 부과하는 위반행위의 종류와 과징금의 금액은 별표 5와

같다.

② 시장 · 군수 또는 구청장은 노외주차장의 규모, 노외주차장 설치지역의 특수성, 위반행위의 정도 및 횟수나, 그 밖에 특별한 사유 등을 고려하여 제1항에 따른 과징금의 금액을 그 5분의 1의 범위에서 해당 지방자치단체의 규칙으로 늘리거나 줄일 수 있다.

[전문개정 2010. 10. 21.]

第18조 과태료의 부과기준

법 제30조제1항 및 제2항에 따른 과태료의 부과기준은 별표 6과 같다. 〈개정 2018. 10. 23.〉

[전문개정 2016. 7. 19.]

第19조 삭제 〈2008. 7. 31.〉

부칙 〈제29253호, 2018. 10. 23.〉

이 영은 2018년 10월 25일부터 시행한다.

주차장법 시행규칙

[시행 2018. 10. 25]

[국토교통부령 제549호, 2018. 10. 25, 일부개정]

제1조 목적

이 규칙은 「주차장법」 및 같은 법 시행령에서 위임된 사항과 그 시행에 필요한 사항을 규정함을 목적으로 한다.

[전문개정 2010. 10. 29.]

제1조의2 실태조사 방법 등

① 특별자치도지사 · 시장 · 군수 또는 구청장(구청장은 자치구의 구청장을 말하며, 이하 "시장 · 군수 또는 구청장"이라 한다)이 「주차장법」(이하 "법"이라 한다) 제3조제1항에 따라 주차장의 수급(需給) 실태를 조사(이하 "실태조사"라 한다)하려는 경우 그 조사구역은 다음 각 호의 기준에 따라 설정한다.

1. 사각형 또는 삼각형 형태로 조사구역을 설정하되 조사구역 바깥 경계선의 최대거리가 300미터를 넘지 아니하도록 한다.
2. 각 조사구역은 「건축법」 제2조제1항제11호에 따른 도로를 경계로 구분한다.
3. 아파트단지와 단독주택단지가 섞여 있는 지역 또는 주거기능과 상업 · 업무기능이 섞여 있는 지역의 경우에는 주차시설 수급의 적정성, 지역적 특성 등을 고려하여 같은 특성을 가진 지역별로 조사구역을 설정한다.

② 실태조사의 주기는 3년으로 한다. 〈개정 2013. 1. 25.〉

③ 시장 · 군수 또는 구청장은 특별시 · 광역시 · 특별자치도 · 시 또는 군(광역시의 군은 제외한다)의 조례로 정하는 바에 따라 제1항 각 호의 기준에 따라 설정된 조사구역별로 주차수요조사와 주차시설 현황조사로 구분하여 실태조사를 하여야 한다.

④ 시장 · 군수 또는 구청장은 실태조사를 하였을 때에는 각 조사구역별로 주차수요와 주차시설 현황을 대조 · 확인할 수 있도록 별지 제1호서식의 주차실태 조사결과 입력대장에 기록(전산프로그램을 제작하여 입력하는 경우를 포함한다)하여 관리한다.

[전문개정 2010. 10. 29.]

제2조 주차장의 형태

법 제6조제1항에 따른 주차장의 형태는 운전자가 자동차를 직접 운전하여 주차장으로 들어가는 주차장(이하 "자주식주차장"이라 한다)과 법 제2조제3호에 따른 기계식주차장(이하 "기계식주차장"이라 한다)으로 구분하되, 이를 다시 다음과 같이 세분한다.

1. 자주식주차장: 지하식 · 지평식(地平式) 또는 건축물식(공작물식을 포함한다. 이하 같다)
2. 기계식주차장: 지하식 · 건축물식

[전문개정 2010. 10. 29.]

제3조 주차장의 주차구획

① 법 제6조제1항에 따른 주차장의 주차단위구획은 다음 각 호와 같다. 〈개정 2012. 7. 2.〉

1. 평행주차형식의 경우
2. 평행주차형식 외의 경우

② 제1항에 따른 주차단위구획은 흰색 실선(경형자동차 전용주차구획의 주차단위구획은 파란색 실선)으로 표시하여야 한다.

③ 둘 이상의 연속된 주차단위구획의 총 너비 또는 총 길이는 제1항에 따른 주차단위구획의 너비 또는 길이에 주차단위구획의 개수를 곱한 것 이상이 되어야 한다. 〈신설 2015. 3. 23.〉

[전문개정 2010. 10. 29.]

제3조 주차장의 주차구획

① 법 제6조제1항에 따른 주차장의 주차단위구획은 다음 각 호와 같다.

〈개정 2012. 7. 2., 2018. 3. 21.〉

1. 평행주차형식의 경우
2. 평행주차형식 외의 경우

② 제1항에 따른 주차단위구획은 흰색 실선(경형자동차 전용주차구획의 주차단위구획은 파란색 실선)으로 표시하여야 한다.

③ 둘 이상의 연속된 주차단위구획의 총 너비 또는 총 길이는 제1항에 따른 주차단위구획의 너비 또는 길이에 주차단위구획의 개수를 곱한 것 이상이 되어야 한다. 〈신설 2015. 3. 23.〉

[전문개정 2010. 10. 29.]

[시행일 : 2019.3.1.] 제3조제1항제2호

제4조 노상주차장의 구조 · 설비기준

① 법 제6조제1항에 따른 노상주차장의 구조 · 설비기준은 다음 각 호와 같다.

〈개정 2014. 2. 6.〉

1. 노상주차장을 설치하려는 지역에서의 주차수요와 노외주차장 또는 그 밖에 자동차의 주차에 사용되는 시설 또는 장소와의 연관성을 고려하여 유기적으로 대응할 수 있도록 적정

하게 분포되어야 한다.

2. 주간선도로에 설치하여서는 아니 된다. 다만, 분리대나 그 밖에 도로의 부분으로서 도로교통에 크게 지장을 주지 아니하는 부분에 대해서는 그러하지 아니하다.
3. 너비 6미터 미만의 도로에 설치하여서는 아니 된다. 다만, 보행자의 통행이나 연도(沿道)의 이용에 지장이 없는 경우로서 해당 지방자치단체의 조례로 따로 정하는 경우에는 그러하지 아니하다.
4. 종단경사도(자동차 진행방향의 기울기를 말한다. 이하 같다)가 4퍼센트를 초과하는 도로에 설치하여서는 아니 된다. 다만, 다음 각 목의 경우에는 그러하지 아니하다.
   가. 종단경사도가 6퍼센트 이하인 도로로서 보도와 차도가 구별되어 있고, 그 차도의 너비가 13미터 이상인 도로에 설치하는 경우
   나. 종단경사도가 6퍼센트 이하인 도로로서 해당 시장 · 군수 또는 구청장이 안전에 지장이 없다고 인정하는 도로에 제6조의2제1항제1호에 해당하는 노상주차장을 설치하는 경우
5. 고속도로, 자동차전용도로 또는 고가도로에 설치하여서는 아니 된다.
6. 「도로교통법」 제32조 각 호의 어느 하나에 해당하는 도로의 부분 및 같은 법 제33조 각 호의 어느 하나에 해당하는 도로의 부분에 설치하여서는 아니 된다.
7. 도로의 너비 또는 교통 상황 등을 고려하여 그 도로를 이용하는 자동차의 통행에 지장이 없도록 설치하여야 한다.
8. 노상주차장에는 다음 각 목의 구분에 따라 장애인 전용주차구획을 설치하여야 한다.
   가. 주차대수 규모가 20대 이상 50대 미만인 경우: 한 면 이상
   나. 주차대수 규모가 50대 이상인 경우: 주차대수의 2퍼센트부터 4퍼센트까지의 범위에서 장애인의 주차수요를 고려하여 해당 지방자치단체의 조례로 정하는 비율 이상

② 노상주차장의 주차구획 설치에 필요한 사항은 해당 지방자치단체의 조례로 정할 수 있다.

[전문개정 2010. 10. 29.]

제5조 노외주차장의 설치에 대한 계획기준

법 제12조제1항 및 법 제12조의3제1항에 따른 노외주차장 설치에 대한 계획기준은 다음 각 호와 같다. 〈개정 2014. 2. 6., 2016. 4. 12.〉

1. 노외주차장의 유치권은 노외주차장을 설치하려는 지역에서의 토지이용 현황, 노외주차장 이용자의 보행거리 및 보행자를 위한 도로 상황 등을 고려하여 이용자의 편의를 도모할 수 있도록 정하여야 한다.

2. 노외주차장의 규모는 유치권 안에서의 전반적인 주차수요와 이미 설치되었거나 장래에 설치할 계획인 자동차 주차에 사용하는 시설 또는 장소와의 연관성을 고려하여 적정한 규모로 하여야 한다.
3. 노외주차장을 설치하는 지역은 녹지지역이 아닌 지역이어야 한다. 다만, 자연녹지지역으로서 다음 각 목의 어느 하나에 해당하는 지역의 경우에는 그러하지 아니하다.
가. 하천구역 및 공유수면으로서 주차장이 설치되어도 해당 하천 및 공유수면의 관리에 지장을 주지 아니하는 지역
나. 토지의 형질변경 없이 주차장 설치가 가능한 지역
다. 주차장 설치를 목적으로 토지의 형질변경 허가를 받은 지역
라. 특별시장 · 광역시장, 시장 · 군수 또는 구청장이 특히 주차장의 설치가 필요하다고 인정하는 지역
4. 단지조성사업 등에 따른 노외주차장은 주차수요가 많은 곳에 설치하여야 하며 될 수 있으면 공원 · 광장 · 큰길가 · 도시철도역 및 상가인접지역 등에 접하여 배치하여야 한다.
5. 노외주차장의 출구 및 입구(노외주차장의 차로의 노면이 도로의 노면에 접하는 부분을 말한다. 이하 같다)는 다음 각 목의 어느 하나에 해당하는 장소에 설치하여서는 아니 된다.
가. 「도로교통법」 제32조제1호부터 제4호까지, 제5호(건널목의 가장자리만 해당한다) 및 같은 법 제33조제1호부터 제3호까지의 규정에 해당하는 도로의 부분
나. 횡단보도(육교 및 지하횡단보도를 포함한다)로부터 5미터 이내에 있는 도로의 부분
다. 너비 4미터 미만의 도로(주차대수 200대 이상인 경우에는 너비 6미터 미만의 도로)와 종단 기울기가 10퍼센트를 초과하는 도로
라. 유아원, 유치원, 초등학교, 특수학교, 노인복지시설, 장애인복지시설 및 아동전용시설 등의 출입구로부터 20미터 이내에 있는 도로의 부분
6. 노외주차장과 연결되는 도로가 둘 이상인 경우에는 자동차교통에 미치는 지장이 적은 도로에 노외주차장의 출구와 입구를 설치하여야 한다. 다만, 보행자의 교통에 지장을 가져올 우려가 있거나 그 밖의 특별한 이유가 있는 경우에는 그러하지 아니하다.
7. 주차대수 400대를 초과하는 규모의 노외주차장의 경우에는 노외주차장의 출구와 입구를 각각 따로 설치하여야 한다. 다만, 출입구의 너비의 합이 5.5미터 이상으로서 출구와 입구가 차선 등으로 분리되는 경우에는 함께 설치할 수 있다.
8. 특별시장 · 광역시장, 시장 · 군수 또는 구청장이 설치하는 노외주차장의 주차대수 규모가 50대 이상인 경우에는 주차대수의 2퍼센트부터 4퍼센트까지의 범위에서 장애인의 주차수요를 고려하여 지방자치단체의 조례로 정하는 비율 이상의 장애인 전용주차구획을 설치

하여야 한다.

[전문개정 2010. 10. 29.]

제6조 노외주차장의 구조 · 설비기준

① 법 제6조제1항에 따른 노외주차장의 구조 · 설비기준은 다음 각 호와 같다.

〈개정 2010. 10. 29., 2012. 7. 2., 2013. 1. 25., 2013. 3. 23., 2014. 7. 15., 2018. 3. 21., 2018. 10. 25.〉

1. 노외주차장의 출구와 입구에서 자동차의 회전을 쉽게 하기 위하여 필요한 경우에는 차로와 도로가 접하는 부분을 곡선형으로 하여야 한다.
2. 노외주차장의 출구 부근의 구조는 해당 출구로부터 2미터(이륜자동차전용 출구의 경우에는 1.3미터)를 후퇴한 노외주차장의 차로의 중심선상 1.4미터의 높이에서 도로의 중심선에 직각으로 향한 왼쪽 · 오른쪽 각각 60도의 범위에서 해당 도로를 통행하는 자를 확인할 수 있도록 하여야 한다.
3. 노외주차장에는 자동차의 안전하고 원활한 통행을 확보하기 위하여 다음 각 목에서 정하는 바에 따라 차로를 설치하여야 한다.

가. 주차구획선의 긴 변과 짧은 변 중 한 변 이상이 차로에 접하여야 한다.

나. 차로의 너비는 주차형식 및 출입구(지하식 또는 건축물식 주차장의 출입구를 포함한다. 제4호에서 또한 같다)의 개수에 따라 다음 구분에 따른 기준 이상으로 하여야 한다.

1) 이륜자동차전용 노외주차장

2) 1) 외의 노외주차장

4. 노외주차장의 출입구 너비는 3.5미터 이상으로 하여야 하며, 주차대수 규모가 50대 이상인 경우에는 출구와 입구를 분리하거나 너비 5.5미터 이상의 출입구를 설치하여 소통이 원활하도록 하여야 한다.
5. 지하식 또는 건축물식 노외주차장의 차로는 제3호의 기준에 따르는 외에 다음 각 목에서 정하는 바에 따른다.

가. 높이는 주차바닥면으로부터 2.3미터 이상으로 하여야 한다.

나. 곡선 부분은 자동차가 6미터(같은 경사로를 이용하는 주차장의 총주차대수가 50대 이하인 경우에는 5미터, 이륜자동차전용 노외주차장의 경우에는 3미터) 이상의 내변반경으로 회전할 수 있도록 하여야 한다.

다. 경사로의 차로 너비는 직선형인 경우에는 3.3미터 이상(2차로의 경우에는 6미터 이상)으로 하고, 곡선형인 경우에는 3.6미터 이상(2차로의 경우에는 6.5미터 이상)으로 하며, 경사로의 양쪽 벽면으로부터 30센티미터 이상의 지점에 높이 10센티미터 이상 15

센티미터 미만의 연석(沿石)을 설치하여야 한다. 이 경우 연석 부분은 차로의 너비에 포함되는 것으로 본다.

라. 경사로의 종단경사도는 직선 부분에서는 17퍼센트를 초과하여서는 아니 되며, 곡선 부분에서는 14퍼센트를 초과하여서는 아니 된다.

마. 경사로의 노면은 거친 면으로 하여야 한다.

바. 주차대수 규모가 50대 이상인 경우의 경사로는 너비 6미터 이상인 2차로를 확보하거나 진입차로와 진출차로를 분리하여야 한다.

6. 자동차용 승강기로 운반된 자동차가 주차구획까지 자주식으로 들어가는 노외주차장의 경우에는 주차대수 30대마다 1대의 자동차용 승강기를 설치하여야 한다. 이 경우 제16조의2제1호 및 제3호를 준용하되, 자동차용 승강기의 출구와 입구가 따로 설치되어 있거나 주차장의 내부에서 자동차가 방향전환을 할 수 있을 때에는 제16조의2제3호에 따른 진입로를 설치하고 제16조의2제1호에 따른 전면공지 또는 방향전환장치를 설치하지 아니할 수 있다.

7. 노외주차장에서 주차에 사용되는 부분의 높이는 주차바닥면으로부터 2.1미터 이상으로 하여야 한다.

8. 노외주차장 내부 공간의 일산화탄소 농도는 주차장을 이용하는 차량이 가장 빈번한 시각의 앞뒤 8시간의 평균치가 50피피엠 이하(「다중이용시설 등의 실내공기질관리법」 제3조제1항제9호에 따른 실내주차장은 25피피엠 이하)로 유지되어야 한다.

9. 자주식주차장으로서 지하식 또는 건축물식 노외주차장에는 벽면에서부터 50센티미터 이내를 제외한 바닥면의 최소 조도(照度)와 최대 조도를 다음 각 목과 같이 한다.

가. 주차구획 및 차로: 최소 조도는 10럭스 이상, 최대 조도는 최소 조도의 10배 이내

나. 주차장 출구 및 입구: 최소 조도는 300럭스 이상, 최대 조도는 없음

다. 사람이 출입하는 통로: 최소 조도는 50럭스 이상, 최대 조도는 없음

10. 노외주차장에는 자동차의 출입 또는 도로교통의 안전을 확보하기 위하여 필요한 경보장치를 설치하여야 한다.

11. 주차대수 30대를 초과하는 규모의 자주식주차장으로서 지하식 또는 건축물식 노외주차장에는 관리사무소에서 주차장 내부 전체를 볼 수 있는 폐쇄회로 텔레비전(녹화장치를 포함한다) 또는 네트워크 카메라를 포함하는 방범설비를 설치 · 관리하여야 하되, 다음 각 목의 사항을 준수하여야 한다.

가. 방범설비는 주차장의 바닥면으로부터 170센티미터의 높이에 있는 사물을 알아볼 수 있도록 설치하여야 한다.

나. 폐쇄회로 텔레비전 또는 네트워크 카메라와 녹화장치의 모니터 수가 같아야 한다.

다. 선명한 화질이 유지될 수 있도록 관리하여야 한다.

라. 촬영된 자료는 컴퓨터보안시스템을 설치하여 1개월 이상 보관하여야 한다.

12. 2층 이상의 건축물식 주차장 및 특별시장 · 광역시장 · 특별자치도지사 · 시장 · 군수가 정하여 고시하는 주차장에는 다음 각 목의 어느 하나에 해당하는 추락방지 안전시설을 설치하여야 한다.

가. 2톤 차량이 시속 20킬로미터의 주행속도로 정면충돌하는 경우에 견딜 수 있는 강도의 구조물로서 구조계산에 의하여 안전하다고 확인된 구조물

나. 「도로법 시행령」 제3조제4호에 따른 방호(防護) 울타리

다. 2톤 차량이 시속 20킬로미터의 주행속도로 정면충돌하는 경우에 견딜 수 있는 강도의 구조물로서 「한국도로공사법」에 따라 설립된 한국도로공사, 「한국교통안전공단법」에 따라 설립된 한국교통안전공단(이하 "한국교통안전공단"이라 한다), 그 밖에 국토교통부장관이 정하여 고시하는 전문연구기관에서 인정하는 제품

라. 그 밖에 국토교통부장관이 정하여 고시하는 추락방지 안전시설

13. 노외주차장의 주차단위구획은 평평한 장소에 설치하여야 한다. 다만, 경사도가 7퍼센트 이하인 경우로서 시장 · 군수 또는 구청장이 안전에 지장이 없다고 인정하는 경우에는 그러하지 아니하다.

14. 노외주차장에는 제3조제1항제2호에 따른 확장형 주차단위구획을 주차단위구획 총수(평행주차형식의 주차단위구획 수는 제외한다)의 30퍼센트 이상 설치하여야 한다.

② 시장 · 군수 또는 구청장은 제1항제11호의 준수사항에 대하여 매년 한 번 이상 지도점검을 실시하여야 한다. 〈개정 2010. 10. 29.〉

③ 삭제 〈1996. 6. 29.〉

④ 노외주차장에 설치할 수 있는 부대시설은 다음 각 호와 같다. 다만, 그 설치하는 부대시설의 총면적은 주차장 총시설면적(주차장으로 사용되는 면적과 주차장 외의 용도로 사용되는 면적을 합한 면적을 말한다. 이하 같다)의 20퍼센트를 초과하여서는 아니 된다. 〈개정 2010. 10. 29., 2012. 7. 2., 2016. 12. 30.〉

1. 관리사무소, 휴게소 및 공중화장실
2. 간이매점, 자동차 장식품 판매점 및 전기자동차 충전시설

2의2. 「석유 및 석유대체연료 사업법 시행령」 제2조제3호에 따른 주유소(특별시장 · 광역시장, 시장 · 군수 또는 구청장이 설치한 노외주차장만 해당한다)

3. 노외주차장의 관리 · 운영상 필요한 편의시설
4. 특별자치도 · 시 · 군 또는 자치구(이하 "시 · 군 또는 구"라 한다)의 조례로 정하는 이용자

편의시설

⑤ 법 제20조제2항 또는 제3항에 따른 노외주차장에 설치할 수 있는 부대시설의 종류 및 주차장 총시설면적 중 부대시설이 차지하는 비율에 대해서는 제4항에도 불구하고 특별시 · 광역시, 시 · 군 또는 구의 조례로 정할 수 있다. 이 경우 부대시설이 차지하는 면적의 비율은 주차장 총시설면적의 40퍼센트를 초과할 수 없다. 〈개정 2010. 10. 29.〉

⑥ 시장 · 군수 또는 구청장이 노외주차장 안에 「국토의 계획 및 이용에 관한 법률」 제2조제7호의 도시 · 군계획시설을 부대시설로서 중복하여 설치하려는 경우에는 노외주차장 외의 용도로 사용하려는 도시 · 군계획시설이 차지하는 면적의 비율은 부대시설을 포함하여 주차장 총시설면적의 40퍼센트를 초과할 수 없다. 〈개정 2010. 10. 29., 2012. 4. 13.〉

⑦ 제1항제12호에 따른 추락방지 안전시설의 설계 및 설치 등에 관한 세부적인 사항은 국토교통부장관이 정하여 고시한다. 〈개정 2010. 10. 29., 2013. 3. 23.〉

[제목개정 2010. 10. 29.]

제6조의2 노상주차장의 전용주차구획 설치

① 법 제10조제1항제3호에 따라 노상주차장의 일부에 대하여 전용주차구획을 설치할 수 있는 경우는 다음 각 호와 같다. 〈개정 2016. 7. 27.〉

1. 주거지역에 설치된 노상주차장으로서 인근 주민의 자동차를 위한 경우
2. 법 제7조제4항에 따른 하역주차구획으로서 인근 이용자의 화물자동차를 위한 경우
3. 대한민국에 주재하는 외교공관 및 외교관의 자동차를 위한 경우
4. 「도시교통정비 촉진법」 제33조제1항제4호에 따른 승용차공동이용 지원을 위하여 사용되는 자동차를 위한 경우
5. 그 밖에 해당 지방자치단체의 조례로 정하는 자동차를 위한 경우

② 제1항에 따른 전용주차구획의 설치 · 운영에 필요한 사항은 해당 지방자치단체의 조례로 정한다.

[전문개정 2010. 10. 29.]

제7조 노외주차장의 설치 통보 등

① 법 제12조제1항에 따라 노외주차장을 설치하거나 폐지한 자는 별지 제1호의2서식의 노외주차장 설치(폐지) 통보서에 주차시설 배치도를 첨부(설치 통보의 경우만 해당한다)하여 노외주차장을 설치하거나 폐지한 날부터 30일 이내에 주차장 소재지를 관할하는 시장 · 군수 또는 구청장에게 통보하여야 한다.

② 노외주차장을 설치한 자(노외주차장을 양수하거나 임차한 자 등을 포함한다)는 법 제12조제1항 후단에 따라 설치 통보한 사항이 변경된 경우에는 변경된 날부터 30일 이내에 별지 제1호의3서식의 노외주차장 변경통보서에 주차시설 배치도를 첨부하여 주차장 소재지를 관할하는 시장 · 군수 또는 구청장에게 통보하여야 한다.

[전문개정 2010. 10. 29.]

제7조의2 노외주차장 또는 부설주차장의 설치 제한

① 법 제12조제6항 또는 법 제19조제10항에 따라 노외주차장 또는 부설주차장(주택 및 오피스텔의 부설주차장은 제외한다)의 설치를 제한할 수 있는 지역은 다음 각 호의 어느 하나에 해당하는 지역으로서 국토교통부장관이 정하여 고시하는 기준에 해당하는 지역으로 한다.

〈개정 2014. 2. 6.〉

1. 자동차교통이 혼잡한 상업지역 또는 준주거지역
2. 「도시교통정비 촉진법」 제42조에 따른 교통혼잡 특별관리구역으로서 도시철도 등 대중교통수단의 이용이 편리한 지역

② 법 제12조제6항에 따른 노외주차장 설치 제한의 기준은 그 지역의 자동차교통 여건을 고려하여 정한다.

③ 법 제19조제10항에 따라 해당 지방자치단체의 조례로 정하는 부설주차장 설치 제한의 기준은 최고한도로 정하되, 그 최고한도는 「주차장법 시행령」 (이하 "영"이라 한다) 별표 1의 설치기준(조례로 설치기준을 정한 경우에는 조례에서 정한 설치기준을 말한다. 이하 이 항에서 "설치기준"이라 한다) 이내로 하여야 한다. 다만, 제1항제2호에 해당하는 지역의 경우에는 설치기준의 2분의 1 이내로 하여야 한다.

④ 제3항에 따른 부설주차장 설치 제한의 기준은 시설물의 종류별 · 규모별 또는 해당 지역의 구역별로 각각 다르게 정할 수 있다.

⑤ 제3항 및 제4항에 따라 조례로 부설주차장 설치 제한의 기준을 정할 때에는 화물의 하역(荷役)을 위한 주차 또는 장애인 등 교통약자나 긴급자동차 등의 주차를 위한 최소한의 주차구획을 확보하도록 하여야 한다.

[전문개정 2010. 10. 29.]

제8조 삭제 〈1999. 3. 12.〉

제9조 삭제 〈1999. 3. 12.〉

제10조 삭제 <1999. 3. 12.>

제11조 부설주차장의 구조 · 설비기준

① 법 제6조제1항에 따른 부설주차장의 구조 · 설비기준에 대해서는 제5조제6호 및 제7호와 제6조제1항제1호부터 제8호까지 · 제10호 · 제12호 · 제13호 및 같은 조 제7항을 준용한다. 다만, 단독주택 및 다세대주택으로서 해당 부설주차장을 이용하는 차량의 소통에 지장을 주지 아니한다고 시장 · 군수 또는 구청장이 인정하는 주택의 부설주차장의 경우에는 그러하지 아니하다.

② 다음 각 호의 부설주차장에 대해서는 제6조제1항제9호 및 제11호를 준용한다.

1. 주차대수 30대를 초과하는 지하식 또는 건축물식 형태의 자주식주차장으로서 판매시설, 숙박시설, 운동시설, 위락시설, 문화 및 집회시설, 종교시설 또는 업무시설(이하 이 항에서 "판매시설등"이라 한다)의 용도로 이용되는 건축물의 부설주차장
2. 제1호에 따른 규모의 주차장을 설치한 판매시설등과 다른 용도의 시설이 복합적으로 설치된 건축물의 부설주차장으로서 각각의 시설에 대한 부설주차장을 구분하여 사용 · 관리하는 것이 곤란한 건축물의 부설주차장

③ 제2항에 따른 건축물 외의 건축물(단독주택 및 다세대주택은 제외한다)의 부설주차장으로서 지하식 또는 건축물식 형태의 자주식주차장에는 벽면에서부터 50센티미터 이내를 제외한 바닥면의 최소 조도와 최대 조도를 제6조제1항제9호 각 목과 같이 하여야 한다.
〈개정 2013. 1. 25.〉

④ 주차대수 50대 이상의 부설주차장에 설치되는 확장형 주차단위구역에 관하여는 제6조제1항제14호를 준용한다. 〈신설 2012. 7. 2.〉

⑤ 부설주차장의 총주차대수 규모가 8대 이하인 자주식주차장의 구조 및 설비기준은 제1항 본문에도 불구하고 다음 각 호에 따른다. 〈개정 2012. 7. 2., 2013. 1. 25., 2016. 4. 12.〉

1. 차로의 너비는 2.5미터 이상으로 한다. 다만, 주차단위구획과 접하여 있는 차로의 너비는 주차형식에 따라 다음 표에 따른 기준 이상으로 하여야 한다.
2. 보도와 차도의 구분이 없는 너비 12미터 미만의 도로에 접하여 있는 부설주차장은 그 도로를 차로로 하여 주차단위구획을 배치할 수 있다. 이 경우 차로의 너비는 도로를 포함하여 6미터 이상(평행주차형식인 경우에는 도로를 포함하여 4미터 이상)으로 하며, 도로의 포함 범위는 중앙선까지로 하되, 중앙선이 없는 경우에는 도로 반대쪽 경계선까지로 한다.
3. 보도와 차도의 구분이 있는 12미터 이상의 도로에 접하여 있고 주차대수가 5대 이하인 부설주차장은 그 주차장의 이용에 지장이 없는 경우만 그 도로를 차로로 하여 직각주차형식

으로 주차단위구획을 배치할 수 있다.

4. 주차대수 5대 이하의 주차단위구획은 차로를 기준으로 하여 세로로 2대까지 접하여 배치할 수 있다.
5. 출입구의 너비는 3미터 이상으로 한다. 다만, 막다른 도로에 접하여 있는 부설주차장으로서 시장·군수 또는 구청장이 차량의 소통에 지장이 없다고 인정하는 경우에는 2.5미터 이상으로 할 수 있다.
6. 보행인의 통행로가 필요한 경우에는 시설물과 주차단위구획 사이에 0.5미터 이상의 거리를 두어야 한다.

⑥ 제1항 및 제5항에 따라 도로를 차로로 하여 설치한 부설주차장의 경우 도로와 주차구획선 사이에는 담장 등 주차장의 이용을 곤란하게 하는 장애물을 설치할 수 없다. 〈개정 2012. 7. 2.〉

[전문개정 2010. 10. 29.]

제12조 부설주차장 설치계획서의 제출

① 법 제19조의2에 따라 부설주차장 설치계획서를 제출하는 경우에는 별지 제2호서식의 부설주차장 설치계획서(부설주차장 인근설치계획서)에 다음 각 호의 서류(전자문서를 포함한다) 및 도면을 첨부하여야 한다. 다만, 제2호부터 제4호까지의 서류는 법 제19조제4항에 따라 시설물의 부지 인근에 부설주차장을 설치하는 경우만 첨부한다.

1. 부설주차장의 배치도
2. 공사설계도서(공사가 필요한 경우만 해당한다)
3. 시설물의 부지와 주차장의 설치 부지를 포함한 지역의 토지이용 상황을 판단할 수 있는 축척 1천200분의 1 이상의 지형도
4. 토지의 지번·지목 및 면적이 적힌 토지조서(건축물식 주차장인 경우에는 건축면적·건축연면적·층수 및 높이와 주차형식이 적힌 건물조서를 포함한다)

② 제1항에 따른 부설주차장 설치계획서를 제출받은 시장·군수 또는 구청장은 법 제19조제4항에 따라 시설물의 부지 인근에 부설주차장을 설치하는 경우만 「전자정부법」 제36조제1항에 따른 행정정보의 공동이용을 통하여 토지등기부 등본(건축물식 주차장인 경우에는 건물등기부 등본을 포함한다)을 확인하여야 한다.

[전문개정 2010. 10. 29.]

제13조 부설주차장 설치의무 면제신청서 등

① 영 제8조제2항에 따른 부설주차장 설치의무 면제신청서는 별지 제4호서식에 따른다.

② 시장 · 군수 또는 구청장은 법 제19조제5항 전단에 따라 부설주차장 설치의무를 면제하려는 경우에는 제1항에 따른 신청서를 받은 후 지체 없이 주차장 설치비용과 그 납부장소 및 납부기한을 정하여 신청인에게 주차장 설치비용을 납부할 것을 통지하여야 한다.

③ 시장 · 군수 또는 구청장은 부설주차장 설치의무 면제신청인이 주차장 설치비용을 납부한 경우에는 부설주차장이 설치되어야 할 시설물에 관한 설치허가 등을 할 때에 별지 제4호서식의 부설주차장 설치의무 면제서를 신청인에게 발급하여야 한다.

[전문개정 2010. 10. 29.]

제14조 삭제 <2000. 7. 29.>

제15조 부설주차장 인근설치 관리대장

① 시장 · 군수 또는 구청장은 법 제19조의4제3항에 따른 업무를 수행하기 위하여 필요한 경우에는 별지 제5호서식의 부설주차장 인근설치 관리대장을 작성하여 관리하여야 한다.

② 제1항의 부설주차장 인근설치 관리대장은 전자적 처리가 불가능한 특별한 사유가 없으면 전자적 처리가 가능한 방법으로 작성 · 관리하여야 한다.

[전문개정 2010. 10. 29.]

제16조 부설주차장의 용도변경 신청 등

영 제12조제1항에 따라 부설주차장의 용도를 변경하려는 자는 별지 제8호서식의 부설주차장 용도변경 신청서에 용도변경을 증명할 수 있는 서류를 첨부하여 해당 부설주차장의 소재지를 관할하는 시장 · 군수 또는 구청장에게 제출하여야 한다.

[전문개정 2010. 10. 29.]

제16조의 기계식주차장의 설치기준

①법 제19조의5에 따른 기계식주차장의 설치기준은 다음 각 호와 같다.

<개정 2012. 7. 2., 2016. 4. 12.>

1. 기계식주차장치 출입구의 앞면에는 다음 각 목에 따라 자동차의 회전을 위한 공지(空地)(이하 "전면공지"라 한다) 또는 자동차의 방향을 전환하기 위한 기계장치(이하 "방향전환장치"라 한다)를 설치하여야 한다.

가. 중형 기계식주차장(길이 5.05미터 이하, 너비 1.9미터 이하, 높이 1.55미터 이하, 무게 1,850킬로그램 이하인 자동차를 주차할 수 있는 기계식주차장을 말한다. 이하 같다):

너비 8.1미터 이상, 길이 9.5미터 이상의 전면공지 또는 지름 4미터 이상의 방향전환장치와 그 방향전환장치에 접한 너비 1미터 이상의 여유 공지

나. 대형 기계식주차장(길이 5.75미터 이하, 너비 2.15미터 이하, 높이 1.85미터 이하, 무게 2,200킬로그램 이하인 자동차를 주차할 수 있는 기계식주차장을 말한다. 이하 같다): 너비 10미터 이상, 길이 11미터 이상의 전면공지 또는 지름 4.5미터 이상의 방향전환장치와 그 방향전환장치에 접한 너비 1미터 이상의 여유 공지

2. 기계식주차장치의 내부에 방향전환장치를 설치한 경우와 2층 이상으로 주차구획이 배치되어 있고 출입구가 있는 층의 모든 주차구획을 기계식주차장치 출입구로 사용할 수 있는 기계식주차장의 경우에는 제1호에도 불구하고 제6조제1항제3호 또는 제11조제5항제2호를 준용한다.

3. 기계식주차장에는 도로에서 기계식주차장치 출입구까지의 차로(이하 "진입로"라 한다) 또는 전면공지와 접하는 장소에 자동차가 대기할 수 있는 장소(이하 "정류장"이라 한다)를 설치하여야 한다. 이 경우 주차대수 20대를 초과하는 20대마다 한 대분의 정류장을 확보하여야 하며, 정류장의 규모는 다음 각 목과 같다. 다만, 주차장의 출구와 입구가 따로 설치되어 있거나 진입로의 너비가 6미터 이상인 경우에는 종단경사도가 6퍼센트 이하인 진입로의 길이 6미터마다 한 대분의 정류장을 확보한 것으로 본다.

가. 중형 기계식주차장: 길이 5.05미터 이상, 너비 1.9미터 이상

나. 대형 기계식주차장: 길이 5.3미터 이상, 너비 2.15미터 이상

4. 기계식주차장치에는 벽면으로부터 50센티미터 이내를 제외한 바닥면의 최소 조도를 다음 각 목과 같이 한다.

가. 주차구획: 최소 조도는 50럭스 이상

나. 출입구: 최소 조도는 150럭스 이상

② 시장 · 군수 · 구청장은 조례로 정하는 바에 따라 부설주차장에 설치할 수 있는 기계식주차장치의 최소규모를 정할 수 있다. 〈신설 2016. 4. 12.〉

③ 제1항 및 제2항에서 규정한 사항 외에 기계식주차장의 설치기준에 대해서는 제6조(같은 조 제1항제3호 · 제7호 및 제8호는 제외한다)에 따른다. 제11조제1항에서 이를 준용하는 경우에도 또한 같다. 〈신설 2016. 4. 12.〉

[전문개정 2010. 10. 29.]

제16조의3 기계식주차장치의 안전도인증 신청 등

영 제12조의2제1항에 따라 기계식주차장치의 안전도인증(이하 "안전도인증"이라 한다) 또는 변

경인증을 신청하려는 자는 별지 제8호의2서식의 기계식주차장치 안전도(변경)인증 신청서에 다음 각 호의 서류를 첨부하여 사업장 소재지를 관할하는 시장·군수 또는 구청장에게 신청하여야 한다.

1. 기계식주차장치 사양서
2. 법 제19조의6제2항에 따른 검사기관의 안전도심사서(변경인증의 경우에는 변경된 사항에 대한 안전도심사서를 말한다)
3. 기계식주차장치 안전도인증서(변경인증의 경우만 해당한다)

[전문개정 2010. 10. 29.]

제16조의4 기계식주차장치의 안전도심사

① 법 제19조의6제2항에 따라 기계식주차장치의 안전도심사를 받으려는 자는 별지 제8호의3서식의 기계식주차장치 안전도심사 신청서에 다음 각 호의 서류를 첨부하여 국토교통부장관이 지정·고시하는 검사기관에 신청하여야 한다. 〈개정 2013. 3. 23.〉

1. 기계식주차장치의 전체 조립도(축척 100분의 1 이상인 것만 해당한다)
2. 안전장치의 도면 및 설명서(변경신청의 경우에는 변경된 사항만 해당한다)
3. 기계식주차장치 사양서
4. 주요 구조부의 강도계산서 및 도면(변경신청의 경우에는 변경된 사항만 해당한다)
5. 기계식주차장치 출입구의 도면 및 설명서(변경신청의 경우에는 변경된 사항만 해당한다)

② 제1항에 따라 안전도심사 신청을 받은 검사기관은 그 기계식주차장치의 안전도를 심사하여 별지 제8호의4서식의 기계식주차장치 안전도심사서를 발급하여야 한다.

[전문개정 2010. 10. 29.]

제16조의5 기계식주차장치의 안전기준

① 법 제19조의7에 따른 기계식주차장치의 안전기준은 다음 각 호와 같다.
〈개정 2013. 1. 25., 2013. 3. 23., 2016. 4. 12.〉

1. 기계식주차장치에 사용하는 재료는 「산업표준화법」 제12조에 따른 한국산업표준 또는 그 이상으로 하여야 한다.
2. 기계식주차장치 출입구의 크기는 중형 기계식주차장의 경우에는 너비 2.3미터 이상, 높이 1.6미터 이상으로 하여야 하고, 대형 기계식주차장의 경우에는 너비 2.4미터 이상, 높이 1.9미터 이상으로 하여야 한다. 다만, 사람이 통행하는 기계식주차장치 출입구의 높이는 1.8미터 이상으로 한다.

3. 주차구획의 크기는 중형 기계식주차장의 경우에는 너비 2.2미터 이상, 높이 1.6미터 이상, 길이 5.15미터 이상으로 하여야 하고, 대형 기계식주차장의 경우에는 너비 2.3미터 이상, 높이 1.9미터 이상, 길이 5.3미터 이상으로 하여야 한다. 다만, 차량의 길이가 5.1미터 이상인 경우에는 주차구획의 길이는 차량의 길이보다 최소 0.2미터 이상을 확보하여야 한다.
4. 운반기의 크기는 자동차가 들어가는 바닥의 너비를 중형 기계식주차장의 경우에는 1.9미터 이상, 대형 기계식주차장의 경우에는 1.95미터 이상으로 하여야 한다.
5. 기계식주차장치 안에서 자동차를 입출고하는 사람이 출입하는 통로의 크기는 너비 50센티미터 이상, 높이 1.8미터 이상으로 하여야 한다.
6. 기계식주차장치 출입구에는 출입문을 설치하거나 기계식주차장치가 작동하고 있을 때 기계식주차장치 출입구로 사람 또는 자동차가 접근할 경우 즉시 그 작동을 멈추게 할 수 있는 장치를 설치하여야 한다.
7. 자동차가 주차구획 또는 운반기 안에서 제자리에 위치하지 아니한 경우에는 기계식주차장치의 작동을 불가능하게 하는 장치를 설치하여야 한다.

7의2. 기계식주차장치에는 자동차의 높이가 주차구획의 높이를 초과하는 경우 작동하지 아니하게 하는 장치를 설치하여야 한다. 다만, 다음 각 목의 어느 하나에 해당하는 기계식주차장치는 제외한다.
  가. 2단식 주차장치: 주차구획이 2층으로 배치되어 있고 출입구가 있는 층의 모든 주차구획을 주차장치 출입구로 사용할 수 있는 구조로서 그 주차구획을 아래 · 위 또는 수평으로 이동하여 자동차를 주차하는 주차장치
  나. 다단식 주차장치: 주차구획이 3층 이상으로 배치되어 있고 출입구가 있는 층의 모든 주차구획을 주차장치 출입구로 사용할 수 있는 구조로서 그 주차구획을 아래 · 위 또는 수평으로 이동하여 자동차를 주차하는 주차장치
  다. 수직순환식 주차장치: 주차구획에 자동차가 들어가도록 한 후 그 주차구획을 수직으로 순환이동하여 자동차를 주차하는 주차장치

8. 기계식주차장치의 작동 중 위험한 상황이 발생하는 경우 즉시 그 작동을 멈추게 할 수 있는 안전장치를 설치하여야 한다.
9. 승강기식 주차장치(운반기에 의하여 자동차를 자동으로 운반하여 주차하는 주차장치를 말한다)에는 운반기 안에 사람이 있는 경우 이를 감지하여 작동하지 아니하게 하는 장치를 설치하여야 한다.
10. 기계식주차장치의 안전기준에 관하여 이 규칙에 규정된 사항 외의 사항은 국토교통부장관이 정하여 고시한다.

② 법 제19조의6제1항에 따라 안전도인증을 받아야 하는 자는 누구든지 국토교통부장관에게 제1항에 따른 안전기준의 개정을 신청할 수 있다. 〈개정 2013. 3. 23.〉

③ 제2항에 따라 안전기준의 개정신청을 받은 국토교통부장관은 신청일부터 30일 이내에 이를 검토하여 안전기준의 개정 여부를 신청인에게 통보하여야 한다. 〈개정 2013. 3. 23.〉

[전문개정 2010. 10. 29.]

제16조의6 안전도인증서의 발급

① 제16조의3에 따라 기계식주차장치의 안전도인증 신청 또는 변경인증 신청을 받은 시장·군수 또는 구청장은 그 기계식주차장치가 제16조의5에 따른 안전기준에 적합할 때에는 별지 제8호의5서식의 기계식주차장치 안전도인증서(영문서식을 포함한다)를 발급하여야 한다. 〈개정 2016. 4. 12.〉

② 제1항에 따라 발급받은 기계식주차장치 안전도인증서의 기재내용 중 주소, 법인의 명칭 및 대표자가 변경되었을 때에는 이를 발급한 시장·군수 또는 구청장에게 신청하여 변경사항을 고쳐 적은 인증서를 받아야 한다. 다만, 주소가 다른 시·군 또는 구로 변경된 경우에는 새로운 주소지를 관할하는 시장·군수 또는 구청장에게 신청하여야 한다.

③ 제1항 및 제2항에 따라 발급받은 기계식주차장치 안전도인증서를 못 쓰게 되거나 잃어버린 경우에는 별지 제8호의6서식의 기계식주차장치 안전도인증서 재발급신청서에 다음 각 호의 서류를 첨부하여 이를 발급한 시장·군수 또는 구청장에게 신청하여 재발급을 받을 수 있다.

1. 못 쓰게 된 경우에는 해당 기계식주차장치 안전도인증서
2. 잃어버린 경우에는 그 사유서

④ 제1항에 따라 기계식주차장치 안전도인증서를 발급한 시장·군수 또는 구청장은 그 내용을 관보에 공고하여야 한다. 법 제19조의8에 따라 기계식주차장치의 안전도인증을 취소하였을 때에도 또한 같다.

[전문개정 2010. 10. 29.]

제16조의7 삭제 〈2004. 7. 1.〉

제16조의8 기계식주차장의 사용검사 등

① 법 제19조의9제2항에 따라 기계식주차장의 사용검사 또는 정기검사를 받으려는 자는 별지 제8호의8서식의 기계식주차장 검사신청서에 다음 각 호의 서류를 첨부하여 법 제19조의12에 따른 전문검사기관(이하 "검사대행기관"이라 한다)에 신청하여야 한다. 다만, 제1호부터

제5호까지의 서류는 사용검사의 경우만 첨부하되, 제16조의4제1항에 따른 안전도심사 신청 시 제출된 주요 구조부의 강도계산서에 포함된 경우에는 첨부하지 아니할 수 있다.

1. 와이어로프 · 체인 시험성적서
2. 전동기 시험성적서
3. 감속기 시험성적서
4. 제동기 시험성적서
5. 운반기 계량증명서
6. 설치장소 약도

② 제1항에 따라 검사신청을 받은 검사대행기관은 검사신청을 받은 날부터 20일 이내에 제8항에 따른 검사기준에 따라 검사를 마치고 항목별 검사결과를 법 제19조의9제2항 본문에 따른 기계식주차장관리자등(이하 "기계식주차장관리자등"이라 한다)에게 통보하여야 한다.

③ 제2항에 따른 검사결과를 통보받은 기계식주차장관리자등은 부적합판정을 받은 검사항목에 대해서는 그 통보를 받은 날부터 3개월 이내에 해당 항목을 보완한 후 재검사를 신청하여야 한다. 이 경우 검사대행기관은 검사신청을 받은 날부터 10일 이내에 검사를 마치고 그 결과를 기계식주차장관리자등에게 통보하여야 한다. 〈개정 2012. 7. 2.〉

④ 검사대행기관은 제3항에 따른 보완항목에 대한 검사를 할 때 사진, 시험성적서, 그 밖의 증명서류 등으로 보완된 사실을 확인할 수 있는 경우에는 사진 등의 확인으로 검사를 할 수 있다. 이 경우 검사대행기관은 제3항에 따른 검사신청을 받은 날부터 5일 이내에 그 결과를 기계식주차장관리자등에게 통보하여야 한다.

⑤ 검사대행기관은 제2항부터 제4항까지의 규정에 따라 검사결과를 기계식주차장관리자등에게 통보할 때에는 법 제19조의10에 따라 별지 제8호의9서식의 검사확인증 또는 별지 제8호의10서식의 사용금지 표지를 함께 발급하고, 해당 기계식주차장의 소재지를 관할하는 시장 · 군수 또는 구청장에게 그 사실을 통보하여야 한다.

⑥ 제5항에 따라 검사확인증 또는 사용금지 표지를 발급받은 기계식주차장관리자등은 해당 기계식주차장의 보기 쉬운 곳에 이를 부착하여야 한다.

⑦ 영 제12조의3제3항에 따라 기계식주차장의 정기검사를 연기하려는 자는 그 연기 사유를 확인할 수 있는 서류를 첨부하여 별지 제8호의11서식에 따라 해당 기계식주차장의 소재지를 관할하는 시장 · 군수 또는 구청장에게 연기신청을 하여야 한다.

⑧ 국토교통부장관은 법 제19조의9제2항에 따른 기계식주차장의 사용검사 및 정기검사의 기준을 제16조의2에 따른 기계식주차장의 설치기준과 제16조의5에 따른 기계식주차장치의 안전기준에 따라 측정오차와 기계장치의 마모율 등을 고려하여 검사항목별로 정하여 고시한다.

〈개정 2013. 3. 23.〉

[전문개정 2010. 10. 29.]

제16조의9 검사비용 등

법 제19조의6에 따른 검사기관, 법 제19조의12에 따른 검사대행기관 및 법 제19조의22에 따른 정밀안전검사를 시행하는 기관은 법 제19조의11(법 제19조의22제5항에 따라 준용되는 경우를 포함한다)에 따른 검사비용을 정하려면 「엔지니어링산업 진흥법」 제31조에 따른 엔지니어링사업 대가의 범위에서 국토교통부장관의 승인을 받아야 한다.

[전문개정 2018. 3. 21.]

제16조의10 검사대행자의 지정신청

검사대행기관으로 지정받으려는 자는 다음 각 호의 서류를 갖추어 국토교통부장관에게 신청하여야 한다. 〈개정 2013. 3. 23.〉

1. 영 제12조의4제2항의 요건을 갖추었음을 증명하는 서류
2. 대행하려는 검사의 종류 및 검사업무를 대행하려는 특별시ㆍ광역시ㆍ도 또는 특별자치도를 적은 서류

[전문개정 2010. 10. 29.]

제16조의11 기계식주차장치의 철거

① 법 제19조의13제3항에 따라 기계식주차장치를 철거하려는 자는 별지 제8호의12서식의 기계식주차장치 철거신고서에 다음 각 호의 서류 및 도면을 첨부하여 시장ㆍ군수 또는 구청장에게 신고하여야 한다. 〈개정 2016. 4. 12.〉

1. 별지 제8호의9서식의 기계식주차장 검사확인증 또는 별지 제8호의10서식의 기계식주차장 사용금지 표지
2. 기계식주차장치가 설치되었던 바닥면적에 해당하는 주차장의 배치계획도
3. 별지 제2호서식의 부설주차장 설치계획서(부설주차장 인근설치계획서) 또는 별지 제4호서식의 부설주차장 설치의무 면제신청서. 다만, 영 제6조제1항의 설치기준에 따라 부설주차장을 설치하는 경우에는 첨부하지 아니한다.

② 제1항에 따라 기계식주차장치의 철거신고를 받은 시장ㆍ군수 또는 구청장은 그 신고내용이 법 제19조의13제1항과 같은 조 제2항에 적합할 때에는 지체 없이 별지 제8호의12서식의 기계식주차장치 철거신고확인증을 발급하여야 한다.

[전문개정 2010. 10. 29.]

제16조의12 보수업의 등록신청 등

① 법 제19조의14제1항에 따라 기계식주차장치보수업(이하 "보수업"이라 한다)의 등록을 하려는 자는 별지 제10호서식의 기계식주차장치 보수업 등록신청서에 다음 각 호의 서류를 첨부하여 시장 · 군수 또는 구청장에게 제출하여야 한다. 이 경우 신청서를 받은 시장 · 군수 또는 구청장은 「전자정부법」 제36조제1항에 따른 행정정보의 공동이용을 통하여 법인 등기사항증명서(신청인이 법인인 경우만 해당한다)를 확인하여야 한다.

1. 자격증 사본
2. 경력증명서
3. 보수설비 현황

② 시장 · 군수 또는 구청장은 제1항에 따라 보수업을 등록한 자에게 별지 제11호서식의 기계식주차장치 보수업 등록증(이하 "등록증"이라 한다)을 발급하여야 한다.

③ 제2항에 따라 발급받은 등록증을 못 쓰게 되거나 잃어버린 때에는 별지 제12호서식의 기계식주차장치 보수업 등록증 재발급신청서에 등록증을 첨부(못 쓰게 된 경우만 해당한다)하여 시장 · 군수 또는 구청장에게 제출하여야 한다.

④ 삭제 〈2016. 7. 27.〉

[전문개정 2010. 10. 29.]

제16조의13 등록대장

시장 · 군수 또는 구청장은 제16조의12제2항에 따라 등록증을 발급하거나 같은 조 제4항에 따라 기계식주차장치 보수업 변경신고서를 수리(受理)하였을 때에는 별지 제14호서식의 기계식주차장치 보수업 등록대장에 그 사실을 기록 · 관리하여야 한다.

[전문개정 2010. 10. 29.]

제16조의14 보수업의 휴업 · 폐업 · 재개업 신고서

법 제19조의17에 따른 보수업의 휴업 · 폐업 또는 재개업에 관한 신고는 별지 제15호서식에 따른다.

[전문개정 2010. 10. 29.]

제16조의15 기계식주차장치 관리인 교육 등

① 법 제19조의20제3항 전단에서 "국토교통부령으로 정하는 기계식주차장치의 관리에 필요한 교육(이하 "기계식주차장치 관리인 교육"이라 한다)" 및 같은 항 후단에서 "국토교통부령으로 정하는 보수교육(이하 "보수교육"이라 한다)"이란 한국교통안전공단이 실시하는 교육을 말한다.

② 기계식주차장치 관리인 교육 및 보수교육에는 다음 각 호의 내용이 포함되어야 한다.

1. 기계식주차장치에 관한 일반지식
2. 기계식주차장치 관련 법령
3. 기계식주차장치 운행 및 취급
4. 화재 및 고장 등 긴급상황이 발생한 경우 조치방법
5. 그 밖에 기계식주차장치의 안전운행에 필요한 사항

③ 기계식주차장치 관리인은 기계식주차장치 관리인 교육을 받은 후 3년(교육을 받은 날부터 3년이 되는 날이 속하는 해의 1월 1일부터 12월 31일까지를 말한다)마다 보수교육을 받아야 한다.

④ 기계식주차장치 관리인 교육의 교육시간은 4시간으로 하고, 보수교육의 교육시간은 3시간으로 한다.

⑤ 한국교통안전공단은 기계식주차장치 관리인 교육 및 보수교육을 받은 사람에게 교육수료증을 발급하여야 한다.

⑥ 한국교통안전공단은 기계식주차장치 관리인 교육 및 보수교육을 받으려는 사람으로부터 교육에 필요한 수강료를 받을 수 있다. 이 경우 수강료의 금액에 대하여 미리 국토교통부장관의 승인을 받아야 한다.

[전문개정 2018. 3. 21.]

제16조의16 기계식주차장치 관리인의 임무

법 제19조의20제4항에 따른 기계식주차장치 관리인의 임무는 다음 각 호와 같다.

〈개정 2018. 3. 21.〉

1. 기계식주차장치 조작에 필요한 지식, 기계식주차장치 취급 시 주의사항 및 긴급상황 발생 시 조치방법 등에 대하여 충분히 숙지할 것
2. 기계식주차장치의 이용자가 안전하게 이용할 수 있도록 기계식주차장치를 조작할 것
3. 기계식주차장치를 안전한 상태로 유지할 것

[본조신설 2016. 7. 27.]

[종전 제16조의16은 제16조의20으로 이동 〈2016. 7. 27.〉]

제16조의17 기계식주차장치 안내문 부착 위치 등

① 법 제19조의20제4항에 따른 안내문은 기계식주차장치 이용자가 육안으로 쉽게 확인할 수 있도록 기계식주차장치를 작동하기 위한 스위치 근처에 부착하여야 한다. 〈개정 2018. 3. 21.〉

② 제1항에 따른 안내문에는 다음 각 호의 내용이 포함되어야 한다.

1. 차량의 입고 및 출고 방법
2. 긴급상황 발생 시 조치 방법
3. 긴급상황 발생 시 연락처(응급 의료기관 및 기계식주차장치 보수업체 등의 연락처를 포함한다)
4. 기계식주차장치 관리인의 성명 및 연락처

[본조신설 2016. 7. 27.]

제16조의18 기계식주차장의 안전 관련 정보

법 제19조의21제1항제4호에서 "국토교통부령으로 정하는 정보"란 다음 각 호를 말한다.

1. 법 제19조의6부터 제19조의8까지의 규정에 따른 기계식주차장치의 안전도인증에 관한 정보
2. 법 제19조의20에 따른 기계식주차장치 관리인의 배치에 관한 정보
3. 그 밖에 기계식주차장의 위치 및 주차구획 수 등 기계식 주차장의 현황에 관한 정보

[본조신설 2016. 7. 27.]

제16조의19 중대한 사고

법 제19조의22제1항 본문 및 법 제19조의23제1항제2호에서 "국토교통부령으로 정하는 중대한 사고"란 다음 각 호의 어느 하나를 말한다. 〈개정 2018. 10. 25.〉

1. 사망자가 발생한 사고
2. 기계식주차장에서 사고가 발생한 날부터 7일 이내에 실시한 의사의 최초 진단결과 1주 이상의 입원치료 또는 3주 이상의 치료가 필요한 상해를 입은 사람이 발생한 사고
3. 기계식주차장을 이용한 자동차가 전복 또는 추락한 사고

[본조신설 2018. 3. 21.]

[제목개정 2018. 10. 25.]

[종전 제16조의19는 제16조의22로 이동 〈2018. 3. 21.〉]

제16조의20 사고보고 등

① 기계식주차장관리자등은 법 제19조의22제1항 전단에 따라 그가 관리하는 주차장에서 중대한 사고가 발생한 때에는 즉시 서면 또는 전자문서로 건물명, 소재지, 사고발생 일시 · 장소 및 피해 정도를 관할 시장 · 군수 또는 구청장과 한국교통안전공단의 장에게 통보하여야 한다.

② 한국교통안전공단의 장은 제1항에 따라 통보를 받은 때에는 법 제19조의22제1항 후단에 따라 지체 없이 별지 제15호의2서식에 따른 기계식주차장 사고현황 보고서를 작성하여 국토교통부장관 및 법 제19조의22제5항에 따른 사고조사판정위원회(이하 "사고조사판정위원회"라 한다)에 보고하여야 한다.

③ 한국교통안전공단의 장은 법 제19조의22제3항에 따라 기계식주차장 사고의 원인 및 경위 등을 조사한 때에는 조사한 달이 속하는 다음 달 15일까지 다음 각 호의 사항이 포함된 사고조사보고서를 사고조사판정위원회에 제출하여야 한다.

1. 사고의 원인 및 경위에 관한 사항
2. 사고 원인의 분석에 관한 사항
3. 사고 재발 방지에 관한 사항
4. 그 밖에 사고와 관련하여 조사 · 확인된 사항

[본조신설 2018. 10. 25.]

[종전 제16조의20은 제16조의22로 이동 〈2018. 10. 25.〉]

제16조의21 사고조사반의 구성 · 운영 등

① 법 제19조의22제4항에 따라 사고조사반으로 사고발생지역을 관할하는 한국교통안전공단 지역본부에는 초동조사반을, 한국교통안전공단 본부에는 전문조사반을 구성 · 운영한다.

② 제1항에 따른 초동조사반은 2명 이내의 사고조사원으로 구성하며, 다음 각 호의 업무를 수행한다.

1. 사고개요 및 원인 등의 조사
2. 별지 제15호의2서식에 따른 기계식주차장 사고현황 보고서의 작성

③ 제1항에 따른 전문조사반(이하 "전문조사반"이라 한다)은 조사반장 1명을 포함한 3명 이내의 사고조사원으로 구성하되, 조사반장 및 사고조사원은 한국교통안전공단 소속 직원, 기계식주차장 또는 안전관리 분야에 관한 전문지식을 갖춘 민간 전문가 중에서 한국교통안전공단의 장이 지명하거나 위촉하는 사람으로 한다.

④ 전문조사반은 다음 각 호의 업무를 수행한다.

1. 사고 원인의 조사 · 분석

2. 피해 현황에 관한 조사

3. 그 밖에 전문조사반장이 사고 원인 파악 및 재발 방지 등을 위하여 필요하다고 인정하는 사항의 조사

[본조신설 2018. 10. 25.]

[종전 제16조의21은 제16조의23으로 이동 〈2018. 10. 25.〉]

제16조의22 기계식주차장 정밀안전검사 실시 등

① 기계식주차장관리자등이 법 제19조의23제1항에 따른 정밀안전검사를 받으려면 별지 제8호의8서식의 기계식주차장 검사 신청서를 시장 · 군수 또는 구청장(법 제19조의23제4항에 따라 한국교통안전공단이 정밀안전검사를 대행하는 경우에는 한국교통안전공단을 말한다. 이하 이 조에서 같다)에게 제출하여야 한다. 〈개정 2018. 10. 25.〉

② 시장 · 군수 또는 구청장은 제1항에 따른 검사 신청을 받은 날부터 20일 이내에 영 제12조의13에 따른 정밀안전검사기준에 따라 검사를 실시한 후, 합격여부 및 항목별 검사결과를 기계식주차장관리자등에게 통보하여야 한다.

③ 제2항에 따라 불합격 통보를 받은 기계식주차장관리자등은 재검사를 신청할 수 있으며, 시장 · 군수 또는 구청장은 재검사 신청을 받은 날부터 10일 이내에 검사를 실시하고 합격여부 및 해당 항목 검사결과를 기계식주차장관리자등에게 통보하여야 한다. 다만, 기계식주차장관리자등이 불합격 통보를 받은 후 3개월 이내에 불합격 항목을 보완한 후 재검사를 신청하는 경우에는 불합격한 항목에 대하여만 검사를 실시한다.

④ 시장 · 군수 또는 구청장은 제2항 및 제3항에 따라 정밀안전검사 또는 재검사를 실시할 때 해당 기계식주차장관리자등을 현장에 참석하게 할 수 있다.

⑤ 시장 · 군수 또는 구청장은 제2항 및 제3항에 따른 검사결과를 기계식주차장관리자등에게 통보할 때 별지 제8호의9서식의 검사확인증 또는 별지 제8호의10서식의 사용금지표지를 발급하여야 한다.

⑥ 제4항에 따른 검사확인증 또는 사용금지표지를 발급받은 기계식주차장관리자등은 해당 기계식주차장의 보기 쉬운 곳에 이를 부착하여야 한다.

[본조신설 2018. 3. 21.]

[제16조의20에서 이동, 종전 제16조의22는 제16조의24로 이동 〈2018. 10. 25.〉]

제16조의23 기계식주차장 정밀안전검사 기술인력 등

① 법 제19조의23제4항에 따라 정밀안전검사를 대행하는 경우 한국교통안전공단은 별표 1에

따른 정밀안전검사 기술인력 및 검사기기를 갖추어야 한다. 〈개정 2018. 10. 25.〉

② 한국교통안전공단은 제1항에 따른 정밀안전검사 기술인력에 대하여 다음 각 호의 교육을 실시하여야 한다.

1. 신규교육: 정밀안전검사 기술인력으로 처음 선임될 때 받아야 하는 교육
2. 정기교육: 신규교육 후 3년(신규교육 또는 직전의 정기교육을 받은 날부터 기산하여 3년이 되는 날이 속하는 해의 1월 1일부터 12월 31일까지를 말한다)마다 받아야 하는 교육
3. 임시교육: 기계식주차장 관련 법령의 개정 등으로 국토교통부장관이 특별히 필요하다고 인정하는 교육

③ 제2항에 따른 정밀안전검사의 기술인력에 대한 교육기준은 별표 2와 같다.

[본조신설 2018. 3. 21.]

[제16조의21에서 이동, 종전 제16조의23은 제16조의25로 이동 〈2018. 10. 25.〉]

제16조의24 부설주차장 인근설치확인서

① 시설물의 소유자는 법 제19조의24제1항에 따른 부기등기를 위하여 필요한 경우에는 시장·군수 또는 구청장에게 해당 부설주차장이 시설물의 부지 인근에 설치되어 있음을 확인하여 줄 것을 요청할 수 있다. 〈개정 2016. 7. 27., 2018. 3. 21., 2018. 10. 25.〉

② 제1항에 따른 요청을 받은 시장·군수 또는 구청장은 별지 제15호의3서식에 따른 부설주차장 인근 설치 확인서를 발급하여야 한다. 〈개정 2018. 10. 25.〉

[본조신설 2015. 3. 23.]

[제16조의22에서 이동 〈2018. 10. 25.〉]

제16조의25 증표

법 제25조제2항에 따른 증표는 별지 제16호서식에 따른다.

[전문개정 2010. 10. 29.]

[제16조의23에서 이동 〈2018. 10. 25.〉]

제17조 수수료

법 제26조에 따른 수수료는 별표 3와 같다. 〈개정 2018. 3. 21.〉

[전문개정 2010. 10. 29.]

제18조 삭제 〈2009. 6. 30.〉

제19조 규제의 재검토

국토교통부장관은 다음 각 호의 사항에 대하여 2017년 1월 1일을 기준으로 3년마다(매 3년이 되는 해의 1월 1일 전까지를 말한다) 그 타당성을 검토하여 개선 등의 조치를 하여야 한다.

1. 제6조에 따른 노외주차장의 구조 · 설비기준
2. 제7조에 따른 노외주차장의 설치 통보 등
3. 제11조에 따른 부설주차장의 구조 · 설비기준
4. 제16조의5에 따른 기계주차장치의 안전기준
5. 제16조의12에 따른 보수업의 등록신청 등

[전문개정 2016. 12. 30.]

부칙 〈제549호, 2018. 10. 25.〉

이 규칙은 2018년 10월 25일부터 시행한다.

제3부

국토의 계획 및 이용에 관한 법률

제1장 총칙

제1조 목적

이 법은 국토의 이용·개발과 보전을 위한 계획의 수립 및 집행 등에 필요한 사항을 정하여 공공복리를 증진시키고 국민의 삶의 질을 향상시키는 것을 목적으로 한다.

[전문개정 2009. 2. 6.]

제2조 정의

이 법에서 사용하는 용어의 뜻은 다음과 같다.

〈개정 2011. 4. 14., 2012. 12. 18., 2015. 1. 6., 2017. 4. 18., 2017. 12. 26.〉

1. "광역도시계획"이란 제10조에 따라 지정된 광역계획권의 장기발전방향을 제시하는 계획을 말한다.
2. "도시·군계획"이란 특별시·광역시·특별자치시·특별자치도·시 또는 군(광역시의 관할 구역에 있는 군은 제외한다. 이하 같다)의 관할 구역에 대하여 수립하는 공간구조와 발전방향에 대한 계획으로서 도시·군기본계획과 도시·군관리계획으로 구분한다.
3. "도시·군기본계획"이란 특별시·광역시·특별자치시·특별자치도·시 또는 군의 관할 구역에 대하여 기본적인 공간구조와 장기발전방향을 제시하는 종합계획으로서 도시·군관리계획 수립의 지침이 되는 계획을 말한다.
4. "도시·군관리계획"이란 특별시·광역시·특별자치시·특별자치도·시 또는 군의 개발·정비 및 보전을 위하여 수립하는 토지 이용, 교통, 환경, 경관, 안전, 산업, 정보통신, 보건, 복지, 안보, 문화 등에 관한 다음 각 목의 계획을 말한다.
   가. 용도지역·용도지구의 지정 또는 변경에 관한 계획
   나. 개발제한구역, 도시자연공원구역, 시가화조정구역(市街化調整區域), 수산자원보호구역의 지정 또는 변경에 관한 계획
   다. 기반시설의 설치·정비 또는 개량에 관한 계획
   라. 도시개발사업이나 정비사업에 관한 계획
   마. 지구단위계획구역의 지정 또는 변경에 관한 계획과 지구단위계획
   바. 입지규제최소구역의 지정 또는 변경에 관한 계획과 입지규제최소구역계획
5. "지구단위계획"이란 도시·군계획 수립 대상지역의 일부에 대하여 토지 이용을 합리화하

고 그 기능을 증진시키며 미관을 개선하고 양호한 환경을 확보하며, 그 지역을 체계적 · 계획적으로 관리하기 위하여 수립하는 도시 · 군관리계획을 말한다.

5의2. "입지규제최소구역계획"이란 입지규제최소구역에서의 토지의 이용 및 건축물의 용도 · 건폐율 · 용적률 · 높이 등의 제한에 관한 사항 등 입지규제최소구역의 관리에 필요한 사항을 정하기 위하여 수립하는 도시 · 군관리계획을 말한다.

6. "기반시설"이란 다음 각 목의 시설로서 대통령령으로 정하는 시설을 말한다.

가. 도로 · 철도 · 항만 · 공항 · 주차장 등 교통시설

나. 광장 · 공원 · 녹지 등 공간시설

다. 유통업무설비, 수도 · 전기 · 가스공급설비, 방송 · 통신시설, 공동구 등 유통 · 공급시설

라. 학교 · 공공청사 · 문화시설 및 공공필요성이 인정되는 체육시설 등 공공 · 문화체육시설

마. 하천 · 유수지(遊水池) · 방화설비 등 방재시설

바. 장사시설 등 보건위생시설

사. 하수도, 폐기물처리 및 재활용시설, 빗물저장 및 이용시설 등 환경기초시설

7. "도시 · 군계획시설"이란 기반시설 중 도시 · 군관리계획으로 결정된 시설을 말한다.

8. "광역시설"이란 기반시설 중 광역적인 정비체계가 필요한 다음 각 목의 시설로서 대통령령으로 정하는 시설을 말한다.

가. 둘 이상의 특별시 · 광역시 · 특별자치시 · 특별자치도 · 시 또는 군의 관할 구역에 걸쳐 있는 시설

나. 둘 이상의 특별시 · 광역시 · 특별자치시 · 특별자치도 · 시 또는 군이 공동으로 이용하는 시설

9. "공동구"란 전기 · 가스 · 수도 등의 공급설비, 통신시설, 하수도시설 등 지하매설물을 공동 수용함으로써 미관의 개선, 도로구조의 보전 및 교통의 원활한 소통을 위하여 지하에 설치하는 시설물을 말한다.

10. "도시 · 군계획시설사업"이란 도시 · 군계획시설을 설치 · 정비 또는 개량하는 사업을 말한다.

11. "도시 · 군계획사업"이란 도시 · 군관리계획을 시행하기 위한 다음 각 목의 사업을 말한다.

가. 도시 · 군계획시설사업

나. 「도시개발법」에 따른 도시개발사업

다. 「도시 및 주거환경정비법」에 따른 정비사업

12. "도시 · 군계획사업시행자"란 이 법 또는 다른 법률에 따라 도시 · 군계획사업을 하는 자를 말한다.

13. "공공시설"이란 도로 · 공원 · 철도 · 수도, 그 밖에 대통령령으로 정하는 공공용 시설을

말한다.

14. "국가계획"이란 중앙행정기관이 법률에 따라 수립하거나 국가의 정책적인 목적을 이루기 위하여 수립하는 계획 중 제19조제1항제1호부터 제9호까지에 규정된 사항이나 도시 · 군관리계획으로 결정하여야 할 사항이 포함된 계획을 말한다.
15. "용도지역"이란 토지의 이용 및 건축물의 용도, 건폐율(「건축법」 제55조의 건폐율을 말한다. 이하 같다), 용적률(「건축법」 제56조의 용적률을 말한다. 이하 같다), 높이 등을 제한함으로써 토지를 경제적 · 효율적으로 이용하고 공공복리의 증진을 도모하기 위하여 서로 중복되지 아니하게 도시 · 군관리계획으로 결정하는 지역을 말한다.
16. "용도지구"란 토지의 이용 및 건축물의 용도 · 건폐율 · 용적률 · 높이 등에 대한 용도지역의 제한을 강화하거나 완화하여 적용함으로써 용도지역의 기능을 증진시키고 경관 · 안전 등을 도모하기 위하여 도시 · 군관리계획으로 결정하는 지역을 말한다.
17. "용도구역"이란 토지의 이용 및 건축물의 용도 · 건폐율 · 용적률 · 높이 등에 대한 용도지역 및 용도지구의 제한을 강화하거나 완화하여 따로 정함으로써 시가지의 무질서한 확산방지, 계획적이고 단계적인 토지이용의 도모, 토지이용의 종합적 조정 · 관리 등을 위하여 도시 · 군관리계획으로 결정하는 지역을 말한다.
18. "개발밀도관리구역"이란 개발로 인하여 기반시설이 부족할 것으로 예상되나 기반시설을 설치하기 곤란한 지역을 대상으로 건폐율이나 용적률을 강화하여 적용하기 위하여 제66조에 따라 지정하는 구역을 말한다.
19. "기반시설부담구역"이란 개발밀도관리구역 외의 지역으로서 개발로 인하여 도로, 공원, 녹지 등 대통령령으로 정하는 기반시설의 설치가 필요한 지역을 대상으로 기반시설을 설치하거나 그에 필요한 용지를 확보하게 하기 위하여 제67조에 따라 지정 · 고시하는 구역을 말한다.
20. "기반시설설치비용"이란 단독주택 및 숙박시설 등 대통령령으로 정하는 시설의 신 · 증축 행위로 인하여 유발되는 기반시설을 설치하거나 그에 필요한 용지를 확보하기 위하여 제69조에 따라 부과 · 징수하는 금액을 말한다.

[전문개정 2009. 2. 6.]

[2012. 12. 18. 법률 제11579호에 의하여 2011. 6. 30. 헌법불합치 결정된 이 조 제6호 라목을 개정함.]

제3조 국토 이용 및 관리의 기본원칙

국토는 자연환경의 보전과 자원의 효율적 활용을 통하여 환경적으로 건전하고 지속가능한 발전을 이루기 위하여 다음 각 호의 목적을 이룰 수 있도록 이용되고 관리되어야 한다. 〈개정 2012. 2. 1.〉

1. 국민생활과 경제활동에 필요한 토지 및 각종 시설물의 효율적 이용과 원활한 공급
2. 자연환경 및 경관의 보전과 훼손된 자연환경 및 경관의 개선 및 복원
3. 교통 · 수자원 · 에너지 등 국민생활에 필요한 각종 기초 서비스 제공
4. 주거 등 생활환경 개선을 통한 국민의 삶의 질 향상
5. 지역의 정체성과 문화유산의 보전
6. 지역 간 협력 및 균형발전을 통한 공동번영의 추구
7. 지역경제의 발전과 지역 및 지역 내 적절한 기능 배분을 통한 사회적 비용의 최소화
8. 기후변화에 대한 대응 및 풍수해 저감을 통한 국민의 생명과 재산의 보호

[전문개정 2009. 2. 6.]

제3조의2 도시의 지속가능성 및 생활인프라 수준 평가

① 국토교통부장관은 도시의 지속가능하고 균형 있는 발전과 주민의 편리하고 쾌적한 삶을 위하여 도시의 지속가능성 및 생활인프라(교육시설, 문화 · 체육시설, 교통시설 등의 시설로서 국토교통부장관이 정하는 것을 말한다) 수준을 평가할 수 있다. 〈개정 2015. 12. 29.〉

② 제1항에 따른 평가를 위한 절차 및 기준 등에 관하여 필요한 사항은 대통령령으로 정한다. 〈개정 2015. 12. 29.〉

③ 국가와 지방자치단체는 제1항에 따른 평가 결과를 도시 · 군계획의 수립 및 집행에 반영하여야 한다. 〈개정 2011. 4. 14.〉

[전문개정 2009. 2. 6.]

[제목개정 2015. 12. 29.]

제4조 국가계획, 광역도시계획 및 도시 · 군계획의 관계 등

① 도시 · 군계획은 특별시 · 광역시 · 특별자치시 · 특별자치도 · 시 또는 군의 관할 구역에서 수립되는 다른 법률에 따른 토지의 이용 · 개발 및 보전에 관한 계획의 기본이 된다.

② 광역도시계획 및 도시 · 군계획은 국가계획에 부합되어야 하며, 광역도시계획 또는 도시 · 군계획의 내용이 국가계획의 내용과 다를 때에는 국가계획의 내용이 우선한다. 이 경우 국가계획을 수립하려는 중앙행정기관의 장은 미리 지방자치단체의 장의 의견을 듣고 충분히 협의하여야 한다.

③ 광역도시계획이 수립되어 있는 지역에 대하여 수립하는 도시 · 군기본계획은 그 광역도시계획에 부합되어야 하며, 도시 · 군기본계획의 내용이 광역도시계획의 내용과 다를 때에는 광역도

시계획의 내용이 우선한다.

④ 특별시장 · 광역시장 · 특별자치시장 · 특별자치도지사 · 시장 또는 군수(광역시의 관할 구역에 있는 군의 군수는 제외한다. 이하 같다. 다만, 제8조제2항 및 제3항, 제113조, 제117조부터 제124조까지, 제124조의2, 제125조, 제126조, 제133조, 제136조, 제138조제1항, 제139조제1항 · 제2항에서는 광역시의 관할 구역에 있는 군의 군수를 포함한다)가 관할 구역에 대하여 다른 법률에 따른 환경 · 교통 · 수도 · 하수도 · 주택 등에 관한 부문별 계획을 수립할 때에는 도시 · 군기본계획의 내용에 부합되게 하여야 한다. 〈개정 2013. 7. 16.〉

[전문개정 2011. 4. 14.]

[시행일:2012. 7. 1.] 제4조 중 특별자치시와 특별자치시장에 관한 개정규정

제5조 도시 · 군계획 등의 명칭

① 행정구역의 명칭이 특별시 · 광역시 · 특별자치시 · 특별자치도 · 시인 경우 도시 · 군계획, 도시 · 군기본계획, 도시 · 군관리계획, 도시 · 군계획시설, 도시 · 군계획시설사업, 도시 · 군계획사업 및 도시 · 군계획상임기획단의 명칭은 각각 "도시계획", "도시기본계획", "도시관리계획", "도시계획시설", "도시계획시설사업", "도시계획사업" 및 "도시계획상임기획단"으로 한다.

〈개정 2011. 4. 14.〉

② 행정구역의 명칭이 군인 경우 도시 · 군계획, 도시 · 군기본계획, 도시 · 군관리계획, 도시 · 군계획시설, 도시 · 군계획시설사업, 도시 · 군계획사업 및 도시 · 군계획상임기획단의 명칭은 각각 "군계획", "군기본계획", "군관리계획", "군계획시설", "군계획시설사업", "군계획사업" 및 "군계획상임기획단"으로 한다. 〈개정 2011. 4. 14.〉

③ 제113조제2항에 따라 군에 설치하는 도시계획위원회의 명칭은 "군계획위원회"로 한다.

[전문개정 2009. 2. 6.]

[제목개정 2011. 4. 14.]

[시행일:2012. 7. 1.] 제5조 중 특별자치시에 관한 개정규정

제6조 국토의 용도 구분

국토는 토지의 이용실태 및 특성, 장래의 토지 이용 방향, 지역 간 균형발전 등을 고려하여 다음과 같은 용도지역으로 구분한다. 〈개정 2013. 5. 22.〉

1. 도시지역: 인구와 산업이 밀집되어 있거나 밀집이 예상되어 그 지역에 대하여 체계적인 개발 · 정비 · 관리 · 보전 등이 필요한 지역
2. 관리지역: 도시지역의 인구와 산업을 수용하기 위하여 도시지역에 준하여 체계적으로 관

리하거나 농림업의 진흥, 자연환경 또는 산림의 보전을 위하여 농림지역 또는 자연환경보전지역에 준하여 관리할 필요가 있는 지역

3. 농림지역: 도시지역에 속하지 아니하는 「농지법」에 따른 농업진흥지역 또는 「산지관리법」에 따른 보전산지 등으로서 농림업을 진흥시키고 산림을 보전하기 위하여 필요한 지역
4. 자연환경보전지역: 자연환경 · 수자원 · 해안 · 생태계 · 상수원 및 문화재의 보전과 수산자원의 보호 · 육성 등을 위하여 필요한 지역

[전문개정 2009. 2. 6.]

제7조 용도지역별 관리 의무

국가나 지방자치단체는 제6조에 따라 정하여진 용도지역의 효율적인 이용 및 관리를 위하여 다음 각 호에서 정하는 바에 따라 그 용도지역에 관한 개발 · 정비 및 보전에 필요한 조치를 마련하여야 한다.

1. 도시지역: 이 법 또는 관계 법률에서 정하는 바에 따라 그 지역이 체계적이고 효율적으로 개발 · 정비 · 보전될 수 있도록 미리 계획을 수립하고 그 계획을 시행하여야 한다.
2. 관리지역: 이 법 또는 관계 법률에서 정하는 바에 따라 필요한 보전조치를 취하고 개발이 필요한 지역에 대하여는 계획적인 이용과 개발을 도모하여야 한다.
3. 농림지역: 이 법 또는 관계 법률에서 정하는 바에 따라 농림업의 진흥과 산림의 보전 · 육성에 필요한 조사와 대책을 마련하여야 한다.
4. 자연환경보전지역: 이 법 또는 관계 법률에서 정하는 바에 따라 환경오염 방지, 자연환경 · 수질 · 수자원 · 해안 · 생태계 및 문화재의 보전과 수산자원의 보호 · 육성을 위하여 필요한 조사와 대책을 마련하여야 한다.

[전문개정 2009. 2. 6.]

제8조 다른 법률에 따른 토지 이용에 관한 구역 등의 지정 제한 등

① 중앙행정기관의 장이나 지방자치단체의 장은 다른 법률에 따라 토지 이용에 관한 지역 · 지구 · 구역 또는 구획 등(이하 이 조에서 "구역등"이라 한다)을 지정하려면 그 구역등의 지정목적이 이 법에 따른 용도지역 · 용도지구 및 용도구역의 지정목적에 부합되도록 하여야 한다.

② 중앙행정기관의 장이나 지방자치단체의 장은 다른 법률에 따라 지정되는 구역등 중 대통령령으로 정하는 면적 이상의 구역등을 지정하거나 변경하려면 중앙행정기관의 장은 국토교통부장관과 협의하여야 하며 지방자치단체의 장은 국토교통부장관의 승인을 받아야 한다.

〈개정 2011. 4. 14., 2011. 7. 28., 2013. 3. 23., 2013. 7. 16.〉

1. 삭제 〈2013. 7. 16.〉
2. 삭제 〈2013. 7. 16.〉
3. 삭제 〈2013. 7. 16.〉
4. 삭제 〈2013. 7. 16.〉

③ 지방자치단체의 장이 제2항에 따라 승인을 받아야 하는 구역등 중 대통령령으로 정하는 면적 미만의 구역등을 지정하거나 변경하려는 경우 특별시장 · 광역시장 · 특별자치시장 · 도지사 · 특별자치도지사(이하 "시 · 도지사"라 한다)는 제2항에도 불구하고 국토교통부장관의 승인을 받지 아니하되, 시장 · 군수 또는 구청장(자치구의 구청장을 말한다. 이하 같다)은 시 · 도지사의 승인을 받아야 한다. 〈신설 2013. 7. 16.〉

④ 제2항 및 제3항에도 불구하고 다음 각 호의 어느 하나에 해당하는 경우에는 국토교통부장관과의 협의를 거치지 아니하거나 국토교통부장관 또는 시 · 도지사의 승인을 받지 아니한다.
〈신설 2013. 7. 16.〉

1. 다른 법률에 따라 지정하거나 변경하려는 구역등이 도시 · 군기본계획에 반영된 경우
2. 제36조에 따른 보전관리지역 · 생산관리지역 · 농림지역 또는 자연환경보전지역에서 다음 각 목의 지역을 지정하려는 경우
   가. 「농지법」 제28조에 따른 농업진흥지역
   나. 「한강수계 상수원수질개선 및 주민지원 등에 관한 법률」 등에 따른 수변구역
   다. 「수도법」 제7조에 따른 상수원보호구역
   라. 「자연환경보전법」 제12조에 따른 생태 · 경관보전지역
   마. 「야생생물 보호 및 관리에 관한 법률」 제27조에 따른 야생생물 특별보호구역
   바. 「해양생태계의 보전 및 관리에 관한 법률」 제25조에 따른 해양보호구역
3. 군사상 기밀을 지켜야 할 필요가 있는 구역등을 지정하려는 경우
4. 협의 또는 승인을 받은 구역등을 대통령령으로 정하는 범위에서 변경하려는 경우

⑤ 국토교통부장관 또는 시 · 도지사는 제2항 및 제3항에 따라 협의 또는 승인을 하려면 제106조에 따른 중앙도시계획위원회(이하 "중앙도시계획위원회"라 한다) 또는 제113조제1항에 따른 시 · 도도시계획위원회(이하 "시 · 도도시계획위원회"라 한다)의 심의를 거쳐야 한다. 다만, 다음 각 호의 경우에는 그러하지 아니하다. 〈개정 2010. 2. 4., 2011. 7. 28., 2013. 3. 23., 2013. 7. 16.〉

1. 보전관리지역이나 생산관리지역에서 다음 각 목의 구역등을 지정하는 경우
   가. 「산지관리법」 제4조제1항제1호에 따른 보전산지
   나. 「야생생물 보호 및 관리에 관한 법률」 제33조에 따른 야생생물 보호구역

다. 「습지보전법」 제8조에 따른 습지보호지역

라. 「토양환경보전법」 제17조에 따른 토양보전대책지역

2. 농림지역이나 자연환경보전지역에서 다음 각 목의 구역등을 지정하는 경우

가. 제1호 각 목의 어느 하나에 해당하는 구역등

나. 「자연공원법」 제4조에 따른 자연공원

다. 「자연환경보전법」 제34조제1항제1호에 따른 생태 · 자연도 1등급 권역

라. 「독도 등 도서지역의 생태계보전에 관한 특별법」 제4조에 따른 특정도서

마. 「문화재보호법」 제25조 및 제27조에 따른 명승 및 천연기념물과 그 보호구역

바. 「해양생태계의 보전 및 관리에 관한 법률」 제12조제1항제1호에 따른 해양생태도 1등급 권역

⑥ 중앙행정기관의 장이나 지방자치단체의 장은 다른 법률에 따라 지정된 토지 이용에 관한 구역등을 변경하거나 해제하려면 제24조에 따른 도시 · 군관리계획의 입안권자의 의견을 들어야 한다. 이 경우 의견 요청을 받은 도시 · 군관리계획의 입안권자는 이 법에 따른 용도지역 · 용도지구 · 용도구역의 변경이 필요하면 도시 · 군관리계획에 반영하여야 한다.

〈신설 2011. 4. 14., 2013. 7. 16.〉

⑦ 시 · 도지사가 다음 각 호의 어느 하나에 해당하는 행위를 할 때 제6항 후단에 따라 도시 · 군관리계획의 변경이 필요하여 시 · 도도시계획위원회의 심의를 거친 경우에는 해당 각 호에 따른 심의를 거친 것으로 본다. 〈신설 2011. 4. 14., 2013. 3. 23., 2013. 7. 16., 2015. 6. 22.〉

1. 「농지법」 제31조제1항에 따른 농업진흥지역의 해제: 「농업 · 농촌 및 식품산업 기본법」 제15조에 따른 시 · 도 농업 · 농촌및식품산업정책심의회의 심의

2. 「산지관리법」 제6조제3항에 따른 보전산지의 지정해제: 「산지관리법」 제22조제2항에 따른 지방산지관리위원회의 심의

[전문개정 2009. 2. 6.]

[시행일:2012. 7. 1.] 제8조 중 특별자치시장에 관한 개정규정

제9조 다른 법률에 따른 도시 · 군관리계획의 변경 제한

중앙행정기관의 장이나 지방자치단체의 장은 다른 법률에서 이 법에 따른 도시 · 군관리계획의 결정을 의제(擬制)하는 내용이 포함되어 있는 계획을 허가 · 인가 · 승인 또는 결정하려면 대통령령으로 정하는 바에 따라 중앙도시계획위원회 또는 제113조에 따른 지방도시계획위원회(이하 "지방도시계획위원회"라 한다)의 심의를 받아야 한다. 다만, 다음 각 호의 어느 하나에 해당하는 경우에는 그러하지 아니하다. 〈개정 2011. 4. 14., 2013. 3. 23., 2013. 7. 16.〉

1. 제8조제2항 또는 제3항에 따라 국토교통부장관과 협의하거나 국토교통부장관 또는 시·도지사의 승인을 받은 경우
2. 다른 법률에 따라 중앙도시계획위원회나 지방도시계획위원회의 심의를 받은 경우
3. 그 밖에 대통령령으로 정하는 경우

[전문개정 2009. 2. 6.]

[제목개정 2011. 4. 14.]

제2장 광역도시계획

제10조 광역계획권의 지정

① 국토교통부장관 또는 도지사는 둘 이상의 특별시·광역시·특별자치시·특별자치도·시 또는 군의 공간구조 및 기능을 상호 연계시키고 환경을 보전하며 광역시설을 체계적으로 정비하기 위하여 필요한 경우에는 다음 각 호의 구분에 따라 인접한 둘 이상의 특별시·광역시·특별자치시·특별자치도·시 또는 군의 관할 구역 전부 또는 일부를 대통령령으로 정하는 바에 따라 광역계획권으로 지정할 수 있다. 〈개정 2011. 4. 14., 2013. 3. 23.〉

1. 광역계획권이 둘 이상의 특별시·광역시·특별자치시·도 또는 특별자치도(이하 "시·도"라 한다)의 관할 구역에 걸쳐 있는 경우: 국토교통부장관이 지정
2. 광역계획권이 도의 관할 구역에 속하여 있는 경우: 도지사가 지정

② 중앙행정기관의 장, 시·도지사, 시장 또는 군수는 국토교통부장관이나 도지사에게 광역계획권의 지정 또는 변경을 요청할 수 있다. 〈개정 2011. 4. 14., 2013. 3. 23.〉

③ 국토교통부장관은 광역계획권을 지정하거나 변경하려면 관계 시·도지사, 시장 또는 군수의 의견을 들은 후 중앙도시계획위원회의 심의를 거쳐야 한다. 〈개정 2013. 3. 23.〉

④ 도지사가 광역계획권을 지정하거나 변경하려면 관계 중앙행정기관의 장, 관계 시·도지사, 시장 또는 군수의 의견을 들은 후 지방도시계획위원회의 심의를 거쳐야 한다.

〈개정 2013. 3. 23., 2013. 7. 16.〉

⑤ 국토교통부장관 또는 도지사는 광역계획권을 지정하거나 변경하면 지체 없이 관계 시·도지사, 시장 또는 군수에게 그 사실을 통보하여야 한다. 〈개정 2013. 3. 23.〉

[전문개정 2009. 2. 6.]

[시행일:2012. 7. 1.] 제10조 중 특별자치시에 관한 개정규정

제11조 광역도시계획의 수립권자

① 국토교통부장관, 시·도지사, 시장 또는 군수는 다음 각 호의 구분에 따라 광역도시계획을 수립하여야 한다. 〈개정 2013. 3. 23.〉

1. 광역계획권이 같은 도의 관할 구역에 속하여 있는 경우: 관할 시장 또는 군수가 공동으로 수립
2. 광역계획권이 둘 이상의 시·도의 관할 구역에 걸쳐 있는 경우: 관할 시·도지사가 공동으

로 수립

3. 광역계획권을 지정한 날부터 3년이 지날 때까지 관할 시장 또는 군수로부터 제16조제1항에 따른 광역도시계획의 승인 신청이 없는 경우: 관할 도지사가 수립
4. 국가계획과 관련된 광역도시계획의 수립이 필요한 경우나 광역계획권을 지정한 날부터 3년이 지날 때까지 관할 시・도지사로부터 제16조제1항에 따른 광역도시계획의 승인 신청이 없는 경우: 국토교통부장관이 수립

② 국토교통부장관은 시・도지사가 요청하는 경우와 그 밖에 필요하다고 인정되는 경우에는 제1항에도 불구하고 관할 시・도지사와 공동으로 광역도시계획을 수립할 수 있다.

〈개정 2013. 3. 23.〉

③ 도지사는 시장 또는 군수가 요청하는 경우와 그 밖에 필요하다고 인정하는 경우에는 제1항에도 불구하고 관할 시장 또는 군수와 공동으로 광역도시계획을 수립할 수 있으며, 시장 또는 군수가 협의를 거쳐 요청하는 경우에는 단독으로 광역도시계획을 수립할 수 있다.

[전문개정 2009. 2. 6.]

제12조 광역도시계획의 내용

① 광역도시계획에는 다음 각 호의 사항 중 그 광역계획권의 지정목적을 이루는 데 필요한 사항에 대한 정책 방향이 포함되어야 한다. 〈개정 2011. 4. 14.〉

1. 광역계획권의 공간 구조와 기능 분담에 관한 사항
2. 광역계획권의 녹지관리체계와 환경 보전에 관한 사항
3. 광역시설의 배치・규모・설치에 관한 사항
4. 경관계획에 관한 사항
5. 그 밖에 광역계획권에 속하는 특별시・광역시・특별자치시・특별자치도・시 또는 군 상호 간의 기능 연계에 관한 사항으로서 대통령령으로 정하는 사항

② 광역도시계획의 수립기준 등은 대통령령으로 정하는 바에 따라 국토교통부장관이 정한다.

〈개정 2013. 3. 23.〉

[전문개정 2009. 2. 6.]

[시행일:2012. 7. 1.] 제12조 중 특별자치시에 관한 개정규정

제13조 광역도시계획의 수립을 위한 기초조사

① 국토교통부장관, 시・도지사, 시장 또는 군수는 광역도시계획을 수립하거나 변경하려면 미리 인구, 경제, 사회, 문화, 토지 이용, 환경, 교통, 주택, 그 밖에 대통령령으로 정하는 사항 중 그 광

역도시계획의 수립 또는 변경에 필요한 사항을 대통령령으로 정하는 바에 따라 조사하거나 측량(이하 "기초조사"라 한다)하여야 한다. 〈개정 2013. 3. 23., 2018. 2. 21.〉

② 국토교통부장관, 시 · 도지사, 시장 또는 군수는 관계 행정기관의 장에게 제1항에 따른 기초조사에 필요한 자료를 제출하도록 요청할 수 있다. 이 경우 요청을 받은 관계 행정기관의 장은 특별한 사유가 없으면 그 요청에 따라야 한다. 〈개정 2013. 3. 23., 2018. 2. 21.〉

③ 국토교통부장관, 시 · 도지사, 시장 또는 군수는 효율적인 기초조사를 위하여 필요하면 기초조사를 전문기관에 의뢰할 수 있다. 〈개정 2013. 3. 23., 2018. 2. 21.〉

④ 국토교통부장관, 시 · 도지사, 시장 또는 군수가 기초조사를 실시한 경우에는 해당 정보를 체계적으로 관리하고 효율적으로 활용하기 위하여 기초조사정보체계를 구축 · 운영하여야 한다. 〈신설 2018. 2. 21.〉

⑤ 국토교통부장관, 시 · 도지사, 시장 또는 군수가 제4항에 따라 기초조사정보체계를 구축한 경우에는 등록된 정보의 현황을 5년마다 확인하고 변동사항을 반영하여야 한다. 〈신설 2018. 2. 21.〉

⑥ 제4항 및 제5항에 따른 기초조사정보체계의 구축 · 운영에 필요한 사항은 대통령령으로 정한다. 〈신설 2018. 2. 21.〉

[전문개정 2009. 2. 6.]

제14조 공청회의 개최

① 국토교통부장관, 시 · 도지사, 시장 또는 군수는 광역도시계획을 수립하거나 변경하려면 미리 공청회를 열어 주민과 관계 전문가 등으로부터 의견을 들어야 하며, 공청회에서 제시된 의견이 타당하다고 인정하면 광역도시계획에 반영하여야 한다. 〈개정 2013. 3. 23.〉

② 제1항에 따른 공청회의 개최에 필요한 사항은 대통령령으로 정한다.

[전문개정 2009. 2. 6.]

제15조 지방자치단체의 의견 청취

① 시 · 도지사, 시장 또는 군수는 광역도시계획을 수립하거나 변경하려면 미리 관계 시 · 도, 시 또는 군의 의회와 관계 시장 또는 군수의 의견을 들어야 한다.

② 국토교통부장관은 광역도시계획을 수립하거나 변경하려면 관계 시 · 도지사에게 광역도시계획안을 송부하여야 하며, 관계 시 · 도지사는 그 광역도시계획안에 대하여 그 시 · 도의 의회와 관계 시장 또는 군수의 의견을 들은 후 그 결과를 국토교통부장관에게 제출하여야 한다. 〈개정 2013. 3. 23.〉

③ 제1항과 제2항에 따른 시 · 도, 시 또는 군의 의회와 관계 시장 또는 군수는 특별한 사유가 없으

면 30일 이내에 시 · 도지사, 시장 또는 군수에게 의견을 제시하여야 한다.

[전문개정 2009. 2. 6.]

제16조 광역도시계획의 승인

① 시 · 도지사는 광역도시계획을 수립하거나 변경하려면 국토교통부장관의 승인을 받아야 한다. 다만, 제11조제3항에 따라 도지사가 수립하는 광역도시계획은 그러하지 아니하다. 〈개정 2013. 3. 23.〉

② 국토교통부장관은 제1항에 따라 광역도시계획을 승인하거나 직접 광역도시계획을 수립 또는 변경(시 · 도지사와 공동으로 수립하거나 변경하는 경우를 포함한다)하려면 관계 중앙행정기관과 협의한 후 중앙도시계획위원회의 심의를 거쳐야 한다. 〈개정 2013. 3. 23.〉

③ 제2항에 따라 협의 요청을 받은 관계 중앙행정기관의 장은 특별한 사유가 없는 한 그 요청을 받은 날부터 30일 이내에 국토교통부장관에게 의견을 제시하여야 한다. 〈개정 2013. 3. 23.〉

④ 국토교통부장관은 직접 광역도시계획을 수립 또는 변경하거나 승인하였을 때에는 관계 중앙행정기관의 장과 시 · 도지사에게 관계 서류를 송부하여야 하며, 관계 서류를 받은 시 · 도지사는 대통령령으로 정하는 바에 따라 그 내용을 공고하고 일반이 열람할 수 있도록 하여야 한다. 〈개정 2013. 3. 23.〉

⑤ 시장 또는 군수는 광역도시계획을 수립하거나 변경하려면 도지사의 승인을 받아야 한다.

⑥ 도지사가 제5항에 따라 광역도시계획을 승인하거나 제11조제3항에 따라 직접 광역도시계획을 수립 또는 변경(시장 · 군수와 공동으로 수립하거나 변경하는 경우를 포함한다)하려면 제2항부터 제4항까지의 규정을 준용한다. 이 경우 "국토교통부장관"은 "도지사"로, "중앙행정기관의 장"은 "행정기관의 장(국토교통부장관을 포함한다)"으로, "중앙도시계획위원회"는 "지방도시계획위원회"로 "시 · 도지사"는 "시장 또는 군수"로 본다. 〈개정 2013. 3. 23.〉

⑦ 제1항부터 제6항까지에 규정된 사항 외에 광역도시계획의 수립 및 집행에 필요한 사항은 대통령령으로 정한다.

[전문개정 2009. 2. 6.]

제17조 광역도시계획의 조정

① 제11조제1항제2호에 따라 광역도시계획을 공동으로 수립하는 시 · 도지사는 그 내용에 관하여 서로 협의가 되지 아니하면 공동이나 단독으로 국토교통부장관에게 조정(調停)을 신청할 수 있다. 〈개정 2013. 3. 23.〉

② 국토교통부장관은 제1항에 따라 단독으로 조정신청을 받은 경우에는 기한을 정하여 당사자 간

에 다시 협의를 하도록 권고할 수 있으며, 기한 내에 협의가 이루어지지 아니하는 경우에는 직접 조정할 수 있다. 〈개정 2013. 3. 23.〉

③ 국토교통부장관은 제1항에 따른 조정의 신청을 받거나 제2항에 따라 직접 조정하려는 경우에는 중앙도시계획위원회의 심의를 거쳐 광역도시계획의 내용을 조정하여야 한다. 이 경우 이해관계를 가진 지방자치단체의 장은 중앙도시계획위원회의 회의에 출석하여 의견을 진술할 수 있다. 〈개정 2013. 3. 23.〉

④ 광역도시계획을 수립하는 자는 제3항에 따른 조정 결과를 광역도시계획에 반영하여야 한다.

⑤ 제11조제1항제1호에 따라 광역도시계획을 공동으로 수립하는 시장 또는 군수는 그 내용에 관하여 서로 협의가 되지 아니하면 공동이나 단독으로 도지사에게 조정을 신청할 수 있다.

⑥ 제5항에 따라 도지사가 광역도시계획을 조정하는 경우에는 제2항부터 제4항까지의 규정을 준용한다. 이 경우 "국토교통부장관"은 "도지사"로, "중앙도시계획위원회"는 "도의 지방도시계획위원회"로 본다. 〈개정 2013. 3. 23.〉

[전문개정 2009. 2. 6.]

제17조의2 광역도시계획협의회의 구성 및 운영

① 국토교통부장관, 시・도지사, 시장 또는 군수는 제11조제1항제1호・제2호, 같은 조 제2항 및 제3항에 따라 광역도시계획을 공동으로 수립할 때에는 광역도시계획의 수립에 관한 협의 및 조정이나 자문 등을 위하여 광역도시계획협의회를 구성하여 운영할 수 있다. 〈개정 2013. 3. 23.〉

② 제1항에 따라 광역도시계획협의회에서 광역도시계획의 수립에 관하여 협의・조정을 한 경우에는 그 조정 내용을 광역도시계획에 반영하여야 하며, 해당 시・도지사, 시장 또는 군수는 이에 따라야 한다.

③ 제1항 및 제2항에서 규정한 사항 외에 광역도시계획협의회의 구성 및 운영에 필요한 사항은 대통령령으로 정한다.

[본조신설 2009. 2. 6.]

제3장 도시 · 군기본계획

제18조 도시 · 군기본계획의 수립권자와 대상지역

① 특별시장 · 광역시장 · 특별자치시장 · 특별자치도지사 · 시장 또는 군수는 관할 구역에 대하여 도시 · 군기본계획을 수립하여야 한다. 다만, 시 또는 군의 위치, 인구의 규모, 인구감소율 등을 고려하여 대통령령으로 정하는 시 또는 군은 도시 · 군기본계획을 수립하지 아니할 수 있다.

〈개정 2011. 4. 14.〉

② 특별시장 · 광역시장 · 특별자치시장 · 특별자치도지사 · 시장 또는 군수는 지역여건상 필요하다고 인정되면 인접한 특별시 · 광역시 · 특별자치시 · 특별자치도 · 시 또는 군의 관할 구역 전부 또는 일부를 포함하여 도시 · 군기본계획을 수립할 수 있다. 〈개정 2011. 4. 14.〉

③ 특별시장 · 광역시장 · 특별자치시장 · 특별자치도지사 · 시장 또는 군수는 제2항에 따라 인접한 특별시 · 광역시 · 특별자치시 · 특별자치도 · 시 또는 군의 관할 구역을 포함하여 도시 · 군기본계획을 수립하려면 미리 그 특별시장 · 광역시장 · 특별자치시장 · 특별자치도지사 · 시장 또는 군수와 협의하여야 한다. 〈개정 2011. 4. 14.〉

[전문개정 2009. 2. 6.]

[제목개정 2011. 4. 14.]

[시행일:2012. 7. 1.] 제18조 중 특별자치시와 특별자치시장에 관한 개정규정

제19조 도시 · 군기본계획의 내용

① 도시 · 군기본계획에는 다음 각 호의 사항에 대한 정책 방향이 포함되어야 한다.

〈개정 2011. 4. 14., 2018. 6. 12.〉

1. 지역적 특성 및 계획의 방향 · 목표에 관한 사항
2. 공간구조, 생활권의 설정 및 인구의 배분에 관한 사항
3. 토지의 이용 및 개발에 관한 사항
4. 토지의 용도별 수요 및 공급에 관한 사항
5. 환경의 보전 및 관리에 관한 사항
6. 기반시설에 관한 사항
7. 공원 · 녹지에 관한 사항
8. 경관에 관한 사항

8의2. 기후변화 대응 및 에너지절약에 관한 사항

8의3. 방재 · 방범 등 안전에 관한 사항

9. 제2호부터 제8호까지, 제8호의2 및 제8호의3에 규정된 사항의 단계별 추진에 관한 사항

10. 그 밖에 대통령령으로 정하는 사항

② 삭제 〈2011. 4. 14.〉

③ 도시 · 군기본계획의 수립기준 등은 대통령령으로 정하는 바에 따라 국토교통부장관이 정한다. 〈개정 2011. 4. 14., 2013. 3. 23.〉

[전문개정 2009. 2. 6.]

[제목개정 2011. 4. 14.]

제20조 도시 · 군기본계획 수립을 위한 기초조사 및 공청회

① 도시 · 군기본계획을 수립하거나 변경하는 경우에는 제13조와 제14조를 준용한다. 이 경우 "국토교통부장관, 시 · 도지사, 시장 또는 군수"는 "특별시장 · 광역시장 · 특별자치시장 · 특별자치도지사 · 시장 또는 군수"로, "광역도시계획"은 "도시 · 군기본계획"으로 본다. 〈개정 2011. 4. 14., 2013. 3. 23., 2015. 1. 6.〉

② 시 · 도지사, 시장 또는 군수는 제1항에 따른 기초조사의 내용에 국토교통부장관이 정하는 바에 따라 실시하는 토지의 토양, 입지, 활용가능성 등 토지의 적성에 대한 평가(이하 "토지적성평가"라 한다)와 재해 취약성에 관한 분석(이하 "재해취약성분석"이라 한다)을 포함하여야 한다. 〈신설 2015. 1. 6.〉

③ 도시 · 군기본계획 입안일부터 5년 이내에 토지적성평가를 실시한 경우 등 대통령령으로 정하는 경우에는 제2항에 따른 토지적성평가 또는 재해취약성분석을 하지 아니할 수 있다. 〈신설 2015. 1. 6.〉

[전문개정 2009. 2. 6.]

[제목개정 2011. 4. 14.]

[시행일:2012. 7. 1.] 제20조 중 특별자치시장에 관한 개정규정

제21조 지방의회의 의견 청취

① 특별시장 · 광역시장 · 특별자치시장 · 특별자치도지사 · 시장 또는 군수는 도시 · 군기본계획을 수립하거나 변경하려면 미리 그 특별시 · 광역시 · 특별자치시 · 특별자치도 · 시 또는 군 의회의 의견을 들어야 한다. 〈개정 2011. 4. 14.〉

② 제1항에 따른 특별시 · 광역시 · 특별자치시 · 특별자치도 · 시 또는 군의 의회는 특별한 사유가

없으면 30일 이내에 특별시장 · 광역시장 · 특별자치시장 · 특별자치도지사 · 시장 또는 군수에게 의견을 제시하여야 한다. 〈개정 2011. 4. 14.〉

[전문개정 2009. 2. 6.]

[시행일:2012. 7. 1.] 제21조 중 특별자치시와 특별자치시장에 관한 개정규정

제22조 특별시 · 광역시 · 특별자치시 · 특별자치도의 도시 · 군기본계획의 확정

① 특별시장 · 광역시장 · 특별자치시장 또는 특별자치도지사는 도시 · 군기본계획을 수립하거나 변경하려면 관계 행정기관의 장(국토교통부장관을 포함한다. 이하 이 조 및 제22조의2에서 같다)과 협의한 후 지방도시계획위원회의 심의를 거쳐야 한다. 〈개정 2011. 4. 14., 2013. 3. 23.〉

② 제1항에 따라 협의 요청을 받은 관계 행정기관의 장은 특별한 사유가 없으면 그 요청을 받은 날부터 30일 이내에 특별시장 · 광역시장 · 특별자치시장 또는 특별자치도지사에게 의견을 제시하여야 한다. 〈개정 2011. 4. 14.〉

③ 특별시장 · 광역시장 · 특별자치시장 또는 특별자치도지사는 도시 · 군기본계획을 수립하거나 변경한 경우에는 관계 행정기관의 장에게 관계 서류를 송부하여야 하며, 대통령령으로 정하는 바에 따라 그 계획을 공고하고 일반인이 열람할 수 있도록 하여야 한다. 〈개정 2011. 4. 14.〉

[전문개정 2009. 2. 6.]

[제목개정 2011. 4. 14.]

[시행일:2012. 7. 1.] 제22조 중 특별자치시와 특별자치시장에 관한 개정규정

제22조의2 시 · 군 도시 · 군기본계획의 승인

① 시장 또는 군수는 도시 · 군기본계획을 수립하거나 변경하려면 대통령령으로 정하는 바에 따라 도지사의 승인을 받아야 한다. 〈개정 2011. 4. 14.〉

② 도지사는 제1항에 따라 도시 · 군기본계획을 승인하려면 관계 행정기관의 장과 협의한 후 지방도시계획위원회의 심의를 거쳐야 한다. 〈개정 2011. 4. 14.〉

③ 제2항에 따른 협의에 관하여는 제22조제2항을 준용한다. 이 경우 "특별시장 · 광역시장 · 특별자치시장 또는 특별자치도지사"는 "도지사"로 본다. 〈개정 2011. 4. 14., 2013. 7. 16.〉

④ 도지사는 도시 · 군기본계획을 승인하면 관계 행정기관의 장과 시장 또는 군수에게 관계 서류를 송부하여야 하며, 관계 서류를 받은 시장 또는 군수는 대통령령으로 정하는 바에 따라 그 계획을 공고하고 일반인이 열람할 수 있도록 하여야 한다. 〈개정 2011. 4. 14.〉

[본조신설 2009. 2. 6.]

[제목개정 2011. 4. 14.]

[종전 제22조의2는 제22조의3으로 이동 〈2009. 2. 6.〉]

[시행일:2012. 7. 1.] 제22조의2 중 특별자치시장에 관한 개정규정

제22조의3 삭제 〈2011. 4. 14.〉

제23조 도시 · 군기본계획의 정비

① 특별시장 · 광역시장 · 특별자치시장 · 특별자치도지사 · 시장 또는 군수는 5년마다 관할 구역의 도시 · 군기본계획에 대하여 그 타당성 여부를 전반적으로 재검토하여 정비하여야 한다. 〈개정 2011. 4. 14.〉

② 특별시장 · 광역시장 · 특별자치시장 · 특별자치도지사 · 시장 또는 군수는 제4조제2항 및 제3항에 따라 도시 · 군기본계획의 내용에 우선하는 광역도시계획의 내용 및 도시 · 군기본계획에 우선하는 국가계획의 내용을 도시 · 군기본계획에 반영하여야 한다. 〈개정 2011. 4. 14.〉

[전문개정 2009. 2. 6.]

[제목개정 2011. 4. 14.]

[시행일:2012. 7. 1.] 제23조 중 특별자치시장에 관한 개정규정

제4장 도시 · 군관리계획

제1절 도시 · 군관리계획의 수립 절차 〈개정 2011. 4. 14.〉

제24조 도시 · 군관리계획의 입안권자

① 특별시장 · 광역시장 · 특별자치시장 · 특별자치도지사 · 시장 또는 군수는 관할 구역에 대하여 도시 · 군관리계획을 입안하여야 한다. 〈개정 2011. 4. 14.〉

② 특별시장 · 광역시장 · 특별자치시장 · 특별자치도지사 · 시장 또는 군수는 다음 각 호의 어느 하나에 해당하면 인접한 특별시 · 광역시 · 특별자치시 · 특별자치도 · 시 또는 군의 관할 구역 전부 또는 일부를 포함하여 도시 · 군관리계획을 입안할 수 있다. 〈개정 2011. 4. 14.〉

1. 지역여건상 필요하다고 인정하여 미리 인접한 특별시장 · 광역시장 · 특별자치시장 · 특별자치도지사 · 시장 또는 군수와 협의한 경우
2. 제18조제2항에 따라 인접한 특별시 · 광역시 · 특별자치시 · 특별자치도 · 시 또는 군의 관할 구역을 포함하여 도시 · 군기본계획을 수립한 경우

③ 제2항에 따른 인접한 특별시 · 광역시 · 특별자치시 · 특별자치도 · 시 또는 군의 관할 구역에 대한 도시 · 군관리계획은 관계 특별시장 · 광역시장 · 특별자치시장 · 특별자치도지사 · 시장 또는 군수가 협의하여 공동으로 입안하거나 입안할 자를 정한다. 〈개정 2011. 4. 14.〉

④ 제3항에 따른 협의가 성립되지 아니하는 경우 도시 · 군관리계획을 입안하려는 구역이 같은 도의 관할 구역에 속할 때에는 관할 도지사가, 둘 이상의 시 · 도의 관할 구역에 걸쳐 있을 때에는 국토교통부장관(제40조에 따른 수산자원보호구역의 경우 해양수산부장관을 말한다. 이하 이 조에서 같다)이 입안할 자를 지정하고 그 사실을 고시하여야 한다. 〈개정 2011. 4. 14., 2013. 3. 23.〉

⑤ 국토교통부장관은 제1항이나 제2항에도 불구하고 다음 각 호의 어느 하나에 해당하는 경우에는 직접 또는 관계 중앙행정기관의 장의 요청에 의하여 도시 · 군관리계획을 입안할 수 있다. 이 경우 국토교통부장관은 관할 시 · 도지사 및 시장 · 군수의 의견을 들어야 한다.

〈개정 2011. 4. 14., 2013. 3. 23.〉

1. 국가계획과 관련된 경우
2. 둘 이상의 시 · 도에 걸쳐 지정되는 용도지역 · 용도지구 또는 용도구역과 둘 이상의 시 · 도에 걸쳐 이루어지는 사업의 계획 중 도시 · 군관리계획으로 결정하여야 할 사항이 있는 경우

3. 특별시장 · 광역시장 · 특별자치시장 · 특별자치도지사 · 시장 또는 군수가 제138조에 따른 기한까지 국토교통부장관의 도시 · 군관리계획 조정 요구에 따라 도시 · 군관리계획을 정비하지 아니하는 경우

⑥ 도지사는 제1항이나 제2항에도 불구하고 다음 각 호의 어느 하나의 경우에는 직접 또는 시장이나 군수의 요청에 의하여 도시 · 군관리계획을 입안할 수 있다. 이 경우 도지사는 관계 시장 또는 군수의 의견을 들어야 한다. 〈개정 2011. 4. 14.〉

1. 둘 이상의 시 · 군에 걸쳐 지정되는 용도지역 · 용도지구 또는 용도구역과 둘 이상의 시 · 군에 걸쳐 이루어지는 사업의 계획 중 도시 · 군관리계획으로 결정하여야 할 사항이 포함되어 있는 경우
2. 도지사가 직접 수립하는 사업의 계획으로서 도시 · 군관리계획으로 결정하여야 할 사항이 포함되어 있는 경우

[전문개정 2009. 2. 6.]

[제목개정 2011. 4. 14.]

[시행일:2012. 7. 1.] 제24조 중 특별자치시와 특별자치시장에 관한 개정규정

제25조 도시 · 군관리계획의 입안

① 도시 · 군관리계획은 광역도시계획과 도시 · 군기본계획에 부합되어야 한다. 〈개정 2011. 4. 14.〉

② 국토교통부장관(제40조에 따른 수산자원보호구역의 경우 해양수산부장관을 말한다. 이하 이 조에서 같다), 시 · 도지사, 시장 또는 군수는 도시 · 군관리계획을 입안할 때에는 대통령령으로 정하는 바에 따라 도시 · 군관리계획도서(계획도와 계획조서를 말한다. 이하 같다)와 이를 보조하는 계획설명서(기초조사결과 · 재원조달방안 및 경관계획 등을 포함한다. 이하 같다)를 작성하여야 한다. 〈개정 2011. 4. 14., 2013. 3. 23.〉

③ 도시 · 군관리계획은 계획의 상세 정도, 도시 · 군관리계획으로 결정하여야 하는 기반시설의 종류 등에 대하여 도시 및 농 · 산 · 어촌 지역의 인구밀도, 토지 이용의 특성 및 주변 환경 등을 종합적으로 고려하여 차등을 두어 입안하여야 한다. 〈개정 2011. 4. 14.〉

④ 도시 · 군관리계획의 수립기준, 도시 · 군관리계획도서 및 계획설명서의 작성기준 · 작성방법 등은 대통령령으로 정하는 바에 따라 국토교통부장관이 정한다. 〈개정 2011. 4. 14., 2013. 3. 23.〉

[전문개정 2009. 2. 6.]

[제목개정 2011. 4. 14.]

제26조 도시·군관리계획 입안의 제안

① 주민(이해관계자를 포함한다. 이하 같다)은 다음 각 호의 사항에 대하여 제24조에 따라 도시·군관리계획을 입안할 수 있는 자에게 도시·군관리계획의 입안을 제안할 수 있다. 이 경우 제안서에는 도시·군관리계획도서와 계획설명서를 첨부하여야 한다.

〈개정 2011. 4. 14., 2015. 8. 11., 2017. 4. 18.〉

1. 기반시설의 설치·정비 또는 개량에 관한 사항
2. 지구단위계획구역의 지정 및 변경과 지구단위계획의 수립 및 변경에 관한 사항
3. 다음 각 목의 어느 하나에 해당하는 용도지구의 지정 및 변경에 관한 사항
   가. 개발진흥지구 중 공업기능 또는 유통물류기능 등을 집중적으로 개발·정비하기 위한 개발진흥지구로서 대통령령으로 정하는 개발진흥지구
   나. 제37조에 따라 지정된 용도지구 중 해당 용도지구에 따른 건축물이나 그 밖의 시설의 용도·종류 및 규모 등의 제한을 지구단위계획으로 대체하기 위한 용도지구

② 제1항에 따라 도시·군관리계획의 입안을 제안받은 자는 그 처리 결과를 제안자에게 알려야 한다. 〈개정 2011. 4. 14.〉

③ 제1항에 따라 도시·군관리계획의 입안을 제안받은 자는 제안자와 협의하여 제안된 도시·군관리계획의 입안 및 결정에 필요한 비용의 전부 또는 일부를 제안자에게 부담시킬 수 있다.

〈개정 2011. 4. 14.〉

④ 제1항제3호에 따른 개발진흥지구의 지정 제안을 위하여 충족하여야 할 지구의 규모, 용도지역 등의 요건은 대통령령으로 정한다. 〈신설 2015. 8. 11.〉

⑤ 제1항부터 제4항까지에 규정된 사항 외에 도시·군관리계획의 제안, 제안을 위한 토지소유자의 동의 비율, 제안서의 처리 절차 등에 필요한 사항은 대통령령으로 정한다.

〈개정 2011. 4. 14., 2015. 8. 11.〉

[전문개정 2009. 2. 6.]

[제목개정 2011. 4. 14.]

제27조 도시·군관리계획의 입안을 위한 기초조사 등

① 도시·군관리계획을 입안하는 경우에는 제13조를 준용한다. 다만, 대통령령으로 정하는 경미한 사항을 입안하는 경우에는 그러하지 아니하다. 〈개정 2011. 4. 14.〉

② 국토교통부장관(제40조에 따른 수산자원보호구역의 경우 해양수산부장관을 말한다. 이하 이 조에서 같다), 시·도지사, 시장 또는 군수는 제1항에 따른 기초조사의 내용에 도시·군관리계획이 환경에 미치는 영향 등에 대한 환경성 검토를 포함하여야 한다.

〈개정 2011. 4. 14., 2013. 3. 23.〉

③ 국토교통부장관, 시·도지사, 시장 또는 군수는 제1항에 따른 기초조사의 내용에 토지적성평가와 재해취약성분석을 포함하여야 한다. 〈개정 2013. 3. 23., 2015. 1. 6.〉

④ 도시·군관리계획으로 입안하려는 지역이 도심지에 위치하거나 개발이 끝나 나대지가 없는 등 대통령령으로 정하는 요건에 해당하면 제1항부터 제3항까지의 규정에 따른 기초조사, 환경성 검토, 토지적성평가 또는 재해취약성분석을 하지 아니할 수 있다. 〈개정 2013. 7. 16., 2015. 1. 6.〉

[전문개정 2009. 2. 6.]

[제목개정 2011. 4. 14.]

제28조 주민과 지방의회의 의견 청취

① 국토교통부장관(제40조에 따른 수산자원보호구역의 경우 해양수산부장관을 말한다. 이하 이 조에서 같다), 시·도지사, 시장 또는 군수는 제25조에 따라 도시·군관리계획을 입안할 때에는 주민의 의견을 들어야 하며, 그 의견이 타당하다고 인정되면 도시·군관리계획안에 반영하여야 한다. 다만, 국방상 또는 국가안전보장상 기밀을 지켜야 할 필요가 있는 사항(관계 중앙행정기관의 장이 요청하는 것만 해당한다)이거나 대통령령으로 정하는 경미한 사항인 경우에는 그러하지 아니하다. 〈개정 2011. 4. 14., 2013. 3. 23.〉

② 국토교통부장관이나 도지사는 제24조제5항 및 제6항에 따라 도시·군관리계획을 입안하려면 주민의 의견 청취 기한을 밝혀 도시·군관리계획안을 관계 특별시장·광역시장·특별자치시장·특별자치도지사·시장 또는 군수에게 송부하여야 한다. 〈개정 2011. 4. 14., 2013. 3. 23.〉

③ 제2항에 따라 도시·군관리계획안을 받은 특별시장·광역시장·특별자치시장·특별자치도지사·시장 또는 군수는 명시된 기한까지 그 도시·군관리계획안에 대한 주민의 의견을 들어 그 결과를 국토교통부장관이나 도지사에게 제출하여야 한다. 〈개정 2011. 4. 14., 2013. 3. 23.〉

④ 제1항에 따른 주민의 의견 청취에 필요한 사항은 대통령령으로 정하는 기준에 따라 해당 지방자치단체의 조례로 정한다.

⑤ 국토교통부장관, 시·도지사, 시장 또는 군수는 도시·군관리계획을 입안하려면 대통령령으로 정하는 사항에 대하여 해당 지방의회의 의견을 들어야 한다. 〈개정 2011. 4. 14., 2013. 3. 23.〉

⑥ 국토교통부장관이나 도지사가 제5항에 따라 지방의회의 의견을 듣는 경우에는 제2항과 제3항을 준용한다. 이 경우 "주민"은 "지방의회"로 본다. 〈개정 2013. 3. 23.〉

⑦ 특별시장·광역시장·특별자치시장·특별자치도지사·시장 또는 군수가 제5항에 따라 지방의회의 의견을 들으려면 의견 제시 기한을 밝혀 도시·군관리계획안을 송부하여야 한다. 이 경우 해당 지방의회는 명시된 기한까지 특별시장·광역시장·특별자치시장·특별자치도지사·

시장 또는 군수에게 의견을 제시하여야 한다. 〈개정 2011. 4. 14.〉

[전문개정 2009. 2. 6.]

[시행일:2012. 7. 1.] 제28조 중 특별자치시장에 관한 개정규정

제29조 도시 · 군관리계획의 결정권자

① 도시 · 군관리계획은 시 · 도지사가 직접 또는 시장 · 군수의 신청에 따라 결정한다. 다만, 「지방자치법」 제175조에 따른 서울특별시와 광역시 및 특별자치시를 제외한 인구 50만 이상의 대도시(이하 "대도시"라 한다)의 경우에는 해당 시장(이하 "대도시 시장"이라 한다)이 직접 결정하고, 다음 각 호의 도시 · 군관리계획은 시장 또는 군수가 직접 결정한다.

〈개정 2009. 12. 29., 2011. 4. 14., 2013. 7. 16., 2017. 4. 18.〉

1. 시장 또는 군수가 입안한 지구단위계획구역의 지정 · 변경과 지구단위계획의 수립 · 변경에 관한 도시 · 군관리계획
2. 제52조제1항제1호의2에 따라 지구단위계획으로 대체하는 용도지구 폐지에 관한 도시 · 군관리계획[해당 시장(대도시 시장은 제외한다) 또는 군수가 도지사와 미리 협의한 경우에 한정한다]

② 제1항에도 불구하고 다음 각 호의 도시 · 군관리계획은 국토교통부장관이 결정한다. 다만, 제4호의 도시 · 군관리계획은 해양수산부장관이 결정한다.

〈개정 2011. 4. 14., 2013. 3. 23., 2013. 7. 16., 2015. 1. 6.〉

1. 제24조제5항에 따라 국토교통부장관이 입안한 도시 · 군관리계획
2. 제38조에 따른 개발제한구역의 지정 및 변경에 관한 도시 · 군관리계획
3. 제39조제1항 단서에 따른 시가화조정구역의 지정 및 변경에 관한 도시 · 군관리계획
4. 제40조에 따른 수산자원보호구역의 지정 및 변경에 관한 도시 · 군관리계획
5. 제40조의2에 따른 입지규제최소구역의 지정 및 변경과 입지규제최소구역계획에 관한 도시 · 군관리계획

[전문개정 2009. 2. 6.]

[제목개정 2011. 4. 14.]

제30조 도시 · 군관리계획의 결정

① 시 · 도지사는 도시 · 군관리계획을 결정하려면 관계 행정기관의 장과 미리 협의하여야 하며, 국토교통부장관(제40조에 따른 수산자원보호구역의 경우 해양수산부장관을 말한다. 이하 이 조에서 같다)이 도시 · 군관리계획을 결정하려면 관계 중앙행정기관의 장과 미리 협의하여야

한다. 이 경우 협의 요청을 받은 기관의 장은 특별한 사유가 없으면 그 요청을 받은 날부터 30일 이내에 의견을 제시하여야 한다. 〈개정 2011. 4. 14., 2013. 3. 23.〉

② 시 · 도지사는 제24조제5항에 따라 국토교통부장관이 입안하여 결정한 도시 · 군관리계획을 변경하거나 그 밖에 대통령령으로 정하는 중요한 사항에 관한 도시 · 군관리계획을 결정하려면 미리 국토교통부장관과 협의하여야 한다. 〈개정 2011. 4. 14., 2013. 3. 23.〉

③ 국토교통부장관은 도시 · 군관리계획을 결정하려면 중앙도시계획위원회의 심의를 거쳐야 하며, 시 · 도지사가 도시 · 군관리계획을 결정하려면 시 · 도도시계획위원회의 심의를 거쳐야 한다. 다만, 시 · 도지사가 지구단위계획(지구단위계획과 지구단위계획구역을 동시에 결정할 때에는 지구단위계획구역의 지정 또는 변경에 관한 사항을 포함할 수 있다)이나 제52조제1항제1호의2에 따라 지구단위계획으로 대체하는 용도지구 폐지에 관한 사항을 결정하려면 대통령령으로 정하는 바에 따라 「건축법」 제4조에 따라 시 · 도에 두는 건축위원회와 도시계획위원회가 공동으로 하는 심의를 거쳐야 한다. 〈개정 2013. 7. 16., 2017. 4. 18.〉

④ 국토교통부장관이나 시 · 도지사는 국방상 또는 국가안전보장상 기밀을 지켜야 할 필요가 있다고 인정되면(관계 중앙행정기관의 장이 요청할 때만 해당된다) 그 도시 · 군관리계획의 전부 또는 일부에 대하여 제1항부터 제3항까지의 규정에 따른 절차를 생략할 수 있다.

〈개정 2011. 4. 14., 2013. 3. 23.〉

⑤ 결정된 도시 · 군관리계획을 변경하려는 경우에는 제1항부터 제4항까지의 규정을 준용한다. 다만, 대통령령으로 정하는 경미한 사항을 변경하는 경우에는 그러하지 아니하다.

〈개정 2011. 4. 14.〉

⑥ 국토교통부장관이나 시 · 도지사는 도시 · 군관리계획을 결정하면 대통령령으로 정하는 바에 따라 그 결정을 고시하고, 국토교통부장관이나 도지사는 관계 서류를 관계 특별시장 · 광역시장 · 특별자치시장 · 특별자치도지사 · 시장 또는 군수에게 송부하여 일반이 열람할 수 있도록 하여야 하며, 특별시장 · 광역시장 · 특별자치시장 · 특별자치도지사는 관계 서류를 일반이 열람할 수 있도록 하여야 한다. 〈개정 2011. 4. 14., 2013. 3. 23.〉

⑦ 시장 또는 군수가 도시 · 군관리계획을 결정하는 경우에는 제1항부터 제6항까지의 규정을 준용한다. 이 경우 "시 · 도지사"는 "시장 또는 군수"로, "시 · 도도시계획위원회"는 "제113조제2항에 따른 시 · 군 · 구도시계획위원회"로, "「건축법」 제4조에 따라 시 · 도에 두는 건축위원회"는 "「건축법」 제4조에 따라 시 또는 군에 두는 건축위원회"로, "특별시장 · 광역시장 · 특별자치시장 · 특별자치도지사"는 "시장 또는 군수"로 본다. 〈개정 2011. 4. 14., 2013. 7. 16.〉

[전문개정 2009. 2. 6.]

[제목개정 2011. 4. 14.]

[시행일:2012. 7. 1.] 제30조 중 특별자치시장에 관한 개정규정

제31조 도시 · 군관리계획 결정의 효력

① 도시 · 군관리계획 결정의 효력은 제32조제4항에 따라 지형도면을 고시한 날부터 발생한다.
〈개정 2013. 7. 16.〉

② 도시 · 군관리계획 결정 당시 이미 사업이나 공사에 착수한 자(이 법 또는 다른 법률에 따라 허가 · 인가 · 승인 등을 받아야 하는 경우에는 그 허가 · 인가 · 승인 등을 받아 사업이나 공사에 착수한 자를 말한다)는 그 도시 · 군관리계획 결정에 관계없이 그 사업이나 공사를 계속할 수 있다. 다만, 시가화조정구역이나 수산자원보호구역의 지정에 관한 도시 · 군관리계획 결정이 있는 경우에는 대통령령으로 정하는 바에 따라 특별시장 · 광역시장 · 특별자치시장 · 특별자치도지사 · 시장 또는 군수에게 신고하고 그 사업이나 공사를 계속할 수 있다. 〈개정 2011. 4. 14.〉

③ 제1항에서 규정한 사항 외에 도시 · 군관리계획 결정의 효력 발생 및 실효 등에 관하여는 「토지이용규제 기본법」 제8조제3항부터 제5항까지의 규정에 따른다. 〈신설 2013. 7. 16.〉

[전문개정 2009. 2. 6.]

[제목개정 2011. 4. 14.]

[시행일:2012. 7. 1.] 제31조 중 특별자치시장에 관한 개정규정

제32조 도시 · 군관리계획에 관한 지형도면의 고시 등

① 특별시장 · 광역시장 · 특별자치시장 · 특별자치도지사 · 시장 또는 군수는 제30조에 따른 도시 · 군관리계획 결정(이하 "도시 · 군관리계획결정"이라 한다)이 고시되면 지적(地籍)이 표시된 지형도에 도시 · 군관리계획에 관한 사항을 자세히 밝힌 도면을 작성하여야 한다.
〈개정 2011. 4. 14., 2013. 7. 16.〉

② 시장(대도시 시장은 제외한다)이나 군수는 제1항에 따른 지형도에 도시 · 군관리계획(지구단위계획구역의 지정 · 변경과 지구단위계획의 수립 · 변경에 관한 도시 · 군관리계획은 제외한다)에 관한 사항을 자세히 밝힌 도면(이하 "지형도면"이라 한다)을 작성하면 도지사의 승인을 받아야 한다. 이 경우 지형도면의 승인 신청을 받은 도지사는 그 지형도면과 결정 · 고시된 도시 · 군관리계획을 대조하여 착오가 없다고 인정되면 대통령령으로 정하는 기간에 그 지형도면을 승인하여야 한다. 〈개정 2011. 4. 14., 2013. 7. 16.〉

③ 국토교통부장관(제40조에 따른 수산자원보호구역의 경우 해양수산부장관을 말한다. 이하 이 조에서 같다)이나 도지사는 도시 · 군관리계획을 직접 입안한 경우에는 제1항과 제2항에도 불구하고 관계 특별시장 · 광역시장 · 특별자치시장 · 특별자치도지사 · 시장 또는 군수의 의견을

들어 직접 지형도면을 작성할 수 있다. 〈개정 2011. 4. 14., 2013. 3. 23.〉

④ 국토교통부장관, 시 · 도지사, 시장 또는 군수는 직접 지형도면을 작성하거나 지형도면을 승인한 경우에는 이를 고시하여야 한다. 〈개정 2013. 7. 16.〉

⑤ 제1항 및 제3항에 따른 지형도면의 작성기준 및 방법과 제4항에 따른 지형도면의 고시방법 및 절차 등에 관하여는 「토지이용규제 기본법」 제8조제2항 및 제6항부터 제9항까지의 규정에 따른다. 〈개정 2013. 7. 16.〉

[전문개정 2009. 2. 6.]

[제목개정 2011. 4. 14.]

[시행일:2012. 7. 1.] 제32조 중 특별자치시장에 관한 개정규정

제33조 삭제 〈2013. 7. 16.〉

제34조 도시 · 군관리계획의 정비

① 특별시장 · 광역시장 · 특별자치시장 · 특별자치도지사 · 시장 또는 군수는 5년마다 관할 구역의 도시 · 군관리계획에 대하여 대통령령으로 정하는 바에 따라 그 타당성 여부를 전반적으로 재검토하여 정비하여야 한다. 〈개정 2011. 4. 14., 2015. 8. 11.〉

② 특별시장 · 광역시장 · 특별자치시장 · 특별자치도지사 · 시장 또는 군수는 제48조제1항에 따른 도시 · 군계획시설결정의 실효에 대비하여 설치 불가능한 도시 · 군계획시설결정을 해제하는 등 관할 구역의 도시 · 군관리계획을 대통령령으로 정하는 바에 따라 2016년 12월 31일까지 전반적으로 재검토하여 정비하여야 한다. 〈신설 2015. 8. 11.〉

[전문개정 2009. 2. 6.]

[제목개정 2011. 4. 14.]

[시행일:2012. 7. 1.] 제34조 중 특별자치시장에 관한 개정규정

제35조 도시 · 군관리계획 입안의 특례

① 국토교통부장관, 시 · 도지사, 시장 또는 군수는 도시 · 군관리계획을 조속히 입안하여야 할 필요가 있다고 인정되면 광역도시계획이나 도시 · 군기본계획을 수립할 때에 도시 · 군관리계획을 함께 입안할 수 있다. 〈개정 2011. 4. 14., 2013. 3. 23.〉

② 국토교통부장관(제40조에 따른 수산자원보호구역의 경우 해양수산부장관을 말한다), 시 · 도지사, 시장 또는 군수는 필요하다고 인정되면 도시 · 군관리계획을 입안할 때에 제30조제1항에 따라 협의하여야 할 사항에 관하여 관계 중앙행정기관의 장이나 관계 행정기관의 장과 협의

할 수 있다. 이 경우 시장이나 군수는 도지사에게 그 도시·군관리계획(지구단위계획구역의 지정·변경과 지구단위계획의 수립·변경에 관한 도시·군관리계획은 제외한다)의 결정을 신청할 때에 관계 행정기관의 장과의 협의 결과를 첨부하여야 한다.

〈개정 2011. 4. 14., 2013. 3. 23., 2013. 7. 16.〉

③ 제2항에 따라 미리 협의한 사항에 대하여는 제30조제1항에 따른 협의를 생략할 수 있다.

[전문개정 2009. 2. 6.]

[제목개정 2011. 4. 14.]

제2절 용도지역·용도지구·용도구역

제36조 용도지역의 지정

① 국토교통부장관, 시·도지사 또는 대도시 시장은 다음 각 호의 어느 하나에 해당하는 용도지역의 지정 또는 변경을 도시·군관리계획으로 결정한다. 〈개정 2011. 4. 14., 2013. 3. 23.〉

1. 도시지역: 다음 각 목의 어느 하나로 구분하여 지정한다.
   가. 주거지역: 거주의 안녕과 건전한 생활환경의 보호를 위하여 필요한 지역
   나. 상업지역: 상업이나 그 밖의 업무의 편익을 증진하기 위하여 필요한 지역
   다. 공업지역: 공업의 편익을 증진하기 위하여 필요한 지역
   라. 녹지지역: 자연환경·농지 및 산림의 보호, 보건위생, 보안과 도시의 무질서한 확산을 방지하기 위하여 녹지의 보전이 필요한 지역
2. 관리지역: 다음 각 목의 어느 하나로 구분하여 지정한다.
   가. 보전관리지역: 자연환경 보호, 산림 보호, 수질오염 방지, 녹지공간 확보 및 생태계 보전 등을 위하여 보전이 필요하나, 주변 용도지역과의 관계 등을 고려할 때 자연환경보전지역으로 지정하여 관리하기가 곤란한 지역
   나. 생산관리지역: 농업·임업·어업 생산 등을 위하여 관리가 필요하나, 주변 용도지역과의 관계 등을 고려할 때 농림지역으로 지정하여 관리하기가 곤란한 지역
   다. 계획관리지역: 도시지역으로의 편입이 예상되는 지역이나 자연환경을 고려하여 제한적인 이용·개발을 하려는 지역으로서 계획적·체계적인 관리가 필요한 지역
3. 농림지역
4. 자연환경보전지역

② 국토교통부장관, 시·도지사 또는 대도시 시장은 대통령령으로 정하는 바에 따라 제1항 각 호

및 같은 항 각 호 각 목의 용도지역을 도시 · 군관리계획결정으로 다시 세분하여 지정하거나 변경할 수 있다. 〈개정 2011. 4. 14., 2013. 3. 23.〉

[전문개정 2009. 2. 6.]

제37조 용도지구의 지정

① 국토교통부장관, 시 · 도지사 또는 대도시 시장은 다음 각 호의 어느 하나에 해당하는 용도지구의 지정 또는 변경을 도시 · 군관리계획으로 결정한다. 〈개정 2011. 4. 14., 2013. 3. 23., 2017. 4. 18.〉

1. 경관지구: 경관의 보전 · 관리 및 형성을 위하여 필요한 지구
2. 고도지구: 쾌적한 환경 조성 및 토지의 효율적 이용을 위하여 건축물 높이의 최고한도를 규제할 필요가 있는 지구
3. 방화지구: 화재의 위험을 예방하기 위하여 필요한 지구
4. 방재지구: 풍수해, 산사태, 지반의 붕괴, 그 밖의 재해를 예방하기 위하여 필요한 지구
5. 보호지구: 문화재, 중요 시설물(항만, 공항 등 대통령령으로 정하는 시설물을 말한다) 및 문화적 · 생태적으로 보존가치가 큰 지역의 보호와 보존을 위하여 필요한 지구
6. 취락지구: 녹지지역 · 관리지역 · 농림지역 · 자연환경보전지역 · 개발제한구역 또는 도시자연공원구역의 취락을 정비하기 위한 지구
7. 개발진흥지구: 주거기능 · 상업기능 · 공업기능 · 유통물류기능 · 관광기능 · 휴양기능 등을 집중적으로 개발 · 정비할 필요가 있는 지구
8. 특정용도제한지구: 주거 및 교육 환경 보호나 청소년 보호 등의 목적으로 오염물질 배출시설, 청소년 유해시설 등 특정시설의 입지를 제한할 필요가 있는 지구
9. 복합용도지구: 지역의 토지이용 상황, 개발 수요 및 주변 여건 등을 고려하여 효율적이고 복합적인 토지이용을 도모하기 위하여 특정시설의 입지를 완화할 필요가 있는 지구
10. 그 밖에 대통령령으로 정하는 지구

② 국토교통부장관, 시 · 도지사 또는 대도시 시장은 필요하다고 인정되면 대통령령으로 정하는 바에 따라 제1항 각 호의 용도지구를 도시 · 군관리계획결정으로 다시 세분하여 지정하거나 변경할 수 있다. 〈개정 2011. 4. 14., 2013. 3. 23.〉

③ 시 · 도지사 또는 대도시 시장은 지역여건상 필요하면 대통령령으로 정하는 기준에 따라 그 시 · 도 또는 대도시의 조례로 용도지구의 명칭 및 지정목적, 건축이나 그 밖의 행위의 금지 및 제한에 관한 사항 등을 정하여 제1항 각 호의 용도지구 외의 용도지구의 지정 또는 변경을 도시 · 군관리계획으로 결정할 수 있다. 〈개정 2011. 4. 14.〉

④ 시 · 도지사 또는 대도시 시장은 연안침식이 진행 중이거나 우려되는 지역 등 대통령령으로 정

하는 지역에 대해서는 제1항제5호의 방재지구의 지정 또는 변경을 도시 · 군관리계획으로 결정하여야 한다. 이 경우 도시 · 군관리계획의 내용에는 해당 방재지구의 재해저감대책을 포함하여야 한다. 〈신설 2013. 7. 16.〉

⑤ 시 · 도지사 또는 대도시 시장은 대통령령으로 정하는 주거지역 · 공업지역 · 관리지역에 복합용도지구를 지정할 수 있으며, 그 지정기준 및 방법 등에 필요한 사항은 대통령령으로 정한다. 〈신설 2017. 4. 18.〉

[전문개정 2009. 2. 6.]

제38조 개발제한구역의 지정

① 국토교통부장관은 도시의 무질서한 확산을 방지하고 도시주변의 자연환경을 보전하여 도시민의 건전한 생활환경을 확보하기 위하여 도시의 개발을 제한할 필요가 있거나 국방부장관의 요청이 있어 보안상 도시의 개발을 제한할 필요가 있다고 인정되면 개발제한구역의 지정 또는 변경을 도시 · 군관리계획으로 결정할 수 있다. 〈개정 2011. 4. 14., 2013. 3. 23.〉

② 개발제한구역의 지정 또는 변경에 필요한 사항은 따로 법률로 정한다.

[전문개정 2009. 2. 6.]

제38조의2 도시자연공원구역의 지정

① 시 · 도지사 또는 대도시 시장은 도시의 자연환경 및 경관을 보호하고 도시민에게 건전한 여가 · 휴식공간을 제공하기 위하여 도시지역 안에서 식생(植生)이 양호한 산지(山地)의 개발을 제한할 필요가 있다고 인정하면 도시자연공원구역의 지정 또는 변경을 도시 · 군관리계획으로 결정할 수 있다. 〈개정 2011. 4. 14.〉

② 도시자연공원구역의 지정 또는 변경에 필요한 사항은 따로 법률로 정한다.

[전문개정 2009. 2. 6.]

제39조 시가화조정구역의 지정

① 시 · 도지사는 직접 또는 관계 행정기관의 장의 요청을 받아 도시지역과 그 주변지역의 무질서한 시가화를 방지하고 계획적 · 단계적인 개발을 도모하기 위하여 대통령령으로 정하는 기간 동안 시가화를 유보할 필요가 있다고 인정되면 시가화조정구역의 지정 또는 변경을 도시 · 군관리계획으로 결정할 수 있다. 다만, 국가계획과 연계하여 시가화조정구역의 지정 또는 변경이 필요한 경우에는 국토교통부장관이 직접 시가화조정구역의 지정 또는 변경을 도시 · 군관리계획으로 결정할 수 있다. 〈개정 2011. 4. 14., 2013. 3. 23., 2013. 7. 16.〉

② 시가화조정구역의 지정에 관한 도시 · 군관리계획의 결정은 제1항에 따른 시가화 유보기간이 끝난 날의 다음날부터 그 효력을 잃는다. 이 경우 국토교통부장관 또는 시 · 도지사는 대통령령으로 정하는 바에 따라 그 사실을 고시하여야 한다. 〈개정 2011. 4. 14., 2013. 3. 23., 2013. 7. 16.〉

[전문개정 2009. 2. 6.]

제40조 수산자원보호구역의 지정

해양수산부장관은 직접 또는 관계 행정기관의 장의 요청을 받아 수산자원을 보호 · 육성하기 위하여 필요한 공유수면이나 그에 인접한 토지에 대한 수산자원보호구역의 지정 또는 변경을 도시 · 군관리계획으로 결정할 수 있다. 〈개정 2011. 4. 14., 2013. 3. 23.〉

[전문개정 2009. 2. 6.]

제40조의2 입지규제최소구역의 지정 등

① 국토교통부장관은 도시지역에서 복합적인 토지이용을 증진시켜 도시 정비를 촉진하고 지역 거점을 육성할 필요가 있다고 인정되면 다음 각 호의 어느 하나에 해당하는 지역과 그 주변지역의 전부 또는 일부를 입지규제최소구역으로 지정할 수 있다.

1. 도시 · 군기본계획에 따른 도심 · 부도심 또는 생활권의 중심지역
2. 철도역사, 터미널, 항만, 공공청사, 문화시설 등의 기반시설 중 지역의 거점 역할을 수행하는 시설을 중심으로 주변지역을 집중적으로 정비할 필요가 있는 지역
3. 세 개 이상의 노선이 교차하는 대중교통 결절지로부터 1킬로미터 이내에 위치한 지역
4. 「도시 및 주거환경정비법」 제2조제3호에 따른 노후 · 불량건축물이 밀집한 주거지역 또는 공업지역으로 정비가 시급한 지역
5. 「도시재생 활성화 및 지원에 관한 특별법」 제2조제1항제5호에 따른 도시재생활성화지역 중 같은 법 제2조제1항제6호에 따른 도시경제기반형 활성화계획을 수립하는 지역

② 입지규제최소구역계획에는 입지규제최소구역의 지정 목적을 이루기 위하여 다음 각 호에 관한 사항이 포함되어야 한다.

1. 건축물의 용도 · 종류 및 규모 등에 관한 사항
2. 건축물의 건폐율 · 용적률 · 높이에 관한 사항
3. 간선도로 등 주요 기반시설의 확보에 관한 사항
4. 용도지역 · 용도지구, 도시 · 군계획시설 및 지구단위계획의 결정에 관한 사항
5. 제83조의2제1항 및 제2항에 따른 다른 법률 규정 적용의 완화 또는 배제에 관한 사항
6. 그 밖에 입지규제최소구역의 체계적 개발과 관리에 필요한 사항

③ 제1항에 따른 입지규제최소구역의 지정 및 변경과 제2항에 따른 입지규제최소구역계획은 다음 각 호의 사항을 종합적으로 고려하여 도시 · 군관리계획으로 결정한다.

1. 입지규제최소구역의 지정 목적
2. 해당 지역의 용도지역 · 기반시설 등 토지이용 현황
3. 도시 · 군기본계획과의 부합성
4. 주변 지역의 기반시설, 경관, 환경 등에 미치는 영향 및 도시환경 개선 · 정비 효과
5. 도시의 개발 수요 및 지역에 미치는 사회적 · 경제적 파급효과

④ 입지규제최소구역계획 수립 시 용도, 건폐율, 용적률 등의 건축제한 완화는 기반시설의 확보 현황 등을 고려하여 적용할 수 있도록 계획하고, 시 · 도지사, 시장, 군수 또는 구청장은 입지규제최소구역에서의 개발사업 또는 개발행위에 대하여 입지규제최소구역계획에 따른 기반시설 확보를 위하여 필요한 부지 또는 설치비용의 전부 또는 일부를 부담시킬 수 있다. 이 경우 기반시설의 부지 또는 설치비용의 부담은 건축제한의 완화에 따른 토지가치상승분(「감정평가 및 감정평가사에 관한 법률」에 따른 감정평가업자가 건축제한 완화 전 · 후에 대하여 각각 감정평가한 토지가액의 차이를 말한다)을 초과하지 아니하도록 한다. 〈개정 2016. 1. 19.〉

⑤ 국토교통부장관이 제3항에 따른 도시 · 군관리계획을 결정하기 위하여 제30조제1항에 따라 관계 행정기관의 장과 협의하는 경우 협의 요청을 받은 기관의 장은 그 요청을 받은 날부터 10일(근무일 기준) 이내에 의견을 회신하여야 한다.

⑥ 제3항에 따른 도시 · 군관리계획의 다음 각 호에 해당하는 사항을 변경하는 경우에는 제1항 및 제2항에도 불구하고 해당 시 · 도지사가 결정할 수 있다.

1. 입지규제최소구역 면적의 10퍼센트 이내의 변경 및 동 변경지역 안에서의 입지규제최소구역계획을 변경하는 경우
2. 입지규제최소구역의 지정 목적을 저해하지 아니하는 범위에서 시 · 도지사가 필요하다고 인정하여 입지규제최소구역계획을 변경하는 경우. 다만, 건폐율 · 용적률의 최대한도의 경우 20퍼센트 이내의 변경에 한정한다.

⑦ 다른 법률에서 제30조에 따른 도시 · 군관리계획의 결정을 의제하고 있는 경우에도 이 법에 따르지 아니하고 입지규제최소구역의 지정과 입지규제최소구역계획을 결정할 수 없다.

⑧ 입지규제최소구역계획의 수립기준 등 입지규제최소구역의 지정 및 변경과 입지규제최소구역계획의 수립 및 변경에 관한 세부적인 사항은 국토교통부장관이 정하여 고시한다.

[본조신설 2015. 1. 6.]

제41조 공유수면매립지에 관한 용도지역의 지정

① 공유수면(바다만 해당한다)의 매립 목적이 그 매립구역과 이웃하고 있는 용도지역의 내용과 같으면 제25조와 제30조에도 불구하고 도시・군관리계획의 입안 및 결정 절차 없이 그 매립준공구역은 그 매립의 준공인가일부터 이와 이웃하고 있는 용도지역으로 지정된 것으로 본다. 이 경우 관계 특별시장・광역시장・특별자치시장・특별자치도지사・시장 또는 군수는 그 사실을 지체 없이 고시하여야 한다. 〈개정 2011. 4. 14.〉

② 공유수면의 매립 목적이 그 매립구역과 이웃하고 있는 용도지역의 내용과 다른 경우 및 그 매립구역이 둘 이상의 용도지역에 걸쳐 있거나 이웃하고 있는 경우 그 매립구역이 속할 용도지역은 도시・군관리계획결정으로 지정하여야 한다. 〈개정 2011. 4. 14.〉

③ 관계 행정기관의 장은 「공유수면 관리 및 매립에 관한 법률」에 따른 공유수면 매립의 준공검사를 하면 국토교통부령으로 정하는 바에 따라 지체 없이 관계 특별시장・광역시장・특별자치시장・특별자치도지사・시장 또는 군수에게 통보하여야 한다.

〈개정 2010. 4. 15., 2011. 4. 14., 2013. 3. 23.〉

[전문개정 2009. 2. 6.]

[시행일:2012. 7. 1.] 제41조 중 특별자치시장에 관한 개정규정

제42조 다른 법률에 따라 지정된 지역의 용도지역 지정 등의 의제

① 다음 각 호의 어느 하나의 구역 등으로 지정・고시된 지역은 이 법에 따른 도시지역으로 결정・고시된 것으로 본다. 〈개정 2011. 5. 30., 2011. 8. 4.〉

1. 「항만법」 제2조제4호에 따른 항만구역으로서 도시지역에 연접한 공유수면
2. 「어촌・어항법」 제17조제1항에 따른 어항구역으로서 도시지역에 연접한 공유수면
3. 「산업입지 및 개발에 관한 법률」 제2조제8호가목부터 다목까지의 규정에 따른 국가산업단지, 일반산업단지 및 도시첨단산업단지
4. 「택지개발촉진법」 제3조에 따른 택지개발지구
5. 「전원개발촉진법」 제5조 및 같은 법 제11조에 따른 전원개발사업구역 및 예정구역(수력발전소 또는 송・변전설비만을 설치하기 위한 전원개발사업구역 및 예정구역은 제외한다. 이하 이 조에서 같다)

② 관리지역에서 「농지법」에 따른 농업진흥지역으로 지정・고시된 지역은 이 법에 따른 농림지역으로, 관리지역의 산림 중 「산지관리법」에 따라 보전산지로 지정・고시된 지역은 그 고시에서 구분하는 바에 따라 이 법에 따른 농림지역 또는 자연환경보전지역으로 결정・고시된 것으로 본다.

③ 관계 행정기관의 장은 제1항과 제2항에 해당하는 항만구역, 어항구역, 산업단지, 택지개발지구, 전원개발사업구역 및 예정구역, 농업진흥지역 또는 보전산지를 지정한 경우에는 국토교통부령으로 정하는 바에 따라 제32조에 따라 고시된 지형도면 또는 지형도에 그 지정 사실을 표시하여 그 지역을 관할하는 특별시장·광역시장·특별자치시장·특별자치도지사·시장 또는 군수에게 통보하여야 한다. 〈개정 2011. 4. 14., 2011. 5. 30., 2013. 3. 23.〉

④ 제1항에 해당하는 구역·단지·지구 등(이하 이 항에서 "구역등"이라 한다)이 해제되는 경우(개발사업의 완료로 해제되는 경우는 제외한다) 이 법 또는 다른 법률에서 그 구역등이 어떤 용도지역에 해당되는지를 따로 정하고 있지 아니한 경우에는 이를 지정하기 이전의 용도지역으로 환원된 것으로 본다. 이 경우 지정권자는 용도지역이 환원된 사실을 대통령령으로 정하는 바에 따라 고시하고, 그 지역을 관할하는 특별시장·광역시장·특별자치시장·특별자치도지사·시장 또는 군수에게 통보하여야 한다. 〈개정 2011. 4. 14.〉

⑤ 제4항에 따라 용도지역이 환원되는 당시 이미 사업이나 공사에 착수한 자(이 법 또는 다른 법률에 따라 허가·인가·승인 등을 받아야 하는 경우에는 그 허가·인가·승인 등을 받아 사업이나 공사에 착수한 자를 말한다)는 그 용도지역의 환원에 관계없이 그 사업이나 공사를 계속할 수 있다.

[전문개정 2009. 2. 6.]

[시행일:2012. 7. 1.] 제42조 중 특별자치시장에 관한 개정규정

제3절 도시·군계획시설 〈개정 2011. 4. 14.〉

제43조 도시·군계획시설의 설치·관리

① 지상·수상·공중·수중 또는 지하에 기반시설을 설치하려면 그 시설의 종류·명칭·위치·규모 등을 미리 도시·군관리계획으로 결정하여야 한다. 다만, 용도지역·기반시설의 특성 등을 고려하여 대통령령으로 정하는 경우에는 그러하지 아니하다. 〈개정 2011. 4. 14.〉

② 도시·군계획시설의 결정·구조 및 설치의 기준 등에 필요한 사항은 국토교통부령으로 정하고, 그 세부사항은 국토교통부령으로 정하는 범위에서 시·도의 조례로 정할 수 있다. 다만, 다른 법률에 특별한 규정이 있는 경우에는 그 법률에 따른다. 〈개정 2011. 4. 14., 2013. 3. 23.〉

③ 제1항에 따라 설치한 도시·군계획시설의 관리에 관하여 이 법 또는 다른 법률에 특별한 규정이 있는 경우 외에는 국가가 관리하는 경우에는 대통령령으로, 지방자치단체가 관리하는 경우에는 그 지방자치단체의 조례로 도시·군계획시설의 관리에 관한 사항을 정한다.

〈개정 2011. 4. 14.〉

[전문개정 2009. 2. 6.]

[제목개정 2011. 4. 14.]

제44조 공동구의 설치

① 다음 각 호에 해당하는 지역 · 지구 · 구역 등(이하 이 항에서 "지역등"이라 한다)이 대통령령으로 정하는 규모를 초과하는 경우에는 해당 지역등에서 개발사업을 시행하는 자(이하 이 조에서 "사업시행자"라 한다)는 공동구를 설치하여야 한다. 〈개정 2011. 5. 30.〉

1. 「도시개발법」 제2조제1항에 따른 도시개발구역
2. 「택지개발촉진법」 제2조제3호에 따른 택지개발지구
3. 「경제자유구역의 지정 및 운영에 관한 특별법」 제2조제1호에 따른 경제자유구역
4. 「도시 및 주거환경정비법」 제2조제1호에 따른 정비구역
5. 그 밖에 대통령령으로 정하는 지역

② 「도로법」 제23조에 따른 도로 관리청은 지하매설물의 빈번한 설치 및 유지관리 등의 행위로 인하여 도로구조의 보전과 안전하고 원활한 도로교통의 확보에 지장을 초래하는 경우에는 공동구 설치의 타당성을 검토하여야 한다. 이 경우 재정여건 및 설치 우선순위 등을 감안하여 단계적으로 공동구가 설치될 수 있도록 하여야 한다. 〈개정 2014. 1. 14.〉

③ 공동구가 설치된 경우에는 대통령령으로 정하는 바에 따라 공동구에 수용하여야 할 시설이 모두 수용되도록 하여야 한다.

④ 제1항에 따른 개발사업의 계획을 수립할 경우에는 공동구 설치에 관한 계획을 포함하여야 한다. 이 경우 제3항에 따라 공동구에 수용되어야 할 시설을 설치하고자 공동구를 점용하려는 자(이하 이 조에서 "공동구 점용예정자"라 한다)와 설치 노선 및 규모 등에 관하여 미리 협의한 후 제44조의2제4항에 따른 공동구협의회의 심의를 거쳐야 한다.

⑤ 공동구의 설치(개량하는 경우를 포함한다)에 필요한 비용은 이 법 또는 다른 법률에 특별한 규정이 있는 경우를 제외하고는 공동구 점용예정자와 사업시행자가 부담한다. 이 경우 공동구 점용예정자는 해당 시설을 개별적으로 매설할 때 필요한 비용의 범위에서 대통령령으로 정하는 바에 따라 부담한다.

⑥ 제5항에 따라 공동구 점용예정자와 사업시행자가 공동구 설치비용을 부담하는 경우 국가, 특별시장 · 광역시장 · 특별자치시장 · 특별자치도지사 · 시장 또는 군수는 공동구의 원활한 설치를 위하여 그 비용의 일부를 보조 또는 융자할 수 있다. 〈개정 2011. 4. 14.〉

⑦ 제3항에 따라 공동구에 수용되어야 하는 시설물의 설치기준 등은 다른 법률에 특별한 규정이

있는 경우를 제외하고는 국토교통부장관이 정한다. 〈개정 2013. 3. 23.〉

[전문개정 2009. 12. 29.]

제44조의2 공동구의 관리·운영 등

① 공동구는 특별시장·광역시장·특별자치시장·특별자치도지사·시장 또는 군수(이하 이 조 및 제44조의3에서 "공동구관리자"라 한다)가 관리한다. 다만, 공동구의 효율적인 관리·운영을 위하여 필요하다고 인정하는 경우에는 대통령령으로 정하는 기관에 그 관리·운영을 위탁할 수 있다. 〈개정 2011. 4. 14.〉

② 공동구관리자는 5년마다 해당 공동구의 안전 및 유지관리계획을 대통령령으로 정하는 바에 따라 수립·시행하여야 한다.

③ 공동구관리자는 대통령령으로 정하는 바에 따라 1년에 1회 이상 공동구의 안전점검을 실시하여야 하며, 안전점검결과 이상이 있다고 인정되는 때에는 지체 없이 정밀안전진단·보수·보강 등 필요한 조치를 하여야 한다.

④ 공동구관리자는 공동구의 설치·관리에 관한 주요 사항의 심의 또는 자문을 하게 하기 위하여 공동구협의회를 둘 수 있다. 이 경우 공동구협의회의 구성·운영 등에 필요한 사항은 대통령령으로 정한다.

⑤ 국토교통부장관은 공동구의 관리에 필요한 사항을 정할 수 있다. 〈개정 2013. 3. 23.〉

[본조신설 2009. 12. 29.]

제44조의3 공동구의 관리비용 등

① 공동구의 관리에 소요되는 비용은 그 공동구를 점용하는 자가 함께 부담하되, 부담비율은 점용면적을 고려하여 공동구관리자가 정한다.

② 공동구 설치비용을 부담하지 아니한 자(부담액을 완납하지 아니한 자를 포함한다)가 공동구를 점용하거나 사용하려면 그 공동구를 관리하는 공동구관리자의 허가를 받아야 한다.

③ 공동구를 점용하거나 사용하는 자는 그 공동구를 관리하는 특별시·광역시·특별자치시·특별자치도·시 또는 군의 조례로 정하는 바에 따라 점용료 또는 사용료를 납부하여야 한다. 〈개정 2011. 4. 14.〉

[본조신설 2009. 12. 29.]

제45조 광역시설의 설치·관리 등

① 광역시설의 설치 및 관리는 제43조에 따른다.

② 관계 특별시장 · 광역시장 · 특별자치시장 · 특별자치도지사 · 시장 또는 군수는 협약을 체결하거나 협의회 등을 구성하여 광역시설을 설치 · 관리할 수 있다. 다만, 협약의 체결이나 협의회 등의 구성이 이루어지지 아니하는 경우 그 시 또는 군이 같은 도에 속할 때에는 관할 도지사가 광역시설을 설치 · 관리할 수 있다. 〈개정 2011. 4. 14.〉

③ 국가계획으로 설치하는 광역시설은 그 광역시설의 설치 · 관리를 사업목적 또는 사업종목으로 하여 다른 법률에 따라 설립된 법인이 설치 · 관리할 수 있다.

④ 지방자치단체는 환경오염이 심하게 발생하거나 해당 지역의 개발이 현저하게 위축될 우려가 있는 광역시설을 다른 지방자치단체의 관할 구역에 설치할 때에는 대통령령으로 정하는 바에 따라 환경오염 방지를 위한 사업이나 해당 지역 주민의 편익을 증진시키기 위한 사업을 해당 지방자치단체와 함께 시행하거나 이에 필요한 자금을 해당 지방자치단체에 지원하여야 한다. 다만, 다른 법률에 특별한 규정이 있는 경우에는 그 법률에 따른다.

[전문개정 2009. 2. 6.]

[시행일:2012. 7. 1.] 제45조 중 특별자치시장에 관한 개정규정

제46조 도시 · 군계획시설의 공중 및 지하 설치기준과 보상 등

도시 · 군계획시설을 공중 · 수중 · 수상 또는 지하에 설치하는 경우 그 높이나 깊이의 기준과 그 설치로 인하여 토지나 건물의 소유권 행사에 제한을 받는 자에 대한 보상 등에 관하여는 따로 법률로 정한다. 〈개정 2011. 4. 14.〉

[전문개정 2009. 2. 6.]

[제목개정 2011. 4. 14.]

제47조 도시 · 군계획시설 부지의 매수 청구

① 도시 · 군계획시설에 대한 도시 · 군관리계획의 결정(이하 "도시 · 군계획시설결정"이라 한다)의 고시일부터 10년 이내에 그 도시 · 군계획시설의 설치에 관한 도시 · 군계획시설사업이 시행되지 아니하는 경우(제88조에 따른 실시계획의 인가나 그에 상당하는 절차가 진행된 경우는 제외한다. 이하 같다) 그 도시 · 군계획시설의 부지로 되어 있는 토지 중 지목(地目)이 대(垈)인 토지(그 토지에 있는 건축물 및 정착물을 포함한다. 이하 이 조에서 같다)의 소유자는 대통령령으로 정하는 바에 따라 특별시장 · 광역시장 · 특별자치시장 · 특별자치도지사 · 시장 또는 군수에게 그 토지의 매수를 청구할 수 있다. 다만, 다음 각 호의 어느 하나에 해당하는 경우에는 그에 해당하는 자(특별시장 · 광역시장 · 특별자치시장 · 특별자치도지사 · 시장 또는 군수를 포함한다. 이하 이 조에서 "매수의무자"라 한다)에게 그 토지의 매수를 청구할 수 있다.

〈개정 2011. 4. 14.〉

1. 이 법에 따라 해당 도시·군계획시설사업의 시행자가 정하여진 경우에는 그 시행자
2. 이 법 또는 다른 법률에 따라 도시·군계획시설을 설치하거나 관리하여야 할 의무가 있는 자가 있으면 그 의무가 있는 자. 이 경우 도시·군계획시설을 설치하거나 관리하여야 할 의무가 있는 자가 서로 다른 경우에는 설치하여야 할 의무가 있는 자에게 매수 청구하여야 한다.

② 매수의무자는 제1항에 따라 매수 청구를 받은 토지를 매수할 때에는 현금으로 그 대금을 지급한다. 다만, 다음 각 호의 어느 하나에 해당하는 경우로서 매수의무자가 지방자치단체인 경우에는 채권(이하 "도시·군계획시설채권"이라 한다)을 발행하여 지급할 수 있다.

〈개정 2011. 4. 14.〉

1. 토지 소유자가 원하는 경우
2. 대통령령으로 정하는 부재부동산 소유자의 토지 또는 비업무용 토지로서 매수대금이 대통령령으로 정하는 금액을 초과하여 그 초과하는 금액을 지급하는 경우

③ 도시·군계획시설채권의 상환기간은 10년 이내로 하며, 그 이율은 채권 발행 당시 「은행법」에 따른 인가를 받은 은행 중 전국을 영업으로 하는 은행이 적용하는 1년 만기 정기예금금리의 평균 이상이어야 하며, 구체적인 상환기간과 이율은 특별시·광역시·특별자치시·특별자치도·시 또는 군의 조례로 정한다. 〈개정 2010. 5. 17., 2011. 4. 14.〉

④ 매수 청구된 토지의 매수가격·매수절차 등에 관하여 이 법에 특별한 규정이 있는 경우 외에는 「공익사업을 위한 토지 등의 취득 및 보상에 관한 법률」을 준용한다.

⑤ 도시·군계획시설채권의 발행절차나 그 밖에 필요한 사항에 관하여 이 법에 특별한 규정이 있는 경우 외에는 「지방재정법」에서 정하는 바에 따른다. 〈개정 2011. 4. 14.〉

⑥ 매수의무자는 제1항에 따른 매수 청구를 받은 날부터 6개월 이내에 매수 여부를 결정하여 토지 소유자와 특별시장·광역시장·특별자치시장·특별자치도지사·시장 또는 군수(매수의무자가 특별시장·광역시장·특별자치시장·특별자치도지사·시장 또는 군수인 경우는 제외한다)에게 알려야 하며, 매수하기로 결정한 토지는 매수 결정을 알린 날부터 2년 이내에 매수하여야 한다. 〈개정 2011. 4. 14.〉

⑦ 제1항에 따라 매수 청구를 한 토지의 소유자는 다음 각 호의 어느 하나에 해당하는 경우 제56조에 따른 허가를 받아 대통령령으로 정하는 건축물 또는 공작물을 설치할 수 있다. 이 경우 제54조, 제58조와 제64조는 적용하지 아니한다. 〈개정 2015. 12. 29.〉

1. 제6항에 따라 매수하지 아니하기로 결정한 경우
2. 제6항에 따라 매수 결정을 알린 날부터 2년이 지날 때까지 해당 토지를 매수하지 아니하는 경우

[전문개정 2009. 2. 6.]

[제목개정 2011. 4. 14.]

[시행일:2012. 7. 1.] 제47조 중 특별자치시와 특별자치시장에 관한 개정규정

제48조 도시·군계획시설결정의 실효 등

① 도시·군계획시설결정이 고시된 도시·군계획시설에 대하여 그 고시일부터 20년이 지날 때까지 그 시설의 설치에 관한 도시·군계획시설사업이 시행되지 아니하는 경우 그 도시·군계획시설결정은 그 고시일부터 20년이 되는 날의 다음날에 그 효력을 잃는다. 〈개정 2011. 4. 14.〉

② 시·도지사 또는 대도시 시장은 제1항에 따라 도시·군계획시설결정이 효력을 잃으면 대통령령으로 정하는 바에 따라 지체 없이 그 사실을 고시하여야 한다. 〈개정 2011. 4. 14.〉

③ 특별시장·광역시장·특별자치시장·특별자치도지사·시장 또는 군수는 도시·군계획시설결정이 고시된 도시·군계획시설(국토교통부장관이 결정·고시한 도시·군계획시설 중 관계 중앙행정기관의 장이 직접 설치하기로 한 시설은 제외한다. 이하 이 조에서 같다)을 설치할 필요성이 없어진 경우 또는 그 고시일부터 10년이 지날 때까지 해당 시설의 설치에 관한 도시·군계획시설사업이 시행되지 아니하는 경우에는 대통령령으로 정하는 바에 따라 그 현황과 제85조에 따른 단계별 집행계획을 해당 지방의회에 보고하여야 한다.

〈신설 2011. 4. 14., 2013. 3. 23., 2013. 7. 16.〉

④ 제3항에 따라 보고를 받은 지방의회는 대통령령으로 정하는 바에 따라 해당 특별시장·광역시장·특별자치시장·특별자치도지사·시장 또는 군수에게 도시·군계획시설결정의 해제를 권고할 수 있다. 〈신설 2011. 4. 14.〉

⑤ 제4항에 따라 도시·군계획시설결정의 해제를 권고받은 특별시장·광역시장·특별자치시장·특별자치도지사·시장 또는 군수는 특별한 사유가 없으면 대통령령으로 정하는 바에 따라 그 도시·군계획시설결정의 해제를 위한 도시·군관리계획을 결정하거나 도지사에게 그 결정을 신청하여야 한다. 이 경우 신청을 받은 도지사는 특별한 사유가 없으면 그 도시·군계획시설결정의 해제를 위한 도시·군관리계획을 결정하여야 한다. 〈신설 2011. 4. 14.〉

[전문개정 2009. 2. 6.]

[제목개정 2011. 4. 14.]

[시행일:2012. 7. 1.] 제48조 중 특별자치시장에 관한 개정규정

제48조의2 도시·군계획시설결정의 해제 신청 등

① 도시·군계획시설결정의 고시일부터 10년 이내에 그 도시·군계획시설의 설치에 관한 도시·군계획시설사업이 시행되지 아니한 경우로서 제85조제1항에 따른 단계별 집행계획상 해당 도

시 · 군계획시설의 실효 시까지 집행계획이 없는 경우에는 그 도시 · 군계획시설 부지로 되어 있는 토지의 소유자는 대통령령으로 정하는 바에 따라 해당 도시 · 군계획시설에 대한 도시 · 군관리계획 입안권자에게 그 토지의 도시 · 군계획시설결정 해제를 위한 도시 · 군관리계획 입안을 신청할 수 있다.

② 도시 · 군관리계획 입안권자는 제1항에 따른 신청을 받은 날부터 3개월 이내에 입안 여부를 결정하여 토지 소유자에게 알려야 하며, 해당 도시 · 군계획시설결정의 실효 시까지 설치하기로 집행계획을 수립하는 등 대통령령으로 정하는 특별한 사유가 없으면 그 도시 · 군계획시설결정의 해제를 위한 도시 · 군관리계획을 입안하여야 한다.

③ 제1항에 따라 신청을 한 토지 소유자는 해당 도시 · 군계획시설결정의 해제를 위한 도시 · 군관리계획이 입안되지 아니하는 등 대통령령으로 정하는 사항에 해당하는 경우에는 해당 도시 · 군계획시설에 대한 도시 · 군관리계획 결정권자에게 그 도시 · 군계획시설결정의 해제를 신청할 수 있다.

④ 도시 · 군관리계획 결정권자는 제3항에 따른 신청을 받은 날부터 2개월 이내에 결정 여부를 정하여 토지 소유자에게 알려야 하며, 특별한 사유가 없으면 그 도시 · 군계획시설결정을 해제하여야 한다.

⑤ 제3항에 따라 해제 신청을 한 토지 소유자는 해당 도시 · 군계획시설결정이 해제되지 아니하는 등 대통령령으로 정하는 사항에 해당하는 경우에는 국토교통부장관에게 그 도시 · 군계획시설결정의 해제 심사를 신청할 수 있다.

⑥ 제5항에 따라 신청을 받은 국토교통부장관은 대통령령으로 정하는 바에 따라 해당 도시 · 군계획시설에 대한 도시 · 군관리계획 결정권자에게 도시 · 군계획시설결정의 해제를 권고할 수 있다.

⑦ 제6항에 따라 해제를 권고받은 도시 · 군관리계획 결정권자는 특별한 사유가 없으면 그 도시 · 군계획시설결정을 해제하여야 한다.

⑧ 제2항에 따른 도시 · 군계획시설결정 해제를 위한 도시 · 군관리계획의 입안 절차와 제4항 및 제7항에 따른 도시 · 군계획시설결정의 해제 절차는 대통령령으로 정한다.

[본조신설 2015. 8. 11.]

제4절 지구단위계획

제49조 지구단위계획의 수립

① 지구단위계획은 다음 각 호의 사항을 고려하여 수립한다.

1. 도시의 정비 · 관리 · 보전 · 개발 등 지구단위계획구역의 지정 목적
2. 주거 · 산업 · 유통 · 관광휴양 · 복합 등 지구단위계획구역의 중심기능
3. 해당 용도지역의 특성
4. 그 밖에 대통령령으로 정하는 사항

② 지구단위계획의 수립기준 등은 대통령령으로 정하는 바에 따라 국토교통부장관이 정한다. 〈개정 2013. 3. 23.〉

[전문개정 2011. 4. 14.]

제50조 지구단위계획구역 및 지구단위계획의 결정

지구단위계획구역 및 지구단위계획은 도시 · 군관리계획으로 결정한다. 〈개정 2011. 4. 14.〉

제51조 지구단위계획구역의 지정 등

① 국토교통부장관, 시 · 도지사, 시장 또는 군수는 다음 각 호의 어느 하나에 해당하는 지역의 전부 또는 일부에 대하여 지구단위계획구역을 지정할 수 있다.
〈개정 2011. 4. 14., 2011. 5. 30., 2011. 8. 4., 2013. 3. 23., 2013. 7. 16., 2016. 1. 19., 2017. 2. 8.〉

1. 제37조에 따라 지정된 용도지구
2. 「도시개발법」 제3조에 따라 지정된 도시개발구역
3. 「도시 및 주거환경정비법」 제8조에 따라 지정된 정비구역
4. 「택지개발촉진법」 제3조에 따라 지정된 택지개발지구
5. 「주택법」 제15조에 따른 대지조성사업지구
6. 「산업입지 및 개발에 관한 법률」 제2조제8호의 산업단지와 같은 조 제12호의 준산업단지
7. 「관광진흥법」 제52조에 따라 지정된 관광단지와 같은 법 제70조에 따라 지정된 관광특구
8. 개발제한구역 · 도시자연공원구역 · 시가화조정구역 또는 공원에서 해제되는 구역, 녹지지역에서 주거 · 상업 · 공업지역으로 변경되는 구역과 새로 도시지역으로 편입되는 구역 중 계획적인 개발 또는 관리가 필요한 지역

8의2. 도시지역 내 주거 · 상업 · 업무 등의 기능을 결합하는 등 복합적인 토지 이용을 증진시킬 필요가 있는 지역으로서 대통령령으로 정하는 요건에 해당하는 지역

8의3. 도시지역 내 유휴토지를 효율적으로 개발하거나 교정시설, 군사시설, 그 밖에 대통령령으로 정하는 시설을 이전 또는 재배치하여 토지 이용을 합리화하고, 그 기능을 증진시키기 위하여 집중적으로 정비가 필요한 지역으로서 대통령령으로 정하는 요건에 해당하는 지역

9. 도시지역의 체계적 · 계획적인 관리 또는 개발이 필요한 지역

10. 그 밖에 양호한 환경의 확보나 기능 및 미관의 증진 등을 위하여 필요한 지역으로서 대통령령으로 정하는 지역

② 국토교통부장관, 시 · 도지사, 시장 또는 군수는 다음 각 호의 어느 하나에 해당하는 지역은 지구단위계획구역으로 지정하여야 한다. 다만, 관계 법률에 따라 그 지역에 토지 이용과 건축에 관한 계획이 수립되어 있는 경우에는 그러하지 아니하다.

〈개정 2011. 4. 14., 2013. 3. 23., 2013. 7. 16.〉

1. 제1항제3호 및 제4호의 지역에서 시행되는 사업이 끝난 후 10년이 지난 지역
2. 제1항 각 호 중 체계적 · 계획적인 개발 또는 관리가 필요한 지역으로서 대통령령으로 정하는 지역

③ 도시지역 외의 지역을 지구단위계획구역으로 지정하려는 경우 다음 각 호의 어느 하나에 해당하여야 한다. 〈개정 2011. 4. 14.〉

1. 지정하려는 구역 면적의 100분의 50 이상이 제36조에 따라 지정된 계획관리지역으로서 대통령령으로 정하는 요건에 해당하는 지역
2. 제37조에 따라 지정된 개발진흥지구로서 대통령령으로 정하는 요건에 해당하는 지역
3. 제37조에 따라 지정된 용도지구를 폐지하고 그 용도지구에서의 행위 제한 등을 지구단위계획으로 대체하려는 지역

④ 삭제 〈2011. 4. 14.〉

[전문개정 2009. 2. 6.]

제52조 지구단위계획의 내용

① 지구단위계획구역의 지정목적을 이루기 위하여 지구단위계획에는 다음 각 호의 사항 중 제2호와 제4호의 사항을 포함한 둘 이상의 사항이 포함되어야 한다. 다만, 제1호의2를 내용으로 하는 지구단위계획의 경우에는 그러하지 아니하다. 〈개정 2011. 4. 14.〉

1. 용도지역이나 용도지구를 대통령령으로 정하는 범위에서 세분하거나 변경하는 사항

1의2. 기존의 용도지구를 폐지하고 그 용도지구에서의 건축물이나 그 밖의 시설의 용도 · 종류 및 규모 등의 제한을 대체하는 사항

2. 대통령령으로 정하는 기반시설의 배치와 규모
3. 도로로 둘러싸인 일단의 지역 또는 계획적인 개발 · 정비를 위하여 구획된 일단의 토지의 규모와 조성계획
4. 건축물의 용도제한, 건축물의 건폐율 또는 용적률, 건축물 높이의 최고한도 또는 최저한도

5. 건축물의 배치 · 형태 · 색채 또는 건축선에 관한 계획

6. 환경관리계획 또는 경관계획

7. 교통처리계획

8. 그 밖에 토지 이용의 합리화, 도시나 농 · 산 · 어촌의 기능 증진 등에 필요한 사항으로서 대통령령으로 정하는 사항

② 지구단위계획은 도로, 상하수도 등 대통령령으로 정하는 도시 · 군계획시설의 처리 · 공급 및 수용능력이 지구단위계획구역에 있는 건축물의 연면적, 수용인구 등 개발밀도와 적절한 조화를 이룰 수 있도록 하여야 한다. 〈개정 2011. 4. 14.〉

③ 지구단위계획구역에서는 제76조부터 제78조까지의 규정과 「건축법」 제42조 · 제43조 · 제44조 · 제60조 및 제61조, 「주차장법」 제19조 및 제19조의2를 대통령령으로 정하는 범위에서 지구단위계획으로 정하는 바에 따라 완화하여 적용할 수 있다.

④ 삭제 〈2011. 4. 14.〉

[전문개정 2009. 2. 6.]

제53조 지구단위계획구역의 지정 및 지구단위계획에 관한 도시 · 군관리계획결정의 실효 등

① 지구단위계획구역의 지정에 관한 도시 · 군관리계획결정의 고시일부터 3년 이내에 그 지구단위계획구역에 관한 지구단위계획이 결정 · 고시되지 아니하면 그 3년이 되는 날의 다음날에 그 지구단위계획구역의 지정에 관한 도시 · 군관리계획결정은 효력을 잃는다. 다만, 다른 법률에서 지구단위계획의 결정(결정된 것으로 보는 경우를 포함한다)에 관하여 따로 정한 경우에는 그 법률에 따라 지구단위계획을 결정할 때까지 지구단위계획구역의 지정은 그 효력을 유지한다. 〈개정 2011. 4. 14.〉

② 지구단위계획(제26조제1항에 따라 주민이 입안을 제안한 것에 한정한다)에 관한 도시 · 군관리계획결정의 고시일부터 5년 이내에 이 법 또는 다른 법률에 따라 허가 · 인가 · 승인 등을 받아 사업이나 공사에 착수하지 아니하면 그 5년이 된 날의 다음날에 그 지구단위계획에 관한 도시 · 군관리계획결정은 효력을 잃는다. 이 경우 지구단위계획과 관련한 도시 · 군관리계획결정에 관한 사항은 해당 지구단위계획구역 지정 당시의 도시 · 군관리계획으로 환원된 것으로 본다. 〈신설 2015. 8. 11.〉

③ 국토교통부장관, 시 · 도지사, 시장 또는 군수는 제1항 및 제2항에 따른 지구단위계획구역 지정 및 지구단위계획 결정이 효력을 잃으면 대통령령으로 정하는 바에 따라 지체 없이 그 사실을 고시하여야 한다. 〈개정 2013. 3. 23., 2013. 7. 16., 2015. 8. 11.〉

[전문개정 2009. 2. 6.]

[제목개정 2015. 8. 11.]

제54조 지구단위계획구역에서의 건축 등

지구단위계획구역에서 건축물을 건축 또는 용도변경하거나 공작물을 설치하려면 그 지구단위계획에 맞게 하여야 한다. 다만, 지구단위계획이 수립되어 있지 아니한 경우에는 그러하지 아니하다.

[전문개정 2013. 7. 16.]

제55조 삭제 <2007. 1. 19.>

제5장 개발행위의 허가 등

제1절 개발행위의 허가

제56조 개발행위의 허가

① 다음 각 호의 어느 하나에 해당하는 행위로서 대통령령으로 정하는 행위(이하 "개발행위"라 한다)를 하려는 자는 특별시장 · 광역시장 · 특별자치시장 · 특별자치도지사 · 시장 또는 군수의 허가(이하 "개발행위허가"라 한다)를 받아야 한다. 다만, 도시 · 군계획사업(다른 법률에 따라 도시 · 군계획사업을 의제한 사업을 포함한다)에 의한 행위는 그러하지 아니하다.

〈개정 2011. 4. 14., 2018. 8. 14.〉

1. 건축물의 건축 또는 공작물의 설치
2. 토지의 형질 변경(경작을 위한 경우로서 대통령령으로 정하는 토지의 형질 변경은 제외한다)
3. 토석의 채취
4. 토지 분할(건축물이 있는 대지의 분할은 제외한다)
5. 녹지지역 · 관리지역 또는 자연환경보전지역에 물건을 1개월 이상 쌓아놓는 행위

② 개발행위허가를 받은 사항을 변경하는 경우에는 제1항을 준용한다. 다만, 대통령령으로 정하는 경미한 사항을 변경하는 경우에는 그러하지 아니하다.

③ 제1항에도 불구하고 제1항제2호 및 제3호의 개발행위 중 도시지역과 계획관리지역의 산림에서의 임도(林道) 설치와 사방사업에 관하여는 「산림자원의 조성 및 관리에 관한 법률」과 「사방사업법」에 따르고, 보전관리지역 · 생산관리지역 · 농림지역 및 자연환경보전지역의 산림에서의 제1항제2호(농업 · 임업 · 어업을 목적으로 하는 토지의 형질 변경만 해당한다) 및 제3호의 개발행위에 관하여는 「산지관리법」에 따른다. 〈개정 2011. 4. 14.〉

④ 다음 각 호의 어느 하나에 해당하는 행위는 제1항에도 불구하고 개발행위허가를 받지 아니하고 할 수 있다. 다만, 제1호의 응급조치를 한 경우에는 1개월 이내에 특별시장 · 광역시장 · 특별자치시장 · 특별자치도지사 · 시장 또는 군수에게 신고하여야 한다. 〈개정 2011. 4. 14.〉

1. 재해복구나 재난수습을 위한 응급조치
2. 「건축법」에 따라 신고하고 설치할 수 있는 건축물의 개축 · 증축 또는 재축과 이에 필요한 범위에서의 토지의 형질 변경(도시 · 군계획시설사업이 시행되지 아니하고 있는 도

시ㆍ군계획시설의 부지인 경우만 가능하다)

3. 그 밖에 대통령령으로 정하는 경미한 행위

[전문개정 2009. 2. 6.]

[시행일:2012. 7. 1.] 제56조 중 특별자치시장에 관한 개정규정

제57조 개발행위허가의 절차

① 개발행위를 하려는 자는 그 개발행위에 따른 기반시설의 설치나 그에 필요한 용지의 확보, 위해(危害) 방지, 환경오염 방지, 경관, 조경 등에 관한 계획서를 첨부한 신청서를 개발행위허가권자에게 제출하여야 한다. 이 경우 개발밀도관리구역 안에서는 기반시설의 설치나 그에 필요한 용지의 확보에 관한 계획서를 제출하지 아니한다. 다만, 제56조제1항제1호의 행위 중 「건축법」의 적용을 받는 건축물의 건축 또는 공작물의 설치를 하려는 자는 「건축법」에서 정하는 절차에 따라 신청서류를 제출하여야 한다. 〈개정 2011. 4. 14.〉

② 특별시장ㆍ광역시장ㆍ특별자치시장ㆍ특별자치도지사ㆍ시장 또는 군수는 제1항에 따른 개발행위허가의 신청에 대하여 특별한 사유가 없으면 대통령령으로 정하는 기간 이내에 허가 또는 불허가의 처분을 하여야 한다. 〈개정 2011. 4. 14.〉

③ 특별시장ㆍ광역시장ㆍ특별자치시장ㆍ특별자치도지사ㆍ시장 또는 군수는 제2항에 따라 허가 또는 불허가의 처분을 할 때에는 지체 없이 그 신청인에게 허가내용이나 불허가처분의 사유를 서면 또는 제128조에 따른 국토이용정보체계를 통하여 알려야 한다.

〈개정 2011. 4. 14., 2013. 7. 16., 2015. 8. 11.〉

④ 특별시장ㆍ광역시장ㆍ특별자치시장ㆍ특별자치도지사ㆍ시장 또는 군수는 개발행위허가를 하는 경우에는 대통령령으로 정하는 바에 따라 그 개발행위에 따른 기반시설의 설치 또는 그에 필요한 용지의 확보, 위해 방지, 환경오염 방지, 경관, 조경 등에 관한 조치를 할 것을 조건으로 개발행위허가를 할 수 있다. 〈개정 2011. 4. 14.〉

[전문개정 2009. 2. 6.]

[시행일:2012. 7. 1.] 제57조 중 특별자치시장에 관한 개정규정

제58조 개발행위허가의 기준 등

① 특별시장ㆍ광역시장ㆍ특별자치시장ㆍ특별자치도지사ㆍ시장 또는 군수는 개발행위허가의 신청 내용이 다음 각 호의 기준에 맞는 경우에만 개발행위허가 또는 변경허가를 하여야 한다.

〈개정 2011. 4. 14., 2013. 7. 16.〉

1. 용도지역별 특성을 고려하여 대통령령으로 정하는 개발행위의 규모에 적합할 것. 다만,

개발행위가 「농어촌정비법」 제2조제4호에 따른 농어촌정비사업으로 이루어지는 경우 등 대통령령으로 정하는 경우에는 개발행위 규모의 제한을 받지 아니한다.

2. 도시 · 군관리계획 및 제4항에 따른 성장관리방안의 내용에 어긋나지 아니할 것
3. 도시 · 군계획사업의 시행에 지장이 없을 것
4. 주변지역의 토지이용실태 또는 토지이용계획, 건축물의 높이, 토지의 경사도, 수목의 상태, 물의 배수, 하천 · 호소 · 습지의 배수 등 주변환경이나 경관과 조화를 이룰 것
5. 해당 개발행위에 따른 기반시설의 설치나 그에 필요한 용지의 확보계획이 적절할 것

② 특별시장 · 광역시장 · 특별자치시장 · 특별자치도지사 · 시장 또는 군수는 개발행위허가 또는 변경허가를 하려면 그 개발행위가 도시 · 군계획사업의 시행에 지장을 주는지에 관하여 해당 지역에서 시행되는 도시 · 군계획사업의 시행자의 의견을 들어야 한다.

〈개정 2011. 4. 14., 2013. 7. 16.〉

③ 제1항에 따라 허가할 수 있는 경우 그 허가의 기준은 지역의 특성, 지역의 개발상황, 기반시설의 현황 등을 고려하여 다음 각 호의 구분에 따라 대통령령으로 정한다. 〈개정 2011. 4. 14.〉

1. 시가화 용도: 토지의 이용 및 건축물의 용도 · 건폐율 · 용적률 · 높이 등에 대한 용도지역의 제한에 따라 개발행위허가의 기준을 적용하는 주거지역 · 상업지역 및 공업지역
2. 유보 용도: 제59조에 따른 도시계획위원회의 심의를 통하여 개발행위허가의 기준을 강화 또는 완화하여 적용할 수 있는 계획관리지역 · 생산관리지역 및 녹지지역 중 대통령령으로 정하는 지역
3. 보전 용도: 제59조에 따른 도시계획위원회의 심의를 통하여 개발행위허가의 기준을 강화하여 적용할 수 있는 보전관리지역 · 농림지역 · 자연환경보전지역 및 녹지지역 중 대통령령으로 정하는 지역

④ 특별시장 · 광역시장 · 특별자치시장 · 특별자치도지사 · 시장 또는 군수는 난개발 방지와 지역특성을 고려한 계획적 개발을 유도하기 위하여 필요한 경우 대통령령으로 정하는 바에 따라 개발행위의 발생 가능성이 높은 지역을 대상지역으로 하여 기반시설의 설치 · 변경, 건축물의 용도 등에 관한 관리방안(이하 "성장관리방안"이라 한다)을 수립할 수 있다. 〈신설 2013. 7. 16.〉

⑤ 특별시장 · 광역시장 · 특별자치시장 · 특별자치도지사 · 시장 또는 군수는 성장관리방안을 수립하거나 변경하려면 대통령령으로 정하는 바에 따라 주민과 해당 지방의회의 의견을 들어야 하며, 관계 행정기관과의 협의 및 지방도시계획위원회의 심의를 거쳐야 한다. 다만, 대통령령으로 정하는 경미한 사항을 변경하는 경우에는 그러하지 아니하다. 〈신설 2013. 7. 16., 2017. 4. 18.〉

⑥ 특별시장 · 광역시장 · 특별자치시장 · 특별자치도지사 · 시장 또는 군수는 성장관리방안을 수립하거나 변경한 경우에는 관계 행정기관의 장에게 관계 서류를 송부하여야 하며, 대통령령으

로 정하는 바에 따라 이를 고시하고 일반인이 열람할 수 있도록 하여야 한다. 〈신설 2013. 7. 16.〉

[전문개정 2009. 2. 6.]

[제목개정 2013. 7. 16.]

[시행일:2012. 7. 1.] 제58조 중 특별자치시장에 관한 개정규정

제59조 개발행위에 대한 도시계획위원회의 심의

① 관계 행정기관의 장은 제56조제1항제1호부터 제3호까지의 행위 중 어느 하나에 해당하는 행위로서 대통령령으로 정하는 행위를 이 법에 따라 허가 또는 변경허가를 하거나 다른 법률에 따라 인가·허가·승인 또는 협의를 하려면 대통령령으로 정하는 바에 따라 중앙도시계획위원회나 지방도시계획위원회의 심의를 거쳐야 한다. 〈개정 2013. 7. 16.〉

② 제1항에도 불구하고 다음 각 호의 어느 하나에 해당하는 개발행위는 중앙도시계획위원회와 지방도시계획위원회의 심의를 거치지 아니한다. 〈개정 2011. 4. 14., 2013. 7. 16., 2015. 7. 24.〉

1. 제8조, 제9조 또는 다른 법률에 따라 도시계획위원회의 심의를 받는 구역에서 하는 개발행위
2. 지구단위계획 또는 성장관리방안을 수립한 지역에서 하는 개발행위
3. 주거지역·상업지역·공업지역에서 시행하는 개발행위 중 특별시·광역시·특별자치시·특별자치도·시 또는 군의 조례로 정하는 규모·위치 등에 해당하지 아니하는 개발행위
4. 「환경영향평가법」에 따라 환경영향평가를 받은 개발행위
5. 「도시교통정비 촉진법」에 따라 교통영향평가에 대한 검토를 받은 개발행위
6. 「농어촌정비법」 제2조제4호에 따른 농어촌정비사업 중 대통령령으로 정하는 사업을 위한 개발행위
7. 「산림자원의 조성 및 관리에 관한 법률」에 따른 산림사업 및 「사방사업법」에 따른 사방사업을 위한 개발행위

③ 국토교통부장관이나 지방자치단체의 장은 제2항에도 불구하고 같은 항 제4호 및 제5호에 해당하는 개발행위가 도시·군계획에 포함되지 아니한 경우에는 관계 행정기관의 장에게 대통령령으로 정하는 바에 따라 중앙도시계획위원회나 지방도시계획위원회의 심의를 받도록 요청할 수 있다. 이 경우 관계 행정기관의 장은 특별한 사유가 없으면 요청에 따라야 한다.

〈개정 2011. 4. 14., 2013. 3. 23.〉

[전문개정 2009. 2. 6.]

[시행일:2012. 7. 1.] 제59조 중 특별자치시에 관한 개정규정

제60조 개발행위허가의 이행 보증 등

① 특별시장 · 광역시장 · 특별자치시장 · 특별자치도지사 · 시장 또는 군수는 기반시설의 설치나 그에 필요한 용지의 확보, 위해 방지, 환경오염 방지, 경관, 조경 등을 위하여 필요하다고 인정되는 경우로서 대통령령으로 정하는 경우에는 이의 이행을 보증하기 위하여 개발행위허가(다른 법률에 따라 개발행위허가가 의제되는 협의를 거친 인가 · 허가 · 승인 등을 포함한다. 이하 이 조에서 같다)를 받는 자로 하여금 이행보증금을 예치하게 할 수 있다. 다만, 다음 각 호의 어느 하나에 해당하는 경우에는 그러하지 아니하다. 〈개정 2011. 4. 14., 2013. 7. 16.〉

1. 국가나 지방자치단체가 시행하는 개발행위
2. 「공공기관의 운영에 관한 법률」에 따른 공공기관(이하 "공공기관"이라 한다) 중 대통령령으로 정하는 기관이 시행하는 개발행위
3. 그 밖에 해당 지방자치단체의 조례로 정하는 공공단체가 시행하는 개발행위

② 제1항에 따른 이행보증금의 산정 및 예치방법 등에 관하여 필요한 사항은 대통령령으로 정한다.

③ 특별시장 · 광역시장 · 특별자치시장 · 특별자치도지사 · 시장 또는 군수는 개발행위허가를 받지 아니하고 개발행위를 하거나 허가내용과 다르게 개발행위를 하는 자에게는 그 토지의 원상회복을 명할 수 있다. 〈개정 2011. 4. 14.〉

④ 특별시장 · 광역시장 · 특별자치시장 · 특별자치도지사 · 시장 또는 군수는 제3항에 따른 원상회복의 명령을 받은 자가 원상회복을 하지 아니하면 「행정대집행법」에 따른 행정대집행에 따라 원상회복을 할 수 있다. 이 경우 행정대집행에 필요한 비용은 제1항에 따라 개발행위허가를 받은 자가 예치한 이행보증금을 사용할 수 있다. 〈개정 2011. 4. 14.〉

[전문개정 2009. 2. 6.]

[시행일:2012. 7. 1.] 제60조 중 특별자치시장에 관한 개정규정

제61조 관련 인 · 허가등의 의제

① 개발행위허가 또는 변경허가를 할 때에 특별시장 · 광역시장 · 특별자치시장 · 특별자치도지사 · 시장 또는 군수가 그 개발행위에 대한 다음 각 호의 인가 · 허가 · 승인 · 면허 · 협의 · 해제 · 신고 또는 심사 등(이하 "인 · 허가등"이라 한다)에 관하여 제3항에 따라 미리 관계 행정기관의 장과 협의한 사항에 대하여는 그 인 · 허가등을 받은 것으로 본다. 〈개정 2009. 3. 25., 2009. 6. 9., 2010. 1. 27., 2010. 4. 15., 2010. 5. 31., 2011. 4. 14., 2013. 7. 16., 2014. 1. 14., 2014. 6. 3., 2015. 8. 11., 2016. 12. 27.〉

1. 「공유수면 관리 및 매립에 관한 법률」 제8조에 따른 공유수면의 점용 · 사용허가, 같은

법 제17조에 따른 점용·사용 실시계획의 승인 또는 신고, 같은 법 제28조에 따른 공유수면의 매립면허 및 같은 법 제38조에 따른 공유수면매립실시계획의 승인

2. 삭제 〈2010. 4. 15.〉
3. 「광업법」 제42조에 따른 채굴계획의 인가
4. 「농어촌정비법」 제23조에 따른 농업생산기반시설의 사용허가
5. 「농지법」 제34조에 따른 농지전용의 허가 또는 협의, 같은 법 제35조에 따른 농지전용의 신고 및 같은 법 제36조에 따른 농지의 타용도 일시사용의 허가 또는 협의
6. 「도로법」 제36조에 따른 도로관리청이 아닌 자에 대한 도로공사 시행의 허가, 같은 법 제52조에 따른 도로와 다른 시설의 연결허가 및 같은 법 제61조에 따른 도로의 점용 허가
7. 「장사 등에 관한 법률」 제27조제1항에 따른 무연분묘(無緣墳墓)의 개장(改葬) 허가
8. 「사도법」 제4조에 따른 사도(私道) 개설(開設)의 허가
9. 「사방사업법」 제14조에 따른 토지의 형질 변경 등의 허가 및 같은 법 제20조에 따른 사방지 지정의 해제

9의2. 「산업집적활성화 및 공장설립에 관한 법률」 제13조에 따른 공장설립등의 승인

10. 「산지관리법」 제14조·제15조에 따른 산지전용허가 및 산지전용신고, 같은 법 제15조의2에 따른 산지일시사용허가·신고, 같은 법 제25조제1항에 따른 토석채취허가, 같은 법 제25조제2항에 따른 토사채취신고 및 「산림자원의 조성 및 관리에 관한 법률」 제36조제1항·제4항에 따른 입목벌채(立木伐採) 등의 허가·신고
11. 「소하천정비법」 제10조에 따른 소하천공사 시행의 허가 및 같은 법 제14조에 따른 소하천의 점용 허가
12. 「수도법」 제52조에 따른 전용상수도 설치 및 같은 법 제54조에 따른 전용공업용수도설치의 인가
13. 「연안관리법」 제25조에 따른 연안정비사업실시계획의 승인
14. 「체육시설의 설치·이용에 관한 법률」 제12조에 따른 사업계획의 승인
15. 「초지법」 제23조에 따른 초지전용의 허가, 신고 또는 협의
16. 「공간정보의 구축 및 관리 등에 관한 법률」 제15조제3항에 따른 지도등의 간행 심사
17. 「하수도법」 제16조에 따른 공공하수도에 관한 공사시행의 허가 및 같은 법 제24조에 따른 공공하수도의 점용허가
18. 「하천법」 제30조에 따른 하천공사 시행의 허가 및 같은 법 제33조에 따른 하천 점용의 허가
19. 「도시공원 및 녹지 등에 관한 법률」 제24조에 따른 도시공원의 점용허가 및 같은 법 제

38조에 따른 녹지의 점용허가

② 제1항에 따른 인ㆍ허가등의 의제를 받으려는 자는 개발행위허가 또는 변경허가를 신청할 때에 해당 법률에서 정하는 관련 서류를 함께 제출하여야 한다. 〈개정 2013. 7. 16.〉

③ 특별시장ㆍ광역시장ㆍ특별자치시장ㆍ특별자치도지사ㆍ시장 또는 군수는 개발행위허가 또는 변경허가를 할 때에 그 내용에 제1항 각 호의 어느 하나에 해당하는 사항이 있으면 미리 관계 행정기관의 장과 협의하여야 한다. 〈개정 2011. 4. 14., 2013. 7. 16.〉

④ 제3항에 따라 협의 요청을 받은 관계 행정기관의 장은 요청을 받은 날부터 20일 이내에 의견을 제출하여야 하며, 그 기간 내에 의견을 제출하지 아니하면 협의가 이루어진 것으로 본다. 〈신설 2012. 2. 1.〉

⑤ 국토교통부장관은 제1항에 따라 의제되는 인ㆍ허가등의 처리기준을 관계 중앙행정기관으로부터 제출받아 통합하여 고시하여야 한다. 〈개정 2012. 2. 1., 2013. 3. 23.〉

[전문개정 2009. 2. 6.]

[시행일:2012. 7. 1.] 제61조 중 특별자치시장에 관한 개정규정

제61조의2 개발행위복합민원 일괄협의회

① 특별시장ㆍ광역시장ㆍ특별자치시장ㆍ특별자치도지사ㆍ시장 또는 군수는 제61조제3항에 따라 관계 행정기관의 장과 협의하기 위하여 대통령령으로 정하는 바에 따라 개발행위복합민원 일괄협의회를 개최하여야 한다.

② 제61조제3항에 따라 협의 요청을 받은 관계 행정기관의 장은 소속 공무원을 제1항에 따른 개발행위복합민원 일괄협의회에 참석하게 하여야 한다.

[본조신설 2012. 2. 1.]

제62조 준공검사

① 제56조제1항제1호부터 제3호까지의 행위에 대한 개발행위허가를 받은 자는 그 개발행위를 마치면 국토교통부령으로 정하는 바에 따라 특별시장ㆍ광역시장ㆍ특별자치시장ㆍ특별자치도지사ㆍ시장 또는 군수의 준공검사를 받아야 한다. 다만, 같은 항 제1호의 행위에 대하여 「건축법」 제22조에 따른 건축물의 사용승인을 받은 경우에는 그러하지 아니하다. 〈개정 2011. 4. 14., 2013. 3. 23.〉

② 제1항에 따른 준공검사를 받은 경우에는 특별시장ㆍ광역시장ㆍ특별자치시장ㆍ특별자치도지사ㆍ시장 또는 군수가 제61조에 따라 의제되는 인ㆍ허가등에 따른 준공검사ㆍ준공인가 등에 관하여 제4항에 따라 관계 행정기관의 장과 협의한 사항에 대하여는 그 준공검사ㆍ준공인가 등

을 받은 것으로 본다. 〈개정 2011. 4. 14.〉

③ 제2항에 따른 준공검사·준공인가 등의 의제를 받으려는 자는 제1항에 따른 준공검사를 신청할 때에 해당 법률에서 정하는 관련 서류를 함께 제출하여야 한다.

④ 특별시장·광역시장·특별자치시장·특별자치도지사·시장 또는 군수는 제1항에 따른 준공검사를 할 때에 그 내용에 제61조에 따라 의제되는 인·허가등에 따른 준공검사·준공인가 등에 해당하는 사항이 있으면 미리 관계 행정기관의 장과 협의하여야 한다. 〈개정 2011. 4. 14.〉

⑤ 국토교통부장관은 제2항에 따라 의제되는 준공검사·준공인가 등의 처리기준을 관계 중앙행정기관으로부터 제출받아 통합하여 고시하여야 한다. 〈개정 2013. 3. 23.〉

[전문개정 2009. 2. 6.]

[시행일:2012. 7. 1.] 제62조 중 특별자치시장에 관한 개정규정

제63조 개발행위허가의 제한

① 국토교통부장관, 시·도지사, 시장 또는 군수는 다음 각 호의 어느 하나에 해당되는 지역으로서 도시·군관리계획상 특히 필요하다고 인정되는 지역에 대해서는 대통령령으로 정하는 바에 따라 중앙도시계획위원회나 지방도시계획위원회의 심의를 거쳐 한 차례만 3년 이내의 기간 동안 개발행위허가를 제한할 수 있다. 다만, 제3호부터 제5호까지에 해당하는 지역에 대해서는 중앙도시계획위원회나 지방도시계획위원회의 심의를 거치지 아니하고 한 차례만 2년 이내의 기간 동안 개발행위허가의 제한을 연장할 수 있다. 〈개정 2011. 4. 14., 2013. 3. 23., 2013. 7. 16.〉

1. 녹지지역이나 계획관리지역으로서 수목이 집단적으로 자라고 있거나 조수류 등이 집단적으로 서식하고 있는 지역 또는 우량 농지 등으로 보전할 필요가 있는 지역
2. 개발행위로 인하여 주변의 환경·경관·미관·문화재 등이 크게 오염되거나 손상될 우려가 있는 지역
3. 도시·군기본계획이나 도시·군관리계획을 수립하고 있는 지역으로서 그 도시·군기본계획이나 도시·군관리계획이 결정될 경우 용도지역·용도지구 또는 용도구역의 변경이 예상되고 그에 따라 개발행위허가의 기준이 크게 달라질 것으로 예상되는 지역
4. 지구단위계획구역으로 지정된 지역
5. 기반시설부담구역으로 지정된 지역

② 국토교통부장관, 시·도지사, 시장 또는 군수는 제1항에 따라 개발행위허가를 제한하려면 대통령령으로 정하는 바에 따라 제한지역·제한사유·제한대상행위 및 제한기간을 미리 고시하여야 한다. 〈개정 2013. 3. 23.〉

③ 개발행위허가를 제한하기 위하여 제2항에 따라 개발행위허가 제한지역 등을 고시한 국토교통

부장관, 시·도지사, 시장 또는 군수는 해당 지역에서 개발행위를 제한할 사유가 없어진 경우에는 그 제한기간이 끝나기 전이라도 지체 없이 개발행위허가의 제한을 해제하여야 한다. 이 경우 국토교통부장관, 시·도지사, 시장 또는 군수는 대통령령으로 정하는 바에 따라 해제지역 및 해제시기를 고시하여야 한다. 〈신설 2013. 7. 16.〉

[전문개정 2009. 2. 6.]

제64조 도시·군계획시설 부지에서의 개발행위

① 특별시장·광역시장·특별자치시장·특별자치도지사·시장 또는 군수는 도시·군계획시설의 설치 장소로 결정된 지상·수상·공중·수중 또는 지하는 그 도시·군계획시설이 아닌 건축물의 건축이나 공작물의 설치를 허가하여서는 아니 된다. 다만, 대통령령으로 정하는 경우에는 그러하지 아니하다. 〈개정 2011. 4. 14.〉

② 특별시장·광역시장·특별자치시장·특별자치도지사·시장 또는 군수는 도시·군계획시설 결정의 고시일부터 2년이 지날 때까지 그 시설의 설치에 관한 사업이 시행되지 아니한 도시·군계획시설 중 제85조에 따라 단계별 집행계획이 수립되지 아니하거나 단계별 집행계획에서 제1단계 집행계획(단계별 집행계획을 변경한 경우에는 최초의 단계별 집행계획을 말한다)에 포함되지 아니한 도시·군계획시설의 부지에 대하여는 제1항에도 불구하고 다음 각 호의 개발행위를 허가할 수 있다. 〈개정 2011. 4. 14.〉

1. 가설건축물의 건축과 이에 필요한 범위에서의 토지의 형질 변경
2. 도시·군계획시설의 설치에 지장이 없는 공작물의 설치와 이에 필요한 범위에서의 토지의 형질 변경
3. 건축물의 개축 또는 재축과 이에 필요한 범위에서의 토지의 형질 변경(제56조제4항제2호에 해당하는 경우는 제외한다)

③ 특별시장·광역시장·특별자치시장·특별자치도지사·시장 또는 군수는 제2항제1호 또는 제2호에 따라 가설건축물의 건축이나 공작물의 설치를 허가한 토지에서 도시·군계획시설사업이 시행되는 경우에는 그 시행예정일 3개월 전까지 가설건축물이나 공작물 소유자의 부담으로 그 가설건축물이나 공작물의 철거 등 원상회복에 필요한 조치를 명하여야 한다. 다만, 원상회복이 필요하지 아니하다고 인정되는 경우에는 그러하지 아니하다. 〈개정 2011. 4. 14.〉

④ 특별시장·광역시장·특별자치시장·특별자치도지사·시장 또는 군수는 제3항에 따른 원상회복의 명령을 받은 자가 원상회복을 하지 아니하면 「행정대집행법」에 따른 행정대집행에 따라 원상회복을 할 수 있다. 〈개정 2011. 4. 14.〉

[전문개정 2009. 2. 6.]

[제목개정 2011. 4. 14.]

[시행일:2012. 7. 1.] 제64조 중 특별자치시장에 관한 개정규정

제65조 개발행위에 따른 공공시설 등의 귀속

① 개발행위허가(다른 법률에 따라 개발행위허가가 의제되는 협의를 거친 인가 · 허가 · 승인 등을 포함한다. 이하 이 조에서 같다)를 받은 자가 행정청인 경우 개발행위허가를 받은 자가 새로 공공시설을 설치하거나 기존의 공공시설에 대체되는 공공시설을 설치한 경우에는 「국유재산법」과 「공유재산 및 물품 관리법」에도 불구하고 새로 설치된 공공시설은 그 시설을 관리할 관리청에 무상으로 귀속되고, 종래의 공공시설은 개발행위허가를 받은 자에게 무상으로 귀속된다. 〈개정 2013. 7. 16.〉

② 개발행위허가를 받은 자가 행정청이 아닌 경우 개발행위허가를 받은 자가 새로 설치한 공공시설은 그 시설을 관리할 관리청에 무상으로 귀속되고, 개발행위로 용도가 폐지되는 공공시설은 「국유재산법」과 「공유재산 및 물품 관리법」에도 불구하고 새로 설치한 공공시설의 설치비용에 상당하는 범위에서 개발행위허가를 받은 자에게 무상으로 양도할 수 있다.

③ 특별시장 · 광역시장 · 특별자치시장 · 특별자치도지사 · 시장 또는 군수는 제1항과 제2항에 따른 공공시설의 귀속에 관한 사항이 포함된 개발행위허가를 하려면 미리 해당 공공시설이 속한 관리청의 의견을 들어야 한다. 다만, 관리청이 지정되지 아니한 경우에는 관리청이 지정된 후 준공되기 전에 관리청의 의견을 들어야 하며, 관리청이 불분명한 경우에는 도로 · 하천 등에 대하여는 국토교통부장관을 관리청으로 보고, 그 외의 재산에 대하여는 기획재정부장관을 관리청으로 본다. 〈개정 2011. 4. 14., 2013. 3. 23.〉

④ 특별시장 · 광역시장 · 특별자치시장 · 특별자치도지사 · 시장 또는 군수가 제3항에 따라 관리청의 의견을 듣고 개발행위허가를 한 경우 개발행위허가를 받은 자는 그 허가에 포함된 공공시설의 점용 및 사용에 관하여 관계 법률에 따른 승인 · 허가 등을 받은 것으로 보아 개발행위를 할 수 있다. 이 경우 해당 공공시설의 점용 또는 사용에 따른 점용료 또는 사용료는 면제된 것으로 본다. 〈개정 2011. 4. 14.〉

⑤ 개발행위허가를 받은 자가 행정청인 경우 개발행위허가를 받은 자는 개발행위가 끝나 준공검사를 마친 때에는 해당 시설의 관리청에 공공시설의 종류와 토지의 세목(細目)을 통지하여야 한다. 이 경우 공공시설은 그 통지한 날에 해당 시설을 관리할 관리청과 개발행위허가를 받은 자에게 각각 귀속된 것으로 본다.

⑥ 개발행위허가를 받은 자가 행정청이 아닌 경우 개발행위허가를 받은 자는 제2항에 따라 관리청에 귀속되거나 그에게 양도될 공공시설에 관하여 개발행위가 끝나기 전에 그 시설의 관리청에

그 종류와 토지의 세목을 통지하여야 하고, 준공검사를 한 특별시장·광역시장·특별자치시장·특별자치도지사·시장 또는 군수는 그 내용을 해당 시설의 관리청에 통보하여야 한다. 이 경우 공공시설은 준공검사를 받음으로써 그 시설을 관리할 관리청과 개발행위허가를 받은 자에게 각각 귀속되거나 양도된 것으로 본다. 〈개정 2011. 4. 14.〉

⑦ 제1항부터 제3항까지, 제5항 또는 제6항에 따른 공공시설을 등기할 때에 「부동산등기법」에 따른 등기원인을 증명하는 서면은 제62조제1항에 따른 준공검사를 받았음을 증명하는 서면으로 갈음한다. 〈개정 2011. 4. 12.〉

⑧ 개발행위허가를 받은 자가 행정청인 경우 개발행위허가를 받은 자는 제1항에 따라 그에게 귀속된 공공시설의 처분으로 인한 수익금을 도시·군계획사업 외의 목적에 사용하여서는 아니 된다. 〈개정 2011. 4. 14.〉

⑨ 공공시설의 귀속에 관하여 다른 법률에 특별한 규정이 있는 경우에는 이 법률의 규정에도 불구하고 그 법률에 따른다. 〈신설 2013. 7. 16.〉

[전문개정 2009. 2. 6.]

[시행일:2012. 7. 1.] 제65조 중 특별자치시장에 관한 개정규정

제2절 개발행위에 따른 기반시설의 설치

제66조 개발밀도관리구역

① 특별시장·광역시장·특별자치시장·특별자치도지사·시장 또는 군수는 주거·상업 또는 공업지역에서의 개발행위로 기반시설(도시·군계획시설을 포함한다)의 처리·공급 또는 수용능력이 부족할 것으로 예상되는 지역 중 기반시설의 설치가 곤란한 지역을 개발밀도관리구역으로 지정할 수 있다. 〈개정 2011. 4. 14.〉

② 특별시장·광역시장·특별자치시장·특별자치도지사·시장 또는 군수는 개발밀도관리구역에서는 대통령령으로 정하는 범위에서 제77조나 제78조에 따른 건폐율 또는 용적률을 강화하여 적용한다. 〈개정 2011. 4. 14.〉

③ 특별시장·광역시장·특별자치시장·특별자치도지사·시장 또는 군수는 제1항에 따라 개발밀도관리구역을 지정하거나 변경하려면 다음 각 호의 사항을 포함하여 해당 지방자치단체에 설치된 지방도시계획위원회의 심의를 거쳐야 한다. 〈개정 2011. 4. 14.〉

1. 개발밀도관리구역의 명칭
2. 개발밀도관리구역의 범위

3. 제77조나 제78조에 따른 건폐율 또는 용적률의 강화 범위

④ 특별시장 · 광역시장 · 특별자치시장 · 특별자치도지사 · 시장 또는 군수는 제1항에 따라 개발밀도관리구역을 지정하거나 변경한 경우에는 그 사실을 대통령령으로 정하는 바에 따라 고시하여야 한다. 〈개정 2011. 4. 14.〉

⑤ 개발밀도관리구역의 지정기준, 개발밀도관리구역의 관리 등에 관하여 필요한 사항은 대통령령으로 정하는 바에 따라 국토교통부장관이 정한다. 〈개정 2013. 3. 23.〉

[전문개정 2009. 2. 6.]

[시행일:2012. 7. 1.] 제66조 중 특별자치시장에 관한 개정규정

제67조 기반시설부담구역의 지정

① 특별시장 · 광역시장 · 특별자치시장 · 특별자치도지사 · 시장 또는 군수는 다음 각 호의 어느 하나에 해당하는 지역에 대하여는 기반시설부담구역으로 지정하여야 한다. 다만, 개발행위가 집중되어 특별시장 · 광역시장 · 특별자치시장 · 특별자치도지사 · 시장 또는 군수가 해당 지역의 계획적 관리를 위하여 필요하다고 인정하면 다음 각 호에 해당하지 아니하는 경우라도 기반시설부담구역으로 지정할 수 있다. 〈개정 2011. 4. 14.〉

1. 이 법 또는 다른 법령의 제정 · 개정으로 인하여 행위 제한이 완화되거나 해제되는 지역
2. 이 법 또는 다른 법령에 따라 지정된 용도지역 등이 변경되거나 해제되어 행위 제한이 완화되는 지역
3. 개발행위허가 현황 및 인구증가율 등을 고려하여 대통령령으로 정하는 지역

② 특별시장 · 광역시장 · 특별자치시장 · 특별자치도지사 · 시장 또는 군수는 기반시설부담구역을 지정 또는 변경하려면 주민의 의견을 들어야 하며, 해당 지방자치단체에 설치된 지방도시계획위원회의 심의를 거쳐 대통령령으로 정하는 바에 따라 이를 고시하여야 한다.

〈개정 2011. 4. 14.〉

③ 삭제 〈2011. 4. 14.〉

④ 특별시장 · 광역시장 · 특별자치시장 · 특별자치도지사 · 시장 또는 군수는 제2항에 따라 기반시설부담구역이 지정되면 대통령령으로 정하는 바에 따라 기반시설설치계획을 수립하여야 하며, 이를 도시 · 군관리계획에 반영하여야 한다. 〈개정 2011. 4. 14.〉

⑤ 기반시설부담구역의 지정기준 등에 관하여 필요한 사항은 대통령령으로 정하는 바에 따라 국토교통부장관이 정한다. 〈개정 2013. 3. 23.〉

[전문개정 2009. 2. 6.]

[시행일:2012. 7. 1.] 제67조 중 특별자치시장에 관한 개정규정

제68조 기반시설설치비용의 부과대상 및 산정기준

① 기반시설부담구역에서 기반시설설치비용의 부과대상인 건축행위는 제2조제20호에 따른 시설로서 200제곱미터(기존 건축물의 연면적을 포함한다)를 초과하는 건축물의 신축·증축 행위로 한다. 다만, 기존 건축물을 철거하고 신축하는 경우에는 기존 건축물의 건축연면적을 초과하는 건축행위만 부과대상으로 한다.

② 기반시설설치비용은 기반시설을 설치하는 데 필요한 기반시설 표준시설비용과 용지비용을 합산한 금액에 제1항에 따른 부과대상 건축연면적과 기반시설 설치를 위하여 사용되는 총 비용 중 국가·지방자치단체의 부담분을 제외하고 민간 개발사업자가 부담하는 부담률을 곱한 금액으로 한다. 다만, 특별시장·광역시장·특별자치시장·특별자치도지사·시장 또는 군수가 해당 지역의 기반시설 소요량 등을 고려하여 대통령령으로 정하는 바에 따라 기반시설부담계획을 수립한 경우에는 그 부담계획에 따른다. 〈개정 2011. 4. 14.〉

③ 제2항에 따른 기반시설 표준시설비용은 기반시설 조성을 위하여 사용되는 단위당 시설비로서 해당 연도의 생산자물가상승률 등을 고려하여 대통령령으로 정하는 바에 따라 국토교통부장관이 고시한다. 〈개정 2013. 3. 23.〉

④ 제2항에 따른 용지비용은 부과대상이 되는 건축행위가 이루어지는 토지를 대상으로 다음 각 호의 기준을 곱하여 산정한 가액(價額)으로 한다.

1. 지역별 기반시설의 설치 정도를 고려하여 0.4 범위에서 지방자치단체의 조례로 정하는 용지환산계수
2. 기반시설부담구역의 개별공시지가 평균 및 대통령령으로 정하는 건축물별 기반시설유발계수

⑤ 제2항에 따른 민간 개발사업자가 부담하는 부담률은 100분의 20으로 하며, 특별시장·광역시장·특별자치시장·특별자치도지사·시장 또는 군수가 건물의 규모, 지역 특성 등을 고려하여 100분의 25의 범위에서 부담률을 가감할 수 있다. 〈개정 2011. 4. 14.〉

⑥ 제69조제1항에 따른 납부의무자가 다음 각 호의 어느 하나에 해당하는 경우에는 이 법에 따른 기반시설설치비용에서 감면한다. 〈개정 2014. 1. 14.〉

1. 제2조제19호에 따른 기반시설을 설치하거나 그에 필요한 용지를 확보한 경우
2. 「도로법」 제91조에 따른 원인자 부담금 등 대통령령으로 정하는 비용을 납부한 경우

⑦ 제6항에 따른 감면기준 및 감면절차와 그 밖에 필요한 사항은 대통령령으로 정한다.

[전문개정 2009. 2. 6.]

[시행일:2012. 7. 1.] 제68조 중 특별자치시장에 관한 개정규정

제69조 기반시설설치비용의 납부 및 체납처분

① 제68조제1항에 따른 건축행위를 하는 자(건축행위의 위탁자 또는 지위의 승계자 등 대통령령으로 정하는 자를 포함한다. 이하 "납부의무자"라 한다)는 기반시설설치비용을 내야 한다.

② 특별시장 · 광역시장 · 특별자치시장 · 특별자치도지사 · 시장 또는 군수는 납부의무자가 국가 또는 지방자치단체로부터 건축허가(다른 법률에 따른 사업승인 등 건축허가가 의제되는 경우에는 그 사업승인)를 받은 날부터 2개월 이내에 기반시설설치비용을 부과하여야 하고, 납부의무자는 사용승인(다른 법률에 따라 준공검사 등 사용승인이 의제되는 경우에는 그 준공검사) 신청 시까지 이를 내야 한다. 〈개정 2011. 4. 14.〉

③ 특별시장 · 광역시장 · 특별자치시장 · 특별자치도지사 · 시장 또는 군수는 납부의무자가 제2항에서 정한 때까지 기반시설설치비용을 내지 아니하는 경우에는 「지방세외수입금의 징수 등에 관한 법률」에 따라 징수할 수 있다. 〈개정 2011. 4. 14., 2013. 8. 6.〉

④ 특별시장 · 광역시장 · 특별자치시장 · 특별자치도지사 · 시장 또는 군수는 기반시설설치비용을 납부한 자가 사용승인 신청 후 해당 건축행위와 관련된 기반시설의 추가 설치 등 기반시설설치비용을 환급하여야 하는 사유가 발생하는 경우에는 그 사유에 상당하는 기반시설설치비용을 환급하여야 한다. 〈개정 2011. 4. 14.〉

⑤ 그 밖에 기반시설설치비용의 부과절차, 납부 및 징수방법, 환급사유 등에 관하여 필요한 사항은 대통령령으로 정할 수 있다.

[전문개정 2009. 2. 6.]

[시행일:2012. 7. 1.] 제69조 중 특별자치시장에 관한 개정규정

제70조 기반시설설치비용의 관리 및 사용 등

① 특별시장 · 광역시장 · 특별자치시장 · 특별자치도지사 · 시장 또는 군수는 기반시설설치비용의 관리 및 운용을 위하여 기반시설부담구역별로 특별회계를 설치하여야 하며, 그에 필요한 사항은 지방자치단체의 조례로 정한다. 〈개정 2011. 4. 14.〉

② 제69조제2항에 따라 납부한 기반시설설치비용은 해당 기반시설부담구역에서 제2조제19호에 따른 기반시설의 설치 또는 그에 필요한 용지의 확보 등을 위하여 사용하여야 한다. 다만, 해당 기반시설부담구역에 사용하기가 곤란한 경우로서 대통령령으로 정하는 경우에는 해당 기반시설부담구역의 기반시설과 연계된 기반시설의 설치 또는 그에 필요한 용지의 확보 등에 사용할 수 있다.

③ 기반시설설치비용의 관리, 사용 등에 필요한 사항은 대통령령으로 정하는 바에 따라 국토교통부장관이 정한다. 〈개정 2013. 3. 23.〉

[전문개정 2009. 2. 6.]

[시행일:2012. 7. 1.] 제70조 중 특별자치시장에 관한 개정규정

제71조 삭제 <2006. 1. 11.>

제72조 삭제 <2006. 1. 11.>

제73조 삭제 <2006. 1. 11.>

제74조 삭제 <2006. 1. 11.>

제75조 삭제 <2006. 1. 11.>

제6장 용도지역 · 용도지구 및 용도구역에서의 행위 제한

제76조 용도지역 및 용도지구에서의 건축물의 건축 제한 등

① 제36조에 따라 지정된 용도지역에서의 건축물이나 그 밖의 시설의 용도 · 종류 및 규모 등의 제한에 관한 사항은 대통령령으로 정한다.

② 제37조에 따라 지정된 용도지구에서의 건축물이나 그 밖의 시설의 용도 · 종류 및 규모 등의 제한에 관한 사항은 이 법 또는 다른 법률에 특별한 규정이 있는 경우 외에는 대통령령으로 정하는 기준에 따라 특별시 · 광역시 · 특별자치시 · 특별자치도 · 시 또는 군의 조례로 정할 수 있다. 〈개정 2011. 4. 14.〉

③ 제1항과 제2항에 따른 건축물이나 그 밖의 시설의 용도 · 종류 및 규모 등의 제한은 해당 용도지역과 용도지구의 지정목적에 적합하여야 한다.

④ 건축물이나 그 밖의 시설의 용도 · 종류 및 규모 등을 변경하는 경우 변경 후의 건축물이나 그 밖의 시설의 용도 · 종류 및 규모 등은 제1항과 제2항에 맞아야 한다.

⑤ 다음 각 호의 어느 하나에 해당하는 경우의 건축물이나 그 밖의 시설의 용도 · 종류 및 규모 등의 제한에 관하여는 제1항부터 제4항까지의 규정에도 불구하고 각 호에서 정하는 바에 따른다. 〈개정 2009. 4. 22., 2011. 8. 4., 2015. 8. 11., 2017. 4. 18.〉

1. 제37조제1항제6호에 따른 취락지구에서는 취락지구의 지정목적 범위에서 대통령령으로 따로 정한다.

1의2. 제37조제1항제7호에 따른 개발진흥지구에서는 개발진흥지구의 지정목적 범위에서 대통령령으로 따로 정한다.

1의3. 제37조제1항제9호에 따른 복합용도지구에서는 복합용도지구의 지정목적 범위에서 대통령령으로 따로 정한다.

2. 「산업입지 및 개발에 관한 법률」 제2조제8호라목에 따른 농공단지에서는 같은 법에서 정하는 바에 따른다.

3. 농림지역 중 농업진흥지역, 보전산지 또는 초지인 경우에는 각각 「농지법」, 「산지관리법」 또는 「초지법」에서 정하는 바에 따른다.

4. 자연환경보전지역 중 「자연공원법」에 따른 공원구역, 「수도법」에 따른 상수원보호구역, 「문화재보호법」에 따라 지정된 지정문화재 또는 천연기념물과 그 보호구역, 「해양생태계의 보전 및 관리에 관한 법률」에 따른 해양보호구역인 경우에는 각각 「자연공

원법」, 「수도법」 또는 「문화재보호법」 또는 「해양생태계의 보전 및 관리에 관한 법률」에서 정하는 바에 따른다.

5. 자연환경보전지역 중 수산자원보호구역인 경우에는 「수산자원관리법」에서 정하는 바에 따른다.

⑥ 보전관리지역이나 생산관리지역에 대하여 농림축산식품부장관·해양수산부장관·환경부장관 또는 산림청장이 농지 보전, 자연환경 보전, 해양환경 보전 또는 산림 보전에 필요하다고 인정하는 경우에는 「농지법」, 「자연환경보전법」, 「야생생물 보호 및 관리에 관한 법률」, 「해양생태계의 보전 및 관리에 관한 법률」 또는 「산림자원의 조성 및 관리에 관한 법률」에 따라 건축물이나 그 밖의 시설의 용도·종류 및 규모 등을 제한할 수 있다. 이 경우 이 법에 따른 제한의 취지와 형평을 이루도록 하여야 한다. 〈개정 2011. 7. 28., 2013. 3. 23.〉

[전문개정 2009. 2. 6.]

[시행일:2012. 7. 1.] 제76조 중 특별자치시에 관한 개정규정

제77조 용도지역의 건폐율

① 제36조에 따라 지정된 용도지역에서 건폐율의 최대한도는 관할 구역의 면적과 인구 규모, 용도지역의 특성 등을 고려하여 다음 각 호의 범위에서 대통령령으로 정하는 기준에 따라 특별시·광역시·특별자치시·특별자치도·시 또는 군의 조례로 정한다.

〈개정 2011. 4. 14., 2013. 7. 16., 2015. 8. 11.〉

1. 도시지역
   가. 주거지역: 70퍼센트 이하
   나. 상업지역: 90퍼센트 이하
   다. 공업지역: 70퍼센트 이하
   라. 녹지지역: 20퍼센트 이하
2. 관리지역
   가. 보전관리지역: 20퍼센트 이하
   나. 생산관리지역: 20퍼센트 이하
   다. 계획관리지역: 40퍼센트 이하
3. 농림지역: 20퍼센트 이하
4. 자연환경보전지역: 20퍼센트 이하

② 제36조제2항에 따라 세분된 용도지역에서의 건폐율에 관한 기준은 제1항 각 호의 범위에서 대통령령으로 따로 정한다.

③ 다음 각 호의 어느 하나에 해당하는 지역에서의 건폐율에 관한 기준은 제1항과 제2항에도 불구하고 80퍼센트 이하의 범위에서 대통령령으로 정하는 기준에 따라 특별시 · 광역시 · 특별자치시 · 특별자치도 · 시 또는 군의 조례로 따로 정한다.

〈개정 2011. 4. 14., 2011. 8. 4., 2015. 8. 11., 2017. 4. 18.〉

1. 제37조제1항제6호에 따른 취락지구
2. 제37조제1항제7호에 따른 개발진흥지구(도시지역 외의 지역 또는 대통령령으로 정하는 용도지역만 해당한다)
3. 제40조에 따른 수산자원보호구역
4. 「자연공원법」에 따른 자연공원
5. 「산업입지 및 개발에 관한 법률」 제2조제8호라목에 따른 농공단지
6. 공업지역에 있는 「산업입지 및 개발에 관한 법률」 제2조제8호가목부터 다목까지의 규정에 따른 국가산업단지, 일반산업단지 및 도시첨단산업단지와 같은 조 제12호에 따른 준산업단지

④ 다음 각 호의 어느 하나에 해당하는 경우로서 대통령령으로 정하는 경우에는 제1항에도 불구하고 대통령령으로 정하는 기준에 따라 특별시 · 광역시 · 특별자치시 · 특별자치도 · 시 또는 군의 조례로 건폐율을 따로 정할 수 있다. 〈개정 2011. 4. 14., 2011. 9. 16.〉

1. 토지이용의 과밀화를 방지하기 위하여 건폐율을 강화할 필요가 있는 경우
2. 주변 여건을 고려하여 토지의 이용도를 높이기 위하여 건폐율을 완화할 필요가 있는 경우
3. 녹지지역, 보전관리지역, 생산관리지역, 농림지역 또는 자연환경보전지역에서 농업용 · 임업용 · 어업용 건축물을 건축하려는 경우
4. 보전관리지역, 생산관리지역, 농림지역 또는 자연환경보전지역에서 주민생활의 편익을 증진시키기 위한 건축물을 건축하려는 경우

⑤ 계획관리지역 · 생산관리지역 및 대통령령으로 정하는 녹지지역에서 성장관리방안을 수립한 경우에는 제1항에도 불구하고 50퍼센트 이하의 범위에서 대통령령으로 정하는 기준에 따라 특별시 · 광역시 · 특별자치시 · 특별자치도 · 시 또는 군의 조례로 건폐율을 따로 정할 수 있다.

〈신설 2015. 8. 11.〉

[전문개정 2009. 2. 6.]

[시행일:2012. 7. 1.] 제77조 중 특별자치시에 관한 개정규정

제78조 용도지역에서의 용적률

① 제36조에 따라 지정된 용도지역에서 용적률의 최대한도는 관할 구역의 면적과 인구 규모, 용도

지역의 특성 등을 고려하여 다음 각 호의 범위에서 대통령령으로 정하는 기준에 따라 특별시 · 광역시 · 특별자치시 · 특별자치도 · 시 또는 군의 조례로 정한다. 〈개정 2011. 4. 14., 2013. 7. 16.〉

1. 도시지역
   가. 주거지역: 500퍼센트 이하
   나. 상업지역: 1천500퍼센트 이하
   다. 공업지역: 400퍼센트 이하
   라. 녹지지역: 100퍼센트 이하
2. 관리지역
   가. 보전관리지역: 80퍼센트 이하
   나. 생산관리지역: 80퍼센트 이하
   다. 계획관리지역: 100퍼센트 이하. 다만, 성장관리방안을 수립한 지역의 경우 해당 지방자치단체의 조례로 125퍼센트 이내에서 완화하여 적용할 수 있다.
3. 농림지역: 80퍼센트 이하
4. 자연환경보전지역: 80퍼센트 이하

② 제36조제2항에 따라 세분된 용도지역에서의 용적률에 관한 기준은 제1항 각 호의 범위에서 대통령령으로 따로 정한다.

③ 제77조제3항제2호부터 제5호까지의 규정에 해당하는 지역에서의 용적률에 대한 기준은 제1항과 제2항에도 불구하고 200퍼센트 이하의 범위에서 대통령령으로 정하는 기준에 따라 특별시 · 광역시 · 특별자치시 · 특별자치도 · 시 또는 군의 조례로 따로 정한다. 〈개정 2011. 4. 14.〉

④ 건축물의 주위에 공원 · 광장 · 도로 · 하천 등의 공지가 있거나 이를 설치하는 경우에는 제1항에도 불구하고 대통령령으로 정하는 바에 따라 특별시 · 광역시 · 특별자치시 · 특별자치도 · 시 또는 군의 조례로 용적률을 따로 정할 수 있다. 〈개정 2011. 4. 14.〉

⑤ 제1항과 제4항에도 불구하고 제36조에 따른 도시지역(녹지지역만 해당한다), 관리지역에서는 창고 등 대통령령으로 정하는 용도의 건축물 또는 시설물은 특별시 · 광역시 · 특별자치시 · 특별자치도 · 시 또는 군의 조례로 정하는 높이로 규모 등을 제한할 수 있다. 〈개정 2011. 4. 14.〉

⑥ 제1항에도 불구하고 건축물을 건축하려는 자가 그 대지의 일부에 「사회복지사업법」 제2조제4호에 따른 사회복지시설 중 대통령령으로 정하는 시설을 설치하여 국가 또는 지방자치단체에 기부채납하는 경우에는 특별시 · 광역시 · 특별자치시 · 특별자치도 · 시 또는 군의 조례로 해당 용도지역에 적용되는 용적률을 완화할 수 있다. 이 경우 용적률 완화의 허용범위, 기부채납의 기준 및 절차 등에 필요한 사항은 대통령령으로 정한다. 〈신설 2013. 12. 30.〉

[전문개정 2009. 2. 6.]

[시행일:2012. 7. 1.] 제78조 중 특별자치시에 관한 개정규정

제79조 용도지역 미지정 또는 미세분 지역에서의 행위 제한 등

① 도시지역, 관리지역, 농림지역 또는 자연환경보전지역으로 용도가 지정되지 아니한 지역에 대하여는 제76조부터 제78조까지의 규정을 적용할 때에 자연환경보전지역에 관한 규정을 적용한다.

② 제36조에 따른 도시지역 또는 관리지역이 같은 조 제1항 각 호 각 목의 세부 용도지역으로 지정되지 아니한 경우에는 제76조부터 제78조까지의 규정을 적용할 때에 해당 용도지역이 도시지역인 경우에는 녹지지역 중 대통령령으로 정하는 지역에 관한 규정을 적용하고, 관리지역인 경우에는 보전관리지역에 관한 규정을 적용한다.

[전문개정 2009. 2. 6.]

제80조 개발제한구역에서의 행위 제한 등

개발제한구역에서의 행위 제한이나 그 밖에 개발제한구역의 관리에 필요한 사항은 따로 법률로 정한다.

[전문개정 2009. 2. 6.]

제80조의2 도시자연공원구역에서의 행위 제한 등

도시자연공원구역에서의 행위 제한 등 도시자연공원구역의 관리에 필요한 사항은 따로 법률로 정한다.

[전문개정 2009. 2. 6.]

제80조의3 입지규제최소구역에서의 행위 제한

입지규제최소구역에서의 행위 제한은 용도지역 및 용도지구에서의 토지의 이용 및 건축물의 용도 · 건폐율 · 용적률 · 높이 등에 대한 제한을 강화하거나 완화하여 따로 입지규제최소구역계획으로 정한다.

[본조신설 2015. 1. 6.]

제81조 시가화조정구역에서의 행위 제한 등

① 제39조에 따라 지정된 시가화조정구역에서의 도시 · 군계획사업은 대통령령으로 정하는 사업만 시행할 수 있다. 〈개정 2011. 4. 14.〉

② 시가화조정구역에서는 제56조와 제76조에도 불구하고 제1항에 따른 도시 · 군계획사업의 경우

외에는 다음 각 호의 어느 하나에 해당하는 행위에 한정하여 특별시장 · 광역시장 · 특별자치시장 · 특별자치도지사 · 시장 또는 군수의 허가를 받아 그 행위를 할 수 있다. 〈개정 2011. 4. 14.〉

1. 농업 · 임업 또는 어업용의 건축물 중 대통령령으로 정하는 종류와 규모의 건축물이나 그 밖의 시설을 건축하는 행위
2. 마을공동시설, 공익시설 · 공공시설, 광공업 등 주민의 생활을 영위하는 데에 필요한 행위로서 대통령령으로 정하는 행위
3. 입목의 벌채, 조림, 육림, 토석의 채취, 그 밖에 대통령령으로 정하는 경미한 행위

③ 특별시장 · 광역시장 · 특별자치시장 · 특별자치도지사 · 시장 또는 군수는 제2항에 따른 허가를 하려면 미리 다음 각 호의 어느 하나에 해당하는 자와 협의하여야 한다. 〈개정 2011. 4. 14.〉

1. 제5항 각 호의 허가에 관한 권한이 있는 자
2. 허가대상행위와 관련이 있는 공공시설의 관리자
3. 허가대상행위에 따라 설치되는 공공시설을 관리하게 될 자

④ 시가화조정구역에서 제2항에 따른 허가를 받지 아니하고 건축물의 건축, 토지의 형질 변경 등의 행위를 하는 자에 관하여는 제60조제3항 및 제4항을 준용한다.

⑤ 제2항에 따른 허가가 있는 경우에는 다음 각 호의 허가 또는 신고가 있는 것으로 본다. 〈개정 2010. 5. 31.〉

1. 「산지관리법」 제14조 · 제15조에 따른 산지전용허가 및 산지전용신고, 같은 법 제15조의2에 따른 산지일시사용허가 · 신고
2. 「산림자원의 조성 및 관리에 관한 법률」 제36조제1항 · 제4항에 따른 입목벌채 등의 허가 · 신고

⑥ 제2항에 따른 허가의 기준 및 신청 절차 등에 관하여 필요한 사항은 대통령령으로 정한다.

[전문개정 2009. 2. 6.]

[시행일:2012. 7. 1.] 제81조 중 특별자치시장에 관한 개정규정

제82조 기존 건축물에 대한 특례

법령의 제정 · 개정이나 그 밖에 대통령령으로 정하는 사유로 기존 건축물이 이 법에 맞지 아니하게 된 경우에는 대통령령으로 정하는 범위에서 증축, 개축, 재축 또는 용도변경을 할 수 있다.

[본조신설 2011. 4. 14.]

제83조 도시지역에서의 다른 법률의 적용 배제

도시지역에 대하여는 다음 각 호의 법률 규정을 적용하지 아니한다. 〈개정 2011. 4. 14., 2014. 1. 14.〉

1. 「도로법」 제40조에 따른 접도구역
2. 삭제 〈2014. 1. 14.〉
3. 「농지법」 제8조에 따른 농지취득자격증명. 다만, 녹지지역의 농지로서 도시·군계획시설사업에 필요하지 아니한 농지에 대하여는 그러하지 아니하다.

[전문개정 2009. 2. 6.]

제83조의2 입지규제최소구역에서의 다른 법률의 적용 특례

① 입지규제최소구역에 대하여는 다음 각 호의 법률 규정을 적용하지 아니할 수 있다.
〈개정 2016. 1. 19.〉

1. 「주택법」 제35조에 따른 주택의 배치, 부대시설·복리시설의 설치기준 및 대지조성기준
2. 「주차장법」 제19조에 따른 부설주차장의 설치
3. 「문화예술진흥법」 제9조에 따른 건축물에 대한 미술작품의 설치

② 입지규제최소구역계획에 대한 도시계획위원회 심의 시 「학교보건법」 제6조제1항에 따른 학교환경위생정화위원회 또는 「문화재보호법」 제8조에 따른 문화재위원회(같은 법 제70조에 따른 시·도지정문화재에 관한 사항의 경우 같은 법 제71조에 따른 시·도문화재위원회를 말한다)와 공동으로 심의를 개최하고, 그 결과에 따라 다음 각 호의 법률 규정을 완화하여 적용할 수 있다. 이 경우 다음 각 호의 완화 여부는 각각 학교환경위생정화위원회와 문화재위원회의 의결에 따른다.

1. 「학교보건법」 제6조에 따른 학교환경위생 정화구역에서의 행위제한
2. 「문화재보호법」 제13조에 따른 역사문화환경 보존지역에서의 행위제한

③ 입지규제최소구역으로 지정된 지역은 「건축법」 제69조에 따른 특별건축구역으로 지정된 것으로 본다.

④ 시·도지사 또는 시장·군수·구청장은 「건축법」 제70조에도 불구하고 입지규제최소구역에서 건축하는 건축물을 「건축법」 제73조에 따라 건축기준 등의 특례사항을 적용하여 건축할 수 있는 건축물에 포함시킬 수 있다.

[본조신설 2015. 1. 6.]

제84조 둘 이상의 용도지역·용도지구·용도구역에 걸치는 대지에 대한 적용 기준

① 하나의 대지가 둘 이상의 용도지역·용도지구 또는 용도구역(이하 이 항에서 "용도지역등"이라 한다)에 걸치는 경우로서 각 용도지역등에 걸치는 부분 중 가장 작은 부분의 규모가 대통령령으로 정하는 규모 이하인 경우에는 전체 대지의 건폐율 및 용적률은 각 부분이 전체 대지 면

적에서 차지하는 비율을 고려하여 다음 각 호의 구분에 따라 각 용도지역등별 건폐율 및 용적률을 가중평균한 값을 적용하고, 그 밖의 건축 제한 등에 관한 사항은 그 대지 중 가장 넓은 면적이 속하는 용도지역등에 관한 규정을 적용한다. 다만, 건축물이 고도지구에 걸쳐 있는 경우에는 그 건축물 및 대지의 전부에 대하여 고도지구의 건축물 및 대지에 관한 규정을 적용한다. 〈개정 2012. 2. 1., 2017. 4. 18.〉

1. 가중평균한 건폐율 = (f1x1 + f2x2 + … + fnxn) / 전체 대지 면적. 이 경우 f1부터 fn까지는 각 용도지역등에 속하는 토지 부분의 면적을 말하고, x1부터 xn까지는 해당 토지 부분이 속하는 각 용도지역등의 건폐율을 말하며, n은 용도지역등에 걸치는 각 토지 부분의 총 개수를 말한다.
2. 가중평균한 용적률 = (f1x1 + f2x2 + … + fnxn) / 전체 대지 면적. 이 경우 f1부터 fn까지는 각 용도지역등에 속하는 토지 부분의 면적을 말하고, x1부터 xn까지는 해당 토지 부분이 속하는 각 용도지역등의 용적률을 말하며, n은 용도지역등에 걸치는 각 토지 부분의 총 개수를 말한다.

② 하나의 건축물이 방화지구와 그 밖의 용도지역·용도지구 또는 용도구역에 걸쳐 있는 경우에는 제1항에도 불구하고 그 전부에 대하여 방화지구의 건축물에 관한 규정을 적용한다. 다만, 그 건축물이 있는 방화지구와 그 밖의 용도지역·용도지구 또는 용도구역의 경계가 「건축법」 제50조제2항에 따른 방화벽으로 구획되는 경우 그 밖의 용도지역·용도지구 또는 용도구역에 있는 부분에 대하여는 그러하지 아니하다.

③ 하나의 대지가 녹지지역과 그 밖의 용도지역·용도지구 또는 용도구역에 걸쳐 있는 경우(규모가 가장 작은 부분이 녹지지역으로서 해당 녹지지역이 제1항에 따라 대통령령으로 정하는 규모 이하인 경우는 제외한다)에는 제1항에도 불구하고 각각의 용도지역·용도지구 또는 용도구역의 건축물 및 토지에 관한 규정을 적용한다. 다만, 녹지지역의 건축물이 고도지구 또는 방화지구에 걸쳐 있는 경우에는 제1항 단서나 제2항에 따른다. 〈개정 2017. 4. 18.〉

[전문개정 2009. 2. 6.]

제7장 도시 · 군계획시설사업의 시행

제85조 단계별 집행계획의 수립

① 특별시장 · 광역시장 · 특별자치시장 · 특별자치도지사 · 시장 또는 군수는 도시 · 군계획시설에 대하여 도시 · 군계획시설결정의 고시일부터 3개월 이내에 대통령령으로 정하는 바에 따라 재원조달계획, 보상계획 등을 포함하는 단계별 집행계획을 수립하여야 한다. 다만, 대통령령으로 정하는 법률에 따라 도시 · 군관리계획의 결정이 의제되는 경우에는 해당 도시 · 군계획시설결정의 고시일부터 2년 이내에 단계별 집행계획을 수립할 수 있다.

〈개정 2011. 4. 14., 2017. 12. 26.〉

② 국토교통부장관이나 도지사가 직접 입안한 도시 · 군관리계획인 경우 국토교통부장관이나 도지사는 단계별 집행계획을 수립하여 해당 특별시장 · 광역시장 · 특별자치시장 · 특별자치도지사 · 시장 또는 군수에게 송부할 수 있다. 〈개정 2011. 4. 14., 2013. 3. 23.〉

③ 단계별 집행계획은 제1단계 집행계획과 제2단계 집행계획으로 구분하여 수립하되, 3년 이내에 시행하는 도시 · 군계획시설사업은 제1단계 집행계획에, 3년 후에 시행하는 도시 · 군계획시설사업은 제2단계 집행계획에 포함되도록 하여야 한다. 〈개정 2011. 4. 14.〉

④ 특별시장 · 광역시장 · 특별자치시장 · 특별자치도지사 · 시장 또는 군수는 제1항이나 제2항에 따라 단계별 집행계획을 수립하거나 받은 때에는 대통령령으로 정하는 바에 따라 지체 없이 그 사실을 공고하여야 한다. 〈개정 2011. 4. 14.〉

⑤ 공고된 단계별 집행계획을 변경하는 경우에는 제1항부터 제4항까지의 규정을 준용한다. 다만, 대통령령으로 정하는 경미한 사항을 변경하는 경우에는 그러하지 아니하다.

[전문개정 2009. 2. 6.]

[시행일:2012. 7. 1.] 제85조 중 특별자치시장에 관한 개정규정

제86조 도시 · 군계획시설사업의 시행자

① 특별시장 · 광역시장 · 특별자치시장 · 특별자치도지사 · 시장 또는 군수는 이 법 또는 다른 법률에 특별한 규정이 있는 경우 외에는 관할 구역의 도시 · 군계획시설사업을 시행한다.

〈개정 2011. 4. 14.〉

② 도시 · 군계획시설사업이 둘 이상의 특별시 · 광역시 · 특별자치시 · 특별자치도 · 시 또는 군의 관할 구역에 걸쳐 시행되게 되는 경우에는 관계 특별시장 · 광역시장 · 특별자치시장 · 특별자

치도지사 · 시장 또는 군수가 서로 협의하여 시행자를 정한다. 〈개정 2011. 4. 14.〉

③ 제2항에 따른 협의가 성립되지 아니하는 경우 도시 · 군계획시설사업을 시행하려는 구역이 같은 도의 관할 구역에 속하는 경우에는 관할 도지사가 시행자를 지정하고, 둘 이상의 시 · 도의 관할 구역에 걸치는 경우에는 국토교통부장관이 시행자를 지정한다.

〈개정 2011. 4. 14., 2013. 3. 23.〉

④ 제1항부터 제3항까지의 규정에도 불구하고 국토교통부장관은 국가계획과 관련되거나 그 밖에 특히 필요하다고 인정되는 경우에는 관계 특별시장 · 광역시장 · 특별자치시장 · 특별자치도지사 · 시장 또는 군수의 의견을 들어 직접 도시 · 군계획시설사업을 시행할 수 있으며, 도지사는 광역도시계획과 관련되거나 특히 필요하다고 인정되는 경우에는 관계 시장 또는 군수의 의견을 들어 직접 도시 · 군계획시설사업을 시행할 수 있다. 〈개정 2011. 4. 14., 2013. 3. 23.〉

⑤ 제1항부터 제4항까지의 규정에 따라 시행자가 될 수 있는 자 외의 자는 대통령령으로 정하는 바에 따라 국토교통부장관, 시 · 도지사, 시장 또는 군수로부터 시행자로 지정을 받아 도시 · 군계획시설사업을 시행할 수 있다. 〈개정 2011. 4. 14., 2013. 3. 23.〉

⑥ 국토교통부장관, 시 · 도지사, 시장 또는 군수는 제2항 · 제3항 또는 제5항에 따라 도시 · 군계획시설사업의 시행자를 지정한 경우에는 국토교통부령으로 정하는 바에 따라 그 지정 내용을 고시하여야 한다. 〈개정 2011. 4. 14., 2013. 3. 23.〉

⑦ 다음 각 호에 해당하지 아니하는 자가 제5항에 따라 도시 · 군계획시설사업의 시행자로 지정을 받으려면 도시 · 군계획시설사업의 대상인 토지(국공유지는 제외한다)의 소유 면적 및 토지 소유자의 동의 비율에 관하여 대통령령으로 정하는 요건을 갖추어야 한다. 〈개정 2011. 4. 14.〉

1. 국가 또는 지방자치단체
2. 대통령령으로 정하는 공공기관
3. 그 밖에 대통령령으로 정하는 자

[전문개정 2009. 2. 6.]

[제목개정 2011. 4. 14.]

[시행일:2012. 7. 1.] 제86조 중 특별자치시와 특별자치시장에 관한 개정규정

제87조 도시 · 군계획시설사업의 분할 시행

도시 · 군계획시설사업의 시행자는 도시 · 군계획시설사업을 효율적으로 추진하기 위하여 필요하다고 인정되면 사업시행대상지역 또는 대상시설을 둘 이상으로 분할하여 도시 · 군계획시설사업을 시행할 수 있다. 〈개정 2011. 4. 14., 2013. 7. 16.〉

[전문개정 2009. 2. 6.]

[제목개정 2011. 4. 14.]

제88조 실시계획의 작성 및 인가 등

① 도시 · 군계획시설사업의 시행자는 대통령령으로 정하는 바에 따라 그 도시 · 군계획시설사업에 관한 실시계획(이하 "실시계획"이라 한다)을 작성하여야 한다. 〈개정 2011. 4. 14.〉

② 도시 · 군계획시설사업의 시행자(국토교통부장관, 시 · 도지사와 대도시 시장은 제외한다. 이하 제3항에서 같다)는 제1항에 따라 실시계획을 작성하면 대통령령으로 정하는 바에 따라 국토교통부장관, 시 · 도지사 또는 대도시 시장의 인가를 받아야 한다. 다만, 제98조에 따른 준공검사를 받은 후에 해당 도시 · 군계획시설사업에 대하여 국토교통부령으로 정하는 경미한 사항을 변경하기 위하여 실시계획을 작성하는 경우에는 국토교통부장관, 시 · 도지사 또는 대도시 시장의 인가를 받지 아니한다. 〈개정 2011. 4. 14., 2013. 3. 23., 2013. 7. 16.〉

③ 국토교통부장관, 시 · 도지사 또는 대도시 시장은 도시 · 군계획시설사업의 시행자가 작성한 실시계획이 제43조제2항에 따른 도시 · 군계획시설의 결정 · 구조 및 설치의 기준 등에 맞다고 인정하는 경우에는 실시계획을 인가하여야 한다. 이 경우 국토교통부장관, 시 · 도지사 또는 대도시 시장은 기반시설의 설치나 그에 필요한 용지의 확보, 위해 방지, 환경오염 방지, 경관 조성, 조경 등의 조치를 할 것을 조건으로 실시계획을 인가할 수 있다. 〈개정 2011. 4. 14., 2013. 3. 23.〉

④ 인가받은 실시계획을 변경하거나 폐지하는 경우에는 제2항 본문을 준용한다. 다만, 국토교통부령으로 정하는 경미한 사항을 변경하는 경우에는 그러하지 아니하다.

〈개정 2013. 3. 23., 2013. 7. 16.〉

⑤ 실시계획에는 사업시행에 필요한 설계도서, 자금계획, 시행기간, 그 밖에 대통령령으로 정하는 사항(제4항에 따라 실시계획을 변경하는 경우에는 변경되는 사항에 한정한다)을 자세히 밝히거나 첨부하여야 한다. 〈개정 2015. 12. 29.〉

⑥ 제1항 · 제2항 및 제4항에 따라 실시계획이 작성(도시 · 군계획시설사업의 시행자가 국토교통부장관, 시 · 도지사 또는 대도시 시장인 경우를 말한다) 또는 인가된 때에는 그 실시계획에 반영된 제30조제5항 단서에 따른 경미한 사항의 범위에서 도시 · 군관리계획이 변경된 것으로 본다. 이 경우 제30조제6항 및 제32조에 따라 도시 · 군관리계획의 변경사항 및 이를 반영한 지형도면을 고시하여야 한다. 〈신설 2011. 4. 14., 2013. 3. 23.〉

[전문개정 2009. 2. 6.]

제89조 도시 · 군계획시설사업의 이행 담보

① 특별시장 · 광역시장 · 특별자치시장 · 특별자치도지사 · 시장 또는 군수는 기반시설의 설치나

그에 필요한 용지의 확보, 위해 방지, 환경오염 방지, 경관 조성, 조경 등을 위하여 필요하다고 인정되는 경우로서 대통령령으로 정하는 경우에는 그 이행을 담보하기 위하여 도시ㆍ군계획시설사업의 시행자에게 이행보증금을 예치하게 할 수 있다. 다만, 다음 각 호의 어느 하나에 해당하는 자에 대하여는 그러하지 아니하다. 〈개정 2011. 4. 14.〉

1. 국가 또는 지방자치단체
2. 대통령령으로 정하는 공공기관
3. 그 밖에 대통령령으로 정하는 자

② 제1항에 따른 이행보증금의 산정과 예치방법 등에 관하여 필요한 사항은 대통령령으로 정한다.

③ 특별시장ㆍ광역시장ㆍ특별자치시장ㆍ특별자치도지사ㆍ시장 또는 군수는 제88조제2항 본문 또는 제4항 본문에 따른 실시계획의 인가 또는 변경인가를 받지 아니하고 도시ㆍ군계획시설사업을 하거나 그 인가 내용과 다르게 도시ㆍ군계획시설사업을 하는 자에게 그 토지의 원상회복을 명할 수 있다. 〈개정 2011. 4. 14., 2013. 7. 16.〉

④ 특별시장ㆍ광역시장ㆍ특별자치시장ㆍ특별자치도지사ㆍ시장 또는 군수는 제3항에 따른 원상회복의 명령을 받은 자가 원상회복을 하지 아니하는 경우에는 「행정대집행법」에 따른 행정대집행에 따라 원상회복을 할 수 있다. 이 경우 행정대집행에 필요한 비용은 제1항에 따라 도시ㆍ군계획시설사업의 시행자가 예치한 이행보증금으로 충당할 수 있다. 〈개정 2011. 4. 14.〉

[전문개정 2009. 2. 6.]

[제목개정 2011. 4. 14.]

[시행일:2012. 7. 1.] 제89조 중 특별자치시장에 관한 개정규정

제90조 서류의 열람 등

① 국토교통부장관, 시ㆍ도지사 또는 대도시 시장은 제88조제3항에 따라 실시계획을 인가하려면 미리 대통령령으로 정하는 바에 따라 그 사실을 공고하고, 관계 서류의 사본을 14일 이상 일반이 열람할 수 있도록 하여야 한다. 〈개정 2012. 2. 1., 2013. 3. 23.〉

② 도시ㆍ군계획시설사업의 시행지구의 토지ㆍ건축물 등의 소유자 및 이해관계인은 제1항에 따른 열람기간 이내에 국토교통부장관, 시ㆍ도지사, 대도시 시장 또는 도시ㆍ군계획시설사업의 시행자에게 의견서를 제출할 수 있으며, 국토교통부장관, 시ㆍ도지사, 대도시 시장 또는 도시ㆍ군계획시설사업의 시행자는 제출된 의견이 타당하다고 인정되면 그 의견을 실시계획에 반영하여야 한다. 〈개정 2011. 4. 14., 2013. 3. 23.〉

③ 국토교통부장관, 시ㆍ도지사 또는 대도시 시장이 실시계획을 작성하는 경우에 관하여는 제1항과 제2항을 준용한다. 〈개정 2013. 3. 23.〉

[전문개정 2009. 2. 6.]

제91조 실시계획의 고시

국토교통부장관, 시·도지사 또는 대도시 시장은 제88조에 따라 실시계획을 작성 또는 변경작성하거나 인가 또는 변경인가한 경우에는 대통령령으로 정하는 바에 따라 그 내용을 고시하여야 한다. 〈개정 2013. 3. 23., 2013. 7. 16.〉

[전문개정 2009. 2. 6.]

제92조 관련 인·허가등의 의제

① 국토교통부장관, 시·도지사 또는 대도시 시장이 제88조에 따라 실시계획을 작성 또는 변경작성하거나 인가 또는 변경인가를 할 때에 그 실시계획에 대한 다음 각 호의 인·허가등에 관하여 제3항에 따라 관계 행정기관의 장과 협의한 사항에 대하여는 해당 인·허가등을 받은 것으로 보며, 제91조에 따른 실시계획을 고시한 경우에는 관계 법률에 따른 인·허가등의 고시·공고 등이 있은 것으로 본다. 〈개정 2009. 3. 25., 2009. 6. 9., 2010. 1. 27., 2010. 4. 15., 2010. 5. 31., 2011. 4. 14., 2013. 3. 23., 2013. 7. 16., 2014. 1. 14., 2014. 6. 3., 2016. 12. 27.〉

1. 「건축법」 제11조에 따른 건축허가, 같은 법 제14조에 따른 건축신고 및 같은 법 제20조에 따른 가설건축물 건축의 허가 또는 신고
2. 「산업집적활성화 및 공장설립에 관한 법률」 제13조에 따른 공장설립등의 승인
3. 「공유수면 관리 및 매립에 관한 법률」 제8조에 따른 공유수면의 점용·사용허가, 같은 법 제17조에 따른 점용·사용 실시계획의 승인 또는 신고, 같은 법 제28조에 따른 공유수면의 매립면허, 같은 법 제35조에 따른 국가 등이 시행하는 매립의 협의 또는 승인 및 같은 법 제38조에 따른 공유수면매립실시계획의 승인
4. 삭제 〈2010. 4. 15.〉
5. 「광업법」 제42조에 따른 채굴계획의 인가
6. 「국유재산법」 제30조에 따른 사용·수익의 허가
7. 「농어촌정비법」 제23조에 따른 농업생산기반시설의 사용허가
8. 「농지법」 제34조에 따른 농지전용의 허가 또는 협의, 같은 법 제35조에 따른 농지전용의 신고 및 같은 법 제36조에 따른 농지의 타용도 일시사용의 허가 또는 협의
9. 「도로법」 제36조에 따른 도로관리청이 아닌 자에 대한 도로공사 시행의 허가 및 같은 법 제61조에 따른 도로의 점용 허가
10. 「장사 등에 관한 법률」 제27조제1항에 따른 무연분묘의 개장허가

11. 「사도법」 제4조에 따른 사도 개설의 허가
12. 「사방사업법」 제14조에 따른 토지의 형질 변경 등의 허가 및 같은 법 제20조에 따른 사방지 지정의 해제
13. 「산지관리법」 제14조 · 제15조에 따른 산지전용허가 및 산지전용신고, 같은 법 제15조의2에 따른 산지일시사용허가 · 신고, 같은 법 제25조제1항에 따른 토석채취허가, 같은 법 제25조제2항에 따른 토사채취신고 및 「산림자원의 조성 및 관리에 관한 법률」 제36조제1항 · 제4항에 따른 입목벌채 등의 허가 · 신고
14. 「소하천정비법」 제10조에 따른 소하천공사 시행의 허가 및 같은 법 제14조에 따른 소하천의 점용허가
15. 「수도법」 제17조에 따른 일반수도사업 및 같은 법 제49조에 따른 공업용수도사업의 인가, 같은 법 제52조에 따른 전용상수도 설치 및 같은 법 제54조에 따른 전용공업용수도 설치의 인가
16. 「연안관리법」 제25조에 따른 연안정비사업실시계획의 승인
17. 「에너지이용 합리화법」 제8조에 따른 에너지사용계획의 협의
18. 「유통산업발전법」 제8조에 따른 대규모점포의 개설등록
19. 「공유재산 및 물품 관리법」 제20조제1항에 따른 사용 · 수익의 허가
20. 「공간정보의 구축 및 관리 등에 관한 법률」 제86조제1항에 따른 사업의 착수 · 변경 또는 완료의 신고
21. 「집단에너지사업법」 제4조에 따른 집단에너지의 공급 타당성에 관한 협의
22. 「체육시설의 설치 · 이용에 관한 법률」 제12조에 따른 사업계획의 승인
23. 「초지법」 제23조에 따른 초지전용의 허가, 신고 또는 협의
24. 「공간정보의 구축 및 관리 등에 관한 법률」 제15조제3항에 따른 지도등의 간행 심사
25. 「하수도법」 제16조에 따른 공공하수도에 관한 공사시행의 허가 및 같은 법 제24조에 따른 공공하수도의 점용허가
26. 「하천법」 제30조에 따른 하천공사 시행의 허가, 같은 법 제33조에 따른 하천 점용의 허가
27. 「항만법」 제9조제2항에 따른 항만공사 시행의 허가 및 같은 법 제10조제2항에 따른 실시계획의 승인

② 제1항에 따른 인 · 허가등의 의제를 받으려는 자는 실시계획 인가 또는 변경인가를 신청할 때에 해당 법률에서 정하는 관련 서류를 함께 제출하여야 한다. 〈개정 2013. 7. 16.〉

③ 국토교통부장관, 시 · 도지사 또는 대도시 시장은 실시계획을 작성 또는 변경작성하거나 인가

또는 변경인가할 때에 그 내용에 제1항 각 호의 어느 하나에 해당하는 사항이 있으면 미리 관계 행정기관의 장과 협의하여야 한다. 〈개정 2013. 3. 23., 2013. 7. 16.〉

④ 국토교통부장관은 제1항에 따라 의제되는 인 · 허가등의 처리기준을 관계 중앙행정기관으로부터 받아 통합하여 고시하여야 한다. 〈개정 2013. 3. 23.〉

[전문개정 2009. 2. 6.]

제93조 관계 서류의 열람 등

도시 · 군계획시설사업의 시행자는 도시 · 군계획시설사업을 시행하기 위하여 필요하면 등기소나 그 밖의 관계 행정기관의 장에게 필요한 서류의 열람 또는 복사나 그 등본 또는 초본의 발급을 무료로 청구할 수 있다. 〈개정 2011. 4. 14.〉

[전문개정 2009. 2. 6.]

제94조 서류의 송달

① 도시 · 군계획시설사업의 시행자는 이해관계인에게 서류를 송달할 필요가 있으나 이해관계인의 주소 또는 거소(居所)가 불분명하거나 그 밖의 사유로 서류를 송달할 수 없는 경우에는 대통령령으로 정하는 바에 따라 그 서류의 송달을 갈음하여 그 내용을 공시할 수 있다. 〈개정 2011. 4. 14.〉

② 제1항에 따른 서류의 공시송달에 관하여는 「민사소송법」의 공시송달의 예에 따른다.

[전문개정 2009. 2. 6.]

제95조 토지 등의 수용 및 사용

① 도시 · 군계획시설사업의 시행자는 도시 · 군계획시설사업에 필요한 다음 각 호의 물건 또는 권리를 수용하거나 사용할 수 있다. 〈개정 2011. 4. 14.〉

1. 토지 · 건축물 또는 그 토지에 정착된 물건
2. 토지 · 건축물 또는 그 토지에 정착된 물건에 관한 소유권 외의 권리

② 도시 · 군계획시설사업의 시행자는 사업시행을 위하여 특히 필요하다고 인정되면 도시 · 군계획시설에 인접한 다음 각 호의 물건 또는 권리를 일시 사용할 수 있다. 〈개정 2011. 4. 14.〉

1. 토지 · 건축물 또는 그 토지에 정착된 물건
2. 토지 · 건축물 또는 그 토지에 정착된 물건에 관한 소유권 외의 권리

[전문개정 2009. 2. 6.]

제96조 「공익사업을 위한 토지 등의 취득 및 보상에 관한 법률」의 준용

① 제95조에 따른 수용 및 사용에 관하여는 이 법에 특별한 규정이 있는 경우 외에는 「공익사업을 위한 토지 등의 취득 및 보상에 관한 법률」을 준용한다.

② 제1항에 따라 「공익사업을 위한 토지 등의 취득 및 보상에 관한 법률」을 준용할 때에 제91조에 따른 실시계획을 고시한 경우에는 같은 법 제20조제1항과 제22조에 따른 사업인정 및 그 고시가 있었던 것으로 본다. 다만, 재결 신청은 같은 법 제23조제1항과 제28조제1항에도 불구하고 실시계획에서 정한 도시·군계획시설사업의 시행기간에 하여야 한다. 〈개정 2011. 4. 14.〉

[전문개정 2009. 2. 6.]

제97조 국공유지의 처분 제한

① 제30조제6항에 따라 도시·군관리계획결정을 고시한 경우에는 국공유지로서 도시·군계획시설사업에 필요한 토지는 그 도시·군관리계획으로 정하여진 목적 외의 목적으로 매각하거나 양도할 수 없다. 〈개정 2011. 4. 14.〉

② 제1항을 위반한 행위는 무효로 한다.

[전문개정 2009. 2. 6.]

제98조 공사완료의 공고 등

① 도시·군계획시설사업의 시행자(국토교통부장관, 시·도지사와 대도시 시장은 제외한다)는 도시·군계획시설사업의 공사를 마친 때에는 국토교통부령으로 정하는 바에 따라 공사완료보고서를 작성하여 시·도지사나 대도시 시장의 준공검사를 받아야 한다. 〈개정 2011. 4. 14., 2013. 3. 23.〉

② 시·도지사나 대도시 시장은 제1항에 따른 공사완료보고서를 받으면 지체 없이 준공검사를 하여야 한다.

③ 시·도지사나 대도시 시장은 제2항에 따른 준공검사를 한 결과 실시계획대로 완료되었다고 인정되는 경우에는 도시·군계획시설사업의 시행자에게 준공검사증명서를 발급하고 공사완료 공고를 하여야 한다. 〈개정 2011. 4. 14.〉

④ 국토교통부장관, 시·도지사 또는 대도시 시장인 도시·군계획시설사업의 시행자는 도시·군계획시설사업의 공사를 마친 때에는 공사완료 공고를 하여야 한다.

〈개정 2011. 4. 14., 2013. 3. 23.〉

⑤ 제2항에 따라 준공검사를 하거나 제4항에 따라 공사완료 공고를 할 때에 국토교통부장관, 시·도지사 또는 대도시 시장이 제92조에 따라 의제되는 인·허가등에 따른 준공검사·준공인가

등에 관하여 제7항에 따라 관계 행정기관의 장과 협의한 사항에 대하여는 그 준공검사 · 준공인가 등을 받은 것으로 본다. 〈개정 2013. 3. 23.〉

⑥ 도시 · 군계획시설사업의 시행자(국토교통부장관, 시 · 도지사와 대도시 시장은 제외한다)는 제5항에 따른 준공검사 · 준공인가 등의 의제를 받으려면 제1항에 따른 준공검사를 신청할 때에 해당 법률에서 정하는 관련 서류를 함께 제출하여야 한다. 〈개정 2011. 4. 14., 2013. 3. 23.〉

⑦ 국토교통부장관, 시 · 도지사 또는 대도시 시장은 제2항에 따른 준공검사를 하거나 제4항에 따라 공사완료 공고를 할 때에 그 내용에 제92조에 따라 의제되는 인 · 허가등에 따른 준공검사 · 준공인가 등에 해당하는 사항이 있으면 미리 관계 행정기관의 장과 협의하여야 한다. 〈개정 2013. 3. 23.〉

⑧ 국토교통부장관은 제5항에 따라 의제되는 준공검사 · 준공인가 등의 처리기준을 관계 중앙행정기관으로부터 받아 통합하여 고시하여야 한다. 〈개정 2013. 3. 23.〉

[전문개정 2009. 2. 6.]

제99조 공공시설 등의 귀속

도시 · 군계획시설사업에 의하여 새로 공공시설을 설치하거나 기존의 공공시설에 대체되는 공공시설을 설치한 경우에는 제65조를 준용한다. 이 경우 제65조제5항 중 "준공검사를 마친 때"는 "준공검사를 마친 때(시행자가 국토교통부장관, 시 · 도지사 또는 대도시 시장인 경우에는 제98조제4항에 따른 공사완료 공고를 한 때를 말한다)"로 보고, 같은 조 제7항 중 "제62조제1항에 따른 준공검사를 받았음을 증명하는 서면"은 "제98조제3항에 따른 준공검사증명서(시행자가 국토교통부장관, 시 · 도지사 또는 대도시 시장인 경우에는 같은 조 제4항에 따른 공사완료 공고를 하였음을 증명하는 서면을 말한다)"로 본다. 〈개정 2011. 4. 14., 2013. 3. 23.〉

[전문개정 2009. 2. 6.]

제100조 다른 법률과의 관계

도시 · 군계획시설사업으로 조성된 대지와 건축물 중 국가나 지방자치단체의 소유에 속하는 재산을 처분하려면 「국유재산법」과 「공유재산 및 물품 관리법」에도 불구하고 대통령령으로 정하는 바에 따라 다음 각 호의 순위에 따라 처분할 수 있다. 〈개정 2011. 4. 14.〉

1. 해당 도시 · 군계획시설사업의 시행으로 수용된 토지 또는 건축물 소유자에의 양도
2. 다른 도시 · 군계획시설사업에 필요한 토지와의 교환

[전문개정 2009. 2. 6.]

제8장 비용

제101조 비용 부담의 원칙

광역도시계획 및 도시 · 군계획의 수립과 도시 · 군계획시설사업에 관한 비용은 이 법 또는 다른 법률에 특별한 규정이 있는 경우 외에는 국가가 하는 경우에는 국가예산에서, 지방자치단체가 하는 경우에는 해당 지방자치단체가, 행정청이 아닌 자가 하는 경우에는 그 자가 부담함을 원칙으로 한다.

〈개정 2011. 4. 14.〉

[전문개정 2009. 2. 6.]

제102조 지방자치단체의 비용 부담

① 국토교통부장관이나 시 · 도지사는 그가 시행한 도시 · 군계획시설사업으로 현저히 이익을 받는 시 · 도, 시 또는 군이 있으면 대통령령으로 정하는 바에 따라 그 도시 · 군계획시설사업에 든 비용의 일부를 그 이익을 받는 시 · 도, 시 또는 군에 부담시킬 수 있다. 이 경우 국토교통부장관은 시 · 도, 시 또는 군에 비용을 부담시키기 전에 행정안전부장관과 협의하여야 한다.

〈개정 2011. 4. 14., 2013. 3. 23., 2014. 11. 19., 2017. 7. 26.〉

② 시 · 도지사는 제1항에 따라 그 시 · 도에 속하지 아니하는 특별시 · 광역시 · 특별자치시 · 특별자치도 · 시 또는 군에 비용을 부담시키려면 해당 지방자치단체의 장과 협의하되, 협의가 성립되지 아니하는 경우에는 행정안전부장관이 결정하는 바에 따른다.

〈개정 2011. 4. 14., 2013. 3. 23., 2014. 11. 19., 2017. 7. 26.〉

③ 시장이나 군수는 그가 시행한 도시 · 군계획시설사업으로 현저히 이익을 받는 다른 지방자치단체가 있으면 대통령령으로 정하는 바에 따라 그 도시 · 군계획시설사업에 든 비용의 일부를 그 이익을 받는 다른 지방자치단체와 협의하여 그 지방자치단체에 부담시킬 수 있다.

〈개정 2011. 4. 14.〉

④ 제3항에 따른 협의가 성립되지 아니하는 경우 다른 지방자치단체가 같은 도에 속할 때에는 관할 도지사가 결정하는 바에 따르며, 다른 시 · 도에 속할 때에는 행정안전부장관이 결정하는 바에 따른다. 〈개정 2013. 3. 23., 2014. 11. 19., 2017. 7. 26.〉

[전문개정 2009. 2. 6.]

[시행일:2012. 7. 1.] 제102조 중 특별자치시에 관한 개정규정

제103조 삭제 <2017. 4. 18.>

제104조 보조 또는 융자

① 시 · 도지사, 시장 또는 군수가 수립하는 광역도시 · 군계획 또는 도시 · 군계획에 관한 기초조사나 제32조에 따른 지형도면의 작성에 드는 비용은 대통령령으로 정하는 바에 따라 그 비용의 전부 또는 일부를 국가예산에서 보조할 수 있다. 〈개정 2011. 4. 14.〉

② 행정청이 시행하는 도시 · 군계획시설사업에 드는 비용은 대통령령으로 정하는 바에 따라 그 비용의 전부 또는 일부를 국가예산에서 보조하거나 융자할 수 있으며, 행정청이 아닌 자가 시행하는 도시 · 군계획시설사업에 드는 비용의 일부는 대통령령으로 정하는 바에 따라 국가 또는 지방자치단체가 보조하거나 융자할 수 있다. 이 경우 국가 또는 지방자치단체는 다음 각 호의 어느 하나에 해당하는 지역을 우선 지원할 수 있다. 〈개정 2011. 4. 14., 2018. 6. 12.〉

1. 도로, 상하수도 등 기반시설이 인근지역에 비하여 부족한 지역
2. 광역도시계획에 반영된 광역시설이 설치되는 지역
3. 개발제한구역(집단취락만 해당한다)에서 해제된 지역
4. 도시 · 군계획시설결정의 고시일부터 10년이 경과할 때까지 그 도시 · 군계획시설의 설치에 관한 도시 · 군계획시설사업이 시행되지 아니한 경우로서 해당 도시 · 군계획시설의 설치 필요성이 높은 지역

[전문개정 2009. 2. 6.]

제105조 취락지구에 대한 지원

국가나 지방자치단체는 대통령령으로 정하는 바에 따라 취락지구 주민의 생활 편익과 복지 증진 등을 위한 사업을 시행하거나 그 사업을 지원할 수 있다.

[전문개정 2009. 2. 6.]

제105조의2 방재지구에 대한 지원

국가나 지방자치단체는 이 법률 또는 다른 법률에 따라 방재사업을 시행하거나 그 사업을 지원하는 경우 방재지구에 우선적으로 지원할 수 있다.

[본조신설 2013. 7. 16.]

제9장 도시계획위원회

제106조 중앙도시계획위원회

다음 각 호의 업무를 수행하기 위하여 국토교통부에 중앙도시계획위원회를 둔다.

〈개정 2011. 4. 14., 2013. 3. 23.〉

1. 광역도시계획 · 도시 · 군계획 · 토지거래계약허가구역 등 국토교통부장관의 권한에 속하는 사항의 심의
2. 이 법 또는 다른 법률에서 중앙도시계획위원회의 심의를 거치도록 한 사항의 심의
3. 도시 · 군계획에 관한 조사 · 연구

[전문개정 2009. 2. 6.]

제107조 조직

① 중앙도시계획위원회는 위원장 · 부위원장 각 1명을 포함한 25명 이상 30명 이하의 위원으로 구성한다. 〈개정 2015. 12. 29.〉

② 중앙도시계획위원회의 위원장과 부위원장은 위원 중에서 국토교통부장관이 임명하거나 위촉한다. 〈개정 2013. 3. 23.〉

③ 위원은 관계 중앙행정기관의 공무원과 토지 이용, 건축, 주택, 교통, 공간정보, 환경, 법률, 복지, 방재, 문화, 농림 등 도시 · 군계획과 관련된 분야에 관한 학식과 경험이 풍부한 자 중에서 국토교통부장관이 임명하거나 위촉한다. 〈개정 2011. 4. 14., 2013. 3. 23.〉

④ 공무원이 아닌 위원의 수는 10명 이상으로 하고, 그 임기는 2년으로 한다.

⑤ 보궐위원의 임기는 전임자 임기의 남은 기간으로 한다.

[전문개정 2009. 2. 6.]

제108조 위원장 등의 직무

① 위원장은 중앙도시계획위원회의 업무를 총괄하며, 중앙도시계획위원회의 의장이 된다.

② 부위원장은 위원장을 보좌하며, 위원장이 부득이한 사유로 그 직무를 수행하지 못할 때에는 그 직무를 대행한다.

③ 위원장과 부위원장이 모두 부득이한 사유로 그 직무를 수행하지 못할 때에는 위원장이 미리 지명한 위원이 그 직무를 대행한다.

[전문개정 2009. 2. 6.]

제109조 회의의 소집 및 의결 정족수

① 중앙도시계획위원회의 회의는 국토교통부장관이나 위원장이 필요하다고 인정하는 경우에 국토교통부장관이나 위원장이 소집한다. 〈개정 2013. 3. 23.〉

② 중앙도시계획위원회의 회의는 재적위원 과반수의 출석으로 개의(開議)하고, 출석위원 과반수의 찬성으로 의결한다.

[전문개정 2009. 2. 6.]

제110조 분과위원회

① 다음 각 호의 사항을 효율적으로 심의하기 위하여 중앙도시계획위원회에 분과위원회를 둘 수 있다.

1. 제8조제2항에 따른 토지 이용에 관한 구역등의 지정 · 변경 및 제9조에 따른 용도지역 등의 변경계획에 관한 사항
2. 제59조에 따른 심의에 관한 사항
3. 제117조에 따른 허가구역의 지정에 관한 사항
4. 중앙도시계획위원회에서 위임하는 사항

② 분과위원회의 심의는 중앙도시계획위원회의 심의로 본다. 다만, 제1항제4호의 경우에는 중앙도시계획위원회가 분과위원회의 심의를 중앙도시계획위원회의 심의로 보도록 하는 경우만 해당한다.

[전문개정 2009. 2. 6.]

제111조 전문위원

① 도시 · 군계획 등에 관한 중요 사항을 조사 · 연구하기 위하여 중앙도시계획위원회에 전문위원을 둘 수 있다. 〈개정 2011. 4. 14.〉

② 전문위원은 위원장 및 중앙도시계획위원회나 분과위원회의 요구가 있을 때에는 회의에 출석하여 발언할 수 있다.

③ 전문위원은 토지 이용, 건축, 주택, 교통, 공간정보, 환경, 법률, 복지, 방재, 문화, 농림 등 도시 · 군계획과 관련된 분야에 관한 학식과 경험이 풍부한 자 중에서 국토교통부장관이 임명한다. 〈개정 2011. 4. 14., 2013. 3. 23.〉

[전문개정 2009. 2. 6.]

제112조 간사 및 서기

① 중앙도시계획위원회에 간사와 서기를 둔다.

② 간사와 서기는 국토교통부 소속 공무원 중에서 국토교통부장관이 임명한다. 〈개정 2013. 3. 23.〉

③ 간사는 위원장의 명을 받아 중앙도시계획위원회의 서무를 담당하고, 서기는 간사를 보좌한다.

[전문개정 2009. 2. 6.]

제113조 지방도시계획위원회

① 다음 각 호의 심의를 하게 하거나 자문에 응하게 하기 위하여 시 · 도에 시 · 도도시계획위원회를 둔다. 〈개정 2011. 4. 14., 2013. 3. 23.〉

1. 시 · 도지사가 결정하는 도시 · 군관리계획의 심의 등 시 · 도지사의 권한에 속하는 사항과 다른 법률에서 시 · 도도시계획위원회의 심의를 거치도록 한 사항의 심의
2. 국토교통부장관의 권한에 속하는 사항 중 중앙도시계획위원회의 심의 대상에 해당하는 사항이 시 · 도지사에게 위임된 경우 그 위임된 사항의 심의
3. 도시 · 군관리계획과 관련하여 시 · 도지사가 자문하는 사항에 대한 조언
4. 그 밖에 대통령령으로 정하는 사항에 관한 심의 또는 조언

② 도시 · 군관리계획과 관련된 다음 각 호의 심의를 하게 하거나 자문에 응하게 하기 위하여 시 · 군(광역시의 관할 구역에 있는 군을 포함한다. 이하 이 조에서 같다) 또는 구(자치구를 말한다. 이하 같다)에 각각 시 · 군 · 구도시계획위원회를 둔다. 〈개정 2011. 4. 14., 2013. 3. 23., 2013. 7. 16.〉

1. 시장 또는 군수가 결정하는 도시 · 군관리계획의 심의와 국토교통부장관이나 시 · 도지사의 권한에 속하는 사항 중 시 · 도도시계획위원회의 심의대상에 해당하는 사항이 시장 · 군수 또는 구청장에게 위임되거나 재위임된 경우 그 위임되거나 재위임된 사항의 심의
2. 도시 · 군관리계획과 관련하여 시장 · 군수 또는 구청장이 자문하는 사항에 대한 조언
3. 제59조에 따른 개발행위의 허가 등에 관한 심의
4. 그 밖에 대통령령으로 정하는 사항에 관한 심의 또는 조언

③ 시 · 도도시계획위원회나 시 · 군 · 구도시계획위원회의 심의 사항 중 대통령령으로 정하는 사항을 효율적으로 심의하기 위하여 시 · 도도시계획위원회나 시 · 군 · 구도시계획위원회에 분과위원회를 둘 수 있다.

④ 분과위원회에서 심의하는 사항 중 시 · 도도시계획위원회나 시 · 군 · 구도시계획위원회가 지정하는 사항은 분과위원회의 심의를 시 · 도도시계획위원회나 시 · 군 · 구도시계획위원회의 심의로 본다.

⑤ 도시 · 군계획 등에 관한 중요 사항을 조사 · 연구하기 위하여 지방도시계획위원회에 전문위원을 둘 수 있다. 〈개정 2011. 4. 14.〉

⑥ 제5항에 따라 지방도시계획위원회에 전문위원을 두는 경우에는 제111조제2항 및 제3항을 준용한다. 이 경우 "중앙도시계획위원회"는 "지방도시계획위원회"로, "국토교통부장관"은 "해당 지방도시계획위원회가 속한 지방자치단체의 장"으로 본다. 〈신설 2011. 4. 14., 2013. 3. 23.〉

[전문개정 2009. 2. 6.]

제113조의2 회의록의 공개

중앙도시계획위원회 및 지방도시계획위원회의 심의 일시 · 장소 · 안건 · 내용 · 결과 등이 기록된 회의록은 1년의 범위에서 대통령령으로 정하는 기간이 지난 후에는 공개 요청이 있는 경우 대통령령으로 정하는 바에 따라 공개하여야 한다. 다만, 공개에 의하여 부동산 투기 유발 등 공익을 현저히 해칠 우려가 있다고 인정하는 경우나 심의 · 의결의 공정성을 침해할 우려가 있다고 인정되는 이름 · 주민등록번호 등 대통령령으로 정하는 개인 식별 정보에 관한 부분의 경우에는 그러하지 아니하다.

[본조신설 2009. 2. 6.]

제113조의3 위원의 제척 · 회피

① 중앙도시계획위원회의 위원 및 지방도시계획위원회의 위원은 다음 각 호의 어느 하나에 해당하는 경우에 심의 · 자문에서 제척(除斥)된다.

1. 자기나 배우자 또는 배우자이었던 자가 당사자이거나 공동권리자 또는 공동의무자인 경우
2. 자기가 당사자와 친족관계이거나 자기 또는 자기가 속한 법인이 당사자의 법률 · 경영 등에 대한 자문 · 고문 등으로 있는 경우
3. 자기 또는 자기가 속한 법인이 당사자 등의 대리인으로 관여하거나 관여하였던 경우
4. 그 밖에 해당 안건에 자기가 이해관계인으로 관여한 경우로서 대통령령으로 정하는 경우

② 위원이 제1항 각 호의 사유에 해당하는 경우에는 스스로 그 안건의 심의 · 자문에서 회피할 수 있다.

[본조신설 2011. 4. 14.]

제113조의4 벌칙 적용 시의 공무원 의제

중앙도시계획위원회의 위원 · 전문위원 및 지방도시계획위원회의 위원 · 전문위원 중 공무원이 아닌 위원이나 전문위원은 그 직무상 행위와 관련하여 「형법」 제129조부터 제132조까지의 규정을

적용할 때에는 공무원으로 본다.

[본조신설 2011. 4. 14.]

제114조 운영 세칙

① 중앙도시계획위원회와 분과위원회의 설치 및 운영에 필요한 사항은 대통령령으로 정한다.

② 지방도시계획위원회와 분과위원회의 설치 및 운영에 필요한 사항은 대통령령으로 정하는 범위에서 해당 지방자치단체의 조례로 정한다.

[전문개정 2009. 2. 6.]

제115조 위원 등의 수당 및 여비

중앙도시계획위원회의 위원이나 전문위원, 지방도시계획위원회의 위원에게는 대통령령이나 조례로 정하는 바에 따라 수당과 여비를 지급할 수 있다.

[전문개정 2009. 2. 6.]

제116조 도시 · 군계획상임기획단

지방자치단체의 장이 입안한 광역도시계획 · 도시 · 군기본계획 또는 도시 · 군관리계획을 검토하거나 지방자치단체의 장이 의뢰하는 광역도시계획 · 도시 · 군기본계획 또는 도시 · 군관리계획에 관한 기획 · 지도 및 조사 · 연구를 위하여 해당 지방자치단체의 조례로 정하는 바에 따라 지방도시계획위원회에 제113조제5항에 따른 전문위원 등으로 구성되는 도시 · 군계획상임기획단을 둔다. 〈개정 2011. 4. 14.〉

[전문개정 2009. 2. 6.]

[제목개정 2011. 4. 14.]

제10장 토지거래의 허가 등

제117조 **삭제** <2016. 1. 19.>

제118조 **삭제** <2016. 1. 19.>

제119조 **삭제** <2016. 1. 19.>

제120조 **삭제** <2016. 1. 19.>

제121조 **삭제** <2016. 1. 19.>

제122조 **삭제** <2016. 1. 19.>

제123조 **삭제** <2016. 1. 19.>

제124조 **삭제** <2016. 1. 19.>

제124조의2 **삭제** <2016. 1. 19.>

제125조 **삭제** <2016. 1. 19.>

제126조 **삭제** <2016. 1. 19.>

제11장 보칙

제127조 시범도시의 지정 · 지원

① 국토교통부장관은 도시의 경제 · 사회 · 문화적인 특성을 살려 개성 있고 지속가능한 발전을 촉진하기 위하여 필요하면 직접 또는 관계 중앙행정기관의 장이나 시 · 도지사의 요청에 의하여 경관, 생태, 정보통신, 과학, 문화, 관광, 그 밖에 대통령령으로 정하는 분야별로 시범도시(시범지구나 시범단지를 포함한다)를 지정할 수 있다. 〈개정 2013. 3. 23.〉

② 국토교통부장관, 관계 중앙행정기관의 장 또는 시 · 도지사는 제1항에 따라 지정된 시범도시에 대하여 예산 · 인력 등 필요한 지원을 할 수 있다. 〈개정 2013. 3. 23.〉

③ 국토교통부장관은 관계 중앙행정기관의 장이나 시 · 도지사에게 시범도시의 지정과 지원에 필요한 자료를 제출하도록 요청할 수 있다. 〈개정 2013. 3. 23.〉

④ 시범도시의 지정 및 지원의 기준 · 절차 등에 관하여 필요한 사항은 대통령령으로 정한다.

[전문개정 2009. 2. 6.]

제128조 국토이용정보체계의 활용

① 국토교통부장관, 시 · 도지사, 시장 또는 군수가 「토지이용규제 기본법」 제12조에 따라 국토이용정보체계를 구축하여 도시 · 군계획에 관한 정보를 관리하는 경우에는 해당 정보를 도시 · 군계획을 수립하는 데에 활용하여야 한다. 〈개정 2013. 3. 23., 2015. 8. 11.〉

② 특별시장 · 광역시장 · 특별자치시장 · 특별자치도지사 · 시장 또는 군수는 개발행위허가 민원 간소화 및 업무의 효율적인 처리를 위하여 국토이용정보체계를 활용하여야 한다.

〈신설 2015. 8. 11.〉

[본조신설 2012. 2. 1.]

제129조 전문기관에 자문 등

① 국토교통부장관은 필요하다고 인정하는 경우에는 광역도시계획이나 도시 · 군기본계획의 승인, 그 밖에 도시 · 군계획에 관한 중요 사항에 대하여 도시 · 군계획에 관한 전문기관에 자문을 하거나 조사 · 연구를 의뢰할 수 있다. 〈개정 2011. 4. 14., 2013. 3. 23.〉

② 국토교통부장관은 제1항에 따라 자문을 하거나 조사 · 연구를 의뢰하는 경우에는 그에 필요한 비용을 예산의 범위에서 해당 전문기관에 지급할 수 있다. 〈개정 2013. 3. 23.〉

[전문개정 2009. 2. 6.]

제130조 토지에의 출입 등

① 국토교통부장관, 시 · 도지사, 시장 또는 군수나 도시 · 군계획시설사업의 시행자는 다음 각 호의 행위를 하기 위하여 필요하면 타인의 토지에 출입하거나 타인의 토지를 재료 적치장 또는 임시통로로 일시 사용할 수 있으며, 특히 필요한 경우에는 나무, 흙, 돌, 그 밖의 장애물을 변경하거나 제거할 수 있다. 〈개정 2011. 4. 14., 2013. 3. 23.〉

1. 도시 · 군계획 · 광역도시 · 군계획에 관한 기초조사
2. 개발밀도관리구역, 기반시설부담구역 및 제67조제4항에 따른 기반시설설치계획에 관한 기초조사
3. 지가의 동향 및 토지거래의 상황에 관한 조사
4. 도시 · 군계획시설사업에 관한 조사 · 측량 또는 시행

② 제1항에 따라 타인의 토지에 출입하려는 자는 특별시장 · 광역시장 · 특별자치시장 · 특별자치도지사 · 시장 또는 군수의 허가를 받아야 하며, 출입하려는 날의 7일 전까지 그 토지의 소유자 · 점유자 또는 관리인에게 그 일시와 장소를 알려야 한다. 다만, 행정청인 도시 · 군계획시설사업의 시행자는 허가를 받지 아니하고 타인의 토지에 출입할 수 있다.

〈개정 2011. 4. 14., 2012. 2. 1.〉

③ 1항에 따라 타인의 토지를 재료 적치장 또는 임시통로로 일시사용하거나 나무, 흙, 돌, 그 밖의 장애물을 변경 또는 제거하려는 자는 토지의 소유자 · 점유자 또는 관리인의 동의를 받아야 한다.

④ 제3항의 경우 토지나 장애물의 소유자 · 점유자 또는 관리인이 현장에 없거나 주소 또는 거소가 불분명하여 그 동의를 받을 수 없는 경우에는 행정청인 도시 · 군계획시설사업의 시행자는 관할 특별시장 · 광역시장 · 특별자치시장 · 특별자치도지사 · 시장 또는 군수에게 그 사실을 통지하여야 하며, 행정청이 아닌 도시 · 군계획시설사업의 시행자는 미리 관할 특별시장 · 광역시장 · 특별자치시장 · 특별자치도지사 · 시장 또는 군수의 허가를 받아야 한다. 〈개정 2011. 4. 14.〉

⑤ 제3항과 제4항에 따라 토지를 일시 사용하거나 장애물을 변경 또는 제거하려는 자는 토지를 사용하려는 날이나 장애물을 변경 또는 제거하려는 날의 3일 전까지 그 토지나 장애물의 소유자 · 점유자 또는 관리인에게 알려야 한다.

⑥ 일출 전이나 일몰 후에는 그 토지 점유자의 승낙 없이 택지나 담장 또는 울타리로 둘러싸인 타인의 토지에 출입할 수 없다.

⑦ 토지의 점유자는 정당한 사유 없이 제1항에 따른 행위를 방해하거나 거부하지 못한다.

⑧ 제1항에 따른 행위를 하려는 자는 그 권한을 표시하는 증표와 허가증을 지니고 이를 관계인에게 내보여야 한다.

⑨ 제8항에 따른 증표와 허가증에 관하여 필요한 사항은 국토교통부령으로 정한다.
〈개정 2013. 3. 23.〉

[전문개정 2009. 2. 6.]

[시행일:2012. 7. 1.] 제130조 중 특별자치시장에 관한 개정규정

제131조 토지에의 출입 등에 따른 손실 보상

① 제130조제1항에 따른 행위로 인하여 손실을 입은 자가 있으면 그 행위자가 속한 행정청이나 도시 · 군계획시설사업의 시행자가 그 손실을 보상하여야 한다. 〈개정 2011. 4. 14.〉

② 제1항에 따른 손실 보상에 관하여는 그 손실을 보상할 자와 손실을 입은 자가 협의하여야 한다.

③ 손실을 보상할 자나 손실을 입은 자는 제2항에 따른 협의가 성립되지 아니하거나 협의를 할 수 없는 경우에는 관할 토지수용위원회에 재결을 신청할 수 있다.

④ 관할 토지수용위원회의 재결에 관하여는 「공익사업을 위한 토지 등의 취득 및 보상에 관한 법률」 제83조부터 제87조까지의 규정을 준용한다.

[전문개정 2009. 2. 6.]

제132조 삭제 〈2005. 12. 7.〉

제133조 법률 등의 위반자에 대한 처분

① 국토교통부장관, 시 · 도지사, 시장 · 군수 또는 구청장은 다음 각 호의 어느 하나에 해당하는 자에게 이 법에 따른 허가 · 인가 등의 취소, 공사의 중지, 공작물 등의 개축 또는 이전, 그 밖에 필요한 처분을 하거나 조치를 명할 수 있다. 〈개정 2009. 12. 29., 2011. 4. 14., 2013. 3. 23., 2013. 7. 16.〉

1. 제31조제2항 단서에 따른 신고를 하지 아니하고 사업 또는 공사를 한 자
2. 도시 · 군계획시설을 제43조제1항에 따른 도시 · 군관리계획의 결정 없이 설치한 자
3. 제44조의3제2항에 따른 공동구의 점용 또는 사용에 관한 허가를 받지 아니하고 공동구를 점용 또는 사용하거나 같은 조 제3항에 따른 점용료 또는 사용료를 내지 아니한 자
4. 제54조에 따른 지구단위계획구역에서 해당 지구단위계획에 맞지 아니하게 건축물을 건축 또는 용도변경을 하거나 공작물을 설치한 자
5. 제56조에 따른 개발행위허가 또는 변경허가를 받지 아니하고 개발행위를 한 자

5의2. 제56조에 따라 개발행위허가 또는 변경허가를 받고 그 허가받은 사업기간 동안 개발행

위를 완료하지 아니한 자

6. 제60조제1항에 따른 이행보증금을 예치하지 아니하거나 같은 조 제3항에 따른 토지의 원상회복명령에 따르지 아니한 자
7. 개발행위를 끝낸 후 제62조에 따른 준공검사를 받지 아니한 자

7의2. 제64조제3항 본문에 따른 원상회복명령에 따르지 아니한 자

8. 제76조(같은 조 제5항제2호부터 제4호까지의 규정은 제외한다)에 따른 용도지역 또는 용도지구에서의 건축 제한 등을 위반한 자
9. 제77조에 따른 건폐율을 위반하여 건축한 자
10. 제78조에 따른 용적률을 위반하여 건축한 자
11. 제79조에 따른 용도지역 미지정 또는 미세분 지역에서의 행위 제한 등을 위반한 자
12. 제81조에 따른 시가화조정구역에서의 행위 제한을 위반한 자
13. 제84조에 따른 둘 이상의 용도지역 등에 걸치는 대지의 적용 기준을 위반한 자
14. 제86조제5항에 따른 도시·군계획시설사업시행자 지정을 받지 아니하고 도시·군계획시설사업을 시행한 자
15. 제88조에 따른 도시·군계획시설사업의 실시계획인가 또는 변경인가를 받지 아니하고 사업을 시행한 자

15의2. 제88조에 따라 도시·군계획시설사업의 실시계획인가 또는 변경인가를 받고 그 실시계획에서 정한 사업기간 동안 사업을 완료하지 아니한 자

15의3. 제88조에 따른 실시계획의 인가 또는 변경인가를 받은 내용에 맞지 아니하게 도시·군계획시설을 설치하거나 용도를 변경한 자

16. 제89조제1항에 따른 이행보증금을 예치하지 아니하거나 같은 조 제3항에 따른 토지의 원상회복명령에 따르지 아니한 자
17. 도시·군계획시설사업의 공사를 끝낸 후 제98조에 따른 준공검사를 받지 아니한 자
18. 삭제 〈2016. 1. 19.〉
19. 삭제 〈2016. 1. 19.〉
20. 제130조를 위반하여 타인의 토지에 출입하거나 그 토지를 일시사용한 자
21. 부정한 방법으로 다음 각 목의 어느 하나에 해당하는 허가·인가·지정 등을 받은 자
    가. 제56조에 따른 개발행위허가 또는 변경허가
    나. 제62조에 따른 개발행위의 준공검사
    다. 제81조에 따른 시가화조정구역에서의 행위허가
    라. 제86조에 따른 도시·군계획시설사업의 시행자 지정

마. 제88조에 따른 실시계획의 인가 또는 변경인가

바. 제98조에 따른 도시 · 군계획시설사업의 준공검사

사. 삭제 〈2016. 1. 19.〉

22. 사정이 변경되어 개발행위 또는 도시 · 군계획시설사업을 계속적으로 시행하면 현저히 공익을 해칠 우려가 있다고 인정되는 경우의 그 개발행위허가를 받은 자 또는 도시 · 군계획시설사업의 시행자

② 국토교통부장관, 시 · 도지사, 시장 · 군수 또는 구청장은 제1항제22호에 따라 필요한 처분을 하거나 조치를 명한 경우에는 이로 인하여 발생한 손실을 보상하여야 한다. 〈개정 2013. 3. 23.〉

③ 제2항에 따른 손실 보상에 관하여는 제131조제2항부터 제4항까지의 규정을 준용한다.

[전문개정 2009. 2. 6.]

제134조 행정심판

이 법에 따른 도시 · 군계획시설사업 시행자의 처분에 대하여는 「행정심판법」에 따라 행정심판을 제기할 수 있다. 이 경우 행정청이 아닌 시행자의 처분에 대하여는 제86조제5항에 따라 그 시행자를 지정한 자에게 행정심판을 제기하여야 한다. 〈개정 2011. 4. 14.〉

[전문개정 2009. 2. 6.]

제135조 권리 · 의무의 승계 등

① 다음 각 호에 해당하는 권리 · 의무는 그 토지 또는 건축물에 관한 소유권이나 그 밖의 권리의 변동과 동시에 그 승계인에게 이전한다. 〈개정 2011. 4. 14.〉

1. 토지 또는 건축물에 관하여 소유권이나 그 밖의 권리를 가진 자의 도시 · 군관리계획에 관한 권리 · 의무

2. 삭제 〈2016. 1. 19.〉

② 이 법 또는 이 법에 따른 명령에 의한 처분, 그 절차 및 그 밖의 행위는 그 행위와 관련된 토지 또는 건축물에 대하여 소유권이나 그 밖의 권리를 가진 자의 승계인에 대하여 효력을 가진다.

[전문개정 2009. 2. 6.]

제136조 청문

국토교통부장관, 시 · 도지사, 시장 · 군수 또는 구청장은 제133조제1항에 따라 다음 각 호의 어느 하나에 해당하는 처분을 하려면 청문을 하여야 한다. 〈개정 2011. 4. 14., 2013. 3. 23.〉

1. 개발행위허가의 취소

2. 제86조제5항에 따른 도시·군계획시설사업의 시행자 지정의 취소
3. 실시계획인가의 취소
4. 삭제 〈2016. 1. 19.〉
[전문개정 2009. 2. 6.]

제137조 보고 및 검사 등

① 국토교통부장관(제40조에 따른 수산자원보호구역의 경우 해양수산부장관을 말한다), 시·도지사, 시장 또는 군수는 필요하다고 인정되는 경우에는 개발행위허가를 받은 자나 도시·군계획시설사업의 시행자에 대하여 감독상 필요한 보고를 하게 하거나 자료를 제출하도록 명할 수 있으며, 소속 공무원으로 하여금 개발행위에 관한 업무 상황을 검사하게 할 수 있다. 〈개정 2011. 4. 14., 2013. 3. 23.〉

② 제1항에 따라 업무를 검사하는 공무원은 그 권한을 표시하는 증표를 지니고 이를 관계인에게 내보여야 한다.

③ 제2항에 따른 증표에 관하여 필요한 사항은 국토교통부령으로 정한다. 〈개정 2013. 3. 23.〉

[전문개정 2009. 2. 6.]

제138조 도시·군계획의 수립 및 운영에 대한 감독 및 조정

① 국토교통부장관(제40조에 따른 수산자원보호구역의 경우 해양수산부장관을 말한다. 이하 이 조에서 같다)은 필요한 경우에는 시·도지사 또는 시장·군수에게, 시·도지사는 시장·군수에게 도시·군기본계획과 도시·군관리계획의 수립 및 운영실태에 대하여 감독상 필요한 보고를 하게 하거나 자료를 제출하도록 명할 수 있으며, 소속 공무원으로 하여금 도시·군기본계획과 도시·군관리계획에 관한 업무 상황을 검사하게 할 수 있다. 〈개정 2011. 4. 14., 2013. 3. 23.〉

② 국토교통부장관은 도시·군기본계획과 도시·군관리계획이 국가계획 및 광역도시계획의 취지에 부합하지 아니하거나 도시·군관리계획이 도시·군기본계획의 취지에 부합하지 아니하다고 판단하는 경우에는 특별시장·광역시장·특별자치시장·특별자치도지사·시장 또는 군수에게 기한을 정하여 도시·군기본계획과 도시·군관리계획의 조정을 요구할 수 있다. 이 경우 특별시장·광역시장·특별자치시장·특별자치도지사·시장 또는 군수는 도시·군기본계획과 도시·군관리계획을 재검토하여 정비하여야 한다. 〈개정 2011. 4. 14., 2013. 3. 23.〉

③ 도지사는 시·군 도시·군관리계획이 광역도시계획이나 도시·군기본계획의 취지에 부합하지 아니하다고 판단되는 경우에는 시장 또는 군수에게 기한을 정하여 그 도시·군관리계획의 조정을 요구할 수 있다. 이 경우 시장 또는 군수는 그 도시·군관리계획을 재검토하여 정비하

여야 한다. 〈개정 2011. 4. 14.〉

[전문개정 2009. 2. 6.]

[제목개정 2011. 4. 14.]

[시행일:2012. 7. 1.] 제138조 중 특별자치시장에 관한 개정규정

제139조 권한의 위임 및 위탁

① 이 법에 따른 국토교통부장관(제40조에 따른 수산자원보호구역의 경우 해양수산부장관을 말한다. 이하 이 조에서 같다)의 권한은 그 일부를 대통령령으로 정하는 바에 따라 시・도지사에게 위임할 수 있으며, 시・도지사는 국토교통부장관의 승인을 받아 그 위임받은 권한을 시장・군수 또는 구청장에게 재위임할 수 있다. 〈개정 2009. 2. 6., 2013. 3. 23.〉

② 이 법에 따른 시・도지사의 권한은 시・도의 조례로 정하는 바에 따라 시장・군수 또는 구청장에게 위임할 수 있다. 이 경우 시・도지사는 권한의 위임사실을 국토교통부장관에게 보고하여야 한다. 〈개정 2009. 2. 6., 2013. 3. 23.〉

③ 제1항이나 제2항에 따라 권한이 위임되거나 재위임된 경우 그 위임되거나 재위임된 사항 중 다음 각 호의 사항에 대하여는 그 위임 또는 재위임받은 기관이 속하는 지방자치단체에 설치된 지방도시계획위원회의 심의 또는 시・도의 조례로 정하는 바에 따라 「건축법」 제4조에 의하여 시・군・구에 두는 건축위원회와 도시계획위원회가 공동으로 하는 심의를 거쳐야 하며, 해당 지방의회의 의견을 들어야 하는 사항에 대하여는 그 위임 또는 재위임받은 기관이 속하는 지방자치단체의 의회의 의견을 들어야 한다. 〈개정 2009. 2. 6.〉

1. 중앙도시계획위원회・지방도시계획위원회의 심의를 거쳐야 하는 사항
2. 「건축법」 제4조에 따라 시・도에 두는 건축위원회와 지방도시계획위원회가 공동으로 하는 심의를 거쳐야 하는 사항

④ 이 법에 따른 국토교통부장관, 시・도지사, 시장 또는 군수의 사무는 그 일부를 대통령령이나 해당 지방자치단체의 조례로 정하는 바에 따라 다른 행정청이나 행정청이 아닌 자에게 위탁할 수 있다. 〈개정 2009. 2. 6., 2013. 3. 23.〉

⑤ 삭제 〈2005. 12. 7.〉

⑥ 제4항에 따라 위탁받은 사무를 수행하는 자(행정청이 아닌 자로 한정한다)나 그에 소속된 직원은 「형법」 이나 그 밖의 법률에 따른 벌칙을 적용할 때에는 공무원으로 본다. 〈개정 2009. 2. 6.〉

제12장 벌칙

제140조 벌칙

다음 각 호의 어느 하나에 해당하는 자는 3년 이하의 징역 또는 3천만원 이하의 벌금에 처한다.

1. 제56조제1항 또는 제2항을 위반하여 허가 또는 변경허가를 받지 아니하거나, 속임수나 그 밖의 부정한 방법으로 허가 또는 변경허가를 받아 개발행위를 한 자
2. 시가화조정구역에서 허가를 받지 아니하고 제81조제2항 각 호의 어느 하나에 해당하는 행위를 한 자

[전문개정 2009. 2. 6.]

제140조의2 벌칙

기반시설설치비용을 면탈 · 경감할 목적 또는 면탈 · 경감하게 할 목적으로 거짓 계약을 체결하거나 거짓 자료를 제출한 자는 3년 이하의 징역 또는 면탈 · 경감하였거나 면탈 · 경감하고자 한 기반시설설치비용의 3배 이하에 상당하는 벌금에 처한다.

[본조신설 2008. 3. 28.]

제141조 벌칙

다음 각 호의 어느 하나에 해당하는 자는 2년 이하의 징역 또는 2천만원(제5호에 해당하는 자는 계약 체결 당시의 개별공시지가에 의한 해당 토지가격의 100분의 30에 해당하는 금액) 이하의 벌금에 처한다. 〈개정 2009. 12. 29., 2011. 4. 14., 2012. 2. 1.〉

1. 제43조제1항을 위반하여 도시 · 군관리계획의 결정이 없이 기반시설을 설치한 자
2. 제44조제3항을 위반하여 공동구에 수용하여야 하는 시설을 공동구에 수용하지 아니한 자
3. 제54조를 위반하여 지구단위계획에 맞지 아니하게 건축물을 건축하거나 용도를 변경한 자
4. 제76조(같은 조 제5항제2호부터 제4호까지의 규정은 제외한다)에 따른 용도지역 또는 용도지구에서의 건축물이나 그 밖의 시설의 용도 · 종류 및 규모 등의 제한을 위반하여 건축물이나 그 밖의 시설을 건축 또는 설치하거나 그 용도를 변경한 자
5. 삭제 〈2016. 1. 19.〉

[전문개정 2009. 2. 6.]

제142조 벌칙

제133조제1항에 따른 허가 · 인가 등의 취소, 공사의 중지, 공작물 등의 개축 또는 이전 등의 처분 또는 조치명령을 위반한 자는 1년 이하의 징역 또는 1천만원 이하의 벌금에 처한다.

[전문개정 2009. 2. 6.]

제143조 양벌규정

법인의 대표자나 법인 또는 개인의 대리인, 사용인, 그 밖의 종업원이 그 법인 또는 개인의 업무에 관하여 제140조부터 제142조까지의 어느 하나에 해당하는 위반행위를 하면 그 행위자를 벌할 뿐만 아니라 그 법인 또는 개인에게도 해당 조문의 벌금형을 과(科)한다. 다만, 법인 또는 개인이 그 위반행위를 방지하기 위하여 해당 업무에 관하여 상당한 주의와 감독을 게을리하지 아니한 경우는 그러하지 아니하다.

[전문개정 2009. 2. 6.]

제144조 과태료

① 다음 각 호의 어느 하나에 해당하는 자에게는 1천만원 이하의 과태료를 부과한다.

〈개정 2009. 12. 29.〉

1. 제44조의3제2항에 따른 허가를 받지 아니하고 공동구를 점용하거나 사용한 자
2. 정당한 사유 없이 제130조제1항에 따른 행위를 방해하거나 거부한 자
3. 제130조제2항부터 제4항까지의 규정에 따른 허가 또는 동의를 받지 아니하고 같은 조 제1항에 따른 행위를 한 자
4. 제137조제1항에 따른 검사를 거부 · 방해하거나 기피한 자

② 다음 각 호의 어느 하나에 해당하는 자에게는 500만원 이하의 과태료를 부과한다.

1. 제56조제4항 단서에 따른 신고를 하지 아니한 자
2. 제137조제1항에 따른 보고 또는 자료 제출을 하지 아니하거나, 거짓된 보고 또는 자료 제출을 한 자

③ 제1항과 제2항에 따른 과태료는 대통령령으로 정하는 바에 따라 다음 각 호의 자가 각각 부과 · 징수한다. 〈개정 2011. 4. 14., 2013. 3. 23.〉

1. 제1항제2호 · 제4호 및 제2항제2호의 경우: 국토교통부장관(제40조에 따른 수산자원보호구역의 경우 해양수산부장관을 말한다), 시 · 도지사, 시장 또는 군수
2. 제1항제1호 · 제3호 및 제2항제1호의 경우: 특별시장 · 광역시장 · 특별자치시장 · 특별자치도지사 · 시장 또는 군수

[전문개정 2009. 2. 6.]

[시행일:2012. 7. 1.] 제144조 중 특별자치시장에 관한 개정규정

부칙 〈제15401호, 2018. 2. 21.〉

이 법은 공포 후 1년이 경과한 날부터 시행한다.

국토의 계획 및 이용에 관한 법률 시행령

[시행 2019. 1. 18]
[대통령령 제29051호, 2018. 7. 17, 일부개정]

제1장 총칙

제1조 목적

이 영은 「국토의 계획 및 이용에 관한 법률」에서 위임된 사항과 그 시행에 관하여 필요한 사항을 규정함을 목적으로 한다. 〈개정 2005. 9. 8.〉

제2조 기반시설

① 「국토의 계획 및 이용에 관한 법률」(이하 "법"이라 한다) 제2조제6호 각 목 외의 부분에서 "대통령령으로 정하는 시설"이란 다음 각 호의 시설(당해 시설 그 자체의 기능발휘와 이용을 위하여 필요한 부대시설 및 편익시설을 포함한다)을 말한다. 〈개정 2005. 9. 8., 2008. 5. 26., 2009. 11. 2., 2013. 6. 11., 2016. 2. 11., 2018. 11. 13.〉

1. 교통시설 : 도로 · 철도 · 항만 · 공항 · 주차장 · 자동차정류장 · 궤도 · 자동차 및 건설기계 검사시설
2. 공간시설 : 광장 · 공원 · 녹지 · 유원지 · 공공공지
3. 유통 · 공급시설 : 유통업무설비, 수도 · 전기 · 가스 · 열공급설비, 방송 · 통신시설, 공동구 · 시장, 유류저장 및 송유설비
4. 공공 · 문화체육시설 : 학교 · 공공청사 · 문화시설 · 공공필요성이 인정되는 체육시설 · 연구시설 · 사회복지시설 · 공공직업훈련시설 · 청소년수련시설
5. 방재시설 : 하천 · 유수지 · 저수지 · 방화설비 · 방풍설비 · 방수설비 · 사방설비 · 방조설비
6. 보건위생시설 : 장사시설 · 도축장 · 종합의료시설
7. 환경기초시설 : 하수도 · 폐기물처리 및 재활용시설 · 빗물저장 및 이용시설 · 수질오염방지시설 · 폐차장

② 제1항에 따른 기반시설중 도로 · 자동차정류장 및 광장은 다음 각 호와 같이 세분할 수 있다. 〈개정 2008. 1. 8., 2010. 4. 29., 2016. 5. 17.〉

1. 도로
   가. 일반도로
   나. 자동차전용도로
   다. 보행자전용도로
   라. 보행자우선도로
   마. 자전거전용도로
   바. 고가도로

사. 지하도로

2. 자동차정류장

가. 여객자동차터미널

나. 화물터미널

다. 공영차고지

라. 공동차고지

마. 화물자동차 휴게소

바. 복합환승센터

3. 광장

가. 교통광장

나. 일반광장

다. 경관광장

라. 지하광장

마. 건축물부설광장

③ 제1항 및 제2항의 규정에 의한 기반시설의 추가적인 세분 및 구체적인 범위는 국토교통부령으로 정한다. 〈개정 2008. 2. 29., 2013. 3. 23.〉

제3조 광역시설

법 제2조제8호 각 목 외의 부분에서 "대통령령으로 정하는 시설"이란 다음 각 호의 시설을 말한다. 〈개정 2006. 3. 23., 2009. 8. 5., 2012. 4. 10., 2013. 6. 11., 2018. 11. 13.〉

1. 2 이상의 특별시 · 광역시 · 특별자치시 · 특별자치도 · 시 또는 군(광역시의 관할구역 안에 있는 군을 제외한다. 이하 같다. 다만, 제110조 · 제112조 및 제128조에서는 광역시의 관할구역 안에 있는 군을 포함한다)의 관할구역에 걸치는 시설 : 도로 · 철도 · 광장 · 녹지, 수도 · 전기 · 가스 · 열공급설비, 방송 · 통신시설, 공동구, 유류저장 및 송유설비, 하천 · 하수도(하수종말처리시설을 제외한다)

2. 2 이상의 특별시 · 광역시 · 특별자치시 · 특별자치도 · 시 또는 군이 공동으로 이용하는 시설 : 항만 · 공항 · 자동차정류장 · 공원 · 유원지 · 유통업무설비 · 문화시설 · 공공필요성이 인정되는 체육시설 · 사회복지시설 · 공공직업훈련시설 · 청소년수련시설 · 유수지 · 장사시설 · 도축장 · 하수도(하수종말처리시설에 한한다) · 폐기물처리 및 재활용시설 · 수질오염방지시설 · 폐차장

제4조 공공시설

법 제2조제13호에서 "대통령령으로 정하는 공공용시설"이란 다음 각 호의 시설을 말한다.

〈개정 2009. 8. 5., 2011. 3. 9., 2017. 9. 19., 2018. 11. 13.〉

1. 항만 · 공항 · 광장 · 녹지 · 공공공지 · 공동구 · 하천 · 유수지 · 방화설비 · 방풍설비 · 방수설비 · 사방설비 · 방조설비 · 하수도 · 구거
2. 행정청이 설치하는 시설로서 주차장, 저수지 및 그 밖에 국토교통부령으로 정하는 시설
3. 「스마트도시 조성 및 산업진흥 등에 관한 법률」 제2조제3호다목에 따른 시설

제4조의2 기반시설부담구역에 설치가 필요한 기반시설

법 제2조제19호에서 "도로, 공원, 녹지 등 대통령령으로 정하는 기반시설"이란 다음 각 호의 기반시설(해당 시설의 이용을 위하여 필요한 부대시설 및 편의시설을 포함한다)을 말한다.

〈개정 2012. 4. 10., 2018. 11. 13.〉

1. 도로(인근의 간선도로로부터 기반시설부담구역까지의 진입도로를 포함한다)
2. 공원
3. 녹지
4. 학교(「고등교육법」 제2조에 따른 학교는 제외한다)
5. 수도(인근의 수도로부터 기반시설부담구역까지 연결하는 수도를 포함한다)
6. 하수도(인근의 하수도로부터 기반시설부담구역까지 연결하는 하수도를 포함한다)
7. 폐기물처리 및 재활용시설
8. 그 밖에 특별시장 · 광역시장 · 특별자치시장 · 특별자치도지사 · 시장 또는 군수가 법 제68조제2항 단서에 따른 기반시설부담계획에서 정하는 시설

[본조신설 2008. 9. 25.]

제4조의3 기반시설을 유발하는 시설의 종류

법 제2조제20호에서 "단독주택 및 숙박시설 등 대통령령으로 정하는 시설"이란 「건축법 시행령」 별표 1에 따른 용도별 건축물을 말한다. 다만, 별표 1의 건축물은 제외한다.

[본조신설 2008. 9. 25.]

제4조의4 도시의 지속가능성 및 생활인프라 수준 평가의 기준 · 절차

① 국토교통부장관은 법 제3조의2제2항에 따른 도시의 지속가능성 및 생활인프라 수준의 평가기준을 정할 때에는 다음 각 호의 구분에 따른 사항을 종합적으로 고려하여야 한다.

〈개정 2016. 5. 17.〉

1. 지속가능성 평가기준: 토지이용의 효율성, 환경친화성, 생활공간의 안전성 · 쾌적성 · 편의성 등에 관한 사항
2. 생활인프라 평가기준: 보급률 등을 고려한 생활인프라 설치의 적정성, 이용의 용이성 · 접근성 · 편리성 등에 관한 사항

② 국토교통부장관은 법 제3조의2제1항에 따른 평가를 실시하려는 경우 특별시장 · 광역시장 · 특별자치시장 · 특별자치도지사 · 시장 또는 군수에게 해당 지방자치단체의 자체평가를 실시하여 그 결과를 제출하도록 하여야 하며, 제출받은 자체평가 결과를 바탕으로 최종평가를 실시한다. 〈개정 2016. 5. 17.〉

③ 국토교통부장관은 제2항에 따른 평가결과의 일부 또는 전부를 공개할 수 있으며, 「도시재생 활성화 및 지원에 관한 특별법」 제27조에 따른 도시재생 활성화를 위한 비용의 보조 또는 융자, 「국가균형발전 특별법」 제40조에 따른 포괄보조금의 지원 등에 평가결과를 활용하도록 할 수 있다. 〈개정 2016. 5. 17.〉

④ 국토교통부장관은 제2항에 따른 평가를 전문기관에 의뢰할 수 있다. 〈개정 2016. 5. 17.〉

⑤ 제1항부터 제4항까지에서 규정한 평가기준 및 절차 등에 관하여 필요한 세부사항은 국토교통부장관이 정하여 고시한다.

[본조신설 2014. 1. 14.]

[제목개정 2016. 5. 17.]

제5조 다른 법률에 의한 토지이용에 관한 구역등의 지정제한 등

① 법 제8조제2항에서 "대통령령으로 정하는 면적"이란 1제곱킬로미터(「도시개발법」에 의한 도시개발구역의 경우에는 5제곱킬로미터)를 말한다. 〈개정 2005. 9. 8., 2014. 1. 14.〉

② 중앙행정기관의 장 또는 지방자치단체의 장이 법 제8조제2항의 규정에 의하여 국토교통부장관에게 협의 또는 승인을 요청하는 때에는 다음 각호의 서류를 국토교통부장관에게 제출하여야 한다. 〈개정 2008. 2. 29., 2013. 3. 23., 2014. 1. 14.〉

1. 구역등의 지정 또는 변경의 목적 · 필요성 · 배경 · 추진절차 등에 관한 설명서(관계 법령의 규정에 의하여 당해 구역등을 지정 또는 변경할 때 포함되어야 하는 내용을 포함한다)
2. 대상지역과 주변지역의 용도지역 · 기반시설 등을 표시한 축척 2만5천분의 1의 토지이용현황도
3. 대상지역안에 지정하고자 하는 구역등을 표시한 축척 5천분의 1 내지 2만5천분의 1의 도면
4. 그 밖에 국토교통부령이 정하는 서류

③ 법 제8조제3항에서 "대통령령으로 정하는 면적"이란 5제곱킬로미터[특별시장 · 광역시장 · 특별자치시장 · 도지사 · 특별자치도지사(이하 "시 · 도지사"라 한다)가 법 제113조제1항에 따른 시 · 도도시계획위원회(이하 "시 · 도도시계획위원회"라 한다)의 심의를 거쳐 구역등을 지정 또는 변경하는 경우에 한정한다]를 말한다. 〈신설 2014. 1. 14.〉

④ 시장 · 군수 또는 구청장(자치구의 구청장을 말한다. 이하 같다)이 법 제8조제3항에 따라 시 · 도지사의 승인을 요청하는 경우에는 제2항 각 호의 서류를 시 · 도지사에게 제출하여야 한다. 〈신설 2014. 1. 14.〉

⑤ 법 제8조제4항제4호에서 "대통령령으로 정하는 범위에서 변경하려는 경우"란 다음 각 호의 어느 하나에 해당하는 경우를 말한다. 〈개정 2009. 8. 5., 2014. 1. 14.〉

1. 협의 또는 승인을 얻은 지역 · 지구 · 구역 또는 구획 등(이하 "구역등"이라 한다)의 면적의 10퍼센트의 범위안에서 면적을 증감시키는 경우
2. 협의 또는 승인을 얻은 구역등의 면적산정의 착오를 정정하기 위한 경우

제6조 다른 법률에 의한 용도지역 등의 변경제한

① 법 제9조 각 호 외의 부분 본문에 따라 중앙행정기관의 장 또는 지방자치단체의 장은 용도지역 · 용도지구 · 용도구역의 지정 또는 변경에 대한 도시 · 군관리계획의 결정을 의제하는 계획을 허가 · 인가 · 승인 또는 결정하고자 하는 경우에는 미리 다음 각 호의 구분에 따라 법 제106조에 따른 중앙도시계획위원회(이하 "중앙도시계획위원회"라 한다) 또는 법 제113조에 따른 지방도시계획위원회(이하 "지방도시계획위원회"라 한다)의 심의를 받아야 한다. 다만, 법 제8조제4항제1호에 해당하거나 도시 · 군관리계획의 결정을 의제하는 계획에서 그 계획면적의 5퍼센트 미만을 변경하는 경우에는 그러하지 아니하다.

〈개정 2004. 1. 20., 2012. 4. 10., 2014. 1. 14.〉

1. 중앙도시계획위원회의 심의를 받아야 하는 경우
   가. 중앙행정기관의 장이 30만제곱미터 이상의 용도지역 · 용도지구 또는 용도구역의 지정 또는 변경에 대한 도시 · 군관리계획의 결정을 의제하는 계획을 허가 · 인가 · 승인 또는 결정하고자 하는 경우
   나. 지방자치단체의 장이 5제곱킬로미터 이상의 용도지역 · 용도지구 또는 용도구역의 지정 또는 변경에 대한 도시 · 군관리계획의 결정을 의제하는 계획을 허가 · 인가 · 승인 또는 결정하고자 하는 경우
2. 지방도시계획위원회의 심의를 받아야 하는 경우 : 지방자치단체의 장이 30만제곱미터 이상 5제곱킬로미터 미만의 용도지역 · 용도지구 또는 용도구역의 지정 또는 변경에 대한 도

시 · 군관리계획의 결정을 의제하는 계획을 허가 · 인가 · 승인 또는 결정하고자 하는 경우

② 중앙행정기관의 장 또는 지방자치단체의 장이 제1항의 규정에 의하여 중앙도시계획위원회 또는 지방도시계획위원회의 심의를 받는 때에는 다음 각호의 서류를 국토교통부장관 또는 당해 지방도시계획위원회가 설치된 지방자치단체의 장에게 제출하여야 한다.

〈개정 2008. 2. 29., 2013. 3. 23.〉

1. 계획의 목적 · 필요성 · 배경 · 내용 · 추진절차 등을 포함한 계획서(관계 법령의 규정에 의하여 당해 계획에 포함되어야 하는 내용을 포함한다)
2. 대상지역과 주변지역의 용도지역 · 기반시설 등을 표시한 축척 2만5천분의 1의 토지이용현황도
3. 용도지역 · 용도지구 또는 용도구역의 지정 또는 변경에 대한 내용을 표시한 축척 1천분의 1(도시지역외의 지역은 5천분의 1 이상으로 할 수 있다)의 도면
4. 그 밖에 국토교통부령이 정하는 서류

제2장 광역도시계획

제7조 광역계획권의 지정

① 법 제10조제1항의 규정에 의한 광역계획권은 인접한 2 이상의 특별시 · 광역시 · 특별자치시 · 특별자치도 · 시 또는 군의 관할구역 단위로 지정한다. 〈개정 2012. 4. 10.〉

② 국토교통부장관 또는 도지사는 제1항에도 불구하고 인접한 둘 이상의 특별시 · 광역시 · 특별자치시 · 특별자치도 · 시 또는 군의 관할구역의 일부를 광역계획권에 포함시키고자 하는 때에는 구 · 군(광역시의 관할구역안에 있는 군을 말한다) · 읍 또는 면의 관할구역 단위로 하여야 한다. 〈개정 2008. 2. 29., 2009. 8. 5., 2012. 4. 10., 2013. 3. 23.〉

제8조 삭제 〈2009. 8. 5.〉

제9조 광역도시계획의 내용

법 제12조제1항제5호에서 "대통령령으로 정하는 사항"이란 다음 각 호의 사항을 말한다.

〈개정 2018. 11. 13.〉

1. 광역계획권의 교통 및 물류유통체계에 관한 사항
2. 광역계획권의 문화 · 여가공간 및 방재에 관한 사항

제10조 광역도시계획의 수립기준

국토교통부장관은 법 제12조제2항에 따라 광역도시계획의 수립기준을 정할 때에는 다음 각 호의 사항을 종합적으로 고려하여야 한다.

〈개정 2008. 2. 29., 2012. 1. 6., 2012. 4. 10., 2013. 3. 23., 2015. 7. 6., 2018. 10. 23.〉

1. 광역계획권의 미래상과 이를 실현할 수 있는 체계화된 전략을 제시하고 국토종합계획 등과 서로 연계되도록 할 것
2. 특별시 · 광역시 · 특별자치시 · 특별자치도 · 시 또는 군간의 기능분담, 도시의 무질서한 확산방지, 환경보전, 광역시설의 합리적 배치 그 밖에 광역계획권안에서 현안사항이 되고 있는 특정부문 위주로 수립할 수 있도록 할 것
3. 여건변화에 탄력적으로 대응할 수 있도록 포괄적이고 개략적으로 수립하도록 하되, 특정부문 위주로 수립하는 경우에는 도시 · 군기본계획이나 도시 · 군관리계획에 명확한 지침을 제시할 수 있도록 구체적으로 수립하도록 할 것
4. 녹지축 · 생태계 · 산림 · 경관 등 양호한 자연환경과 우량농지, 보전목적의 용도지역, 문화재 및 역사문화환경 등을 충분히 고려하여 수립하도록 할 것
5. 부문별 계획은 서로 연계되도록 할 것
6. 「재난 및 안전관리 기본법」 제24조제1항에 따른 시 · 도안전관리계획 및 같은 법 제25조제1항에 따른 시 · 군 · 구안전관리계획과 「자연재해대책법」 제16조제1항에 따른 시 · 군 자연재해저감 종합계획을 충분히 고려하여 수립하도록 할 것

제11조 광역도시계획의 수립을 위한 기초조사

① 법 제13조제1항에서 "대통령령으로 정하는 사항"이란 다음 각 호의 사항을 말한다.

〈개정 2018. 11. 13.〉

1. 기후 · 지형 · 자원 · 생태 등 자연적 여건
2. 기반시설 및 주거수준의 현황과 전망
3. 풍수해 · 지진 그 밖의 재해의 발생현황 및 추이
4. 광역도시계획과 관련된 다른 계획 및 사업의 내용
5. 그 밖에 광역도시계획의 수립에 필요한 사항

② 법 제13조제1항의 규정에 의한 기초조사를 함에 있어서 조사할 사항에 관하여 다른 법령의 규정에 의하여 조사 · 측량한 자료가 있는 경우에는 이를 활용할 수 있다.

③ 국토교통부장관, 시 · 도지사, 시장 또는 군수는 수립된 광역도시계획을 변경하려면 법 제13조제1항에 따른 기초조사사항 중 해당 광역도시계획의 변경에 관하여 필요한 사항을 조

사ㆍ측량하여야 한다. 〈개정 2008. 2. 29., 2009. 8. 5., 2012. 4. 10., 2013. 3. 23., 2014. 1. 14.〉

제11조 광역도시계획의 수립을 위한 기초조사

① 법 제13조제1항에서 "대통령령으로 정하는 사항"이란 다음 각 호의 사항을 말한다.

〈개정 2018. 11. 13.〉

1. 기후ㆍ지형ㆍ자원ㆍ생태 등 자연적 여건
2. 기반시설 및 주거수준의 현황과 전망
3. 풍수해ㆍ지진 그 밖의 재해의 발생현황 및 추이
4. 광역도시계획과 관련된 다른 계획 및 사업의 내용
5. 그 밖에 광역도시계획의 수립에 필요한 사항

② 법 제13조제1항의 규정에 의한 기초조사를 함에 있어서 조사할 사항에 관하여 다른 법령의 규정에 의하여 조사ㆍ측량한 자료가 있는 경우에는 이를 활용할 수 있다.

③ 국토교통부장관, 시ㆍ도지사, 시장 또는 군수는 수립된 광역도시계획을 변경하려면 법 제13조제1항에 따른 기초조사사항 중 해당 광역도시계획의 변경에 관하여 필요한 사항을 조사ㆍ측량하여야 한다. 〈개정 2008. 2. 29., 2009. 8. 5., 2012. 4. 10., 2013. 3. 23., 2014. 1. 14.〉

④ 법 제13조제4항에 따라 구축ㆍ운영하는 기초조사정보체계(이하 "기초조사정보체계"라 한다)에서 관리하는 정보는 다음 각 호와 같다. 〈신설 2018. 11. 13.〉

1. 법 제13조제1항에 따라 광역도시계획의 수립 또는 변경을 위하여 실시하는 기초조사에 관한 정보
2. 법 제20조제1항에 따라 준용하는 법 제13조제1항에 따라 도시ㆍ군기본계획의 수립 또는 변경을 위하여 실시하는 기초조사에 관한 정보(법 제20조제2항에 따라 토지적성평가 또는 재해취약성분석을 실시하는 경우에는 토지적성평가 또는 재해취약성분석에 관한 정보를 포함한다)
3. 법 제27조제1항에 따라 준용하는 법 제13조제1항에 따라 도시ㆍ군관리계획의 수립 또는 변경을 위하여 실시하는 기초조사에 관한 정보(법 제27조제2항 및 제3항에 따라 환경성 검토, 토지적성평가 또는 재해취약성분석을 실시하는 경우에는 환경성 검토, 토지적성평가 또는 재해취약성분석에 관한 정보를 포함한다)

⑤ 기초조사정보체계의 구축ㆍ운영을 위한 자료의 수집, 입력, 유지 및 관리 등에 관한 세부적인 기준은 국토교통부장관이 정한다. 〈신설 2018. 11. 13.〉

[시행일 : 2019.2.22.] 제11조제4항, 제11조제5항

제12조 광역도시계획의 수립을 위한 공청회

① 국토교통부장관, 시 · 도지사, 시장 또는 군수는 법 제14조제1항에 따라 공청회를 개최하려면 다음 각 호의 사항을 해당 광역계획권에 속하는 특별시 · 광역시 · 특별자치시 · 특별자치도 · 시 또는 군의 지역을 주된 보급지역으로 하는 일간신문에 공청회 개최예정일 14일전까지 1회 이상 공고하여야 한다.

〈개정 2008. 2. 29., 2009. 8. 5., 2012. 4. 10., 2013. 3. 23.〉

1. 공청회의 개최목적
2. 공청회의 개최예정일시 및 장소
3. 수립 또는 변경하고자 하는 광역도시계획의 개요
4. 그 밖에 필요한 사항

② 법 제14조제1항의 규정에 의한 공청회는 광역계획권 단위로 개최하되, 필요한 경우에는 광역계획권을 수개의 지역으로 구분하여 개최할 수 있다.

③ 법 제14조제1항에 따른 공청회는 국토교통부장관, 시 · 도지사, 시장 또는 군수가 지명하는 사람이 주재한다. 〈개정 2008. 2. 29., 2009. 8. 5., 2013. 3. 23.〉

④ 제1항부터 제3항까지에서 규정한 사항 외에 공청회의 개최에 관하여 필요한 사항은 그 공청회를 개최하는 주체에 따라 국토교통부장관이 정하거나 특별시 · 광역시 · 특별자치시 · 도 · 특별자치도(이하 "시 · 도"라 한다), 시 또는 군의 도시 · 군계획에 관한 조례(이하 "도시 · 군계획조례"라 한다)로 정할 수 있다.

〈개정 2008. 2. 29., 2009. 8. 5., 2012. 4. 10., 2013. 3. 23.〉

제13조 광역도시계획의 승인

① 시 · 도지사는 법 제16조제1항에 따라 광역도시계획의 승인을 얻고자 하는 때에는 광역도시계획안에 다음 각 호의 서류를 첨부하여 국토교통부장관에게 제출하여야 한다.

〈개정 2006. 3. 23., 2008. 2. 29., 2013. 3. 23., 2014. 1. 14.〉

1. 기초조사 결과
2. 공청회개최 결과
3. 법 제15조제1항에 따른 관계 시 · 도의 의회와 관계 시장 또는 군수(광역시의 관할구역 안에 있는 군의 군수를 제외한다. 이하 같다. 다만, 제110조 · 제112조 · 제117조 · 제122조 내지 제124조의3 · 제127조 · 제128조 및 제130조에서는 광역시의 관할구역 안에 있는 군의 군수를 포함한다)의 의견청취 결과
4. 시 · 도도시계획위원회의 자문을 거친 경우에는 그 결과

5. 법 제16조제2항의 규정에 의한 관계 중앙행정기관의 장과의 협의 및 중앙도시계획위원회의 심의에 필요한 서류

② 국토교통부장관은 제1항의 규정에 의하여 제출된 광역도시계획안이 법 제12조제2항의 규정에 의한 수립기준 등에 적합하지 아니한 때에는 시 · 도지사에게 광역도시계획안의 보완을 요청할 수 있다. 〈개정 2008. 2. 29., 2013. 3. 23.〉

③ 법 제16조제4항에 따른 광역도시계획의 공고는 해당 시 · 도의 공보에, 법 제16조제6항에 따른 광역도시계획의 공고는 해당 시 · 군의 공보에 게재하는 방법에 의하며, 관계 서류의 열람기간은 30일 이상으로 하여야 한다. 〈개정 2009. 8. 5.〉

제13조의2 광역도시계획협의회의 구성 및 운영

① 법 제17조의2에 따른 광역도시계획협의회의 위원은 관계 공무원, 광역도시계획에 관하여 학식과 경험이 있는 사람으로 구성한다.

② 제1항에 따른 광역도시계획협의회의 구성 및 운영에 관한 구체적인 사항은 법 제11조에 따른 광역도시계획 수립권자가 협의하여 정한다.

[본조신설 2009. 8. 5.]

제3장 도시 · 군기본계획

제14조 도시 · 군기본계획을 수립하지 아니할 수 있는 지역

법 제18조제1항 단서에서 "대통령령으로 정하는 시 또는 군"이란 다음 각 호의 어느 하나에 해당하는 시 또는 군을 말한다. 〈개정 2005. 9. 8., 2018. 11. 13.〉

1. 「수도권정비계획법」 제2조제1호의 규정에 의한 수도권(이하 "수도권"이라 한다)에 속하지 아니하고 광역시와 경계를 같이하지 아니한 시 또는 군으로서 인구 10만명 이하인 시 또는 군
2. 관할구역 전부에 대하여 광역도시계획이 수립되어 있는 시 또는 군으로서 당해 광역도시계획에 법 제19조제1항 각호의 사항이 모두 포함되어 있는 시 또는 군

[제목개정 2012. 4. 10.]

제15조 도시 · 군기본계획의 내용

법 제19조제1항제10호에서 "그 밖에 대통령령으로 정하는 사항"이란 다음 각 호의 사항으로서

도시 · 군기본계획의 방향 및 목표 달성과 관련된 사항을 말한다.

〈개정 2011. 7. 1., 2012. 4. 10., 2013. 6. 11., 2015. 7. 6.〉

1. 도심 및 주거환경의 정비 · 보전에 관한 사항
2. 다른 법률에 따라 도시 · 군기본계획에 반영되어야 하는 사항
3. 도시 · 군기본계획의 시행을 위하여 필요한 재원조달에 관한 사항
4. 그 밖에 법 제22조의2제1항에 따른 도시 · 군기본계획 승인권자가 필요하다고 인정하는 사항
5. 삭제 〈2015. 7. 6.〉
6. 삭제 〈2015. 7. 6.〉
7. 삭제 〈2015. 7. 6.〉

[제목개정 2012. 4. 10.]

제16조 도시 · 군기본계획의 수립기준

국토교통부장관은 법 제19조제3항에 따라 도시 · 군기본계획의 수립기준을 정할 때에는 다음 각 호의 사항을 종합적으로 고려하여야 한다.

〈개정 2008. 2. 29., 2012. 1. 6., 2012. 4. 10., 2013. 3. 23., 2015. 7. 6., 2018. 10. 23.〉

1. 특별시 · 광역시 · 특별자치시 · 특별자치도 · 시 또는 군의 기본적인 공간구조와 장기발전 방향을 제시하는 토지이용 · 교통 · 환경 등에 관한 종합계획이 되도록 할 것
2. 여건변화에 탄력적으로 대응할 수 있도록 포괄적이고 개략적으로 수립하도록 할 것
3. 법 제23조의 규정에 의하여 도시 · 군기본계획을 정비할 때에는 종전의 도시 · 군기본계획의 내용중 수정이 필요한 부분만을 발췌하여 보완함으로써 계획의 연속성이 유지되도록 할 것
4. 도시와 농어촌 및 산촌지역의 인구밀도, 토지이용의 특성 및 주변환경 등을 종합적으로 고려하여 지역별로 계획의 상세정도를 다르게 하되, 기반시설의 배치계획, 토지용도 등은 도시와 농어촌 및 산촌지역이 서로 연계되도록 할 것
5. 부문별 계획은 법 제19조제1항제1호의 규정에 의한 도시 · 군기본계획의 방향에 부합하고 도시 · 군기본계획의 목표를 달성할 수 있는 방안을 제시함으로써 도시 · 군기본계획의 통일성과 일관성을 유지하도록 할 것
6. 도시지역 등에 위치한 개발가능토지는 단계별로 시차를 두어 개발되도록 할 것
7. 녹지축 · 생태계 · 산림 · 경관 등 양호한 자연환경과 우량농지, 보전목적의 용도지역, 문화재 및 역사문화환경 등을 충분히 고려하여 수립하도록 할 것

8. 법 제19조제1항제8호의 경관에 관한 사항에 대하여는 필요한 경우에는 도시 · 군기본계획 도서의 별책으로 작성할 수 있도록 할 것
9. 「재난 및 안전관리 기본법」 제24조제1항에 따른 시 · 도안전관리계획 및 같은 법 제25조제1항에 따른 시 · 군 · 구안전관리계획과 「자연재해대책법」 제16조제1항에 따른 시 · 군 자연재해저감 종합계획을 충분히 고려하여 수립하도록 할 것

[제목개정 2012. 4. 10.]

제16조의2 도시 · 군기본계획 수립을 위한 기초조사 중 토지적성평가 및 재해취약성분석 면제사유

법 제20조제3항에서 "도시 · 군기본계획 입안일부터 5년 이내에 토지적성평가를 실시한 경우 등 대통령령으로 정하는 경우"란 다음 각 호의 구분에 따른 경우를 말한다.

1. 법 제20조제2항에 따른 토지의 적성에 대한 평가(이하 "토지적성평가"라 한다): 다음 각 목의 어느 하나에 해당하는 경우
   가. 도시 · 군기본계획 입안일부터 5년 이내에 토지적성평가를 실시한 경우
   나. 다른 법률에 따른 지역 · 지구 등의 지정이나 개발계획 수립 등으로 인하여 도시 · 군기본계획의 변경이 필요한 경우
2. 법 제20조제2항에 따른 재해 취약성에 관한 분석(이하 "재해취약성분석"이라 한다): 다음 각 목의 어느 하나에 해당하는 경우
   가. 도시 · 군기본계획 입안일부터 5년 이내에 재해취약성분석을 실시한 경우
   나. 다른 법률에 따른 지역 · 지구 등의 지정이나 개발계획 수립 등으로 인하여 도시 · 군기본계획의 변경이 필요한 경우

[본조신설 2015. 7. 6.]

[종전 제16조의2는 제16조의3으로 이동 〈2015. 7. 6.〉]

제16조의3 특별시 · 광역시 · 특별자치시 · 특별자치도 도시 · 군기본계획의 공고 및 열람

법 제22조제3항에 따른 특별시 · 광역시 · 특별자치시 · 특별자치도 도시 · 군기본계획의 공고는 해당 특별시 · 광역시 · 특별자치시 · 특별자치도의 공보에 게재하는 방법으로 하며, 관계 서류의 열람기간은 30일 이상으로 하여야 한다. 〈개정 2012. 4. 10.〉

[본조신설 2009. 8. 5.]

[제목개정 2012. 4. 10.]

[제16조의2에서 이동 〈2015. 7. 6.〉]

제17조 시 · 군 도시 · 군기본계획의 승인

① 시장 또는 군수는 법 제22조의2제1항에 따라 도시 · 군기본계획의 승인을 받으려면 도시 · 군기본계획안에 다음 각 호의 서류를 첨부하여 도지사에게 제출하여야 한다.

〈개정 2008. 2. 29., 2009. 8. 5., 2012. 4. 10.〉

1. 기초조사 결과
2. 공청회개최 결과
3. 법 제21조에 따른 해당 시 · 군의 의회의 의견청취 결과
4. 해당 시 · 군에 설치된 지방도시계획위원회의 자문을 거친 경우에는 그 결과
5. 법 제22조의2제2항에 따른 관계 행정기관의 장과의 협의 및 도의 지방도시계획위원회의 심의에 필요한 서류

② 도지사는 제1항에 따라 제출된 도시 · 군기본계획안이 법 제19조제3항에 따른 수립기준 등에 적합하지 아니한 때에는 시장 또는 군수에게 도시 · 군기본계획안의 보완을 요청할 수 있다. 〈개정 2008. 2. 29., 2009. 8. 5., 2012. 4. 10.〉

③ 법 제22조의2제4항에 따른 도시 · 군기본계획의 공고는 해당 시 · 군의 공보에 게재하는 방법에 의하며, 관계 서류의 열람기간은 30일 이상으로 하여야 한다.

〈개정 2009. 8. 5., 2012. 4. 10.〉

[제목개정 2009. 8. 5., 2012. 4. 10.]

제17조의2 삭제 〈2012. 4. 10.〉

제4장 도시 · 군관리계획

제1절 도시 · 군관리계획의 수립절차 〈개정 2012. 4. 10.〉

제18조 도시 · 군관리계획도서 및 계획설명서의 작성기준 등

① 법 제25조제2항의 규정에 의한 도시 · 군관리계획도서 중 계획도는 축척 1천분의 1 또는 축척 5천분의 1(축척 1천분의 1 또는 축척 5천분의 1의 지형도가 간행되어 있지 아니한 경우에는 축척 2만5천분의 1)의 지형도(수치지형도를 포함한다. 이하 같다)에 도시 · 군관리계획사

항을 명시한 도면으로 작성하여야 한다. 다만, 지형도가 간행되어 있지 아니한 경우에는 해도 · 해저지형도 등의 도면으로 지형도에 갈음할 수 있다. 〈개정 2012. 4. 10.〉

② 제1항의 규정에 의한 계획도가 2매 이상인 경우에는 법 제25조제2항의 규정에 의한 계획설명서에 도시 · 군관리계획총괄도(축척 5만분의 1 이상의 지형도에 주요 도시 · 군관리계획사항을 명시한 도면을 말한다)를 포함시킬 수 있다. 〈개정 2012. 4. 10.〉

[제목개정 2012. 4. 10.]

제19조 도시 · 군관리계획의 수립기준

국토교통부장관(법 제40조에 따른 수산자원보호구역의 경우 해양수산부장관을 말한다)은 법 제25조제4항에 따라 도시 · 군관리계획의 수립기준을 정할 때에는 다음 각 호의 사항을 종합적으로 고려하여야 한다.

〈개정 2008. 2. 29., 2008. 7. 28., 2012. 1. 6., 2012. 4. 10., 2013. 3. 23., 2014. 1. 14., 2015. 7. 6., 2018. 10. 23.〉

1. 광역도시계획 및 도시 · 군기본계획 등에서 제시한 내용을 수용하고 개별 사업계획과의 관계 및 도시의 성장추세를 고려하여 수립하도록 할 것
2. 도시 · 군기본계획을 수립하지 아니하는 시 · 군의 경우 당해 시 · 군의 장기발전구상 및 법 제19조제1항의 규정에 의한 도시 · 군기본계획에 포함될 사항중 도시 · 군관리계획의 원활한 수립을 위하여 필요한 사항이 포함되도록 할 것
3. 도시 · 군관리계획의 효율적인 운영 등을 위하여 필요한 경우에는 특정지역 또는 특정부문에 한정하여 정비할 수 있도록 할 것
4. 공간구조는 생활권단위로 적정하게 구분하고 생활권별로 생활 · 편익시설이 고루 갖추어지도록 할 것
5. 도시와 농어촌 및 산촌지역의 인구밀도, 토지이용의 특성 및 주변환경 등을 종합적으로 고려하여 지역별로 계획의 상세정도를 다르게 하되, 기반시설의 배치계획, 토지용도 등은 도시와 농어촌 및 산촌지역이 서로 연계되도록 할 것
6. 토지이용계획을 수립할 때에는 주간 및 야간활동인구 등의 인구규모, 도시의 성장추이를 고려하여 그에 적합한 개발밀도가 되도록 할 것
7. 녹지축 · 생태계 · 산림 · 경관 등 양호한 자연환경과 우량농지, 문화재 및 역사문화환경 등을 고려하여 토지이용계획을 수립하도록 할 것
8. 수도권안의 인구집중유발시설이 수도권외의 지역으로 이전하는 경우 종전의 대지에 대하여는 그 시설의 지방이전이 촉진될 수 있도록 토지이용계획을 수립하도록 할 것
9. 도시 · 군계획시설은 집행능력을 고려하여 적정한 수준으로 결정하고, 기존 도시 · 군계획

시설은 시설의 설치현황과 관리 · 운영상태를 점검하여 규모 등이 불합리하게 결정되었거나 실현가능성이 없는 시설 또는 존치 필요성이 없는 시설은 재검토하여 해제하거나 조정함으로써 토지이용의 활성화를 도모할 것

10. 도시의 개발 또는 기반시설의 설치 등이 환경에 미치는 영향을 미리 검토하는 등 계획과 환경의 유기적 연관성을 높여 건전하고 지속가능한 도시발전을 도모하도록 할 것

11. 「재난 및 안전관리 기본법」 제24조제1항에 따른 시 · 도안전관리계획 및 같은 법 제25조제1항에 따른 시 · 군 · 구안전관리계획과 「자연재해대책법」 제16조제1항에 따른 시 · 군 자연재해저감 종합계획을 고려하여 재해로 인한 피해가 최소화되도록 할 것

[제목개정 2012. 4. 10.]

제19조의2 도시 · 군관리계획 입안의 제안

① 법 제26조제1항제3호가목에서 "대통령령으로 정하는 개발진흥지구"란 제31조제2항제8호나목에 따른 산업 · 유통개발진흥지구를 말한다. 〈개정 2017. 12. 29.〉

② 법 제26조제1항에 따라 도시 · 군관리계획의 입안을 제안하려는 자는 다음 각 호의 구분에 따라 토지소유자의 동의를 받아야 한다. 이 경우 동의 대상 토지 면적에서 국 · 공유지는 제외한다.

1. 법 제26조제1항제1호의 사항에 대한 제안의 경우: 대상 토지 면적의 5분의 4 이상
2. 법 제26조제1항제2호 및 제3호의 사항에 대한 제안의 경우: 대상 토지 면적의 3분의 2 이상

③ 법 제26조제4항에 따라 제1항에 따른 산업 · 유통개발진흥지구의 지정을 제안할 수 있는 대상지역은 다음 각 호의 요건을 모두 갖춘 지역으로 한다. 〈개정 2016. 5. 17., 2017. 12. 29.〉

1. 지정 대상 지역의 면적은 1만제곱미터 이상 3만제곱미터 미만일 것
2. 지정 대상 지역이 자연녹지지역 · 계획관리지역 또는 생산관리지역일 것. 다만, 계획관리지역에 있는 기존 공장의 증축이 필요한 경우로서 해당 공장이 도로 · 철도 · 하천 · 건축물 · 바다 등으로 둘러싸여 있어 증축을 위해서는 불가피하게 보전관리지역을 포함하여야 하는 경우에는 전체 면적의 20퍼센트 이하의 범위에서 보전관리지역을 포함하되, 다음 각 목의 어느 하나에 해당하는 경우에는 20퍼센트 이상으로 할 수 있다.
   가. 보전관리지역의 해당 토지가 개발행위허가를 받는 등 이미 개발된 토지인 경우
   나. 보전관리지역의 해당 토지를 개발하여도 주변지역의 환경오염 · 환경훼손 우려가 없는 경우로서 해당 도시계획위원회의 심의를 거친 경우
3. 지정 대상 지역의 전체 면적에서 계획관리지역의 면적이 차지하는 비율이 100분의 50 이상일 것. 이 경우 자연녹지지역 또는 생산관리지역 중 도시 · 군기본계획에 반영된 지역은

계획관리지역으로 보아 산정한다.

4. 지정 대상 지역의 토지특성이 과도한 개발행위의 방지를 위하여 국토교통부장관이 정하여 고시하는 기준에 적합할 것

④ 법 제26조제4항에 따라 이 조 제1항제3호나목에 따른 도시 · 군관리계획의 입안을 제안하려는 경우에는 다음 각 호의 요건을 모두 갖추어야 한다. 〈신설 2017. 12. 29.〉

1. 둘 이상의 용도지구가 중첩하여 지정되어 해당 행위제한의 내용을 정비하거나 통합적으로 관리할 필요가 있는 지역을 대상지역으로 제안할 것
2. 해당 용도지구에 따른 건축물이나 그 밖의 시설의 용도 · 종류 및 규모 등의 제한을 대체하는 지구단위계획구역의 지정 및 변경과 지구단위계획의 수립 및 변경에 관한 사항을 동시에 제안할 것

⑤ 제1항부터 제4항까지에서 규정한 사항 외에 도시 · 군관리계획 입안 제안의 세부적인 절차는 국토교통부장관이 정하여 고시한다. 〈개정 2017. 12. 29.〉

[본조신설 2016. 2. 11.]

제20조 제안서의 처리절차

① 법 제26조제1항에 따라 도시 · 군관리계획입안의 제안을 받은 국토교통부장관, 시 · 도지사, 시장 또는 군수는 제안일부터 45일 이내에 도시 · 군관리계획입안에의 반영여부를 제안자에게 통보하여야 한다. 다만, 부득이한 사정이 있는 경우에는 1회에 한하여 30일을 연장할 수 있다. 〈개정 2004. 1. 20., 2008. 2. 29., 2011. 7. 1., 2012. 4. 10., 2013. 3. 23.〉

② 국토교통부장관, 시 · 도지사, 시장 또는 군수는 법 제26조제1항의 규정에 의한 제안을 도시 · 군관리계획입안에 반영할 것인지 여부를 결정함에 있어서 필요한 경우에는 중앙도시계획위원회 또는 당해 지방자치단체에 설치된 지방도시계획위원회의 자문을 거칠 수 있다. 〈개정 2008. 2. 29., 2012. 4. 10., 2013. 3. 23.〉

③ 국토교통부장관, 시 · 도지사, 시장 또는 군수는 법 제26조제1항의 규정에 의한 제안을 도시 · 군관리계획입안에 반영하는 경우에는 제안서에 첨부된 도시 · 군관리계획도서와 계획설명서를 도시 · 군관리계획의 입안에 활용할 수 있다. 〈개정 2008. 2. 29., 2012. 4. 10., 2013. 3. 23.〉

제21조 도시 · 군관리계획의 입안을 위한 기초조사 면제사유 등

① 법 제27조제1항 단서에서 "대통령령으로 정하는 경미한 사항"이란 제25조제3항 각 호 및 같

은 조 제4항 각 호의 사항을 말한다.

② 법 제27조제4항에서 "대통령령으로 정하는 요건"이란 다음 각 호의 구분에 따른 요건을 말한다. 〈개정 2017. 9. 19., 2017. 12. 29.〉

1. 기초조사를 실시하지 아니할 수 있는 요건: 다음 각 목의 어느 하나에 해당하는 경우
   가. 해당 지구단위계획구역이 도심지(상업지역과 상업지역에 연접한 지역을 말한다)에 위치하는 경우
   나. 해당 지구단위계획구역 안의 나대지면적이 구역면적의 2퍼센트에 미달하는 경우
   다. 해당 지구단위계획구역 또는 도시 · 군계획시설부지가 다른 법률에 따라 지역 · 지구 등으로 지정되거나 개발계획이 수립된 경우
   라. 해당 지구단위계획구역의 지정목적이 해당 구역을 정비 또는 관리하고자 하는 경우로서 지구단위계획의 내용에 너비 12미터 이상 도로의 설치계획이 없는 경우
   마. 기존의 용도지구를 폐지하고 지구단위계획을 수립 또는 변경하여 그 용도지구에 따른 건축물이나 그 밖의 시설의 용도 · 종류 및 규모 등의 제한을 그대로 대체하려는 경우
   바. 해당 도시 · 군계획시설의 결정을 해제하려는 경우
   사. 그 밖에 국토교통부령으로 정하는 요건에 해당하는 경우
2. 환경성 검토를 실시하지 아니할 수 있는 요건: 다음 각 목의 어느 하나에 해당하는 경우
   가. 제1호가목부터 사목까지의 어느 하나에 해당하는 경우
   나. 「환경영향평가법」 제9조에 따른 전략환경영향평가 대상인 도시 · 군관리계획을 입안하는 경우
3. 토지적성평가를 실시하지 아니할 수 있는 요건: 다음 각 목의 어느 하나에 해당하는 경우
   가. 제1호가목부터 사목까지의 어느 하나에 해당하는 경우
   나. 도시 · 군관리계획 입안일부터 5년 이내에 토지적성평가를 실시한 경우
   다. 주거지역 · 상업지역 또는 공업지역에 도시 · 군관리계획을 입안하는 경우
   라. 법 또는 다른 법령에 따라 조성된 지역에 도시 · 군관리계획을 입안하는 경우
   마. 「개발제한구역의 지정 및 관리에 관한 특별조치법 시행령」 제2조제3항제1호 · 제2호 또는 제6호(같은 항 제1호 또는 제2호에 따른 지역과 연접한 대지로 한정한다)의 지역에 해당하여 개발제한구역에서 조정 또는 해제된 지역에 대하여 도시 · 군관리계획을 입안하는 경우
   바. 「도시개발법」에 따른 도시개발사업의 경우
   사. 지구단위계획구역 또는 도시 · 군계획시설부지에서 도시 · 군관리계획을 입안하는 경우
   아. 다음의 어느 하나에 해당하는 용도지역 · 용도지구 · 용도구역의 지정 또는 변경의 경우

1) 주거지역 · 상업지역 · 공업지역 또는 계획관리지역의 그 밖의 용도지역으로의 변경(계획관리지역을 자연녹지지역으로 변경하는 경우는 제외한다)

2) 주거지역 · 상업지역 · 공업지역 또는 계획관리지역 외의 용도지역 상호간의 변경(자연녹지지역으로 변경하는 경우는 제외한다)

3) 용도지구 · 용도구역의 지정 또는 변경(개발진흥지구의 지정 또는 확대지정은 제외한다)

자. 다음의 어느 하나에 해당하는 기반시설을 설치하는 경우

1) 제55조제1항 각 호에 따른 용도지역별 개발행위규모에 해당하는 기반시설

2) 도로 · 철도 · 궤도 · 수도 · 가스 등 선형(線型)으로 된 교통시설 및 공급시설

3) 공간시설(체육공원 · 묘지공원 및 유원지는 제외한다)

4) 방재시설 및 환경기초시설(폐차장은 제외한다)

5) 개발제한구역 안에 설치하는 기반시설

4. 재해취약성분석을 실시하지 아니할 수 있는 요건: 다음 각 목의 어느 하나에 해당하는 경우

가. 제1호가목부터 사목까지의 어느 하나에 해당하는 경우

나. 도시 · 군관리계획 입안일부터 5년 이내에 재해취약성분석을 실시한 경우

다. 제3호아목에 해당하는 경우(방재지구의 지정 · 변경은 제외한다)

라. 다음의 어느 하나에 해당하는 기반시설을 설치하는 경우

1) 제3호자목1)의 기반시설

2) 제3호자목2)의 기반시설(도시지역에서 설치하는 것은 제외한다)

3) 공간시설 중 녹지 · 공공공지

[전문개정 2015. 7. 6.]

제22조 주민 및 지방의회의 의견청취

① 법 제28조제1항 단서에서 "대통령령으로 정하는 경미한 사항"이란 제25조제3항 각 호의 사항 및 같은 조 제4항 각 호의 사항을 말한다. 〈개정 2018. 11. 13.〉

② 특별시장 · 광역시장 · 특별자치시장 · 특별자치도지사 · 시장 또는 군수는 법 제28조제4항에 따라 도시 · 군관리계획의 입안에 관하여 주민의 의견을 청취하고자 하는 때[법 제28조제2항에 따라 국토교통부장관(법 제40조에 따른 수산자원보호구역의 경우 해양수산부장관을 말한다. 이하 이 조에서 같다) 또는 도지사로부터 송부받은 도시 · 군관리계획안에 대하여 주민의 의견을 청취하고자 하는 때를 포함한다]에는 도시 · 군관리계획안의 주요내용을 전국 또는 해당 특별시 · 광역시 · 특별자치시 · 특별자치도 · 시 또는 군의 지역을 주된 보급지

역으로 하는 2 이상의 일간신문과 해당 특별시 · 광역시 · 특별자치시 · 특별자치도 · 시 또는 군의 인터넷 홈페이지 등에 공고하고 도시 · 군관리계획안을 14일 이상 일반이 열람할 수 있도록 하여야 한다. 〈개정 2005. 9. 8., 2008. 2. 29., 2008. 7. 28., 2011. 7. 1., 2012. 4. 10., 2013. 3. 23.〉

③ 제2항의 규정에 의하여 공고된 도시 · 군관리계획안의 내용에 대하여 의견이 있는 자는 열람기간내에 특별시장 · 광역시장 · 특별자치시장 · 특별자치도지사 · 시장 또는 군수에게 의견서를 제출할 수 있다. 〈개정 2012. 4. 10.〉

④ 국토교통부장관, 시 · 도지사, 시장 또는 군수는 제3항의 규정에 의하여 제출된 의견을 도시 · 군관리계획안에 반영할 것인지 여부를 검토하여 그 결과를 열람기간이 종료된 날부터 60일 이내에 당해 의견을 제출한 자에게 통보하여야 한다.

〈개정 2008. 2. 29., 2012. 4. 10., 2013. 3. 23.〉

⑤ 국토교통부장관, 시 · 도지사, 시장 또는 군수는 제3항의 규정에 의하여 제출된 의견을 도시 · 군관리계획안에 반영하고자 하는 경우 그 내용이 해당 특별시 · 광역시 · 특별자치시 · 특별자치도 · 시 또는 군의 도시 · 군계획조례가 정하는 중요한 사항인 때에는 그 내용을 다시 공고 · 열람하게 하여 주민의 의견을 들어야 한다.

〈개정 2008. 2. 29., 2012. 4. 10., 2013. 3. 23.〉

⑥ 제2항 내지 제4항의 규정은 제5항의 규정에 의한 재공고 · 열람에 관하여 이를 준용한다.

⑦ 법 제28조제5항에서 "대통령령으로 정하는 사항"이란 다음 각 호의 사항을 말한다. 다만, 제25조제3항 각 호의 사항 및 지구단위계획으로 결정 또는 변경결정하는 사항은 제외한다.

〈개정 2005. 9. 8., 2005. 11. 11., 2009. 7. 7., 2012. 4. 10., 2016. 5. 17., 2016. 12. 30., 2017. 12. 29., 2018. 11. 13.〉

1. 법 제36조부터 제38조까지, 제38조의2, 제39조, 제40조 및 제40조의2에 따른 용도지역 · 용도지구 또는 용도구역의 지정 또는 변경지정. 다만, 용도지구에 따른 건축물이나 그 밖의 시설의 용도 · 종류 및 규모 등의 제한을 그대로 지구단위계획으로 대체하기 위한 경우로서 해당 용도지구를 폐지하기 위하여 도시 · 군관리계획을 결정하는 경우에는 제외한다.
2. 광역도시계획에 포함된 광역시설의 설치 · 정비 또는 개량에 관한 도시 · 군관리계획의 결정 또는 변경결정
3. 다음 각 목의 어느 하나에 해당하는 기반시설의 설치 · 정비 또는 개량에 관한 도시 · 군관리계획의 결정 또는 변경결정. 다만, 법 제48조제4항에 따른 지방의회의 권고대로 도시 · 군계획시설결정(도시 · 군계획시설에 대한 도시 · 군관리계획결정을 말한다. 이하 같다)을 해제하기 위한 도시 · 군관리계획을 결정하는 경우는 제외한다.

가. 도로중 주간선도로(시 · 군내 주요지역을 연결하거나 시 · 군 상호간이나 주요지방 상호간을 연결하여 대량통과교통을 처리하는 도로로서 시 · 군의 골격을 형성하는 도로를 말한다. 이하 같다)

나. 철도중 도시철도

다. 자동차정류장중 여객자동차터미널(시외버스운송사업용에 한한다)

라. 공원(「도시공원 및 녹지 등에 관한 법률」에 따른 소공원 및 어린이공원은 제외한다)

마. 유통업무설비

바. 학교중 대학

사. 삭제 〈2018. 11. 13.〉

아. 삭제 〈2005. 9. 8.〉

자. 공공청사중 지방자치단체의 청사

차. 삭제 〈2018. 11. 13.〉

카. 삭제 〈2018. 11. 13.〉

타. 삭제 〈2018. 11. 13.〉

파. 하수도(하수종말처리시설에 한한다)

하. 폐기물처리 및 재활용시설

거. 수질오염방지시설

너. 그 밖에 국토교통부령으로 정하는 시설

제23조 도시 · 군관리계획결정의 신청

시장 또는 군수(법 제29조제2항제2호부터 제4호까지의 어느 하나에 해당하는 도시 · 군관리계획의 결정을 신청하는 경우에는 시 · 도지사를 포함한다)는 법 제29조제1항에 따라 도시 · 군관리계획결정을 신청하려면 법 제25조제2항에 따른 도시 · 군관리계획도서 및 계획설명서에 다음 각 호의 서류를 첨부하여 도지사(법 제29조제2항제2호 또는 제3호에 해당하는 도시 · 군관리계획의 결정을 신청하는 경우에는 국토교통부장관을 말하며, 법 제29조제2항제4호에 해당하는 도시 · 군관리계획의 결정을 신청하는 경우에는 해양수산부장관을 말한다)에게 제출하여야 한다. 다만, 시장 또는 군수가 국토교통부장관 또는 해양수산부장관에게 도시 · 군관리계획의 결정을 신청하는 경우에는 도지사를 거쳐야 한다. 〈개정 2008. 2. 29., 2008. 7. 28., 2009. 8. 5., 2012. 4. 10., 2013. 3. 23.〉

1. 법 제28조제1항의 규정에 의한 주민의 의견청취 결과
2. 법 제28조제5항의 규정에 의한 지방의회의 의견청취 결과
3. 당해 지방자치단체에 설치된 지방도시계획위원회의 자문을 거친 경우에는 그 결과

4. 법 제30조제1항의 규정에 의한 관계 행정기관의 장과의 협의에 필요한 서류(법 제35조제2항의 규정에 의하여 미리 관계 행정기관의 장과 협의한 경우에는 그 결과)

5. 중앙도시계획위원회 또는 시ㆍ도도시계획위원회의 심의에 필요한 서류

[제목개정 2012. 4. 10.]

제24조 삭제 〈2009. 8. 5.〉

제25조 도시ㆍ군관리계획의 결정

① 법 제30조제2항에서 "대통령령으로 정하는 중요한 사항에 관한 도시ㆍ군관리계획"이란 다음 각 호의 어느 하나에 해당하는 도시ㆍ군관리계획을 말한다. 다만, 제3항 각 호 및 제4항 각 호의 사항과 관계 법령에 따라 국토교통부장관(법 제40조에 따른 수산자원보호구역의 경우 해양수산부장관을 말한다. 이하 이 조에서 같다)과 미리 협의한 사항을 제외한다.

〈개정 2008. 2. 29., 2008. 7. 28., 2010. 4. 29., 2012. 4. 10., 2013. 3. 23.〉

1. 광역도시계획과 관련하여 시ㆍ도지사가 입안한 도시ㆍ군관리계획
2. 개발제한구역이 해제되는 지역에 대하여 해제 이후 최초로 결정되는 도시ㆍ군관리계획
3. 2 이상의 시ㆍ도에 걸치는 기반시설의 설치ㆍ정비 또는 개량에 관한 도시ㆍ군관리계획 중 국토교통부령이 정하는 도시ㆍ군관리계획

② 법 제30조제3항 단서 또는 제7항에 따라 건축위원회와 도시계획위원회가 공동으로 지구단위계획을 심의하고자 하는 경우에는 다음 각 호의 기준에 따라 공동위원회를 구성한다.

〈개정 2012. 4. 10., 2014. 1. 14.〉

1. 공동위원회의 위원은 건축위원회 및 도시계획위원회의 위원중에서 시ㆍ도지사 또는 시장ㆍ군수가 임명 또는 위촉할 것. 이 경우 법 제113조제3항에 따라 지방도시계획위원회에 지구단위계획을 심의하기 위한 분과위원회가 설치되어 있는 경우에는 당해 분과위원회의 위원 전원을 공동위원회의 위원으로 임명 또는 위촉하여야 한다.
2. 공동위원회의 위원 수는 25인 이내로 할 것
3. 공동위원회의 위원중 건축위원회의 위원이 3분의 1 이상이 되도록 할 것
4. 공동위원회의 위원장은 특별시ㆍ광역시ㆍ특별자치시의 경우에는 부시장, 도ㆍ특별자치도의 경우에는 부지사, 시의 경우에는 부시장, 군의 경우에는 부군수로 할 것

③ 다음 각 호의 어느 하나에 해당하는 경우에는 법 제30조제5항 단서에 따라 관계 행정기관의 장과의 협의, 국토교통부장관과의 협의 및 중앙도시계획위원회 또는 지방도시계획위원회의 심의를 거치지 아니하고 도시ㆍ군관리계획(지구단위계획은 제외한다)을 변경할 수 있다.

〈개정 2003. 9. 29., 2004. 1. 20., 2005. 1. 15., 2005. 9. 8., 2008. 2. 29., 2008. 7. 28., 2008. 9. 25., 2009. 7. 7., 2010. 10. 1., 2012. 4. 10., 2013. 3. 23., 2015. 2. 10., 2016. 2. 11., 2018. 11. 13.〉

1. 단위 도시 · 군계획시설부지 면적의 5퍼센트 미만의 변경인 경우. 다만, 다음 각 목의 어느 하나에 해당하는 시설은 해당 각 목의 요건을 충족하는 경우만 해당한다.
   가. 도로: 시점 및 종점이 변경되지 아니하고 중심선이 종전에 결정된 도로의 범위를 벗어나지 아니하는 경우
   나. 공원 및 녹지: 다음의 어느 하나에 해당하는 경우
      1) 면적이 증가되는 경우
      2) 최초 도시 · 군계획시설 결정 후 변경되는 면적의 합계가 1만제곱미터 미만이고, 최초 도시 · 군계획시설 결정 당시 부지 면적의 5퍼센트 미만의 범위에서 면적이 감소되는 경우. 다만, 「도시공원 및 녹지 등에 관한 법률」 제35조제1호의 완충녹지(도시지역 외의 지역에서 같은 법을 준용하여 설치하는 경우를 포함한다)인 경우는 제외한다.
2. 지형사정으로 인한 도시 · 군계획시설의 근소한 위치변경 또는 비탈면 등으로 인한 시설부지의 불가피한 변경인 경우
3. 이미 결정된 도시 · 군계획시설의 세부시설의 결정 또는 변경인 경우
4. 도시지역의 축소에 따른 용도지역 · 용도지구 · 용도구역 또는 지구단위계획구역의 변경인 경우
5. 도시지역외의 지역에서 「농지법」에 의한 농업진흥지역 또는 「산지관리법」에 의한 보전산지를 농림지역으로 결정하는 경우
6. 「자연공원법」에 따른 공원구역, 「수도법」에 의한 상수원보호구역, 「문화재보호법」에 의하여 지정된 지정문화재 또는 천연기념물과 그 보호구역을 자연환경보전지역으로 결정하는 경우

6의2. 체육시설(제2조제3항에 따라 세분된 체육시설을 말한다. 이하 이 호에서 같다) 및 그 부지의 전부 또는 일부를 다른 체육시설 및 그 부지로 변경(둘 이상의 체육시설을 같은 부지에 함께 결정하기 위하여 변경하는 경우를 포함한다)하는 경우

6의3. 문화시설(제2조제3항에 따라 세분된 문화시설을 말하되, 국토교통부령으로 정하는 시설은 제외한다. 이하 이 호에서 같다) 및 그 부지의 전부 또는 일부를 다른 문화시설 및 그 부지로 변경(둘 이상의 문화시설을 같은 부지에 함께 결정하기 위하여 변경하는 경우를 포함한다)하는 경우

6의4. 장사시설(제2조제3항에 따라 세분된 장사시설을 말한다. 이하 이 호에서 같다) 및 그

부지의 전부 또는 일부를 다른 장사시설 및 그 부지로 변경(둘 이상의 장사시설을 같은 부지에 함께 결정하기 위하여 변경하는 경우를 포함한다)하는 경우

7. 그 밖에 국토교통부령(법 제40조에 따른 수산자원보호구역의 경우 해양수산부령을 말한다.)이 정하는 경미한 사항의 변경인 경우

④ 지구단위계획중 다음 각 호의 어느 하나에 해당하는 경우에는 법 제30조제5항 단서에 따라 관계 행정기관의 장과의 협의, 국토교통부장관과의 협의 및 중앙도시계획위원회 · 지방도시계획위원회 또는 제2항에 따른 공동위원회의 심의를 거치지 아니하고 지구단위계획을 변경할 수 있다. 다만, 제14호에 해당하는 경우에는 공동위원회의 심의를 거쳐야 한다.

〈개정 2004. 1. 20., 2005. 1. 15., 2008. 1. 8., 2008. 2. 29., 2012. 4. 10., 2013. 3. 23., 2013. 6. 11., 2014. 1. 14., 2014. 11. 11., 2015. 7. 6., 2016. 1. 22., 2016. 5. 17., 2016. 12. 30.〉

1. 지구단위계획으로 결정한 용도지역 · 용도지구 또는 도시 · 군계획시설에 대한 변경결정으로서 제3항 각호의 1에 해당하는 변경인 경우
2. 가구(제42조의3제2항제4호에 따른 별도의 구역을 포함한다. 이하 이 항에서 같다)면적의 10퍼센트 이내의 변경인 경우
3. 획지면적의 30퍼센트 이내의 변경인 경우
4. 건축물높이의 20퍼센트 이내의 변경인 경우(층수변경이 수반되는 경우를 포함한다)
5. 제46조제7항제2호 각목의 1에 해당하는 획지의 규모 및 조성계획의 변경인 경우
6. 건축선의 1미터 이내의 변경인 경우
7. 건축선 또는 차량출입구의 변경으로서 「도시교통정비 촉진법」 제17조 또는 제18조에 따른 교통영향평가서의 심의를 거쳐 결정된 경우
8. 건축물의 배치 · 형태 또는 색채의 변경인 경우
9. 지구단위계획에서 경미한 사항으로 결정된 사항의 변경인 경우. 다만, 용도지역 · 용도지구 · 도시 · 군계획시설 · 가구면적 · 획지면적 · 건축물높이 또는 건축선의 변경에 해당하는 사항을 제외한다.
10. 법률 제6655호 국토의계획및이용에관한법률 부칙 제17조제2항의 규정에 의하여 제2종 지구단위계획으로 보는 개발계획에서 정한 건폐율 또는 용적률을 감소시키거나 10퍼센트 이내에서 증가시키는 경우(증가시키는 경우에는 제47조제1항의 규정에 의한 건폐율 · 용적률의 한도를 초과하는 경우를 제외한다)
11. 지구단위계획구역 면적의 10퍼센트(용도지역 변경을 포함하는 경우에는 5퍼센트를 말한다) 이내의 변경 및 동 변경지역안에서의 지구단위계획의 변경
12. 국토교통부령으로 정하는 경미한 사항의 변경인 경우

13. 그 밖에 제1호부터 제12호까지와 유사한 사항으로서 도시 · 군계획조례로 정하는 사항의 변경인 경우
14. 「건축법」 등 다른 법령의 규정에 따른 건폐율 또는 용적률 완화 내용을 반영하기 위하여 지구단위계획을 변경하는 경우

⑤ 법 제30조제6항 및 제7항에 따른 도시 · 군관리계획결정의 고시는 국토교통부장관이 하는 경우에는 관보에, 시 · 도지사 또는 시장 · 군수가 하는 경우에는 해당 시 · 도 또는 시 · 군의 공보에 다음 각 호의 사항을 게재하는 방법에 의한다.

〈개정 2008. 2. 29., 2009. 8. 5., 2010. 4. 29., 2012. 4. 10., 2013. 3. 23., 2014. 1. 14.〉

1. 법 제2조제4호 각 목의 어느 하나에 해당하는 계획이라는 취지
2. 위치
3. 면적 또는 규모
4. 그 밖에 국토교통부령이 정하는 사항

⑥ 특별시장 또는 광역시장 · 특별자치시장 · 특별자치도지사는 다른 특별시 · 광역시 · 특별자치시 · 특별자치도 · 시 또는 군의 관할구역이 포함된 도시 · 군관리계획결정을 고시하는 때에는 당해 특별시장 · 광역시장 · 특별자치시장 · 특별자치도지사 · 시장 또는 군수에게 관계 서류를 송부하여야 한다. 〈개정 2012. 4. 10.〉

[제목개정 2012. 4. 10.]

제26조 시행중인 공사에 대한 특례

① 시가화조정구역 또는 수산자원보호구역의 지정에 관한 도시 · 군관리계획의 결정 당시 이미 사업 또는 공사에 착수한 자는 당해 사업 또는 공사를 계속하고자 하는 때에는 법 제31조제2항 단서의 규정에 의하여 시가화조정구역 또는 수산자원보호구역의 지정에 관한 도시 · 군관리계획결정의 고시일부터 3월 이내에 그 사업 또는 공사의 내용을 관할 특별시장 · 광역시장 · 특별자치시장 · 특별자치도지사 · 시장 또는 군수에게 신고하여야 한다.

〈개정 2012. 4. 10.〉

② 제1항의 규정에 의하여 신고한 행위가 건축물의 건축을 목적으로 하는 토지의 형질변경인 경우 당해 건축물을 건축하고자 하는 자는 토지의 형질변경에 관한 공사를 완료한 후 3월 이내에 건축허가를 신청하는 때에는 당해 건축물을 건축할 수 있다.

③ 건축물의 건축을 목적으로 하는 토지의 형질변경에 관한 공사를 완료한 후 1년 이내에 제1항의 규정에 의한 도시 · 군관리계획결정의 고시가 있는 경우 당해 건축물을 건축하고자 하는 자는 당해 도시 · 군관리계획결정의 고시일부터 6월 이내에 건축허가를 신청하는 때에는 당

해 건축물을 건축할 수 있다. 〈개정 2012. 4. 10.〉

제27조 지형도면의 승인 기간

법 제32조제2항 후단에서 "대통령령으로 정하는 기간"이란 30일 이내를 말한다.

[전문개정 2014. 1. 14.]

제28조 삭제 〈2014. 1. 14.〉

제29조 도시 · 군관리계획의 정비

① 특별시장 · 광역시장 · 특별자치시장 · 특별자치도지사 · 시장 또는 군수는 법 제34조제1항에 따라 도시 · 군관리계획을 정비하는 경우에는 다음 각 호의 사항을 검토하여 그 결과를 도시 · 군관리계획입안에 반영하여야 한다.

〈개정 2012. 4. 10., 2014. 1. 14., 2015. 12. 15., 2016. 12. 30., 2017. 9. 19., 2017. 12. 29.〉

1. 도시 · 군계획시설 설치에 관한 도시 · 군관리계획: 다음 각 목의 사항
   가. 도시 · 군계획시설결정의 고시일부터 3년 이내에 해당 도시 · 군계획시설의 설치에 관한 도시 · 군계획시설사업의 전부 또는 일부가 시행되지 아니한 경우 해당 도시 · 군계획시설결정의 타당성
   나. 도시 · 군계획시설결정에 따라 설치된 시설 중 여건 변화 등으로 존치 필요성이 없는 도시 · 군계획시설에 대한 해제 여부
2. 용도지구 지정에 관한 도시 · 군관리계획: 다음 각 목의 사항
   가. 지정목적을 달성하거나 여건 변화 등으로 존치 필요성이 없는 용도지구에 대한 변경 또는 해제 여부
   나. 해당 용도지구와 중첩하여 지구단위계획구역이 지정되어 지구단위계획이 수립되거나 다른 법률에 따른 지역 · 지구 등이 지정된 경우 해당 용도지구의 변경 및 해제 여부 등을 포함한 용도지구 존치의 타당성
   다. 둘 이상의 용도지구가 중첩하여 지정되어 있는 경우 용도지구의 지정 목적, 여건 변화 등을 고려할 때 해당 용도지구를 법 제52조제1항제1호의2에 규정된 사항을 내용으로 하는 지구단위계획으로 대체할 필요성이 있는지 여부

② 특별시장 · 광역시장 · 특별자치시장 · 특별자치도지사 · 시장 또는 군수는 법 제34조제2항에 따라 도시 · 군관리계획을 정비하는 경우에는 다음 각 호의 기준에 따라야 한다.

〈신설 2015. 12. 15.〉

1. 도시 · 군관리계획을 정비하여야 하는 도시 · 군계획시설(이하 "정비대상시설"이라 한다)은 도시 · 군계획시설결정 고시일부터 10년이 지난 시설로서 그 시설의 설치에 관한 사업이 시행되지 아니한 도시 · 군계획시설로 한다. 다만, 정비대상시설에 인접하여 함께 검토가 요구되는 경우 등 필요한 경우에는 도시 · 군계획시설결정 고시일부터 10년이 지나지 아니한 시설도 포함할 수 있다.
2. 정비대상시설에 대한 정비의 기준은 다음 각 목과 같다.
   가. 정비대상시설 중 도시 · 군계획시설사업을 시행할 경우 법적 · 기술적 · 환경적인 문제가 발생하여 사업시행이 곤란한 시설은 우선해제대상인 도시 · 군계획시설로 분류할 것
   나. 가목에 따라 우선해제대상으로 분류된 도시 · 군계획시설을 제외한 정비대상시설에 대해서는 존치 필요성과 집행능력 등을 검토하여 해제대상 또는 조정대상으로 분류할 것
   다. 가목 또는 나목에 따라 우선해제대상 또는 해제대상으로 분류된 도시 · 군계획시설에 대해서는 해제를 위한 도시 · 군관리계획을 입안하고, 나목에 따라 조정대상으로 분류된 도시 · 군계획시설에 대해서는 법 제85조에 따른 단계별 집행계획을 수립하거나 재수립하여 도시 · 군관리계획에 반영할 것

③ 법 제18조제1항 단서의 규정에 의하여 도시 · 군기본계획을 수립하지 아니하는 시 · 군의 시장 · 군수는 법 제34조의 규정에 의하여 도시 · 군관리계획을 정비하는 때에는 법 제25조제2항의 규정에 의한 계획설명서에 당해 시 · 군의 장기발전구상을 포함시켜야 하며, 공청회를 개최하여 이에 관한 주민의 의견을 들어야 한다. 〈개정 2012. 4. 10., 2015. 12. 15.〉

④ 제12조의 규정은 제2항의 공청회에 관하여 이를 준용한다. 〈개정 2015. 12. 15.〉

[제목개정 2012. 4. 10.]

제2절 용도지역 · 용도지구 · 용도구역

제30조 용도지역의 세분

국토교통부장관, 시 · 도지사 또는 「지방자치법」 제175조에 따른 서울특별시 · 광역시 및 특별자치시를 제외한 인구 50만 이상 대도시(이하 "대도시"라 한다)의 시장(이하 "대도시 시장"이라 한다)은 법 제36조제2항에 따라 도시 · 군관리계획결정으로 주거지역 · 상업지역 · 공업지역 및 녹지지역을 다음 각 호와 같이 세분하여 지정할 수 있다.

〈개정 2008. 2. 29., 2009. 8. 5., 2012. 4. 10., 2013. 3. 23., 2014. 1. 14.〉

1. 주거지역
   가. 전용주거지역 : 양호한 주거환경을 보호하기 위하여 필요한 지역

(1) 제1종전용주거지역 : 단독주택 중심의 양호한 주거환경을 보호하기 위하여 필요한 지역

(2) 제2종전용주거지역 : 공동주택 중심의 양호한 주거환경을 보호하기 위하여 필요한 지역

나. 일반주거지역 : 편리한 주거환경을 조성하기 위하여 필요한 지역

(1) 제1종일반주거지역 : 저층주택을 중심으로 편리한 주거환경을 조성하기 위하여 필요한 지역

(2) 제2종일반주거지역 : 중층주택을 중심으로 편리한 주거환경을 조성하기 위하여 필요한 지역

(3) 제3종일반주거지역 : 중고층주택을 중심으로 편리한 주거환경을 조성하기 위하여 필요한 지역

다. 준주거지역 : 주거기능을 위주로 이를 지원하는 일부 상업기능 및 업무기능을 보완하기 위하여 필요한 지역

2. 상업지역

가. 중심상업지역 : 도심 · 부도심의 상업기능 및 업무기능의 확충을 위하여 필요한 지역

나. 일반상업지역 : 일반적인 상업기능 및 업무기능을 담당하게 하기 위하여 필요한 지역

다. 근린상업지역 : 근린지역에서의 일용품 및 서비스의 공급을 위하여 필요한 지역

라. 유통상업지역 : 도시내 및 지역간 유통기능의 증진을 위하여 필요한 지역

3. 공업지역

가. 전용공업지역 : 주로 중화학공업, 공해성 공업 등을 수용하기 위하여 필요한 지역

나. 일반공업지역 : 환경을 저해하지 아니하는 공업의 배치를 위하여 필요한 지역

다. 준공업지역 : 경공업 그 밖의 공업을 수용하되, 주거기능 · 상업기능 및 업무기능의 보완이 필요한 지역

4. 녹지지역

가. 보전녹지지역 : 도시의 자연환경 · 경관 · 산림 및 녹지공간을 보전할 필요가 있는 지역

나. 생산녹지지역 : 주로 농업적 생산을 위하여 개발을 유보할 필요가 있는 지역

다. 자연녹지지역 : 도시의 녹지공간의 확보, 도시확산의 방지, 장래 도시용지의 공급 등을 위하여 보전할 필요가 있는 지역으로서 불가피한 경우에 한하여 제한적인 개발이 허용되는 지역

제31조 용도지구의 지정

① 법 제37조제1항제5호에서 "항만, 공항 등 대통령령으로 정하는 시설물"이란 항만, 공항, 공용시설(공공업무시설, 공공필요성이 인정되는 문화시설 · 집회시설 · 운동시설 및 그 밖에 이와 유사한 시설로서 도시 · 군계획조례로 정하는 시설을 말한다), 교정시설 · 군사시설을 말한다. 〈신설 2017. 12. 29.〉

② 국토교통부장관, 시 · 도지사 또는 대도시 시장은 법 제37조제2항에 따라 도시 · 군관리계획결정으로 경관지구 · 방재지구 · 보호지구 · 취락지구 및 개발진흥지구를 다음 각 호와 같이 세분하여 지정할 수 있다. 〈개정 2005. 1. 15., 2005. 9. 8., 2008. 2. 29., 2009. 8. 5., 2012. 4. 10., 2013. 3. 23., 2014. 1. 14., 2017. 12. 29.〉

1. 경관지구
   가. 자연경관지구 : 산지 · 구릉지 등 자연경관을 보호하거나 유지하기 위하여 필요한 지구
   나. 시가지경관지구 : 지역 내 주거지, 중심지 등 시가지의 경관을 보호 또는 유지하거나 형성하기 위하여 필요한 지구
   다. 특화경관지구 : 지역 내 주요 수계의 수변 또는 문화적 보존가치가 큰 건축물 주변의 경관 등 특별한 경관을 보호 또는 유지하거나 형성하기 위하여 필요한 지구
2. 삭제 〈2017. 12. 29.〉
3. 삭제 〈2017. 12. 29.〉
4. 방재지구
   가. 시가지방재지구: 건축물 · 인구가 밀집되어 있는 지역으로서 시설 개선 등을 통하여 재해 예방이 필요한 지구
   나. 자연방재지구: 토지의 이용도가 낮은 해안변, 하천변, 급경사지 주변 등의 지역으로서 건축 제한 등을 통하여 재해 예방이 필요한 지구
5. 보호지구
   가. 역사문화환경보호지구 : 문화재 · 전통사찰 등 역사 · 문화적으로 보존가치가 큰 시설 및 지역의 보호와 보존을 위하여 필요한 지구
   나. 중요시설물보호지구 : 중요시설물(제1항에 따른 시설물을 말한다. 이하 같다)의 보호와 기능의 유지 및 증진 등을 위하여 필요한 지구
   다. 생태계보호지구 : 야생동식물서식처 등 생태적으로 보존가치가 큰 지역의 보호와 보존을 위하여 필요한 지구
6. 삭제 〈2017. 12. 29.〉
7. 취락지구

가. 자연취락지구 : 녹지지역 · 관리지역 · 농림지역 또는 자연환경보전지역안의 취락을 정비하기 위하여 필요한 지구

나. 집단취락지구 : 개발제한구역안의 취락을 정비하기 위하여 필요한 지구

8. 개발진흥지구

가. 주거개발진흥지구 : 주거기능을 중심으로 개발 · 정비할 필요가 있는 지구

나. 산업 · 유통개발진흥지구 : 공업기능 및 유통 · 물류기능을 중심으로 개발 · 정비할 필요가 있는 지구

다. 삭제 〈2012. 4. 10.〉

라. 관광 · 휴양개발진흥지구 : 관광 · 휴양기능을 중심으로 개발 · 정비할 필요가 있는 지구

마. 복합개발진흥지구 : 주거기능, 공업기능, 유통 · 물류기능 및 관광 · 휴양기능중 2 이상의 기능을 중심으로 개발 · 정비할 필요가 있는 지구

바. 특정개발진흥지구 : 주거기능, 공업기능, 유통 · 물류기능 및 관광 · 휴양기능 외의 기능을 중심으로 특정한 목적을 위하여 개발 · 정비할 필요가 있는 지구

③ 시 · 도지사 또는 대도시 시장은 지역여건상 필요한 때에는 해당 시 · 도 또는 대도시의 도시 · 군계획조례로 정하는 바에 따라 제2항제1호에 따른 경관지구를 추가적으로 세분(특화경관지구의 세분을 포함한다)하거나 제2항제5호나목에 따른 중요시설물보호지구 및 법 제37조제1항제8호에 따른 특정용도제한지구를 세분하여 지정할 수 있다.

〈개정 2009. 8. 5., 2012. 4. 10., 2017. 12. 29.〉

④ 법 제37조제3항에 따라 시 · 도 또는 대도시의 도시 · 군계획조례로 같은 조 제1항 각 호에 따른 용도지구외의 용도지구를 정할 때에는 다음 각호의 기준을 따라야 한다.

〈개정 2011. 3. 9., 2012. 4. 10., 2016. 12. 30.〉

1. 용도지구의 신설은 법에서 정하고 있는 용도지역 · 용도지구 · 용도구역 · 지구단위계획구역 또는 다른 법률에 따른 지역 · 지구만으로는 효율적인 토지이용을 달성할 수 없는 부득이한 사유가 있는 경우에 한할 것

2. 용도지구안에서의 행위제한은 그 용도지구의 지정목적 달성에 필요한 최소한도에 그치도록 할 것

3. 당해 용도지역 또는 용도구역의 행위제한을 완화하는 용도지구를 신설하지 아니할 것

⑤ 법 제37조제4항에서 "연안침식이 진행 중이거나 우려되는 지역 등 대통령령으로 정하는 지역"이란 다음 각 호의 어느 하나에 해당하는 지역을 말한다. 〈신설 2014. 1. 14.〉

1. 연안침식으로 인하여 심각한 피해가 발생하거나 발생할 우려가 있어 이를 특별히 관리할 필요가 있는 지역으로서 「연안관리법」 제20조의2에 따른 연안침식관리구역으로 지정

된 지역(같은 법 제2조제3호의 연안육역에 한정한다)

2. 풍수해, 산사태 등의 동일한 재해가 최근 10년 이내 2회 이상 발생하여 인명 피해를 입은 지역으로서 향후 동일한 재해 발생 시 상당한 피해가 우려되는 지역

⑥ 법 제37조제5항에서 "대통령령으로 정하는 주거지역 · 공업지역 · 관리지역"이란 다음 각 호의 어느 하나에 해당하는 용도지역을 말한다. 〈개정 2017. 12. 29.〉

1. 일반주거지역
2. 일반공업지역
3. 계획관리지역

⑦ 시 · 도지사 또는 대도시 시장은 법 제37조제5항에 따라 복합용도지구를 지정하는 경우에는 다음 각 호의 기준을 따라야 한다. 〈신설 2017. 12. 29.〉

1. 용도지역의 변경 시 기반시설이 부족해지는 등의 문제가 우려되어 해당 용도지역의 건축제한만을 완화하는 것이 적합한 경우에 지정할 것
2. 간선도로의 교차지(交叉地), 대중교통의 결절지(結節地) 등 토지이용 및 교통 여건의 변화가 큰 지역 또는 용도지역 간의 경계지역, 가로변 등 토지를 효율적으로 활용할 필요가 있는 지역에 지정할 것
3. 용도지역의 지정목적이 크게 저해되지 아니하도록 해당 용도지역 전체 면적의 3분의 1 이하의 범위에서 지정할 것
4. 그 밖에 해당 지역의 체계적 · 계획적인 개발 및 관리를 위하여 지정 대상지가 국토교통부장관이 정하여 고시하는 기준에 적합할 것

제32조 시가화조정구역의 지정

① 법 제39조제1항 본문에서 "대통령령으로 정하는 기간"이란 5년 이상 20년 이내의 기간을 말한다. 〈개정 2014. 1. 14.〉

② 국토교통부장관 또는 시 · 도지사는 법 제39조제1항에 따라 시가화조정구역을 지정 또는 변경하고자 하는 때에는 당해 도시지역과 그 주변지역의 인구의 동태, 토지의 이용상황, 산업발전상황 등을 고려하여 도시 · 군관리계획으로 시가화유보기간을 정하여야 한다.
〈개정 2008. 2. 29., 2012. 4. 10., 2013. 3. 23., 2014. 1. 14.〉

③ 법 제39조제2항 후단에 따른 시가화조정구역지정의 실효고시는 실효일자 및 실효사유와 실효된 도시 · 군관리계획의 내용을 국토교통부장관이 하는 경우에는 관보에, 시 · 도지사가 하는 경우에는 해당 시 · 도의 공보에 게재하는 방법에 의한다. 〈개정 2012. 4. 10., 2014. 1. 14.〉

제33조 공유수면매립지에 관한 용도지역의 지

① 법 제41조제1항 전단 및 동조제2항에서 "용도지역"이라 함은 법 제6조 각호의 규정에 의한 용도지역을 말한다.

② 법 제41조제1항 후단의 규정에 의한 고시는 당해 시 · 도의 공보에 게재하는 방법에 의한다.

제34조 용도지역 환원의 고시

법 제42조제4항 후단의 규정에 의한 용도지역 환원의 고시는 환원일자 및 환원사유와 용도지역이 환원된 도시 · 군관리계획의 내용을 당해 시 · 도의 공보에 게재하는 방법에 의한다.

〈개정 2012. 4. 10.〉

제3절 도시 · 군계획시설 〈개정 2012. 4. 10.〉

제35조 도시 · 군계획시설의 설치 · 관리

① 법 제43조제1항 단서에서 "대통령령으로 정하는 경우"란 다음 각 호의 경우를 말한다.

〈개정 2005. 9. 8., 2005. 11. 11., 2008. 2. 29., 2009. 11. 2., 2013. 3. 23., 2013. 6. 11., 2015. 7. 6., 2016. 2. 11., 2016. 12. 30., 2018. 11. 13.〉

1. 도시지역 또는 지구단위계획구역에서 다음 각 목의 기반시설을 설치하고자 하는 경우
   가. 주차장, 자동차 및 건설기계검사시설, 공공공지, 열공급설비, 방송 · 통신시설, 시장 · 공공청사 · 문화시설 · 공공필요성이 인정되는 체육시설 · 연구시설 · 사회복지시설 · 공공직업 훈련시설 · 청소년수련시설 · 저수지 · 방화설비 · 방풍설비 · 방수설비 · 사방설비 · 방조설비 · 장사시설 · 종합의료시설 · 빗물저장 및 이용시설 · 폐차장
   나. 「도시공원 및 녹지 등에 관한 법률」의 규정에 의하여 점용허가대상이 되는 공원안의 기반시설
   다. 그 밖에 국토교통부령으로 정하는 시설
2. 도시지역 및 지구단위계획구역외의 지역에서 다음 각목의 기반시설을 설치하고자 하는 경우
   가. 제1호 가목 및 나목의 기반시설
   나. 궤도 및 전기공급설비
   다. 그 밖에 국토교통부령이 정하는 시설

② 법 제43조제3항의 규정에 의하여 국가가 관리하는 도시 · 군계획시설은 「국유재산법」 제2조제11호에 따른 중앙관서의 장이 관리한다. 〈개정 2005. 9. 8., 2009. 7. 27., 2011. 4. 1., 2012. 4. 10.〉

[제목개정 2012. 4. 10.]

제35조의2 공동구의 설치

① 법 제44조제1항 각 호 외의 부분에서 "대통령령으로 정하는 규모"란 200만제곱미터를 말한다.

② 법 제44조제1항제5호에서 "대통령령으로 정하는 지역"이란 다음 각 호의 지역을 말한다.

〈개정 2014. 4. 29., 2015. 12. 28.〉

1. 「공공주택 특별법」 제2조제2호에 따른 공공주택지구
2. 「도청이전을 위한 도시건설 및 지원에 관한 특별법」 제2조제3호에 따른 도청이전신도시

[본조신설 2010. 7. 9.]

제35조의3 공동구에 수용하여야 하는 시설

공동구가 설치된 경우에는 법 제44조제3항에 따라 제1호부터 제6호까지의 시설을 공동구에 수용하여야 하며, 제7호 및 제8호의 시설은 법 제44조의2제4항에 따른 공동구협의회(이하 "공동구협의회"라 한다)의 심의를 거쳐 수용할 수 있다.

1. 전선로
2. 통신선로
3. 수도관
4. 열수송관
5. 중수도관
6. 쓰레기수송관
7. 가스관
8. 하수도관, 그 밖의 시설

[본조신설 2010. 7. 9.]

제36조 공동구의 설치에 대한 의견 청취

① 법 제44조제1항에 따른 개발사업의 시행자(이하 이 조, 제37조, 제38조 및 제39조의2에서"사업시행자"라 한다)는 공동구를 설치하기 전에 다음 각 호의 사항을 정하여 공동구에 수용되어야 할 시설을 설치하기 위하여 공동구를 점용하려는 자(이하 "공동구 점용예정자"라 한다)에게 미리 통지하여야 한다.

1. 공동구의 위치
2. 공동구의 구조

3. 공동구 점용예정자의 명세

4. 공동구 점용예정자별 점용예정부문의 개요

5. 공동구의 설치에 필요한 비용과 그 비용의 분담에 관한 사항

6. 공사 착수 예정일 및 공사 준공 예정일

② 제1항에 따라 공동구의 설치에 관한 통지를 받은 공동구 점용예정자는 사업시행자가 정한 기한까지 해당 시설을 개별적으로 매설할 때 필요한 비용 등을 포함한 의견서를 제출하여야 한다.

③ 사업시행자가 제2항에 따른 의견서를 받은 때에는 공동구의 설치계획 등에 대하여 공동구협의회의 심의를 거쳐 그 결과를 법 제44조제1항에 따른 개발사업의 실시계획인가(실시계획승인, 사업시행인가 및 지구계획승인을 포함한다. 이하 제38조제3항에서 "개발사업의 실시계획인가등"이라 한다) 신청서에 반영하여야 한다.

[전문개정 2010. 7. 9.]

제37조 공동구에의 수용

① 사업시행자는 공동구의 설치공사를 완료한 때에는 지체 없이 다음 각 호의 사항을 공동구 점용예정자에게 개별적으로 통지하여야 한다. 〈개정 2010. 7. 9.〉

1. 공동구에 수용될 시설의 점용공사 기간

2. 공동구 설치위치 및 설계도면

3. 공동구에 수용할 수 있는 시설의 종류

4. 공동구 점용공사 시 고려할 사항

② 공동구 점용예정자는 제1항제1호에 따른 점용공사 기간 내에 공동구에 수용될 시설을 공동구에 수용하여야 한다. 다만, 그 기간 내에 점용공사를 완료하지 못하는 특별한 사정이 있어서 미리 사업시행자와 협의한 경우에는 그러하지 아니하다. 〈개정 2010. 7. 9.〉

③ 공동구 점용예정자는 공동구에 수용될 시설을 공동구에 수용함으로써 용도가 폐지된 종래의 시설은 사업시행자가 지정하는 기간 내에 철거하여야 하고, 도로는 원상으로 회복하여야 한다. 〈개정 2010. 7. 9.〉

제38조 공동구의 설치비용 등

① 법 제44조제5항 전단에 따른 공동구의 설치에 필요한 비용은 다음 각 호와 같다. 다만, 법 제44조제6항에 따른 보조금이 있는 때에는 그 보조금의 금액을 공제하여야 한다.

〈개정 2010. 7. 9.〉

1. 설치공사의 비용
2. 내부공사의 비용
3. 설치를 위한 측량 · 설계비용
4. 공동구의 설치로 인하여 보상의 필요가 있는 때에는 그 보상비용
5. 공동구부대시설의 설치비용
6. 법 제44조제6항에 따른 융자금이 있는 경우에는 그 이자에 해당하는 금액

② 법 제44조제5항 후단에 따라 공동구 점용예정자가 부담하여야 하는 공동구 설치비용은 해당 시설을 개별적으로 매설할 때 필요한 비용으로 하되, 특별시장 · 광역시장 · 특별자치시장 · 특별자치도지사 · 시장 또는 군수(이하 제39조 및 제39조의3에서 "공동구관리자"라 한다)가 공동구협의회의 심의를 거쳐 해당 공동구의 위치, 규모 및 주변 여건 등을 고려하여 정한다. 〈개정 2010. 7. 9., 2012. 4. 10.〉

③ 사업시행자는 공동구의 설치가 포함되는 개발사업의 실시계획인가등이 있은 후 지체 없이 공동구 점용예정자에게 제1항 및 제2항에 따라 산정된 부담금의 납부를 통지하여야 한다. 〈개정 2010. 7. 9.〉

④ 제3항에 따른 부담금의 납부통지를 받은 공동구 점용예정자는 공동구설치공사가 착수되기 전에 부담액의 3분의 1 이상을 납부하여야 하며, 그 나머지 금액은 제37조제1항제1호에 따른 점용공사기간 만료일(만료일전에 공사가 완료된 경우에는 그 공사의 완료일을 말한다)전까지 납부하여야 한다. 〈개정 2010. 7. 9.〉

제39조 공동구의 관리 · 운영 등

① 법 제44조의2제1항 단서에서 "대통령령으로 정하는 기관"이란 다음 각 호의 어느 하나에 해당하는 기관을 말한다. 〈개정 2012. 4. 10., 2018. 1. 16.〉

1. 「지방공기업법」 제49조 또는 제76조에 따른 지방공사 또는 지방공단
2. 「시설물의 안전 및 유지관리에 관한 특별법」 제45조에 따른 한국시설안전공단
3. 공동구의 관리 · 운영에 전문성을 갖춘 기관으로서 특별시 · 광역시 · 특별자치시 · 특별자치도 · 시 또는 군의 도시 · 군계획조례로 정하는 기관

② 법 제44조의2제2항에 따른 공동구의 안전 및 유지관리계획에는 다음 각 호의 사항이 모두 포함되어야 한다.

1. 공동구의 안전 및 유지관리를 위한 조직 · 인원 및 장비의 확보에 관한 사항
2. 긴급상황 발생 시 조치체계에 관한 사항
3. 법 제44조의2제3항에 따른 안전점검 또는 정밀안전진단의 실시계획에 관한 사항

4. 해당 공동구의 설계, 시공, 감리 및 유지관리 등에 관련된 설계도서의 수집 · 보관에 관한 사항

5. 그 밖에 공동구의 안전 및 유지관리에 필요한 사항

③ 공동구관리자가 법 제44조의2제2항에 따른 공동구의 안전 및 유지관리계획을 수립하거나 변경하려면 미리 관계 행정기관의 장과 협의한 후 공동구협의회의 심의를 거쳐야 한다.

④ 공동구관리자가 제3항에 따라 공동구의 안전 및 유지관리계획을 수립하거나 변경한 경우에는 관계 행정기관의 장에게 관계 서류를 송부하여야 한다.

⑤ 공동구관리자는 법 제44조의2제3항에 따라 「시설물의 안전 및 유지관리에 관한 특별법」 제11조 및 제12조에 따른 안전점검 및 정밀안전진단을 실시하여야 한다.

〈개정 2017. 9. 19., 2018. 1. 16.〉

[전문개정 2010. 7. 9.]

제39조의2 공동구협의회의 구성 및 운영 등

① 법 제44조의2제4항에 따라 공동구협의회가 심의하거나 자문에 응하는 사항은 다음 각 호와 같다.

1. 법 제44조제4항에 따른 공동구 설치 계획 등에 관한 사항의 심의
2. 법 제44조제5항에 따른 공동구 설치비용 및 법 제44조의3제1항에 따른 관리비용의 분담 등에 관한 사항의 심의
3. 법 제44조의2제2항에 따른 공동구의 안전 및 유지관리계획 등에 관한 사항의 심의
4. 법 제44조의3제2항 및 제3항에 따른 공동구 점용 · 사용의 허가 및 비용부담 등에 관한 사항의 심의
5. 그 밖에 공동구 설치 · 관리에 관한 사항의 심의 또는 자문

② 공동구협의회는 위원장 및 부위원장 각 1명을 포함한 10명 이상 20명 이하의 위원으로 구성한다.

③ 공동구협의회의 위원장은 특별시 · 광역시 · 특별자치시 · 특별자치도 · 시 또는 군의 부시장 · 부지사 또는 부군수가 되며, 부위원장은 위원 중에서 호선한다. 다만, 둘 이상의 특별시 · 광역시 · 특별자치시 · 특별자치도 · 시 또는 군에 공동으로 설치하는 공동구협의회의 위원장은 해당 특별시장 · 광역시장 · 특별자치시장 · 특별자치도지사 · 시장 또는 군수가 협의하여 정한다. 〈개정 2012. 4. 10.〉

④ 공동구협의회의 위원은 다음 각 호의 어느 하나에 해당하는 사람 중에서 특별시장 · 광역시장 · 특별자치시장 · 특별자치도지사 · 시장 또는 군수가 임명하거나 위촉하되, 둘 이상의 특

별시 · 광역시 · 특별자치시 · 특별자치도 · 시 또는 군에 공동으로 설치하는 공동구협의회의 위원은 해당 특별시장 · 광역시장 · 특별자치시장 · 특별자치도지사 · 시장 또는 군수가 협의하여 임명하거나 위촉한다. 이 경우 제5호에 해당하는 위원의 수는 전체 위원의 2분의 1 이상이어야 한다. 〈개정 2012. 4. 10.〉

1. 해당 지방자치단체의 공무원
2. 관할 소방관서의 공무원
3. 사업시행자의 소속 직원
4. 공동구 점용예정자의 소속 직원
5. 공동구의 구조안전 또는 방재업무에 관한 학식과 경험이 있는 사람

⑤ 제4항제5호에 해당하는 위원의 임기는 2년으로 한다. 다만, 위원의 사임 등으로 인하여 새로 위촉된 위원의 임기는 전임 위원 임기의 남은 기간으로 한다.

⑥ 제2항부터 제5항까지에서 규정한 사항 외에 공동구협의회의 구성 · 운영에 필요한 사항은 특별시 · 광역시 · 특별자치시 · 특별자치도 · 시 또는 군의 도시 · 군계획조례로 정한다. 〈개정 2012. 4. 10.〉

[본조신설 2010. 7. 9.]

제39조의3 공동구의 관리비용

공동구관리자는 법 제44조의3제1항에 따른 공동구의 관리에 드는 비용을 연 2회로 분할하여 납부하게 하여야 한다.

[본조신설 2010. 7. 9.]

제40조 광역시설의 설치에 따른 지원 등

지방자치단체는 법 제45조제4항의 규정에 의하여 광역시설을 다른 지방자치단체의 관할구역에 설치하고자 하는 경우에는 다음 각 호의 어느 하나에 해당하는 사업을 당해 지방자치단체와 함께 시행하거나 이에 필요한 자금 등을 지원하여야 한다. 〈개정 2016. 2. 11., 2018. 11. 13.〉

1. 환경오염의 방지를 위한 사업 : 녹지 · 하수도 또는 폐기물처리 및 재활용시설의 설치사업과 대기오염 · 수질오염 · 악취 · 소음 및 진동방지사업 등
2. 지역주민의 편익을 위한 사업 : 도로 · 공원 · 수도공급설비 · 문화시설 · 사회복지시설 · 노인정 · 하수도 · 종합의료시설 등의 설치사업 등

제41조 도시 · 군계획시설부지의 매수청구

① 법 제47조제1항의 규정에 의하여 토지의 매수를 청구하고자 하는 자는 국토교통부령이 정하는 도시 · 군계획시설부지매수청구서(전자문서로 된 청구서를 포함한다)에 대상토지 및 건물에 대한 등기사항증명서를 첨부하여 법 제47조제1항 각호외의 부분 단서의 규정에 의한 매수의무자에게 제출하여야 한다. 다만, 매수의무자는 「전자정부법」 제36조제1항에 따른 행정정보의 공동이용을 통하여 대상토지 및 건물에 대한 등기부 등본을 확인할 수 있는 경우에는 그 확인으로 첨부서류를 갈음하여야 한다.

〈개정 2004. 3. 17., 2005. 9. 8., 2008. 2. 29., 2010. 5. 4., 2010. 11. 2., 2012. 4. 10., 2013. 3. 23.〉

② 법 제47조제2항제2호의 규정에 의한 부재부동산소유자의 토지의 범위에 관하여는 「공익사업을 위한 토지 등의 취득 및 손실보상에 관한 법률 시행령」 제26조의 규정을 준용한다. 이 경우 "사업인정고시일"은 각각 "매수청구일"로 본다. 〈개정 2005. 9. 8.〉

③ 법 제47조제2항제2호의 규정에 의한 비업무용토지의 범위에 관하여는 「법인세법 시행령」 제49조제1항제1호의 규정을 준용한다. 〈개정 2005. 9. 8.〉

④ 법 제47조제2항제2호에서 "대통령령으로 정하는 금액"이란 3천만원을 말한다.

〈개정 2018. 11. 13.〉

⑤ 법 제47조제7항 각 호 외의 부분 전단에서 "대통령령으로 정하는 건축물 또는 공작물"이란 다음 각 호의 것을 말한다. 다만, 다음 각 호에 규정된 범위에서 특별시 · 광역시 · 특별자치시 · 특별자치도 · 시 또는 군의 도시 · 군계획조례로 따로 허용범위를 정하는 경우에는 그에 따른다. 〈개정 2005. 9. 8., 2009. 7. 7., 2009. 7. 16., 2012. 4. 10., 2014. 3. 24.〉

1. 「건축법 시행령」 별표 1 제1호 가목의 단독주택으로서 3층 이하인 것
2. 「건축법 시행령」 별표 1 제3호의 제1종근린생활시설로서 3층 이하인 것

2의2. 「건축법 시행령」 별표 1 제4호의 제2종 근린생활시설(같은 호 거목, 더목 및 러목은 제외한다)로서 3층 이하인 것

3. 공작물

[제목개정 2012. 4. 10.]

제42조 도시 · 군계획시설결정의 실효고시 및 해제권고

① 법 제48조제2항에 따른 도시 · 군계획시설결정의 실효고시는 국토교통부장관이 하는 경우에는 관보에, 시 · 도지사 또는 대도시 시장이 하는 경우에는 해당 시 · 도 또는 대도시의 공보에 실효일자 및 실효사유와 실효된 도시 · 군계획의 내용을 게재하는 방법에 따른다. 〈개정 2008. 2. 29., 2009. 8. 5., 2012. 4. 10., 2013. 3. 23.〉

② 특별시장 · 광역시장 · 특별자치시장 · 특별자치도지사 · 시장 또는 군수(이하 이 조에서 "지방자치단체의 장"이라 한다)는 법 제48조제3항에 따라 도시 · 군계획시설결정이 고시된 도시 · 군계획시설 중 설치할 필요성이 없어진 도시 · 군계획시설 또는 그 고시일부터 10년이 지날 때까지 해당 시설의 설치에 관한 도시 · 군계획시설사업이 시행되지 아니한 도시 · 군계획시설(이하 이 조에서 "장기미집행 도시 · 군계획시설등"이라 한다)에 대하여 다음 각 호의 사항을 매년 해당 지방의회의 「지방자치법」 제44조 및 제45조에 따른 정례회 또는 임시회의 기간 중에 보고하여야 한다. 이 경우 지방자치단체의 장이 필요하다고 인정하는 경우에는 해당 지방자치단체에 소속된 지방도시계획위원회의 자문을 거치거나 관계 행정기관의 장과 미리 협의를 거칠 수 있다. 〈신설 2012. 4. 10., 2014. 11. 11.〉

1. 장기미집행 도시 · 군계획시설등의 전체 현황(시설의 종류, 면적 및 설치비용 등을 말한다)
2. 장기미집행 도시 · 군계획시설등의 명칭, 고시일 또는 변경고시일, 위치, 규모, 미집행 사유, 단계별 집행계획, 개략 도면, 현황 사진 또는 항공사진 및 해당 시설의 해제에 관한 의견
3. 그 밖에 지방의회의 심의 · 의결에 필요한 사항

③ 지방자치단체의 장은 제2항에 따라 지방의회에 보고한 장기미집행 도시 · 군계획시설등 중 도시 · 군계획시설결정이 해제되지 아니한 장기미집행 도시 · 군계획시설등에 대하여 최초로 지방의회에 보고한 때부터 2년마다 지방의회에 보고하여야 한다. 이 경우 지방의회의 보고에 관하여는 제2항을 준용한다. 〈신설 2012. 4. 10., 2014. 11. 11.〉

④ 지방의회는 법 제48조제4항에 따라 장기미집행 도시 · 군계획시설등에 대하여 해제를 권고하는 경우에는 제2항 또는 제3항에 따른 보고가 지방의회에 접수된 날부터 90일 이내에 해제를 권고하는 서면(도시 · 군계획시설의 명칭, 위치, 규모 및 해제사유 등이 포함되어야 한다)을 지방자치단체의 장에게 보내야 한다. 〈신설 2012. 4. 10.〉

⑤ 제4항에 따라 장기미집행 도시 · 군계획시설등의 해제를 권고받은 지방자체단체의 장은 상위계획과의 연관성, 단계별 집행계획, 교통, 환경 및 주민 의사 등을 고려하여 해제할 수 없다고 인정하는 특별한 사유가 있는 경우를 제외하고는 법 제48조제5항에 따라 해당 장기미집행 도시 · 군계획시설등의 해제권고를 받은 날부터 1년 이내에 해제를 위한 도시 · 군관리계획을 결정하여야 한다. 이 경우 지방자치단체의 장은 지방의회에 해제할 수 없다고 인정하는 특별한 사유를 해제권고를 받은 날부터 6개월 이내에 소명하여야 한다. 〈신설 2012. 4. 10.〉

⑥ 제5항에도 불구하고 시장 또는 군수는 법 제24조제6항에 따라 도지사가 결정한 도시 · 군관리계획의 해제가 필요한 경우에는 도지사에게 그 결정을 신청하여야 한다. 〈신설 2012. 4. 10.〉

⑦ 제6항에 따라 도시 · 군계획시설결정의 해제를 신청받은 도지사는 특별한 사유가 없으면 신청을 받은 날부터 1년 이내에 해당 도시 · 군계획시설의 해제를 위한 도시 · 군관리계획결정

을 하여야 한다. 〈신설 2012. 4. 10.〉

[제목개정 2012. 4. 10.]

제42조의2 도시 · 군계획시설결정의 해제 신청 등

① 토지의 소유자는 법 제48조의2제1항에 따라 도시 · 군계획시설결정의 해제를 위한 도시 · 군관리계획 입안을 신청하려는 경우에는 다음 각 호의 사항이 포함된 신청서를 해당 도시 · 군계획시설에 대한 도시 · 군관리계획 입안권자(이하 이 조에서 "입안권자"라 한다)에게 제출하여야 한다.

1. 해당 도시 · 군계획시설부지 내 신청인 소유의 토지(이하 이 조에서 "신청토지"라 한다) 현황
2. 해당 도시 · 군계획시설의 개요
3. 해당 도시 · 군계획시설결정의 해제를 위한 도시 · 군관리계획 입안(이하 이 조에서 "해제입안"이라 한다) 신청 사유

② 법 제48조의2제2항에서 "해당 도시 · 군계획시설결정의 실효 시까지 설치하기로 집행계획을 수립하는 등 대통령령으로 정하는 특별한 사유"란 다음 각 호의 어느 하나에 해당하는 경우를 말한다.

1. 해당 도시 · 군계획시설결정의 실효 시까지 해당 도시 · 군계획시설을 설치하기로 집행계획을 수립하거나 변경하는 경우
2. 해당 도시 · 군계획시설에 대하여 법 제88조에 따른 실시계획이 인가된 경우
3. 해당 도시 · 군계획시설에 대하여 「공익사업을 위한 토지 등의 취득 및 보상에 관한 법률」 제15조에 따른 보상계획이 공고된 경우(토지 소유자 및 관계인에게 각각 통지하였으나 같은 조 제1항 단서에 따라 공고를 생략한 경우를 포함한다)
4. 신청토지 전부가 포함된 일단의 토지에 대하여 「공익사업을 위한 토지 등의 취득 및 보상에 관한 법률」 제4조제8호의 공익사업을 시행하기 위한 지역 · 지구 등의 지정 또는 사업계획 승인 등의 절차가 진행 중이거나 완료된 경우
5. 해당 도시 · 군계획시설결정의 해제를 위한 도시 · 군관리계획 변경절차가 진행 중인 경우

③ 법 제48조의2제3항에서 "해당 도시 · 군계획시설결정의 해제를 위한 도시 · 군관리계획이 입안되지 아니하는 등 대통령령으로 정하는 사항에 해당하는 경우"란 다음 각 호의 어느 하나에 해당하는 경우를 말한다.

1. 입안권자가 제2항 각 호의 어느 하나에 해당하지 아니하는 사유로 법 제48조의2제2항에 따라 해제입안을 하지 아니하기로 정하여 신청인에게 통지한 경우
2. 입안권자가 법 제48조의2제2항에 따라 해제입안을 하기로 정하여 신청인에게 통지하고

해제입안을 하였으나 해당 도시·군계획시설에 대한 도시·군관리계획 결정권자(이하 이 조에서 "결정권자"라 한다)가 법 제30조에 따른 도시·군관리계획 결정절차를 거쳐 신청토지의 전부 또는 일부를 해제하지 아니하기로 결정한 경우(제2항제5호를 사유로 해제입안을 하지 아니하는 것으로 통지되었으나 도시·군관리계획 변경절차를 진행한 결과 신청토지의 전부 또는 일부를 해제하지 아니하기로 결정한 경우를 포함한다)

④ 법 제48조의2제5항에서 "해당 도시·군계획시설결정이 해제되지 아니하는 등 대통령령으로 정하는 사항에 해당하는 경우"란 다음 각 호의 어느 하나에 해당하는 경우를 말한다.

1. 결정권자가 법 제48조의2제4항에 따라 해당 도시·군계획시설결정의 해제를 하지 아니하기로 정하여 신청인에게 통지한 경우
2. 결정권자가 법 제48조의2제4항에 따라 해당 도시·군계획시설결정의 해제를 하기로 정하여 신청인에게 통지하였으나 법 제30조에 따른 도시·군관리계획 결정절차를 거쳐 신청토지의 전부 또는 일부를 해제하지 아니하기로 결정한 경우

⑤ 국토교통부장관은 법 제48조의2제5항에 따라 해제 심사 신청을 받은 경우에는 입안권자 및 결정권자에게 해제 심사를 위한 관련 서류 등을 제출할 것을 요구할 수 있다.

⑥ 국토교통부장관은 법 제48조의2제6항에 따라 해제를 권고하려는 경우에는 중앙도시계획위원회의 심의를 거쳐야 한다.

⑦ 입안권자가 법 제48조의2제2항·제4항 또는 제7항에 따라 해제입안을 하기 위하여 법 제28조제5항에 따라 해당 지방의회에 의견을 요청한 경우 지방의회는 요청받은 날부터 60일 이내에 의견을 제출하여야 한다. 이 경우 60일 이내에 의견이 제출되지 아니한 경우에는 의견이 없는 것으로 본다.

⑧ 법 제48조의2제2항·제4항 또는 제7항에 따른 도시·군계획시설결정의 해제결정(해제를 하지 아니하기로 결정하는 것을 포함한다. 이하 이 조에서 같다)은 다음 각 호의 구분에 따른 날부터 6개월(제9항 본문에 따라 결정하는 경우에는 2개월) 이내에 이행되어야 한다. 다만, 관계 법률에 따른 별도의 협의가 필요한 경우 그 협의에 필요한 기간은 기간계산에서 제외한다.

1. 법 제48조의2제2항에 따라 해당 도시·군계획시설결정의 해제입안을 하기로 통지한 경우: 같은 항에 따라 입안권자가 신청인에게 입안하기로 통지한 날
2. 법 제48조의2제4항에 따라 해당 도시·군계획시설결정을 해제하기로 통지한 경우: 같은 항에 따라 결정권자가 신청인에게 해제하기로 통지한 날
3. 법 제48조의2제7항에 따라 해당 도시·군계획시설결정을 해제할 것을 권고받은 경우: 같은 조 제6항에 따라 결정권자가 해제권고를 받은 날

⑨ 결정권자는 법 제48조의2제4항 또는 제7항에 따라 해당 도시·군계획시설결정의 해제결정

을 하는 경우로서 이전 단계에서 법 제30조에 따른 도시 · 군관리계획 결정절차를 거친 경우에는 법 제30조에도 불구하고 해당 지방도시계획위원회의 심의만을 거쳐 도시 · 군계획시설결정의 해제결정을 할 수 있다. 다만, 결정권자가 입안 내용의 변경이 필요하다고 판단하는 경우에는 그러하지 아니하다.

⑩ 제1항부터 제9항까지에서 규정한 사항 외에 도시 · 군계획시설결정의 해제를 위한 도시 · 군관리계획의 입안 · 해제절차 및 기한 등에 필요한 세부적인 사항은 국토교통부장관이 정한다.

[본조신설 2016. 12. 30.]

[종전 제42조의2는 제42조의3으로 이동 〈2016. 12. 30.〉]

제42조의3 지구단위계획의 수립

① 법 제49조제1항제4호에서 "대통령령으로 정하는 사항"이란 다음 각 호의 사항을 말한다.

1. 지역 공동체의 활성화
2. 안전하고 지속가능한 생활권의 조성
3. 해당 지역 및 인근 지역의 토지 이용을 고려한 토지이용계획과 건축계획의 조화

② 국토교통부장관은 법 제49조제2항에 따라 지구단위계획의 수립기준을 정할 때에는 다음 각 호의 사항을 고려하여야 한다. 〈개정 2013. 3. 23., 2013. 6. 11., 2014. 1. 14., 2015. 7. 6., 2016. 5. 17., 2016. 8. 31., 2017. 12. 29., 2018. 7. 17.〉

1. 개발제한구역에 지구단위계획을 수립할 때에는 개발제한구역의 지정 목적이나 주변환경이 훼손되지 아니하도록 하고, 「개발제한구역의 지정 및 관리에 관한 특별조치법」을 우선하여 적용할 것

1의2. 보전관리지역에 지구단위계획을 수립할 때에는 제44조제1항제1호의2 각 목 외의 부분 후단에 따른 경우를 제외하고는 녹지 또는 공원으로 계획하는 등 환경 훼손을 최소화할 것

1의3. 「문화재보호법」 제13조에 따른 역사문화환경 보존지역에서 지구단위계획을 수립하는 경우에는 문화재 및 역사문화환경과 조화되도록 할 것

2. 지구단위계획구역에서 원활한 교통소통을 위하여 필요한 경우에는 지구단위계획으로 건축물부설주차장을 해당 건축물의 대지가 속하여 있는 가구에서 해당 건축물의 대지 바깥에 단독 또는 공동으로 설치하게 할 수 있도록 할 것. 이 경우 대지 바깥에 공동으로 설치하는 건축물부설주차장의 위치 및 규모 등은 지구단위계획으로 정한다.

3. 제2호에 따라 대지 바깥에 설치하는 건축물부설주차장의 출입구는 간선도로변에 두지 아니하도록 할 것. 다만, 특별시장 · 광역시장 · 특별자치시장 · 특별자치도지사 · 시장 또는

군수가 해당 지구단위계획구역의 교통소통에 관한 계획 등을 고려하여 교통소통에 지장이 없다고 인정하는 경우에는 그러하지 아니하다.

4. 지구단위계획구역에서 공공사업의 시행, 대형건축물의 건축 또는 2필지 이상의 토지소유자의 공동개발 등을 위하여 필요한 경우에는 특정 부분을 별도의 구역으로 지정하여 계획의 상세 정도 등을 따로 정할 수 있도록 할 것
5. 지구단위계획구역의 지정 목적, 향후 예상되는 여건변화, 지구단위계획구역의 관리 방안 등을 고려하여 제25조제4항제9호에 따른 경미한 사항을 정하는 것이 필요한지를 검토하여 지구단위계획에 반영하도록 할 것
6. 지구단위계획의 내용 중 기존의 용도지역 또는 용도지구를 용적률이 높은 용도지역 또는 용도지구로 변경하는 사항이 포함되어 있는 경우 변경되는 구역의 용적률은 기존의 용도지역 또는 용도지구의 용적률을 적용하되, 공공시설부지의 제공현황 등을 고려하여 용적률을 완화할 수 있도록 계획할 것
7. 제46조 및 제47조에 따른 건폐율 · 용적률 등의 완화 범위를 포함하여 지구단위계획을 수립하도록 할 것
8. 법 제51조제1항제8호의2에 해당하는 도시지역 내 주거 · 상업 · 업무 등의 기능을 결합하는 복합적 토지 이용의 증진이 필요한 지역은 지정 목적을 복합용도개발형으로 구분하되, 3개 이상의 중심기능을 포함하여야 하고 중심기능 중 어느 하나에 집중되지 아니하도록 계획할 것
9. 법 제51조제2항제1호의 지역에 수립하는 지구단위계획의 내용 중 법 제52조제1항제1호 및 같은 항 제4호(건축물의 용도제한은 제외한다)의 사항은 해당 지역에 시행된 사업이 끝난 때의 내용을 유지함을 원칙으로 할 것
10. 도시지역 외의 지역에 지정하는 지구단위계획구역은 해당 구역의 중심기능에 따라 주거형, 산업 · 유통형, 관광 · 휴양형 또는 복합형 등으로 지정 목적을 구분할 것
11. 도시지역 외의 지구단위계획구역에서 건축할 수 있는 건축물의 용도 · 종류 및 규모 등은 해당 구역의 중심기능과 유사한 도시지역의 용도지역별 건축제한 등을 고려하여 지구단위계획으로 정할 것
12. 제45조제2항 후단에 따라 용적률이 높아지거나 건축제한이 완화되는 용도지역으로 변경되는 경우 또는 법 제43조에 따른 도시 · 군계획시설 결정의 변경 등으로 행위제한이 완화되는 사항이 포함되어 있는 경우에는 해당 지구단위계획구역 내 기반시설의 부지를 제공하거나 기반시설을 설치하여 제공하는 것을 고려하여 용적률 또는 건축제한을 완화할 수 있도록 계획할 것. 이 경우 기반시설의 부지를 제공하거나 기반시설을 설치하는 비용

은 용도지역의 변경으로 인한 용적률의 증가 및 건축제한의 변경에 따른 토지가치 상승분(「감정평가 및 감정평가사에 관한 법률」 에 따른 감정평가업자가 평가한 금액을 말한다)의 범위로 한다.

13. 제12호는 해당 지구단위계획구역 안의 기반시설이 충분할 때에는 해당 지구단위계획구역 밖의 관할 시 · 군 · 구에 지정된 고도지구, 역사문화환경보호지구, 방재지구 또는 기반시설이 취약한 지역으로서 시 · 도 또는 대도시의 도시 · 군계획조례로 정하는 지역에 기반시설을 설치하거나 기반시설의 설치비용을 부담하는 것으로 갈음할 수 있다.
14. 제13호에 따른 기반시설의 설치비용은 해당 지구단위계획구역 밖의 관할 시 · 군 · 구에 지정된 고도지구, 역사문화환경보호지구, 방재지구 또는 기반시설이 취약한 지역으로서 시 · 도 또는 대도시의 도시 · 군계획조례로 정하는 지역 내 기반시설의 확보에 사용할 것
15. 제12호 및 제13호에 따른 기반시설 설치내용, 기반시설 설치비용에 대한 산정방법 및 구체적인 운영기준 등은 시 · 도 또는 대도시의 도시 · 군계획조례로 정할 것

[본조신설 2012. 4. 10.]

[제42조의2에서 이동 〈2016. 12. 30.〉]

제4절 지구단위계획

제43조 도시지역 내 지구단위계획구역 지정대상지역

① 법 제51조제1항제8호의2에서 "대통령령으로 정하는 요건에 해당하는 지역"이란 준주거지역, 준공업지역 및 상업지역에서 낙후된 도심 기능을 회복하거나 도시균형발전을 위한 중심지 육성이 필요하여 도시 · 군기본계획에 반영된 경우로서 다음 각 호의 어느 하나에 해당하는 지역을 말한다. 〈신설 2012. 4. 10.〉

1. 주요 역세권, 고속버스 및 시외버스 터미널, 간선도로의 교차지 등 양호한 기반시설을 갖추고 있어 대중교통 이용이 용이한 지역
2. 역세권의 체계적 · 계획적 개발이 필요한 지역
3. 세 개 이상의 노선이 교차하는 대중교통 결절지(結節地)로부터 1킬로미터 이내에 위치한 지역
4. 「역세권의 개발 및 이용에 관한 법률」 에 따른 역세권개발구역, 「도시재정비 촉진을 위한 특별법」 에 따른 고밀복합형 재정비촉진지구로 지정된 지역

② 법 제51조제1항제8호의3에서 "대통령령으로 정하는 시설"이란 다음 각 호의 시설을 말한다. 〈신설 2012. 4. 10.〉

1. 철도, 항만, 공항, 공장, 병원, 학교, 공공청사, 공공기관, 시장, 운동장 및 터미널
2. 그 밖에 제1호와 유사한 시설로서 특별시 · 광역시 · 특별자치시 · 특별자치도 · 시 또는 군의 도시 · 군계획조례로 정하는 시설

③ 법 제51조제1항제8호의3에서 "대통령령으로 정하는 요건에 해당하는 지역"이란 5천제곱미터 이상으로서 도시 · 군계획조례로 정하는 면적 이상의 유휴토지 또는 대규모 시설의 이전부지로서 다음 각 호의 어느 하나에 해당하는 지역을 말한다. 〈신설 2012. 4. 10., 2018. 7. 17.〉

1. 대규모 시설의 이전에 따라 도시기능의 재배치 및 정비가 필요한 지역
2. 토지의 활용 잠재력이 높고 지역거점 육성이 필요한 지역
3. 지역경제 활성화와 고용창출의 효과가 클 것으로 예상되는 지역

④ 법 제51조제1항제10호에서 "대통령령으로 정하는 지역"이란 다음 각 호의 지역을 말한다.
〈개정 2003. 6. 30., 2005. 9. 8., 2009. 8. 5., 2012. 4. 10., 2018. 11. 13.〉

1. 법 제127조제1항의 규정에 의하여 지정된 시범도시
2. 법 제63조제2항의 규정에 의하여 고시된 개발행위허가제한지역
3. 지하 및 공중공간을 효율적으로 개발하고자 하는 지역
4. 용도지역의 지정 · 변경에 관한 도시 · 군관리계획을 입안하기 위하여 열람공고된 지역
5. 삭제 〈2012. 4. 10.〉
6. 주택재건축사업에 의하여 공동주택을 건축하는 지역
7. 지구단위계획구역으로 지정하고자 하는 토지와 접하여 공공시설을 설치하고자 하는 자연녹지지역
8. 그 밖에 양호한 환경의 확보 또는 기능 및 미관의 증진 등을 위하여 필요한 지역으로서 특별시 · 광역시 · 특별자치시 · 특별자치도 · 시 또는 군의 도시 · 군계획조례가 정하는 지역

⑤ 법 제51조제2항제2호에서 "대통령령으로 정하는 지역"이란 다음 각호의 지역으로서 그 면적이 30만제곱미터 이상인 지역을 말한다. 〈개정 2012. 4. 10., 2018. 7. 17.〉

1. 시가화조정구역 또는 공원에서 해제되는 지역. 다만, 녹지지역으로 지정 또는 존치되거나 법 또는 다른 법령에 의하여 도시 · 군계획사업 등 개발계획이 수립되지 아니하는 경우를 제외한다.
2. 녹지지역에서 주거지역 · 상업지역 또는 공업지역으로 변경되는 지역
3. 그 밖에 특별시 · 광역시 · 특별자치시 · 특별자치도 · 시 또는 군의 도시 · 군계획조례로 정하는 지역

[제목개정 2012. 4. 10.]

제44조 도시지역 외 지역에서의 지구단위계획구역 지정대상지역

① 법 제51조제3항제1호에서 "대통령령으로 정하는 요건"이란 다음 각 호의 요건을 말한다.

〈개정 2005. 1. 15., 2005. 9. 8., 2008. 2. 29., 2012. 4. 10., 2013. 3. 23., 2014. 1. 14., 2016. 5. 17., 2018. 11. 13.〉

1. 계획관리지역 외에 지구단위계획구역에 포함하는 지역은 생산관리지역 또는 보전관리지역일 것

1의2. 지구단위계획구역에 보전관리지역을 포함하는 경우 해당 보전관리지역의 면적은 다음 각 목의 구분에 따른 요건을 충족할 것. 이 경우 개발행위허가를 받는 등 이미 개발된 토지, 「산지관리법」 제25조에 따른 토석채취허가를 받고 토석의 채취가 완료된 토지로서 같은 법 제4조제1항제2호의 준보전산지에 해당하는 토지 및 해당 토지를 개발하여도 주변지역의 환경오염 · 환경훼손 우려가 없는 경우로서 해당 도시계획위원회 또는 제25조제2항에 따른 공동위원회의 심의를 거쳐 지구단위계획구역에 포함되는 토지의 면적은 다음 각 목에 따른 보전관리지역의 면적 산정에서 제외한다.

가. 전체 지구단위계획구역 면적이 10만제곱미터 이하인 경우: 전체 지구단위계획구역 면적의 20퍼센트 이내

나. 전체 지구단위계획구역 면적이 10만제곱미터를 초과하는 경우: 전체 지구단위계획구역 면적의 10퍼센트 이내

2. 지구단위계획구역으로 지정하고자 하는 토지의 면적이 다음 각목의 어느 하나에 규정된 면적 요건에 해당할 것

가. 지정하고자 하는 지역에 「건축법 시행령」 별표 1 제2호의 공동주택중 아파트 또는 연립주택의 건설계획이 포함되는 경우에는 30만제곱미터 이상일 것. 이 경우 다음 요건에 해당하는 때에는 일단의 토지를 통합하여 하나의 지구단위계획구역으로 지정할 수 있다.

(1) 아파트 또는 연립주택의 건설계획이 포함되는 각각의 토지의 면적이 10만제곱미터 이상이고, 그 총면적이 30만제곱미터 이상일 것

(2) (1)의 각 토지는 국토교통부장관이 정하는 범위안에 위치하고, 국토교통부장관이 정하는 규모 이상의 도로로 서로 연결되어 있거나 연결도로의 설치가 가능할 것

나. 지정하고자 하는 지역에 「건축법시행령」 별표 1 제2호의 공동주택중 아파트 또는 연립주택의 건설계획이 포함되는 경우로서 다음의 어느 하나에 해당하는 경우에는 10만제곱미터 이상일 것

(1) 지구단위계획구역이 「수도권정비계획법」 제6조제1항제3호의 규정에 의한 자연보전권역인 경우

(2) 지구단위계획구역 안에 초등학교 용지를 확보하여 관할 교육청의 동의를 얻거나 지구단위계획구역 안 또는 지구단위계획구역으로부터 통학이 가능한 거리에 초등학교가 위치하고 학생수용이 가능한 경우로서 관할 교육청의 동의를 얻은 경우

다. 가목 및 나목의 경우를 제외하고는 3만제곱미터 이상일 것

3. 당해 지역에 도로 · 수도공급설비 · 하수도 등 기반시설을 공급할 수 있을 것

4. 자연환경 · 경관 · 미관 등을 해치지 아니하고 문화재의 훼손우려가 없을 것

② 법 제51조제3항제2호에서 "대통령령으로 정하는 요건"이란 다음 각 호의 요건을 말한다. 〈개정 2005. 9. 8., 2012. 4. 10., 2018. 11. 13.〉

1. 제1항제2호부터 제4호까지의 요건에 해당할 것

2. 당해 개발진흥지구가 다음 각 목의 지역에 위치할 것

가. 주거개발진흥지구, 복합개발진흥지구(주거기능이 포함된 경우에 한한다) 및 특정개발진흥지구 : 계획관리지역

나. 산업 · 유통개발진흥지구 및 복합개발진흥지구(주거기능이 포함되지 아니한 경우에 한한다) : 계획관리지역 · 생산관리지역 또는 농림지역

다. 관광 · 휴양개발진흥지구 : 도시지역외의 지역

③ 국토교통부장관은 지구단위계획구역이 합리적으로 지정될 수 있도록 하기 위하여 필요한 경우에는 제1항 각호 및 제2항 각호의 지정요건을 세부적으로 정할 수 있다. 〈개정 2008. 2. 29., 2012. 4. 10., 2013. 3. 23.〉

[제목개정 2012. 4. 10.]

제45조 지구단위계획의 내용

① 삭제 〈2012. 4. 10.〉

② 법 제52조제1항제1호의 규정에 의한 용도지역 또는 용도지구의 세분 또는 변경은 제30조 각 호의 용도지역 또는 제31조제2항 각호의 용도지구를 그 각호의 범위(제31조제3항의 규정에 의하여 도시 · 군계획조례로 세분되는 용도지구를 포함한다)안에서 세분 또는 변경하는 것으로 한다. 이 경우 법 제51조제1항제8호의2 및 제8호의3에 따라 지정된 지구단위계획구역에서는 제30조 각 호에 따른 용도지역 간의 변경을 포함한다. 〈개정 2005. 1. 15., 2009. 8. 5., 2012. 4. 10., 2017. 12. 29.〉

③ 법 제52조제1항제2호에서 "대통령령으로 정하는 기반시설"이란 다음 각 호의 시설로서 당해 지구단위계획구역의 지정목적 달성을 위하여 필요한 시설을 말한다. 〈개정 2005. 9. 8., 2005. 11. 11., 2008. 9. 25., 2009. 8. 5., 2013. 6. 11., 2014. 1. 14., 2016. 2. 11., 2018. 11. 13.〉

1. 법 제51조제1항제2호부터 제7호까지의 규정에 따른 지역인 경우에는 당해 법률에 의한 개발사업으로 설치하는 기반시설
2. 도로 · 자동차정류장 · 주차장 · 자동차 및 건설기계검사시설 · 광장 · 공원(「도시공원 및 녹지 등에 관한 법률」에 따른 묘지공원은 제외한다) · 녹지 · 공공공지 · 유통업무설비 · 수도공급설비 · 전기공급설비 · 가스공급설비 · 열공급설비 · 공동구 · 시장 · 학교(「고등교육법」 제2조에 따른 학교는 제외한다) · 공공청사 · 문화시설 · 공공필요성이 인정되는 체육시설 · 연구시설 · 사회복지시설 · 공공직업훈련시설 · 청소년수련시설 · 하천 · 유수지 · 방화설비 · 방풍설비 · 방수설비 · 사방설비 · 방조설비 · 장사시설 · 종합의료시설 · 하수도 · 폐기물처리 및 재활용시설 · 빗물저장 및 이용시설 · 수질오염방지시설 · 폐차장
3. 삭제 〈2006. 8. 17.〉

④ 법 제52조제1항제8호에서 "대통령령으로 정하는 사항"이란 다음 각 호의 사항을 말한다. 〈개정 2009. 8. 5., 2015. 7. 6.〉

1. 지하 또는 공중공간에 설치할 시설물의 높이 · 깊이 · 배치 또는 규모
2. 대문 · 담 또는 울타리의 형태 또는 색채
3. 간판의 크기 · 형태 · 색채 또는 재질
4. 장애인 · 노약자 등을 위한 편의시설계획
5. 에너지 및 자원의 절약과 재활용에 관한 계획
6. 생물서식공간의 보호 · 조성 · 연결 및 물과 공기의 순환 등에 관한 계획
7. 문화재 및 역사문화환경 보호에 관한 계획

⑤ 법 제52조제2항에서 "대통령령으로 정하는 도시 · 군계획시설"이란 도로 · 주차장 · 공원 · 녹지 · 공공공지, 수도 · 전기 · 가스 · 열공급설비, 학교(초등학교 및 중학교에 한한다) · 하수도 · 폐기물처리 및 재활용시설을 말한다. 〈개정 2009. 8. 5., 2012. 4. 10., 2018. 11. 13.〉

제46조 도시지역 내 지구단위계획구역에서의 건폐율 등의 완화적용

① 지구단위계획구역(도시지역 내에 지정하는 경우로 한정한다. 이하 이 조에서 같다)에서 건축물을 건축하려는 자가 그 대지의 일부를 공공시설 또는 기반시설 중 학교와 해당 시 · 도 또는 대도시의 도시 · 군계획조례로 정하는 기반시설(이하 이 항에서 "공공시설등"이라 한다)의 부지로 제공하거나 공공시설등을 설치하여 제공하는 경우[지구단위계획구역 밖의 「하수도법」 제2조제14호에 따른 배수구역에 공공하수처리시설을 설치하여 제공하는 경우(지구단위계획구역에 다른 기반시설이 충분히 설치되어 있는 경우로 한정한다)를 포함한다]

에는 법 제52조제3항에 따라 그 건축물에 대하여 지구단위계획으로 다음 각 호의 구분에 따라 건폐율 · 용적률 및 높이제한을 완화하여 적용할 수 있다.

〈개정 2005. 9. 8., 2006. 3. 23., 2008. 9. 25., 2011. 3. 9., 2012. 1. 6., 2012. 4. 10.〉

1. 공공시설등의 부지를 제공하는 경우에는 다음 각 목의 비율까지 건폐율 · 용적률 및 높이제한을 완화하여 적용할 수 있다. 다만, 지구단위계획구역 안의 일부 토지를 공공시설등의 부지로 제공하는 자가 해당 지구단위계획구역 안의 다른 대지에서 건축물을 건축하는 경우에는 나목의 비율까지 그 용적률을 완화하여 적용할 수 있다.
   가. 완화할 수 있는 건폐율 = 해당 용도지역에 적용되는 건폐율 × [1 + 공공시설등의 부지로 제공하는 면적(공공시설등의 부지를 제공하는 자가 법 제65조제2항에 따라 용도가 폐지되는 공공시설을 무상으로 양수받은 경우에는 그 양수받은 부지면적을 빼고 산정한다. 이하 이 조에서 같다)÷ 원래의 대지면적] 이내
   나. 완화할 수 있는 용적률 = 해당 용도지역에 적용되는 용적률 + [1.5 × (공공시설등의 부지로 제공하는 면적 × 공공시설등 제공 부지의 용적률)÷ 공공시설등의 부지 제공 후의 대지면적] 이내
   다. 완화할 수 있는 높이 = 「건축법」 제60조에 따라 제한된 높이 × (1 + 공공시설등의 부지로 제공하는 면적÷ 원래의 대지면적) 이내
2. 공공시설등을 설치하여 제공(그 부지의 제공은 제외한다)하는 경우에는 공공시설등을 설치하는 데에 드는 비용에 상응하는 가액(價額)의 부지를 제공한 것으로 보아 제1호에 따른 비율까지 건폐율 · 용적률 및 높이제한을 완화하여 적용할 수 있다. 이 경우 공공시설등 설치비용 및 이에 상응하는 부지 가액의 산정 방법 등은 시 · 도 또는 대도시의 도시 · 군계획조례로 정한다.
3. 공공시설등을 설치하여 그 부지와 함께 제공하는 경우에는 제1호 및 제2호에 따라 완화할 수 있는 건폐율 · 용적률 및 높이를 합산한 비율까지 완화하여 적용할 수 있다.

② 특별시장 · 광역시장 · 특별자치시장 · 특별자치도지사 · 시장 또는 군수는 지구단위계획구역에 있는 토지를 공공시설부지로 제공하고 보상을 받은 자 또는 그 포괄승계인이 그 보상금액에 국토교통부령이 정하는 이자를 더한 금액(이하 이 항에서 "반환금"이라 한다)을 반환하는 경우에는 당해 지방자치단체의 도시 · 군계획조례가 정하는 바에 따라 제1항제1호 각 목을 적용하여 당해 건축물에 대한 건폐율 · 용적률 및 높이제한을 완화할 수 있다. 이 경우 그 반환금은 기반시설의 확보에 사용하여야 한다.

〈신설 2004. 1. 20., 2005. 9. 8., 2008. 2. 29., 2012. 4. 10., 2013. 3. 23.〉

③ 지구단위계획구역에서 건축물을 건축하고자 하는 자가 「건축법」 제43조제1항에 따른 공

개공지 또는 공개공간을 같은 항에 따른 의무면적을 초과하여 설치한 경우에는 법 제52조제3항에 따라 당해 건축물에 대하여 지구단위계획으로 다음 각 호의 비율까지 용적률 및 높이 제한을 완화하여 적용할 수 있다. 〈개정 2005. 9. 8., 2008. 9. 25., 2012. 4. 10.〉

1. 완화할 수 있는 용적률 = 「건축법」 제43조제2항에 따라 완화된 용적률+(당해 용도지역에 적용되는 용적률×의무면적을 초과하는 공개공지 또는 공개공간의 면적의 절반÷대지면적) 이내
2. 완화할 수 있는 높이 = 「건축법」 제43조제2항에 따라 완화된 높이+(「건축법」 제60조에 따른 높이×의무면적을 초과하는 공개공지 또는 공개공간의 면적의 절반÷대지면적) 이내

④ 지구단위계획구역에서는 법 제52조제3항의 규정에 의하여 도시 · 군계획조례의 규정에 불구하고 지구단위계획으로 제84조에 규정된 범위안에서 건폐율을 완화하여 적용할 수 있다. 〈개정 2012. 4. 10.〉

⑤ 지구단위계획구역에서는 법 제52조제3항의 규정에 의하여 지구단위계획으로 법 제76조의 규정에 의하여 제30조 각호의 용도지역안에서 건축할 수 있는 건축물(도시 · 군계획조례가 정하는 바에 의하여 건축할 수 있는 건축물의 경우 도시 · 군계획조례에서 허용되는 건축물에 한한다)의 용도 · 종류 및 규모 등의 범위안에서 이를 완화하여 적용할 수 있다. 〈개정 2012. 4. 10.〉

⑥ 지구단위계획구역의 지정목적이 다음 각호의 1에 해당하는 경우에는 법 제52조제3항의 규정에 의하여 지구단위계획으로 「주차장법」 제19조제3항의 규정에 의한 주차장 설치기준을 100퍼센트까지 완화하여 적용할 수 있다. 〈개정 2005. 9. 8., 2008. 2. 29., 2012. 4. 10., 2013. 3. 23.〉

1. 한옥마을을 보존하고자 하는 경우
2. 차 없는 거리를 조성하고자 하는 경우(지구단위계획으로 보행자전용도로를 지정하거나 차량의 출입을 금지한 경우를 포함한다)
3. 그 밖에 국토교통부령이 정하는 경우

⑦ 다음 각호의 1에 해당하는 경우에는 법 제52조제3항의 규정에 의하여 지구단위계획으로 당해 용도지역에 적용되는 용적률의 120퍼센트 이내에서 용적률을 완화하여 적용할 수 있다. 〈개정 2012. 4. 10.〉

1. 도시지역에 개발진흥지구를 지정하고 당해 지구를 지구단위계획구역으로 지정한 경우
2. 다음 각목의 1에 해당하는 경우로서 특별시장 · 광역시장 · 특별자치시장 · 특별자치도지사 · 시장 또는 군수의 권고에 따라 공동개발을 하는 경우

가. 지구단위계획에 2필지 이상의 토지에 하나의 건축물을 건축하도록 되어 있는 경우

나. 지구단위계획에 합벽건축을 하도록 되어 있는 경우

다. 지구단위계획에 주차장 · 보행자통로 등을 공동으로 사용하도록 되어 있어 2필지 이상의 토지에 건축물을 동시에 건축할 필요가 있는 경우

⑧ 도시지역에 개발진흥지구를 지정하고 당해 지구를 지구단위계획구역으로 지정한 경우에는 법 제52조제3항에 따라 지구단위계획으로 「건축법」 제60조에 따라 제한된 건축물높이의 120퍼센트 이내에서 높이제한을 완화하여 적용할 수 있다.

〈개정 2005. 9. 8., 2008. 9. 25., 2012. 4. 10.〉

⑨ 제1항제1호나목(제1항제2호 및 제2항에 따라 적용되는 경우를 포함한다), 제3항제1호 및 제7항은 다음 각 호의 어느 하나에 해당하는 경우에는 적용하지 아니한다.

〈개정 2004. 1. 20., 2011. 7. 1., 2012. 4. 10.〉

1. 개발제한구역 · 시가화조정구역 · 녹지지역 또는 공원에서 해제되는 구역과 새로이 도시지역으로 편입되는 구역중 계획적인 개발 또는 관리가 필요한 지역인 경우
2. 기존의 용도지역 또는 용도지구가 용적률이 높은 용도지역 또는 용도지구로 변경되는 경우로서 기존의 용도지역 또는 용도지구의 용적률을 적용하지 아니하는 경우

⑩ 제1항 내지 제4항 및 제7항의 규정에 의하여 완화하여 적용되는 건폐율 및 용적률은 당해 용도지역 또는 용도지구에 적용되는 건폐율의 150퍼센트 및 용적률의 200퍼센트를 각각 초과할 수 없다. 〈개정 2004. 1. 20.〉

[제목개정 2012. 4. 10.]

제47조 도시지역 외 지구단위계획구역에서의 건폐율 등의 완화적용

① 지구단위계획구역(도시지역 외에 지정하는 경우로 한정한다. 이하 이 조에서 같다)에서는 법 제52조제3항에 따라 지구단위계획으로 당해 용도지역 또는 개발진흥지구에 적용되는 건폐율의 150퍼센트 및 용적률의 200퍼센트 이내에서 건폐율 및 용적률을 완화하여 적용할 수 있다. 〈개정 2005. 1. 15., 2007. 4. 19., 2012. 4. 10.〉

② 지구단위계획구역에서는 법 제52조제3항의 규정에 의하여 지구단위계획으로 법 제76조의 규정에 의한 건축물의 용도 · 종류 및 규모 등을 완화하여 적용할 수 있다. 다만, 개발진흥지구(계획관리지역에 지정된 개발진흥지구를 제외한다)에 지정된 지구단위계획구역에 대하여는 「건축법 시행령」 별표 1 제2호의 공동주택중 아파트 및 연립주택은 허용되지 아니한다.

〈개정 2005. 9. 8., 2012. 4. 10.〉

③ 삭제 〈2007. 4. 19.〉

④ 삭제 〈2007. 4. 19.〉

[제목개정 2012. 4. 10.]

제48조 삭제 〈2012. 4. 10.〉

제49조 지구단위계획안에 대한 주민 등의 의견

다음 각 호의 어느 하나에 해당하는 자는 지구단위계획안에 포함시키고자 하는 사항을 특별시장 · 광역시장 · 특별자치시장 · 특별자치도지사 · 시장 또는 군수에게 제출할 수 있으며, 특별시장 · 광역시장 · 특별자치시장 · 특별자치도지사 · 시장 또는 군수는 제출된 사항이 타당하다고 인정되는 때에는 이를 지구단위계획안에 반영하여야 한다. 〈개정 2009. 8. 5., 2012. 4. 10.〉

1. 지구단위계획구역이 법 제26조의 규정에 의한 주민의 제안에 의하여 지정된 경우에는 그 제안자
2. 지구단위계획구역이 법 제51조제1항제2호부터 제7호까지의 지역에 대하여 지정된 경우에는 그 지정근거가 되는 개별법률에 의한 개발사업의 시행자

제50조 지구단위계획구역지정의 실효고시

법 제53조제3항에 따른 지구단위계획구역지정의 실효고시는 실효일자 및 실효사유와 실효된 지구단위계획구역의 내용을 국토교통부장관이 하는 경우에는 관보에, 시 · 도지사 또는 시장 · 군수가 하는 경우에는 해당 시 · 도 또는 시 · 군의 공보에 게재하는 방법에 의한다.

〈개정 2009. 8. 5., 2013. 3. 23., 2014. 1. 14., 2016. 2. 11.〉

제5장 개발행위의 허가 등

제1절 개발행위의 허가

제51조 개발행위허가의 대상

① 법 제56조제1항에 따라 개발행위허가를 받아야 하는 행위는 다음 각 호와 같다.

〈개정 2005. 9. 8., 2006. 3. 23., 2008. 9. 25., 2012. 4. 10.〉

1. 건축물의 건축 : 「건축법」 제2조제1항제2호에 따른 건축물의 건축
2. 공작물의 설치 : 인공을 가하여 제작한 시설물(「건축법」 제2조제1항제2호에 따른 건축물을 제외한다)의 설치

3. 토지의 형질변경 : 절토 · 성토 · 정지 · 포장 등의 방법으로 토지의 형상을 변경하는 행위와 공유수면의 매립(경작을 위한 토지의 형질변경을 제외한다)
4. 토석채취 : 흙 · 모래 · 자갈 · 바위 등의 토석을 채취하는 행위. 다만, 토지의 형질변경을 목적으로 하는 것을 제외한다.
5. 토지분할 : 다음 각 목의 어느 하나에 해당하는 토지의 분할(「건축법」 제57조에 따른 건축물이 있는 대지는 제외한다)
   가. 녹지지역 · 관리지역 · 농림지역 및 자연환경보전지역 안에서 관계법령에 따른 허가 · 인가 등을 받지 아니하고 행하는 토지의 분할
   나. 「건축법」 제57조제1항에 따른 분할제한면적 미만으로의 토지의 분할
   다. 관계 법령에 의한 허가 · 인가 등을 받지 아니하고 행하는 너비 5미터 이하로의 토지의 분할
6. 물건을 쌓아놓는 행위 : 녹지지역 · 관리지역 또는 자연환경보전지역안에서 건축물의 울타리안(적법한 절차에 의하여 조성된 대지에 한한다)에 위치하지 아니한 토지에 물건을 1월 이상 쌓아놓는 행위

② 법 제56조제1항제2호에서 "대통령령으로 정하는 토지의 형질변경"이란 조성이 끝난 농지에서 농작물 재배, 농지의 지력 증진 및 생산성 향상을 위한 객토나 정지작업, 양수 · 배수시설 설치를 위한 토지의 형질변경으로서 다음 각 호의 어느 하나에 해당하지 아니하는 경우의 형질변경을 말한다. 〈신설 2012. 4. 10.〉

1. 인접토지의 관개 · 배수 및 농작업에 영향을 미치는 경우
2. 재활용 골재, 사업장 폐토양, 무기성 오니 등 수질오염 또는 토질오염의 우려가 있는 토사 등을 사용하여 성토하는 경우
3. 지목의 변경을 수반하는 경우(전 · 답 사이의 변경은 제외한다)

제52조 개발행위허가의 경미한 변경

① 법 제56조제2항 단서에서 "대통령령으로 정하는 경미한 사항을 변경하는 경우"란 다음 각 호의 어느 하나에 해당하는 경우를 말한다. 〈개정 2012. 4. 10., 2015. 6. 1., 2015. 7. 6.〉

1. 사업기간을 단축하는 경우
2. 부지면적 또는 건축물 연면적을 5퍼센트 범위안에서 축소하는 경우
3. 관계 법령의 개정 또는 도시 · 군관리계획의 변경에 따라 허가받은 사항을 불가피하게 변경하는 경우
4. 「공간정보의 구축 및 관리 등에 관한 법률」 제26조제2항 및 「건축법」 제26조에 따라

허용되는 오차를 반영하기 위한 변경

5. 「건축법 시행령」 제12조제3항 각 호의 어느 하나에 해당하는 변경인 경우

② 개발행위허가를 받은 자는 제1항 각호의 1에 해당하는 경미한 사항을 변경한 때에는 지체없이 그 사실을 특별시장 · 광역시장 · 특별자치시장 · 특별자치도지사 · 시장 또는 군수에게 통지하여야 한다. 〈개정 2012. 4. 10.〉

제53조 허가를 받지 아니하여도 되는 경미한 행위

법 제56조제4항제3호에서 "대통령령으로 정하는 경미한 행위"란 다음 각 호의 행위를 말한다. 다만, 다음 각 호에 규정된 범위에서 특별시 · 광역시 · 특별자치시 · 특별자치도 · 시 또는 군의 도시 · 군계획조례로 따로 정하는 경우에는 그에 따른다. 〈개정 2005. 9. 8., 2006. 8. 17., 2008. 9. 25., 2009. 7. 7., 2009. 7. 27., 2010. 4. 29., 2012. 4. 10., 2014. 10. 14., 2014. 11. 11.〉

1. 건축물의 건축 : 「건축법」 제11조제1항에 따른 건축허가 또는 같은 법 제14조제1항에 따른 건축신고 및 같은 법 제20조제1항에 따른 가설건축물 건축의 허가 또는 같은 조 제3항에 따른 가설건축물의 축조신고 대상에 해당하지 아니하는 건축물의 건축
2. 공작물의 설치
   가. 도시지역 또는 지구단위계획구역에서 무게가 50톤 이하, 부피가 50세제곱미터 이하, 수평투영면적이 50제곱미터 이하인 공작물의 설치. 다만, 「건축법 시행령」 제118조제1항 각 호의 어느 하나에 해당하는 공작물의 설치는 제외한다.
   나. 도시지역 · 자연환경보전지역 및 지구단위계획구역외의 지역에서 무게가 150톤 이하, 부피가 150세제곱미터 이하, 수평투영면적이 150제곱미터 이하인 공작물의 설치. 다만, 「건축법 시행령」 제118조제1항 각 호의 어느 하나에 해당하는 공작물의 설치는 제외한다.
   다. 녹지지역 · 관리지역 또는 농림지역안에서의 농림어업용 비닐하우스(비닐하우스안에 설치하는 육상어류양식장을 제외한다)의 설치
3. 토지의 형질변경
   가. 높이 50센티미터 이내 또는 깊이 50센티미터 이내의 절토 · 성토 · 정지 등(포장을 제외하며, 주거지역 · 상업지역 및 공업지역외의 지역에서는 지목변경을 수반하지 아니하는 경우에 한한다)
   나. 도시지역 · 자연환경보전지역 및 지구단위계획구역 외의 지역에서 면적이 660제곱미터 이하인 토지에 대한 지목변경을 수반하지 아니하는 절토 · 성토 · 정지 · 포장 등(토지의 형질변경 면적은 형질변경이 이루어지는 당해 필지의 총면적을 말한다. 이하 같다)

다. 조성이 완료된 기존 대지에 건축물이나 그 밖의 공작물을 설치하기 위한 토지의 형질변경(절토 및 성토는 제외한다)

라. 국가 또는 지방자치단체가 공익상의 필요에 의하여 직접 시행하는 사업을 위한 토지의 형질변경

4. 토석채취

가. 도시지역 또는 지구단위계획구역에서 채취면적이 25제곱미터 이하인 토지에서의 부피 50세제곱미터 이하의 토석채취

나. 도시지역 · 자연환경보전지역 및 지구단위계획구역외의 지역에서 채취면적이 250제곱미터 이하인 토지에서의 부피 500세제곱미터 이하의 토석채취

5. 토지분할

가. 「사도법」에 의한 사도개설허가를 받은 토지의 분할

나. 토지의 일부를 공공용지 또는 공용지로 하기 위한 토지의 분할

다. 행정재산중 용도폐지되는 부분의 분할 또는 일반재산을 매각 · 교환 또는 양여하기 위한 분할

라. 토지의 일부가 도시 · 군계획시설로 지형도면고시가 된 당해 토지의 분할

마. 너비 5미터 이하로 이미 분할된 토지의 「건축법」 제57조제1항에 따른 분할제한면적 이상으로의 분할

6. 물건을 쌓아놓는 행위

가. 녹지지역 또는 지구단위계획구역에서 물건을 쌓아놓는 면적이 25제곱미터 이하인 토지에 전체무게 50톤 이하, 전체부피 50세제곱미터 이하로 물건을 쌓아놓는 행위

나. 관리지역(지구단위계획구역으로 지정된 지역을 제외한다)에서 물건을 쌓아놓는 면적이 250제곱미터 이하인 토지에 전체무게 500톤 이하, 전체부피 500세제곱미터 이하로 물건을 쌓아놓는 행위

제54조 개발행위허가의 절차 등

① 법 제57조제2항에서 "대통령령으로 정하는 기간"이란 15일(도시계획위원회의 심의를 거쳐야 하거나 관계 행정기관의 장과 협의를 하여야 하는 경우에는 심의 또는 협의기간을 제외한다)을 말한다. 〈개정 2018. 11. 13.〉

② 특별시장 · 광역시장 · 특별자치시장 · 특별자치도지사 · 시장 또는 군수는 법 제57조제4항에 따라 개발행위허가에 조건을 붙이려는 때에는 미리 개발행위허가를 신청한 자의 의견을 들어야 한다. 〈개정 2006. 8. 17., 2012. 4. 10.〉

제55조 개발행위허가의 규모

① 법 제58조제1항제1호 본문에서 "대통령령으로 정하는 개발행위의 규모"란 다음 각호에 해당하는 토지의 형질변경면적을 말한다. 다만, 관리지역 및 농림지역에 대하여는 제2호 및 제3호의 규정에 의한 면적의 범위안에서 당해 특별시 · 광역시 · 특별자치시 · 특별자치도 · 시 또는 군의 도시 · 군계획조례로 따로 정할 수 있다. 〈개정 2012. 4. 10., 2014. 1. 14.〉

1. 도시지역
   가. 주거지역 · 상업지역 · 자연녹지지역 · 생산녹지지역 : 1만제곱미터 미만
   나. 공업지역 : 3만제곱미터 미만
   다. 보전녹지지역 : 5천제곱미터 미만
2. 관리지역 : 3만제곱미터 미만
3. 농림지역 : 3만제곱미터 미만
4. 자연환경보전지역 : 5천제곱미터 미만

② 제1항의 규정을 적용함에 있어서 개발행위허가의 대상인 토지가 2 이상의 용도지역에 걸치는 경우에는 각각의 용도지역에 위치하는 토지부분에 대하여 각각의 용도지역의 개발행위의 규모에 관한 규정을 적용한다. 다만, 개발행위허가의 대상인 토지의 총면적이 당해 토지가 걸쳐 있는 용도지역중 개발행위의 규모가 가장 큰 용도지역의 개발행위의 규모를 초과하여서는 아니된다.

③ 법 제58조제1항제1호 단서에서 "개발행위가 「농어촌정비법」 제2조제4호에 따른 농어촌정비사업으로 이루어지는 경우 등 대통령령으로 정하는 경우"란 다음 각 호의 어느 하나에 해당하는 경우를 말한다. 〈개정 2005. 1. 15., 2005. 9. 8., 2006. 3. 23., 2008. 2. 29., 2009. 7. 7., 2009. 8. 5., 2010. 4. 29., 2012. 1. 25., 2012. 4. 10., 2013. 3. 23., 2014. 1. 14.〉

1. 지구단위계획으로 정한 가구 및 획지의 범위안에서 이루어지는 토지의 형질변경으로서 당해 형질변경과 관련된 기반시설이 이미 설치되었거나 형질변경과 기반시설의 설치가 동시에 이루어지는 경우
2. 해당 개발행위가 「농어촌정비법」 제2조제4호에 따른 농어촌정비사업으로 이루어지는 경우

2의2. 해당 개발행위가 「국방 · 군사시설 사업에 관한 법률」 제2조제2호에 따른 국방 · 군사시설사업으로 이루어지는 경우

3. 초지조성, 농지조성, 영림 또는 토석채취를 위한 경우

3의2. 해당 개발행위가 다음 각 목의 어느 하나에 해당하는 경우. 이 경우 특별시장 · 광역시장 · 특별자치시장 · 특별자치도지사 · 시장 또는 군수는 그 개발행위에 대한 허가를

하려면 시 · 도도시계획위원회 또는 법 제113조제2항에 따른 시 · 군 · 구도시계획위원회(이하 "시 · 군 · 구도시계획위원회"라 한다) 중 대도시에 두는 도시계획위원회의 심의를 거쳐야 하고, 시장(대도시 시장은 제외한다) 또는 군수(특별시장 · 광역시장의 개발행위허가 권한이 법 제139조제2항에 따라 조례로 군수 또는 자치구의 구청장에게 위임된 경우에는 그 군수 또는 자치구의 구청장을 포함한다)는 시 · 도도시계획위원회에 심의를 요청하기 전에 해당 지방자치단체에 설치된 지방도시계획위원회에 자문할 수 있다.

가. 하나의 필지(법 제62조에 따른 준공검사를 신청할 때 둘 이상의 필지를 하나의 필지로 합칠 것을 조건으로 하여 허가하는 경우를 포함하되, 개발행위허가를 받은 후에 매각을 목적으로 하나의 필지를 둘 이상의 필지로 분할하는 경우는 제외한다)에 건축물을 건축하거나 공작물을 설치하기 위한 토지의 형질변경

나. 하나 이상의 필지에 하나의 용도에 사용되는 건축물을 건축하거나 공작물을 설치하기 위한 토지의 형질변경

4. 건축물의 건축, 공작물의 설치 또는 지목의 변경을 수반하지 아니하고 시행하는 토지복원사업

5. 그 밖에 국토교통부령이 정하는 경우

④ 삭제 〈2011. 3. 9.〉

⑤ 삭제 〈2011. 3. 9.〉

⑥ 삭제 〈2011. 3. 9.〉

⑦ 삭제 〈2011. 3. 9.〉

제56조 개발행위허가의 기준

① 법 제58조제3항에 따른 개발행위허가의 기준은 별표 1의2와 같다. 〈개정 2009. 8. 5.〉

② 법 제58조제3항제2호에서 "대통령령으로 정하는 지역"이란 자연녹지지역을 말한다. 〈신설 2012. 4. 10.〉

③ 법 제58조제3항제3호에서 "대통령령으로 정하는 지역"이란 생산녹지지역 및 보전녹지지역을 말한다. 〈신설 2012. 4. 10.〉

④국토교통부장관은 제1항의 개발행위허가기준에 대한 세부적인 검토기준을 정할 수 있다. 〈개정 2008. 2. 29., 2012. 4. 10., 2013. 3. 23.〉

제56조의2 성장관리방안의 대상지역 등

① 특별시장 · 광역시장 · 특별자치시장 · 특별자치도지사 · 시장 또는 군수가 법 제58조제4항에 따라 개발행위의 발생 가능성이 높은 지역을 대상지역으로 하여 기반시설의 설치 · 변경, 건축물의 용도 등에 관한 관리방안(이하 "성장관리방안"이라 한다)을 수립할 수 있는 지역은 법 제58조제3항제2호 및 제3호에 따른 유보 용도 및 보전 용도 지역으로서 다음 각 호의 어느 하나에 해당하는 지역으로 한다. 〈개정 2015. 7. 6., 2017. 12. 29., 2018. 7. 17.〉

1. 개발수요가 많아 무질서한 개발이 진행되고 있거나 진행될 것으로 예상되는 지역
2. 주변의 토지이용이나 교통여건 변화 등으로 향후 시가화가 예상되는 지역
3. 주변지역과 연계하여 체계적인 관리가 필요한 지역
4. 「토지이용규제 기본법」 제2조제1호에 따른 지역 · 지구등의 변경으로 토지이용에 대한 행위제한이 완화되는 지역
5. 그 밖에 제1호부터 제4호까지에 준하는 지역으로서 도시 · 군계획조례로 정하는 지역

② 성장관리방안에는 다음 각 호의 사항 중 제1호와 제2호를 포함한 둘 이상의 사항이 포함되어야 한다.

1. 도로, 공원 등 기반시설의 배치와 규모에 관한 사항
2. 건축물의 용도제한, 건축물의 건폐율 또는 용적률
3. 건축물의 배치 · 형태 · 색채 · 높이
4. 환경관리계획 또는 경관계획
5. 그 밖에 난개발을 방지하고 계획적 개발을 유도하기 위하여 필요한 사항으로서 도시 · 군계획조례로 정하는 사항

[본조신설 2014. 1. 14.]

제56조의3 성장관리방안의 수립절차

① 특별시장 · 광역시장 · 특별자치시장 · 특별자치도지사 · 시장 또는 군수는 법 제58조제5항에 따라 성장관리방안에 관하여 주민의견을 들으려면 성장관리방안의 주요 내용을 전국 또는 해당 지방자치단체의 지역을 주된 보급지역으로 하는 둘 이상의 일반일간신문과 해당 지방자치단체의 인터넷 홈페이지 등에 공고하고, 성장관리방안을 14일 이상 일반이 열람할 수 있도록 하여야 한다.

② 제1항에 따라 공고된 성장관리방안에 대하여 의견이 있는 자는 열람기간 내에 특별시장 · 광역시장 · 특별자치시장 · 특별자치도지사 · 시장 또는 군수에게 의견서를 제출할 수 있다.

③ 특별시장 · 광역시장 · 특별자치시장 · 특별자치도지사 · 시장 또는 군수는 제2항에 따라 제

출된 의견을 성장관리방안에 반영할 것인지 여부를 검토하여 그 결과를 열람기간이 종료된 날부터 30일 이내에 해당 의견을 제출한 자에게 통보하여야 한다.

④ 특별시장 · 광역시장 · 특별자치시장 · 특별자치도지사 · 시장 또는 군수는 법 제58조제5항에 따라 성장관리방안에 관하여 해당 지방의회의 의견을 들으려면 의견 제시 기한을 밝혀 성장관리방안을 해당 지방의회에 보내야 한다.

⑤ 특별시장 · 광역시장 · 특별자치시장 · 특별자치도지사 · 시장 또는 군수는 성장관리방안을 다음 각 호의 범위에서 변경하려는 경우에는 법 제58조제5항단서에 따라 주민과 해당 지방의회의 의견 청취, 관계 행정기관과의 협의 및 지방도시계획위원회의 심의를 거치지 아니한다. 〈개정 2017. 12. 29.〉

1. 장관리방안을 수립한 대상지역 전체 면적의 10퍼센트 이내에서 변경하고 그 변경지역에서의 성장관리방안을 변경하는 경우. 다만, 대상지역에 둘 이상의 읍 · 면 또는 동이 포함된 경우에는 해당 읍 · 면 또는 동 단위로 구분한 지역의 면적이 각각 10퍼센트 이내에서 변경하는 경우만 해당한다.
2. 단위 기반시설부지 면적의 10퍼센트 미만을 변경하는 경우. 다만, 도로의 경우 시점 및 종점이 변경되지 아니하고 중심선이 종전 도로의 범위를 벗어나지 아니하는 경우만 해당한다.
3. 지형사정으로 인한 기반시설의 근소한 위치변경 또는 비탈면 등으로 인한 시설부지의 불가피한 변경인 경우
4. 건축물의 배치 · 형태 · 색채 · 높이의 변경인 경우
5. 성장관리방안으로 정한 경미한 변경사항에 해당하는 경우
6. 그 밖에 도시 · 군계획조례로 정하는 경미한 변경인 경우

⑥ 법 제58조제6항에 따른 성장관리방안의 고시는 해당 특별시 · 광역시 · 특별자치시 · 특별자치도 · 시 또는 군의 공보에 다음 각 호의 사항을 게재하는 방법으로 한다.

1. 성장관리방안의 수립 목적
2. 위치 및 경계
3. 면적 및 규모
4. 그 밖에 국토교통부령으로 정하는 사항

[본조신설 2014. 1. 14.]

제56조의4 성장관리방안의 세부기준

국토교통부장관은 제56조의2 및 제56조의3에 따른 성장관리방안의 수립 대상지역, 내용 및 절차 등에 관한 세부적인 기준을 정하여 고시한다.

[본조신설 2014. 1. 14.]

제57조 개발행위에 대한 도시계획위원회의 심의 등

① 법 제59조제1항에서 "대통령령으로 정하는 행위"란 다음 각 호의 행위를 말한다. 다만, 도시·군계획사업(「택지개발촉진법」 등 다른 법률에서 도시·군계획사업을 의제하는 사업을 제외한다)에 의하는 경우를 제외한다. 〈개정 2005. 9. 8., 2007. 4. 19., 2008. 1. 8., 2010. 4. 29., 2011. 3. 9., 2012. 1. 6., 2012. 4. 10., 2012. 10. 29., 2014. 3. 24., 2016. 5. 17., 2016. 6. 30., 2016. 8. 11., 2017. 12. 29.〉

1. 건축물의 건축 또는 공작물의 설치를 목적으로 하는 토지의 형질변경으로서 그 면적이 제55조제1항 각 호의 어느 하나에 해당하는 규모(같은 항 각 호 외의 부분 단서에 따라 도시·군계획조례로 규모를 따로 정하는 경우에는 그 규모를 말한다. 이하 이 조에서 같다) 이상인 경우. 다만, 제55조제3항제3호의2에 따라 시·도도시계획위원회 또는 시·군·구도시계획위원회 중 대도시에 두는 도시계획위원회의 심의를 거치는 토지의 형질변경의 경우는 제외한다.

1의2. 녹지지역, 관리지역, 농림지역 또는 자연환경보전지역에서 건축물의 건축 또는 공작물의 설치를 목적으로 하는 토지의 형질변경으로서 그 면적이 제55조제1항 각 호의 어느 하나에 해당하는 규모 미만인 경우. 다만, 다음 각 목의 어느 하나에 해당하는 경우(법 제37조제1항제4호에 따른 방재지구 및 도시·군계획조례로 정하는 지역에서 건축물의 건축 또는 공작물의 설치를 목적으로 하는 토지의 형질변경에 해당하지 아니하는 경우로 한정한다)는 제외한다.

가. 해당 토지가 자연취락지구, 개발진흥지구, 기반시설부담구역, 「산업입지 및 개발에 관한 법률」 제8조의3에 따른 준산업단지 또는 같은 법 제40조의2에 따른 공장입지유도지구에 위치한 경우

나. 해당 토지가 특별시장·광역시장·특별자치시장·특별자치도지사·시장 또는 군수가 도로 등 기반시설이 이미 설치되어 있거나 설치에 관한 도시·군관리계획이 수립된 지역으로 인정하여 지방도시계획위원회의 심의를 거쳐 해당 지방자치단체의 공보에 고시한 지역에 위치한 경우

다. 해당 토지에 특별시·광역시·특별자치시·특별자치도·시 또는 군의 도시·군계획조례로 정하는 용도지역별 건축물의 용도·규모(대지의 규모를 포함한다)·층수 또는 주택호수 등의 범위에서 다음의 어느 하나에 해당하는 건축물을 건축하려는 경우

1) 「건축법 시행령」 별표 1 제1호의 단독주택(「주택법」 제15조에 따른 사업계획승

인을 받아야 하는 주택은 제외한다)

2) 「건축법 시행령」 별표 1 제2호의 공동주택(「주택법」 제15조에 따른 사업계획승인을 받아야 하는 주택은 제외한다)

3) 「건축법 시행령」 별표 1 제3호의 제1종 근린생활시설

4) 「건축법 시행령」 별표 1 제4호의 제2종 근린생활시설(같은 호 거목, 더목 및 러목의 시설은 제외한다)

5) 「건축법 시행령」 별표 1 제10호가목의 학교 중 유치원(부지면적이 1,500제곱미터 미만인 시설로 한정하며, 보전녹지지역 및 보전관리지역에 설치하는 경우는 제외한다)

6) 「건축법 시행령」 별표 1 제11호가목의 아동 관련 시설(부지면적이 1,500제곱미터 미만인 시설로 한정하며, 보전녹지지역 및 보전관리지역에 설치하는 경우는 제외한다)

7) 「건축법 시행령」 별표 1 제11호나목의 노인복지시설(「노인복지법」 제36조에 따른 노인여가복지시설로서 부지면적이 1,500제곱미터 미만인 시설로 한정하며, 보전녹지지역 및 보전관리지역에 설치하는 경우는 제외한다)

8) 「건축법 시행령」 별표 1 제18호가목의 창고(농업 · 임업 · 어업을 목적으로 하는 건축물로 한정한다)와 같은 표 제21호의 동물 및 식물 관련 시설(다목 및 라목은 제외한다) 중에서 도시 · 군계획조례로 정하는 시설(660제곱미터 이내의 토지의 형질변경으로 한정하며, 자연환경보전지역에 있는 시설은 제외한다)

9) 기존 부지면적의 100분의 5 이하의 범위에서 증축하려는 건축물

라. 해당 토지에 다음의 요건을 모두 갖춘 건축물을 건축하려는 경우

1) 건축물의 집단화를 유도하기 위하여 특별시 · 광역시 · 특별자치시 · 특별자치도 · 시 또는 군의 도시 · 군계획조례로 정하는 용도지역 안에 건축할 것

2) 특별시 · 광역시 · 특별자치시 · 특별자치도 · 시 또는 군의 도시 · 군계획조례로 정하는 용도의 건축물을 건축할 것

3) 2)의 용도로 개발행위가 완료되었거나 개발행위허가 등에 따라 개발행위가 진행 중이거나 예정된 토지로부터 특별시 · 광역시 · 특별자치시 · 특별자치도 · 시 또는 군의 도시 · 군계획조례로 정하는 거리(50미터 이내로 하되, 도로의 너비는 제외한다) 이내에 건축할 것

4) 1)의 용도지역에서 2) 및 3)의 요건을 모두 갖춘 건축물을 건축하기 위한 기존 개발행위의 전체 면적(개발행위허가 등에 의하여 개발행위가 진행 중이거나 예정된 토지면적을 포함한다)이 특별시 · 광역시 · 특별자치시 · 특별자치도 · 시 또는 군의 도시 · 군계획조례로 정하는 규모(제55조제1항에 따른 용도지역별 개발행위허가 규모

이상으로 정하되, 난개발이 되지 아니하도록 충분히 넓게 정하여야 한다) 이상일 것

5) 기반시설 또는 경관, 그 밖에 필요한 사항에 관하여 특별시 · 광역시 · 특별자치시 · 특별자치도 · 시 또는 군의 도시 · 군계획조례로 정하는 기준을 갖출 것

마. 계획관리지역(관리지역이 세분되지 아니한 경우에는 관리지역을 말한다) 안에서 다음의 공장 중 부지가 1만제곱미터 미만인 공장의 부지를 종전 부지면적의 50퍼센트 범위 안에서 확장하려는 경우. 이 경우 확장하려는 부지가 종전 부지와 너비 8미터 미만의 도로를 사이에 두고 접한 경우를 포함한다.

1) 2002년 12월 31일 이전에 준공된 공장

2) 법률 제6655호 국토의계획및이용에관한법률 부칙 제19조에 따라 종전의 「국토이용관리법」, 「도시계획법」 또는 「건축법」의 규정을 적용받는 공장

3) 2002년 12월 31일 이전에 종전의 「공업배치 및 공장설립에 관한 법률」(법률 제6842호 공업배치및공장설립에관한법률중개정법률에 따라 개정되기 전의 것을 말한다) 제13조에 따라 공장설립 승인을 받은 경우 또는 같은 조에 따라 공장설립 승인을 신청한 경우(별표 19 제2호자목, 별표 20 제1호자목 및 제2호타목에 따른 요건에 적합하지 아니하여 2003년 1월 1일 이후 그 신청이 반려된 경우를 포함한다)로서 2005년 1월 20일까지 「건축법」 제21조에 따른 착공신고를 한 공장

2. 부피 3만세제곱미터 이상의 토석채취

3. 삭제 〈2008. 1. 8.〉

② 제1항제1호의2다목부터 마목까지의 규정에 따라 도시계획위원회의 심의를 거치지 아니하고 개발행위허가를 하는 경우에는 해당 건축물의 용도를 변경(제1항제1호의2다목부터 마목까지의 규정에 따라 건축할 수 있는 건축물 간의 변경은 제외한다)하지 아니하도록 조건을 붙여야 한다. 〈신설 2011. 3. 9.〉

③ 특별시장 · 광역시장 · 특별자치시장 · 특별자치도지사 · 시장 또는 군수는 제1항제1호의2라목에 따라 건축물의 집단화를 유도하는 지역에 대해서는 도로 및 상수도 · 하수도 등 기반시설의 설치를 우선적으로 지원할 수 있다. 〈신설 2011. 3. 9., 2012. 4. 10.〉

④ 관계 행정기관의 장은 제1항 각 호의 행위를 법에 따라 허가하거나 다른 법률에 따라 허가 · 인가 · 승인 또는 협의를 하고자 하는 경우에는 법 제59조제1항에 따라 다음 각 호의 구분에 따라 중앙도시계획위원회 또는 지방도시계획위원회의 심의를 거쳐야 한다.

〈개정 2005. 9. 8., 2008. 9. 25., 2009. 8. 5., 2010. 4. 29., 2011. 3. 9.〉

1. 중앙도시계획위원회의 심의를 거쳐야 하는 사항

가. 면적이 1제곱킬로미터 이상인 토지의 형질변경

나. 부피 1백만세제곱미터 이상의 토석채취

2. 시 · 도도시계획위원회 또는 시 · 군 · 구도시계획위원회 중 대도시에 두는 도시계획위원회의 심의를 거쳐야 하는 사항

가. 면적이 30만제곱미터 이상 1제곱킬로미터 미만인 토지의 형질변경

나. 부피 50만세제곱미터 이상 1백만세제곱미터 미만의 토석채취

3. 시 · 군 · 구도시계획위원회의 심의를 거쳐야 하는 사항

가. 면적이 30만제곱미터 미만인 토지의 형질변경

나. 부피 3만세제곱미터 이상 50만세제곱미터 미만의 토석채취

다. 삭제 〈2008. 1. 8.〉

⑤ 제4항에도 불구하고 중앙행정기관의 장이 같은 항 제2호 각 목의 어느 하나 또는 제3호 각 목의 어느 하나에 해당하는 사항을 법에 따라 허가하거나 다른 법률에 따라 허가 · 인가 · 승인 또는 협의를 하려는 경우에는 중앙도시계획위원회의 심의를 거쳐야 하며, 시 · 도지사가 같은 항 제3호 각 목의 어느 하나에 해당하는 사항을 법에 따라 허가하거나 다른 법률에 따라 허가 · 인가 · 승인 또는 협의를 하려는 경우에는 시 · 도도시계획위원회의 심의를 거쳐야 한다. 〈개정 2011. 3. 9.〉

⑥ 관계 행정기관의 장이 제4항 및 제5항에 따라 중앙도시계획위원회 또는 지방도시계획위원회의 심의를 받는 때에는 다음 각호의 서류를 국토교통부장관 또는 해당 지방도시계획위원회가 설치된 지방자치단체의 장에게 제출하여야 한다. 〈개정 2008. 2. 29., 2011. 3. 9., 2013. 3. 23.〉

1. 개발행위의 목적 · 필요성 · 배경 · 내용 · 추진절차 등을 포함한 개발행위의 내용(관계 법령의 규정에 의하여 당해 개발행위를 허가 · 인가 · 승인 또는 협의할 때에 포함되어야 하는 내용을 포함한다)
2. 대상지역과 주변지역의 용도지역 · 기반시설 등을 표시한 축척 2만5천분의 1의 토지이용현황도
3. 배치도 · 입면도(건축물의 건축 및 공작물의 설치의 경우에 한한다) 및 공사계획서
4. 그 밖에 국토교통부령이 정하는 서류

⑦ 법 제59조제2항제6호에서 "대통령령으로 정하는 사업"이란 「농어촌정비법」 제2조제4호에 규정된 사업 전부를 말한다. 〈개정 2005. 9. 8., 2009. 8. 5., 2011. 3. 9.〉

제58조 도시 · 군계획에 포함되지 아니한 개발행위의 심의

① 법 제59조제3항의 규정에 의하여 국토교통부장관 또는 지방자치단체의 장이 관계 행정기관의 장에게 중앙도시계획위원회 또는 지방도시계획위원회의 심의를 받도록 요청하는 때에는

심의가 필요한 사유를 명시하여야 한다. 〈개정 2008. 2. 29., 2013. 3. 23.〉

② 법 제59조제3항의 규정에 의하여 중앙도시계획위원회 또는 지방도시계획위원회의 심의를 받도록 요청받은 관계 행정기관의 장이 중앙행정기관의 장인 경우에는 중앙도시계획위원회의 심의를 받아야 하며, 지방자치단체의 장인 경우에는 당해 지방자치단체에 설치된 지방도시계획위원회의 심의를 받아야 한다.

[제목개정 2012. 4. 10.]

제59조 개발행위허가의 이행담보 등

① 법 제60조제1항 각 호 외의 부분 본문에서 "대통령령으로 정하는 경우"란 다음 각 호의 어느 하나에 해당하는 경우를 말한다. 〈개정 2018. 11. 13.〉

1. 법 제56조제1항제1호 내지 제3호의 1에 해당하는 개발행위로서 당해 개발행위로 인하여 도로 · 수도공급설비 · 하수도 등 기반시설의 설치가 필요한 경우
2. 토지의 굴착으로 인하여 인근의 토지가 붕괴될 우려가 있거나 인근의 건축물 또는 공작물이 손괴될 우려가 있는 경우
3. 토석의 발파로 인한 낙석 · 먼지 등에 의하여 인근지역에 피해가 발생할 우려가 있는 경우
4. 토석을 운반하는 차량의 통행으로 인하여 통행로 주변의 환경이 오염될 우려가 있는 경우
5. 토지의 형질변경이나 토석의 채취가 완료된 후 비탈면에 조경을 할 필요가 있는 경우

② 법 제60조제1항에 따른 이행보증금(이하 "이행보증금"이라 한다)의 예치금액은 기반시설의 설치나 그에 필요한 용지의 확보, 위해의 방지, 환경오염의 방지, 경관 및 조경에 필요한 비용의 범위안에서 산정하되 총공사비의 20퍼센트 이내(산지에서의 개발행위의 경우 「산지관리법」 제38조에 따른 복구비를 합하여 총공사비의 20퍼센트 이내)가 되도록 하고, 그 산정에 관한 구체적인 사항 및 예치방법은 특별시 · 광역시 · 특별자치시 · 특별자치도 · 시 또는 군의 도시 · 군계획조례로 정한다. 이 경우 산지에서의 개발행위에 대한 이행보증금의 예치금액은 「산지관리법」 제38조에 따른 복구비를 포함하여 정하되, 복구비가 이행보증금에 중복하여 계상되지 아니하도록 하여야 한다.

〈개정 2003. 9. 29., 2005. 9. 8., 2006. 3. 23., 2012. 4. 10., 2014. 11. 11.〉

③ 이행보증금은 현금으로 납입하되, 「국가를 당사자로 하는 계약에 관한 법률 시행령」 제37조제2항 각 호 및 「지방자치단체를 당사자로 하는 계약에 관한 법률 시행령」 제37조제2항 각 호의 보증서 등 또는 「광산피해의 방지 및 복구에 관한 법률」 제39조제1항제5호에 따라 한국광해관리공단이 발행하는 이행보증서 등으로 이를 갈음할 수 있다.

〈개정 2005. 9. 8., 2005. 12. 30., 2006. 8. 17., 2008. 9. 30.〉

④ 이행보증금은 개발행위허가를 받은 자가 법 제62조제1항의 규정에 의한 준공검사를 받은 때에는 즉시 이를 반환하여야 한다.

⑤ 법 제60조제1항제2호에서 "대통령령으로 정하는 기관"이란 「공공기관의 운영에 관한 법률」 제5조제3항제1호 또는 제2호나목에 해당하는 기관을 말한다. 〈신설 2009. 8. 5.〉

⑥ 특별시장 · 광역시장 · 특별자치시장 · 특별자치도지사 · 시장 또는 군수는 개발행위허가를 받은 자가 법 제60조제3항의 규정에 의한 원상회복명령을 이행하지 아니하는 때에는 이행보증금을 사용하여 동조제4항의 규정에 의한 대집행에 의하여 원상회복을 할 수 있다. 이 경우 잔액이 있는 때에는 즉시 이를 이행보증금의 예치자에게 반환하여야 한다.

〈개정 2009. 8. 5., 2012. 4. 10.〉

제59조의2 개발행위복합민원 일괄협의회

① 특별시장 · 광역시장 · 특별자치시장 · 특별자치도지사 · 시장 또는 군수는 법 제61조의2에 따라 법 제61조제3항에 따른 인가 · 허가 · 승인 · 면허 · 협의 · 해제 · 신고 또는 심사 등(이하 이 조에서 "인 · 허가등"이라 한다)의 의제의 협의를 위한 개발행위복합민원 일괄협의회(이하 "협의회"라 한다)를 법 제57조제1항에 따른 개발행위허가 신청일부터 10일 이내에 개최하여야 한다.

② 특별시장 · 광역시장 · 특별자치시장 · 특별자치도지사 · 시장 또는 군수는 협의회를 개최하기 3일 전까지 협의회 개최 사실을 법 제61조제3항에 따른 관계 행정기관의 장에게 알려야 한다.

③ 법 제61조제3항에 따른 관계 행정기관의 장은 협의회에서 인 · 허가등의 의제에 대한 의견을 제출하여야 한다. 다만, 법 제61조제3항에 따른 관계 행정기관의 장은 법령 검토 및 사실 확인 등을 위한 추가 검토가 필요하여 해당 인 · 허가등에 대한 의견을 협의회에서 제출하기 곤란한 경우에는 법 제61조제4항에서 정한 기간 내에 그 의견을 제출할 수 있다.

④ 제1항부터 제3항까지에서 규정한 사항 외에 협의회의 운영 등에 필요한 사항은 특별시 · 광역시 · 특별자치시 · 특별자치도 · 시 또는 군의 도시 · 군계획조례로 정한다.

[본조신설 2012. 7. 31.]

제60조 개발행위허가의 제한

① 법 제63조제1항의 규정에 의하여 개발행위허가를 제한하고자 하는 자가 국토교통부장관인 경우에는 중앙도시계획위원회의 심의를 거쳐야 하며, 시 · 도지사 또는 시장 · 군수인 경우에는 당해 지방자치단체에 설치된 지방도시계획위원회의 심의를 거쳐야 한다.

〈개정 2008. 2. 29., 2013. 3. 23.〉

② 법 제63조제1항의 규정에 의하여 개발행위허가를 제한하고자 하는 자가 국토교통부장관 또는 시 · 도지사인 경우에는 제1항의 규정에 의한 중앙도시계획위원회 또는 시 · 도도시계획위원회의 심의전에 미리 제한하고자 하는 지역을 관할하는 시장 또는 군수의 의견을 들어야 한다. 〈개정 2008. 2. 29., 2013. 3. 23.〉

③ 법 제63조제2항에 따른 개발행위허가의 제한 및 같은 조 제3항 후단에 따른 개발행위허가의 제한 해제에 관한 고시는 국토교통부장관이 하는 경우에는 관보에, 시 · 도지사 또는 시장 · 군수가 하는 경우에는 당해 지방자치단체의 공보에 게재하는 방법에 의한다.

〈개정 2008. 2. 29., 2013. 3. 23., 2014. 1. 14.〉

④ 국토교통부장관, 시 · 도지사, 시장 또는 군수는 제3항에 따라 고시한 내용을 해당 기관의 인터넷 홈페이지에도 게재하여야 한다. 〈신설 2016. 11. 1.〉

제61조 도시 · 군계획시설부지에서의 개발행위

법 제64조제1항 단서에서 "대통령령으로 정하는 경우"란 다음 각 호의 어느 하나에 해당하는 경우를 말한다. 〈개정 2009. 7. 7., 2012. 4. 10., 2013. 6. 11., 2015. 6. 15.〉

1. 지상 · 수상 · 공중 · 수중 또는 지하에 일정한 공간적 범위를 정하여 도시 · 군계획시설이 결정되어 있고, 그 도시 · 군계획시설의 설치 · 이용 및 장래의 확장 가능성에 지장이 없는 범위에서 도시 · 군계획시설이 아닌 건축물 또는 공작물을 그 도시 · 군계획시설인 건축물 또는 공작물의 부지에 설치하는 경우
2. 도시 · 군계획시설과 도시 · 군계획시설이 아닌 시설을 같은 건축물안에 설치한 경우(법률 제6243호 도시계획법개정법률에 의하여 개정되기 전에 설치한 경우를 말한다)로서 법 제88조의 규정에 의한 실시계획인가를 받아 다음 각목의 어느 하나에 해당하는 경우
   가. 건폐율이 증가하지 아니하는 범위 안에서 당해 건축물을 증축 또는 대수선하여 도시 · 군계획시설이 아닌 시설을 설치하는 경우
   나. 도시 · 군계획시설의 설치 · 이용 및 장래의 확장 가능성에 지장이 없는 범위 안에서 도시 · 군계획시설을 도시 · 군계획시설이 아닌 시설로 변경하는 경우
3. 「도로법」 등 도시 · 군계획시설의 설치 및 관리에 관하여 규정하고 있는 다른 법률에 의하여 점용허가를 받아 건축물 또는 공작물을 설치하는 경우
4. 도시 · 군계획시설의 설치 · 이용 및 장래의 확장 가능성에 지장이 없는 범위에서 「신에너지 및 재생에너지 개발 · 이용 · 보급 촉진법」 제2조제3호에 따른 신 · 재생에너지 설비 중 태양에너지 설비 또는 연료전지 설비를 설치하는 경우

[전문개정 2005. 1. 15.]

[제목개정 2012. 4. 10.]

제2절 개발행위에 따른 기반시설의 설치

제62조 개발밀도의 강화범위 등

① 법 제66조제2항에서 "대통령령으로 정하는 범위"란 해당 용도지역에 적용되는 용적률의 최대한도의 50퍼센트를 말한다. 〈개정 2018. 11. 13.〉

② 법 제66조제4항의 규정에 의한 개발밀도관리구역의 지정 또는 변경의 고시는 동조제3항 각호의 사항을 당해 지방자치단체의 공보에 게재하는 방법에 의한다.

③ 특별시장 · 광역시장 · 특별자치시장 · 특별자치도지사 · 시장 또는 군수는 제2항에 따라 고시한 내용을 해당 기관의 인터넷 홈페이지에 게재하여야 한다. 〈신설 2016. 12. 30.〉

제63조 개발밀도관리구역의 지정기준 및 관리방법

국토교통부장관은 법 제66조제5항의 규정에 의하여 개발밀도관리구역의 지정기준 및 관리방법을 정할 때에는 다음 각호의 사항을 종합적으로 고려하여야 한다. 〈개정 2005. 9. 8., 2008. 2. 29., 2008. 12. 31., 2013. 3. 23., 2016. 1. 22.〉

1. 개발밀도관리구역은 도로 · 수도공급설비 · 하수도 · 학교 등 기반시설의 용량이 부족할 것으로 예상되는 지역중 기반시설의 설치가 곤란한 지역으로서 다음 각목의 1에 해당하는 지역에 대하여 지정할 수 있도록 할 것
   가. 당해 지역의 도로서비스 수준이 매우 낮아 차량통행이 현저하게 지체되는 지역. 이 경우 도로서비스 수준의 측정에 관하여는 「도시교통정비 촉진법」에 따른 교통영향평가의 예에 따른다.
   나. 당해 지역의 도로율이 국토교통부령이 정하는 용도지역별 도로율에 20퍼센트 이상 미달하는 지역
   다. 향후 2년 이내에 당해 지역의 수도에 대한 수요량이 수도시설의 시설용량을 초과할 것으로 예상되는 지역
   라. 향후 2년 이내에 당해 지역의 하수발생량이 하수시설의 시설용량을 초과할 것으로 예상되는 지역
   마. 향후 2년 이내에 당해 지역의 학생수가 학교수용능력을 20퍼센트 이상 초과할 것으로 예상되는 지역

2. 개발밀도관리구역의 경계는 도로 · 하천 그 밖에 특색 있는 지형지물을 이용하거나 용도지역의 경계선을 따라 설정하는 등 경계선이 분명하게 구분되도록 할 것
3. 용적률의 강화범위는 제62조제1항의 규정에 의한 범위안에서 제1호 각목에 규정된 기반시설의 부족정도를 감안하여 결정할 것
4. 개발밀도관리구역안의 기반시설의 변화를 주기적으로 검토하여 용적률을 강화 또는 완화하거나 개발밀도관리구역을 해제하는 등 필요한 조치를 취하도록 할 것

제64조 기반시설부담구역의 지정

① 법 제67조제1항제3호에서 "대통령령으로 정하는 지역"이란 특별시장 · 광역시장 · 특별자치시장 · 특별자치도지사 · 시장 또는 군수가 제4조의2에 따른 기반시설의 설치가 필요하다고 인정하는 지역으로서 다음 각 호의 어느 하나에 해당하는 지역을 말한다. 〈개정 2012. 4. 10.〉

1. 해당 지역의 전년도 개발행위허가 건수가 전전년도 개발행위허가 건수보다 20퍼센트 이상 증가한 지역
2. 해당 지역의 전년도 인구증가율이 그 지역이 속하는 특별시 · 광역시 · 특별자치시 · 특별자치도 · 시 또는 군(광역시의 관할 구역에 있는 군은 제외한다)의 전년도 인구증가율보다 20퍼센트 이상 높은 지역

② 특별시장 · 광역시장 · 특별자치시장 · 특별자치도지사 · 시장 또는 군수는 기반시설부담구역을 지정하거나 변경하였으면 법 제67조제2항에 따라 기반시설부담구역의 명칭 · 위치 · 면적 및 지정일자와 관계 도서의 열람방법을 해당 지방자치단체의 공보와 인터넷 홈페이지에 고시하여야 한다. 〈개정 2012. 4. 10.〉

[본조신설 2008. 9. 25.]

제65조 기반시설설치계획의 수립

① 특별시장 · 광역시장 · 특별자치시장 · 특별자치도지사 · 시장 또는 군수는 법 제67조제4항에 따른 기반시설설치계획(이하 "기반시설설치계획"이라 한다)을 수립할 때에는 다음 각 호의 내용을 포함하여 수립하여야 한다. 〈개정 2012. 4. 10.〉

1. 설치가 필요한 기반시설(제4조의2 각 호의 기반시설을 말하며, 이하 이 절에서 같다)의 종류, 위치 및 규모
2. 기반시설의 설치 우선순위 및 단계별 설치계획
3. 그 밖에 기반시설의 설치에 필요한 사항

② 특별시장 · 광역시장 · 특별자치시장 · 특별자치도지사 · 시장 또는 군수는 기반시설설치계

획을 수립할 때에는 다음 각 호의 사항을 종합적으로 고려하여야 한다. 〈개정 2012. 4. 10.〉

1. 기반시설의 배치는 해당 기반시설부담구역의 토지이용계획 또는 앞으로 예상되는 개발수요를 감안하여 적절하게 정할 것
2. 기반시설의 설치시기는 재원조달계획, 시설별 우선순위, 사용자의 편의와 예상되는 개발행위의 완료시기 등을 감안하여 합리적으로 정할 것

③ 제1항 및 제2항에도 불구하고 법 제52조제1항에 따라 지구단위계획을 수립한 경우에는 기반시설설치계획을 수립한 것으로 본다. 〈개정 2012. 4. 10.〉

④ 기반시설부담구역의 지정고시일부터 1년이 되는 날까지 기반시설설치계획을 수립하지 아니하면 그 1년이 되는 날의 다음날에 기반시설부담구역의 지정은 해제된 것으로 본다.

[본조신설 2008. 9. 25.]

제66조 기반시설부담구역의 지정기준

국토교통부장관은 법 제67조제5항에 따라 기반시설부담구역의 지정기준을 정할 때에는 다음 각 호의 사항을 종합적으로 고려하여야 한다. 〈개정 2013. 3. 23.〉

1. 기반시설부담구역은 기반시설이 적절하게 배치될 수 있는 규모로서 최소 10만 제곱미터 이상의 규모가 되도록 지정할 것
2. 소규모 개발행위가 연접하여 시행될 것으로 예상되는 지역의 경우에는 하나의 단위구역으로 묶어서 기반시설부담구역을 지정할 것
3. 기반시설부담구역의 경계는 도로, 하천, 그 밖의 특색 있는 지형지물을 이용하는 등 경계선이 분명하게 구분되도록 할 것

[본조신설 2008. 9. 25.]

제67조 기반시설부담계획의 수립

① 특별시장 · 광역시장 · 특별자치시장 · 특별자치도지사 · 시장 또는 군수는 법 제68조제2항 단서에 따른 기반시설부담계획(이하 "기반시설부담계획"이라 한다)을 수립할 때에는 다음 각 호의 내용을 포함하여야 한다. 〈개정 2012. 4. 10.〉

1. 기반시설의 설치 또는 그에 필요한 용지의 확보에 소요되는 총부담비용
2. 제1호에 따른 총부담비용 중 법 제68조제1항에 따른 건축행위를 하는 자(제70조의2제1항 각 호에 해당하는 자를 포함한다. 이하 "납부의무자"라 한다)가 각각 부담하여야 할 부담분
3. 제2호에 따른 부담분의 부담시기
4. 재원의 조달 및 관리 · 운영방법

② 제1항제2호에 따른 부담분은 다음 각 호의 방법으로 산정한다. 〈개정 2012. 4. 10.〉

1. 총부담비용을 건축물의 연면적에 따라 배분하되, 건축물의 용도에 따라 가중치를 부여하여 결정하는 방법

2. 제1호에도 불구하고 특별시장 · 광역시장 · 특별자치시장 · 특별자치도지사 · 시장 또는 군수와 납부의무자가 서로 협의하여 산정방법을 정하는 경우에는 그 방법

③ 특별시장 · 광역시장 · 특별자치시장 · 특별자치도지사 · 시장 또는 군수는 기반시설부담계획을 수립할 때에는 다음 각 호의 사항을 종합적으로 고려하여야 한다. 〈개정 2012. 4. 10.〉

1. 총부담비용은 각 시설별로 소요되는 용지보상비 · 공사비 등 합리적 근거를 기준으로 산출하고, 기반시설의 설치 또는 용지 확보에 필요한 비용을 초과하여 과다하게 산정되지 아니하도록 할 것

2. 각 납부의무자의 부담분은 건축물의 연면적 · 용도 등을 종합적으로 고려하여 합리적이고 형평에 맞게 정하도록 할 것

3. 기반시설부담계획의 수립시기와 기반시설의 설치 또는 용지의 확보에 필요한 비용의 납부시기가 일치하지 아니하는 경우에는 물가상승률 등을 고려하여 부담분을 조정할 수 있도록 할 것

④ 특별시장 · 광역시장 · 특별자치시장 · 특별자치도지사 · 시장 또는 군수는 기반시설부담계획을 수립하거나 변경할 때에는 주민의 의견을 듣고 해당 지방자치단체에 설치된 지방도시계획위원회의 심의를 거쳐야 한다. 이 경우 주민의 의견청취에 관하여는 법 제28조제1항부터 제4항까지의 규정을 준용한다. 〈개정 2012. 4. 10.〉

⑤ 특별시장 · 광역시장 · 특별자치시장 · 특별자치도지사 · 시장 또는 군수는 기반시설부담계획을 수립하거나 변경하였으면 그 내용을 고시하여야 한다. 이 경우 기반시설부담계획의 수립 또는 변경의 고시에 관하여는 제64조제2항을 준용한다. 〈개정 2012. 4. 10.〉

⑥ 기반시설부담계획 중 다음 각 호에 해당하는 경미한 사항을 변경하는 경우에는 제4항 및 제5항을 적용하지 아니한다. 〈개정 2012. 4. 10.〉

1. 납부의무자의 전부 또는 일부의 부담분을 증가시키지 아니하고 부담시기를 앞당기지 아니한 경우

2. 기반시설의 설치 및 그에 필요한 용지의 확보와 관련하여 특별시장 · 광역시장 · 특별자치시장 · 특별자치도지사 · 시장 또는 군수의 지원을 경감하지 아니한 경우

[본조신설 2008. 9. 25.]

제68조 기반시설 표준시설비용의 고시

국토교통부장관은 법 제68조제3항에 따라 매년 1월 1일을 기준으로 한 기반시설 표준시설비용을 매년 6월 10일까지 고시하여야 한다. 〈개정 2013. 3. 23.〉

[본조신설 2008. 9. 25.]

제69조 기반시설설치비용의 산정 기준

① 법 제68조제4항제1호에서 "용지환산계수"란 기반시설부담구역별로 기반시설이 설치된 정도를 고려하여 산정된 기반시설 필요 면적률(기반시설부담구역의 전체 토지면적 중 기반시설이 필요한 토지면적의 비율을 말한다)을 건축 연면적당 기반시설 필요 면적으로 환산하는데 사용되는 계수를 말한다.

② 법 제68조제4항제2호에서 "대통령령으로 정하는 건축물별 기반시설유발계수"란 별표 1의3과 같다.

[본조신설 2008. 9. 25.]

제70조 기반시설설치비용의 감면

① 법 제68조제6항에 따라 납부의무자가 직접 기반시설을 설치하거나 그에 필요한 용지를 확보한 경우에는 기반시설설치비용에서 직접 기반시설을 설치하거나 용지를 확보하는 데 든 비용을 공제한다.

② 제1항에 따른 공제금액 중 납부의무자가 직접 기반시설을 설치하는 데 든 비용은 다음 각 호의 금액을 합산하여 산정한다. 〈개정 2013. 3. 23., 2016. 8. 31.〉

1. 법 제69조제2항에 따른 건축허가(다른 법률에 따른 사업승인 등 건축허가가 의제되는 경우에는 그 사업승인)를 받은 날(이하 "부과기준시점"이라 한다)을 기준으로 국토교통부장관이 정하는 요건을 갖춘 「감정평가 및 감정평가사에 관한 법률」에 따른 감정평가업자 두 명 이상이 감정평가한 금액을 산술평균한 토지의 가액
2. 부과기준시점을 기준으로 국토교통부장관이 매년 고시하는 기반시설별 단위당 표준조성비에 납부의무자가 설치하는 기반시설량을 곱하여 산정한 기반시설별 조성비용. 다만, 납부의무자가 실제 투입된 조성비용 명세서를 제출하면 국토교통부령으로 정하는 바에 따라 그 조성비용을 기반시설별 조성비용으로 인정할 수 있다.

③ 제2항에도 불구하고 부과기준시점에 다음 각 호의 어느 하나에 해당하는 금액에 따른 토지의 가액과 제2항제2호에 따른 기반시설별 조성비용을 적용하여 산정된 공제 금액이 기반시설설치비용을 초과하는 경우에는 그 금액을 납부의무자가 직접 기반시설을 설치하는 데 든

비용으로 본다. 〈개정 2010. 7. 9.〉

1. 부과기준시점으로부터 가장 최근에 결정 · 공시된 개별공시지가
2. 국가, 지방자치단체, 「공공기관의 운영에 관한 법률」에 따른 공공기관 또는 「지방공기업법」에 따른 지방공기업으로부터 매입한 토지의 가액
3. 「공공기관의 운영에 관한 법률」에 따른 공공기관 또는 「지방공기업법」에 따른 지방공기업이 매입한 토지의 가액
4. 「공익사업을 위한 토지 등의 취득 및 보상에 관한 법률」에 따른 협의 또는 수용에 따라 취득한 토지의 가액
5. 해당 토지의 무상 귀속을 목적으로 한 토지의 감정평가금액

④ 제1항에 따른 공제금액 중 기반시설에 필요한 용지를 확보하는 데 든 비용은 제2항제1호에 따라 산정한다.

⑤ 제1항의 경우 외에 법 제68조제6항에 따라 기반시설설치비용에서 감면하는 비용 및 감면액은 별표 1의4와 같다.

[본조신설 2008. 9. 25.]

제70조의2 납부의무자

법 제69조제1항에서 "건축행위의 위탁자 또는 지위의 승계자 등 대통령령으로 정하는 자"란 다음 각 호의 어느 하나에 해당하는 자를 말한다.

1. 건축행위를 위탁 또는 도급한 경우에는 그 위탁이나 도급을 한 자
2. 타인 소유의 토지를 임차하여 건축행위를 하는 경우에는 그 행위자
3. 건축행위를 완료하기 전에 건축주의 지위나 제1호 또는 제2호에 해당하는 자의 지위를 승계하는 경우에는 그 지위를 승계한 자

[본조신설 2008. 9. 25.]

제70조의3 기반시설설치비용의 예정 통지 등

① 특별시장 · 광역시장 · 특별자치시장 · 특별자치도지사 · 시장 또는 군수는 법 제69조제2항에 따라 기반시설설치비용을 부과하려면 부과기준시점부터 30일 이내에 납부의무자에게 적용되는 부과 기준 및 부과될 기반시설설치비용을 미리 알려야 한다. 〈개정 2012. 4. 10.〉

② 제1항에 따른 통지(이하 "예정 통지"라 한다)를 받은 납부의무자는 예정 통지된 기반시설설치비용에 대하여 이의가 있으면 예정 통지를 받은 날부터 15일 이내에 특별시장 · 광역시장 · 특별자치시장 · 특별자치도지사 · 시장 또는 군수에게 심사(이하 "고지 전 심사"라 한다)

를 청구할 수 있다. 〈개정 2012. 4. 10.〉

③ 예정 통지를 받은 납부의무자가 고지 전 심사를 청구하려면 다음 각 호의 사항을 적은 고지 전 심사청구서를 특별시장 · 광역시장 · 특별자치시장 · 특별자치도지사 · 시장 또는 군수에게 제출하여야 한다. 〈개정 2012. 4. 10.〉

1. 청구인의 성명(청구인이 법인인 경우에는 법인의 명칭 및 대표자의 성명을 말한다)
2. 청구인의 주소 또는 거소(청구인이 법인인 경우에는 법인의 주소 및 대표자의 주소를 말한다)
3. 기반시설설치비용 부과 대상 건축물에 관한 자세한 내용
4. 예정 통지된 기반시설설치비용
5. 고지 전 심사 청구 이유

④ 제2항에 따라 고지 전 심사 청구를 받은 특별시장 · 광역시장 · 특별자치시장 · 특별자치도지사 · 시장 또는 군수는 그 청구를 받은 날부터 15일 이내에 청구 내용을 심사하여 그 결과를 청구인에게 알려야 한다. 〈개정 2012. 4. 10.〉

⑤ 고지 전 심사 결과의 통지는 다음 각 호의 사항을 적은 고지 전 심사 결정 통지서로 하여야 한다.

1. 청구인의 성명(청구인이 법인인 경우에는 법인의 명칭 및 대표자의 성명을 말한다)
2. 청구인의 주소 또는 거소(청구인이 법인인 경우에는 법인의 주소 및 대표자의 주소를 말한다)
3. 기반시설설치비용 부과 대상 건축물에 관한 자세한 내용
4. 납부할 기반시설설치비용
5. 고지 전 심사의 결과 및 그 이유

[본조신설 2008. 9. 25.]

제70조의4 기반시설설치비용의 결정

특별시장 · 광역시장 · 특별자치시장 · 특별자치도지사 · 시장 또는 군수는 예정 통지에 이의가 없는 경우 또는 고지 전 심사청구에 대한 심사결과를 통지한 경우에는 그 통지한 금액에 따라 기반시설설치비용을 결정한다. 〈개정 2012. 4. 10.〉

[본조신설 2008. 9. 25.]

제70조의5 납부의 고지

① 특별시장 · 광역시장 · 특별자치시장 · 특별자치도지사 · 시장 또는 군수는 법 제69조제2항

에 따라 기반시설설치비용을 부과하려면 납부의무자에게 납부고지서를 발급하여야 한다.
〈개정 2012. 4. 10.〉

② 특별시장 · 광역시장 · 특별자치시장 · 특별자치도지사 · 시장 또는 군수는 제1항에 따라 납부고지서를 발급할 때에는 납부금액 및 그 산출 근거, 납부기한과 납부 장소를 명시하여야 한다. 〈개정 2012. 4. 10.〉

[본조신설 2008. 9. 25.]

제70조의6 기반시설설치비용의 정정 등

① 특별시장 · 광역시장 · 특별자치시장 · 특별자치도지사 · 시장 또는 군수는 제70조의5에 따라 기반시설설치비용을 부과한 후 그 내용에 누락이나 오류가 있는 것을 발견한 경우에는 즉시 부과한 기반시설설치비용을 조사하여 정정하고 그 정정 내용을 납부의무자에게 알려야 한다. 〈개정 2012. 4. 10.〉

② 특별시장 · 광역시장 · 특별자치시장 · 특별자치도지사 · 시장 또는 군수는 건축허가사항 등의 변경으로 건축연면적이 증가되는 등 기반시설설치비용의 증가사유가 발생한 경우에는 변경허가 등을 받은 날을 기준으로 산정한 변경된 건축허가사항 등에 대한 기반시설설치비용에서 변경허가 등을 받은 날을 기준으로 산정한 당초 건축허가사항 등에 대한 기반시설설치비용을 뺀 금액을 추가로 부과하여야 한다. 〈개정 2012. 4. 10.〉

[본조신설 2008. 9. 25.]

제70조의7 기반시설설치비용의 물납

① 기반시설설치비용은 현금, 신용카드 또는 직불카드로 납부하도록 하되, 부과대상 토지 및 이와 비슷한 토지로 하는 납부(이하 "물납"이라 한다)를 인정할 수 있다. 〈개정 2014. 11. 11.〉

② 제1항에 따라 물납을 신청하려는 자는 법 제69조제2항에 따른 납부기한 20일 전까지 기반시설설치비용, 물납 대상 토지의 면적 및 위치, 물납신청 당시 물납 대상 토지의 개별공시지가 등을 적은 물납신청서를 특별시장 · 광역시장 · 특별자치시장 · 특별자치도지사 · 시장 또는 군수에게 제출하여야 한다. 〈개정 2012. 4. 10.〉

③ 특별시장 · 광역시장 · 특별자치시장 · 특별자치도지사 · 시장 또는 군수는 제1항에 따른 물납신청서를 받은 날부터 10일 이내에 신청인에게 수납 여부를 서면으로 알려야 한다.
〈개정 2012. 4. 10.〉

④ 물납을 신청할 수 있는 토지의 가액은 해당 기반시설설치비용의 부과액을 초과할 수 없으며, 납부의무자는 부과된 기반시설설치비용에서 물납하는 토지의 가액을 뺀 금액을 현금, 신용

카드 또는 직불카드로 납부하여야 한다. 〈개정 2014. 11. 11.〉

⑤ 물납에 충당할 토지의 가액은 다음 각 호에 해당하는 금액을 합한 가액으로 한다.

1. 제3항에 따라 서면으로 알린 날의 가장 최근에 결정 · 공시된 개별공시지가
2. 제1호에 따른 개별공시지가의 기준일부터 제3항에 따라 서면으로 알린 날까지의 해당 시 · 군 · 구의 지가변동률을 일 단위로 적용하여 산정한 금액

⑥ 특별시장 · 광역시장 · 특별자치시장 · 특별자치도지사 · 시장 또는 군수는 물납을 받으면 법 제70조제1항에 따라 해당 기반시설부담구역에 설치한 기반시설특별회계에 귀속시켜야 한다. 〈개정 2012. 4. 10.〉

[본조신설 2008. 9. 25.]

제70조의8 납부 기일의 연기 및 분할 납부

① 특별시장 · 광역시장 · 특별자치시장 · 특별자치도지사 · 시장 또는 군수는 납부의무자가 다음 각 호의 어느 하나에 해당하여 기반시설설치비용을 납부하기가 곤란하다고 인정되면 해당 개발사업 목적에 따른 이용 상황 등을 고려하여 1년의 범위에서 납부 기일을 연기하거나 2년의 범위에서 분할 납부를 인정할 수 있다. 〈개정 2012. 4. 10.〉

1. 재해나 도난으로 재산에 심한 손실을 입은 경우
2. 사업에 뚜렷한 손실을 입은 때
3. 사업이 중대한 위기에 처한 경우
4. 납부의무자나 그 동거 가족의 질병이나 중상해로 장기치료가 필요한 경우

② 제1항에 따라 기반시설설치비용의 납부 기일을 연기하거나 분할 납부를 신청하려는 자는 제70조의5제1항에 따라 납부고지서를 받은 날부터 15일 이내에 납부 기일 연기신청서 또는 분할 납부 신청서를 특별시장 · 광역시장 · 특별자치시장 · 특별자치도지사 · 시장 또는 군수에게 제출하여야 한다. 〈개정 2012. 4. 10.〉

③ 특별시장 · 광역시장 · 특별자치시장 · 특별자치도지사 · 시장 또는 군수는 제2항에 따른 납부 기일 연기신청서 또는 분할 납부 신청서를 받은 날부터 15일 이내에 납부 기일의 연기 또는 분할 납부 여부를 서면으로 알려야 한다. 〈개정 2012. 4. 10.〉

④ 제1항에 따라 납부를 연기한 기간 또는 분할 납부로 납부가 유예된 기간에 대하여는 기반시설설치비용에 「국세기본법 시행령」 제43조의3제2항에 따른 이자를 더하여 징수하여야 한다. 〈개정 2012. 4. 10.〉

[본조신설 2008. 9. 25.]

제70조의9 납부의 독촉

특별시장 · 광역시장 · 특별자치시장 · 특별자치도지사 · 시장 또는 군수는 납부의무자가 법 제69조제2항에 따른 사용승인(다른 법률에 따라 준공검사 등 사용승인이 의제되는 경우에는 그 준공검사) 신청 시까지 그 기반시설설치비용을 완납하지 아니하면 납부기한이 지난 후 10일 이내에 독촉장을 보내야 한다. 〈개정 2012. 4. 10.〉

[본조신설 2008. 9. 25.]

제70조의10 기반시설설치비용의 환급

① 특별시장 · 광역시장 · 특별자치시장 · 특별자치도지사 · 시장 또는 군수는 다음 각 호의 어느 하나에 해당하는 경우에는 법 제69조제4항에 따라 기반시설설치비용을 환급하여야 한다. 〈개정 2012. 4. 10.〉

1. 건축허가사항 등의 변경으로 건축면적이 감소되는 등 납부한 기반시설설치비용의 감소 사유가 발생한 경우
2. 납부의무자가 별표 1의4 각 호의 어느 하나에 해당하는 비용을 추가로 납부한 경우
3. 제70조제1항에 따라 공제받을 금액이 증가한 경우

② 특별시장 · 광역시장 · 특별자치시장 · 특별자치도지사 · 시장 또는 군수는 제1항에 따라 기반시설설치비용을 환급할 때에는 납부의무자가 납부한 기반시설설치비용에서 당초 부과기준시점을 기준으로 산정한 변경된 건축허가사항에 대한 기반시설설치비용을 뺀 금액(이하 "환급금"이라 한다)과 다음 각 호의 어느 하나에 해당하는 날의 다음 날부터 환급결정을 하는 날까지의 기간에 대하여 「국세기본법 시행령」 제43조의3제2항에 따른 이자율에 따라 계산한 금액(이하 "환급가산금"이라 한다)을 환급하여야 한다. 〈개정 2012. 4. 10.〉

1. 과오납부 · 이중납부 또는 납부 후 그 부과의 취소 · 정정으로 환급하는 경우에는 그 납부일
2. 납부자에게 책임이 있는 사유로 인하여 설치비용을 발생시킨 허가가 취소되어 환급하는 경우에는 그 취소일
3. 납부자의 건축계획 변경, 그 밖에 이에 준하는 사유로 환급하는 경우에는 그 변경허가일 또는 이에 준하는 행정처분의 결정일

③ 환급금과 환급가산금은 해당 기반시설부담구역에 설치된 기반시설특별회계에서 지급한다. 다만, 특별시장 · 광역시장 · 특별자치시장 · 특별자치도지사 · 시장 또는 군수는 허가의 취소, 사업면적의 축소 등으로 사업시행자에게 원상회복의 책임이 있는 경우에는 원상회복이 완료될 때까지 원상회복에 소요되는 비용에 상당하는 금액의 지급을 유보할 수 있다. 〈개정 2012. 4. 10.〉

④ 제1항에 따라 기반시설설치비용을 환급받으려는 납부의무자는 부담금 납부 또는 기반시설 설치에 관한 변동사항과 그 변동사항을 증명하는 자료를 해당 건축행위의 사용승인일 또는 준공일까지 특별시장 · 광역시장 · 특별자치시장 · 특별자치도지사 · 시장 또는 군수에게 제출하여야 한다. 〈개정 2012. 4. 10.〉

[본조신설 2008. 9. 25.]

제70조의11 기반시설설치비용의 관리 및 사용 등

① 법 제70조제2항 단서에서 "대통령령으로 정하는 경우"란 해당 기반시설부담구역에 필요한 기반시설을 모두 설치하거나 그에 필요한 용지를 모두 확보한 후에도 잔액이 생기는 경우를 말한다.

② 법 제69조제2항에 따라 납부한 기반시설설치비용은 다음 각 호의 용도로 사용하여야 한다.

1. 기반시설부담구역별 기반시설설치계획 및 기반시설부담계획 수립
2. 기반시설부담구역에서 건축물의 신 · 증축행위로 유발되는 기반시설의 신규 설치, 그에 필요한 용지 확보 또는 기존 기반시설의 개량
3. 기반시설부담구역별로 설치하는 특별회계의 관리 및 운영

[본조신설 2008. 9. 25.]

제6장 용도지역 · 용도지구 및 용도구역안에서의 행위제한

제71조 용도지역안에서의 건축제한

① 법 제76조제1항에 따른 용도지역안에서의 건축물의 용도 · 종류 및 규모 등의 제한(이하 "건축제한"이라 한다)은 다음 각호와 같다. 〈개정 2014. 1. 14.〉

1. 제1종전용주거지역안에서 건축할 수 있는 건축물 : 별표 2에 규정된 건축물
2. 제2종전용주거지역안에서 건축할 수 있는 건축물 : 별표 3에 규정된 건축물
3. 제1종일반주거지역안에서 건축할 수 있는 건축물 : 별표 4에 규정된 건축물
4. 제2종일반주거지역안에서 건축할 수 있는 건축물 : 별표 5에 규정된 건축물
5. 제3종일반주거지역안에서 건축할 수 있는 건축물 : 별표 6에 규정된 건축물
6. 준주거지역안에서 건축할 수 없는 건축물 : 별표 7에 규정된 건축물
7. 중심상업지역안에서 건축할 수 없는 건축물 : 별표 8에 규정된 건축물
8. 일반상업지역안에서 건축할 수 없는 건축물 : 별표 9에 규정된 건축물

9. 근린상업지역안에서 건축할 수 없는 건축물 : 별표 10에 규정된 건축물

10. 유통상업지역안에서 건축할 수 없는 건축물 : 별표 11에 규정된 건축물

11. 전용공업지역안에서 건축할 수 있는 건축물 : 별표 12에 규정된 건축물

12. 일반공업지역안에서 건축할 수 있는 건축물 : 별표 13에 규정된 건축물

13. 준공업지역안에서 건축할 수 없는 건축물 : 별표 14에 규정된 건축물

14. 보전녹지지역안에서 건축할 수 있는 건축물 : 별표 15에 규정된 건축물

15. 생산녹지지역안에서 건축할 수 있는 건축물 : 별표 16에 규정된 건축물

16. 자연녹지지역안에서 건축할 수 있는 건축물 : 별표 17에 규정된 건축물

17. 보전관리지역안에서 건축할 수 있는 건축물 : 별표 18에 규정된 건축물

18. 생산관리지역안에서 건축할 수 있는 건축물 : 별표 19에 규정된 건축물

19. 계획관리지역안에서 건축할 수 없는 건축물 : 별표 20에 규정된 건축물

20. 농림지역안에서 건축할 수 있는 건축물 : 별표 21에 규정된 건축물

21. 자연환경보전지역안에서 건축할 수 있는 건축물 : 별표 22에 규정된 건축물

② 제1항의 규정에 의한 건축제한을 적용함에 있어서 부속건축물에 대하여는 주된 건축물에 대한 건축제한에 의한다.

③ 제1항에도 불구하고 「건축법 시행령」 별표 1에서 정하는 건축물 중 다음 각 호의 요건을 모두 충족하는 건축물의 종류 및 규모 등의 제한에 관하여는 해당 특별시 · 광역시 · 특별자치시 · 특별자치도 · 시 또는 군의 도시 · 군계획조례로 따로 정할 수 있다.

〈신설 2012. 1. 6., 2012. 4. 10.〉

1. 2012년 1월 20일 이후에 「건축법 시행령」 별표 1에서 새로이 규정하는 건축물일 것

2. 별표 2부터 별표 22까지의 규정에서 정하지 아니한 건축물일 것

[시행일 : 2014. 7. 15.] 제71조제1항제6호, 제71조제1항제7호, 제71조제1항제8호, 제71조제1항제9호, 제71조제1항제10호, 제71조제1항제13호, 제71조제1항제19호의 개정규정에 따라 도시 · 군계획조례에 위임된 사항

제72조 경관지구안에서의 건축제한

① 경관지구안에서는 그 지구의 경관의 보전 · 관리 · 형성에 장애가 된다고 인정하여 도시 · 군계획조례가 정하는 건축물을 건축할 수 없다. 다만, 특별시장 · 광역시장 · 특별자치시장 · 특별자치도지사 · 시장 또는 군수가 지구의 지정목적에 위배되지 아니하는 범위안에서 도시 · 군계획조례가 정하는 기준에 적합하다고 인정하여 해당 지방자치단체에 설치된 도시계획위원회의 심의를 거친 경우에는 그러하지 아니하다. 〈개정 2012. 4. 10., 2017. 12. 29.〉

② 경관지구안에서의 건축물의 건폐율 · 용적률 · 높이 · 최대너비 · 색채 및 대지안의 조경 등에 관하여는 그 지구의 경관의 보전 · 관리 · 형성에 필요한 범위안에서 도시 · 군계획조례로 정한다. 〈개정 2012. 4. 10., 2017. 12. 29.〉

③ 제1항 및 제2항에도 불구하고 다음 각 호의 어느 하나에 해당하는 경우에는 해당 경관지구의 지정에 관한 도시 · 군관리계획으로 건축제한의 내용을 따로 정할 수 있다. 〈신설 2017. 12. 29.〉

1. 제1항 및 제2항에 따라 도시 · 군계획조례로 정해진 건축제한의 전부를 적용하는 것이 주변지역의 토지이용 상황이나 여건 등에 비추어 불합리한 경우. 이 경우 도시 · 군관리계획으로 정할 수 있는 건축제한은 도시 · 군계획조례로 정해진 건축제한의 일부에 한정하여야 한다.
2. 제1항 및 제2항에 따라 도시 · 군계획조례로 정해진 건축제한을 적용하여도 해당 지구의 위치, 환경, 그 밖의 특성에 따라 경관의 보전 · 관리 · 형성이 어려운 경우. 이 경우 도시 · 군관리계획으로 정할 수 있는 건축제한은 규모(건축물 등의 앞면 길이에 대한 옆면길이 또는 높이의 비율을 포함한다) 및 형태, 건축물 바깥쪽으로 돌출하는 건축설비 및 그 밖의 유사한 것의 형태나 그 설치의 제한 또는 금지에 관한 사항으로 한정한다.

제73조 삭제 〈2017. 12. 29.〉

제74조 고도지구안에서의 건축제한

고도지구안에서는 도시 · 군관리계획으로 정하는 높이를 초과하는 건축물을 건축할 수 없다.

〈개정 2012. 4. 10., 2017. 12. 29.〉

제75조 방재지구안에서의 건축제한

방재지구안에서는 풍수해 · 산사태 · 지반붕괴 · 지진 그 밖에 재해예방에 장애가 된다고 인정하여 도시 · 군계획조례가 정하는 건축물을 건축할 수 없다. 다만, 특별시장 · 광역시장 · 특별자치시장 · 특별자치도지사 · 시장 또는 군수가 지구의 지정목적에 위배되지 아니하는 범위안에서 도시 · 군계획조례가 정하는 기준에 적합하다고 인정하여 당해 지방자치단체에 설치된 도시계획위원회의 심의를 거친 경우에는 그러하지 아니하다. 〈개정 2012. 4. 10.〉

제76조 보호지구 안에서의 건축제한

보호지구 안에서는 다음 각호의 구분에 따른 건축물에 한하여 건축할 수 있다. 다만, 특별시장 · 광역시장 · 특별자치시장 · 특별자치도지사 · 시장 또는 군수가 지구의 지정목적에 위배되지 아니하는 범위안에서 도시 · 군계획조례가 정하는 기준에 적합하다고 인정하여 관계 행정기관의 장과의 협의 및 당해 지방자치단체에 설치된 도시계획위원회의 심의를 거친 경우에는 그러하지 아니하다. 〈개정 2005. 9. 8., 2012. 4. 10., 2017. 12. 29.〉

1. 역사문화환경보호지구 : 「문화재보호법」의 적용을 받는 문화재를 직접 관리 · 보호하기 위한 건축물과 문화적으로 보존가치가 큰 지역의 보호 및 보존을 저해하지 아니하는 건축물로서 도시 · 군계획조례가 정하는 것
2. 중요시설물보호지구 : 중요시설물의 보호와 기능 수행에 장애가 되지 아니하는 건축물로서 도시 · 군계획조례가 정하는 것. 이 경우 제31조제3항에 따라 공항시설에 관한 보호지구를 세분하여 지정하려는 경우에는 공항시설을 보호하고 항공기의 이 · 착륙에 장애가 되지 아니하는 범위에서 건축물의 용도 및 형태 등에 관한 건축제한을 포함하여 정할 수 있다.
3. 생태계보호지구 : 생태적으로 보존가치가 큰 지역의 보호 및 보존을 저해하지 아니하는 건축물로서 도시 · 군계획조례가 정하는 것

[제목개정 2017. 12. 29.]

제77조 삭제 〈2017. 12. 29.〉

제78조 취락지구안에서의 건축제한

① 법 제76조제5항제1호의 규정에 의하여 자연취락지구안에서 건축할 수 있는 건축물은 별표 23과 같다.

② 집단취락지구안에서의 건축제한에 관하여는 개발제한구역의지정및관리에관한특별조치법령이 정하는 바에 의한다.

제79조 개발진흥지구에서의 건축제한

① 법 제76조제5항제1호의2에 따라 지구단위계획 또는 관계 법률에 따른 개발계획을 수립하는 개발진흥지구에서는 지구단위계획 또는 관계 법률에 따른 개발계획에 위반하여 건축물을 건축할 수 없으며, 지구단위계획 또는 개발계획이 수립되기 전에는 개발진흥지구의 계획적 개발에 위배되지 아니하는 범위에서 도시 · 군계획조례로 정하는 건축물을 건축할 수 있다.

② 법 제76조제5항제1호의2에 따라 지구단위계획 또는 관계 법률에 따른 개발계획을 수립하지 아니하는 개발진흥지구에서는 해당 용도지역에서 허용되는 건축물을 건축할 수 있다.

③ 제2항에도 불구하고 산업 · 유통개발진흥지구에서는 해당 용도지역에서 허용되는 건축물 외

에 해당 지구계획(해당 지구의 토지이용, 기반시설 설치 및 환경오염 방지 등에 관한 계획을 말한다)에 따라 다음 각 호의 구분에 따른 요건을 갖춘 건축물 중 도시 · 군계획조례로 정하는 건축물을 건축할 수 있다. 〈개정 2018. 1. 16.〉

1. 계획관리지역: 계획관리지역에서 건축이 허용되지 아니하는 공장 중 다음 각 목의 요건을 모두 갖춘 것
   가. 「대기환경보전법」, 「물환경보전법」 또는 「소음 · 진동관리법」에 따른 배출시설의 설치 허가 · 신고 대상이 아닐 것
   나. 「악취방지법」에 따른 배출시설이 없을 것
   다. 「산업집적활성화 및 공장설립에 관한 법률」 제9조제1항 또는 제13조제1항에 따른 공장설립 가능 여부의 확인 또는 공장설립등의 승인에 필요한 서류를 갖추어 법 제30조제1항에 따라 관계 행정기관의 장과 미리 협의하였을 것
2. 자연녹지지역 · 생산관리지역 또는 보전관리지역: 해당 용도지역에서 건축이 허용되지 아니하는 공장 중 다음 각 목의 요건을 모두 갖춘 것
   가. 산업 · 유통개발진흥지구 지정 전에 계획관리지역에 설치된 기존 공장이 인접한 용도지역의 토지로 확장하여 설치하는 공장일 것
   나. 해당 용도지역에 확장하여 설치되는 공장부지의 규모가 3천제곱미터 이하일 것. 다만, 해당 용도지역 내에 기반시설이 설치되어 있거나 기반시설의 설치에 필요한 용지의 확보가 충분하고 주변지역의 환경오염 · 환경훼손 우려가 없는 경우로서 도시계획위원회의 심의를 거친 경우에는 5천제곱미터까지로 할 수 있다.

[전문개정 2016. 2. 11.]

제80조 특정용도제한지구안에서의 건축제한)

특정용도제한지구안에서는 주거기능 및 교육환경을 훼손하거나 청소년 정서에 유해하다고 인정하여 도시 · 군계획조례가 정하는 건축물을 건축할 수 없다. 〈개정 2012. 4. 10., 2017. 12. 29.〉

제81조 복합용도지구에서의 건축제한

법 제76조제5항제1호의3에 따라 복합용도지구에서는 해당 용도지역에서 허용되는 건축물 외에 다음 각 호에 따른 건축물 중 도시 · 군계획조례가 정하는 건축물을 건축할 수 있다.

1. 일반주거지역: 준주거지역에서 허용되는 건축물. 다만, 다음 각 목의 건축물은 제외한다.
   가. 「건축법 시행령」 별표 1 제4호의 제2종 근린생활시설 중 안마시술소
   나. 「건축법 시행령」 별표 1 제5호다목의 관람장

다. 「건축법 시행령」 별표 1 제17호의 공장
라. 「건축법 시행령」 별표 1 제19호의 위험물 저장 및 처리 시설
마. 「건축법 시행령」 별표 1 제21호의 동물 및 식물 관련 시설
바. 「건축법 시행령」 별표 1 제28호의 장례시설

2. 일반공업지역: 준공업지역에서 허용되는 건축물. 다만 다음 각 목의 건축물은 제외한다.
가. 「건축법 시행령」 별표 1 제2호가목의 아파트
나. 「건축법 시행령」 별표 1 제4호의 제2종 근린생활시설 중 단란주점 및 안마시술소
다. 「건축법 시행령」 별표 1 제11호의 노유자시설

3. 계획관리지역: 다음 각 목의 어느 하나에 해당하는 건축물
가. 「건축법 시행령」 별표 1 제4호의 제2종 근린생활시설 중 일반음식점 · 휴게음식점 · 제과점(별표 20 제1호라목에 따라 건축할 수 없는 일반음식점 · 휴게음식점 · 제과점은 제외한다)
나. 「건축법 시행령」 별표 1 제7호의 판매시설
다. 「건축법 시행령」 별표 1 제15호의 숙박시설(별표 20 제1호사목에 따라 건축할 수 없는 숙박시설은 제외한다)
라. 「건축법 시행령」 별표 1 제16호다목의 유원시설업의 시설, 그 밖에 이와 비슷한 시설

[본조신설 2017. 12. 29.]

제82조 그 밖의 용도지구안에서의 건축제한

제72조부터 제80조까지에 규정된 용도지구외의 용도지구안에서의 건축제한에 관하여는 그 용도지구지정의 목적달성에 필요한 범위안에서 특별시 · 광역시 · 특별자치시 · 특별자치도 · 시 또는 군의 도시 · 군계획조례로 정한다. 〈개정 2012. 4. 10., 2016. 12. 30.〉

제83조 용도지역 · 용도지구 및 용도구역안에서의 건축제한의 예외 등

① 용도지역 · 용도지구안에서의 도시 · 군계획시설에 대하여는 제71조 내지 제82조의 규정을 적용하지 아니한다. 〈개정 2012. 4. 10.〉

② 경관지구 또는 고도지구 안에서의 「건축법 시행령」 제6조제1항제6호에 따른 리모델링이 필요한 건축물에 대해서는 제72조부터 제74조까지의 규정에도 불구하고 같은 법 시행령 제6조제1항제5호에 따라 건축물의 높이 · 규모 등의 제한을 완화하여 제한할 수 있다.
〈개정 2017. 12. 29.〉

③ 개발제한구역, 도시자연공원구역, 시가화조정구역 및 수산자원보호구역 안에서의 건축제한

에 관하여는 다음 각 호의 법령 또는 규정에서 정하는 바에 따른다. 〈개정 2015. 7. 6.〉

1. 개발제한구역 안에서의 건축제한: 「개발제한구역의 지정 및 관리에 관한 특별조치법」
2. 도시자연공원구역 안에서의 건축제한: 「도시공원 및 녹지 등에 관한 법률」
3. 시가화조정구역 안에서의 건축제한: 제87조부터 제89조까지의 규정
4. 수산자원보호구역 안에서의 건축제한: 「수산자원관리법」

④ 용도지역 · 용도지구 또는 용도구역안에서의 건축물이 아닌 시설의 용도 · 종류 및 규모 등의 제한에 관하여는 별표 2부터 별표 25까지, 제72조, 제74조부터 제76조까지, 제79조, 제80조 및 제82조에 따른 건축물에 관한 사항을 적용한다. 다만, 다음 각 호의 시설의 용도 · 종류 및 규모 등의 제한에 관하여는 적용하지 아니한다. 〈개정 2016. 5. 17., 2016. 11. 1., 2017. 12. 29.〉

1. 「관광진흥법」 제3조제1항제6호에 따른 유원시설업(이하 "유원시설업"이라 한다)을 위한 유기시설(遊技施設) · 유기기구(遊技機具)로서 다음 각 목의 요건을 모두 갖춘 시설
   가. 철로를 활용하는 궤도주행형 유기시설 · 유기기구일 것
   나. 가목의 철로는 「철도사업법」 제4조에 따라 지정 · 고시된 사항의 변경으로 사업용철도노선에서 제외된 기존 선로일 것
2. 제1호의 유기시설 · 유기기구를 설치하는 유원시설업을 위하여 「관광진흥법」 제5조제2항에 따라 갖추어야 하는 시설

⑤ 용도지역 · 용도지구 또는 용도구역안에서 허용되는 건축물 또는 시설을 설치하기 위하여 공사현장에 설치하는 자재야적장, 레미콘 · 아스콘생산시설 등 공사용 부대시설은 제4항 및 제55조 · 제56조의 규정에 불구하고 당해 공사에 필요한 최소한의 면적의 범위안에서 기간을 정하여 사용후에 그 시설 등을 설치한 자의 부담으로 원상복구할 것을 조건으로 설치를 허가할 수 있다. 〈신설 2004. 1. 20.〉

⑥ 방재지구안에서는 제71조에 따른 용도지역안에서의 건축제한 중 층수 제한에 있어서는 1층 전부를 필로티 구조로 하는 경우 필로티 부분을 층수에서 제외한다. 〈신설 2014. 1. 14.〉

⑦ 삭제 〈2017. 12. 29.〉

제84조 용도지역안에서의 건폐율

① 법 제77조제1항 및 제2항의 규정에 의한 건폐율은 다음 각호의 범위안에서 특별시 · 광역시 · 특별자치시 · 특별자치도 · 시 또는 군의 도시 · 군계획조례가 정하는 비율을 초과하여서는 아니된다. 〈개정 2012. 4. 10.〉

1. 제1종전용주거지역 : 50퍼센트 이하
2. 제2종전용주거지역 : 50퍼센트 이하

3. 제1종일반주거지역 : 60퍼센트 이하

4. 제2종일반주거지역 : 60퍼센트 이하

5. 제3종일반주거지역 : 50퍼센트 이하

6. 준주거지역 : 70퍼센트 이하

7. 중심상업지역 : 90퍼센트 이하

8. 일반상업지역 : 80퍼센트 이하

9. 근린상업지역 : 70퍼센트 이하

10. 유통상업지역 : 80퍼센트 이하

11. 전용공업지역 : 70퍼센트 이하

12. 일반공업지역 : 70퍼센트이하

13. 준공업지역 : 70퍼센트 이하

14. 보전녹지지역 : 20퍼센트 이하

15. 생산녹지지역 : 20퍼센트 이하

16. 자연녹지지역 : 20퍼센트 이하

17. 보전관리지역 : 20퍼센트 이하

18. 생산관리지역 : 20퍼센트 이하

19. 계획관리지역 : 40퍼센트 이하

20. 농림지역 : 20퍼센트 이하

21. 자연환경보전지역 : 20퍼센트 이하

② 제1항의 규정에 의하여 도시 · 군계획조례로 용도지역별 건폐율을 정함에 있어서 필요한 경우에는 당해 지방자치단체의 관할구역을 세분하여 건폐율을 달리 정할 수 있다.

〈개정 2012. 4. 10.〉

③ 법 제77조3항제2호에서 "대통령령으로 정하는 용도지역"이란 자연녹지지역을 말한다.

〈신설 2016. 2. 11.〉

④ 법 제77조제3항에 따라 다음 각 호의 지역에서의 건폐율은 각 호에서 정한 범위에서 특별시 · 광역시 · 특별자치시 · 특별자치도 · 시 또는 군의 도시 · 군계획조례로 정하는 비율을 초과하여서는 아니된다. 〈개정 2005. 9. 8., 2008. 9. 25., 2009. 8. 5., 2010. 10. 1., 2011. 3. 9., 2011. 11. 16., 2012. 4. 10., 2016. 2. 11.〉

1. 취락지구 : 60퍼센트 이하(집단취락지구에 대하여는 개발제한구역의지정및관리에관한특별조치법령이 정하는 바에 의한다)

2. 개발진흥지구: 다음 각 목에서 정하는 비율 이하

가. 도시지역 외의 지역에 지정된 경우: 40퍼센트

나. 자연녹지지역에 지정된 경우: 30퍼센트

3. 수산자원보호구역 : 40퍼센트 이하

4. 「자연공원법」 에 따른 자연공원 : 60퍼센트 이하

5. 「산업입지 및 개발에 관한 법률」 제2조제8호라목에 따른 농공단지 : 70퍼센트 이하

6. 공업지역에 있는 「산업입지 및 개발에 관한 법률」 제2조제8호가목부터 다목까지의 규정에 따른 국가산업단지 · 일반산업단지 · 도시첨단산업단지 및 같은 조 제12호에 따른 준산업단지: 80퍼센트 이하

⑤ 특별시장 · 광역시장 · 특별자치시장 · 특별자치도지사 · 시장 또는 군수가 법 제77조제4항제1호의 규정에 의하여 도시지역에서 토지이용의 과밀화를 방지하기 위하여 건폐율을 낮추어야 할 필요가 있다고 인정하여 당해 지방자치단체에 설치된 도시계획위원회의 심의를 거쳐 정한 구역안에서의 건축물의 경우에는 그 건폐율은 그 구역에 적용할 건폐율의 최대한도의 40퍼센트 이상의 범위안에서 특별시 · 광역시 · 특별자치시 · 특별자치도 · 시 또는 군의 도시 · 군계획조례가 정하는 비율을 초과하여서는 아니된다. 〈개정 2012. 4. 10., 2016. 2. 11.〉

⑥ 법 제77조제4항제2호에 따라 다음 각 호의 어느 하나에 해당하는 건축물의 경우에는 제1항에도 불구하고 그 건폐율은 다음 각 호에서 정하는 비율을 초과하여서는 아니된다. 〈개정 2008. 9. 25., 2009. 7. 7., 2011. 7. 1., 2012. 4. 10., 2014. 1. 14., 2014. 10. 15., 2015. 7. 6., 2016. 2. 11., 2016. 5. 17.〉

1. 준주거지역 · 일반상업지역 · 근린상업지역 중 방화지구의 건축물로서 주요 구조부와 외벽이 내화구조인 건축물 중 도시 · 군계획조례로 정하는 건축물: 80퍼센트 이상 90퍼센트 이하의 범위에서 특별시 · 광역시 · 특별자치시 · 특별자치도 · 시 또는 군의 도시 · 군계획조례로 정하는 비율

가. 삭제 〈2014. 1. 14.〉

나. 삭제 〈2014. 1. 14.〉

2. 녹지지역 · 관리지역 · 농림지역 및 자연환경보전지역의 건축물로서 법 제37조제4항 후단에 따른 방재지구의 재해저감대책에 부합하게 재해예방시설을 설치한 건축물: 제1항 각 호에 따른 해당 용도지역별 건폐율의 150퍼센트 이하의 범위에서 도시 · 군계획조례로 정하는 비율

3. 자연녹지지역의 창고시설 또는 연구소(자연녹지지역으로 지정될 당시 이미 준공된 것으로서 기존 부지에서 증축하는 경우만 해당한다): 40퍼센트의 범위에서 최초 건축허가 시 그 건축물에 허용된 건폐율

4. 계획관리지역의 기존 공장 · 창고시설 또는 연구소(2003년 1월 1일 전에 준공되고 기존 부지에 증축하는 경우로서 해당 지방도시계획위원회의 심의를 거쳐 도로 · 상수도 · 하수도 등의 기반시설이 충분히 확보되었다고 인정되거나, 도시 · 군계획조례로 정하는 기반시설 확보 요건을 충족하는 경우만 해당한다): 50퍼센트의 범위에서 도시 · 군계획조례로 정하는 비율
5. 녹지지역 · 보전관리지역 · 생산관리지역 · 농림지역 또는 자연환경보전지역의 건축물로서 다음 각 목의 어느 하나에 해당하는 건축물: 30퍼센트의 범위에서 도시 · 군계획조례로 정하는 비율
   가. 「전통사찰의 보존 및 지원에 관한 법률」 제2조제1호에 따른 전통사찰
   나. 「문화재보호법」 제2조제2항에 따른 지정문화재 또는 같은 조 제3항에 따른 등록문화재
   다. 「건축법 시행령」 제2조제16호에 따른 한옥
6. 종전의 「도시계획법」(2000년 1월 28일 법률 제6243호로 개정되기 전의 것을 말한다) 제2조제1항제10호에 따른 일단의 공업용지조성사업 구역(이 조 제4항제6호에 따른 산업단지 또는 준산업단지와 연접한 것에 한정한다) 내의 공장으로서 관할 특별시장 · 광역시장 · 특별자치시장 · 특별자치도지사 · 시장 또는 군수가 해당 지방도시계획위원회의 심의를 거쳐 기반시설의 설치 및 그에 필요한 용지의 확보가 충분하고 주변지역의 환경오염 우려가 없다고 인정하는 공장: 80퍼센트 이하의 범위에서 도시 · 군계획조례로 정하는 비율
7. 자연녹지지역의 학교(「초 · 중등교육법」 제2조에 따른 학교 및 「고등교육법」 제2조제1호부터 제5호까지의 규정에 따른 학교를 말한다)로서 다음 각 목의 요건을 모두 충족하는 학교: 30퍼센트의 범위에서 도시 · 군계획조례로 정하는 비율
   가. 기존 부지에서 증축하는 경우일 것
   나. 학교 설치 이후 개발행위 등으로 해당 학교의 기존 부지가 건축물, 그 밖의 시설로 둘러싸여 부지 확장을 통한 증축이 곤란한 경우로서 해당 도시계획위원회의 심의를 거쳐 기존 부지에서의 증축이 불가피하다고 인정될 것
   다. 「고등교육법」 제2조제1호부터 제5호까지의 규정에 따른 학교의 경우 「대학설립 · 운영 규정」 별표 2에 따른 교육기본시설, 지원시설 또는 연구시설의 증축일 것

⑦ 제1항에도 불구하고 법 제77조제4항제3호 및 제4호에 따라 보전관리지역 · 생산관리지역 · 농림지역 또는 자연환경보전지역에 「농지법」 제32조제1항에 따라 건축할 수 있는 건축물의 경우에 그 건폐율은 60퍼센트 이하의 범위에서 특별시 · 광역시 · 특별자치시 · 특별자치도 · 시 또는 군의 도시 · 군계획조례로 정하는 비율을 초과하여서는 아니된다.

〈개정 2005. 9. 8., 2009. 7. 7., 2011. 9. 16., 2012. 4. 10., 2016. 2. 11.〉

⑧ 제1항에도 불구하고 법 제77조제4항제3호에 따라 생산녹지지역에 건축할 수 있는 다음 각 호의 건축물의 경우에 그 건폐율은 해당 생산녹지지역이 위치한 특별시 · 광역시 · 특별자치시 · 특별자치도 · 시 또는 군의 농어업 인구 현황, 농수산물 가공 · 처리시설의 수급실태 등을 종합적으로 고려하여 60퍼센트 이하의 범위에서 해당 특별시 · 광역시 · 특별자치시 · 특별자치도 · 시 또는 군의 도시 · 군계획조례로 정하는 비율을 초과하여서는 아니 된다.

〈신설 2011. 9. 16., 2012. 4. 10., 2015. 12. 15., 2016. 2. 11.〉

1. 「농지법」 제32조제1항제1호에 따른 농수산물의 가공 · 처리시설(해당 특별시 · 광역시 · 특별자치시 · 특별자치도 · 시 또는 군에서 생산된 농수산물의 가공 · 처리시설에 한정한다) 및 농수산업 관련 시험 · 연구시설
2. 「농지법 시행령」 제29조제5항제1호에 따른 농산물 건조 · 보관시설
3. 「농지법 시행령」 제29조제7항제2호에 따른 산지유통시설(해당 특별시 · 광역시 · 특별자치시 · 특별자치도 · 시 또는 군에서 생산된 농산물을 위한 산지유통시설만 해당한다)

⑨ 제1항에도 불구하고 자연녹지지역에 설치되는 도시 · 군계획시설 중 유원지의 건폐율은 30퍼센트의 범위에서 도시 · 군계획조례로 정하는 비율을 초과하여서는 아니 되며, 공원의 건폐율은 20퍼센트의 범위에서 도시 · 군계획조례로 정하는 비율을 초과하여서는 아니 된다.

〈개정 2009. 7. 7., 2011. 9. 16., 2012. 4. 10., 2016. 2. 11.〉

제84조의2 생산녹지지역 등에서 기존 공장의 건폐율

① 제84조제1항에도 불구하고 법 제77조제4항제2호에 따라 생산녹지지역, 자연녹지지역 또는 생산관리지역에 있는 기존 공장(해당 용도지역으로 지정될 당시 이미 준공된 것으로서 준공 당시의 부지에서 증축하는 경우만 해당한다)의 건폐율은 40퍼센트의 범위에서 최초 건축허가 시 그 건축물에 허용된 비율을 초과해서는 아니 된다. 다만, 2020년 12월 31일까지 증축허가를 신청한 경우로 한정한다. 〈개정 2016. 6. 30., 2018. 11. 13.〉

② 제84조제1항에도 불구하고 법 제77조제4항제2호에 따라 생산녹지지역, 자연녹지지역, 생산관리지역 또는 계획관리지역에 있는 기존 공장(해당 용도지역으로 지정될 당시 이미 준공된 것으로 한정한다)이 부지를 확장하여 건축물을 증축하는 경우(2020년 12월 31일까지 증축허가를 신청한 경우로 한정한다)로서 다음 각 호의 어느 하나에 해당하는 경우에는 그 건폐율은 40퍼센트의 범위에서 해당 특별시 · 광역시 · 특별자치시 · 특별자치도 · 시 또는 군의 도시 · 군계획조례로 정하는 비율을 초과해서는 아니 된다. 이 경우 제1호의 경우에는 부지를 확장하여 추가로 편입되는 부지(해당 용도지역으로 지정된 이후에 확장하여 추가로 편입된

부지를 포함하며, 이하 "추가편입부지"라 한다)에 대해서만 건폐율 기준을 적용하고, 제2호의 경우에는 준공 당시의 부지(해당 용도지역으로 지정될 당시의 부지를 말하며, 이하 이 항에서 "준공당시부지"라 한다)와 추가편입부지를 하나로 하여 건폐율 기준을 적용한다.

〈개정 2015. 12. 15., 2016. 6. 30., 2018. 11. 13.〉

1. 추가편입부지에 건축물을 증축하는 경우로서 다음 각 목의 요건을 모두 갖춘 경우
   가. 추가편입부지의 면적이 3천제곱미터 이하로서 준공당시부지 면적의 50퍼센트 이내일 것
   나. 관할 특별시장 · 광역시장 · 특별자치시장 · 특별자치도지사 · 시장 또는 군수가 해당 지방도시계획위원회의 심의를 거쳐 기반시설의 설치 및 그에 필요한 용지의 확보가 충분하고 주변지역의 환경오염 우려가 없다고 인정할 것
2. 준공당시부지와 추가편입부지를 하나로 하여 건축물을 증축하려는 경우로서 다음 각 목의 요건을 모두 갖춘 경우
   가. 제1호 각 목의 요건을 모두 갖출 것
   나. 관할 특별시장 · 광역시장 · 특별자치시장 · 특별자치도지사 · 시장 또는 군수가 해당 지방도시계획위원회의 심의를 거쳐 다음의 어느 하나에 해당하는 인증 등을 받기 위하여 준공당시부지와 추가편입부지를 하나로 하여 건축물을 증축하는 것이 불가피하다고 인정할 것
      1) 「식품위생법」 제48조에 따른 식품안전관리인증
      2) 「농수산물 품질관리법」 제70조에 따른 위해요소중점관리기준 이행 사실 증명
      3) 「축산물 위생관리법」 제9조에 따른 안전관리인증
   다. 준공당시부지와 추가편입부지를 합병할 것. 다만, 「건축법 시행령」 제3조제1항제2호가목에 해당하는 경우에는 합병하지 아니할 수 있다.

[본조신설 2014. 10. 15.]

제84조의3 성장관리방안 수립지역에서의 건폐율 완화기준

① 법 제77조제5항에서 "대통령령으로 정하는 녹지지역"이란 자연녹지지역을 말한다.

② 법 제77조제5항에서 "대통령령으로 정하는 기준"이란 다음 각 호의 기준을 말한다. 다만, 공장의 경우에는 성장관리방안에 제56조의2제2항제4호에 따른 환경관리계획 또는 경관계획이 포함된 경우만 해당한다.

1. 계획관리지역: 50퍼센트 이하
2. 자연녹지지역 및 생산관리지역: 30퍼센트 이하

[본조신설 2016. 2. 11.]

제85조 용도지역 안에서의 용적률

① 법 제78조제1항 및 제2항의 규정에 의한 용적률은 다음 각호의 범위안에서 관할구역의 면적, 인구규모 및 용도지역의 특성 등을 감안하여 특별시 · 광역시 · 특별자치시 · 특별자치도 · 시 또는 군의 도시 · 군계획조례가 정하는 비율을 초과하여서는 아니된다.

〈개정 2012. 4. 10.〉

1. 제1종전용주거지역 : 50퍼센트 이상 100퍼센트 이하
2. 제2종전용주거지역 : 100퍼센트 이상 150퍼센트 이하
3. 제1종일반주거지역 : 100퍼센트 이상 200퍼센트 이하
4. 제2종일반주거지역 : 150퍼센트 이상 250퍼센트 이하
5. 제3종일반주거지역 : 200퍼센트 이상 300퍼센트 이하
6. 준주거지역 : 200퍼센트 이상 500퍼센트 이하
7. 중심상업지역 : 400퍼센트 이상 1천500퍼센트 이하
8. 일반상업지역 : 300퍼센트 이상 1천300퍼센트 이하
9. 근린상업지역 : 200퍼센트 이상 900퍼센트 이하
10. 유통상업지역 : 200퍼센트 이상 1천100퍼센트 이하
11. 전용공업지역 : 150퍼센트 이상 300퍼센트 이하
12. 일반공업지역 : 200퍼센트 이상 350퍼센트 이하
13. 준공업지역 : 200퍼센트 이상 400퍼센트 이하
14. 보전녹지지역 : 50퍼센트 이상 80퍼센트 이하
15. 생산녹지지역 : 50퍼센트 이상 100퍼센트 이하
16. 자연녹지지역 : 50퍼센트 이상 100퍼센트 이하
17. 보전관리지역 : 50퍼센트 이상 80퍼센트 이하
18. 생산관리지역 : 50퍼센트 이상 80퍼센트 이하
19. 계획관리지역 : 50퍼센트 이상 100퍼센트 이하
20. 농림지역 : 50퍼센트 이상 80퍼센트 이하
21. 자연환경보전지역 : 50퍼센트 이상 80퍼센트 이하

② 제1항의 규정에 의하여 도시 · 군계획조례로 용도지역별 용적률을 정함에 있어서 필요한 경우에는 당해 지방자치단체의 관할구역을 세분하여 용적률을 달리 정할 수 있다.

〈개정 2012. 4. 10.〉

③ 제1항에도 불구하고 다음 각 호의 어느 하나에 해당하는 경우에는 해당 지역의 용적률을 다음 각 호의 구분에 따라 완화할 수 있다. 〈개정 2018. 7. 17.〉

1. 제1항제1호부터 제6호까지의 지역에서 임대주택(「민간임대주택에 관한 특별법」에 따른 민간임대주택 또는 「공공주택 특별법」에 따른 공공임대주택으로서 각각 임대의무기간이 8년 이상인 경우에 한정한다)을 건설하는 경우: 제1항제1호부터 제6호까지에 따른 용적률의 120퍼센트 이하의 범위에서 도시 · 군계획조례로 정하는 비율
2. 다음 각 목의 어느 하나에 해당하는 자가 「고등교육법」 제2조에 따른 학교의 학생이 이용하도록 해당 학교 부지 외에 「건축법 시행령」 별표 1 제2호라목에 따른 기숙사(이하 이 항에서 "기숙사"라 한다)를 건설하는 경우: 제1항 각 호에 따른 용도지역별 최대한도의 범위에서 도시 · 군계획조례로 정하는 비율
   가. 국가 또는 지방자치단체
   나. 「사립학교법」에 따른 학교법인
   다. 「한국사학진흥재단법」에 따른 한국사학진흥재단
   라. 「한국장학재단 설립 등에 관한 법률」에 따른 한국장학재단
   마. 가목부터 라목까지의 어느 하나에 해당하는 자가 단독 또는 공동으로 출자하여 설립한 법인
3. 「고등교육법」 제2조에 따른 학교의 학생이 이용하도록 해당 학교 부지에 기숙사를 건설하는 경우: 제1항 각 호에 따른 용도지역별 최대한도의 범위에서 도시 · 군계획조례로 정하는 비율
4. 「영유아보육법」 제14조제1항에 따른 사업주가 같은 법 제10조제4호의 직장어린이집을 설치하기 위하여 기존 건축물 외에 별도의 건축물을 건설하는 경우: 제1항 각 호에 따른 용도지역별 최대한도의 범위에서 도시 · 군계획조례로 정하는 비율
5. 제10항 각 호의 어느 하나에 해당하는 시설을 국가 또는 지방자치단체가 건설하는 경우: 제1항 각 호에 따른 용도지역별 최대한도의 범위에서 도시 · 군계획조례로 정하는 비율

④ 제3항의 규정은 제46조제9항 각 호의 어느 하나에 해당되는 경우에는 이를 적용하지 아니한다. 〈신설 2005. 9. 8.〉

⑤ 제1항에도 불구하고 법 제37조제4항 후단에 따른 방재지구의 재해저감대책에 부합하게 재해예방시설을 설치하는 건축물의 경우 제1항제1호부터 제13호까지의 용도지역에서는 해당 용적률의 120퍼센트 이하의 범위에서 도시 · 군계획조례로 정하는 비율로 할 수 있다. 〈신설 2014. 1. 14.〉

⑥ 법 제78조제3항의 규정에 의하여 다음 각 호의 지역 안에서의 용적률은 각 호에서 정한 범위 안에서 특별시 · 광역시 · 특별자치시 · 특별자치도 · 시 또는 군의 도시 · 군계획조례가 정하는 비율을 초과하여서는 아니된다.

〈개정 2005. 9. 8., 2005. 9. 30., 2005. 11. 11., 2010. 10. 1., 2011. 11. 16., 2012. 4. 10., 2014. 1. 14.〉

1. 도시지역외의 지역에 지정된 개발진흥지구 : 100퍼센트 이하
2. 수산자원보호구역 : 80퍼센트 이하
3. 「자연공원법」 에 따른 자연공원: 100퍼센트 이하
4. 「산업입지 및 개발에 관한 법률」 제2조제8호라목에 따른 농공단지(도시지역외의 지역에 지정된 농공단지에 한한다) : 150퍼센트 이하

⑦ 법 제78조제4항의 규정에 의하여 준주거지역 · 중심상업지역 · 일반상업지역 · 근린상업지역 · 전용공업지역 · 일반공업지역 또는 준공업지역안의 건축물로서 다음 각호의 1에 해당하는 건축물에 대한 용적률은 경관 · 교통 · 방화 및 위생상 지장이 없다고 인정되는 경우에는 제1항 각호의 규정에 의한 해당 용적률의 120퍼센트 이하의 범위안에서 특별시 · 광역시 · 특별자치시 · 특별자치도 · 시 또는 군의 도시 · 군계획조례가 정하는 비율로 할 수 있다. 〈개정 2005. 9. 8., 2012. 4. 10., 2014. 1. 14.〉

1. 공원 · 광장(교통광장을 제외한다. 이하 이 조에서 같다) · 하천 그 밖에 건축이 금지된 공지에 접한 도로를 전면도로로 하는 대지안의 건축물이나 공원 · 광장 · 하천 그 밖에 건축이 금지된 공지에 20미터 이상 접한 대지안의 건축물
2. 너비 25미터 이상인 도로에 20미터 이상 접한 대지안의 건축면적이 1천제곱미터 이상인 건축물

⑧ 법 제78조제4항의 규정에 의하여 다음 각호의 지역 · 지구 또는 구역안에서 건축물을 건축하고자 하는 자가 그 대지의 일부를 공공시설부지로 제공하는 경우에는 당해 건축물에 대한 용적률은 제1항 각호의 규정에 의한 해당 용적률의 200퍼센트 이하의 범위안에서 대지면적의 제공비율에 따라 특별시 · 광역시 · 특별자치시 · 특별자치도 · 시 또는 군의 도시 · 군계획조례가 정하는 비율로 할 수 있다.

〈개정 2003. 6. 30., 2005. 1. 15., 2005. 9. 8., 2012. 4. 10., 2014. 1. 14., 2018. 2. 9.〉

1. 상업지역
2. 삭제 〈2005. 1. 15.〉
3. 「도시 및 주거환경정비법」 에 따른 재개발사업 및 재건축사업을 시행하기 위한 정비구역

⑨ 법 제78조제5항에서 "창고 등 대통령령으로 정하는 용도의 건축물 또는 시설물"이란 창고를 말한다. 〈신설 2006. 3. 23., 2014. 1. 14.〉

⑩ 법 제78조제6항 전단에서 "대통령령으로 정하는 시설"이란 다음 각 호의 시설을 말한다.

〈신설 2014. 6. 30.〉

1. 「영유아보육법」 제2조제3호에 따른 어린이집

2. 「노인복지법」 제36조제1항제1호에 따른 노인복지관

3. 그 밖에 특별시장 · 광역시장 · 특별자치시장 · 특별자치도지사 · 시장 또는 군수가 해당 지역의 사회복지시설 수요를 고려하여 도시 · 군계획조례로 정하는 사회복지시설

⑪ 제1항에도 불구하고 건축물을 건축하려는 자가 법 제78조제6항 전단에 따라 그 대지의 일부에 사회복지시설을 설치하여 기부하는 경우에는 기부하는 시설의 연면적의 2배 이하의 범위에서 도시 · 군계획조례로 정하는 바에 따라 추가 건축을 허용할 수 있다. 다만, 해당 용적률은 다음 각 호의 기준을 초과할 수 없다. 〈신설 2014. 6. 30.〉

1. 제1항에 따라 도시 · 군계획조례로 정하는 용적률의 120퍼센트

2. 제1항 각 호의 구분에 따른 용도지역별 용적률의 최대한도

⑫ 국가나 지방자치단체는 법 제78조제6항 전단에 따라 기부 받은 사회복지시설을 제10항 각 호에 따른 시설 외의 시설로 용도변경하거나 그 주요 용도에 해당하는 부분을 분양 또는 임대할 수 없으며, 해당 시설의 면적이나 규모를 확장하여 설치장소를 변경(지방자치단체에 기부한 경우에는 그 관할 구역 내에서의 설치장소 변경을 말한다)하는 경우를 제외하고는 국가나 지방자치단체 외의 자에게 그 시설의 소유권을 이전할 수 없다. 〈신설 2014. 6. 30.〉

[제목개정 2006. 3. 23.]

제86조 용도지역 미세분지역에서의 행위제한 등

법 제79조제2항에서 "대통령령으로 정하는 지역"이란 보전녹지지역을 말한다.

[전문개정 2018. 11. 13.]

제87조 시가화조정구역안에서 시행할 수 있는 도시 · 군계획사업

법 제81조제1항에서 "대통령령으로 정하는 사업"이란 국방상 또는 공익상 시가화조정구역안에서의 사업시행이 불가피한 것으로서 관계 중앙행정기관의 장의 요청에 의하여 국토교통부장관이 시가화조정구역의 지정목적달성에 지장이 없다고 인정하는 도시 · 군계획사업을 말한다.

〈개정 2008. 2. 29., 2012. 4. 10., 2013. 3. 23., 2018. 11. 13.〉

[제목개정 2012. 4. 10.]

제88조 시가화조정구역안에서의 행위제한

법 제81조제2항의 규정에 의하여 시가화조정구역안에서 특별시장 · 광역시장 · 특별자치시장 · 특별자치도지사 · 시장 또는 군수의 허가를 받아 할 수 있는 행위는 별표 24와 같다.

〈개정 2012. 4. 10.〉

제89조 시가화조정구역안에서의 행위허가의 기준 등

① 특별시장 · 광역시장 · 특별자치시장 · 특별자치도지사 · 시장 또는 군수는 시가화조정구역의 지정목적달성에 지장이 있거나 당해 토지 또는 주변토지의 합리적인 이용에 지장이 있다고 인정되는 경우에는 법 제81조제2항의 규정에 의한 허가를 하여서는 아니된다.

〈개정 2012. 4. 10.〉

② 시가화조정구역안에 있는 산림안에서의 입목의 벌채, 조림 및 육림의 허가기준에 관하여는 「산림자원의 조성 및 관리에 관한 법률」의 규정에 의한다. 〈개정 2005. 9. 8., 2006. 8. 4.〉

③ 특별시장 · 광역시장 · 특별자치시장 · 특별자치도지사 · 시장 또는 군수는 별표 25에 규정된 행위에 대하여는 특별한 사유가 없는 한 법 제81조제2항의 규정에 의한 허가를 거부하여서는 아니된다. 〈개정 2012. 4. 10.〉

④ 특별시장 · 광역시장 · 특별자치시장 · 특별자치도지사 · 시장 또는 군수는 법 제81조제2항의 규정에 의한 허가를 함에 있어서 시가화조정구역의 지정목적상 필요하다고 인정되는 경우에는 조경 등 필요한 조치를 할 것을 조건으로 허가할 수 있다. 〈개정 2012. 4. 10.〉

⑤ 특별시장 · 광역시장 · 특별자치시장 · 특별자치도지사 · 시장 또는 군수는 법 제81조제2항의 규정에 의한 허가를 하고자 하는 때에는 당해 행위가 도시 · 군계획사업의 시행에 지장을 주는지의 여부에 관하여 당해 시가화조정구역안에서 시행되는 도시 · 군계획사업의 시행자의 의견을 들어야 한다. 〈개정 2012. 4. 10.〉

⑥ 제55조 및 제56조의 규정은 법 제81조제2항의 규정에 의한 허가에 관하여 이를 준용한다.

⑦ 법 제81조제6항의 규정에 의하여 허가를 신청하고자 하는 자는 국토교통부령이 정하는 서류를 특별시장 · 광역시장 · 특별자치시장 · 특별자치도지사 · 시장 또는 군수에게 제출하여야 한다. 〈개정 2008. 2. 29., 2012. 4. 10., 2013. 3. 23.〉

제90조 삭제 〈2008. 7. 28.〉

제91조 삭제 〈2008. 7. 28.〉

제92조 삭제 〈2008. 7. 28.〉

제93조 기존의 건축물에 대한 특례

① 다음 각 호의 어느 하나에 해당하는 사유로 인하여 기존의 건축물이 제71조부터 제80조까지, 제82조부터 제84조까지, 제84조의2, 제85조부터 제89조까지 및 「수산자원관리법 시행

령」 제40조제1항에 따른 건축제한 · 건폐율 또는 용적률 규정에 부적합하게 된 경우에도 재축(「건축법」 제2조제1항제8호에 따른 재축을 말한다) 또는 대수선(「건축법」 제2조제1항제9호에 따른 대수선을 말하며, 건폐율 · 용적률이 증가되지 아니하는 범위로 한정한다)을 할 수 있다.

〈개정 2005. 9. 8., 2008. 7. 28., 2008. 9. 25., 2010. 4. 20., 2011. 7. 1., 2012. 4. 10., 2014. 10. 15.〉

1. 법령 또는 도시 · 군계획조례의 제정 · 개정
2. 도시 · 군관리계획의 결정 · 변경 또는 행정구역의 변경
3. 도시 · 군계획시설의 설치, 도시 · 군계획사업의 시행 또는 「도로법」에 의한 도로의 설치

② 기존의 건축물이 제1항 각 호의 사유로 제71조부터 제80조까지, 제82조부터 제84조까지, 제84조의2, 제86조부터 제89조까지 및 「수산자원관리법 시행령」 제40조제1항에 따른 건축제한 또는 건폐율 규정에 부적합하게 된 경우에도 기존 부지 내에서 증축 또는 개축(「건축법」 제2조제1항제8호에 따른 증축 또는 개축을 말한다. 이하 이 조 및 제93조의2에서 같다) 하려는 부분이 제71조부터 제80조까지, 제82조, 제83조, 제85조부터 제89조까지 및 「수산자원관리법 시행령」 제40조제1항에 따른 건축제한 및 용적률 규정에 적합한 경우로서 다음 각 호의 어느 하나에 해당하는 경우에는 다음 각 호의 구분에 따라 증축 또는 개축을 할 수 있다. 〈신설 2014. 10. 15.〉

1. 기존의 건축물이 제84조 및 제84조의2에 따른 건폐율 기준에 부적합하게 된 경우: 건폐율이 증가하지 아니하는 범위에서의 증축 또는 개축
2. 기존의 건축물이 제84조 및 제84조의2에 따른 건폐율 기준에 적합한 경우: 제84조 및 제84조의2에 따른 건폐율 기준을 초과하지 아니하는 범위에서의 증축 또는 개축

③ 기존의 건축물이 제1항 각 호의 사유로 제71조부터 제80조까지, 제82조부터 제84조까지, 제84조의2, 제85조부터 제89조까지 및 「수산자원관리법 시행령」 제40조제1항에 따른 건축제한 · 건폐율 또는 용적률 규정에 부적합하게 된 경우에도 부지를 확장하여 추가편입부지에 증축하려는 부분이 제71조부터 제80조까지, 제82조부터 제84조까지, 제84조의2, 제85조부터 제89조까지 및 「수산자원관리법 시행령」 제40조제1항에 따른 건축제한 · 건폐율 및 용적률 규정에 적합한 경우에는 증축을 할 수 있다. 이 경우 추가편입부지에서 증축하려는 건축물에 대한 건폐율과 용적률 기준은 추가편입부지에 대해서만 적용한다.

〈신설 2014. 10. 15.〉

④ 기존의 공장이나 제조업소가 제1항 각 호의 사유로 제71조부터 제80조까지, 제82조부터 제84조까지, 제84조의2, 제85조부터 제89조까지 및 「수산자원관리법 시행령」 제40조제1항에 따른 건축제한 · 건폐율 또는 용적률 규정에 부적합하게 된 경우에도 기존 업종보다 오염

배출 수준이 같거나 낮은 경우에는 특별시 · 광역시 · 특별자치시 · 특별자치도 · 시 또는 군의 도시 · 군계획조례로 정하는 바에 따라 건축물이 아닌 시설을 증설할 수 있다. 〈신설 2014. 10. 15.〉

⑤ 기존의 건축물이 제1항 각 호의 사유로 제71조부터 제80조까지, 제82조부터 제84조까지, 제84조의2, 제85조부터 제89조까지 및 「수산자원관리법 시행령」 제40조제1항에 따른 건축제한, 건폐율 또는 용적률 규정에 부적합하게 된 경우에도 해당 건축물의 기존 용도가 국토교통부령(수산자원보호구역의 경우에는 해양수산부령을 말한다)으로 정하는 바에 따라 확인되는 경우(기존 용도에 따른 영업을 폐업한 후 기존 용도 외의 용도로 사용되지 아니한 것으로 확인되는 경우를 포함한다)에는 업종을 변경하지 아니하는 경우에 한하여 기존 용도로 계속 사용할 수 있다. 이 경우 기존의 건축물이 공장이나 제조업소인 경우로서 대기오염물질발생량 또는 폐수배출량이 「대기환경 보전법 시행령」 별표 1 및 「물환경보전법 시행령」 별표 13에 따른 사업장 종류별 대기오염물질발생량 또는 배출규모의 범위에서 증가하는 경우는 기존 용도로 사용하는 것으로 본다. 〈개정 2015. 7. 6., 2018. 1. 16.〉

⑥ 제5항 전단에도 불구하고 기존의 건축물이 공장이나 제조업소인 경우에는 도시 · 군계획조례로 정하는 바에 따라 대기오염물질발생량 또는 폐수배출량이 증가하지 아니하는 경우에 한하여 기존 용도 범위에서의 업종변경을 할 수 있다. 〈신설 2015. 7. 6.〉

⑦ 기존의 건축물이 제1항 각 호의 사유로 제71조부터 제80조까지, 제82조부터 제84조까지, 제84조의2, 제85조부터 제89조까지 및 「수산자원관리법 시행령」 제40조제1항에 따른 건축제한 · 건폐율 또는 용적률 규정에 적합하지 아니하게 된 경우에도 해당 건축물이 있는 용도지역 · 용도지구 · 용도구역에서 허용되는 용도(건폐율 · 용적률 · 높이 · 면적의 제한을 제외한 용도를 말한다)로 변경할 수 있다. 〈신설 2009. 7. 7., 2010. 4. 20., 2014. 10. 15., 2015. 7. 6.〉

제93조의2 기존 공장에 대한 특례

제93조제2항 및 제3항에도 불구하고 녹지지역 또는 관리지역에 있는 기존 공장(해당 용도지역으로 지정될 당시 이미 준공된 것에 한정한다)이 다음 각 호의 어느 하나에 해당하는 경우에는 다음 각 호의 구분에 따라 증축 또는 개축할 수 있다. 다만, 2020년 12월 31일까지 증축 또는 개축 허가를 신청한 경우로 한정한다. 〈개정 2015. 12. 15., 2016. 6. 30., 2018. 11. 13.〉

1. 기존 부지 내에서 증축 또는 개축하는 경우: 40퍼센트의 범위에서 최초 건축허가 시 그 건축물에 허용된 건폐율
2. 부지를 확장하여 건축물을 증축하려는 경우로서 다음 각 목의 어느 하나에 해당하는 경우: 40퍼센트를 초과하지 아니하는 범위에서의 건폐율. 이 경우 가목의 경우에는 추가편입부

지에 대해서만 건폐율 기준을 적용하고, 나목의 경우에는 기존 부지와 추가편입부지를 하나로 하여 건폐율 기준을 적용한다.

가. 추가편입부지에 건축물을 증축하려는 경우로서 다음의 요건을 모두 갖춘 경우

1) 추가편입부지의 면적이 3천제곱미터 이하로서 기존 부지면적의 50퍼센트 이내일 것

2) 제71조부터 제80조까지, 제82조, 제83조, 제85조부터 제89조까지 및 「수산자원관리법 시행령」 제40조제1항에 따른 건축제한 및 용적률 규정에 적합할 것

3) 관할 특별시장 · 광역시장 · 특별자치시장 · 특별자치도지사 · 시장 또는 군수가 해당 지방도시계획위원회의 심의를 거쳐 기반시설의 설치 및 그에 필요한 용지의 확보가 충분하고 주변지역의 환경오염 우려가 없다고 인정할 것

나. 기존 부지와 추가편입부지를 하나로 하여 건축물을 증축하려는 경우로서 다음 각 목의 요건을 모두 갖춘 경우

1) 가목1)부터 3)까지의 요건을 모두 갖출 것

2) 관할 특별시장 · 광역시장 · 특별자치시장 · 특별자치도지사 · 시장 또는 군수가 해당 지방도시계획위원회의 심의를 거쳐 다음의 어느 하나에 해당하는 인증 등을 받기 위하여 기존 부지와 추가편입부지를 하나로 하여 건축물을 증축하는 것이 불가피하다고 인정할 것

가) 「식품위생법」 제48조에 따른 식품안전관리인증

나) 「농수산물 품질관리법」 제70조에 따른 위해요소중점관리기준 이행 사실 증명

다) 「축산물 위생관리법」 제9조에 따른 안전관리인증

3) 기존 부지와 추가편입부지를 합병할 것. 다만, 「건축법 시행령」 제3조제1항제2호 가목에 해당하는 경우에는 합병하지 아니할 수 있다.

[본조신설 2014. 10. 15.]

제94조2 이상의 용도지역 · 용도지구 · 용도구역에 걸치는 토지에 대한 적용기준

법 제84조제1항 각 호 외의 부분 본문 및 같은 조 제3항 본문에서 "대통령령으로 정하는 규모"라 함은 330제곱미터를 말한다. 다만, 도로변에 띠 모양으로 지정된 상업지역에 걸쳐 있는 토지의 경우에는 660제곱미터를 말한다. 〈개정 2004. 1. 20., 2012. 4. 10., 2017. 12. 29.〉

제7장 도시 · 군계획시설사업의 시행〈개정 2012. 4. 10.〉

제95조 단계별집행계획의 수립

① 특별시장 · 광역시장 · 특별자치시장 · 특별자치도지사 · 시장 또는 군수는 법 제85조제1항의 규정에 의하여 단계별집행계획을 수립하고자 하는 때에는 미리 관계 행정기관의 장과 협의하여야 하며, 해당 지방의회의 의견을 들어야 한다. 〈개정 2012. 4. 10., 2017. 9. 19.〉

② 법 제85조제1항 단서에서 "대통령령으로 정하는 법률"이란 다음 각 호의 법률을 말한다. 〈신설 2018. 11. 13.〉

1. 「도시 및 주거환경정비법」
2. 「도시재정비 촉진을 위한 특별법」
3. 「도시재생 활성화 및 지원에 관한 특별법」

③ 특별시장 · 광역시장 · 특별자치시장 · 특별자치도지사 · 시장 또는 군수는 매년 법 제85조제3항의 규정에 의한 제2단계집행계획을 검토하여 3년 이내에 도시 · 군계획시설사업을 시행할 도시 · 군계획시설은 이를 제1단계집행계획에 포함시킬 수 있다. 〈개정 2012. 4. 10., 2018. 11. 13.〉

④ 법 제85조제4항에 따른 단계별집행계획의 공고는 당해 지방자치단체의 공보에 게재하는 방법에 의하며, 필요한 경우 전국 또는 해당 지방자치단체를 주된 보급지역으로 하는 일간신문에 게재하는 방법을 병행할 수 있다. 〈개정 2011. 7. 1., 2018. 11. 13.〉

⑤ 법 제85조제5항 단서에서 "대통령령으로 정하는 경미한 사항을 변경하는 경우"란 제25조제3항 각 호 및 제4항 각 호에 따른 도시 · 군관리계획의 변경에 따라 단계별집행계획을 변경하는 경우를 말한다. 〈개정 2012. 4. 10., 2018. 11. 13.〉

제96조 시행자의 지정

① 법 제86조제5항의 규정에 의하여 도시 · 군계획시설사업의 시행자로 지정받고자 하는 자는 다음 각호의 사항을 기재한 신청서를 국토교통부장관, 시 · 도지사 또는 시장 · 군수에게 제출하여야 한다. 〈개정 2008. 2. 29., 2012. 4. 10., 2013. 3. 23.〉

1. 사업의 종류 및 명칭
2. 사업시행자의 성명 및 주소(법인인 경우에는 법인의 명칭 및 소재지와 대표자의 성명 및 주소)
3. 토지 또는 건물의 소재지 · 지번 · 지목 및 면적, 소유권과 소유권외의 권리의 명세 및 그 소유자 · 권리자의 성명 · 주소

4. 사업의 착수예정일 및 준공예정일

5. 자금조달계획

② 법 제86조제7항 각 호외의 부분 중 "대통령령으로 정하는 요건"이란 도시계획시설사업의 대상인 토지(국 · 공유지를 제외한다. 이하 이 항에서 같다)면적의 3분의 2 이상에 해당하는 토지를 소유하고, 토지소유자 총수의 2분의 1 이상에 해당하는 자의 동의를 얻는 것을 말한다. 〈개정 2008. 1. 8., 2009. 8. 5.〉

③ 법 제86조제7항제2호에서 "대통령령으로 정하는 공공기관"이란 다음 각 호의 어느 하나에 해당하는 기관을 말한다. 〈신설 2009. 8. 5., 2009. 9. 21., 2012. 1. 25.〉

1. 「한국농수산식품유통공사법」에 따른 한국농수산식품유통공사
2. 「대한석탄공사법」에 따른 대한석탄공사
3. 「한국토지주택공사법」에 따른 한국토지주택공사
4. 「한국관광공사법」에 따른 한국관광공사
5. 「한국농어촌공사 및 농지관리기금법」에 따른 한국농어촌공사
6. 「한국도로공사법」에 따른 한국도로공사
7. 「한국석유공사법」에 따른 한국석유공사
8. 「한국수자원공사법」에 따른 한국수자원공사
9. 「한국전력공사법」에 따른 한국전력공사
10. 「한국철도공사법」에 따른 한국철도공사
11. 삭제 〈2009. 9. 21.〉

④ 법 제86조제7항제3호에서 "대통령령으로 정하는 자"란 다음 각 호의 어느 하나에 해당하는 자를 말한다. 〈개정 2005. 1. 15., 2005. 9. 8., 2009. 7. 27., 2009. 8. 5., 2012. 4. 10.〉

1. 「지방공기업법」에 의한 지방공사 및 지방공단
2. 다른 법률에 의하여 도시 · 군계획시설사업이 포함된 사업의 시행자로 지정된 자
3. 제65조의 규정에 의하여 공공시설을 관리할 관리청에 무상으로 귀속되는 공공시설을 설치하고자 하는 자
4. 「국유재산법」 제13조 또는 「공유재산 및 물품관리법」 제7조에 따라 기부를 조건으로 시설물을 설치하려는 자

⑤ 당해 도시 · 군계획시설사업이 다른 법령에 의하여 면허 · 허가 · 인가 등을 받아야 하는 사업인 경우에는 그 사업시행에 관한 면허 · 허가 · 인가 등의 사실을 증명하는 서류의 사본을 제1항의 신청서에 첨부하여야 한다. 다만, 다른 법령에서 도시 · 군계획시설사업의 시행자지정을 면허 · 허가 · 인가 등의 조건으로 하는 경우에는 관계 행정기관의 장의 의견서로 갈음

할 수 있다. 〈개정 2009. 8. 5., 2012. 4. 10.〉

제97조 실시계획의 인가

① 법 제88조제1항의 규정에 의한 실시계획(이하 "실시계획"이라 한다)에는 다음 각호의 사항이 포함되어야 한다.

1. 사업의 종류 및 명칭
2. 사업의 면적 또는 규모
3. 사업시행자의 성명 및 주소(법인인 경우에는 법인의 명칭 및 소재지와 대표자의 성명 및 주소)
4. 사업의 착수예정일 및 준공예정일

② 법 제88조제2항 본문에 따라 도시 · 군계획시설사업의 시행자가 실시계획의 인가를 받고자 하는 경우 국토교통부장관이 지정한 시행자는 국토교통부장관의 인가를 받아야 하며, 그 밖의 시행자는 시 · 도지사 또는 대도시 시장의 인가를 받아야 한다.

〈개정 2008. 2. 29., 2012. 4. 10., 2013. 3. 23., 2014. 1. 14.〉

③ 도시 · 군계획시설사업의 시행자로 지정된 자는 특별한 사유가 없는 한 시행자지정시에 정한 기일까지 국토교통부장관, 시 · 도지사 또는 대도시 시장에게 국토교통부령이 정하는 실시계획인가신청서를 제출하여야 한다. 〈개정 2008. 2. 29., 2012. 4. 10., 2013. 3. 23.〉

④ 법 제86조제5항의 규정에 의하여 도시 · 군계획시설사업의 시행자로 지정을 받은 자는 실시계획을 작성하고자 하는 때에는 미리 당해 특별시장 · 광역시장 · 특별자치시장 · 특별자치도지사 · 시장 또는 군수의 의견을 들어야 한다. 〈개정 2012. 4. 10.〉

⑤ 법 제87조의 규정에 의하여 도시 · 군계획시설사업을 분할시행하는 때에는 분할된 지역별로 실시계획을 작성할 수 있다. 〈개정 2012. 4. 10.〉

⑥ 법 제88조제5항에서 "대통령령으로 정하는 사항"이란 다음 각 호의 사항을 말한다.

〈개정 2005. 9. 8., 2008. 9. 25., 2011. 7. 1., 2012. 4. 10., 2018. 11. 13.〉

1. 사업시행지의 위치도 및 계획평면도
2. 공사설계도서(「건축법」 제29조에 따른 건축협의를 하여야 하는 사업인 경우에는 개략설계도서)
3. 수용 또는 사용할 토지 또는 건물의 소재지 · 지번 · 지목 및 면적, 소유권과 소유권외의 권리의 명세 및 그 소유자 · 권리자의 성명 · 주소
4. 도시 · 군계획시설사업의 시행으로 새로이 설치하는 공공시설 또는 기존의 공공시설의 조서 및 도면(행정청이 시행자인 경우에 한한다)

5. 도시 · 군계획시설사업의 시행으로 용도폐지되는 공공시설에 대한 2 이상의 감정평가업자의 감정평가서(행정청이 아닌 자가 시행자인 경우에 한정한다). 다만, 제2항에 따른 해당 도시 · 군계획시설사업의 실시계획 인가권자가 새로운 공공시설의 설치비용이 기존의 공공시설의 감정평가액보다 현저히 많은 것이 명백하여 이를 비교할 실익이 없다고 인정하거나 사업 시행기간 중에 제출하도록 조건을 붙이는 경우는 제외한다.
6. 도시 · 군계획시설사업으로 새로이 설치하는 공공시설의 조서 및 도면과 그 설치비용계산서(행정청이 아닌 자가 시행자인 경우에 한한다). 이 경우 새로운 공공시설의 설치에 필요한 토지와 종래의 공공시설이 설치되어 있는 토지가 같은 토지인 경우에는 그 토지가격을 뺀 설치비용만 계산한다.
7. 법 제92조제3항의 규정에 의한 관계 행정기관의 장과의 협의에 필요한 서류
8. 제4항의 규정에 의한 특별시장 · 광역시장 · 특별자치시장 · 특별자치도지사 · 시장 또는 군수의 의견청취 결과

제98조 도시 · 군계획시설사업의 이행담보

① 법 제89조제1항 각 호 외의 부분 본문에서 "대통령령으로 정하는 경우"란 다음 각 호의 어느 하나에 해당하는 경우를 말한다. 〈개정 2012. 4. 10., 2018. 11. 13.〉
1. 도시 · 군계획시설사업으로 인하여 도로 · 수도공급설비 · 하수도 등 기반시설의 설치가 필요한 경우
2. 도시 · 군계획시설사업으로 인하여 제59조제1항제2호 내지 제5호의 1에 해당하는 경우

② 법 제89조제1항제2호에서 "대통령령으로 정하는 공공기관"이란 「공공기관의 운영에 관한 법률」 제5조제3항제1호 또는 제2호나목에 해당하는 기관을 말한다. 〈신설 2009. 8. 5.〉

③ 법 제89조제1항제3호에서 "대통령령으로 정하는 자"란 「지방공기업법」에 의한 지방공사 및 지방공단을 말한다. 〈개정 2018. 11. 13.〉

④ 제59조제2항 내지 제4항의 규정은 법 제89조제2항의 규정에 의한 예치금액의 산정 및 예치방법 등에 관하여 이를 준용한다. 〈개정 2009. 8. 5.〉

[제목개정 2012. 4. 10.]

제99조 서류의 열람 등

① 법 제90조제1항에 따른 공고는 국토교통부장관이 하는 경우에는 관보나 전국을 보급지역으로 하는 일간신문에, 시 · 도지사 또는 대도시 시장이 하는 경우에는 해당 시 · 도 또는 대도시의 공보나 해당 시 · 도 또는 대도시를 주된 보급지역으로 하는 일간신문에 다음 각 호의

사항을 게재하는 방법에 따른다. 〈개정 2008. 2. 29., 2009. 8. 5., 2013. 3. 23.〉

1. 인가신청의 요지
2. 열람의 일시 및 장소

② 다음 각 호의 어느 하나에 해당하는 경미한 사항의 변경인 경우에는 제1항에 따른 공고 및 열람을 하지 아니할 수 있다. 〈개정 2011. 7. 1.〉

1. 사업시행지의 변경이 수반되지 아니하는 범위안에서의 사업내용변경
2. 사업의 착수예정일 및 준공예정일의 변경. 다만, 사업시행에 필요한 토지 등(공공시설은 제외한다)의 취득이 완료되기 전에 준공예정일을 연장하는 경우는 제외한다
3. 사업시행자의 주소(사업시행자가 법인인 경우에는 법인의 소재지와 대표자의 성명 및 주소)의 변경

③ 제1항의 규정에 의한 공고에 소요되는 비용은 도시 · 군계획시설사업의 시행자가 부담한다. 〈개정 2012. 4. 10.〉

제100조 실시계획의 고시

① 법 제91조에 따른 실시계획의 고시는 국토교통부장관이 하는 경우에는 관보에, 시 · 도지사 또는 대도시 시장이 하는 경우에는 해당 시 · 도 또는 대도시의 공보에 다음 각 호의 사항을 게재하는 방법에 따른다. 〈개정 2008. 2. 29., 2009. 8. 5., 2013. 3. 23.〉

1. 사업시행지의 위치
2. 사업의 종류 및 명칭
3. 면적 또는 규모
4. 시행자의 성명 및 주소(법인인 경우에는 법인의 명칭 및 주소와 대표자의 성명 및 주소)
5. 사업의 착수예정일 및 준공예정일
6. 수용 또는 사용할 토지 또는 건물의 소재지 · 지번 · 지목 및 면적, 소유권과 소유권외의 권리의 명세 및 그 소유자 · 권리자의 성명 · 주소
7. 법 제99조의 규정에 의한 공공시설 등의 귀속 및 양도에 관한 사항

② 국토교통부장관, 시 · 도지사 또는 대도시 시장은 제1항에 따라 실시계획을 고시하였으면 그 내용을 관계 행정기관의 장에게 통보하여야 한다. 〈개정 2008. 2. 29., 2009. 8. 5., 2013. 3. 23.〉

제101조 공시송달

행정청이 아닌 도시 · 군계획시설사업의 시행자는 법 제94조제1항에 따라 공시송달은 하려는 경우에는 국토교통부장관, 관할 시 · 도지사 또는 대도시 시장의 승인을 받아야 한다.

〈개정 2008. 2. 29., 2009. 8. 5., 2012. 4. 10., 2013. 3. 23.〉

제102조 공사완료공고 등

① 도시 · 군계획시설사업에 대하여 다른 법령에 따른 준공검사 · 준공인가 등을 받은 경우 그 부분에 대하여는 법 제98조제2항에 따른 준공검사를 하지 아니할 수 있다. 이 경우 시 · 도지사 또는 대도시 시장은 다른 법령에 따른 준공검사 · 준공인가 등을 한 기관의 장에 대하여 그 준공검사 · 준공인가 등의 내용을 통보하여 줄 것을 요청할 수 있다.

〈개정 2009. 8. 5., 2012. 4. 10.〉

② 법 제98조제3항 및 제4항에 따른 공사완료공고는 국토교통부장관이 하는 경우에는 관보에, 시 · 도지사 또는 대도시 시장이 하는 경우에는 해당 시 · 도 또는 대도시의 공보에 게재하는 방법에 따른다. 〈개정 2008. 2. 29., 2009. 8. 5., 2013. 3. 23.〉

제103조 조성대지 등의 처분

국가 또는 지방자치단체는 법 제100조의 규정에 의하여 도시 · 군계획시설사업으로 인하여 조성된 대지 및 건축물중 그 소유에 속하는 재산을 처분하고자 하는 때에는 다음 각호의 사항을 공고하되, 국가가 하는 경우에는 관보에, 지방자치단체가 하는 경우에는 당해 지방자치단체의 공보에 게재하는 방법에 의한다. 〈개정 2012. 4. 10.〉

1. 법 제100조 각호의 순위에 의하여 처분한다는 취지
2. 처분하고자 하는 대지 또는 건축물의 위치 및 면적

제8장 비용

제104조 지방자치단체의 비용부담

① 법 제102조제1항의 규정에 의하여 부담하는 비용의 총액은 당해 도시 · 군계획시설사업에 소요된 비용의 50퍼센트를 넘지 못한다. 이 경우 도시 · 군계획시설사업에 소요된 비용에는 당해 도시 · 군계획시설사업의 조사 · 측량비, 설계비 및 관리비를 포함하지 아니한다.

〈개정 2012. 4. 10.〉

② 국토교통부장관 또는 시 · 도지사는 도시 · 군계획시설사업으로 인하여 이익을 받는 시 · 도 또는 시 · 군에 법 제102조제1항의 규정에 의한 비용을 부담시키고자 하는 때에는 도시 · 군

계획시설사업에 소요된 비용총액의 명세와 부담액을 명시하여 당해 시 · 도지사 또는 시장 · 군수에게 송부하여야 한다. 〈개정 2008. 2. 29., 2012. 4. 10., 2013. 3. 23.〉

③ 제1항 및 제2항의 규정은 법 제102조제3항의 규정에 의하여 시장 또는 군수가 다른 지방자치단체에 도시 · 군계획시설사업에 소요된 비용의 일부를 부담시키고자 하는 경우에 이를 준용한다. 〈개정 2012. 4. 10.〉

제105조 삭제 〈2017. 12. 29.〉

제106조 보조 또는 융자

① 법 제104조제1항의 규정에 의하여 기초조사 또는 지형도면의 작성에 소요되는 비용은 그 비용의 80퍼센트 이하의 범위안에서 국가예산으로 보조할 수 있다.

② 법 제104조제2항의 규정에 의하여 행정청이 시행하는 도시 · 군계획시설사업에 대하여는 당해 도시 · 군계획시설사업에 소요되는 비용(조사 · 측량비, 설계비 및 관리비를 제외한 공사비와 감정비를 포함한 보상비를 말한다. 이하 이 항에서 같다)의 50퍼센트 이하의 범위안에서 국가예산으로 보조 또는 융자할 수 있으며, 행정청이 아닌 자가 시행하는 도시 · 군계획시설사업에 대하여는 당해 도시 · 군계획시설사업에 소요되는 비용의 3분의 1 이하의 범위안에서 국가 또는 지방자치단체가 보조 또는 융자할 수 있다. 〈개정 2012. 4. 10.〉

제107조 취락지구에 대한 지원

법 제105조의 규정에 의하여 국가 또는 지방자치단체가 취락지구안의 주민의 생활편익과 복지증진 등을 위하여 시행하거나 지원할 수 있는 사업은 다음 각호와 같다.

1. 집단취락지구 : 개발제한구역의지정및관리에관한특별조치법령에서 정하는 바에 의한다.
2. 자연취락지구
   가. 자연취락지구안에 있거나 자연취락지구에 연결되는 도로 · 수도공급설비 · 하수도 등의 정비
   나. 어린이놀이터 · 공원 · 녹지 · 주차장 · 학교 · 마을회관 등의 설치 · 정비
   다. 쓰레기처리장 · 하수처리시설 등의 설치 · 개량
   라. 하천정비 등 재해방지를 위한 시설의 설치 · 개량
   마. 주택의 신축 · 개량

제9장 도시계획위원회

제108조 중앙도시계획위원회의 운영

① 중앙도시계획위원회는 필요하다고 인정하는 경우에는 관계 행정기관의 장에게 필요한 자료의 제출을 요구할 수 있으며, 도시 · 군계획에 관하여 학식이 풍부한 자의 설명을 들을 수 있다. 〈개정 2012. 4. 10.〉

② 관계 중앙행정기관의 장, 시 · 도지사, 시장 또는 군수는 해당 중앙행정기관 또는 지방자치단체의 도시 · 군계획 관련 사항에 관하여 중앙도시계획위원회에 출석하여 발언할 수 있다. 〈개정 2011. 7. 1., 2012. 4. 10.〉

③ 중앙도시계획위원회의 간사는 회의시마다 회의록을 작성하여 다음 회의에 보고하고 이를 보관하여야 한다.

제109조 중앙도시계획위원회의 분과위원회

① 법 제110조의 규정에 의하여 중앙도시계획위원회에 두는 분과위원회 및 그 소관업무는 다음 각호와 같다. 〈개정 2004. 1. 20.〉

1. 제1분과위원회
   가. 법 제8조제2항의 규정에 의한 토지이용계획에 관한 구역등의 지정
   나. 법 제9조의 규정에 의한 용도지역 등의 변경계획에 관한 사항의 심의
   다. 법 제59조의 규정에 의한 개발행위에 관한 사항의 심의
2. 제2분과위원회 : 중앙도시계획위원회에서 위임하는 사항의 심의
3. 삭제 〈2004. 1. 20.〉

② 각 분과위원회는 위원장 1인을 포함한 5인 이상 17인 이하의 위원으로 구성한다. 〈개정 2004. 1. 20., 2005. 9. 8.〉

③ 각 분과위원회의 위원은 중앙도시계획위원회가 그 위원중에서 선출하며, 중앙도시계획위원회의 위원은 2 이상의 분과위원회의 위원이 될 수 있다.

④각 분과위원회의 위원장은 분과위원회의 위원중에서 호선한다.

⑤ 중앙도시계획위원회의 위원장은 제1항에도 불구하고 효율적인 심사를 위하여 필요한 경우에는 각 분과위원회가 분장하는 업무의 일부를 조정할 수 있다. 〈신설 2008. 1. 8.〉

제110조 지방도시계획위원회의 업무

① 시 · 도도시계획위원회는 법 제113조제1항제4호에 따라 다음 각 호의 업무를 할 수 있다.

〈개정 2012. 4. 10.〉

1. 해당 시 · 도의 도시 · 군계획조례의 제정 · 개정과 관련하여 시 · 도지사가 자문하는 사항에 대한 조언
2. 제55조제3항제3호의2에 따른 개발행위허가에 대한 심의

② 시 · 군 · 구도시계획위원회는 법 제113조제2항제4호에 따라 다음 각 호의 업무를 할 수 있다. 〈개정 2012. 4. 10., 2014. 1. 14.〉

1. 해당 시 · 군 · 구(자치구를 말한다. 이하 같다)와 관련한 도시 · 군계획조례의 제정 · 개정과 관련하여 시장 · 군수 · 구청장이 자문하는 사항에 대한 조언
2. 제55조제3항제3호의2에 따른 개발행위허가에 대한 심의(대도시에 두는 도시계획위원회에 한정한다)
3. 개발행위허가와 관련하여 시장 또는 군수(특별시장 · 광역시장의 개발행위허가 권한이 법 제139조제2항에 따라 조례로 군수 또는 구청장에게 위임된 경우에는 그 군수 또는 구청장을 포함한다)가 자문하는 사항에 대한 조언
4. 제128조제1항에 따른 시범도시사업계획의 수립에 관하여 시장 · 군수 · 구청장이 자문하는 사항에 대한 조언

[전문개정 2010. 4. 29.]

제111조 시 · 도도시계획위원회의 구성 및 운영

① 시 · 도도시계획위원회는 위원장 및 부위원장 각 1명을 포함한 25명 이상 30명 이하의 위원으로 구성한다. 〈개정 2009. 7. 7.〉

② 시 · 도도시계획위원회의 위원장은 위원 중에서 해당 시 · 도지사가 임명 또는 위촉하며, 부위원장은 위원중에서 호선한다. 〈개정 2008. 1. 8.〉

③ 시 · 도도시계획위원회의 위원은 다음 각 호의 어느 하나에 해당하는 자 중에서 시 · 도지사가 임명 또는 위촉한다. 이 경우 제3호에 해당하는 위원의 수는 전체 위원의 3분의 2 이상이어야 하고, 법 제8조제7항에 따라 농업진흥지역의 해제 또는 보전산지의 지정해제를 할 때에 도시 · 군관리계획의 변경이 필요하여 시 · 도도시계획위원회의 심의를 거쳐야 하는 시 · 도의 경우에는 농림 분야 공무원 및 농림 분야 전문가가 각각 2명 이상이어야 한다. 〈개정 2012. 4. 10., 2014. 1. 14.〉

1. 당해 시 · 도 지방의회의 의원
2. 당해 시 · 도 및 도시 · 군계획과 관련있는 행정기관의 공무원
3. 토지이용 · 건축 · 주택 · 교통 · 환경 · 방재 · 문화 · 농림 · 정보통신 등 도시 · 군계획 관

련 분야에 관하여 학식과 경험이 있는 자

④ 제3항제3호에 해당하는 위원의 임기는 2년으로 하되, 연임할 수 있다. 다만, 보궐위원의 임기는 전임자의 임기중 남은 기간으로 한다.

⑤ 시 · 도도시계획위원회의 위원장은 위원회의 업무를 총괄하며, 위원회를 소집하고 그 의장이 된다.

⑥ 시 · 도도시계획위원회의 회의는 재적위원 과반수의 출석(출석위원의 과반수는 제3항제3호에 해당하는 위원이어야 한다)으로 개의하고, 출석위원 과반수의 찬성으로 의결한다.

〈개정 2009. 7. 7.〉

⑦ 시 · 도도시계획위원회에 간사 1인과 서기 약간인을 둘 수 있으며, 간사와 서기는 위원장이 임명한다.

⑧ 시 · 도도시계획위원회의 간사는 위원장의 명을 받아 서무를 담당하고, 서기는 간사를 보좌한다.

제112조 시 · 군 · 구도시계획위원회의 구성 및 운영

① 시 · 군 · 구도시계획위원회는 위원장 및 부위원장 각 1인을 포함한 15인 이상 25인 이하의 위원으로 구성한다. 다만, 2 이상의 시 · 군 또는 구에 공동으로 시 · 군 · 구도시계획위원회를 설치하는 경우에는 그 위원의 수를 30인까지로 할 수 있다.

② 시 · 군 · 구도시계획위원회의 위원장은 위원 중에서 해당 시장 · 군수 또는 구청장이 임명 또는 위촉하며, 부위원장은 위원중에서 호선한다. 다만, 2 이상의 시 · 군 또는 구에 공동으로 설치하는 시 · 군 · 구도시계획위원회의 위원장은 당해 시장 · 군수 또는 구청장이 협의하여 정한다. 〈개정 2005. 1. 15., 2008. 1. 8.〉

③ 시 · 군 · 구도시계획위원회의 위원은 다음 각호의 자중에서 시장 · 군수 또는 구청장이 임명 또는 위촉한다. 이 경우 제3호에 해당하는 위원의 수는 위원 총수의 50퍼센트 이상이어야 한다. 〈개정 2012. 4. 10.〉

1. 당해 시 · 군 · 구 지방의회의 의원
2. 당해 시 · 군 · 구 및 도시 · 군계획과 관련있는 행정기관의 공무원
3. 토지이용 · 건축 · 주택 · 교통 · 환경 · 방재 · 문화 · 농림 · 정보통신 등 도시 · 군계획 관련 분야에 관하여 학식과 경험이 있는 자

④ 제111조제4항 내지 제8항의 규정은 시 · 군 · 구도시계획위원회에 관하여 이를 준용한다.

⑤ 제1항 및 제3항에도 불구하고 시 · 군 · 구도시계획위원회 중 대도시에 두는 도시계획위원회는 위원장 및 부위원장 각 1명을 포함한 20명 이상 25명 이하의 위원으로 구성하며, 제3항제3호에 해당하는 위원의 수는 전체 위원의 3분의 2 이상이어야 한다. 〈신설 2009. 7. 7.〉

제113조 지방도시계획위원회의 분과위원회

법 제113조제3항에서 "대통령령으로 정하는 사항"이란 다음 각 호의 사항을 말한다.

〈개정 2018. 11. 13.〉

1. 법 제9조의 규정에 의한 용도지역 등의 변경계획에 관한 사항
2. 법 제50조의 규정에 의한 지구단위계획구역 및 지구단위계획의 결정 또는 변경결정에 관한 사항
3. 법 제59조의 규정에 의한 개발행위에 대한 심의에 관한 사항
4. 법 제120조의 규정에 의한 이의신청에 관한 사항
5. 지방도시계획위원회에서 위임하는 사항

제113조의2 위원의 제척 · 회피

법 제113조의3제1항제4호에서 "대통령령으로 정하는 경우"란 다음 각 호의 어느 하나에 해당하는 경우를 말한다.

1. 자기가 심의하거나 자문에 응한 안건에 관하여 용역을 받거나 그 밖의 방법으로 직접 관여한 경우
2. 자기가 심의하거나 자문에 응한 안건의 직접적인 이해관계인이 되는 경우

[전문개정 2018. 11. 13.]

제113조의3 회의록의 공개

① 법 제113조의2 본문에서 "대통령령으로 정하는 기간"이란 중앙도시계획위원회의 경우에는 심의 종결 후 6개월, 지방도시계획위원회의 경우에는 6개월 이하의 범위에서 해당 지방자치단체의 도시 · 군계획조례로 정하는 기간을 말한다. 〈개정 2012. 4. 10.〉

② 법 제113조의2 본문에 따른 회의록의 공개는 열람의 방법으로 한다.

③ 법 제113조의2 단서에서 "이름 · 주민등록번호 등 대통령령으로 정하는 개인식별 정보"란 이름 · 주민등록번호 · 직위 및 주소 등 특정인임을 식별할 수 있는 정보를 말한다.

[본조신설 2009. 8. 5.]

제114조 운영세칙

중앙도시계획위원회 및 그 분과위원회의 운영에 관한 다음 각 호의 사항은 국토교통부장관이 정하고, 지방도시계획위원회 및 그 분과위원회의 운영에 관한 다음 각 호의 사항은 해당 지방자치단체의 도시 · 군계획조례로 정한다. 〈개정 2008. 2. 29., 2011. 3. 9., 2012. 4. 10., 2013. 3. 23., 2013. 6. 11.〉

1. 위원의 자격 및 임명 · 위촉 · 해촉(解囑) 기준
2. 회의 소집 방법, 의결정족수 등 회의 운영에 관한 사항
3. 위원회 및 분과위원회의 심의 · 자문 대상 및 그 업무의 구분에 관한 사항
4. 위원의 제척 · 기피 · 회피에 관한 사항
5. 안건 처리기한 및 반복 심의 제한에 관한 사항
6. 이해관계자 및 전문가 등의 의견청취에 관한 사항
7. 법 제116조에 따른 도시 · 군계획상임기획단의 구성 및 운영에 관한 사항

제115조 수당 및 여비

법 제115조의 규정에 의하여 중앙도시계획위원회의 위원 및 전문위원에게 예산의 범위안에서 국토교통부령이 정하는 바에 따라 수당 및 여비를 지급할 수 있다. 〈개정 2008. 2. 29., 2013. 3. 23.〉

제10장 토지거래의 허가 등

제116조 삭제 〈2017. 1. 17.〉

제117조 삭제 〈2017. 1. 17.〉

제118조 삭제 〈2017. 1. 17.〉

제119조 삭제 〈2017. 1. 17.〉

제120조 삭제 〈2017. 1. 17.〉

제121조 삭제 〈2017. 1. 17.〉

제122조 삭제 〈2017. 1. 17.〉

제123조 삭제 〈2017. 1. 17.〉

제124조 삭제 〈2017. 1. 17.〉

제124조의2 삭제 〈2017. 1. 17.〉

제124조의3 삭제 〈2017. 1. 17.〉

제125조 삭제 〈2017. 1. 17.〉

제11장 보칙

제126조 시범도시의 지정

① 법 제127조제1항에서 "대통령령으로 정하는 분야"란 교육 · 안전 · 교통 · 경제활력 · 도시재생 및 기후변화 분야를 말한다. 〈개정 2009. 7. 7.〉

②시범도시는 다음 각 호의 기준에 적합하여야 한다. 〈개정 2009. 7. 7.〉

1. 시범도시의 지정이 도시의 경쟁력 향상, 특화발전 및 지역균형발전에 기여할 수 있을 것
2. 시범도시의 지정에 대한 주민의 호응도가 높을 것
3. 시범도시의 지정목적 달성에 필요한 사업(이하 "시범도시사업"이라 한다)에 주민이 참여할 수 있을 것
4. 시범도시사업의 재원조달계획이 적정하고 실현가능할 것

③ 국토교통부장관은 법 제127조제1항의 규정에 의한 분야별로 시범도시의 지정에 관한 세부기준을 정할 수 있다. 〈개정 2008. 2. 29., 2013. 3. 23.〉

④ 관계 중앙행정기관의 장 또는 시 · 도지사는 법 제127조제1항의 규정에 의하여 국토교통부장관에게 시범도시의 지정을 요청하고자 하는 때에는 미리 설문조사 · 열람 등을 통하여 주민의 의견을 들은 후 관계 지방자치단체의 장의 의견을 들어야 한다.

〈개정 2008. 2. 29., 2013. 3. 23.〉

⑤ 시 · 도지사는 법 제127조제1항의 규정에 의하여 국토교통부장관에게 시범도시의 지정을 요청하고자 하는 때에는 미리 당해 시 · 도도시계획위원회의 자문을 거쳐야 한다.

〈개정 2008. 2. 29., 2013. 3. 23.〉

⑥ 관계 중앙행정기관의 장 또는 시 · 도지사는 법 제127조제1항의 규정에 의하여 시범도시의 지정을 요청하고자 하는 때에는 다음 각호의 서류를 국토교통부장관에게 제출하여야 한다.

〈개정 2008. 2. 29., 2013. 3. 23.〉

1. 제2항 및 제3항의 규정에 의한 지정기준에 적합함을 설명하는 서류
2. 지정을 요청하는 관계 중앙행정기관의 장 또는 시 · 도지사가 직접 시범도시에 대하여 지원할 수 있는 예산 · 인력 등의 내역
3. 제4항의 규정에 의한 주민의견청취의 결과와 관계 지방자치단체의 장의 의견
4. 제5항의 규정에 의한 시 · 도도시계획위원회에의 자문 결과

⑦ 국토교통부장관은 시범도시를 지정하려면 중앙도시계획위원회의 심의를 거쳐야 한다.

〈개정 2008. 2. 29., 2009. 8. 5., 2013. 3. 23.〉

⑧ 국토교통부장관은 시범도시를 지정한 때에는 지정목적 · 지정분야 · 지정대상도시 등을 관보에 공고하고 관계 행정기관의 장에게 통보하여야 한다. 〈개정 2008. 2. 29., 2013. 3. 23.〉

제127조 시범도시의 공모

① 국토교통부장관은 법 제127조제1항의 규정에 의하여 직접 시범도시를 지정함에 있어서 필요한 경우에는 국토교통부령이 정하는 바에 따라 그 대상이 되는 도시를 공모할 수 있다.

〈개정 2008. 2. 29., 2013. 3. 23.〉

② 제1항의 규정에 의한 공모에 응모할 수 있는 자는 특별시장 · 광역시장 · 특별자치시장 · 특별자치도지사 · 시장 · 군수 또는 구청장으로 한다. 〈개정 2012. 4. 10.〉

③ 국토교통부장관은 시범도시의 공모 및 평가 등에 관한 업무를 원활하게 수행하기 위하여 필요한 때에는 전문기관에 자문하거나 조사 · 연구를 의뢰할 수 있다.

〈개정 2008. 2. 29., 2013. 3. 23.〉

제128조 시범도시사업계획의 수립 · 시행

① 시범도시를 관할하는 특별시장 · 광역시장 · 특별자치시장 · 특별자치도지사 · 시장 · 군수 또는 구청장은 다음 각호의 구분에 따라 시범도시사업의 시행에 관한 계획(이하 "시범도시사업계획"이라 한다)을 수립 · 시행하여야 한다. 〈개정 2012. 4. 10.〉

1. 시범도시가 시 · 군 또는 구의 관할구역에 한정되어 있는 경우 : 관할 시장 · 군수 또는 구청장이 수립 · 시행
2. 그 밖의 경우 : 특별시장 · 광역시장 · 특별자치시장 또는 특별자치도지사가 수립 · 시행

② 시범도시사업계획에는 다음 각 호의 사항이 포함되어야 한다.

〈개정 2009. 7. 7., 2012. 4. 10.〉

1. 시범도시사업의 목표 · 전략 · 특화발전계획 및 추진체제에 관한 사항

2. 시범도시사업의 시행에 필요한 도시 · 군계획 등 관련계획의 조정 · 정비에 관한 사항
3. 시범도시사업의 시행에 필요한 도시 · 군계획사업에 관한 사항
4. 시범도시사업의 시행에 필요한 재원조달에 관한 사항
4의2. 주민참여 등 지역사회와의 협력체계에 관한 사항
5. 그 밖에 시범도시사업의 원활한 시행을 위하여 필요한 사항

③ 특별시장 · 광역시장 · 특별자치시장 · 특별자치도지사 · 시장 · 군수 또는 구청장은 제1항의 규정에 의하여 시범도시사업계획을 수립하고자 하는 때에는 미리 설문조사 · 열람 등을 통하여 주민의 의견을 들어야 한다. 〈개정 2012. 4. 10.〉

④ 특별시장 · 광역시장 · 특별자치시장 · 특별자치도지사 · 시장 · 군수 또는 구청장은 시범도시사업계획을 수립하고자 하는 때에는 미리 국토교통부장관(관계 중앙행정기관의 장 또는 시 · 도지사의 요청에 의하여 지정된 시범도시의 경우에는 지정을 요청한 기관을 말한다)과 협의하여야 한다. 〈개정 2008. 2. 29., 2012. 4. 10., 2013. 3. 23.〉

⑤ 특별시장 · 광역시장 · 특별자치시장 · 특별자치도지사 · 시장 · 군수 또는 구청장은 제1항의 규정에 의하여 시범도시사업계획을 수립한 때에는 그 주요내용을 당해 지방자치단체의 공보에 고시한 후 그 사본 1부를 국토교통부장관에게 송부하여야 한다.
〈개정 2008. 2. 29., 2012. 4. 10., 2013. 3. 23.〉

⑥ 제3항 내지 제5항의 규정은 시범도시사업계획의 변경에 관하여 이를 준용한다.

제129조 시범도시의 지원기준

① 국토교통부장관, 관계 중앙행정기관의 장은 법 제127조제2항에 따라 시범도시에 대하여 다음 각 호의 범위에서 보조 또는 융자를 할 수 있다. 〈개정 2008. 2. 29., 2009. 8. 5., 2013. 3. 23.〉
1. 시범도시사업계획의 수립에 소요되는 비용의 80퍼센트 이하
2. 시범도시사업의 시행에 소요되는 비용(보상비를 제외한다)의 50퍼센트 이하

② 시 · 도지사는 법 제127조제2항에 따라 시범도시에 대하여 제1항 각 호의 범위에서 보조나 융자를 할 수 있다. 〈신설 2009. 8. 5.〉

③ 관계 중앙행정기관의 장 또는 시 · 도지사는 법 제127조제2항의 규정에 의하여 시범도시에 대하여 예산 · 인력 등을 지원한 때에는 그 지원내역을 국토교통부장관에게 통보하여야 한다. 〈개정 2008. 2. 29., 2009. 8. 5., 2013. 3. 23.〉

④ 시장 · 군수 또는 구청장은 시범도시사업의 시행을 위하여 필요한 경우에는 다음 각 호의 사항을 도시 · 군계획조례로 정할 수 있다. 〈신설 2009. 8. 5., 2012. 4. 10.〉
1. 시범도시사업의 예산집행에 관한 사항

2. 주민의 참여에 관한 사항

제130조 시범도시사업의 평가 · 조정

① 시범도시를 관할하는 특별시장 · 광역시장 · 특별자치시장 · 특별자치도지사 · 시장 · 군수 또는 구청장은 매년말까지 당해연도 시범도시사업계획의 추진실적을 국토교통부장관과 당해 시범도시의 지정을 요청한 관계 중앙행정기관의 장 또는 시 · 도지사에게 제출하여야 한다. 〈개정 2008. 2. 29., 2012. 4. 10., 2013. 3. 23.〉

② 국토교통부장관, 관계 중앙행정기관의 장 또는 시 · 도지사는 제1항의 규정에 의하여 제출된 추진실적을 분석한 결과 필요하다고 인정하는 때에는 시범도시사업계획의 조정요청, 지원내용의 축소 또는 확대 등의 조치를 할 수 있다. 〈개정 2008. 2. 29., 2013. 3. 23.〉

제131조 삭제 〈2006. 6. 7.〉

제132조 삭제 〈2006. 6. 7.〉

제133조 권한의 위임 및 위탁

① 국토교통부장관(법 제40조에 따른 수산자원보호구역의 경우 해양수산부장관을 말한다. 이하 이 조에서 같다)은 법 제139조제1항에 따라 다음 각 호의 사항에 관한 권한을 시 · 도지사에게 위임한다.

〈개정 2005. 9. 8., 2008. 2. 29., 2008. 7. 28., 2009. 8. 5., 2012. 4. 10., 2013. 3. 23., 2014. 1. 14.〉

1. 삭제 〈2014. 1. 14.〉
2. 삭제 〈2009. 8. 5.〉
3. 법 제29조제2항제4호에 해당하는 도시 · 군관리계획 중 1제곱킬로미터 미만의 구역의 지정 및 변경에 해당하는 도시 · 군관리계획의 결정
4. 삭제 〈2014. 1. 14.〉

② 삭제 〈2006. 6. 7.〉

③ 시 · 도지사는 제1항의 규정에 의하여 위임받은 업무를 처리한 때에는 국토교통부령(법 제40조에 따른 수산자원보호구역의 경우 해양수산부령을 말한다)이 정하는 바에 따라 국토교통부장관에게 보고하여야 한다. 〈개정 2008. 2. 29., 2008. 7. 28., 2013. 3. 23.〉

제133조의2 규제의 재검토

국토교통부장관은 다음 각 호의 사항에 대하여 2017년 1월 1일을 기준으로 3년마다(매 3년이

되는 해의 1월 1일 전까지를 말한다) 그 타당성을 검토하여 개선 등의 조치를 하여야 한다.

1. 제38조에 따른 공동구의 설치비용
2. 제56조에 따른 개발행위허가의 기준
3. 제59조제1항에 따른 개발행위허가의 이행담보 대상
4. 제60조에 따른 개발행위허가의 제한
5. 제62조에 따른 개발밀도의 강화범위 등
6. 제63조에 따른 개발밀도관리구역의 지정기준 및 관리방법
7. 제86조에 따른 용도지역 미세분지역에서의 행위제한 등
8. 제105조에 따른 공공시설관리자의 비용부담

[전문개정 2016. 12. 30.]

제12장 벌칙

제134조 과태료의 부과기준

① 법 제144조제1항 및 제2항에 따른 과태료의 부과기준은 별표 28과 같다.

② 국토교통부장관(법 제40조에 따른 수산자원보호구역의 경우에는 해양수산부장관을 말한다), 시 · 도지사, 시장 또는 군수는 위반행위의 동기 · 결과 및 횟수 등을 고려하여 별표 28에 따른 과태료 금액의 2분의 1의 범위에서 가중하거나 경감할 수 있다. 〈개정 2013. 3. 23.〉

③ 제2항에 따라 과태료를 가중하여 부과하는 경우에도 과태료 부과금액은 다음 각 호의 구분에 따른 금액을 초과할 수 없다.

1. 법 제144조제1항의 경우: 1천만원
2. 법 제144조제2항의 경우: 5백만원

[본조신설 2009. 7. 7.]

부칙 〈제29395호, 2018. 12. 18.〉

지방분권 강화를 위한 20개 법령의 일부개정에 관한 대통령령

이 영은 공포한 날부터 시행한다.

국토의 계획 및 이용에 관한 법률 시행규칙

[시행 2018. 12. 27]

[국토교통부령 제571호, 2018. 12. 27, 일부개정]

제1조(목적) 이 규칙은 「국토의 계획 및 이용에 관한 법률」 및 동법 시행령에서 위임된 사항과 그 시행에 관하여 필요한 사항을 규정함을 목적으로 한다. 〈개정 2005. 2. 19.〉

제2조(공공시설) 「국토의 계획 및 이용에 관한 법률 시행령」(이하 "영"이라 한다) 제4조제2호에서 "국토교통부령으로 정하는 시설"이란 다음 각 호의 시설을 말한다.

1. 공공필요성이 인정되는 체육시설 중 운동장
2. 장사시설 중 화장장 · 공동묘지 · 봉안시설(자연장지 또는 장례식장에 화장장 · 공동묘지 · 봉안시설 중 한 가지 이상의 시설을 같이 설치하는 경우를 포함한다)

[본조신설 2018. 12. 27.]

[종전 제2조는 제2조의3으로 이동 〈2018. 12. 27.〉]

제2조의2 주민과 지방의회의 의견 청취

영 제22조제7항제3호너목에서 "국토교통부령으로 정하는 시설"이란 제2조제1호 및 제2호의 시설을 말한다.

[본조신설 2018. 12. 27.]

제2조의3 국토교통부장관과 미리 협의하여야 하는 도시 · 군관리계획

영 제25조제1항제3호에서 "국토교통부령이 정하는 도시 · 군관리계획"이라 함은 면적이 1제곱킬로미터 이상인 공원의 면적을 5퍼센트 이상 축소하는 것에 관한 도시 · 군관리계획을 말한다.

〈개정 2005. 2. 19., 2008. 3. 14., 2012. 4. 13., 2013. 3. 23., 2018. 12. 27.〉

[제목개정 2012. 4. 13., 2013. 3. 23.]

[제2조에서 이동 〈2018. 12. 27.〉]

제3조 경미한 도시 · 군관리계획변경사항

① 영 제25조제3항제6호의3에서 "국토교통부령으로 정하는 시설"이란 다음 각 호의 시설을 말한다. 〈신설 2016. 2. 12.〉

1. 「전시산업발전법」 제2조제4호에 따른 전시시설
2. 「국제회의산업 육성에 관한 법률」 제2조제3호에 따른 국제회의시설

② 제25조제3항제7호에서 "국토교통부령으로 정하는 경미한 사항의 변경"이란 다음 각호의 변경을 말한다. 〈개정 2005. 2. 19., 2008. 3. 14., 2009. 8. 19., 2011. 2. 25., 2012. 4. 13., 2013. 3. 23., 2015. 6. 4., 2016. 2. 12., 2016. 5. 26.〉

1. 영 제25조제3항제1호 및 동항제2호의 규정에 의한 도시 · 군계획시설결정의 변경에 따른

용도지역 · 용도지구 및 용도구역의 변경

2. 「도시계획시설의 결정 · 구조 및 설치기준에 관한 규칙」 제14조의 규정에 적합한 범위 안에서 도로모퉁이변을 조정하기 위한 도시 · 군계획시설의 변경
3. 도시 · 군관리계획결정의 내용중 면적산정의 착오 등을 정정하기 위한 변경

3의2. 「공간정보의 구축 및 관리 등에 관한 법률」 제26조제2항 및 「건축법」 제26조에 따라 허용되는 오차를 반영하기 위한 변경

4. 제2호 · 제3호 및 영 제25조제3항제1호 · 제2호 · 제5호 · 제6호에 따른 도시 · 군계획시설 결정 또는 용도지역 · 용도지구 · 용도구역의 변경에 따른 지구단위계획구역의 변경
5. 영 제25조제4항제11호에 따른 지구단위계획구역 변경에 따른 개발진흥지구의 변경
6. 건축물의 건축 또는 공작물의 설치에 따른 변속차로, 차량출입구 또는 보행자출입구의 설치를 위한 도시 · 군계획시설의 변경

③ 영 제25조제4항제12호에서 "국토교통부령으로 정하는 경미한 사항의 변경"이란 다음 각 호의 변경을 말한다.

〈개정 2005. 2. 19., 2007. 4. 17., 2008. 3. 14., 2011. 2. 25., 2013. 3. 23., 2016. 2. 12., 2016. 5. 26.〉

1. 「국토의 계획 및 이용에 관한 법률」(이하 "법"이라 한다) 제52조제1항제7호에 따른 교통처리계획 중 주차장 출입구, 차량 출입구 또는 보행자 출입구의 위치 변경 및 보행자 출입구의 추가 설치
2. 영 제45조제4항 각 호에 관한 사항의 변경

[제목개정 2012. 4. 13.]

제4조 공유수면매립 준공인가의 통보

법 제41조제3항에 따라 관계행정기관의 장이 공유수면매립의 준공인가를 통보하려는 때에는 별지 제1호서식의 공유수면매립준공인가통보서에 공유수면매립의 준공인가구역의 범위 및 면적을 표시한 축척 2만 5천분의 1 이상의 지형도를 첨부하여 특별시장 · 광역시장 · 특별자치시장 · 특별자치도지사 · 시장 또는 군수(광역시의 관할구역 안에 있는 군의 군수를 제외한다. 이하 같다. 다만, 제19조 · 제20조 · 제22조 · 제28조 · 제29조 · 제29조의2 · 제33조 및 제36조에서는 광역시의 관할구역 안에 있는 군의 군수를 포함한다)에게 송부하여야 한다. 〈개정 2012. 4. 13.〉

[전문개정 2006. 3. 28.]

[시행일:2012. 7. 1.] 특별자치시와 특별자치시장에 관한 개정규정

제5조 항만구역등 지정통보

관계 행정기관의 장은 법 제42조제3항의 규정에 의하여 항만구역 · 어항구역 · 산업단지 · 택지개발지구 · 전원개발사업구역 및 예정구역 · 농업진흥지역 또는 보전임지(이하 이 조에서 "항만구역등"이라 한다)를 지정한 사실을 통보하고자 하는 때에는 별지 제2호서식의 항만구역등지정통보서에 다음 각호의 서류를 첨부하여 특별시장 · 광역시장 · 특별자치시장 · 특별자치도지사 · 시장 또는 군수에게 송부하여야 한다. 〈개정 2011. 8. 30., 2012. 4. 13., 2014. 1. 17.〉

1. 법 제42조제1항 및 제2항의 규정에 의한 용도지역을 표시한 축척 1천분의 1 또는 5천분의 1(축척 1천분의 1 또는 5천분의 1의 지형도가 간행되어 있지 아니한 경우에는 축척 2만5천분의 1)의 지형도(수치지형도를 포함한다. 이하 같다)
2. 항만구역등의 지정범위를 표시한 지적이 표시된 지형도. 이 경우 지형도의 작성에 관하여는 「토지이용규제 기본법 시행령」 제7조에 따른다.

[시행일:2012. 7. 1.] 특별자치시와 특별자치시장에 관한 개정규정

제6조 도시 · 군관리계획으로 결정하지 아니하여도 설치할 수 있는 시설

① 영 제35조제1항제1호 다목에서 "국토교통부령으로 정하는 시설"이란 다음 각 호의 시설을 말한다. 〈개정 2005. 2. 19., 2006. 9. 19., 2007. 11. 6., 2008. 3. 14., 2008. 9. 29., 2009. 8. 19., 2010. 2. 23., 2012. 4. 13., 2013. 3. 23., 2015. 6. 30., 2016. 2. 12., 2016. 5. 26., 2016. 12. 30., 2017. 3. 30., 2018. 12. 27.〉

1. 공항중 「공항시설법 시행령」 제3조제3호의 규정에 의한 도심공항터미널
2. 삭제 〈2016. 12. 30.〉
3. 여객자동차터미널중 전세버스운송사업용 여객자동차터미널
4. 광장중 건축물부설광장
5. 전기공급설비(발전시설 · 변전시설 및 지상에 설치하는 전압 15만 4천볼트 이상의 송전선로는 제외한다)

5의2. 「신에너지 및 재생에너지 개발 · 이용 · 보급 촉진법」 제2조제3호에 따른 신 · 재생에너지설비로서 다음 각 목의 어느 하나에 해당하는 설비

가. 「신에너지 및 재생에너지 개발 · 이용 · 보급 촉진법 시행규칙」 제2조제2호에 따른 연료전지 설비 및 같은 조 제4호에 따른 태양에너지 설비

나. 「신에너지 및 재생에너지 개발 · 이용 · 보급 촉진법 시행규칙」 제2조제1호, 제3호 및 제5호부터 제12호까지에 해당하는 설비로서 발전용량이 200킬로와트 이하인 설비(전용주거지역 및 일반주거지역 외의 지역에 설치하는 경우로 한정한다)

6. 가스공급설비 중 「액화석유가스의 안전관리 및 사업법」 제5조제1항에 따라 액화석유가

스충전사업의 허가를 받은 자가 설치하는 액화석유가스충전시설 및 「도시가스사업법」 제2조제9호에 따른 자가소비용직수입자나 같은 법 제3조에 따라 도시가스사업의 허가를 받은 자가 설치하는 같은 법 제2조제5호에 따른 가스공급시설

7. 유류저장 및 송유설비 중 「위험물안전관리법」 제6조에 따른 제조소등의 설치허가를 받은 자가 「위험물안전관리법 시행령」 별표 1에 따른 인화성액체 중 유류를 저장하기 위하여 설치하는 유류저장시설

8. 다음 각 목의 학교

가. 「유아교육법」 제2조제2호에 따른 유치원

나. 「장애인 등에 대한 특수교육법」 제2조제10호에 따른 특수학교

다. 「초 · 중등교육법」 제60조의3에 따른 대안학교

라. 「고등교육법」 제2조제5호에 따른 방송대학 · 통신대학 및 방송통신대학

9. 삭제 〈2018. 12. 27.〉

10. 다음 각 목의 어느 하나에 해당하는 도축장

가. 대지면적이 500제곱미터 미만인 도축장

나. 「산업입지 및 개발에 관한 법률」 제2조제8호에 따른 산업단지 내에 설치하는 도축장

11. 폐기물처리 및 재활용시설 중 재활용시설

12. 수질오염방지시설 중 「광산피해의 방지 및 복구에 관한 법률」 제31조에 따른 한국광해관리공단이 같은 법 제11조에 따른 광해방지사업의 일환으로 폐광의 폐수를 처리하기 위하여 설치하는 시설(「건축법」 제11조에 따른 건축허가를 받아 건축하여야 하는 시설은 제외한다)

② 영 제35조제1항제2호 다목에서 "그 밖에 국토교통부령이 정하는 시설"이란 다음 각 호의 시설을 말한다. 〈개정 2007. 11. 6., 2008. 3. 14., 2013. 3. 23.〉

1. 삭제 〈2018. 12. 27.〉
2. 자동차정류장
3. 광장
4. 유류저장 및 송유설비
5. 제1항제1호 · 제6호 · 제8호부터 제12호까지의 시설

[제목개정 2012. 4. 13.]

[시행일:2012. 7. 1.] 특별자치시와 특별자치시장에 관한 개정규정

제7조 도시 · 군계획시설부지매수청구서)

영 제41조제1항의 규정에 의한 도시 · 군계획시설부지매수청구서는 별지 제3호서식에 의한다. 〈개정 2012. 4. 13.〉

[제목개정 2012. 4. 13.]

제8조 미집행도시 · 군계획시설부지관리대장

① 특별시장 · 광역시장 · 특별자치시장 · 특별자치도지사 · 시장 또는 군수는 다음 각호의 1에 해당하는 때에는 별지 제4호서식의 미집행도시 · 군계획시설부지관리대장에 그 사항을 기재하고 관리하여야 한다. 〈개정 2007. 12. 13., 2012. 4. 13.〉

1. 법 제47조제1항의 규정에 의하여 도시 · 군계획시설부지매수청구서를 제출받은 때
2. 법 제47조제6항의 규정에 의한 매수여부의 결정을 한 때
3. 법 제47조제7항의 규정에 의하여 건축물 또는 공작물의 설치에 관한 개발행위허가를 한 때

② 제1항의 미집행도시 · 군계획시설부지관리대장은 전자적 처리가 불가능한 특별한 사유가 없으면 전자적 처리가 가능한 방법으로 작성 · 관리하여야 한다. 〈신설 2007. 12. 13., 2012. 4. 13.〉

[제목개정 2012. 4. 13.]

[시행일:2012. 7. 1.] 특별자치시와 특별자치시장에 관한 개정규정

제8조의2 도시 · 군계획시설결정의 해제 신청 등

① 영 제42조의2제1항에 따른 도시 · 군계획시설결정의 해제입안 신청서는 별지 제4호의2서식과 같다.

② 법 제48조의2제3항에 따른 도시 · 군계획시설결정의 해제 신청은 별지 제4호의3서식에 따른다.

③ 법 제48조의2제5항에 따른 도시 · 군계획시설결정의 해제 심사 신청은 별지 제4호의4서식에 따른다.

[본조신설 2016. 12. 30.]

[종전 제8조의2는 제8조의3으로 이동 〈2016. 12. 30.〉]

제8조의3 반환금의 이자

영 제46조제2항 전단에서 "국토교통부령이 정하는 이자"란 보상을 받은 날부터 보상금의 반환일 전일까지의 기간동안 발생된 이자로서 그 이자율은 보상금 반환 당시의 「은행법」에 따른 인가를 받은 금융기관중 전국을 영업구역으로 하는 금융기관이 적용하는 1년만기 정기예금금리의 평균으로 한다. 〈개정 2007. 11. 6., 2008. 3. 14., 2013. 3. 23.〉

[본조신설 2005. 2. 19.]

[제8조의2에서 이동, 종전 제8조의3은 제8조의4로 이동 〈2016. 12. 30.〉]

제8조의4 주차장 설치기준 완화

영 제46조제6항제3호에서 "그 밖에 국토교통부령이 정하는 경우"라 함은 원활한 교통소통 또는 보행환경 조성을 위하여 도로에서 대지로의 차량통행이 제한되는 차량진입금지구간을 지정한 경우를 말한다. 〈개정 2008. 3. 14., 2013. 3. 23.〉

[본조신설 2005. 2. 19.]

[제8조의3에서 이동 〈2016. 12. 30.〉]

제9조 개발행위허가신청서

① 법 제57조제1항의 규정에 의하여 개발행위를 하고자 하는 자는 별지 제5호서식의 개발행위허가신청서에 다음 각 호의 서류를 첨부하여 개발행위허가권자에게 제출하여야 한다. 〈개정 2005. 2. 19., 2005. 9. 8., 2016. 5. 26.〉

1. 토지의 소유권 또는 사용권 등 신청인이 당해 토지에 개발행위를 할 수 있음을 증명하는 서류. 다만, 다른 법령에서 개발행위허가가 의제되어 개발행위허가에 관한 신청서류를 제출하는 경우에 다른 법령에 의한 인가 · 허가 등의 과정에서 본문의 제출서류의 내용을 확인할 수 있는 경우에는 그 확인으로 제출서류에 갈음할 수 있다.
2. 배치도 등 공사 또는 사업관련 도서(토지의 형질변경 및 토석채취인 경우에 한한다)
3. 설계도서(공작물의 설치인 경우에 한한다)
4. 당해 건축물의 용도 및 규모를 기재한 서류(건축물의 건축을 목적으로 하는 토지의 형질변경인 경우에 한한다)
5. 개발행위의 시행으로 폐지되거나 대체 또는 새로이 설치할 공공시설의 종류 · 세목 · 소유자 등의 조서 및 도면과 예산내역서(토지의 형질변경 및 토석채취인 경우에 한한다)
6. 법 제57조제1항의 규정에 의한 위해방지 · 환경오염방지 · 경관 · 조경 등을 위한 설계도서 및 그 예산내역서(토지분할인 경우를 제외한다). 다만, 「건설산업기본법 시행령」 제8조제1항의 규정에 의한 경미한 건설공사를 시행하거나 옹벽 등 구조물의 설치 등을 수반하지 아니하는 단순한 토지형질변경의 경우에는 개략설계서로 설계도서에, 견적서 등 개략적인 내역서로 예산내역서에 갈음할 수 있다.
7. 법 제61조제3항의 규정에 의한 관계 행정기관의 장과의 협의에 필요한 서류

② 제1항의 개발행위허가신청서 및 첨부서류는 법 제128조제2항에 따른 국토이용정보체계(이

하 "국토이용정보체계"라 한다)를 통하여 제출할 수 있다. 〈신설 2016. 5. 26.〉

제10조 개발행위허가의 규모제한의 적용배제

영 제55조제3항제5호에서 "그 밖에 국토교통부령이 정하는 경우"란 다음 각 호의 경우를 말한다. 〈개정 2005. 2. 19., 2006. 3. 28., 2007. 4. 17., 2007. 11. 6., 2008. 3. 14., 2013. 3. 23.〉

1. 폐염전을 「어업허가 및 신고 등에 관한 규칙」 별표 4에 따른 수조식양식어업 및 축제식 양식어업을 위한 양식시설로 변경하는 경우
2. 관리지역에서 1993년 12월 31일 이전에 설치된 공장(「대기환경보전법」 제2조제9호에 따른 특정대기유해물질 또는 「수질환경보전법」 제2조제8호에 따른 특정수질유해물질을 배출하는 공장을 제외한다)의 증설로서 다음 각 목의 요건을 갖춘 경우

가. 시설자동화 또는 공정개선을 위한 증설일 것

나. 1993년 12월 31일 당시의 공장부지면적의 50퍼센트 이하의 범위안에서의 증설로서 증가되는 총면적이 3만제곱미터 이하일 것(영 별표 20 제2호 카목(1)부터 (5)까지에 해당하는 공장과 부지면적이 3만제곱미터를 초과하거나 증설로 인하여 부지면적이 3만제곱미터를 초과하게 되는 공장의 증설은 1회에 한한다)

다. 증설로 인하여 증가되는 오염물질배출량이 1995년 6월 30일 이전의 오염물질배출량의 50퍼센트를 넘지 아니할 것

라. 증설로 인하여 인근지역의 농업생산에 지장을 줄 우려가 없을 것

제10조의2 토지의 경사도 및 임상 산정방법

영 별표 1의2 제1호가목(3)(가)에서 "국토교통부령으로 정하는 방법"이란 다음 각 호의 구분에 따른 방법을 말한다. 〈개정 2016. 7. 1.〉

1. 경사도 산정방법: 「산지관리법 시행규칙」 별표 1의3 비고 제2호에 따른 방법
2. 임상(林相) 산정방법: 「산지관리법 시행규칙」 별표 1의3 비고 제3호에 따라 준용되는 같은 규칙 별표 1 비고 제1호부터 제4호까지의 규정에 따른 방법

[본조신설 2016. 5. 26.]

[제목개정 2016. 7. 1.]

[종전 제10조의2는 제10조의3으로 이동 〈2016. 5. 26.〉]

제10조의3 토지분할 제한지역에서 토지분할이 가능한 경우

영 별표 1의2 제2호라목(1)(나)3)에서 "그 밖에 토지의 분할이 불가피한 경우로서 국토교통부령

으로 정하는 경우"란 다음 각 호의 어느 하나에 해당하는 경우를 말한다.

〈개정 2008. 3. 14., 2009. 12. 14., 2012. 4. 13., 2013. 3. 23., 2014. 1. 17., 2016. 5. 26.〉

1. 상속자 사이에 상속에 따른 토지를 분할하는 경우
2. 「공간정보의 구축 및 관리 등에 관한 법률 시행령」 제65조제1항제2호에 따라 토지이용상 불합리한 지상경계를 시정하기 위하여 토지를 분할하는 경우
3. 기존 묘지를 분할하는 경우
4. 국 · 공유의 일반재산을 매각 · 교환 또는 양여하기 위하여 토지를 분할하는 경우
5. 농업 · 축산업 · 임업 또는 수산업을 영위하기 위한 경우로서 토지분할이 제한되는 지역 안의 주민사이에 토지를 상호 교환 · 매각 또는 매수를 위하여 토지를 분할하는 경우

[본조신설 2006. 9. 19.]

[제10조의2에서 이동 〈2016. 5. 26.〉]

제11조 준공검사

① 공작물의 설치(「건축법」 제83조에 따라 설치되는 것은 제외한다), 토지의 형질변경 또는 토석채취를 위한 개발행위허가를 받은 자는 그 개발행위를 완료하였으면 법 제62조제1항에 따라 준공검사를 받아야 한다. 〈개정 2005. 2. 19., 2008. 9. 29.〉

② 제1항의 규정에 의하여 준공검사를 받아야 하는 자는 당해 개발행위를 완료한 때에는 지체없이 별지 제6호서식의 개발행위준공검사신청서에 다음 각호의 서류를 첨부하여 특별시장 · 광역시장 · 특별자치시장 · 특별자치도지사 · 시장 또는 군수에게 제출하여야 한다.

〈개정 2005. 2. 19., 2009. 12. 14., 2012. 4. 13., 2015. 6. 4.〉

1. 준공사진
2. 지적측량성과도(토지분할이 수반되는 경우와 임야를 형질변경하는 경우로서 「공간정보의 구축 및 관리 등에 관한 법률」 제78조에 따라 등록전환신청이 수반되는 경우에 한한다)
3. 법 제62조제3항의 규정에 의한 관계 행정기관의 장과의 협의에 필요한 서류

③ 제2항의 개발행위준공검사신청서 및 첨부서류는 국토이용정보체계를 통하여 제출할 수 있다. 〈신설 2016. 5. 26.〉

④ 특별시장 · 광역시장 · 특별자치시장 · 특별자치도지사 · 시장 또는 군수는 제1항의 규정에 의한 준공검사결과 허가내용대로 사업이 완료되었다고 인정하는 때에는 별지 제7호서식의 개발행위준공검사필증을 신청인에게 발급하여야 한다. 이 경우 개발행위준공검사필증은 국토이용정보체계를 통하여 발급할 수 있다. 〈개정 2012. 4. 13., 2016. 5. 26.〉

[시행일:2012. 7. 1.] 특별자치시와 특별자치시장에 관한 개정규정

제11조의2 기반시설별 조성비용의 산정방법 등

영 제70조제2항제2호 단서에 따라 기반시설별 조성비용으로 인정할 수 있는 실제 투입된 조성비용을 산정하는 방법은 별표 1에 따른다.

[본조신설 2008. 9. 29.]

제11조의3 기반시설설치비용의 예정통지 등

① 영 제70조의3제1항에 따른 기반시설설치비용의 예정 통지는 별지 제17호의2서식에 따른다.

② 납부의무자는 영 제70조의3제2항에 따라 심사를 청구하려면 별지 제17호의3서식의 기반시설 설치비용 고지 전 심사청구서에 관련 증명 서류 또는 증거물을 첨부하여 특별시장 · 광역시장 · 특별자치시장 · 특별자치도지사 · 시장 또는 군수에게 제출하여야 한다.

〈개정 2012. 4. 13.〉

③ 영 제70조의3제5항에 따른 고지 전 심사 결정 통지서는 별지 제17호의4서식에 따른다.

[본조신설 2008. 9. 29.]

[시행일:2012. 7. 1.] 특별자치시와 특별자치시장에 관한 개정규정

제11조의4 납부고지서 등

① 영 제70조의5제1항에 따른 기반시설설치비용의 납부고지서는 별지 제17호의5서식에 따른다.

② 영 제70조의6제1항에 따른 기반시설설치비용의 정정 통지는 별지 제17호의6서식에 따른다.

[본조신설 2008. 9. 29.]

제11조의5 기반시설설치비용 부과 · 징수 · 사용대장

특별시장 · 광역시장 · 특별자치시장 · 특별자치도지사 · 시장 또는 군수는 영 제70조의3부터 제70조의9까지의 규정에 따라 기반시설설치비용을 부과 · 징수 또는 정정하거나 영 제70조의11 제2항에 따라 기반시설설치비용을 사용한 경우에는 별지 제17호의7서식의 기반시설설치비용 부과 · 징수 · 사용대장에 기록하고 관리하여야 한다. 〈개정 2012. 4. 13.〉

[본조신설 2008. 9. 29.]

[시행일:2012. 7. 1.] 특별자치시와 특별자치시장에 관한 개정규정

제11조의6 물납신청서

① 영 제70조의7제2항에 따라 물납을 신청하려는 자는 별지 제17호의8서식의 물납신청서에 다

음 각 호의 서류를 첨부하여 특별시장 · 광역시장 · 특별자치시장 · 특별자치도지사 · 시장 또는 군수에게 제출하여야 한다. 이 경우 특별시장 · 광역시장 · 특별자치시장 · 특별자치도지사 · 시장 또는 군수는 「전자정부법」 제36조제1항에 따른 행정정보의 공동이용을 통하여 물납하려는 토지의 등기사항증명서를 확인하여야 한다. 〈개정 2011. 4. 11., 2012. 4. 13.〉

1. 물납 대상 토지 가액의 산출 근거
2. 기반시설설치비용과 물납 대상 토지 가액 사이의 차액 산정 근거

② 특별시장 · 광역시장 · 특별자치시장 · 특별자치도지사 · 시장 또는 군수는 영 제70조의7제3항에 따라 물납허가를 결정하였으면 신청인에게 별지 제17호의9서식의 물납허가서를 송부하여야 한다. 〈개정 2012. 4. 13.〉

[본조신설 2008. 9. 29.]

[시행일:2012. 7. 1.] 특별자치시와 특별자치시장에 관한 개정규정

제11조의7 납부 기일 연기신청서 등

① 영 제70조의8제2항에 따라 기반시설설치비용의 납부 기일을 연기하거나 분할 납부를 신청하려는 자는 별지 제17호의10서식의 납부 기일 연기신청서 또는 별지 제17호의11서식의 분할 납부 신청서에 납부 연기 또는 분할 납부 사유를 증명할 수 있는 자료를 첨부하여 특별시장 · 광역시장 · 특별자치시장 · 특별자치도지사 · 시장 또는 군수에게 제출하여야 한다. 〈개정 2012. 4. 13.〉

② 특별시장 · 광역시장 · 특별자치시장 · 특별자치도지사 · 시장 또는 군수는 영 제70조의8제3항에 따라 납부 기일 연기 허가 또는 분할 납부 허가를 결정하였으면 신청인에게 별지 제17호의12서식의 납부 기일 연기 허가서 또는 별지 제17호의13서식의 분할 납부 허가서를 송부하여야 한다. 〈개정 2012. 4. 13.〉

[본조신설 2008. 9. 29.]

[시행일:2012. 7. 1.] 특별자치시와 특별자치시장에 관한 개정규정

제11조의8 독촉장

영 제70조의9에 따른 독촉장은 별지 제17호의14서식에 따른다.

[본조신설 2008. 9. 29.]

제12조 계획관리지역에서 휴게음식점 등을 설치할 수 없는 지역

영 별표 20 제1호다목 · 라목 및 사목에서 "국토교통부령으로 정하는 기준에 해당하는 지역" 이

란 별표 2의 지역을 말한다.

[전문개정 2014. 1. 17.]

제13조 시가화조정구역에서의 행위허가신청서

시가화조정구역에서 법 제81조제2항에 따른 허가를 받고자 하는 자는 별지 제8호서식의 행위허가신청서(「건축법」 에 의한 건축허가 · 신고대상인 건축물 또는 축조신고 대상인 공작물인 경우에는 「건축법 시행규칙」 이 정하는 해당 신청서 또는 신고서)에 다음 각호의 서류를 첨부하여 특별시장 · 광역시장 · 특별자치시장 · 특별자치도지사 · 시장 또는 군수에게 제출하여야 한다.

〈개정 2005. 2. 19., 2012. 4. 13.〉

1. 사업계획서
2. 공사설계도서(영 별표 24 제3호 및 영 별표 26 제3호의 규정에 의한 경미한 행위인 경우를 제외한다)
3. 당해 행위에 따른 기반시설의 설치 또는 그에 필요한 용지확보 · 위해방지 · 환경오염방지 · 경관 또는 조경 등에 관한 계획서

[제목개정 2012. 4. 13.]

[시행일:2012. 7. 1.] 특별자치시와 특별자치시장에 관한 개정규정

제13조의2 기존건축물에 대한 특례

영 제93조제5항에서 "국토교통부령으로 정하는 바에 따라 확인되는 경우"란 기존건축물이 다음 각 호의 어느 하나에 해당하는 경우를 말한다.

〈개정 2008. 3. 14., 2008. 9. 29., 2013. 3. 23., 2015. 6. 30.〉

1. 「건축법」 제38조에 따른 건축물대장에 따라 기존용도가 확인되는 경우
2. 관계법률에 의한 영업허가 · 신고 · 등록 등의 서류를 통하여 관할 행정청에서 기존용도를 확인하는 경우

[본조신설 2005. 2. 19.]

제14조 도시 · 군계획시설사업시행자지정의 고시

법 제86조제6항의 규정에 의한 도시 · 군계획시설사업시행자 지정내용의 고시는 국토교통부장관이 하는 경우에는 관보에, 특별시장 · 광역시장 · 특별자치시장 · 특별자치도지사 · 도지사(이하 "시 · 도지사"라 한다) 또는 시장 · 군수가 하는 경우에는 당해 지방자치단체의 공보에 다음 각호의 사항을 게재하는 방법에 의한다. 〈개정 2008. 3. 14., 2012. 4. 13., 2013. 3. 23.〉

1. 사업시행지의 위치
2. 사업의 종류 및 명칭
3. 사업시행면적 또는 규모
4. 사업시행자의 성명 및 주소
5. 영 제97조제3항의 규정에 의한 도시 · 군계획시설사업에 대한 실시계획인가의 신청기일

[제목개정 2012. 4. 13.]

[시행일:2012. 7. 1.] 특별자치시와 특별자치시장에 관한 개정규정

제15조 도시 · 군계획시설사업실시계획인가신청서

영 제97조제3항에 따라 도시 · 군계획시설사업 실시계획의 인가를 받으려는 도시 · 군계획시설사업의 시행자는 별지 제9호서식의 도시 · 군계획시설사업실시계획인가신청서에 다음 각 호의 서류를 첨부하여 국토교통부장관, 시 · 도지사 또는 「지방자치법」 제175조에 따른 서울특별시와 광역시를 제외한 인구 50만 이상의 대도시(이하 "대도시"라 한다)의 시장(이하 "대도시 시장"이라 한다)에게 제출하여야 한다. 이 경우 국토교통부장관, 시 · 도지사 또는 대도시 시장은 「전자정부법」 제36조제1항에 따른 행정정보의 공동이용을 통하여 수용 또는 사용할 토지 또는 건물의 토지대장 · 토지 등기사항증명서 및 건물 등기사항증명서를 확인하여야 한다.

〈개정 2005. 2. 19., 2007. 11. 6., 2008. 3. 14., 2008. 9. 29., 2011. 4. 11., 2012. 4. 13., 2013. 3. 23.〉

1. 사업시행지의 위치도 및 계획평면도
2. 공사설계도서(「건축법」 제29조에 따른 건축협의를 하여야 하는 사업인 경우에는 개략설계도서)
3. 수용 또는 사용할 토지 또는 건물의 소재지 · 지번 · 지목 및 면적, 소유권과 소유권외의 권리의 명세 및 그 소유자 · 권리자의 성명 · 주소를 기재한 서류
4. 도시 · 군계획시설사업의 시행으로 새로이 설치하는 공공시설 또는 기존의 공공시설의 조서 및 도면(행정청이 시행하는 경우에 한한다)
5. 도시 · 군계획시설사업의 시행으로 용도폐지되는 국가 또는 지방자치단체의 재산에 대한 2 이상의 감정평가업자의 감정평가서(행정청이 아닌 자가 시행하는 경우에 한한다)
6. 도시 · 군계획시설사업으로 새로 설치하는 공공시설의 조서 및 도면과 그 설치비용계산서(새로운 공공시설의 설치에 필요한 토지와 기존의 공공시설이 설치되어 있는 토지가 동일한 토지인 경우에는 그 토지가격을 뺀 설치비용만을 계산한다). 다만, 행정청이 아닌 자가 시행하는 경우에 한한다.
7. 법 제92조제3항의 규정에 의한 관계 행정기관의 장과의 협의에 필요한 서류

8. 영 제97조제4항의 규정에 의한 특별시장 · 광역시장 · 특별자치시장 · 특별자치도지사 · 시장 또는 군수의 의견청취 결과

[제목개정 2012. 4. 13.]

[시행일:2012. 7. 1.] 특별자치시와 특별자치시장에 관한 개정규정

제16조 경미한 사항의 변경

① 법 제88조제2항 단서에서 "국토교통부령으로 정하는 경미한 사항을 변경하기 위하여 실시계획을 작성하는 경우"란 다음 각 호의 경우를 위하여 실시계획을 작성하는 경우를 말한다.

〈개정 2005. 2. 19., 2007. 11. 6., 2008. 3. 14., 2013. 3. 23., 2014. 1. 17., 2016. 2. 12.〉

1. 사업명칭을 변경하는 경우
2. 구역경계의 변경이 없는 범위안에서 행하는 건축물의 연면적 10퍼센트 미만의 변경과 「학교시설사업 촉진법」에 의한 학교시설의 변경인 경우

2의2. 다음 각 목의 공작물을 설치하는 경우

가. 도시지역 또는 지구단위계획구역에서 무게가 50톤 이하이거나 부피가 50세제곱미터 이하 또는 수평투영면적이 50제곱미터 이하인 공작물

나. 도시지역 · 자연환경보전지역 및 지구단위계획구역 외의 지역에서 무게가 150톤 이하이거나 부피가 150세제곱미터 이하 또는 수평투영면적이 150제곱미터 이하인 공작물

3. 기존 시설의 용도변경을 수반하지 아니하는 대수선 · 재축 및 개축인 경우
4. 도로의 포장 등 기존 도로의 면적 · 위치 및 규모의 변경을 수반하지 아니하는 도로의 개량인 경우

② 법 제88조제4항 단서에서 "국토교통부령으로 정하는 경미한 사항을 변경하는 경우"란 제1항 각 호의 경우를 말한다. 〈신설 2014. 1. 17.〉

제17조 도시 · 군계획시설사업공사완료보고서 및 도시 · 군계획시설사업준공검사필증

① 법 제98조제1항의 규정에 의하여 도시 · 군계획시설사업의 시행자는 공사를 완료한 때에는 공사를 완료한 날부터 7일 이내에 별지 제10호서식의 도시 · 군계획시설사업공사완료보고서에 다음 각호의 서류를 첨부하여 시 · 도지사 또는 대도시 시장에게 제출하여야 한다.

〈개정 2012. 4. 13.〉

1. 준공조서
2. 설계도서
3. 법 제98조제7항의 규정에 의한 관계 행정기관의 장과의 협의에 필요한 서류

② 법 제98조제3항의 규정에 의한 도시 · 군계획시설사업준공검사필증은 별지 제11호서식에 의한다. 〈개정 2012. 4. 13.〉

[제목개정 2012. 4. 13.]

제18조 수당 및 여비

영 제115조의 규정에 의한 수당 및 여비는 예산의 범위안에서 지급하되, 여비는 「공무원여비규정」 별표 1 제2호에 해당하는 공무원의 예에 의한다. 〈개정 2005. 2. 19.〉

제18조의2 토지거래계약허가구역의 공고방법

영 제116조제2항제2호의 사항에 대한 공고는 별지 제11호의2서식에 따른다.

[본조신설 2015. 6. 30.]

제19조 삭제 〈2017. 1. 20.〉

제20조 삭제 〈2017. 1. 20.〉

제21조 삭제 〈2017. 1. 20.〉

제22조 삭제 〈2017. 1. 20.〉

제23조 삭제 〈2017. 1. 20.〉

제24조 삭제 〈2017. 1. 20.〉

제25조 삭제 〈2017. 1. 20.〉

제26조 삭제 〈2017. 1. 20.〉

제27조 삭제 〈2017. 1. 20.〉

제28조 삭제 〈2017. 1. 20.〉

제29조 삭제 <2017. 1. 20.>

제29조의2 삭제 <2017. 1. 20.>

제30조 삭제 <2017. 1. 20.>

제31조 시범도시공모의 공고

국토교통부장관은 영 제127조제1항의 규정에 의하여 시범도시를 공모하고자 하는 때에는 다음 각호의 사항을 관보에 공고하여야 한다. <개정 2008. 3. 14., 2013. 3. 23.>

1. 시범도시의 지정목적
2. 시범도시의 지정분야
3. 시범도시의 지정기준
4. 시범도시의 지원에 관한 내용(그 내용이 미리 정하여져 있는 경우에 한한다) 및 일정
5. 시범도시의 지정일정
6. 그 밖에 시범도시의 공모에 필요한 사항

제32조 증표 및 허가증

법 제130조제9항의 규정에 의한 증표 및 허가증은 각각 별지 제19호서식 및 별지 제20호서식에 의한다.

제33조 삭제 <2006. 6. 7.>

제34조 삭제 <2006. 6. 7.>

제35조 검사공무원증표

법 제137조제3항의 규정에 의한 증표는 별지 제24호서식의 검사공무원증표에 의한다.

제36조 보고

① 시 · 도지사는 영 제133조제1항에 따라 국토교통부장관으로부터 위임받은 업무를 처리한 경우에는 같은 조 제3항에 따라 해당 도시 · 군계획도서 및 계획설명서를 15일 이내에 국토교통부장관에게 제출하여야 한다. 다만, 국토교통부장관의 승인을 얻어 재위임한 때에는 그러

하지 아니하다. 〈개정 2008. 3. 14., 2012. 4. 13., 2013. 3. 23., 2014. 1. 17.〉

② 시장 · 군수 또는 구청장은 다음 각호의 사항에 관한 매 분기별 현황을 시 · 도지사에게 제출하여야 하고, 시 · 도지사는 제출된 자료를 취합하여 매 반기별로 국토교통부장관에게 제출하여야 한다. 〈개정 2008. 3. 14., 2013. 3. 23.〉

1. 법 제120조제2항의 규정에 의한 시 · 군 · 구도시계획위원회의 심의실적
2. 법 제122조 · 제123조 및 제124조제2항의 규정에 의한 선매 · 매수청구 실적 및 토지이용조사에 관한 사항
3. 법 제141조제6호 및 제144조제2항제2호의 규정에 의한 벌칙위반자에 대한 고발 및 처분실적

제37조 규제의 재검토

국토교통부장관은 제15조에 따른 도시 · 군계획시설사업실시계획 인가신청 시 첨부하여야 하는 서류의 종류에 대하여 2017년 1월 1일을 기준으로 3년마다(매 3년이 되는 해의 1월 1일 전까지를 말한다) 그 타당성을 검토하여 개선 등의 조치를 하여야 한다. 〈개정 2016. 12. 30.〉

[본조신설 2014. 12. 31.]

부칙 〈제571호, 2018. 12. 27.〉

이 규칙은 2018년 12월 27일부터 시행한다.

제4부

주택법

제1장 총칙

제1조 목적

이 법은 쾌적하고 살기 좋은 주거환경 조성에 필요한 주택의 건설 · 공급 및 주택시장의 관리 등에 관한 사항을 정함으로써 국민의 주거안정과 주거수준의 향상에 이바지함을 목적으로 한다.

제2조 정의

이 법에서 사용하는 용어의 뜻은 다음과 같다. 〈개정 2017. 12. 26., 2018. 1. 16., 2018. 8. 14.〉

1. "주택"이란 세대(世帶)의 구성원이 장기간 독립된 주거생활을 할 수 있는 구조로 된 건축물의 전부 또는 일부 및 그 부속토지를 말하며, 단독주택과 공동주택으로 구분한다.
2. "단독주택"이란 1세대가 하나의 건축물 안에서 독립된 주거생활을 할 수 있는 구조로 된 주택을 말하며, 그 종류와 범위는 대통령령으로 정한다.
3. "공동주택"이란 건축물의 벽 · 복도 · 계단이나 그 밖의 설비 등의 전부 또는 일부를 공동으로 사용하는 각 세대가 하나의 건축물 안에서 각각 독립된 주거생활을 할 수 있는 구조로 된 주택을 말하며, 그 종류와 범위는 대통령령으로 정한다.
4. "준주택"이란 주택 외의 건축물과 그 부속토지로서 주거시설로 이용가능한 시설 등을 말하며, 그 범위와 종류는 대통령령으로 정한다.
5. "국민주택"이란 다음 각 목의 어느 하나에 해당하는 주택으로서 국민주택규모 이하인 주택을 말한다.
   가. 국가 · 지방자치단체, 「한국토지주택공사법」에 따른 한국토지주택공사(이하 "한국토지주택공사"라 한다) 또는 「지방공기업법」 제49조에 따라 주택사업을 목적으로 설립된 지방공사(이하 "지방공사"라 한다)가 건설하는 주택
   나. 국가 · 지방자치단체의 재정 또는 「주택도시기금법」에 따른 주택도시기금(이하 "주택도시기금"이라 한다)으로부터 자금을 지원받아 건설되거나 개량되는 주택
6. "국민주택규모"란 주거의 용도로만 쓰이는 면적(이하 "주거전용면적"이라 한다)이 1호(戶) 또는 1세대당 85제곱미터 이하인 주택(「수도권정비계획법」 제2조제1호에 따른 수도권을 제외한 도시지역이 아닌 읍 또는 면 지역은 1호 또는 1세대당 주거전용면적이 100제곱미터 이하인 주택을 말한다)을 말한다. 이 경우 주거전용면적의 산정방법은 국토교통부령으로 정한다.

7. "민영주택"이란 국민주택을 제외한 주택을 말한다.

8. "임대주택"이란 임대를 목적으로 하는 주택으로서, 「공공주택 특별법」 제2조제1호가목에 따른 공공임대주택과 「민간임대주택에 관한 특별법」 제2조제1호에 따른 민간임대주택으로 구분한다.

9. "토지임대부 분양주택"이란 토지의 소유권은 제15조에 따른 사업계획의 승인을 받아 토지임대부 분양주택 건설사업을 시행하는 자가 가지고, 건축물 및 복리시설(福利施設) 등에 대한 소유권[건축물의 전유부분(專有部分)에 대한 구분소유권은 이를 분양받은 자가 가지고, 건축물의 공용부분 · 부속건물 및 복리시설은 분양받은 자들이 공유한다]은 주택을 분양받은 자가 가지는 주택을 말한다.

10. "사업주체"란 제15조에 따른 주택건설사업계획 또는 대지조성사업계획의 승인을 받아 그 사업을 시행하는 다음 각 목의 자를 말한다.

가. 국가 · 지방자치단체

나. 한국토지주택공사 또는 지방공사

다. 제4조에 따라 등록한 주택건설사업자 또는 대지조성사업자

라. 그 밖에 이 법에 따라 주택건설사업 또는 대지조성사업을 시행하는 자

11. "주택조합"이란 많은 수의 구성원이 제15조에 따른 사업계획의 승인을 받아 주택을 마련하거나 제66조에 따라 리모델링하기 위하여 결성하는 다음 각 목의 조합을 말한다.

가. 지역주택조합: 다음 구분에 따른 지역에 거주하는 주민이 주택을 마련하기 위하여 설립한 조합

1) 서울특별시 · 인천광역시 및 경기도

2) 대전광역시 · 충청남도 및 세종특별자치시

3) 충청북도

4) 광주광역시 및 전라남도

5) 전라북도

6) 대구광역시 및 경상북도

7) 부산광역시 · 울산광역시 및 경상남도

8) 강원도

9) 제주특별자치도

나. 직장주택조합: 같은 직장의 근로자가 주택을 마련하기 위하여 설립한 조합

다. 리모델링주택조합: 공동주택의 소유자가 그 주택을 리모델링하기 위하여 설립한 조합

12. "주택단지"란 제15조에 따른 주택건설사업계획 또는 대지조성사업계획의 승인을 받아

주택과 그 부대시설 및 복리시설을 건설하거나 대지를 조성하는 데 사용되는 일단(一團)의 토지를 말한다. 다만, 다음 각 목의 시설로 분리된 토지는 각각 별개의 주택단지로 본다.

가. 철도 · 고속도로 · 자동차전용도로

나. 폭 20미터 이상인 일반도로

다. 폭 8미터 이상인 도시계획예정도로

라. 가목부터 다목까지의 시설에 준하는 것으로서 대통령령으로 정하는 시설

13. "부대시설"이란 주택에 딸린 다음 각 목의 시설 또는 설비를 말한다.

가. 주차장, 관리사무소, 담장 및 주택단지 안의 도로

나. 「건축법」 제2조제1항제4호에 따른 건축설비

다. 가목 및 나목의 시설 · 설비에 준하는 것으로서 대통령령으로 정하는 시설 또는 설비

14. "복리시설"이란 주택단지의 입주자 등의 생활복리를 위한 다음 각 목의 공동시설을 말한다.

가. 어린이놀이터, 근린생활시설, 유치원, 주민운동시설 및 경로당

나. 그 밖에 입주자 등의 생활복리를 위하여 대통령령으로 정하는 공동시설

15. "기반시설"이란 「국토의 계획 및 이용에 관한 법률」 제2조제6호에 따른 기반시설을 말한다.

16. "기간시설"(基幹施設)이란 도로 · 상하수도 · 전기시설 · 가스시설 · 통신시설 · 지역난방시설 등을 말한다.

17. "간선시설"(幹線施設)이란 도로 · 상하수도 · 전기시설 · 가스시설 · 통신시설 및 지역난방시설 등 주택단지(둘 이상의 주택단지를 동시에 개발하는 경우에는 각각의 주택단지를 말한다) 안의 기간시설을 그 주택단지 밖에 있는 같은 종류의 기간시설에 연결시키는 시설을 말한다. 다만, 가스시설 · 통신시설 및 지역난방시설의 경우에는 주택단지 안의 기간시설을 포함한다.

18. "공구"란 하나의 주택단지에서 대통령령으로 정하는 기준에 따라 둘 이상으로 구분되는 일단의 구역으로, 착공신고 및 사용검사를 별도로 수행할 수 있는 구역을 말한다.

19. "세대구분형 공동주택"이란 공동주택의 주택 내부 공간의 일부를 세대별로 구분하여 생활이 가능한 구조로 하되, 그 구분된 공간의 일부를 구분소유 할 수 없는 주택으로서 대통령령으로 정하는 건설기준, 설치기준, 면적기준 등에 적합한 주택을 말한다.

20. "도시형 생활주택"이란 300세대 미만의 국민주택규모에 해당하는 주택으로서 대통령령으로 정하는 주택을 말한다.

21. "에너지절약형 친환경주택"이란 저에너지 건물 조성기술 등 대통령령으로 정하는 기술을 이용하여 에너지 사용량을 절감하거나 이산화탄소 배출량을 저감할 수 있도록 건설된 주택을 말하며, 그 종류와 범위는 대통령령으로 정한다.

22. "건강친화형 주택"이란 건강하고 쾌적한 실내환경의 조성을 위하여 실내공기의 오염물질 등을 최소화할 수 있도록 대통령령으로 정하는 기준에 따라 건설된 주택을 말한다.

23. "장수명 주택"이란 구조적으로 오랫동안 유지 · 관리될 수 있는 내구성을 갖추고, 입주자의 필요에 따라 내부 구조를 쉽게 변경할 수 있는 가변성과 수리 용이성 등이 우수한 주택을 말한다.

24. "공공택지"란 다음 각 목의 어느 하나에 해당하는 공공사업에 의하여 개발 · 조성되는 공동주택이 건설되는 용지를 말한다.

가. 제24조제2항에 따른 국민주택건설사업 또는 대지조성사업

나. 「택지개발촉진법」에 따른 택지개발사업. 다만, 같은 법 제7조제1항제4호에 따른 주택건설등 사업자가 같은 법 제12조제5항에 따라 활용하는 택지는 제외한다.

다. 「산업입지 및 개발에 관한 법률」에 따른 산업단지개발사업

라. 「공공주택 특별법」에 따른 공공주택지구조성사업

마. 「민간임대주택에 관한 특별법」에 따른 공공지원민간임대주택 공급촉진지구 조성사업(같은 법 제23조제1항제2호에 해당하는 시행자가 같은 법 제34조에 따른 수용 또는 사용의 방식으로 시행하는 사업만 해당한다)

바. 「도시개발법」에 따른 도시개발사업(같은 법 제11조제1항제1호부터 제4호까지의 시행자가 같은 법 제21조에 따른 수용 또는 사용의 방식으로 시행하는 사업과 혼용방식 중 수용 또는 사용의 방식이 적용되는 구역에서 시행하는 사업만 해당한다)

사. 「경제자유구역의 지정 및 운영에 관한 특별법」에 따른 경제자유구역개발사업(수용 또는 사용의 방식으로 시행하는 사업과 혼용방식 중 수용 또는 사용의 방식이 적용되는 구역에서 시행하는 사업만 해당한다)

아. 「혁신도시 조성 및 발전에 관한 특별법」에 따른 혁신도시개발사업

자. 「신행정수도 후속대책을 위한 연기 · 공주지역 행정중심복합도시 건설을 위한 특별법」에 따른 행정중심복합도시건설사업

차. 「공익사업을 위한 토지 등의 취득 및 보상에 관한 법률」 제4조에 따른 공익사업으로서 대통령령으로 정하는 사업

25. "리모델링"이란 제66조제1항 및 제2항에 따라 건축물의 노후화 억제 또는 기능 향상 등을 위한 다음 각 목의 어느 하나에 해당하는 행위를 말한다.

가. 대수선(大修繕)

나. 제49조에 따른 사용검사일(주택단지 안의 공동주택 전부에 대하여 임시사용승인을 받은 경우에는 그 임시사용승인일을 말한다) 또는 「건축법」 제22조에 따른 사용승인일부터 15년[15년 이상 20년 미만의 연수 중 특별시 · 광역시 · 특별자치시 · 도 또는 특별자치도(이하 "시 · 도"라 한다)의 조례로 정하는 경우에는 그 연수로 한다]이 경과된 공동주택을 각 세대의 주거전용면적(「건축법」 제38조에 따른 건축물대장 중 집합건축물대장의 전유부분의 면적을 말한다)의 30퍼센트 이내(세대의 주거전용면적이 85제곱미터 미만인 경우에는 40퍼센트 이내)에서 증축하는 행위. 이 경우 공동주택의 기능 향상 등을 위하여 공용부분에 대하여도 별도로 증축할 수 있다.

다. 나목에 따른 각 세대의 증축 가능 면적을 합산한 면적의 범위에서 기존 세대수의 15퍼센트 이내에서 세대수를 증가하는 증축 행위(이하 "세대수 증가형 리모델링"이라 한다). 다만, 수직으로 증축하는 행위(이하 "수직증축형 리모델링"이라 한다)는 다음 요건을 모두 충족하는 경우로 한정한다.

1) 최대 3개층 이하로서 대통령령으로 정하는 범위에서 증축할 것

2) 리모델링 대상 건축물의 구조도 보유 등 대통령령으로 정하는 요건을 갖출 것

26. "리모델링 기본계획"이란 세대수 증가형 리모델링으로 인한 도시과밀, 이주수요 집중 등을 체계적으로 관리하기 위하여 수립하는 계획을 말한다.

27. "입주자"란 다음 각 목의 구분에 따른 자를 말한다.

가. 제8조 · 제54조 · 제88조 · 제91조 및 제104조의 경우: 주택을 공급받는 자

나. 제66조의 경우: 주택의 소유자 또는 그 소유자를 대리하는 배우자 및 직계존비속

28. "사용자"란 「공동주택관리법」 제2조제6호에 따른 사용자를 말한다.

29. "관리주체"란 「공동주택관리법」 제2조제10호에 따른 관리주체를 말한다.

제3조 다른 법률과의 관계

주택의 건설 및 공급에 관하여 다른 법률에 특별한 규정이 있는 경우를 제외하고는 이 법에서 정하는 바에 따른다.

제2장 주택의 건설 등

제1절 주택건설사업자 등

제4조 주택건설사업 등의 등록

① 연간 대통령령으로 정하는 호수(戶數) 이상의 주택건설사업을 시행하려는 자 또는 연간 대통령령으로 정하는 면적 이상의 대지조성사업을 시행하려는 자는 국토교통부장관에게 등록하여야 한다. 다만, 다음 각 호의 사업주체의 경우에는 그러하지 아니하다.

1. 국가 · 지방자치단체
2. 한국토지주택공사
3. 지방공사
4. 「공익법인의 설립 · 운영에 관한 법률」 제4조에 따라 주택건설사업을 목적으로 설립된 공익법인
5. 제11조에 따라 설립된 주택조합(제5조제2항에 따라 등록사업자와 공동으로 주택건설사업을 하는 주택조합만 해당한다)
6. 근로자를 고용하는 자(제5조제3항에 따라 등록사업자와 공동으로 주택건설사업을 시행하는 고용자만 해당하며, 이하 "고용자"라 한다)

② 제1항에 따라 등록하여야 할 사업자의 자본금과 기술인력 및 사무실면적에 관한 등록의 기준 · 절차 · 방법 등에 필요한 사항은 대통령령으로 정한다.

제5조 공동사업주체

① 토지소유자가 주택을 건설하는 경우에는 제4조제1항에도 불구하고 대통령령으로 정하는 바에 따라 제4조에 따라 등록을 한 자(이하 "등록사업자"라 한다)와 공동으로 사업을 시행할 수 있다. 이 경우 토지소유자와 등록사업자를 공동사업주체로 본다.

② 제11조에 따라 설립된 주택조합(세대수를 증가하지 아니하는 리모델링주택조합은 제외한다)이 그 구성원의 주택을 건설하는 경우에는 대통령령으로 정하는 바에 따라 등록사업자(지방자치단체 · 한국토지주택공사 및 지방공사를 포함한다)와 공동으로 사업을 시행할 수 있다. 이 경우 주택조합과 등록사업자를 공동사업주체로 본다.

③ 고용자가 그 근로자의 주택을 건설하는 경우에는 대통령령으로 정하는 바에 따라 등록사업자

와 공동으로 사업을 시행하여야 한다. 이 경우 고용자와 등록사업자를 공동사업주체로 본다.

④ 제1항부터 제3항까지에 따른 공동사업주체 간의 구체적인 업무 · 비용 및 책임의 분담 등에 관하여는 대통령령으로 정하는 범위에서 당사자 간의 협약에 따른다.

제6조 등록사업자의 결격사유

다음 각 호의 어느 하나에 해당하는 자는 제4조에 따른 주택건설사업 등의 등록을 할 수 없다.

1. 미성년자 · 피성년후견인 또는 피한정후견인
2. 파산선고를 받은 자로서 복권되지 아니한 자
3. 「부정수표 단속법」 또는 이 법을 위반하여 금고 이상의 실형을 선고받고 그 집행이 끝나거나(집행이 끝난 것으로 보는 경우를 포함한다) 집행이 면제된 날부터 2년이 지나지 아니한 자
4. 「부정수표 단속법」 또는 이 법을 위반하여 금고 이상의 형의 집행유예를 선고받고 그 유예기간 중에 있는 자
5. 제8조에 따라 등록이 말소(제6조제1호 및 제2호에 해당하여 말소된 경우는 제외한다)된 후 2년이 지나지 아니한 자
6. 임원 중에 제1호부터 제5호까지의 규정 중 어느 하나에 해당하는 자가 있는 법인

제7조 등록사업자의 시공

① 등록사업자가 제15조에 따른 사업계획승인(「건축법」에 따른 공동주택건축허가를 포함한다)을 받아 분양 또는 임대를 목적으로 주택을 건설하는 경우로서 그 기술능력, 주택건설 실적 및 주택규모 등이 대통령령으로 정하는 기준에 해당하는 경우에는 그 등록사업자를 「건설산업기본법」 제9조에 따른 건설업자로 보며 주택건설공사를 시공할 수 있다.

② 제1항에 따라 등록사업자가 주택을 건설하는 경우에는 「건설산업기본법」 제40조 · 제44조 · 제93조 · 제94조, 제98조부터 제100조까지, 제100조의2 및 제101조를 준용한다. 이 경우 "건설업자"는 "등록사업자"로 본다.

제8조 주택건설사업의 등록말소 등

① 국토교통부장관은 등록사업자가 다음 각 호의 어느 하나에 해당하면 그 등록을 말소하거나 1년 이내의 기간을 정하여 영업의 정지를 명할 수 있다. 다만, 제1호 또는 제5호에 해당하는 경우에는 그 등록을 말소하여야 한다. 〈개정 2018. 8. 14.〉

1. 거짓이나 그 밖의 부정한 방법으로 등록한 경우

2. 제4조제2항에 따른 등록기준에 미달하게 된 경우. 다만, 「채무자 회생 및 파산에 관한 법률」에 따라 법원이 회생절차개시의 결정을 하고 그 절차가 진행 중이거나 일시적으로 등록기준에 미달하는 등 대통령령으로 정하는 경우는 예외로 한다.
3. 고의 또는 과실로 공사를 잘못 시공하여 공중(公衆)에게 위해(危害)를 끼치거나 입주자에게 재산상 손해를 입힌 경우
4. 제6조제1호부터 제4호까지 또는 제6호 중 어느 하나에 해당하게 된 경우. 다만, 법인의 임원 중 제6조제6호에 해당하는 사람이 있는 경우 6개월 이내에 그 임원을 다른 사람으로 임명한 경우에는 그러하지 아니하다.
5. 제90조를 위반하여 등록증의 대여 등을 한 경우
6. 다음 각 목의 어느 하나에 해당하는 경우
  가. 「건설기술 진흥법」 제48조제4항에 따른 시공상세도면의 작성 의무를 위반하거나 건설사업관리를 수행하는 건설기술인 또는 공사감독자의 검토 · 확인을 받지 아니하고 시공한 경우
  나. 「건설기술 진흥법」 제54조제1항 또는 제80조에 따른 시정명령을 이행하지 아니한 경우
  다. 「건설기술 진흥법」 제55조에 따른 품질시험 및 검사를 하지 아니한 경우
  라. 「건설기술 진흥법」 제62조에 따른 안전점검을 하지 아니한 경우
7. 「택지개발촉진법」 제19조의2제1항을 위반하여 택지를 전매(轉賣)한 경우
8. 「표시 · 광고의 공정화에 관한 법률」 제17조제1호에 따른 처벌을 받은 경우
9. 「약관의 규제에 관한 법률」 제34조제2항에 따른 처분을 받은 경우
10. 그 밖에 이 법 또는 이 법에 따른 명령이나 처분을 위반한 경우

② 제1항에 따른 등록말소 및 영업정지 처분에 관한 기준은 대통령령으로 정한다.

제9조 등록말소 처분 등을 받은 자의 사업 수행

제8조에 따라 등록말소 또는 영업정지 처분을 받은 등록사업자는 그 처분 전에 제15조에 따른 사업계획승인을 받은 사업은 계속 수행할 수 있다. 다만, 등록말소 처분을 받은 등록사업자가 그 사업을 계속 수행할 수 없는 중대하고 명백한 사유가 있을 경우에는 그러하지 아니하다.

제10조 영업실적 등의 제출

① 등록사업자는 국토교통부령으로 정하는 바에 따라 매년 영업실적(개인인 사업자가 해당 사업에 1년 이상 사용한 사업용 자산을 현물출자하여 법인을 설립한 경우에는 그 개인인 사업자의

영업실적을 포함한 실적을 말하며, 등록말소 후 다시 등록한 경우에는 다시 등록한 이후의 실적을 말한다)과 영업계획 및 기술인력 보유 현황을 국토교통부장관에게 제출하여야 한다.

② 등록사업자는 국토교통부령으로 정하는 바에 따라 월별 주택분양계획 및 분양 실적을 국토교통부장관에게 제출하여야 한다.

제2절 주택조합

제11조 주택조합의 설립 등

① 많은 수의 구성원이 주택을 마련하거나 리모델링하기 위하여 주택조합을 설립하려는 경우(제5항에 따른 직장주택조합의 경우는 제외한다)에는 관할 특별자치시장, 특별자치도지사, 시장, 군수 또는 구청장(구청장은 자치구의 구청장을 말하며, 이하 "시장 · 군수 · 구청장"이라 한다)의 인가를 받아야 한다. 인가받은 내용을 변경하거나 주택조합을 해산하려는 경우에도 또한 같다.

② 제1항에 따라 주택을 마련하기 위하여 주택조합설립인가를 받으려는 자는 해당 주택건설대지의 80퍼센트 이상에 해당하는 토지의 사용권원을 확보하여야 한다. 다만, 제1항 후단의 경우에는 그러하지 아니하다.

③ 제1항에 따라 주택을 리모델링하기 위하여 주택조합을 설립하려는 경우에는 다음 각 호의 구분에 따른 구분소유자(「집합건물의 소유 및 관리에 관한 법률」 제2조제2호에 따른 구분소유자를 말한다. 이하 같다)와 의결권(「집합건물의 소유 및 관리에 관한 법률」 제37조에 따른 의결권을 말한다. 이하 같다)의 결의를 증명하는 서류를 첨부하여 관할 시장 · 군수 · 구청장의 인가를 받아야 한다.

1. 주택단지 전체를 리모델링하고자 하는 경우에는 주택단지 전체의 구분소유자와 의결권의 각 3분의 2 이상의 결의 및 각 동의 구분소유자와 의결권의 각 과반수의 결의
2. 동을 리모델링하고자 하는 경우에는 그 동의 구분소유자 및 의결권의 각 3분의 2 이상의 결의

④ 제5조제2항에 따라 주택조합과 등록사업자가 공동으로 사업을 시행하면서 시공할 경우 등록사업자는 시공자로서의 책임뿐만 아니라 자신의 귀책사유로 사업 추진이 불가능하게 되거나 지연됨으로 인하여 조합원에게 입힌 손해를 배상할 책임이 있다.

⑤ 국민주택을 공급받기 위하여 직장주택조합을 설립하려는 자는 관할 시장 · 군수 · 구청장에게 신고하여야 한다. 신고한 내용을 변경하거나 직장주택조합을 해산하려는 경우에도 또한 같다.

⑥ 주택조합(리모델링주택조합은 제외한다)은 그 구성원을 위하여 건설하는 주택을 그 조합원에게 우선 공급할 수 있으며, 제5항에 따른 직장주택조합에 대하여는 사업주체가 국민주택을 그 직장주택조합원에게 우선 공급할 수 있다.

⑦ 제1항에 따라 인가를 받는 주택조합의 설립방법 · 설립절차, 주택조합 구성원의 자격기준 · 제명 · 탈퇴 및 주택조합의 운영 · 관리 등에 필요한 사항과 제5항에 따른 직장주택조합의 설립요건 및 신고절차 등에 필요한 사항은 대통령령으로 정한다. 〈개정 2016. 12. 2.〉

⑧ 제7항에도 불구하고 조합원은 조합규약으로 정하는 바에 따라 조합에 탈퇴 의사를 알리고 탈퇴할 수 있다. 〈개정 2016. 12. 2.〉

⑨ 탈퇴한 조합원(제명된 조합원을 포함한다)은 조합규약으로 정하는 바에 따라 부담한 비용의 환급을 청구할 수 있다. 〈개정 2016. 12. 2.〉

제11조의2 주택조합업무의 대행 등

① 주택조합(리모델링주택조합은 제외한다) 및 그 조합의 구성원(주택조합의 발기인을 포함한다)은 조합원 가입 알선 등 주택조합의 업무를 제5조제2항에 따른 공동사업주체인 등록사업자 또는 다음 각 호의 어느 하나에 해당하는 자에게만 대행하도록 하여야 한다. 〈개정 2017. 2. 8.〉

1. 등록사업자
2. 「공인중개사법」 제9조에 따른 중개업자
3. 「도시 및 주거환경정비법」 제102조에 따른 정비사업전문관리업자
4. 「부동산개발업의 관리 및 육성에 관한 법률」 제4조에 따른 등록사업자
5. 「자본시장과 금융투자업에 관한 법률」에 따른 신탁업자
6. 그 밖에 다른 법률에 따라 등록한 자로서 대통령령으로 정하는 자

② 제1항에 따른 업무대행자의 업무범위는 다음 각 호와 같다.

1. 조합원 모집, 토지 확보, 조합설립인가 신청 등 조합설립을 위한 업무의 대행
2. 사업성 검토 및 사업계획서 작성업무의 대행
3. 설계자 및 시공자 선정에 관한 업무의 지원
4. 제15조에 따른 사업계획승인 신청 등 사업계획승인을 위한 업무의 대행
5. 그 밖에 총회의 운영업무 지원 등 국토교통부령으로 정하는 사항

③ 제1항 및 제2항에 따라 주택조합의 업무를 대행하는 자는 신의에 따라 성실하게 업무를 수행하여야 하고, 거짓 또는 과장 등의 방법으로 주택조합의 가입을 알선하여서는 아니 되며, 자신의 귀책사유로 조합 또는 조합원에게 손해를 입힌 경우에는 그 손해를 배상할 책임이 있다.

④ 국토교통부장관은 주택조합의 원활한 사업추진 및 조합원의 권리 보호를 위하여 공정거래위원

회 위원장과 협의를 거쳐 표준업무대행계약서를 작성 · 보급할 수 있다.

[본조신설 2016. 12. 2.]

제11조의3 조합원 모집 신고 및 공개모집

① 제11조제1항에 따라 지역주택조합 또는 직장주택조합의 설립인가를 받거나 인가받은 내용을 변경하기 위하여 조합원을 모집하려는 자는 관할 시장 · 군수 · 구청장에게 신고하고, 공개모집의 방법으로 조합원을 모집하여야 한다. 조합 설립인가를 받기 전에 신고한 내용을 변경하는 경우에도 또한 같다.

② 제1항에도 불구하고 공개모집 이후 조합원의 사망 · 자격상실 · 탈퇴 등으로 인한 결원을 충원하거나 미달된 조합원을 재모집하는 경우에는 신고하지 아니하고 선착순의 방법으로 조합원을 모집할 수 있다.

③ 제1항에 따른 모집 시기, 모집 방법 및 모집 절차 등 조합원 모집의 신고, 공개모집 및 조합 가입 신청자에 대한 정보 공개 등에 필요한 사항은 국토교통부령으로 정한다.

④ 제1항에 따라 신고를 받은 시장 · 군수 · 구청장은 신고내용이 이 법에 적합한 경우에는 신고를 수리하고 그 사실을 신고인에게 통보하여야 한다.

⑤ 시장 · 군수 · 구청장은 다음 각 호의 어느 하나에 해당하는 경우에는 조합원 모집 신고를 수리할 수 없다.

1. 이미 신고된 사업대지와 전부 또는 일부가 중복되는 경우
2. 이미 수립되었거나 수립 예정인 도시 · 군계획, 이미 수립된 토지이용계획 또는 이 법이나 관계 법령에 따른 건축기준 및 건축제한 등에 따라 해당 주택건설대지에 조합주택을 건설할 수 없는 경우
3. 제11조의2제1항에 따라 조합업무를 대행할 수 있는 자가 아닌 자와 업무대행계약을 체결한 경우 등 신고내용이 법령에 위반되는 경우
4. 신고한 내용이 사실과 다른 경우

[본조신설 2016. 12. 2.]

제12조 관련 자료의 공개

① 주택조합의 발기인 또는 임원은 주택조합사업의 시행에 관한 다음 각 호의 서류 및 관련 자료가 작성되거나 변경된 후 15일 이내에 이를 조합원이 알 수 있도록 인터넷과 그 밖의 방법을 병행하여 공개하여야 한다.

1. 조합규약

2. 공동사업주체의 선정 및 주택조합이 공동사업주체인 등록사업자와 체결한 협약서
3. 설계자 등 용역업체 선정 계약서
4. 조합총회 및 이사회, 대의원회 등의 의사록
5. 사업시행계획서
6. 해당 주택조합사업의 시행에 관한 공문서
7. 회계감사보고서
8. 그 밖에 주택조합사업 시행에 관하여 대통령령으로 정하는 서류 및 관련 자료

② 제1항에 따른 서류 및 다음 각 호를 포함하여 주택조합사업의 시행에 관한 서류와 관련 자료를 조합의 구성원이 열람 · 복사 요청을 한 경우 주택조합의 발기인 또는 임원은 15일 이내에 그 요청에 따라야 한다. 이 경우 복사에 필요한 비용은 실비의 범위에서 청구인이 부담한다.

1. 조합 구성원 명부
2. 토지사용승낙서 등 토지 확보 관련 자료
3. 그 밖에 대통령령으로 정하는 서류 및 관련 자료

③ 제1항 및 제2항에 따라 공개 및 열람 · 복사 등을 하는 경우에는 「개인정보 보호법」에 의하여야 하며, 그 밖의 공개 절차 등 필요한 사항은 국토교통부령으로 정한다.

제13조 조합임원의 결격사유

① 다음 각 호의 어느 하나에 해당하는 사람은 조합의 임원이 될 수 없다.

1. 미성년자 · 피성년후견인 또는 피한정후견인
2. 파산선고를 받은 사람으로서 복권되지 아니한 사람
3. 금고 이상의 실형을 선고받고 그 집행이 종료(종료된 것으로 보는 경우를 포함한다)되거나 집행이 면제된 날부터 2년이 경과되지 아니한 사람
4. 금고 이상의 형의 집행유예를 선고받고 그 유예기간 중에 있는 사람
5. 금고 이상의 형의 선고유예를 받고 그 선고유예기간 중에 있는 사람
6. 법원의 판결 또는 다른 법률에 따라 자격이 상실 또는 정지된 사람
7. 해당 주택조합의 공동사업주체인 등록사업자 또는 업무대행사의 임직원

② 제1항 각 호의 사유가 발생하면 해당 임원은 당연히 퇴직된다.

③ 제2항에 따라 퇴직된 임원이 퇴직 전에 관여한 행위는 그 효력을 상실하지 아니한다.

제14조 주택조합에 대한 감독 등

① 국토교통부장관 또는 시장 · 군수 · 구청장은 주택공급에 관한 질서를 유지하기 위하여 특히 필

요하다고 인정되는 경우에는 국가가 관리하고 있는 행정전산망 등을 이용하여 주택조합 구성원의 자격 등에 관하여 필요한 사항을 확인할 수 있다.

② 시장 · 군수 · 구청장은 주택조합 또는 주택조합의 구성원이 다음 각 호의 어느 하나에 해당하는 경우에는 주택조합의 설립인가를 취소할 수 있다.

1. 거짓이나 그 밖의 부정한 방법으로 설립인가를 받은 경우
2. 제94조에 따른 명령이나 처분을 위반한 경우

③ 주택조합은 대통령령으로 정하는 바에 따라 회계감사를 받아야 하며, 그 감사결과를 관할 시장 · 군수 · 구청장에게 보고하고, 인터넷에 게재하는 등 해당 조합원이 열람할 수 있도록 하여야 한다.

제14조의2 주택조합사업의 시공보증

① 주택조합이 공동사업주체인 시공자를 선정한 경우 그 시공자는 공사의 시공보증(시공자가 공사의 계약상 의무를 이행하지 못하거나 의무이행을 하지 아니할 경우 보증기관에서 시공자를 대신하여 계약이행의무를 부담하거나 총 공사금액의 50퍼센트 이하에서 대통령령으로 정하는 비율 이상의 범위에서 주택조합이 정하는 금액을 납부할 것을 보증하는 것을 말한다)을 위하여 국토교통부령으로 정하는 기관의 시공보증서를 조합에 제출하여야 한다.

② 제15조에 따른 사업계획승인권자는 제16조제2항에 따른 착공신고를 받는 경우에는 제1항에 따른 시공보증서 제출 여부를 확인하여야 한다.

[본조신설 2016. 12. 2.]

제3절 사업계획의 승인 등

제15조 사업계획의 승인

① 대통령령으로 정하는 호수 이상의 주택건설사업을 시행하려는 자 또는 대통령령으로 정하는 면적 이상의 대지조성사업을 시행하려는 자는 다음 각 호의 사업계획승인권자(이하 "사업계획승인권자"라 한다. 국가 및 한국토지주택공사가 시행하는 경우와 대통령령으로 정하는 경우에는 국토교통부장관을 말하며, 이하 이 조, 제16조부터 제19조까지 및 제21조에서 같다)에게 사업계획승인을 받아야 한다. 다만, 주택 외의 시설과 주택을 동일 건축물로 건축하는 경우 등 대통령령으로 정하는 경우에는 그러하지 아니하다.

1. 주택건설사업 또는 대지조성사업으로서 해당 대지면적이 10만제곱미터 이상인 경우: 특

별시장 · 광역시장 · 특별자치시장 · 도지사 또는 특별자치도지사(이하 "시 · 도지사"라 한다) 또는 「지방자치법」 제175조에 따라 서울특별시 · 광역시 및 특별자치시를 제외한 인구 50만 이상의 대도시(이하 "대도시"라 한다)의 시장

2. 주택건설사업 또는 대지조성사업으로서 해당 대지면적이 10만제곱미터 미만인 경우: 특별시장 · 광역시장 · 특별자치시장 · 특별자치도지사 또는 시장 · 군수

② 제1항에 따라 사업계획승인을 받으려는 자는 사업계획승인신청서에 주택과 그 부대시설 및 복리시설의 배치도, 대지조성공사 설계도서 등 대통령령으로 정하는 서류를 첨부하여 사업계획승인권자에게 제출하여야 한다.

③ 주택건설사업을 시행하려는 자는 대통령령으로 정하는 호수 이상의 주택단지를 공구별로 분할하여 주택을 건설 · 공급할 수 있다. 이 경우 제2항에 따른 서류와 함께 다음 각 호의 서류를 첨부하여 사업계획승인권자에게 제출하고 사업계획승인을 받아야 한다.

1. 공구별 공사계획서
2. 입주자모집계획서
3. 사용검사계획서

④ 제1항 또는 제3항에 따라 승인받은 사업계획을 변경하려면 사업계획승인권자로부터 변경승인을 받아야 한다. 다만, 국토교통부령으로 정하는 경미한 사항을 변경하는 경우에는 그러하지 아니하다.

⑤ 제1항 또는 제3항의 사업계획은 쾌적하고 문화적인 주거생활을 하는 데에 적합하도록 수립되어야 하며, 그 사업계획에는 부대시설 및 복리시설의 설치에 관한 계획 등이 포함되어야 한다.

⑥ 사업계획승인권자는 제1항 또는 제3항에 따라 사업계획을 승인하였을 때에는 이에 관한 사항을 고시하여야 한다. 이 경우 국토교통부장관은 관할 시장 · 군수 · 구청장에게, 특별시장, 광역시장 또는 도지사는 관할 시장, 군수 또는 구청장에게 각각 사업계획승인서 및 관계 서류의 사본을 지체 없이 송부하여야 한다.

제16조 사업계획의 이행 및 취소 등

① 사업주체는 제15조제1항 또는 제3항에 따라 승인받은 사업계획대로 사업을 시행하여야 하고, 다음 각 호의 구분에 따라 공사를 시작하여야 한다. 다만, 사업계획승인권자는 대통령령으로 정하는 정당한 사유가 있다고 인정하는 경우에는 사업주체의 신청을 받아 그 사유가 없어진 날부터 1년의 범위에서 제1호 또는 제2호가목에 따른 공사의 착수기간을 연장할 수 있다.

1. 제15조제1항에 따라 승인을 받은 경우: 승인받은 날부터 5년 이내
2. 제15조제3항에 따라 승인을 받은 경우

가. 최초로 공사를 진행하는 공구: 승인받은 날부터 5년 이내

나. 최초로 공사를 진행하는 공구 외의 공구: 해당 주택단지에 대한 최초 착공신고일부터 2년 이내

② 사업주체가 제1항에 따라 공사를 시작하려는 경우에는 국토교통부령으로 정하는 바에 따라 사업계획승인권자에게 신고하여야 한다.

③ 사업계획승인권자는 다음 각 호의 어느 하나에 해당하는 경우 그 사업계획의 승인을 취소(제2호 또는 제3호에 해당하는 경우 「주택도시기금법」 제26조에 따라 주택분양보증이 된 사업은 제외한다)할 수 있다.

1. 사업주체가 제1항(제2호나목은 제외한다)을 위반하여 공사를 시작하지 아니한 경우
2. 사업주체가 경매 · 공매 등으로 인하여 대지소유권을 상실한 경우
3. 사업주체의 부도 · 파산 등으로 공사의 완료가 불가능한 경우

④ 사업계획승인권자는 제3항제2호 또는 제3호의 사유로 사업계획승인을 취소하고자 하는 경우에는 사업주체에게 사업계획 이행, 사업비 조달 계획 등 대통령령으로 정하는 내용이 포함된 사업 정상화 계획을 제출받아 계획의 타당성을 심사한 후 취소 여부를 결정하여야 한다.

⑤ 제3항에도 불구하고 사업계획승인권자는 해당 사업의 시공자 등이 제21조제1항에 따른 해당 주택건설대지의 소유권 등을 확보하고 사업주체 변경을 위하여 제15조제4항에 따른 사업계획의 변경승인을 요청하는 경우에 이를 승인할 수 있다.

제17조 기반시설의 기부채납

① 사업계획승인권자는 제15조제1항 또는 제3항에 따라 사업계획을 승인할 때 사업주체가 제출하는 사업계획에 해당 주택건설사업 또는 대지조성사업과 직접적으로 관련이 없거나 과도한 기반시설의 기부채납(寄附採納)을 요구하여서는 아니 된다.

② 국토교통부장관은 기부채납 등과 관련하여 다음 각 호의 사항이 포함된 운영기준을 작성하여 고시할 수 있다.

1. 주택건설사업의 기반시설 기부채납 부담의 원칙 및 수준에 관한 사항
2. 주택건설사업의 기반시설의 설치기준 등에 관한 사항

③ 사업계획승인권자는 제2항에 따른 운영기준의 범위에서 지역여건 및 사업의 특성 등을 고려하여 자체 실정에 맞는 별도의 기준을 마련하여 운영할 수 있으며, 이 경우 미리 국토교통부장관에게 보고하여야 한다.

제18조 사업계획의 통합심의 등

① 사업계획승인권자는 필요하다고 인정하는 경우에 도시계획 · 건축 · 교통 등 사업계획승인과 관련된 다음 각 호의 사항을 통합하여 검토 및 심의(이하 "통합심의"라 한다)할 수 있다.

1. 「건축법」에 따른 건축심의
2. 「국토의 계획 및 이용에 관한 법률」에 따른 도시 · 군관리계획 및 개발행위 관련 사항
3. 「대도시권 광역교통 관리에 관한 특별법」에 따른 광역교통 개선대책
4. 「도시교통정비 촉진법」에 따른 교통영향평가
5. 「경관법」에 따른 경관심의
6. 그 밖에 사업계획승인권자가 필요하다고 인정하여 통합심의에 부치는 사항

② 제15조제1항 또는 제3항에 따라 사업계획승인을 받으려는 자가 통합심의를 신청하는 경우 제1항 각 호와 관련된 서류를 첨부하여야 한다. 이 경우 사업계획승인권자는 통합심의를 효율적으로 처리하기 위하여 필요한 경우 제출기한을 정하여 제출하도록 할 수 있다.

③ 사업계획승인권자가 통합심의를 하는 경우에는 다음 각 호의 어느 하나에 해당하는 위원회에 속하고 해당 위원회의 위원장의 추천을 받은 위원들과 사업계획승인권자가 속한 지방자치단체 소속 공무원으로 소집된 공동위원회를 구성하여 통합심의를 하여야 한다. 이 경우 공동위원회의 구성, 통합심의의 방법 및 절차에 관한 사항은 대통령령으로 정한다.

1. 「건축법」에 따른 중앙건축위원회 및 지방건축위원회
2. 「국토의 계획 및 이용에 관한 법률」에 따라 해당 주택단지가 속한 시 · 도에 설치된 지방도시계획위원회
3. 「대도시권 광역교통 관리에 관한 특별법」에 따라 광역교통 개선대책에 대하여 심의권한을 가진 국가교통위원회
4. 「도시교통정비 촉진법」에 따른 교통영향평가심의위원회
5. 「경관법」에 따른 경관위원회
6. 제1항제6호에 대하여 심의권한을 가진 관련 위원회

④ 사업계획승인권자는 통합심의를 한 경우 특별한 사유가 없으면 심의 결과를 반영하여 사업계획을 승인하여야 한다.

⑤ 통합심의를 거친 경우에는 제1항 각 호에 대한 검토 · 심의 · 조사 · 협의 · 조정 또는 재정을 거친 것으로 본다.

제19조 다른 법률에 따른 인가 · 허가 등의 의제 등

① 사업계획승인권자가 제15조에 따라 사업계획을 승인 또는 변경 승인할 때 다음 각 호의 허

가 · 인가 · 결정 · 승인 또는 신고 등(이하 "인 · 허가등"이라 한다)에 관하여 제3항에 따른 관계 행정기관의 장과 협의한 사항에 대하여는 해당 인 · 허가등을 받은 것으로 보며, 사업계획의 승인고시가 있은 때에는 다음 각 호의 관계 법률에 따른 고시가 있은 것으로 본다.

〈개정 2016. 1. 19., 2016. 12. 27.〉

1. 「건축법」 제11조에 따른 건축허가, 같은 법 제14조에 따른 건축신고, 같은 법 제16조에 따른 허가 · 신고사항의 변경 및 같은 법 제20조에 따른 가설건축물의 건축허가 또는 신고
2. 「공간정보의 구축 및 관리 등에 관한 법률」 제15조제3항에 따른 지도등의 간행 심사
3. 「공유수면 관리 및 매립에 관한 법률」 제8조에 따른 공유수면의 점용 · 사용허가, 같은 법 제10조에 따른 협의 또는 승인, 같은 법 제17조에 따른 점용 · 사용 실시계획의 승인 또는 신고, 같은 법 제28조에 따른 공유수면의 매립면허, 같은 법 제35조에 따른 국가 등이 시행하는 매립의 협의 또는 승인 및 같은 법 제38조에 따른 공유수면매립실시계획의 승인
4. 「광업법」 제42조에 따른 채굴계획의 인가
5. 「국토의 계획 및 이용에 관한 법률」 제30조에 따른 도시 · 군관리계획(같은 법 제2조제4호다목의 계획 및 같은 호 마목의 계획 중 같은 법 제51조제1항에 따른 지구단위계획구역 및 지구단위계획만 해당한다)의 결정, 같은 법 제56조에 따른 개발행위의 허가, 같은 법 제86조에 따른 도시 · 군계획시설사업시행자의 지정, 같은 법 제88조에 따른 실시계획의 인가 및 같은 법 제130조제2항에 따른 타인의 토지에의 출입허가
6. 「농어촌정비법」 제23조에 따른 농업생산기반시설의 사용허가
7. 「농지법」 제34조에 따른 농지전용(農地轉用)의 허가 또는 협의
8. 「도로법」 제36조에 따른 도로공사 시행의 허가, 같은 법 제61조에 따른 도로점용의 허가
9. 「도시개발법」 제3조에 따른 도시개발구역의 지정, 같은 법 제11조에 따른 시행자의 지정, 같은 법 제17조에 따른 실시계획의 인가 및 같은 법 제64조제2항에 따른 타인의 토지에의 출입허가
10. 「사도법」 제4조에 따른 사도(私道)의 개설허가
11. 「사방사업법」 제14조에 따른 토지의 형질변경 등의 허가, 같은 법 제20조에 따른 사방지(砂防地) 지정의 해제
12. 「산림보호법」 제9조제1항 및 같은 조 제2항제1호 · 제2호에 따른 산림보호구역에서의 행위의 허가 · 신고. 다만, 「산림자원의 조성 및 관리에 관한 법률」에 따른 채종림 및 시험림과 「산림보호법」에 따른 산림유전자원보호구역의 경우는 제외한다.
13. 「산림자원의 조성 및 관리에 관한 법률」 제36조제1항 · 제4항에 따른 입목벌채등의 허가 · 신고. 다만, 같은 법에 따른 채종림 및 시험림과 「산림보호법」에 따른 산림유전자

원보호구역의 경우는 제외한다.

14. 「산지관리법」 제14조 · 제15조에 따른 산지전용허가 및 산지전용신고, 같은 법 제15조의2에 따른 산지일시사용허가 · 신고
15. 「소하천정비법」 제10조에 따른 소하천공사 시행의 허가, 같은 법 제14조에 따른 소하천 점용 등의 허가 또는 신고
16. 「수도법」 제17조 또는 제49조에 따른 수도사업의 인가, 같은 법 제52조에 따른 전용상수도 설치의 인가
17. 「연안관리법」 제25조에 따른 연안정비사업실시계획의 승인
18. 「유통산업발전법」 제8조에 따른 대규모점포의 등록
19. 「장사 등에 관한 법률」 제27조제1항에 따른 무연분묘의 개장허가
20. 「지하수법」 제7조 또는 제8조에 따른 지하수 개발 · 이용의 허가 또는 신고
21. 「초지법」 제23조에 따른 초지전용의 허가
22. 「택지개발촉진법」 제6조에 따른 행위의 허가
23. 「하수도법」 제16조에 따른 공공하수도에 관한 공사 시행의 허가, 같은 법 제34조제2항에 따른 개인하수처리시설의 설치신고
24. 「하천법」 제30조에 따른 하천공사 시행의 허가 및 하천공사실시계획의 인가, 같은 법 제33조에 따른 하천의 점용허가 및 같은 법 제50조에 따른 하천수의 사용허가
25. 「부동산 거래신고 등에 관한 법률」 제11조에 따른 토지거래계약에 관한 허가

② 인 · 허가등의 의제를 받으려는 자는 제15조에 따른 사업계획승인을 신청할 때에 해당 법률에서 정하는 관계 서류를 함께 제출하여야 한다.

③ 사업계획승인권자는 제15조에 따라 사업계획을 승인하려는 경우 그 사업계획에 제1항 각 호의 어느 하나에 해당하는 사항이 포함되어 있는 경우에는 해당 법률에서 정하는 관계 서류를 미리 관계 행정기관의 장에게 제출한 후 협의하여야 한다. 이 경우 협의 요청을 받은 관계 행정기관의 장은 사업계획승인권자의 협의 요청을 받은 날부터 20일 이내에 의견을 제출하여야 하며, 그 기간 내에 의견을 제출하지 아니한 경우에는 협의가 완료된 것으로 본다.

④ 제3항에 따라 사업계획승인권자의 협의 요청을 받은 관계 행정기관의 장은 해당 법률에서 규정한 인 · 허가등의 기준을 위반하여 협의에 응하여서는 아니 된다.

⑤ 대통령령으로 정하는 비율 이상의 국민주택을 건설하는 사업주체가 제1항에 따라 다른 법률에 따른 인 · 허가등을 받은 것으로 보는 경우에는 관계 법률에 따라 부과되는 수수료 등을 면제한다.

제20조 주택건설사업 등에 의한 임대주택의 건설 등

① 사업주체(리모델링을 시행하는 자는 제외한다)가 다음 각 호의 사항을 포함한 사업계획승인신청서(「건축법」 제11조제3항의 허가신청서를 포함한다. 이하 이 조에서 같다)를 제출하는 경우 사업계획승인권자(건축허가권자를 포함한다)는 「국토의 계획 및 이용에 관한 법률」 제78조의 용도지역별 용적률 범위에서 특별시 · 광역시 · 특별자치시 · 특별자치도 · 시 또는 군의 조례로 정하는 기준에 따라 용적률을 완화하여 적용할 수 있다.

1. 제15조제1항에 따른 호수 이상의 주택과 주택 외의 시설을 동일 건축물로 건축하는 계획
2. 임대주택의 건설 · 공급에 관한 사항

② 제1항에 따라 용적률을 완화하여 적용하는 경우 사업주체는 완화된 용적률의 60퍼센트 이하의 범위에서 대통령령으로 정하는 비율 이상에 해당하는 면적을 임대주택으로 공급하여야 한다. 이 경우 사업주체는 임대주택을 국토교통부장관, 시 · 도지사, 한국토지주택공사 또는 지방공사(이하 "인수자"라 한다)에 공급하여야 하며 시 · 도지사가 우선 인수할 수 있다. 다만, 시 · 도지사가 임대주택을 인수하지 아니하는 경우 다음 각 호의 구분에 따라 국토교통부장관에게 인수자 지정을 요청하여야 한다.

1. 특별시장, 광역시장 또는 도지사가 인수하지 아니하는 경우: 관할 시장, 군수 또는 구청장이 제1항의 사업계획승인(「건축법」 제11조의 건축허가를 포함한다. 이하 이 조에서 같다)신청 사실을 특별시장, 광역시장 또는 도지사에게 통보한 후 국토교통부장관에게 인수자 지정 요청
2. 특별자치시장 또는 특별자치도지사가 인수하지 아니하는 경우: 특별자치시장 또는 특별자치도지사가 직접 국토교통부장관에게 인수자 지정 요청

③ 제2항에 따라 공급되는 임대주택의 공급가격은 「공공주택 특별법」 제50조의3제1항에 따른 공공건설임대주택의 분양전환가격 산정기준에서 정하는 건축비로 하고, 그 부속토지는 인수자에게 기부채납한 것으로 본다.

④ 사업주체는 제15조에 따른 사업계획승인을 신청하기 전에 미리 용적률의 완화로 건설되는 임대주택의 규모 등에 관하여 인수자와 협의하여 사업계획승인신청서에 반영하여야 한다.

⑤ 사업주체는 공급되는 주택의 전부(제11조의 주택조합이 설립된 경우에는 조합원에게 공급하고 남은 주택을 말한다)를 대상으로 공개추첨의 방법에 의하여 인수자에게 공급하는 임대주택을 선정하여야 하며, 그 선정 결과를 지체 없이 인수자에게 통보하여야 한다.

⑥ 사업주체는 임대주택의 준공인가(「건축법」 제22조의 사용승인을 포함한다)를 받은 후 지체 없이 인수자에게 등기를 촉탁 또는 신청하여야 한다. 이 경우 사업주체가 거부 또는 지체하는 경우에는 인수자가 등기를 촉탁 또는 신청할 수 있다.

제21조 대지의 소유권 확보 등

① 제15조제1항 또는 제3항에 따라 주택건설사업계획의 승인을 받으려는 자는 해당 주택건설대지의 소유권을 확보하여야 한다. 다만, 다음 각 호의 어느 하나에 해당하는 경우에는 그러하지 아니하다.

1. 「국토의 계획 및 이용에 관한 법률」 제49조에 따른 지구단위계획(이하 "지구단위계획"이라 한다)의 결정(제19조제1항제5호에 따라 의제되는 경우를 포함한다)이 필요한 주택건설사업의 해당 대지면적의 80퍼센트 이상을 사용할 수 있는 권원(權原)[제5조제2항에 따라 등록사업자와 공동으로 사업을 시행하는 주택조합(리모델링주택조합은 제외한다)의 경우에는 95퍼센트 이상의 소유권을 말한다. 이하 이 조, 제22조 및 제23조에서 같다]을 확보하고(국공유지가 포함된 경우에는 해당 토지의 관리청이 해당 토지를 사업주체에게 매각하거나 양여할 것을 확인한 서류를 사업계획승인권자에게 제출하는 경우에는 확보한 것으로 본다), 확보하지 못한 대지가 제22조 및 제23조에 따른 매도청구 대상이 되는 대지에 해당하는 경우
2. 사업주체가 주택건설대지의 소유권을 확보하지 못하였으나 그 대지를 사용할 수 있는 권원을 확보한 경우
3. 국가 · 지방자치단체 · 한국토지주택공사 또는 지방공사가 주택건설사업을 하는 경우

② 사업주체가 제16조제2항에 따라 신고한 후 공사를 시작하려는 경우 사업계획승인을 받은 해당 주택건설대지에 제22조 및 제23조에 따른 매도청구 대상이 되는 대지가 포함되어 있으면 해당 매도청구 대상 대지에 대하여는 그 대지의 소유자가 매도에 대하여 합의를 하거나 매도청구에 관한 법원의 승소판결(판결이 확정될 것을 요하지 아니한다)을 받은 경우에만 공사를 시작할 수 있다.

제22조 매도청구 등

① 제21조제1항제1호에 따라 사업계획승인을 받은 사업주체는 다음 각 호에 따라 해당 주택건설대지 중 사용할 수 있는 권원을 확보하지 못한 대지(건축물을 포함한다. 이하 이 조 및 제23조에서 같다)의 소유자에게 그 대지를 시가(市價)로 매도할 것을 청구할 수 있다. 이 경우 매도청구 대상이 되는 대지의 소유자와 매도청구를 하기 전에 3개월 이상 협의를 하여야 한다.

1. 주택건설대지면적의 95퍼센트 이상의 사용권원을 확보한 경우: 사용권원을 확보하지 못한 대지의 모든 소유자에게 매도청구 가능
2. 제1호 외의 경우: 사용권원을 확보하지 못한 대지의 소유자 중 지구단위계획구역 결정고시일 10년 이전에 해당 대지의 소유권을 취득하여 계속 보유하고 있는 자(대지의 소유기

간을 산정할 때 대지소유자가 직계존속 · 직계비속 및 배우자로부터 상속받아 소유권을 취득한 경우에는 피상속인의 소유기간을 합산한다)를 제외한 소유자에게 매도청구 가능

② 제11조제1항에 따라 인가를 받아 설립된 리모델링주택조합은 그 리모델링 결의에 찬성하지 아니하는 자의 주택 및 토지에 대하여 매도청구를 할 수 있다.

③ 제1항 및 제2항에 따른 매도청구에 관하여는 「집합건물의 소유 및 관리에 관한 법률」 제48조를 준용한다. 이 경우 구분소유권 및 대지사용권은 주택건설사업 또는 리모델링사업의 매도청구의 대상이 되는 건축물 또는 토지의 소유권과 그 밖의 권리로 본다.

제23조 소유자를 확인하기 곤란한 대지 등에 대한 처분

① 제21조제1항제1호에 따라 사업계획승인을 받은 사업주체는 해당 주택건설대지 중 사용할 수 있는 권원을 확보하지 못한 대지의 소유자가 있는 곳을 확인하기가 현저히 곤란한 경우에는 전국적으로 배포되는 둘 이상의 일간신문에 두 차례 이상 공고하고, 공고한 날부터 30일 이상이 지났을 때에는 제22조에 따른 매도청구 대상의 대지로 본다.

② 사업주체는 제1항에 따른 매도청구 대상 대지의 감정평가액에 해당하는 금액을 법원에 공탁(供託)하고 주택건설사업을 시행할 수 있다.

③ 제2항에 따른 대지의 감정평가액은 사업계획승인권자가 추천하는 「감정평가 및 감정평가사에 관한 법률」에 따른 감정평가업자 2명 이상이 평가한 금액을 산술평균하여 산정한다.

〈개정 2016. 1. 19.〉

제24조 토지에의 출입 등

① 국가 · 지방자치단체 · 한국토지주택공사 및 지방공사인 사업주체가 사업계획의 수립을 위한 조사 또는 측량을 하려는 경우와 국민주택사업을 시행하기 위하여 필요한 경우에는 다음 각 호의 행위를 할 수 있다.

1. 타인의 토지에 출입하는 행위
2. 특별한 용도로 이용되지 아니하고 있는 타인의 토지를 재료적치장 또는 임시도로로 일시 사용하는 행위
3. 특히 필요한 경우 죽목(竹木) · 토석이나 그 밖의 장애물을 변경하거나 제거하는 행위

② 제1항에 따른 사업주체가 국민주택을 건설하거나 국민주택을 건설하기 위한 대지를 조성하는 경우에는 토지나 토지에 정착한 물건 및 그 토지나 물건에 관한 소유권 외의 권리(이하 "토지등"이라 한다)를 수용하거나 사용할 수 있다.

③ 제1항의 경우에는 「국토의 계획 및 이용에 관한 법률」 제130조제2항부터 제9항까지 및 같은

법 제144조제1항제2호 · 제3호를 준용한다. 이 경우 "도시 · 군계획시설사업의 시행자"는 "사업주체"로, "제130조제1항"은 "이 법 제24조제1항"으로 본다.

제25조 토지에의 출입 등에 따른 손실보상

① 제24조제1항에 따른 행위로 인하여 손실을 입은 자가 있는 경우에는 그 행위를 한 사업주체가 그 손실을 보상하여야 한다.

② 제1항에 따른 손실보상에 관하여는 그 손실을 보상할 자와 손실을 입은 자가 협의하여야 한다.

③ 손실을 보상할 자 또는 손실을 입은 자는 제2항에 따른 협의가 성립되지 아니하거나 협의를 할 수 없는 경우에는 「공익사업을 위한 토지 등의 취득 및 보상에 관한 법률」에 따른 관할 토지수용위원회에 재결(裁決)을 신청할 수 있다.

④ 제3항에 따른 관할 토지수용위원회의 재결에 관하여는 「공익사업을 위한 토지 등의 취득 및 보상에 관한 법률」 제83조부터 제87조까지의 규정을 준용한다.

제26조 토지매수 업무 등의 위탁

① 국가 또는 한국토지주택공사인 사업주체는 주택건설사업 또는 대지조성사업을 위한 토지매수 업무와 손실보상 업무를 대통령령으로 정하는 바에 따라 관할 지방자치단체의 장에게 위탁할 수 있다.

② 사업주체가 제1항에 따라 토지매수 업무와 손실보상 업무를 위탁할 때에는 그 토지매수 금액과 손실보상 금액의 2퍼센트의 범위에서 대통령령으로 정하는 요율의 위탁수수료를 해당 지방자치단체에 지급하여야 한다.

제27조 「공익사업을 위한 토지 등의 취득 및 보상에 관한 법률」의 준용

① 제24조제2항에 따라 토지등을 수용하거나 사용하는 경우 이 법에 규정된 것 외에는 「공익사업을 위한 토지 등의 취득 및 보상에 관한 법률」을 준용한다.

② 제1항에 따라 「공익사업을 위한 토지 등의 취득 및 보상에 관한 법률」을 준용하는 경우에는 "「공익사업을 위한 토지 등의 취득 및 보상에 관한 법률」 제20조제1항에 따른 사업인정"을 "제15조에 따른 사업계획승인"으로 본다. 다만, 재결신청은 「공익사업을 위한 토지 등의 취득 및 보상에 관한 법률」 제23조제1항 및 제28조제1항에도 불구하고 사업계획승인을 받은 주택건설사업 기간 이내에 할 수 있다.

제28조 간선시설의 설치 및 비용의 상환

① 사업주체가 대통령령으로 정하는 호수 이상의 주택건설사업을 시행하는 경우 또는 대통령령으로 정하는 면적 이상의 대지조성사업을 시행하는 경우 다음 각 호에 해당하는 자는 각각 해당 간선시설을 설치하여야 한다. 다만, 제1호에 해당하는 시설로서 사업주체가 제15조제1항 또는 제3항에 따른 주택건설사업계획 또는 대지조성사업계획에 포함하여 설치하려는 경우에는 그러하지 아니하다.

1. 지방자치단체: 도로 및 상하수도시설
2. 해당 지역에 전기 · 통신 · 가스 또는 난방을 공급하는 자: 전기시설 · 통신시설 · 가스시설 또는 지역난방시설
3. 국가: 우체통

② 제1항 각 호에 따른 간선시설은 특별한 사유가 없으면 제49조제1항에 따른 사용검사일까지 설치를 완료하여야 한다.

③ 제1항에 따른 간선시설의 설치 비용은 설치의무자가 부담한다. 이 경우 제1항제1호에 따른 간선시설의 설치 비용은 그 비용의 50퍼센트의 범위에서 국가가 보조할 수 있다.

④ 제3항에도 불구하고 제1항의 전기간선시설을 지중선로(地中線路)로 설치하는 경우에는 전기를 공급하는 자와 지중에 설치할 것을 요청하는 자가 각각 50퍼센트의 비율로 그 설치 비용을 부담한다. 다만, 사업지구 밖의 기간시설로부터 그 사업지구 안의 가장 가까운 주택단지(사업지구 안에 1개의 주택단지가 있는 경우에는 그 주택단지를 말한다)의 경계선까지 전기간선시설을 설치하는 경우에는 전기를 공급하는 자가 부담한다.

⑤ 지방자치단체는 사업주체가 자신의 부담으로 제1항제1호에 해당하지 아니하는 도로 또는 상하수도시설(해당 주택건설사업 또는 대지조성사업과 직접적으로 관련이 있는 경우로 한정한다)의 설치를 요청할 경우에는 이에 따를 수 있다.

⑥ 제1항에 따른 간선시설의 종류별 설치 범위는 대통령령으로 정한다.

⑦ 간선시설 설치의무자가 제2항의 기간까지 간선시설의 설치를 완료하지 못할 특별한 사유가 있는 경우에는 사업주체가 그 간선시설을 자기부담으로 설치하고 간선시설 설치의무자에게 그 비용의 상환을 요구할 수 있다.

⑧ 제7항에 따른 간선시설 설치 비용의 상환 방법 및 절차 등에 필요한 사항은 대통령령으로 정한다.

제29조 공공시설의 귀속 등

① 사업주체가 제15조제1항 또는 제3항에 따라 사업계획승인을 받은 사업지구의 토지에 새로 공

공시설을 설치하거나 기존의 공공시설에 대체되는 공공시설을 설치하는 경우 그 공공시설의 귀속에 관하여는 「국토의 계획 및 이용에 관한 법률」 제65조 및 제99조를 준용한다. 이 경우 "개발행위허가를 받은 자"는 "사업주체"로, "개발행위허가"는 "사업계획승인"으로, "행정청인 시행자"는 "한국토지주택공사 및 지방공사"로 본다.

② 제1항 후단에 따라 행정청인 시행자로 보는 한국토지주택공사 및 지방공사는 해당 공사에 귀속되는 공공시설을 해당 국민주택사업을 시행하는 목적 외로는 사용하거나 처분할 수 없다.

제30조 국공유지 등의 우선 매각 및 임대

① 국가 또는 지방자치단체는 그가 소유하는 토지를 매각하거나 임대하는 경우에는 다음 각 호의 어느 하나의 목적으로 그 토지의 매수 또는 임차를 원하는 자가 있으면 그에게 우선적으로 그 토지를 매각하거나 임대할 수 있다.

1. 국민주택규모의 주택을 대통령령으로 정하는 비율 이상으로 건설하는 주택의 건설
2. 주택조합이 건설하는 주택(이하 "조합주택"이라 한다)의 건설
3. 제1호 또는 제2호의 주택을 건설하기 위한 대지의 조성

② 국가 또는 지방자치단체는 제1항에 따라 국가 또는 지방자치단체로부터 토지를 매수하거나 임차한 자가 그 매수일 또는 임차일부터 2년 이내에 국민주택규모의 주택 또는 조합주택을 건설하지 아니하거나 그 주택을 건설하기 위한 대지조성사업을 시행하지 아니한 경우에는 환매(還買)하거나 임대계약을 취소할 수 있다.

제31조 환지 방식에 의한 도시개발사업으로 조성된 대지의 활용

① 사업주체가 국민주택용지로 사용하기 위하여 도시개발사업시행자[「도시개발법」에 따른 환지(換地) 방식에 의하여 사업을 시행하는 도시개발사업의 시행자를 말한다. 이하 이 조에서 같다]에게 체비지(替費地)의 매각을 요구한 경우 그 도시개발사업시행자는 대통령령으로 정하는 바에 따라 체비지의 총면적의 50퍼센트의 범위에서 이를 우선적으로 사업주체에게 매각할 수 있다.

② 제1항의 경우 사업주체가 「도시개발법」 제28조에 따른 환지 계획의 수립 전에 체비지의 매각을 요구하면 도시개발사업시행자는 사업주체에게 매각할 체비지를 그 환지 계획에서 하나의 단지로 정하여야 한다.

③ 제1항에 따른 체비지의 양도가격은 국토교통부령으로 정하는 바에 따라 「감정평가 및 감정평가사에 관한 법률」에 따른 감정평가업자가 감정평가한 감정가격을 기준으로 한다. 다만, 임대주택을 건설하는 경우 등 국토교통부령으로 정하는 경우에는 국토교통부령으로 정하는 조성원

가를 기준으로 할 수 있다. 〈개정 2016. 1. 19.〉

제32조 서류의 열람

국민주택을 건설 · 공급하는 사업주체는 주택건설사업 또는 대지조성사업을 시행할 때 필요한 경우에는 등기소나 그 밖의 관계 행정기관의 장에게 필요한 서류의 열람 · 등사나 그 등본 또는 초본의 발급을 무료로 청구할 수 있다.

제4절 주택의 건설

제33조 주택의 설계 및 시공

① 제15조에 따른 사업계획승인을 받아 건설되는 주택(부대시설과 복리시설을 포함한다. 이하 이 조, 제49조, 제54조 및 제61조에서 같다)을 설계하는 자는 대통령령으로 정하는 설계도서 작성기준에 맞게 설계하여야 한다.

② 제1항에 따른 주택을 시공하는 자(이하 "시공자"라 한다)와 사업주체는 설계도서에 맞게 시공하여야 한다.

제34조 주택건설공사의 시공 제한 등

① 제15조에 따른 사업계획승인을 받은 주택의 건설공사는 「건설산업기본법」 제9조에 따른 건설업자로서 대통령령으로 정하는 자 또는 제7조에 따라 건설업자로 간주하는 등록사업자가 아니면 이를 시공할 수 없다.

② 공동주택의 방수 · 위생 및 냉난방 설비공사는 「건설산업기본법」 제9조에 따른 건설업자로서 대통령령으로 정하는 자(특정열사용기자재를 설치 · 시공하는 경우에는 「에너지이용 합리화법」에 따른 시공업자를 말한다)가 아니면 이를 시공할 수 없다.

③ 국가 또는 지방자치단체인 사업주체는 제15조에 따른 사업계획승인을 받은 주택건설공사의 설계와 시공을 분리하여 발주하여야 한다. 다만, 주택건설공사 중 대통령령으로 정하는 대형공사로서 기술관리상 설계와 시공을 분리하여 발주할 수 없는 공사의 경우에는 대통령령으로 정하는 입찰방법으로 시행할 수 있다.

제35조 주택건설기준 등

① 사업주체가 건설 · 공급하는 주택의 건설 등에 관한 다음 각 호의 기준(이하 "주택건설기준등"

이라 한다)은 대통령령으로 정한다.

1. 주택 및 시설의 배치, 주택과의 복합건축 등에 관한 주택건설기준
2. 세대 간의 경계벽, 바닥충격음 차단구조, 구조내력(構造耐力) 등 주택의 구조 · 설비기준
3. 부대시설의 설치기준
4. 복리시설의 설치기준
5. 대지조성기준
6. 주택의 규모 및 규모별 건설비율

② 지방자치단체는 그 지역의 특성, 주택의 규모 등을 고려하여 주택건설기준등의 범위에서 조례로 구체적인 기준을 정할 수 있다.

③ 사업주체는 제1항의 주택건설기준등 및 제2항의 기준에 따라 주택건설사업 또는 대지조성사업을 시행하여야 한다.

제36조 도시형 생활주택의 건설기준)

① 사업주체(「건축법」 제2조제12호에 따른 건축주를 포함한다)가 도시형 생활주택을 건설하려는 경우에는 「국토의 계획 및 이용에 관한 법률」에 따른 도시지역에 대통령령으로 정하는 유형과 규모 등에 적합하게 건설하여야 한다.

② 하나의 건축물에는 도시형 생활주택과 그 밖의 주택을 복합하여 건축할 수 없다. 다만, 대통령령으로 정하는 요건을 갖춘 경우에는 그러하지 아니하다.

제37조 에너지절약형 친환경주택 등의 건설기준

① 사업주체가 제15조에 따른 사업계획승인을 받아 주택을 건설하려는 경우에는 에너지 고효율 설비기술 및 자재 적용 등 대통령령으로 정하는 바에 따라 에너지절약형 친환경주택으로 건설하여야 한다. 이 경우 사업주체는 제15조에 따른 서류에 에너지절약형 친환경주택 건설기준 적용 현황 등 대통령령으로 정하는 서류를 첨부하여야 한다.

② 사업주체가 대통령령으로 정하는 호수 이상의 주택을 건설하려는 경우에는 친환경 건축자재 사용 등 대통령령으로 정하는 바에 따라 건강친화형 주택으로 건설하여야 한다.

제38조 장수명 주택의 건설기준 및 인증제도 등

① 국토교통부장관은 장수명 주택의 건설기준을 정하여 고시할 수 있다.

② 국토교통부장관은 장수명 주택의 공급 활성화를 유도하기 위하여 제1항의 건설기준에 따라 장수명 주택 인증제도를 시행할 수 있다.

③ 사업주체가 대통령령으로 정하는 호수 이상의 주택을 공급하고자 하는 때에는 제2항의 인증제도에 따라 대통령령으로 정하는 기준 이상의 등급을 인정받아야 한다.

④ 국가, 지방자치단체 및 공공기관의 장은 장수명 주택을 공급하는 사업주체 및 장수명 주택 취득자에게 법률 등에서 정하는 바에 따라 행정상 · 세제상의 지원을 할 수 있다.

⑤ 국토교통부장관은 제2항의 인증제도를 시행하기 위하여 인증기관을 지정하고 관련 업무를 위탁할 수 있다.

⑥ 제2항의 인증제도의 운영과 관련하여 인증기준, 인증절차, 수수료 등은 국토교통부령으로 정한다.

⑦ 제2항의 인증제도에 따라 국토교통부령으로 정하는 기준 이상의 등급을 인정받은 경우 「국토의 계획 및 이용에 관한 법률」에도 불구하고 대통령령으로 정하는 범위에서 건폐율 · 용적률 · 높이제한을 완화할 수 있다.

제39조 공동주택성능등급의 표시

사업주체가 대통령령으로 정하는 호수 이상의 공동주택을 공급할 때에는 주택의 성능 및 품질을 입주자가 알 수 있도록 「녹색건축물 조성 지원법」에 따라 다음 각 호의 공동주택성능에 대한 등급을 발급받아 국토교통부령으로 정하는 방법으로 입주자 모집공고에 표시하여야 한다.

1. 경량충격음 · 중량충격음 · 화장실소음 · 경계소음 등 소음 관련 등급
2. 리모델링 등에 대비한 가변성 및 수리 용이성 등 구조 관련 등급
3. 조경 · 일조확보율 · 실내공기질 · 에너지절약 등 환경 관련 등급
4. 커뮤니티시설, 사회적 약자 배려, 홈네트워크, 방범안전 등 생활환경 관련 등급
5. 화재 · 소방 · 피난안전 등 화재 · 소방 관련 등급

제40조 환기시설의 설치 등

사업주체는 공동주택의 실내 공기의 원활한 환기를 위하여 대통령령으로 정하는 기준에 따라 환기시설을 설치하여야 한다.

제41조 바닥충격음 성능등급 인정 등

① 국토교통부장관은 제35조제1항제2호에 따른 주택건설기준 중 공동주택 바닥충격음 차단구조의 성능등급을 대통령령으로 정하는 기준에 따라 인정하는 기관(이하 "바닥충격음 성능등급 인정기관"이라 한다)을 지정할 수 있다.

② 바닥충격음 성능등급 인정기관은 성능등급을 인정받은 제품(이하 "인정제품"이라 한다)이 다

음 각 호의 어느 하나에 해당하면 그 인정을 취소할 수 있다. 다만, 제1호에 해당하는 경우에는 그 인정을 취소하여야 한다.

1. 거짓이나 그 밖의 부정한 방법으로 인정받은 경우
2. 인정받은 내용과 다르게 판매ㆍ시공한 경우
3. 인정제품이 국토교통부령으로 정한 품질관리기준을 준수하지 아니한 경우
4. 인정의 유효기간을 연장하기 위한 시험결과를 제출하지 아니한 경우

③ 제1항에 따른 바닥충격음 차단구조의 성능등급 인정의 유효기간 및 성능등급 인정에 드는 수수료 등 바닥충격음 차단구조의 성능등급 인정에 필요한 사항은 대통령령으로 정한다.

④ 바닥충격음 성능등급 인정기관의 지정 요건 및 절차 등은 대통령령으로 정한다.

⑤ 국토교통부장관은 바닥충격음 성능등급 인정기관이 다음 각 호의 어느 하나에 해당하는 경우 그 지정을 취소할 수 있다. 다만, 제1호에 해당하는 경우에는 그 지정을 취소하여야 한다.

1. 거짓이나 그 밖의 부정한 방법으로 바닥충격음 성능등급 인정기관으로 지정을 받은 경우
2. 제1항에 따른 바닥충격음 차단구조의 성능등급의 인정기준을 위반하여 업무를 수행한 경우
3. 제4항에 따른 바닥충격음 성능등급 인정기관의 지정 요건에 맞지 아니한 경우
4. 정당한 사유 없이 2년 이상 계속하여 인정업무를 수행하지 아니한 경우

⑥ 국토교통부장관은 바닥충격음 성능등급 인정기관에 대하여 성능등급의 인정현황 등 업무에 관한 자료를 제출하게 하거나 소속 공무원에게 관련 서류 등을 검사하게 할 수 있다.

⑦ 제6항에 따라 검사를 하는 공무원은 그 권한을 나타내는 증표를 지니고 이를 관계인에게 내보여야 한다.

제42조 소음방지대책의 수립

① 사업계획승인권자는 주택의 건설에 따른 소음의 피해를 방지하고 주택건설 지역 주민의 평온한 생활을 유지하기 위하여 주택건설사업을 시행하려는 사업주체에게 대통령령으로 정하는 바에 따라 소음방지대책을 수립하도록 하여야 한다.

② 사업계획승인권자는 대통령령으로 정하는 주택건설 지역이 도로와 인접한 경우에는 해당 도로의 관리청과 소음방지대책을 미리 협의하여야 한다. 이 경우 해당 도로의 관리청은 소음 관계 법률에서 정하는 소음기준 범위에서 필요한 의견을 제시할 수 있다.

③ 제1항에 따른 소음방지대책 수립에 필요한 실외소음도와 실외소음도를 측정하는 기준은 대통령령으로 정한다.

④ 국토교통부장관은 제3항에 따른 실외소음도를 측정할 수 있는 측정기관(이하 "실외소음도 측정기관"이라 한다)을 지정할 수 있다.

⑤ 국토교통부장관은 실외소음도 측정기관이 다음 각 호의 어느 하나에 해당하는 경우에는 그 지정을 취소할 수 있다. 다만, 제1호에 해당하는 경우 그 지정을 취소하여야 한다.

1. 거짓이나 그 밖의 부정한 방법으로 실외소음도 측정기관으로 지정을 받은 경우
2. 제3항에 따른 실외소음도 측정기준을 위반하여 업무를 수행한 경우
3. 제6항에 따른 실외소음도 측정기관의 지정 요건에 미달하게 된 경우

⑥ 실외소음도 측정기관의 지정 요건, 측정에 소요되는 수수료 등 실외소음도 측정에 필요한 사항은 대통령령으로 정한다.

제5절 주택의 감리 및 사용검사

제43조 주택의 감리자 지정 등

① 사업계획승인권자가 제15조제1항 또는 제3항에 따른 주택건설사업계획을 승인하였을 때와 시장·군수·구청장이 제66조제1항 또는 제2항에 따른 리모델링의 허가를 하였을 때에는 「건축사법」 또는 「건설기술 진흥법」에 따른 감리자격이 있는 자를 대통령령으로 정하는 바에 따라 해당 주택건설공사의 감리자로 지정하여야 한다. 다만, 사업주체가 국가·지방자치단체·한국토지주택공사·지방공사 또는 대통령령으로 정하는 자인 경우와 「건축법」 제25조에 따라 공사감리를 하는 도시형 생활주택의 경우에는 그러하지 아니하다. 〈개정 2018. 3. 13.〉

② 사업계획승인권자는 감리자가 감리자의 지정에 관한 서류를 부정 또는 거짓으로 제출하거나, 업무 수행 중 위반 사항이 있음을 알고도 묵인하는 등 대통령령으로 정하는 사유에 해당하는 경우에는 감리자를 교체하고, 그 감리자에 대하여는 1년의 범위에서 감리업무의 지정을 제한할 수 있다.

③ 사업주체(제66조제1항 또는 제2항에 따른 리모델링의 허가만 받은 자도 포함한다. 이하 이 조, 제44조 및 제47조에서 같다)와 감리자 간의 책임 내용 및 범위는 이 법에서 규정한 것 외에는 당사자 간의 계약으로 정한다. 〈개정 2018. 3. 13.〉

④ 국토교통부장관은 제3항에 따른 계약을 체결할 때 사업주체와 감리자 간에 공정하게 계약이 체결되도록 하기 위하여 감리용역표준계약서를 정하여 보급할 수 있다.

제44조 감리자의 업무 등

① 감리자는 자기에게 소속된 자를 대통령령으로 정하는 바에 따라 감리원으로 배치하고, 다음 각 호의 업무를 수행하여야 한다.

1. 시공자가 설계도서에 맞게 시공하는지 여부의 확인
2. 시공자가 사용하는 건축자재가 관계 법령에 따른 기준에 맞는 건축자재인지 여부의 확인
3. 주택건설공사에 대하여 「건설기술 진흥법」 제55조에 따른 품질시험을 하였는지 여부의 확인
4. 시공자가 사용하는 마감자재 및 제품이 제54조제3항에 따라 사업주체가 시장 · 군수 · 구청장에게 제출한 마감자재 목록표 및 영상물 등과 동일한지 여부의 확인
5. 그 밖에 주택건설공사의 시공감리에 관한 사항으로서 대통령령으로 정하는 사항

② 감리자는 제1항 각 호에 따른 업무의 수행 상황을 국토교통부령으로 정하는 바에 따라 사업계획승인권자(제66조제1항 또는 제2항에 따른 리모델링의 허가만 받은 경우는 허가권자를 말한다. 이하 이 조, 제45조, 제47조 및 제48조에서 같다) 및 사업주체에게 보고하여야 한다. 〈개정 2018. 3. 13.〉

③ 감리자는 제1항 각 호의 업무를 수행하면서 위반 사항을 발견하였을 때에는 지체 없이 시공자 및 사업주체에게 위반 사항을 시정할 것을 통지하고, 7일 이내에 사업계획승인권자에게 그 내용을 보고하여야 한다.

④ 시공자 및 사업주체는 제3항에 따른 시정 통지를 받은 경우에는 즉시 해당 공사를 중지하고 위반 사항을 시정한 후 감리자의 확인을 받아야 한다. 이 경우 감리자의 시정 통지에 이의가 있을 때에는 즉시 그 공사를 중지하고 사업계획승인권자에게 서면으로 이의신청을 할 수 있다.

⑤ 제43조제1항에 따른 감리자의 지정 방법 및 절차와 제4항에 따른 이의신청의 처리 등에 필요한 사항은 대통령령으로 정한다.

⑥ 사업주체는 제43조제3항의 계약에 따른 공사감리비를 국토교통부령으로 정하는 바에 따라 사업계획승인권자에게 예치하여야 한다. 〈신설 2018. 3. 13.〉

⑦ 사업계획승인권자는 제6항에 따라 예치받은 공사감리비를 감리자에게 국토교통부령으로 정하는 절차 등에 따라 지급하여야 한다. 〈개정 2018. 3. 13.〉

제45조 감리자의 업무 협조

① 감리자는 「전력기술관리법」 제14조의2, 「정보통신공사업법」 제8조, 「소방시설공사업법」 제17조에 따라 감리업무를 수행하는 자(이하 "다른 법률에 따른 감리자"라 한다)와 서로 협력하여 감리업무를 수행하여야 한다.

② 다른 법률에 따른 감리자는 공정별 감리계획서 등 대통령령으로 정하는 자료를 감리자에게 제출하여야 하며, 감리자는 제출된 자료를 근거로 다른 법률에 따른 감리자와 협의하여 전체 주택건설공사에 대한 감리계획서를 작성하여 감리업무를 착수하기 전에 사업계획승인권자에게 보

고하여야 한다.

③ 감리자는 주택건설공사의 품질 · 안전 관리 및 원활한 공사 진행을 위하여 다른 법률에 따른 감리자에게 공정 보고 및 시정을 요구할 수 있으며, 다른 법률에 따른 감리자는 요청에 따라야 한다.

제46조 건축구조기술사와의 협력

① 수직증축형 리모델링(세대수가 증가되지 아니하는 리모델링을 포함한다. 이하 같다)의 감리자는 감리업무 수행 중에 다음 각 호의 어느 하나에 해당하는 사항이 확인된 경우에는 「국가기술자격법」에 따른 건축구조기술사(해당 건축물의 리모델링 구조설계를 담당한 자를 말하며, 이하 "건축구조기술사"라 한다)의 협력을 받아야 한다. 다만, 구조설계를 담당한 건축구조기술사가 사망하는 등 대통령령으로 정하는 사유로 감리자가 협력을 받을 수 없는 경우에는 대통령령으로 정하는 건축구조기술사의 협력을 받아야 한다.

1. 수직증축형 리모델링 허가 시 제출한 구조도 또는 구조계산서와 다르게 시공하고자 하는 경우
2. 내력벽(耐力壁), 기둥, 바닥, 보 등 건축물의 주요 구조부에 대하여 수직증축형 리모델링 허가 시 제출한 도면보다 상세한 도면 작성이 필요한 경우
3. 내력벽, 기둥, 바닥, 보 등 건축물의 주요 구조부의 철거 또는 보강 공사를 하는 경우로서 국토교통부령으로 정하는 경우
4. 그 밖에 건축물의 구조에 영향을 미치는 사항으로서 국토교통부령으로 정하는 경우

② 제1항에 따라 감리자에게 협력한 건축구조기술사는 분기별 감리보고서 및 최종 감리보고서에 감리자와 함께 서명날인하여야 한다.

③ 제1항에 따라 협력을 요청받은 건축구조기술사는 독립되고 공정한 입장에서 성실하게 업무를 수행하여야 한다.

④ 수직증축형 리모델링을 하려는 자는 제1항에 따라 감리자에게 협력한 건축구조기술사에게 적정한 대가를 지급하여야 한다.

제47조 부실감리자 등에 대한 조치

사업계획승인권자는 제43조 및 제44조에 따라 지정 · 배치된 감리자 또는 감리원(다른 법률에 따른 감리자 또는 그에게 소속된 감리원을 포함한다)이 그 업무를 수행할 때 고의 또는 중대한 과실로 감리를 부실하게 하거나 관계 법령을 위반하여 감리를 함으로써 해당 사업주체 또는 입주자 등에게 피해를 입히는 등 주택건설공사가 부실하게 된 경우에는 그 감리자의 등록 또는 감리원의 면허나 그

밖의 자격인정 등을 한 행정기관의 장에게 등록말소 · 면허취소 · 자격정지 · 영업정지나 그 밖에 필요한 조치를 하도록 요청할 수 있다.

제48조 감리자에 대한 실태점검 등

① 사업계획승인권자는 주택건설공사의 부실방지, 품질 및 안전 확보를 위하여 해당 주택건설공사의 감리자를 대상으로 각종 시험 및 자재확인 업무에 대한 이행 실태 등 대통령령으로 정하는 사항에 대하여 실태점검(이하 "실태점검"이라 한다)을 실시할 수 있다.

② 사업계획승인권자는 실태점검 결과 제44조제1항에 따른 감리업무의 소홀이 확인된 경우에는 시정명령을 하거나, 제43조제2항에 따라 감리자 교체를 하여야 한다.

③ 사업계획승인권자는 실태점검에 따른 감리자에 대한 시정명령 또는 교체지시 사실을 국토교통부령으로 정하는 바에 따라 국토교통부장관에게 보고하여야 하며, 국토교통부장관은 해당 내용을 종합관리하여 제43조제1항에 따른 감리자 지정에 관한 기준에 반영할 수 있다.

제49조 사용검사 등

① 사업주체는 제15조에 따른 사업계획승인을 받아 시행하는 주택건설사업 또는 대지조성사업을 완료한 경우에는 주택 또는 대지에 대하여 국토교통부령으로 정하는 바에 따라 시장 · 군수 · 구청장(국가 또는 한국토지주택공사가 사업주체인 경우와 대통령령으로 정하는 경우에는 국토교통부장관을 말한다. 이하 이 조에서 같다)의 사용검사를 받아야 한다. 다만, 제15조제3항에 따라 사업계획을 승인받은 경우에는 완공된 주택에 대하여 공구별로 사용검사(이하 "분할 사용검사"라 한다)를 받을 수 있고, 사업계획승인 조건의 미이행 등 대통령령으로 정하는 사유가 있는 경우에는 공사가 완료된 주택에 대하여 동별로 사용검사(이하 "동별 사용검사"라 한다)를 받을 수 있다.

② 사업주체가 제1항에 따른 사용검사를 받았을 때에는 제19조제1항에 따라 의제되는 인 · 허가등에 따른 해당 사업의 사용승인 · 준공검사 또는 준공인가 등을 받은 것으로 본다. 이 경우 제1항에 따른 사용검사를 하는 시장 · 군수 · 구청장(이하 "사용검사권자"라 한다)은 미리 관계 행정기관의 장과 협의하여야 한다.

③ 제1항에도 불구하고 다음 각 호의 구분에 따라 해당 주택의 시공을 보증한 자, 해당 주택의 시공자 또는 입주예정자는 대통령령으로 정하는 바에 따라 사용검사를 받을 수 있다.

1. 사업주체가 파산 등으로 사용검사를 받을 수 없는 경우에는 해당 주택의 시공을 보증한 자 또는 입주예정자
2. 사업주체가 정당한 이유 없이 사용검사를 위한 절차를 이행하지 아니하는 경우에는 해당

주택의 시공을 보증한 자, 해당 주택의 시공자 또는 입주예정자. 이 경우 사용검사권자는 사업주체가 사용검사를 받지 아니하는 정당한 이유를 밝히지 못하면 사용검사를 거부하거나 지연할 수 없다.

④ 사업주체 또는 입주예정자는 제1항에 따른 사용검사를 받은 후가 아니면 주택 또는 대지를 사용하게 하거나 이를 사용할 수 없다. 다만, 대통령령으로 정하는 경우로서 사용검사권자의 임시 사용승인을 받은 경우에는 그러하지 아니하다.

제50조 사용검사 등의 특례에 따른 하자보수보증금 면제

① 제49조제3항에 따라 사업주체의 파산 등으로 입주예정자가 사용검사를 받을 때에는 「공동주택관리법」 제38조제1항에도 불구하고 입주예정자의 대표회의가 사용검사권자에게 사용검사를 신청할 때 하자보수보증금을 예치하여야 한다.

② 제1항에 따라 입주예정자의 대표회의가 하자보수보증금을 예치할 경우 제49조제4항에도 불구하고 2015년 12월 31일 당시 제15조에 따른 사업계획승인을 받아 사실상 완공된 주택에 사업주체의 파산 등으로 제49조제1항 또는 제3항에 따른 사용검사를 받지 아니하고 무단으로 점유하여 거주(이하 이 조에서 "무단거주"라 한다)하는 입주예정자가 2016년 12월 31일까지 사용검사권자에게 사용검사를 신청할 때에는 다음 각 호의 구분에 따라 「공동주택관리법」 제38조제1항에 따른 하자보수보증금을 면제하여야 한다.

1. 무단거주한 날부터 1년이 경과한 때: 10퍼센트
2. 무단거주한 날부터 2년이 경과한 때: 35퍼센트
3. 무단거주한 날부터 3년이 경과한 때: 55퍼센트
4. 무단거주한 날부터 4년이 경과한 때: 70퍼센트
5. 무단거주한 날부터 5년이 경과한 때: 85퍼센트
6. 무단거주한 날부터 10년이 경과한 때: 100퍼센트

③ 제2항 각 호의 무단거주한 날은 주택에 최초로 입주예정자가 입주한 날을 기산일로 한다. 이 경우 입주예정자가 입주한 날은 주민등록 신고일이나 전기, 수도요금 영수증 등으로 확인한다.

④ 제1항에 따라 무단거주하는 입주예정자가 사용검사를 받았을 때에는 제49조제2항을 준용한다. 이 경우 "사업주체"를 "무단거주하는 입주예정자"로 본다.

⑤ 제1항에 따라 입주예정자의 대표회의가 하자보수보증금을 예치한 경우 「공동주택관리법」 제36조제3항에 따른 담보책임기간은 제2항에 따라 면제받은 기간만큼 줄어드는 것으로 본다.

〈개정 2017. 4. 18.〉

제6절 공업화주택의 인정 등

제51조 공업화주택의 인정 등

① 국토교통부장관은 다음 각 호의 어느 하나에 해당하는 부분을 국토교통부령으로 정하는 성능기준 및 생산기준에 따라 맞춤식 등 공업화공법으로 건설하는 주택을 공업화주택(이하 "공업화주택"이라 한다)으로 인정할 수 있다.

1. 주요 구조부의 전부 또는 일부
2. 세대별 주거 공간의 전부 또는 일부[거실(「건축법」 제2조제6호에 따른다) · 화장실 · 욕조 등 일부로서의 기능이 가능한 단위 공간을 말한다]

② 국토교통부장관, 시 · 도지사 또는 시장 · 군수는 다음 각 호의 구분에 따라 주택을 건설하려는 자에 대하여 「건설산업기본법」 제9조제1항에도 불구하고 대통령령으로 정하는 바에 따라 해당 주택을 건설하게 할 수 있다.

1. 국토교통부장관: 「건설기술 진흥법」 제14조에 따라 국토교통부장관이 고시한 새로운 건설기술을 적용하여 건설하는 공업화주택
2. 시 · 도지사 또는 시장 · 군수: 공업화주택

③ 공업화주택의 인정에 필요한 사항은 대통령령으로 정한다.

제52조 공업화주택의 인정취소

국토교통부장관은 제51조제1항에 따라 공업화주택을 인정받은 자가 다음 각 호의 어느 하나에 해당하는 경우에는 공업화주택의 인정을 취소할 수 있다. 다만, 제1호에 해당하는 경우에는 그 인정을 취소하여야 한다.

1. 거짓이나 그 밖의 부정한 방법으로 인정을 받은 경우
2. 인정을 받은 기준보다 낮은 성능으로 공업화주택을 건설한 경우

제53조 공업화주택의 건설 촉진

① 국토교통부장관, 시 · 도지사 또는 시장 · 군수는 사업주체가 건설할 주택을 공업화주택으로 건설하도록 사업주체에게 권고할 수 있다.

② 공업화주택의 건설 및 품질 향상과 관련하여 국토교통부령으로 정하는 기술능력을 갖추고 있는 자가 공업화주택을 건설하는 경우에는 제33조 · 제43조 · 제44조 및 「건축사법」 제4조를 적용하지 아니한다.

제3장 주택의 공급 등

제54조 주택의 공급

① 사업주체(「건축법」 제11조에 따른 건축허가를 받아 주택 외의 시설과 주택을 동일 건축물로 하여 제15조제1항에 따른 호수 이상으로 건설 · 공급하는 건축주와 제49조에 따라 사용검사를 받은 주택을 사업주체로부터 일괄하여 양수받은 자를 포함한다. 이하 이 장에서 같다)는 다음 각 호에서 정하는 바에 따라 주택을 건설 · 공급하여야 한다. 이 경우 국가유공자, 보훈보상대상자, 장애인, 철거주택의 소유자, 그 밖에 국토교통부령으로 정하는 대상자에게는 국토교통부령으로 정하는 바에 따라 입주자 모집조건 등을 달리 정하여 별도로 공급할 수 있다.

〈개정 2018. 3. 13.〉

1. 사업주체(공공주택사업자는 제외한다)가 입주자를 모집하려는 경우: 국토교통부령으로 정하는 바에 따라 시장 · 군수 · 구청장의 승인(복리시설의 경우에는 신고를 말한다)을 받을 것
2. 사업주체가 건설하는 주택을 공급하려는 경우
   가. 국토교통부령으로 정하는 입주자모집의 시기(사업주체 또는 시공자가 영업정지를 받거나 「건설기술 진흥법」 제53조에 따른 벌점이 국토교통부령으로 정하는 기준에 해당하는 경우 등에 달리 정한 입주자모집의 시기를 포함한다) · 조건 · 방법 · 절차, 입주금(입주예정자가 사업주체에게 납입하는 주택가격을 말한다. 이하 같다)의 납부 방법 · 시기 · 절차, 주택공급계약의 방법 · 절차 등에 적합할 것
   나. 국토교통부령으로 정하는 바에 따라 벽지 · 바닥재 · 주방용구 · 조명기구 등을 제외한 부분의 가격을 따로 제시하고, 이를 입주자가 선택할 수 있도록 할 것

② 주택을 공급받으려는 자는 국토교통부령으로 정하는 입주자자격, 재당첨 제한 및 공급 순위 등에 맞게 주택을 공급받아야 한다. 이 경우 제63조제1항에 따른 투기과열지구 및 제63조의2제1항에 따른 조정대상지역에서 건설 · 공급되는 주택을 공급받으려는 자의 입주자자격, 재당첨 제한 및 공급 순위 등은 주택의 수급 상황 및 투기 우려 등을 고려하여 국토교통부령으로 지역별로 달리 정할 수 있다. 〈개정 2017. 8. 9.〉

③ 사업주체가 제1항제1호에 따라 시장 · 군수 · 구청장의 승인을 받으려는 경우(사업주체가 국가 · 지방자치단체 · 한국토지주택공사 및 지방공사인 경우에는 견본주택을 건설하는 경우를 말한다)에는 제60조에 따라 건설하는 견본주택에 사용되는 마감자재의 규격 · 성능 및 재질을

적은 목록표(이하 "마감자재 목록표"라 한다)와 견본주택의 각 실의 내부를 촬영한 영상물 등을 제작하여 승인권자에게 제출하여야 한다.

④ 사업주체는 주택공급계약을 체결할 때 입주예정자에게 다음 각 호의 자료 또는 정보를 제공하여야 한다. 다만, 입주자 모집공고에 이를 표시(인터넷에 게재하는 경우를 포함한다)한 경우에는 그러하지 아니하다.

1. 제3항에 따른 견본주택에 사용된 마감자재 목록표
2. 공동주택 발코니의 세대 간 경계벽에 피난구를 설치하거나 경계벽을 경량구조로 건설한 경우 그에 관한 정보

⑤ 시장 · 군수 · 구청장은 제3항에 따라 받은 마감자재 목록표와 영상물 등을 제49조제1항에 따른 사용검사가 있은 날부터 2년 이상 보관하여야 하며, 입주자가 열람을 요구하는 경우에는 이를 공개하여야 한다.

⑥ 사업주체가 마감자재 생산업체의 부도 등으로 인한 제품의 품귀 등 부득이한 사유로 인하여 제15조에 따른 사업계획승인 또는 마감자재 목록표의 마감자재와 다르게 마감자재를 시공 · 설치하려는 경우에는 당초의 마감자재와 같은 질 이상으로 설치하여야 한다.

⑦ 사업주체가 제6항에 따라 마감자재 목록표의 자재와 다른 마감자재를 시공 · 설치하려는 경우에는 그 사실을 입주예정자에게 알려야 한다.

第55조 자료제공의 요청

① 국토교통부장관은 제54조제2항에 따라 주택을 공급받으려는 자의 입주자자격을 확인하기 위하여 필요하다고 인정하는 경우에는 주민등록 전산정보(주민등록번호 · 외국인등록번호 등 고유식별번호를 포함한다), 가족관계 등록사항, 국세, 지방세, 금융, 토지, 건물(건물등기부 · 건축물대장을 포함한다), 자동차, 건강보험, 국민연금, 고용보험 및 산업재해보상보험 등의 자료 또는 정보의 제공을 관계 기관의 장에게 요청할 수 있다. 이 경우 관계 기관의 장은 특별한 사유가 없으면 이에 따라야 한다.

② 국토교통부장관은 「금융실명거래 및 비밀보장에 관한 법률」 제4조제1항과 「신용정보의 이용 및 보호에 관한 법률」 제32조제2항에도 불구하고 제54조제2항에 따라 주택을 공급받으려는 자의 입주자자격을 확인하기 위하여 본인, 배우자, 본인 또는 배우자와 세대를 같이하는 세대원이 제출한 동의서면을 전자적 형태로 바꾼 문서에 의하여 금융기관 등(「금융실명거래 및 비밀보장에 관한 법률」 제2조제1호에 따른 금융회사등 및 「신용정보의 이용 및 보호에 관한 법률」 제25조에 따른 신용정보집중기관을 말한다. 이하 같다)의 장에게 다음 각 호의 자료 또는 정보의 제공을 요청할 수 있다.

1. 「금융실명거래 및 비밀보장에 관한 법률」 제2조제2호 · 제3호에 따른 금융자산 및 금융거래의 내용에 대한 자료 또는 정보 중 예금의 평균잔액과 그 밖에 국토교통부장관이 정하는 자료 또는 정보(이하 "금융정보"라 한다)
2. 「신용정보의 이용 및 보호에 관한 법률」 제2조제1호에 따른 신용정보 중 채무액과 그 밖에 국토교통부장관이 정하는 자료 또는 정보(이하 "신용정보"라 한다)
3. 「보험업법」 제4조제1항 각 호에 따른 보험에 가입하여 납부한 보험료와 그 밖에 국토교통부장관이 정하는 자료 또는 정보(이하 "보험정보"라 한다)

③ 국토교통부장관이 제2항에 따라 금융정보 · 신용정보 또는 보험정보(이하 "금융정보등"이라 한다)의 제공을 요청하는 경우 해당 금융정보등 명의인의 정보제공에 대한 동의서면을 함께 제출하여야 한다. 이 경우 동의서면은 전자적 형태로 바꾸어 제출할 수 있으며, 금융정보등을 제공한 금융기관 등의 장은 「금융실명거래 및 비밀보장에 관한 법률」 제4조의2제1항과 「신용정보의 이용 및 보호에 관한 법률」 제35조에도 불구하고 금융정보등의 제공사실을 명의인에게 통보하지 아니할 수 있다.

④ 국토교통부장관 및 사업주체(국가, 지방자치단체, 한국토지주택공사 및 지방공사로 한정한다)는 제1항 및 제2항에 따른 자료를 확인하기 위하여 「사회복지사업법」 제6조의2제2항에 따른 정보시스템을 연계하여 사용할 수 있다.

⑤ 국토교통부 소속 공무원 또는 소속 공무원이었던 사람과 제4항에 따른 사업주체의 소속 임직원은 제1항과 제2항에 따라 얻은 정보와 자료를 이 법에서 정한 목적 외의 다른 용도로 사용하거나 다른 사람 또는 기관에 제공하거나 누설하여서는 아니 된다.

제56조 입주자저축

① 이 법에 따라 주택을 공급받으려는 자에게는 미리 입주금의 전부 또는 일부를 저축(이하 "입주자저축"이라 한다)하게 할 수 있다.

② 제1항에서 "입주자저축"이란 국민주택과 민영주택을 공급받기 위하여 가입하는 주택청약종합저축을 말한다.

③ 그 밖에 입주자저축의 납입방식 · 금액 및 조건 등에 필요한 사항은 국토교통부령으로 정한다.

제57조 주택의 분양가격 제한 등

① 사업주체가 제54조에 따라 일반인에게 공급하는 공동주택 중 다음 각 호의 어느 하나에 해당하는 지역에서 공급하는 주택의 경우에는 이 조에서 정하는 기준에 따라 산정되는 분양가격 이하로 공급(이에 따라 공급되는 주택을 "분양가상한제 적용주택"이라 한다. 이하 같다)하여야 한다.

1. 공공택지

2. 공공택지 외의 택지에서 주택가격 상승 우려가 있어 제58조에 따라 국토교통부장관이 「주거기본법」 제8조에 따른 주거정책심의위원회(이하 "주거정책심의위원회"라 한다) 심의를 거쳐 지정하는 지역

② 제1항에도 불구하고 다음 각 호의 어느 하나에 해당하는 경우에는 제1항을 적용하지 아니한다.

1. 도시형 생활주택

2. 「경제자유구역의 지정 및 운영에 관한 특별법」 제4조에 따라 지정 · 고시된 경제자유구역에서 건설 · 공급하는 공동주택으로서 같은 법 제25조에 따른 경제자유구역위원회에서 외자유치 촉진과 관련이 있다고 인정하여 이 조에 따른 분양가격 제한을 적용하지 아니하기로 심의 · 의결한 경우

3. 「관광진흥법」 제70조제1항에 따라 지정된 관광특구에서 건설 · 공급하는 공동주택으로서 해당 건축물의 층수가 50층 이상이거나 높이가 150미터 이상인 경우

③ 제1항의 분양가격은 택지비와 건축비로 구성(토지임대부 분양주택의 경우에는 건축비만 해당한다)되며, 구체적인 명세, 산정방식, 감정평가기관 선정방법 등은 국토교통부령으로 정한다. 이 경우 택지비는 다음 각 호에 따라 산정한 금액으로 한다. 〈개정 2016. 1. 19., 2016. 12. 27.〉

1. 공공택지에서 주택을 공급하는 경우에는 해당 택지의 공급가격에 국토교통부령으로 정하는 택지와 관련된 비용을 가산한 금액

2. 공공택지 외의 택지에서 분양가상한제 적용주택을 공급하는 경우에는 「감정평가 및 감정평가사에 관한 법률」에 따라 감정평가한 가액에 국토교통부령으로 정하는 택지와 관련된 비용을 가산한 금액. 다만, 택지 매입가격이 다음 각 목의 어느 하나에 해당하는 경우에는 해당 매입가격(대통령령으로 정하는 범위로 한정한다)에 국토교통부령으로 정하는 택지와 관련된 비용을 가산한 금액을 택지비로 볼 수 있다. 이 경우 택지비는 주택단지 전체에 동일하게 적용하여야 한다.

가. 「민사집행법」, 「국세징수법」 또는 「지방세징수법」에 따른 경매 · 공매 낙찰가격

나. 국가 · 지방자치단체 등 공공기관으로부터 매입한 가격

다. 그 밖에 실제 매매가격을 확인할 수 있는 경우로서 대통령령으로 정하는 경우

④ 제3항의 분양가격 구성항목 중 건축비는 국토교통부장관이 정하여 고시하는 건축비(이하 "기본형건축비"라 한다)에 국토교통부령으로 정하는 금액을 더한 금액으로 한다. 이 경우 기본형건축비는 시장 · 군수 · 구청장이 해당 지역의 특성을 고려하여 국토교통부령으로 정하는 범위에서 따로 정하여 고시할 수 있다.

⑤ 사업주체는 분양가상한제 적용주택으로서 공공택지에서 공급하는 주택에 대하여 입주자모집

승인을 받았을 때에는 입주자 모집공고에 다음 각 호[국토교통부령으로 정하는 세분류(細分類)를 포함한다]에 대하여 분양가격을 공시하여야 한다.

1. 택지비
2. 공사비
3. 간접비
4. 그 밖에 국토교통부령으로 정하는 비용

⑥ 시장 · 군수 · 구청장이 제54조에 따라 공공택지 외의 택지에서 공급되는 분양가상한제 적용주택 중 분양가 상승 우려가 큰 지역으로서 대통령령으로 정하는 기준에 해당되는 지역에서 공급되는 주택의 입주자모집 승인을 하는 경우에는 다음 각 호의 구분에 따라 분양가격을 공시하여야 한다. 이 경우 제2호부터 제6호까지의 금액은 기본형건축비[특별자치시 · 특별자치도 · 시 · 군 · 구(구는 자치구의 구를 말하며, 이하 "시 · 군 · 구"라 한다)별 기본형건축비가 따로 있는 경우에는 시 · 군 · 구별 기본형건축비]의 항목별 가액으로 한다.

1. 택지비
2. 직접공사비
3. 간접공사비
4. 설계비
5. 감리비
6. 부대비
7. 그 밖에 국토교통부령으로 정하는 비용

⑦ 제5항 및 제6항에 따른 공시를 할 때 국토교통부령으로 정하는 택지비 및 건축비에 가산되는 비용의 공시에는 제59조에 따른 분양가심사위원회 심사를 받은 내용과 산출근거를 포함하여야 한다.

제58조 분양가상한제 적용 지역의 지정 및 해제

① 국토교통부장관은 제57조제1항제2호에 따라 주택가격상승률이 물가상승률보다 현저히 높은 지역으로서 그 지역의 주택가격 · 주택거래 등과 지역 주택시장 여건 등을 고려하였을 때 주택가격이 급등하거나 급등할 우려가 있는 지역 중 대통령령으로 정하는 기준을 충족하는 지역은 주거정책심의위원회 심의를 거쳐 분양가상한제 적용 지역으로 지정할 수 있다.

② 국토교통부장관이 제1항에 따라 분양가상한제 적용 지역을 지정하는 경우에는 미리 시 · 도지사의 의견을 들어야 한다.

③ 국토교통부장관은 제1항에 따른 분양가상한제 적용 지역을 지정하였을 때에는 지체 없이 이를

공고하고, 그 지정 지역을 관할하는 시장 · 군수 · 구청장에게 공고 내용을 통보하여야 한다. 이 경우 시장 · 군수 · 구청장은 사업주체로 하여금 입주자 모집공고 시 해당 지역에서 공급하는 주택이 분양가상한제 적용주택이라는 사실을 공고하게 하여야 한다.

④ 국토교통부장관은 제1항에 따른 분양가상한제 적용 지역으로 계속 지정할 필요가 없다고 인정하는 경우에는 주거정책심의위원회 심의를 거쳐 분양가상한제 적용 지역의 지정을 해제하여야 한다.

⑤ 분양가상한제 적용 지역의 지정을 해제하는 경우에는 제2항 및 제3항 전단을 준용한다. 이 경우 "지정"은 "지정 해제"로 본다.

⑥ 분양가상한제 적용 지역으로 지정된 지역의 시 · 도지사, 시장, 군수 또는 구청장은 분양가상한제 적용 지역의 지정 후 해당 지역의 주택가격이 안정되는 등 분양가상한제 적용 지역으로 계속 지정할 필요가 없다고 인정하는 경우에는 국토교통부장관에게 그 지정의 해제를 요청할 수 있다.

⑦ 제6항에 따라 분양가상한제 적용 지역 지정의 해제를 요청하는 경우의 절차 등 필요한 사항은 대통령령으로 정한다.

제59조 분양가심사위원회의 운영 등

① 시장 · 군수 · 구청장은 제57조에 관한 사항을 심의하기 위하여 분양가심사위원회를 설치 · 운영하여야 한다.

② 시장 · 군수 · 구청장은 제54조제1항제1호에 따라 입주자모집 승인을 할 때에는 분양가심사위원회의 심사결과에 따라 승인 여부를 결정하여야 한다.

③ 분양가심사위원회는 주택 관련 분야 교수, 주택건설 또는 주택관리 분야 전문직 종사자, 관계 공무원 또는 변호사 · 회계사 · 감정평가사 등 관련 전문가 10명 이내로 구성하되, 구성 절차 및 운영에 관한 사항은 대통령령으로 정한다.

④ 분양가심사위원회의 위원은 제1항부터 제3항까지의 업무를 수행할 때에는 신의와 성실로써 공정하게 심사를 하여야 한다.

제60조 견본주택의 건축기준

① 사업주체가 주택의 판매촉진을 위하여 견본주택을 건설하려는 경우 견본주택의 내부에 사용하는 마감자재 및 가구는 제15조에 따른 사업계획승인의 내용과 같은 것으로 시공 · 설치하여야 한다.

② 사업주체는 견본주택의 내부에 사용하는 마감자재를 제15조에 따른 사업계획승인 또는 마감자

재 목록표와 다른 마감자재로 설치하는 경우로서 다음 각 호의 어느 하나에 해당하는 경우에는 일반인이 그 해당 사항을 알 수 있도록 국토교통부령으로 정하는 바에 따라 그 공급가격을 표시하여야 한다.

1. 분양가격에 포함되지 아니하는 품목을 견본주택에 전시하는 경우
2. 마감자재 생산업체의 부도 등으로 인한 제품의 품귀 등 부득이한 경우

③ 견본주택에는 마감자재 목록표와 제15조에 따라 사업계획승인을 받은 서류 중 평면도와 시방서(示方書)를 갖춰 두어야 하며, 견본주택의 배치 · 구조 및 유지관리 등은 국토교통부령으로 정하는 기준에 맞아야 한다.

제61조 저당권설정 등의 제한

① 사업주체는 주택건설사업에 의하여 건설된 주택 및 대지에 대하여는 입주자 모집공고 승인 신청일(주택조합의 경우에는 사업계획승인 신청일을 말한다) 이후부터 입주예정자가 그 주택 및 대지의 소유권이전등기를 신청할 수 있는 날 이후 60일까지의 기간 동안 입주예정자의 동의 없이 다음 각 호의 어느 하나에 해당하는 행위를 하여서는 아니 된다. 다만, 그 주택의 건설을 촉진하기 위하여 대통령령으로 정하는 경우에는 그러하지 아니하다.

1. 해당 주택 및 대지에 저당권 또는 가등기담보권 등 담보물권을 설정하는 행위
2. 해당 주택 및 대지에 전세권 · 지상권(地上權) 또는 등기되는 부동산임차권을 설정하는 행위
3. 해당 주택 및 대지를 매매 또는 증여 등의 방법으로 처분하는 행위

② 제1항에서 "소유권이전등기를 신청할 수 있는 날"이란 사업주체가 입주예정자에게 통보한 입주가능일을 말한다.

③ 제1항에 따른 저당권설정 등의 제한을 할 때 사업주체는 해당 주택 또는 대지가 입주예정자의 동의 없이는 양도하거나 제한물권을 설정하거나 압류 · 가압류 · 가처분 등의 목적물이 될 수 없는 재산임을 소유권등기에 부기등기(附記登記)하여야 한다. 다만, 사업주체가 국가 · 지방자치단체 및 한국토지주택공사 등 공공기관이거나 해당 대지가 사업주체의 소유가 아닌 경우 등 대통령령으로 정하는 경우에는 그러하지 아니하다.

④ 제3항에 따른 부기등기는 주택건설대지에 대하여는 입주자 모집공고 승인 신청(주택건설대지 중 주택조합이 사업계획승인 신청일까지 소유권을 확보하지 못한 부분이 있는 경우에는 그 부분에 대한 소유권이전등기를 말한다)과 동시에 하여야 하고, 건설된 주택에 대하여는 소유권보존등기와 동시에 하여야 한다. 이 경우 부기등기의 내용 및 말소에 관한 사항은 대통령령으로 정한다.

⑤ 제4항에 따른 부기등기일 이후에 해당 대지 또는 주택을 양수하거나 제한물권을 설정받은 경우

또는 압류 · 가압류 · 가처분 등의 목적물로 한 경우에는 그 효력을 무효로 한다. 다만, 사업주체의 경영부실로 입주예정자가 그 대지를 양수받는 경우 등 대통령령으로 정하는 경우에는 그러하지 아니하다.

⑥ 사업주체의 재무 상황 및 금융거래 상황이 극히 불량한 경우 등 대통령령으로 정하는 사유에 해당되어 「주택도시기금법」에 따른 주택도시보증공사(이하 "주택도시보증공사"라 한다)가 분양보증을 하면서 주택건설대지를 주택도시보증공사에 신탁하게 할 경우에는 제1항과 제3항에도 불구하고 사업주체는 그 주택건설대지를 신탁할 수 있다.

⑦ 제6항에 따라 사업주체가 주택건설대지를 신탁하는 경우 신탁등기일 이후부터 입주예정자가 해당 주택건설대지의 소유권이전등기를 신청할 수 있는 날 이후 60일까지의 기간 동안 해당 신탁의 종료를 원인으로 하는 사업주체의 소유권이전등기청구권에 대한 압류 · 가압류 · 가처분 등은 효력이 없음을 신탁계약조항에 포함하여야 한다.

⑧ 제6항에 따른 신탁등기일 이후부터 입주예정자가 해당 주택건설대지의 소유권이전등기를 신청할 수 있는 날 이후 60일까지의 기간 동안 해당 신탁의 종료를 원인으로 하는 사업주체의 소유권이전등기청구권을 압류 · 가압류 · 가처분 등의 목적물로 한 경우에는 그 효력을 무효로 한다.

제62조 사용검사 후 매도청구 등

① 주택(복리시설을 포함한다. 이하 이 조에서 같다)의 소유자들은 주택단지 전체 대지에 속하는 일부의 토지에 대한 소유권이전등기 말소소송 등에 따라 제49조의 사용검사(동별 사용검사를 포함한다. 이하 이 조에서 같다)를 받은 이후에 해당 토지의 소유권을 회복한 자(이하 이 조에서 "실소유자"라 한다)에게 해당 토지를 시가로 매도할 것을 청구할 수 있다.

② 주택의 소유자들은 대표자를 선정하여 제1항에 따른 매도청구에 관한 소송을 제기할 수 있다. 이 경우 대표자는 주택의 소유자 전체의 4분의 3 이상의 동의를 받아 선정한다.

③ 제2항에 따른 매도청구에 관한 소송에 대한 판결은 주택의 소유자 전체에 대하여 효력이 있다.

④ 제1항에 따라 매도청구를 하려는 경우에는 해당 토지의 면적이 주택단지 전체 대지 면적의 5퍼센트 미만이어야 한다.

⑤ 제1항에 따른 매도청구의 의사표시는 실소유자가 해당 토지 소유권을 회복한 날부터 2년 이내에 해당 실소유자에게 송달되어야 한다.

⑥ 주택의 소유자들은 제1항에 따른 매도청구로 인하여 발생한 비용의 전부를 사업주체에게 구상(求償)할 수 있다.

제63조 투기과열지구의 지정 및 해제

① 국토교통부장관 또는 시·도지사는 주택가격의 안정을 위하여 필요한 경우에는 주거정책심의위원회(시·도지사의 경우에는 「주거기본법」 제9조에 따른 시·도 주거정책심의위원회를 말한다. 이하 이 조에서 같다)의 심의를 거쳐 일정한 지역을 투기과열지구로 지정하거나 이를 해제할 수 있다. 이 경우 투기과열지구의 지정은 그 지정 목적을 달성할 수 있는 최소한의 범위로 한다.

② 제1항에 따른 투기과열지구는 해당 지역의 주택가격상승률이 물가상승률보다 현저히 높은 지역으로서 그 지역의 청약경쟁률·주택가격·주택보급률 및 주택공급계획 등과 지역 주택시장 여건 등을 고려하였을 때 주택에 대한 투기가 성행하고 있거나 성행할 우려가 있는 지역 중 국토교통부령으로 정하는 기준을 충족하는 곳이어야 한다.

③ 국토교통부장관 또는 시·도지사는 제1항에 따라 투기과열지구를 지정하였을 때에는 지체 없이 이를 공고하고, 국토교통부장관은 그 투기과열지구를 관할하는 시장·군수·구청장에게, 특별시장, 광역시장 또는 도지사는 그 투기과열지구를 관할하는 시장, 군수 또는 구청장에게 각각 공고 내용을 통보하여야 한다. 이 경우 시장·군수·구청장은 사업주체로 하여금 입주자 모집공고 시 해당 주택건설 지역이 투기과열지구에 포함된 사실을 공고하게 하여야 한다. 투기과열지구 지정을 해제하는 경우에도 또한 같다.

④ 국토교통부장관 또는 시·도지사는 투기과열지구에서 제2항에 따른 지정 사유가 없어졌다고 인정하는 경우에는 지체 없이 투기과열지구 지정을 해제하여야 한다.

⑤ 제1항에 따라 국토교통부장관이 투기과열지구를 지정하거나 해제할 경우에는 미리 시·도지사의 의견을 듣고 그 의견에 대한 검토의견을 회신하여야 하며, 시·도지사가 투기과열지구를 지정하거나 해제할 경우에는 국토교통부장관과 협의하여야 한다. 〈개정 2018. 3. 13.〉

⑥ 국토교통부장관은 1년마다 주거정책심의위원회의 회의를 소집하여 투기과열지구로 지정된 지역별로 해당 지역의 주택가격 안정 여건의 변화 등을 고려하여 투기과열지구 지정의 유지 여부를 재검토하여야 한다. 이 경우 재검토 결과 투기과열지구 지정의 해제가 필요하다고 인정되는 경우에는 지체 없이 투기과열지구 지정을 해제하고 이를 공고하여야 한다.

⑦ 투기과열지구로 지정된 지역의 시·도지사, 시장, 군수 또는 구청장은 투기과열지구 지정 후 해당 지역의 주택가격이 안정되는 등 지정 사유가 없어졌다고 인정되는 경우에는 국토교통부장관 또는 시·도지사에게 투기과열지구 지정의 해제를 요청할 수 있다.

⑧ 제7항에 따라 투기과열지구 지정의 해제를 요청받은 국토교통부장관 또는 시·도지사는 요청받은 날부터 40일 이내에 주거정책심의위원회의 심의를 거쳐 투기과열지구 지정의 해제 여부를 결정하여 그 투기과열지구를 관할하는 지방자치단체의 장에게 심의결과를 통보하여

야 한다.

⑨ 국토교통부장관 또는 시 · 도지사는 제8항에 따른 심의결과 투기과열지구에서 그 지정 사유가 없어졌다고 인정될 때에는 지체 없이 투기과열지구 지정을 해제하고 이를 공고하여야 한다.

제63조의2 조정대상지역의 지정 및 해제

① 국토교통부장관은 다음 각 호의 어느 하나에 해당하는 지역으로서 국토교통부령으로 정하는 기준을 충족하는 지역을 주거정책심의위원회의 심의를 거쳐 조정대상지역(이하 "조정대상지역"이라 한다)으로 지정할 수 있다. 이 경우 제1호에 해당하는 조정대상지역의 지정은 그 지정 목적을 달성할 수 있는 최소한의 범위로 한다.

1. 주택가격, 청약경쟁률, 분양권 전매량 및 주택보급률 등을 고려하였을 때 주택 분양 등이 과열되어 있거나 과열될 우려가 있는 지역
2. 주택가격, 주택거래량, 미분양주택의 수 및 주택보급률 등을 고려하여 주택의 분양 · 매매 등 거래가 위축되어 있거나 위축될 우려가 있는 지역

② 국토교통부장관은 제1항에 따라 조정대상지역을 지정하는 경우 다음 각 호의 사항을 미리 관계 기관과 협의할 수 있다.

1. 「주택도시기금법」에 따른 주택도시보증공사의 보증업무 및 주택도시기금의 지원 등에 관한 사항
2. 주택 분양 및 거래 등과 관련된 금융 · 세제 조치 등에 관한 사항
3. 그 밖에 주택시장의 안정 또는 실수요자의 주택거래 활성화를 위하여 대통령령으로 정하는 사항

③ 국토교통부장관은 제1항에 따라 조정대상지역을 지정하는 경우에는 미리 시 · 도지사의 의견을 들어야 한다.

④ 국토교통부장관은 조정대상지역을 지정하였을 때에는 지체 없이 이를 공고하고, 그 조정대상지역을 관할하는 시장 · 군수 · 구청장에게 공고 내용을 통보하여야 한다. 이 경우 시장 · 군수 · 구청장은 사업주체로 하여금 입주자 모집공고 시 해당 주택건설 지역이 조정대상지역에 포함된 사실을 공고하게 하여야 한다.

⑤ 국토교통부장관은 조정대상지역으로 유지할 필요가 없다고 판단되는 경우에는 주거정책심의위원회의 심의를 거쳐 조정대상지역의 지정을 해제하여야 한다.

⑥ 제5항에 따라 조정대상지역의 지정을 해제하는 경우에는 제3항 및 제4항 전단을 준용한다. 이 경우 "지정"은 "해제"로 본다.

⑦ 조정대상지역으로 지정된 지역의 시 · 도지사 또는 시장 · 군수 · 구청장은 조정대상지역 지정

후 해당 지역의 주택가격이 안정되는 등 조정대상지역으로 유지할 필요가 없다고 판단되는 경우에는 국토교통부장관에게 그 지정의 해제를 요청할 수 있다.

⑧ 제7항에 따라 조정대상지역의 지정의 해제를 요청하는 경우의 절차 등 필요한 사항은 국토교통부령으로 정한다.

[본조신설 2017. 8. 9.]

제64조 주택의 전매행위 제한 등

① 사업주체가 건설 · 공급하는 주택 또는 주택의 입주자로 선정된 지위(입주자로 선정되어 그 주택에 입주할 수 있는 권리 · 자격 · 지위 등을 말한다. 이하 같다)로서 다음 각 호의 어느 하나에 해당하는 경우에는 10년 이내의 범위에서 대통령령으로 정하는 기간이 지나기 전에는 그 주택 또는 지위를 전매(매매 · 증여나 그 밖에 권리의 변동을 수반하는 모든 행위를 포함하되, 상속의 경우는 제외한다. 이하 같다)하거나 이의 전매를 알선할 수 없다. 이 경우 전매제한기간은 주택의 수급 상황 및 투기 우려 등을 고려하여 대통령령으로 지역별로 달리 정할 수 있다.

〈개정 2017. 8. 9.〉

1. 투기과열지구에서 건설 · 공급되는 주택의 입주자로 선정된 지위
2. 조정대상지역에서 건설 · 공급되는 주택의 입주자로 선정된 지위. 다만, 제63조의2제1항제2호에 해당하는 조정대상지역 중 주택의 수급 상황 등을 고려하여 대통령령으로 정하는 지역에서 건설 · 공급되는 주택의 입주자로 선정된 지위는 제외한다.
3. 분양가상한제 적용주택 및 그 주택의 입주자로 선정된 지위. 다만, 「수도권정비계획법」 제2조제1호에 따른 수도권(이하 이 조에서 "수도권"이라 한다) 외의 지역 중 주택의 수급 상황 및 투기 우려 등을 고려하여 대통령령으로 정하는 지역으로서 투기과열지구가 지정되지 아니하거나 제63조에 따라 지정 해제된 지역 중 공공택지 외의 택지에서 건설 · 공급되는 분양가상한제 적용주택 및 그 주택의 입주자로 선정된 지위는 제외한다.
4. 공공택지 외의 택지에서 건설 · 공급되는 주택 또는 그 주택의 입주자로 선정된 지위. 다만, 제57조제2항 각 호의 주택 또는 그 주택의 입주자로 선정된 지위 및 수도권 외의 지역 중 주택의 수급 상황 및 투기 우려 등을 고려하여 대통령령으로 정하는 지역으로서 공공택지 외의 택지에서 건설 · 공급되는 주택 및 그 주택의 입주자로 선정된 지위는 제외한다.

② 제1항 각 호의 어느 하나에 해당하여 입주자로 선정된 자 또는 제1항제3호 및 제4호에 해당하는 주택을 공급받은 자의 생업상의 사정 등으로 전매가 불가피하다고 인정되는 경우로서 대통령령으로 정하는 경우에는 제1항을 적용하지 아니한다. 다만, 제1항제3호 및 제4호에 해당하는 주택을 공급받은 자가 전매하는 경우에는 한국토지주택공사(사업주체가 지방공사인 경우에는

지방공사를 말한다. 이하 이 조에서 같다)가 그 주택을 우선 매입할 수 있다. 〈개정 2017. 8. 9.〉

③ 제1항을 위반하여 주택의 입주자로 선정된 지위의 전매가 이루어진 경우, 사업주체가 이미 납부된 입주금에 대하여 「은행법」에 따른 은행의 1년 만기 정기예금 평균이자율을 합산한 금액(이하 "매입비용"이라 한다. 이 조에서 같다)을 그 매수인에게 지급한 경우에는 그 지급한 날에 사업주체가 해당 입주자로 선정된 지위를 취득한 것으로 보며, 제2항 단서에 따라 한국토지주택공사가 분양가상한제 적용주택을 우선 매입하는 경우의 매입비용에 관하여도 이를 준용한다.

④ 사업주체가 제1항제3호 및 제4호에 해당하는 주택을 공급하는 경우에는 그 주택의 소유권을 제3자에게 이전할 수 없음을 소유권에 관한 등기에 부기등기하여야 한다. 〈개정 2017. 8. 9.〉

⑤ 제4항에 따른 부기등기는 주택의 소유권보존등기와 동시에 하여야 하며, 부기등기에는 "이 주택은 최초로 소유권이전등기가 된 후에는 「주택법」 제64조제1항에서 정한 기간이 지나기 전에 한국토지주택공사(제64조제2항 단서에 따라 한국토지주택공사가 우선 매입한 주택을 공급받는 자를 포함한다) 외의 자에게 소유권을 이전하는 어떠한 행위도 할 수 없음"을 명시하여야 한다.

⑥ 한국토지주택공사가 제2항 단서에 따라 우선 매입한 주택을 공급하는 경우에는 제4항을 준용한다.

제65조 공급질서 교란 금지

① 누구든지 이 법에 따라 건설 · 공급되는 주택을 공급받거나 공급받게 하기 위하여 다음 각 호의 어느 하나에 해당하는 증서 또는 지위를 양도 · 양수(매매 · 증여나 그 밖에 권리 변동을 수반하는 모든 행위를 포함하되, 상속 · 저당의 경우는 제외한다. 이하 이 조에서 같다) 또는 이를 알선하거나 양도 · 양수 또는 이를 알선할 목적으로 하는 광고(각종 간행물 · 유인물 · 전화 · 인터넷, 그 밖의 매체를 통한 행위를 포함한다)를 하여서는 아니 되며, 누구든지 거짓이나 그 밖의 부정한 방법으로 이 법에 따라 건설 · 공급되는 증서나 지위 또는 주택을 공급받거나 공급받게 하여서는 아니 된다.

1. 제11조에 따라 주택을 공급받을 수 있는 지위
2. 제56조에 따른 입주자저축 증서
3. 제80조에 따른 주택상환사채
4. 그 밖에 주택을 공급받을 수 있는 증서 또는 지위로서 대통령령으로 정하는 것

② 국토교통부장관 또는 사업주체는 다음 각 호의 어느 하나에 해당하는 자에 대하여는 그 주택 공급을 신청할 수 있는 지위를 무효로 하거나 이미 체결된 주택의 공급계약을 취소할 수 있다.

1. 제1항을 위반하여 증서 또는 지위를 양도하거나 양수한 자

2. 제1항을 위반하여 거짓이나 그 밖의 부정한 방법으로 증서나 지위 또는 주택을 공급받은 자

③ 사업주체가 제1항을 위반한 자에게 대통령령으로 정하는 바에 따라 산정한 주택가격에 해당하는 금액을 지급한 경우에는 그 지급한 날에 그 주택을 취득한 것으로 본다.

④ 제3항의 경우 사업주체가 매수인에게 주택가격을 지급하거나, 매수인을 알 수 없어 주택가격의 수령 통지를 할 수 없는 경우 등 대통령령으로 정하는 사유에 해당하는 경우로서 주택가격을 그 주택이 있는 지역을 관할하는 법원에 공탁한 경우에는 그 주택에 입주한 자에게 기간을 정하여 퇴거를 명할 수 있다.

⑤ 국토교통부장관은 제1항을 위반한 자에 대하여 10년의 범위에서 국토교통부령으로 정하는 바에 따라 주택의 입주자자격을 제한할 수 있다.

제4장 리모델링

제66조 리모델링의 허가 등

① 공동주택(부대시설과 복리시설을 포함한다)의 입주자 · 사용자 또는 관리주체가 공동주택을 리모델링하려고 하는 경우에는 허가와 관련된 면적, 세대수 또는 입주자 등의 동의 비율에 관하여 대통령령으로 정하는 기준 및 절차 등에 따라 시장 · 군수 · 구청장의 허가를 받아야 한다.

② 제1항에도 불구하고 대통령령으로 정하는 경우에는 리모델링주택조합이나 소유자 전원의 동의를 받은 입주자대표회의(「공동주택관리법」 제2조제1항제8호에 따른 입주자대표회의를 말하며, 이하 "입주자대표회의"라 한다)가 시장 · 군수 · 구청장의 허가를 받아 리모델링을 할 수 있다.

③ 제2항에 따라 리모델링을 하는 경우 제11조제1항에 따라 설립인가를 받은 리모델링주택조합의 총회 또는 소유자 전원의 동의를 받은 입주자대표회의에서 「건설산업기본법」 제9조에 따른 건설업자 또는 제7조제1항에 따라 건설업자로 보는 등록사업자를 시공자로 선정하여야 한다.

④ 제3항에 따른 시공자를 선정하는 경우에는 국토교통부장관이 정하는 경쟁입찰의 방법으로 하여야 한다. 다만, 경쟁입찰의 방법으로 시공자를 선정하는 것이 곤란하다고 인정되는 경우 등 대통령령으로 정하는 경우에는 그러하지 아니하다.

⑤ 제1항 또는 제2항에 따른 리모델링에 관하여 시장 · 군수 · 구청장이 관계 행정기관의 장과 협의하여 허가받은 사항에 관하여는 제19조를 준용한다.

⑥ 제1항에 따라 시장 · 군수 · 구청장이 세대수 증가형 리모델링(대통령령으로 정하는 세대수 이상으로 세대수가 증가하는 경우로 한정한다. 이하 이 조에서 같다)을 허가하려는 경우에는 기반시설에의 영향이나 도시 · 군관리계획과의 부합 여부 등에 대하여 「국토의 계획 및 이용에 관한 법률」 제113조제2항에 따라 설치된 시 · 군 · 구도시계획위원회(이하 "시 · 군 · 구도시계획위원회"라 한다)의 심의를 거쳐야 한다.

⑦ 공동주택의 입주자 · 사용자 · 관리주체 · 입주자대표회의 또는 리모델링주택조합이 제1항 또는 제2항에 따른 리모델링에 관하여 시장 · 군수 · 구청장의 허가를 받은 후 그 공사를 완료하였을 때에는 시장 · 군수 · 구청장의 사용검사를 받아야 하며, 사용검사에 관하여는 제49조를 준용한다.

⑧ 시장 · 군수 · 구청장은 제7항에 해당하는 자가 거짓이나 그 밖의 부정한 방법으로 제1항 · 제2

항 및 제5항에 따른 허가를 받은 경우에는 행위허가를 취소할 수 있다.

⑨ 제71조에 따른 리모델링 기본계획 수립 대상지역에서 세대수 증가형 리모델링을 허가하려는 시장 · 군수 · 구청장은 해당 리모델링 기본계획에 부합하는 범위에서 허가하여야 한다.

제67조 권리변동계획의 수립

세대수가 증가되는 리모델링을 하는 경우에는 기존 주택의 권리변동, 비용분담 등 대통령령으로 정하는 사항에 대한 계획(이하 "권리변동계획"이라 한다)을 수립하여 사업계획승인 또는 행위허가를 받아야 한다.

제68조 증축형 리모델링의 안전진단

① 제2조제25호나목 및 다목에 따라 증축하는 리모델링(이하 "증축형 리모델링"이라 한다)을 하려는 자는 시장 · 군수 · 구청장에게 안전진단을 요청하여야 하며, 안전진단을 요청받은 시장 · 군수 · 구청장은 해당 건축물의 증축 가능 여부의 확인 등을 위하여 안전진단을 실시하여야 한다.

② 시장 · 군수 · 구청장은 제1항에 따라 안전진단을 실시하는 경우에는 대통령령으로 정하는 기관에 안전진단을 의뢰하여야 하며, 안전진단을 의뢰받은 기관은 리모델링을 하려는 자가 추천한 건축구조기술사(구조설계를 담당할 자를 말한다)와 함께 안전진단을 실시하여야 한다.

③ 시장 · 군수 · 구청장이 제1항에 따른 안전진단으로 건축물 구조의 안전에 위험이 있다고 평가하여 「도시 및 주거환경정비법」 제2조제2호다목에 따른 재건축사업 및 「빈집 및 소규모주택 정비에 관한 특례법」 제2조제1항제3호다목에 따른 소규모재건축사업의 시행이 필요하다고 결정한 건축물은 증축형 리모델링을 하여서는 아니 된다. 〈개정 2017. 2. 8.〉

④ 시장 · 군수 · 구청장은 제66조제1항에 따라 수직증축형 리모델링을 허가한 후에 해당 건축물의 구조안전성 등에 대한 상세 확인을 위하여 안전진단을 실시하여야 한다. 이 경우 안전진단을 의뢰받은 기관은 제2항에 따른 건축구조기술사와 함께 안전진단을 실시하여야 하며, 리모델링을 하려는 자는 안전진단 후 구조설계의 변경 등이 필요한 경우에는 건축구조기술사로 하여금 이를 보완하도록 하여야 한다.

⑤ 제2항 및 제4항에 따라 안전진단을 의뢰받은 기관은 국토교통부장관이 정하여 고시하는 기준에 따라 안전진단을 실시하고, 국토교통부령으로 정하는 방법 및 절차에 따라 안전진단 결과보고서를 작성하여 안전진단을 요청한 자와 시장 · 군수 · 구청장에게 제출하여야 한다.

⑥ 시장 · 군수 · 구청장은 제1항 및 제4항에 따라 안전진단을 실시하는 비용의 전부 또는 일부를 리모델링을 하려는 자에게 부담하게 할 수 있다.

⑦ 그 밖에 안전진단에 관하여 필요한 사항은 대통령령으로 정한다.

제69조 전문기관의 안전성 검토 등

① 시장 · 군수 · 구청장은 수직증축형 리모델링을 하려는 자가 「건축법」에 따른 건축위원회의 심의를 요청하는 경우 구조계획상 증축범위의 적정성 등에 대하여 대통령령으로 정하는 전문기관에 안전성 검토를 의뢰하여야 한다.

② 시장 · 군수 · 구청장은 제66조제1항에 따라 수직증축형 리모델링을 하려는 자의 허가 신청이 있거나 제68조제4항에 따른 안전진단 결과 국토교통부장관이 정하여 고시하는 설계도서의 변경이 있는 경우 제출된 설계도서상 구조안전의 적정성 여부 등에 대하여 제1항에 따라 검토를 수행한 전문기관에 안전성 검토를 의뢰하여야 한다.

③ 제1항 및 제2항에 따라 검토의뢰를 받은 전문기관은 국토교통부장관이 정하여 고시하는 검토기준에 따라 검토한 결과를 대통령령으로 정하는 기간 이내에 시장 · 군수 · 구청장에게 제출하여야 하며, 시장 · 군수 · 구청장은 특별한 사유가 없는 경우 이 법 및 관계 법률에 따른 위원회의 심의 또는 허가 시 제출받은 안전성 검토결과를 반영하여야 한다.

④ 시장 · 군수 · 구청장은 제1항 및 제2항에 따른 전문기관의 안전성 검토비용의 전부 또는 일부를 리모델링을 하려는 자에게 부담하게 할 수 있다.

⑤ 국토교통부장관은 시장 · 군수 · 구청장에게 제3항에 따라 제출받은 자료의 제출을 요청할 수 있으며, 필요한 경우 시장 · 군수 · 구청장으로 하여금 안전성 검토결과의 적정성 여부에 대하여 「건축법」에 따른 중앙건축위원회의 심의를 받도록 요청할 수 있다.

⑥ 시장 · 군수 · 구청장은 특별한 사유가 없으면 제5항에 따른 심의결과를 반영하여야 한다.

⑦ 그 밖에 전문기관 검토 등에 관하여 필요한 사항은 대통령령으로 정한다.

제70조 수직증축형 리모델링의 구조기준

수직증축형 리모델링의 설계자는 국토교통부장관이 정하여 고시하는 구조기준에 맞게 구조설계도서를 작성하여야 한다.

제71조 리모델링 기본계획의 수립권자 및 대상지역 등

① 특별시장 · 광역시장 및 대도시의 시장은 관할구역에 대하여 다음 각 호의 사항을 포함한 리모델링 기본계획을 10년 단위로 수립하여야 한다. 다만, 세대수 증가형 리모델링에 따른 도시과밀의 우려가 적은 경우 등 대통령령으로 정하는 경우에는 리모델링 기본계획을 수립하지 아니할 수 있다.

1. 계획의 목표 및 기본방향
2. 도시기본계획 등 관련 계획 검토

3. 리모델링 대상 공동주택 현황 및 세대수 증가형 리모델링 수요 예측

4. 세대수 증가에 따른 기반시설의 영향 검토

5. 일시집중 방지 등을 위한 단계별 리모델링 시행방안

6. 그 밖에 대통령령으로 정하는 사항

② 대도시가 아닌 시의 시장은 세대수 증가형 리모델링에 따른 도시과밀이나 일시집중 등이 우려되어 도지사가 리모델링 기본계획의 수립이 필요하다고 인정한 경우 리모델링 기본계획을 수립하여야 한다.

③ 리모델링 기본계획의 작성기준 및 작성방법 등은 국토교통부장관이 정한다.

제72조 리모델링 기본계획 수립절차

① 특별시장 · 광역시장 및 대도시의 시장(제71조제2항에 따른 대도시가 아닌 시의 시장을 포함한다. 이하 이 조부터 제74조까지에서 같다)은 리모델링 기본계획을 수립하거나 변경하려면 14일 이상 주민에게 공람하고, 지방의회의 의견을 들어야 한다. 이 경우 지방의회는 의견제시를 요청받은 날부터 30일 이내에 의견을 제시하여야 하며, 30일 이내에 의견을 제시하지 아니하는 경우에는 이의가 없는 것으로 본다. 다만, 대통령령으로 정하는 경미한 변경인 경우에는 주민공람 및 지방의회 의견청취 절차를 거치지 아니할 수 있다.

② 특별시장 · 광역시장 및 대도시의 시장은 리모델링 기본계획을 수립하거나 변경하려면 관계 행정기관의 장과 협의한 후 「국토의 계획 및 이용에 관한 법률」 제113조제1항에 따라 설치된 시 · 도도시계획위원회(이하 "시 · 도도시계획위원회"라 한다) 또는 시 · 군 · 구도시계획위원회의 심의를 거쳐야 한다.

③ 제2항에 따라 협의를 요청받은 관계 행정기관의 장은 특별한 사유가 없으면 그 요청을 받은 날부터 30일 이내에 의견을 제시하여야 한다.

④ 대도시의 시장은 리모델링 기본계획을 수립하거나 변경하려면 도지사의 승인을 받아야 하며, 도지사는 리모델링 기본계획을 승인하려면 시 · 도도시계획위원회의 심의를 거쳐야 한다.

제73조 리모델링 기본계획의 고시 등

① 특별시장 · 광역시장 및 대도시의 시장은 리모델링 기본계획을 수립하거나 변경한 때에는 이를 지체 없이 해당 지방자치단체의 공보에 고시하여야 한다.

② 특별시장 · 광역시장 및 대도시의 시장은 5년마다 리모델링 기본계획의 타당성 여부를 검토하여 그 결과를 리모델링 기본계획에 반영하여야 한다.

③ 그 밖에 주민공람 절차 등 리모델링 기본계획 수립에 필요한 사항은 대통령령으로 정한다.

제74조 세대수 증가형 리모델링의 시기 조정

① 국토교통부장관은 세대수 증가형 리모델링의 시행으로 주변 지역에 현저한 주택부족이나 주택시장의 불안정 등이 발생될 우려가 있는 때에는 주거정책심의위원회의 심의를 거쳐 특별시장, 광역시장, 대도시의 시장에게 리모델링 기본계획을 변경하도록 요청하거나, 시장 · 군수 · 구청장에게 세대수 증가형 리모델링의 사업계획 승인 또는 허가의 시기를 조정하도록 요청할 수 있으며, 요청을 받은 특별시장, 광역시장, 대도시의 시장 또는 시장 · 군수 · 구청장은 특별한 사유가 없으면 그 요청에 따라야 한다.

② 시 · 도지사는 세대수 증가형 리모델링의 시행으로 주변 지역에 현저한 주택부족이나 주택시장의 불안정 등이 발생될 우려가 있는 때에는 「주거기본법」 제9조에 따른 시 · 도 주거정책심의위원회의 심의를 거쳐 대도시의 시장에게 리모델링 기본계획을 변경하도록 요청하거나, 시장 · 군수 · 구청장에게 세대수 증가형 리모델링의 사업계획 승인 또는 허가의 시기를 조정하도록 요청할 수 있으며, 요청을 받은 대도시의 시장 또는 시장 · 군수 · 구청장은 특별한 사유가 없으면 그 요청에 따라야 한다.

③ 제1항 및 제2항에 따른 시기조정에 관한 방법 및 절차 등에 관하여 필요한 사항은 국토교통부령 또는 시 · 도의 조례로 정한다.

제75조 리모델링 지원센터의 설치 · 운영

① 시장 · 군수 · 구청장은 리모델링의 원활한 추진을 지원하기 위하여 리모델링 지원센터를 설치하여 운영할 수 있다.

② 리모델링 지원센터는 다음 각 호의 업무를 수행할 수 있다.

1. 리모델링주택조합 설립을 위한 업무 지원
2. 설계자 및 시공자 선정 등에 대한 지원
3. 권리변동계획 수립에 관한 지원
4. 그 밖에 지방자치단체의 조례로 정하는 사항

③ 리모델링 지원센터의 조직, 인원 등 리모델링 지원센터의 설치 · 운영에 필요한 사항은 지방자치단체의 조례로 정한다.

제76조 공동주택 리모델링에 따른 특례

① 공동주택의 소유자가 리모델링에 의하여 전유부분(「집합건물의 소유 및 관리에 관한 법률」 제2조제3호에 따른 전유부분을 말한다. 이하 이 조에서 같다)의 면적이 늘거나 줄어드는 경우에는 「집합건물의 소유 및 관리에 관한 법률」 제12조 및 제20조제1항에도 불구하고 대지사용

권은 변하지 아니하는 것으로 본다. 다만, 세대수 증가를 수반하는 리모델링의 경우에는 권리 변동계획에 따른다.

② 공동주택의 소유자가 리모델링에 의하여 일부 공용부분(「집합건물의 소유 및 관리에 관한 법률」 제2조제4호에 따른 공용부분을 말한다. 이하 이 조에서 같다)의 면적을 전유부분의 면적으로 변경한 경우에는 「집합건물의 소유 및 관리에 관한 법률」 제12조에도 불구하고 그 소유자의 나머지 공용부분의 면적은 변하지 아니하는 것으로 본다.

③ 제1항의 대지사용권 및 제2항의 공용부분의 면적에 관하여는 제1항과 제2항에도 불구하고 소유자가 「집합건물의 소유 및 관리에 관한 법률」 제28조에 따른 규약으로 달리 정한 경우에는 그 규약에 따른다.

④ 임대차계약 당시 다음 각 호의 어느 하나에 해당하여 그 사실을 임차인에게 고지한 경우로서 제66조제1항 및 제2항에 따라 리모델링 허가를 받은 경우에는 해당 리모델링 건축물에 관한 임대차계약에 대하여 「주택임대차보호법」 제4조제1항 및 「상가건물 임대차보호법」 제9조제1항을 적용하지 아니한다.

1. 임대차계약 당시 해당 건축물의 소유자들(입주자대표회의를 포함한다)이 제11조제1항에 따른 리모델링주택조합 설립인가를 받은 경우
2. 임대차계약 당시 해당 건축물의 입주자대표회의가 직접 리모델링을 실시하기 위하여 제68조제1항에 따라 관할 시장 · 군수 · 구청장에게 안전진단을 요청한 경우

제77조 부정행위 금지

공동주택의 리모델링과 관련하여 다음 각 호의 어느 하나에 해당하는 자는 부정하게 재물 또는 재산상의 이익을 취득하거나 제공하여서는 아니 된다.

1. 입주자
2. 사용자
3. 관리주체
4. 입주자대표회의 또는 그 구성원
5. 리모델링주택조합 또는 그 구성원

제5장 보칙

제78조 토지임대부 분양주택의 토지에 관한 임대차 관계

① 토지임대부 분양주택의 토지에 대한 임대차기간은 40년 이내로 한다. 이 경우 토지임대부 분양주택 소유자의 75퍼센트 이상이 계약갱신을 청구하는 경우 40년의 범위에서 이를 갱신할 수 있다.

② 토지임대부 분양주택을 공급받은 자가 토지소유자와 임대차계약을 체결한 경우 해당 주택의 구분소유권을 목적으로 그 토지 위에 제1항에 따른 임대차기간 동안 지상권이 설정된 것으로 본다.

③ 토지임대부 분양주택의 토지에 대한 임대차계약을 체결하고자 하는 자는 국토교통부령으로 정하는 표준임대차계약서를 사용하여야 한다.

④ 토지임대부 분양주택을 양수한 자 또는 상속받은 자는 제1항에 따른 임대차계약을 승계한다.

⑤ 토지임대부 분양주택의 토지임대료는 해당 토지의 조성원가 또는 감정가격 등을 기준으로 산정하되, 구체적인 토지임대료의 책정 및 변경기준, 납부 절차 등에 관한 사항은 대통령령으로 정한다.

⑥ 제5항의 토지임대료는 월별 임대료를 원칙으로 하되, 토지소유자와 주택을 공급받은 자가 합의한 경우 대통령령으로 정하는 바에 따라 임대료를 보증금으로 전환하여 납부할 수 있다.

⑦ 제1항부터 제6항까지에서 정한 사항 외에 토지임대부 분양주택 토지의 임대차 관계는 토지소유자와 주택을 공급받은 자 간의 임대차계약에 따른다.

⑧ 토지임대부 분양주택에 관하여 이 법에서 정하지 아니한 사항은 「집합건물의 소유 및 관리에 관한 법률」, 「민법」 순으로 적용한다.

제79조 토지임대부 분양주택의 재건축

① 토지임대부 분양주택의 소유자가 제78조제1항에 따른 임대차기간이 만료되기 전에 「도시 및 주거환경정비법」 등 도시개발 관련 법률에 따라 해당 주택을 철거하고 재건축을 하고자 하는 경우 「집합건물의 소유 및 관리에 관한 법률」 제47조부터 제49조까지에 따라 토지소유자의 동의를 받아 재건축할 수 있다. 이 경우 토지소유자는 정당한 사유 없이 이를 거부할 수 없다.

② 제1항에 따라 토지임대부 분양주택을 재건축하는 경우 해당 주택의 소유자를 「도시 및 주거환경정비법」 제2조제9호나목에 따른 토지등소유자로 본다.

③ 제1항에 따라 재건축한 주택은 토지임대부 분양주택으로 한다. 이 경우 재건축한 주택의 준공인가일부터 제78조제1항에 따른 임대차기간 동안 토지소유자와 재건축한 주택의 조합원 사이에 토지의 임대차기간에 관한 계약이 성립된 것으로 본다.

④ 제3항에도 불구하고 토지소유자와 주택소유자가 합의한 경우에는 토지임대부 분양주택이 아닌 주택으로 전환할 수 있다.

제80조 주택상환사채의 발행

① 한국토지주택공사와 등록사업자는 대통령령으로 정하는 바에 따라 주택으로 상환하는 사채(이하 "주택상환사채"라 한다)를 발행할 수 있다. 이 경우 등록사업자는 자본금 · 자산평가액 및 기술인력 등이 대통령령으로 정하는 기준에 맞고 금융기관 또는 주택도시보증공사의 보증을 받은 경우에만 주택상환사채를 발행할 수 있다.

② 주택상환사채를 발행하려는 자는 대통령령으로 정하는 바에 따라 주택상환사채발행계획을 수립하여 국토교통부장관의 승인을 받아야 한다.

③ 주택상환사채의 발행요건 및 상환기간 등은 대통령령으로 정한다.

제81조 발행책임과 조건 등

① 제80조에 따라 주택상환사채를 발행한 자는 발행조건에 따라 주택을 건설하여 사채권자에게 상환하여야 한다.

② 주택상환사채는 기명증권(記名證券)으로 하고, 사채권자의 명의변경은 취득자의 성명과 주소를 사채원부에 기록하는 방법으로 하며, 취득자의 성명을 채권에 기록하지 아니하면 사채발행자 및 제3자에게 대항할 수 없다.

③ 국토교통부장관은 사채의 납입금이 택지의 구입 등 사채발행 목적에 맞게 사용될 수 있도록 그 사용 방법 · 절차 등에 관하여 대통령령으로 정하는 바에 따라 필요한 조치를 하여야 한다.

제82조 주택상환사채의 효력

제8조에 따라 등록사업자의 등록이 말소된 경우에도 등록사업자가 발행한 주택상환사채의 효력에는 영향을 미치지 아니한다.

제83조 「상법」의 적용

주택상환사채의 발행에 관하여 이 법에서 규정한 것 외에는 「상법」 중 사채발행에 관한 규정을 적용한다. 다만, 한국토지주택공사가 발행하는 경우와 금융기관 등이 상환을 보증하여 등록사업자가 발행하는 경우에는 「상법」 제478조제1항을 적용하지 아니한다.

제84조 국민주택사업특별회계의 설치 등

① 지방자치단체는 국민주택사업을 시행하기 위하여 국민주택사업특별회계를 설치 · 운용하여야 한다.

② 제1항의 국민주택사업특별회계의 자금은 다음 각 호의 재원으로 조성한다.

1. 자체 부담금
2. 주택도시기금으로부터의 차입금
3. 정부로부터의 보조금
4. 농협은행으로부터의 차입금
5. 외국으로부터의 차입금
6. 국민주택사업특별회계에 속하는 재산의 매각 대금
7. 국민주택사업특별회계자금의 회수금 · 이자수입금 및 그 밖의 수익
8. 「재건축초과이익 환수에 관한 법률」에 따른 재건축부담금 중 지방자치단체 귀속분

③ 지방자치단체는 대통령령으로 정하는 바에 따라 국민주택사업특별회계의 운용 상황을 국토교통부장관에게 보고하여야 한다.

제85조 협회의 설립 등

① 등록사업자는 주택건설사업 및 대지조성사업의 전문화와 주택산업의 건전한 발전을 도모하기 위하여 주택사업자단체를 설립할 수 있다.

② 제1항에 따른 단체(이하 "협회"라 한다)는 법인으로 한다.

③ 협회는 그 주된 사무소의 소재지에서 설립등기를 함으로써 성립한다.

④ 이 법에 따라 국토교통부장관, 시 · 도지사 또는 대도시의 시장으로부터 영업의 정지처분을 받은 협회 회원의 권리 · 의무는 그 영업의 정지기간 중에는 정지되며, 등록사업자의 등록이 말소되거나 취소된 때에는 협회의 회원자격을 상실한다.

제86조 협회의 설립인가 등

① 협회를 설립하려면 회원자격을 가진 자 50인 이상을 발기인으로 하여 정관을 마련한 후 창립총회의 의결을 거쳐 국토교통부장관의 인가를 받아야 한다. 협회가 정관을 변경하려는 경우에도 또한 같다.

② 국토교통부장관은 제1항에 따른 인가를 하였을 때에는 이를 지체 없이 공고하여야 한다.

제87조 「민법」의 준용

협회에 관하여 이 법에서 규정한 것 외에는 「민법」 중 사단법인에 관한 규정을 준용한다.

제88조 주택정책 관련 자료 등의 종합관리

① 국토교통부장관 또는 시 · 도지사는 적절한 주택정책의 수립 및 시행을 위하여 주택(준주택을 포함한다. 이하 이 조에서 같다)의 건설 · 공급 · 관리 및 이와 관련된 자금의 조달, 주택가격 동향 등 이 법에 규정된 주택과 관련된 사항에 관한 정보를 종합적으로 관리하고 이를 관련 기관 · 단체 등에 제공할 수 있다.

② 국토교통부장관 또는 시 · 도지사는 제1항에 따른 주택 관련 정보를 종합관리하기 위하여 필요한 자료를 관련 기관 · 단체 등에 요청할 수 있다. 이 경우 관계 행정기관 등은 특별한 사유가 없으면 요청에 따라야 한다.

③ 사업주체 또는 관리주체는 주택을 건설 · 공급 · 관리할 때 이 법과 이 법에 따른 명령에 따라 필요한 주택의 소유 여부 확인, 입주자의 자격 확인 등 대통령령으로 정하는 사항에 대하여 관련 기관 · 단체 등에 자료 제공 또는 확인을 요청할 수 있다.

제89조 권한의 위임 · 위탁

① 이 법에 따른 국토교통부장관의 권한은 대통령령으로 정하는 바에 따라 그 일부를 시 · 도지사 또는 국토교통부 소속 기관의 장에게 위임할 수 있다.

② 국토교통부장관 또는 지방자치단체의 장은 이 법에 따른 권한 중 다음 각 호의 권한을 대통령령으로 정하는 바에 따라 주택산업 육성과 주택관리의 전문화, 시설물의 안전관리 및 자격검정 등을 목적으로 설립된 법인 또는 「주택도시기금법」 제10조제2항 및 제3항에 따라 주택도시기금 운용 · 관리에 관한 사무를 위탁받은 자 중 국토교통부장관 또는 지방자치단체의 장이 인정하는 자에게 위탁할 수 있다.

1. 제4조에 따른 주택건설사업 등의 등록
2. 제10조에 따른 영업실적 등의 접수
3. 제48조제3항에 따른 부실감리자 현황에 대한 종합관리
4. 제88조에 따른 주택정책 관련 자료의 종합관리

③ 국토교통부장관은 제55조제1항 및 제2항에 따른 관계 기관의 장에 대한 자료제공 요청에 관한 사무를 보건복지부장관 또는 지방자치단체의 장에게 위탁할 수 있다.

제90조 등록증의 대여 등 금지

등록사업자는 다른 사람에게 자기의 성명 또는 상호를 사용하여 이 법에서 정한 사업이나 업무를 수행 또는 시공하게 하거나 그 등록증을 대여하여서는 아니 된다.

제91조 체납된 분양대금 등의 강제징수

① 국가 또는 지방자치단체인 사업주체가 건설한 국민주택의 분양대금 · 임대보증금 및 임대료가 체납된 경우에는 국가 또는 지방자치단체가 국세 또는 지방세 체납처분의 예에 따라 강제징수할 수 있다. 다만, 입주자가 장기간의 질병이나 그 밖의 부득이한 사유로 분양대금 · 임대보증금 및 임대료를 체납한 경우에는 강제징수하지 아니할 수 있다.

② 한국토지주택공사 또는 지방공사는 그가 건설한 국민주택의 분양대금 · 임대보증금 및 임대료가 체납된 경우에는 주택의 소재지를 관할하는 시장 · 군수 · 구청장에게 그 징수를 위탁할 수 있다.

③ 제2항에 따라 징수를 위탁받은 시장 · 군수 · 구청장은 지방세 체납처분의 예에 따라 이를 징수하여야 한다. 이 경우 한국토지주택공사 또는 지방공사는 시장 · 군수 · 구청장이 징수한 금액의 2퍼센트에 해당하는 금액을 해당 시 · 군 · 구에 위탁수수료로 지급하여야 한다.

제92조 분양권 전매 등에 대한 신고포상금

시 · 도지사는 제64조를 위반하여 분양권 등을 전매하거나 알선하는 자를 주무관청에 신고한 자에게 대통령령으로 정하는 바에 따라 포상금을 지급할 수 있다.

제93조 보고 · 검사 등

① 국토교통부장관 또는 지방자치단체의 장은 필요하다고 인정할 때에는 이 법에 따른 인가 · 승인 또는 등록을 한 자에게 필요한 보고를 하게 하거나, 관계 공무원으로 하여금 사업장에 출입하여 필요한 검사를 하게 할 수 있다.

② 제1항에 따른 검사를 할 때에는 검사 7일 전까지 검사 일시, 검사 이유 및 검사 내용 등 검사계획을 검사를 받을 자에게 알려야 한다. 다만, 긴급한 경우나 사전에 통지하면 증거인멸 등으로 검사 목적을 달성할 수 없다고 인정하는 경우에는 그러하지 아니하다.

③ 제1항에 따라 검사를 하는 공무원은 그 권한을 나타내는 증표를 지니고 이를 관계인에게 내보여야 한다.

제94조 사업주체 등에 대한 지도 · 감독

국토교통부장관 또는 지방자치단체의 장은 사업주체 및 공동주택의 입주자 · 사용자 · 관리주체 · 입주자대표회의나 그 구성원 또는 리모델링주택조합이 이 법 또는 이 법에 따른 명령이나 처분을 위반한 경우에는 공사의 중지, 원상복구 또는 그 밖에 필요한 조치를 명할 수 있다.

제95조 협회 등에 대한 지도 · 감독

국토교통부장관은 협회를 지도 · 감독한다.

제96조 청문

국토교통부장관 또는 지방자치단체의 장은 다음 각 호의 어느 하나에 해당하는 처분을 하려면 청문을 하여야 한다.

1. 제8조제1항에 따른 주택건설사업 등의 등록말소
2. 제14조제2항에 따른 주택조합의 설립인가취소
3. 제16조제3항에 따른 사업계획승인의 취소
4. 제66조제8항에 따른 행위허가의 취소

제97조 벌칙 적용에서 공무원 의제

다음 각 호의 어느 하나에 해당하는 자는 「형법」 제129조부터 제132조까지의 규정을 적용할 때에는 공무원으로 본다.

1. 제44조 및 제45조에 따라 감리업무를 수행하는 자
2. 제59조에 따른 분양가심사위원회의 위원 중 공무원이 아닌 자

제6장 벌칙

제98조 벌칙

① 제33조, 제43조, 제44조, 제46조 또는 제70조를 위반하여 설계 · 시공 또는 감리를 함으로써 「공동주택관리법」 제36조제3항에 따른 담보책임기간에 공동주택의 내력구조부에 중대한 하자를 발생시켜 일반인을 위험에 처하게 한 설계자 · 시공자 · 감리자 · 건축구조기술사 또는 사업주체는 10년 이하의 징역에 처한다. 〈개정 2017. 4. 18.〉

② 제1항의 죄를 범하여 사람을 죽음에 이르게 하거나 다치게 한 자는 무기징역 또는 3년 이상의 징역에 처한다.

제99조 벌칙

① 업무상 과실로 제98조제1항의 죄를 범한 자는 5년 이하의 징역이나 금고 또는 5천만원 이하의 벌금에 처한다.

② 업무상 과실로 제98조제2항의 죄를 범한 자는 10년 이하의 징역이나 금고 또는 1억원 이하의 벌금에 처한다.

제100조 벌칙

제55조제5항을 위반한 사람은 5년 이하의 징역 또는 5천만원 이하의 벌금에 처한다.

〈개정 2018. 12. 18.〉

제101조 벌칙

다음 각 호의 어느 하나에 해당하는 자는 3년 이하의 징역 또는 3천만원 이하의 벌금에 처한다. 다만, 제2호 및 제3호에 해당하는 자로서 그 위반행위로 얻은 이익의 3배에 해당하는 금액이 3천만원을 초과하는 자는 3년 이하의 징역 또는 그 이익의 3배에 해당하는 금액 이하의 벌금에 처한다.

〈개정 2016. 12. 2., 2018. 12. 18.〉

1. 제11조의2제1항을 위반하여 조합업무를 대행하게 한 주택조합, 주택조합의 구성원 및 조합업무를 대행한 자

1의2. 고의로 제33조를 위반하여 설계하거나 시공함으로써 사업주체 또는 입주자에게 손해를 입힌 자

2. 제64조제1항을 위반하여 입주자로 선정된 지위 또는 주택을 전매하거나 이의 전매를 알선한 자
3. 제65조제1항을 위반한 자
4. 제66조제3항을 위반하여 리모델링주택조합이 설립인가를 받기 전에 또는 입주자대표회의가 소유자 전원의 동의를 받기 전에 시공자를 선정한 자 및 시공자로 선정된 자
5. 제66조제4항을 위반하여 경쟁입찰의 방법에 의하지 아니하고 시공자를 선정한 자 및 시공자로 선정된 자

제102조 벌칙

다음 각 호의 어느 하나에 해당하는 자는 2년 이하의 징역 또는 2천만원 이하의 벌금에 처한다. 다만, 제5호 또는 제18호에 해당하는 자로서 그 위반행위로 얻은 이익의 50퍼센트에 해당하는 금액이 2천만원을 초과하는 자는 2년 이하의 징역 또는 그 이익의 2배에 해당하는 금액 이하의 벌금에 처한다. 〈개정 2016. 12. 2., 2018. 12. 18.〉

1. 제4조에 따른 등록을 하지 아니하거나, 거짓이나 그 밖의 부정한 방법으로 등록을 하고 같은 조의 사업을 한 자
2. 제11조의3제1항을 위반하여 신고하지 아니하고 조합원을 모집하거나 조합원을 공개로 모집하지 아니한 자
3. 제12조제1항에 따른 서류 및 관련 자료를 거짓으로 공개한 주택조합의 발기인 또는 임원
4. 제12조제2항에 따른 열람 · 복사 요청에 대하여 거짓의 사실이 포함된 자료를 열람 · 복사하여 준 주택조합의 발기인 또는 임원
5. 제15조제1항 · 제3항 또는 제4항에 따른 사업계획의 승인 또는 변경승인을 받지 아니하고 사업을 시행하는 자
6. 삭제 〈2018. 12. 18.〉

6의2. 과실로 제33조를 위반하여 설계하거나 시공함으로써 사업주체 또는 입주자에게 손해를 입힌 자

7. 제34조제1항 또는 제2항을 위반하여 주택건설공사를 시행하거나 시행하게 한 자
8. 제35조에 따른 주택건설기준등을 위반하여 사업을 시행한 자
9. 제39조를 위반하여 공동주택성능에 대한 등급을 표시하지 아니하거나 거짓으로 표시한 자
10. 제40조에 따른 환기시설을 설치하지 아니한 자
11. 고의로 제44조제1항에 따른 감리업무를 게을리하여 위법한 주택건설공사를 시공함으로써 사업주체 또는 입주자에게 손해를 입힌 자

12. 제49조제4항을 위반하여 주택 또는 대지를 사용하게 하거나 사용한 자(제66조제7항에 따라 준용되는 경우를 포함한다)
13. 제54조제1항을 위반하여 주택을 건설 · 공급한 자
14. 제54조제3항을 위반하여 건축물을 건설 · 공급한 자
15. 제57조제1항 또는 제5항을 위반하여 주택을 공급한 자
16. 제60조제1항 또는 제3항을 위반하여 견본주택을 건설하거나 유지관리한 자
17. 제61조제1항을 위반하여 같은 항 각 호의 어느 하나에 해당하는 행위를 한 자
18. 제77조를 위반하여 부정하게 재물 또는 재산상의 이익을 취득하거나 제공한 자
19. 제81조제3항에 따른 조치를 위반한 자

제103조 벌칙

제59조제4항을 위반하여 고의로 잘못된 심사를 한 자는 2년 이하의 징역 또는 2천만원 이하의 벌금에 처한다. 〈개정 2018. 12. 18.〉

제104조 벌칙

다음 각 호의 어느 하나에 해당하는 자는 1년 이하의 징역 또는 1천만원 이하의 벌금에 처한다.

1. 제8조에 따른 영업정지기간에 영업을 한 자
2. 제12조제1항을 위반하여 주택조합사업의 시행에 관련한 서류 및 자료를 공개하지 아니한 자
3. 제12조제2항을 위반하여 조합 구성원의 열람 · 복사 요청에 응하지 아니한 자
4. 제14조제3항에 따른 회계감사를 받지 아니한 자
5. 삭제 〈2018. 12. 18.〉
6. 과실로 제44조제1항에 따른 감리업무를 게을리하여 위법한 주택건설공사를 시공함으로써 사업주체 또는 입주자에게 손해를 입힌 자
7. 제44조제4항을 위반하여 시정 통지를 받고도 계속하여 주택건설공사를 시공한 시공자 및 사업주체
8. 제46조제1항에 따른 건축구조기술사의 협력, 제68조제5항에 따른 안전진단기준, 제69조제3항에 따른 검토기준 또는 제70조에 따른 구조기준을 위반하여 사업주체, 입주자 또는 사용자에게 손해를 입힌 자
9. 제48조제2항에 따른 시정명령에도 불구하고 필요한 조치를 하지 아니하고 감리를 한 자
10. 제66조제1항 및 제2항을 위반한 자
11. 제90조를 위반하여 등록증의 대여 등을 한 자

12. 제93조제1항에 따른 검사 등을 거부 · 방해 또는 기피한 자
13. 제94조에 따른 공사 중지 등의 명령을 위반한 자

제105조 양벌규정

① 법인의 대표자나 법인 또는 개인의 대리인, 사용인, 그 밖의 종업원이 그 법인 또는 개인의 업무에 관하여 제98조의 위반행위를 하면 그 행위자를 벌하는 외에 그 법인 또는 개인에게도 10억원 이하의 벌금에 처한다. 다만, 법인 또는 개인이 그 위반행위를 방지하기 위하여 해당 업무에 관하여 상당한 주의와 감독을 게을리하지 아니한 경우에는 그러하지 아니하다.

② 법인의 대표자나 법인 또는 개인의 대리인, 사용인, 그 밖의 종업원이 그 법인 또는 개인의 업무에 관하여 제99조, 제101조, 제102조 및 제104조의 어느 하나에 해당하는 위반행위를 하면 그 행위자를 벌하는 외에 그 법인 또는 개인에게도 해당 조문의 벌금형을 과(科)한다. 다만, 법인 또는 개인이 그 위반행위를 방지하기 위하여 해당 업무에 관하여 상당한 주의와 감독을 게을리하지 아니한 경우에는 그러하지 아니하다.

제106조 과태료

① 다음 각 호의 어느 하나에 해당하는 자에게는 2천만원 이하의 과태료를 부과한다.

1. 제78조제3항에 따른 표준임대차계약서를 사용하지 아니하거나 표준임대차계약서의 내용을 이행하지 아니한 자
2. 제78조제5항에 따른 임대료에 관한 기준을 위반하여 토지를 임대한 자

② 다음 각 호의 어느 하나에 해당하는 자에게는 1천만원 이하의 과태료를 부과한다. 〈개정 2016. 12. 2.〉

1. 제11조의2제3항을 위반하여 거짓 또는 과장 등의 방법으로 주택조합의 가입을 알선한 업무대행자
2. 제46조제1항을 위반하여 건축구조기술사의 협력을 받지 아니한 자

③ 다음 각 호의 어느 하나에 해당하는 자에게는 500만원 이하의 과태료를 부과한다.

1. 제16조제2항에 따른 신고를 하지 아니한 자
2. 제44조제2항에 따른 보고를 하지 아니하거나 거짓으로 보고를 한 감리자
3. 제45조제2항에 따른 보고를 하지 아니하거나 거짓으로 보고를 한 감리자
4. 제54조제2항을 위반하여 주택을 공급받은 자
5. 제93조제1항에 따른 보고 또는 검사의 명령을 위반한 자

④ 제1항부터 제3항까지에 따른 과태료는 대통령령으로 정하는 바에 따라 국토교통부장관 또는

지방자치단체의 장이 부과한다.

부칙 〈제16006호, 2018. 12. 18.〉

이 법은 공포 후 3개월이 경과한 날부터 시행한다.

주택법 시행령

[시행 2019. 2. 15]

[대통령령 제29549호, 2019. 2. 12, 일부개정]

제1장 총칙

제1조 목적

이 영은 「주택법」에서 위임된 사항과 그 시행에 필요한 사항을 규정함을 목적으로 한다.

제2조 단독주택의 종류와 범위

「주택법」(이하 "법"이라 한다) 제2조제2호에 따른 단독주택의 종류와 범위는 다음 각 호와 같다.

1. 「건축법 시행령」 별표 1 제1호가목에 따른 단독주택
2. 「건축법 시행령」 별표 1 제1호나목에 따른 다중주택
3. 「건축법 시행령」 별표 1 제1호다목에 따른 다가구주택

제3조 공동주택의 종류와 범위

① 법 제2조제3호에 따른 공동주택의 종류와 범위는 다음 각 호와 같다.

1. 「건축법 시행령」 별표 1 제2호가목에 따른 아파트(이하 "아파트"라 한다)
2. 「건축법 시행령」 별표 1 제2호나목에 따른 연립주택(이하 "연립주택"이라 한다)
3. 「건축법 시행령」 별표 1 제2호다목에 따른 다세대주택(이하 "다세대주택"이라 한다)

② 제1항 각 호의 공동주택은 그 공급기준 및 건설기준 등을 고려하여 국토교통부령으로 종류를 세분할 수 있다.

제4조 준주택의 종류와 범위

법 제2조제4호에 따른 준주택의 종류와 범위는 다음 각 호와 같다.

1. 「건축법 시행령」 별표 1 제2호라목에 따른 기숙사
2. 「건축법 시행령」 별표 1 제4호거목 및 제15호다목에 따른 다중생활시설
3. 「건축법 시행령」 별표 1 제11호나목에 따른 노인복지시설 중 「노인복지법」 제32조제1항제3호의 노인복지주택
4. 「건축법 시행령」 별표 1 제14호나목2)에 따른 오피스텔

제5조 주택단지의 구분기준이 되는 도로

법 제2조제12호라목에서 "대통령령으로 정하는 시설"이란 보행자 및 자동차의 통행이 가능한 도로로서 다음 각 호의 어느 하나에 해당하는 도로를 말한다.

1. 「국토의 계획 및 이용에 관한 법률」 제2조제7호에 따른 도시 · 군계획시설(이하 "도

시 · 군계획시설"이라 한다)인 도로로서 국토교통부령으로 정하는 도로

2. 「도로법」 제10조에 따른 일반국도 · 특별시도 · 광역시도 또는 지방도

3. 그 밖에 관계 법령에 따라 설치된 도로로서 제1호 및 제2호에 준하는 도로

제6조 부대시설의 범위

법 제2조제13호다목에서 "대통령령으로 정하는 시설 또는 설비"란 다음 각 호의 시설 또는 설비를 말한다.

1. 보안등, 대문, 경비실 및 자전거보관소
2. 조경시설, 옹벽 및 축대
3. 안내표지판 및 공중화장실
4. 저수시설, 지하양수시설 및 대피시설
5. 쓰레기 수거 및 처리시설, 오수처리시설, 정화조
6. 소방시설, 냉난방공급시설(지역난방공급시설은 제외한다) 및 방범설비
7. 「환경친화적 자동차의 개발 및 보급 촉진에 관한 법률」 제2조제3호에 따른 전기자동차에 전기를 충전하여 공급하는 시설
8. 그 밖에 제1호부터 제7호까지의 시설 또는 설비와 비슷한 것으로서 국토교통부령으로 정하는 시설 또는 설비

제7조 복리시설의 범위

법 제2조제14호나목에서 "대통령령으로 정하는 공동시설"이란 다음 각 호의 시설을 말한다.

1. 「건축법 시행령」 별표 1 제3호에 따른 제1종 근린생활시설
2. 「건축법 시행령」 별표 1 제4호에 따른 제2종 근린생활시설(총포판매소, 장의사, 다중생활시설, 단란주점 및 안마시술소는 제외한다)
3. 「건축법 시행령」 별표 1 제6호에 따른 종교시설
4. 「건축법 시행령」 별표 1 제7호에 따른 판매시설 중 소매시장 및 상점
5. 「건축법 시행령」 별표 1 제10호에 따른 교육연구시설
6. 「건축법 시행령」 별표 1 제11호에 따른 노유자시설
7. 「건축법 시행령」 별표 1 제12호에 따른 수련시설
8. 「건축법 시행령」 별표 1 제14호에 따른 업무시설 중 금융업소
9. 「산업집적활성화 및 공장설립에 관한 법률」 제2조제13호에 따른 지식산업센터
10. 「사회복지사업법」 제2조제5호에 따른 사회복지관

11. 공동작업장
12. 주민공동시설
13. 도시 · 군계획시설인 시장
14. 그 밖에 제1호부터 제13호까지의 시설과 비슷한 시설로서 국토교통부령으로 정하는 공동시설 또는 사업계획승인권자(법 제15조제1항에 따른 사업계획승인권자를 말한다. 이하 같다)가 거주자의 생활복리 또는 편익을 위하여 필요하다고 인정하는 시설

제8조 공구의 구분기준

법 제2조제18호에서 "대통령령으로 정하는 기준"이란 다음 각 호의 요건을 모두 충족하는 것을 말한다.

1. 다음 각 목의 어느 하나에 해당하는 시설을 설치하거나 공간을 조성하여 6미터 이상의 너비로 공구 간 경계를 설정할 것
   가. 「주택건설기준 등에 관한 규정」 제26조에 따른 주택단지 안의 도로
   나. 주택단지 안의 지상에 설치되는 부설주차장
   다. 주택단지 안의 옹벽 또는 축대
   라. 식재 · 조경이 된 녹지
   마. 그 밖에 어린이놀이터 등 부대시설이나 복리시설로서 사업계획 승인권자가 적합하다고 인정하는 시설
2. 공구별 세대수는 300세대 이상으로 할 것

제9조 세대구분형 공동주택

① 법 제2조제19호에서 "대통령령으로 정하는 건설기준, 설치기준, 면적기준 등에 적합한 주택"이란 다음 각 호의 구분에 따른 요건을 충족하는 공동주택을 말한다. 〈개정 2019. 2. 12.〉

1. 법 제15조에 따른 사업계획의 승인을 받아 건설하는 공동주택의 경우: 다음 각 목의 요건을 모두 충족할 것
   가. 세대별로 구분된 각각의 공간마다 별도의 욕실, 부엌과 현관을 설치할 것
   나. 하나의 세대가 통합하여 사용할 수 있도록 세대 간에 연결문 또는 경량구조의 경계벽 등을 설치할 것
   다. 세대구분형 공동주택의 세대수가 해당 주택단지 안의 공동주택 전체 세대수의 3분의 1을 넘지 않을 것
   라. 세대별로 구분된 각각의 공간의 주거전용면적(주거의 용도로만 쓰이는 면적으로서 법

제2조제6호 후단에 따른 방법으로 산정된 것을 말한다. 이하 같다) 합계가 해당 주택단지 전체 주거전용면적 합계의 3분의 1을 넘지 않는 등 국토교통부장관이 정하여 고시하는 주거전용면적의 비율에 관한 기준을 충족할 것

2. 「공동주택관리법」 제35조에 따른 행위의 허가를 받거나 신고를 하고 설치하는 공동주택의 경우: 다음 각 목의 요건을 모두 충족할 것
가. 구분된 공간의 세대수는 기존 세대를 포함하여 2세대 이하일 것
나. 세대별로 구분된 각각의 공간마다 별도의 욕실, 부엌과 구분 출입문을 설치할 것
다. 세대구분형 공동주택의 세대수가 해당 주택단지 안의 공동주택 전체 세대수의 10분의 1과 해당 동의 전체 세대수의 3분의 1을 각각 넘지 않을 것. 다만, 시장 · 군수 · 구청장이 부대시설의 규모 등 해당 주택단지의 여건을 고려하여 인정하는 범위에서 세대수의 기준을 넘을 수 있다.
라. 구조, 화재, 소방 및 피난안전 등 관계 법령에서 정하는 안전 기준을 충족할 것

② 제1항에 따라 건설 또는 설치되는 주택과 관련하여 법 제35조에 따른 주택건설기준 등을 적용하는 경우 세대구분형 공동주택의 세대수는 그 구분된 공간의 세대수에 관계없이 하나의 세대로 산정한다. 〈개정 2019. 2. 12.〉

제10조 도시형 생활주택

① 법 제2조제20호에서 "대통령령으로 정하는 주택"이란 「국토의 계획 및 이용에 관한 법률」 제36조제1항제1호에 따른 도시지역에 건설하는 다음 각 호의 주택을 말한다.

1. 원룸형 주택: 다음 각 목의 요건을 모두 갖춘 공동주택
가. 세대별 주거전용면적은 50제곱미터 이하일 것
나. 세대별로 독립된 주거가 가능하도록 욕실 및 부엌을 설치할 것
다. 욕실 및 보일러실을 제외한 부분을 하나의 공간으로 구성할 것. 다만, 주거전용면적이 30제곱미터 이상인 경우에는 두 개의 공간으로 구성할 수 있다.
라. 지하층에는 세대를 설치하지 아니할 것

2. 단지형 연립주택: 원룸형 주택이 아닌 연립주택. 다만, 「건축법」 제5조제2항에 따라 같은 법 제4조에 따른 건축위원회의 심의를 받은 경우에는 주택으로 쓰는 층수를 5개층까지 건축할 수 있다.

3. 단지형 다세대주택: 원룸형 주택이 아닌 다세대주택. 다만, 「건축법」 제5조제2항에 따라 같은 법 제4조에 따른 건축위원회의 심의를 받은 경우에는 주택으로 쓰는 층수를 5개층까지 건축할 수 있다.

② 하나의 건축물에는 도시형 생활주택과 그 밖의 주택을 함께 건축할 수 없다. 다만, 다음 각 호의 어느 하나에 해당하는 경우는 예외로 한다.

1. 원룸형 주택과 주거전용면적이 85제곱미터를 초과하는 주택 1세대를 함께 건축하는 경우
2. 「국토의 계획 및 이용에 관한 법률 시행령」 제30조제1호다목에 따른 준주거지역 또는 같은 조 제2호에 따른 상업지역에서 원룸형 주택과 도시형 생활주택 외의 주택을 함께 건축하는 경우

③ 하나의 건축물에는 단지형 연립주택 또는 단지형 다세대주택과 원룸형 주택을 함께 건축할 수 없다.

제11조 에너지절약형 친환경주택의 건설기준 및 종류 · 범위

법 제2조제21호에 따른 에너지절약형 친환경주택의 종류 · 범위 및 건설기준은 「주택건설기준 등에 관한 규정」 으로 정한다.

제12조 건강친화형 주택의 건설기준

법 제2조제22호에 따른 건강친화형 주택의 건설기준은 「주택건설기준 등에 관한 규정」 으로 정한다.

제13조 수직증축형 리모델링의 허용 요건

① 법 제2조제25호다목1)에서 "대통령령으로 정하는 범위"란 다음 각 호의 구분에 따른 범위를 말한다.

1. 수직으로 증축하는 행위(이하 "수직증축형 리모델링"이라 한다)의 대상이 되는 기존 건축물의 층수가 15층 이상인 경우: 3개층
2. 수직증축형 리모델링의 대상이 되는 기존 건축물의 층수가 14층 이하인 경우: 2개층

② 법 제2조제25호다목2)에서 "리모델링 대상 건축물의 구조도 보유 등 대통령령으로 정하는 요건"이란 수직증축형 리모델링의 대상이 되는 기존 건축물의 신축 당시 구조도를 보유하고 있는 것을 말한다.

제2장 총주택의 건설 등

제1절 주택건설사업자 등

제14조 주택건설사업자 등의 범위 및 등록기준 등

① 법 제4조제1항 각 호 외의 부분 본문에서 "대통령령으로 정하는 호수"란 다음 각 호의 구분에 따른 호수(戶數) 또는 세대수를 말한다.

1. 단독주택의 경우: 20호
2. 공동주택의 경우: 20세대. 다만, 도시형 생활주택(제10조제2항제1호의 경우를 포함한다)은 30세대로 한다.

② 법 제4조제1항 각 호 외의 부분 본문에서 "대통령령으로 정하는 면적"이란 1만제곱미터를 말한다.

③ 법 제4조에 따라 주택건설사업 또는 대지조성사업의 등록을 하려는 자는 다음 각 호의 요건을 모두 갖추어야 한다. 이 경우 하나의 사업자가 주택건설사업과 대지조성사업을 함께 할 때에는 제1호 및 제3호의 기준은 중복하여 적용하지 아니한다. 〈개정 2017. 6. 2., 2018. 12. 11.〉

1. 자본금: 3억원(개인인 경우에는 자산평가액 6억원) 이상
2. 다음 각 목의 구분에 따른 기술인력
   가. 주택건설사업: 「건설기술 진흥법 시행령」 별표 1에 따른 건축 분야 기술인 1명 이상
   나. 대지조성사업: 「건설기술 진흥법 시행령」 별표 1에 따른 토목 분야 기술인 1명 이상
3. 사무실면적: 사업의 수행에 필요한 사무장비를 갖출 수 있는 면적

④ 다음 각 호의 어느 하나에 해당하는 경우에는 해당 각 호의 자본금, 기술인력 또는 사무실면적을 제3항 각 호의 기준에 포함하여 산정한다.

1. 「건설산업기본법」 제9조에 따라 건설업(건축공사업 또는 토목건축공사업만 해당한다)의 등록을 한 자가 주택건설사업 또는 대지조성사업의 등록을 하려는 경우: 이미 보유하고 있는 자본금, 기술인력 및 사무실면적
2. 위탁관리 부동산투자회사(「부동산투자회사법」 제2조제1호나목에 따른 위탁관리 부동산투자회사를 말한다. 이하 같다)가 주택건설사업의 등록을 하려는 경우: 같은 법 제22조의2제1항에 따라 해당 부동산투자회사가 자산의 투자ㆍ운용업무를 위탁한 자산관리회사(같은 법 제2조제5호에 따른 자산관리회사를 말한다. 이하 같다)가 보유하고 있는 기술인력 및 사무실면적

제15조 주택건설사업 등의 등록 절차

① 법 제4조에 따라 주택건설사업 또는 대지조성사업의 등록을 하려는 자는 신청서에 국토교통부령으로 정하는 서류를 첨부하여 국토교통부장관에게 제출하여야 한다.

② 국토교통부장관은 법 제4조에 따라 주택건설사업 또는 대지조성사업의 등록을 한 자(이하 "등록사업자"라 한다)를 등록부에 등재하고 등록증을 발급하여야 한다.

③ 등록사업자는 등록사항에 변경이 있으면 국토교통부령으로 정하는 바에 따라 변경 사유가 발생한 날부터 30일 이내에 국토교통부장관에게 신고하여야 한다. 다만, 국토교통부령으로 정하는 경미한 변경에 대해서는 그러하지 아니하다.

제16조 공동사업주체의 사업시행

① 법 제5조제1항에 따라 공동으로 주택을 건설하려는 토지소유자와 등록사업자는 다음 각 호의 요건을 모두 갖추어 법 제15조에 따른 사업계획승인을 신청하여야 한다.

1. 등록사업자가 다음 각 목의 어느 하나에 해당하는 자일 것
   가. 제17조제1항 각 호의 요건을 모두 갖춘 자
   나. 「건설산업기본법」 제9조에 따른 건설업(건축공사업 또는 토목건축공사업만 해당한다)의 등록을 한 자
2. 주택건설대지가 저당권 · 가등기담보권 · 가압류 · 전세권 · 지상권 등(이하 "저당권등"이라 한다)의 목적으로 되어 있는 경우에는 그 저당권등을 말소할 것. 다만, 저당권등의 권리자로부터 해당 사업의 시행에 대한 동의를 받은 경우는 예외로 한다.
3. 토지소유자와 등록사업자 간에 다음 각 목의 사항에 대하여 법 및 이 영이 정하는 범위에서 협약이 체결되어 있을 것
   가. 대지 및 주택(부대시설 및 복리시설을 포함한다)의 사용 · 처분
   나. 사업비의 부담
   다. 공사기간
   라. 그 밖에 사업 추진에 따르는 각종 책임 등 사업 추진에 필요한 사항

② 법 제5조제2항에 따라 공동으로 주택을 건설하려는 주택조합(세대수를 늘리지 아니하는 리모델링주택조합은 제외한다)과 등록사업자, 지방자치단체, 한국토지주택공사(「한국토지주택공사법」에 따른 한국토지주택공사를 말한다. 이하 같다) 또는 지방공사(「지방공기업법」 제49조에 따라 주택건설사업을 목적으로 설립된 지방공사를 말한다. 이하 같다)는 다음 각 호의 요건을 모두 갖추어 법 제15조에 따른 사업계획승인을 신청하여야 한다.

1. 등록사업자와 공동으로 사업을 시행하는 경우에는 해당 등록사업자가 제1항제1호의 요건

을 갖출 것

2. 주택조합이 주택건설대지의 소유권을 확보하고 있을 것. 다만, 지역주택조합 또는 직장주택조합이 등록사업자와 공동으로 사업을 시행하는 경우로서 법 제21조제1항제1호에 따라 「국토의 계획 및 이용에 관한 법률」 제49조에 따른 지구단위계획의 결정이 필요한 사업인 경우에는 95퍼센트 이상의 소유권을 확보하여야 한다.

3. 제1항제2호 및 제3호의 요건을 갖출 것. 이 경우 제1항제2호의 요건은 소유권을 확보한 대지에 대해서만 적용한다.

③ 법 제5조제3항에 따라 고용자가 등록사업자와 공동으로 주택을 건설하려는 경우에는 다음 각 호의 요건을 모두 갖추어 법 제15조에 따른 사업계획승인을 신청하여야 한다.

1. 제1항 각 호의 요건을 모두 갖추고 있을 것
2. 고용자가 해당 주택건설대지의 소유권을 확보하고 있을 것

제17조 등록사업자의 주택건설공사 시공기준

① 법 제7조에 따라 주택건설공사를 시공하려는 등록사업자는 다음 각 호의 요건을 모두 갖추어야 한다. 〈개정 2018. 12. 11.〉

1. 자본금이 5억원(개인인 경우에는 자산평가액 10억원) 이상일 것
2. 「건설기술 진흥법 시행령」 별표 1에 따른 건축 분야 및 토목 분야 기술인 3명 이상을 보유하고 있을 것. 이 경우 같은 표에 따른 건축기사 및 토목 분야 기술인 각 1명이 포함되어야 한다.
3. 최근 5년간의 주택건설 실적이 100호 또는 100세대 이상일 것

② 법 제7조에 따라 등록사업자가 건설할 수 있는 주택은 주택으로 쓰는 층수가 5개층 이하인 주택으로 한다. 다만, 각층 거실의 바닥면적 300제곱미터 이내마다 1개소 이상의 직통계단을 설치한 경우에는 주택으로 쓰는 층수가 6개층인 주택을 건설할 수 있다.

③ 제2항에도 불구하고 다음 각 호의 어느 하나에 해당하는 등록사업자는 주택으로 쓰는 층수가 6개층 이상인 주택을 건설할 수 있다.

1. 주택으로 쓰는 층수가 6개층 이상인 아파트를 건설한 실적이 있는 자
2. 최근 3년간 300세대 이상의 공동주택을 건설한 실적이 있는 자

④ 법 제7조에 따라 주택건설공사를 시공하는 등록사업자는 건설공사비(총공사비에서 대지구입비를 제외한 금액을 말한다)가 자본금과 자본준비금 · 이익준비금을 합한 금액의 10배(개인인 경우에는 자산평가액의 5배)를 초과하는 건설공사는 시공할 수 없다.

제18조 등록사업자의 등록말소 및 영업정지처분 기준

① 법 제8조에 따른 등록사업자의 등록말소 및 영업정지 처분에 관한 기준은 별표 1과 같다.

② 국토교통부장관은 법 제8조에 따라 등록말소 또는 영업정지의 처분을 하였을 때에는 지체 없이 관보에 고시하여야 한다. 그 처분을 취소하였을 때에도 또한 같다.

제19조 일시적인 등록기준 미달

법 제8조제1항제2호 단서에서 "「채무자 회생 및 파산에 관한 법률」에 따라 법원이 회생절차 개시의 결정을 하고 그 절차가 진행 중이거나 일시적으로 등록기준에 미달하는 등 대통령령으로 정하는 경우"란 다음 각 호의 어느 하나에 해당하는 경우를 말한다.

1. 제14조제3항제1호에 따른 자본금 또는 자산평가액 기준에 미달한 경우 중 다음 각 목의 어느 하나에 해당하는 경우
   가. 「채무자 회생 및 파산에 관한 법률」 제49조에 따라 법원이 회생절차개시의 결정을 하고 그 절차가 진행 중인 경우
   나. 회생계획의 수행에 지장이 없다고 인정되는 경우로서 해당 등록사업자가 「채무자 회생 및 파산에 관한 법률」 제283조에 따라 법원으로부터 회생절차종결의 결정을 받고 회생계획을 수행 중인 경우
   다. 「기업구조조정 촉진법」 제5조에 따라 채권금융기관이 채권금융기관협의회의 의결을 거쳐 채권금융기관 공동관리절차를 개시하고 그 절차가 진행 중인 경우
2. 「상법」 제542조의8제1항 단서의 적용대상법인이 등록기준 미달 당시 직전의 사업연도말을 기준으로 자산총액의 감소로 인하여 제14조제3항제1호에 따른 자본금 기준에 미달하게 된 기간이 50일 이내인 경우
3. 기술인력의 사망 · 실종 또는 퇴직으로 인하여 제14조제3항제2호에 따른 기술인력 기준에 미달하게 된 기간이 50일 이내인 경우

제2절 주택조합

제20조 주택조합의 설립인가 등

① 법 제11조제1항에 따라 주택조합의 설립 · 변경 또는 해산의 인가를 받으려는 자는 신청서에 다음 각 호의 구분에 따른 서류를 첨부하여 주택건설대지(리모델링주택조합의 경우에는 해당 주택의 소재지를 말한다. 이하 같다)를 관할하는 특별자치시장, 특별자치도지사, 시장, 군수 또는 구청장(구청장은 자치구의 구청장을 말하며, 이하 "시장 · 군수 · 구청장"이라 한다)

에게 제출하여야 한다.

1. 설립인가신청: 다음 각 목의 구분에 따른 서류
   가. 지역주택조합 또는 직장주택조합의 경우
      1) 창립총회 회의록
      2) 조합장선출동의서
      3) 조합원 전원이 자필로 연명(連名)한 조합규약
      4) 조합원 명부
      5) 사업계획서
      6) 해당 주택건설대지의 80퍼센트 이상에 해당하는 토지의 사용권원을 확보하였음을 증명하는 서류
      7) 그 밖에 국토교통부령으로 정하는 서류
   나. 리모델링주택조합의 경우
      1) 가목1)부터 5)까지의 서류
      2) 법 제11조제3항 각 호의 결의를 증명하는 서류. 이 경우 결의서에는 별표 4 제1호나목1)부터 3)까지의 사항이 기재되어야 한다.
      3) 「건축법」 제5조에 따라 건축기준의 완화 적용이 결정된 경우에는 그 증명서류
      4) 해당 주택이 법 제49조에 따른 사용검사일(주택단지 안의 공동주택 전부에 대하여 같은 조에 따라 임시 사용승인을 받은 경우에는 그 임시 사용승인일을 말한다) 또는 「건축법」 제22조에 따른 사용승인일부터 다음의 구분에 따른 기간이 지났음을 증명하는 서류
         가) 대수선인 리모델링: 10년
         나) 증축인 리모델링: 법 제2조제25호나목에 따른 기간
2. 변경인가신청: 변경의 내용을 증명하는 서류
3. 해산인가신청: 조합원의 동의를 받은 정산서

② 제1항제1호가목3)의 조합규약에는 다음 각 호의 사항이 포함되어야 한다. 〈개정 2017. 6. 2.〉

1. 조합의 명칭 및 소재지
2. 조합원의 자격에 관한 사항
3. 주택건설대지의 위치 및 면적
4. 조합원의 제명 · 탈퇴 및 교체에 관한 사항
5. 조합임원의 수, 업무범위(권리 · 의무를 포함한다), 보수, 선임방법, 변경 및 해임에 관한 사항

6. 조합원의 비용부담 시기 · 절차 및 조합의 회계

6의2. 조합원의 제명 · 탈퇴에 따른 환급금의 산정방식, 지급시기 및 절차에 관한 사항

7. 사업의 시행시기 및 시행방법

8. 총회의 소집절차 · 소집시기 및 조합원의 총회소집요구에 관한 사항

9. 총회의 의결을 필요로 하는 사항과 그 의결정족수 및 의결절차

10. 사업이 종결되었을 때의 청산절차, 청산금의 징수 · 지급방법 및 지급절차

11. 조합비의 사용 명세와 총회 의결사항의 공개 및 조합원에 대한 통지방법

12. 조합규약의 변경 절차

13. 그 밖에 조합의 사업추진 및 조합 운영을 위하여 필요한 사항

③ 제2항제9호에도 불구하고 국토교통부령으로 정하는 사항은 반드시 총회의 의결을 거쳐야 한다.

④ 총회의 의결을 하는 경우에는 조합원의 100분의 10 이상이 직접 출석하여야 한다. 다만, 창립총회 또는 제3항에 따라 국토교통부령으로 정하는 사항을 의결하는 총회의 경우에는 조합원의 100분의 20 이상이 직접 출석하여야 한다. 〈신설 2017. 6. 2.〉

⑤ 주택조합(리모델링주택조합은 제외한다)은 주택건설 예정 세대수(설립인가 당시의 사업계획서상 주택건설 예정 세대수를 말하되, 법 제20조에 따라 임대주택으로 건설 · 공급하는 세대수는 제외한다. 이하 같다)의 50퍼센트 이상의 조합원으로 구성하되, 조합원은 20명 이상이어야 한다. 다만, 법 제15조에 따른 사업계획승인 등의 과정에서 세대수가 변경된 경우에는 변경된 세대수를 기준으로 한다. 〈개정 2017. 6. 2.〉

⑥ 리모델링주택조합 설립에 동의한 자로부터 건축물을 취득한 자는 리모델링주택조합 설립에 동의한 것으로 본다. 〈개정 2017. 6. 2.〉

⑦ 시장 · 군수 · 구청장은 해당 주택건설대지에 대한 다음 각 호의 사항을 종합적으로 검토하여 주택조합의 설립인가 여부를 결정하여야 한다. 이 경우 그 주택건설대지가 이미 인가를 받은 다른 주택조합의 주택건설대지와 중복되지 아니하도록 하여야 한다. 〈개정 2017. 6. 2.〉

1. 법 또는 관계 법령에 따른 건축기준 및 건축제한 등을 고려하여 해당 주택건설대지에 주택건설이 가능한지 여부

2. 「국토의 계획 및 이용에 관한 법률」에 따라 수립되었거나 해당 주택건설사업기간에 수립될 예정인 도시 · 군계획(같은 법 제2조제2호에 따른 도시 · 군계획을 말한다)에 부합하는지 여부

3. 이미 수립되어 있는 토지이용계획

4. 주택건설대지 중 토지 사용에 관한 권원을 확보하지 못한 토지가 있는 경우 해당 토지의

위치가 사업계획서상의 사업시행에 지장을 줄 우려가 있는지 여부

⑧ 주택조합의 설립 · 변경 또는 해산 인가에 필요한 세부적인 사항은 국토교통부령으로 정한다. 〈개정 2017. 6. 2.〉

제21조 조합원의 자격

① 법 제11조에 따른 주택조합의 조합원이 될 수 있는 사람은 다음 각 호의 구분에 따른 사람으로 한다. 다만, 조합원의 사망으로 그 지위를 상속받는 자는 다음 각 호의 요건에도 불구하고 조합원이 될 수 있다.

1. 지역주택조합 조합원: 다음 각 목의 요건을 모두 갖춘 사람
   가. 조합설립인가 신청일(해당 주택건설대지가 법 제63조에 따른 투기과열지구 안에 있는 경우에는 조합설립인가 신청일 1년 전의 날을 말한다. 이하 같다)부터 해당 조합주택의 입주 가능일까지 주택을 소유(주택의 유형, 입주자 선정방법 등을 고려하여 국토교통부령으로 정하는 지위에 있는 경우를 포함한다. 이하 이 호에서 같다)하는지에 대하여 다음의 어느 하나에 해당할 것
      1) 국토교통부령으로 정하는 기준에 따라 세대주를 포함한 세대원[세대주와 동일한 세대별 주민등록표에 등재되어 있지 아니한 세대주의 배우자 및 그 배우자와 동일한 세대를 이루고 있는 사람을 포함한다. 이하 2)에서 같다] 전원이 주택을 소유하고 있지 아니한 세대의 세대주일 것
      2) 국토교통부령으로 정하는 기준에 따라 세대주를 포함한 세대원 중 1명에 한정하여 주거전용면적 85제곱미터 이하의 주택 1채를 소유한 세대의 세대주일 것
   나. 조합설립인가 신청일 현재 법 제2조제11호가목의 구분에 따른 지역에 6개월 이상 계속하여 거주하여 온 사람일 것
2. 직장주택조합 조합원: 다음 각 목의 요건을 모두 갖춘 사람
   가. 제1호가목에 해당하는 사람일 것. 다만, 국민주택을 공급받기 위한 직장주택조합의 경우에는 제1호가목1)에 해당하는 세대주로 한정한다.
   나. 조합설립인가 신청일 현재 동일한 특별시 · 광역시 · 특별자치시 · 특별자치도 · 시 또는 군(광역시의 관할구역에 있는 군은 제외한다) 안에 소재하는 동일한 국가기관 · 지방자치단체 · 법인에 근무하는 사람일 것
3. 리모델링주택조합 조합원: 다음 각 목의 어느 하나에 해당하는 사람. 이 경우 해당 공동주택, 복리시설 또는 다목에 따른 공동주택 외의 시설의 소유권이 여러 명의 공유(共有)에 속할 때에는 그 여러 명을 대표하는 1명을 조합원으로 본다.

가. 법 제15조에 따른 사업계획승인을 받아 건설한 공동주택의 소유자
나. 복리시설을 함께 리모델링하는 경우에는 해당 복리시설의 소유자
다. 「건축법」 제11조에 따른 건축허가를 받아 분양을 목적으로 건설한 공동주택의 소유자(해당 건축물에 공동주택 외의 시설이 있는 경우에는 해당 시설의 소유자를 포함한다)

② 주택조합의 조합원이 근무 · 질병치료 · 유학 · 결혼 등 부득이한 사유로 세대주 자격을 일시적으로 상실한 경우로서 시장 · 군수 · 구청장이 인정하는 경우에는 제1항에 따른 조합원 자격이 있는 것으로 본다.

③ 제1항에 따른 조합원 자격의 확인 절차는 국토교통부령으로 정한다.

제22조 지역 · 직장주택조합 조합원의 교체 · 신규가입 등

① 지역주택조합 또는 직장주택조합은 설립인가를 받은 후에는 해당 조합원을 교체하거나 신규로 가입하게 할 수 없다. 다만, 다음 각 호의 어느 하나에 해당하는 경우에는 예외로 한다.

1. 조합원 수가 주택건설 예정 세대수를 초과하지 아니하는 범위에서 시장 · 군수 · 구청장으로부터 국토교통부령으로 정하는 바에 따라 조합원 추가모집의 승인을 받은 경우
2. 다음 각 목의 어느 하나에 해당하는 사유로 결원이 발생한 범위에서 충원하는 경우

가. 조합원의 사망
나. 법 제15조에 따른 사업계획승인 이후[지역주택조합 또는 직장주택조합이 제16조제2항제2호 단서에 따라 해당 주택건설대지 전부의 소유권을 확보하지 아니하고 법 제15조에 따른 사업계획승인을 받은 경우에는 해당 주택건설대지 전부의 소유권(해당 주택건설대지가 저당권등의 목적으로 되어 있는 경우에는 그 저당권등의 말소를 포함한다)을 확보한 이후를 말한다]에 입주자로 선정된 지위(해당 주택에 입주할 수 있는 권리 · 자격 또는 지위 등을 말한다)가 양도 · 증여 또는 판결 등으로 변경된 경우. 다만, 법 제64조에 따라 전매가 금지되는 경우는 제외한다.
다. 조합원의 탈퇴 등으로 조합원 수가 주택건설 예정 세대수의 50퍼센트 미만이 되는 경우
라. 조합원이 무자격자로 판명되어 자격을 상실하는 경우
마. 법 제15조에 따른 사업계획승인 등의 과정에서 주택건설 예정 세대수가 변경되어 조합원 수가 변경된 세대수의 50퍼센트 미만이 되는 경우

② 제1항 각 호에 따라 조합원으로 추가모집되거나 충원되는 자가 제21조제1항제1호 및 제2호에 따른 조합원 자격 요건을 갖추었는지를 판단할 때에는 해당 조합설립인가 신청일을 기준으로 한다.

③ 제1항 각 호에 따른 조합원 추가모집의 승인과 조합원 추가모집에 따른 주택조합의 변경인가 신청은 법 제15조에 따른 사업계획승인신청일까지 하여야 한다.

제23조 주택조합의 사업계획승인 신청 등

① 주택조합은 설립인가를 받은 날부터 2년 이내에 법 제15조에 따른 사업계획승인(제27조제1항제2호에 따른 사업계획승인 대상이 아닌 리모델링인 경우에는 법 제66조제2항에 따른 허가를 말한다)을 신청하여야 한다.

② 주택조합은 등록사업자가 소유하는 공공택지를 주택건설대지로 사용해서는 아니 된다. 다만, 경매 또는 공매를 통하여 취득한 공공택지는 예외로 한다.

제24조 직장주택조합의 설립신고

① 법 제11조제5항에 따라 국민주택을 공급받기 위한 직장주택조합을 설립하려는 자는 신고서에 다음 각 호의 서류를 첨부하여 관할 시장 · 군수 · 구청장에게 제출하여야 한다. 이 경우 시장 · 군수 · 구청장은 「전자정부법」 제36조제1항에 따른 행정정보의 공동이용을 통하여 주민등록표 등본을 확인하여야 하며, 신고인이 확인에 동의하지 아니하면 직접 제출하도록 하여야 한다.

1. 조합원 명부
2. 조합원이 될 사람이 해당 직장에 근무하는 사람임을 증명할 수 있는 서류(그 직장의 장이 확인한 서류여야 한다)
3. 무주택자임을 증명하는 서류

② 제1항에서 정한 사항 외에 국민주택을 공급받기 위한 직장주택조합의 신고절차 및 주택의 공급방법 등은 국토교통부령으로 정한다.

제25조 자료의 공개

법 제12조제1항제8호에서 "대통령령으로 정하는 서류 및 관련 자료"란 다음 각 호의 서류 및 자료를 말한다.

1. 연간 자금운용 계획서
2. 월별 자금 입출금 명세서
3. 월별 공사진행 상황에 관한 서류
4. 주택조합이 사업주체가 되어 법 제54조제1항에 따라 공급하는 주택의 분양신청에 관한 서류 및 관련 자료

제26조 주택조합의 회계감사

① 법 제14조제3항에 따라 주택조합은 다음 각 호의 어느 하나에 해당하는 날부터 30일 이내에 「주식회사 등의 외부감사에 관한 법률」 제2조제7호에 따른 감사인의 회계감사를 받아야 한다. 〈개정 2018. 10. 30.〉

1. 법 제11조에 따른 주택조합 설립인가를 받은 날부터 3개월이 지난 날
2. 법 제15조에 따른 사업계획승인(제27조제1항제2호에 따른 사업계획승인 대상이 아닌 리모델링인 경우에는 법 제66조제2항에 따른 허가를 말한다)을 받은 날부터 3개월이 지난 날
3. 법 제49조에 따른 사용검사 또는 임시 사용승인을 신청한 날

② 제1항에 따른 회계감사에 대해서는 「주식회사 등의 외부감사에 관한 법률」 제16조에 따른 회계감사기준을 적용한다. 〈개정 2018. 10. 30.〉

③ 제1항에 따른 회계감사를 한 자는 회계감사 종료일부터 15일 이내에 회계감사 결과를 관할 시장 · 군수 · 구청장과 해당 주택조합에 각각 통보하여야 한다.

④ 시장 · 군수 · 구청장은 제3항에 따라 통보받은 회계감사 결과의 내용을 검토하여 위법 또는 부당한 사항이 있다고 인정되는 경우에는 그 내용을 해당 주택조합에 통보하고 시정을 요구할 수 있다.

제26조의2 시공보증

법 제14조의2제1항에서 "대통령령으로 정하는 비율 이상"이란 총 공사금액의 30퍼센트 이상을 말한다.

[본조신설 2017. 6. 2.]

제3절 사업계획의 승인 등

제27조 사업계획의 승인

① 법 제15조제1항 각 호 외의 부분 본문에서 "대통령령으로 정하는 호수"란 다음 각 호의 구분에 따른 호수 및 세대수를 말한다. 〈개정 2018. 2. 9.〉

1. 단독주택: 30호. 다만, 다음 각 목의 어느 하나에 해당하는 단독주택의 경우에는 50호로 한다.
   가. 법 제2조제24호 각 목의 어느 하나에 해당하는 공공사업에 따라 조성된 용지를 개별 필지로 구분하지 아니하고 일단(一團)의 토지로 공급받아 해당 토지에 건설하는 단독주택
   나. 「건축법 시행령」 제2조제16호에 따른 한옥
2. 공동주택: 30세대(리모델링의 경우에는 증가하는 세대수를 기준으로 한다). 다만, 다음 각

목의 어느 하나에 해당하는 공동주택을 건설(리모델링의 경우는 제외한다)하는 경우에는 50세대로 한다.

가. 다음의 요건을 모두 갖춘 단지형 연립주택 또는 단지형 다세대주택

1) 세대별 주거전용면적이 30제곱미터 이상일 것

2) 해당 주택단지 진입도로의 폭이 6미터 이상일 것. 다만, 해당 주택단지의 진입도로가 두 개 이상인 경우에는 다음의 요건을 모두 갖추면 진입도로의 폭을 4미터 이상 6미터 미만으로 할 수 있다.

가) 두 개의 진입도로 폭의 합계가 10미터 이상일 것

나) 폭 4미터 이상 6미터 미만인 진입도로는 제5조에 따른 도로와 통행거리가 200미터 이내일 것

나. 「도시 및 주거환경정비법」 제2조제1호에 따른 정비구역에서 같은 조 제2호가목에 따른 주거환경개선사업(같은 법 제23조제1항제1호에 해당하는 방법으로 시행하는 경우만 해당한다)을 시행하기 위하여 건설하는 공동주택. 다만, 같은 법 시행령 제8조제3항제6호에 따른 정비기반시설의 설치계획대로 정비기반시설 설치가 이루어지지 아니한 지역으로서 시장 · 군수 · 구청장이 지정 · 고시하는 지역에서 건설하는 공동주택은 제외한다.

② 법 제15조제1항 각 호 외의 부분 본문에서 "대통령령으로 정하는 면적"이란 1만제곱미터를 말한다.

③ 법 제15조제1항 각 호 외의 부분 본문에서 "대통령령으로 정하는 경우"란 다음 각 호의 어느 하나에 해당하는 경우를 말한다. 〈개정 2017. 10. 17.〉

1. 330만제곱미터 이상의 규모로 「택지개발촉진법」에 따른 택지개발사업 또는 「도시개발법」에 따른 도시개발사업을 추진하는 지역 중 국토교통부장관이 지정 · 고시하는 지역에서 주택건설사업을 시행하는 경우

2. 수도권(「수도권정비계획법」 제2조제1호에 따른 수도권을 말한다. 이하 같다) 또는 광역시 지역의 긴급한 주택난 해소가 필요하거나 지역균형개발 또는 광역적 차원의 조정이 필요하여 국토교통부장관이 지정 · 고시하는 지역에서 주택건설사업을 시행하는 경우

3. 다음 각 목의 자가 단독 또는 공동으로 총지분의 50퍼센트를 초과하여 출자한 위탁관리 부동산투자회사(해당 부동산투자회사의 자산관리회사가 한국토지주택공사인 경우만 해당한다)가 「공공주택 특별법」 제2조제3호나목에 따른 공공주택건설사업(이하 "공공주택건설사업"이라 한다)을 시행하는 경우

가. 국가

나. 지방자치단체
다. 한국토지주택공사
라. 지방공사

④ 법 제15조제1항 각 호 외의 부분 단서에서 "주택 외의 시설과 주택을 동일 건축물로 건축하는 경우 등 대통령령으로 정하는 경우"란 다음 각 호의 어느 하나에 해당하는 경우를 말한다.

1. 다음 각 목의 요건을 모두 갖춘 사업의 경우
   가. 「국토의 계획 및 이용에 관한 법률 시행령」 제30조제1호다목에 따른 준주거지역 또는 같은 조 제2호에 따른 상업지역(유통상업지역은 제외한다)에서 300세대 미만의 주택과 주택 외의 시설을 동일 건축물로 건축하는 경우일 것
   나. 해당 건축물의 연면적에서 주택의 연면적이 차지하는 비율이 90퍼센트 미만일 것
2. 「농어촌정비법」 제2조제10호에 따른 생활환경정비사업 중 「농업협동조합법」 제2조제4호에 따른 농업협동조합중앙회가 조달하는 자금으로 시행하는 사업인 경우

⑤ 제1항 및 제4항에 따른 주택건설규모를 산정할 때 다음 각 호의 구분에 따른 동일 사업주체(「건축법」 제2조제1항제12호에 따른 건축주를 포함한다)가 일단의 주택단지를 여러 개의 구역으로 분할하여 주택을 건설하려는 경우에는 전체 구역의 주택건설호수 또는 세대수의 규모를 주택건설규모로 산정한다. 이 경우 주택의 건설기준, 부대시설 및 복리시설의 설치기준과 대지의 조성기준을 적용할 때에는 전체 구역을 하나의 대지로 본다.

1. 사업주체가 개인인 경우: 개인인 사업주체와 그의 배우자 또는 직계존비속
2. 사업주체가 법인인 경우: 법인인 사업주체와 그 법인의 임원

⑥ 법 제15조제2항에서 "주택과 그 부대시설 및 복리시설의 배치도, 대지조성공사 설계도서 등 대통령령으로 정하는 서류"란 다음 각 호의 구분에 따른 서류를 말한다.

1. 주택건설사업계획 승인신청의 경우: 다음 각 목의 서류. 다만, 제29조에 따른 표본설계도서에 따라 사업계획승인을 신청하는 경우에는 라목의 서류는 제외한다.
   가. 신청서
   나. 사업계획서
   다. 주택과 그 부대시설 및 복리시설의 배치도
   라. 공사설계도서. 다만, 대지조성공사를 우선 시행하는 경우만 해당하며, 사업주체가 국가, 지방자치단체, 한국토지주택공사 또는 지방공사인 경우에는 국토교통부령으로 정하는 도서로 한다.
   마. 「국토의 계획 및 이용에 관한 법률 시행령」 제96조제1항제3호 및 제97조제6항제3호의 사항을 적은 서류(법 제24조제2항에 따라 토지를 수용하거나 사용하려는 경우만 해

당한다)

바. 제16조 각 호의 사실을 증명하는 서류(공동사업시행의 경우만 해당하며, 법 제11조제1항에 따른 주택조합이 단독으로 사업을 시행하는 경우에는 제16조제1항제2호 및 제3호의 사실을 증명하는 서류를 말한다)

사. 법 제19조제3항에 따른 협의에 필요한 서류

아. 법 제29조제1항에 따른 공공시설의 귀속에 관한 사항을 기재한 서류

자. 주택조합설립인가서(주택조합만 해당한다)

차. 법 제51조제2항 각 호의 어느 하나의 사실 또는 이 영 제17조제1항 각 호의 사실을 증명하는 서류(「건설산업기본법」 제9조에 따른 건설업 등록을 한 자가 아닌 경우만 해당한다)

카. 그 밖에 국토교통부령으로 정하는 서류

2. 대지조성사업계획 승인신청의 경우: 다음 각 목의 서류

가. 신청서

나. 사업계획서

다. 공사설계도서. 다만, 사업주체가 국가, 지방자치단체, 한국토지주택공사 또는 지방공사인 경우에는 국토교통부령으로 정하는 도서로 한다.

라. 제1호마목 · 사목 및 아목의 서류

마. 조성한 대지의 공급계획서

바. 그 밖에 국토교통부령으로 정하는 서류

제28조 주택단지의 분할 건설 · 공급

① 법 제15조제3항 각 호 외의 부분 전단에서 "대통령령으로 정하는 호수 이상의 주택단지"란 전체 세대수가 600세대 이상인 주택단지를 말한다.

② 법 제15조제3항에 따른 주택단지의 공구별 분할 건설 · 공급의 절차와 방법에 관한 세부기준은 국토교통부장관이 정하여 고시한다.

제29조 표본설계도서의 승인

① 한국토지주택공사, 지방공사 또는 등록사업자는 동일한 규모의 주택을 대량으로 건설하려는 경우에는 국토교통부령으로 정하는 바에 따라 국토교통부장관에게 주택의 형별(型別)로 표본설계도서를 작성 · 제출하여 승인을 받을 수 있다.

② 국토교통부장관은 제1항에 따른 승인을 하려는 경우에는 관계 행정기관의 장과 협의하여야

하며, 협의 요청을 받은 기관은 정당한 사유가 없으면 요청받은 날부터 15일 이내에 국토교통부장관에게 의견을 통보하여야 한다.

③ 국토교통부장관은 제1항에 따라 표본설계도서의 승인을 하였을 때에는 그 내용을 특별시장 · 광역시장 · 특별자치시장 · 도지사 또는 특별자치도지사(이하 "시 · 도지사"라 한다)에게 통보하여야 한다.

제30조 사업계획의 승인절차 등

① 사업계획승인권자는 법 제15조에 따른 사업계획승인의 신청을 받았을 때에는 정당한 사유가 없으면 신청받은 날부터 60일 이내에 사업주체에게 승인 여부를 통보하여야 한다.

② 국토교통부장관은 제27조제3항 각 호에 해당하는 주택건설사업계획의 승인을 하였을 때에는 지체 없이 관할 시 · 도지사에게 그 내용을 통보하여야 한다.

③ 사업계획승인권자는 「주택도시기금법」 에 따른 주택도시기금(이하 "주택도시기금"이라 한다)을 지원받은 사업주체에게 법 제15조제4항 본문에 따른 사업계획의 변경승인을 하였을 때에는 그 내용을 해당 사업에 대한 융자를 취급한 기금수탁자에게 통지하여야 한다.

④ 주택도시기금을 지원받은 사업주체가 사업주체를 변경하기 위하여 법 제15조제4항 본문에 따른 사업계획의 변경승인을 신청하는 경우에는 기금수탁자로부터 사업주체 변경에 관한 동의서를 받아 첨부하여야 한다.

⑤ 사업계획승인권자는 법 제15조제6항 전단에 따라 사업계획승인의 고시를 할 때에는 다음 각 호의 사항을 포함하여야 한다.

1. 사업의 명칭
2. 사업주체의 성명 · 주소(법인인 경우에는 법인의 명칭 · 소재지와 대표자의 성명 · 주소를 말한다)
3. 사업시행지의 위치 · 면적 및 건설주택의 규모
4. 사업시행기간
5. 법 제19조제1항에 따라 고시가 의제되는 사항

제31조 공사 착수기간의 연장

법 제16조제1항 각 호 외의 부분 단서에서 "대통령령으로 정하는 정당한 사유가 있다고 인정하는 경우"란 다음 각 호의 어느 하나에 해당하는 경우를 말한다.

1. 「매장문화재 보호 및 조사에 관한 법률」 제11조에 따라 문화재청장의 매장문화재 발굴허가를 받은 경우

2. 해당 사업시행지에 대한 소유권 분쟁(소송절차가 진행 중인 경우만 해당한다)으로 인하여 공사 착수가 지연되는 경우
3. 법 제15조에 따른 사업계획승인의 조건으로 부과된 사항을 이행함에 따라 공사 착수가 지연되는 경우
4. 천재지변 또는 사업주체에게 책임이 없는 불가항력적인 사유로 인하여 공사 착수가 지연되는 경우
5. 공공택지의 개발 · 조성을 위한 계획에 포함된 기반시설의 설치 지연으로 공사 착수가 지연되는 경우
6. 해당 지역의 미분양주택 증가 등으로 사업성이 악화될 우려가 있거나 주택건설경기가 침체되는 등 공사에 착수하지 못할 부득이한 사유가 있다고 사업계획승인권자가 인정하는 경우

제32조 사업계획승인의 취소

법 제16조제4항에서 "사업계획 이행, 사업비 조달 계획 등 대통령령으로 정하는 내용"이란 다음 각 호의 내용을 말한다.

1. 공사일정, 준공예정일 등 사업계획의 이행에 관한 계획
2. 사업비 확보 현황 및 방법 등이 포함된 사업비 조달 계획
3. 해당 사업과 관련된 소송 등 분쟁사항의 처리 계획

제33조 공동위원회의 구성

① 법 제18조제3항에 따른 공동위원회(이하 "공동위원회"라 한다)는 위원장 및 부위원장 1명씩을 포함하여 25명 이상 30명 이하의 위원으로 구성한다.

② 공동위원회 위원장은 법 제18조제3항 각 호의 어느 하나에 해당하는 위원회 위원장의 추천을 받은 위원 중에서 호선(互選)한다.

③ 공동위원회 부위원장은 사업계획승인권자가 속한 지방자치단체 소속 공무원 중에서 위원장이 지명한다.

④ 공동위원회 위원은 법 제18조제3항 각 호의 위원회의 위원이 각각 5명 이상이 되어야 한다.

제34조 위원의 제척 · 기피 · 회피

① 공동위원회 위원(이하 이 조 및 제35조에서 "위원"이라 한다)이 다음 각 호의 어느 하나에 해당하는 경우에는 공동위원회의 심의 · 의결에서 제척(除斥)된다.

1. 위원 또는 그 배우자나 배우자였던 사람이 해당 안건의 당사자(당사자가 법인 · 단체 등인 경우에는 그 임원을 포함한다. 이하 이 호 및 제2호에서 같다)가 되거나 그 안건의 당사자와 공동권리자 또는 공동의무자인 경우
2. 위원이 해당 안건 당사자의 친족이거나 친족이었던 경우
3. 위원이 해당 안건에 대하여 자문, 연구, 용역(하도급을 포함한다), 감정 또는 조사를 한 경우
4. 위원이나 위원이 속한 법인 · 단체 등이 해당 안건 당사자의 대리인이거나 대리인이었던 경우
5. 위원이 임원 또는 직원으로 재직하고 있거나 최근 3년 내에 재직하였던 기업 등이 해당 안건에 대하여 자문, 연구, 용역(하도급을 포함한다), 감정 또는 조사를 한 경우

② 해당 안건의 당사자는 위원에게 공정한 심의 · 의결을 기대하기 어려운 사정이 있는 경우에는 공동위원회에 기피 신청을 할 수 있고, 공동위원회는 의결로 기피 여부를 결정한다. 이 경우 기피 신청의 대상인 위원은 그 의결에 참여할 수 없다.

③ 위원이 제1항 각 호의 제척 사유에 해당하는 경우에는 스스로 해당 안건의 심의 · 의결에서 회피(回避)하여야 한다.

제35조 통합심의의 방법과 절차

① 법 제18조제3항에 따라 사업계획을 통합심의하는 경우 사업계획승인권자는 공동위원회를 개최하기 7일 전까지 회의 일시, 장소 및 상정 안건 등 회의 내용을 위원에게 알려야 한다.

② 공동위원회의 회의는 재적위원 과반수의 출석으로 개의(開議)하고, 출석위원 과반수의 찬성으로 의결한다.

③ 공동위원회 위원장은 통합심의와 관련하여 필요하다고 인정하거나 사업계획승인권자가 요청한 경우에는 당사자 또는 관계자를 출석하게 하여 의견을 듣거나 설명하게 할 수 있다.

④ 공동위원회는 사업계획승인과 관련된 사항, 당사자 또는 관계자의 의견 및 설명, 관계 기관의 의견 등을 종합적으로 검토하여 심의하여야 한다.

⑤ 공동위원회는 회의시 회의내용을 녹취하고, 다음 각 호의 사항을 회의록으로 작성하여 「공공기록물 관리에 관한 법률」에 따라 보존하여야 한다.

1. 회의일시 · 장소 및 공개여부
2. 출석위원 서명부
3. 상정된 의안 및 심의결과
4. 그 밖에 주요 논의사항 등

⑥ 공동위원회의 회의에 참석한 위원에게는 예산의 범위에서 수당 및 여비를 지급할 수 있다.

다만, 공무원인 위원이 소관 업무와 직접 관련되어 위원회에 출석하는 경우에는 그러하지 아니하다.

⑦ 이 영에서 규정한 사항 외에 공동위원회 운영에 필요한 사항은 위원회의 의결을 거쳐 위원장이 정한다.

제36조 수수료 등의 면제 기준

법 제19조제5항에서 "대통령령으로 정하는 비율"이란 50퍼센트를 말한다.

제37조 주택건설사업 등에 따른 임대주택의 비율 등

① 법 제20조제2항 각 호 외의 부분에서 "대통령령으로 정하는 비율"이란 30퍼센트 이상 60퍼센트 이하의 범위에서 특별시 · 광역시 · 특별자치시 · 도 또는 특별자치도(이하 "시 · 도"라 한다)의 조례로 정하는 비율을 말한다.

② 국토교통부장관은 법 제20조제2항에 따라 시장 · 군수 · 구청장으로부터 인수자를 지정하여 줄 것을 요청받은 경우에는 30일 이내에 인수자를 지정하여 시 · 도지사에게 통보하여야 한다.

③ 시 · 도지사는 제2항에 따른 통보를 받은 경우에는 지체 없이 국토교통부장관이 지정한 인수자와 임대주택의 인수에 관하여 협의하여야 한다.

제38조 토지매수업무 등의 위탁

① 사업주체(국가 또는 한국토지주택공사인 경우로 한정한다)는 법 제26조제1항에 따라 토지매수업무와 손실보상업무를 지방자치단체의 장에게 위탁하는 경우에는 매수할 토지 및 위탁조건을 명시하여야 한다.

② 법 제26조제2항에서 "대통령령으로 정하는 요율의 위탁수수료"란 「공익사업을 위한 토지 등의 취득 및 보상에 관한 법률 시행령」 별표 1에 따른 위탁수수료를 말한다.

제39조 간선시설의 설치 등

① 법 제28조제1항 각 호 외의 부분 본문에서 "대통령령으로 정하는 호수"란 다음 각 호의 구분에 따른 호수 또는 세대수를 말한다.

1. 단독주택인 경우: 100호
2. 공동주택인 경우: 100세대(리모델링의 경우에는 늘어나는 세대수를 기준으로 한다)

② 법 제28조제1항 각 호 외의 부분 본문에서 "대통령령으로 정하는 면적"이란 1만6천500제곱미터를 말한다.

③ 사업계획승인권자는 제1항 또는 제2항에 따른 규모 이상의 주택건설 또는 대지조성에 관한 사업계획을 승인하였을 때에는 그 사실을 지체 없이 법 제28조제1항 각 호의 간선시설 설치의무자(이하 "간선시설 설치의무자"라 한다)에게 통지하여야 한다.

④ 간선시설 설치의무자는 사업계획에서 정한 사용검사 예정일까지 해당 간선시설을 설치하지 못할 특별한 사유가 있을 때에는 제3항에 따른 통지를 받은 날부터 1개월 이내에 그 사유와 설치 가능 시기를 명시하여 해당 사업주체에게 통보하여야 한다.

⑤ 법 제28조제6항에 따른 간선시설의 종류별 설치범위는 별표 2와 같다.

제40조 간선시설 설치비의 상환

① 법 제28조제7항에 따라 사업주체가 간선시설을 자기부담으로 설치하려는 경우 간선시설 설치의무자는 사업주체와 간선시설의 설치비 상환계약을 체결하여야 한다.

② 제1항에 따른 상환계약에서 정하는 설치비의 상환기한은 해당 사업의 사용검사일부터 3년 이내로 하여야 한다.

③ 간선시설 설치의무자가 제1항에 따른 상환계약에 따라 상환하여야 하는 금액은 다음 각 호의 금액을 합산한 금액으로 한다.

1. 설치비용
2. 상환 완료 시까지의 설치비용에 대한 이자. 이 경우 이자율은 설치비 상환계약 체결일 당시의 정기예금 금리(「은행법」에 따라 설립된 은행 중 수신고를 기준으로 한 전국 상위 6개 시중은행의 1년 만기 정기예금 금리의 산술평균을 말한다)로 하되, 상환계약에서 달리 정한 경우에는 그에 따른다.

제41조 국 · 공유지 등의 우선 매각 등

법 제30조제1항제1호에서 "대통령령으로 정하는 비율"이란 50퍼센트를 말한다.

제42조 체비지의 우선매각

법 제31조에 따라 도시개발사업시행자[「도시개발법」에 따른 환지(換地) 방식에 의하여 사업을 시행하는 도시개발사업의 시행자를 말한다]는 체비지(替費地)를 사업주체에게 국민주택용지로 매각하는 경우에는 경쟁입찰로 하여야 한다. 다만, 매각을 요구하는 사업주체가 하나일 때에는 수의계약으로 매각할 수 있다.

제4절 주택의 건설

제43조 주택의 설계 및 시공

① 법 제33조제1항에서 "대통령령으로 정하는 설계도서 작성기준"이란 다음 각 호의 요건을 말한다.

1. 설계도서는 설계도 · 시방서(示方書) · 구조계산서 · 수량산출서 · 품질관리계획서 등으로 구분하여 작성할 것
2. 설계도 및 시방서에는 건축물의 규모와 설비 · 재료 · 공사방법 등을 적을 것
3. 설계도 · 시방서 · 구조계산서는 상호 보완관계를 유지할 수 있도록 작성할 것
4. 품질관리계획서에는 설계도 및 시방서에 따른 품질 확보를 위하여 필요한 사항을 정할 것

② 국토교통부장관은 제1항 각 호의 요건에 관한 세부기준을 정하여 고시할 수 있다.

제44조 주택건설공사의 시공 제한 등

① 법 제34조제1항에서 "대통령령으로 정하는 자"란 「건설산업기본법」 제9조에 따라 건설업(건축공사업 또는 토목건축공사업만 해당한다)의 등록을 한 자를 말한다.

② 법 제34조제2항에서 "대통령령으로 정하는 자"란 「건설산업기본법」 제9조에 따라 다음 각 호의 어느 하나에 해당하는 건설업의 등록을 한 자를 말한다.

1. 방수설비공사: 미장 · 방수 · 조적공사업
2. 위생설비공사: 기계설비공사업
3. 냉 · 난방설비공사: 기계설비공사업 또는 난방시공업(난방설비공사로 한정한다)

③ 법 제34조제3항 단서에서 "대통령령으로 정하는 대형공사"란 대지구입비를 제외한 총공사비가 500억원 이상인 공사를 말한다.

④ 법 제34조제3항 단서에서 "대통령령으로 정하는 입찰방법"이란 「국가를 당사자로 하는 계약에 관한 법률 시행령」 제79조제1항제5호에 따른 일괄입찰을 말한다.

제45조 주택건설기준 등에 관한 규정

다음 각 호의 사항은 「주택건설기준 등에 관한 규정」으로 정한다.

1. 법 제35조제1항제1호에 따른 주택 및 시설의 배치, 주택과의 복합건축 등에 관한 주택건설기준
2. 법 제35조제1항제2호에 따른 주택의 구조 · 설비기준
3. 법 제35조제1항제3호에 따른 부대시설의 설치기준

4. 법 제35조제1항제4호에 따른 복리시설의 설치기준
5. 법 제35조제1항제5호에 따른 대지조성기준
6. 법 제36조에 따른 도시형 생활주택의 건설기준
7. 법 제37조에 따른 에너지절약형 친환경주택 등의 건설기준
8. 법 제38조에 따른 장수명 주택의 건설기준 및 인증제도
9. 법 제39조에 따른 공동주택성능등급의 표시
10. 법 제40조에 따른 환기시설 설치기준
11. 법 제41조에 따른 바닥충격음 성능등급 인정
12. 법 제42조에 따른 소음방지대책 수립에 필요한 실외소음도와 실외소음도를 측정하는 기준, 실외소음도 측정기관의 지정 요건 및 측정에 소요되는 수수료 등 실외소음도 측정에 필요한 사항

제46조 주택의 규모별 건설 비율

① 국토교통부장관은 적정한 주택수급을 위하여 필요하다고 인정하는 경우에는 법 제35조제1항제6호에 따라 사업주체가 건설하는 주택의 75퍼센트(법 제5조제2항 및 제3항에 따른 주택조합이나 고용자가 건설하는 주택은 100퍼센트) 이하의 범위에서 일정 비율 이상을 국민주택규모로 건설하게 할 수 있다.

② 제1항에 따른 국민주택규모 주택의 건설 비율은 주택단지별 사업계획에 적용한다.

제5절 주택의 감리 및 사용검사

제47조 감리자의 지정 및 감리원의 배치 등

① 법 제43조제1항 본문에 따라 사업계획승인권자는 다음 각 호의 구분에 따른 자를 주택건설공사의 감리자로 지정하여야 한다. 이 경우 인접한 둘 이상의 주택단지에 대해서는 감리자를 공동으로 지정할 수 있다.

1. 300세대 미만의 주택건설공사: 다음 각 목의 어느 하나에 해당하는 자[해당 주택건설공사를 시공하는 자의 계열회사(「독점규제 및 공정거래에 관한 법률」 제2조제3호에 따른 계열회사를 말한다)는 제외한다. 이하 제2호에서 같다]
   가. 「건축사법」 제23조제1항에 따라 건축사사무소개설신고를 한 자
   나. 「건설기술 진흥법」 제26조제1항에 따라 등록한 건설기술용역업자
2. 300세대 이상의 주택건설공사: 「건설기술 진흥법」 제26조제1항에 따라 등록한 건설기

술용역업자

② 국토교통부장관은 제1항에 따른 지정에 필요한 다음 각 호의 사항에 관한 세부적인 기준을 정하여 고시할 수 있다.

1. 지정 신청에 필요한 제출서류
2. 다른 신청인에 대한 제출서류 공개 및 그 제출서류 내용의 타당성에 대한 이의신청 절차
3. 그 밖에 지정에 필요한 사항

③ 사업계획승인권자는 제2항제1호에 따른 제출서류의 내용을 확인하기 위하여 필요하면 관계 기관의 장에게 사실 조회를 요청할 수 있다.

④ 제1항에 따라 지정된 감리자는 다음 각 호의 기준에 따라 감리원을 배치하여 감리를 하여야 한다. 〈개정 2017. 10. 17.〉

1. 국토교통부령으로 정하는 감리자격이 있는 자를 공사현장에 상주시켜 감리할 것
2. 국토교통부장관이 정하여 고시하는 바에 따라 공사에 대한 감리업무를 총괄하는 총괄감리원 1명과 공사분야별 감리원을 각각 배치할 것
3. 총괄감리원은 주택건설공사 전기간(全期間)에 걸쳐 배치하고, 공사분야별 감리원은 해당 공사의 기간 동안 배치할 것
4. 감리원을 해당 주택건설공사 외의 건설공사에 중복하여 배치하지 아니할 것

⑤ 감리자는 법 제16조제2항에 따라 착공신고를 하거나 감리업무의 범위에 속하는 각종 시험 및 자재확인 등을 하는 경우에는 서명 또는 날인을 하여야 한다.

⑥ 주택건설공사에 대한 감리는 법 또는 이 영에서 정하는 사항 외에는 「건축사법」 또는 「건설기술 진흥법」에서 정하는 바에 따른다.

⑦ 법 제43조제1항 단서에서 "대통령령으로 정하는 자"란 다음 각 호의 요건을 모두 갖춘 위탁관리 부동산투자회사를 말한다. 〈개정 2017. 10. 17.〉

1. 다음 각 목의 자가 단독 또는 공동으로 총지분의 50퍼센트를 초과하여 출자한 부동산투자회사일 것
   가. 국가
   나. 지방자치단체
   다. 한국토지주택공사
   라. 지방공사
2. 해당 부동산투자회사의 자산관리회사가 한국토지주택공사일 것
3. 사업계획승인 대상 주택건설사업이 공공주택건설사업일 것

⑧ 제7항제2호에 따른 자산관리회사인 한국토지주택공사는 법 제44조제1항 및 이 조 제4항에

따라 감리를 수행하여야 한다.

제48조 감리자의 교체

① 법 제43조제2항에서 "업무 수행 중 위반 사항이 있음을 알고도 묵인하는 등 대통령령으로 정하는 사유에 해당하는 경우"란 다음 각 호의 어느 하나에 해당하는 경우를 말한다.

1. 감리업무 수행 중 발견한 위반 사항을 묵인한 경우
2. 법 제44조제4항 후단에 따른 이의신청 결과 같은 조 제3항에 따른 시정 통지가 3회 이상 잘못된 것으로 판정된 경우
3. 공사기간 중 공사현장에 1개월 이상 감리원을 상주시키지 아니한 경우. 이 경우 기간 계산은 제47조제4항에 따라 감리원별로 상주시켜야 할 기간에 각 감리원이 상주하지 아니한 기간을 합산한다.
4. 감리자 지정에 관한 서류를 거짓이나 그 밖의 부정한 방법으로 작성 · 제출한 경우
5. 감리자 스스로 감리업무 수행의 포기 의사를 밝힌 경우

② 사업계획승인권자는 법 제43조제2항에 따라 감리자를 교체하려는 경우에는 해당 감리자 및 시공자 · 사업주체의 의견을 들어야 한다.

③ 사업계획승인권자는 제1항제5호에도 불구하고 감리자가 다음 각 호의 사유로 감리업무 수행을 포기한 경우에는 그 감리자에 대하여 법 제43조제2항에 따른 감리업무 지정제한을 하여서는 아니 된다.

1. 사업주체의 부도 · 파산 등으로 인한 공사 중단
2. 1년 이상의 착공 지연
3. 그 밖에 천재지변 등 부득이한 사유

제49조 감리자의 업무

① 법 제44조제1항제5호에서 "대통령령으로 정하는 사항"이란 다음 각 호의 업무를 말한다.

1. 설계도서가 해당 지형 등에 적합한지에 대한 확인
2. 설계변경에 관한 적정성 확인
3. 시공계획 · 예정공정표 및 시공도면 등의 검토 · 확인
4. 방수 · 방음 · 단열시공의 적정성 확보, 재해의 예방, 시공상의 안전관리 및 그 밖에 건축공사의 질적 향상을 위하여 국토교통부장관이 정하여 고시하는 사항에 대한 검토 · 확인

② 국토교통부장관은 주택건설공사의 시공감리에 관한 세부적인 기준을 정하여 고시할 수 있다.

제50조 이의신청의 처리

사업계획승인권자는 법 제44조제4항 후단에 따른 이의신청을 받은 경우에는 이의신청을 받은 날부터 10일 이내에 처리 결과를 회신하여야 한다. 이 경우 감리자에게도 그 결과를 통보하여야 한다.

제51조 다른 법률에 따른 감리자의 자료제출

법 제45조제2항에서 "공정별 감리계획서 등 대통령령으로 정하는 자료"란 다음 각 호의 자료를 말한다.

1. 공정별 감리계획서
2. 공정보고서
3. 공사분야별로 필요한 부분에 대한 상세시공도면

제52조 건축구조기술사와의 협력

① 법 제46조제1항 각 호 외의 부분 단서에서 "구조설계를 담당한 건축구조기술사가 사망하는 등 대통령령으로 정하는 사유로 감리자가 협력을 받을 수 없는 경우"란 다음 각 호의 어느 하나에 해당하는 경우를 말한다.

1. 구조설계를 담당한 건축구조기술사(「국가기술자격법」에 따른 건축구조기술사로서 해당 건축물의 리모델링을 담당한 자를 말한다. 이하 같다)의 사망 또는 실종으로 감리자가 협력을 받을 수 없는 경우
2. 구조설계를 담당한 건축구조기술사의 해외 체류, 장기 입원 등으로 감리자가 즉시 협력을 받을 수 없는 경우
3. 구조설계를 담당한 건축구조기술사가 「국가기술자격법」에 따라 국가기술자격이 취소되거나 정지되어 감리자가 협력을 받을 수 없는 경우

② 법 제46조제1항 각 호 외의 부분 단서에서 "대통령령으로 정하는 건축구조기술사"란 리모델링주택조합 등 리모델링을 하는 자(이하 이 조에서 "리모델링주택조합등"이라 한다)가 추천하는 건축구조기술사를 말한다.

③ 수직증축형 리모델링(세대수가 증가하지 아니하는 리모델링을 포함한다)의 감리자는 구조설계를 담당한 건축구조기술사가 제1항 각 호의 어느 하나에 해당하게 된 경우에는 지체 없이 리모델링주택조합등에 건축구조기술사 추천을 의뢰하여야 한다. 이 경우 추천의뢰를 받은 리모델링주택조합등은 지체 없이 건축구조기술사를 추천하여야 한다.

제53조 감리자에 대한 실태점검 항목

법 제48조제1항에서 "각종 시험 및 자재확인 업무에 대한 이행 실태 등 대통령령으로 정하는 사항"이란 다음 각 호의 사항을 말한다.

1. 감리원의 적정자격 보유 여부 및 상주이행 상태 등 감리원 구성 및 운영에 관한 사항
2. 시공 상태 확인 등 시공관리에 관한 사항
3. 각종 시험 및 자재품질 확인 등 품질관리에 관한 사항
4. 안전관리 등 현장관리에 관한 사항
5. 그 밖에 사업계획승인권자가 실태점검이 필요하다고 인정하는 사항

제54조 사용검사 등

① 법 제49조제1항 본문에서 "대통령령으로 정하는 경우"란 제27조제3항 각 호에 해당하여 국토교통부장관으로부터 법 제15조에 따른 사업계획의 승인을 받은 경우를 말한다.

② 법 제49조제1항 단서에서 "사업계획승인 조건의 미이행 등 대통령령으로 정하는 사유가 있는 경우"란 다음 각 호의 어느 하나에 해당하는 경우를 말한다.

1. 법 제15조에 따른 사업계획승인의 조건으로 부과된 사항의 미이행
2. 하나의 주택단지의 입주자를 분할 모집하여 전체 단지의 사용검사를 마치기 전에 입주가 필요한 경우
3. 그 밖에 사업계획승인권자가 동별로 사용검사를 받을 필요가 있다고 인정하는 경우

③ 법 제49조에 따른 사용검사권자(이하 "사용검사권자"라 한다)는 사용검사의 대상인 주택 또는 대지가 사업계획의 내용에 적합한지를 확인하여야 한다.

④ 제3항에 따른 사용검사는 신청일부터 15일 이내에 하여야 한다.

⑤ 법 제49조제2항 후단에 따라 협의 요청을 받은 관계 행정기관의 장은 정당한 사유가 없으면 그 요청을 받은 날부터 10일 이내에 의견을 제시하여야 한다.

제55조 시공보증자 등의 사용검사

① 사업주체가 파산 등으로 주택건설사업을 계속할 수 없는 경우에는 법 제49조제3항제1호에 따라 해당 주택의 시공을 보증한 자(이하 "시공보증자"라 한다)가 잔여공사를 시공하고 사용검사를 받아야 한다. 다만, 시공보증자가 없거나 파산 등으로 시공을 할 수 없는 경우에는 입주예정자의 대표회의(이하 "입주예정자대표회의"라 한다)가 시공자를 정하여 잔여공사를 시공하고 사용검사를 받아야 한다.

② 제1항에 따라 사용검사를 받은 경우에는 사용검사를 받은 자의 구분에 따라 시공보증자 또

는 세대별 입주자의 명의로 건축물관리대장 등재 및 소유권보존등기를 할 수 있다.

③ 입주예정자대표회의의 구성 · 운영 등에 필요한 사항은 국토교통부령으로 정한다.

④ 법 제49조제3항제2호에 따라 시공보증자, 해당 주택의 시공자 또는 입주예정자가 사용검사를 신청하는 경우 사용검사권자는 사업주체에게 사용검사를 받지 아니하는 정당한 이유를 제출할 것을 요청하여야 한다. 이 경우 사업주체는 요청받은 날부터 7일 이내에 의견을 통지하여야 한다.

제56조 임시 사용승인

① 법 제49조제4항 단서에서 "대통령령으로 정하는 경우"란 다음 각 호의 구분에 따른 경우를 말한다.

1. 주택건설사업의 경우: 건축물의 동별로 공사가 완료된 경우
2. 대지조성사업의 경우: 구획별로 공사가 완료된 경우

② 법 제49조제4항 단서에 따른 임시 사용승인을 받으려는 자는 국토교통부령으로 정하는 바에 따라 사용검사권자에게 임시 사용승인을 신청하여야 한다.

③ 사용검사권자는 제2항에 따른 신청을 받은 때에는 임시 사용승인대상인 주택 또는 대지가 사업계획의 내용에 적합하고 사용에 지장이 없는 경우에만 임시사용을 승인할 수 있다. 이 경우 임시 사용승인의 대상이 공동주택인 경우에는 세대별로 임시 사용승인을 할 수 있다.

제57조 공업화주택의 인정 등

법 제51조에 따른 공업화주택의 인정 등에 관한 사항은 「주택건설기준 등에 관한 규정」으로 정한다.

제3장 주택의 공급

제58조 입주자저축

국토교통부장관은 법 제56조제3항에 따라 입주자저축에 관한 국토교통부령을 제정하거나 개정할 때에는 기획재정부장관과 미리 협의하여야 한다.

제59조 택지 매입가격의 범위 및 분양가격 공시지역

① 법 제57조제3항제2호 각 목 외의 부분에서 "대통령령으로 정하는 범위"란 「감정평가 및 감정평가사에 관한 법률」에 따라 감정평가한 가액의 120퍼센트에 상당하는 금액 또는 「부동산 가격공시에 관한 법률」 제10조에 따른 개별공시지가의 150퍼센트에 상당하는 금액을 말한다. 〈개정 2016. 8. 31.〉

② 사업주체는 제1항에 따른 감정평가 가액을 기준으로 택지비를 산정하려는 경우에는 시장·군수·구청장에게 「감정평가 및 감정평가사에 관한 법률」에 따른 감정평가를 요청하여야 한다. 이 경우 감정평가의 실시와 관련된 구체적인 사항은 법 제57조제3항의 감정평가의 예에 따른다. 〈개정 2016. 8. 31.〉

③ 법 제57조제3항제2호나목에 따른 공공기관은 다음 각 호의 어느 하나에 해당하는 기관으로 한다.

1. 국가기관
2. 지방자치단체
3. 「공공기관의 운영에 관한 법률」 제5조에 따라 공기업, 준정부기관 또는 기타공공기관으로 지정된 기관
4. 「지방공기업법」에 따른 지방직영기업, 지방공사 또는 지방공단

④ 법 제57조제3항제2호다목에서 "대통령령으로 정하는 경우"란 「부동산등기법」에 따른 부동산등기부 또는 「지방세법 시행령」 제18조제3항제2호에 따른 법인장부에 해당 택지의 거래가액이 기록되어 있는 경우를 말한다.

⑤ 법 제57조제6항 각 호 외의 부분 전단에서 "대통령령으로 정하는 기준에 해당되는 지역"이란 다음 각 호의 어느 하나에 해당하는 지역을 말한다.

1. 수도권 안의 투기과열지구(법 제63조에 따른 투기과열지구를 말한다. 이하 같다)
2. 다음 각 목의 어느 하나에 해당하는 지역으로서 「주거기본법」 제8조에 따른 주거정책심의위원회(이하 "주거정책심의위원회"라 한다)의 심의를 거쳐 국토교통부장관이 지정하는 지역

가. 수도권 밖의 투기과열지구 중 그 지역의 주택가격의 상승률 및 주택의 청약경쟁률 등을 고려하여 국토교통부장관이 정하여 고시하는 기준에 해당하는 지역

나. 해당 지역을 관할하는 시장 · 군수 · 구청장이 주택가격의 상승률 및 주택의 청약경쟁률이 지나치게 상승할 우려가 크다고 판단하여 국토교통부장관에게 지정을 요청하는 지역

제60조 주의문구의 명시

사업주체는 입주자 모집을 하는 경우에는 입주자모집공고안에 "분양가격의 항목별 공시 내용은 사업에 실제 소요된 비용과 다를 수 있다"는 문구를 명시하여야 한다.

제61조 분양가상한제 적용 지역의 지정기준 등

① 법 제58조제1항에서 "대통령령으로 정하는 기준을 충족하는 지역"이란 같은 항에 따라 분양가상한제 적용 지역으로 지정하는 날이 속하는 달의 바로 전 달(이하 "직전월"이라 한다)부터 소급하여 3개월간의 해당 지역 주택가격상승률이 해당 지역이 포함된 시 · 도 소비자물가상승률(이하 이 조에서 "물가상승률"이라 한다)의 2배를 초과한 지역으로서 다음 각 호의 어느 하나에 해당하는 지역을 말한다. 〈개정 2017. 11. 7.〉

1. 직전월부터 소급하여 12개월간의 아파트 분양가격상승률이 물가상승률의 2배를 초과한 지역
2. 직전월부터 소급하여 3개월간의 주택매매거래량이 전년 동기 대비 20퍼센트 이상 증가한 지역
3. 직전월부터 소급하여 주택공급이 있었던 2개월 동안 해당 지역에서 공급되는 주택의 월평균 청약경쟁률이 모두 5대 1을 초과하였거나 해당 지역에서 공급되는 국민주택규모 주택의 월평균 청약경쟁률이 모두 10대 1을 초과한 지역

② 국토교통부장관이 제1항에 따른 지정기준을 충족하는 지역 중에서 법 제58조제1항에 따라 분양가상한제 적용 지역을 지정하는 경우 해당 지역에서 공급되는 주택의 분양가격 제한 등에 관한 법 제57조의 규정은 법 제58조제3항 전단에 따른 공고일 이후 최초로 입주자모집승인[법 제11조에 따라 설립된 주택조합(리모델링주택조합은 제외한다)이 공급하는 주택의 경우에는 법 제15조에 따른 사업계획의 승인을 말하고, 「도시 및 주거환경정비법」 제2조제2호나목 및 다목의 정비사업에 따라 공급되는 주택의 경우에는 같은 법 제48조에 따른 관리처분계획의 인가를 말한다]을 신청하는 분부터 적용한다. 〈신설 2017. 11. 7.〉

③ 법 제58조제6항에 따라 국토교통부장관은 분양가상한제 적용 지역 지정의 해제를 요청받은

경우에는 주거정책심의위원회의 심의를 거쳐 요청받은 날부터 40일 이내에 해제 여부를 결정하고, 그 결과를 시 · 도지사, 시장, 군수 또는 구청장에게 통보하여야 한다.

〈개정 2017. 11. 7.〉

제62조 위원회의 설치 · 운영

① 시장 · 군수 · 구청장은 법 제15조에 따른 사업계획승인 신청(「도시 및 주거환경정비법」 제50조에 따른 사업시행계획인가 및 「건축법」 제11조에 따른 건축허가를 포함한다)이 있는 날부터 20일 이내에 법 제59조제1항에 따른 분양가심사위원회(이하 이 장에서 "위원회"라 한다)를 설치 · 운영하여야 한다. 〈개정 2018. 2. 9.〉

② 사업주체가 국가, 지방자치단체, 한국토지주택공사 또는 지방공사인 경우에는 해당 기관의 장이 위원회를 설치 · 운영하여야 한다. 이 경우 제63조부터 제70조까지의 규정을 준용한다.

제63조 기능

위원회는 다음 각 호의 사항을 심의한다.

1. 법 제57조제1항에 따른 분양가격 및 발코니 확장비용 산정의 적정성 여부
2. 법 제57조제4항 후단에 따른 특별자치시 · 특별자치도 · 시 · 군 · 구(구는 자치구를 말하며, 이하 "시 · 군 · 구"라 한다)별 기본형건축비 산정의 적정성 여부
3. 법 제57조제5항 및 제6항에 따른 분양가격 공시내용의 적정성 여부
4. 분양가상한제 적용주택과 관련된 「주택도시기금법 시행령」 제5조제1항제2호에 따른 제2종국민주택채권 매입예정상한액 산정의 적정성 여부
5. 분양가상한제 적용주택의 전매행위 제한과 관련된 인근지역 주택매매가격 산정의 적정성 여부

제64조 구성

① 시장 · 군수 · 구청장은 주택건설 또는 주택관리 분야에 관한 학식과 경험이 풍부한 사람으로서 다음 각 호의 어느 하나에 해당하는 사람 6명 이상을 위원회 위원으로 위촉하여야 한다. 이 경우 다음 각 호에 해당하는 위원을 각각 1명 이상 위촉하여야 한다.

1. 법학 · 경제학 · 부동산학 등 주택분야와 관련된 학문을 전공하고 「고등교육법」에 따른 대학에서 조교수 이상으로 1년 이상 재직한 사람
2. 변호사 · 회계사 · 감정평가사 또는 세무사의 자격을 취득 한 후 해당 직(職)에 1년 이상 근무한 사람

3. 토목 · 건축 또는 주택 분야 업무에 5년 이상 종사한 사람
4. 주택관리사 자격을 취득한 후 공동주택 관리사무소장의 직에 5년 이상 근무한 사람

② 시장 · 군수 · 구청장은 다음 각 호의 어느 하나에 해당하는 사람을 위원으로 임명하거나 위촉하여야 한다. 이 경우 다음 각 호에 해당하는 위원을 각각 1명 이상 임명 또는 위촉하여야 한다.

1. 국가 또는 지방자치단체에서 주택사업 인 · 허가 등 관련 업무를 하는 5급 이상 공무원으로서 해당 기관의 장으로부터 추천을 받은 사람. 다만, 해당 시 · 군 · 구에 소속된 공무원은 추천을 필요로 하지 아니한다.
2. 한국토지주택공사 또는 지방공사에서 주택사업 관련 업무에 종사하고 있는 임직원으로서 해당 기관의 장으로부터 추천을 받은 사람

③ 제1항에 따른 위원(이하 "민간위원"이라 한다)의 임기는 2년으로 하며, 연임할 수 있다.

④ 위원회의 위원장은 시장 · 군수 · 구청장이 민간위원 중에서 지명하는 자가 된다.

제65조 회의

① 위원회의 회의는 시장 · 군수 · 구청장이나 위원장이 필요하다고 인정하는 경우에 시장 · 군수 · 구청장이 소집한다.

② 시장 · 군수 · 구청장은 회의 개최일 2일 전까지 회의와 관련된 사항을 위원에게 알려야 한다.

③ 위원회의 회의는 재적위원 과반수의 출석으로 개의하고 출석위원 과반수의 찬성으로 의결한다.

④ 위원장은 위원회의 의장이 된다. 다만, 위원장이 부득이한 사유로 그 직무를 수행할 수 없을 때에는 위원장이 미리 지명한 위원이 그 직무를 대행한다.

⑤ 위원회에 위원회의 사무를 처리할 간사 1명을 두며, 간사는 해당 시 · 군 · 구의 주택업무 관련 직원 중에서 시장 · 군수 · 구청장이 지명한다.

⑥ 위원회의 회의는 공개하지 아니한다. 다만, 위원회의 의결로 공개할 수 있다.

제66조 위원이 아닌 사람의 참석 등

① 위원장은 제63조 각 호의 사항을 심의하기 위하여 필요하다고 인정하는 경우에는 해당 사업장의 사업주체 · 관계인 또는 참고인을 위원회의 회의에 출석하게 하여 의견을 듣거나 관련 자료의 제출 등 필요한 협조를 요청할 수 있다.

② 위원회의 회의사항과 관련하여 시장 · 군수 · 구청장 및 사업주체는 위원장의 승인을 받아

회의에 출석하여 발언할 수 있다.

③ 위원장은 위원회에서 심의 · 의결된 결과를 지체 없이 시장 · 군수 · 구청장에게 제출하여야 한다.

제67조 위원의 대리 출석

제64조제2항에 따른 위원(이하 "공공위원"이라 한다)은 부득이한 사유가 있을 때에는 해당 직위에 상당하는 공무원 또는 공사의 임직원을 지명하여 대리 출석하게 할 수 있다.

제68조 위원의 의무 등

① 위원은 회의과정에서 또는 그 밖에 직무를 수행하면서 알게 된 사항으로서 공개하지 아니하기로 한 사항을 누설해서는 아니 되며, 위원회의 품위를 손상하는 행위를 해서는 아니 된다.

② 다음 각 호의 어느 하나에 해당하는 위원은 해당 심의대상 안건의 심의 · 의결에서 제척된다.

1. 해당 심의안건에 관하여 용역이나 그 밖의 방법에 따라 직접 또는 상당한 정도로 관여한 경우
2. 해당 심의안건에 관하여 직접 또는 상당한 이해관계가 있는 경우

③ 제2항 각 호의 어느 하나에 해당하는 위원은 스스로 해당 안건의 심의에서 회피하여야 하며, 회의 개최일 전까지 이를 간사에게 통보하여야 한다.

④ 시장 · 군수 · 구청장은 다음 각 호의 어느 하나에 해당하는 민간위원이 있는 경우에는 그 위원을 해촉할 수 있으며, 해촉된 위원의 후임으로 위촉된 위원의 임기는 전임자의 잔여기간으로 한다.

1. 심신장애로 인하여 직무를 수행할 수 없게 된 경우
2. 직무와 관련된 비위사실이 있는 경우
3. 직무태만, 품위손상이나 그 밖의 사유로 인하여 위원으로 적합하지 아니하다고 인정되는 경우
4. 위원 스스로 직무를 수행하는 것이 곤란하다고 의사를 밝히는 경우
5. 법 제59조제4항을 위반한 경우
6. 제1항을 위반한 경우
7. 제2항 각 호의 어느 하나에 해당하는 데에도 불구하고 회피하지 아니한 경우
8. 해외출장, 질병 또는 사고 등으로 6개월 이상 위원회의 직무를 수행할 수 없는 경우

⑤ 시장 · 군수 · 구청장은 공공위원이 제4항 각 호의 어느 하나에 해당하는 경우에는 해당 공공위원을 해임하거나 해촉할 수 있다.

⑥ 시장 · 군수 · 구청장은 제5항에 따라 공공위원을 해임하거나 해촉한 경우에는 해당 기관의 장으로부터 제64조제2항 각 호에 해당하는 다른 사람을 추천받아 위원으로 임명하거나 위촉할 수 있다.

제69조 회의록 등

① 간사는 위원회의 회의 시 다음 각 호의 사항을 회의록으로 작성하여 「공공기록물 관리에 관한 법률」에 따라 보존하여야 한다.

1. 회의일시 · 장소 및 공개 여부
2. 출석위원 서명부
3. 상정된 의안 및 심의 결과
4. 그 밖에 주요 논의사항 등

② 위원회의 회의에 참석한 위원에게는 예산의 범위에서 수당 및 여비를 지급할 수 있다. 다만, 공무원인 위원이 그 소관업무와 직접적으로 관련되어 출석한 경우에는 그러하지 아니하다.

제70조 운영세칙

이 영에 규정된 사항 외에 위원회 운영에 필요한 사항은 시장 · 군수 · 구청장이 정한다.

제71조 입주자의 동의 없이 저당권설정 등을 할 수 있는 경우 등

법 제61조제1항 각 호 외의 부분 단서에서 "대통령령으로 정하는 경우"란 다음 각 호의 어느 하나에 해당하는 경우를 말한다.

1. 해당 주택의 입주자에게 주택구입자금의 일부를 융자해 줄 목적으로 주택도시기금이나 다음 각 목의 금융기관으로부터 주택건설자금의 융자를 받는 경우
   가. 「은행법」에 따른 은행
   나. 「중소기업은행법」에 따른 중소기업은행
   다. 「상호저축은행법」에 따른 상호저축은행
   라. 「보험업법」에 따른 보험회사
   마. 그 밖의 법률에 따라 금융업무를 수행하는 기관으로서 국토교통부령으로 정하는 기관
2. 해당 주택의 입주자에게 주택구입자금의 일부를 융자해 줄 목적으로 제1호 각 목의 금융기관으로부터 주택구입자금의 융자를 받는 경우
3. 사업주체가 파산(「채무자 회생 및 파산에 관한 법률」 등에 따른 법원의 결정 · 인가를 포함한다. 이하 같다), 합병, 분할, 등록말소 또는 영업정지 등의 사유로 사업을 시행할 수

없게 되어 사업주체가 변경되는 경우

제72조 부기등기 등

① 법 제61조제3항 본문에 따른 부기등기(附記登記)에는 같은 조 제4항 후단에 따라 다음 각 호의 구분에 따른 내용을 명시하여야 한다.

1. 대지의 경우: "이 토지는 「주택법」에 따라 입주자를 모집한 토지(주택조합의 경우에는 주택건설사업계획승인이 신청된 토지를 말한다)로서 입주예정자의 동의 없이는 양도하거나 제한물권을 설정하거나 압류 · 가압류 · 가처분 등 소유권에 제한을 가하는 일체의 행위를 할 수 없음"이라는 내용
2. 주택의 경우: "이 주택은 「부동산등기법」에 따라 소유권보존등기를 마친 주택으로서 입주예정자의 동의 없이는 양도하거나 제한물권을 설정하거나 압류 · 가압류 · 가처분 등 소유권에 제한을 가하는 일체의 행위를 할 수 없음"이라는 내용

② 법 제61조제3항 단서에서 "사업주체가 국가 · 지방자치단체 및 한국토지주택공사 등 공공기관이거나 해당 대지가 사업주체의 소유가 아닌 경우 등 대통령령으로 정하는 경우"란 다음 각 호의 구분에 따른 경우를 말한다.

1. 대지의 경우: 다음 각 목의 어느 하나에 해당하는 경우. 이 경우 라목 또는 마목에 해당하는 경우로서 법원의 판결이 확정되어 소유권을 확보하거나 권리가 말소되었을 때에는 지체 없이 제1항에 따른 부기등기를 하여야 한다.
   가. 사업주체가 국가 · 지방자치단체 · 한국토지주택공사 또는 지방공사인 경우
   나. 사업주체가 「택지개발촉진법」 등 관계 법령에 따라 조성된 택지를 공급받아 주택을 건설하는 경우로서 해당 대지의 지적정리가 되지 아니하여 소유권을 확보할 수 없는 경우. 이 경우 대지의 지적정리가 완료된 때에는 지체 없이 제1항에 따른 부기등기를 하여야 한다.
   다. 조합원이 주택조합에 대지를 신탁한 경우
   라. 해당 대지가 다음의 어느 하나에 해당하는 경우. 다만, 2) 및 3)의 경우에는 법 제23조 제2항 및 제3항에 따른 감정평가액을 공탁하여야 한다.
      1) 법 제22조 또는 제23조에 따른 매도청구소송(이하 이 항에서 "매도청구소송"이라 한다)을 제기하여 법원의 승소판결(판결이 확정될 것을 요구하지 아니한다)을 받은 경우
      2) 해당 대지의 소유권 확인이 곤란하여 매도청구소송을 제기한 경우
      3) 사업주체가 소유권을 확보하지 못한 대지로서 법 제15조에 따라 최초로 주택건설사

업계획승인을 받은 날 이후 소유권이 제3자에게 이전된 대지에 대하여 매도청구소송을 제기한 경우

마. 사업주체가 소유권을 확보한 대지에 저당권, 가등기담보권, 전세권, 지상권 및 등기되는 부동산임차권이 설정된 경우로서 이들 권리의 말소소송을 제기하여 승소판결(판결이 확정될 것을 요구하지 아니한다)을 받은 경우

2. 주택의 경우: 해당 주택의 입주자로 선정된 지위를 취득한 자가 없는 경우. 다만, 소유권보존등기 이후 입주자모집공고의 승인을 신청하는 경우는 제외한다.

③ 사업주체는 법 제61조제4항 후단에 따라 법 제15조에 따른 사업계획승인이 취소되거나 입주예정자가 소유권이전등기를 신청한 경우를 제외하고는 제1항에 따른 부기등기를 말소할 수 없다. 다만, 소유권이전등기를 신청할 수 있는 날부터 60일이 지나면 부기등기를 말소할 수 있다.

④ 법 제61조제5항 단서에서 "사업주체의 경영부실로 입주예정자가 그 대지를 양수받는 경우 등 대통령령으로 정하는 경우"란 다음 각 호의 어느 하나에 해당하는 경우를 말한다.

1. 제71조제1호 또는 제2호에 해당하여 해당 대지에 저당권, 가등기담보권, 전세권, 지상권 및 등기되는 부동산임차권을 설정하는 경우
2. 제71조제3호에 해당하여 다른 사업주체가 해당 대지를 양수하거나 시공보증자 또는 입주예정자가 해당 대지의 소유권을 확보하거나 압류 · 가압류 · 가처분 등을 하는 경우

⑤ 법 제61조제6항에서 "사업주체의 재무 상황 및 금융거래 상황이 극히 불량한 경우 등 대통령령으로 정하는 사유"란 다음 각 호의 어느 하나에 해당하는 경우를 말한다.

1. 최근 2년간 연속된 경상손실로 인하여 자기자본이 잠식된 경우
2. 자산에 대한 부채의 비율이 500퍼센트를 초과하는 경우
3. 사업주체가 법 제61조제3항에 따른 부기등기를 하지 아니하고 「주택도시기금법」에 따른 주택도시보증공사(이하 "주택도시보증공사"라 한다)에 해당 대지를 신탁하려는 경우

제73조 전매행위 제한기간 및 전매가 불가피한 경우

① 법 제64조제1항 각 호 외의 부분 전단에서 "대통령령으로 정하는 기간"이란 별표 3에 따른 기간을 말한다. 〈개정 2016. 11. 22.〉

② 법 제64조제1항제2호 단서에서 "대통령령으로 정하는 지역에서 건설 · 공급되는 주택"이란 공공택지 외의 택지에서 건설 · 공급되는 주택을 말한다. 〈신설 2017. 11. 7.〉

③ 법 제64조제1항제3호 단서 및 같은 항 제4호 단서에서 "대통령령으로 정하는 지역"이란 각각 광역시가 아닌 지역을 말한다. 〈신설 2017. 11. 7.〉

④ 법 제64조제2항 본문에서 "대통령령으로 정하는 경우"란 다음 각 호의 어느 하나에 해당하여 사업주체(법 제64조제1항제3호 및 제4호에 해당하는 주택의 경우에는 한국토지주택공사를 말하되, 사업주체가 지방공사인 경우에는 지방공사를 말한다)의 동의를 받은 경우를 말한다.

〈개정 2017. 11. 7.〉

1. 세대원(세대주가 포함된 세대의 구성원을 말한다. 이하 이 조에서 같다)이 근무 또는 생업상의 사정이나 질병치료 · 취학 · 결혼으로 인하여 세대원 전원이 다른 광역시, 특별자치시, 특별자치도, 시 또는 군(광역시의 관할구역에 있는 군은 제외한다)으로 이전하는 경우. 다만, 수도권으로 이전하는 경우는 제외한다.
2. 상속에 따라 취득한 주택으로 세대원 전원이 이전하는 경우
3. 세대원 전원이 해외로 이주하거나 2년 이상의 기간 동안 해외에 체류하려는 경우
4. 이혼으로 인하여 입주자로 선정된 지위 또는 주택을 배우자에게 이전하는 경우
5. 「공익사업을 위한 토지 등의 취득 및 보상에 관한 법률」 제78조제1항에 따라 공익사업의 시행으로 주거용 건축물을 제공한 자가 사업시행자로부터 이주대책용 주택을 공급받은 경우(사업시행자의 알선으로 공급받은 경우를 포함한다)로서 시장 · 군수 · 구청장이 확인하는 경우
6. 법 제64조제1항제3호 및 제4호에 해당하는 주택의 소유자가 국가 · 지방자치단체 및 금융기관(제71조제1호 각 목의 금융기관을 말한다)에 대한 채무를 이행하지 못하여 경매 또는 공매가 시행되는 경우
7. 입주자로 선정된 지위 또는 주택의 일부를 배우자에게 증여하는 경우

제74조 양도가 금지되는 증서 등

① 법 제65조제1항제4호에서 "대통령령으로 정하는 것"이란 다음 각 호의 어느 하나에 해당하는 것을 말한다.

1. 시장 · 군수 · 구청장이 발행한 무허가건물 확인서, 건물철거예정 증명서 또는 건물철거 확인서
2. 공공사업의 시행으로 인한 이주대책에 따라 주택을 공급받을 수 있는 지위 또는 이주대책 대상자 확인서

② 법 제65조제3항에 따라 사업주체가 같은 조 제1항을 위반한 자에게 다음 각 호의 금액을 합산한 금액에서 감가상각비(「법인세법 시행령」 제26조제2항제1호에 따른 정액법에 준하는 방법으로 계산한 금액을 말한다)를 공제한 금액을 지급하였을 때에는 그 지급한 날에 해당 주택을 취득한 것으로 본다.

1. 입주금
2. 융자금의 상환 원금
3. 제1호 및 제2호의 금액을 합산한 금액에 생산자물가상승률을 곱한 금액

③ 법 제65조제4항에서 "매수인을 알 수 없어 주택가격의 수령 통지를 할 수 없는 경우 등 대통령령으로 정하는 사유에 해당하는 경우"란 다음 각 호의 어느 하나에 해당하는 경우를 말한다.

1. 매수인을 알 수 없어 주택가격의 수령 통지를 할 수 없는 경우
2. 매수인에게 주택가격의 수령을 3회 이상 통지하였으나 매수인이 수령을 거부한 경우. 이 경우 각 통지일 간에는 1개월 이상의 간격이 있어야 한다.
3. 매수인이 주소지에 3개월 이상 살지 아니하여 주택가격의 수령이 불가능한 경우
4. 주택의 압류 또는 가압류로 인하여 매수인에게 주택가격을 지급할 수 없는 경우

제4장 리모델링

제75조 리모델링의 허가 기준 등

① 법 제66조제1항 및 제2항에 따른 리모델링 허가기준은 별표 4와 같다.

② 법 제66조제1항 및 제2항에 따른 리모델링 허가를 받으려는 자는 허가신청서에 국토교통부령으로 정하는 서류를 첨부하여 시장 · 군수 · 구청장에게 제출하여야 한다.

③ 법 제66조제2항에 따라 리모델링에 동의한 소유자는 리모델링주택조합 또는 입주자대표회의가 제2항에 따라 시장 · 군수 · 구청장에게 허가신청서를 제출하기 전까지 서면으로 동의를 철회할 수 있다.

제76조 리모델링의 시공자 선정 등

① 법 제66조제4항 단서에서 "경쟁입찰의 방법으로 시공자를 선정하는 것이 곤란하다고 인정되는 경우 등 대통령령으로 정하는 경우"란 시공자 선정을 위하여 같은 항 본문에 따라 국토교통부장관이 정하는 경쟁입찰의 방법으로 2회 이상 경쟁입찰을 하였으나 입찰자의 수가 해당 경쟁입찰의 방법에서 정하는 최저 입찰자 수에 미달하여 경쟁입찰의 방법으로 시공자를 선정할 수 없게 된 경우를 말한다. 〈개정 2017. 2. 13.〉

② 법 제66조제6항에서 "대통령령으로 정하는 세대수"란 50세대를 말한다.

제77조 권리변동계획의 내용

① 법 제67조에서 "기존 주택의 권리변동, 비용분담 등 대통령령으로 정하는 사항"이란 다음 각 호의 사항을 말한다.

1. 리모델링 전후의 대지 및 건축물의 권리변동 명세
2. 조합원의 비용분담
3. 사업비
4. 조합원 외의 자에 대한 분양계획
5. 그 밖에 리모델링과 관련된 권리 등에 대하여 해당 시 · 도 또는 시 · 군의 조례로 정하는 사항

② 제1항제1호 및 제2호에 따라 대지 및 건축물의 권리변동 명세를 작성하거나 조합원의 비용분담 금액을 산정하는 경우에는 「감정평가 및 감정평가사에 관한 법률」에 따른 감정평가업자가 리모델링 전후의 재산 또는 권리에 대하여 평가한 금액을 기준으로 할 수 있다.
〈개정 2016. 8. 31.〉

제78조 증축형 리모델링의 안전진단

① 법 제68조제2항에서 "대통령령으로 정하는 기관"이란 다음 각 호의 어느 하나에 해당하는 기관을 말한다. 〈개정 2018. 1. 16.〉

1. 「시설물의 안전 및 유지관리에 관한 특별법」 제28조에 따라 등록한 안전진단전문기관(이하 "안전진단전문기관"이라 한다)
2. 「시설물의 안전 및 유지관리에 관한 특별법」 제45조에 따른 한국시설안전공단(이하 "한국시설안전공단"이라 한다)
3. 「과학기술분야 정부출연연구기관 등의 설립 · 운영 및 육성에 관한 법률」 제8조에 따른 한국건설기술연구원(이하 "한국건설기술연구원"이라 한다)

② 시장 · 군수 · 구청장은 법 제68조제2항에 따른 안전진단을 실시한 기관에 같은 조 제4항에 따른 안전진단을 의뢰해서는 아니 된다. 다만, 다음 각 호의 어느 하나에 해당하는 경우에는 그러하지 아니하다.

1. 법 제68조제2항에 따라 안전진단을 실시한 기관이 한국시설안전공단 또는 한국건설기술연구원인 경우
2. 법 제68조제4항에 따른 안전진단 의뢰(2회 이상 「지방자치단체를 당사자로 하는 계약에 관한 법률」 제9조제1항 또는 제2항에 따라 입찰에 부치거나 수의계약을 시도하는 경우로 한정한다)에 응하는 기관이 없는 경우

③ 법 제68조제5항에 따라 안전진단전문기관으로부터 안전진단 결과보고서를 제출받은 시장 · 군수 · 구청장은 필요하다고 인정하는 경우에는 제출받은 날부터 7일 이내에 한국시설안전공단 또는 한국건설기술연구원에 안전진단 결과보고서의 적정성에 대한 검토를 의뢰할 수 있다.

④ 시장 · 군수 · 구청장은 법 제68조제1항에 따른 안전진단을 한 경우에는 법 제68조제5항에 따라 제출받은 안전진단 결과보고서, 제3항에 따른 적정성 검토 결과 및 법 제71조에 따른 리모델링 기본계획(이하 "리모델링 기본계획"이라 한다)을 고려하여 안전진단을 요청한 자에게 증축 가능 여부를 통보하여야 한다.

제79조 전문기관의 안전성 검토 등

① 법 제69조제1항에서 "대통령령으로 정하는 전문기관"이란 한국시설안전공단 또는 한국건설기술연구원을 말한다.

② 법 제69조제3항에서 "대통령령으로 정하는 기간"이란 같은 조 제1항 또는 제2항에 따라 안전성 검토(이하 이 조에서 "검토"라 한다)를 의뢰받은 날부터 30일을 말한다. 다만, 검토 의뢰를 받은 전문기관이 부득이하게 검토기간의 연장이 필요하다고 인정하여 20일의 범위에서 그 기간을 연장(한 차례로 한정한다)한 경우에는 그 연장된 기간을 포함한 기간을 말한다. 〈개정 2018. 6. 5.〉

③ 검토 의뢰를 받은 전문기관은 검토 의뢰 서류에 보완이 필요한 경우에는 일정한 기간을 정하여 보완하게 할 수 있다. 〈신설 2018. 6. 5.〉

④ 제2항에 따른 기간을 산정할 때 제3항에 따른 보완기간, 공휴일 및 토요일은 산정대상에서 제외한다. 〈신설 2018. 6. 5.〉

제80조 리모델링 기본계획의 수립 등

① 법 제71조제1항 각 호 외의 부분 단서에서 "세대수 증가형 리모델링에 따른 도시과밀의 우려가 적은 경우 등 대통령령으로 정하는 경우"란 다음 각 호의 구분에 따른 경우를 말한다.

1. 특별시 · 광역시의 경우: 세대수 증가형 리모델링(세대수를 증가하는 증축행위를 말한다. 이하 같다)에 따른 도시과밀이나 이주수요의 일시집중 우려가 적은 경우로서 특별시장 · 광역시장이 「국토의 계획 및 이용에 관한 법률」 제113조제1항에 따른 시 · 도도시계획위원회(이하 이 조에서 "시 · 도도시계획위원회"라 한다)의 심의를 거쳐 리모델링 기본계획을 수립할 필요가 없다고 인정하는 경우
2. 대도시(「지방자치법」 제175조에 따른 대도시를 말한다. 이하 이 조에서 같다): 세대수

증가형 리모델링에 따른 도시과밀이나 이주수요의 일시집중 우려가 적은 경우로서 대도시 시장의 요청으로 도지사가 시 · 도도시계획위원회의 심의를 거쳐 리모델링 기본계획을 수립할 필요가 없다고 인정하는 경우

② 법 제71조제1항제6호에서 "대통령령으로 정하는 사항"이란 도시과밀 방지 등을 위한 계획적 관리와 리모델링의 원활한 추진을 지원하기 위한 사항으로서 특별시 · 광역시 또는 대도시의 조례로 정하는 사항을 말한다.

③ 법 제72조제1항에서 "대통령령으로 정하는 경미한 변경인 경우"란 다음 각 호의 어느 하나에 해당하는 경우를 말한다.

1. 세대수 증가형 리모델링 수요 예측 결과에 따른 세대수 증가형 리모델링 수요(세대수 증가형 리모델링을 하려는 주택의 총 세대수를 말한다. 이하 이 항에서 같다)가 감소하거나 10퍼센트 범위에서 증가하는 경우
2. 세대수 증가형 리모델링 수요의 변동으로 기반시설의 영향 검토나 단계별 리모델링 시행 방안이 변경되는 경우
3. 「국토의 계획 및 이용에 관한 법률」 제2조제3호에 따른 도시 · 군기본계획 등 관련 계획의 변경에 따라 리모델링 기본계획이 변경되는 경우

④ 특별시장 · 광역시장 및 대도시의 시장(법 제71조제2항에 따른 대도시가 아닌 시의 시장을 포함한다)은 법 제72조제1항 및 제73조제3항에 따라 주민공람을 실시할 때에는 미리 공람의 요지 및 장소를 해당 지방자치단체의 공보 및 인터넷 홈페이지에 공고하고, 공람 장소에 관계 서류를 갖추어 두어야 한다.

제5장 보칙

제81조 토지임대료 결정 등

① 법 제78조제5항에 따른 토지임대부 분양주택의 월별 토지임대료는 다음 각 호의 구분에 따라 산정한 금액을 12개월로 분할한 금액 이하로 한다. 〈개정 2016. 8. 31.〉

1. 공공택지에 토지임대주택을 건설하는 경우: 해당 공공택지의 조성원가에 입주자모집공고일이 속하는 달의 전전달의 「은행법」에 따른 은행의 3년 만기 정기예금 평균이자율을 적용하여 산정한 금액
2. 공공택지 외의 택지에 토지임대주택을 건설하는 경우: 「감정평가 및 감정평가사에 관한 법률」에 따라 감정평가한 가액에 입주자모집공고일이 속하는 달의 전전달의 「은행법」

에 따른 은행의 3년 만기 정기예금 평균이자율을 적용하여 산정한 금액. 이 경우 감정평가액의 산정시기와 산정방법 등은 국토교통부령으로 정한다.

② 토지소유자는 제1항의 기준에 따라 토지임대주택을 분양받은 자와 토지임대료에 관한 약정(이하 "토지임대료약정"이라 한다)을 체결한 후 2년이 지나기 전에는 토지임대료의 증액을 청구할 수 없다.

③ 토지소유자는 토지임대료약정 체결 후 2년이 지나 토지임대료의 증액을 청구하는 경우에는 시 · 군 · 구의 평균지가상승률을 고려하여 증액률을 산정하되, 「주택임대차보호법 시행령」 제8조제1항에 따른 차임 등의 증액청구 한도 비율을 초과해서는 아니 된다.

④ 토지소유자는 제1항에 따라 산정한 월별 토지임대료의 납부기한을 정하여 토지임대주택 소유자에게 고지하되, 구체적인 납부 방법, 연체료율 등에 관한 사항은 법 제78조제3항에 따른 표준임대차계약서에서 정하는 바에 따른다.

제82조 토지임대료의 보증금 전환

법 제78조제6항에 따라 토지임대료를 보증금으로 전환하려는 경우 그 보증금을 산정할 때 적용되는 이자율은 「은행법」에 따른 은행의 3년 만기 정기예금 평균이자율 이상이어야 한다.

제83조 주택상환사채의 발행

① 법 제80조제1항에 따른 주택상환사채(이하 "주택상환사채"라 한다)는 액면 또는 할인의 방법으로 발행한다.

② 주택상환사채권에는 기호와 번호를 붙이고 국토교통부령으로 정하는 사항을 적어야 한다.

③ 주택상환사채의 발행자는 주택상환사채대장을 갖추어 두고 주택상환사채권의 발행 및 상환에 관한 사항을 적어야 한다.

제84조 등록사업자의 주택상환사채 발행

① 법 제80조제1항 후단에서 "대통령령으로 정하는 기준"이란 다음 각 호의 기준 모두를 말한다.

1. 법인으로서 자본금이 5억원 이상일 것
2. 「건설산업기본법」 제9조에 따라 건설업 등록을 한 자일 것
3. 최근 3년간 연평균 주택건설 실적이 300호 이상일 것

② 등록사업자가 발행할 수 있는 주택상환사채의 규모는 최근 3년간의 연평균 주택건설 호수 이내로 한다.

제85조 주택상환사채의 발행 요건 등

① 법 제80조제2항에 따라 주택상환사채발행계획의 승인을 받으려는 자는 주택상환사채발행계획서에 다음 각 호의 서류를 첨부하여 국토교통부장관에게 제출하여야 한다. 다만, 제3호의 서류는 주택상환사채 모집공고 전까지 제출할 수 있다.

1. 주택상환사채 상환용 주택의 건설을 위한 택지에 대한 소유권 또는 그 밖에 사용할 수 있는 권리를 증명할 수 있는 서류
2. 주택상환사채에 대한 금융기관 또는 주택도시보증공사의 보증서
3. 금융기관과의 발행대행계약서 및 납입금 관리계약서

② 제1항에 따른 주택상환사채발행계획서에는 다음 각 호의 사항이 기재되어야 한다.

1. 발행자의 명칭
2. 회사의 자본금 총액
3. 발행할 주택상환사채의 총액
4. 여러 종류의 주택상환사채를 발행하는 경우에는 각 주택상환사채의 권종별 금액 및 권종별 발행가액
5. 발행조건과 방법
6. 분납발행일 때에는 분납금액과 시기
7. 상환 절차와 시기
8. 주택의 건설위치 · 형별 · 단위규모 · 총세대수 · 착공예정일 · 준공예정일 및 입주예정일
9. 주택가격의 추산방법
10. 할인발행일 때에는 그 이자율과 산정 명세
11. 중도상환에 필요한 사항
12. 보증부 발행일 때에는 보증기관과 보증의 내용
13. 납입금의 사용계획
14. 그 밖에 국토교통부장관이 정하여 고시하는 사항

③ 국토교통부장관은 주택상환사채발행계획을 승인하였을 때에는 주택상환사채발행 대상지역을 관할하는 시 · 도지사에게 그 내용을 통보하여야 한다.

④ 주택상환사채발행계획을 승인받은 자는 주택상환사채를 모집하기 전에 국토교통부령으로 정하는 바에 따라 주택상환사채 모집공고안을 작성하여 국토교통부장관에게 제출하여야 한다.

제86조 주택상환사채의 상환 등

① 주택상환사채의 상환기간은 3년을 초과할 수 없다.

② 제1항의 상환기간은 주택상환사채 발행일부터 주택의 공급계약체결일까지의 기간으로 한다.

③ 주택상환사채는 양도하거나 중도에 해약할 수 없다. 다만, 해외이주 등 국토교통부령으로 정하는 부득이한 사유가 있는 경우는 예외로 한다.

제87조 납입금의 사용

① 주택상환사채의 납입금은 다음 각 호의 용도로만 사용할 수 있다.

1. 택지의 구입 및 조성
2. 주택건설자재의 구입
3. 건설공사비에의 충당
4. 그 밖에 주택상환을 위하여 필요한 비용으로서 국토교통부장관의 승인을 받은 비용에의 충당

② 주택상환사채의 납입금은 해당 보증기관과 주택상환사채발행자가 협의하여 정하는 금융기관에서 관리한다.

③ 제2항에 따라 납입금을 관리하는 금융기관은 국토교통부장관이 요청하는 경우에는 납입금 관리상황을 보고하여야 한다.

제88조 국민주택사업특별회계의 편성 · 운용 등

① 법 제84조제1항에 따라 지방자치단체에 설치하는 국민주택사업특별회계의 편성 및 운용에 필요한 사항은 해당 지방자치단체의 조례로 정할 수 있다.

② 국민주택을 건설 · 공급하는 지방자치단체의 장은 법 제84조제3항에 따라 국민주택사업특별회계의 분기별 운용 상황을 그 분기가 끝나는 달의 다음 달 20일까지 국토교통부장관에게 보고하여야 한다. 이 경우 시장 · 군수 · 구청장의 경우에는 시 · 도지사를 거쳐(특별자치시장 또는 특별자치도지사가 보고하는 경우는 제외한다) 보고하여야 한다.

제89조 주택행정정보화 및 자료의 관리 등

① 국토교통부장관은 법 제88조제1항에 따른 주택(준주택을 포함한다. 이하 이 조에서 같다) 정보의 종합적 관리 및 제공업무를 효율적이고 체계적으로 관리하기 위하여 국토교통부령으로 정하는 바에 따라 주택정보체계를 구축 · 운영할 수 있다.

② 법 제88조제3항에서 "주택의 소유 여부 확인, 입주자의 자격 확인 등 대통령령으로 정하는 사항"이란 다음 각 호의 사항을 말한다.

1. 주택의 소유 여부 확인
2. 입주자의 자격 확인
3. 지방자치단체 · 한국토지주택공사 등 공공기관이 법, 「택지개발촉진법」 및 그 밖의 법률에 따라 개발 · 공급하는 택지의 현황, 공급계획 및 공급일정
4. 주택이 건설되는 해당 지역과 인근지역에 대한 입주자저축의 가입자현황
5. 주택이 건설되는 해당 지역과 인근지역에 대한 주택건설사업계획승인현황
6. 주택관리업자 등록현황

제90조 권한의 위임

국토교통부장관은 법 제89조제1항에 따라 다음 각 호의 권한을 시 · 도지사에게 위임한다.

1. 법 제8조에 따른 주택건설사업자 및 대지조성사업자의 등록말소 및 영업의 정지
2. 법 제15조 및 제16조에 따른 사업계획의 승인 · 변경승인 · 승인취소 및 착공신고의 접수. 다만, 다음 각 목의 어느 하나에 해당하는 경우는 제외한다.
   가. 제27조제3항제1호의 경우 중 택지개발사업을 추진하는 지역 안에서 주택건설사업을 시행하는 경우
   나. 제27조제3항제3호에 따른 주택건설사업을 시행하는 경우. 다만, 착공신고의 접수는 시 · 도지사에게 위임한다.
3. 법 제49조에 따른 사용검사 및 임시 사용승인
4. 법 제51조제2항제1호에 따른 새로운 건설기술을 적용하여 건설하는 공업화주택에 관한 권한
5. 법 제93조에 따른 보고 · 검사
6. 법 제96조제1호 및 제2호에 따른 청문

제91조 업무의 위탁

① 국토교통부장관은 법 제89조제2항에 따라 다음 각 호의 업무를 법 제85조제1항에 따른 주택사업자단체(이하 "협회"라 한다)에 위탁한다.

1. 법 제4조에 따른 주택건설사업 및 대지조성사업의 등록
2. 법 제10조에 따른 영업실적 등의 접수

② 국토교통부장관은 법 제89조제2항에 따라 법 제88조제1항에 따른 주택관련 정보의 종합관리업무를 다음 각 호의 구분에 따른 기관에 위탁한다. 〈개정 2016. 8. 31.〉

1. 주택거래 관련 정보체계의 구축 · 운용: 「한국감정원법」에 따른 한국감정원(이하 "한국

감정원"이라 한다)

2. 주택공급 관련 정보체계의 구축 · 운용: 한국토지주택공사

3. 주택가격의 동향 조사: 한국감정원

제92조 분양권 전매 등에 대한 신고포상금

① 법 제92조에 따라 법 제64조를 위반하여 분양권 등을 전매하거나 알선하는 행위(이하 "부정행위"라 한다)를 하는 자를 신고하려는 자는 신고서에 부정행위를 입증할 수 있는 자료를 첨부하여 시 · 도지사에게 신고하여야 한다.

② 시 · 도지사는 제1항에 따른 신고를 받은 경우에는 관할 수사기관에 수사를 의뢰하여야 하며, 수사기관은 해당 수사결과(법 제101조제2호에 따른 벌칙 부과 등 확정판결의 결과를 포함한다. 이하 같다)를 시 · 도지사에게 통보하여야 한다.

③ 시 · 도지사는 제2항에 따른 수사결과를 신고자에게 통지하여야 한다.

④ 제3항에 따른 통지를 받은 신고자는 신청서에 다음 각 호의 서류를 첨부하여 시 · 도지사에게 포상금 지급을 신청할 수 있다. 이 경우 시 · 도지사는 신청일부터 30일 이내에 국토교통부령으로 정하는 지급기준에 따라 포상금을 지급하여야 한다.

1. 제3항에 따른 수사결과통지서 사본 1부

2. 통장 사본 1부

제93조 사업주체 등에 대한 감독

지방자치단체의 장은 법 제94조에 따라 사업주체 등에게 공사의 중지, 원상복구 또는 그 밖에 필요한 조치를 명하였을 때에는 즉시 국토교통부장관에게 그 사실을 보고하여야 한다.

제94조 협회에 대한 감독

국토교통부장관은 법 제95조에 따라 감독상 필요한 경우에는 협회로 하여금 다음 각 호의 사항을 보고하게 할 수 있다.

1. 총회 또는 이사회의 의결사항

2. 회원의 실태파악을 위하여 필요한 사항

3. 협회의 운영계획 등 업무와 관련된 중요사항

4. 그 밖에 주택정책 및 주택관리와 관련하여 필요한 사항

제95조 고유식별정보의 처리

국토교통부장관(제90조 및 제91조에 따라 국토교통부장관의 권한을 위임받거나 업무를 위탁받은 자를 포함한다), 시 · 도지사, 시장, 군수, 구청장(해당 권한이 위임 · 위탁된 경우에는 그 권한을 위임 · 위탁받은 자를 포함한다) 또는 사업주체(법 제11조의2제1항에 따른 주택조합 업무대행자, 주택 청약접수 및 입주자 선정 업무를 위탁받은 자를 포함한다)는 다음 각 호의 사무를 수행하기 위하여 불가피한 경우 「개인정보 보호법 시행령」 제19조제1호, 제2호 또는 제4호에 따른 주민등록번호, 여권번호 또는 외국인등록번호가 포함된 자료를 처리할 수 있다.

〈개정 2017. 6. 2., 2018. 3. 13.〉

1. 법 제4조제1항에 따른 주택건설사업 또는 대지조성사업의 등록에 관한 사무
2. 법 제6조에 따른 등록사업자의 결격사유 확인에 관한 사무
3. 법 제13조제1항에 따른 조합임원의 결격사유 확인에 관한 사무
4. 법 제49조에 따른 사용검사 또는 임시 사용승인에 관한 사무
5. 법 제54조에 주택 공급에 관한 사무
6. 법 제65조제5항에 따른 입주자자격 제한에 관한 사무
7. 제21조제1항에 따른 조합원의 자격 확인에 관한 사무
8. 제89조제1항에 따른 주택정보체계의 구축 및 운영에 관한 사무

제96조 규제의 재검토

① 국토교통부장관은 다음 각 호의 사항에 대하여 다음 각 호의 기준일을 기준으로 3년마다(매 3년이 되는 해의 기준일과 같은 날 전까지를 말한다) 그 타당성을 검토하여 개선 등의 조치를 하여야 한다. 〈개정 2017. 6. 2.〉

1. 제17조에 따른 등록사업자의 주택건설공사 시공기준: 2017년 1월 1일
2. 제44조에 따른 주택건설공사의 시공 제한 등: 2017년 1월 1일
3. 제47조에 따른 감리자의 지정 및 감리원의 배치 등: 2017년 1월 1일
4. 제71조에 따른 입주자의 동의 없이 저당권 설정 등을 할 수 있는 경우 등: 2017년 1월 1일
5. 제72조에 따른 부기등기 등: 2017년 1월 1일
6. 제83조부터 제85조까지에 따른 주택상환사채의 발행 등: 2017년 1월 1일

② 국토교통부장관은 제20조제4항에 따른 총회 의결을 위한 조합원의 직접 출석 기준에 대하여 2017년 1월 1일을 기준으로 5년마다(매 5년이 되는 해의 기준일과 같은 날 전까지를 말한다) 그 타당성을 검토하여 개선 등의 조치를 하여야 한다. 〈신설 2017. 6. 2.〉

제97조 과태료의 부과

법 제106조에 따른 과태료의 부과기준은 별표 5와 같다.

부칙 〈제29549호, 2019. 2. 12.〉

제1조 시행일

이 영은 2019년 2월 15일부터 시행한다.

제2조 세대구분형 공동주택에 관한 적용례

제9조제1항제2호의 개정규정은 이 영 시행 이후에 「공동주택관리법」 제35조에 따른 행위의 허가를 받거나 신고를 하고 설치하는 공동주택부터 적용한다.

주택법 시행규칙

[시행 2018. 9. 14]

[국토교통부령 제543호, 2018. 9. 14, 일부개정]

제1장 총칙

제1조 목적

이 규칙은 「주택법」 및 같은 법 시행령에서 위임된 사항과 그 시행에 필요한 사항을 규정함을 목적으로 한다.

제2조 주거전용면적의 산정방법

「주택법」(이하 "법"이라 한다) 제2조제6호 후단에 따른 주거전용면적(주거의 용도로만 쓰이는 면적을 말한다. 이하 같다)의 산정방법은 다음 각 호의 기준에 따른다. 〈개정 2018. 4. 2.〉

1. 단독주택의 경우: 그 바닥면적(「건축법 시행령」 제119조제1항제3호에 따른 바닥면적을 말한다. 이하 같다)에서 지하실(거실로 사용되는 면적은 제외한다), 본 건축물과 분리된 창고 · 차고 및 화장실의 면적을 제외한 면적. 다만, 그 주택이 「건축법 시행령」 별표 1 제1호다목의 다가구주택에 해당하는 경우 그 바닥면적에서 본 건축물의 지상층에 있는 부분으로서 복도, 계단, 현관 등 2세대 이상이 공동으로 사용하는 부분의 면적도 제외한다.
2. 공동주택의 경우: 외벽의 내부선을 기준으로 산정한 면적. 다만, 2세대 이상이 공동으로 사용하는 부분으로서 다음 각 목의 어느 하나에 해당하는 공용면적은 제외하며, 이 경우 바닥면적에서 주거전용면적을 제외하고 남는 외벽면적은 공용면적에 가산한다.
   가. 복도, 계단, 현관 등 공동주택의 지상층에 있는 공용면적
   나. 가목의 공용면적을 제외한 지하층, 관리사무소 등 그 밖의 공용면적

제3조 주택단지의 구분기준이 되는 도로

「주택법 시행령」(이하 "영"이라 한다) 제5조제1호에서 "국토교통부령으로 정하는 도로"란 「도시 · 군계획시설의 결정 · 구조 및 설치기준에 관한 규칙」 제9조제3호에 따른 주간선도로, 보조간선도로, 집산도로(集散道路) 및 폭 8미터 이상인 국지도로를 말한다.

제2장 총주택의 건설 등

제1절 주택건설사업자 등

제4조 주택건설사업 등의 등록신청

① 법 제4조 및 영 제15조제1항에 따라 주택건설사업 또는 대지조성사업 등록을 하려는 자는 별지 제1호서식의 등록신청서(전자문서로 된 신청서를 포함한다)에 다음 각 호의 서류(전자문서를 포함한다)를 첨부하여 법 제85조제1항에 따른 주택사업자단체(이하 "협회"라 한다)에 제출하여야 한다. 〈개정 2017. 6. 2.〉

1. 등록기준에 따른 자본금을 보유하고 있음을 증명하는 다음 각 목의 구분에 따른 서류
   가. 법인: 납입자본금에 관한 증명서류
   나. 개인: 자산평가서와 그 증명서류
2. 등록기준에 따른 기술인력의 보유를 증명하는 다음 각 목의 서류
   가. 「건설기술진흥법 시행규칙」 제18조제6항에 따른 건설기술자 경력증명서 또는 건설기술자 보유증명서
   나. 고용계약서 사본
3. 건물등기사항증명서, 건물사용계약서 등 사무실의 보유를 증명하는 서류
4. 향후 1년간의 주택건설사업계획서 또는 대지조성사업계획서
5. 신청인이 재외국민(「재외국민등록법」 제2조에 따른 등록대상자를 말한다)인 경우에는 「재외국민등록법」 제7조에 따른 재외국민등록부 등본

② 제1항에 따라 등록신청서를 제출받은 협회는 「전자정부법」 제36조제2항에 따른 행정정보의 공동이용을 통하여 다음 각 호의 서류를 확인하여야 한다. 다만, 신청인이 제2호 및 제3호의 서류 확인에 동의하지 아니하는 경우에는 해당 서류를 첨부하도록 하여야 한다. 〈신설 2017. 6. 2.〉

1. 신청인이 법인(대표자 또는 임원이 외국인인 법인은 제외한다)인 경우: 법인등기사항증명서
2. 신청인이 개인인 경우: 주민등록표 초본. 다만, 신청인이 직접 신청서를 제출하는 경우에는 주민등록증 등 신분증명서의 제시로 갈음한다.
3. 신청인이 외국인이거나 대표자 또는 임원이 외국인인 법인인 경우: 「출입국관리법」 제88조제2항에 따른 외국인등록 사실증명. 다만, 신청인이 다음 각 목의 어느 하나에 해당하는 서류를 등록신청서에 첨부하여 제출하는 경우에는 외국인등록 사실증명을 확인하지 아니한다.

가. 「외국공문서에 대한 인증의 요구를 폐지하는 협약」을 체결한 국가의 경우: 해당 국가의 정부 그 밖에 권한 있는 기관이 발행한 서류 또는 공증인이 공증한 해당 외국인의 진술서로서 해당 국가의 아포스티유(Apostille)확인서 발급 권한이 있는 기관이 그 확인서를 발급한 서류

나. 「외국공문서에 대한 인증의 요구를 폐지하는 협약」을 체결하지 아니한 국가의 경우: 해당 국가의 정부 그 밖에 권한 있는 기관이 발행한 서류 또는 공증인이 공증한 해당 외국인의 진술서로서 해당 국가에 주재하는 우리나라 영사가 확인한 서류

③ 영 제15조제2항에 따른 주택건설사업자등록부 및 대지조성사업자등록부는 별지 제2호서식에 따르고, 등록증은 별지 제3호서식에 따른다. 〈개정 2017. 6. 2.〉

④ 협회는 법 제4조에 따라 주택건설사업 또는 대지조성사업의 등록을 한 자(이하 "등록사업자"라 한다)별로 별지 제4호서식의 등록사업자대장을 작성하여 관리하여야 한다. 〈개정 2017. 6. 2.〉

⑤ 등록사업자는 영 제15조제3항 본문에 따라 등록사항 변경신고를 하려는 경우에는 별지 제5호서식의 변경신고서에 변경내용을 증명하는 서류를 첨부하여 협회에 제출하여야 한다. 다만, 등록사업자가 개인인 경우에는 상속의 경우에만 등록한 사업자명의의 변경을 신고할 수 있다. 〈개정 2017. 6. 2.〉

⑥ 협회는 등록사업자에 대하여 등록증을 발급하거나 등록사항의 변경신고를 받은 때에는 그 내용을 관할 특별시장 · 광역시장 · 특별자치시장 · 도지사 또는 특별자치도지사(이하 "시 · 도지사"라 한다)에게 통보하고, 분기별로 국토교통부장관에게 보고하여야 한다. 〈개정 2017. 6. 2.〉

⑦ 영 제15조제3항 단서에서 "국토교통부령으로 정하는 경미한 변경"이란 자본금, 기술자의 수 또는 사무실 면적이 증가하거나 등록기준에 미달하지 아니하는 범위에서 감소한 경우를 말한다. 〈개정 2017. 6. 2.〉

⑧ 제4항에 따른 등록사업자대장은 전자적 처리가 불가능한 특별한 사유가 없으면 전자적 처리가 가능한 방법으로 작성 · 관리하여야 한다. 〈개정 2017. 6. 2.〉

제5조 등록사업자에 대한 처분결과의 통지 등

시 · 도지사는 법 제8조제1항에 따라 등록사업자에 대하여 등록말소 또는 영업정지의 처분을 하였을 때에는 지체 없이 협회에 그 내용을 통보(전자문서에 따른 통보를 포함한다)하여야 하며, 통보받은 협회는 등록사업자대장에 그 내용을 적고 관리하여야 한다.

제6조 영업실적 등의 제출 및 확인

① 등록사업자는 법 제10조제1항에 따라 전년도의 영업실적과 해당 연도의 영업계획 및 기술인력 보유현황을 별지 제6호서식에 따라 매년 1월 10일까지 협회에 제출(전자문서에 따른 제출을 포함한다)하여야 한다. 이 경우 보유 기술인력의 명세서를 첨부하여야 한다.

② 협회는 제1항에 따라 제출받은 영업실적 등을 별지 제7호서식에 따라 종합한 후 매년 1월 31일까지 국토교통부장관에게 제출(전자문서에 따른 제출을 포함한다)하여야 한다.

③ 협회는 제출받은 영업실적의 내용 중 주택건설사업 실적에 대하여 등록사업자가 확인을 요청하는 경우에는 별표 1의 기준에 따라 확인한 후 별지 제8호서식의 확인서를 발급(전자문서에 따른 발급을 포함한다)할 수 있다.

④ 등록사업자는 법 제10조제2항에 따라 월별 주택분양계획 및 분양실적을 매월 5일까지 협회에 제출(전자문서에 따른 제출을 포함한다)하여야 하며, 협회는 그 내용을 특별시 · 광역시 · 특별자치시 · 도 또는 특별자치도(이하 "시 · 도"라 한다)별로 종합하여 매월 15일까지 시 · 도지사에게 통보(전자문서에 따른 통보를 포함한다)하고 국토교통부장관에게 보고(전자문서에 따른 보고를 포함한다)하여야 한다.

제2절 주택조합

제7조 주택조합의 설립인가신청 등

① 영 제20조제1항 각 호 외의 부분에 따른 신청서는 별지 제9호서식에 따른다.

② 영 제20조제1항제1호가목5)에 따른 사업계획서에는 다음 각 호의 사항을 적어야 한다.

1. 조합주택건설예정세대수
2. 조합주택건설예정지의 지번 · 지목 · 등기명의자
3. 도시 · 군관리계획(「국토의 계획 및 이용에 관한 법률」 제2조제4호에 따른 도시 · 군관리계획을 말한다. 이하 같다)상의 용도
4. 대지 및 주변 현황

③ 영 제20조제1항제1호가목7)에서 "국토교통부령으로 정하는 서류"란 다음 각 호의 서류를 말한다.

1. 고용자가 확인하는 근무확인서(직장주택조합의 경우만 해당한다)
2. 조합원 자격이 있는 자임을 확인하는 서류

④ 법 제11조제1항에 따라 지역 · 직장주택조합의 설립인가신청을 받은 특별자치시장, 특별자치도지사, 시장, 군수 또는 구청장(구청장은 자치구의 구청장을 말하며, 이하 "시장 · 군

수 · 구청장"이라 한다)은 「전자정부법」 제36조제1항에 따른 행정정보의 공동이용을 통하여 조합원의 주민등록표등본을 확인하여야 하며, 신청인이 확인에 동의하지 아니하는 경우에는 해당 서류를 직접 제출하도록 하여야 한다.

⑤ 영 제20조제3항에서 "국토교통부령으로 정하는 사항"이란 다음 각 호의 사항을 말한다. 〈개정 2017. 6. 2.〉

1. 조합규약(영 제20조제2항 각 호의 사항만 해당한다)의 변경
2. 자금의 차입과 그 방법 · 이자율 및 상환방법
3. 예산으로 정한 사항 외에 조합원에게 부담이 될 계약의 체결

3의2. 법 제11조의2제1항에 따른 업무대행자(이하 "업무대행자"라 한다)의 선정 · 변경 및 업무대행계약의 체결

4. 시공자의 선정 · 변경 및 공사계약의 체결
5. 조합임원의 선임 및 해임
6. 사업비의 조합원별 분담 명세
7. 조합해산의 결의 및 해산시의 회계 보고

⑥ 국토교통부장관은 주택조합의 원활한 사업추진 및 조합원의 권리보호를 위하여 표준조합규약 및 표준공사계약서를 작성 · 보급할 수 있다.

⑦ 시장 · 군수 · 구청장은 법 제11조제1항에 따라 주택조합의 설립 또는 변경을 인가하였을 때에는 별지 제10호서식의 주택조합설립인가대장에 적고, 별지 제11호서식의 인가필증을 신청인에게 발급하여야 한다.

⑧ 시장 · 군수 · 구청장은 법 제11조제1항에 따라 주택조합의 해산인가를 하거나 법 제14조제2항에 따라 주택조합의 설립인가를 취소하였을 때에는 주택조합설립인가대장에 그 내용을 적고, 인가필증을 회수하여야 한다.

⑨ 제7항에 따른 주택조합설립인가대장은 전자적 처리가 불가능한 특별한 사유가 없으면 전자적 처리가 가능한 방법으로 작성 · 관리하여야 한다.

제7조의2 업무대행자의 업무범위

법 제11조의2제2항제5호에서 "국토교통부령으로 정하는 사항"이란 다음 각 호의 업무를 말한다.

1. 총회 일시 · 장소 및 안건의 통지 등 총회 운영업무 지원
2. 조합 임원 선거 관리업무 지원

[본조신설 2017. 6. 2.]

제7조의3 조합원 모집 신고

① 법 제11조의3제1항에 따라 조합원 모집 신고를 하려는 자는 별지 제11호의2서식의 신고서에 다음 각 호의 서류를 첨부하여 관할 시장 · 군수 · 구청장에게 제출하여야 한다.

1. 조합 발기인 명단 등 조합원 모집 주체에 관한 자료
2. 주택건설예정지의 지번 · 지목 · 등기명의자 및 도시 · 군관리계획상의 용도
3. 다음 각 목의 사항이 모두 포함된 조합원 모집공고안
   가. 주택 건설 · 공급 계획 등이 포함된 사업의 개요
   나. 토지확보 현황(확보면적, 확보비율 등을 말한다) 및 계획과 이를 증명할 수 있는 토지 사용승낙서 등의 자료
   다. 조합 자금관리의 주체 및 계획
4. 조합가입 신청서 및 계약서의 서식
5. 법 제11조의2제1항에 따른 업무대행자를 선정한 경우에는 업무대행계약서

② 시장 · 군수 · 구청장은 제1항에 따른 신고서가 접수된 날부터 15일 이내에 신고의 수리 여부를 결정 · 통지하여야 한다.

③ 제1항에 따른 신고를 수리하는 경우에는 별지 제11호의3서식의 신고대장에 관련 내용을 적고, 신고인에게 별지 제11호의4서식의 신고필증을 발급하여야 한다.

[본조신설 2017. 6. 2.]

제7조의4 조합원 공개모집

① 법 제11조의3제1항에 따라 조합원을 모집하려는 자는 제7조의3에 따른 조합원 모집 신고가 수리된 이후 다음 각 호의 구분에 따른 방법으로 모집공고를 하여야 한다.

1. 지역주택조합: 법 제2조제11호가목의 구분에 따른 조합원 모집 대상 지역의 주민이 널리 볼 수 있는 일간신문 및 관할 시 · 군 · 자치구의 인터넷 홈페이지에 게시
2. 직장주택조합: 조합원 모집 대상 직장의 인터넷 홈페이지에 게시

② 조합원 모집공고에는 다음 각 호의 사항이 포함되어야 한다.

1. 조합 발기인 등 조합원 모집 주체의 성명 및 주소(법인의 경우에는 법인명, 대표자의 성명, 법인의 주소 및 법인등록번호를 말한다)
2. 법 제11조의2제1항에 따른 업무대행자를 선정한 경우에는 업무대행자의 성명 및 주소(법인의 경우에는 법인명, 대표자의 성명, 법인의 주소 및 법인등록번호를 말한다)
3. 주택건설예정지의 지번 · 지목 및 면적
4. 토지확보 현황(확보면적, 확보비율 등을 말한다) 및 계획

5. 주택건설 예정세대수 및 주택건설 예정기간

6. 조합원 모집세대수 및 모집기간

7. 조합원을 분할하여 모집하는 경우에는 분할 모집시기별 모집세대수 등 조합원 모집에 관한 정보

8. 호당 또는 세대당 주택공급면적 및 대지면적

9. 조합가입 신청자격, 신청시의 구비서류, 신청일시 및 장소

10. 계약금 · 분담금의 납부시기 및 납부방법 등 조합원의 비용부담에 관한 사항

11. 조합 자금관리의 주체 및 계획

12. 조합원 당첨자 발표의 일시 · 장소 및 방법

13. 부적격자의 처리 및 계약 취소에 관한 사항

14. 조합가입 계약일 · 계약장소 등의 계약사항

15. 동 · 호수의 배정 시기 및 방법 등에 관한 사항

16. 조합설립인가 신청일(또는 신청예정일), 사업계획승인 신청예정일, 착공예정일 및 입주예정일

17. 조합원의 권리 · 의무에 관한 사항

18. 그 밖에 추가분담금 등 조합가입 시 유의할 사항으로서 시장 · 군수 · 구청장이 필요하다고 인정하는 사항

③ 조합원을 모집하려는 자는 제2항 각 호의 사항 외에 조합가입 신청자가 알아야 할 사항 그 밖의 필요한 사항을 조합가입 신청장소에 게시한 후 별도의 안내서를 작성하여 조합가입 신청자에게 교부하여야 한다.

[본조신설 2017. 6. 2.]

제8조 조합원의 자격확인 등

① 영 제21조제1항제1호가목 1) · 2) 외의 부분에서 "국토교통부령으로 정하는 지위"란 「주택공급에 관한 규칙」 제2조제7호에 따른 당첨자(당첨자의 지위를 승계한 자를 포함한다)의 지위를 말한다.

② 영 제21조제1항제1호가목1) 및 2)에서 "국토교통부령으로 정하는 기준"이란 각각 다음 각 호와 같다.

1. 상속 · 유증 또는 주택소유자와의 혼인으로 주택을 취득하였을 때에는 사업주체로부터 「주택공급에 관한 규칙」 제52조제3항에 따라 부적격자로 통보받은 날부터 3개월 이내에 해당 주택을 처분하면 주택을 소유하지 아니한 것으로 볼 것

2. 제1호 외의 경우에는 「주택공급에 관한 규칙」 제53조를 준용할 것

③ 시장 · 군수 · 구청장은 지역주택조합 또는 직장주택조합에 대하여 다음 각 호의 행위를 하려는 경우에는 국토교통부장관에게 「정보통신망 이용촉진 및 정보보호 등에 관한 법률」에 따라 구성된 주택전산망을 이용한 전산검색을 의뢰하여 영 제21조제1항제1호 및 같은 항 제2호에 따른 조합원 자격에 해당하는지를 확인하여야 한다.

1. 법 제11조에 따라 주택조합 설립인가를 하려는 경우
2. 해당 주택조합에 대하여 법 제15조에 따른 사업계획승인을 하려는 경우
3. 해당 조합주택에 대하여 법 제49조에 따른 사용검사 또는 임시 사용승인을 하려는 경우

제9조 지역 · 직장주택조합 조합원의 추가모집 등

지역주택조합 또는 직장주택조합은 영 제22조제1항제1호에 따라 조합원 추가모집의 승인을 받으려는 경우에는 다음 각 호의 사항이 포함된 추가모집안을 작성하여 시장 · 군수 · 구청장에게 제출하여야 한다.

1. 주택조합의 명칭 · 소재지 및 대표자의 성명
2. 설립인가번호 · 인가일자 및 조합원수
3. 법 제5조제2항에 따라 등록사업자와 공동으로 사업을 시행하는 경우에는 그 등록사업자의 명칭 · 소재지 및 대표자의 성명
4. 조합주택건설 대지의 위치 및 대지면적
5. 조합주택건설 예정세대수 및 건설 예정기간
6. 추가모집 세대수 및 모집기간
7. 호당 또는 세대당 주택공급면적
8. 부대시설 · 복리시설 등을 포함한 사업개요
9. 사업계획승인신청예정일, 착공예정일 및 입주예정일
10. 가입신청자격, 신청시의 구비서류, 신청일시 및 장소
11. 조합원 분담금의 납부시기 및 납부방법 등 조합원의 비용부담에 관한 사항
12. 당첨자의 발표일시 · 장소 및 방법
13. 이중당첨자 또는 부적격당첨자의 처리 및 계약취소에 관한 사항
14. 그 밖에 시장 · 군수 · 구청장이 필요하다고 인정하여 요구하는 사항

제10조 직장주택조합의 설립신고서 등

① 영 제24조제1항에 따른 설립신고서는 별지 제12호서식에 따른다.

② 시장 · 군수 · 구청장은 제1항에 따른 설립신고서를 접수한 경우에는 그 신고내용을 확인한 후 별지 제13호서식의 직장주택조합설립신고대장에 적고, 별지 제14호서식의 신고필증을 신고인에게 발급하여야 한다.

③ 시장 · 군수 · 구청장은 법 제11조제5항 후단에 따라 직장주택조합 해산신고를 받은 경우에는 직장주택조합설립신고대장에 그 내용을 적고 신고필증을 회수하여야 한다.

④ 제2항에 따른 직장주택조합설립신고대장은 전자적 처리가 불가능한 특별한 사유가 없으면 전자적 처리가 가능한 방법으로 작성 · 관리하여야 한다.

⑤ 영 제24조제2항에 따른 주택의 공급방법은 「주택공급에 관한 규칙」으로 정한다.

제11조 자료의 공개

① 주택조합의 임원 또는 발기인은 법 제12조제1항제5호에 관한 사항을 인터넷으로 공개할 때에는 조합원의 50퍼센트 이상의 동의를 얻어 그 개략적인 내용만 공개할 수 있다.

② 법 제12조제2항에 따른 주택조합 구성원의 열람 · 복사 요청은 사용목적 등을 적은 서면 또는 전자문서로 하여야 한다.

제11조의2 시공보증

법 제14조의2제1항에서 "국토교통부령으로 정하는 기관의 시공보증서"란 조합원에게 공급되는 주택에 대한 다음 각 호의 어느 하나의 보증서를 말한다.

1. 「건설산업기본법」에 따른 공제조합이 발행한 보증서
2. 「주택도시기금법」에 따른 주택도시보증공사가 발행한 보증서
3. 「은행법」 제2조제2호에 따른 금융기관, 「한국산업은행법」에 따른 한국산업은행, 「한국수출입은행법」에 따른 한국수출입은행, 「중소기업은행법」에 따른 중소기업은행 또는 「장기신용은행법」에 따른 장기신용은행이 발행한 지급보증서
4. 「보험업법」에 따른 보험회사가 발행한 보증보험증권

[본조신설 2017. 6. 2.]

제3절 사업계획의 승인 등

제12조 사업계획의 승인신청 등

① 영 제27조제6항제1호가목 및 나목에 따른 신청서 및 사업계획서는 별지 제15호서식에 따른다.

② 영 제27조제6항제1호라목 본문 및 같은 항 제2호다목 본문에 따른 공사설계도서는 각각 별표 2와 같다.

③ 영 제27조제6항제1호라목 단서 및 같은 항 제2호다목 단서에서 "국토교통부령으로 정하는 도서"란 각각 별표 2에 따른 도서 중 위치도, 지형도 및 평면도를 말한다.

④ 영 제27조제6항제1호카목에서 "국토교통부령으로 정하는 서류"란 다음 각 호의 서류를 말한다.

1. 간선시설 설치계획도(축척 1만분의 1부터 5만분의 1까지)
2. 사업주체가 토지의 소유권을 확보하지 못한 경우에는 토지사용 승낙서(「택지개발촉진법」 등 관계 법령에 따라 택지로 개발 · 분양하기로 예정된 토지에 대하여 해당 토지를 사용할 수 있는 권원을 확보한 경우에는 그 권원을 증명할 수 있는 서류를 말한다). 다만, 사업주체가 다음 각 목의 어느 하나에 해당하는 경우에는 제외한다.
   가. 국가
   나. 지방자치단체
   다. 「한국토지주택공사법」에 따른 한국토지주택공사(이하 "한국토지주택공사"라 한다)
   라. 「지방공기업법」 제49조에 따라 주택건설사업을 목적으로 설립된 지방공사(이하 "지방공사"라 한다)
   마. 「민간임대주택에 관한 특별법」 제20조제1항에 따라 지정을 받은 임대사업자
3. 영 제43조제1항에 따라 작성하는 설계도서 중 국토교통부장관이 정하여 고시하는 도서
4. 별표 3에 따른 서류(국가, 지방자치단체 또는 한국토지주택공사가 사업계획승인을 신청하는 경우만 해당한다)
5. 협회에서 발급받은 등록사업자의 행정처분 사실을 확인하는 서류(협회가 관리하는 전산정보자료를 포함한다)
6. 「민간임대주택에 관한 특별법」 제20조제1항에 따라 지정을 받았음을 증명하는 서류(같은 항에 따라 지정을 받은 임대사업자만 해당한다)
7. 제28조제2항 각 호의 서류(리모델링의 경우만 해당한다)

⑤ 영 제27조제6항제2호가목 및 나목에 따른 신청서 및 사업계획서는 별지 제15호서식에 따른다.

⑥ 영 제27조제6항제2호마목에 따른 공급계획서에는 다음 각 호의 사항을 포함하여야 하며, 대

지의 용도별 · 공급대상자별 분할도면을 첨부하여야 한다.

1. 대지의 위치 및 면적
2. 공급대상자
3. 대지의 용도
4. 공급시기 · 방법 및 조건

⑦ 영 제27조제6항제2호바목에서 "국토교통부령으로 정하는 서류"란 제4항제1호 · 제2호 및 제5호의 서류를 말한다.

⑧ 법 제15조제1항 또는 제3항에 따라 승인을 신청받은 사업계획승인권자(법 제15조 및 영 제90조에 따라 주택건설사업계획 및 대지조성사업계획의 승인을 하는 국토교통부장관, 시 · 도지사 또는 시장 · 군수를 말한다. 이하 같다)는 「전자정부법」 제36조제1항에 따른 행정정보의 공동이용을 통하여 토지등기사항증명서(사업주체가 국가, 지방자치단체, 한국토지주택공사 또는 지방공사인 경우는 제외한다)와 토지이용계획확인서를 확인하여야 한다.

⑨ 사업계획승인권자는 법 제15조제1항 또는 제3항에 따라 사업계획의 승인을 하였을 때에는 별지 제16호서식의 승인서를 신청인에게 발급하여야 한다.

⑩ 시 · 도지사는 매월 말일을 기준으로 별지 제17호서식에 따른 주택건설사업계획승인 결과보고서 및 별지 제18호서식에 따른 주택건설실적보고서를 작성하여 다음 달 15일까지 국토교통부장관에게 송부(전자문서에 따른 송부를 포함한다)하여야 한다. 다만, 「공동주택관리법」 제88조에 따른 공동주택관리정보시스템에 관련 정보를 입력하는 경우에는 송부한 것으로 본다.

제13조 사업계획의 변경승인신청 등

① 사업주체는 법 제15조제4항 본문에 따라 사업계획의 변경승인을 받으려는 경우에는 별지 제15호서식의 신청서에 사업계획 변경내용 및 그 증명서류를 첨부하여 사업계획승인권자에게 제출(전자문서에 따른 제출을 포함한다)하여야 한다.

② 사업계획승인권자는 법 제15조제4항 본문에 따라 사업계획변경승인을 하였을 때에는 별지 제16호서식의 승인서를 신청인에게 발급하여야 한다.

③ 사업계획승인권자는 사업주체가 입주자 모집공고(법 제5조제2항 및 제3항에 따른 사업주체가 주택을 건설하는 경우에는 법 제15조제1항 또는 제3항에 따른 사업계획승인을 말한다. 이하 이 조에서 같다)를 한 후에는 다음 각 호의 어느 하나에 해당하는 사업계획의 변경을 승인해서는 아니 된다. 다만, 사업주체가 미리 입주예정자(법 제15조제3항에 따라 주택단지를 공구별로 건설 · 공급하여 기존 공구에 입주자가 있는 경우 제2호에 대해서는 그 입주자를 포

함한다. 이하 이 항 및 제4항에서 같다)에게 사업계획의 변경에 관한 사항을 통보하여 입주예정자 80퍼센트 이상의 동의를 받은 경우에는 예외로 한다. 〈개정 2018. 9. 14.〉

1. 주택(공급계약이 체결된 주택만 해당한다)의 공급가격에 변경을 초래하는 사업비의 증액
2. 호당 또는 세대당 주택공급면적(바닥면적에 산입되는 면적으로서 사업주체가 공급하는 주택의 면적을 말한다. 이하 같다) 및 대지지분의 변경. 다만, 다음 각 목의 어느 하나에 해당하는 경우는 제외한다.
   가. 호당 또는 세대당 공용면적(제2조제2호가목에 따른 공용면적을 말한다) 또는 대지지분의 2퍼센트 이내의 증감. 이 경우 대지지분의 감소는 「공간정보의 구축 및 관리 등에 관한 법률」 제2조제4호의2에 따른 지적확정측량에 따라 대지지분의 감소가 부득이하다고 사업계획승인권자가 인정하는 경우로서 사업주체가 입주예정자에게 대지지분의 감소 내용과 사유를 통보한 경우로 한정한다.
   나. 입주예정자가 없는 동 단위 공동주택의 세대당 주택공급면적의 변경

④ 사업주체는 입주자 모집공고를 한 후 제2항에 따른 사업계획변경승인을 받은 경우에는 14일 이내에 문서로 입주예정자에게 그 내용을 통보하여야 한다.

⑤ 법 제15조제4항 단서에서 "국토교통부령으로 정하는 경미한 사항을 변경하는 경우"란 다음 각 호의 어느 하나에 해당하는 경우를 말한다. 다만, 제1호 · 제3호 및 제7호는 사업주체가 국가, 지방자치단체, 한국토지주택공사 또는 지방공사인 경우로 한정한다.

1. 총사업비의 20퍼센트의 범위에서의 사업비 증감. 다만, 국민주택을 건설하는 경우로서 지원받는 주택도시기금(「주택도시기금법」 에 따른 주택도시기금을 말한다)이 증가되는 경우는 제외한다.
2. 건축물이 아닌 부대시설 및 복리시설의 설치기준 변경으로서 다음 각 목의 요건을 모두 갖춘 변경
   가. 해당 부대시설 및 복리시설 설치기준 이상으로의 변경일 것
   나. 위치변경(「건축법」 제2조제1항제4호에 따른 건축설비의 위치변경은 제외한다)이 발생하지 아니하는 변경일 것
3. 대지면적의 20퍼센트의 범위에서의 면적 증감. 다만, 지구경계의 변경을 수반하거나 토지 또는 토지에 정착된 물건 및 그 토지나 물건에 관한 소유권 외의 권리를 수용할 필요를 발생시키는 경우는 제외한다.
4. 세대수 또는 세대당 주택공급면적을 변경하지 아니하는 범위에서의 내부구조의 위치나 면적 변경(법 제15조에 따른 사업계획승인을 받은 면적의 10퍼센트 범위에서의 변경으로 한정한다)

5. 내장 재료 및 외장 재료의 변경(재료의 품질이 법 제15조에 따른 사업계획승인을 받을 당시의 재료와 같거나 그 이상인 경우로 한정한다)

6. 사업계획승인의 조건으로 부과된 사항을 이행함에 따라 발생되는 변경. 다만, 공공시설 설치계획의 변경이 필요한 경우는 제외한다.

7. 건축물의 설계와 용도별 위치를 변경하지 아니하는 범위에서의 건축물의 배치조정 및 주택단지 안 도로의 선형변경

8. 「건축법 시행령」 제12조제3항 각 호의 어느 하나에 해당하는 사항의 변경

⑥ 사업주체는 제5항 각 호의 사항을 변경하였을 때에는 지체 없이 그 변경내용을 사업계획승인권자에게 통보(전자문서에 따른 통보를 포함한다)하여야 한다. 이 경우 사업계획승인권자는 사업주체로부터 통보받은 변경내용이 제5항 각 호의 범위에 해당하는지를 확인하여야 한다.

제14조 표본설계도서의 승인신청

영 제29조제1항에 따른 표본설계도서 승인을 받으려는 자는 표본설계도서에 다음 각 호의 도서를 첨부하여 국토교통부장관에게 제출(전자문서에 따른 제출을 포함한다)하여야 한다.

1. 마감표
2. 각 층(지하층을 포함한다) 평면도 및 단위평면도
3. 입면도(전후면 및 측면)
4. 단면도(계단부분을 포함한다)
5. 구조도(기둥, 보, 슬라브 및 기초)
6. 구조계산서
7. 설비도(급수, 위생, 전기 및 소방)
8. 창호도

제15조 공사착수 연기 및 착공신고

① 사업주체는 법 제16조제1항 각 호 외의 부분 단서에 따라 공사착수기간을 연장하려는 경우에는 별지 제19호서식의 착공연기신청서를 사업계획승인권자에게 제출(전자문서에 따른 제출을 포함한다)하여야 한다.

② 사업주체는 법 제16조제2항에 따라 공사착수(법 제15조제3항에 따라 사업계획승인을 받은 경우에는 공구별 공사착수를 말한다)를 신고하려는 경우에는 별지 제20호서식의 착공신고서에 다음 각 호의 서류를 첨부하여 사업계획승인권자에게 제출(전자문서에 따른 제출을 포함한다)하여야 한다. 다만, 제2호부터 제4호까지의 서류는 주택건설사업의 경우만 해당한다.

1. 사업관계자 상호간 계약서 사본
2. 흙막이 구조도면(지하 2층 이상의 지하층을 설치하는 경우만 해당한다)
3. 영 제43조제1항에 따라 작성하는 설계도서 중 국토교통부장관이 정하여 고시하는 도서
4. 감리자(법 제43조제1항에 따라 주택건설공사 감리자로 지정받은 자를 말한다. 이하 같다)의 감리계획서 및 감리의견서

③ 사업계획승인권자는 제1항 및 제2항에 따른 착공연기신청서 또는 착공신고서를 제출받은 경우에는 별지 제21호서식의 착공연기확인서 또는 별지 제22호서식의 착공신고필증을 신청인 또는 신고인에게 발급하여야 한다.

제16조 체비지의 양도가격

① 법 제31조제3항에 따른 체비지(替費地)의 양도가격은 「감정평가 및 감정평가사에 관한 법률」 제2조제4호에 따른 감정평가업자(이하 "감정평가업자"라 한다) 2인 이상의 감정평가가격을 산술평균한 가격을 기준으로 산정한다. 〈개정 2016. 8. 31.〉

② 법 제31조제3항 단서에서 "임대주택을 건설하는 경우 등 국토교통부령으로 정하는 경우"란 주거전용면적 85제곱미터 이하의 임대주택을 건설하거나 주거전용면적 60제곱미터 이하의 국민주택을 건설하는 경우를 말한다.

③ 법 제31조제3항 단서에서 "국토교통부령으로 정하는 조성원가"란 「택지개발촉진법 시행규칙」 별표에 따라 산정한 원가를 말한다.

제4절 주택의 건설

제17조 주택건설기준 등에 관한 규정

다음 각 호의 사항은 「주택건설기준 등에 관한 규칙」으로 정한다.

1. 법 제38조에 따른 장수명 주택의 인증기준 · 인증절차 및 수수료 등
2. 법 제41조제2항제3호에 따른 바닥충격음 성능등급 인정제품의 품질관리기준
3. 법 제51조에 따른 공업화주택의 성능기준 · 생산기준 및 인정절차
4. 법 제53조제2항에 따른 기술능력을 갖추고 있는 자

제5절 주택의 감리 및 사용검사

제18조 감리원의 배치기준 등

① 영 제47조제4항제1호에서 "국토교통부령으로 정하는 감리자격이 있는 자"란 다음 각 호의 구분에 따른 사람을 말한다.

1. 감리업무를 총괄하는 총괄감리원의 경우
   가. 1천세대 미만의 주택건설공사: 「건설기술 진흥법 시행령」 별표 1 제2호에 따른 건설사업관리 업무를 수행하는 특급기술자 또는 고급기술자. 다만, 300세대 미만의 주택건설공사인 경우에는 다음의 요건을 모두 갖춘 사람을 포함한다.
      1) 「건축사법」에 따른 건축사 또는 건축사보일 것
      2) 「건설기술 진흥법 시행령」 별표 1 제2호에 따른 건설기술자 역량지수에 따라 등급을 산정한 결과 건설사업관리 업무를 수행하는 특급기술자 또는 고급기술자에 준하는 등급에 해당할 것
      3) 「건설기술 진흥법 시행령」 별표 3 제2호나목에 따른 기본교육 및 전문교육을 받았을 것
   나. 1천세대 이상의 주택건설공사: 「건설기술 진흥법 시행령」 별표 1 제2호에 따른 건설사업관리 업무를 수행하는 특급기술자
2. 공사분야별 감리원의 경우: 「건설기술 진흥법 시행령」 별표 1 제2호에 따른 건설사업관리 업무를 수행하는 건설기술자. 다만, 300세대 미만의 주택건설공사인 경우에는 다음 각 목의 요건을 모두 갖춘 사람을 포함한다.
   가. 「건축사법」에 따른 건축사 또는 건축사보일 것
   나. 「건설기술 진흥법 시행령」 별표 1 제2호에 따른 건설기술자 역량지수에 따라 등급을 산정한 결과 건설사업관리 업무를 수행하는 초급 이상의 건설기술자에 준하는 등급에 해당할 것
   다. 「건설기술 진흥법 시행령」 별표 3 제2호나목에 따른 기본교육 및 전문교육을 받았을 것

② 감리자는 사업주체와 협의하여 감리원의 배치계획을 작성한 후 사업계획승인권자 및 사업주체에게 각각 보고(전자문서에 의한 보고를 포함한다)하여야 한다. 배치계획을 변경하는 경우에도 또한 같다. 〈개정 2016. 12. 30.〉

③ 감리자는 법 제44조제2항에 따라 사업계획승인권자(법 제66조제1항에 따른 리모델링의 허가만 받은 경우는 허가권자를 말한다. 이하 이 조 및 제20조에서 같다) 및 사업주체에게 분기별로 감리업무 수행 상황을 보고(전자문서에 따른 보고를 포함한다)하여야 하며, 감리업무

를 완료하였을 때에는 최종보고서를 제출(전자문서에 따른 제출을 포함한다)하여야 한다.

제18조의2 공사감리비의 예치 및 지급 등

① 사업주체는 감리자와 법 제43조제3항에 따른 계약(이하 이 조에서 "계약"이라 한다)을 체결한 경우 사업계획승인권자에게 계약 내용을 통보하여야 한다. 이 경우 통보를 받은 사업계획승인권자는 즉시 사업주체 및 감리자에게 공사감리비 예치 및 지급 방식에 관한 내용을 안내하여야 한다.

② 사업주체는 해당 공사감리비를 계약에서 정한 지급예정일 14일 전까지 사업계획승인권자에게 예치하여야 한다.

③ 감리자는 계약에서 정한 공사감리비 지급예정일 7일 전까지 사업계획승인권자에게 공사감리비 지급을 요청하여야 하며, 사업계획승인권자는 제18조제3항에 따른 감리업무 수행 상황을 확인한 후 공사감리비를 지급하여야 한다.

④ 제2항 및 제3항에도 불구하고 계약에서 선급금의 지급, 계약의 해제 · 해지 및 감리 용역의 일시중지 등의 사유 발생 시 공사감리비의 예치 및 지급 등에 관한 사항을 별도로 정한 경우에는 그 계약에 따른다.

⑤ 사업계획승인권자는 제3항 또는 제4항에 따라 공사감리비를 지급한 경우 그 사실을 즉시 사업주체에게 통보하여야 한다.

⑥ 제1항부터 제5항까지에서 규정한 사항 외에 공사감리비 예치 및 지급 등에 필요한 사항은 시 · 도지사 또는 시장 · 군수가 정한다.

[본조신설 2018. 9. 14.]

제19조 건축구조기술사와의 협력

① 법 제46조제1항제3호에서 "국토교통부령으로 정하는 경우"란 다음 각 호의 어느 하나에 해당하는 경우를 말한다. 〈개정 2018. 5. 21.〉

1. 내력벽(耐力壁), 기둥, 바닥, 보 등 건축물의 주요 구조부의 철거 공사를 하는 경우로서 철거 범위나 공법의 변경이 필요한 경우
2. 내력벽, 기둥, 바닥, 보 등 건축물의 주요 구조부의 보강 공사를 하는 경우로서 공법이나 재료의 변경이 필요한 경우
3. 내력벽, 기둥, 바닥, 보 등 건축물의 주요 구조부의 보강 공사에 신기술 또는 신공법을 적용하는 경우로서 법 제69조제3항에 따른 전문기관의 안전성 검토결과 「국가기술자격법」에 따른 건축구조기술사의 협력을 받을 필요가 있다고 인정되는 경우

② 법 제46조제1항제4호에서 "국토교통부령으로 정하는 경우"란 다음 각 호의 어느 하나에 해당하는 경우를 말한다.

1. 수직 · 수평 증축에 따른 골조 공사시 기존 부위와 증축 부위의 접합부에 대한 공법이나 재료의 변경이 필요한 경우
2. 건축물 주변의 굴착공사로 구조안전에 영향을 주는 경우

제20조 감리자에 대한 시정명령 또는 교체지시의 보고

사업계획승인권자는 법 제48조제2항에 따라 감리자에 대하여 시정명령을 하거나 교체지시를 한 경우에는 같은 조 제3항에 따라 시정명령 또는 교체지시를 한 날부터 7일 이내에 국토교통부장관에게 보고하여야 한다.

제21조 사용검사 등

① 법 제49조 및 영 제56조제2항에 따라 사용검사를 받거나 임시 사용승인을 받으려는 자는 별지 제23호서식의 신청서에 다음 각 호의 서류를 첨부하여 사용검사권자(법 제49조 및 영 제90조에 따라 사용검사 또는 임시 사용승인을 하는 시 · 도지사 또는 시장 · 군수 · 구청장을 말한다. 이하 같다)에게 제출(전자문서에 따른 제출을 포함한다)하여야 한다.

1. 감리자의 감리의견서(주택건설사업인 경우만 해당한다)
2. 시공자의 공사확인서(영 제55조제1항 단서에 따라 입주예정자대표회의가 사용검사 또는 임시 사용승인을 신청하는 경우만 해당한다)

② 사용검사권자는 영 제54조제3항 또는 영 제56조제3항에 따른 확인 결과 적합한 경우에는 사용검사 또는 임시 사용승인을 신청한 자에게 별지 제24호서식의 사용검사 확인증 또는 별지 제25호서식의 임시사용승인서를 발급하여야 한다.

제22조 입주예정자대표회의의 구성

사용검사권자는 영 제55조제1항 단서에 따라 입주예정자대표회의가 사용검사를 받아야 하는 경우에는 입주예정자로 구성된 대책회의를 소집하여 그 내용을 통보하고, 건축공사현장에 10일 이상 그 사실을 공고하여야 한다. 이 경우 입주예정자는 그 과반수의 동의로 10명 이내의 입주예정자로 구성된 입주예정자대표회의를 구성하여야 한다.

제3장 주택의 공급

제23조 주택의 공급 등

① 다음 각 호의 사항은 「주택공급에 관한 규칙」으로 정한다.

1. 법 제54조에 따른 주택의 공급
2. 법 제56조에 따른 입주자저축
3. 법 제60조에 따른 견본주택의 건축기준
4. 법 제65조제5항에 따른 입주자자격 제한

② 법 제57조에 따른 분양가격 산정방식 등은 「공동주택 분양가격의 산정 등에 관한 규칙」으로 정한다.

제24조 입주자의 동의 없이 저당권 설정 등을 할 수 있는 금융기관의 범위

영 제71조제1호마목에서 "국토교통부령으로 정하는 기관"이란 다음 각 호의 기관을 말한다.

1. 「농업협동조합법」에 따른 조합, 농업협동조합중앙회 및 농협은행
2. 「수산업협동조합법」에 따른 수산업협동조합 및 수산업협동조합중앙회
3. 「신용협동조합법」에 따른 신용협동조합 및 신용협동조합중앙회
4. 「새마을금고법」에 따른 새마을금고 및 새마을금고중앙회
5. 「산림조합법」에 따른 산림조합 및 산림조합중앙회
6. 「한국주택금융공사법」에 따른 한국주택금융공사
7. 「우체국예금ㆍ보험에 관한 법률」에 따른 체신관서

제25조 투기과열지구의 지정 기준

법 제63조제2항에서 "국토교통부령이 정하는 기준을 충족하는 곳"이란 다음 각 호의 어느 하나에 해당하는 곳을 말한다. 〈개정 2017. 11. 8.〉

1. 직전월(투기과열지구로 지정하는 날이 속하는 달의 바로 전 달을 말한다. 이하 이 조에서 같다)부터 소급하여 주택공급이 있었던 2개월 동안 해당 지역에서 공급되는 주택의 월평균 청약경쟁률이 모두 5대 1을 초과하였거나 국민주택규모 주택의 월평균 청약경쟁률이 모두 10대 1을 초과한 곳
2. 다음 각 목의 어느 하나에 해당하여 주택공급이 위축될 우려가 있는 곳
   가. 주택의 분양계획이 직전월보다 30퍼센트 이상 감소한 곳
   나. 법 제15조에 따른 주택건설사업계획의 승인이나 「건축법」 제11조에 따른 건축허가

실적이 직전년도보다 급격하게 감소한 곳

3. 신도시 개발이나 주택의 전매행위 성행 등으로 투기 및 주거불안의 우려가 있는 곳으로서 다음 각 목의 어느 하나에 해당하는 곳
   가. 시 · 도별 주택보급률이 전국 평균 이하인 경우
   나. 시 · 도별 자가주택비율이 전국 평균 이하인 경우
   다. 해당 지역의 주택공급물량이 법 제56조에 따른 입주자저축 가입자 중 「주택공급에 관한 규칙」 제27조제1항제1호 및 제28조제1항제1호에 따른 주택청약 제1순위자에 비하여 현저하게 적은 경우

제25조의2 조정대상지역의 지정기준

법 제63조의2제1항 각 호 외의 부분 전단에서 "국토교통부령으로 정하는 기준을 충족하는 지역"이란 다음 각 호의 구분에 따른 지역을 말한다.

1. 과열지역(법 제63조의2제1항제1호에 해당하는 조정대상지역을 말한다): 직전월(조정대상지역으로 지정하는 날이 속하는 달의 바로 전 달을 말한다. 이하 이 조에서 같다)부터 소급하여 3개월간의 해당 지역 주택가격상승률이 해당 지역이 포함된 시 · 도 소비자물가상승률의 1.3배를 초과한 지역으로서 다음 각 목의 어느 하나에 해당하는 지역을 말한다.
   가. 직전월부터 소급하여 주택공급이 있었던 2개월 동안 해당 지역에서 공급되는 주택의 월평균 청약경쟁률이 모두 5대1을 초과하였거나 국민주택규모 주택의 월평균 청약경쟁률이 모두 10대 1을 초과한 지역
   나. 직전월부터 소급하여 3개월간의 분양권(주택의 입주자로 선정된 지위를 말한다. 이하 같다) 전매거래량이 전년 동기 대비 30퍼센트 이상 증가한 지역
   다. 시 · 도별 주택보급률 또는 자가주택비율이 전국 평균 이하인 지역
2. 위축지역(법 제63조의2제1항제2호에 해당하는 조정대상지역을 말한다): 직전월부터 소급하여 6개월간의 평균 주택가격상승률이 마이너스 1.0퍼센트 이하인 지역으로서 다음 각 목의 어느 하나에 해당하는 지역을 말한다.
   가. 직전월부터 소급하여 3개월 연속 주택매매거래량이 전년 동기 대비 20퍼센트 이상 감소한 지역
   나. 직전월부터 소급하여 3개월간의 평균 미분양주택(법 제15조제1항에 따른 사업계획승인을 받아 입주자를 모집을 하였으나 입주자가 선정되지 아니한 주택을 말한다)의 수가 전년 동기 대비 2배 이상인 지역
   다. 시 · 도별 주택보급률 또는 자가주택비율이 전국 평균을 초과하는 지역

[본조신설 2017. 11. 8.]

제25조의3 조정대상지역 지정의 해제 절차

법 제63조의2제8항에 따라 국토교통부장관은 조정대상지역 지정의 해제를 요청받은 경우에는 「주거기본법」 제8조에 따른 주거정책심의위원회의 심의를 거쳐 요청받은 날부터 40일 이내에 해제 여부를 결정하고, 그 결과를 해당 지역을 관할하는 시 · 도지사 또는 시장 · 군수 · 구청장에게 통보하여야 한다.

[본조신설 2017. 11. 8.]

제26조 특별공급 대상자

① 영 별표 3 제4호나목 공공택지에서 건설 · 공급되는 주택의 투기과열지구 외의 지역란 단서에서 "국토교통부령으로 정하는 사람"이란 「주택공급에 관한 규칙」 제47조제1항부터 제3항까지의 규정에 따른 특별공급 대상자를 말한다. 〈개정 2018. 5. 21.〉

② 영 별표 3 제4호다목 및 같은 표 제5호가목 중 "국토교통부령으로 정하는 사람"이란 각각 「주택공급에 관한 규칙」 제35조부터 제47조까지의 규정에 따른 특별공급 대상자를 말한다. 〈신설 2018. 5. 21.〉

[제목개정 2018. 5. 21.]

제27조 분양가상한제 적용주택 등의 부기등기 말소 신청

법 제64조제4항에 따라 같은 조 제1항제3호 또는 제4호에 해당하는 주택에 대한 부기등기를 한 경우에는 해당 주택의 소유자가 영 제73조에 따른 전매행위 제한기간이 지났을 때에 그 부기등기의 말소를 신청할 수 있다. 〈개정 2017. 11. 8.〉

제4장 리모델링

제28조 리모델링의 신청 등

① 영 제75조제2항에 따른 허가신청서는 별지 제26호서식과 같다.

② 영 제75조제2항에서 "국토교통부령으로 정하는 서류"란 다음 각 호의 서류를 말한다.

1. 리모델링하려는 건축물의 종별에 따른 「건축법 시행규칙」 제6조제1항 각 호의 서류 및 도서. 다만, 증축을 포함하는 리모델링의 경우에는 「건축법 시행규칙」 별표 3 제1호에

따른 건축계획서 중 구조계획서(기존 내력벽, 기둥, 보 등 골조의 존치계획서를 포함한다), 지질조사서 및 시방서를 포함한다.

2. 영 별표 4 제1호에 따른 입주자의 동의서 및 법 제22조에 따른 매도청구권 행사를 입증할 수 있는 서류
3. 세대를 합치거나 분할하는 등 세대수를 증감시키는 행위를 하는 경우에는 그 동의 변경전과 변경후의 평면도
4. 법 제2조제25호다목에 따른 세대수 증가형 리모델링(이하 "세대수 증가형 리모델링"이라 한다)을 하는 경우에는 법 제67조에 따른 권리변동계획서
5. 법 제68조제1항에 따른 증축형 리모델링을 하는 경우에는 같은 조 제5항에 따른 안전진단 결과서
6. 리모델링주택조합의 경우에는 주택조합설립인가서 사본

③ 영 제75조제2항에 따른 리모델링 허가신청을 받은 시장 · 군수 · 구청장은 그 신청이 영 별표 4에 따른 기준에 적합한 경우에는 별지 제27호서식의 리모델링 허가증명서를 발급하여야 한다.

④ 법 제66조제7항에 따라 리모델링에 관한 사용검사를 받으려는 자는 별지 제28호서식의 신청서에 다음 각 호의 서류를 첨부하여 시장 · 군수 · 구청장에게 제출하여야 한다.

1. 감리자의 감리의견서(「건축법」에 따른 감리대상인 경우만 해당한다)
2. 시공자의 공사확인서

⑤ 시장 · 군수 · 구청장은 제4항에 따른 신청서를 받은 경우에는 사용검사 대상이 허가한 내용에 적합한지를 확인한 후 별지 제29호서식의 사용검사필증을 발급하여야 한다.

제29조 안전진단 결과보고서

법 제68조제5항에 따른 안전진단 결과보고서에는 다음 각 호의 사항이 포함되어야 한다.

〈개정 2018. 2. 9.〉

1. 리모델링 대상 건축물의 증축 가능 여부 및 「도시 및 주거환경정비법」 제2조제2호다목에 따른 재건축사업의 시행 여부에 관한 의견
2. 건축물의 구조안전성에 관한 상세 확인 결과 및 구조설계의 변경 필요성(법 제68조제4항에 따른 안전진단으로 한정한다)

제30조 세대수 증가형 리모델링의 시기 조정

법 제74조제1항에 따라 국토교통부장관의 요청을 받은 특별시장, 광역시장, 대도시(「지방자치법」 제175조에 따른 대도시를 말한다)의 시장 또는 시장 · 군수 · 구청장은 그 요청을 받은 날부

터 30일 이내에 리모델링 기본계획의 변경 또는 세대수 증가형 리모델링의 사업계획 승인 · 허가의 시기 조정에 관한 조치계획을 국토교통부장관에게 보고하여야 한다. 이 경우 그 요청에 따를 수 없는 특별한 사유가 있는 경우에는 그 사유를 통보하여야 한다.

제5장 보칙

제31조 표준임대차계약서

법 제78조제3항에서 "국토교통부령으로 정하는 표준임대차계약서"란 별지 제30호서식에 따른 토지임대부 분양주택의 토지임대차 표준계약서를 말한다.

제32조 감정평가한 가액의 산정 시기 및 산정 방법

① 영 제81조제1항제2호 후단에 따른 감정평가는 「부동산 가격공시에 관한 법률」에 따른 공시지가로서 평가 의뢰일 당시 해당 토지의 공시지가 중 평가 의뢰일에 가장 가까운 시점에 공시된 공시지가를 기준으로 하여 평가한다. 〈개정 2016. 8. 31.〉

② 제1항에 따라 감정평가 가액을 산정하는 경우에는 감정평가업자 2인 이상이 감정평가한 가액을 산술평균한 가액으로 산정하여야 한다.

③ 제2항에 따라 감정평가업자가 감정평가를 할 때에는 택지조성이 완료되지 아니한 토지는 택지조성이 완료된 상태를 상정하고 그 이용 상황은 대지를 기준으로 하여 평가하여야 한다.

제33조 주택상환사채 기재사항 등

① 영 제83조제2항에서 "국토교통부령으로 정하는 사항"이란 다음 각 호의 사항을 말한다.

1. 발행 기관
2. 발행 금액
3. 발행 조건
4. 상환의 시기와 절차

② 영 제83조제3항에 따른 주택상환사채대장은 별지 제31호서식과 같다.

제34조 주택상환사채 모집공고

① 영 제85조제4항에 따른 주택상환사채 모집공고안에는 다음 각 호의 사항이 포함되어야 한다.

1. 주택상환사채의 명칭

2. 상환대상주택의 건설위치
3. 상환대상주택의 호당 또는 세대당 공급면적, 세대수 및 세대별 주택상환사채의 금액
4. 주택상환사채 신청자격 · 순위 및 모집방법에 관한 사항
5. 주택상환사채의 이자율 · 이자지급방법 · 대금납부방법 등 발행조건에 관한 사항
6. 상환예정일
7. 주택상환사채의 상환방법에 관한 사항
8. 영 제86조제3항 및 이 규칙 제35조제1항 각 호의 내용

② 제1항제4호에 따른 주택상환사채의 신청자격 및 순위에 관하여는 「주택공급에 관한 규칙」 제28조 및 제29조부터 제32조까지에 따른 민영주택의 입주자격 및 순위를 준용한다.

③ 주택상환사채의 발행자는 주택상환사채를 모집하려는 경우에는 모집 7일전까지 일간신문에 제1항 각 호의 사항을 1회 이상 공고하여야 한다.

제35조 주택상환사채의 양도 등

① 영 제86조제3항 단서에서 "해외이주 등 국토교통부령으로 정하는 부득이한 사유가 있는 경우"란 다음 각 호의 어느 하나에 해당하는 경우를 말한다.

1. 세대원(세대주가 포함된 세대의 구성원을 말한다. 이하 이 조에서 같다)의 근무 또는 생업상의 사정이나 질병치료, 취학 또는 결혼으로 세대원 전원이 다른 행정구역으로 이전하는 경우
2. 세대원 전원이 상속으로 취득한 주택으로 이전하는 경우
3. 세대원 전원이 해외로 이주하거나 2년 이상 해외에 체류하려는 경우

② 주택상환사채를 양도 또는 중도해약하거나 상속받으려는 자는 제1항 각 호의 어느 하나에 해당함을 증명하는 서류 또는 상속인임을 증명하는 서류를 주택상환사채 발행자에게 제출하여야 한다. 이 경우 주택상환사채 발행자는 지체 없이 주택상환사채권자의 명의를 변경하고, 주택상환사채원부 및 주택상환사채권에 적어야 한다.

③ 주택상환사채를 상환할 때에는 주택상환사채권자가 원하면 주택상환사채의 원리금을 현금으로 상환할 수 있다.

제36조 국민주택사업특별회계 운용 상황의 보고

영 제88조제2항에 따른 국민주택사업특별회계의 분기별 운용 상황 보고는 별지 제32호서식에 따른다.

제37조 주택정보체계 구축 · 운영

국토교통부장관은 영 제89조제1항에 따라 다음 각 호의 사항을 데이터베이스로 구축하여 운영할 수 있다.

1. 법 제15조제1항 또는 제3항에 따른 사업계획 승인
2. 법 제16조제1항에 따른 착공승인
3. 법 제49조제1항에 따른 사용검사 및 임시 사용승인
4. 법 제54조제1항에 따른 주택공급 승인

제38조 포상금의 지급기준 등

① 영 제92조제1항에 따른 신고서는 별지 제33호서식에 따른다.

② 영 제92조제4항에 따른 신청서는 별지 제34호서식에 따른다.

③ 영 제92조제4항에 따른 포상금은 1천만원 이하의 범위에서 지급하되, 구체적인 지급 기준 및 지급 기준액은 별표 4와 같다.

④ 시 · 도지사는 다음 각 호의 어느 하나에 해당하는 경우에는 포상금을 지급하지 아니할 수 있다.

1. 신고받은 전매행위 또는 알선행위(이하 "부정행위"라 한다)가 언론매체 등에 이미 공개된 내용이거나 이미 수사 중인 경우
2. 관계 행정기관이 사실조사 등을 통하여 신고받은 부정행위를 이미 알게 된 경우

⑤ 시 · 도지사는 제3항에 따라 포상금을 지급하지 아니하는 경우에는 그 사유를 신고한 자에게 통지하여야 한다.

제39조 검사공무원의 증표

법 제93조제3항에 따른 증표는 별지 제35호서식과 같다.

제40조 규제의 재검토

국토교통부장관은 다음 각 호의 사항에 대하여 2017년 1월 1일을 기준으로 3년마다(매 3년이 되는 해의 기준일과 같은 날 전까지를 말한다) 그 타당성을 검토하여 개선 등의 조치를 하여야 한다.

1. 제6조에 따른 영업실적 등의 제출 및 확인
2. 제13조에 따른 사업계획의 변경승인신청 등
3. 제18조에 따른 감리원의 배치기준 등
4. 제27조에 따른 분양가상한제 적용주택 등의 부기등기 말소 신청

[전문개정 2016. 12. 30.]

부칙 〈제543호, 2018. 9. 14.〉

이 규칙은 공포한 날부터 시행한다.

제5부

주택건설기준 등에 관한 규정

제1장 총칙

제1조 목적

이 영은 「주택법」 제2조, 제35조, 제38조부터 제42조까지 및 제51조부터 제53조까지의 규정에 따라 주택의 건설기준, 부대시설 · 복리시설의 설치기준, 대지조성의 기준, 공동주택성능등급의 표시, 공동주택 바닥충격음 차단구조의 성능등급 인정, 공업화주택의 인정절차, 에너지절약형 친환경 주택과 건강친화형 주택의 건설기준 및 장수명 주택 등에 관하여 위임된 사항과 그 시행에 관하여 필요한 사항을 규정함을 목적으로 한다. 〈개정 1993. 2. 20., 1999. 9. 29., 2003. 11. 29., 2005. 6. 30., 2006. 1. 6., 2009. 10. 19., 2013. 2. 20., 2013. 6. 17., 2013. 12. 4., 2014. 6. 27., 2014. 12. 23., 2016. 8. 11., 2017. 10. 17.〉

제2조 정의

이 영에서 사용하는 용어의 정의는 다음과 같다. 〈개정 1993. 2. 20., 1994. 12. 30., 1998. 8. 27., 1999. 9. 29., 2001. 4. 30., 2002. 12. 26., 2003. 11. 29., 2005. 6. 30., 2006. 1. 6., 2007. 3. 27., 2009. 1. 7., 2009. 9. 21., 2009. 11. 5., 2010. 7. 6., 2011. 12. 8., 2013. 6. 17., 2014. 4. 29., 2015. 12. 28., 2016. 8. 11.〉

1. 삭제 〈2003. 11. 29.〉
2. 삭제 〈1999. 9. 29.〉
3. "주민공동시설"이란 해당 공동주택의 거주자가 공동으로 사용하거나 거주자의 생활을 지원하는 시설로서 다음 각 목의 시설을 말한다.
   가. 경로당
   나. 어린이놀이터
   다. 어린이집
   라. 주민운동시설
   마. 도서실(정보문화시설과 「도서관법」 제2조제4호가목에 따른 작은도서관을 포함한다)
   바. 주민교육시설(영리를 목적으로 하지 아니하고 공동주택의 거주자를 위한 교육장소를 말한다)
   사. 청소년 수련시설
   아. 주민휴게시설
   자. 독서실
   차. 입주자집회소

카. 공용취사장

타. 공용세탁실

파. 「공공주택 특별법」 제2조에 따른 공공주택의 단지 내에 설치하는 사회복지시설

하. 그 밖에 가목부터 파목까지의 시설에 준하는 시설로서 「주택법」(이하 "법"이라 한다) 제15조제1항에 따른 사업계획의 승인권자(이하 "사업계획승인권자"라 한다)가 인정하는 시설

4. "의료시설"이라 함은 의원 · 치과의원 · 한의원 · 조산소 · 보건소지소 · 병원(전염병원등 격리병원을 제외한다) · 한방병원 및 약국을 말한다.

5. "주민운동시설"이라 함은 거주자의 체육활동을 위하여 설치하는 옥외 · 옥내운동시설(「체육시설의 설치 · 이용에 관한 법률」에 의한 신고체육시설업에 해당하는 시설을 포함한다) · 생활체육시설 기타 이와 유사한 시설을 말한다.

6. "독신자용 주택"이라 함은 다음 각목의 1에 해당하는 주택을 말한다.

가. 근로자를 고용하는 자가 그 고용한 근로자중 독신생활(근로여건상 가족과 임시별거하거나 기숙하는 생활을 포함한다. 이하 같다)을 영위하는 자의 거주를 위하여 건설하는 주택

나. 국가 · 지방자치단체 또는 공공법인이 독신생활을 영위하는 근로자의 거주를 위하여 건설하는 주택

7. "기간도로"라 함은 「주택법 시행령」 제5조에 따른 도로를 말한다.

8. "진입도로"라 함은 보행자 및 자동차의 통행이 가능한 도로로서 기간도로로부터 주택단지의 출입구에 이르는 도로를 말한다.

9. "시 · 군지역"이라 함은 「수도권정비계획법」에 의한 수도권외의 지역중 인구 20만 미만의 시지역과 군지역을 말한다.

제3조 적용범위

이 영은 법 제2조제10호에 따른 사업주체가 법 제15조제1항에 따라 주택건설사업계획의 승인을 얻어 건설하는 주택, 부대시설 및 복리시설과 대지조성사업계획의 승인을 얻어 조성하는 대지에 관하여 이를 적용한다. 〈개정 2003. 11. 29., 2005. 6. 30., 2006. 1. 6., 2009. 10. 19., 2016. 8. 11.〉

제4조 삭제 〈2017. 10. 17.〉

제5조 삭제 〈2017. 10. 17.〉

제6조 단지안의 시설

① 주택단지에는 관계법령에 의한 지역 또는 지구에 불구하고 다음 각호의 시설에 한하여 이를 건설하거나 설치할 수 있다. 다만, 「주택법 시행령」 제7조제9호부터 제11호까지의 규정에 따른 시설은 당해 주택단지에 세대당 전용면적이 50제곱미터 이하인 공동주택을 300세대 이상 건설하거나 당해 주택단지 총 세대수의 2분의 1 이상을 건설하는 경우에 한한다. 〈개정 1999. 9. 29., 2000. 7. 1., 2002. 12. 26., 2003. 11. 29., 2005. 6. 30., 2009. 10. 19., 2012. 4. 10., 2016. 8. 11., 2017. 10. 17.〉

1. 부대시설
2. 복리시설
3. 법 제2조제17호에 따른 간선시설
4. 「국토의 계획 및 이용에 관한 법률」 제2조제7호의 규정에 의한 도시ㆍ군계획시설

② 다음 각 호의 어느 하나에 해당하는 경우에는 제1항에 따른 시설 외에 관계 법령에 따라 해당 건축물이 속하는 지역 또는 지구에서 제한되지 아니하는 시설을 건설하거나 설치할 수 있다.
〈개정 2013. 12. 4.〉

1. 「국토의 계획 및 이용에 관한 법률」 제36조제1항제1호나목에 따른 상업지역(이하 "상업지역"이라 한다)에 주택을 건설하는 경우
2. 폭 12미터 이상인 일반도로(주택단지 안의 도로는 제외한다)에 연접하여 주택을 주택 외의 시설과 복합건축물로 건설하는 경우
3. 「국토의 계획 및 이용에 관한 법률 시행령」 제30조제1호다목에 따른 준주거지역(이하 "준주거지역"이라 한다) 또는 같은 조 제3호다목에 따른 준공업지역(이하 "준공업지역"이라 한다)에 주택과 「관광숙박시설 확충을 위한 특별법」 제2조제4호에 따른 호텔시설[같은 법 시행령 제3조제3호가목(단란주점영업ㆍ유흥주점영업만 해당한다)ㆍ라목ㆍ바목 및 사목에 따른 부대시설은 제외하며, 이하 "호텔시설"이라 한다]을 복합건축물로 건설하는 경우

③ 삭제 〈2003. 11. 29.〉

제7조 적용의 특례

① 법 제51조에 따른 공업화주택 또는 새로운 건설기술을 적용하여 건설하는 공업화주택의 경우에는 제13조 및 제37조제1항의 규정을 적용하지 아니한다.
〈개정 1993. 2. 20., 1999. 9. 29., 2003. 11. 29., 2016. 8. 11.〉

② 「주택법 시행령」 제7조제13호에 따른 시장과 주택을 복합건축물로 건설하는 경우에는 제9조, 제9조의2, 제10조, 제13조, 제26조, 제35조, 제37조, 제38조, 제50조, 제52조 및 제55조의2를

적용하지 아니한다. 〈개정 1999. 9. 29., 2013. 6. 17., 2017. 10. 17.〉

③ 상업지역에 주택을 건설하는 경우에는 제9조, 제9조의2, 제10조, 제13조, 제50조 및 제52조를 적용하지 아니한다. 〈개정 2011. 3. 15., 2013. 6. 17.〉

④ 다음 각 호의 어느 하나에 해당하는 경우에는 제9조, 제9조의2, 제10조, 제13조 및 제50조를 적용하지 아니한다. 〈개정 2013. 12. 4.〉

1. 폭 12미터 이상인 일반도로(주택단지 안의 도로는 제외한다)에 연접하여 주택을 주택 외의 시설과 복합건축물로 건설하는 경우로서 다음 각 목의 어느 하나에 해당하는 경우
   가. 준주거지역에 건설하는 경우로서 주택 외의 시설의 바닥면적의 합계가 해당 건축물 연면적의 10분의 1 이상인 경우
   나. 준주거지역 외의 지역에 건설하는 경우로서 주택 외의 시설의 바닥면적의 합계가 해당 건축물 연면적의 5분의 1 이상인 경우
2. 준주거지역 또는 준공업지역에 주택과 호텔시설을 복합건축물로 건설하는 경우

⑤ 독신자용 주택(분양하는 주택은 제외한다)을 건설하는 경우에는 제13조 · 제27조 · 제32조제1항 · 제52조 및 제55조의2를 적용하지 아니한다. 〈개정 2013. 6. 17.〉

⑥ 저소득근로자를 위하여 건설 · 공급되는 주택 또는 「민간임대주택에 관한 특별법」과 「공공주택 특별법」에 의한 임대주택 기타 공동주택의 성격 · 기능으로 보아 특히 필요하다고 인정되는 경우에는 이 영의 규정에 불구하고 주택의 건설기준과 부대시설 · 복리시설의 설치기준을 따로 국토교통부령으로 정할 수 있다.

〈개정 1994. 12. 23., 1994. 12. 30., 2005. 6. 30., 2008. 2. 29., 2013. 3. 23., 2015. 12. 28.〉

⑦ 「도시 및 주거환경정비법」 제2조제2호다목에 따른 재건축사업의 경우로서 사업시행인가권자가 주거환경에 위험하거나 해롭지 아니하다고 인정하는 경우에는 제9조의2제1항을 적용하지 아니한다. 〈개정 2003. 6. 30., 2005. 6. 30., 2007. 7. 24., 2013. 6. 17., 2018. 2. 9.〉

⑧ 「노인복지법」에 따라 노인복지주택을 건설하는 경우에는 제28조 · 제34조 · 제52조 및 제55조의2를 적용하지 아니한다. 〈신설 1998. 8. 27., 2005. 6. 30., 2013. 6. 17.〉

⑨ 「신행정수도 후속대책을 위한 연기 · 공주지역 행정중심복합도시 건설을 위한 특별법」 제2조제1호에 따른 행정중심복합도시와 「도시재정비 촉진을 위한 특별법」 제2조제1호에 따른 재정비촉진지구 안에서 주택단지 인근에 주민공동시설 설치를 갈음하여 사업계획승인권자(재정비촉진지구의 경우에는 사업시행인가권자 또는 실시계획인가권자를 말한다)가 다음 각 호의 요건을 충족하는 것으로 인정하는 시설을 설치하는 경우에는 제55조의2를 적용하지 아니한다.

〈신설 2007. 7. 24., 2013. 6. 17.〉

1. 주민공동시설에 상응하거나 그 수준을 상회하는 규모와 기능을 갖출 것

2. 접근의 용이성과 이용효율성 등의 측면에서 단지 안에 설치하는 주민공동시설과 큰 차이가 없을 것

⑩ 도시형 생활주택을 건설하는 경우에는 제9조 · 제10조제2항 · 제13조 · 제31조 · 제35조 및 제55조의2를 적용하지 아니한다. 다만, 150세대 이상으로서 「주택법 시행령」 제10조제1항제2호 · 제3호에 따른 도시형 생활주택을 건설하는 경우에는 제55조의2를 적용한다.

〈신설 2009. 4. 21., 2010. 4. 20., 2011. 6. 9., 2013. 6. 17., 2014. 10. 28., 2016. 6. 8., 2016. 8. 11.〉

⑪ 법 제2조제25호다목에 따른 리모델링을 하는 경우에는 다음 각 호에 따른다.

〈신설 2014. 4. 24., 2014. 10. 28., 2016. 8. 11.〉

1. 제9조, 제9조의2, 제14조, 제14조의2, 제15조 및 제64조를 적용하지 아니한다. 다만, 수직으로 증축하거나 별도의 동으로 증축하는 부분에 대해서는 제9조, 제14조, 제14조의2 및 제15조(별도의 동으로 증축하는 경우만 해당한다)를 적용한다.
2. 사업계획승인권자가 리모델링 후의 주민공동시설이 리모델링의 대상이 되는 주택의 사용검사 당시의 주민공동시설에 상응하거나 그 수준을 상회하는 규모와 기능을 갖추었다고 인정하는 경우에는 제55조의2를 적용하지 아니한다.

[시행일 : 2014. 5. 7.] 제7조제11항의 개정규정 중 제14조의2에 관한 부분

제8조 다른 법령과의 관계

① 주택단지는 「건축법 시행령」 제3조제1항제4호의 규정에 의하여 이를 하나의 대지로 본다. 다만, 복리시설의 설치를 위하여 따로 구획 · 양여하는 토지는 이를 별개의 대지로 본다.

〈개정 1992. 5. 30., 2005. 6. 30.〉

② 제1항의 경우에 주택단지에서 도시 · 군계획시설로 결정된 도로 · 광장 및 공원용지의 면적은 건폐율 또는 용적율의 산정을 위한 대지면적에 이를 산입하지 아니한다.

〈개정 2003. 4. 22., 2012. 4. 10.〉

③ 주택의 건설기준, 부대시설 · 복리시설의 설치기준에 관하여 이 영에서 규정한 사항 외에는 「건축법」, 「수도법」, 「하수도법」, 「장애인 · 노인 · 임산부 등의 편의증진보장에 관한 법률」, 「화재예방, 소방시설 설치 · 유지 및 안전관리에 관한 법률」 및 그 밖의 관계 법령이 정하는 바에 따른다. 〈신설 2014. 10. 28., 2017. 1. 26.〉

제2장 총시설의 배치등

제9조 소음방지대책의 수립

① 사업주체는 공동주택을 건설하는 지점의 소음도(이하 "실외소음도"라 한다)가 65데시벨 미만이 되도록 하되, 65데시벨 이상인 경우에는 방음벽 · 수림대 등의 방음시설을 설치하여 해당 공동주택의 건설지점의 소음도가 65데시벨 미만이 되도록 법 제42조제1항에 따른 소음방지대책을 수립하여야 한다. 다만, 공동주택이 「국토의 계획 및 이용에 관한 법률」 제36조에 따른 도시지역(주택단지 면적이 30만제곱미터 미만인 경우로 한정한다) 또는 「소음 · 진동관리법」 제27조에 따라 지정된 지역에 건축되는 경우로서 다음 각 호의 기준을 모두 충족하는 경우에는 그 공동주택의 6층 이상인 부분에 대하여 본문을 적용하지 아니한다.

〈개정 2007. 7. 24., 2010. 6. 28., 2013. 6. 17., 2016. 8. 11.〉

1. 세대 안에 설치된 모든 창호(窓戶)를 닫은 상태에서 거실에서 측정한 소음도(이하 "실내소음도"라 한다)가 45데시벨 이하일 것
2. 공동주택의 세대 안에 「건축법 시행령」 제87조제2항에 따라 정하는 기준에 적합한 환기설비를 갖출 것

② 제1항에 따른 실외소음도와 실내소음도의 소음측정기준은 국토교통부장관이 환경부장관과 협의하여 고시한다. 〈신설 2007. 7. 24., 2008. 2. 29., 2013. 3. 23.〉

③ 삭제 〈2013. 6. 17.〉

④ 삭제 〈2013. 6. 17.〉

⑤ 법 제42조제2항 전단에서 "대통령령으로 정하는 주택건설지역이 도로와 인접한 경우"란 다음 각 호의 어느 하나에 해당하는 경우를 말한다. 다만, 주택건설지역이 「환경영향평가법 시행령」 별표 3 제1호의 사업구역에 포함된 경우로서 환경영향평가를 통하여 소음저감대책을 수립한 후 해당 도로의 관리청과 협의를 완료하고 개발사업의 실시계획을 수립한 경우는 제외한다. 〈신설 2013. 6. 17., 2014. 7. 14., 2016. 8. 11.〉

1. 「도로법」 제11조에 따른 고속국도로부터 300미터 이내에 주택건설지역이 있는 경우
2. 「도로법」 제12조에 따른 일반국도(자동차 전용도로 또는 왕복 6차로 이상인 도로만 해당한다)와 같은 법 제14조에 따른 특별시도 · 광역시도(자동차 전용도로만 해당한다)로부터 150미터 이내에 주택건설지역이 있는 경우

⑥ 제5항 각 호의 거리를 계산할 때에는 도로의 경계선(보도가 설치된 경우에는 도로와 보도와의

경계선을 말한다)부터 가장 가까운 공동주택의 외벽면까지의 거리를 기준으로 한다.

〈신설 2013. 6. 17.〉

[제목개정 2013. 6. 17.]

제9조의2 소음 등으로부터의 보호

① 공동주택 · 어린이놀이터 · 의료시설(약국은 제외한다) · 유치원 · 어린이집 및 경로당(이하 이 조에서 "공동주택등"이라 한다)은 다음 각 호의 시설로부터 수평거리 50미터 이상 떨어진 곳에 배치하여야 한다. 다만, 위험물 저장 및 처리 시설 중 주유소(석유판매취급소를 포함한다) 또는 시내버스 차고지에 설치된 자동차용 천연가스 충전소(가스저장 압력용기 내용적의 총합이 20세제곱미터 이하인 경우만 해당한다)의 경우에는 해당 주유소 또는 충전소로부터 수평거리 25미터 이상 떨어진 곳에 공동주택등(유치원 및 어린이집은 제외한다)을 배치할 수 있다.

〈개정 2014. 10. 28., 2016. 3. 29., 2018. 2. 9.〉

1. 다음 각 목의 어느 하나에 해당하는 공장[「산업집적활성화 및 공장설립에 관한 법률」에 따라 이전이 확정되어 인근에 공동주택등을 건설하여도 지장이 없다고 사업계획승인권자가 인정하여 고시한 공장은 제외하며, 「국토의 계획 및 이용에 관한 법률」 제36조제1항제1호가목에 따른 주거지역 또는 같은 법 제51조제3항에 따른 지구단위계획구역(주거형만 해당한다) 안의 경우에는 사업계획승인권자가 주거환경에 위해하다고 인정하여 고시한 공장만 해당한다]

가. 「대기환경보전법」 제2조제9호에 따른 특정대기유해물질을 배출하는 공장

나. 「대기환경보전법」 제2조제11호에 따른 대기오염물질배출시설이 설치되어 있는 공장으로서 같은 법 시행령 별표 1에 따른 제1종사업장부터 제3종사업장까지의 규모에 해당하는 공장

다. 「대기환경보전법 시행령」 별표 1의3에 따른 제4종사업장 및 제5종사업장 규모에 해당하는 공장으로서 국토교통부장관이 산업통상자원부장관 및 환경부장관과 협의하여 고시한 업종의 공장. 다만, 「도시 및 주거환경정비법」 제2조제2호다목에 따른 재건축사업(1982년 6월 5일 전에 법률 제6916호 주택법중개정법률로 개정되기 전의 「주택건설촉진법」에 따라 사업계획승인을 신청하여 건설된 주택에 대한 재건축사업으로 한정한다)에 따라 공동주택등을 건설하는 경우로서 제5종사업장 규모에 해당하는 공장 중에서 해당 공동주택등의 주거환경에 위험하거나 해롭지 아니하다고 사업계획승인권자가 인정하여 고시한 공장은 제외한다.

라. 「소음 · 진동관리법」 제2조제3호에 따른 소음배출시설이 설치되어 있는 공장. 다만,

공동주택등을 배치하려는 지점에서 소음 · 진동관리 법령으로 정하는 바에 따라 측정한 해당 공장의 소음도가 50데시벨 이하로서 공동주택등에 영향을 미치지 아니하거나 방음벽 · 수림대 등의 방음시설을 설치하여 50데시벨 이하가 될 수 있는 경우는 제외한다.

2. 「건축법 시행령」 별표 1에 따른 위험물 저장 및 처리 시설
3. 그 밖에 사업계획승인권자가 주거환경에 특히 위해하다고 인정하는 시설(설치계획이 확정된 시설을 포함한다)

② 제1항에 따라 공동주택등을 배치하는 경우 공동주택등과 제1항 각 호의 시설 사이의 주택단지 부분에는 수림대를 설치하여야 한다. 다만, 다른 시설물이 있는 경우에는 그러하지 아니하다.

[본조신설 2013. 6. 17.]

제10조 공동주택의 배치

① 삭제 〈1996. 6. 8.〉

② 도로(주택단지 안의 도로를 포함하되, 필로티에 설치되어 보도로만 사용되는 도로는 제외한다) 및 주차장(지하, 필로티, 그 밖에 이와 비슷한 구조에 설치하는 주차장 및 그 진출입로는 제외한다)의 경계선으로부터 공동주택의 외벽(발코니나 그 밖에 이와 비슷한 것을 포함한다. 이하 같다)까지의 거리는 2미터 이상 띄어야 하며, 그 띄운 부분에는 식재등 조경에 필요한 조치를 하여야 한다. 다만, 다음 각 호의 어느 하나에 해당하는 도로로서 보도와 차도로 구분되어 있는 경우에는 그러하지 아니하다. 〈개정 2009. 1. 7., 2012. 6. 29.〉

1. 공동주택의 1층이 필로티 구조인 경우 필로티에 설치하는 도로(사업계획승인권자가 인정하는 보행자 안전시설이 설치된 것에 한정한다)
2. 주택과 주택 외의 시설을 동일 건축물로 건축하고, 1층이 주택 외의 시설인 경우 해당 주택 외의 시설에 접하여 설치하는 도로(사업계획승인권자가 인정하는 보행자 안전시설이 설치된 것에 한정한다)
3. 공동주택의 외벽이 개구부(開口部)가 없는 측벽인 경우 해당 측벽에 접하여 설치하는 도로

③ 주택단지는 화재 등 재난발생 시 소방활동에 지장이 없도록 다음 각 호의 요건을 갖추어 배치하여야 한다. 〈개정 2016. 6. 8.〉

1. 공동주택의 각 세대로 소방자동차의 접근이 가능하도록 통로를 설치할 것
2. 주택단지 출입구의 문주(門柱) 또는 차단기는 소방자동차의 통행이 가능하도록 설치할 것

④ 주택단지의 각 동의 높이와 형태 등은 주변의 경관과 어우러지고 해당 지역의 미관을 증진시킬 수 있도록 배치되어야 하며, 국토교통부장관은 공동주택의 디자인 향상을 위하여 주택단지의 배치 등에 필요한 사항을 정하여 고시할 수 있다. 〈신설 2013. 6. 17.〉

[제목개정1996. 6. 8.]

제11조 지하층의 활용

공동주택을 건설하는 주택단지에 설치하는 지하층은 「주택법 시행령」 제7조제1호 및 제2호에 따른 근린생활시설(이하 "근린생활시설"이라 한다. 다만, 이 조에서는 변전소 · 정수장 및 양수장을 제외하되, 변전소의 경우 「전기사업법」 제2조제2호에 따른 전기사업자가 자신의 소유 토지에 「전원개발촉진법 시행령」 제3조제1호에 따른 시설의 설치 · 운영에 종사하는 자를 위하여 건설하는 공동주택 및 주택과 주택 외의 건축물을 동일건축물에 복합하여 건설하는 경우로서 사업계획승인권자가 주거안정에 지장이 없다고 인정하는 건축물의 변전소는 포함한다) · 주차장 · 주민공동시설 및 주택(사업계획승인권자가 해당 주택의 주거환경에 지장이 없다고 인정하는 경우로서 1층 세대의 주거전용부분으로 사용되는 구조만 해당한다) 그 밖에 관계 법령에 따라 허용되는 용도로 사용할 수 있으며, 그 구조 및 설비는 「건축법」 제53조에 따른 기준에 적합하여야 한다. 〈개정 2005. 6. 30., 2006. 1. 6., 2008. 10. 29., 2009. 10. 19., 2013. 6. 17., 2017. 10. 17.〉

[전문개정 1999. 9. 29.]

제12조 주택과의 복합건축

① 숙박시설(상업지역, 준주거지역 또는 준공업지역에 건설하는 호텔시설은 제외한다) · 위락시설 · 공연장 · 공장이나 위험물저장 및 처리시설 그 밖에 사업계획승인권자가 주거환경에 지장이 있다고 인정하는 시설은 주택과 복합건축물로 건설하여서는 아니된다. 다만, 다음 각 호의 어느 하나에 해당하는 경우는 예외로 한다. 〈개정 1992. 7. 25., 1996. 6. 8., 2003. 6. 30., 2005. 6. 30., 2008. 6. 5., 2009. 7. 30., 2011. 3. 15., 2011. 8. 30., 2013. 3. 23., 2013. 12. 4., 2014. 10. 28., 2017. 1. 17., 2018. 2. 9.〉

1. 「도시 및 주거환경정비법」 제2조제2호나목에 따른 재개발사업에 따라 복합건축물을 건설하는 경우
2. 위락시설 · 숙박시설 또는 공연장을 주택과 복합건축물로 건설하는 경우로서 다음 각 목의 요건을 모두 갖춘 경우
   가. 해당 복합건축물은 층수가 50층 이상이거나 높이가 150미터 이상일 것
   나. 위락시설을 주택과 복합건축물로 건설하는 경우에는 다음의 요건을 모두 갖출 것
      1) 위락시설과 주택은 구조가 분리될 것
      2) 사업계획승인권자가 주거환경 보호에 지장이 없다고 인정할 것
3. 「물류시설의 개발 및 운영에 관한 법률」 제2조제6호의2에 따른 도시첨단물류단지 내에

공장을 주택과 복합건축물로 건설하는 경우로서 다음 각 목의 요건을 모두 갖춘 경우

가. 해당 공장은 제9조의2제1항제1호 각 목의 어느 하나에 해당하는 공장이 아닐 것

나. 해당 복합건축물이 건설되는 주택단지 내의 물류시설은 지하층에 설치될 것

다. 사업계획승인권자가 주거환경 보호에 지장이 없다고 인정할 것

② 주택과 주택외의 시설(주민공동시설을 제외한다)을 동일건축물에 복합하여 건설하는 경우에는 주택의 출입구 · 계단 및 승강기등을 주택외의 시설과 분리된 구조로 하여 사생활보호 · 방범 및 방화등 주거의 안전과 소음 · 악취등으로부터 주거환경이 보호될 수 있도록 하여야 한다. 다만, 층수가 50층 이상이거나 높이가 150미터 이상인 복합건축물을 건축하는 경우로서 사업계획승인권자가 사생활보호 · 방범 및 방화 등 주거의 안전과 소음 · 악취 등으로부터 주거환경이 보호될 수 있다고 인정하는 숙박시설과 공연장의 경우에는 그러하지 아니하다.

〈개정 2008. 6. 5., 2014. 10. 28.〉

제3장 주택의 구조 · 설비등

제13조 기준척도

주택의 평면 및 각 부위의 치수는 국토교통부령으로 정하는 치수 및 기준척도에 적합하여야 한다. 다만, 사업계획승인권자가 인정하는 특수한 설계 · 구조 또는 자재로 건설하는 주택의 경우에는 그러하지 아니하다. 〈개정 1994. 12. 23., 1994. 12. 30., 2008. 2. 29., 2013. 3. 23., 2013. 6. 17.〉

제14조 세대간의 경계벽등

① 공동주택 각 세대간의 경계벽 및 공동주택과 주택외의 시설간의 경계벽은 내화구조로서 다음 각호의 1에 해당하는 구조로 하여야 한다.

〈개정 1994. 12. 23., 1994. 12. 30., 1998. 12. 31., 2008. 2. 29., 2013. 3. 23.〉

1. 철근콘크리트조 또는 철골 · 철근콘크리트조로서 그 두께(시멘트모르터 · 회반죽 · 석고프라스터 기타 이와 유사한 재료를 바른 후의 두께를 포함한다)가 15센티미터 이상인 것
2. 무근콘크리트조 · 콘크리트블록조 · 벽돌조 또는 석조로서 그 두께(시멘트모르터 · 회반죽 · 석고프라스터 기타 이와 유사한 재료를 바른 후의 두께를 포함한다)가 20센티미터 이상인 것
3. 조립식주택부재인 콘크리트판으로서 그 두께가 12센티미터 이상인 것
4. 제1호 내지 제3호의 것외에 국토교통부장관이 정하여 고시하는 기준에 따라 한국건설기술연구원장이 차음성능을 인정하여 지정하는 구조인 것

② 제1항에 따른 경계벽은 이를 지붕밑 또는 바로 윗층바닥판까지 닿게 하여야 하며, 소리를 차단하는데 장애가 되는 부분이 없도록 설치하여야 한다. 이 경우 경계벽의 구조가 벽돌조인 경우에는 줄눈 부위에 빈틈이 생기지 아니하도록 시공하여야 한다. 〈개정 2017. 10. 17.〉

③ 삭제 〈2013. 5. 6.〉

④ 삭제 〈2013. 5. 6.〉

⑤ 공동주택의 3층 이상인 층의 발코니에 세대간 경계벽을 설치하는 경우에는 제1항 및 제2항의 규정에 불구하고 화재등의 경우에 피난용도로 사용할 수 있는 피난구를 경계벽에 설치하거나 경계벽의 구조를 파괴하기 쉬운 경량구조등으로 할 수 있다. 다만, 경계벽에 창고 기타 이와 유사한 시설을 설치하는 경우에는 그러하지 아니하다. 〈신설 1992. 7. 25.〉

⑥ 제5항에 따라 피난구를 설치하거나 경계벽의 구조를 경량구조 등으로 하는 경우에는 그에 대한

정보를 포함한 표지 등을 식별하기 쉬운 위치에 부착 또는 설치하여야 한다.

〈신설 2014. 12. 23.〉

제14조의2 바닥구조

공동주택의 세대 내의 층간바닥(화장실의 바닥은 제외한다. 이하 이 조에서 같다)은 다음 각 호의 기준을 모두 충족하여야 한다. 〈개정 2017. 1. 17.〉

1. 콘크리트 슬래브 두께는 210밀리미터[라멘구조(보와 기둥을 통해서 내력이 전달되는 구조를 말한다. 이하 이 조에서 같다)의 공동주택은 150밀리미터] 이상으로 할 것. 다만, 법 제51조제1항에 따라 인정받은 공업화주택의 층간바닥은 예외로 한다.
2. 각 층간 바닥충격음이 경량충격음(비교적 가볍고 딱딱한 충격에 의한 바닥충격음을 말한다)은 58데시벨 이하, 중량충격음(무겁고 부드러운 충격에 의한 바닥충격음을 말한다)은 50데시벨 이하의 구조가 되도록 할 것. 다만, 다음 각 목의 어느 하나에 해당하는 층간바닥은 예외로 한다.
   가. 라멘구조의 공동주택(법 제51조제1항에 따라 인정받은 공업화주택은 제외한다)의 층간바닥
   나. 가목의 공동주택 외의 공동주택 중 발코니, 현관 등 국토교통부령으로 정하는 부분의 층간바닥

[본조신설 2013. 5. 6.]

제14조의3 벽체 및 창호 등

① 500세대 이상의 공동주택을 건설하는 경우 벽체의 접합부위나 난방설비가 설치되는 공간의 창호는 국토교통부장관이 정하여 고시하는 기준에 적합한 결로(結露)방지 성능을 갖추어야 한다.

② 제1항에 해당하는 공동주택을 건설하려는 자는 세대 내의 거실 · 침실의 벽체와 천장의 접합부위(침실에 옷방 또는 붙박이 가구를 설치하는 경우에는 옷방 또는 붙박이 가구의 벽체와 천장의 접합부위를 포함한다), 최상층 세대의 천장부위, 지하주차장 · 승강기홀의 벽체부위 등 결로 취약부위에 대한 결로방지 상세도를 법 제33조제2항에 따른 설계도서에 포함하여야 한다.

〈개정 2016. 8. 11., 2016. 10. 25.〉

③ 국토교통부장관은 제2항에 따른 결로방지 상세도의 작성내용 등에 관한 구체적인 사항을 정하여 고시할 수 있다.

[본조신설 2013. 5. 6.]

제15조 승강기등

① 6층 이상인 공동주택에는 국토교통부령이 정하는 기준에 따라 대당 6인승 이상인 승용승강기를 설치하여야 한다. 다만, 「건축법 시행령」 제89조의 규정에 해당하는 공동주택의 경우에는 그러하지 아니하다.

〈개정 1992. 5. 30., 1994. 12. 23., 1994. 12. 30., 1999. 9. 29., 2005. 6. 30., 2008. 2. 29., 2013. 3. 23.〉

② 10층 이상인 공동주택의 경우에는 제1항의 승용승강기를 비상용승강기의 구조로 하여야 한다.

〈개정 2007. 7. 24.〉

③ 10층 이상인 공동주택에는 이사짐등을 운반할 수 있는 다음 각호의 기준에 적합한 화물용승강기를 설치하여야 한다. 〈개정 1993. 9. 27., 2001. 4. 30., 2016. 12. 30.〉

1. 적재하중이 0.9톤 이상일 것
2. 승강기의 폭 또는 너비중 한변은 1.35미터 이상, 다른 한변은 1.6미터 이상일 것
3. 계단실형인 공동주택의 경우에는 계단실마다 설치할 것
4. 복도형인 공동주택의 경우에는 100세대까지 1대를 설치하되, 100세대를 넘는 경우에는 100세대마다 1대를 추가로 설치할 것

④ 제1항 또는 제2항의 규정에 의한 승용승강기 또는 비상용승강기로서 제3항 각호의 기준에 적합한 것은 화물용승강기로 겸용할 수 있다.

⑤ 「건축법」 제64조는 제1항 내지 제3항의 규정에 의한 승용승강기 · 비상용승강기 및 화물용승강기의 구조 및 그 승강장의 구조에 관하여 이를 준용한다.

〈개정 1992. 5. 30., 2005. 6. 30., 2008. 10. 29.〉

제16조 계단

① 주택단지안의 건축물 또는 옥외에 설치하는 계단의 각 부위의 치수는 다음 표의 기준에 적합하여야 한다. 〈개정 2014. 10. 28.〉

② 제1항에 따른 계단은 다음 각 호에 정하는 바에 따라 적합하게 설치하여야 한다.

〈개정 1992. 7. 25., 2001. 4. 30., 2006. 1. 6., 2009. 10. 19., 2014. 10. 28.〉

1. 높이 2미터를 넘는 계단(세대내계단을 제외한다)에는 2미터(기계실 또는 물탱크실의 계단의 경우에는 3미터) 이내마다 해당 계단의 유효폭이상의 폭으로 너비 120센티미터이상인 계단참을 설치할 것 다만, 각 동 출입구에 설치하는 계단은 1층에 한정하여 높이 2.5미터 이내마다 계단참을 설치할 수 있다.
2. 삭제 〈2014. 10. 28.〉
3. 계단의 바닥은 미끄럼을 방지할 수 있는 구조로 할 것

③ 계단실형인 공동주택의 계단실은 다음 각호의 기준에 적합하여야 한다.

1. 계단실에 면하는 각 세대의 현관문은 계단의 통행에 지장이 되지 아니하도록 할 것
2. 계단실 최상부에는 배연등에 유효한 개구부를 설치할 것
3. 계단실의 각 층별로 층수를 표시할 것
4. 계단실의 벽 및 반자의 마감(마감을 위한 바탕을 포함한다)은 불연재료 또는 준불연재료로 할 것

④ 제1항부터 제3항까지에서 규정한 사항 외에 계단의 설치 및 구조에 관한 기준에 관하여는 「건축법 시행령」 제34조, 제35조 및 제48조를 준용한다.

〈개정 1992. 5. 30., 1999. 9. 29., 2005. 6. 30., 2014. 10. 28.〉

⑤ 삭제 〈2013. 6. 17.〉

[제목개정 2013. 6. 17.]

제16조의2 출입문

① 주택단지 안의 각 동 출입문에 설치하는 유리는 안전유리(45킬로그램의 추가 75센티미터 높이에서 낙하하는 충격량에 관통되지 아니하는 유리를 말한다. 이하 같다)를 사용하여야 한다.

② 주택단지 안의 각 동 지상 출입문, 지하주차장과 각 동의 지하 출입구를 연결하는 출입문에는 전자출입시스템(비밀번호나 출입카드 등으로 출입문을 여닫을 수 있는 시스템 등을 말한다)을 갖추어야 한다.

③ 주택단지 안의 각 동 옥상 출입문에는 「화재예방, 소방시설 설치 · 유지 및 안전관리에 관한 법률」 제39조제1항에 따른 성능인증 및 같은 조 제2항에 따른 제품검사를 받은 비상문자동개폐장치를 설치하여야 한다. 다만, 대피공간이 없는 옥상의 출입문은 제외한다. 〈신설 2016. 2. 29.〉

④ 제2항에 따라 설치되는 전자출입시스템 및 제3항에 따라 설치되는 비상문자동개폐장치는 화재 등 비상시에 소방시스템과 연동(連動)되어 잠김 상태가 자동으로 풀려야 한다.

〈개정 2016. 2. 29.〉

[본조신설 2013. 6. 17.]

제17조 복도

① 삭제 〈2014. 10. 28.〉

②복도형인 공동주택의 복도는 다음 각호의 기준에 적합하여야 한다.

1. 외기에 개방된 복도에는 배수구를 설치하고, 바닥의 배수에 지장이 없도록 할 것
2. 중복도에는 채광 및 통풍이 원활하도록 40미터 이내마다 1개소 이상 외기에 면하는 개구

부를 설치할 것

3. 복도의 벽 및 반자의 마감(마감을 위한 바탕을 포함한다)은 불연재료 또는 준불연재료로 할 것

제18조 난간

① 주택단지안의 건축물 또는 옥외에 설치하는 난간의 재료는 철근콘크리트, 파손되는 경우에도 비산(飛散)되지 아니하는 안전유리 또는 강도 및 내구성이 있는 재료(금속제인 경우에는 부식되지 아니하거나 도금 또는 녹막이 등으로 부식방지처리를 한 것만 해당한다)를 사용하여 난간이 안전한 구조로 설치될 수 있게 하여야 한다. 다만, 실내에 설치하는 난간의 재료는 목재로 할 수 있다. 〈개정 1992. 7. 25., 2009. 1. 7., 2013. 6. 17.〉

② 난간의 각 부위의 치수는 다음 각호의 기준에 적합하여야 한다. 〈개정 1999. 9. 29., 2003. 4. 22.〉

1. 난간의 높이 : 바닥의 마감면으로부터 120센티미터 이상. 다만, 건축물내부계단에 설치하는 난간, 계단중간에 설치하는 난간 기타 이와 유사한 것으로 위험이 적은 장소에 설치하는 난간의 경우에는 90센티미터이상으로 할 수 있다.
2. 난간의 간살의 간격 : 안목치수 10센티미터 이하

③ 3층 이상인 주택의 창(바닥의 마감면으로부터 창대 윗면까지의 높이가 110센티미터 이상이거나 창의 바로 아래에 발코니 기타 이와 유사한 것이 있는 경우를 제외한다)에는 제1항 및 제2항의 규정에 적합한 난간을 설치하여야 한다.

④ 외기에 면하는 난간을 설치하는 주택에는 각 세대마다 1개소 이상의 국기봉을 꽂을 수 있는 장치를 당해 난간에 설치하여야 한다.

제19조 삭제 〈1996. 6. 8.〉

제20조 삭제 〈1996. 6. 8.〉

제21조 삭제 〈2014. 10. 28.〉

제22조 장애인등의 편의시설

주택단지안의 부대시설 및 복리시설에 설치하여야 하는 장애인관련 편의시설은 「장애인 · 노인 · 임산부 등의 편의증진보장에 관한 법률」이 정하는 바에 의한다. 〈개정 2005. 6. 30.〉

[전문개정 1998. 2. 24.]

제23조 삭제 <2014. 10. 28.>

제24조 삭제 <2014. 10. 28.>

제4장 부대시설

제25조 진입도로

① 공동주택을 건설하는 주택단지는 기간도로와 접하거나 기간도로로부터 당해 단지에 이르는 진입도로가 있어야 한다. 이 경우 기간도로와 접하는 폭 및 진입도로의 폭은 다음 표와 같다.

② 주택단지가 2 이상이면서 당해 주택단지의 진입도로가 하나인 경우 그 진입도로의 폭은 당해 진입도로를 이용하는 모든 주택단지의 세대수를 합한 총 세대수를 기준으로 하여 산정한다.

〈신설 1999. 9. 29.〉

③ 공동주택을 건설하는 주택단지의 진입도로가 2 이상으로서 다음 표의 기준에 적합한 경우에는 제1항의 규정을 적용하지 아니할 수 있다. 이 경우 폭 4미터 이상 6미터 미만인 도로는 기간도로와 통행거리 200미터 이내인 때에 한하여 이를 진입도로로 본다. 〈개정 1999. 9. 29., 2016. 6. 8.〉

④ 도시지역외에서 공동주택을 건설하는 경우 그 주택단지와 접하는 기간도로의 폭 또는 그 주택단지의 진입도로와 연결되는 기간도로의 폭은 제1항의 규정에 의한 기간도로와 접하는 폭 또는 진입도로의 폭의 기준 이상이어야 하며, 주택단지의 진입도로가 2이상이 있는 경우에는 그 기간도로의 폭은 제3항의 기준에 의한 각각의 진입도로의 폭의 기준 이상이어야 한다.

〈신설 1994. 12. 30., 1999. 9. 29., 2001. 4. 30., 2002. 12. 26.〉

⑤ 삭제 〈2016. 6. 8.〉

제26조 주택단지 안의 도로

① 공동주택을 건설하는 주택단지에는 폭 1.5미터 이상의 보도를 포함한 폭 7미터 이상의 도로(보행자전용도로, 자전거도로는 제외한다)를 설치하여야 한다. 〈개정 2007. 7. 24., 2013. 6. 17.〉

② 제1항에도 불구하고 다음 각 호에 어느 하나에 해당하는 경우에는 도로의 폭을 4미터 이상으로 할 수 있다. 이 경우 해당 도로에는 보도를 설치하지 아니할 수 있다. 〈개정 2013. 6. 17.〉

1. 당 도로를 이용하는 공동주택의 세대수가 100세대 미만이고 해당 도로가 막다른 도로로서 그 길이가 35미터 미만인 경우
2. 그 밖에 주택단지 내의 막다른 도로 등 사업계획승인권자가 부득이하다고 인정하는 경우

③ 주택단지 안의 도로는 유선형(流線型) 도로로 설계하거나 도로 노면의 요철(凹凸) 포장 또는 과속방지턱의 설치 등을 통하여 도로의 설계속도(도로설계의 기초가 되는 속도를 말한다)가 시속 20킬로미터 이하가 되도록 하여야 한다. 〈신설 2013. 6. 17.〉

④ 500세대 이상의 공동주택을 건설하는 주택단지 안의 도로에는 어린이 통학버스의 정차가 가능하도록 국토교통부령으로 정하는 기준에 적합한 어린이 안전보호구역을 1개소 이상 설치하여야 한다. 〈신설 2013. 6. 17.〉

⑤ 제1항부터 제4항까지에서 규정한 사항 외에 주택단지에 설치하는 도로 및 교통안전시설의 설치기준 등에 관하여 필요한 사항은 국토교통부령으로 정한다.

〈개정 1994. 12. 23., 1994. 12. 30., 2007. 7. 24., 2008. 2. 29., 2013. 3. 23., 2013. 6. 17.〉

[제목개정 2007. 7. 24.]

제27조 주차장

① 주택단지에는 다음 각 호의 기준(소수점 이하의 끝수는 이를 한 대로 본다)에 따라 주차장을 설치하여야 한다.

〈개정 2010. 7. 6., 2011. 3. 15., 2012. 6. 29., 2013. 5. 31., 2014. 10. 28., 2016. 6. 8., 2016. 8. 11.〉

1. 주택단지에는 주택의 전용면적의 합계를 기준으로 하여 다음 표에서 정하는 면적당 대수의 비율로 산정한 주차대수 이상의 주차장을 설치하되, 세대당 주차대수가 1대(세대당 전용면적이 60제곱미터 이하인 경우에는 0.7대)이상이 되도록 하여야 한다.
2. 「주택법 시행령」 제10조제1항제1호에 따른 원룸형 주택은 제1호에도 불구하고 세대당 주차대수가 0.6대(세대당 전용면적이 30제곱미터 미만인 경우에는 0.5대) 이상이 되도록 주차장을 설치하여야 한다. 다만, 지역별 차량보유율 등을 고려하여 설치기준의 2분의 1의 범위에서 특별시 · 광역시 · 특별자치시 · 특별자치도 · 시 또는 군의 조례로 강화하거나 완화하여 정할 수 있다.
3. 삭제 〈2013. 5. 31.〉

② 제1항제1호 및 제2호에 따른 주차장은 지역의 특성, 전기자동차(「환경친화적 자동차의 개발 및 보급 촉진에 관한 법률」 제2조제3호에 따른 전기자동차를 말한다) 보급정도 및 주택의 규모 등을 고려하여 그 일부를 전기자동차의 전용주차구획으로 구분 설치하도록 특별시 · 광역시 · 특별자치시 · 특별자치도 · 시 또는 군의 조례로 정할 수 있다. 〈신설 2016. 6. 8.〉

③ 주택단지에 건설하는 주택(부대시설 및 주민공동시설을 포함한다)외의 시설에 대하여는 「주차장법」이 정하는 바에 따라 산정한 부설주차장을 설치하여야 한다. 〈개정 2005. 6. 30.〉

④ 「노인복지법」에 의하여 노인복지주택을 건설하는 경우 당해 주택단지에는 제1항의 규정에 불구하고 세대당 주차대수가 0.3대(세대당 전용면적이 60제곱미터 이하인 경우에는 0.2대)이상이 되도록 하여야 한다. 〈신설 1998. 8. 27., 2005. 6. 30.〉

⑤ 제1항 내지 제4항에 규정한 사항외에 주차장의 구조 및 설비의 기준에 관하여 필요한 사항은 국

토교통부령으로 정한다.

〈신설 1993. 2. 20., 1994. 12. 23., 1994. 12. 30., 1998. 8. 27., 2008. 2. 29., 2013. 3. 23.〉

⑥ 삭제 〈2010. 7. 6.〉

⑦ 삭제 〈2010. 7. 6.〉

⑧ 「철도산업발전기본법」 제3조제2호의 철도시설 중 역시설로부터 반경 500미터 이내에서 건설하는 「공공주택 특별법」 제2조에 따른 공공주택(이하 "철도부지 활용 공공주택"이라 한다)의 경우 해당 주택단지에는 제1항에 따른 주차장 설치기준의 2분의 1의 범위에서 완화하여 적용할 수 있다. 〈신설 2009. 11. 5., 2014. 4. 29., 2015. 12. 28.〉

제28조 관리사무소

① 50세대 이상의 공동주택을 건설하는 주택단지에는 10제곱미터에 50세대를 넘는 매 세대마다 500제곱센티미터를 더한 면적 이상의 관리사무소를 설치하여야 한다. 다만, 그 면적의 합계가 100제곱미터를 초과하는 경우에는 설치면적을 100제곱미터로 할 수 있다.

② 제1항의 관리사무소는 관리업무의 효율성과 입주민의 접근성 등을 고려하여 배치하여야 한다.

[전문개정 2006. 1. 6.]

제29조 삭제 〈2014. 10. 28.〉

제30조 수해방지등

① 주택단지(단지경계선의 주변 외곽부분을 포함한다)에 높이 2미터 이상의 옹벽 또는 축대(이하 "옹벽등"이라 한다)가 있거나 이를 설치하는 경우에는 그 옹벽등으로부터 건축물의 외곽부분까지를 당해 옹벽등의 높이만큼 띄워야 한다. 다만, 다음 각호의 1에 해당하는 경우에는 그러하지 아니하다. 〈개정 1993. 2. 20.〉

1. 옹벽등의 기초보다 그 기초가 낮은 건축물. 이 경우 옹벽등으로부터 건축물 외곽부분까지를 5미터(3층 이하인 건축물은 3미터)이상 띄워야 한다.
2. 옹벽등보다 낮은 쪽에 위치한 건축물의 지하부분 및 땅으로부터 높이 1미터 이하인 건축물부분

② 주택단지에는 배수구 · 집수구 및 집수정등 우수의 배수에 필요한 시설을 설치하여야 한다.

③ 주택단지가 저지대등 침수의 우려가 있는 지역인 경우에는 주택단지안에 설치하는 수전실 · 전화국선용단자함 기타 이와 유사한 전기 및 통신설비는 가능한 한 침수가 되지 아니하는 곳에 이를 설치하여야 한다. 〈신설 1992. 7. 25.〉

④ 제1항 내지 제3항에서 규정한 사항외에 수해방지등에 관하여 필요한 사항은 국토교통부령으로 정한다. 〈개정 1992. 7. 25., 1994. 12. 23., 1994. 12. 30., 2008. 2. 29., 2013. 3. 23.〉

제31조 안내표지판등

① 300세대 이상의 주택을 건설하는 주택단지와 그 주변에는 다음 각 호의 기준에 따라 안내표지판을 설치하여야 한다. 다만, 제2호에 따른 표지판은 해당 사항이 표시된 도로표지판등이 있는 경우에는 설치하지 아니할 수 있다.

〈개정 1994. 12. 23., 1994. 12. 30., 2008. 2. 29., 2013. 3. 23., 2014. 10. 28.〉

1. 삭제 〈2014. 10. 28.〉
2. 단지의 진입도로변에 단지의 명칭을 표시한 단지입구표지판을 설치할 것
3. 단지의 주요출입구마다 단지안의 건축물 · 도로 기타 주요시설의 배치를 표시한 단지종합안내판을 설치할 것
4. 삭제 〈2014. 10. 28.〉

② 주택단지에 2동 이상의 공동주택이 있는 경우에는 각동 외벽의 보기쉬운 곳에 동번호를 표시하여야 한다.

③ 관리사무소 또는 그 부근에는 거주자에게 공지사항을 알리기 위한 게시판을 설치하여야 한다.

④ 삭제 〈2014. 10. 28.〉

제32조 통신시설

① 주택에는 세대마다 전화설치장소(거실 또는 침실을 말한다)까지 구내통신선로설비를 설치하여야 하되, 구내통신선로설비의 설치에 필요한 사항은 따로 대통령령으로 정한다.

〈개정 1994. 12. 30., 2008. 2. 29.〉

② 경비실을 설치하는 공동주택의 각 세대에는 경비실과 통화가 가능한 구내전화를 설치하여야 한다.

③ 주택에는 세대마다 초고속 정보통신을 할 수 있는 구내통신선로설비를 설치하여야 한다.

〈신설 2001. 4. 30.〉

제32조의2 지능형 홈네트워크 설비

주택에 지능형 홈네트워크 설비(주택의 성능과 주거의 질 향상을 위하여 세대 또는 주택단지 내 지능형 정보통신 및 가전기기 등의 상호 연계를 통하여 통합된 주거서비스를 제공하는 설비를 말한다)를 설치하는 경우에는 국토교통부장관, 산업통상자원부장관 및 과학기술정보통신부장관이 협의

하여 공동으로 고시하는 지능형 홈네트워크 설비 설치 및 기술기준에 적합하여야 한다.

〈개정 2013. 3. 23., 2017. 7. 26.〉

[본조신설 2008. 11. 11.]

제33조 보안등

① 주택단지안의 어린이놀이터 및 도로(폭 15미터이상인 도로의 경우에는 도로의 양측)에는 보안등을 설치하여야 한다. 이 경우 당해 도로에 설치하는 보안등의 간격은 50미터 이내로 하여야 한다. 〈개정 1998. 8. 27.〉

② 제1항의 규정에 의한 보안등에는 외부의 밝기에 따라 자동으로 켜지고 꺼지는 장치 또는 시간을 조절하는 장치를 부착하여야 한다.

제34조 가스공급시설

① 도시가스의 공급이 가능한 지역에 주택을 건설하거나 액화석유가스를 배관에 의하여 공급하는 주택을 건설하는 경우에는 각 세대까지 가스공급설비를 하여야 하며, 그 밖의 지역에서는 안전이 확보될 수 있도록 외기에 면한 곳에 액화석유가스용기를 보관할 수 있는 시설을 하여야 한다.

② 제1항에도 불구하고 다음 각 호의 요건을 모두 갖춘 경우에는 각 세대까지 가스공급설비를 설치하지 않을 수 있다. 〈신설 2018. 12. 31.〉

1. 「장기공공임대주택 입주자 삶의 질 향상 지원법」 제2조제1호에 따른 장기공공임대주택일 것
2. 세대별 주거전용면적(주거의 용도로만 쓰이는 면적으로서 법 제2조제6호 후단에 따른 방법으로 산정된 것을 말한다)이 50제곱미터 이하일 것
3. 세대 내 가스사용시설이 설치되어 있지 않고 전기를 사용하는 취사시설이 설치되어 있을 것
4. 「건축법 시행령」 제87조제2항에 따른 난방을 위한 건축설비를 개별난방방식으로 설치하지 않을 것

③ 특별시장 · 광역시장 · 특별자치시장 · 특별자치도지사 또는 도지사(이하 "시 · 도지사"라 한다)는 500세대 이상의 주택을 건설하는 주택단지에 대하여는 당해 지역의 가스공급계획에 따라 가스저장시설을 설치하게 할 수 있다. 〈개정 1996. 6. 8., 2009. 10. 19., 2014. 10. 28., 2018. 12. 31.〉

제35조 비상급수시설

① 공동주택을 건설하는 주택단지에는 「먹는물관리법」 제5조의 규정에 의한 먹는물의 수질기

준에 적합한 비상용수를 공급할 수 있는 지하양수시설 또는 지하저수조시설을 설치하여야 한다. 〈개정 1999. 9. 29., 2005. 6. 30.〉

② 제1항에 따른 지하양수시설 및 지하저수조는 다음 각 호에 따른 설치기준을 갖추어야 한다. 다만, 철도부지 활용 공공주택을 건설하는 주택단지의 경우에는 시 · 군지역의 기준을 적용한다.

〈개정 2009. 11. 5., 2012. 6. 29., 2014. 4. 29., 2014. 10. 28.〉

1. 지하양수시설

가. 1일에 당해 주택단지의 매 세대당 0.2톤(시 · 군지역은 0.1톤)이상의 수량을 양수할 수 있을 것

나. 양수에 필요한 비상전원과 이에 의하여 가동될 수 있는 펌프를 설치할 것

다. 당해 양수시설에는 매 세대당 0.3톤 이상을 저수할 수 있는 지하저수조(제43조제6항의 규정에 의한 기준에 적합하여야 한다)를 함께 설치할 것

2. 지하저수조

가. 고가수조저수량(매 세대당 0.25톤까지 산입한다)을 포함하여 매 세대당 0.5톤(독신자용 주택은 0.25톤) 이상의 수량을 저수할 수 있을 것. 다만, 지역별 상수도 시설용량 및 세대당 수돗물 사용량 등을 고려하여 설치기준의 2분의 1의 범위에서 특별시 · 광역시 · 특별자치시 · 특별자치도 · 시 또는 군의 조례로 완화 또는 강화하여 정할 수 있다.

나. 50세대(독신자용 주택은 100세대)당 1대 이상의 수동식펌프를 설치하거나 양수에 필요한 비상전원과 이에 의하여 가동될 수 있는 펌프를 설치할 것

다. 제43조제6항의 규정에 의한 기준에 적합하게 설치할 것

라. 먹는물을 당해 저수조를 거쳐 각 세대에 공급할 수 있도록 설치할 것

[전문개정 1998. 8. 27.]

제36조 삭제 〈1999. 9. 29.〉

제37조 난방설비 등

① 6층 이상인 공동주택의 난방설비는 중앙집중난방방식(「집단에너지사업법」에 의한 지역난방공급방식을 포함한다. 이하 같다)으로 하여야 한다. 다만, 「건축법 시행령」 제87조제2항의 규정에 의한 난방설비를하는 경우에는 그러하지 아니하다.

〈개정 1992. 5. 30., 1993. 2. 20., 1999. 9. 29., 2005. 6. 30.〉

② 공동주택의 난방설비를 중앙집중난방방식으로 하는 경우에는 난방열이 각 세대에 균등하게 공급될 수 있도록 4층 이상 10층 이하의 건축물인 경우에는 2개소 이상, 10층을 넘는 건축물인 경

우에는 10층을 넘는 5개층마다 1개소를 더한 수 이상의 난방구획으로 구분하여 각 난방구획마다 따로 난방용배관을 하여야 한다. 다만, 다음 각호의 1에 해당하는 경우에는 그러하지 아니하다. 〈개정 1993. 2. 20., 1994. 12. 30., 1998. 8. 27., 2005. 6. 30., 2008. 2. 29., 2013. 3. 23.〉

1. 연구기관 또는 학술단체의 조사 또는 시험에 의하여 난방열을 각 세대에 균등하게 공급할 수 있다고 인정되는 시설 또는 설비를 설치한 경우
2. 난방설비를 「집단에너지사업법」에 의한 지역난방공급방식으로 하는 경우로서 산업통상자원부장관이 정하는 바에 따라 각 세대별로 유량조절장치를 설치한 경우

③ 난방설비를 중앙집중난방방식으로 하는 공동주택의 각 세대에는 산업통상자원부장관이 정하는 바에 따라 난방열량을 계량하는 계량기와 난방온도를 조절하는 장치를 각각 설치하여야 한다. 〈개정 1993. 3. 6., 1994. 12. 30., 1996. 6. 8., 1998. 8. 27., 2008. 2. 29., 2009. 10. 19., 2013. 3. 23.〉

④ 공동주택 각 세대에 「건축법 시행령」 제87조제2항에 따라 온돌 방식의 난방설비를 하는 경우에는 침실에 포함되는 옷방 또는 붙박이 가구 설치 공간에도 난방설비를 하여야 한다. 〈신설 2016. 10. 25.〉

⑤ 공동주택의 각 세대에는 발코니 등 세대 안에 냉방설비의 배기장치를 설치할 수 있는 공간을 마련하여야 한다. 다만, 중앙집중냉방방식의 경우에는 그러하지 아니하다. 〈신설 2006. 1. 6., 2016. 10. 25.〉

[제목개정 2006. 1. 6.]

제38조 폐기물보관시설

주택단지에는 생활폐기물보관시설 또는 용기를 설치하여야 하며, 그 설치장소는 차량의 출입이 가능하고 주민의 이용에 편리한 곳이어야 한다. 〈개정 1994. 12. 30., 1996. 6. 8., 1999. 9. 29.〉

[전문개정 1992. 7. 25.]

제39조 영상정보처리기기의 설치

「공동주택관리법 시행령」 제2조 각 호의 공동주택을 건설하는 주택단지에는 국토교통부령으로 정하는 기준에 따라 보안 및 방범 목적을 위한 「개인정보 보호법 시행령」 제3조제1호 또는 제2호에 따른 영상정보처리기기를 설치해야 한다. 〈개정 2013. 3. 23., 2017. 10. 17., 2018. 12. 31.〉

[본조신설 2011. 1. 4.]

[제목개정 2018. 12. 31.]

제40조 전기시설

① 주택에 설치하는 전기시설의 용량은 각 세대별로 3킬로와트(세대당 전용면적이 60제곱미터 이상인 경우에는 3킬로와트에 60제곱미터를 초과하는 10제곱미터마다 0.5킬로와트를 더한 값)이상이어야 한다. 〈개정 1998. 8. 27.〉

② 주택에는 세대별 전기사용량을 측정하는 전력량계를 각 세대 전용부분 밖의 검침이 용이한 곳에 설치하여야 한다. 다만, 전기사용량을 자동으로 검침하는 원격검침방식을 적용하는 경우에는 전력량계를 각 세대 전용부분안에 설치할 수 있다. 〈개정 1992. 7. 25.〉

③ 주택단지안의 옥외에 설치하는 전선은 지하에 매설하여야 한다. 다만, 세대당 전용면적이 60제곱미터 이하인 주택을 전체세대수의 2분의 1 이상 건설하는 단지에서 폭 8미터 이상의 도로에 가설하는 전선은 가공선으로 할 수 있다.

④ 삭제 〈1999. 9. 29.〉

⑤ 제1항 내지 제3항에 규정한 사항외에 전기설비의 설치 및 기술기준에 관하여는 「전기사업법」 제67조를 준용한다. 〈개정 1992. 5. 30., 1999. 9. 29., 2001. 2. 24., 2005. 6. 30.〉

제41조 삭제 〈2014. 10. 28.〉

제42조 방송수신을 위한 공동수신설비의 설치 등

① 삭제 〈2017. 10. 17.〉

② 공동주택의 각 세대에는 「건축법 시행령」 제87조제4항 단서 및 같은 조 제5항에 따라 설치하는 방송 공동수신설비 중 지상파텔레비전방송, 에프엠(FM)라디오방송 및 위성방송의 수신안테나와 연결된 단자를 2개소 이상 설치하여야 한다. 다만, 세대당 전용면적이 60제곱미터 이하인 주택의 경우에는 1개소로 할 수 있다. 〈개정 2006. 1. 6., 2017. 10. 17.〉

[제목개정 2006. 1. 6.]

제43조 급 · 배수시설

① 주택에 설치하는 급수 · 배수용 배관은 콘크리트구조체안에 매설하여서는 아니된다. 다만, 다음 각 호의 어느 하나에 해당하는 경우에는 그러하지 아니하다.

〈개정 1992. 7. 25., 1993. 2. 20., 2014. 10. 28., 2017. 1. 17.〉

1. 급수 · 배수용 배관이 주택의 바닥면 또는 벽면 등을 직각으로 관통하는 경우
2. 주택의 구조안전에 지장이 없는 범위에서 콘크리트구조체 안에 덧관을 미리 매설하여 배관을 설치하는 경우

3. 콘크리트구조체의 형태 등에 따라 배관의 매설이 부득이하다고 사업계획승인권자가 인정하는 경우로서 배관의 부식을 방지하고 그 수선 및 교체가 쉽도록 하여 배관을 설치하는 경우

② 주택의 화장실에 설치하는 급수 · 배수용 배관은 다음 각 호의 기준에 적합하여야 한다. 〈신설 2017. 1. 17.〉

1. 급수용 배관에는 감압밸브 등 수압을 조절하는 장치를 설치하여 각 세대별 수압이 일정하게 유지되도록 할 것
2. 배수용 배관을 층하배관공법(배관을 바닥 슬래브 아래에 설치하여 아래층 세대 천장으로 노출시키는 공법을 말한다)으로 설치하는 경우에는 일반용 경질염화비닐관을 설치하는 경우보다 같은 측정조건에서 5데시벨 이상 소음 차단성능이 있는 저소음형 배관을 사용할 것

③ 공동주택에는 세대별 수도계량기 및 세대마다 2개소 이상의 급수전을 설치하여야 한다. 〈개정 1993. 2. 20.〉

④ 주택의 부엌, 욕실, 화장실 및 다용도실 등 물을 사용하는 곳과 발코니의 바닥에는 배수설비를 하여야 한다. 다만, 급수설비를 설치하지 아니하는 발코니인 경우에는 그러하지 아니하다. 〈개정 1993. 2. 20., 1998. 8. 27., 2009. 1. 7., 2014. 10. 28.〉

⑤ 제4항의 규정에 의한 배수설비에는 악취 및 배수의 역류를 막을 수 있는 시설을 하여야 한다. 〈개정 1993. 2. 20.〉

⑥ 주택에 설치하는 음용수의 급수조 및 저수조는 다음 각호의 기준에 적합하여야 한다. 〈신설 1992. 7. 25., 1993. 2. 20.〉

1. 급수조 및 저수조의 재료는 수질을 오염시키지 아니하는 재료나 위생에 지장이 없는 것으로서 내구성이 있는 도금 · 녹막이 처리 또는 피막처리를 한 재료를 사용할 것
2. 급수조 및 저수조의 구조는 청소등 관리가 쉬워야 하고, 음용수외의 다른 물질이 들어갈 수 없도록 할 것

⑦ 제1항부터 제6항까지에서 규정한 사항 외에 급수 · 배수 · 가스공급 기타의 배관설비의 설치와 구조에 관한 기준은 국토교통부령으로 정한다. 〈개정 1992. 7. 25., 1993. 2. 20., 1994. 12. 23., 1994. 12. 30., 2008. 2. 29., 2013. 3. 23., 2014. 10. 28., 2017. 1. 17.〉

제44조 배기설비 등

① 주택의 부엌 · 욕실 및 화장실에는 바깥의 공기에 면하는 창을 설치하거나 국토교통부령이 정하는 바에 따라 배기설비를 하여야 한다. 〈개정 2008. 2. 29., 2013. 3. 23.〉

② 공동주택 각 세대의 침실에 밀폐된 옷방 또는 붙박이 가구를 설치하는 경우에는 그 옷방 또는

붙박이 가구에 제1항에 따른 배기설비 또는 통풍구를 설치하여야 한다. 다만, 외벽 및 욕실에서 이격하여 설치하는 옷방 또는 붙박이 가구에는 배기설비 또는 통풍구를 설치하지 아니할 수 있다. 〈신설 2016. 10. 25.〉

③ 법 제40조에 따라 공동주택의 각 세대에 설치하는 환기시설의 설치기준 등은 건축법령이 정하는 바에 의한다. 〈개정 2016. 8. 11., 2016. 10. 25.〉

[전문개정 2006. 1. 6.]

제45조 삭제 〈1998. 8. 27.〉

제5장 복리시설

제46조 삭제 〈2013. 6. 17.〉

제47조 삭제 〈2013. 6. 17.〉

제48조 삭제 〈1998. 8. 27.〉

제49조 삭제 〈1994. 12. 30.〉

제50조 근린생활시설 등

① 삭제 〈2014. 10. 28.〉

② 삭제 〈1993. 9. 27.〉

③ 삭제 〈1993. 9. 27.〉

④ 하나의 건축물에 설치하는 근린생활시설 및 소매시장 · 상점을 합한 면적(전용으로 사용되는 면적을 말하며, 같은 용도의 시설이 2개소 이상 있는 경우에는 각 시설의 바닥면적을 합한 면적으로 한다)이 1천제곱미터를 넘는 경우에는 주차 또는 물품의 하역등에 필요한 공터를 설치하여야 하고, 그 주변에는 소음 · 악취의 차단과 조경을 위한 식재 그 밖에 필요한 조치를 취하여야 한다. 〈개정 1993. 9. 27., 1994. 12. 30., 1999. 9. 29., 2014. 10. 28.〉

[제목개정 1999. 9. 29.]

제51조 삭제 〈1993. 9. 27.〉

제52조 유치원

① 2천세대 이상의 주택을 건설하는 주택단지에는 유치원을 설치할 수 있는 대지를 확보하여 그 시설의 설치희망자에게 분양하여 건축하게 하거나 유치원을 건축하여 이를 운영하고자 하는 자에게 공급하여야 한다. 다만, 다음 각 호의 어느 하나에 해당하는 경우에는 그러하지 아니하다. 〈개정 2003. 11. 29., 2005. 6. 30., 2009. 10. 19., 2017. 2. 3.〉

1. 당해 주택단지로부터 통행거리 300미터 이내에 유치원이 있는 경우

2. 당해 주택단지로부터 통행거리 200미터 이내에 「교육환경 보호에 관한 법률」 제9조 각 호의 시설이 있는 경우

3. 삭제 〈2013. 6. 17.〉

4. 당해 주택단지가 노인주택단지 · 외국인주택단지 등으로서 유치원의 설치가 불필요하다고 사업계획 승인권자가 인정하는 경우

② 유치원을 유치원외의 용도의 시설과 복합으로 건축하는 경우에는 의료시설 · 주민운동시설 · 어린이집 · 종교집회장 및 근린생활시설(「교육환경 보호에 관한 법률」 제8조에 따른 교육환경보호구역에 설치할 수 있는 시설에 한한다)에 한하여 이를 함께 설치할 수 있다. 이 경우 유치원 용도의 바닥면적의 합계는 당해 건축물 연면적의 2분의 1 이상이어야 한다.

〈개정 2005. 6. 30., 2011. 12. 8., 2017. 2. 3.〉

③ 제2항에 따른 복합건축물은 유아교육 · 보육의 환경이 보호될 수 있도록 유치원의 출입구 · 계단 · 복도 및 화장실 등을 다른 용도의 시설(어린이집 및 「사회복지사업법」 제2조제5호의 사회복지관을 제외한다)과 분리된 구조로 하여야 한다. 〈개정 2011. 12. 8., 2017. 10. 17.〉

[전문개정 1999. 9. 29.]

제53조 삭제 〈2013. 6. 17.〉

제54조 삭제 〈1999. 9. 29.〉

제55조 삭제 〈2013. 6. 17.〉

제55조의2 주민공동시설

① 100세대 이상의 주택을 건설하는 주택단지에는 다음 각 호에 따라 산정한 면적 이상의 주민공동시설을 설치하여야 한다. 다만, 지역 특성, 주택 유형 등을 고려하여 특별시 · 광역시 · 특별자치시 · 특별자치도 · 시 또는 군의 조례로 주민공동시설의 설치면적을 그 기준의 4분의 1 범위에서 강화하거나 완화하여 정할 수 있다. 〈개정 2014. 10. 28.〉

1. 100세대 이상 1,000세대 미만: 세대당 2.5제곱미터를 더한 면적

2. 1,000세대 이상: 500제곱미터에 세대당 2제곱미터를 더한 면적

② 제1항에 따른 면적은 각 시설별로 전용으로 사용되는 면적을 합한 면적으로 산정한다. 다만, 실외에 설치되는 시설의 경우에는 그 시설이 설치되는 부지 면적으로 한다.

③ 제1항에 따른 주민공동시설을 설치하는 경우 해당 주택단지에는 다음 각 호의 구분에 따른 시

설이 포함되어야 한다. 다만, 해당 주택단지의 특성, 인근 지역의 시설설치 현황 등을 고려할 때 사업계획승인권자가 설치할 필요가 없다고 인정하는 시설은 설치하지 아니할 수 있다.

1. 150세대 이상: 경로당, 어린이놀이터
2. 300세대 이상: 경로당, 어린이놀이터, 어린이집
3. 500세대 이상: 경로당, 어린이놀이터, 어린이집, 주민운동시설, 작은도서관

④ 제3항에서 규정한 시설 외에 필수적으로 설치해야 하는 세대수별 주민공동시설의 종류에 대해서는 특별시 · 광역시 · 특별자치시 · 특별자치도 · 시 또는 군의 지역별 여건 등을 고려하여 조례로 따로 정할 수 있다. 〈개정 2014. 10. 28.〉

⑤ 국토교통부장관은 문화체육관광부장관, 보건복지부장관과 협의하여 제3항 각 호에 따른 주민공동시설별 세부 면적에 대한 사항을 정하여 특별시 · 광역시 · 특별자치시 · 특별자치도 · 시 또는 군에 이를 활용하도록 제공할 수 있다. 〈개정 2014. 10. 28.〉

⑥ 제3항 및 제4항에 따라 필수적으로 설치해야 하는 주민공동시설별 세부 면적 기준은 특별시 · 광역시 · 특별자치시 · 특별자치도 · 시 또는 군의 지역별 여건 등을 고려하여 조례로 정할 수 있다. 〈개정 2014. 10. 28.〉

⑦ 제3항 각 호에 따른 주민공동시설은 다음 각 호의 기준에 적합하게 설치하여야 한다. 〈개정 2015. 5. 6.〉

1. 경로당
   가. 일조 및 채광이 양호한 위치에 설치할 것
   나. 오락 · 취미활동 · 작업 등을 위한 공용의 다목적실과 남녀가 따로 사용할 수 있는 공간을 확보할 것
   다. 급수시설 · 취사시설 · 화장실 및 부속정원을 설치할 것
2. 어린이놀이터
   가. 놀이기구 및 그 밖에 필요한 기구를 일조 및 채광이 양호한 곳에 설치하거나 주택단지의 녹지 안에 어우러지도록 설치할 것
   나. 실내에 설치하는 경우 놀이기구 등에 사용되는 마감재 및 접착제, 그 밖의 내장재는 「환경기술 및 환경산업 지원법」 제17조에 따른 환경표지의 인증을 받거나 그에 준하는 기준에 적합한 친환경 자재를 사용할 것
   다. 실외에 설치하는 경우 인접대지경계선(도로 · 광장 · 시설녹지, 그 밖에 건축이 허용되지 아니하는 공지에 접한 경우에는 그 반대편의 경계선을 말한다)과 주택단지 안의 도로 및 주차장으로부터 3미터 이상의 거리를 두고 설치할 것
3. 어린이집

가. 「영유아보육법」의 기준에 적합하게 설치할 것

나. 해당 주택의 사용검사 시까지 설치할 것

4. 주민운동시설

가. 시설물은 안전사고를 방지할 수 있도록 설치할 것

나. 「체육시설의 설치 · 이용에 관한 법률 시행령」 별표 1에서 정한 체육시설을 설치하는 경우 해당 종목별 경기규칙의 시설기준에 적합할 것

5. 작은도서관은 「도서관법 시행령」 별표 1 제1호 및 제2호가목3)의 기준에 적합하게 설치할 것

[본조신설 2013. 6. 17.]

제6장 대지의 조성

제56조 대지의 안전

① 대지를 조성할 때에는 지반의 붕괴 · 토사의 유실등의 방지를 위하여 필요한 조치를 하여야 한다.

② 제1항의 규정에 의한 대지의 조성에 관하여 이 영에서 정하는 사항을 제외하고는 「건축법」 제40조 및 같은 법 제41조제1항을 준용한다. 〈개정 1992. 5. 30., 2005. 6. 30., 2008. 10. 29.〉

제57조 간선시설

법 제15조에 따른 사업계획의 승인을 얻어 조성하는 일단의 대지에는 국토교통부령이 정하는 기준 이상인 진입도로(당해 대지에 접하는 기간도로를 포함한다) · 상하수도시설 및 전기시설이 설치되어야 한다. 〈개정 1994. 12. 23., 1994. 12. 30., 2003. 11. 29., 2008. 2. 29., 2013. 3. 23., 2016. 8. 11.〉

제7장 공동주택 바닥충격음 차단구조의 성능등급 인정 등

제58조 공동주택성능등급의 표시

법 제39조 각 호 외의 부분에서 "대통령령으로 정하는 호수"란 1,000세대를 말한다.

〈개정 2016. 8. 11.〉

[본조신설 2014. 6. 27.]

제58조 공동주택성능등급의 표시

법 제39조 각 호 외의 부분에서 "대통령령으로 정하는 호수"란 500세대를 말한다.

〈개정 2016. 8. 11., 2018. 12. 31.〉

[본조신설 2014. 6. 27.]

[시행일 : 2020.1.1.] 제58조

제59조 삭제 〈2013. 2. 20.〉

제59조의2 삭제 〈2013. 2. 20.〉

제60조 삭제 〈2013. 2. 20.〉

제60조의2 바닥충격음 성능등급 인정기관

① 법 제41조제1항에 따른 바닥충격음 성능등급 인정기관(이하 "바닥충격음 성능등급 인정기관"이라 한다)으로 지정받으려는 자는 국토교통부령으로 정하는 신청서에 다음 각 호의 서류를 첨부하여 국토교통부장관에게 제출하여야 한다. 이 경우 국토교통부장관은 「전자정부법」 제36조제1항에 따른 행정정보의 공동이용을 통하여 법인 등기사항증명서를 확인하여야 한다.

〈개정 2010. 11. 2., 2013. 3. 23., 2016. 8. 11.〉

1. 임원 명부
2. 삭제 〈2010. 11. 2.〉
3. 제2항에 따른 인력 및 장비기준을 증명할 수 있는 서류
4. 바닥충격음 성능등급 인정업무의 추진 계획서

② 바닥충격음 성능등급 인정기관의 인력 및 장비기준은 별표 6과 같다.

③ 제1항 및 제2항에서 규정한 사항 외에 바닥충격음 성능등급 인정기관의 지정에 관하여 필요한 사항은 국토교통부장관이 정하여 고시한다. 〈개정 2013. 3. 23.〉

[본조신설 2008. 9. 25.]

[제60조의3에서 이동, 종전 제60조의2는 제60조의3으로 이동 〈2013. 5. 6.〉]

제60조의3 바닥충격음 성능등급 및 기준 등

① 법 제41조제1항에 따라 바닥충격음 성능등급 인정기관이 인정하는 바닥충격음 성능등급 및 기준에 관하여는 국토교통부장관이 정하여 고시한다. 〈개정 2016. 8. 11.〉

② 제14조의2제2호 본문에 따른 바닥충격음 차단성능 인정을 받으려는 자는 국토교통부장관이 정하여 고시하는 방법 및 절차 등에 따라 바닥충격음 성능등급 인정기관으로부터 바닥충격음 차단성능 인정을 받아야 한다.

③ 바닥충격음 차단성능 인정기관은 제2항에 따라 고시하는 방법 및 절차 등에 따라 바닥충격음을 측정하는 경우 측정장소와 충격원 등에 따른 바닥충격음 측정값의 차이에 대해서는 국토교통부장관이 정하여 고시하는 바에 따라 바닥충격음 차단성능을 보정하여 적용할 수 있다.

[전문개정 2013. 5. 6.]

[제60조의2에서 이동, 종전 제60조의3은 제60조의2로 이동 〈2013. 5. 6.〉]

제60조의4 신제품에 대한 성능등급 인정

바닥충격음 성능등급 인정기관은 제60조의3제1항에 따라 고시된 기준을 적용하기 어려운 신개발품이나 인정 규격 외의 제품(이하 "신제품"이라 한다)에 대한 성능등급 인정의 신청이 있을 때에는 제60조의3제1항에도 불구하고 제60조의5에 따라 신제품에 대한 별도의 인정기준을 마련하여 성능등급을 인정할 수 있다. 〈개정 2013. 5. 6.〉

1. 삭제 〈2013. 5. 6.〉
2. 삭제 〈2013. 5. 6.〉

[본조신설 2011. 1. 4.]

제60조의5 신제품에 대한 성능등급 인정 절차

① 성능등급 인정기관은 제60조의4에 따른 별도의 성능등급 인정기준을 마련하기 위해서는 제60조의6에 따른 전문위원회(이하 "전문위원회"라 한다)의 심의를 거쳐야 한다.

② 성능등급 인정기관은 신제품에 대한 성능등급 인정의 신청을 받은 날부터 15일 이내에 전문위

원회에 심의를 요청하여야 한다.

③ 성능등급 인정기관의 장은 제1항에 따른 인정기준을 지체 없이 신청인에게 통보하고, 인터넷 홈페이지 등을 통하여 일반인에게 알려야 한다.

④ 성능등급 인정기관의 장은 제1항에 따른 별도의 성능등급 인정기준을 국토교통부장관에게 제출하여야 하며, 국토교통부장관은 이를 관보에 고시하여야 한다. 〈개정 2013. 3. 23.〉

[본조신설 2011. 1. 4.]

제60조의6 전문위원회

① 신제품에 대한 인정기준 등에 관한 사항을 심의하기 위하여 성능등급 인정기관에 전문위원회를 둔다.

② 전문위원회의 구성, 위원의 선임기준 및 임기 등 위원회의 운영에 필요한 구체적인 사항은 해당 성능등급 인정기관의 장이 정한다.

[본조신설 2011. 1. 4.]

제60조의7 공동주택 바닥충격음 차단구조의 성능등급 인정의 유효기간 등

① 법 제41조제3항에 따른 공동주택 바닥충격음 차단구조의 성능등급 인정의 유효기간은 그 성능등급 인정을 받은 날부터 5년으로 한다. 〈개정 2016. 8. 11.〉

② 공동주택 바닥충격음 차단구조의 성능등급 인정을 받은 자는 제1항에 따른 유효기간이 끝나기 전에 유효기간을 연장할 수 있다. 이 경우 연장되는 유효기간은 연장될 때마다 3년을 초과할 수 없다.

③ 법 제41조제3항에 따른 공동주택 바닥충격음 차단구조의 성능등급 인정에 드는 수수료는 인정 업무와 시험에 사용되는 비용으로 하되, 인정 업무와 시험에 필수적으로 수반되는 비용을 추가할 수 있다. 〈개정 2016. 8. 11.〉

④ 제1항부터 제3항까지에서 규정한 사항 외에 공동주택 바닥충격음 차단구조의 성능등급 인정의 유효기간 연장, 성능등급 인정에 드는 수수료 등에 관하여 필요한 세부적인 사항은 국토교통부장관이 정하여 고시한다.

[본조신설 2013. 12. 4.]

제61조 인정기준의 제정 · 개정 신청 등

① 바닥충격음 성능등급 인정기관에 성능등급 인정을 신청한 자는 국토교통부장관에게 성능등급 인정기준의 제정 또는 개정을 신청할 수 있다. 〈개정 2013. 2. 20., 2013. 3. 23., 2013. 5. 6.〉

② 국토교통부장관은 제1항에 따른 신청을 받은 경우에는 신청내용을 검토하여 신청일부터 30일 이내에 제정 또는 개정 추진 여부를 신청인에게 통보하여야 한다. 이 경우 제정 또는 개정을 추진하지 아니하기로 결정한 경우에는 그 사유를 함께 알려야 한다. 〈개정 2013. 3. 23.〉

③ 제2항에 따른 통보에 이의가 있는 신청인은 국토교통부장관에게 다시 검토하여 줄 것을 요청할 수 있다. 〈개정 2013. 3. 23.〉

[본조신설 2011. 1. 4.]

제8장 공업화주택

제61조의2 공업화주택의 인정등

① 법 제51조제1항에 따른 공업화주택의 인정을 받고자 하는 자는 국토교통부령이 정하는 공업화주택인정신청서에 다음 각호의 서류를 첨부하여 국토교통부장관에게 제출하여야 한다. 〈개정 1994. 12. 23., 1994. 12. 30., 2003. 11. 29., 2008. 2. 29., 2011. 12. 28., 2013. 3. 23., 2016. 8. 11.〉

1. 설계 및 제품설명서
2. 설계도면 · 제작도면 및 시방서
3. 구조 및 성능에 관한 시험성적서 또는 구조안전확인서(건축구조 분야의 기술사가 구조안전성능 평가가 가능하다고 확인하여 작성한 것만 해당한다)
4. 생산공정 · 건설공정 · 생산능력 및 품질관리계획을 기재한 서류

② 국토교통부장관은 제1항에 따라 공업화주택의 인정 신청을 받은 경우에는 그 신청을 받은 날부터 60일 이내에 인정 여부를 통보하여야 한다. 다만, 서류보완 등 부득이한 사유로 처리기간의 연장이 필요한 경우에는 10일 이내의 범위에서 한 번만 연장할 수 있다. 〈신설 2014. 10. 28.〉

③ 국토교통부장관은 법 제51조제1항에 따라 공업화주택을 인정하는 경우에는 국토교통부령으로 정하는 공업화주택인정서를 신청인에게 발급하고 이를 공고하여야 한다.

〈개정 1994. 12. 23., 1994. 12. 30., 2008. 2. 29., 2011. 12. 28., 2013. 3. 23., 2016. 8. 11.〉

④ 제3항의 규정에 의한 공업화주택인정서를 교부받은 자는 국토교통부령이 정하는 바에 따라 공업화주택의 생산 및 건설실적을 국토교통부장관에게 제출하여야 한다.

〈개정 1994. 12. 23., 1994. 12. 30., 2008. 2. 29., 2013. 3. 23.〉

⑤ 공업화주택 인정의 유효기간은 제3항의 규정에 의한 공고일부터 5년으로 한다.

⑥ 법 제51조제2항에 따라 공업화주택 또는 국토교통부장관이 고시한 새로운 건설기술을 적용하여 건설하는 주택을 건설하는 자는 「건설산업기본법」 제40조의 규정에 따라 건설공사의 현장에 건설기술인을 배치하여야 한다. 〈개정 1994. 12. 23., 1994. 12. 30., 1999. 9. 29., 2003. 11. 29., 2005. 6. 30., 2008. 2. 29., 2013. 3. 23., 2016. 8. 11., 2018. 12. 11.〉

[본조신설 1993. 2. 20.]

제62조 삭제 〈1999. 9. 29.〉

제62조의2 삭제 〈1999. 9. 29.〉

제63조 인정취소의 공고

국토교통부장관은 법 제52조에 따라 공업화주택의 인정을 취소한 때에는 이를 관보에 공고하여야 한다. 〈개정 1993. 2. 20., 1994. 12. 23., 1994. 12. 30., 1999. 9. 29., 2008. 2. 29., 2009. 10. 19., 2013. 3. 23., 2016. 8. 11.〉

제9장 에너지절약형 친환경 주택 등

제64조 에너지절약형 친환경 주택의 건설기준 등

① 「주택법」 제15조에 따른 사업계획승인을 받은 공동주택을 건설하는 경우에는 다음 각 호의 어느 하나 이상의 기술을 이용하여 주택의 총 에너지사용량 또는 총 이산화탄소배출량을 절감할 수 있는 에너지절약형 친환경 주택(이하 이 장에서 "친환경 주택"이라 한다)으로 건설하여야 한다. 〈개정 2014. 12. 23., 2016. 2. 29., 2016. 8. 11.〉

1. 고단열 · 고기능 외피구조, 기밀설계, 일조확보 및 친환경자재 사용 등 저에너지 건물 조성기술
2. 고효율 열원설비, 제어설비 및 고효율 환기설비 등 에너지 고효율 설비기술
3. 태양열, 태양광, 지열 및 풍력 등 신 · 재생에너지 이용기술
4. 자연지반의 보존, 생태면적율의 확보 및 빗물의 순환 등 생태적 순환기능 확보를 위한 외부환경 조성기술
5. 건물에너지 정보화 기술, 자동제어장치 및 「지능형전력망의 구축 및 이용촉진에 관한 법률」 제2조제2호에 따른 지능형전력망 등 에너지 이용효율을 극대화하는 기술

② 제1항에 해당하는 주택을 건설하려는 자가 법 제15조에 따른 사업계획승인을 신청하는 경우에는 친환경 주택 에너지 절약계획을 제출하여야 한다. 〈개정 2014. 12. 23., 2016. 8. 11.〉

③ 친환경 주택의 건설기준 및 에너지 절약계획에 관하여 필요한 세부적인 사항은 국토교통부장관이 정하여 고시한다. 〈개정 2013. 3. 23., 2014. 12. 23.〉

[본조신설 2009. 10. 19.]

제64조의2 삭제 〈2014. 6. 27.〉

제65조 건강친화형 주택의 건설기준

① 500세대 이상의 공동주택을 건설하는 경우에는 다음 각 호의 사항을 고려하여 세대 내의 실내공기 오염물질 등을 최소화할 수 있는 건강친화형 주택으로 건설하여야 한다. 〈개정 2013. 12. 4.〉

1. 오염물질을 적게 방출하거나 오염물질의 발생을 억제 또는 저감시키는 건축자재(붙박이 가구 및 붙박이 가전제품을 포함한다)의 사용에 관한 사항

2. 청정한 실내환경 확보를 위한 마감공사의 시공관리에 관한 사항

3. 실내공기의 원활한 환기를 위한 환기설비의 설치, 성능검증 및 유지관리에 관한 사항

4. 환기설비 등을 이용하여 신선한 바깥의 공기를 실내에 공급하는 환기의 시행에 관한 사항

② 건강친화형 주택의 건설기준 등에 관하여 필요한 세부적인 사항은 국토교통부장관이 정하여 고시한다. 〈개정 2013. 12. 4.〉

[본조신설 2013. 5. 6.]

[제목개정 2013. 12. 4.]

제65조의2 장수명 주택의 인증대상 및 인증등급 등

① 법 제38조제2항에 따른 인증제도로 같은 조 제1항에 따른 장수명 주택(이하 "장수명 주택"이라 한다)에 대하여 부여하는 등급은 다음 각 호와 같이 구분한다. 〈개정 2016. 8. 11.〉

1. 최우수 등급

2. 우수 등급

3. 양호 등급

4. 일반 등급

② 법 제38조제3항에서 "대통령령으로 정하는 호수"란 1,000세대를 말한다. 〈개정 2016. 8. 11.〉

③ 법 제38조제3항에서 "대통령령으로 정하는 기준 이상의 등급"이란 제1항제4호에 따른 일반 등급 이상의 등급을 말한다. 〈개정 2016. 8. 11.〉

④ 법 제38조제5항에 따른 인증기관은 「녹색건축물 조성 지원법」 제16조제2항에 따라 지정된 인증기관으로 한다. 〈개정 2016. 8. 11.〉

⑤ 법 제38조제7항에 따라 장수명 주택의 건폐율 · 용적률은 다음 각 호의 구분에 따라 조례로 그 제한을 완화할 수 있다. 〈개정 2016. 8. 11., 2017. 1. 17.〉

1. 건폐율: 「국토의 계획 및 이용에 관한 법률」 제77조 및 같은 법 시행령 제84조제1항에 따라 조례로 정한 건폐율의 100분의 115를 초과하지 아니하는 범위에서 완화. 다만, 「국토의 계획 및 이용에 관한 법률」 제77조에 따른 건폐율의 최대한도를 초과할 수 없다.

2. 용적률: 「국토의 계획 및 이용에 관한 법률」 제78조 및 같은 법 시행령 제85조제1항에 따라 조례로 정한 용적률의 100분의 115를 초과하지 아니하는 범위에서 완화. 다만, 「국토의 계획 및 이용에 관한 법률」 제78조에 따른 용적률의 최대한도를 초과할 수 없다.

[본조신설 2014. 12. 23.]

제66조 규제의 재검토

국토교통부장관은 다음 각 호의 사항에 대하여 다음 각 호의 기준일을 기준으로 3년마다(매 3년이 되는 해의 기준일과 같은 날 전까지를 말한다) 그 타당성을 검토하여 개선 등의 조치를 하여야 한다.

〈개정 2014. 6. 27., 2014. 12. 23.〉

1. 제6조에 따른 단지 안의 시설: 2014년 1월 1일
2. 제9조 및 제9조의2에 따른 소음방지대책의 수립 및 소음 등으로부터의 보호: 2014년 1월 1일
3. 제10조제2항에 따른 도로 및 주차장과의 이격거리: 2014년 1월 1일
4. 제14조에 따른 세대간의 경계벽 등: 2014년 1월 1일
5. 제15조에 따른 승강기 등: 2014년 1월 1일
6. 제25조에 따른 진입도로: 2014년 1월 1일
7. 제58조에 따른 공동주택성능등급의 표시: 2014년 6월 25일
8. 제65조의2제1항에 따른 장수명 주택 인증제도 적용 대상 주택: 2014년 12월 25일

[본조신설 2013. 12. 30.]

부칙 〈제29459호, 2018. 12. 31.〉

제1조 시행일

이 영은 공포한 날부터 시행한다. 다만, 제58조의 개정규정은 공포 후 1년이 경과한 날부터 시행한다.

제2조 가스공급시설에 관한 적용례

제34조제2항의 개정규정은 이 영 시행 이후에 법 제15조제1항 또는 제3항에 따른 사업계획 승인을 신청(「공공주택 특별법」 제48조에 따른 입주자 선정 전에 가스공급시설에 관하여 법 제15조제4항에 따라 사업계획 변경승인을 신청하는 경우를 포함한다)하는 장기공공임대주택부터 적용한다.

제3조 공동주택성능등급의 표시에 관한 적용례

제58조의 개정규정은 부칙 제1조 단서에 따른 시행일 이후 법 제15조제1항 또는 제3항에 따른 사업계획 승인을 신청하는 경우부터 적용한다.